ELEMENTARY DIFFERENTIAL EQUATIONS *and* BOUNDARY VALUE PROBLEMS

12TH EDITON

William E. Boyce
Richard C. Diprima
Douglas B. Meade

Boyce

보이스의 미분방정식

제12판

최정환 • 김종현 • 심인보 • 오제한 • 정일효 옮김

WILEY

TEXTBOOKS
텍스트북스

Elementary Differential Equation and Boundary Value Problem, 12th edition
William E. Boyce, Richard C. Diprima, Douglas B. Meade

ISBN 978-11-19820-51-2

옮긴이 소개

최정환 고려대학교 수학과
김종현 계명대학교 기계공학과
심인보 울산대학교 데이터응용수학과
오제한 경북대학교 수학과
정일효 부산대학교 수학과

Boyce
보이스의 제12판
미분방정식

발행일 2025년 8월 30일 12판 1쇄
지은이 William E. Boyce, Richard C. Diprima, Douglas B. Meade
옮긴이 최정환, 김종현, 심인보, 오제한, 정일효
발행인 임은정 **발행처** (주)텍스트북스
주 소 서울시 영등포구 양평로 30길 14, 세종앤까뮤스퀘어 1109호
전 화 02-702-5725~6 **팩 스** 02-702-5727 **웹사이트** www.textbooks.co.kr
등록번호 제2022-000098호

ISBN 979-11-91679-44-1 93410
정 가 **47,000원**

지은이 머리말

Preface

이번 개정판을 준비하면서 우리의 최우선 과제는 기존 판에서의 강점을 유지하고 향상시키는 것이다. 특히, 다양한 수준의 응용수학자들이 사용하는 관점을 채택하여, 상당히 이론적이면서도 실용적인 내용을 구성하였다. 본 교재에서는 해를 구하는 방법과 해 자체, 그리고 근사해들에 대하여 다루었고 이들에 접근하는 데 있어 실질적으로 정확하고 완전함을 꾀하면서도 지나치게 추상적이지 않게끔 노력하였다.

이 책의 대상자는 과학, 기술, 공학, 수학 전공자를 주 대상으로 하여 1-2학년 동안 미분방정식을 수강하는 학생들이다. 이 과목의 필수 선수과목은 통상 2학기 또는 3학기 분량의 대학 미적분 과정이고 행렬에 대한 기초지식도 도움이 된다. 이 책에서는 미분방정식 시스템을 다루는 장들을 포함하여 선형대수에 대한 기본 지식들을 요약 제공한다.

이 책의 강점 중 하나는 다양한 교수 스타일을 수용할 수 있는 유연성을 제공한다는 점이다. 주제의 선택과 순서에 있어서 융통성을 부여하며 기술적인 접근 방식의 사용도 유연하게 허용한다. 필수 핵심 내용은 1장, 2.1-2.5, 3.1-3.5이다. 이 필수 내용을 완료한 후에는 강사의 재량에 따라 주제를 선택할 수 있다. 4장부터 11장까지의 내용의 대부분 독립적이지만 9장 전에는 6장을, 11장 전에는 10장을 수강하는 것이 좋다.

미분방정식의 매력적인 측면 중 하나는 가장 단순한 형태조차도 현실 세계의 물리적 현상과 직접적으로 연결된다는 점이다. 예를 들어 지수적 성장과 감소, 스프링-질량 시스템, 전기 회로, 경쟁 시스템, 감염병, 파동 전파 등이 있다. 복잡한 자연현상도 단순한 모델을 쌓아 올려 점점 더 정교하게 이해할 수 있다. 이 모델을 설명하는 미분방정식과 그 해법은 명시적 해 또는 내용적 해석(qualitative properties)일 수 있으며 현실적인 모델을 분석하는 데 필수적이다. 이 모델링 과정은 1장과 2.3절에서 자세히 다룬다. 또한 엄밀한 해법적 접근은 2.5, 3.7, 9.4, 9.5, 부록 A와 B, 10장에서도 다룬다. 이 책 전체에 걸쳐 다양한 실제 기반의 문제들을 제시하며, 그중 다수는 차분방정식이나 그래프, 수치적 해법 등을 필요로 한다.

이 책에서 강조하는 또 하나의 중요한 개념은 이식성(transposability)이다. 즉, 특정 미분 방정식을 통해 어떤 응용을 명확하게 보일 수 있다면, 그 문제 자체는 그 방법은 다른 응용 상황에도 적용할 수 있다는 뜻이다.

학생들의 관점에서 이 책의 가장 두드러진 특징은 다양한 문제 유형과 범위이다. 많은 문제가 간단하지만 일부는 도전적이고 어떤 문제는 열린 형식으로 되어 있어 학생 개인 프로젝트의 주제가 될 수도 있다. 1,600개가 넘는 문제들이 포함되어 있으며 이는 어떤 강좌보다 더 많은 양이다. 책 끝에는 거의 모든 문제의 답이 주어져 있으며 풀이 전체는 Instructor's Solution Manuel에 제공된다.

기계의 사용은 강사의 재량에 따라 최소 또는 최대한 사용할 수 있게 하였다. 예를 들어 공학용 계산기 웹기반 자원, 과학계산 시스템, 프로그래밍 언어들이 이에 해당된다.

G 기호로 표시된 문제는 그래픽 도구로 해결하는 것이 바람직하고 N 기호로 표시된 문제는 수치적 방법으로 해결하기를 권장한다. 강사들은 학생의 기계 사용 능력과 학교 정책 등을 고려하여 적절히 판단할 수 있다. 연필과 종이의 사용 방법은 기호적 또는 그래픽 도구로 풀거나 분석하는 것이 가장 적합한 모델을 개발하는 데에 사용된다. 컴퓨터 기반 자원으로 자주 생성되는 정량적 결과와 그래프는 복잡한 해의 명시적 공식을 통해서는 쉽게 드러나지 않는 결론을 설명하고 명확히 하는 데 도움을 준다. 반대로 근사해를 구하는 효율적인 수치적 방법을 적용하려면 보통은 사전 분석이 많이 필요로 된다. 이를 통해 해의 질적 특징을 파악하여 계산의 지침으로 삼거나 극한 또는 특수한 경우를 조사하거나 변수나 매개변수의 범위를 발견해 해석적 방법과 수치적 방법을 적절히 조합해야 할 필요가 있다. 각 경우에 적합한 해법을 선택하기에 적절한 판단이 필요하기도 하다. 이런 맥락에서 "스케치"를 요청하는 문제는 일반적으로 필기도구를 사용하는 외에는 다른 도구를 사용하지 말기를 권한다.

나는 학생들이 미분방정식을 푼다는 것의 목표가 단지 해를 구하는 데에만 있지 않다는 것을 알기 바란다. 오히려 방정식이 모델링되는 과정에 대해 더 이해하기 바란다. 다시 말해 해를 구하는 것 자체만이 목적은 아니라는 것이다. 그래서 본문에는 해에 대한 결론을 도출해야 하는 문제들을 많이 포함했고 몇몇 예제도 포함했다. 때로는 이것이 특정 성질을 가질 독립변수를 찾는 것이나 해의 장기적 거동을 결정하는 것의 형태를 갖는다. 다른 문제는 매개변수가 변할 때의 효과를 묻거나 해가 큰 변화를 갖게 되는 매개변수의 모든 값을 결정하라는 문제일 수도 있다. 이런 문제들은 물리적 미분방정식의 응용에서 흔히 발생하며 강의 목표에 따라 강사는 이러한 문제들을 원하는 양만큼만 부여할 수 있다.

이번 판을 접한 독자들은 책의 전반적인 구조가 이전 판들과 같음을 알 수 있을 것이다. 이번 판에서의 소규모 개정들은 주로 이전 판의 독자들의 제안을 반영한 것이다. 여기에 몇 가지 새로운 주제의 추가, 일부 장에서의 기존 개념에 대한 심화 설명, 그리고 특수 함수에 대한 새 부록이 포함되었다. 이러한 개정의 목표는 미분방정식과 그 응용에 대한 기본 내용을 보다 명확하고 읽기 쉽게 하기 위함이고, 업데이트된 디자인은 탐색이 쉽고 학생 친화적인 참고 서적을 제공하기 위함이다.

나는 미분방정식이 끝없이 흥미롭고 때로는 놀라운 수학적 결과와 물리현상을 제공하는 원천이라고 생각해 왔다. 이 책을 사용하는 학생들과 강사들 모두가 이 과목에 대하여 나와 공감하기를 바란다.

William E. Boyce, Douglas B. Meade

옮긴이 머리말

Preface

Boyce와 Deprima 교수가 공저한 이 책의 원서인 Elementary Differential Equations & Boundary Value Problems (11th edition, Grobal edition)은 자연과학 및 공학에서 다루고 있는 여러 중요한 현상에 대한 수리적 해석과 응용수학적 접근에 반드시 필요한 도구로서의 미분방정식에 관하여 기술한 학부 1학년이나 2학년 학생들이 주된 대상인 교과서이다.

여러 미분방정식 교과서 중에서도 이 책의 원서가 처음 출판된 이후 현재까지 전 세계적으로 가장 오랫동안 지속적으로 널리 쓰이고 있는 까닭은 학생들에게 필요한 미분방정식에 대한 이론적인 면과 더불어 응용수학적 여러 학습 주제들에 대하여 다양하고도 좋은 예제가 많이 실려 있을 뿐만 아니라 가장 기본적인 내용을 담고 있는 첫 3장을 마친 후부터는 강의하는 사람의 선택에 따라 자유롭게 주제를 정해서 여러 가지 다른 조합으로 강의할 수 있도록 구성되어 있다는 점일 것이다.

이 책에는 매우 넓은 범위에서 많은 수의 연습문제들이 수록되어 있다. 그중 대부분의 문제들은 학생 스스로 쉽게 풀 수 있는 문제들이며 이를 풀어가다 보면 저자들이 집필 목표로 삼아 저술하였다고 언급한 바와 같이 창의적이면서도 논리적인 사고를 더 증진시키는 데 큰 도움을 줄 것으로 역자 역시 확신한다.

앞서 언급한 장점과 특징을 지니고 있는 이유로 옮긴이 대표도 지난 25년간 우리나라와 미국, 캐나다에서 교재로 사용하여 강의하여 왔던 바, 번역판을 냄으로써 학생들이 보다 쉽게 내용을 접할 수 있게 되어 매우 기쁘고, 출판을 진행한 Textbooks 출판사에 역자를 대표하여 고마움을 표한다.

고려대학교 수학과
최정환 적음

차례
Contents

제 1 장 서론
Introduction

1장에서는 미분방정식을 공부하는 몇 가지 방법에 대한 토대를 제시한다. 먼저 두 가지 유형의 문제를 통해 이 책 전반부에서 기본개념을 설명한 후, 이 책을 조직적으로 잘 구성하기 위해 미분방정식을 몇 가지 방식으로 분류하겠다.

미분방정식은 지난 3세기에 걸쳐 전 세계적으로 뛰어난 많은 수학자들이 열심히 연구했음에도 불구하고 여전히 해결되지 않은 문제들이 많이 남아 있어, 현재까지도 연구가 꾸준히 이루어지고 있는 분야이다. 여기서는, 미분방정식론의 발전 과정에서 나타난 주요 경향들을 요약하고, 이 분야에 크게 기여한 수학자들을 소개하고, 이 수학자들 중 몇몇 인물에 대한 정보는 뒷장에서 적절한 부분에서 강조하겠다.

1.1 기초 수학 모델

본격적으로 미분방정식을 (이 책 전체든 특정 부분이든) 공부하기 전에, 미분방정식을 공부함으로써 얻는 이점을 알아야 한다. 어떤 학생들에게는 이 주제에 대한 본질적인 흥미가 학습 동기가 될 수도 있겠지만, 대부분의 학생들에게는 다른 분야로의 응용이 주된 동기가 된다.

자연 현상에 깔려 있는 많은 원리나 법칙은 그 현상이 발생하는 속도를 포함하는 명제나 관계로 나타난다. 이를 수학 용어로 표현하자면 관계는 방정식이고 속도는 미분인데, 미분을 포함하고 있는 방정식을 **미분방정식**이라고 한다. 특히 유체의 운동, 전기회로에 흐르는 전류, 고체에서의 열 확산, 지진파의 전파와 감지, 개체 수의 증가와 감소 등의 문제를 이해하려면 미분방정식을 반드시 알아야 한다.

어떤 물리적 과정을 묘사하는 미분방정식을 그 과정의 **수학적 모델**이라고 하며, 이 책 전반에 걸쳐 다루게 될 것이다. 우선, 이 절에서는 풀기 쉬운 미분방정식이 유도되는 두 가지 모델을 소개하겠다. 여기서 눈여겨볼 점은, 아주 간단한 미분방정식이 중요한 물리 과정의 모델이 되기도 한다는 것이다.

예제 1.1.1

낙하하는 물체

해수면과 가까운 높이에서 낙하하고 있는 물체의 운동을 표현하는 미분방정식을 만들어라.

풀이

먼저 관심 있는 값들을 나타내는 문자를 도입하자. 이 물체의 운동이 일정 시간 동안 일어나고 있으므로 t를 시간이라 두고, v를 이 낙하하는 물체의 속도라고 하자. 속도는 시간에 따라 변하기 때문에 v를 t의 함수로 생각할 수 있다. 즉, t는 독립변수이고, v는 종속변수이다. 측정 단위는 임의적이나, 이 문제에서 단위에 대한 언급이 없으므로 t를 초(second) 단위로 하고, v를 미터/초(meters/second) 단위로 두자. 또한 아래 방향—즉, 물체가 낙하하는 방향—일 때의 v를 양수로 두자.

물체의 운동은 **뉴턴(Newton)의 제2법칙**을 따르는데, 이 법칙은 물체의 가속도와 질량의 곱이 물체에 가해지는 알짜힘(net force)과 같다는 것이다. 이를 수학 용어로 표현하면

$$F = ma \tag{1}$$

가 된다. 이때 m은 물체의 질량, a는 가속도, F는 이 물체에 가해진 알짜힘을 나타낸다. 단위를 일치시키기 위해서 m의 단위를 킬로그램(kilograms), a는 미터/초^2(meters/second^2), F는 뉴턴(newtons)으로 두겠다. 물론, a는 v에 대해 $a = dv/dt$이므로 식 (1)을 다음과 같이 쓸 수도 있다.

$$F = m\frac{dv}{dt} \tag{2}$$

다음으로, 물체가 낙하할 때 가해지는 힘에 대해 생각해 보자. 중력은 물체의 무게(즉, 질량 m과 중력 가속도 g의 곱인 mg)와 같은 크기로 작용한다. 중력 가속도 g는 실험을 통해 구할 수 있으며, 그 값은 지구 표면 가까이에서 약 9.8 m/s^{2}이다.

공기 저항에 의한 힘(항력)도 작용하지만, 이를 모델링하는 것은 더 어렵고 여기서 자세히 다루고자 하는 것도 아니므로 속도에 비례한다고 가정하겠다. 즉, 항력의 크기는 항력계수라 부르는 상수 γ에 대해 γv로 나타낼 수 있다. 항력계수의 수치적 값은 물체마다 다양하다. 부드러운 유선형 물체는 거칠고 뭉툭한 물체보다 항력계수가 훨씬 작다. 이 예제에서 γ의 물리적 단위는 질량/시간(mass/time), 즉 kg/s이다. 이 단위가 이상해 보일 수도 있지만 γv가 힘의 단위, 즉 kg · m/s^2(뉴턴)이어야 함을 기억하자.

알짜힘 F를 표현할 때, 중력은 항상 아래 방향(양의 방향)으로 작용하는 반면, 낙하하는 물체에 대한 항력은 **그림 1.1.1**에서 보여주는 것처럼 위쪽(음의 방향)으로 작용한다는 사실을 알아야 한다. 따라서,

$$F = mg - \gamma v \tag{3}$$

이므로 식 (2)는

$$m\frac{dv}{dt} = mg - \gamma v \tag{4}$$

가 된다. 식 (4)는 해수면 가까운 높이에서 낙하하는 물체의 수학적 모델이며, 세 개의 상수 m, g, γ를 포함하고 있다. 상수 m과 γ는 낙하하는 특정 물체에 따라 다르기 때문에, 서로 다른 물체는 서로 다른 m, γ 값을 갖는다. 보통 이러한 상수들은 실험하는 동안 다양한 범위의 값을 갖게 되므로 매개변수라고 부른다. 그러나 g는 물리 상수이므로 모든 물체에 대해 항상 같은 값을 갖는다.

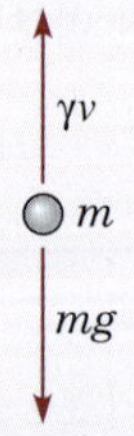

그림 1.1.1 자유 낙하하는 물체에 작용하는 힘을 표현하는 자유물체도(free-body diagram)

식 (4)를 풀기 위해, 이 식을 만족하는 함수 $v = v(t)$를 찾아야 한다. 이것을 찾는 것은 어렵지 않으나 다음 절에서 설명하도록 하고, 여기서는 실제로 v를 구하지 않은 상태에서 해에 대해 무엇을 알 수 있는지 알아보자. m과 γ에 수치적인 값을 대입하면 더 간단하지만, 어떤 값을 선택해도 무방하므로 편의상 $m = 10$ kg, $\gamma = 2$ kg/s라고 두자. 그러면 식 (4)를 다음과 같이 쓸 수 있다.

$$\frac{dv}{dt} = 9.8 - \frac{v}{5} \tag{5}$$

예제 1.1.2

낙하하는 물체 (계속)

식 (5)의 해의 모양을 위의 미분방정식을 풀지 않은 상태에서 구하라.

풀이

먼저 미분방정식 자체로부터 직접 얻을 수 있는 정보를 알아보자. 속도 v에 적당한 값을 대입하면 식 (5)의 우변을 계산하여 이 v 값에 해당하는 dv/dt의 값을 구할 수 있다. 예를 들어, 만약 $v = 40$이면 $dv/dt = 1.8$인데, 이는 $v = 40$인 점에서 해 $v = v(t)$의 기울기가 1.8을 갖는다는 것을 의미한다. 이 정보를 tv-평면상의 그래프로 나타내기 위해 직선 $v = 40$ 위의 몇몇 점에서 기울기가 1.8인 짧은 선분들을 그린다(**그림 1.1.2(*a*)**). 마찬가지로, $v = 50$이면 $dv/dt = -0.2$이고, $v = 60$이면 $dv/dt = -2.2$인데, 이를 직선 $v = 50$ 위의 몇몇 점에서 기울기가 -0.2인 선분들(**그림 1.1.2(*b*)**)과 직선 $v = 60$ 위의 몇몇 점에서 기울기가 -2.2인 선분들(**그림 1.1.2(*c*)**)로 그린다. 다른 여러 가지 v 값에 대해 이와 같은 방법으로 **방향장**(direction field) 또는 **기울기장**(slope field)이라는 것을 만든다. 미분방정식 (5)에 대한 방향장은 **그림 1.1.3**에 나와 있다.

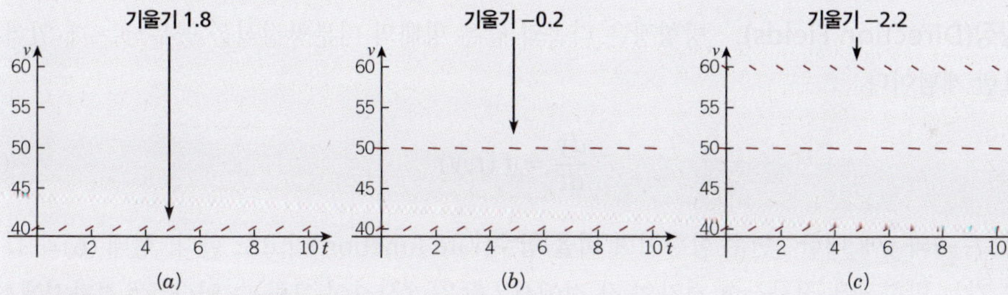

그림 1.1.2 식 (5)에 대한 방향장 형성과정: $dv/dt = 9.8 - (v/5)$. (*a*) $v = 40$이면 $dv/dt = 1.8$, (*b*) $v = 50$이면 $dv/dt = -0.2$, (*c*) $v = 60$이면 $dv/dt = -2.2$.

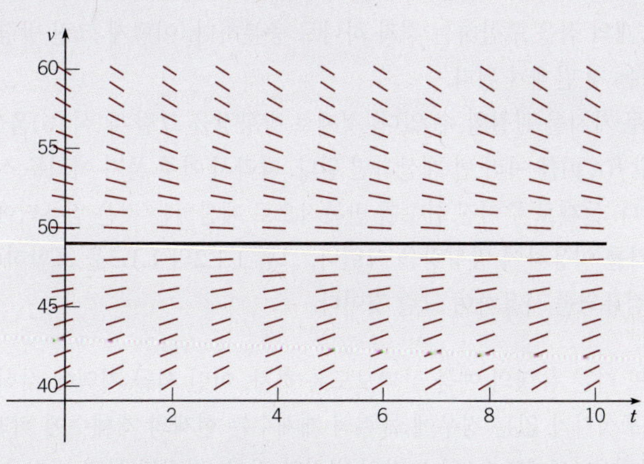

그림 1.1.3 식 (5)에 대한 방향장과 평형 상태의 해: $dv/dt = 9.8 - (v/5)$.

이때, 식 (5)의 해가 tv-평면상의 곡선으로 나타나는 함수 $v = v(t)$임을 알아야 한다. 그림 1.1.3의 중요성은 각각의 선분들이 이 해들의 곡선에 대한 접선이라는 데 있다. 그래서 비록 해를 구하지 못해 그 그래프를 알지 못하더라도 해의 모양에 대한 정성적인 성질은 알 수 있다. 예를 들어, v가 어떤 임계값(critical value)보다 작으면 모든 선분들이 양의 기울기를 갖기 때문에 물체가 낙하함에 따라 그 물체의 속력은 증가한다. 반면, v가 그 임계값보다 크다면 선분들은 음의 기울기를 갖고, 따라서 물체가 낙하함에 따라 속력이 줄어든다. 그러면 속력이 증가하다가 감소하게 되는 v의 임계값은 무엇인가? 이것은 식 (5)에서 dv/dt가 영이 되는 v 값과 같으므로 답은 $v = (5)(9.8) = 49$ m/s이다.

사실, 상수 함수 $v(t) = 49$는 식 (5)의 하나의 해이다. 이를 보이려면 $v(t) = 49$를 식 (5)에 대입하여 양변이 영이 됨을 보이면 된다. 이때, $v(t) = 49$는 시간에 따라 변하지 않기 때문에 이를 **평형 상태인 해**(equilibrium solution)라 하는데, 중력과 항력의 완벽한 균형을 이루는 해이다. 그림 1.1.3에서 이 평형 상태의 해 $v(t) = 49$를 방향장 위에 함께 그려 놓았다. 또한 이 그림을 보면 t가 증가할 때 평형 상태가 아닌 해들이 이 평형 상태의 해로 수렴하는 것도 알 수 있다. 이때 이 평형 상태의 해를 **최종속도**(terminal velocity)라 부르기도 한다.

마찬가지로 매개변수 m과 γ가 임의의 양수인 좀 더 일반적인 식 (4)에서도 예제 1.1.2에서 보여준 방법을 적용할 수 있는데, 근본적으로 예제 1.1.2와 동일한 결과를 얻는다. 식 (4)에 대한 평형 상태의 해는 $v(t) = mg/\gamma$인데, 이 평형 상태의 해보다 아래에 있는 해들은 시간에 따라 증가하고, 위에 있는 해들은 감소한다. 따라서 평형 상태가 아닌 해들은 시간 t가 커짐에 따라 모두 평형 상태의 해로 다가간다.

▶ **방향장(Direction Fields).** 방향장은 다음과 같은 형태의 미분방정식을 공부하는 데 있어서 중요한 개념이다.

$$\frac{dy}{dt} = f(t, y) \tag{6}$$

이때, f는 t와 y에 대한 2변수 함수이며 **비율 함수**(rate function)라고도 한다. 형태 (6)과 같은 식을 갖는 방향장은 직사각형 격자의 각 점에서 f 값을 계산하여 그릴 수 있다. 각 격자점에서 f의 값을 기울기로 갖는 짧은 선분을 그리면, 이 선분은 각각 그 점을 지나는 해 그래프의 접선이 된다. 조밀한 격자 위에 그린 방향장은 주어진 미분방정식에 대한 해의 전체적인 모양을 잘 나타내는데, 보통 몇백 개의 점을 포함하는 격자 하나로 충분하다. 이렇게 그린 방향장은 주어진 미분방정식을 연구하는 첫 단계가 된다.

방향장에 대해 두 가지를 관찰할 수 있다. 첫째로 방향장을 그릴 때 식 (6)을 풀 필요가 없다. 단지 주어진 함수값 $f(t, y)$를 여러 번 계산하면 된다. 따라서 아주 풀기 어려운 식에 대한 방향장도 쉽게 그릴 수 있다. 둘째로 주어진 함수를 반복적으로 계산하는 것은 컴퓨터에 적합한 작업이므로 보통은 컴퓨터를 이용하여 방향장을 그린다. 그림 1.1.2와 1.1.3을 포함하여 이 책에 나오는 모든 방향장은 컴퓨터를 사용하여 그린 것이다.

▶ **들쥐와 올빼미.** 또 다른 유형의 예를 살펴보도록 하자. 어떤 시골 지역에 서식하는 들쥐의 개체수를 고려하되, 포식자가 없는 경우에 들쥐의 개체수는 현재의 개체수에 비례하여 증가한다고 가정하자. 이 가정은 (예제 1.1.1의 뉴턴의 법칙과 같이) 확립된 물리 법칙은 아니나, 개체수

증가를 연구할 때 일차적으로 흔히 하는 가정이다.[1] 1시간을 t라 두고 들쥐의 개체수를 $p(t)$라 두면, 개체수 증가에 대한 가정은 다음과 같은 식으로 표현된다.

$$\frac{dp}{dt} = rp \tag{7}$$

이때, 비례 인자 r을 **비율 상수**(rate constant) 또는 **증가율**(growth rate)이라 한다. 구체적으로 시간의 단위를 월로 두고 비율 상수 r의 값을 0.5/월(month)로 두면, 식 (7)에 있는 각 항의 단위는 쥐/월(mice/month)이다.

또한, 같은 지역에 올빼미 몇 마리가 살고 있는데 하루에 15마리의 들쥐를 잡아먹는다고 가정해 보자. 이 정보를 위의 모델에 포함하기 위해 미분방정식 (7)에 새로운 항을 추가하면, 다음과 같은 식을 얻을 수 있다.

$$\frac{dp}{dt} = \frac{p}{2} - 450 \tag{8}$$

위 식에서 포식 항(predation term)이 -15가 아니라 -450인 이유는 시간을 월 단위로 계산했기 때문이다.

예제 1.1.3

식 (8)의 해를 그래프를 통해 알아보라.

풀이

식 (8)에 대한 방향장이 **그림 1.1.4**에 나타나 있다. 그림 1.1.4나 식 (8)을 통해 충분히 큰 값 p에 대해서 dp/dt가 양수이고, 따라서 해들이 증가한다는 사실을 알 수 있다. 한편, p가 작으면 dp/dt는 음수가 되어 해들이 감소한다. 이때도 해가 증가하다가 감소하는 p의 임계값은 dp/dt가 영이 되는 값이다. 식 (8)에서 $dp/dt = 0$을 놓고 p에 대해 풀면 평형 상태의 해인 $p(t) = 900$을 얻을 수 있는데, 이것은 식 (8)에서 증가항(growth term)과 포식항(predation term)이 정확히 균형을 이루는 해이다. 이 평형 상태의 해 역시 그림 1.1.4에 나타나 있다.

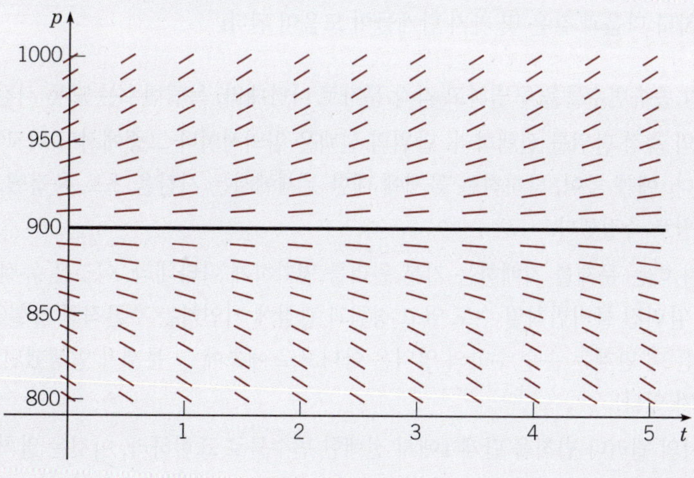

그림 1.1.4 식 (8)에 대한 방향장(청록색)과 평형 상태의 해(검은색) : $dp/dt = p/2 - 450$

[1] 보다 나은 개체수 증가 모델은 2.5절에서 다루겠다.

예제 1.1.2와 예제 1.1.3을 비교해 보면 평형 상태의 해를 기준으로 감소하는 해와 증가하는 해가 나뉘고 있음을 알 수 있다. 예제 1.1.2에서 평형 상태가 아닌 해들이 모두 평형 상태의 해로 수렴하기 때문에 물체가 충분히 떨어지고 나면 거의 평형 상태의 속도로 움직인다는 것을 관찰할 수 있다. 한편, 예제 1.1.3에서는 평형 상태가 아닌 해들이 모두 평형 상태의 해로부터 멀어진다. 이때 해의 모양은 평형 상태의 해보다 아래에서 시작했는지 위에서 시작했는지에 따라 다르다. 즉, 개체수는 시간이 지남에 따라 평형 상태의 개체수보다 훨씬 많아지거나 적어진다. 평형 상태의 해는 현실에서는 발생하지 않지만 위의 두 문제에서 주어진 미분방정식들의 해가 어떤 모양인지를 아는 데 매우 중요한 역할을 한다.

식 (8)의 좀 더 일반적인 식은 특정되지 않은 증가율 r과 포식률 k를 포함하는

$$\frac{dp}{dt} = rp - k \tag{9}$$

이다. 이 일반식의 해들은 식 (8)의 해와 매우 비슷하다. 식 (9)의 평형 상태의 해는 $p(t) = k/r$인데, 이보다 위에 있는 해들은 증가하고 아래에 있는 해들은 감소한다.

그러나 이 절에서 소개한 두 가지 모델은 모두 제한적이다. 낙하하는 물체에 대한 모델 (5)는 다른 방해물이 없이 자유낙하일 때만 유효하다. 속도가 커지면 마찰 저항이 속도에 정비례한다는 가정을 비선형 근사로 바꿔야 한다(연습문제 **21**번). 개체수 모델 (8)은 이 식에 따르면 들쥐의 개체수가 결국에는 음수가 되거나($p < 900$일 때) 또는 엄청나게 증가하는데($p > 900$일 때) 두 경우 모두 비현실적이므로 아주 짧은 기간이 아니라면 큰 의미가 없다.

▶ **수학적 모델의 구성.** 미분방정식을 다양한 분야에 적용하기 위해서는 먼저 연구하고자 하는 문제를 그대로 나타낼 수 있는, 즉 모델링할 수 있는 미분방정식을 세워야 한다. 이 절에서는 각각 물리학과 생태학에서 유도되는 두 가지 예제를 통해 모델링 과정을 보여주었다. 앞으로도 수학적 모델링이 문제에 따라 다르다는 것과 성공적으로 모델링하기 위해서 정해진 일련의 규칙들을 모두 따를 필요는 없다는 것을 염두에 두어야 한다. 만족할 만한 모델을 찾는 것이 매우 어려운 일이긴 하나 다음과 같은 몇 가지 단계들이 도움이 된다:

1. 독립변수와 종속변수들을 구별하고 각각 문자로 나타내라. 독립변수는 보통 시간이다.

2. 각 변수들의 측정 단위를 선택하라. 단위의 선택은 임의적이나 그중에서도 비교적 편리한 단위들이 있다. 예를 들어, 낙하하는 물체에 대한 문제에서는 시간을 초로 측정했고 개체수 문제에서는 월로 측정했다.

3. 연구하고자 하는 문제를 지배하는 기본 원리를 명확하게 나타내라. 이것은 뉴턴의 운동법칙처럼 널리 알려진 물리법칙일 수도 있고 경험과 관찰에 기인하는 추론적인 가설일 수도 있다. 어느 쪽이든 이 단계는 순수 수학의 영역은 아니므로 애초에 그 문제가 발생했던 분야에 익숙해질 필요가 있다.

4. 단계 3에서의 원리나 법칙을 단계 1에서 선택한 변수들로 표현하라. 이것은 말처럼 쉽지만은 않다. 이를 위해서 (예제 1.1.1에서의 항력계수 같은) 물리적 상수들이나 매개변수들을 도입하고 이에 대한 적당한 값들을 결정하기도 해야 한다. 또는 주요 변수들과 관련되어 있는 보조 변수 또는 중간 변수들을 사용하기도 한다.

5. 단위가 같다면 비록 이로써 드러나지 않은 오류는 있을지언정 차원은 일치하는 것이다.

6. 이 절에서 다룬 문제들은 단계 4의 결과로 하나의 미분방정식이 나왔는데, 이 식이 문제에서 요구하던 수학 모델이다. 그러나 더 복잡한 문제들에서는 연립 미분방정식처럼 훨씬 더 복잡한 수학 모델이 나올 수도 있다.

▶ **역사적 배경, I부: 뉴턴, 라이프니쯔, 베르누이.** 미분방정식 분야에 관련된 수학사의 진가를 알기 위해서는 미분방정식과 그 해법들을 잘 알아야 한다. 미분방정식은 일반 수학과 밀접하게 얽혀 발전해왔기 때문에 이 둘을 떼어놓고 생각할 수는 없지만, 역사적 고찰을 위해 미분방정식에 대한 중요한 역사상의 경향들과 초창기에 가장 크게 기여한 수학자들을 중심으로 소개하겠다. 이 절에서는 17세기 수학자들을 주로 소개하고, 이어서 1.2절의 마지막 부분에서는 오일러(Euler)와 그 외 다른 18세기와 19세기 초에 공헌한 수학자들을 다룬다. 컴퓨터와 같은 과학기술을 이용한 최근 동향은 1.3절의 끝부분에 요약하였다. 그 외 역사적인 정보들은 이 책의 각주들과 이 장의 마지막에 열거된 참고문헌들에 나와 있다.

미분방정식이라는 주제는 17세기 뉴턴(Isaac Newton, 1643~1727)과 라이프니쯔(Gottfried Wilhelm Leibniz, 1646~1716)가 발전시킨 미적분학에서 유래하였다. 뉴턴은 영국 지방에서 자라 캠브리지에 있는 트리니티 대학에서 교육을 받았고, 1669년에 동 대학 수학과의 루커스 석좌 교수직에 임명되었다. 미적분학과 기본적인 역학 법칙들의 획기적인 발견은 1665년으로 거슬러 올라간다. 비평에 예민했던 뉴턴은 이 발견들을 지인들에게만 비공개적으로 돌렸다가, 1687년에 이르러서야 그의 가장 유명한 저서인 *자연철학의 수학적 원리*(Philosophiæ Naturalis Principia Mathematica)를 시작으로 많은 연구 결과들을 발표하기 시작했다. 비록 뉴턴이 미분방정식에 대한 연구를 많이 하지는 않았지만, 그의 미적분학과 역학에 대한 기본 법칙들은 18세기 오일러(Euler)(1.2절의 역사적 배경 II부)가 미분방정식 응용에 주목하는 데 중요한 기반이 되었다. 뉴턴은 1계 미분방정식을 $dy/dx = f(x)$, $dy/dx = f(y)$, $dy/dx = f(x, y)$의 세 가지 형태로 분류하였다. 세 번째 식에서 $f(x, y)$가 x와 y에 대한 다항식일 경우, 무한급수를 이용한 풀이법을 개발하였다. 뉴턴은 1690년대 초반부터 간간이 "도전적인 문제"를 풀거나 초창기에 했던 연구 결과를 수정하고 발표하는 것 외에는 모든 수학 연구를 중단하였다. 그는 1696년에 영국 조폐국장에 임명되었고, 몇 년 후 교수직을 사임하였다. 1705년에 기사작위를 수여받았고, 사망한 후에는 웨스트민스터 사원에 안장되었다.

라이프니쯔는 독일의 라이프치히에서 태어나 20세에 알트도르프 대학에서 박사학위를 마쳤다. 그는 전 생애에 걸쳐 다양한 분야에서 학문적인 업적을 남겼다. 20대에 수학에 흥미를 느껴 혼자 독학으로 공부하였고, 이후 독자적으로 뉴턴보다 다소 늦게 미적분학의 기본 결과에 도달하였으나 발표는 1684년에 먼저 하였다. 라이프니쯔는 수학 기호의 중요성을 깨닫고, dy/dx라는 미분 기호와 적분 기호를 처음 사용하였다. 그는 1691년에 변수분리법(2.2절)과 동차 미분방정식을 분리 가능한 미분방정식으로 바꾸는 방법(2.2절, 연습문제 **30**), 그리고 1694년에 1계 선형 미분방정식에 대한 해법(2.1절)을 개발하였다. 그는 몇몇 독일 귀족들의 대사와 고문으로 지내며 많은 곳을 돌아다닐 수 있었고, 이를 통해 베르누이(Bernoulli) 형제들을 비롯한 많은 수학자들과 교류를 쌓았다. 이러한 교류를 통해 17세기 후반에는 미분방정식에 관한 많은 문제들을 풀게 되었다.

스위스 바젤 태생인 제이콥(Jacob, 1654~1705)과 요한(Johann, 1667~1748) 베르누이(Bernoulli) 형제는 많은 미분방정식 해법을 개발하고, 다양한 분야에 미분방정식을 적용하였다. 제이콥은 1687년에 바젤 대학의 수학 교수가 되었고, 요한은 1705년에 제이콥이 사망한 후 그의 자리를 물려받았다. 두 형제는 싸우기 좋아하고 질투가 많아 자주 논쟁에 휘말렸으나, 수학의 다양한 분야에 많은 공헌을 하였다. 미적분학을 이용하여 많은 역학 문제를 미분방정식으로 모델링하여 풀었으며, 예를 들어 제이콥 베르누이는 1690년에 미분방정식 $y' = a^3/(b^2y - a^3)$ (2.2절의 연습문제 **9**)을 풀었고, 이 논문에서 처음으로 현대적 의미로 "적분"이라는 용어를 사용하였다. 1694년에 요한 베르누이는 미분방정식 $dy/dx = y/(ax)$ (2.2절의 연습문제 **10**)을 풀었다. 이 두 형제가 함께 풀면서 큰 마찰을 일으킨 문제는 **최소강하 곡선 문제**(2.3절의 연습문제 **24**)였다. 이 문제는 라이프니쯔, 뉴턴, 로피탈(Marquis de L'Hôpital)도 푼 문제였다. 확인된 바는 아니지만 전해지는 말에 의하면, 뉴턴은 조폐국에서 일을 마친 후 지쳐 돌아온 오후 늦게 이 문제를 받아보고 저녁식사를 마친 그날 밤에 바로 풀었다고 한다. 그는 익명으로 이 해답을 발표하였고, 이를 본 요한 베르누이는 "아, 발톱을 보니 사자인걸 알겠다"라고 외쳤다고 한다.

요한 베르누이의 아들인 다니엘 베르누이(Daniel Bernoulli, 1700~1782)는 새로 설립된 상트페테르부르크 아카데미에 입학하기 위해 상트페테르부르크로 이주하였으나, 1733년에 바젤로 돌아와 생물학 교수, 후에는 물리학 교수가 되었다. 그는 주로 편미분방정식과 그 응용에 관심을 기울였으며, 예를 들어 유체역학에서의 베르누이 방정식은 그의 이름을 딴 것이다. 그는 1세기 후에 베셀(Bessel) 함수(5.8절)로 알려지게 된 함수를 처음 발견했다.

연습 문제

▶ 문제 **1**부터 **4**까지 주어진 미분방정식의 방향장을 그리고 이 방향장을 근거로 $t \to \infty$일 때 y의 모양을 결정하라. 이 모양이 $t = 0$일 때 y의 초깃값에 의존하는지를 설명하라.

1. Ⓖ $y' = 3 - y$

2. Ⓖ $y' = 2y - 4$

3. Ⓖ $y' = -1 - 4y$

4. Ⓖ $y' = 4y - 2$

▶ 문제 **5**와 **6**에서 $t \to \infty$일 때 문제에서 제시된 모양의 해를 갖는 $dy/dt = ay + b$인 형태의 미분방정식을 적어라.

5. 모든 해들이 $y = 2/3$로 다가간다.

6. 모든 해들이 $y = 3$으로부터 멀어진다.

▶ 문제 **7**부터 **10**까지 주어진 미분방정식에 대하여 (a) 방향장을 그리고 (b) 이 방향장을 근거로 $t \to \infty$일 때 y의 모양을 결정하라. 이 모양이 $t = 0$일 때 y의 초깃값에 의존하는지 설명하라. 이 문제들에서 주어진 식은 $y' = ay + b$의 형태가 아니므로 해의 모양이 본문의 경우보다 더 복잡할 수도 있다.

7. Ⓖ $y' = y(4 - y)$

8. Ⓖ $y' = -y(4 - y)$

9. Ⓖ $y' = y^4$

10. Ⓖ $y' = y(y - 1)^2$

▶ 다음과 같은 미분방정식의 여러 보기 중 일부의 방향장이 **그림 1.1.5**부터 **1.1.10**에 나타나 있다. 문제 **11**부터 **16**까지 주어진 방향장에 해당하는 미분방정식을 찾아라.

a. $y' = 2y - 1$

b. $y' = 1 + y$

c. $y' = y - 2$

d. $y' = y(y + 3)$

e. $y' = y(y - 3)$

f. $y' = 1 + 2y$

g. $y' = -3 - y$

h. $y' = y(2 - y)$

i. $y' = 1 - 2y$

j. $y' = 2 - y$

11. **그림 1.1.5**의 방향장

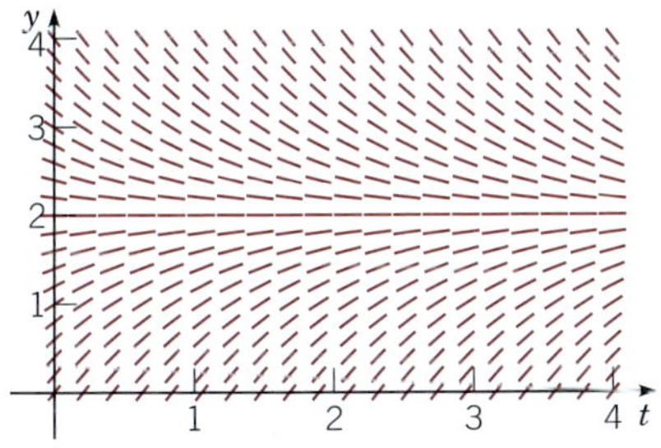

그림 1.1.5 문제 **11**

12. **그림 1.1.6**의 방향장

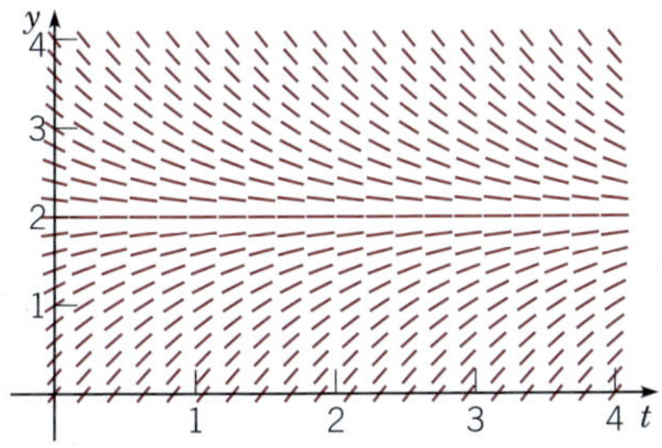

그림 1.1.6 문제 **12**

13. **그림 1.1.7**의 방향장

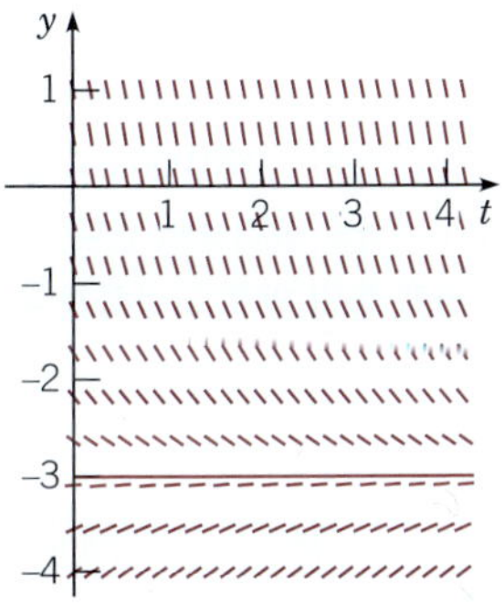

그림 1.1.7 문제 **13**

14. **그림 1.1.8**의 방향장

그림 1.1.8 문제 **14**

15. **그림 1.1.9**의 방향장

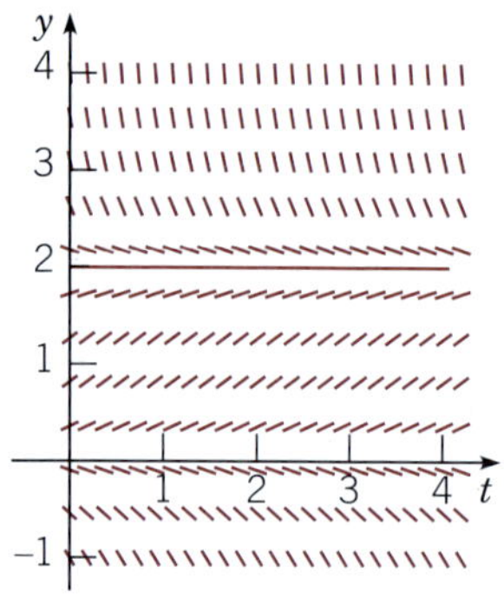

그림 1.1.9 문제 **15**

16. **그림 1.1.10**의 방향장

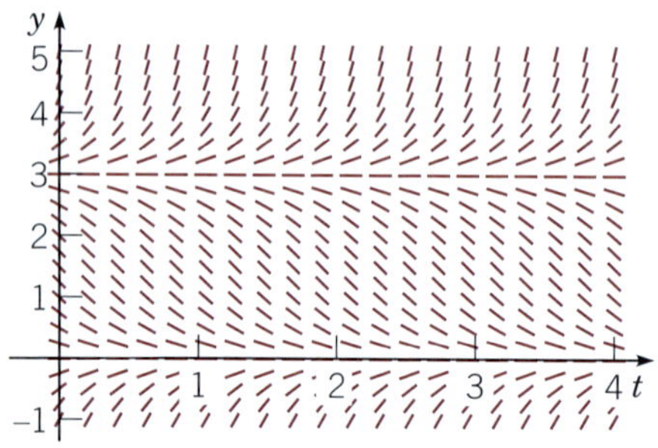

그림 1.1.10 문제 **16**

17. 어떤 연못에 양이 얼마인지 알 수 없는 위험한 화학약품이 들어있는 물이 1,000,000 gal 있다. 이후 리터당 0.01 g의 화학약품이 포함된 물이 연못으로 300 gal/h의 비율로 흘러들어 간다고 하자. 또한 같은 비율의 혼합물이 연못 밖으로 흘러 나가서 이 연못의 전체 물의 양은 일정하게 유지된다. 이때, 화학약품이 연못 안에 균일하게 분포되어 있다고 가정하자.

a. 임의의 시간에 이 연못에 있는 화학약품의 양을 나타내는 미분방정식을 구하라.

b. 매우 긴 시간이 흐른 후에 이 연못 안의 화학약품이 얼마나 남아있겠는가? 이 한계량(limiting amount)이 처음 이 연못 안에 들어있던 화학약품의 양에 따라 달라지는가?

18. 구형의 빗방울이 표면적에 비례하여 증발할 때 시간에 대한 함수인 이 빗방울의 부피에 대한 미분방정식을 구하라.

19. 뉴턴의 냉각법칙에 의하면 물체의 온도는 물체 자체의 온도와 그 주위 온도(주로 주변 공기의 온도)와의 차이에 비례해서 변한다. 이때, 주위 온도는 70°F이고 비례상수가 $0.05(\text{min})^{-1}$라 두고, 임의의 시간에 이 물체의 온도를 나타내는 미분방정식을 구하라. 이때, 물체의 온도가 주위 온도보다 높든지 낮든지 상관없이 미분방정식은 같아야 한다.

20. 어떤 약이 환자에게 정맥주사로 투여된다고 하자. 5 mg/cm^{3}의 약이 포함된 액체가 100 cm^3/h의 비율로 환자의 혈류에 투입된다. 이 약이 체조직에 흡수되거나 아니면 약의 양에 비례하는 비율로 혈류에서 빠져나가는데, 이때의 비례상수는 0.4/h이다.

a. 이 약이 혈류 안에서 항상 균일하게 분포되어 있다고 가정하고 임의의 시간에 혈류 안에 있는 이 약의 양을 나타내는 미분방정식을 구하라.

b. 시간이 오래 지난 후에 혈류 안에 남은 약의 양은 얼마인가?

21. **N** 본문에서처럼 천천히 낙하하는 작은 물체에 대한 항력은 속도에 비례한다고 가정할 수 있다. 그러나 더 빠르게 낙하하는 큰 물체에 대해서는 항력이 속도의 제곱에 비례한다고 가정하는 것이 더 정확하다.[2]

   a. 항력의 크기가 속도의 제곱에 비례하고 그 방향은 속도와 반대 방향이라고 가정할 때 질량이 m인 낙하하는 물체의 속도에 대한 미분방정식을 구하라.

   b. 긴 시간이 흐른 후에 한계속도를 구하라.

   c. $m = 10$ kg일 때 한계속도가 49 m/s가 되는 항력계수를 구하라.

   d. **N** c의 결과를 이용하여 방향장을 그리고 그림 1.1.3과 비교하라.

▶ 문제 **22**부터 **25**까지 (a) 주어진 미분방정식에 대한 방향장을 그려라. (b) 이 방향장을 근거로 $t \to \infty$일 때의 y의 모양을 결정하라. 이 모양이 $t = 0$일 때 y의 초깃값에 의존하는지 설명하라. 이 미분방정식들의 우변은 y뿐 아니라 t에 대한 함수이므로 이 해들은 본문에 있는 해들보다 더 복잡한 모양을 나타낼 수 있다.

22. **G** $y' = -2 + t - y$

23. **G** $y' = e^{-2t} + y$

24. **G** $y' = \sin t + 1 + y$

25. **G** $y' = \frac{1}{6}y^3 - y - \frac{1}{3}t^2$

1.2 몇 가지 미분방정식의 해

앞 절에서 미분방정식

$$m\frac{dv}{dt} = mg - \gamma v \tag{1}$$

과

$$\frac{dp}{dt} = rp - k \tag{2}$$

을 유도했다. 식 (1)은 낙하하는 물체에 대한 모델이고 식 (2)는 올빼미의 먹이가 되는 들쥐의 개체수에 대한 모델이다. 이 식들은 다음과 같이 주어진 상수 a, b에 대한 일반형으로 나타낼 수 있다.

$$\frac{dy}{dt} = ay - b \tag{3}$$

앞 절에서 방향장을 이용하여 식 (1)과 (2)의 해의 모양에 대한 몇 가지 중요한 정성적인 결과를 이끌어낼 수 있었다. 그러나 정량적인 성질에 대한 질문에 답하기 위해서는 해를 직접 구해야 하므로 그 방법을 알아보자.

들쥐와 올빼미 (계속) 예제 **1.2.1**

$$\frac{dp}{dt} = 0.5p - 450 \tag{4}$$

[2] Lyle N. Long and Howard Weiss, "The Velocity Dependent of Aerodynamics Drag: A Primer for Mathematicians," *American Mathematical Monthly* 106 (1999), 2, pp. 127-135를 참조하라.

는 들쥐와 올빼미의 개체수에 대한 상호작용을 나타낸다[1.1절에 있는 식 (8)을 참조]. 이 식의 해를 구하라.

풀이

식 (4)를 풀기 위해서 이 식이 항등식이 되게 하는 함수 $p(t)$를 찾아야 한다. 한 가지 풀이법은 다음과 같다. 식 (4)를

$$\frac{dp}{dt} = \frac{p - 900}{2} \tag{5}$$

으로 바꿔 쓰면 $p \neq 900$에 대해

$$\frac{dp/dt}{p - 900} = \frac{1}{2} \tag{6}$$

이 된다. 연쇄법칙에 의해 식 (6)의 좌변은 $\ln|p - 900|$의 t에 대한 미분이므로 다음 식을 얻는다.

$$\frac{d}{dt}\ln|p - 900| = \frac{1}{2} \tag{7}$$

이때, 식 (7)의 양변을 적분하면 임의의 적분 상수 C에 대해

$$\ln|p - 900| = \frac{t}{2} + C \tag{8}$$

가 된다. 식 (8)의 양변에 지수함수를 취하면

$$|p - 900| = e^{t/2+C} = e^C e^{t/2} \tag{9}$$

즉,

$$p - 900 = \pm e^C e^{t/2} \tag{10}$$

이 되고 결국 임의의 (영이 아닌) 상수 $c = \pm e^C$에 대해

$$p = 900 + ce^{t/2} \tag{11}$$

이 된다. 이때, 상수 함수 $p = 900$도 식 (5)의 해이며 c가 0이 되는 것을 허용한다면 식 (11)에 포함된다. 몇 가지 c 값에 대한 식 (11)의 그래프가 **그림 1.2.1**에 나타나 있다.

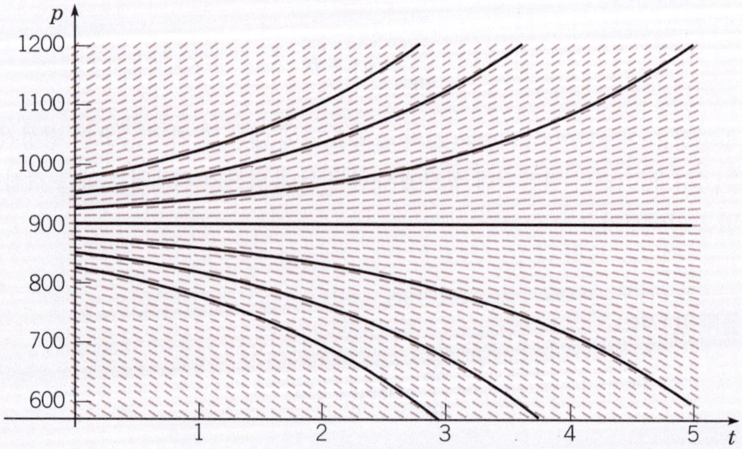

그림 1.2.1 몇 개의 c 값에 대한 $p = 900 + ce^{t/2}$ 그래프들. 이 검은색 그래프들은 $dp/dt = 0.5p - 450$의 해이다.

이 그래프들은 그림 1.1.4의 방향장으로부터 유추할 수 있었던 특징들을 갖고 있다. 예를 들어 평형 상태의 해 $p = 900$의 위 또는 아래에 있는 해들이 이 평형 상태의 해로부터 멀어진다.

예제 1.2.1의 미분방정식 (4)는 무수히 많은 해들을 갖는데, 이는 식 (11)에 있는 임의의 상수 c가 가질 수 있는 무수히 많은 값에 해당된다. 이런 경우는 미분방정식의 해를 구할 때 항상 일어난다. 미분방정식을 풀 때 포함되는 적분에서 생기는 임의의 상수 때문에 무한한 해들의 집합이 생긴다.

흔히 임의의 상수에 특정한 값을 넣어 무한한 해들의 집합 중 하나의 해에 집중하기도 한다. 이를 위해 간접적으로 해의 그래프에 있는 특정한 한 점을 지정한다. 예를 들어, 식 (11)에 있는 상수 c를 결정하기 위해 시간 $t = 0$에서 개체수가 850이라든지 해의 그래프가 점 (0, 850)을 지난다는 식으로 어떤 시간에 주어진 값을 갖도록 한다. 이 조건을 다음과 같은 기호로 표현할 수 있다.

$$p(0) = 850 \tag{12}$$

$t = 0$과 $p = 850$을 식 (11)에 대입하면

$$850 = 900 + c$$

를 얻으므로 $c = -50$이고 이 값을 식 (11)에 대입하면 원하는 해

$$p = 900 - 50e^{t/2} \tag{13}$$

을 얻을 수 있다.

c를 결정하기 위해 사용한 부가 조건 (12)는 **초기조건**(initial condition)의 한 예이다. 미분방정식 (4)는 초기조건 (12)와 함께 **초깃값 문제**(initial value problem)를 이룬다.

이제 미분방정식 (3)

$$\frac{dy}{dt} = ay - b$$

과 임의의 초깃값 y_0에 대한 초기조건

$$y(0) = y_0 \tag{14}$$

로 이루어진 좀 더 일반적인 문제를 고려하자. 이 문제는 예제 1.2.1에서 사용했던 것과 같은 방법으로 풀 수 있다. $a \neq 0$이고 $y \neq b/a$이면 식 (3)을 다음과 같이 쓸 수 있다.

$$\frac{dy/dt}{y - \frac{b}{a}} = a \tag{15}$$

이 식의 양변을 적분하면 임의의 상수 C에 대해

$$\ln\left|y(t) - \frac{b}{a}\right| = at + C \tag{16}$$

가 된다. 식 (16)의 양변에 지수함수를 취하고 y에 대하여 풀면 임의의 상수 $c = \pm e^C$에 대해

$$y(t) = \frac{b}{a} + ce^{at} \tag{17}$$

이 된다. 이때, $c = 0$이 $y(t) = b/a$라는 평형 상태의 해에 해당함을 알 수 있다. 결국 초기조건 (14)에 의해 $c = y_0 - (b/a)$이므로 초깃값 문제 (3), (14)의 해는

$$y(t) = \frac{b}{a} + \left(y_0 - \frac{b}{a}\right)e^{at} \tag{18}$$

이다.

$a \neq 0$에 대해 식 (17)은 식 (3)의 모든 가능한 해를 포함하고 있으므로 이를 **일반해**(general solution)[3]라고 한다. 일반해 (17)을 기하학적으로 나타내면 **적분곡선**(integral curves)이라는 무수히 많은 곡선들의 집합을 이룬다. 각각의 적분곡선은 특정한 c 값과 관련되어 있어서 그 c 값에 해당되는 해의 그래프이다. 어떤 초기조건을 만족한다는 것은 이에 해당하는 초깃점을 통과하는 적분곡선을 찾는 것이다.

들쥐 개체수의 모델 (2)를 해 (18)과 연관짓기 위해서는 a를 증가율 r (>0)로, b를 포식률(predation rate) k (>0)로 바꾸면 된다. 그러면 해 (18)은 들쥐의 초기 개체수인 p_0에 대해

$$p(t) = \frac{k}{r} + \left(p_0 - \frac{k}{r}\right)e^{rt} \tag{19}$$

이 된다. 해 (19)는 방향장과 예제 1.2.1을 통해서 얻은 결과들을 확인해 준다. $p_0 = k/r$이면 식 (19)로부터 모든 t에 대하여 $p(t) = k/r$이 되는데, 이것은 평형 상태 또는 상수인 해이다. $p_0 \neq k/r$이면 해의 모양은 식 (19)에 있는 지수항의 계수 $p_0 - (k/r)$의 부호에 따라 달라진다. $p_0 > k/r$이면 p는 시간에 따라서 지수적으로 증가한다; $p_0 < k/r$이면 p는 감소하다가 결국에는 영이 되는데 이것은 들쥐가 멸종하는 것을 의미한다. 식 (19)에서 p가 음수가 되는 것도 가능하지만 이 문제에서는 의미가 없다.

낙하하는 물체에 대한 식 (1)을 (3)의 형태로 만들기 위해서 a를 $-\gamma/m$로, b를 $-g$로 바꾸자. 이것을 해 (18)에 대입하면 초기 속도 v_0에 대해

$$v(t) = \frac{mg}{\gamma} + \left(v_0 - \frac{mg}{\gamma}\right)e^{-\gamma t/m} \tag{20}$$

이 된다. 이 해는 1.1절에서 방향장에 근거해서 얻은 결과들을 다시 확인시켜 준다. 평형 상태 또는 상수인 해 $v = mg/\gamma$가 있는데 다른 모든 해들은 이 평형 상태의 해로 다가간다. 이때 평형 상태의 해로 수렴하는 속도는 지수 $-\gamma/m$에 의해 결정되기 때문에 질량 m에 대해서 항력계수 γ가 증가할수록 그 속도는 평형 상태 값으로 더 빠르게 수렴한다.

예제 1.2.2 낙하하는 물체 (계속)

예제 1.1.2에서 낙하하는 물체에 대해 질량 $m = 10$ kg, 항력계수 $\gamma = 2$ kg/s라 두면 운동방정식 (1)은

$$\frac{dv}{dt} = 9.8 - \frac{v}{5} \tag{21}$$

과 같이 된다. 이 물체가 300 m 높이에서 떨어진다고 가정할 때 임의의 시간 t에서의 물체의 속도를

[3] $a = 0$이면, 식 (3)의 해는 식 (17)로부터 얻을 수 없다. 이 경우의 일반해를 찾는 것은 독자에게 맡기겠다.

구하라. 이 물체가 지면에 도달할 때까지 얼마나 걸리며, 지면과 충돌할 때의 순간 속도는 얼마인가?

풀이:

첫 번째 단계는 식 (21)에 맞는 초기조건을 찾는 것이다. 문제에서 "떨어진다"는 말은 초기 속도가 영임을 의미하므로 초기조건을

$$v(0) = 0 \tag{22}$$

이라 두자.

식 (21)의 해를 찾으려면 해 (20)의 계수에 문제에서 주어진 값들을 단순 대입하면 되지만, 여기서는 식 (21)을 직접 풀어서 해를 구하고자 한다. 먼저, 이 식을

$$\frac{dv/dt}{v-49} = -\frac{1}{5} \tag{23}$$

로 바꿔 쓴 후, 양변을 적분하면

$$\ln|v(t)-49| = -\frac{t}{5} + C \tag{24}$$

가 되므로 식 (21)의 일반해는 임의의 상수 c에 대해

$$v(t) = 49 + ce^{-t/5} \tag{25}$$

이 된다. 이 c 값을 결정하기 위해 식 (25)에 초기조건 (22)로부터 나온 $t = 0$과 $v = 0$을 대입하면 $c = -49$를 얻는다. 따라서 초깃값 문제 (21), (22)의 해는

$$v(t) = 49\left(1 - e^{-t/5}\right) \tag{26}$$

이 된다. 식 (26)은 (지면에 닿기 전이므로) 양수인 임의의 시간 t에 낙하하는 물체의 속도를 나타낸다.

몇몇 c의 값에 대한 해 (25)의 그래프들이 검은 곡선으로 표시된 해 (26)과 함께 **그림 1.2.2**에 나타나 있다. 확실히 모든 해들이 평형 상태의 해 $v(t) = 49$로 다가가고 있으며 이는 1.1절에서 그림 1.1.2와 1.1.3의 방향장을 토대로 얻은 결과와 일치한다.

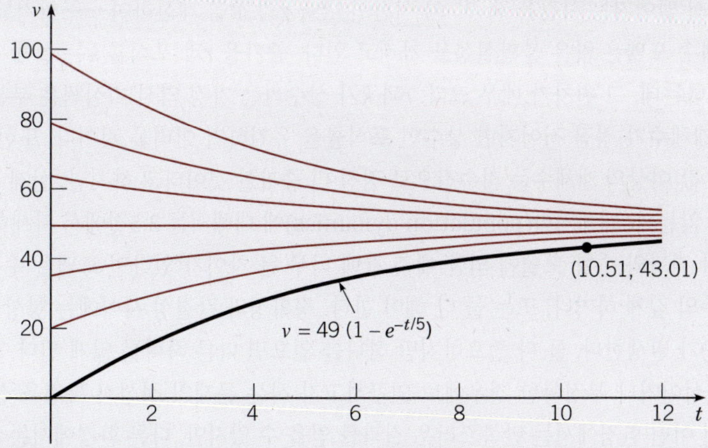

그림 1.2.2 몇몇 c 값에 대한 해 (25), $v = 49 + ce^{-t/5}$의 그래프들. 검은 곡선은 초기조건 $v(0) = 0$에 해당한다. 점 (10.51, 43.01)은 물체가 지면에 닿을 때의 속도를 나타낸다.

물체가 지면에 충돌할 때의 물체의 속도를 구하기 위해 충돌할 때의 시간을 알아야 한다. 즉, 물체가 300 m를 낙하하는 데 걸리는 시간을 결정해야 한다. 이를 위해, 물체가 낙하한 거리 x와 v의 관계가 $v = dx/dt$, 즉

$$\frac{dx}{dt} = 49\left(1 - e^{-t/5}\right) \tag{27}$$

임을 이용하자. 식 (27)의 양변을 t에 대하여 적분하면 임의의 적분상수 k에 대해

$$x = 49t + 245e^{-t/5} + k \tag{28}$$

가 된다. 물체는 $t = 0$일 때 낙하하기 시작하므로 $t = 0$일 때 $x = 0$이다. 따라서 식 (28)로부터 $k = -245$임을 알 수 있고 결국 시간 t에 이 물체가 낙하한 거리는 다음과 같다.

$$x = 49t + 245e^{-t/5} - 245 \tag{29}$$

T를 물체가 지면에 닿을 때의 시간이라고 두면 $t = T$일 때 $x = 300$이다. 이 값들을 식 (29)에 대입하면

$$49T + 245e^{-T/5} - 245 = 300 \tag{30}$$

이 된다. 식 (30)을 만족하는 T 값은 과학용 계산기나 컴퓨터를 이용한 수치적 과정[4]을 통해 $T \cong 10.51$ s라는 근삿값을 얻을 수 있으며 속도 v_T는 식 (26)으로부터 $v_T \cong 43.01$ m/s임을 알 수 있다. 이에 해당하는 점 (10.51, 43.01)도 그림 1.2.2에 표시되어 있다.

▶ **수학적 모델링에 대한 부연 설명.** 지금까지 미분방정식을 낙하하는 물체에 대한 수학 모델과 들쥐와 올빼미의 가상적인 관계에 대한 수학 모델에 관련하여 설명하였다. 이 모델들은 매우 그럴듯하지만 어떤 수학 모델이든 이 모델로부터 나오는 예측이 궁극적으로 관찰이나 실험 결과들과 일치하는지 시험해 보아야 한다. 이 절에서는 비교할 수 있는 실제 관찰이나 실험 결과들이 없기 때문에 모델과 실제 현상이 일치하지 않는 몇 가지 근거를 제시하겠다.

낙하하는 물체의 경우, 기본적인 물리법칙(뉴턴의 운동법칙)은 잘 정립되어 널리 사용되고 있으나 항력계수가 속도에 비례한다는 가설은 그렇지 않다. 이 가설이 맞는다 해도 항력계수 γ를 직접 측정하여 결정한다는 것은 매우 어렵다. 실제로 항력계수를 간접적으로—예를 들어, 주어진 높이에서 떨어지는 시간을 잰 후, 이 시간이 나올 γ의 값을 계산하여—구하기도 한다.

들쥐 개체수 모델은 많은 불확실성을 가지고 있다. 증가율 r과 포식률 k는 실제 개체수를 관찰하여 결정하는데, 그 편차가 매우 크다. r과 k가 상수라는 가정 역시 미심쩍은 부분이다. 예를 들어, 들쥐 개체수가 점점 적어지면 상수인 포식률을 유지하기 어려울 것이다. 또한, 이 모델은 평형 상태인 값 이상의 개체수는 지수적으로 점점 더 증가할 것이라고 하지만, 실제 개체수의 현상과는 맞지 않는다. 개체역학(population dynamics)에 대해서는 2.5절에서 자세히 다루겠다.

실제 관찰 결과와 수학 모델에 의한 예측 간에 너무 큰 차이가 있다면 모델을 수정하거나 관찰을 더욱 주의 깊게 하거나, 또는 둘 다 해야 한다. 정확성과 간결성 사이에는 항상 트레이드오프(tradeoff)가 발생한다. 둘 다 필요하지만 하나를 얻으면 다른 하나를 잃게 된다. 그러나 수학 모델이 미완성이거나 부정확한 경우에도 연구하고자 하는 문제의 정성적 특징을 설명할 때 유용하다. 또한 어떤 환경에서는 만족스러운 결과를 얻을 수 있지만, 다른 환경에서는 그렇지 않을 수도 있다. 따라서 수학 모델을 만들어 예측할 때는 상식선에서 잘 판단해야 한다.

▶ **역사적 배경. II부: 오일러, 라그랑지, 라플라스.** 18세기의 가장 위대한 수학자인 오일러

[4] 컴퓨터 대수 시스템(CAS)이 이런 기능을 제공한다; 많은 계산기에도 이런 식을 푸는 기능이 내장되어 있다.

(Leonhard Euler, 1707~1783)는 스위스 바젤 근교에서 자랐으며 요한 베르누이의 제자였다. 그는 1727년에 그의 친구인 다니엘 베르누이를 따라 상트페테르부르크로 가서 남은 생애 동안 상트페테르부르크 아카데미(1727~1741, 1766~1783)와 베를린 아카데미(1741~1766)에서 교편을 잡았다. 1738년에 오른쪽 눈을 잃고 1766년에 왼쪽 눈을 잃었음에도 불구하고, 오일러는 역사상 가장 다작의 수학자 중 한 명으로 남았다. 그는 생애 동안 500편 이상의 책과 논문을 발표했으며, 사후에도 추가로 400편이 출판되었다.

이 책에서 주로 다룰 부분은 역학 문제를 수학 용어로 구성하는 과정과 이 과정에서 나온 수학 문제들을 푸는 방법이다. 라그랑지(Lagrange)는 역학에 기여한 오일러의 연구를 "해석학을 운동 과학에 적용한 위대한 최초의 연구"라고 말했다. 그중에서도 오일러는 1734~1735년에 1계 미분방정식이 완전하기 위한 조건(2.6절)을 찾아 적분인자(integrating factor)에 대한 이론(2.6절)을 발전시켰다. 1743년에는 상수 계수를 갖는 제차 선형 미분방정식의 일반해(3.1절, 3.3절, 3.4절, 4.2절)를, 1750~1751년에는 제차 비선형 미분방정식의 일반해를 찾았다. 약 1750년부터는 미분방정식을 풀기 위해 멱급수(5장)를 자주 사용하기 시작했다. 또한 1768~1769년에는 수치 해석법(2.7절, 8.1절)을 이용하여 편미분방정식론에 많은 공헌을 했고, 최초로 변분법(calculus of variation)을 체계화하였다.

라그랑지(Joseph-Louis Lagrange, 1736~1813)는 19세에 그의 고향인 이탈리아의 토리노에서 수학 교수가 되었다. 1766년에 베를린 아카데미에서 오일러의 뒤를 이어 수학과 학과장이 되었고, 1787년에 파리 아카데미로 이직하였다. 1788년에 출판된 그의 기념비적인 저서 *해석 역학*(Mécanique analytique)이 가장 유명한데, 이 저서는 뉴턴 역학에 대한 세련되고 종합적인 논문이다. 라그랑지는 1762~1765년에 기초적인 미분방정식들에 대해서 n계 제차 선형 미분방정식의 일반해가 n개의 서로 독립인 해들의 일차 결합임을 보였다(3.2절, 4.1절). 이후 1774~1775년에 매개변수 변형법(method of variation of parameters)을 완성하였다(3.6절, 4.4절). 또한 편미분방정식과 변분법 분야에 대한 기초 연구로도 잘 알려져 있다.

라플라스(Pierre-Simon de Laplace, 1749~1827)는 프랑스의 노르망디에서 유년 시절을 보냈고 1768년에 파리로 이주해 1773년에 프랑스 과학 아카데미의 회원으로 선출되면서 과학계에서 빠르게 두각을 드러내었다. 특히 천체역학 분야에서 뛰어났다. 그의 가장 유명한 저서 *천체 역학*(Traité de mécanique céleste)은 1799년과 1825년 사이에 5권으로 출판되었다. 라플라스 방정식은 수리 물리학의 여러 분야에서 기본적인 방정식인데, 라플라스는 이를 중력 인력과 연결시켜 폭넓게 연구하였다. 라플라스 변환(7장) 역시 그의 이름을 딴 것이며, 이를 미분방정식을 푸는 데 이용하게 된 것은 한참 후의 일이었다.

18세기 말까지 미분방정식에 대한 기초적인 해법들이 많이 개발되었다. 19세기에는 존재성과 유일성의 이론에 대한 연구와 멱급수 전개(5장)를 이용하는 것처럼 기초적이지 않은 해법들을 발전시키는 것에 관심이 쏠리기 시작했는데, 이 해법들은 복소평면을 배경으로 하기 때문에 복소함수론의 발전도 동시에 가져왔다. 또한 수리 물리학에서 편미분방정식들이 중요한 역할을 한다는 것을 알게 되어 이에 대한 연구도 집중적으로 이루어지기 시작했다. 이런 과정 속에서 반복적으로 상미분방정식들의 해가 되는 몇몇 함수에 대한 연구가 완성되었다. 이를 모두 합쳐 초월함수(transcendental function)라 하는데 이 중 어떤 함수들은 베셀(Bessel, 5.8절), 르장드르(Legendre, 5.4절), Hermite (5.3절), 체비셰프(Chebyshev, 5.4절), 한켈(Hankel) 같은 수학자들의 이름과 관련이 있다.

연습 문제

1. **G** 다음의 초깃값 문제들을 풀고 몇몇 y_0 값에 대한 해를 그려라. 또한 각각의 해들이 서로 어떤 점이 같고 어떤 점이 다른지 간략히 설명하라.

   a. $dy/dt = -y + 5, \quad y(0) = y_0$

   b. $dy/dt = -2y + 5, \quad y(0) = y_0$

   c. $dy/dt = -2y + 10, \quad y(0) = y_0$

2. **G** 다음의 초깃값 문제들을 풀고 몇몇 y_0 값에 대한 해를 그려라. 또한 각각의 해들이 서로 어떤 점이 같고 어떤 점이 다른지 간략히 설명하라.

   a. $dy/dt = y - 5, \quad y(0) = y_0$

   b. $dy/dt = 2y - 5, \quad y(0) = y_0$

   c. $dy/dt = 2y - 10, \quad y(0) = y_0$

3. 두 양수 a, b에 대한 미분방정식을 다음과 같이 두자.

$$dy/dt = -ay + b$$

   a. 이 미분방정식의 일반해를 구하라.

   b. **G** 몇 가지 서로 다른 초기조건에 대한 해를 그려라.

   c. 다음 조건들에 따라 해가 어떻게 달라지는지 설명하라.

      i. a가 증가한다.

      ii. b가 증가한다.

      iii. a와 b가 둘 다 증가하지만 b/a는 일정하다.

4. 미분방정식 $dy/dt = ay - b$를 고려하라.

   a. 평형 상태의 해 y_e를 구하라.

   b. $Y(t) = y - y_e$라고 하자; $Y(t)$는 평형 상태의 해로부터의 편차이다. $Y(t)$가 만족하는 미분방정식을 구하라.

5. **미정계수법**(Undetermined Coefficients). 다음 미분방정식을 푸는 또 다른 방법이 있다.

$$\frac{dy}{dt} = ay - b \tag{31}$$

   a. 더 간단한 형태인

$$\frac{dy}{dt} = ay \tag{32}$$

   을 풀고 이때의 해를 $y_1(t)$라 두자.

   b. 식 (31)과 (32)의 유일한 차이는 식 (31)에 있는 $-b$밖에 없으므로 이 두 식에 대한 해들은 이 상수만큼만 차이가 난다고 가정할 수 있다. 이 가정을 시험해 보기 위해 $y = y_1(t) + k$가 식의 해가 되는 상수 k를 찾아라.

   c. **b**에서 나온 해와 본문에서 주어진 식 (17)의 해를 비교하라.

비고: 이 방법은 상수 b가 함수 $g(t)$로 바뀐 경우에도 사용할 수 있다. 사용 가능 여부는 이 해에 대한 일반형을 찾을 수 있는지에 달려 있다. 이는 3.5절에서 2계 미분방정식과 관련하여 자세히 설명되어 있다.

6. 문제 **5**에서 제시된 방법을 사용하여 방정식을 풀어라.

$$\frac{dy}{dt} = -ay + b$$

7. 예제 1.2.1의 들쥐 개체수가 다음 미분방정식을 만족한다.

$$\frac{dp}{dt} = 0.5p - 450$$

a. $p(0) = 800$일 때 개체수가 멸종되는 시간을 구하라.

b. $p(0) = p_0$일 때 개체수가 멸종되는 시간을 구하라. 단, $0 < p_0 < 900$.

c. **N** 개체수가 1년 안에 멸종될 초기 개체수 p_0를 구하라.

8. 들쥐의 개체수 p가 현재 개체수에 비례해서 증가하여 $dp/dt = rp$가 된다고 하자.

a. 개체수가 20일 뒤에 2배가 될 비례상수 r을 구하라.

b. N일 뒤에 개체수가 2배가 될 비례상수 r을 구하라.

9. 예제 1.2.2에서 질량 10 kg의 낙하하는 물체를 고려하되 항력은 속도의 제곱에 비례한다고 가정하자.

a. 한계속도가(예제 1.2.2와 같은) 49 m/s이면, 운동 방정식을

$$\frac{dv}{dt} = \frac{1}{245}(49^2 - v^2)$$

와 같이 쓸 수 있음을 보여라. (1.1절 **21**번 참고)

b. $v(0) = 0$일 때 임의의 시간에 $v(t)$에 대한 식을 구하라.

c. **G** **b**의 해와 예제 1.2.2에서 구한 해 (26)을 같은 좌표 안에 그려라.

d. **c**의 그림을 토대로 항력이 일차식일 때와 이차식일 때의 효과를 비교하라.

e. 물체가 시간 t 동안 낙하한 거리 $x(t)$를 구하라.

f. **N** 물체가 300 m 낙하하는 데 걸린 시간 T를 구하라.

10. 라듐-226의 반감기는 1,620년이다. 이 물질의 주어진 양이 1/3로 감소할 때까지의 시간을 구하라.

11. 방사성 물질의 **반감기**는 이 물질의 양이 원래 값의 절반으로 감소하는 데 걸리는 시간이다. 방사성 물질이 $Q' = -rQ$ 방정식에 따라 붕괴한다고 할 때, 반감기 τ와 붕괴 속도 r이 $r\tau = \ln(2)$ 방정식을 만족함을 보여라.

12. 뉴턴의 냉각법칙(1.1절의 연습문제 **19**을 참조)에 따르면 어떤 물체의 온도 $u(t)$는 미분방정식

$$\frac{du}{dt} = -k(u - T)$$

을 만족한다. 이때, T는 일정한 주위 온도이고 k는 양의 상수이다. 이 물체의 초기 온도를 $u(0) = u_0$라고 가정하자.

a. 임의의 시간에 이 물체의 온도를 구하라.

b. τ를 초기 온도 차인 $u_0 - T$가 반으로 줄어드는 시간이라고 두고 k와 τ의 관계식을 구하라.

13. 콘덴서(capacitor), 저항기, 건전지를 포함하는 전기회로를 고려하자; **그림 1.2.3**을 참조하라. 콘덴서 위의 전하량(charge) $Q(t)$가 미분방정식[5]

$$R\frac{dQ}{dt} + \frac{Q}{C} = V$$

를 만족한다. 여기서 R은 저항, C는 정전용량(capacitance), V는 건전지에서 공급되는 상수인 전압이다.

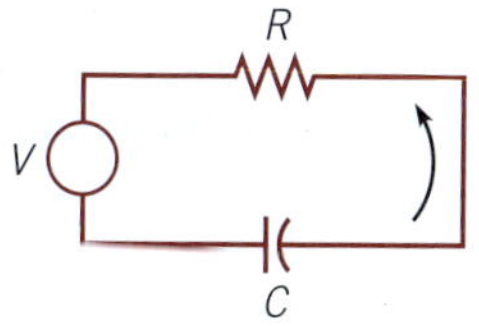

그림 1.2.3 문제 **13**의 전기회로.

[5] 이 미분방정식은 키르히호프(Kirchhoff)의 법칙에 기인하는데 3.7절에서 다루겠다.

a. G $Q(0) = 0$일 때 임의의 시간 t에서의 $Q(t)$를 구하고 t에 따른 Q의 그래프를 그려라.

b. 오랜 시간 뒤에 $Q(t)$가 점점 다가가는 한계값 Q_L을 구하라.

c. G $Q(t_1) = Q_L$이라 두고 시간 $t = t_1$에서 건전지를 제거한 후 회로를 다시 닫았다고 하자. $t > t_1$에 대한 $Q(t)$를 구하고 그 그래프를 그려라.

14. N 1,000,000갤런의 물이 들어있는 연못이 있다. 이 연못은 처음에는 특정한 바람직하지 않은 화학물질이 없다고 가정한다(1.1절의 문제 17 참조). 0.01 g/gal의 화학물질이 포함된 물이 시간당 300 gal/h의 속도로 연못에 유입되고, 같은 속도로 물이 연못에서 나간다. 화학물질은 연못 전체에 균일하게 분포한다고 가정하라.

a. $Q(t)$를 시간 t에서 연못에 있는 화학물질의 양이라고 할 때, $Q(t)$에 대한 초깃값 문제를 작성하라.

b. **a**에서 제시한 문제를 풀어 $Q(t)$를 구하라. 1년 후 연못에 있는 화학물질의 양은 얼마인가?

c. 1년이 지난 후 연못에서 화학물질의 공급원이 제거된다. 그 이후에는 순수한 물이 연못에 유입되고, 혼합물이 이전과 같은 속도로 연못에서 빠져나간다. 이 새로운 상황을 설명하는 초깃값 문제를 작성하라.

d. **c**에서 제시한 초깃값 문제를 풀어라. 문제 시작 2년 후 연못에 남아있는 화학물질의 양은 얼마인가?

e. $Q(t)$가 10 g으로 줄어드는 데 걸리는 시간을 구하라.

f. G 3년 동안의 $Q(t)$와 t의 관계를 그래프로 그려라.

1.3 미분방정식의 분류

이 책의 주요 목적은 미분방정식의 해의 성질을 논의하고, 해를 구하는 데 효과적인 방법들을 제시하는 것이다. 논의를 체계적으로 전개하기 위해, 미분방정식을 분류하는 몇 가지 유용한 방법을 소개하겠다. 용어를 숙지하는 것은 적절한 해법을 선택하고, 이 책에서나 실제 세계에서 마주할 수 있는 미분방정식의 해의 성질을 설명하는 데 필수적이다.

▶ **상미분방정식과 편미분방정식.** 중요한 분류법 중 하나는 미지함수(unknown function)가 1변수 함수인지 다변수 함수인지에 따른 분류이다. 1변수 함수라면 미분방정식 안에 상미분만 존재하므로 이를 **상미분방정식**(ordinary differential equation)이라 한다. 다변수 함수인 경우에는 편미분이 존재하며 이때의 미분방정식을 **편미분방정식**(partial differential equation)이라고 부른다.

앞의 두 절에서 다룬 미분방정식은 모두 상미분방정식이다. 상미분방정식의 또 다른 예는

$$L\frac{d^2Q(t)}{dt^2} + R\frac{dQ(t)}{dt} + \frac{1}{C}Q(t) = E(t) \tag{1}$$

인데, 이는 정전용량 C, 저항 R, 유도용량(inductance) L로 구성된 전기회로의 축전기를 통과하는 전하량 $Q(t)$에 대한 미분방정식이다; 이 식은 3.7절에서 유도된다. 편미분방정식의 전형적인 예는 열전도 방정식

$$\alpha^2\frac{\partial^2 u(x,t)}{\partial x^2} = \frac{\partial u(x,t)}{\partial t} \tag{2}$$

과 파동방정식

$$a^2 \frac{\partial^2 u(x,t)}{\partial x^2} = \frac{\partial^2 u(x,t)}{\partial t^2} \tag{3}$$

이다. 여기에서 α^2와 a^2는 물리상수들이다. 식 (2)와 (3) 둘 다 종속변수 u가 두 개의 독립변수 x와 t의 함수이다. 열전도 방정식은 고체에서 열의 전도를 나타내는 것이고, 파동방정식은 고체나 유체의 파동을 포함하는 여러 가지 문제에서 발생한다.

▶ **연립 미분방정식.** 또 다른 분류법은 포함하고 있는 미지함수의 개수에 따른 분류이다. 하나의 함수를 결정해야 한다면 하나의 미분방정식이면 충분하다. 그러나, 두 개 이상의 미지함수가 있으면 연립 미분방정식이 필요하다. 예를 들어 생태학 모델링에서 매우 중요한 Lotka-Volterra, 또는 포식자–먹이 방정식은 다음의 형태를 가지고 있다.

$$\begin{aligned} \frac{dx}{dt} &= ax - \alpha xy \\ \frac{dy}{dt} &= -cy + \gamma xy \end{aligned} \tag{4}$$

여기서 $x(t)$와 $y(t)$는 각각 먹이와 포식자의 개체수를 나타내고, 상수 a, α, c, γ는 연구하고 있는 특정한 종의 쌍에 따라 다르며 경험적인 관찰에 근거한다. 연립 미분방정식은 6장과 9장에서 다루겠다; 특히, Lotka-Volterra 방정식은 9.5절에서 자세하게 살펴보겠다. 몇몇 응용 분야에서는 수백 혹은 수천 개의 식을 포함하는 큰 규모의 연립방정식이 나오기도 한다.

▶ **계수.** 미분방정식의 **계수**(order)는 이 미분방정식에서 가장 많이 미분된 횟수를 말한다. 앞 절에 있는 미분방정식은 모두 1계 미분방정식이고, 식 (1)은 2계 미분방정식이다. 식 (2)와 (3)은 2계 편미분방정식들이다. 일반적으로

$$F\left(t, u(t), u'(t), \ldots, u^{(n)}(t)\right) = 0 \tag{5}$$

은 n계 상미분방정식이다. 식 (5)는 독립변수 t와 함수 u, 그 함수의 처음 n개의 도함수 u', u'', …, $u^{(n)}$과의 관계식이다. 미분방정식에서 통상적으로 $u(t)$를 y로 쓰고, y', y'', …, $y^{(n)}$은 $u'(t)$, $u''(t)$, …, $u^{(n)}(t)$를 나타낸다. 따라서 식 (5)를 다음과 같이 쓸 수 있다.

$$F\left(t, y, y', \ldots, y^{(n)}\right) = 0 \tag{6}$$

예를 들어,

$$y''' + 2e^t y'' + yy' = t^4 \tag{7}$$

은 $y = u(t)$에 대한 3계 미분방정식이다. 독립변수와 종속변수를 t와 y 대신 다른 문자로 쓰기도 한다; 그 의미는 문맥을 통해 명확해야 한다.

주어진 미분방정식을 최고 계수의 도함수에 대해서 다음과 같이 항상 정리할 수 있다고 가정하자.

$$y^{(n)} = f\left(t, y, y', y'', \ldots, y^{(n-1)}\right) \tag{8}$$

이렇게 가정하는 것은 (6)과 같은 하나의 미분방정식이 (8)과 같은 형태의 여러 가지 미분방정식을 가질 수 있기 때문에 이를 명확하게 하기 위함이다. 예를 들면,

$$(y')^2 + ty' + 4y = 0 \tag{9}$$

은 두 개의 미분방정식

$$y' = \frac{-t + \sqrt{t^2 - 16y}}{2} \quad \text{또는} \quad y' = \frac{-t - \sqrt{t^2 - 16y}}{2} \tag{10}$$

을 갖는다.

▶ **차수.** 미분방정식의 **차수**는 방정식에서 나타나는 최고 계수 도함수의 지수이다. 더 명확히 하기 위해, 1계 미분방정식의 일반 형태를 설명하면 다음과 같다.

$$F\left(t, y, y', (y')^2, \cdots, (y')^m\right) = 0 \tag{11}$$

여기서 y'의 최고 지수는 m이며, 따라서 차수는 m이다. 마찬가지로, 2계 미분방정식의 일반 형태를 고려하면 다음과 같다.

$$F\left(ty, y', (y')^2, \cdots, (y')^m, y'', (y'')^2, \cdots, (y'')^r\right) = 0 \tag{12}$$

여기서 y''의 최고 지수는 r이며, 따라서 차수는 r이다. 예를 들어, 다음 미분방정식을 고려하라.

$$\frac{d^5y}{dt^5} + \left(\frac{dy}{dt}\right)^2 + y(t) = 0 \tag{13}$$

이는 5계 미분방정식이다. 기본적으로 차수는 주어진 미분방정식에서 최고 계수 도함수의 지수이다. 따라서 차수는 1이다.

예제 1.3.1

다음 미분방정식의 차수와 계수를 결정하라.

(a) $\left(\frac{d^4y}{dt^4}\right)^2 + \left(\frac{dy}{dt}\right)^6 + \sin(y(t)) = 0$

(b) $\left(\frac{d^3y}{dt^3}\right)^6 + \left(\frac{d^2y}{dt^2}\right)^4 + \left(\frac{dy}{dt}\right)^2 + y(t) = 0$

풀이

(a) 주어진 방정식에서 최고 차수 도함수는 4계이며, 그 지수는 2이다. 따라서 이 4계 미분방정식의 차수는 2이다.

(b) 주어진 방정식에서 최고 차수 도함수는 3계이며, 그 지수는 6이다. 따라서 미분방정식의 계수는 3이고 차수는 6이다.

▶ **선형과 비선형방정식.** 미분방정식을 분류하는 결정적인 방법은 이것이 선형이냐 비선형이냐 하는 것이다. 상미분방정식

$$F\left(t, y, y', \ldots, y^{(n)}\right) = 0$$

에서 F가 변수 $y, y', \ldots, y^{(n)}$에 대한 선형함수이면 이 미분방정식을 **선형**(linear)이라고 한다; 이와 비슷한 정의가 편미분방정식에도 적용된다. 즉, 일반적인 n계 선형 상미분방정식은

$$a_0(t)y^{(n)} + a_1(t)y^{(n-1)} + \cdots + a_n(t)y = g(t) \tag{14}$$

이다.

지금까지 이 책에서 나온 대부분의 미분방정식은 선형이다; 1.1절과 1.2절에서 낙하하는 물체와 들쥐 개체수를 나타내는 미분방정식들이 그 예이다. 마찬가지로 이 절에서, 식 (1)은 선형 상미분방정식이고 식 (2)와 (3)은 선형 편미분방정식이다. (14)의 형태가 아닌 미분방정식은 **비선형**(nonlinear)인데, 식 (7)은 yy' 항 때문에 비선형이다. 비슷하게 연립 미분방정식 (4)를 구성하는 각각의 미분방정식은 곱 xy 항을 가지고 있어서 비선형이다.

비선형 미분방정식이 유도되는 간단한 물리 문제는 진동하는 진자에 관한 것이다. 길이 L인 진동하는 진자가 수직방향(**그림 1.3.1**)과 이루는 각 $\theta = \theta(t)$는

$$\frac{d^2\theta}{dt^2} + \frac{g}{L}\sin(\theta) = 0 \tag{15}$$

을 만족하는데, 이 식의 유도 방법은 연습문제 **22**부터 **24**까지에 설명되어 있다. 식 (15)는 $\sin\theta$를 포함하기 때문에 비선형이다.

선형 미분방정식을 푸는 수학적 이론과 방법은 고도로 발달되었지만, 비선형 미분방정식에 대한 이론은 더 복잡하고 풀이 방법도 많지 않다. 이러한 측면에서 많은 중요한 문제들에서 선형 상미분방정식이 유도되거나 근사된다는 것은 매우 다행스러운 일이다.

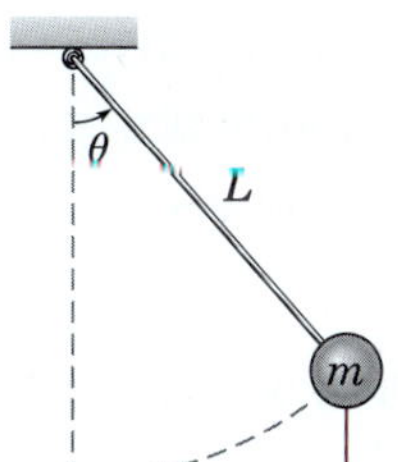

그림 1.3.1 진동하는 진자

예를 들어, 진자 문제에서 각 θ가 작으면 $\sin\theta \cong \theta$이므로 식 (15)는 선형 미분방정식

$$\frac{d^2\theta}{dt^2} + \frac{g}{L}\theta = 0 \tag{16}$$

으로 근사될 수 있다. 비선형방정식을 선형방정식으로 근사하는 과정을 **선형화**(linearization)라고 부른다; 이것은 비선형방정식을 다루는 데 있어서 매우 중요한 방법이다. 그러나 많은 물리 현상들은 적당한 선형방정식으로 나타낼 수 없기 때문에 이런 현상들을 연구하기 위해서는 비선형방정식을 직접 다룰 수밖에 없다.

기초 과정에서는 이 주제에 대하여 보다 단순하고 쉬운 부분만을 강조할 수밖에 없다. 그래서

이 책은 주로 선형 미분방정식과 그 풀이법에 집중하고, 2장의 일부분과 8장, 9장에서 비선형 미분방정식을 다루겠다. 비선형 미분방정식이 일반적으로 왜 더 어려운지, 그리고 선형 미분방정식을 푸는 데 사용한 많은 방법들이 왜 비선형 미분방정식을 푸는 데 적용될 수 없는지를 적절한 때에 설명하겠다.

▶ **해.** 구간 $\alpha < t < \beta$의 모든 t에 대해 $\phi', \phi'', \dots, \phi^{(n)}$가 존재하고

$$\phi^{(n)}(t) = f\left(t, \phi(t), \phi'(t), \dots, \phi^{(n-1)}(t)\right) \tag{17}$$

를 만족하는 함수 ϕ이다. 이는 구간 $\alpha < t < \beta$에서의 상미분방정식 (8)에 대한 **해**이다. 별다른 설명이 없으면 식 (8)의 함수 f는 실함수라고 가정하며, 실함수인 해 $y = \phi(t)$를 찾는다.

1.2절에서는 직접 적분하여 미분방정식의 해를 찾았다. 예를 들어, 미분방정식

$$\frac{dp}{dt} = \frac{p}{2} - 450 \tag{18}$$

는 임의의 상수 c에 대해

$$p(t) = 900 + ce^{t/2} \tag{19}$$

과 같은 해를 갖는다.

미분방정식의 해를 찾는 것은 쉽지 않지만, 어떤 함수가 해가 될 수 있는지를 확인하는 것은 간단하다. 해당 함수를 방정식에 대입해 보면 해가 맞는지 쉽게 알 수 있다.

예를 들어, 함수 $y_1(t) = \cos(t)$가 모든 t에 대해

$$y'' + y = 0 \tag{20}$$

의 해가 됨을 확인할 수 있다. $y_1'(t) = -\sin(t)$, $y_1''(t) = -\cos(t)$이므로 $y_1''(t) + y_1(t) = 0$이 성립한다. 같은 방식으로 $y_2(t) = \sin(t)$도 식 (20)의 해가 됨을 알 수 있다.

그러나 이러한 방법이 모든 미분방정식에 적용되는 것은 아니다. 해를 임의로 선택하여 방정식을 만족하는지를 확인하는 것은 현실적으로 어려운 경우가 많다. 하지만 주어진 함수가 미분방정식의 해인지 검증하는 것은 중요하며, 항상 습관적으로 점검해야 한다.

▶ **중요한 질문 몇 가지.** 비록 간단한 함수들이 식 (18)와 (20)의 해가 됨을 확인했으나 일반적으로는 그렇게 쉬운 해가 존재하지 않는다. 따라서 다음과 같은 근본적인 질문이 발생한다: (8)과 같은 형태의 미분방정식은 항상 해를 갖는가? 대답은 “아니오”이다. 단지 (8)의 형태로 미분방정식을 적었다고 해서 이를 만족하는 함수 $y = \phi(t)$가 존재한다는 뜻은 아니다. 그렇다면 주어진 미분방정식이 해를 갖는지 어떻게 알 수 있는가? 이것은 해의 *존재성*에 대한 질문인데 식 (8)의 함수 f가 어떤 조건들을 만족하면 주어진 미분방정식이 해를 갖는다는 식의 정리(theorem)가 답이 될 수 있다. 이것이 단순히 수학적인 관심사만은 아닌 적어도 두 가지 이유가 있다. 만약 주어진 문제가 해를 갖지 않는다면 그 문제를 풀려는 헛된 시간과 노력을 기울이기 전에 알아야 한다. 또한, 물리적으로 의미 있는 문제를 미분방정식으로 모델링했을 때 그 식은 해를 갖고 있어야 한다. 그렇지 않다면 모델링하는 과정에서 무언가 잘못된 것이다. 공학자나 과학자는 이런 관점에서 수학 모델의 타당성을 검토해야 한다.

또한, 주어진 미분방정식이 적어도 하나의 해를 갖는다면 얼마나 많은 해를 갖는지, 그리고 어떤 부가 조건이 있어야 특수해를 선택할 수 있는지를 알아야 한다. 이것은 *유일성*에 대한 질문이다. 일반적으로 미분방정식의 해들은 식 (18)의 해 (19)처럼 하나 이상의 임의의 적분 상수를 포함한다. 식 (19)는 무한히 많은 상수 c에 해당하는 무한히 많은 함수를 나타낸다. 1.2절에서 보였듯이 p에 어떤 시간 t에서의 특정한 값이 주어진다면 c의 값을 결정할 수 있다; 그렇더라도 식 (18)이 똑같이 지정된 시간 t에서 주어진 p를 갖는 또 다른 해를 가질 가능성을 배제할 수는 없다. 해의 존재성에 대한 질문에서처럼 유일성 문제는 이론적인 정보뿐 아니라 실질적인 정보도 제공한다. 운이 좋아서 주어진 문제의 해를 찾았고 이 문제가 유일한 해를 갖는다는 것을 알게 되었다면 이 문제를 풀 수 있다는 확신을 얻을 수 있다. 다른 해들이 존재할 수도 있다면 계속 찾아야 할 것이다.

세 번째 중요한 질문은 이것이다: (8)의 형태로 주어진 미분방정식에 대해 하나의 해를 결정할 수 있겠는가? 결정할 수 있다면 그 방법은 무엇인가? 주어진 미분방정식의 해를 찾을 때는 이와 동시에 해의 존재성에 대한 질문에 답해야 한다. 그러나 존재성에 대한 이론도 모른 채 이를테면 컴퓨터를 이용하여 존재하지도 않는 "해"를 수치적으로 근사할 수도 있다. 또는 해가 존재한다는 사실은 알고 있으나 잘 알려져 있는 기초함수들—다항함수, 삼각함수, 지수함수, 로그함수, 쌍곡선 함수—을 이용해서 표현하지 못할 수도 있다. 불행히도 이런 일은 대부분의 미분방정식에서 발생한다. 따라서 상대적으로 단순한 문제의 해를 정확하게 구하는 기본 방법과 이보다 더 어려운 문제의 해를 근사하는 좀 더 일반적인 성질을 갖는 근사법을 소개하겠다.

▶ **미분방정식과 과학기술.** 과학기술은 미분방정식을 연구하는 데 있어서 매우 귀중한 도구이다. 미분방정식의 해를 수치적으로 근사하기 위한, 2.7절과 8장에서 설명하는 것 같은 수치 알고리즘을 수행하기 위해 오랫동안 컴퓨터, 테블릿, 스마트폰을 사용해 왔다. 이런 알고리즘은 계속 향상되어 높은 수준의 보편성과 효율성을 갖게 되었다. 고급 프로그래밍 언어로 쓴, 비교적 싼 컴퓨터에서 (대부분 몇 초 안에) 수행되는 컴퓨터 코드 몇 줄이면 많은 미분방정식의 해를 아주 정확하게 근사할 수 있다. 이때, 좀 더 발달된 루틴을 사용할 수도 있다. 이 루틴들은 사이즈가 매우 크고 복잡한 연립방정식들을 다룰 수 있고 사용자에게 닥칠 수 있는 문제점을 미리 알려주는 수많은 진단 기능도 겸비하고 있다.

수치 알고리즘으로부터 나오는 결과는 선택한 독립변수들과 그에 해당하는 종속변수의 값들이 나열된 수들로 이루어진 표로 출력된다. 또한 수치적이든 해석학적 과정의 결과이든 미분방정식의 해를 구했다면 적당한 소프트웨어를 이용하여 쉽게 이 해의 그래프를 그릴 수도 있다. 이렇게 그래프로 나타내면 수들로 이루어진 표나 복잡한 해석학적 공식보다 훨씬 쉽게 미분방정식의 해를 이해하고 해석할 수 있다. 불과 얼마 전까지만 해도 미분방정식의 해를 그래프로나타내려면 별도의 특수 소프트웨어를 구입해야 했다. 그러나 오늘날에는 고품질의 웹 기반 그래픽 도구들을 노트북, 스마트폰, 기타 휴대기기에서 누구나 쉽게, 무료로 이용할 수 있다. 이러한 도구들의 성능과 접근성은 앞으로도 계속 향상될 것이다. 최신 스마트폰, 태블릿 등 모바일 기기의 성능과 기능이 크게 향상되면서, 이제 개별 학생들도 강력한 계산 및 시각화 도구를 손쉽게 사용할 수 있게 되었다. 이 장의 마지막에는 현재 우리가 즐겨 사용하는 유용한 도구 몇 가지를 참고문헌에 소개해 두었다. 독자 여러분들도 자신의 상황에 맞게 컴퓨터 자원을 최대한 잘 활용하도록 하자.

미분방정식 연구에 사용되는 컴퓨터의 또 다른 면은 매우 다양한 수학 연산들을 수행할 수 있는 강력하고 보편적인 소프트웨어 패키지의 사용이다. 이 중에 Maple, Mathematica, MATLAB이 있는데 다양한 종류의 개인용 컴퓨터나 워크스테이션에서 사용할 수 있다. 이 세 가지 패키지는 대규모의 수치 계산을 수행할 수 있고 다양한 그래픽 기능을 갖고 있다. Maple과 Mathematica는 많은 해석학적 기능도 갖고 있는데, 예를 들어, 미분방정식을 푸는 해석학적인 단계들을 명령어 하나로 수행할 수도 있다. 미분방정식에 대해 좀 더 깊이 있게 연구하고 싶다면 이 세 가지 패키지 중 하나의 사용법이라도 익혀야 한다.

이런 컴퓨터 자원들은 미분방정식을 공부하는 방식에 영향을 끼쳤다. 미분방정식을 사용하는 데 자신감을 얻으려면 풀이 과정을 잘 이해해야 하는데 이는 예제들을 자세하게 많이 다뤄봄으로써 가능하다. 그러나 궁극적으로는 (때로는 반복적이며) 세부적인 루틴들은 되도록이면 컴퓨터를 사용하도록 하고, 문제를 적절하게 만들어내고 그 해를 해석하는 데 집중해야 한다. 이 책의 관점은 독자들로 하여금 문제를 만들고 해를 해석할 수 있는 최선의 방법과 수단들을 제공하는 것이다. 특히 수치적인 방법, 그래프, 해석학적 방법들을 결합하여 해의 모양과 문제가 모델링되는 과정을 이해할 수 있도록 하는 데 총력을 기울이고 있다. 이때, 어떤 과정은 종이에 직접 써서 하는 게 좋고 어떤 과정은 계산기나 컴퓨터가 필요한데 이 두 가지를 적절히 잘 섞어야 한다.

▶ **역사적 배경, III부: 최근 동향.** 많은 미분방정식은 해석학적인 방법으로 해를 구하기 어렵기 때문에 수치적 근사법(8장)에 대한 연구가 이루어졌다. 1900년대에 가장 효율적인 수치 적분법이 개발되었으나 손이나 원시적인 계산기로 계산을 해야 했기 때문에 이를 실행하는 데 상당한 제약이 있었다. 제2차 세계대전 이후 뛰어난 성능과 다양한 용도를 갖는 컴퓨터가 개발됨으로써 수치적인 방법을 효율적으로 활용하여 많은 다양한 문제들을 연구할 수 있게 되었다. 또한 같은 시기에 매우 정교하고 강력하면서도 심지어 스마트폰 같은 모바일 장치에서도 손쉽게 사용할 수 있는 수치 적분기가 개발되었다. 이전 과학기술의 발달로 학생 스스로도 많은 중요한 문제들을 풀 수 있게 되었다.

현대 미분방정식 연구에 있어서의 또 다른 특징은 특히 비선형 미분방정식에 대한 기하학적 또는 위상학적 방법의 탄생이다. 이 방법을 사용하는 목적은 해석학적 관점뿐 아니라, 기하학적인 관점에서 적어도 정성적인 해의 성질을 알아내기 위함이다. 좀 더 자세한 정보가 필요하면 주로 수치적 근사를 이용한다. 기하학적인 방법은 9장에 소개되어 있다. 실생활에서 계산했던 경험이 어떻게 해석학적이고 이론적인 중대한 발견을 이끌었는지 두 개의 예제를 통해서 설명하는 것을 끝으로 역사적 고찰을 마치고자 한다.

1834년 스코틀랜드의 토목 기사인 러셀(John Scott Russell, 1808~1882)은 가장 효율적인 운하용 배의 디자인을 결정하는 실험을 하던 중 "배가 갑자기 멈추자, 배에 밀려 쌓인 물이 뱃머리에서 격렬하게 소용돌이치다가 갑자기 배를 뒤로 두고 빠르게 앞으로 나아가며, 크고 둥근 물의 덩어리—매끄럽고 선명한 물의 고형체—의 형태를 이루었다"는 것을 발견하였다.[6] 많은 수학자들은 러셀이 목격했다고 보고한 단일 진행파의 존재를 믿지 않았다. 그러나 이들은 독일 수학자인 Gustav de Vries(1866~1934)가 얕은 운하에서의 파도에 대한 비선형 편미분방정식을

[6] *Proceedings of the Fourteenth Meeting of the British Association for the Advancement of Science*, 1845, pp. 311-390과 http://www.macs.hw.ac.uk/~chris/Scott-Russell/SR44.pdf의 47-57판에 나와 있는 "Report on Waves"

다룬 박사 논문을 발표하자 이를 받아들이지 않을 수 없었다. 오늘날 이 식들은 Korteweg-de Vries (KdV) 방정식이라고 알려져 있는데, Diederik Johannes Korteweg(1848~1941)는 de Vries의 지도교수였다. Korteweg나 de Vries에 대해 전혀 알지 못했던 프랑스 수학자 Joseph Valentin Boussinesq(1824~1929)는 이보다 10년 앞서 680장의 논문인 *Essai sur la théorie des eaux courantes*의 각주에서 이 Korteweg-de Vries 모델을 사용하였다. Boussinesq, Korteweg, de Vries의 논문들은 미국의 물리학자 Norman J. Zabusky(1929~)와 수학자 Martin David Kruskal(1925~2006)에 의해 알려졌는데, 이들은 1965년에 컴퓨터 시뮬레이션을 이용하여 KdV 방정식들의 모든 해가 결국 유한개의 제한된 영역 안에 놓여 있는 진행파(localized traveling wave)들로 이루어져 있음을 발견하였다. 러셀이 발견한 지 200년이 지나고 Zabusky와 Kruskal의 계산 실험이 이루어진 지 50년이 지난 오늘에서야 "단일파(soliton)"에 대한 연구가 미분방정식 분야에서 활발하게 이루어지고 있다. 초창기에 비선형 파동 전파 연구에 기여한 또 다른 수학자에는 David Hilbert(독일인, 1862~1943), Richard Courant(독일계 미국인, 1888~1972), John von Neumann(헝가리계 미국인, 1903~1957)이 있는데, 이들의 이론은 9장에서 다룰 것이다.

계산 결과들은 "카오스 이론"의 발견에 매우 중요한 역할을 하였다. 1961년에 MIT 공과대학에 재직 중이던 미국인 수학자이자 기상학자인 로렌쯔(Edward Lorenz, 1917~2008)는 기상 예측 모델을 발전시키던 중, 이미 계산된 이전의 결과를 사용하여 계산하던 중간에 시뮬레이션을 다시 시작하다가 서로 다른 결과들을 발견하였다. (로렌쯔는 컴퓨터에 저장된 6자리 근삿값이 아니라 3자리 근삿값을 사용하여 계산을 다시 하였다.) 1976년에 호주의 수학자 Robert M. May(1938~)는 해들이 급격하게 변할 때 문제의 변수가 특별한 값을 갖는다는 것을 보여주는 논리지도(logistic map)를 도입하여 분석하였다. 문제가 약간 변할 때 해가 크게 변한다는 성질은 카오스로 정의되는 성질 중 하나이다. May의 논리지도는 2.9절에서 자세히 다룰 것이다. "카오스"를 발견하게 된 또 다른 전형적인 예는 프랑스 수학자인 Henri Poincaré(1854~1912)의 행성 운동에 관한 연구와 소련의 수학자 Andrey Nikolaevich Kolmogorov(1903~1987)와 미국인 수학자 Mitchell Feigenbaum(1944~) 등이 연구한 유체의 난류가 있다. 이외에도 카오스를 발견할 수 있는 여러 가지 새로운 예들이 나오고 있다.

단일파와 카오스는 컴퓨터, 특히 컴퓨터 그래픽이 비선형 연립 미분방정식의 연구에 기여했던 많은 예 중 일부분에 지나지 않는다. 그 외에도 이상한 끌개(strange attractor, David Ruelle, 벨기에, 1935~)와 프랙탈(Benoit Mandelbrot, 폴란드, 1924~2010) 같은 의외의 현상들(9.8절)이 발견되어 집중적인 연구가 이루어지고 있으며, 다양한 응용 분야에서 새롭고 중요한 결과들이 나오고 있다. 비록 미분방정식에 대한 연구는 이미 많은 부분이 알려져 있는 오래된 주제이지만, 21세기에도 여전히 매우 흥미롭고 중요한 미해결 문제들의 보고로 남아 있다.

연습 문제

▶ 문제 **1**부터 **4**까지 주어진 미분방정식의 계수를 결정하라; 또한 이 식이 선형인지 비선형인지 결정하라.

1. $t^2\dfrac{d^2y}{dt^2} + t\dfrac{dy}{dt} + 3y = \sin t$

2. $\dfrac{dy}{dt} + ty^3 = 0$

3. $\dfrac{d^3y}{dt^3} + \dfrac{d^2y}{dt^2} + y = \cos t$

4. $\dfrac{d^4y}{dt^4} + \dfrac{dy}{dt} + y^2 = \sin t$

▶ 문제 **5**부터 **10**까지 주어진 함수가 주어진 미분방정식을 만족함을 보여라.

5. $y'' - y = 0; \quad y_1(t) = e^t, \quad y_2(t) = \sinh t$

6. $y'' + y' - 6y = 0; \quad y_1(t) = e^{-3t}, \quad y_2(t) = e^{2t}$

7. $ty' - y = t^2; \quad y = 4t + t^2$

8. $y'''' + (y')^3 + y = 2\sin t + \cos^3 t; \quad y = \sin t$

9. $y'''y^5 - y''y^3 + yy' - 30 = 0; \quad y = 2\sqrt{t}$

10. $y' - 2ty = 1; \quad y = e^{t^2}\int_0^t e^{-s^2}ds + e^{t^2}$

▶ 문제 **11**부터 **13**까지 주어진 미분방정식이 $y = e^{rt}$인 형태의 해를 갖도록 하는 r을 결정하라.

11. $y' + 3y = 0$

12. $y'' + 3y' - 4y = 0$

13. $y''' - 3y'' - y' + 3y = 0$

▶ 문제 **14**와 **15**에서 $t > 0$에 대해 주어진 미분방정식이 $y = t^r$인 형태의 해를 갖도록 하는 r을 결정하라.

14. $t^2y'' + 5ty' + 3y = 0$

15. $t^2y'' + 6ty' + 4y = 0$

▶ 문제 **16**부터 **18**까지 주어진 편미분방정식의 계수를 결정하라; 또한 이 식이 선형인지 비선형인지 결정하라. 편도함수는 아래첨자로 표시되어 있다.

16. $u_{xx} + u_{yy} + u_{zz} + u_x + u_y + u_z + u = 0$

17. $u_{xxxx} + 4u_{xxyy} + u_{yyyy} = 0$

18. $u_t = (u_x + 1)u$

▶ 문제 **19**부터 **21**까지 주어진 함수가 주어진 편미분방정식의 해가 됨을 증명하라.

19. $u_{xx} + u_{yy} = 0; \quad u_1(x, y) = \cos(t)\cosh(y), \quad u_2(x, y) = \ln(x^2 + y^2)$

20. $a^2u_{xx} = u_{tt}; \quad u_1(x, t) = \sin\lambda x \sin\lambda at, \quad u_2(x, t) = \sin(x - at)$, λ 실수인 상수

21. $a^2u_{xx} = u_{tt}; \quad u_1(x, t) = \cos(\lambda x)\cos(\lambda at), \quad u_2(x, t) = \sin(x + at)$

22. 다음 단계들을 따라서 본문에 있는 진자의 운동 방정식인 식 (15)를 유도하라. 막대는 강체이며 무게가 없고, 질량은 점질량(point mass)이며, 시스템 내에 마찰이나 항력이 없다고 가정하자.

a. 질량이 임의로 변위된 위치에 있다고 가정하고, 이를 각도 θ로 나타낸다. 질량에 작용하는 힘을 나타내는 자유물체도를 그려라.

b. 질량이 움직이는 원호에 접하는 방향에 뉴턴의 운동법칙을 적용하라. 이때 막대에 대한 인장력은 방정식에 포함되지 않는다. 중력의 접선 방향 성분을 찾아야 한다는 점에 유의하라. 또한, 각가속도와 달리 선가속도는 $Ld^2\theta/dt^2$로, 여기서 L은 막대의 길이이다.

c. **b**에서 나온 결과를 간단히 정리하여 본문에 있는 식 (15)를 얻어라.

23. 진자방정식 (15)를 유도하는 또 다른 방법은 에너지 보존법칙을 이용하는 것이다.

a. 움직이는 진자의 운동에너지 T가

$$T = \frac{1}{2}mL^2\left(\frac{d\theta}{dt}\right)^2$$

임을 보여라.

b. 이 진자의 안정된 위치에 대한 위치 에너지 V는

$$V = mgL(1 - \cos(\theta))$$

임을 보여라.

c. 에너지 보존법칙에 따르면 총에너지 $E = T + V$는 일정하다. dE/dt를 영으로 놓은 채 계산하고 이 결과가 식 (15)가 됨을 보여라.

24. 진자방정식을 유도하는 세 번째 방법은 각운동량의 법칙을 이용하는 것이다: 임의의 위치에서의 각

운동량의 변화율은 같은 위치에 대한 순 외부 모멘트(net external moment)이다.

a. 지지대가 위치하는 점에서의 각운동량 M, 또는 운동량의 모멘트가 $M = mL^2 d\theta/dt$임을 보여라.

b. dM/dt을 중력모멘트와 같다고 놓으면 식 (15)가 됨을 보여라. 이때, 양의 모멘트는 반시계 방향이다.

개념 문제

C1.1. $y' = x - 2y$의 해가 다음의 각 점을 지날 때, 기울기는 무엇인가?

a. $(-3, 0)$ **b.** $(-2, 1)$ **c.** $(-1, 2)$ **d.** $(0, 3)$

C1.2. 미분방정식 $y' = f(t, y)$에 대한 기울기 장(slope field)을 한 문장으로 설명하라.

C1.3. 기울기 장의 다른 이름은 무엇인가?

C1.4. 모든 수학적 모델은 미분방정식을 포함하는가?

C1.5. 함수 $y(x)$가 초깃값 문제의 해(solution)라고 말하는 것은 언제인가?

C1.6. 미분방정식의 두 가지 해법 유형을 설명하라.

C1.7. 같은 물리적 문제에 대해 여러 가지 수학적 모델이 있을 수 있는가?

C1.8. 다음 진술들이 참인지 거짓인지 판단하라. 각 답을 설명하되, 거짓일 경우 설명을 특히 자세히 하라.

a. 미분방정식의 계수가 증가함에 따라, 풀기가 더 어려워진다.

b. 선형 미분방정식은 비선형 미분방정식보다 풀기가 더 쉽다.

c. 부분 미분방정식을 사용하는 모델이 일반 미분방정식을 사용하는 모델보다 더 정확하다.

C1.9. 미분방정식에 대해 물어야 할 세 가지 근본적인 질문은 무엇인가?

개념 문제 답

C1.1. **a.** -6 **b.** -3 **c.** 0 **d.** 3

C1.2. 기울기 장은 미분방정식의 그래픽 표현으로, 짧은 선분들을 사용하여 (t, y) 평면의 서로 다른 지점에서 해의 기울기를 나타낸다.

C1.3. 방향장(direction field), 해가 이동하는 방향을 보여주기 때문이다. 이는 하천의 흐름선(flow lines)과 비슷하다.

C1.4. 아니오. 미분방정식은 다양한 문제를 모델링하는 데 사용될 수 있지만, 유일한 모델링 방식은 아니다. (본문에서 다루지는 않지만, 다른 모델 유형으로는 통계 모델, 이산 모델, 동적 시스템 등이 있다. 많은 문제들이 이러한 여러 분야의 수학을 결합하여 다룬다.)

C1.5. 함수 $y(x)$가 정의역 I(즉, 열린 구간 I)에서 미분 가능하고, 주어진 미분방정식을 I에서 초기 조건과 함께 만족하는 경우, 이 함수는 초깃값 문제의 해로 알려진다.

C1.6. 일반적인 미분방정식은 두 가지 유형의 해를 가지며, 이들은 일반해와 특수해이다. 일반해는 주어진 미분방정식을 만족하는 곡선들의 가족을 나타내며, 특수해는 미분방정식과 초기 조건을 결합하여 나온 해, 즉 초깃값 문제를 나타낸다.

C1.7. 절대 그렇다! 대부분의 수학적 모델은 가정이나 다른 불확실성을 포함한다. 좋은 모델은 이러한 가정들을 명확히 하며, 여러 가능성을 제시하거나 탐구하여 서로 다른 가정에 대한 해의 민감도를 평가한다.

C1.8. **a.** 거짓. 계수는 방정식에 나타나는 최고 차 미분의 계수를 나타낸다. 미분방정식이 선형인지 비선형인지는 미분방정식을 풀기 어려운 정도에 훨씬 더 많은 영향을 미친다. 예를 들어, $y'' + y$

$= 0$이라는 2계 미분방정식을 푸는 것이 $y' = t^2 + y^2$라는 1계 미분방정식을 푸는 것보다 훨씬 더 쉽다.

b. 거짓. 이 질문에 대한 확실한 답은 이 과정에서는 아직 이르다. 선형 대수 방정식에 대해 비선형 대수 방정식에 비해 더 많이 알려져 있는 것처럼, 선형 미분방정식에 대한 이론과 구조가 비선형 미분방정식에 비해 훨씬 더 많이 존재할 것이다.

c. 거짓. 수학적 모델에 나타나는 미분방정식의 유형은 특정 상황에 따라 다르다. 만약 문제에 독립변수가 하나만 있다면, 예를 들어 시간이나 위치(선 위)라면 일반 미분방정식이 잘 작동할 것이다. 만약 시간과 위치 둘 다 포함해야 하거나 위치가 여러 개의 구성 요소를 가진다면, 부분 미분방정식이 더 적합할 것이다.

C1.9. 미분방정식에 해가 존재하는가? 해는 유일한가? (여러 개의 해가 있을 수 있는가?) 해를 닫힌 형태로 쓸 수 있는가?

참고 문헌

미분방정식에 대한 컴퓨터 소프트웨어는 너무 빠르게 변화하기 때문에 한 권의 책에 다 담을 수가 없다. Maple, Mathematica, Sage, MATLAB 같은 컴퓨터 대수 수치 시스템에 대한 정보가 필요하다면 구글 검색부터 시작하는 것이 가장 좋은 방법이다.

다음과 같은 컴퓨터 대수 시스템(CAS)에 대한 많은 참고 서적이 있다:

Cheung, C.-K., Keough, G. E., Gross, R. H., and Landraitis, C., *Getting Started with Mathematica* (3rd ed.) (New York: Wiley, 2009).

Meade, D. B., May, M., Cheung, C.-K., and Keough, G. E., *Getting Started with Maple* (3rd ed.) (New York: Wiley, 2009).

수학의 역사에 대해 더 알고 싶다면 다음에 열거된 저서를 참고하자:

Boyer, C. B., and Merzbach, U. C., *A History of Mathematics* (2nd ed.) (New York: Wiley, 1989).

Kline, M., *Mathematical Thought from Ancient to Modern Times* (3 vols.) (New York: Oxford University Press, 1990).

초기 미분방정식의 발전에 대한 역사를 설명하는 부록이 다음 저서에 있다:

Ince, E. L., *Ordinary Differential Equations* (London: Longmans, Green, 1927; New York: Dover, 1956).

과거 수학자들의 삶과 업적에 대한 백과사전식 정보는 다음을 참고하자:

Gillespie, C. C., ed., *Dictionary of Scientific Biography* (15 vols.) (New York: Scribner's, 1971).

Koertge, N., ed., *New Dictionary of Scientific Biography* (8 vols.) (New York: Scribner's, 2007).

Koertge, N., ed., *Complete Dictionary of Scientific Biography* (New York: Scribner's, 2007 [e-book]).

많은 역사적인 정보는 인터넷에서 찾을 수 있다. 그 중 훌륭한 사이트는 영국 스코틀랜드의 세인트루이스 대학 수학–통계학과의 J. O'Connor와 Edmund F. Robertson 교수가 만든 MacTutor 수학사 기록 보관 사이트이다:

http://www-history.mcs.st-and.ac.uk/history/

제 2 장

1계 미분방정식

First-Order Differential Equations

이 장에서는 다음과 같은 2변수 함수 f에 대한 1계 미분방정식에 대해 다루자.

$$\frac{dy}{dt} = f(t, y) \tag{1}$$

어떤 구간의 모든 t에 대하여 이 식을 만족하는 임의의 미분 가능한 함수 $y = \phi(t)$를 해라 하는데, 이런 함수가 존재하는지 결정하고, 존재한다면 해를 찾는 방법을 개발하는 것이 이 장의 목표이다. 불행히도 임의의 함수 f에 대해서 주어진 미분방정식을 기초 함수들에 대해 푸는 일반해법은 없다. 대신, 1계 미분방정식을 몇 가지 경우로 나누어 각각의 경우에 맞는 해법들을 소개하고자 한다.

이 중 가장 중요한 경우는 선형 미분방정식(2.1절), 분리 가능한 미분방정식(2.2절), 완전 미분방정식(2.6절)들이다. 이 장의 나머지 절에서는 1계 상미분방정식의 중요한 응용 몇 가지를 설명하고, 수치 계산으로 해에 근사하는 방법, 해의 존재성과 유일성에 관련된 이론들을 소개한다. 마지막 절에서는 일차 차분방정식(first-order difference equation)에서 발생하는 혼돈상태의 해(chaotic solution)의 예를 다루고 있는데, 차분방정식은 미분방정식과 중요한 유사성을 갖고 있으면서도 더 쉽게 다룰 수 있다.

2.1 선형 미분방정식; 적분인자법

식 (1)의 함수 f가 종속변수 y에 대한 일차 함수이면 식 (1)을 1계 선형 미분방정식이라고 한다. 1.1절과 1.2절에서 1계 선형 미분방정식 중 계수가 상수인 경우만 다루었는데, 그중 전형적인 예는 주어진 상수 a와 b에 대한

$$\frac{dy}{dt} = -ay + b \tag{2}$$

이다. 이러한 형태의 식을 갖는 예 중 하나가 대기 중에서 낙하하는 물체의 운동이다.

이제 식 (2)에서 계수 a와 b를 t에 대한 임의의 함수로 바꾸어 일반적인 1계 선형 미분방정식을 다루고자 한다. 일반적인 **1계 선형 미분방정식**의 표준형은 다음과 같다.

$$\frac{dy}{dt} + p(t)y = g(t) \tag{3}$$

이때, p와 g는 독립변수 t에 대해 주어진 함수들이다. 때로는 편의상 주어진 함수 P, Q, G에 대해 다음의 형태로 쓰기도 한다.

$$P(t)\frac{dy}{dt}+Q(t)y=G(t) \tag{4}$$

여기서 $P(t)\neq 0$이면 식 (4)를 $P(t)$로 나누어서 식 (3)으로 바꿀 수 있다.

어떤 경우는 다음 예제처럼 위 식을 바로 적분해서 주어진 1계 선형 미분방정식을 풀 수도 있다.

예제 2.1.1 미분방정식

$$(5+3t^2)\frac{dy}{dt}+6ty=2t \tag{5}$$

을 풀어라.

풀이

식 (5)의 좌변은 dy/dt와 y의 일차 결합인데, 미적분학에서의 곱의 미분을 나타낸다. 즉,

$$(5+3t^2)\frac{dy}{dt}+6ty=\frac{d}{dt}((5+3t^2)y)$$

이므로 식 (5)는 다음과 같이 쓸 수 있다.

$$\frac{d}{dt}((5+3t^2)y)=2t \tag{6}$$

이때, 비록 y는 모르지만 식 (6)의 양변을 t에 대해 적분하면 임의의 적분상수 c에 대해

$$(5+3t^2)y=t^2+c \tag{7}$$

이 된다. 이를 y에 대해 풀면

$$y=\frac{t^2}{5+3t^2}+\frac{c}{5+3t^2} \tag{8}$$

이 되는데 이것이 식 (5)의 일반해이다.

대부분의 1계 선형 미분방정식은 좌변이 y와 다른 함수와의 곱의 미분이 아니기 때문에 예제 2.1.1처럼 풀리지 않을 수 있다. 그러나 라이프니츠(Leibniz)는 미분방정식 전체에 어떤 함수 $\mu(t)$를 곱하면 예제 2.1.1처럼 곱의 미분을 이용하여 바로 적분할 수 있도록 바꿀 수 있는 경우를 발견했다. 이때의 함수 $\mu(t)$를 **적분인자**(integrating factor)라 하고, 주어진 방정식에 대해서 이런 적분인자를 찾는 것이 중요한 미분방정식의 해법 중 하나이다. 먼저 예제를 통해 이 방법을 설명한 후, 일반적인 1계 선형 미분방정식의 표준형 (3)의 해를 구하는 방법을 알아보도록 하자.

예제 2.1.2 다음 미분방정식의 일반해를 구하라.

$$\frac{dy}{dt}+\frac{2}{3}y=\frac{1}{3}e^{\frac{t}{7}} \tag{9}$$

그리고 대표적인 적분곡선을 몇 개 그려라; 즉, 임의의 상수 c의 몇몇 값에 해당하는 해의 그래프를 그

려라. 또한 그래프가 점 (0, 1)을 지나는 특수해를 구하라.

풀이

먼저, 식 (9)에 미지함수 $\mu(t)$를 곱하자;

$$\mu(t)\frac{dy}{dt} + \frac{2}{3}\mu(t)y = \frac{1}{3}\mu(t)e^{\frac{t}{7}} \tag{10}$$

이다. 이제 식 (10)의 좌변이 곱 $\mu(t)y$의 미분이 되는 $\mu(t)$를 찾을 수 있는지 알아보자. 임의의 미분 가능한 함수 $\mu(t)$에 대해서

$$\frac{d}{dt}(\mu(t)y) = \mu(t)\frac{dy}{dt} + \frac{d\mu(t)}{dt}y \tag{11}$$

이므로

$$\frac{d\mu(t)}{dt} = \frac{2}{3}\mu(t) \tag{12}$$

를 만족하는 $\mu(t)$을 찾을 수 있다면 식 (10)의 좌변과 식 (11)의 우변은 같다.

따라서 식 (12)의 해를 찾을 수 있다면 적분인자도 찾을 수 있다. 식 (12)를 만족하는 함수는 쉽게 찾을 수 있다: 미적분학에서 그 도함수가 원래 함수의 반인 함수로 잘 알려진 함수는 무엇인가? 좀 더 체계적으로 식 (12)를 표현하면

$$\frac{1}{\mu(t)}\frac{d\mu(t)}{dt} = \frac{2}{3}$$

이고 이것은 다음 식과 동치이다.

$$\frac{d}{dt}\ln|\mu(t)| = \frac{2}{3} \tag{13}$$

따라서

$$\ln|\mu(t)| = \frac{2}{3}t + c$$

또는,

$$\mu(t) = ce^{2t/3} \tag{14}$$

이 된다. 식 (14)에 의해서 주어진 함수 $\mu(t)$는 식 (9)에 대한 적분인자이다. 일반적인 형태의 적분인자가 필요한 것은 아니므로 식 (14)에서 c를 1로 선택하여 $\mu(t) = e^{2t/3}$이라고 하자.

다시 식 (9)로 돌아가서 이 식에 적분인자 $e^{2t/3}$를 곱하면

$$e^{2t/3}\frac{dy}{dt} + \frac{2}{3}e^{2t/3}y = \frac{1}{3}e^{17t/21} \tag{15}$$

이 된다. 위에서 선택한 적분인자에 의해 식 (15)의 좌변은 $e^{2t/3}y$의 미분이 되었기 때문에 식 (15)는 다음과 같이 된다.

$$\frac{d}{dt}(e^{2t/3}y) = \frac{1}{3}e^{17t/21} \tag{16}$$

식 (16)의 양변을 적분하면 임의의 상수 c에 대해

$$e^{2t/3}y = \frac{7}{17}e^{17t/21} + c \tag{17}$$

을 얻는다. 마지막으로, 식 (17)을 y에 대해서 풀면 식 (9)의 일반해

$$y = \frac{7}{17}e^{t/7} + ce^{-2t/3} \tag{18}$$

를 구하게 된다.

점 (0, 1)을 지나는 해를 찾기 위해 식 (18)에서 $t = 0, y = 1$이라 두면 $1 = 7/17 + c$, 즉 $c = 10/17$가 되므로 원하는 해는

$$y = \frac{7}{17}e^{t/7} + \frac{10}{17}e^{-2t/3} \tag{19}$$

이다.

그림 2.1.1은 방향장을 배경으로 몇몇 c값에 대한 식 (18)의 그래프를 포함하고 있다. $y(0) = 1$을 만족하는 해는 녹색 곡선으로 표시하였다.

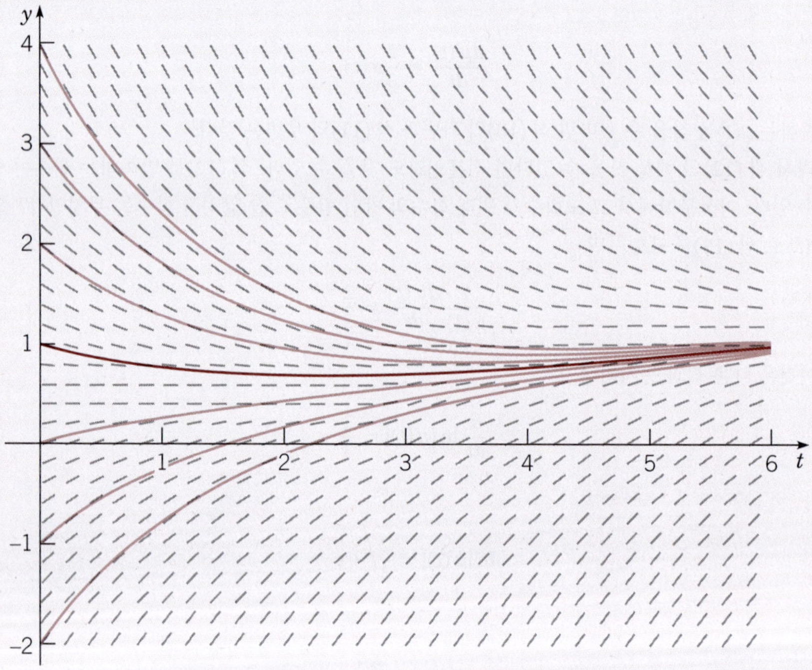

그림 2.1.1 $y' + \frac{2}{3}y = \frac{1}{3}e^{t/7}$의 방향장과 적분곡선들; 청록색 곡선은 점 (0, 1)을 지난다.

이제 적분인자법을 주어진 상수 a와 주어진 함수 $g(t)$에 대한

$$\frac{dy}{dt} + ay = g(t) \tag{20}$$

형태의 미분방정식에 적용해 보자. 예제 2.1.2에서 보였듯이 적분인자 $\mu(t)$는 식 (12) 대신 다음 식을 만족해야 한다.

$$\frac{d\mu}{dt} = a\mu \tag{21}$$

따라서 적분인자가 $\mu(t) = e^{at}$이므로 식 (20)에 $\mu(t)$를 곱하면

$$e^{at}\frac{dy}{dt} + ae^{at}y = e^{at}g(t)$$

또는

$$\frac{d}{dt}(e^{at}y) = e^{at}g(t) \tag{22}$$

을 얻는다. 식 (22)의 양변을 적분하면 임의의 상수 c에 대해

$$e^{at}y = \int e^{at}g(t)\,dt + c \tag{23}$$

이 된다. $g(t)$가 간단한 함수로 주어진 경우에는 식 (23) 안의 적분을 계산할 수 있으므로 예제 2.1.2에서와 같이 해 y를 기초 함수들로 나타낼 수 있다. 그러나 $g(t)$가 복잡한 함수로 주어진 경우에는 적분 형태를 그대로 남겨두어

$$y = e^{-at}\int_{t_0}^{t} e^{as}g(s)\,ds + ce^{-at} \tag{24}$$

로 쓴다. 식 (24)에서 독립변수 t와 구별하기 위해 적분변수를 s로 표기했고, 편의상 t_0를 적분의 하한값으로 선택했다(정리 2.4.1 참고). t_0의 선택에 따라 상수 c가 특정한 값으로 결정되지만 해를 바꾸지는 않는다. 예를 들어, $t = t_0$를 해의 공식 (20)에 대입하면 $c = y(t_0)e^{at}{}_0$이 된다.

미분방정식 예제 2.1.3

$$\frac{dy}{dt} - 5y = 12 - t \tag{25}$$

의 일반해를 구하고 몇 개의 해의 그래프를 그려라. 그리고 $t \to \infty$일 때의 해의 모양에 대하여 설명하라.

풀이

식 (25)는 $a = -5$일 때의 식 (20)의 형태이다. 따라서 적분인자는 $\mu(t) = e^{-5t}$이다. 미분방정식 (25)에 $\mu(t)$를 곱하면

$$e^{-5t}\frac{dy}{dt} - 5e^{-5t}y = 12e^{-5t} - e^{-5t}t$$

또는

$$\frac{d}{dt}(e^{-5t}y) = 12e^{-5t} - e^{-5t}t \tag{26}$$

이 된다. 이 식의 양변을 적분하면,

$$e^{-5t}y = -\frac{12}{5}e^{-5t} + \frac{1}{5}te^{-5t} + \frac{1}{25}e^{-5t} + c$$

이 된다. 이때 식 (26)의 마지막 항은 부분 적분하였다. 따라서, 식 (25)의 일반해는

$$y = -\frac{59}{25} + \frac{1}{5}t + ce^{5t} \tag{27}$$

이다.

방향장과 몇 개의 c값에 대한 해 (27)의 그래프가 **그림 2.1.2**에 나와 있다. 큰 t값에 대한 해의 모양

은 ce^{5t} 항이 결정한다. $c \neq 0$이면 c와 같은 부호인 해의 크기가 지수적으로 증가하므로 t가 커질 때 해는 발산한다. 양의 값으로 증가하는 해와 음의 값으로 증가하는 해는 $c = 0$에서 나뉜다. 식 (27)에 $c = 0$을 대입하고 $t = 0$이라고 하면 $y = -59/25$이 y축상의 분기점이 된다. 이 초깃값에 대한 해는 $y = -\frac{59}{25} + \frac{1}{5}t$이다. 이 해는 양의 값으로 지수적이 아니라 선형적으로 증가한다.

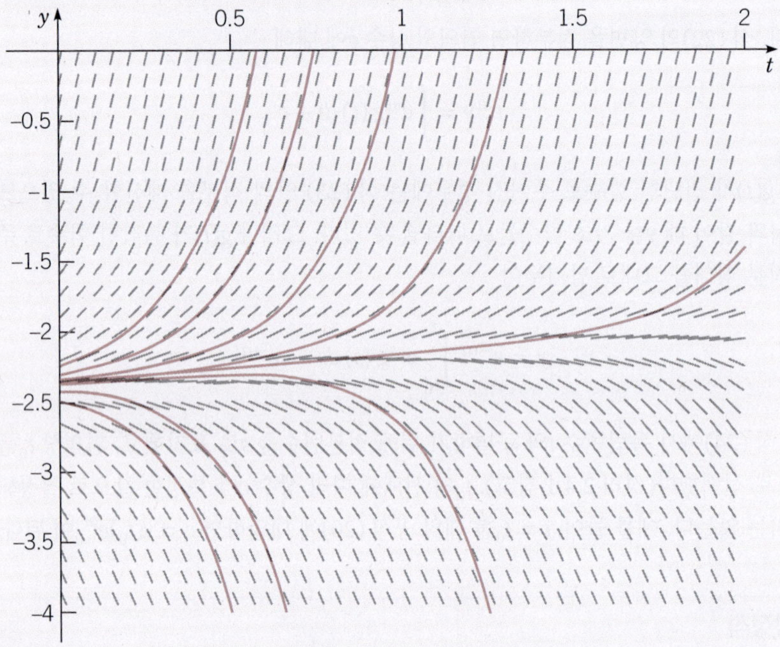

그림 2.1.2 $y' - 5y = 12 - t$의 방향장과 적분곡선들.

이제 주어진 함수 p와 g에 대한 일반적인 1계 선형 미분방정식 (3)

$$\frac{dy}{dt} + p(t)y = g(t)$$

로 돌아가자. 적당한 적분인자를 결정하기 위해 식 (3)에 미지함수 $\mu(t)$를 곱하면

$$\mu(t)\frac{dy}{dt} + p(t)\mu(t)y = \mu(t)g(t) \tag{28}$$

을 얻는다. 예제 2.1.2에서 했던 방식대로 따라가면

$$\frac{d\mu(t)}{dt} = p(t)\,\mu(t) \tag{29}$$

을 만족하는 $\mu(t)$에 대해 식 (28)의 좌변이 곱 $\mu(t)y$의 미분이라는 것을 알 수 있다. 임시로 $\mu(t)$를 양수라고 가정하면

$$\frac{1}{\mu(t)}\frac{d\mu(t)}{dt} = p(t)$$

이고, 따라서

$$\ln|\mu(t)| = \int p(t)\,dt + k$$

가 된다. 임의의 상수 k를 영으로 두면 함수 μ에 대한 가장 간단한 형태의 식

$$\mu(t) = \exp\int p(t)\,dt \tag{30}$$

을 얻을 수 있다. 이때 $\mu(t)$는 위에서 가정했듯이 모든 t에 대해 양수임을 알 수 있다. 식 (28)로 돌아가면

$$\frac{d}{dt}(\mu(t)y) = \mu(t)g(t) \tag{31}$$

이므로 임의의 상수 c에 대해

$$\mu(t)y = \int \mu(t)g(t)\,dt + c \tag{32}$$

이다. 식 (32)에 있는 적분이 기초함수들로 계산되기도 하지만 일반적으로는 안 될 수 있기 때문에 식 (3)의 일반해를 적분의 하한값 t_0에 대해

$$y = \frac{1}{\mu(t)}\left(\int_{t_0}^{t} \mu(s)g(s)\,ds + c\right) \tag{33}$$

라 두자. 이때, 식 (33)은 두 개의 적분을 포함하고 있는데 하나는 식 (30)의 $\mu(t)$를 얻기 위한 것이고 다른 하나는 식 (33)에서 y를 결정하기 위한 것이다.

예제 2.1.4

초깃값 문제

$$ty' + 2y = 4t^2 \tag{34}$$

$$y(1) = 2 \tag{35}$$

를 풀어라.

풀이

$p(t)$와 $g(t)$를 정확하게 결정하기 위해 식 (34)를 표준형 (3)으로 다시 써야 한다. 따라서

$$y' + \frac{2}{t}y = 4t \tag{36}$$

가 되므로 $p(t) = 2/t$, $g(t) = 4t$가 된다. 식 (36)을 풀기 위해 먼저 적분인자 $\mu(t)$를 계산하자.

$$\mu(t) = \exp\left(\int \frac{2}{t}dt\right) = e^{2\ln|t|} = t^2$$

식 (36)에 $\mu(t) = t^2$을 곱하면

$$t^2y' + 2ty = (t^2y)' = 4t^3$$

을 얻고 임의의 상수 c에 대해

$$t^2y = \int 4t^3dt = t^4 + c$$

가 된다. 따라서 $t > 0$에 대하여

$$y = t^2 + \frac{c}{t^2} \tag{37}$$

가 식 (34)의 일반해이다. 식 (34)의 몇몇 c에 대한 적분곡선이 **그림 2.1.3**에 나타나 있다.

이때, 초기조건 (35)를 만족하려면 식 (37)에 $t = 1$과 $y = 2$를 대입하면, $c = 1$이다. 따라서

$$y = t^2 + \frac{1}{t^2}, \quad t > 0 \tag{38}$$

은 초깃값 문제 (34), (35)의 해이다. 이 해는 그림 2.1.3에서 녹색 곡선으로 나타나 있다. 이 해는 $t \to 0$일 때 오른쪽에서 양의 y축으로 무한히 점근하는데, 이는 계수 $p(t)$가 원점에서 무한 불연속이기 때문이다. 이때, $t < 0$에서의 함수 $y = t^2 + (1/t^2)$은 이 초깃값 문제의 해가 아니다.

이것은 어떤 t값에서 해가 존재하지 않는 첫 번째 예인데, 이는 $t = 0$에서 $p(t)$가 무한 불연속이기 때문이다. 따라서 해가 존재하는 구간은 $0 < t < \infty$이다.

다시 그림 2.1.3을 보면 어떤 ($c > 0$에 대한) 해는 $t \to 0$일 때 오른쪽에서 양의 y축으로 점근한다. 반면 어떤 ($c < 0$에 대한) 해는 음의 y축으로 점근한다. 초기조건 (35)를

$$y(1) = y_0 \tag{39}$$

로 일반화하면 $c = y_0 - 1$이고 해 (38)은 다음과 같이 된다.

$$y = t^2 + \frac{y_0 - 1}{t^2}, \quad t > 0 \tag{40}$$

$y_0 = 1$이면 $c = 0$이므로 해는 $y = t^2$인데 이 해는 $t = 0$에서도 유한하고 미분 가능하다. (이 해는 그림 2.1.3에서 원점을 지나는 곡선이다.)

예제 2.1.3에서와 같이 임계 초깃값, 즉, $y_0 = 1$이 존재하여 해들을 어떤 모양을 갖는 해와 이와는 다른 모양을 갖는 해로 나눈다.

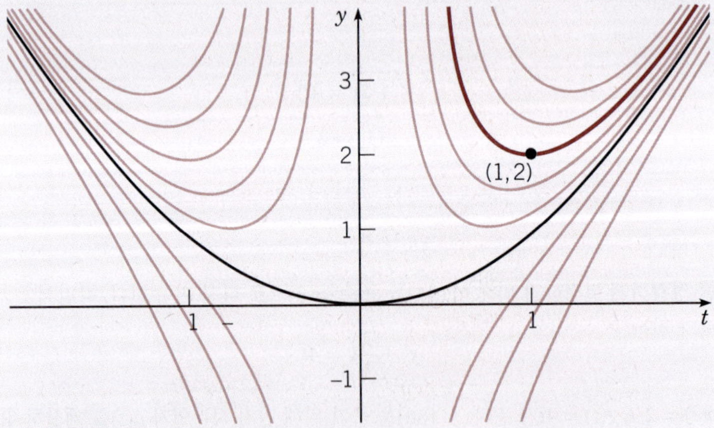

그림 2.1.3 미분방정식 $ty' + 2y = 4t^2$의 적분곡선들; 청록색 곡선은 점 (1, 2)를 지난다. 검은색 곡선은 점 (1, 1)를 지난다.

초깃값 문제

예제 2.1.5

$$2y' + ty = 2 \tag{41}$$

$$y(0) = 1 \tag{42}$$

을 풀어라.

풀이

미분방정식 (41)을 표준형 (3)으로 바꾸기 위해 2로 나누면

$$y' + \frac{t}{2}y = 1 \tag{43}$$

을 얻는다. 이때, $p(t) = t/2$이고 적분인자는 $\mu(t) = \exp(t^2/4)$이므로 식 (43)에 $\mu(t)$를 곱하면

$$e^{t^2/4}y' + \frac{t}{2}e^{t^2/4}y = e^{t^2/4} \tag{44}$$

이 된다. 식 (44)의 좌변은 $e^{t^2/4}y$의 미분이므로 식 (44)의 양변을 적분하면

$$e^{t^2/4}y = \int e^{t^2/4}dt + c \tag{45}$$

가 된다. 식 (45)의 우변의 적분을 기초함수들로 계산할 수 없으므로 계산하지 않은 채로 두겠다. 이때, 적분의 하한값을 초깃점 $t = 0$으로 놓으면 식 (45)를 임의의 상수 c에 대해

$$e^{t^2/4}y = \int_0^t e^{s^2/4}ds + c \tag{46}$$

로 다시 쓸 수 있다. 따라서 식 (41)의 일반해 y는

$$y = e^{-t^2/4}\int_0^t e^{s^2/4}ds + ce^{-t^2/4} \tag{47}$$

이 된다. 초기조건 (42)를 만족하는 특수해를 결정하기 위해 식 (47)에서 $t = 0, y = 1$이라 두자.

$$\begin{aligned} 1 &= e^0\int_0^0 e^{-s^2/4}ds + ce^0 \\ &= 0 + c \end{aligned}$$

따라서 $c = 1$이다.

위의 예제에서 보면 때로는 해를 적분의 형태로 남겨두어야 한다는 것을 알 수 있는데 이것이 수학적으로 문제가 되는 것은 아니다. 주어진 t에 대해서 식 (47)의 적분은 정적분이므로 수치적 적분을 사용하여 얼마든지 좋은 근삿값을 구할 수 있다. 충분히 많은 t에 대해 근삿값을 구하여 그래프를 그리면 전체 해의 그래프를 그릴 수 있게 된다. 또한 8장에서 다룰 수치적 근사법을 사용하여 전체 해의 그래프를 그릴 수도 있는데, 이 경우에는 미분방정식에 직접 적용할 수는 있으나 해에 대한 수식은 주어지지 않는다. Maple, Mathematica, MATLAB, Sage와 같은 소프트웨어 패키지를 사용하면 이런 과정을 쉽게 실행할 수 있고 해의 그래프도 그릴 수 있다.

그림 2.1.4는 몇몇 c에 대한 해 (47)의 그래프를 보여주고 있다. 초기조건 $y(0) = 1$를 만족하는 특수해는 녹색으로 보여진다. 이 그림에서 $t \to \infty$일 때 모든 해가 어떤 극한값으로 접근한다고 추정할 수 있다. 이 극한값은 해석적으로 찾을 수 있다(연습문제 **22**).

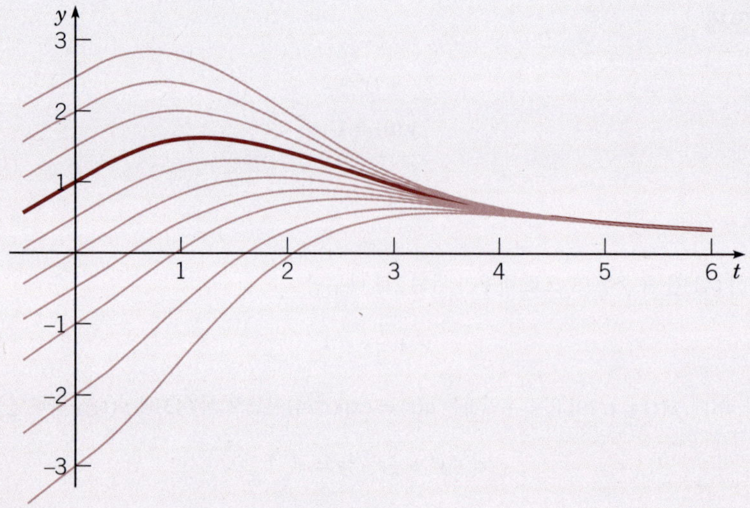

그림 2.1.4 $2y' + ty = 2$의 적분곡선들; 초기조건 $y(0) = 1$를 만족하는 특수해는 녹색 곡선.

연습 문제

▶ 문제 **1**부터 **8**까지

a. Ⓖ 주어진 미분방정식에 대해서 방향장을 그려라.

b. 이 방향장을 근거로 큰 t에 대해 해의 모양이 어떻게 되는지 설명하라.

c. 주어진 미분방정식의 일반해를 구하고 이를 이용하여 t가 무한대로 갈 때 해의 모양이 어떻게 되는지 결정하라.

1. $y' + 4y = t + e^{-2t}$

2. $y' - 4y = t^2e^{4t}$

3. $y' + y = te^{-t} + 2$

4. $y' + \frac{2}{t}y = 4\cos(3t), \quad t > 0$

5. $y' - y = 4e^t$

6. $ty' - y = t^2e^{-2t}, \quad t > 0$

7. $y' + 2y = 4\sin(5t)$

8. $3y' + 4y = t^2$

▶ 문제 **9**부터 **12**에서 주어진 초깃값 문제의 해를 구하라.

9. $y' - y = 4te^{2t}, \quad y(0) = 1$

10. $y' + 3y = te^{-3t}, \quad y(1) = 0$

11. $y' + (3/t)y = (\cos t)/t^3, \quad y(\pi) = 0, \quad t > 0$

12. $ty' + (t+4)y = 2t, \quad y(\ln 2) = 1, \quad t > 0$

▶ 문제 **13**와 **14**에서:

a. Ⓖ 주어진 미분방정식에 대한 방향장을 그려라. t가 커질 때 해의 모양은 어떻게 되는가? 이 모양은 초깃값 a의 선택에 의존하는가? a_0를 해의 모양이 어떤 유형에서 다른 유형으로 바뀔 때의 a값이라고 하고 이 a_0를 추정하라.

b. 주어진 초깃값 문제를 풀고 임계값 a_0를 정확하게 구하라.

c. 이 초깃값 a_0에 해당하는 해의 모양을 설명하라.

13. $y' - 2y = 2\cos t, \quad y(0) = a$

14. $2y' - y = e^{t/4}, \quad y(0) = a$

▶ 문제 **15**와 **16**에서:

a. **G** 주어진 미분방정식에 대해서 방향장을 그려라. $t \to 0$일 때 해의 모양이 어떻게 나타나는가? 이 모양은 초깃값 a의 선택에 따라 달라지는가? a_0를 임계값으로 정의하되, 이는 $a < a_0$일 때와 $a > a_0$일 때 $t \to \infty$에서 해의 모양이 달라지는 초깃값이다. a_0의 값을 추정하라.

b. 초깃값 문제를 풀고 임계값 a_0를 정확히 구하라.

c. 초깃값 a_0에 해당하는 해의 모양을 설명하라.

15. $ty' + (t+1)y = 2te^{-t}, \quad y(1) = a, \quad t > 0$

16. $(\cos(t))\,y' - (\sin(t))\,y = e^t, \quad y(1) = a, \quad 0 < t < \pi$

17. **G** 초깃값 문제

$$y' + \frac{1}{2}y = 2\cos(t), \quad y(0) = -1$$

를 고려하자. $t > 0$에 대한 해가 첫 번째 극댓값을 갖는 점의 좌표를 구하라.

18. **N** 초깃값 문제

$$y' + \frac{2}{3}y = 1 - \frac{1}{2}t, \quad y(0) = y_0$$

를 고려하자. 해가 t축을 통과하지 않고 접하는 y_0의 값을 구하라.

19. 초깃값 문제

$$y' + \frac{1}{2} = 5 + 3\cos(2t), \quad y(0) = 0$$

를 고려하자.

a. 이 초깃값 문제의 해를 구하고 t가 커질 때 해의 모양을 설명하라.

b. **N** 해가 처음으로 직선 $y = 10$와 교차하는 t의 값을 결정하라.

20. 초깃값 문제

$$y' - y = 1 + 3\sin(t), \quad y(0) = y_0$$

의 해가 $t \to \infty$일 때에도 여전히 유한하기 위한 y_0의 값을 구하라.

21. 다음 초깃값 문제를 고려하자.

$$y' - 2y = 3t + 2e^t, \quad y(0) = y_0$$

$t \to \infty$일 때, 음으로 증가하는 해와 양으로 증가하는 해로 분리되는 y_0의 값을 구하라. 또한 $t \to \infty$일 때 y_0의 임계값에 해당하는 해의 모양은 어떠한가?

22. $t \to \infty$일 때 $2y' + ty = 2$의 모든 해가 어떤 극한값에 점근함을 보이고, 그 극한값을 구하라.
힌트: 일반해와 식 (47)을 참고하라. 해 (47)의 첫 번째 항이 $0 \cdot \infty$ 형태의 부정형임을 보이고, $t \to \infty$일 때의 극한을 구하기 위해 로피탈의 정리를 사용하라.

23. a와 λ가 양의 상수이고 b는 임의의 실수이면,

$$y' + ay = be^{-\lambda t}$$

의 모든 해는 $t \to \infty$일 때 $y \to 0$이 됨을 보여라.
힌트: $a = \lambda$과 $a \neq \lambda$로 나눠서 생각하라.

▶ 문제 **24**부터 **27**까지 $t \to \infty$일 때 해들이 각 문제에서 제시된 모양이 되는 1계 선형 미분방정식을 만들어라. 이 식을 다시 풀어서 그 해가 실제로 제시된 성질을 만족하는지 보여라.

24. $t \to \infty$일 때 모든 해는 극한값 3을 갖는다.

25. $t \to \infty$일 때 모든 해는 직선 $y = 1 - 2t$로 점근한다.

26. $t \to \infty$일 때 모든 해는 직선 $y = 3t + 1$로 점근한다.

27. $t \to \infty$일 때 모든 해는 직선 $y = 9 - t^2$으로 점근한다.

28. **매개변수 변형법**(variation of parameters). 일반적인 1계 선형 미분방정식

$$y' + p(t)y = g(t) \tag{48}$$

을 풀기 위한 다음 방법을 이용하자.

a. 모든 t에 대해서 $g(t) = 0$이면, 위 식의 해가 상수 A에 대해 특정 형태가 됨을 보여라.

$$y = A\exp\left(-\int p(t)\,dt\right) \tag{49}$$

b. 모든 점에서 $g(t) \neq 0$이면 식 (48)의 해가 t에 대한 함수 $A(t)$에 대해 특정 형태라고 가정하자.

$$y = A(t)\exp\left(-\int p(t)\,dt\right) \tag{50}$$

주어진 미분방정식에 이 y를 대입하여 $A(t)$가 다음 방정식을 만족함을 보여라.

$$A'(t) = g(t)\exp\left(\int p(t)\,dt\right) \tag{51}$$

c. 식 (51)로부터 $A(t)$를 구해서 식 (50)에 대입하여 y를 결정하라. 또한 이런 방식으로 얻어진 해가 본문에 있는 식 (33)의 해와 같다는 것을 증명하라. 이 방법은 **매개변수 변형법**이라고 알려져 있다; 이것은 3.6절에서 2계 선형 미분방정식과 관련하여 자세하게 다루겠다.

▶ 문제 **29**부터 **30**까지 문제 28의 방법을 사용하여 주어진 미분방정식을 풀어라.

29. $y' - 2y = t^2e^{2t}$

30. $y' + \left(\dfrac{1}{t}\right)y = 2\sin(2t), \quad t > 0$

2.2 변수분리 미분방정식

1.2절에서 상수 a와 b에 대한 1계 선형 미분방정식

$$\frac{dy}{dt} = ay + b \tag{1}$$

을 풀기 위해 직접 적분하는 방법을 이용하였다. 이제 이러한 과정을 더 일반적인 형태의 식에도 적용할 수 있음을 보이고자 한다.

이 절에서는 두 가지 이유로 독립변수로서 t 대신 x를 사용할 것이다. 첫 번째 이유는 미분방정식에서 여러 가지 다른 문자들이 변수로 사용되기 때문에, 한 가지 문자에만 익숙해져서는 안 되기 때문이다. 특히, x는 독립변수로 자주 사용되는 변수이다. 여기서는 뒤에서 설명할 다른 이유로 인해 t의 사용을 보류하겠다.

일반적인 1계 미분방정식

$$\frac{dy}{dx} = f(x, y) \tag{2}$$

이다. 이전 절에서는 선형인 경우를 다루었으나, 식 (2)가 비선형이라면 이를 풀기 위한 일반적인 해법이 존재하지 않는다. 여기서는 직접 적분하여 풀 수 있는 1계 미분방정식을 고려하겠다.

이 미분방정식을 분류하기 위해 식 (2)를 다음과 같은 형태로 다시 쓰자.

$$M(x, y) + N(x, y)\frac{dy}{dx} = 0 \qquad (3)$$

이러한 표현은 $M(x, y) = -f(x, y)$와 $N(x, y) = 1$로 놓으면 항상 가능하지만, 다르게 놓을 수도 있다. M이 x만의 함수이고 N이 y만의 함수라면, 식 (3)은

$$M(x) + N(y)\frac{dy}{dx} = 0 \qquad (4)$$

이 된다. 이러한 미분방정식을 **변수분리형**(scparable)이라고 하는데, 이렇게 부르는 이유는 이 경우 미분방정식을

$$M(x)\,dx + N(y)\,dy = 0 \qquad (5)$$

와 같이 쓰면 각각의 변수를 포함하는 항들을 좌변과 우변으로 분리할 수 있기 때문이다. 미분형식 (5)는 대칭적이지만, 독립변수와 종속변수의 구별은 안 된다.

변수분리 미분방정식은 함수 M과 N을 적분하여 풀 수 있다. 이 과정을 먼저 예제를 통해 설명한 후, 일반적인 식 (4)의 형태에 대해 다루겠다.

예제 2.2.1

미분방정식

$$\frac{dy}{dx} = \frac{x^2}{1 - y^2} \qquad (6)$$

이 변수분리형임을 보이고, 적분곡선에 대한 식을 구하라.

풀이

식 (6)을

$$-x^2 + (1 - y^2)\frac{dy}{dx} = 0 \qquad (7)$$

으로 쓰면 식 (4)의 형태가 되어 변수분리형이다. 미적분학으로부터 y가 x의 함수이면 연쇄법칙에 의해

$$\frac{d}{dx}f(y) = \frac{d}{dy}f(y)\frac{dy}{dx} = f'(y)\frac{dy}{dx}$$

가 된다. 예를 들어, $f(y) = y - y^3/3$이면

$$\frac{d}{dx}\left(y - \frac{y^3}{3}\right) = (1 - y^2)\frac{d}{dx}$$

이다. 따라서 식 (7)에 있는 두 번째 항은 $y - y^3/3$의 x에 대한 미분이고, 첫 번째 항은 $-x^3/3$의 미분이므로 식 (7)은

$$\frac{d}{dx}\left(-\frac{x^3}{3}\right) + \frac{d}{dx}\left(y - \frac{y^3}{3}\right) = 0$$

또는

$$\frac{d}{dx}\left(-\frac{x^3}{3} + y - \frac{y^3}{3}\right) = 0$$

이라고 쓸 수 있다. 이 식을 적분하면 임의의 상수 c에 대해

$$-x^3 + 3y - y^3 = c \qquad (8)$$

을 얻는데, 이는 식 (6)의 적분곡선에 대한 식이다. 방향장과 몇 개의 적분곡선이 **그림 2.2.1**에 나와 있다. 식 (8)을 만족하는 임의의 미분 가능 함수 $y = \phi(x)$는 식 (6)의 해이다. 특정한 점 (x_0, y_0)를 지나는 적분곡선의 식은 식 (8)의 x와 y에 x_0와 x_y를 각각 대입하고 이에 해당하는 c를 결정하면 구할 수 있다.

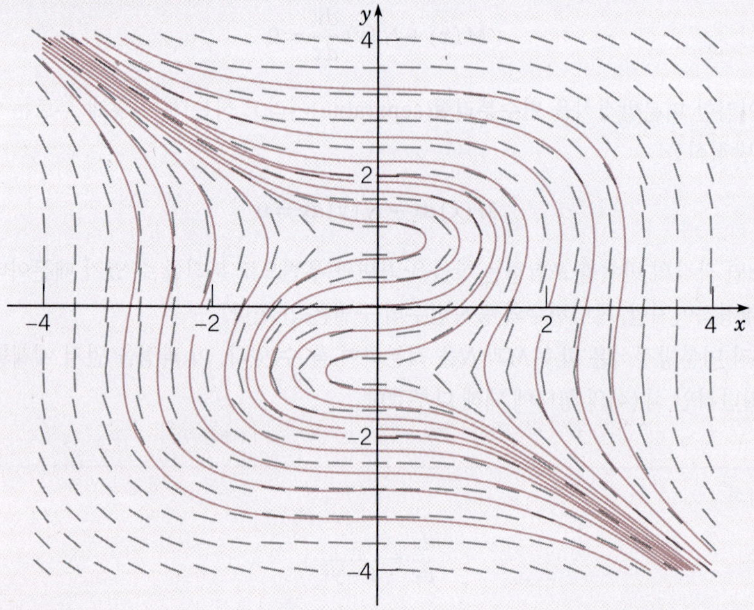

그림 2.2.1 $y' = x^2/(1-y^2)$의 방향장과 적분곡선들.

임의의 변수분리 미분방정식에 대해서도 이와 동일한 과정을 따라갈 수 있다. 식 (4)로 돌아가서 H_1과 H_2를 각각 M과 N에 대한 임의의 역도함수라고 두면

$$H_1'(x) = M(x), \quad H_2'(y) = N(y) \tag{9}$$

이므로 식 (4)는

$$H_1'(x) + H_2'(y)\frac{dy}{dx} = 0 \tag{10}$$

이 된다. 이때, y를 x에 대한 함수라고 생각하면 연쇄법칙에 의해서

$$H_2'(y)\frac{dy}{dx} = \frac{d}{dy}H_2(y)\frac{dy}{dx} = \frac{d}{dx}H_2(y) \tag{11}$$

가 되고, 결과적으로 식 (10)을

$$\frac{d}{dx}(H_1(x) + H_2(y)) = 0 \tag{12}$$

로 쓸 수 있다. 식 (12)를 적분하면 임의의 상수 c에 대해

$$H_1(x) + H_2(y) = c \tag{13}$$

가 된다. 식 (13)을 만족하는 임의의 미분 가능 함수 $y = \phi(x)$는 식 (4)의 해이다. 다시 말하면, 식 (13)은 해를 양함수가 아닌 음함수로 나타낸다. 실제로 식 (13)은 식 (5)에서 첫 번째 항을 x에 대해, 두 번째 항을 y에 대해 각각 적분하여 얻을 수 있다. 이에 대한 근거는 위의 예제에서 설명한 바와 같다.

미분방정식 (4)에 초기조건

$$y(x_0) = y_0 \tag{14}$$

가 주어지면 초깃값 문제를 이룬다. 이 초깃값 문제를 풀기 위해서 식 (13)의 상수 c에 대한 적당한 값을 결정해야 한다. 이를 위해 식 (13)에서 $x = x_0$, $y = y_0$라고 두면

$$c = H_1(x_0) + H_2(y_0) \tag{15}$$

가 된다. 이 c값을 식 (13)에 대입하면 다음을 알 수 있다.

$$H_1(x) - H_1(x_0) = \int_{x_0}^{x} M(s)\,ds, \quad H_2(y) - H_2(y_0) = \int_{y_0}^{y} N(s)\,ds$$

따라서

$$\int_{x_0}^{x} M(s)\,ds + \int_{y_0}^{y} N(s)\,ds = 0 \tag{16}$$

이다. 식 (16)은 초기조건 (14)를 만족하는 미분방정식 (4)의 해에 대한 음함수 표현이다. 이 해를 양함수로 쓰려면 식 (16)을 x에 대한 y로 풀어야 한다. 그러나 이렇게 하는 것이 해석학적으로 불가능할 때가 있다. 이러한 경우 x에 대한 y 값을 근사할 수 있는 수치적 방법을 사용할 수도 있다.

예제 2.2.2

초깃값 문제

$$\frac{dy}{dx} = \frac{3x^2 + 4x + 2}{2(y-1)}, \quad y(0) = -1 \tag{17}$$

을 풀고 이 해가 존재하는 구간을 결정하라.

풀이

주어진 미분방정식은

$$2(y-1)\,dy = \left(3x^2 + 4x + 2\right)dx$$

와 같이 쓸 수 있다. 이때 좌변은 y에 대해, 우변은 x에 대해 각각 적분하면 임의의 상수 c에 대해

$$y^2 - 2y = x^3 + 2x^2 + 2x + c \tag{18}$$

가 된다. 제시된 초기조건을 만족하는 해를 찾기 위해 식 (18)에 $x = 0$, $y = -1$을 대입하면 $c = 3$이므로, 초깃값 문제의 해는 음함수로서

$$y^2 - 2y = x^3 + 2x^2 + 2x + 3 \tag{19}$$

이 된다. 이 해를 양함수로 나타내기 위해서는 식 (19)를 x에 대한 y로 풀어야 한다. 이 경우에는 식 (19)가 y에 관한 이차식이기 때문에

$$y = 1 \pm \sqrt{x^3 + 2x^2 + 2x + 4} \tag{20}$$

가 된다. 식 (20)은 미분방정식의 두 개의 해를 나타내지만, 이 중 하나만 초기조건을 만족한다. 이 해는 식 (20)에서 음의 부호에 해당하므로 초깃값 문제 (17)의 해는

$$y = \phi(x) = 1 - \sqrt{x^3 + 2x^2 + 2x + 4} \tag{21}$$

이다. 만일, 식 (20)에서 실수로 양의 부호를 선택했다면 같은 미분방정식이 초기조건 $y(0) = 3$을 가질 때의 해가 될 것이다. 마지막으로, 해 (21)이 정의되는 구간을 결정하려면 근호 안이 양수가 되는 구간을 찾아야 한다. 이 경우에는 유일한 실근이 $x = -2$이므로 해가 존재하는 구간은 $x > -2$이다. 이 미분방정식의 몇 개의 적분곡선들이 **그림 2.2.2**에 나와 있다. 녹색 곡선은 점 (0, −1)을 지나므로 초깃값 문제 (17)의 해이다. 해 (21)이 존재하는 구간의 경계는 접선이 수직이 되는 점 (−2, 1)에 의해 결정된다.

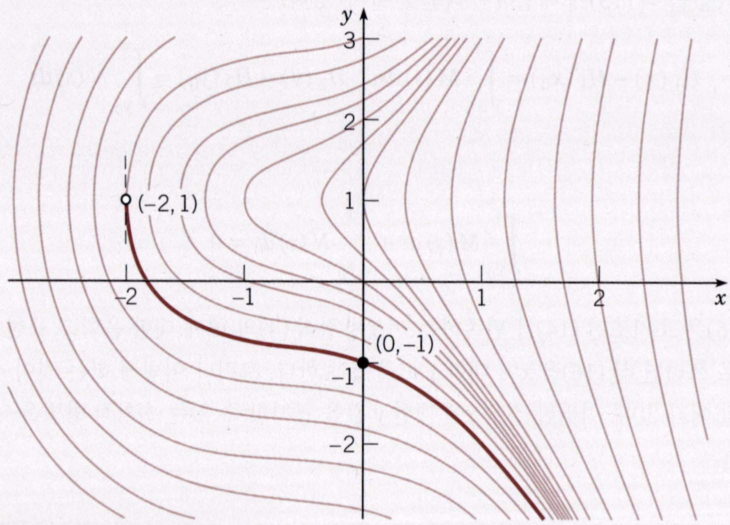

그림 2.2.2 $y' = (3x^2 + 4x + 2)/2(y - 1)$의 적분곡선들; $y(0) = -1$을 만족하는 해는 녹색으로 표시되어 있고 $x > -2$에서 존재한다.

예제 2.2.3

$$\frac{dy}{dx} = \frac{4x - x^3}{4 + y^3} \tag{22}$$

을 풀고 몇 개의 적분곡선을 그려라. 또한 점 (0, 1)을 지나는 해를 찾고 이 해가 존재하는 구간을 결정하라.

풀이

식 (22)를

$$(4 + y^3)\,dy = (4x - x^3)\,dx$$

로 다시 쓴 후 양변을 적분하여 4를 곱하고 항들을 다시 정리하면 임의의 상수 c에 대해

$$y^4 + 16y + x^4 - 8x^2 = c \tag{23}$$

를 얻는다. 이때, 식 (23)을 만족하는 임의의 미분 가능한 함수 $y = \phi(x)$가 미분방정식 (22)의 해가 된다. 몇몇 c값에 대한 식 (23)의 그래프가 **그림 2.2.3**에 나와 있다.

(0, 1)을 지나는 특수해를 찾기 위해 식 (23)에서 $x = 0$과 $y = 1$을 대입하면 $c = 17$이 된다. 즉, 주어진 문제의 해는 음함수

$$y^4 + 16y + x^4 - 8x^2 = 17 \tag{24}$$

로 주어진다. 이것은 그림 2.2.3에서 녹색 곡선으로 표시되어 있다. 이 해가 존재하는 구간은 이 함수가 미분 가능할 때까지 초깃점의 양쪽으로 계속 확장할 수 있는데, 그림 2.2.3으로부터 접선이 수직이 되는 점에서 이 구간이 끝나는 것을 알 수 있다. 미분방정식 (22)로부터 이 점이 $4 + y^3 = 0$ 또는 $y = (-4)^{1/3} \cong -1.5874$임을 알 수 있다. 식 (24)로부터 이에 대응되는 x값은 $x \cong \pm 3.3488$이다. 이 점들은 그림 2.2.3의 그래프에 표시되어 있다.

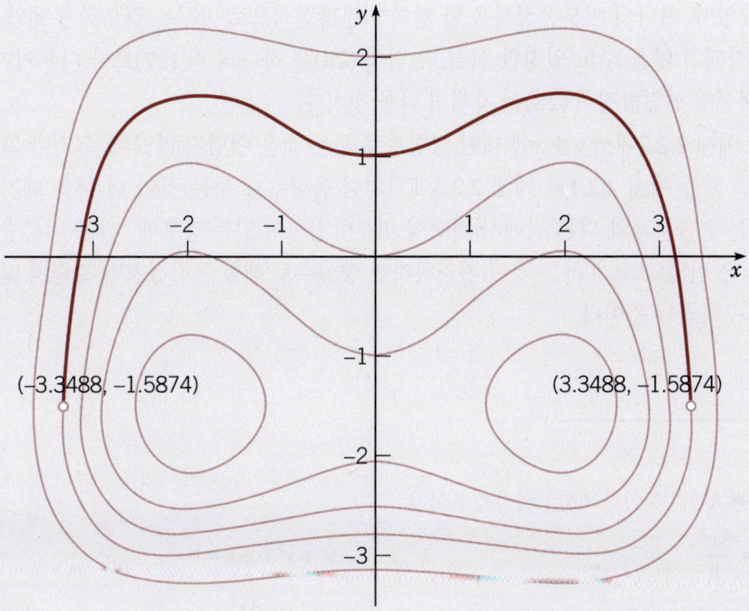

그림 2.2.3 $y' = (4x - x^3)/(4 + y^3)$의 적분곡선들. (0, 1)을 지나는 해는 녹색 곡선으로 나타나 있다.

비고 1: (2) 형태의 미분방정식

$$\frac{dy}{dx} = f(x, y)$$

은 상수해 $y = y_0$를 갖기도 한다. 이런 해를 항상 찾기 쉬운 이유는 어떤 값 y_0와 모든 x에 대해서 $f(x, y_0) = 0$이면 상수함수 $y = y_0$는 미분방정식 (2)의 해가 되기 때문이다. 예를 들어, 미분방정식

$$\frac{dy}{dx} = \frac{(y-3)\cos(x)}{1 + 2y^2} \tag{25}$$

는 상수해 $y = 3$을 갖는다. 이 미분방정식의 다른 해들은 변수를 분리하여 적분하면 찾을 수 있다.

비고 2: 1계 비선형 미분방정식은 때때로 x와 y를 모두 세 번째 변수 t의 함수라고 생각할 때

더 쉬워질 수 있다. 그러면

$$\frac{dy}{dx} = \frac{dy/dt}{dx/dt} \tag{26}$$

이므로, 미분방정식이

$$\frac{dy}{dx} = \frac{F(x,y)}{G(x,y)} \tag{27}$$

이면 식 (26)과 (27)에서 분모와 분자를 비교하여 연립방정식

$$\frac{dx}{dt} = G(x,y), \quad \frac{dy}{dt} = F(x,y) \tag{28}$$

를 얻을 수 있다. 하나의 미분방정식을 한 쌍의 미분방정식으로 바꾸는 것으로 문제가 더 간단해졌다고 생각되지 않을 수도 있지만 사실, 연립식 (28)은 하나의 식 (27)보다 다루기가 더 쉽다. 9장에서 비선형 연립방정식 (28)을 자세히 다룰 것이다.

비고 3: 예제 2.2.2에서 y를 x에 대한 양함수로 푸는 것은 어렵지 않았다. 그러나 그런 경우는 예외적이고 해를 예제 2.2.1과 예제 2.2.3에서처럼 음함수로 두는 것이 더 나을 때가 많다. 즉, 아래에 있는 연습문제와 다른 절에서 비선형 미분방정식이 있는 경우에 "다음 미분방정식을 풀어라"는 말은 만일 그렇게 하는 것이 편리하다면 양함수로 해를 구하겠지만 그렇지 않다면 음함수인 해를 구하라는 뜻이다.

연습 문제

▶ 문제 **1**부터 **8**까지 주어진 미분방정식을 풀어라.

1. $y' = \dfrac{3x^2}{y}$

2. $y' + y^2 \cos x = 0$

3. $y' = \sin^2(x)\sin^2(2y)$

4. $y' = \dfrac{3x^2}{y(1+x^3)}$

5. $\dfrac{dy}{dx} = \dfrac{x - 2e^{-2x}}{y + e^y}$

6. $\dfrac{dy}{dx} = \dfrac{x^3}{2 + y^2}$

7. $\dfrac{dy}{dx} = \dfrac{2y}{3x}$

8. $\dfrac{dy}{dx} = \dfrac{-6x}{y}$

▶ 문제 **9**부터 **16**까지:

a. 주어진 초깃값 문제의 해를 양함수 형태로 구하라.

b. G 해의 그래프를 그려라.

c. 해가 정의되는 구간을 (대략적이라도) 결정하라.

9. $y' = (1-2x)y^2, \quad y(0) = -1/12$

10. $y' = (1-2x)/y, \quad y(1) = -1$

11. $x\,dx + 2ye^{-x}dy = 0, \quad y(0) = 1/2$

12. $dr/d\theta = 3r^2/2\theta, \quad r(1) = 2$

13. $y' = 2xy^3(4+x^2)^{-1/2}, \quad y(0) = 1$

14. $y' = 2x/(1+2y), \quad y(1) = 0$

15. $y' = (5x^2 - e^x)/(3y - 7), \quad y(0) = 1$

16. $\sin(4x)\,dx + \cos(5y)\,dy = 0, \quad y(\pi/2) = \pi/3$

▶ 문제 **17**부터 **22**까지 제시된 결과들은 주어진 미분방정식을 해석적으로 풀거나 수치적으로 그래프를 그려서 해를 근사하면 얻을 수 있다. 각각의 접근 방법의 장단점에 대한 의견을 적어라.

17. **G** 초깃값 문제

$$y' = \frac{(1 + 3x^2)}{(3y^2 - 12y)}, \quad y(0) = 1$$

를 풀고 해가 존재하는 구간을 결정하라.

힌트: 정의역을 찾으려면 적분곡선이 수직 접선을 갖는 점을 찾으면 된다.

18. **G** 초깃값 문제

$$y' = \frac{3x^2}{(3y^2 - 6)}, \quad y(1) = 0$$

를 풀고 해가 존재하는 구간을 결정하라.

힌트: 정의역을 찾으려면 적분곡선이 수직 접선을 갖는 점을 찾으면 된다.

19. 초깃값 문제

$$y' = 3y^3 + xy^3, \quad y(0) = 1$$

를 풀고 해가 최솟값을 갖는 점을 결정하라.

20. **G** 초깃값 문제

$$y' = 2(1 + x)(1 + y^2), \quad y(0) = 0$$

를 풀고 해가 최솟값을 갖는 점을 결정하라.

21. **G** 다음 초깃값 문제를 고려하자.

$$y' = \frac{ty(4 - y)}{3}, \quad y(0) = y_0$$

a. t가 증가할 때 해의 모양이 초깃값 y_0에 따라 어떻게 달라지는지 결정하라.

b. $y_0 = 0.5$일 때, 해가 최초로 3.98에 이르는 시간 T를 구하라.

22. **G** 다음 초깃값 문제를 고려하자.

$$y' = \frac{ty(3 - y)}{2 + t}, \quad y(0) = y_0 > 0$$

a. $t \to \infty$일 때 해의 모양이 어떻게 되는지 결정하라.

b. $y_0 = 2$일 때, 해가 최초로 3.99에 이르는 시간 T를 구하라.

c. 시간 $t = 2$일 때까지 해가 구간 $3.99 < y < 4.01$에 있기 위한 초깃값의 범위를 구하라.

23. 다음 미분방정식을 풀어라.

$$\frac{dy}{dx} = \frac{ay + b}{cy + d}$$

a, b, c, d는 상수이다.

24. 변수분리법을 이용하여 상수 a, b, r, Q_0에 대한 미분방정식

$$\frac{dQ}{dt} = r(a + bQ), \quad Q(0) = Q_0$$

을 풀어라. $t \to \infty$일 때 이 해의 모양을 결정하라.

▶ **동차미분방정식**(Homogeneous Equations): 미분방정식 $dy/dx = f(x, y)$의 우변을 비율 y/x만의 함수

로 표현할 수 있다면 이 미분방정식을 동차라고 부른다.[1] 이런 미분방정식은 종속변수를 바꾸면 분리 가능한 미분방정식으로 변환할 수 있다. 문제 **25**는 1계 동차미분방정식을 푸는 법을 보여준다.

25. **N** 미분방정식

$$\frac{dy}{dx} = \frac{y - 4x}{x - y} \tag{29}$$

을 고려하자.

a. 식 (29)를

$$\frac{dy}{dx} = \frac{(y/x) - 4}{1 - (y/x)} \tag{30}$$

으로 다시 써서 동차임을 보여라.

b. $v = y/x$, 즉 $y = xv(x)$인 새로운 종속변수 v를 도입하라. dy/dx를 x, v, dv/dx로 표현하라.

c. 변형된 식을 이용하여 주어진 미분방정식이

$$v + x\frac{dv}{dx} = \frac{v - 4}{1 - v}$$

또는

$$x\frac{dv}{dx} = \frac{v^2 - 4}{1 - v} \tag{31}$$

가 됨을 보여라. 따라서 식 (31)이 변수 분리가 가능하다는 것을 알 수 있다.

d. v가 x에 관한 음함수가 되도록 식 (31)을 풀어라.

e. **d**의 해에서 v를 y/x로 치환하여 식 (29)의 해를 구하라.

f. 식 (29)에 대한 방향장과 몇 개의 적분곡선을 그려라. 식 (29)의 우변은 y/x에만 종속되므로 비록 한 직선에서 다른 직선으로 바뀔 때 기울기가 달라지긴 하나 적분곡선들은 원점을 지나는 임의로 주어진 한 직선 위의 모든 점에서 같은 기울기를 갖는다. 따라서 방향장과 적분곡선들은 원점에 대해서 대칭이다. 그래프를 보고 이런 대칭성을 확인할 수 있겠는가?

▶ 문제 **25**에서 설명한 방법은 임의의 동차미분방정식에도 적용할 수 있다. 즉, $y = xv(x)$로 치환하면 동차미분방정식이 분리 가능한 미분방정식으로 변환된다. 이 분리 가능한 미분방정식을 직접 적분하여 풀고 v를 다시 y/x로 치환하면 원래 미분방정식의 해가 나온다. 문제 **26**부터 **31**까지:

a. 주어진 미분방정식이 동차임을 보여라.

b. 이 동차미분방정식을 풀어라.

c. **G** 방향장과 몇 개의 적분곡선을 그려라. 이들은 모두 원점에 대해서 대칭인가?

26. $\dfrac{dv}{dx} = \dfrac{2x^2 + xy + y^2}{x^2}$

27. $\dfrac{dy}{dx} = \dfrac{2x^2 + 3y^2}{2xy}$

28. $\dfrac{dy}{dx} = \dfrac{x + 3y}{x - y}$

29. $(x^2 + 3xy + 2y^2)dx - x^2dy = 0$

30. $\dfrac{dy}{dx} = \dfrac{x^2 - 5y^2}{4xy}$

31. $\dfrac{dy}{dx} = \dfrac{5y^2 - x^2}{4xy}$

[1] 여기서의 "homogeneous(동차)"는 3장이나 다른 곳에서 나오는 "homogeneous(제차)"와는 관계가 없다.

2.3 1계 미분방정식으로 모델링하기

비수학자들이 미분방정식에 관심을 기울이는 이유는 주로 미분방정식을 이용하여 다양한 물리학, 생물학, 사회과학 등의 문제를 연구할 수 있기 때문이다. 이것이 가능한 첫 번째 이유는 수학 모델과 그 해가 이런 다양한 분야의 문제에서 변수들과 매개변수들로 이루어진 식으로 나온다는 것이다. 이 식들은 다양한 상황에서 자연현상이 진행되는 과정을 예측할 수 있게 한다. 수학 모델에서는 매개변수를 넓은 범위 안에서 변화시키는 게 쉬운 반면, 실험실 안에서는 변수를 이렇게 변화시키는 게 가능한 경우에도 시간이 많이 걸리거나 매우 비싸다. 과학 연구에서 수학적 모델링과 실험 내지는 관찰은 둘 다 매우 중요하며 상호 보완적인 역할을 한다. 수학 모델은 실험 결과로 나온 예측과 비교하여 검증하는 한편, 수학적 해석은 실험을 진행하는 데 있어서 가장 가능성이 있는 방향을 제시해주고 어떤 실험 데이터가 가장 유용한지 정확하게 알려준다.

1.1절과 1.2절에서 몇 가지 간단한 수학 모델을 만들고 살펴보았는데, 이때 도달했던 몇 가지 결과들을 다시 요약하고 이를 확장하고자 한다. 이 예제들이 특정한 분야에 대한 응용이지만, 여기서 수학적 모델링을 하는 과정의 세 가지 단계를 볼 수 있다.

▶ **1단계: 모델의 구성.** 이 단계에서는 물리적인 상황을 수학 용어로 옮기는데, 주로 1.1절의 끝에 나열한 단계들을 사용한다. 이 단계에서 가장 결정적인 부분은 모델링 과정을 지배한다고 생각되는 물리 법칙(들)을 분명하게 서술하는 것이다. 예를 들어, 어떤 환경에서 열은 따뜻한 곳에서 찬 곳으로 그 온도차에 비례하는 만큼 이동한다는 것, 물체는 뉴턴의 운동법칙에 따라 움직인다는 것, 격리되어 있는 곤충의 개체수는 현재의 개체수에 비례하여 증가한다는 것 등이다. 이런 명제들 각각은 변화율(미분)을 포함하고 있으므로, 수학적으로 표현하자면 미분방정식을 유도한다. 이때의 미분방정식이 모델링 과정에서 나온 수학 모델이다.

그러나 이런 수식들은 거의 대부분 실제 과정을 근사적으로 묘사할 뿐이라는 사실을 알아야 한다. 예를 들어, 광속과 비슷한 속도로 움직이는 물체는 뉴턴의 법칙을 따르지 않고, 곤충의 개체수는 식량이나 공간이 부족해지면 무한히 증가할 수 없으며, 열전달은 온도차 외에 다른 요소들에도 영향을 받는다. 따라서 모델의 한계를 인식하고 이것이 정확하다고 믿을 만한 타당한 근거가 있는 경우에만 사용해야 한다. 수식들은 실제 과정에서 가장 중요한 특성들만을 구현하기 위해 만든 단순화된 물리 모델이 어떻게 작용하는지를 묘사할 뿐임을 알아야 한다. 때로는 수학적 모델링을 하는 과정에서 이산적인 과정을 연속적인 과정으로 개념 자체를 바꾸기도 한다. 예를 들어, 곤충 개체군에서 구성원의 수는 이산적인 양만큼 변한다; 그러나 개체수가 많으면 이를 연속 변수로 두고 심지어 개체수의 미분이라는 용어를 사용하기도 한다.

▶ **2단계: 모델의 해석.** 문제가 수식으로 만들어지고 나면 하나 이상의 미분방정식을 풀거나 또는 푸는 데 실패하더라도 해의 성질을 가능한 많이 찾아내야 하는 문제에 직면하게 된다. 수학 문제를 풀기 어려울 때는 해당 문제를 수학적으로 다루기 쉽도록 근사법이 필요할 수도 있다. 예를 들어, 비선형 미분방정식을 선형 미분방정식으로 근사할 수도 있고 천천히 변하는 계수는 상수로 바꿀 수도 있다. 당연히 이런 근사법을 이용하여 단순화된 수학 문제가 여전히 물리 과정상의 본질적인 특성을 반영하고 있는지 확인하려면 물리적인 관점에서 이를 검토해야 한다. 동시에 다루고자 하는 문제에 대한 상세한 물리 지식은 수학 문제를 해석하기 쉽게 하는 수학적 근사법을 찾는 데 크게 도움이 된다. 물리 현상에 대한 이해와 수학 기법 및 한계에 대한 지식 간의

상호작용은 응용 수학의 가장 뛰어난 특성이며, 복잡한 물리 과정에 대한 수학 모델을 성공적으로 만들기 위해 반드시 필요한 요소이다.

▶ **3단계: 실험이나 관찰과의 비교.** 마지막으로 해(또는 적어도 해에 대한 정보)를 얻었다면 해당 문제가 발생하는 상황에서 이 정보를 해석해야 한다. 특히나, 이 수학적인 해가 물리적으로 타당한지 확인해야 한다. 가능하다면 점을 몇 개 선택하여 그 점들에서의 해의 값을 계산하고 실험에서 얻은 값과 비교한다. 또는 긴 시간이 지난 후의 해의 모양이 관찰결과와 일치하는지 따져본다. 또는 문제 안의 매개변수들에 특정한 값을 부여하고 그 값에 해당하는 해를 조사한다. 물론, 수학적인 해가 타당하다고 해서 정확하게 맞는 해라는 보장은 없다. 그러나 수학 모델로부터 나온 예측이 이 수학 모델이 묘사했다고 주장하는 물리 체계의 관찰 결과와 너무 다르다면 이는 수학 문제를 잘못 풀었으니 다시 풀든지, 수학 모델 자체를 고쳐야 한다든지, 아니면 좀 더 주의 깊은 관찰이 필요하다는 것을 시사한다.

이 절의 예제들은 1계 미분방정식이 발생하는 대표적인 응용문제들이다.

예제 2.3.1

혼합물

시간 $t = 0$에 한 탱크 안에 Q_0 lb의 소금이 녹아있는 100 gal의 물이 들어 있다; **그림 2.3.1** 참조. 1 gal당 $\frac{1}{4}$ lb의 소금을 포함하는 물이 r gal/min의 비율로 이 탱크 안으로 들어와서 이를 잘 저은 후 소금물이 탱크로부터 같은 비율로 빠져나간다고 가정하자. 이 흐름에 대한 과정을 묘사하는 초깃값 문제를 세워라. 임의의 시간에 탱크에 있는 소금의 양 $Q(t)$를 구하고 아주 오랜 시간이 지난 후 남아있는 한계량 Q_L을 구하라. $r = 3$이고 $Q_0 = 2Q_L$인 경우 소금의 농도가 Q_L의 2%가 될 시간 T를 구하라. 또한 T가 45 min이 넘지 않게 하는 소금물의 유동률을 구하라.

풀이

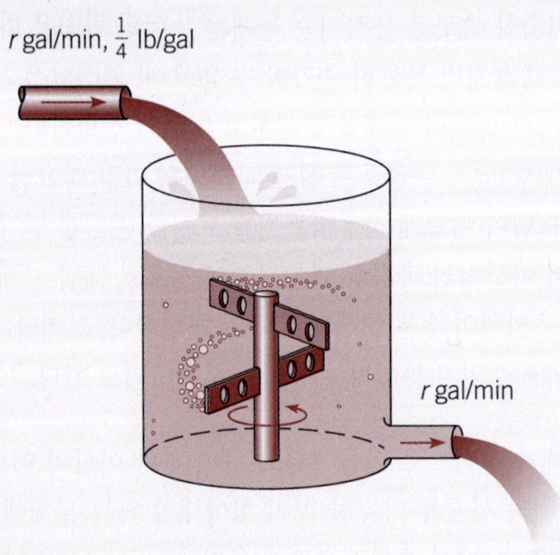

그림 2.3.1 ▶ 예제 2.3.1의 물 탱크.

탱크 안에서는 소금이 생성되거나 소멸되지 않는다고 가정한다. 따라서 소금의 양은 오로지 탱크로 유입되고 유출될 뿐이다. 더 정확히는 탱크 안에서의 소금양의 변화율, dQ/dt은 소금의 유입되는 비율에서 유출되는 비율을 뺀 것과 같다. 이를 기호로 쓰면

$$\frac{dQ}{dt} = \text{유입률} - \text{유출률} \tag{1}$$

이다. 소금이 탱크 안으로 유입되는 비율은 소금 농도 $\frac{1}{4}$ lb/gal에 유동률 r gal/min을 곱한 것, 즉 $(r/4)$ lb/min이다. 소금이 탱크 밖으로 유출되는 비율은 탱크 안의 소금의 농도에 유출률 r gal/min을 곱하여 구할 수 있다. 유입률과 유출률이 같기 때문에 탱크 안의 물의 부피는 100 gal으로 일정하고, 또한 소금물을 "잘 저었기" 때문에 탱크 전체에서 소금의 농도도 일정하다. 즉, $[Q(t)/100]$ lb/gal이다. 따라서 소금이 탱크를 빠져나가는 비율은 $[rQ(t)/100]$ lb/min이 된다. 이 과정을 모두 나타내는 미분방정식은

$$\frac{dQ}{dt} = \frac{r}{4} - \frac{rQ}{100} \tag{2}$$

이고 이때의 초기조건은

$$Q(0) = Q_0 \tag{3}$$

이다.

물리적으로 이 문제를 생각하면 탱크 안에 원래 있던 소금물이 결국에는 농도가 1/4 lb/gal인 소금물이 될 것으로 예상할 수 있다. 즉, 결국 탱크 안에 있는 소금의 양은 25 lb 정도가 될 것이다. 또한 식 (2)에서 dQ/dt를 영으로 놓고 이때 나오는 대수방정식을 Q에 대해서 풀면 한계량 $Q_L = 25$를 구할 수 있다.

초깃값 문제 (2), (3)을 해석학적으로 풀기 위해 식 (2)가 선형임에 주목하자. (또한 분리 가능하다. 2.2절의 연습문제 **24** 참고.) 식 (2)를 선형 미분방정식에 대한 표준형으로 다시 쓰면

$$\frac{dQ}{dt} + \frac{rQ}{100} = \frac{r}{4} \tag{4}$$

이 되므로, 적분인자는 $e^{rt/100}$이고 일반해는 임의의 상수 c에 대해

$$Q(t) = 25 + ce^{-rt/100} \tag{5}$$

이 된다. 초기조건 (3)을 만족하려면 $c = Q_0 - 25$를 선택해야만 한다. 따라서 초깃값 문제 (2), (3)의 해는

$$Q(t) = 25 + (Q_0 - 25)e^{-rt/100} \tag{6}$$

즉,

$$Q(t) = 25\left(1 - e^{-rt/100}\right) + Q_0 e^{-rt/100} \tag{7}$$

이다. 식 (6) 또는 (7)로부터 $t \to \infty$일 때 $Q(t) \to 25$ (lb)임을 알 수 있기 때문에 한계값 Q_L은 25이며 이것은 위에서 예측했던 물리적인 직관을 확인시켜 준다.

그리고 $Q(t)$는 r이 커질수록 이 한계값 Q_L로 더 빠르게 다가간다. 해 (7)을 해석할 때는 우변의 두 번째 항은 시간 t에 남아 있는 원래 소금의 비율이며, 첫 번째 항은 물이 흐르는 과정의 결과로 탱크 안에 남아 있게 된 소금의 양을 나타냄을 알아야 한다. $r = 3$과 몇몇 Q_0 값에 대한 해들이 **그림 2.3.2**에 나타나 있다.

이제 $r = 3$이고 $Q_0 = 2Q_L = 50$이라고 가정하자; 그러면 식 (6)은

$$Q(t) = 25 + 25e^{-0.03t} \tag{8}$$

이 된다. 25의 2%가 0.5이므로 $Q(t)$의 값이 25.5가 되는 시간 T를 찾으면 된다. $t = T$와 $Q = 25.5$를 식 (8)에 대입하고 이를 T에 대해 풀면

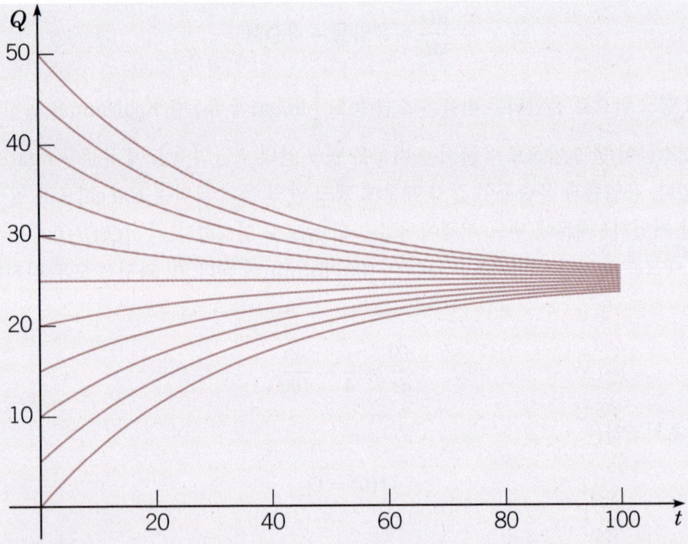

그림 2.3.2 $r = 3$과 몇몇 값에 대한 초깃값 문제 (2) Q_0의 해들: $dQ/dt = (r/4) - rQ/100$, $Q(0) = Q_0$.

$$T = \frac{\ln(50)}{0.03} \cong 130.4 \text{ min} \tag{9}$$

을 얻는다.

$T = 45$가 되는 r을 결정하기 위해 식 (6)으로 돌아가서 $t = 45$, $Q_0 = 50$, $Q(t) = 25.5$라 놓고 r에 대해 풀면 그 결과는

$$r = \frac{100}{45} \ln 50 \cong 8.69 \text{gal/ min} \tag{10}$$

이 된다.

이 예제는 가상의 상황이기 때문에 이 모델에 대한 타당성은 문제가 되지 않는다. 유동률이 위 예제에서 주어진 대로이고 탱크 안의 소금의 농도가 일정하다면 미분방정식 (1)은 소금물이 흐르는 과정을 정확하게 표현한 것이다. 이 특정한 예제가 특별히 중요한 것은 아니나 이런 종류의 모델은 소금물이 든 탱크보다는, 예를 들어 호수 안의 오염물질이나 인체 안의 약품을 포함하는 문제에 더 자주 사용된다. 이런 경우, 유동률을 결정하기 어렵거나 시간에 따라 변하기도 하며 농도가 일정하지 않을 수도 있다. 또한 유입률과 유출률이 다를 수도 있는데, 이때는 문제 안의 액체의 양에 대한 변동도 고려해야 한다.

예제 2.3.2

복리문제

연이율 r의 이자를 지급하는 은행이나 금융신탁에 돈, S_0을 예치한다고 가정하자. 임의의 시간 t에서 총 투자액 $S(t)$는 이율뿐 아니라 이자가 복리로 계산되는 빈도에 따라서도 달라진다. 금융 기관은 복리와 관련된 다양한 정책들을 갖고 있다: 월복리, 주복리, 심지어는 일복리도 있다. 복리 계산이 *연속적*으로 이루어진다고 가정하고 투자액 증가를 표현하는 초깃값 문제를 세워라.

풀이:

투자액의 변화율이 dS/dt인데, 이것은 이자가 붙는 비율과 같아서 이율 r에 현재 투자액 $S(t)$를 곱한

것과 같게 된다. 즉,

$$\frac{dS}{dt} = rS \tag{11}$$

가 연속 복리 과정을 나타내는 미분방정식이 된다. 시간 t를 원래 예치 시점부터의 연도라고 하면, 즉

$$S(0) = S_0 \tag{12}$$

라고 가정하자. 이때, 초기값 문제 (11)의 해는 임의의 시간 t에 계좌에 있는 잔고 $S(t)$를 나타낸다. 미분방정식 (11)이 선형이면서 분리 가능하기 때문에 이 초깃값 문제를 쉽게 풀 수 있다. 따라서 식 (11)과 (12)를 풀면

$$S(t) = S_0 e^{rt} \tag{13}$$

이 되므로 연속 복리 계산을 하는 은행계좌는 지수적으로 증가하게 된다.

예제 2.3.2의 모델은 이자, 배당금 또는 자본소득뿐 아니라 입금이나 출금이 쉽게 확장된다. 입금이나 출금이 상수 k의 비율로 이뤄진다고 가정하면 식 (11)은

$$\frac{dS}{dt} = rS + k$$

또는 표준형인

$$\frac{dS}{dt} - rS = k \tag{14}$$

로 바뀐다. 이때, k는 입금에 대하여 양수이고 출금에 대해서는 음수이다.

식 (14)는 적분인자 e^{-rt}를 가지고 있는 선형 미분방정식이므로 그 일반해는 임의의 상수 c에 대해

$$S(t) = ce^{rt} - \frac{k}{r}$$

이다. 초기조건 (12)를 만족하려면 $c = S_0 + (k/r)$를 선택해야 한다. 따라서 초깃값 문제 (11), (12)의 해는

$$S(t) = S_0 e^{rt} + \frac{k}{r}\left(e^{rt} - 1\right) \tag{15}$$

이다. 식 (15)의 첫 번째 항은 초기 투자액 S_0에 축적된 수익이며 두 번째 항은 입금 또는 출금률 k에 의한 것이다.

위와 같이 주어진 문제를 S_0, r, k에 대한 특정한 값이 아니라 일반화하여 전개했을 때의 이점은 이 과정에서 나온 $S(t)$에 대한 공식 (15)의 일반화에 있다. 이 공식을 가지고 서로 다른 투자 프로그램이나 서로 다른 수익률의 결과들을 쉽게 비교할 수 있다.

예를 들어, 어떤 사람이 개인 퇴직연금 계좌(IRA)를 25세 때 개설하고 그 후로 매년 \$2,000의 투자액을 적립한다고 가정하자. 수익률이 8%라면 65세에 IRA의 잔고는 얼마가 되겠는가? $S_0 = 0$, $r = 0.08$, $k = \$2{,}000$이라 두고 $S(40)$을 결정하면 식 (15)로부터

$$S(40) = 25{,}000\,(e^{3.2} - 1) = \$588{,}313 \tag{16}$$

이다. 여기서 흥미로운 점은 총 투자액이 \$80,000이므로 이 투자로 인해 얻은 총수익이 \$508,313이라는 것이다. 40년 뒤의 잔고는 설정된 수익률에 매우 민감하다. 예를 들자면, $r = 0.075$에 대해서 $S(40) = \$508{,}948$이고 $r = 0.085$에 대해서 $S(40) = \$681{,}508$이다.

다음은 이 모델에서 한 가정들을 살펴보자. 먼저, 수익률을 연속 복리로 계산하고 추가 자본도 연속적으로 투자된다고 가정했다. 그러나 이 둘 모두 현실적이지 않다. 또한 수익률 r이 전체 기간 동안 상수라고 가정했지만 현실에서는 변동이 있다. 따라서 비록 위의 계산과정으로 미래의 수익률을 정확하게 예측할 수는 없지만 식 (15)를 사용하여 다양한 수익률에 대한 대략적인 효과는 결정할 수 있다. 또한 식 (14)에서 r과 k를 상수가 아닌 t에 대한 함수로 생각하는 것도 가능하다; 물론 이 경우에는 해가 식 (15)에 있는 것보다 조금 더 복잡해질 수도 있다.

초깃값 문제 (11), (12)와 해 (15)는 연금 보험, 모기지 대출, 자동차 대출 등과 같은 다른 종류의 금융 상황을 분석하는 데 사용될 수도 있다.

이제 (다른 입금이나 출금 없이) 연속적인 복리 이자가 발생하는 이 모델을 복리 계산이 일정한 시간 간격을 두고 일어나는 상황과 비교해 본다. 이자를 일 년에 한 번씩 복리 계산을 하면 t년 후에는

$$S(t) = S_0(1 + r)^t$$

가 된다. 이자를 일 년에 두 번씩 복리 계산한다면 6개월째 되는 날 투자액은 $S_0[1 + (r/2)]$이고 1년째 되는 날에는 $S_0[1 + (r/2)]^2$가 된다. 따라서 t년 후에는

$$S(t) = S_0\left(1 + \frac{r}{2}\right)^{2t}$$

이 된다. 일반적으로 이자를 일 년에 m번씩 복리 계산하면

$$S(t) = S_0\left(1 + \frac{r}{m}\right)^{mt} \tag{17}$$

이 된다. 공식 (13)과 (17) 사이의 관계는 미적분학에서 배웠듯이

$$\lim_{m\to\infty} S_0\left(1 + \frac{r}{m}\right)^{mt} = S_0 e^{rt}$$

임을 알 수 있다.

이러한 모델은 이자뿐 아니라 배당금과 자본 소득이 축적되는 좀 더 일반적 투자액에도 적용될 수 있다. 이를 위해 이제부터는 r을 수익률이라고 부르겠다.

표 2.3.1은 8%의 수익률 r에 대한 복리 계산의 빈도에 따른 효과를 보여준다. 두 번째와 세 번째 열은 각각 3개월 복리와 일 복리인 경우에 식 (17)를 계산한 것이고, 네 번째 열은 연속 복리일 때 식 (13)을 계산한 것이다. 이 결과는 복리 계산의 빈도가 대부분의 경우에 특별히 중요하지 않음을 보여준다. 예를 들어, 10년 동안 3개월 복리와 연속 복리의 차액은 투자액 \$1,000당 \$17.50 또는 1년에 \$2 미만이다. 그 차액이 높은 수익률에 대해서는 약간 크고 낮은 수익률에 대해서는 작다. 이 표에서 첫 번째 행으로부터 수익률이 $r = 8\%$일 때, 3개월 복리에 대한 연 수익률은 8.24%이고 일 복리나 연속 복리에 대한 연수익률은 8.33%임을 알 수 있다.

표 2.3.1 몇몇 복리 방식에 따른 자본성장(수익률 $r = 8\%$)

연	식 (17)로부터 $S(t)/S(t_0)$ $m = 4$	$m = 365$	식 (13)으로부터 $S(t)/S(t_0)$
1	1.0824	1.0833	1.0833
2	1.1717	1.1735	1.1735
5	1.4859	1.4918	1.4918
10	2.2080	2.2253	2.2255
20	4.8754	4.9522	4.9530
30	10.7652	11.0203	11.0232
40	23.7699	24.5239	24.5325

연못 안의 화학약품

예제 2.3.3

1,400만 gal의 깨끗한 물이 들어 있는 연못이 있다. 몸에 해로운 화학약품이 섞여 있는 물이 700만 gal/yr의 비율로 연못으로 흘러들어와 섞이고 같은 비율로 흘러나간다. 유입되는 물에 들어있는 화학약품의 농도 $\gamma(t)$는 식 $\gamma(t) = 2 + \sin(3t)$ g/gal에 의해 시간에 따라 주기적으로 변한다고 한다. 이 흐름의 과정을 수학적 모델로 만들고 임의의 시간에 연못에 있는 화학약품의 양을 결정하라. 또한, 이때의 해를 그리고 유입되는 혼합물의 변화에 따른 효과를 설명하라.

풀이

유입과 유출되는 물의 양이 같기 때문에 연못 안의 물의 양은 일정하게 14×10^6 gal으로 유지된다. 시간을 t로 표시하고 연 단위로 측정하며, 화학약품의 양은 $Q(t)$로 두고, 그램(grams)으로 측정하자. 이 예제는 예제 2.3.1과 비슷하므로 같은 유입/유출 법칙이 적용된다. 따라서

$$\frac{dQ}{dt} = \text{유입률} - \text{유출률}$$

이다. 이때, "유입률"과 "유출률"은 각각 화학약품이 연못으로 들어가고 나오는 비율을 나타낸다. 화학약품이 유입되는 비율은

$$\text{유입률} = (7 \times 10^6)\,\text{gal/yr}\,(2 + \sin(3t))\,\text{g/gal} \tag{18}$$

로 주어진다. 또한, 연못에 있는 화학약품의 농도가 $Q(t)/(14 \times 10^6)$ g/gal이므로 유출되는 비율은

$$\text{유출률} = (7 \times 10^6)\,\text{gal/year}\,(Q(t)/(14 \times 10^6))\,\text{g/gal} = Q(t)/2\,\text{g/yr} \tag{19}$$

로 주어진다. 따라서 미분방정식

$$\frac{dQ}{dt} = (7 \times 10^6)(2 + \sin(3t)) - \frac{Q(t)}{2} \tag{20}$$

를 얻을 수 있다. 이때 각 항의 단위는 g/yr이다.

계수들을 좀 더 쉽게 다루기 위해 $q(t) = Q(t)/10^6$ 또는 $Q(t) = 10^6 q(t)$로 정의되는 새로운 종속변수를 사용하자. 이것은 $q(t)$가 백만 그램 또는 메가 그램(메트릭톤) 단위로 측정된다는 것을 의미한다. 이 변수를 식 (20)에 대입하면 모든 항이 인수 10^6을 포함하므로 이를 소거할 수 있다. 또한, $q(t)$를 포함하는 항을 식의 좌변으로 이항시키면 다음과 같은 식을 얻을 수 있다.

$$\frac{dq}{dt} + \frac{1}{2}q = 14 + 7\sin(3t) \tag{21}$$

처음에는 연못에 화학약품이 없었기 때문에 초기조건은

$$q(0) = 0 \tag{22}$$

이다.

식 (21)은 선형이고 우변은 시간의 함수이지만 q의 계수가 상수이므로 적분인자는 $e^{t/2}$이다. 식 (21)에 이 적분인자를 곱하여 나온 식을 적분하면 다음과 같은 일반해

$$q(t) = 28 + \frac{14}{37}\sin(3t) - \frac{6}{37}\cos(3t) + Ce^{-t/2} \tag{23}$$

을 얻는다. 초기조건 (22)에 의해 $c = -1030/37$이므로 초깃값 문제 (21), (22)의 해는

$$q(t) = 28 + \frac{14}{37}\sin(3t) - \frac{6}{37}\cos(3t) - \frac{1030}{37}e^{-t/2} \tag{24}$$

이다. 해 (24)의 그래프가 **그림 2.3.3**에 직선 $q = 28$과 함께 나타나 있다. 이 해의 지수항은 t가 작을 때는 중요하지만 t가 증가함에 따라서 급격히 줄어든다. 이후 이 해는 $\sin(3t)$와 $\cos(3t)$ 항들에 의해 상수 농도 $q = 28$에 대해 진동한다. $\sin(3t)$ 항이 식 (21)에 없다면 $q = 28$은 주어진 미분방정식의 평형상태인 해가 될 것이다.

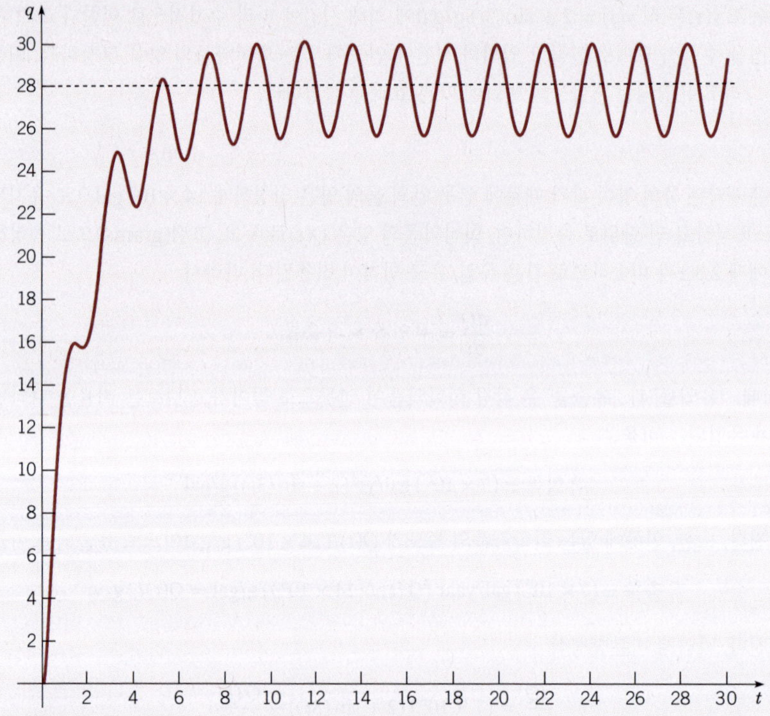

그림 2.3.3 초깃값 문제 (21), (22)의 해: $dq/dt + q/2 = 14 + 7\sin(3t)$, $q(0) = 0$

이제 이 문제에 대한 수학적 모델의 타당성을 생각해 보자. 이 모델은 아직 명확하게 언급하지 않은 여러 가지 가정을 토대로 하고 있다. 첫째로 연못의 물의 양은 전적으로 유입률과 유출률에 의해서만 조절된다—증발이나 땅속으로 스며들어가거나 비가 와서 양이 증가하는 것은 고려되지 않는다. 화학약품에 대해서도 마찬가지다; 연못으로 흘러들어가고 흘러나오지만 연못에 서식하는 물고기나 다른 생물이 섭취하여 사라지지 않는다. 게다가, 연못에 있는 화학약품의 농도가 연못 전체에서 일정하다고 가정하고 있다. 이 모델에서 얻은 결과가 정확한지는 이런 가정들의 타당성에 크게 의존한다.

탈출속도

예제 2.3.4

일정한 질량 m을 가진 물체가 지구로부터 지표면에 수직인 방향으로 초기 속도 v_0로 발사된다. 공기 저항은 없지만 거리에 따른 지구의 중력장의 변화는 고려할 때, 이 물체가 이동하는 동안의 속도에 대한 식을 구하라. 또한 이 물체를 지구 표면 위로 주어진 최대 고도 A_{max}까지 들어 올리기 위해 필요한 초기 속도를 구하고, 이 물체가 다시 지구로 돌아오지 않을 최소한의 초기 속도를 구하라; 후자를 **탈출속도**라고 한다.

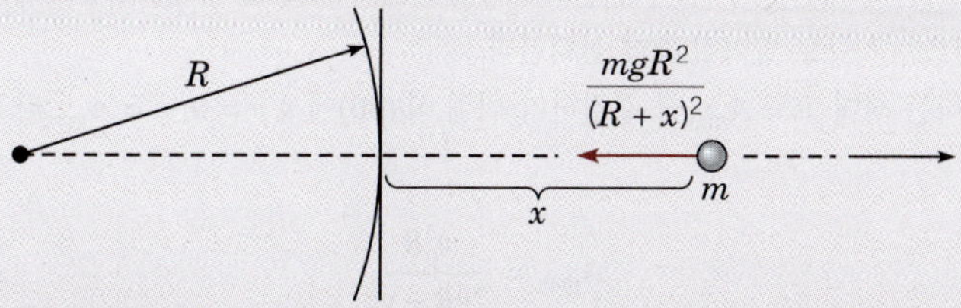

그림 2.3.4 지구중심으로 끌려가는 중력장에 있는 물체.

풀이

지구의 표면을 $x = 0$이라고 하고 양의 x축을 지구의 중심에서 운동하는 직선을 따라 멀어지는 방향을 나타낸다고 하자; **그림 2.3.4** 참조. 이 그림은 중력이 지구의 중심을 향해 있다는 것을 강조하기 위해 수평으로 그려졌다. 중력이 반드시 지구의 표면에서부터 아래로 향할 필요는 없다. 물체에 작용하는 중력(즉, 무게)은 지구의 중심으로부터의 거리의 제곱에 반비례하므로 $w(x) = -k/(x+R)^2$로 주어지는데, 이때 k는 상수, R은 지구의 반경, 음수 부호는 $w(x)$가 음의 x축 방향으로 향한다는 것을 의미한다. 지구 표면에서 $w(0)$는 $-mg$로 주어지는데, g는 해수면 높이에서의 중력에 의한 가속도이다. 따라서, $k = mgR^2$이고

$$w(x) = -\frac{mgR^2}{(R+x)^2} \tag{25}$$

이다. 이 물체에 작용하는 다른 힘이 없다면 운동 방정식

$$m\frac{dv}{dt} = -\frac{mgR^2}{(R+x)^2} \tag{26}$$

이고 초기조건은

$$v(0) = v_0 \tag{27}$$

이다.

이때, 식 (26)은 t, x, v에 종속되기 때문에 변수가 너무 많다. 이를 단순화하기 위해 식 (26)에서 t가 아닌 x를 독립변수로 생각하면 t를 소거할 수 있다. 즉, 연쇄법칙을 사용하여 dv/dt를 dv/dx에 관해서 표현할 수 있다. 따라서,

$$\frac{dv}{dt} = \frac{dv}{dx}\frac{dx}{dt} = v\frac{dv}{dx}$$

이므로 식 (26)은

$$v\frac{dv}{dx} = -\frac{gR^2}{(R+x)^2} \tag{28}$$

로 바꿀 수 있다. 식 (28)은 변수분리가 가능하지만 선형은 아니라서 변수를 분리하고 적분하여

$$\frac{v^2}{2} = \frac{gR^2}{R+x} + c \tag{29}$$

라 놓는다. $t = 0$일 때 $x = 0$이기 때문에 $t = 0$에서의 초기조건 (27)은 $x = 0$일 때 $v = v_0$라는 조건으로 바뀐다. 따라서 $c = (v_0^2/2) - gR$이고

$$v = \pm\sqrt{v_0^2 - 2gR + \frac{2gR^2}{R+x}} \tag{30}$$

이다. 식 (30)은 시간에 대한 함수가 아니라 고도에 대한 함수임을 알 수 있다. 양의 부호는 물체가 올라갈 때, 음의 부호는 지구로 떨어질 때에 선택한다.

물체가 도달하는 최대 고도 A_{max}를 결정하기 위해 식 (30)에서 $v = 0$, $x = A_{max}$라고 하고 A_{max}에 대해 풀면

$$A_{max} = \frac{v_0^2 R}{2gR - v_0^2} \tag{31}$$

을 얻는다. 식 (31)을 v_0에 대해 풀면 물체를 고도 A_{max}까지 올리기 위해 필요한 초기 속도, 즉

$$v_0 = \sqrt{2gR\frac{A_{max}}{R + A_{max}}} \tag{32}$$

을 얻을 수 있다. 따라서 탈출속도 v_e는 식 (32)에서 $A_{max} \to \infty$로 놓으면

$$v_e = \sqrt{2gR} \tag{33}$$

이 되고 이는 수치적으로 약 6.9 mi/s 또는 11.1 km/s이다.

여기서 탈출속도는 공기저항의 효과를 무시했기 때문에 실제 탈출속도(공기저항의 효과를 포함하는)는 좀 더 높다. 한편, 물체를 쏘아 올리기 전에 해수면 위로 훨씬 높이 올라가서 발사한다면 탈출속도는 상당히 줄어든다. 따라서 중력과 마찰력 모두 줄어든다; 특히, 고도가 높아짐에 따라 공기저항은 급격하게 감소한다. 또한 순간적으로 너무 큰 초기 속도를 부여하는 것은 비현실적이다; 예를 들어, 우주선은 몇 분 동안 초기 가속을 받는다.

연습 문제

1. 어떤 탱크가 유체역학 실험에 사용되었다. 실험을 마친 후, 이 탱크에 농도 1 g/L인 염료 용액이 300 L 들어있다. 다음 실험을 준비하기 위해 탱크를 2.5 L/min의 비율로 깨끗한 물을 흘러 넣어서 헹군 후에 잘 저은 용액을 같은 비율로 탱크 밖으로 흘러 나가게 한다. 탱크 안의 염료의 농도가 원래 농도의 2%가 되는 데 걸리는 시간을 구하라.

2. 어떤 탱크에 150 L의 깨끗한 물이 들어있다. γ g/L 농도의 소금을 포함하는 소금물이 이 탱크 안으로 3 L/min의 비율로 흘러 들어가고, 잘 저은 소금물이 같은 비율로 이 탱크를 빠져 나간다. 임의의 시간 t에 이 탱크에 남아 있는 소금의 양을 γ에 대한 식으로 표현하라. 또한 $t \to \infty$일 때, 탱크 안에 남아 있는 소금의 한계량을 구하라.

3. 탱크에 200 gal의 물과 100 oz의 소금이 들어있다. 농도 $\frac{1}{6}\left(1 + \frac{1}{3}\sin(t)\right)$인 소금이 포함된 물이 2 oz/gal의 비율로 이 탱크로 흘러들어가고 탱크 안의 소금물이 같은 비율로 흘러나간다.

a. 임의의 시간에 탱크 안에 있는 소금의 양을 구하라.

b. Ⓖ 그래프를 통해 궁극적인 해의 모양을 알 수 있도록 충분히 긴 시간 동안 해를 그려라.

c. 장시간의 해의 모양은 어떤 상수 농도에 대해 진동한다. 이 상수 농도는 얼마인가? 이 진동의 진폭은 얼마인가?

4. 어떤 액체를 담고 있는 탱크의 바닥 근처에 배출구가 있다고 가정하자. 시간 t에 배출구 위의 액체 표면의 높이를 $h(t)$라고 하자. 토리첼리[2]의 법칙에 의하면 배출구를 빠져나가는 유속 v는 높이 h에서부터 (항력 없이) 자유낙하하는 입자의 속도와 같다.

a. $v = \sqrt{2gh}$임을 보여라. 이때, g는 중력가속도이다.

b. 배출량의 비율이 탱크 안에 있는 액체의 변화율과 같다고 놓고 $h(t)$가 다음 식을 만족함을 보여라.

$$A(h)\frac{dh}{dt} = -\alpha a\sqrt{2gh} \tag{34}$$

이때, $A(h)$는 높이 h에서의 탱크의 단면적이고 a는 배출구의 면적이다. 상수 α는 수축계수(contraction coefficient)로서 (매끄러운) 배출흐름의 단면이 a보다 작다는 관찰결과를 나타낸다. 물에 대한 α값은 약 0.6이다.

c. 물탱크가 직원기둥의 모양이고 배출구 위의 높이가 4 m라고 하자. 이 탱크의 반지름은 2 m이고 원형 배출구의 반지름은 0.1 m이다. 이 탱크가 처음에 물이 가득 차 있었다면 탱크에서 물이 빠져서 배출구의 높이까지 이르는 시간을 구하라.

5. 투자액 S_0를 연 수익률 r로 연속 복리 계산한다고 가정하자.

a. 투자액이 처음의 두 배가 되는 시간 T를 r에 대한 함수로 구하라.

b. $r = 8\%$일 때 T를 구하라.

c. 초기 투자액이 8년 만에 두 배가 되기 위한 수익률 r을 구하라.

6. 어떤 젊은 사람이 초기 자본금 없이 매년 k달러를 수익률 r로 투자한다고 하자. 투자는 계속 이루어지며 수익은 연속 복리로 계산된다.

a. 임의의 시간 t에 쌓인 합 $S(t)$를 구하라.

b. $r = 6\%$일 때 40년 뒤 은퇴하면 1백만 달러가 생기기 위한 k값을 구하라.

c. $k = 2{,}000\$$/년일 때 40년 뒤 1백만 달러를 갖기 위한 수익률 r을 구하라.

7. 한 대학 졸업생이 차를 사기 위해 10,000달러를 빌린다. 대출기관은 연 12%의 이자율을 적용한다. 이자를 연속적으로 복리 계산하고 대출자는 매년 일정한 비율 k로 계속 갚아 나간다고 하자. 3년 안에 대출금을 모두 갚기 위한 이 상환율 k를 구하라. 또한 3년 동안 지불하는 이자가 총 얼마인지를 구하라.

8. 어떤 주택 구매자가 자금을 조달하기 위해 6%의 이율로 200,000달러를 빌리고자 한다. 이 이자는 연속 복리로 계산되고 상환 역시 연속적으로 이뤄진다.

a. 이 대출을 20년 안에 그리고 30년 안에 모두 갚을 수 있는 월 상환액을 각각 결정하라.

b. **a**의 각각의 경우 대출 기간 동안 지불하는 총 이자를 결정하라.

9. 고고학 연구에서 중요한 기술은 미국의 화학자 리비(Willard F. Libby)[3]가 개발한 방사성 탄소 연대측정법이다. 이것은 어떤 나무나 식물 유해의 연대, 따라서 동물이나 사람의 유골이나 이것과 함

---

[2] 플로렌스의 궁정 수학자 갈릴레오의 후계자인 토리첼리(Evangelista Torricelli, 1608~1647)가 1644년에 이 결과를 발표하였다. 그는 또한 수은 기압계를 처음으로 만들었고 기하학에 크게 기여한 것으로 알려져 있다.

[3] 리비(Willard F. Libby, 1908~1980)는 콜로라도의 한 시골에서 태어나서 캘리포니아 주립대학의 버클리 캠퍼스에서 교육을 받았다. 그는 시카고 대학에 있었던 1947년부터 방사성 탄소 연대측정법을 개발하였다. 그는 이 연구로 1960년에 노벨 화학상을 받았다.

께 묻혀 있는 유물의 연대를 결정하는 방법 중 하나이다. 방사성 탄소 연대측정법은 어떤 나무나 식물 유해가 탄소의 방사성 동위원소인 탄소-14의 잔류량을 포함한다는 사실에 근거한다. 이 동위원소는 식물이 살아 있는 동안에 축적되어서 죽은 후에 붕괴되기 시작한다. 탄소-14의 반감기는 (약 5,730년으로)[4] 길기 때문에 탄소-14의 양이 몇천년이 흐른 후에도 측정할 수 있을 만큼 남아 있게 된다. 탄소-14의 원래의 양 중 소량만 남아 있어도 실험실에서 잘 측정하면 탄소-14의 원래 양 중 남아 있는 *비율*을 정확하게 결정할 수 있다. 즉, $Q(t)$가 시간 t에서의 탄소-14의 양이고 Q_0가 원래의 양이면 이 비율 $Q(t)/Q_0$의 양이 너무 적지만 않다면 결정할 수 있다. 현대의 측정 기술로는 50,000년 이상의 시간에 대해서도 이 방법을 이용할 수 있다.

a. Q가 미분방정식 $Q' = -rQ$를 만족한다고 했을 때, 탄소-14에 대한 붕괴 상수 r을 결정하라.

b. $Q(0) = Q_0$일 때 임의의 시간 t에서 $Q(t)$에 대한 식을 구하라.

c. 어떤 유골을 발견하였는데 남아 있는 탄소-14의 양이 초기 양의 20%라고 하자. 이 유골의 연대를 구하라.

10. **N** 어떤 개체수의 증가율이 시간에 따라 변하고, 다음 미분방정식을 만족한다고 한다.

$$\frac{dy}{dt} = \left(\frac{1}{2} + \sin(t)\right)\frac{y}{5}$$

a. $y(0) = 1$일 때, 개체수가 두 배가 되는 시간 τ를 구하라(또는 추정하라). 다른 초기조건을 선택해서 개체수가 두 배가 되는 시간 τ가 이 초기 개체수에 의존하는지를 결정하라.

b. 증가율을 평균값 1/10로 바꾸어 개체수가 두 배가 되는 시간 τ를 결정하라.

c. 미분방정식 안의 항 $\sin(t)$를 $\sin(2\pi t)$로 바꾸자; 즉, 증가율의 변동이 더 높은 주기를 가지게 된다. 이것은 개체수가 두 배가 되는 시간 τ에 어떤 영향을 주는가?

d. **a, b, c**에서 얻은 결과들을 한 축 위에 그려라.

11. **N** 어떤 개체수가 다음의 초깃값 문제를 만족한다고 하자.

$$dy/dt = r(t)y - k, \quad y(0) = y0$$

여기서 증가율 $r(t)$는 $r(t) = (1 + \sin t)/5$이고 k는 포식률이라고 한다.

a. **G** $k = 1/5$이라고 하자. 1/2과 1 사이에 있는 몇 개의 y_0에 대하여 t에 따른 y를 그려라.

b. 이보다 적으면 멸종하게 되는 임계 초기 개체수 y_c를 추정하라.

c. 다른 k값을 선택해서 각각의 경우에 해당하는 y_c를 구하라.

d. **G** **b**와 **c**에서 구한 결과를 이용하여 k에 따른 y_c를 그려라.

12. 뉴턴의 냉각법칙에 의하면 어떤 물체의 온도는 그 물체의 온도와 주변의 온도 차이에 비례해서 변한다. 커피 한 잔의 온도가 뉴턴의 냉각법칙을 따른다고 하자. 이 커피를 처음 부었을 때 온도가 200°F이고 70°F의 방 안에서 1분 뒤에 190°F가 되었다면, 커피가 150°F가 될 시간을 구하라.

13. 스테판–볼츠만(Stefan-Boltzmann)[5]의 법칙에 의하면 어떤 물체에서의 복사에 의한 열전도는 다음 미분방정식으로 표현된다고 한다.

$$\frac{du}{dt} = -\alpha\left(u^4 - T^4\right) \tag{35}$$

여기서 $u(t)$는 시간 t에서 이 물체의 절대온도이고 T는 주변의 절대온도, α는 이 물체의 물리 변수에 의존하는 상수이다. 그러나 u가 T보다 훨씬 크다면 식 (35)의 해는 더 간단한 미분방정식

[4] *McGraw-Hill Encyclopedia of Science and Technology* (8th ed.) (NewYork: McGraw-Hill, 1997),Vol. 5, p. 48

[5] 비엔나 대학의 물리과 교수인 스테판(Jozef Stefan, 1835~1893)은 1879년에 실험에 근거한 방사성 법칙을 주장했다. 그의 학생이었던 볼츠만(Ludwig Boltzmann, 1844~1906)은 1884년에 열역학의 법칙을 이용하여 이 방사성 법칙을 이론적으로 유도하였다. 볼츠만은 통계 역학분야에서의 선구적인 연구로 가장 유명하다.

$$\frac{du}{dt} = -\alpha u^4 \tag{36}$$

의 해로 잘 근사될 수 있다. 초기 온도가 3,000 K인 물체가 온도 300 K인 매질로 둘러싸여 있고 $\alpha = 2.0 \times 10^{-12}\ \mathrm{K}^{-3}/\mathrm{s}$라고 가정하자.

a. 식 (36)을 풀어서 임의의 시간에 이 물체의 온도를 구하라.

b. **G** t에 따른 u의 그래프를 그려라.

c. **N** $u(\tau) = 600$, 즉 주변 온도의 두 배인 시간 τ를 구하라. 이 시간까지 식 (36)을 이용해서 식 (35)의 해를 근사했을 때의 오차는 1% 이하이다.

14. **N** 내부 온도가 $u(t)$인 단열된 상자(빌딩 같은)를 생각하자. 뉴턴의 냉각법칙에 의하면 u는 다음 미분방정식

$$\frac{du}{dt} = -k\,(u - T\,(t)) \tag{37}$$

을 만족한다. 여기에서 $T(t)$는 주변(외부) 온도이다. $T(t)$가 사인곡선같이 변한다고 하자. 예를 들어, $T(t) = T_0 + T_1 \cos(\omega t)$라고 가정하자.

a. 식 (37)을 풀고 $u(t)$를 t, k, T_0, T_1, ω에 대해 표현하라. 이때 나온 해의 일부는 t가 커질 때 영으로 다가감을 알 수 있다. 이것을 과도기 상태(transient)인 부분이라고 부른다. 이 해의 나머지는 정상상태(steady state)라고 부르며, 이를 $S(t)$라고 하자.

b. **G** t가 시간 단위로 측정된다고 가정하면 $T(t)$의 주기가 24시간이므로 $\omega = \pi/12$이다. 또한 $T_0 = 60°\mathrm{F}$, $T_1 = 15°\mathrm{F}$, $k = 0.2/\mathrm{h}$라고 두고 t에 따른 $S(t)$와 $T(t)$의 그래프를 같은 좌표축 위에 그려라. 이 그래프로부터 $S(t)$의 진동하는 부분의 진폭 R을 추정하라. 또한 $T(t)$와 $S(t)$의 최댓값 사이의 시간 차 τ를 추정하라.

c. 이제 k, T_0, T_1, ω의 값을 지정하지 말고 $S(t)$의 진동하는 부분을 $R\cos[\omega(t-\tau)]$로 써라. 삼각함수 공식을 이용하여 R과 τ의 식을 구하라. 또한, T_1과 ω가 **b**에서 주어진 값을 갖는다고 하고 k에 따른 R과 τ의 그래프를 그려라.

15. 몸무게가 90 kg(장비 포함)인 스카이다이버가 고도 1,500 m에서 수직으로 낙하하다가 자유낙하한 지 10 s 후에 낙하산을 펼친다고 하자. 속도의 반대 방향으로 공기 저항의 힘이 작용하여 그 크기가 낙하산이 접혀있을 때는 $11\,|v|$이고 낙하산을 펼쳤을 때는 $180\,|v|$이라고 하자. 단, 속도 v는 m/s 단위로 측정한다.

a. 낙하산을 펼 때의 스카이다이버의 속도를 구하라.

b. 낙하산을 펴기 전까지 낙하한 거리를 구하라.

c. 낙하산을 펴고 나서 한계속도 v_L은 얼마인가?

d. 낙하산을 펴고 나서 스카이다이버가 공중에 머문 시간을 구하라.

e. 스카이다이버가 낙하를 시작해서 지면에 닿을 때까지 속도의 시간에 따른 그래프를 그려라.

16. 초기 속도가 240 km/h인 로켓 썰매가 도랑 때문에 속도가 줄어든다고 한다. 감속하는 동안 가속도 a는 속도 v와 상수 μ에 대해 $a(v) = -\mu v^2$으로 주어진다.

a. 본문 상의 예제 2.3.4와 같이 관계식 $dv/dt = v(dv/dx)$를 이용하여 v와 x에 대한 운동 방정식을 써라.

b. 썰매를 24 km/h까지 감속하는 데 600 m의 거리가 필요하다면 μ의 값을 구하라.

c. 썰매를 24 km/h까지 감속하는 데 필요한 시간 τ를 구하라.

17. **N** 조건이 문제 **16**과 같으나 속도의 반대 방향이고 크기가 $|v|/30$인 공기 저항에 기인하는 힘이 있다고 가정하자. 단, 속도 v는 m/s 단위로 측정한다.

a. 공이 도달할 수 있는 지면 위의 최대 높이를 구하라.

b. 공이 지면에 닿는 시간을 구하라.

c. **G** 시간에 따른 속도와 위치의 그래프를 그리고 문제 **16**에서 구한 그래프와 비교하라.

18. **N** 조건이 문제 **16**과 같으나 속도의 반대 방향이고 크기가 $v^2/1325$인 공기 저항에 기인하는 힘이 있다고 가정하자. 단, 속도 v는 m/s 단위로 측정한다.

a. 공이 도달할 수 있는 지면 위의 최대 높이를 구하라.

b. 공이 지면에 닿는 시간을 구하라.

c. **G** 시간에 따른 속도와 위치의 그래프를 그리고 문제 **16**과 **17**에서 구한 그래프와 비교하라.

19. 일정한 질량 m을 갖는 물체가 상수 k에 대한 저항 $k|v|$를 받는 매질 안에서 초기 속도 v_0로 수직 위로 발사되었다. 단, 중력의 변화를 무시하자.

a. 물체가 도달하는 최대 높이 x_m과 이 최대 높이에 도달할 때의 시간 t_m을 구하라.

b. $kv_0/mg < 1$이면 t_m과 x_m은 다음과 같이 표현됨을 보여라.

$$t_m = \frac{v_0}{g}\left(1 - \frac{1}{2}\frac{kv_0}{mg} + \frac{1}{3}\left(\frac{kv_0}{mg}\right)^2 - \cdots\right),$$

$$x_m = \frac{v_0^2}{2g}\left(1 - \frac{2}{3}\frac{kv_0}{mg} + \frac{1}{2}\left(\frac{kv_0}{mg}\right)^2 - \cdots\right)$$

c. kv_0/mg은 단위가 없다는 것을 보여라.

20. 일정한 질량 m을 갖는 물체가 상수 k에 대한 저항 $k|v|$를 받는 매질 안에서 초기 속도 v_0로 수직 위로 발사되었다. 단, 지구의 만유인력을 상수라고 가정하자.

a. 임의의 시간에서 이 물체의 속도 $v(t)$를 구하라.

b. **a**에서 구한 결과를 이용하여 $k \to 0$일 때, 즉 저항이 영으로 다가갈 때 $v(t)$의 극한을 계산하라. 이 결과가 진공 상태에서 초기 속도 v_0로 위로 발사된 질량 m의 속도와 같은가?

c. **a**에서 구한 결과를 이용하여 $m \to 0$일 때, 즉 질량이 영으로 다가갈 때 $v(t)$의 극한을 계산하라.

21. 비교적 밀도가 높은 유체, 예를 들어 기름에서 자유낙하하는 물체는 3가지 힘이 작용한다(**그림 2.3.5** 참조): 저항력 R, 부력 B, 중력에 의한 무게 w. 부력은 물체가 밀어낸 유체의 무게와 같다. 반지름이 a이고 천천히 움직이는 구형 물체에 대한 저항력은 Stokes의 법칙에 의해 주어진 $R = 6\pi\mu a\,|v|$이다. 이때, v는 물체의 속도이고 μ는 이 물체를 둘러싸고 있는 유체의 점성계수이다.[6]

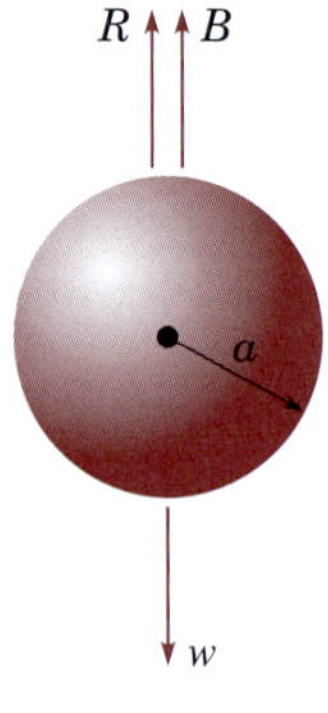

그림 2.3.5 밀도가 높은 유체에서 낙하하는 물체(문제 **21**)

[6] George Gabriel Stokes 경(1819~1903)은 아일랜드에서 태어났으나 대부분 그의 삶은 캠브리지 대학에서 학생으로, 후에는 교수로 있었다. Stokes는 19세기의 가장 유명한 응용수학자 중의 한 명이고 유체역학과 빛의 파동이론에 대한 연구로 잘 알려져 있다. 유체역학의 기본 방정식(Navier-Stokes 방정식)은 그의 이름을 따서 지어졌는데 벡터 해석학의 기본 정리들 중 하나도 그의 이름을 딴 것이다. 그는 또한 발산(점근)급수를 최초로 사용하였다.

a. 밀도가 ρ'이고 점성계수가 μ인 매질에서 자유낙하하는 반지름 a이고 밀도 ρ인 구형 고체의 한계 속도를 구하라.

b. 1910년에 밀리칸(Millikan)[7]은 전기장에서 낙하하는 작은 기름방울의 운동을 연구하였다. Field of strength E는 전하 e인 기름방울에 힘 Ee를 가한다. E를 기름방울이 정지($v = 0$)하도록 조정하고 w와 B는 위와 같이 주어졌다고 가정하자. 이때 e에 대한 표현식을 구하라. 밀리칸은 이 실험을 여러 번 반복하여 얻은 데이터로부터 전자에 대한 전하를 유도할 수 있었다.

22. $v(t)$와 $w(t)$를 각각 배트에 맞은(혹은 던져진) 야구공의 속도의 수평 성분과 수직 성분이라고 하자. 공기 저항이 없을 때 v와 w는 미분방정식을 만족한다.

$$\frac{dv}{dt} = 0, \quad \frac{dw}{dt} = -g$$

a. 이 공의 초기 속력 u와 초기 고각 A에 대해 속도의 관계식을 보여라.

$$v = u\cos(A), \quad w = -gt + u\sin(A)$$

b. $x(t)$와 $y(t)$를 각각 시간 t에서 야구공의 수평 좌표와 수직 좌표라고 하자. $x(0) = 0$, $y(0) = h$라고 할 때, 임의의 시간 t에서 $x(t)$와 $y(t)$를 구하라.

c. **G** $g = 32\ \text{ft/s}^2$, $u = 125\ \text{ft/s}$, $h = 3\ \text{ft}$라고 하자. 몇몇 A의 값에 대한 공의 궤적을 그려라. 즉, $x(t)$와 $y(t)$를 매개변수로 그려라.

d. 외야 담장이 거리 L만큼 떨어져 있고 높이가 H라고 가정하자. 공이 외야 담장을 넘어가기 위해 필요한 u와 A의 관계식을 구하라.

e. $L = 350\ \text{ft}$이고 $H = 10\ \text{ft}$라고 가정하자. **d**에서 구한 관계식을 이용하여 $u = 110\ \text{ft/s}$의 초기 속도에 해당하는 A값의 범위를 구하라(또는 그래프로부터 추정하라).

f. $L = 350\ \text{ft}$이고 $H = 10\ \text{ft}$일 때, 공이 외야 담장을 넘어갈 최소 초기 속도 u와 이에 대응하는 최적 각도 A를 구하라.

23. 0.25 kg의 질량이 $0.2\,|v|$인 저항을 받는 매질에서 정지 상태였다가 떨어진다고 하자. 이때, v는 m/s로 측정한다.

a. 질량이 높이 25 m에서 떨어진다면 지면에 닿을 때의 속도를 구하라.

b. 질량이 10 m/s를 넘지 않는 속도를 유지할 때 떨어질 수 있는 최대 높이를 구하라.

c. 저항력을 $k|v|$라고 가정하자. 여기서 v는 m/s로 측정되고 k는 상수이다. 질량이 25 m 높이에서 떨어지고 10 m/s 이하의 속도로 지면에 부딪힌다고 하면 필요한 저항계수 k를 구하라.

24. 로켓이 지면으로부터 지구 반경 R에 대한 초기 속도 $v_0 = \sqrt{2gR}$로 수직 위로 발사된다. 공기 저항은 무시하자.

a. 속도 v를 지면에서의 거리 x에 대하여 표현하라.

b. 이 로켓이 384,440 km(지구에서 달까지의 대략적인 거리)를 가기 위한 시간을 구하라. $R = 6{,}400$ km라고 가정하자.

---

[7] Robert A. Millikan (1868~1953)은 오벌린과 컬럼비아 대학에서 수학하였다. 나중에 그는 시카고 대학과 캘리포니아 공과대학의 교수가 되었다. 전자의 전하를 결정한 결과를 1910년에 발표하였는데, 이 연구와 다른 광전효과에 대한 연구로 1923년에 노벨 물리학상을 수상하였다.

2.4 선형 미분방정식과 비선형 미분방정식의 차이

지금까지는 자연과학에서 발생하는 여러 종류의 문제를 연구하기 위해 미분방정식을 이용하는 과정을 선형 또는 분리 가능한 1계 미분방정식의 풀이법과 함께 설명하는 데 주력하였다. 이제는 미분방정식에 대한 일반적인 질문과 비선형 미분방정식과 선형 미분방정식의 차이점을 좀 더 자세히 살펴보겠다.

▶ **해의 존재성과 유일성.** 지금까지 몇 가지 초깃값 문제를 다루었는데 각각의 문제는 해를 갖고 있었고 확실히 유일했다. 그렇다면 이런 성질이 1계 미분방정식에 대한 모든 초깃값 문제에도 적용되는가 하는 의문이 생긴다. 다시 말하자면, 모든 초깃값 문제는 유일한 해를 갖는가? 이것은 비수학자들에게도 중요한 질문이다. 어떤 물리 문제를 연구하는 과정에서 초깃값 문제를 접했을 때, 이 문제의 해가 있는지 알지 못한 채 해를 찾기 위해 많은 시간과 노력을 쏟아부어서는 안 된다. 또한 하나의 해를 찾았을 때, 계속 다른 해들을 찾아야 할지 아니면 더 이상의 해가 없다고 결론을 내려야 할지 결정해야 한다. 선형 미분방정식의 경우, 이런 질문에 대해 다음과 같은 기본 정리가 있다.

정리 2.4.1 | 1계 선형 방정식의 존재성과 유일성 정리

함수 p와 g가 열린 구간 I: $\alpha < t < \beta$에서 연속이고, 이 구간이 $t = t_0$을 포함한다고 하자. 그러면 미분방정식

$$y' + p(t)y = g(t) \tag{1}$$

을 구간 I의 모든 t에 대해 만족하고, 또한 초기조건

$$y(t_0) = y_0 \tag{2}$$

을 만족하는 유일한 함수 $y = \phi(t)$가 존재한다. 여기서 y_0는 임의로 주어진 초깃값이다.

정리 2.4.1은 주어진 초깃값 문제가 하나의 해를 *가지며* 또한 그 해가 *유일*하다고 말하고 있다. 다시 말하면 이 정리는 초깃값 문제 (1), (2)의 해에 대한 *존재성*과 *유일성*을 나타낸다. 또한 이 정리에 의하면 해는 계수 p와 g가 연속인 초깃점 t_0를 포함하는 임의의 구간 I 전체에서 존재한다. 즉, 적어도 p나 g 중 하나가 불연속이 되는 점에서만 해가 불연속이거나 존재하지 않을 수 있다는 것인데 그런 점들은 바로 찾을 수 있다.

이 정리의 증명은 부분적으로 2.1절에서 다음 공식[2.1절의 식 (32)]을 이끌어 냈던 과정에 포함되어 있다.

$$\mu(t)y = \int \mu(t)g(t)\,dt + c \tag{3}$$

이때 [2.1절의 식 (30)]

$$\mu(t) = \exp\left(\int p(t)\,dt\right) \tag{4}$$

이다. 2.1절의 유도과정은 식 (1)이 하나의 해를 가지고 있으면 이것은 식 (3)에 의해 주어져야 한다는 것을 보여준다. 그 유도과정을 좀 더 자세히 들여다보면 미분방정식 (1)은 확실히 해를 가지고 있다고 결론내릴 수 있다. p가 $\alpha < t < \beta$에서 연속이므로 μ는 이 구간에서 정의되는 영이 아닌 미분 가능한 함수이다. 따라서 식 (1)에 $\mu(t)$를 곱하면

$$(\mu(t)y)' = \mu(t)g(t) \tag{5}$$

를 얻을 수 있다. μ와 g가 모두 연속이기 때문에 함수 μg는 적분 가능하고, 식 (3)은 식 (5)로부터 나온다. 또한, μg의 적분이 미분 가능하므로 식 (3)에 의해 주어진 y가 구간 $\alpha < t < \beta$ 전체에서 존재하고 미분 가능하다. 식 (3)으로부터 얻은 y에 대한 식을 식 (1)이나 식 (5)에 대입하면 이 식이 구간 $\alpha < t < \beta$ 전체에서 이 미분방정식을 만족한다는 것을 증명할 수 있다. 마지막으로, 초기조건 (2)는 상수 c를 유일하게 결정하기 때문에 초깃값 문제의 해는 유일하다; 이것으로 증명이 완료되었다.

식 (4)는 적분인자 $\mu(t)$를 적분의 하한값에 의존하는 배수까지만 결정한다. 만일 이 하한값을 t_0로 선택하면

$$\mu(t) = \exp\int_{t_0}^{t} p(s)\,ds \tag{6}$$

이고 이것으로부터 $\mu(t_0) = 1$이 된다. 식 (6)에 의해 주어진 적분인자를 이용하고 식 (3)에 있는 적분의 하한값도 t_0로 선택하면 다음과 형태의 식 (1)에 대한 일반해를 얻는다.

$$y = \frac{1}{\mu(t)}\left(\int_{t_0}^{t} \mu(s)g(s)\,ds + c\right) \tag{7}$$

초기조건 (2)를 만족하기 위해 $c = y_0$를 선택해야 하므로 초깃값 문제 (1)과 (2)의 해는

$$y = \frac{1}{\mu(t)}\left(\int_{t_0}^{t} \mu(s)g(s)\,ds + y_0\right) \tag{8}$$

이다. 여기서 $\mu(t)$는 식 (6)에 의해 주어진다.

이제 비선형 미분방정식을 고려하면 정리 2.4.1은 다음과 같이 좀 더 일반적인 형태가 된다.

〉정리 2.4.2 | 1계 비선형 방정식의 존재성과 유일성 정리

함수 f와 $\partial f/\partial y$가 점 (t_0, y_0)을 포함하는 직사각형 $\alpha < t < \beta, \gamma < y < \delta$에서 연속이라고 하자. 그러면 $\alpha < t < \beta$에 속하는 구간 $t_0 - h < t < t_0 + h$에서 초깃값 문제

$$y' = f(t,y), \quad y(t_0) = y_0 \tag{9}$$

의 유일한 해 $y = \phi(t)$가 존재한다.

만약 미분방정식이 선형이라면 정리 2.4.2에 있는 가정은 정리 2.4.1의 가정이 된다. 이 경우에

$$f(t,y) = -p(t)y + g(t) \quad \text{와} \quad \frac{\partial f(t,y)}{\partial y} = -p(t)$$

이므로 f와 $\dfrac{\partial f}{\partial y}$의 연속성은 p와 g의 연속성과 동치이다.

정리 2.4.1의 증명은 임의의 선형 미분방정식의 해를 나타내는 식 (3)을 바탕으로 하기 때문에 비교적 간단했다. 그러나 미분방정식 (9)의 해에 대해서는 이와 같은 식이 없기 때문에 정리 2.4.2의 증명은 훨씬 더 어렵다. 2.8절에서 이에 대해 어느 정도 다루겠지만 더 깊이 있는 내용은 고급미분방정식론을 참고하기 바란다.

정리 2.4.2에서 말하는 조건들은 어떤 구간 $(t_0 - h, t_0 + h)$에서 초깃값 문제 (9)의 유일해가 존재하기 위한 충분조건이지 필요조건은 아니라는 것을 주의하자. 즉, f에 대한 조건을 조금 약하게 하여도 여전히 이 결론은 참이다. 사실 f만 연속이어도 해가 (유일하지는 않아도) 존재한다.

정리 2.4.1과 2.4.2에 있는 유일성 부분을 기하학적으로 표현하자면 두 해의 그래프가 서로 만날 수 없다는 것이다. 만난다면 교점에 해당하는 초기조건을 만족하는 두 개의 해가 존재한다는 것인데, 이는 정리 2.4.1 또는 정리 2.4.2에 모순된다.

이제 몇 가지 예제를 살펴보자.

예제 2.4.1

정리 2.4.1을 이용하여 초깃값 문제

$$ty' + 5y = 7t^2 \tag{10}$$

$$y(1) = 2 \tag{11}$$

가 유일한 해를 갖는 구간을 구하라. 또한, 초기조건을 $y(-1) = 2$로 바꿔서 구하라.

풀이

식 (10)을 표준형 (1)로 다시 쓰면

$$y' + (5/t)y = 7t$$

이므로 $p(t) = 5/t$이고 $g(t) = 7t$이다. 따라서 이 식에 대해서 g는 모든 t에 대하여 연속이고 p는 $t < 0$이거나 $t > 0$에서만 연속이다. 이때, 구간 $t > 0$이 초깃점을 포함한다; 결국, 정리 2.4.1에 의해 문제 (10), (11)은 구간 $0 < t < \infty$에서 유일한 해를 갖는다. 예제 2.1.4에서 이 초깃값 문제의 해가

$$y = t^2 + \frac{1}{t^5}, \quad t > 0 \tag{12}$$

임을 보였다.

이제 초기조건 (11)을 $y(-1) = 2$로 바꾸자. 그러면 정리 2.4.1에 의해 $t < 0$에 대해서 유일한 해가 존재한다. 쉽게 확인할 수 있듯이 이 해도 식 (12)에 의해 주어지지만 구간은 $t < 0$이다.

예제 2.4.2

정리 2.4.2를 초깃값 문제

$$\frac{dy}{dx} = \frac{3x^2 + 4x + 2}{2(y-1)}, \quad y(0) = -1 \tag{13}$$

에 적용하라. 또한, 초기조건을 $y(0) = 1$로 바꿔서 적용하라.

풀이

주어진 미분방정식이 비선형이기 때문에 정리 2.4.1을 적용할 수 없다. 정리 2.4.2를 적용하기 위해서

$$f(x, y) = \frac{3x^2 + 4x + 2}{2(y-1)},$$

$$\frac{\partial f}{\partial y}(x, y) = -\frac{3x^2 + 4x + 2}{2(y-1)^2}$$

임을 확인하자.

이 함수들은 직선 $y = 1$을 제외한 모든 영역에서 연속이기 때문에 초깃점 $(0, -1)$을 포함하고 f와 $\partial f/\partial y$가 모두 연속인 직사각형을 그릴 수 있다. 따라서 정리 2.4.2에 의해 이 초깃값 문제는 $x = 0$을 포함하는 어떤 구간에서 유일한 해를 갖는다. 그러나 이 직사각형을 양과 음의 x축 방향으로 무한히 늘리더라도 이 해가 모든 x에 대해 존재한다는 것을 의미하지는 않는다. 실제로 초깃값 문제 (13)을 2.2절의 예제 2.2.2에서 풀었는데 그 해가 $x > -2$에서만 존재했다.

이제 초기조건을 $y(0) = 1$이라고 바꾸자. 이 초깃점은 직선 $y = 1$ 위에 놓여 있기 때문에 f와 $\partial f/\partial y$가 연속이면서 이 초깃점을 포함하는 직사각형을 그릴 수 없다. 결과적으로 정리 2.4.2는 이 수정된 문제에 대한 해의 존재성을 보장해 주지 않는다. 그러나 2.2절에서처럼 변수를 분리하여 적분하면,

$$y^2 - 2y = x^3 + 2x^2 + 2x + c$$

를 얻을 수 있다. 또한 $x = 0, y = 1$이면 $c = -1$이므로 이 식을 y에 대해 풀면

$$y = 1 \pm \sqrt{x^3 + 2x^2 + 2x} \tag{14}$$

이 된다. 식 (14)는 $x > 0$에 대해 주어진 미분방정식과 주어진 초기조건 $y(0) = 1$을 만족하는 두 함수를 나타낸다. 이 초깃값 문제에 대해 두 해가 존재한다는 것은 이 문제에 정리 2.4.2가 적용되지 않음을 확인시켜 준다.

예제 2.4.3

$t \geq 0$에 대한 초깃값 문제

$$y' = y^{1/3}, \quad y(0) = 0 \tag{15}$$

를 고려하자. 정리 2.4.2를 이 초깃값 문제에 적용하고 해를 구하라.

풀이

함수 $f(t, y) = y^{1/3}$은 모든 점에서 연속이지만 $y = 0$에서 $\partial f/\partial y = y^{-2/3}/3$는 존재하지 않으므로 이 점에서 연속이 아니다. 즉, 정리 2.4.2를 이 문제에 적용할 수 없기 때문에 이 정리로부터 아무런 결론도 나오지 않는다. 그러나 정리 2.4.2 다음에 나오는 내용에 의하면 f의 연속성은 해의 유일성은 아니더라도 존재성은 보장해 준다.

이런 상황을 더 자세하게 이해하기 위해 이 문제를 실제로 풀어보자. 이 미분방정식은 분리 가능하므로

$$y^{-1/3}dy = dt$$

이고 따라서

$$\frac{3}{2}y^{2/3} = t + c$$

이며

$$y = \left(\frac{2}{3}(t+c)\right)^{3/2}$$

이다. $c = 0$이면 초기조건을 만족하기 때문에

$$y = \phi_1(t) = \left(\frac{2}{3}t\right)^{3/2}, \quad t \geq 0 \tag{16}$$

은 식 (15)를 만족한다. 한편, 함수

$$y = \phi_2(t) = -\left(\frac{2}{3}t\right)^{3/2}, \quad t \geq 0 \tag{17}$$

역시 이 초깃값 문제의 해이며, 함수

$$y = \psi(t) = 0, \quad t \geq 0 \tag{18}$$

은 또 다른 해이다. 실제로, 임의의 양수 t_0에 대한 함수

$$y = \chi(t) = \begin{cases} 0, & \text{if } 0 \leq t < t_0, \\ \pm\left(\frac{2}{3}(t-t_0)\right)^{3/2}, & \text{if } t \geq t_0 \end{cases} \tag{19}$$

는 연속이고(특히 $t = t_0$에서) 미분 가능하며 초깃값 문제 (11)의 해들이다. 따라서 이 문제는 무한히 많은 해를 갖고 있다; **그림 2.4.1**에 이 중 몇 개가 그려져 있다.

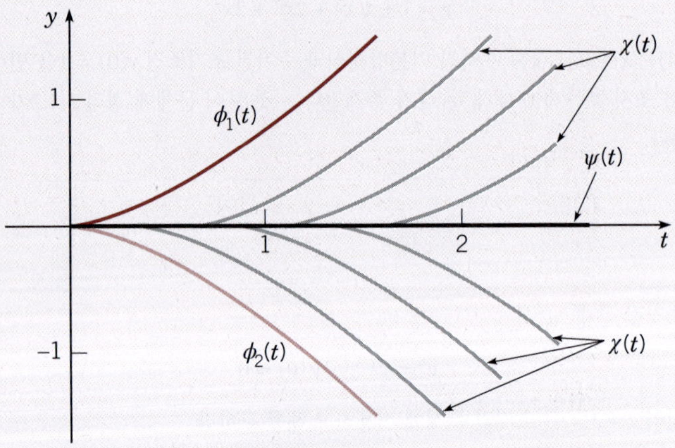

그림 2.4.1 초깃값 문제 $y' = y^{1/3}$, $y(0) = 0$의 몇 개의 해들.

이미 언급했듯이 문제 (11)의 해가 유일하지 않다는 것은 초깃점이 t축에 놓여 있기 때문에 유일성과 존재성 정리에 모순되지 않는다. 그러나 (t_0, y_0)가 t축에 있지 않은 임의의 점이라면 이 정리에 의해 (t_0, y_0)를 지나는 미분방정식 $y' = y^{1/3}$의 유일한 해가 존재한다.

▶ **해가 존재하는 구간.** 정리 2.4.1에 의하면 초기조건 $y(t_0) = y_0$가 주어진 선형 미분방정식 (1)

$$y' + p(t)y = g(t)$$

의 해는 $t = t_0$를 포함하고 p와 g가 연속인 임의의 구간에서 존재한다. 따라서 해의 수직 점근선이나 그 외의 불연속성은 p 또는 g가 불연속인 점에서만 일어난다. 예를 들어, 예제 2.4.1의 (하나를 제외한) 모든 해들은 계수 $p(t) = 5/t$가 불연속인 $t = 0$에 해당하는 y축에 점근하지만, 이

점을 제외하고는 해가 존재하지 않거나 미분 가능하지 않은 점이 없다. 제외한 한 해는 계수가 불연속인 점에서조차 연속인 경우이다.

한편, 정리 2.4.2의 가정을 만족하는 비선형 초깃값 문제여도 해가 존재하는 구간을 결정하기가 어려울 수 있다. 점 $(t, \phi(t))$가 정리 2.4.2의 가정을 만족하는 영역에 놓여 있는 한, 해 $y = \phi(t)$는 확실하게 존재하고 이를 사용하여 h값을 결정할 수 있다. 그러나 $\phi(t)$를 항상 구체적으로 구할 수 있는 것은 아니기 때문에 이 영역에 대한 점 $(t, \phi(t))$를 찾는 것이 불가능할 수도 있다. 어느 경우든 해가 존재하는 구간은 미분방정식 $y' = f(t, y)$의 함수 f와 단순한 관계로 이루어져 있지 않다. 이를 다음 예제에서 설명하고 있다.

예제 2.4.4

초깃값 문제

$$y' = y^2, \quad y(1) = -1 \tag{20}$$

을 풀고 해가 존재하는 구간을 구하라.

풀이

$f(t, y) = y^2$과 $\partial f/\partial y = 2y$가 모든 점에서 연속이기 때문에 정리 2.4.2에 의해 이 문제는 유일한 해를 갖는다. 이 해를 찾기 위해 변수를 분리하고 그 결과를 적분하면

$$y^{-2}dy = dt \tag{21}$$

과

$$-y^{-1} = t + c$$

가 된다. 이를 y에 대해 풀면

$$y = \frac{-1}{t + c} \tag{22}$$

이다. 초기조건을 만족하기 위해 $c = 0$을 선택하면

$$y = -\frac{1}{t} \tag{23}$$

이 주어진 초깃값 문제의 해가 된다. 확실히 이 해는 $t \to 0$일 때 발산한다. 따라서 이 해는 구간 $0 < t < \infty$에서만 존재한다. 그러나 미분방정식 자체에서 점 $t = 0$이 드러나지는 않는다.

또한, 초기조건을

$$(0) = y_0 \tag{24}$$

로 바꾸면 식 (22)에 있는 상수 c를 $c = -1/y_0$로 선택해야 하므로

$$y = \frac{y_0}{1 - y_0 t} \tag{25}$$

가 초기조건 (24)를 가지고 있는 초깃값 문제의 해가 된다. 이때, 해 (25)가 $t \to 1/y_0$일 때 발산하므로 해가 존재하는 구간은 $y_0 > 0$이면 $-\infty < t < 1/y_0$이고, $y_0 < 0$이면 $1/y_0 < t < \infty$이다.

이 예제는 비선형 미분방정식에 대한 초깃값 문제의 또 다른 특징을 보여준다; 해의 특이점은 미분방정식은 물론 초기조건에도 종속된다.

▶ **일반해.** 선형 미분방정식과 비선형 미분방정식의 또 다른 차이점은 일반해의 개념과 관련이

있다. 1계 선형 미분방정식은 임의의 상수 하나를 포함하는 해를 갖기 때문에 이 상수의 특정한 값에 해당하는 모든 해가 가능하다. 그러나 비선형 미분방정식은 이와 다르다; 심지어 임의의 상수를 포함하는 해를 찾았더라도 이 상수에 어떤 값을 넣어도 나오지 않는 해가 존재할 수 있다. 예를 들어, 예제 2.4.4의 미분방정식 $y' = y^2$에 대해 식 (22)는 임의의 상수를 포함하지만, 이 미분방정식의 모든 해를 포함하지는 않는다. 즉, 모든 t에 대하여 함수 $y = 0$이 주어진 미분방정식의 해이긴 하나, 식 (22)의 c에 어떤 값을 넣어도 이 함수를 얻을 수 없다. 이 예제에서는 원래 주어진 미분방정식을 (21)의 형태로 다시 쓰기 위해 y가 영인 것을 제외했기 때문에 이런 상황이 발생했다고 생각할 수도 있다. 그러나 이런 "별도로 얻은" 해는 비선형 미분방정식에서 흔하게 나타난다; 뻔하지 않은 예가 연습문제 18에 나와 있다. 따라서 "일반해"라는 용어는 선형 미분방정식의 경우에만 사용할 수 있다.

▶ **음함수 해.** 1계 선형 미분방정식에 대한 초깃값 문제에 대해 식 (8)에 의해 주어진 양함수 해 $y = \phi(t)$로 돌아가 보자. 원하는 역도함수를 찾을 수 있다면 적당한 t의 값을 미분방정식에 대입하여 임의의 점에서의 해의 값을 바로 얻을 수 있다. 그러나 비선형 미분방정식의 경우에는 항상 이렇게 되지는 않는다. 보통은 해 $y = \phi(t)$가 만족하는 t와 y를 포함하는 식

$$F(t, y) = 0 \tag{26}$$

을 찾는 것이 최선이다. 어떤 특정한 종류의 미분방정식에서만 이 식을 찾을 수 있는데, 가장 중요한 종류가 분리 가능한 미분방정식이다. 식 (26)을 미분방정식의 적분, 또는 제1적분이라고 하고 (앞에서 지적했듯이) 이 적분의 그래프를 적분곡선, 또는 적분곡선들의 집합이라고 한다. 식 (26)은, 이 식을 찾을 수 있다면 해를 음함수로 정의한다; 즉, 각각의 t값에 해당하는 y의 값을 찾기 위해 식 (26)을 풀어야 한다. 식 (26)이 y에 대해 풀릴 만큼 간단하다면 해에 대한 양함수 공식을 얻을 수 있다. 그러나 이것이 가능하지 않은 경우가 더 많기 때문에 주어진 t값에 대한 y의 값을 (근사적으로) 결정하기 위해 수치 계산을 이용할 수밖에 없다. 일단 몇 개의 t와 y의 값들을 계산하고 나면 이 값들을 좌표에 나타낼 수 있고, 이 값들을 지나는 적분곡선을 그릴 수 있다. 이런 작업들을 위해 가능하면 컴퓨터를 마련하기 바란다.

예제 2.4.2, 2.4.3, 2.4.4는 해 $y = \phi(t)$에 대한 양함수 공식을 쉽게 얻을 수 있는 비선형 문제에 속한다. 반면, 2.2절의 예제 2.2.1과 2.2.3은 해를 음함수로 두고 특정한 독립변수의 값에 대한 해를 구하기 위해 수치적인 방법을 사용하는 게 더 나은 경우들이다. 후자가 더 전형적이다; 음함수 관계식이 y에 대한 이차식이 아니거나 특별히 더 간단한 형태가 아니라면 해석적으로 풀 수 없을 것이다. 실제로는 1계 비선형 미분방정식에 대한 음함수 해를 찾는 것조차 불가능한 경우가 많다.

▶ **적분곡선의 그래프 또는 수치적 구성.** 비선형 미분방정식의 정확한 해를 구하는 게 어렵기 때문에 근사해를 구하거나 해에 대한 정성적인 정보를 얻는 방법이 매우 중요하다. 미분방정식의 방향장을 어떻게 만드는지는 1.1절에서 이미 설명하였다. 방향장은 해의 정성적인 모양을 나타내며, 해석학적이나 수치적으로 더 자세히 연구해야 하는 해의 흥미로운 특성이 나타나는 ty평면상의 영역을 찾을 수 있게 한다. 1계 미분방정식에 대해 그래프를 그리는 방법은 2.5절에서 더 자세히 설명하고 있다. 1계 미분방정식에 대한 수치 근사법에 대한 소개는 2.7절에, 이 수치 근사법에 대한 체계적인 설명은 8장에 나와 있다. 그러나 초깃값 문제의 해를 수치적으로 근사하

고 이를 그려주는 많은 종류의 소프트웨어 패키지를 효율적으로 사용하기 위해 수치 알고리즘 자체를 공부할 필요는 없다.

▶ **요약.** 선형 미분방정식 $y' + p(t)y = g(t)$에 대한 몇 가지 중요한 성질은 다음과 같이 요약된다.

1. 계수들이 연속이면 이 미분방정식의 모든 해를 포함하는, 임의의 상수를 포함하는 일반해가 존재한다. 주어진 초기조건을 만족하는 특수해는 이 임의의 상수에 대해 적당한 값을 선택하면 골라낼 수 있다.

2. 해에 대한 식, 즉 식 (7)이나 (8)이 존재한다. 또한, 이 식은 두 개의 적분을 포함하나, 해 $y = \phi(t)$에 대해 ϕ를 음함수가 아닌 양함수로 정의한다.

3. (문제를 풀지 않고도) 계수들이 불연속인 점을 찾으면 해의 가능한 모든 불연속점 또는 특이점을 쉽게 알 수 있다. 따라서 계수들이 모든 t에 대해 연속이면 해는 모든 t에 대해 존재하고 미분 가능하다.

일반적으로 비선형 미분방정식에 대해서는 위의 명제 중 어느 것도 참이 아니다. 어떤 비선형 미분방정식이 임의의 상수를 포함하는 해를 갖는다 해도 다른 해가 존재할 수 있으며 비선형 미분방정식의 해에 대한 일반 공식도 없다. 또한, 비선형 미분방정식을 적분할 수 있더라도 보통 양함수보다는 음함수로 정의되는 해를 얻게 된다. 끝으로, 비선형 미분방정식에 대한 해의 특이점은 보통 이 미분방정식을 풀고 해를 조사해야만 찾을 수 있으며, 이 특이점은 미분방정식뿐 아니라 초기조건에도 종속된다.

연습 문제

▶ 문제 **1**부터 **4**까지 (문제를 풀지 말고) 주어진 초깃값 문제의 해가 확실하게 존재하는 구간을 구하라.

1. $(t-5)y' + (\ln t)y = 2t, \quad y(1) = 2$

2. $y' + (\tan t)y = \sin t, \quad y(2\pi) = 0$

3. $(16 - t^2)y' + 2ty = 3t^2, \quad y(1) = -5$

4. $(\ln(t))y' + 2y = \cot(t), \quad y(2) = 3$

▶ 문제 **5**부터 **8**까지 정리 2.4.2에 있는 가정을 만족하는 ty평면상의 영역을 구하라.

5. $y' = (4 - t^2 - y^2)^{1/2}$

6. $\dfrac{dy}{dt} = \dfrac{(\cot t)y^2}{1+y}$

7. $y' = (t^2 + y^2)^{5/2}$

8. $y' = \dfrac{4+t^2}{2y - y^2}$

▶ 문제 **9**부터 **12**까지 주어진 초깃값 문제를 풀고 해가 존재하는 구간이 주어진 초깃값 y_0에 따라 어떻게 달라지는지 설명하라.

9. $y' = -2t/y, \quad y(0) = y_0$

10. $y' = 4ty^2, \quad y(0) = y_0$

11. $y' = \dfrac{t^2}{y(1+t^3)}, \quad y(0) = y_0$

12. $y' = \dfrac{t^3}{y(1+t^4)}, \quad y(0) = y_0$

▶ 문제 **13**부터 **16**까지 주어진 미분방정식의 방향장을 그리고 몇 개의 해를 그려라. t가 증가할 때 해가 어

떤 모양이고 $t = 0$일 때 초깃값 y_0에 따라서 해의 모양이 어떻게 달라지는지 설명하라.

13. G $y' = ty(4 - y)$

14. G $y' = y(4 - ty)$

15. G $y' = t - 1 - y^2$

16. G $y' = t - 2 - y^2$

17. 본문상의 예제 2.4.3에 있는 초깃값 문제 $y' = y^{1/3}$, $y(0) = 0$를 고려하자.

 a. 점 (1, 1)을 지나는 해가 존재하는가? 존재한다면 구하라.

 b. 점 (2, 1)을 지나는 해가 존재하는가? 존재한다면 구하라.

 c. 주어진 초깃값 문제의 모든 가능한 해를 고려하자. $t = 2$일 때 이 해들이 갖는 값들의 집합을 구하라.

18. a. $y_1(t) = 1 - t$와 $y_2(t) = -t^2/4$가 다음 초깃값 문제의 해가 된다는 사실을 보여라.

$$y' = \frac{-t + \sqrt{t^2 + 4y}}{2}, \quad y(2) = -1$$

 이 해들이 존재하는 구간은 무엇인가?

 b. 이 문제에 대해 두 해가 존재하는 것이 정리 2.4.2의 유일성에 위배되지 않는 이유를 설명하라.

 c. c가 임의의 상수일 때, $y = ct + c^2$이 **a**에 있는 미분방정식을 $t \geq -2c$에 대해서 만족함을 보여라. $c = -1$이면 이 초기조건도 만족하고 해 $y = y_1(t)$도 얻을 수 있다. 두 번째 해 $y = y_2(t)$가 나오는 c는 존재하지 않음을 보여라.

19. a. $\phi(t) = e^{3t}$이 $y' - 3y = 0$의 해가 되고 임의의 상수 c에 대한 $y = c\phi(t)$도 이 미분방정식의 해가 됨을 보여라.

 b. $\phi(t) = 1/t$은 $t > 0$에 대해서 $y' + y^2 = 0$의 해가 되지만 $y = c\phi(t)$는 $c = 0$ 또는 $c = 1$이 아니면 이 미분방정식의 해가 되지 않음을 보여라. b의 미분방정식은 비선형이고 a의 미분방정식은 선형임에 유의하자.

20. $y = \phi(t)$가 $y' + p(t)y = 0$의 해가 되면 임의의 상수 c에 대한 $y = c\phi(t)$도 이 미분방정식의 해가 됨을 보여라.

21. $y = y_1(t)$를

$$y' + p(t)y = 0 \tag{27}$$

 의 해로 두고, $y = y_2(t)$를

$$y' + p(t)y = g(t) \tag{28}$$

 의 해로 두자. $y = y_1(t) + y_2(t)$도 식 (28)의 해가 됨을 보여라.

22. a. 일반적인 선형 미분방정식 (1)의 해 (7)을 임의의 상수 c에 대해

$$y = cy_1(t) + y_2(t) \tag{29}$$

 로 고쳐 쓸 수 있다는 것을 보여라.

 b. y_1이 $g(t) = 0$에 해당하는 미분방정식

$$y' + p(t)y = 0 \tag{30}$$

 의 해가 됨을 보여라.

 c. y_2가 선형 미분방정식 (1)의 해가 됨을 보여라. 나중에 (예를 들어, 3.5절에서) 고계 선형 미분방정식의 해도 식 (29)와 비슷한 형태를 갖는다는 것을 보이겠다.

▶ **베르누이**(Bernoulli) **방정식**. 때때로 종속변수 변환을 이용해서 비선형 미분방정식을 선형 미분방정식으로 바꿀 수도 있다. 그런 유형 중에서 가장 중요한 형태는

$$y' + p(t)y = q(t)y^n$$

인데, 이를 베르누이 방정식이라고 부른다. 문제 **23**부터 **25**까지 이런 형태의 미분방정식을 다룬다.

23. **a.** $n = 0$일 때, $n = 1$일 때 베르누이 방정식을 풀어라.

b. $n \neq 0, 1$이면, 치환 $v = y^{1-n}$에 의해 베르누이 방정식이 신형 미분방정식이 됨을 보여라. 이 방법은 1696년 라이프니츠가 발견하였다.

▶ 문제 **24**부터 **25**까지 주어진 미분방정식은 베르누이 방정식이다. 각각의 미분방정식을 문제 **23b**에서 소개한 치환을 이용하여 풀어라.

24. $t^2y' + 2ty - y^3 = 0, t > 0$

25. $dy/dt = (\Gamma \cos t + T)y - y^3$. 단, Γ와 T는 상수. 이 미분방정식은 유체 흐름의 안정성을 연구할 때에 발생한다.

▶ **불연속 계수**. 어떤 선형 미분방정식은 함수 p와 g 중 하나 또는 둘 다 점프 불연속점(jump discontinuity)을 갖기도 한다. t_0가 그런 불연속점이라면 주어진 미분방정식을 $t < t_0$와 $t > t_0$인 경우로 나누어서 풀어야 한다. 그 후에 두 해를 y가 t_0에서 연속이 되도록 합친다; 이것은 임의의 상수를 적절하게 선택함으로써 할 수 있다. 다음의 두 문제는 이러한 상황을 나타낸다. 이때, y'을 t_0에서 연속이 되게 하는 것은 불가능하다는 것에 유의하자.

26. 다음의 초깃값 문제를 풀어라.

$$y' + 2y = g(t), \quad y(0) = 0$$

이때,

$$g(t) = \begin{cases} 1, & 0 \le t \le 1, \\ 0, & t > 1 \end{cases}$$

이다.

27. 다음의 초깃값 문제를 풀어라.

$$y' + p(t)y = 0, \quad y(0) = 1$$

이때

$$p(t) = \begin{cases} 4, & 0 \le t \le 1, \\ 1, & t > 1 \end{cases}$$

이다.

2.5 자율 미분방정식과 개체역학

독립변수들이 겉으로 나타나 있지 않은 1계 미분방정식을 **자율**(autonomous) 미분방정식이라고 하는데 다음과 같은 형태를 갖는다.

$$dy/dt = f(y) \tag{1}$$

이 미분방정식은 주어진 종들에 대한 개체수의 증가나 감소를 설명할 때 매우 유용한데, 이 주제는 의학에서부터 생태학, 국제 경제학에 걸쳐 중요하게 다뤄지고 있다. 이 절에서는 이 문제들에 대한 다양한 응용들을 소개하고자 한다. 이미 1.1절과 1.2절에서 식 (1)의 특수한 경우인 $f(y) = ay + b$를 살펴보았다.

식 (1)은 분리 가능한 미분방정식이기 때문에 2.2절의 방법을 사용하여 풀 수 있으나 이 절의 주목적은 이 미분방정식을 풀지 않고 식 자체에서 기하학적인 방법으로 중요한 정성적인 정보를 얻는 과정을 설명하는 데 있다. 이를 위해서 기본적으로 필요한 것은 미분방정식의 해에 대한 안정성과 불안정성이라는 개념이다. 이 개념은 1장에서 이미 이 용어를 사용하지 않고 대략적으로 소개하였는데 이 절에서 이를 좀 더 살펴보고 9장에서는 더욱더 일반적이고 깊이 있게 다루겠다.

▶ **지수적 증가(Exponential Growth).** 주어진 종에 대한 시간 t에서의 개체수를 $y = \phi(t)$라 두자. 개체수의 변화에 관한 가장 간단한 가정은 y의 변화율이 현재의 y값에 비례한다는 것이다;[8] 즉,

$$\frac{dy}{dt} = ry \tag{2}$$

이다. 이때, 비례상수 r을 이 값이 양수 또는 음수일 때, 각각 **증가율** 또는 **감소율**이라 부른다. 여기서는 $r > 0$이라고 가정하여 개체수가 증가한다고 하자.

초기조건[9]

$$y(0) = y_0 \tag{3}$$

하에서 식 (2)를 풀면

$$y = y_0 e^{rt} \tag{4}$$

을 얻을 수 있다. $r > 0$인 경우의 초깃값 문제 (2), (3)으로 구성된 수학 모델로부터 개체수가 지수적으로 계속 증가한다고 예측할 수 있는데 이것은 **그림 2.5.1**에서 몇몇 y_0에 대해 나타나 있다. 식 (4)는 많은 개체군에 대해 이상적인 조건들과 유한한 시간 내에서 상당히 정확함을 확인할 수 있다. 그러나 이상적인 조건들은 무한히 지속될 수 없기에 공간이나 식량, 또는 그 외 다른 자원들의 한계로 인해 성장률이 둔화되고 결국에는 무제한적인 지수적 증가는 멈추게 될 것이다.

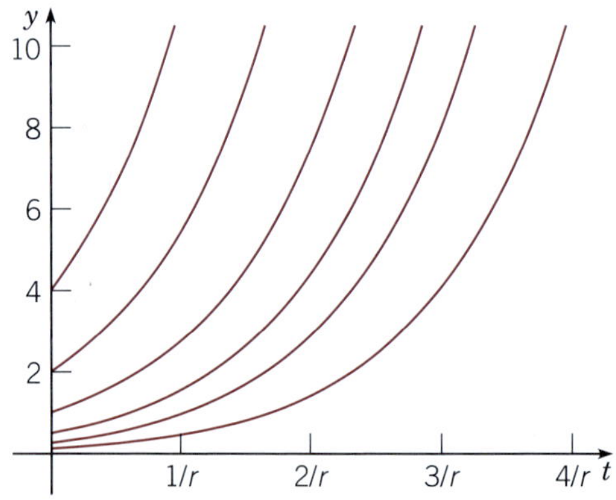

그림 2.5.1 지수적 증가: $dy/dt = ry(r > 0)$에 대한 t에 따른 y.

[8] 많은 생물 개체군들이 그 개체수에 비례해서 증가한다는 것을 처음 관찰한 사람은 영국의 경제학자 맬서스(Thomas Malthus, 1766~1834)이다. 개체군에 관한 그의 첫 번째 논문은 1798년에 발표되었다.

[9] 이 절에서는 미지함수가 개체수이므로 $y_0 > 0$로 가정한다.

▶ **로지스틱(Logistic) 증가.** 증가율이 실제로는 개체수에 따라 달라진다는 사실을 포함시키기 위해 식 (2) 안의 상수 r을 함수 $h(y)$로 바꾸면 다음과 같다.

$$\frac{dy}{dt} = h(y)y \tag{5}$$

y가 작을 때는 $h(y) \approx r > 0$이 되고, y가 점점 커지면 $h(y)$가 감소하며, y가 충분히 크면 $h(y) < 0$가 되도록 하는 $h(y)$를 선택하자. 이러한 성질을 만족하는 가장 간단한 함수는 양의 상수 a에 대한 $h(y) = r - ay$이다. 식 (5)에 이 함수를 대입하면

$$\frac{dy}{dt} = (r - ay)y \tag{6}$$

가 된다. 식 (6)은 Verhulst[10] 방정식 또는 **로지스틱 방정식**이라고 알려져 있는데 편의상 다음과 같이 $K = r/a$에 대한 동치식을 사용하자.

$$\frac{dy}{dt} = r\left(1 - \frac{y}{K}\right)y \tag{7}$$

이때의 상수 r을 **본질적으로 내재되어 있는 증가율**(intrinsic growth rate), 즉 제한 요인이 없을 때의 증가율이라고 한다. 따라서 K를 바로 해석할 수 있다.

식 (7)의 해에 대해서는 이 절의 뒷부분에서 자세히 살펴보도록 하고 여기서는 해를 찾기 전에 미리 해를 *정성적으로 정확하게* 그리는 방법을 설명하고자 한다. 이와 똑같은 방법이 좀 더 일반적인 식 (1)에도 적용될 수 있다.

먼저 식 (7)에 대한 가장 간단한 유형의 해—즉, 상수함수—를 찾아보자. 이런 해는 모든 t에 대해 $dy/dt = 0$이므로 식 (7)의 상수해는 대수식

$$r\left(1 - \frac{y}{K}\right)y = 0$$

을 만족해야 한다. 따라서 상수해는 $y = \phi_1(t) = 0$과 $y = \phi_2(t) = K$인데, 이런 해들은 t가 증가해도 y값에 따라 변하지 않기 때문에 식 (7)에 대한 **평형 상태인 해**(equilibrium solution)라고 부른다. 이와 마찬가지로 좀 더 일반적인 식 (1)의 평형 상태인 해도 $f(y) = 0$의 근의 위치를 찾으면 구할 수 있는데 이때의 근을 **임계점**(critical point)이라고 부른다.

식 (7)의 평형 상태가 아닌 해들의 그래프를 바로 그릴 수 있도록 y에 따른 $f(y)$의 그래프를 먼저 그리도록 하자. 식 (7)의 경우 $f(y) = r(1 - y/K)y$이므로 **그림 2.5.2**와 같은 포물선이 되는데 이 포물선에서 식 (7)의 임계점에 해당하는 y절편은 (0, 0)과 (K, 0)이고 꼭짓점은 (K/2, rK/4)이다. $0 < y < K$인 구간에서 $dy/dt > 0$이므로 y는 t에 대한 증가함수인데 이것을 그림 2.5.2에 y축 근처에서 오른쪽으로 향하는 화살표로 표시하였다. 이와 비슷하게 $y > K$인 구간에서는 $dy/dt < 0$이므로 y는 감소하고, 이를 그림 2.5.2에 왼쪽을 향하는 화살표로 표시하였다.

이때의 y축을 주로 **위상선**(phase line)이라 부르는데 보통은 **그림 2.5.3a**와 같이 수직 방향으

[10] Pierre F. Verhulst (1804~1849)는 벨기에의 수학자였는데 1838년에 인구 증가율에 대한 모델로 식 (6)을 제시하였다. 그가 이를 로지스틱 증가라고 했기 때문에 식 (6)을 주로 로지스틱 방정식이라고 부른다. 당시에는 인구 조사 자료가 부족했기 때문에 그는 이 모델의 정확성을 검증할 수가 없었고 그 후로 오랫동안 큰 주목을 받지 못했다. 이후 R. Pearl (1930)은 *Drosophila melanogaster*(초파리)의 개체군에 대해, G.F. Gause (1935)는 *Paramecium*(짚신벌레)과 *Tribolium*(밀가루갑충)의 개체군에 대해 이 모델을 입증하는 실험 결과를 발표하였다.

로 옮겨서 그린다. 이 그래프에서 $y = 0$과 $y = K$에 찍은 점들은 임계점 또는 평형 상태인 해를 나타낸다. 다시 한번 $0 < y < K$일 때 y가 증가하고 $y > K$일 때 y가 감소하는 것을 화살표로 표시한다.

또한 그림 2.5.2로부터 y가 0 또는 K 근처에 있을 때 기울기 $f(y)$가 거의 0에 가까운 것을 알 수 있고, 따라서 해의 곡선들은 비교적 평평해진다. y의 값이 0 또는 K의 근방을 벗어나면 곡선의 그래프는 가파르게 된다.

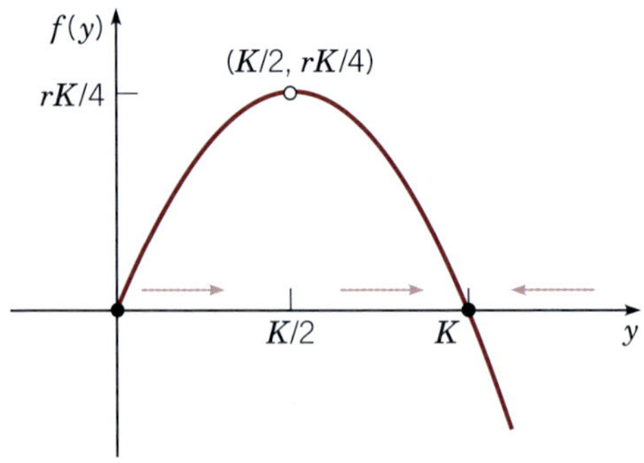

그림 2.5.2 $dy/dt = r(1 - y/K)y$에 대한 y에 따른 $f(y)$.

ty평면상에 식 (7)에 대한 해들의 그래프를 그리기 위해 먼저 평형 상태의 해 $y = 0$과 $y = K$를 그리자; 그 후에 $0 < y < K$일 때 증가하고 $y > K$일 때 감소하며 y가 0 또는 K값에 다가갈수록 점차 평평해지는 해들의 곡선을 그린다. 따라서 식 (7)에 대한 해들의 그래프는 r과 K의 값에 상관없이 일반적으로 **그림 2.5.3(b)**와 같은 모양을 갖게 된다.

그림 2.5.3(b)를 보면 평형 상태가 아닌 해들이 모두 평형 상태인 해 $y = K$에서 만나는 것처럼 보이는데 과연 이것이 가능한가? 정리 2.4.2의 유일성과 기본적인 존재성, 유일성 정리에 의하면 ty평면상에 주어진 한 점을 지나는 해는 단 하나뿐이기 때문에 실제로 이것은 가능하지 않다. 따라서 평형 상태가 아닌 해들이 $t \to \infty$일 때 평형 상태의 해로 한없이 점근해 갈 수는 있으나 유한한 시간 안에 만나지는 않는다. 따라서 구간 $0 < y < K$에서 시작한 해는 항상 $0 < y < K$ 안에 있고 $K < y < \infty$에서 시작한 해는 항상 $K < y < \infty$ 안에 있게 된다.

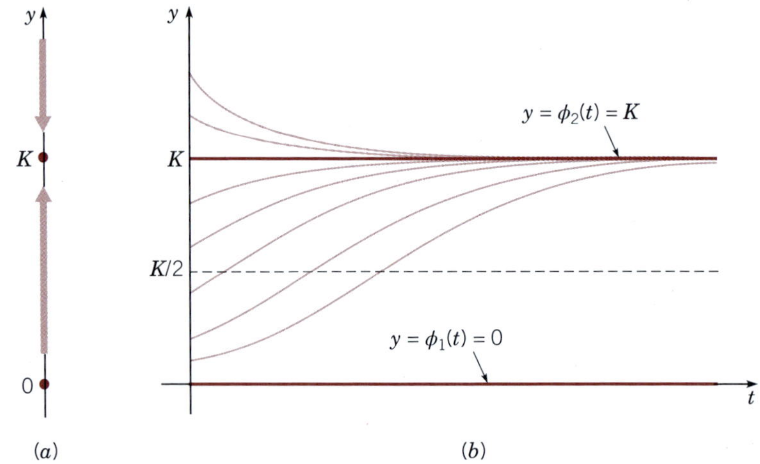

그림 2.5.3 로지스틱 증가: $dy/dt = r(1 - y/K)y$. (a) 위상선. (b) t에 따른 y의 그래프들.

한 단계 더 나아가서 d^2y/dt^2를 구해 해의 곡선에 대한 볼록성(위로 볼록한지 아래로 볼록한지)을 결정하고 변곡점을 찾아보자. 미분방정식 (1)로부터 (연쇄법칙을 이용하여) 다음과 같은 식을 얻을 수 있다.

$$\frac{d^2y}{dt^2} = \frac{d}{dt}\frac{dy}{dt} = \frac{d}{dt}f(y) = f'(y)\frac{dy}{dt} = f'(y)f(y) \tag{8}$$

t에 따른 y의 그래프는 $y'' > 0$일 때—즉, f와 f'의 부호가 같을 때—아래로 볼록하고 $y'' < 0$일 때—f와 f'의 부호가 반대일 때—위로 볼록하다. f와 f'의 부호는 y에 따른 $f(y)$의 그래프로부터 쉽게 알 수 있고 변곡점은 $f'(y) = 0$일 때 발생한다.

식 (7)의 경우, 해는 f가 양수이고 증가하는 구간인 $0 < y < K/2$에서(그림 2.5.2) 아래로 볼록하므로 f와 f'은 둘 다 양수이다. f가 음수이고 감소하는 구간인 $y > K$에서도 해는 아래로 볼록하다(이때 f와 f'은 둘 다 음수이다). $K/2 < y < K$일 때는 f가 양수이고 감소하므로 해는 위로 볼록하고, 따라서 f는 양수이고 f'은 음수이다. 또한 t에 따른 y의 그래프가 직선 $y = K/2$와 교차할 때 변곡점이 발생한다. 그림 2.5.3(b)에서의 그래프들에 이러한 성질들이 모두 나타나 있다.

즉, K는 이 값 아래에서 시작한 개체수가 증가하면서 한없이 다가가지만 초과하지는 않는 상한(upper bound)임을 알 수 있다. 따라서 K를 주어진 종에 대한 **포화 레벨**(saturation level) 또는 **환경 수용 능력**(environmental carrying capacity)이라고 볼 수 있다.

그림 2.5.1과 2.5.3(b)를 비교해 보면 비선형 미분방정식 (7)의 해들이 t의 값이 커질수록 선형 미분방정식 (1)의 해들과는 현저하게 달라진다는 것을 알 수 있다. K의 값에 상관없이—즉, 식 (7)에서의 비선형 항이 아무리 작더라도—식 (7)의 해들이 $t \to \infty$일 때 유한한 값으로 한없이 다가가는 반면, 식 (1)의 해들은 $t \to \infty$일 때 (지수적으로) 무한히 증가한다. 따라서 미분방정식 (7)의 비선형 항이 아무리 작아도 t가 커지면 해에 결정적인 영향을 끼친다는 사실을 알 수 있다.

많은 경우, 식 (7)의 해 $y = \phi(t)$에 대해 그림 2.5.3(b)에 나타난 것과 같은 정성적인 정보를 얻는 것만으로도 충분하다. 이러한 정보는 미분방정식 (7)을 풀지 않고 전적으로 y에 따른 $f(y)$의 그래프만으로 얻을 것이다. 그러나 로지스틱 증가에 대해 좀 더 자세히 살펴보고 싶다면—예를 들어, 특정한 시간의 개체수를 알고 싶다면—초기조건 (3)을 갖는 식 (7)을 풀어야 한다. $y \neq 0$이고 $y \neq K$이면 식 (7)을 다음과 같은 형태로 쓸 수 있다.

$$\frac{dy}{(1 - y/K)y} = r\,dt$$

이 식의 좌변을 부분 분수로 나누면

$$\left(\frac{1}{y} + \frac{1/K}{1 - y/K}\right)dy = r\,dt$$

가 되고 이 식의 양변을 적분하면 초기조건 $y(0) = y_0$에 의해 결정되는 임의의 적분상수 c에 대해

$$\ln|y| - \ln\left|1 - \frac{y}{K}\right| = rt + c \tag{9}$$

를 도출할 수 있다. 앞에서 $0 < y_0 < K$이면 y가 항상 이 구간 안에 있다고 했기 때문에 식의 절댓값 기호를 없앨 수 있으며 이것의 양변에 지수 함수를 취하면 $C = e^c$에 대한

$$\frac{y}{1-(y/K)} = Ce^{rt} \tag{10}$$

을 구할 수 있다. 이때, 초기조건 $y(0) = y_0$를 만족하기 위한 $C = y_0/[1-(y_0/K)]$이므로 이 C의 값을 식에 대입하고 y에 대해 풀면 (연습문제 **10** 참조)

$$y = \frac{y_0 K}{y_0 + (K - y_0)\, e^{-rt}} \tag{11}$$

이 된다.

이때, $0 < y_0 < K$라는 가정 하에서 해 (11)을 유도하였는데 $y_0 > K$인 경우에도 약간의 차이는 있으나 비슷한 방법으로 식 (11)을 유도할 수 있다. 이에 대한 자세한 증명은 독자에게 남겨두겠다. 식 (11)은 각각 초기조건 $y_0 = 0$과 $y_0 = K$에 해당하는 평형 상태인 해 $y = \phi_1(t) = 0$과 $y = \phi_2(t) = K$를 포함하고 있다.

앞에서 기하학적인 방법으로 얻었던 모든 정성적인 결과들을 해 (11)로 확인할 수 있다. 특히, $y_0 = 0$이면 식 (11)은 모든 t에 대해 $y(t) = 0$이어야 한다. 또한 식 (11)에서 $y_0 > 0$이고 $t \to \infty$로 놓으면

$$\lim_{t\to\infty} y(t) = \frac{y_0 K}{y_0} = K$$

가 되므로 $y_0 > 0$에 대한 해는 $t \to \infty$일 때 평형 상태인 해 $y = \phi_2(t) = K$로 점근해간다. 따라서 상수인 해 $\phi_2(t) = K$를 식 (7)의 **점근적으로 안정적인 해**(asymptotically stable solution)라고 하거나 또는 점 $y = K$를 점근적으로 안정적인 평형 상태의 점 또는 임계점이라고 한다. 시간이 오래 지나면 개체수는 초기 개체수가 양수이기만 하다면 그 크기에 상관없이 포화 레벨 K에 가까워지고, 평형 상태가 아닌 해들은 r이 증가함에 따라 더욱 빠르게 평형 상태인 해로 다가간다.

평형 상태인 해 $y = \phi_1(t) = 0$의 경우는 위의 경우와는 매우 다르다. 거의 0에 가깝게 시작한 해들도 t가 증가함에 따라 점점 커져서 앞에서 이미 확인했듯이 $t \to \infty$일 때 K로 한없이 다가간다. 이때의 $\phi_1(t) = 0$을 **불안정한 평형 상태인 해**라고 하거나 또는 $y = 0$을 불안정한 평형 상태의 점 또는 임계점이라고 한다. 0 근처에 계속 머무르기 위해서는 초깃값이 *정확히* 0이어야 한다.

예제 2.5.1

태평양의 한 지역에 서식하는 큰 넙치 개체군의 자연 증가율에 적용된 로지스틱 모델을 살펴보자.[11] y를 시간 t에 대한 큰 넙치의 개체수에 대한 총 질량, 킬로그램을 단위로 갖는, 또는 생물량이라 하자. 이에 해당하는 로지스틱 방정식에 대한 매개변수들은 대략 $r = 0.71$/year이고 $K = 80.5 \times 10^6$ kg이다. 초기 생물량이 $y_0 = 0.25K$일 때, 2년 후의 생물량과 $y(\tau) = 0.75K$가 되는 시간 τ를 각각 계산하라.

풀이

편의상 해 (11)을 수용 능력 K에 대한 비율로 바꾸면 식 (11)을 다음과 같은 형태로 쓸 수 있다.

$$\frac{y}{K} = \frac{y_0/K}{(y_0/K) + (1-(y_0/K))\, e^{-rt}} \tag{12}$$

[11] 이 장의 끝부분에 나열되어 있는 참고문헌 중 Clark의 저서에 재생 가능 자원의 효율적인 사용과 관련된 개체역학과 경제학이 아주 잘 설명되어 있다. 위의 예제에서 사용된 매개변수 값들은 이 책의 56페이지에 나와 있는데 H. S. Mohring이 연구하여 얻은 값이다.

위에 주어진 데이터를 사용하면

$$\frac{y(2)}{K} = \frac{0.25}{0.25 + 0.75e^{-1.42}} \cong 0.5797$$

이 되므로 $y(2) \approx 46.7 \times 10^6$ kg이다.

$y_0/K = 0.75$가 되는 시점 τ를 구하기 위해 t에 대한 식 (12)를 먼저 풀면

$$e^{-rt} = \frac{(y_0/K)(1 - y/K)}{(y/K)(1 - y_0/K)}$$

이 되므로

$$t = -\frac{1}{r} \ln\left(\frac{(y_0/K)(1 - y/K)}{(y/K)(1 - y_0/K)}\right) \tag{13}$$

이다. 주어진 r과 y_0/K의 값을 사용하고 $y/K = 0.75$라 두면

$$\tau = -\frac{1}{0.71} \ln \frac{(0.25)(0.25)}{(0.75)(0.75)} = \frac{1}{0.71} \ln 9 \approx 3.095 \text{ years}$$

이다.

주어진 매개변수들과 몇몇 초기조건들에 대한 t에 따른 y/K의 그래프가 **그림 2.5.4**에 나타나 있는데 녹색 곡선은 초기조건 $y_0 = 0.25K$에 해당한다.

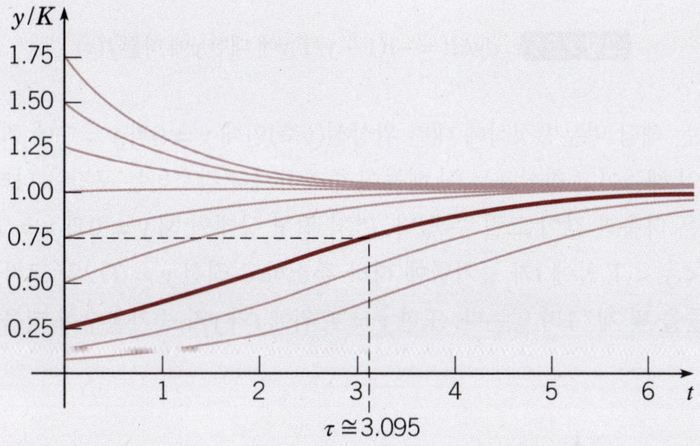

그림 2.5.4 태평양에 서식하는 큰 넙치의 개체군 모델에 대한 t에 따른 y/K. 녹색 곡선은 초기조건 $y(0)/K = 0.25$를 만족한다. $y(0) = 0.25$인 해는 $t = \tau = 3.095$년에 수용능력의 75%에 도달한다.

▶ **임계 한계(Critical Threshold).** 이제 다음과 같은 양의 상수 r과 T에 대한 미분방정식을 살펴보자.

$$\frac{dy}{dt} = -r\left(1 - \frac{y}{T}\right)y \tag{14}$$

(매개변수 K를 T로 바꾼 것 외에) 이 식이 로지스틱 방정식과 다른 점은 우변에 음의 부호가 있다는 것뿐이다. 그러나 앞으로 보이겠지만 이 미분방정식 (14)의 해들은 로지스틱 방정식 (7)의 해들과는 매우 다른 형태를 갖는다.

그림 2.5.5에 해당 미분방정식에 대해 y에 따른 $f(y)$의 그래프가 포물선으로 나타나 있다. 이

때의 y는 각각 평형 상태인 해 $\phi_1(t) = 0$과 $\phi_2(t) = T$에 해당하는 임계점 $y = 0$과 $y = T$이다. 구간 $0 < y < T$에서 $dy/dt < 0$이므로 t가 증가함에 따라 y는 감소한다. 따라서 $\phi_1(t) = 0$은 점근적으로 안정적인 평형 상태의 해이다. 반면, $y > T$이면 $dy/dt > 0$이므로 t가 증가함에 따라 y도 증가한다. 따라서 $\phi_2(t) = T$는 불안정한 평형 상태의 해이다.

또한, 해의 볼록성은 $y'' = f'(y)f(y)$의 부호로 알 수 있다; 식 (8)을 참고하자. 그림 2.5.5에 의해 $f'(y)$가 $0 < y < T/2$에서 음수이고 $T/2 < y < T$에서 양수임을 알 수 있다. 따라서 t에 따른 y의 그래프는 $0 < y < T/2$에서 아래로 볼록하고 $T/2 < y < T$에서는 위로 볼록하다. $y > T$에서는 $f'(y)$와 $f(y)$가 모두 양수이므로 t에 따른 y의 그래프가 아래로 볼록하다.

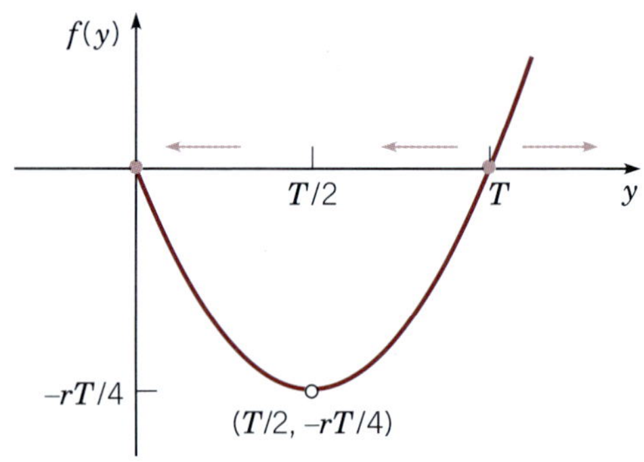

그림 2.5.5 $dy/dt = -r(1 - y/T)y$에 대한 y에 따른 $f(y)$.

그림 2.5.6(a)는 해당 미분방정식에 대한 위상선(y축)인데 $y = 0$과 $y = T$에 찍은 점은 임계점 또는 평형 상태인 해들이고 화살표는 이 해들이 증가하거나 감소하는 구간을 나타낸다.

해의 곡선들은 다음과 같이 그릴 수 있다. 먼저 평형 상태인 해 $y = 0$과 $y = T$를 그린 후, 띠 모양의 영역 $0 < y < T$ 안에 t가 증가함에 따라 감소하고 직선 $y = T/2$와 교차할 때 볼록성이 달라지는 곡선들을 몇 개 그려 넣는다. 또한 $y = T$ 위에 t와 y가 증가할수록 더욱더 가파르게 증

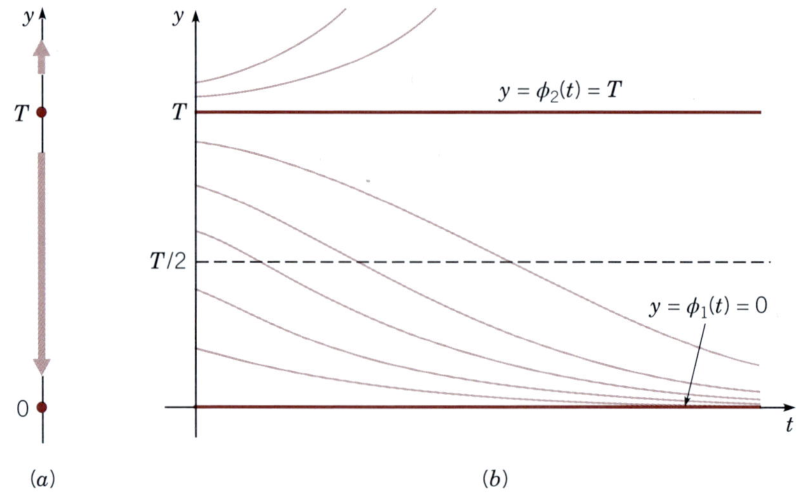

그림 2.5.6 한계를 갖는 증가: $dy/dt = -r(1 - y/T)y$; $y = T$는 점근적으로 불안정한 평형 상태의 해이고 $y = 0$은 점근적으로 안정적이다. (a) 위상선. (b) t에 따른 y.

가하는 곡선들을 몇 개 더 그린다. 끝으로 y가 0이나 T로 다가감에 따라 모든 곡선들이 점점 평평해지는지 확인해 보자. 이 결과들이 **그림 2.5.6(*b*)**인데 임의의 r과 T에 대한 해들의 그래프를 정성적으로 정확하게 그린 것이다. 이 그림으로부터 초깃값 y_0가 T보다 작은지 또는 큰지에 따라 시간이 증가함에 따라 y가 0으로 한없이 다가가는지 아니면 무한히 증가하는지가 결정됨을 알 수 있다. 따라서 T가 **한계 레벨**(threshold level)이라 할 수 있는데 이 값 이하에서는 개체수가 증가하지 않는다.

기하학적인 방법으로 얻은 위의 결과들을 확인해 보기 위해 미분방정식 (14)를 풀어보자. 식 (7)에서 했던 방법대로 변수들을 분리하여 적분하면 풀 수 있으나 식 (14)는 식 (7)에 K 내신 T를, r 대신 $-r$을 대입하면 얻을 수 있기 때문에 이를 똑같이 해 (11)에 대입하여 즉시 다음과 같은 해를 구할 수 있다.

$$y = \frac{y_0 T}{y_0 + (T - y_0)\,e^{rt}} \tag{15}$$

이 해는 초기조건 $y(0) = y_0$를 만족하는 식 (14)의 해이다.

$0 < y_0 < T$이면 식 (15)로부터 $t \to \infty$일 때 $y \to 0$임을 알 수 있는데 이는 정성적인 기하 분석과 일치한다. $y_0 > T$이면 유한한 어떤 t에 대해 식 (15)의 우변에 있는 분모가 0이 된다. 이때의 t의 값을 t^*라 두고 이를 풀면

$$y_0 - (y_0 - T)\,e^{rt^*} = 0$$

$$t^* = \frac{1}{r}\ln\left(\frac{y_0}{y_0 - T}\right) \tag{16}$$

이다. 따라서 이 한계 모델에 의하면 초기 개체수 y_0가 한계 레벨인 T보다 클 때 t에 따른 y의 그래프가 $t = t^*$에서 수직 점근선을 갖는다고 예측할 수 있다; 즉, 이 개체수는 유한한 시간 안에 무한히 증가할 것이고 이 유한한 시간은 y_0, T, r에 의해 결정될 것이다. 기하학적 분석으로는 이 수직 점근선의 존재성이나 위치를 알 수 없었는데, 이 경우에는 정확한 해로부터 정량적인 정보뿐 아니라 중요한 정성적인 정보도 얻을 수 있었다.

실제로 몇몇 종들의 개체수에 이런 한계 현상이 나타난다. 개체수가 지나치게 적다면 이 종은 번식에 실패하여 멸종하게 될 것이고 개체수가 한계 레벨보다 많다면 더욱더 증가할 것이다. 그러나 개체수가 무한히 증가할 수는 없기 때문에 궁극적으로는 이에 맞게 식 (14)를 수정해야 한다.

임계 한계는 다른 상황에서도 발생한다. 유체역학에서는 (7) 또는 (14)와 같은 형태의 식이 *층이 진* (또는 잔잔한) 유체의 흐름에서의 작은 교란파 y의 발생을 설명하는 데 사용되기도 한다. 예를 들어, 식 (14)를 만족하고 $y < T$이면 이 교란파는 사라지고 층류가 지속될 것이다. 그러나 $y > T$이면 이 교란파가 점점 커져서 층류가 부서지고 난류가 발생할 것이다. 이때의 T를 *임계 진폭*이라 한다. 이 때문에 풍동실험을 할 때, 비행기 날개 위를 지나는 층류를 연구할 수 있도록 교란파의 수준을 낮게 유지한다고 한다.

▶ **한계를 갖는 로지스틱 증가(Logistic Growth with a Threshold).** 바로 위에서 언급했던 것처럼 실제로는 y가 한계 레벨 T를 넘는다 해도 무한히 증가하지 않기 때문에 한계 모델 (14)를 수정해야 한다. 가장 간단한 수정 방법은 y가 커질 때 dy/dt가 음수가 되도록 하는 항을 새로 넣는 것이다. 따라서 $r > 0$와 $0 < T < K$에 대한 다음과 같은 식을 살펴보고자 한다.

$$\frac{dy}{dt} = -r\left(1 - \frac{y}{T}\right)\left(1 - \frac{y}{K}\right)y \tag{17}$$

그림 2.5.7은 y에 따른 $f(y)$의 그래프이다. 이 경우에는 각각 평형 상태인 해 $\phi_1(t) = 0$, $\phi_2(t) = T$, $\phi_3(t) = K$에 해당하는 세 개의 임계점 $y = 0$, $y = T$, $y = K$들이 존재한다. 그림 2.5.7로부터 구간 $T < y < K$에서 $dy/dt > 0$이므로 y는 증가함을 알 수 있다. 또한 $y < T$이고 $y > K$일 때는 $dy/dt < 0$이므로 y는 감소한다. 따라서 평형 상태인 해 $y = \phi_1(t) = 0$과 $y = \phi_3(t) = K$는 점근적으로 안정적이고 $y = \phi_2(t) = T$는 불안정하다.

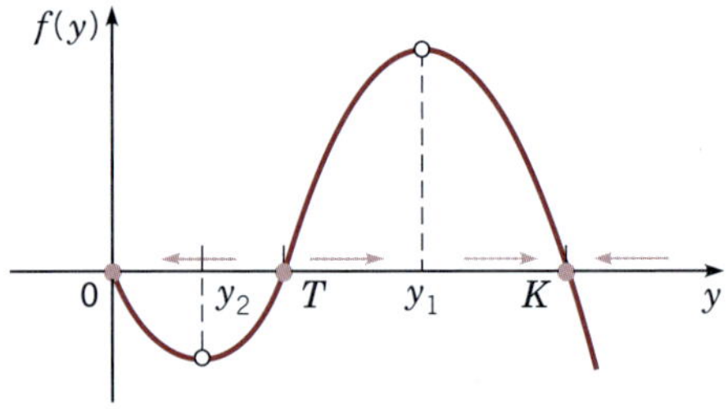

그림 2.5.7 $dy/dt = -r(1 - y/T)(1 - y/K)y$에 대한 y에 따른 $f(y)$.

식 (17)의 위상선은 **그림 2.5.8*a***에, 몇몇 해들의 그래프는 **그림 2.5.8*b***에 그려져 있다. 그림 2.5.7과 2.5.8*a* 간의 관계뿐 아니라 2.5.8*a*와 *b* 간의 관계에 대해서도 이해하고 넘어가야 한다. 그림 2.5.8b로부터 y가 한계 레벨 T 아래에서 시작하면 감소하다가 결국에는 멸종하게 되는 반면, 한계 레벨 T 위에서 시작하면 수용 능력 K로 한없이 다가가는 것을 알 수 있다. 그림 2.5.8*b*의 t에 따른 y의 그래프 위의 변곡점들은 각각 그림 2.5.7의 y에 따른 $f(y)$의 그래프 위의 최대점 y_1과 최소점 y_2에 해당한다. 이 값들은 식 (17)의 우변을 y에 대해 미분하고 이를 0으로 놓은 후 y에 대해 풀면 다음과 같이 구할 수 있다.

$$y_{1,2} = \frac{1}{3}\left(K + T \pm \sqrt{K^2 - KT + T^2}\right) \tag{18}$$

이때의 양의 부호는 y_1에 해당하고 음의 부호는 y_2에 해당한다.

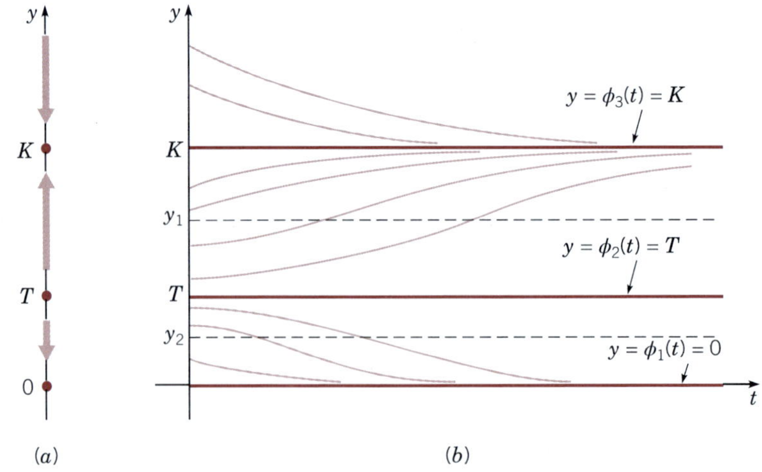

그림 2.5.8 한계를 갖는 로지스틱 성장: $dy/dt = -r(1 - y/T)(1 - y/K)y$; $y = \phi_1(t) = 0$과 $y = \phi_3(t) = K$는 점근적으로 안정적인 평형 상태이고, $y = \phi_2(t) = T$는 점근적으로 불안정한 평형 상태이다. (*a*) 위상선. (*b*) y와 t에 대한 그래프.

이와 같은 일반적인 유형의 모델은 19세기 후반까지 미국 전 지역에 서식하고 있었던 나그네 비둘기[12]의 멸종을 잘 설명하고 있다. 식량을 얻거나 스포츠를 위해 엄청난 양의 나그네 비둘기를 사냥한 결과 1880년대에 들어서는 그 수가 급격하게 줄어들었다. 불행히도 이 나그네 비둘기는 비교적 높은 한계 레벨 T에 해당하는 많은 수의 개체가 모여야만 번식에 성공할 수 있다. 비록 1880년대 후반에도 상당히 많은 수의 비둘기들이 여전히 살아남아 있었지만 임의의 한 지역 내에서 번식에 성공할 만큼 충분히 많지는 않았기 때문에 급격하게 그 수가 감소하였고 결국 1914년에 마지막 남은 한 마리의 나그네 비둘기가 죽기에 이르렀다. 엄청난 수의 나그네 비둘기의 개체수가 불과 몇십 년 만에 격감하여 멸종에 이르게 되자 미국은 최초로 자연보호에 대해 관심을 기울이게 되었다.

연습 문제

▶ 문제 **1**부터 **4**까지 $dy/dt = f(y)$ 형태의 미분방정식들을 포함하고 있다. 각각의 문제에 대해 y에 따른 $f(y)$의 그래프를 그리고 임계 (평형 상태의) 점들을 구해서 점근적으로 안정적인지 불안정한지를 결정하라. 또한 위상선을 그리고 ty평면상에 해의 그래프를 몇 개 그려라.

1. G $dy/dt = ay + by^2, \quad a > 0, \quad b > 0, \quad y_0 \geq 0$

2. G $dy/dt = y(y-2)(y-3), \quad y_0 \geq 0$

3. G $dy/dt = e^{2y} - 1, \quad -\infty < y_0 < \infty$

4. G $dy/dt = e^{-2y} - 1, \quad -\infty < y_0 < \infty$

5. **준안정적인 평형 상태의 해들.** 때로는 평형 상태가 아닌 해들 중 한쪽에 있는 해는 상수인 평형 상태의 해로 다가가고 다른 쪽에 있는 해는 평형 상태의 해로부터 멀어지기도 한다(**그림 2.5.9** 참조). 이런 종류의 평형 상태인 해를 **준안정적**(semistable)이라고 한다.

a. 양의 상수 k에 대한 다음 방정식을 고려하자.

$$dy/dt = k(1-y)^2 \tag{19}$$

$y = 1$이 평형 상태인 해 $\phi(t) = 1$에 해당하는 유일한 임계점임을 보여라.

b. G y에 따른 $f(y)$를 그리고 f가 $y < 1$이고 $y > 1$일 때 모두 t에 대한 증가함수임을 보여라. 이때의 위상선은 $y = 1$의 아래와 위에서 모두 위로 향하는 화살표들을 갖기 때문에 평형 상태인 해 아래에 있는 해들은 이 평형 상태인 해로 다가가고 위에 있는 해들은 계속 증가한다. 따라서 $\phi(t) = 1$은 준안정적이다.

c. 초기조건 $y(0) = y_0$를 갖는 식 (19)를 풀어 **b**에서 얻은 결과를 확인하라.

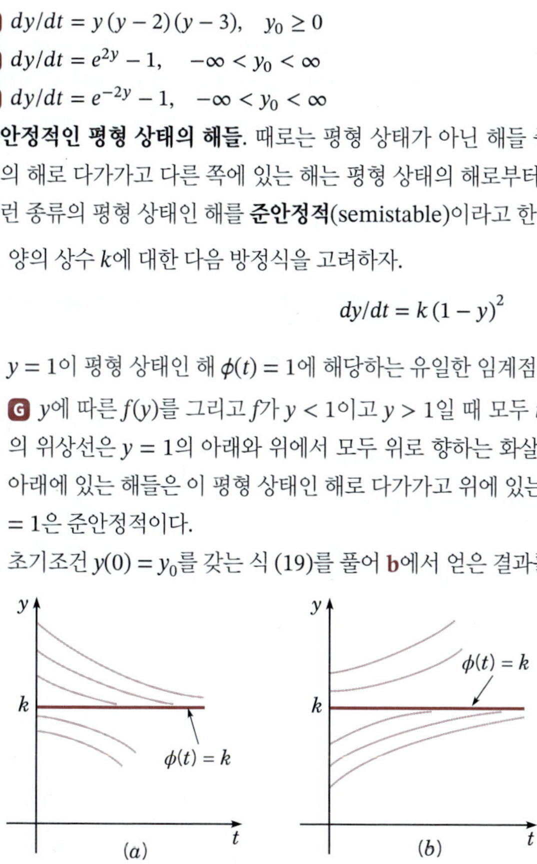

그림 2.5.9 두 경우 모두 평형 상태인 해 $\phi(t) = k$가 준안정적이다. (a) $dy/dt \leq 0$; (b) $dy/dt \geq 0$.

[12] Oliver L. Austin, Jr.의 Birds of the World (New York: Golden Press, 1983), pp. 143-145를 참조하자.

▶ 문제 **6**부터 **9**까지 $dy/dt = f(y)$ 형태의 미분방정식들을 포함하고 있다. 각각의 문제에 대해 y에 따른 $f(y)$의 그래프를 그리고 임계 (평형 상태의) 점들을 구해서 점근적으로 안정적인지 불안정한지 또는 준안정적인지(문제 **5** 참조)를 결정하라. 또한 위상선을 그리고 ty평면상에 해의 그래프를 몇 개 그려라.

6. G $dy/dt = y^2(y^2 - 4), \quad -\infty < y_0 < \infty$

7. G $dy/dt = y(4 - y^2), \quad -\infty < y_0 < \infty$

8. G $dy/dt = ay - b\sqrt{y}, \quad a > 0, \quad b > 0, \quad y_0 \geq 0$

9. G $dy/dt = y^2(2 - y)^2, \quad -\infty < y_0 < \infty$

10. y에 대한 식 (10)을 풀어 로지스틱 모델의 해 (11)에 대한 공식을 유도하라.

11. 예제 2.5.1에서 식 (13)에 도달하는 데 필요한 방법을 찾아라. 즉, 해 (11)을 t에 대해 풀어라.

12. $y_0 > T$일 때 해 (15)의 수직 점근선의 위치에 대한 공식을 유도하라. 즉, 식 (15)의 우변의 분모가 영일 때의 t값을 찾아서 공식 (16)을 유도하라.

13. 한계를 갖는 로지스틱 증가 모델 (17)의 해의 변곡점들의 위치에 대한 공식 (18)을 유도하자.
힌트: p.82에 요약한 단계를 따라가자.

14. 식 $dy/dt = f(y)$에 대해 y_1이 임계점—즉, $f(y_1) = 0$—이라고 가정하자. 이때의 평형 상태인 상수해 $\phi(t) = y_1$이 $f'(y_1) < 0$이면 점근적으로 안정적이고 $f'(y_1) > 0$이면 불안정함을 보여라.

15. 어떤 개체군이 로지스틱 방정식 $dy/dt = ry[1 - (y/K)]$를 만족한다고 하자.

a. $y_0 = K/3$일 때, 초기 개체수가 두 배가 되는 시간 τ를 찾아라. 또한, $r = 0.025$/year에 해당하는 시간 τ를 구하라.

b. $0 < \alpha, \beta < 1$에 대해 $y_0/K = \alpha$일 때, $y(T)/K = \beta$인 시간 T를 찾아라. 이때 $\alpha \to 0$이거나 $\beta \to 1$일 때 $T \to \infty$임을 확인하라. 또한, $r = 0.025$ year이고 $\alpha = 0.1, \beta = 0.9$일 때의 시간 T를 구하라.

16. 개체수 증가 모델에 사용되는 또 다른 방정식은 다음과 같은 양의 상수 r과 K에 대한 Gompertz[13] 방정식이다.

$$\frac{dy}{dt} = ry\ln\left(\frac{K}{y}\right)$$

a. y에 따른 $f(y)$의 그래프를 그리고 임계점을 찾아서 점근적으로 안정적인지 불안정한지를 결정하라.

b. $0 \leq y \leq K$일 때, t에 따른 y의 그래프가 아래로 볼록한 구간과 위로 볼록한 구간을 구하라.

c. $0 < y \geq K$ 안에 있는 각각의 y에 대해 Gompertz 방정식으로 주어진 dy/dt가 로지스틱 방정식으로 주어진 dy/dt보다 작아지지 않음을 보여라.

17. **a.** 초기조건 $y(0) = y_0$를 만족하는 Gompertz 방정식

$$\frac{dy}{dt} = ry\ln\left(\frac{K}{y}\right)$$

을 풀어라.
힌트: $u = \ln(y/K)$라 놓자.

b. 본문상의 예제 2.5.1에서 주어진 데이터들($r = 0.71$/year, $K = 80.5 \times 10^6$ kg, $y_0/K = 0.25$)을 갖는 Gompertz 모델을 이용하여 $y(3)$의 값을 예측하라.

c. b에서 주어진 데이터를 갖는 Gompertz 모델을 이용하여 $y(\tau) = 0.75K$가 되는 시간 τ를 구하라.

18. 반지름이 a이고 깊이가 h인 원뿔 모양의 웅덩이에 물이 모여 연못이 되었다. 이때 물이 상수 k의 비

[13] Benjamin Gompertz (1779~1865)는 영국의 보험 계리인이었는데 자신이 다니는 보험 회사를 위한 사망률 표를 작성하는 과정에서, 1825년에 발표한 개체수 증가 모델을 발전시켰다.

율로 흘러들어 가고 이 연못의 표면적에 비례하여 증발한다고 가정하자.

a. 시간 t에 대한 연못 안의 물의 부피 $V(t)$가 증발 계수에 대해 다음과 같은 미분방정식이 됨을 보여라.

$$\frac{dV}{dt} = k - \alpha\pi\left(\frac{3a}{\pi h}\right)^{2/3} V^{2/3}$$

b. 이 연못 안의 평형 상태인 물의 깊이를 찾아라. 이것은 점근적으로 안정적인가?

c. 이 연못의 물이 넘치지 않은 조건을 결정하라.

▶ **재생산 가능한 자원의 채집(또는 수렵).** 해양의 주어진 지역에 서식하는 어떤 어종(참치나 큰 넙치 같은)의 개체수 y가 다음과 같은 로지스틱 방정식을 따른다고 가정하자.

$$\frac{dy}{dt} = r\left(1 - \frac{y}{K}\right)y$$

이것을 식량 자원으로 사용하고자 할 때, 너무 많이 잡게 되면 이 어종의 개체수가 한계 레벨 이하로 줄어 멸종하게 될 수도 있다. 문제 **19**와 **20**은 어장을 관리하는 데 있어서의 합리적인 전략을 구축할 때 발생할 수 있는 문제에 관한 것이다.[14]

19. 물고기를 잡느라 기울이는 노력에 대해 잡히는 물고기의 수는 물고기의 개체수 y에 따라 결정된다고 가정하는 것이 합리적일 것이다: 물고기가 많으면 많을수록 더 쉽게 잡을 수 있다. 따라서 물고기를 잡는 비율을 1/time의 단위를 갖는 양의 상수 E에 대해 Ey로 가정하자. 상수 E는 주어진 어종을 잡기 위해 기울인 총 노력을 측정하는 값이다. 이 효과를 포함하기 위해서 로지스틱 방정식을 다음과 같은 식으로 바꾸자.

$$\frac{dy}{dt} = r\left(1 - \frac{y}{K}\right)y - Ey \tag{20}$$

이 방정식을 **Schaeger 모델**이라고 부르며, 이 식을 어류의 개체군에 적용하였던 생물학자 M. B. Schaeger의 이름을 딴 것이다.

a. $E < r$이면 두 개의 평형 상태인 점, $y_1 = 0$과 $y_2 = K(1 - E/r) > 0$이 존재함을 보여라.

b. $y = y_1$은 불안정하고 $y = y_2$은 점근적으로 안정적임을 보여라.

c. 어로의 지속 산출량 Y는 물고기를 무한히 잡을 수 있는 비율인데 이것을 노력 E와 점근적으로 안정적인 개체수 y_2와의 곱으로 나타낸다. Y를 노력 E에 대한 함수로 구하라; 이 함수의 그래프는 산출량-노력 곡선으로 알려져 있다.

d. Y를 극대화하기 위한 E를 결정하고 이때의 **최대 지속 산출량** Y_m을 구하라.

20. 상수인 단면적 A를 갖는 원기둥 모양의 물탱크를 고려하자. 상수 k의 비율로 물이 채워지고 탱크의 바닥에 있는 면적 a인 작은 구멍을 통해 누수가 일어난다고 가정하자. 수력학에 대한 토리첼리(Torricelli)의 원리에 의하면 물이 이 작은 구멍을 통과하는 비율은 $\alpha a\sqrt{2gh}$이다. 이때의 h는 탱크 안의 현재 물의 깊이이고 g는 중력가속도, α는 $0.5 \le \alpha \le 1.0$을 만족하는 수축 계수이다.

a. 임의의 시간에 대한 탱크 안의 물의 깊이가 다음과 같은 미분방정식을 만족함을 보여라.

$$dh/dt = \left(k - \alpha a\sqrt{2gh}/A\right) \tag{21}$$

b. 평형 상태인 물의 깊이 h_e를 구하고 이것이 점근적으로 안정적임을 보여라. 이때 h_e가 A에 따라 달라지지 않음을 확인하자.

[14] 이러한 종류의 문제를 다루는 데 있어 여기서 다룬 것보다 훨씬 더 좋은 방법을 앞에서 언급했던 Clark의 저서에서, 특히 처음 두 장에서 찾아볼 수 있다. 또한 더 다양한 참고문헌도 나와 있다.

▶ **전염병**(Epidemics). 수학적인 방법으로 전염병의 확산을 연구한 것은 적어도 1760년 베르누이(Daniel Bernoulli)의 천연두에 대한 연구로 거슬러 올라간다. 최근에는 많은 수학 모델들이 제시되어 다양한 질병들에 적용되고 있다.[15] 문제 **21**부터 **23**까지는 이에 대한 간단한 모델들과 이로부터 얻을 수 있는 결과들을 다루고 있다. 소문과 소비재들의 확산을 설명하는 데도 이와 비슷한 모델들이 사용될 수 있다.

21. 주어진 개체군을 두 부류로 나누어 보자: 병에 걸려서 다른 개체들을 감염시킬 수 있는 개체와 당장 병에 걸리지는 않았지만 앞으로 감염될 수도 있는 개체. x를 감염될 수 있는 개체의 비율로, y를 감염된 개체의 비율로 두자: 그러면 $x + y = 1$이다. 병은 감염된 개체와 건강한 개체들이 접촉할 때 확산되고 확산율 dy/dt는 이 접촉하는 횟수에 비례한다고 가정하자. 또한 두 그룹의 구성원들은 서로 자유롭게 왕래할 수 있고, 따라서 접촉 횟수가 x와 y의 곱에 비례한다고 가정하자. $x = 1 - y$이므로 다음과 같은 초깃값 문제를 얻을 수 있다.

$$\frac{dy}{dt} = \alpha y(1-y), \quad y(0) = y_0 \tag{22}$$

여기서 α는 양의 비례상수이고 y_0는 감염된 개체의 초기 비율이다.

a. 미분방정식 (22)에 대한 평형 상태의 점들을 찾고 점근적으로 안정적인지 준안정적인지 아니면 불안정한지를 결정하라.

b. 초깃값 문제 (22)를 풀어서 **a**에서 얻은 결과가 옳음을 증명하라. $t \to \infty$일 때 $y(t) \to 1$임을 보여라. 이것은 결국 모든 개체로 병이 확산된다는 걸 의미한다.

22. 일부 질병(예: 장티푸스)은 주로 *감염된 사람들*에 의해 퍼진다. 감염자는 질병을 전파할 수 있지만 명백한 증상은 나타내지 않는 사람들이다. x와 y는 각각 인구에서 감염될 수 있는 사람과 감염자의 비율을 나타낸다. 감염자는 식별되어 일정한 비율 β로 인구에서 제거된다고 가정하자. 이 경우

$$\frac{dy}{dt} = -\beta y \tag{23}$$

또한, 질병은 x와 y의 곱에 비례하여 전파되므로

$$\frac{dx}{dt} = -\alpha xy \tag{24}$$

a. 초기조건 $y(0) = y_0$에 대해 방정식 (23)을 풀어서 시간 t에서 y를 구하라.

b. a에서 구한 결과를 사용하여 초기조건 $x(0) = x_0$에 대해 방정식 (24)를 풀어서 시간 t에서 x를 구하라.

c. $t \to \infty$일 때 x의 한계값을 찾아서 전염병을 피한 인구 비율을 구하라.

23. 1760년 베르누이의 연구는 당시에 논란이 되었던 천연두 예방을 위한 접종 프로그램에 대한 효율성을 평가하기 위한 목적으로 이루어졌다. 이 당시에 천연두는 공중 보건에 대한 커다란 위협이었다. 베르누이의 모델은 한번 걸렸다가 살아남으면 평생 면역이 생기는 다른 질병에도 똑같이 적용될 수 있다.

해당 연도($t = 0$)에 태어난 한 특정 집단 중에서 t년 후에 살아남은 사람의 수를 $n(t)$라 두고 이 집단 중에서 t년까지 천연두에 걸리지 않아 여전히 병에 걸릴 수 있는 사람의 수를 $x(t)$라 두자. 이때 β를 병에 걸리지 않은 사람이 천연두에 걸리는 비율, ν를 천연두에 걸린 환자가 이 병에 의해 사망하는 비율, $\mu(t)$를 천연두 이외의 원인으로 사망하는 비율이라고 놓으면 비감염자의 수가 감소하는 비율인 dx/dt는

[15] 이에 대한 대표적인 자료는 참고문헌에 나열되어 있는 Bailey가 쓴 저서이다. 문제 **21, 22, 23**에서 다루는 모델들은 각각 Bailey가 쓴 저서의 5장, 20장에 소개되어 있다.

$$\frac{dx}{dt} = -(\beta + \mu(t))x \tag{25}$$

로 주어진다. 식 (25)의 우변의 첫 번째 항은 비감염자가 천연두에 걸리는 비율이고 두 번째 항은 이들이 다른 원인으로 사망하는 비율이다. 또한

$$\frac{dn}{dt} = -\nu\beta x - \mu(t)n \tag{26}$$

이 되는데 이때의 dn/dt는 이 특정한 집단 전체의 사망률이고 우변의 두 항들은 각각 천연두로 인한 사망률과 다른 원인에 의한 사망률이다.

a. $z = x/n$라 놓으면 z가 초깃값 문제

$$\frac{dz}{dt} = -\beta z(1 - \nu z), \quad z(0) = 1 \tag{27}$$

를 만족함을 보여라. 초깃값 문제 (27)은 $\mu(t)$에 따라 달라지지 않음을 확인하라.

b. 식 (27)을 풀어 $z(t)$를 구하라.

c. 베르누이는 $\nu = \beta = 1/8$로 추정하였다. 이 값들을 사용하여 천연두에 걸리지 않은 20세인 사람의 비율을 구하라.

비고: 베르누이는 위에서 다룬 모델과 그 당시의 사망률 데이터를 토대로 천연두로 인한 죽음이 사라진다면($\nu = 0$) 26세 7개월이었던 그 당시(1760년)의 평균 기대수명이 약 3년은 더 증가할 것이라고 계산하였다. 따라서 그는 접종 프로그램을 지지하였다.

▶ **분기점**. 실수인 매개변수 a를 갖는 미분방정식

$$\frac{dy}{dt} = f(a, y) \tag{28}$$

에 대한 임계점들(평형 상태인 해들)은 주로 a의 값에 따라 결정된다. a가 계속 증가하거나 감소함에 따라, **분기점**이라고 부르는 어떤 a값에서 임계점들이 합쳐지거나 분리되고 이에 따라 평형 상태인 해들이 없어지거나 새로 생기기도 한다. 많은 응용 분야에서 이 분기점에 큰 관심을 기울이는 이유는 주어진 현상을 설명하는 미분방정식에 대한 해의 형태가 이 분기점 근처에서 급격하게 변할 수 있기 때문이다. 예를 들어, 유체역학에서 잔잔한 유체의 흐름이 깨져서 난류가 되기도 하고 중심축으로 하중을 받는 기둥에 갑자기 좌굴이 발생하여 가로 방향으로 변위가 일어나기도 한다. 또는 혼합물을 구성하는 화학물질 하나의 양이 증가함에 따라 잠잠하던 유체 안에 갑자기 다양한 색의 소용돌이 모양의 무늬가 생기기도 한다. 문제 **24**부터 **26**까지는 위와 같은 형태의 간단한 미분방정식에서 발생할 수 있는 세 가지 유형의 분기점에 관한 것이다.

24. 다음과 같은 미분방정식을 고려하자.

$$\frac{dy}{dt} = a - y^2 \tag{29}$$

a. 식 (29)에 대한 임계점들을 모두 찾아라. $a < 0$이면 임계점이 없고 $a = 0$이면 임계점이 하나이며 $a > 0$이면 두 개임을 확인하라.

b. G 각각의 경우에 대한 위상선을 그리고 각각의 임계점들이 점근적으로 안정적인지, 준안정적인지 아니면 불안정한지를 결정하라.

c. G 각각의 경우에 대해서 ty평면상에 식 (29)의 해를 몇 개 그려라.

비고: 임계점들의 위치를 ay평면상에 a의 함수로 나타내면 그림 2.5.10을 얻을 수 있다. 이를 식 (29)에 대한 **분기 다이어그램**(bifurcation diagram)이라고 부르고, 이때 $a = 0$에서의 분기를 **안장-노드**(saddle-node) 분기라고 한다. 이 용어에 대한 자세한 설명은 9장의 2계 연립방정식에서 다루도록 하겠다.

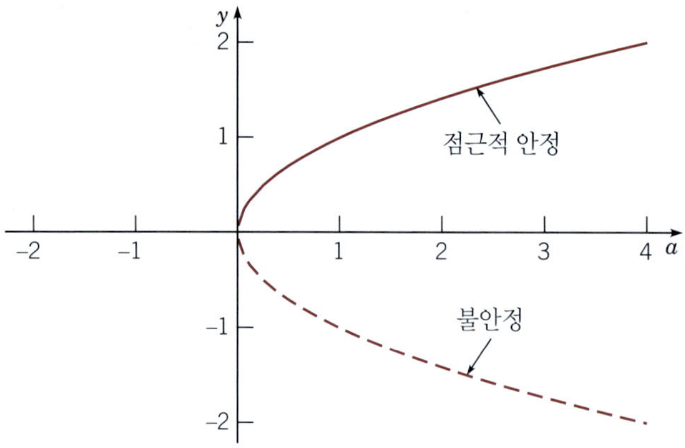

그림 2.5.10 $y' = a - y^2$에 대한 분기 다이어그램.

25. 다음과 같은 방정식을 고려하자.

$$\frac{dy}{dt} = ay - y^3 = y\,(a - y^2) \tag{30}$$

a. G $a < 0, a = 0, a > 0$의 세 경우로 나누어 각각의 경우에 대한 임계점들을 찾고, 위상선을 그린 후 이 임계점들이 점근적으로 안정적인지, 준안정적인지 아니면 불안정한지를 결정하라.

b. G 각각의 경우에 대해서 ty평면상에 식 (30)의 해를 몇 개 그려라.

c. G 식 (30)에 대한 분기 다이어그램을 그려라. 즉, a에 따른 임계점의 위치를 그려라.

비고: 식 (30)에 대한 $a = 0$에서의 분기점을 **갈퀴모양의 분기점**(pitchfork bifurcation)이라고 부른다. 분기 다이어그램을 그리고 나면 왜 이런 이름을 붙였는지 알 수 있을 것이다.

26. 다음과 같은 미분방정식을 고려하자.

$$\frac{dy}{dt} = ay - y^2 = y\,(a - y) \tag{31}$$

a. $a < 0, a = 0, a > 0$의 세 경우로 나누어 각각의 경우에 대한 임계점들을 구하고 위상선을 그린 후 점근적으로 안정적인지, 준안정적인지 아니면 불안정한지를 결정하라.

b. 각각의 경우에 대해서 ty평면상에 식 (31)의 해를 몇 개 그려라.

c. 식 (31)에 대한 분기 다이어그램을 그려라.

비고: 이때 $a < 0$인 경우와 $a > 0$인 경우에 임계점의 개수는 같지만 안정성은 달라짐을 확인하라. $a < 0$에서는 평형 상태인 해 $y = 0$이 점근적으로 안정적이고 $y = a$는 불안정한 반면, $a > 0$에서는 그 반대가 된다. 따라서 a가 분기점 $a = 0$을 지남에 따라 **안정성의 교환**이 일어난다. 이런 유형의 분기를 **초임계분기**(transcritical bifurcation)라 부른다.

27. **화학반응**. 이차 화학반응은 P 물질의 분자 하나와 Q 물질의 분자 하나가 상호작용(충돌)하여 X라는 새로운 물질의 분자 하나가 만들어지는 과정을 포함한다; 이를 $P + Q \to X$로 표시한다. p와 q를 각각 P와 Q의 초기 농도라 두고 $(p \neq q)$ $x(t)$를 시간 t에서의 X의 농도라 두자. 그러면 시간 t에서의 P와 Q의 농도는 각각 $p - x(t)$와 $q - x(t)$가 되고 이 화학반응이 발생하는 비율은 양의 상수 α에 대한 다음과 같은 식으로 주어진다.

$$\frac{dx}{dt} = \alpha\,(p - x)(q - x) \tag{32}$$

a. $x(0) = 0$인 경우, 미분방정식을 풀지 않은 상태에서 $t \to \infty$일 때 $x(t)$의 극한을 구하고, 이 초깃값 문제를 풀어 임의의 t에 대한 $x(t)$를 구하라.

b. 두 물질 P와 Q가 같으면 $p = q$가 되고 식 (32)는

$$\frac{dx}{dt} = \alpha(p - x)^2 \tag{33}$$

이 된다. $x(0) = 0$인 경우, 미분방정식을 풀지 않은 상태에서 $t \to \infty$일 때 $x(t)$의 극한을 구하고, 이 초깃값 문제를 풀어 임의의 t에 대한 $x(t)$를 구하라.

2.6 완전 미분방정식과 적분인자

1계 미분방정식의 경우 다양한 문제에 적용될 수 있는 많은 적분법들이 있다. 가장 중요한 유형의 문제는 선형 미분방정식과 분리 가능한 미분방정식인데 이것은 이미 앞에서 다루었다. 이 절에서는 해법이 잘 정의되어 있는 완전 미분방정식이라고 부르는 미분방정식들을 살펴보겠다. 기본적인 적분법으로 풀 수 있는 1계 미분방정식들은 아주 특수한 경우뿐이라는 사실을 염두에 두자; 대부분의 1계 미분방정식들은 기본적인 적분법으로는 풀리지 않는다.

예제 2.6.1

미분방정식

$$6x + 2y^2 + 4xyy' = 0 \tag{1}$$

을 풀어라.

풀이

이 식은 선형도 아니고 분리 가능하지도 않으므로 이에 해당하는 풀이법을 적용할 수 없다. 그러나 함수 $\psi(x, y) = 3x^2 + 2xy^2$이

$$6x + 2y^2 = \frac{\partial \psi}{\partial x}, \; 4xy = \frac{\partial \psi}{\partial y} \tag{2}$$

라는 성질을 만족한다는 사실은 알 수 있다. 따라서 주어진 미분방정식을 다음과 같이 쓸 수 있다.

$$\frac{\partial \psi}{\partial x} + \frac{\partial \psi}{\partial y}\frac{dy}{dx} = 0 \tag{3}$$

y가 x에 대한 함수라고 가정하면 연쇄법칙을 사용하여 식의 좌변을 $d\psi(x, y)/dx$로 쓸 수 있고, 따라서 식 (3)은

$$\frac{d\psi}{dx}(x, y) = \frac{d}{dx}(3x^2 + 2xy^2) = 0 \tag{4}$$

인 형태가 된다. 식을 적분하면 임의의 상수 c에 대해

$$\psi(x, y) = 3x^2 + 2xy^2 = c \tag{5}$$

를 구할 수 있다. 이 $\psi(x, y)$에 대한 등위선(level curve)들은 주어진 미분방정식에 대한 적분곡선들이고 미분방정식의 해들은 음함수로 정의된다.

식 (1)을 푸는 데 있어서의 핵심적인 과정은 식 (2)를 만족하는 함수 ψ가 존재하는지를 알아내는 것이다. 미분방정식이 좀 더 일반적으로 다음과 같이 주어졌다고 하자.

$$M(x, y) + N(x, y)y' = 0 \tag{6}$$

이때,

$$\frac{\partial \psi}{\partial x}(x, y) = M(x, y), \quad \frac{\partial \psi}{\partial y}(x, y) = N(x, y) \tag{7}$$

를 만족하고 $\psi(x, y) = c$가 x에 대해 미분 가능한 함수 $y = \phi(x)$의 음함수인 함수 $\psi(x, y)$를 찾을 수 있다고 가정하자.[16] $\psi_x = M$, $\psi_y = N$인 함수 $\psi(x, y)$가 존재하면

$$M(x, y) + N(x, y)y' = \frac{\partial \psi}{\partial x} + \frac{\partial \psi}{\partial y}\frac{dy}{dx} = \frac{d}{dx}\psi(x, \phi(x))$$

가 되고 미분방정식 (6)은

$$\frac{d}{dx}\psi(x, \phi(x)) = 0 \tag{8}$$

이 된다. 이때의 미분방정식은 어떤 특정한 함수의 미분으로 완전히 표현되기 때문에 **완전**(exact) **미분방정식**이라고 부른다. 식 (6) 또는 이와 동치인 식 (8)의 해들은 임의의 상수 c에 대해

$$\psi(x, y) = c \tag{9}$$

음함수 형태로 주어진다.

예제 2.6.1에서는 필수적인 함수 ψ를 알고 있기 때문에 주어진 미분방정식이 완전 미분방정식임을 보이는 게 상대적으로 쉽고, 비록 음함수 형태이지만 해를 찾기도 쉽다. 그러나 좀 더 복잡한 미분방정식의 경우에는 쉽지 않을 수 있다. 주어진 미분방정식이 완전 미분방정식임을 어떻게 알 수 있겠는가? 완전 미분방정식인 경우라면 함수 $\psi(x, y)$를 어떻게 찾을 것인가? 다음 정리는 첫 번째 질문에 대한 답이고 이것의 증명은 두 번째 질문에 대한 답이다.

정리 2.6.1

함수 M, N, M_y, N_x들이 모두 직사각형 영역[17] $R: \alpha < x < \beta, \gamma < y < \delta$에서 연속이라 하자. 이때의 첨자는 편도함수를 의미한다. 그러면 식 (6)

$$M(x, y) + N(x, y)y' = 0$$

이 R에서 완전 미분방정식일 필요충분조건은 R의 각 점에서

$$M_y(x, y) = N_x(x, y) \tag{10}$$

이라는 것이다. 즉, 식 (7)

---

[16] $\psi(x, y) = c$가 $y = \varphi(x)$를 x에 대해 미분 가능한 음함수로 정의한다는 내용은 이 교재의 범위를 벗어나나 일반적으로 $\partial\psi/\partial y(x, y) \neq 0$인 점 (x, y)의 작은 구간에서 이 조건을 만족한다. 더 자세한 내용은 대부분의 고급 미적분학 책에 나와 있다.

[17] 주어진 영역이 반드시 직사각형일 필요는 없고 단순하게 연결(simply connected)된 영역이기만 하면 된다. 2차원 평면에서 단순하게 연결되었다는 의미는 그 영역의 내부에 구멍이 없다는 뜻이다. 예를 들어 직사각형이나 원형 영역은 단순하게 연결되어 있고 고리 모양의(annular) 영역은 단순하게 연결되어 있지 않다. 좀 더 자세한 설명은 대부분의 고급 미적분학 교재에서 찾아볼 수 있다.

$$\psi_x(x, y) = M(x, y), \quad \psi_y(x, y) = N(x, y)$$

만족히는 함수 ψ가 존재할 필요충분조건은 M, N이 식 (10)을 만족하는 것이다.

이 정리에 대한 증명은 두 부분으로 이루어져 있다. 하나는 식 (7)이 참이 되는 함수 ψ가 존재하다면 식 (10)을 만족한다는 것을 보이는 것이다. 식에서 M_y와 N_x를 구하면

$$M_y(x, y) = \psi_{xy}(x, y), \quad N_x(x, y) = \psi_{yx}(x, y) \tag{11}$$

가 된다. 이때 M_y와 N_x가 연속이므로 ψ_{xy}와 ψ_{yx} 역시 연속이고, 따라서 서로 같다. 즉, 식 (10)을 만족한다.

이제 M과 N이 식 (10)을 만족하면 식 (6)이 완전 미분방정식임을 보이자. 이 증명은 식 (7)

$$\psi_x(x, y) = M(x, y), \quad \psi_y(x, y) = N(x, y)$$

을 만족하는 함수 ψ를 찾는 과정을 포함하고 있다. 먼저 y를 상수로 고정하고 식의 첫 번째 식을 x에 대해 적분하자. 그러면

$$\psi(x, y) = Q(x, y) + h(y) \tag{12}$$

를 얻을 수 있고 이때 $Q(x, y)$는 $Q_x = M$인 미분 가능 함수이다. 예컨대 $\alpha < x_0 < \beta$인 특정한 상수 x_0에 대해

$$Q(x, y) = \int_{x_0}^{x} M(s, y)\, ds \tag{13}$$

를 선택할 수 있다. 식 (12)의 함수 h는 적분상수의 역할을 하는 y에 대한 임의의 미분 가능한 함수이다. 이제 식 (7)의 두 번째 식을 만족하는—즉, $\psi_y = N$인—$h(y)$를 항상 선택할 수 있음을 보이자. 식 (12)를 y에 대해 미분하여 나온 결과를 $N(x, y)$와 같다고 놓으면

$$\psi_y(x, y) = \frac{\partial Q}{\partial y}(x, y) + h'(y) = N(x, y)$$

를 얻을 수 있고 이것을 $h'(y)$에 대해 풀면

$$h'(y) = N(x, y) - \frac{\partial Q}{\partial y}(x, y) \tag{14}$$

가 된다.

식 (14)로부터 $h(y)$를 결정하기 위해서는 식 (14)의 우변이 겉으로 보여지는 함수의 모양에도 불구하고, y만의 함수여야 한다. 이것이 참임을 보이는 한 가지 방법은 식을 x에 대해 미분하면 영이 된다는 것을 보이는 것이다. 식 (14)의 우변을 x에 대해 미분하면

$$\frac{\partial N}{\partial x}(x, y) - \frac{\partial}{\partial x}\frac{\partial Q}{\partial y}(x, y) \tag{15}$$

가 된다. 식 (15)의 두 번째 항에서 미분의 순서를 바꾸면

$$\frac{\partial N}{\partial x}(x,y) - \frac{\partial}{\partial y}\frac{\partial Q}{\partial x}(x,y)$$

가 되는데 $Q_x = M$이므로

$$\frac{\partial N}{\partial x}(x,y) - \frac{\partial M}{\partial y}(x,y)$$

가 되고 이것은 식 (10)에 의해 0이 된다. 따라서 겉으로 나타나는 모양과 달리 식 (14)의 우변은 실제로는 x에 종속되어 있지 않기 때문에 식을 미분하면 $h(y)$를 찾을 수 있고 식 (12) 안에 이 함수를 대입하여 원하는 함수 $\psi(x, y)$를 얻을 수 있다. 이것으로 정리 2.6.1이 증명되었다.

적분 식을 이용하여 $\psi(x, y)$에 대한 양함수를 구할 수도 있지만(연습문제 13 참조) 보통은 특정한 완전 미분방정식을 푸는 데 있어서 위의 증명 과정을 따르는 것이 훨씬 쉽고 간편하다. 즉 $M_y = N_x$를 보인 후 적분상수로 임의의 상수 대신 임의의 함수 $h(y)$를 사용하여 $\psi_x = M$을 x에 대해 적분하고, 이 결과로 나온 함수를 y에 대해 미분한 후 N과 같게 놓아 궁극적으로는 이 마지막 방정식을 $h(y)$에 대해 푸는 것이다. 다음 예제는 이런 과정들을 잘 보여주고 있다.

예제 2.6.2 미분방정식

$$3x^2y - \cos x + (x^3 - \sin y)\,y' = 0 \tag{16}$$

을 풀어라.

풀이

M_y와 N_x를 계산하면

$$M_y(x,y) = 3x^2 = N_x(x,y)$$

이므로 주어진 식은 완전 미분방정식이다. 따라서

$$\psi_x(x,y) = 3x^2y - \cos x$$
$$\psi_y(x,y) = x^3 - \sin y$$

인 $\psi(x, y)$가 존재한다. 이 식 중 첫 번째 식을 적분하면

$$\psi(x,y) = x^3y + \sin x + h(y) \tag{17}$$

를 얻을 수 있고 식 (17)에서 ψ_y를 계산하여 $\psi_y = N$이라 놓으면

$$\psi_y(x,y) = x^3 + h'(y)$$

이 된다. 따라서 $h'(y) = -\sin y$이므로 $h(y) = \cos y$이다. 주어진 미분방정식의 임의의 해를 찾는 것이기 때문에 적분상수는 생략해도 좋다; 가장 일반적인 함수일 필요는 없다. 식 (17)에 $h(y)$를 대입하면

$$\psi(x,y) = x^3y + \sin x + \cos y$$

가 되므로 식 (16)의 해는 다음과 같은 음함수로 주어진다.

$$x^3y + \sin x + \cos y = c \tag{18}$$

예제 2.6.3

미분방정식

$$(6xy + y^2) + (2x^2 + xy)\,y'' = 0 \tag{19}$$

을 풀어라.

풀이

$$M_y(x, y) = 6x + 2y,$$
$$N_x(x, y) = 4x + y$$

이므로 $M_y \neq N_x$이고, 따라서 주어진 식은 완전 미분방정식이 아니다. 위에서 설명한 과정으로 이 식을 풀 수 없다는 것을 보이기 위해

$$\begin{aligned} \psi_x(x, y) &= 6xy + y^2, \\ \psi_y(x, y) &= 2x^2 + xy \end{aligned} \tag{20}$$

인 함수 ψ를 찾아보자. 식 (20)의 첫 번째 식을 적분하면 y만의 임의의 함수인 h에 대해

$$\psi(x, y) = 3x^2y + y^2x + h(y) \tag{21}$$

가 된다. 식 (20)의 두 번째 식을 만족시키기 위해 식 (21)로부터 ψ_y를 계산하고 이것을 N과 같다고 놓자. 그러면

$$3x^2 + 2yx + h''(y) = 2x^2 + xy$$

또는

$$h'(y) = -x^2 - xy \tag{22}$$

를 얻을 수 있는데 식 (22)의 우변은 y뿐 아니라 x에도 종속되기 때문에 식 (22)를 $h(y)$에 대해 푸는 것은 불가능하다. 따라서 식 (20)의 두 식을 모두 만족하는 $\psi(x, y)$는 없다.

▶ **적분인자(Integrating Factors).** 완전 미분방정식이 아닌 미분방정식에 적당한 적분인자를 곱해서 완전 미분방정식으로 바꿀 수 있는 경우도 있다. 이것은 2.1절에서 선형 미분방정식을 풀 때 썼던 방법이기도 한다. 이 방법을 좀 더 일반화시킬 수 있는지 알아보기 위해 식

$$M(x, y) + N(x, y)\,y' = 0 \tag{23}$$

에 함수 μ를 곱한 식

$$\mu(x, y)M(x, y) + \mu(x, y)N(x, y)\,y' = 0 \tag{24}$$

이 완전 미분방정식이 되도록 하는 μ를 찾아보자. 정리 2.6.1에 의하면 식 (24)가 완전 미분방정식일 필요충분조건은

$$(\mu M)_y = (\mu N)_x \tag{25}$$

이다. 함수 M과 N이 주어진 함수이기 때문에 식 (25)는 적분인자 μ가 다음과 같은 1계 편미분방정식을 만족해야 한다는 것을 의미한다.

$$M\mu_y - N\mu_x + (M_y - N_x)\,\mu = 0 \tag{26}$$

식 (26)을 만족하는 함수 μ를 찾을 수 있다면 식 (24)는 완전 미분방정식이 될 것이고, 따라서 이 절의 앞부분에서 소개한 방법으로 식 (24)의 해를 찾을 수 있다. 식 (24)에서 적분인자 μ를 소거할 수 있기 때문에 이런 방법으로 찾은 해는 식 (23)을 만족한다.

(26)과 같은 형태의 편미분방정식에 대해 하나 이상의 해가 존재할 수 있다; 이런 경우라면 어떤 해라도 식 (23)의 적분인자로 사용할 수 있다. 적분인자가 유일하지 않다는 것은 예제 2.6.4에서 설명하겠다.

불행히도 적분인자 μ를 결정하는 식 (26)은 원래의 식 (23)만큼이나 풀기 어렵다. 따라서 이론적으로는 적분인자가 미분방정식을 푸는 데 있어서 굉장히 유용한 도구이지만 실제 적용하는 데 있어서는 몇몇 특수한 경우를 제외하고는 이 적분인자를 찾기가 어렵다. 적분인자를 쉽게 찾을 수 있는 경우는 μ가 x와 y 둘 다가 아닌 둘 중에 하나의 변수에 대한 함수인 경우이다.

식 (23)이 x에만 종속되는 적분인자 μ를 갖도록 하는 M과 N의 조건을 찾아보자. μ를 x만의 함수라고 가정하면 편도함수 μ_x는 도함수 $d\mu/dx$로 바뀌고 $\mu_y = 0$이 된다. 이를 식 (26)에 대입하면

$$\frac{d\mu}{dx} = \frac{M_y - N_x}{N}\mu \tag{27}$$

가 된다. $(M_y - N_x)/N$이 x만의 함수라면 역시 x만의 함수인 적분인자 μ가 존재한다; 또한 선형이고 분리 가능한 미분방정식인 식 (27)을 풀면 $\mu(x)$를 찾을 수 있다.

비슷하게 식 (23)이 y에만 종속되는 적분인자를 갖도록 하는 조건도 찾을 수 있다; 연습문제 **17** 참조.

예제 2.6.4

미분방정식

$$(6xy + y^2) + (2x^2 + xy)\,y' = 0 \tag{19}$$

의 적분인자를 찾고 이 미분방정식을 풀어라.

풀이

예제 2.6.3에서 식 (19)가 완전 미분방정식이 아님을 보인 바 있다. 이 식이 x만의 함수로 되어 있는 적분인자를 갖는지 알아보자. $(M_y - N_x)/N$을 계산하면

$$\frac{M_y(x,y) - N_x(x,y)}{N(x,y)} = \frac{6x + 2y - (4x + y)}{2x^2 + xy} = \frac{1}{x} \tag{28}$$

을 찾을 수 있으므로 x만의 함수인 적분인자 μ가 존재하고 이 적분인자는 미분방정식

$$\frac{d\mu}{dx} = \frac{\mu}{x} \tag{29}$$

를 만족한다. 따라서

$$\mu(x) = x \tag{30}$$

이다. 이 적분인자를 식 (19)에 곱하면

$$(6x^2y + xy^2) + (2x^3 + x^2y)\,y'' = 0 \tag{31}$$

이 되는데

$$\frac{\partial}{\partial y}(6x^2y + xy^2) = 6x^2 + 2xy = \frac{\partial}{\partial x}(2x^3 + x^2y)$$

이므로 식 (31)은 완전 미분방정식이다. 따라서

$$\psi_x(x, y) = 6x^2y + xy^2,\ \psi_y(x, y) = 2x^3 + x^2y \tag{32}$$

를 만족하는 함수 ψ가 존재한다. 식 (32)의 첫 번째 식을 적분하면

$$\psi(x, y) = 2x^3y + \frac{1}{2}x^2y^2 + h(y)$$

가 되는데 이것을 식 (32)의 두 번째 식에 대입하면

$$2x^3 + x^2y + h'(y) = 2x^3 + x^2y$$

가 되고 이때 $h'(y) = 0$이므로 $h(y)$는 상수이다. 따라서, 결국은 식 (19)의 해가 되는, 식 (31)의 해는 음함수

$$2x^3y + \frac{1}{2}x^2y^2 = 0 \tag{33}$$

로 주어진다. 식 (33)은 y에 대한 이차식이므로 해에 대한 양함수도 구할 수 있다.

또한 식 (19)에 대한 또 다른 적분인자가

$$\mu(x,\ y) = \frac{1}{2xy(4x\ +\ y)}$$

임을 증명할 수 있는데, 이 적분인자를 이용해도 비록 과정은 더 어렵지만 위와 똑같은 해를 찾을 수 있다(연습문제 **22** 참조).

연습 문제

▶ 문제 **1**부터 **8**까지 주어진 미분방정식들이 각각 완전 미분방정식인지를 결정하라. 또한 완전 미분방정식이라면 그 해를 구하라.

1. $(4x + 3) + (6y - 1)y' = 0$

2. $(3x - y) + (x - 3y)y' = 0$

3. $(3x^2 - 4xy + 2) + (6y^2 - 2x^2 + 3)y' = 0$

4. $\dfrac{dy}{dx} = -\dfrac{ax + by}{cy - bx}$

5. $\dfrac{dy}{dx} = -\dfrac{ax + by}{bx + cy}$

6. $(e^x \sin y - 3y \sin x) + (e^x \cos y + 3 \cos x)y' = 0$

7. $(y/(2x) + 6x) + (\ln(2x) - 2)y' = 0, \qquad x > 0$

8. $\dfrac{3x}{(x^2 + y^2)^{3/2}} + \dfrac{3y}{(x^2 + y^2)^{3/2}}\dfrac{dy}{dx} = 0$

▶ 문제 **9**와 **10**에서 주어진 조깃값 문제를 풀고 이때의 해가 존재하는 구간을 대략적으로 결정하라.

9. $(2x - y) + (2y - x)y' = 0, \quad y(1) = 4$

10. $(9x^2 + y - 1) - (4y - x)y' = 0, \quad y(1) = 1$

▶ 문제 **11**과 **12**에서 주어진 식이 완전 미분방정식이 되도록 하는 b의 값을 찾고 이 값에 대해 주어진 미분방정식을 풀어라.

11. $(xy^2 + bx^2y) + (2x + y)x^2y' = 0$

12. $(ye^{2xy} + 3x) + bxe^{2xy}y' = 0$

13. 식 (6)이 직사각형 영역 R에서 정리 2.6.1의 조건들을 모두 만족하고, 따라서 완전 미분방정식이라고 가정하자. R 안의 점 (x_0, y_0)에 대해 가능한 함수 $\psi(x, y)$가

$$\psi(x, y) = \int_{x_0}^{x} M(s, y_0)\, ds + \int_{y_0}^{y} N(x, t)\, dt$$

임을 보여라.

14. 분리 가능한 미분방정식

$$M(x) + N(y)\, y' = 0$$

은 완전 미분방정식이기도 함을 보여라.

▶ 문제 **15**와 **16**에서 주어진 미분방정식들이 각각 완전 미분방정식은 아니지만 문제에서 주어진 적분인자를 곱하면 완전 미분방정식이 됨을 보이고 이를 풀어라.

15. $x^2y^3 + x\left(1 + y^2\right)y' = 0, \quad \mu(x, y) = 1/xy^3$

16. $2x^2y^3 + x(1 + y^2)y' = 0, \quad \mu(x, y) = 1/xy^3$

17. y만의 함수 Q에 대해 $(N_x - M_y)/M = Q$이면 미분방정식

$$M + Ny' = 0$$

이 다음과 같은 형태의 적분인자를 가짐을 보여라.

$$\mu(y) = \exp\left(\int Q(y)dy\right)$$

▶ 문제 **18**부터 **21**까지 적분인자를 구하고 주어진 문제를 풀어라.

18. $(3x^2y + 2xy + y^3) + (x^2 + y^2)y' = 0$

19. $[4(x^3/y^2) + (3/y)] + [3(x/y^2) + 2y]y' = 0$

20. $1 + (x/y - \sin(y))y' = 0$

21. $1 + (x/y - \cos y)y' = 0$

22. 다음 미분방정식을 풀어라.

$$(6xy + y^2) + (2x^2 + xy)\, y' = 0$$

적분인자 $\mu(x, y) = 1/(2xy(4x + y))$를 사용하라. 다른 적분인자를 사용한 예제 2.6.4에서 구한 해와 동일함을 확인하라.

2.7 수치적 근사: 오일러 근사법

1계 초깃값 문제

$$\frac{dy}{dt} = f(t, y), \quad y(t_0) = y_0 \tag{1}$$

에 대한 중요한 성질 두 가지를 떠올려 보자. 첫 번째는 f와 $\partial f/\partial y$가 연속이면 이 초깃값 문제 (1)이 초깃점 $t = t_0$를 포함하는 적당한 구간 안에서 유일해 $y = \phi(t)$를 갖는다는 것이다. 두 번째는 일반적으로는 미분방정식 안의 기호를 잘 처리하여 해 ϕ를 구할 수 없다는 것이다. 지금까지는 두 번째 성질에 대해 특수한 경우의 문제들만 다루어 왔다: 선형이거나 분리 가능하거나 완전

미분방정식이거나 또는 이런 미분방정식 중 하나로 변형시킬 수 있는 미분방정식이 이에 해당한다. 이외에는 이 장의 첫 부분에서 살펴보았던 것처럼 1계 초깃값 문제의 대부분이 해석학적인 방법으로는 해를 찾을 수 없다.

따라서 다른 방법으로 이 문제를 다룰 수 있는지가 매우 중요하다. 앞서 살펴본 것처럼 이런 방법 중 하나는 주어진 미분방정식에 대한 방향장을 그려서(이 미분방정식을 직접 풀지 않고) 이 방향장을 이용하여 해의 모양을 그리는 것이다. 이것은 복잡한 미분방정식의 경우에도 비교적 쉽게 할 수 있다는 장점이 있다. 그러나 이 방법으로는 정량적인 계산이나 비교를 할 수 없다는 것이 치명적인 단점이기도 한다.

예를 들어 **그림 2.7.1**은 미분방정식

$$\frac{dy}{dt} = 2t - \frac{y}{4} \tag{2}$$

에 대한 방향장을 나타내는데 이 방향장을 이용하여 그림에 나타나 있는 직사각형 영역 안에 해들의 모양을 그려넣을 수 있다. 이 영역상의 y축 위의 한 점에서 시작하는 해는 처음에는 t와 함께 증가하지만 곧 최댓값에 도달했다가 t가 더 증가하면 감소하기 시작한다.

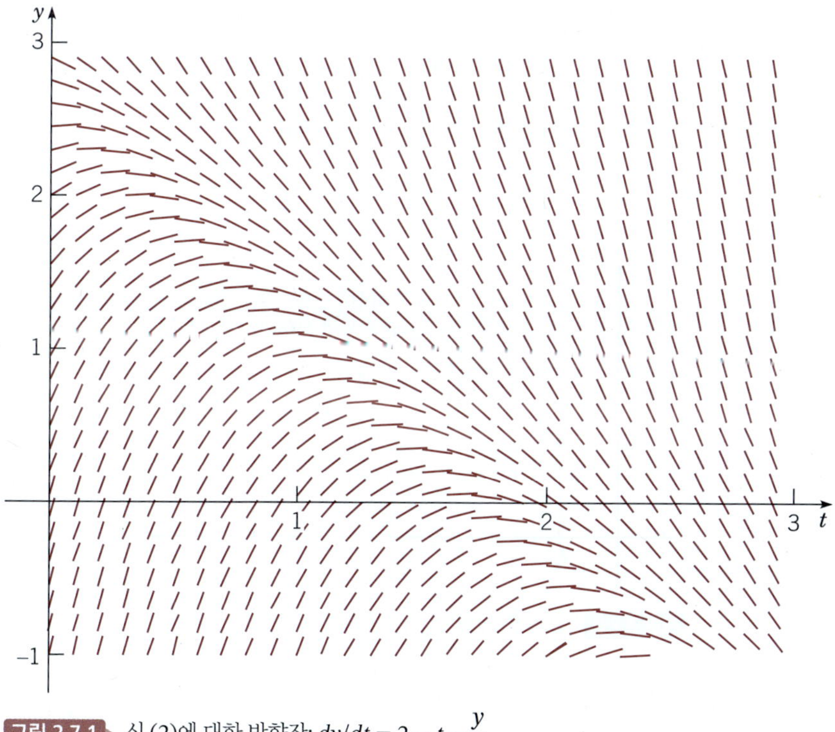

그림 2.7.1 식 (2)에 대한 방향장: $dy/dt = 2 - t - \dfrac{y}{4}$.

또한 그림 2.7.1 안에 연속되는 t의 값들에서 접선을 이루는 많은 선분들이 서로 거의 닿아 있다는 것을 확인할 수 있다. 약간의 상상력만 발휘하면 격사상의 연속되는 t 값들에 대한 선분들을 연결하여 y축 위의 한 점에서 시작하는 조각적으로 선형인 그래프를 그릴 수 있다. 이런 그래프는 확실히 주어진 미분방정식의 해를 근사하고 있다. 이를 근사해를 찾기 위한 방법으로 활용하기 위해서는 아래와 같은 몇 가지 질문에 답해야 한다.

1. 체계적이면서도 손쉽게 접선들을 연결할 수 있는가?
2. 연결할 수 있다면 이때의 조각적으로 선형인 함수가 주어진 미분방정식의 실제 해를 근사하고 있는가?
3. 조각적으로 선형인 함수가 실제 해를 근사한다면 이 근사에 대한 정확도를 계산할 수 있는가? 즉, 이 근사해가 실제 해로부터 얼마나 벗어나 있는지를 추정할 수 있는가?

이 질문들에 대한 답은 모두 "그렇다"이다. 이 방법은 약 1768년에 오일러(Euler)가 최초로 고안한 것인데 **접선 근사법** 또는 **오일러 근사법**이라고 부른다. 이 절에서는 처음 두 가지 질문에 대해서 다루고 세 번째 질문은 8장에서 체계적으로 다루겠다.

오일러 근사법을 설명하기 위해 $t = t_0$ 근처에서 접선을 이용하여 식 (1)의 해 $y = \phi(t)$를 근사하는 방법을 소개하겠다. 이때의 해가 초깃점 (t_0, y_0)를 지나고 주어진 미분방정식으로부터 이 초깃점에서의 해의 기울기가 $f(t_0, y_0)$임을 이미 앞에서 설명하였다. 따라서 (t_0, y_0)에서 해의 곡선에 대한 접선, 즉

$$y = y_0 + f(t_0, y_0)(t - t_0) \tag{3}$$

를 그릴 수 있다. 이 접선은 실제 해의 기울기가 초깃점에서의 기울기와 많이 달라지지 않을 정도의 작은 구간에서는 실제 해의 곡선에 매우 가까운 직선이다; 그림 2.7.2를 참조하자. 따라서 t_1이 t_0에 충분히 가까우면 $t = t_0$에서의 접선의 방정식에 $t = t_1$을 대입하여 얻은 y_1의 값

$$y_1 = y_0 + f(t_0, y_0)(t_1 - t_0) \tag{4}$$

으로 $\phi(t_1)$을 근사할 수 있다.

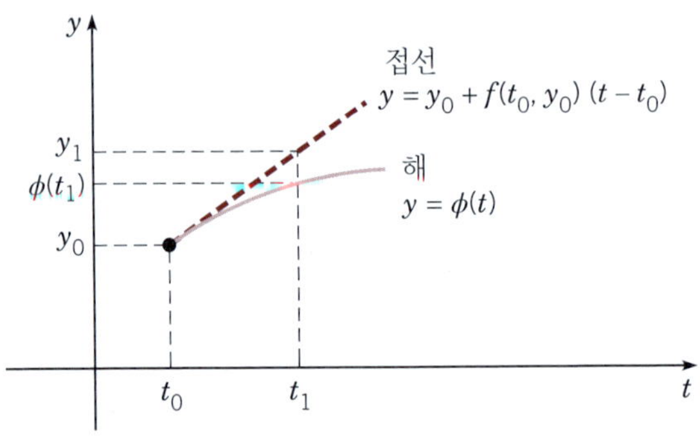

그림 2.7.2 $y' = f(t, y)$의 (t_0, y_0)에서의 접선 근사.

이와 같은 과정을 계속 반복하자. 이때 t_1에서의 해의 값 $\phi(t_1)$을 알지 못하므로 $\phi(t_1)$ 대신 근삿값 y_1을 사용하는 것이 최선일 것이다. 따라서 점 (t_1, y_1)을 지나는 기울기 $f(t_1, y_1)$인 직선을 다음과 같이 구할 수 있다.

$$y = y_1 + f(t_1, y_1)(t - t_1) \tag{5}$$

가까이에 있는 점 t_2에서 $\phi(t)$의 값을 근사하기 위해 식 (5)를 사용하면

$$y_2 = y_1 + f(t_1, y_1)(t_2 - t_1) \tag{6}$$

을 얻을 수 있다.

이런 과정을 반복할 때, 다음 단계의 접선의 기울기를 결정하기 위해서 각 스텝에서 계산한 y의 값을 사용한다. (t_n, y_n)에서 시작하는 접선의 방정식에 대한 일반형은

$$y = y_n + f(t_n, y_n)(t - t_n) \tag{7}$$

이다; 따라서 t_{n+1}에서의 근삿값 y_{n+1}을 다음과 같이 t_n, t_{n+1}, y_n에 대해 쓸 수 있다.

$$y_{n+1} = y_n + f(t_n, y_n)(t_{n+1} - t_n), \quad n = 0, 1, 2, ... \tag{8}$$

이때, $f_n = f(t_n, y_n)$이라는 기호를 사용하여 식 (8)을

$$y_{n+1} = y_n + f_n \cdot (t_{n+1} - t_n), \quad n = 0, 1, 2, ... \tag{9}$$

으로 다시 쓸 수 있다. 점 t_0, t_1, t_2, ...,들 사이의 스텝 사이즈 h가 일정하다고 가정하면 각각의 n에 대해 $t_{n+1} = t_n + h$이고 결국 다음과 같은 형태의 오일러 공식을 얻을 수 있다.

$$y_{n+1} = y_n + f_n h, \quad n = 0, 1, 2, ... \tag{10}$$

오일러 근사법을 사용하기 위해서는 각 스텝의 결과를 이용하여 다음 스텝을 구할 때 주어진 스텝 사이즈가 상수인지 아닌지에 따라 식 (9) 또는 식 (10)을 반복적으로 계산해야 한다. 이와 같은 방법으로 점 t_1, t_2, t_3, ...에서의 해의 값 $\phi(t)$를 근사하는 값들의 수열 y_1, y_2, y_3, ...을 찾을 수 있다. 수열 대신 해 $\phi(t)$를 근사하는 함수가 필요하다면 접선을 이루는 선분들을 모아서 조각적으로 선형(piecewise-linear)인 함수를 만들면 된다. 즉, y를 $[t_0, t_1]$에서는 $n = 0$인 식 (7), $[t_1, t_2]$에서는 $n = 1$인 식 (7) 등으로 놓으면 된다.

예제 2.7.1

다음과 같은 초깃값 문제를 고려하자.

$$\frac{dy}{dt} = 2 - t - \frac{1}{4}y, \quad y(0) = 1 \tag{11}$$

스텝 사이즈 $h = 0.2$인 오일러 근사법을 사용하여 $t = 0.2, 0.4, 0.6, 0.8, 1$에서 식 (11)의 해에 대한 근삿값들을 구하라. 또한 주어진 초깃값 문제에 대한 실제 해와 이 근삿값들을 비교하라.

풀이

주어진 초깃값 문제에서의 미분방정식은 식 (2)와 똑같다; 이 식의 방향장은 그림 2.7.1에 나와 있다. 오일러 근사법을 사용하기 전에 이 식이 선형이라서 적분인자 $e^{t/2}$을 이용하여 2.1절에서와 같은 방법으로 풀 수 있음을 알아야 한다. 따라서 초깃값 문제 (11)에 대한 해는

$$y = \phi(t) = 24 - 4t - 23e^{-t/4} \tag{12}$$

이다. 오일러 근사법으로 구한 근사해를 실제 해와 비교할 때 이 정보를 사용하였다.

이 해를 오일러 근사법으로 근사할 때 $f(t, y) = 2 - t - y/4$임을 알 수 있다. 초깃값 $t_0 = 0$과 $y_0 = 1$을 이용하면

$$f_0 = f(t_0, y_0) = f(0, 1) = 2 - 0 - \frac{1}{4} = 1.75$$

이므로 식 (3)으로부터 $t = 0$ 근방에서의 접선의 방정식은

$$y = 1 + 1.75(t - 0) = 1 + 1.75t \tag{13}$$

가 된다. 식 (13)에서 $t = 0.2$라 놓으면 $t = 0.2$에서의 해에 대한 근삿값 y_1, 즉

$$y_1 = 1 + (1.75)(0.2) = 1.35$$

를 찾을 수 있다. 다음 스텝에서

$$f_1 = f(t_1, y_1) = f(0.2,\ 1.35) = 2 - 0.2 - \frac{1}{4} \times (1.35) = 1.4625$$

이므로 $t = 0.2$ 근방에서의 접선의 방정식은

$$y = 1.35 + 1.4625(t - 0.2) = 1.0575 + 1.4625t \tag{14}$$

이다. 또한 $t = 0.4$에 대한 식 (14)를 계산하면

$$y_2 = 1.0575 + (1.4625)(0.4) = 1.6425$$

을 얻을 수 있다. 이런 계산 과정을 세 번 더 반복하면 표 2.7.1에 나타난 결과들을 얻을 수 있다.

표 2.7.1 $y' = 2 - t - y/4, y(0) = 1$**에 대한** $h = 0.2$**일 때의 오일러 근사법의 결과들.**

n	t_n	y_n	$f_n = f(t_n, y_n)$	접선	실제 해 $y(t_n)$
0	0.0	1.000000	1.75	$y = 1 + 1.75(t - 0)$	1.0000
1	0.2	1.350000	1.4625	$y = 1.35 + 1.4625(t - 0.2)$	1.3217
2	0.4	1.642500	1.189375	$y = 1.6425 + 1.189375(t - 0.4)$	1.5887
3	0.6	1.880375	0.929906	$y = 1.880375 + 1.929906(t - 0.6)$	1.8037
4	0.8	2.066356	0.683410	$y = 2.066356 + 0.683410(t - 0.8)$	1.9692
5	1.0	2.203038			2.0876

두 번째 열은 스텝 사이즈 $h = 0.2$에 의해 분리된 t값들을 포함하고 있다. 세 번째 열은 오일러 공식 (10)을 이용하여 계산한 y값들을 나타낸다. 네 번째 열은 현재의 점 (t_n, y_n)에서의 접선의 기울기 f_n 을 나타낸다. 다섯 번째 열은 식 (7)로부터 얻은 접선 근사이다. 여섯 번째 열은 소수점 넷째 자리까지 정확한 초깃값 문제 (11)의 해 (12)의 값을 나타낸다. 해 (12)와 접선 근사는 **그림 2.7.3**에도 그려져 있다.

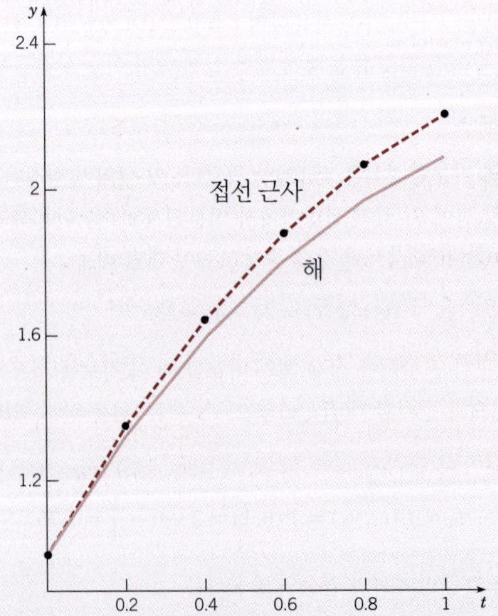

그림 2.7.3 초깃값 문제 (11): $dy/dt = 2 - t - y/4, y(0) = 1$에 대한 $h = 0.2$일 때의 해와 접선 근사.

표 2.7.1과 그림 2.7.3에 의하면 오일러 근사법을 이용하여 구한 접선을 이용한 근사가 실제 해보다 크다는 것을 알 수 있는데, 그 이유는 이 실제 해의 그래프가 위로 볼록해서 접선들이 이 그래프의 위에 놓여 있기 때문이다.

이 예제에서의 근삿값에 대한 정확도는 어떤 특정한 과학이나 공학 분야에서는 그다지 만족스럽지 않을 수도 있다. 예를 들어 $t = 1$에서의 이 근삿값에 대한 오차는 $2.203038 - 2.0876 = 0.115438$인데 이것은 실제 해와 비교했을 때 5.52% 정도의 상대오차에 해당한다. 좀 더 정확한 결과를 얻기 위한 방법 중 하나는 더 작은 스텝 사이즈를 사용하는 것인데, 이것은 계산 스텝의 수를 증가시킨다. 이것에 대해서는 다음 예제에서 살펴보자.

물론 예제 2.7.1과 이 절의 다른 예제들에서의 계산은 주로 컴퓨터를 이용한다. 어떤 소프트웨어 패키지는 오일러 근사법에 대한 코드를 포함하고 어떤 소프트웨어 패키지는 포함하지 않는데 어느 경우든 컴퓨터 프로그램을 쉽게 작성하여 표 2.7.1과 같은 결과들을 얻기 위해 필요한 계산을 실행하도록 할 수 있다. 식 (10)을 반복적으로 계산하기 위해서는 입출력에 대한 적당한 명령어와 함께 루프(loop)가 필요하다. 결과는, 표 2.7.1 같은 수들의 나열이나 그림 2.7.3 같은 그래프로 출력된다. 특정한 명령어는 익숙한 고급 프로그래밍 언어로 쓸 수 있다.

예제 2.7.2

초깃값 문제 (11)을 다시 고려하자.

$$\frac{dy}{dt} = 2 - t - \frac{y}{4}, \quad y(0) = 1$$

다양한 스텝 사이즈에 대한 오일러 근사법을 이용하여 $0 \le t \le 5$에서의 해에 대한 근삿값을 구하라. 또한 이 근삿값을 실제 해인 (12)

$$y = 24 - 4t - 23e^{-t/4}$$

의 값과 비교하라.

풀이

$t = 0$에서 $t = 5$까지의 계산을 실행하기 위해 각각 50, 100, 200, 500개의 스텝에 해당하는 스텝 사이즈 $h = 0.1, 0.05, 0.025, 0.01$을 사용하자. 이 계산 결과들은 실제 해의 값과 함께 표 2.7.2에 나타나 있다. 실제 계산 중에는 더 많은 자릿수를 사용했지만 이 표에서는 소수점 넷째 자리까지 반올림하였다.

표 2.7.2 **$y = 2 - t - y/4$, $y(0) = 1$에 대한 몇몇 스텝 사이즈 h를 갖는 오일러 근사법과 실제 해의 비교.**

t	$h = 0.1$	$h = 0.05$	$h = 0.025$	$h = 0.01$	실제 해
0.0	1.000000	1.000000	1.000000	1.000000	1.000000
1.0	2.144419	2.115783	2.101629	2.093188	2.0876
2.0	2.138183	2.093687	2.071666	2.058526	2.0498
3.0	1.238661	1.186804	1.161109	1.145767	1.1356
4.0	−0.354346	−0.408067	−0.434717	−0.450640	−0.4612
5.0	−2.485726	−2.537900	−2.563813	−2.579305	−2.5896

표 2.7.2의 데이터로부터 얻을 수 있는 결과는 무엇인가? 가장 중요한 관찰 결과는 고정된 t의 값에 대해 스텝 사이즈 h가 점점 작아질수록 계산된 근삿값들이 더 정확해진다는 것이다. 이는 이 표의 어느 한 행을 왼쪽에서부터 오른쪽으로 보면 알 수 있다. 물론 이것은 이미 어느 정도 예상했던 사실이고 이 표에 나와 있는 데이터들은 그런 예상을 확인해준 셈이다. 예를 들어, $t = 2$에서 $h = 0.1$에 대한 근삿값은 0.088383(약 4.3%) 정도 더 큰 반면, $h = 0.01$에 대한 근삿값은 0.008726(약 0.5%) 정도 더 클 뿐이다. 이 경우에는 스텝 사이즈를 10분의 1로 줄이면(그 대신 10배 많은 계산을 수행하여) 오차도 10분의 1 정도로 줄일 수 있다. 이와 같은 스텝 사이즈와 오차 간의 관계는 이 표에 나와 있는 다른 한 쌍의 값에 대한 오차를 비교해도 똑같이 확인할 수 있다: 주어진 배수만큼 스텝 사이즈를 줄이면 오차도 그와 비슷한 배수만큼 줄어든다. 과연 이것이 오일러 근사법에 대한 오차가 스텝 사이즈에 거의 비례함을 의미하는 것일까? 물론 하나의 예제만으로 이런 일반적인 결론을 내릴 수는 없지만 적어도 흥미로운 추정(conjecture)[18]은 될 수 있을 것이다.

표 2.7.2로부터 얻을 수 있는 두 번째 관찰 결과는 고정된 스텝 사이즈 h에 대해, 적어도 $t > 2$에서 t가 커질수록 계산된 근삿값들이 더 정확해진다는 것이다. 예를 들어 $h = 0.1$에 대해 $t = 5$일 때의 오차는 0.103874인데 이것은 $t = 2$일 때의 오차의 반보다 약간 더 작다. 이에 대해서는 이 절의 뒷부분에서 다루겠다.

이 문제의 경우에는 오일러 근사법이 대체로 유용한 것으로 보인다. 심지어 상당히 큰 스텝 사이즈인 $h = 0.1$에 대해서도 비교적 좋은 결과를 얻을 수 있었고 h가 줄어들수록 근삿값들이 더 향상되었다.

이제 또 다른 예제를 살펴보자.

예제 2.7.3

다음과 같은 초깃값 문제를 고려하자.

$$\frac{dy}{dt} = 12 - t + 5y, \quad y(0) = 1 \tag{15}$$

이 미분방정식에 대한 일반해는 예제 2.1.3에서 구했는데 초깃값 문제 (15)에 대한 해는

$$y = -\frac{59}{25} + \frac{1}{5}t + \frac{84}{25}e^{5t} \tag{16}$$

이 된다. 몇몇 스텝 사이즈에 대한 오일러 근사법을 이용하여 구간 $0 \le t \le 5$에서의 해에 대한 근삿값을 구하라. 또한 이 근삿값을 실제 해 (16)과 비교하라.

풀이

예제 2.7.2와 똑같은 스텝 사이즈들을 이용하여 얻은 결과들이 표 2.7.3에 나타나 있다.

표 2.7.3 $y' = 12 - t + 5y, y(0) = 1$**에 대한 몇몇 스텝 사이즈 h를 갖는 오일러 근사법과 실제 해의 비교.**

t_n	$h = 0.1$	$h = 0.05$	$h = 0.025$	$h = 0.01$	실제 해
0.0	1.000000	1.000000	1.000000	1.000000	1.000000
1.0	191.594531	289.273544	371.468654	439.684226	496.5082
2.0	11170.902613	25275.870520	41545.174238	58101.111539	$7.4007e + 04$
3.0	644281.799022	2192500.541248	4619998.192336	7640625.232104	$1.0984e + 07$
4.0	37152635.038358	190169259.095361	513739392.294654	1004752058.636101	$1.6302e + 09$
5.0	2142408239.359209	16494554042.040373	57127308985.878098	132126159738.092133	$2.4194e + 11$

[18] 오일러 근사값에 대한 오차에 관해서는 8장에서 좀 더 자세히 다루겠다.

표 2.7.3의 데이터는 주어진 t의 값에 대해 스텝 사이즈 h가 작아짐에 따라 정확도가 향상될 것이라는 예상을 다시 입증해준다. 예를 들어, $t = 1$에 대한 상대오차가 $h = 0.1$일 때는 61.4%이던 것이 $h = 0.01$일 때는 11.4%로 줄었다. 그러나 고정된 h에 대한 오차는 t가 증가함에 따라 급속하게 커졌다. 심지어 $h = 0.01$에 대해서도 $t = 5$일 때의 상대오차가 45.4%에 달하고 스텝 사이즈가 커질수록 오차는 더 커진다. 물론 원하는 정확도는 얻고자 하는 결과가 무엇인지에 따라 다르겠지만 표 2.7.3에서의 오차는 대부분의 과학이나 공학 분야에서 지나치게 큰 값이다. 정확도를 향상시키기 위해서는 더 작은 스텝 사이즈를 사용하거나 또는 계산범위를 초깃점에서 많이 벗어나지 않은 작은 구간으로 한정해야 한다. 그러나 이렇게 해도 이 예제에 오일러 근사법을 적용하는 것은 예제 2.7.2에 비해 훨씬 비효율적이다.

이 두 예제들에서 발생한 문제를 더 잘 이해하기 위해 다시 한번 해 $\phi(t)$를 갖는 일반적인 초깃값 문제 (1)

$$\frac{dy}{dt} = f(t, y), \quad y(t_0) = y_0$$

에 대한 오일러 근사법을 살펴보자. 1계 미분방정식들은 임의의 상수 c에 따라 무수히 많은 해들의 집합을 갖는데, 주어진 초기조건이 c의 값을 결정하여 이 무수히 많은 해들 중에서 하나의 해를 골라낸다는 사실을 기억하자. 따라서 무수히 많은 해들 중에서 $\phi(t)$는 초기조건 $\phi(t_0) = y_0$를 만족하는 유일한 해이다.

오일러 근사법은 첫 번째 스텝에서 초깃점 (t_0, y_0)를 지나는 $y = \phi(t)$의 그래프의 접선을 이용하여 이 해를 근사하고 이 과정에서 t_1에서의 근삿값 y_1을 얻는다. 보통 $y_1 \neq \phi(t_1)$이므로 오일러 근사법의 두 번째 스텝에서는 $y = \phi(t)$에 대한 접선이 아니라 점 (t_1, y_1)을 지나는 거의 해에 가까운 $y = \phi_1(t)$에 대한 접선을 사용하게 된다. 이후의 스텝에서도 모두 이와 같다. 오일러 근사법은 주어진 미분방정식의 서로 다른 해들의 수열인 $\phi(t), \phi_1(t), \phi_2(t), \ldots$에 대한 접선들을 연달아 사용한다. 각 스텝에서 이전 스텝의 결과에 의해 결정된 점을 지나는 해에 대한 접선을 구하는데 이는 **그림 2.7.4**에 나타나 있다. 많은 스텝을 거친 후의 근삿값에 대한 정확도는 $n = 1, 2, 3, \ldots$.에 대한 점 (t_n, y_n)을 지나는 해들이 어떻게 움직이는지에 따라 주로 결정된다.

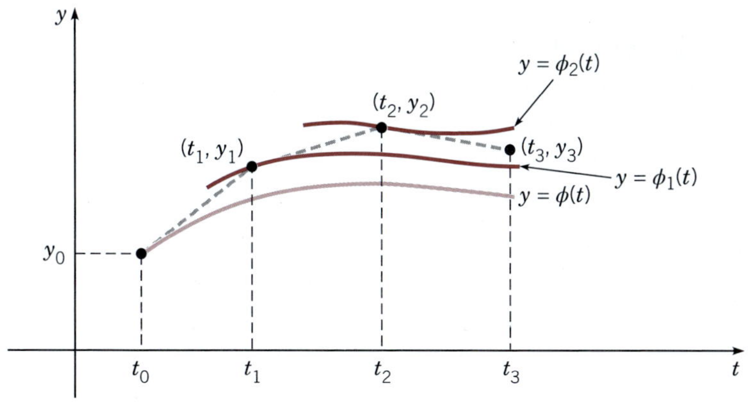

그림 2.7.4 오일러 근사법.

예제 2.7.2에서 미분방정식의 일반해는

$$y = 24 - 4t + ce^{-t/4} \tag{17}$$

이고 초깃값 문제 (11)에 대한 해는 이 중에서 $c = -23$에 해당한다. $t \to \infty$일 때 임의의 상수를 포함하는 항이 0으로 다가가기 때문에 이 해들의 집합 (17)은 수렴한다. 이런 종류의 해들은 모두 t가 증가함에 따라 서로서로 가까워지기 때문에 오일러 근사법을 실행하는 데 있어서 어떤 해를 접선으로 근사하는지는 그다지 중요하지 않다.

한편 예제 2.7.3에서의 미분방정식에 대한 일반해는

$$y = -\frac{59}{25} + \frac{t}{5} + ce^{5t} \tag{18}$$

인데 임의의 상수 c가 포함된 항이 $t \to \infty$일 때 발산하기 때문에 이것은 발산하는 집합이다. 서로 비슷한 두 c값에 해당하는 해들이 t가 증가함에 따라 임의적으로 서로 멀어짐을 확인할 수 있다. 예를 들어 예제 2.7.3에서 $c = 84/25$에 해당하는 해를 따라가 보자. 오일러 근사법을 사용해 보면 각 스텝에서 t가 증가함에 따라 원래 따라가고자 했던 해와는 점점 멀어져 다른 해를 따라가게 됨을 알 수 있다. 이것이 예제 2.7.3에서의 오차가 예제 2.7.2에서보다 훨씬 큰 이유를 설명해준다.

오일러 근사법과 같은 수치적인 과정을 사용할 때는 이때 나오는 결과들이 실제로 사용해도 될 만큼 정확한지에 대한 의문을 항상 갖고 있어야 한다. 앞의 예제들에서는 수치 결과들의 정확도를 해석학적으로 얻은 해와 비교하여 이를 확인할 수 있었지만, 보통은 실제 해를 알지 못한 채 오차의 한계 또는 오차의 추정치를 알아내야 하는 경우도 얼마든지 있다. 수치 근사로부터 얻을 수 있는 최선의 결과도 실제 해의 모양을 반영하는 것뿐임을 잊지 말아야 한다. 따라서 발산하는 해들의 집합에 속하는 해는 수렴하는 집합의 해보다 근사하기가 더 어렵다.

초깃값 문제에 대한 해의 수치 근사에 대해 더 알고 싶다면 8장으로 바로 가기 바란다. 8장에서는 오차의 해석에 대해 설명하고 있고 오일러 근사법보다 더 효율적으로 계산할 수 있는 몇몇 알고리즘을 소개하고 있다.

연습 문제

▶ **계산 결과에 대한 주의사항.** 이 절의 대부분의 문제들은 많은 수치 계산이 필요하므로 이런 문제들을 다루기 위해 적절한 컴퓨터와 소프트웨어가 필요하다. 작성한 프로그램과 이를 실행하는 컴퓨터의 연산 과정, 반올림 처리 방식 등에 따라 수치적인 계산 결과가 매우 다양할 수 있다는 사실을 염두에 두자. 이런 이유 때문에 소수 마지막 자릿수에 약간의 차이가 있을 수는 있는데 이것으로 틀렸다고 말할 수는 없다. 이 책의 뒤에 있는 해답들은 실제로는 계산 중에 더 많은 자릿수를 사용했지만 대부분의 경우에 소수점 여섯째 자리까지만 적고 있다.

▶ 문제 **1**부터 **4**까지:

a. N $h = 0.1$인 오일러 근사법을 이용하여 $t = 0.1, 0.2, 0.3, 0.4$에서의 주어진 초깃값 문제에 대한 해의 근삿값을 구하라.

b. N $h = 0.05$에 대해 **a**를 반복하고 **a**에서 구한 근삿값들과 비교하라.

c. N $h = 0.025$에 대해 **a**를 반복하고 **a**와 **b**에서 구한 근삿값들과 비교하라.

d. **N** 주어진 문제에 대한 해 $y = \phi(t)$를 구하고 $t = 0.1, 0.2, 0.3, 0.4$에서의 $\phi(t)$를 계산하라. 또한 이 값들을 **a**, **b**, **c**에서 구한 결과들과 비교하라.

1. $y' = 2 + t - y, \quad y(0) = 1$

2. $y' = 3y - 1, \quad y(0) = 1$

3. $y' = 1/4 - t + 3y, \quad y(0) = 1$

4. $y' = 4\cos(t) - 3y, \quad y(0) = 0$

▶ 문제 **5**부터 **8**까지 주어진 미분방정식에 대한 방향장을 그리고 이 식에 대한 해들이 수렴할지 또는 발산할지를 결정하라.

5. **G** $y' = 5 - 2\sqrt{y}$

6. **G** $y' = y(4 - ty)$

7. **G** $y' = -ty + y^3/20$

8. **G** $y' = 2(t^2 + y^2)$

▶ 문제 **9**와 **10**에서 각각 다음과 같이 주어진 h에 대한 오일러 근사법을 이용하여 $t = 0.5, 1, 1.5, 2, 2.5, 3$에서의 주어진 초깃값 문제에 대한 해의 근삿값을 구하라.

a. $h = 0.1$

b. $h = 0.05$

c. $h = 0.025$

d. $h = 0.01$

9. **N** $y' = 5 - 2\sqrt{y}, \quad y(0) = 2$

10. **N** $y' = y(4 - ty), \quad y(0) = 0.5$

11. 다음과 같이 주어진 수 α에 대한 초깃값 문제를 고려하자.

$$y' = y^2 - t^2, \qquad y(0) = \alpha$$

a. **G** 주어진 미분방정식에 대한 방향장을 그려라. 구간 $0 \le \alpha \le 1$에서 수렴하는 해들과 발산하는 해들로 나누는 α의 임계점이 존재함을 확인하라. 이 임계점을 α_0이라 두자.

b. **N** $h = 0.01$에 대한 오일러 근사법을 사용하여 α_0을 추정하라. 즉, α_0을 포함하는 $b - a = 0.01$인 구간 $[a, b]$를 구하라.

12. **N** 다음과 같은 초깃값 문제를 고려하자.

$$y' = t^2 + y^2, \quad y(0) = 1$$

스텝 사이즈 $h = 0.1, 0.05, 0.025, 0.01$에 대한 오일러 근사법을 이용하여 $0 \le t \le 1$에서 주어진 문제에 대한 해를 구하라. $t = 0.8$에서 이 해에 가장 가까운 근삿값은 무엇인가? 또한 $t = 1$에서 이 해에 가장 가까운 근삿값은 무엇인가? 이때의 결과는 문제 8에서 방향장을 이용한 결과와 일치하는가?

13. 다음과 같이 주어진 수 α에 대한 초깃값 문제를 고려하자.

$$y' = -ty + 0.1y^3, \quad y(0) = \alpha$$

a. **G** 주어진 미분방정식에 대한 방향장을 그려라. 구간 $2 \le \alpha \le 3$에서 수렴하는 해들과 발산하는 해들로 나누는 α의 임계점이 존재함을 확인하라. 이 임계점을 α_0라 두자.

b. **N** $h = 0.01$에 대한 오일러 근사법을 사용하여 α_0를 추정하라. 즉, α_0를 포함하는 $b - a = 0.01$인 구간 $[a, b]$를 구하라.

14. 다음과 같이 주어진 수 α에 대한 초깃값 문제를 고려하자.

$$y' = y^3 - t^3, \quad y(0) = \alpha$$

a. **G** 주어진 미분방정식에 대한 방향장을 그려라. 구간 $0 \le \alpha \le 1$에서 수렴하는 해들과 발산하는 해들로 나누는 α의 임계점이 존재함을 확인하라. 이 임계점을 α_0이라 두자.

b. **N** $h = 0.01$에 대한 오일러 근사법을 사용하여 α_0을 추정하라. 즉, α_0을 포함하는 $b - a = 0.01$인 구간 $[a, b]$를 구하라.

15. **오일러 근사법의 수렴성.** f에 대한 적당한 조건하에 초깃값 문제 $y' = f(t, y), y(t_0) = y_0$에 오일러 근

사법을 적용하여 구한 수치 근삿값이 스텝 사이즈 h가 작아짐에 따라 실제 해로 수렴함을 보이자. 이 과정을 다음 예제에서 설명하고 있다. 먼저 다음과 같은 초깃값 문제를 고려하자.

$$y' = 1 - t + y, \quad y(t_0) = y_0$$

a. 이 식의 실제 해가 $y = \phi(t) = (y_0 - t_0)e^{t-t_0} + t$임을 보여라.

b. **N** 오일러 공식을 이용하여

$$y_k = (1+h)\,y_{k-1} + h - ht_{k-1}, \quad k = 1, 2, \ldots.$$

임을 보여라.

c. $y_1 = (1+h)(y_0 - t_0) + t_1$임을 이용하여 각각의 양의 정수 n에 대해

$$y_n = (1+h)^n\,(y_0 - t_0) + t_n \tag{19}$$

임을 귀납법으로 보여라.

d. 고정된 점 $t > t_0$와 주어진 n에 대해 $h = (t - t_0)/n$로 선택하면 모든 n에 대해 $t_n = t$이다. 이때 $n \to \infty$이면 $h \to 0$임을 확인하자. 식 (19)에 이 h를 대입하여 $n \to \infty$일 때 $y_n \to \phi(t)$임을 보여라.
힌트: $\lim_{n\to\infty}(1 + a/n)^n = e^a$

▶ 문제 **16**과 **17**에서 문제 **15**에서 소개한 방법을 사용하여 오일러 근사법으로 얻은 근삿값이 임의의 고정된 점에서 $h \to 0$일 때, 실제 해로 수렴함을 보여라.

16. $y' = y, \quad y(0) = 1$

17. $y' = 3y - 2, \quad y(0) = 1$

2.8 존재성과 유일성 정리

이 절에서는 정리 2.4.2의 증명 및 1계 초깃값 문제에 대한 기본적인 존재성과 유일성 정리에 대해 살펴보고자 한다. 이 정리는 $f(t, y)$가 어떤 조건을 만족하면 초깃값 문제

$$y' = f(t, y), \quad y(t_0) = y_0 \tag{1}$$

가 점 t_0를 포함하는 적당한 구간에서 유일한 해를 갖는다는 것이다.

어떤 경우에는(예를 들어 주어진 미분방정식이 선형인 경우에는) 초깃값 문제 (1)을 실제로 풀어서 해에 대한 공식을 나타내는 것으로 주어진 문제에 대한 해의 존재성을 보일 수 있다. 그러나 일반적으로는 모든 경우의 미분방정식에 다 적용되는 해법이란 없기 때문에 이 접근 방법은 실현 가능하지 않다. 따라서 일반적인 경우에는 식 (1)의 해에 대한 존재성은 설명하지만 해를 찾는 실질적인 방법은 제시하지 않는 간접적인 접근 방법이 필요하다. 이 방법의 핵심은 주어진 초깃값 문제를 만족하는 극한 함수로 수렴하는 수열(함수들의 수열)을 만들어내는 것이다. 이 수열을 이루는 함수들은 개별적으로는 극한 함수로 수렴하지 않는다. 또한 대체로 이 수열을 이루는 몇 개의 함수들을 제외한 나머지 함수들은 직접 계산할 수가 없다; 따라서 극한 함수를 찾을 수 있는 경우는 매우 드물다. 그럼에도 불구하고 정리 2.4.2에서 서술했던 $f(t, y)$의 조건하에서 수열은 수렴하고 그때의 극한 함수는 원하는 성질을 갖는다는 것을 보일 수 있다. 이것은 매우 복잡하며 어떤 부분은 고급 미적분학 과정에서 처음 마주치는 방법과 결과가 무엇이냐에 따라 다를 수 있다. 따라서 이 교재에서는 증명과정을 자세히 설명하지는 않겠다; 대신 이 정리의 주된 내용을 소개하고 극복해야 할 몇 가지 어려움을 지적하고자 한다.

우선 초깃점 (t_0, y_0)가 원점인 다음과 같은 문제를 고려하자.

$$y' = f(t, y), \quad y(0) = 0 \tag{2}$$

만약 원점이 아닌 초깃점이 주어지면 주어진 점 (t_0, y_0)를 원점으로 바꿀 수 있도록 변수 변환을 이용하여 좌표축을 변환시키면 된다. 이때 존재성과 유일성 정리는 다음과 같다.

정리 2.8.1 | $y' = f(t, y)$, $y(0) = 0$의 해의 존재성과 유일성

함수 f와 $\partial f/\partial y$가 직사각형 영역 $R: |t| \le a$, $|y| \le b$에서 연속이면, 어떤 구간 $|t| \le h \le a$에서 초깃값 문제 (2)의 유일한 해 $y = \phi(t)$가 존재한다.

여기서 소개할 증명 방법을 위해 초깃값 문제 (2)를 좀 더 편리한 형태로 바꾸자. 만약 초깃값 문제를 만족하는 미분 가능한 함수 $y = \phi(t)$가 있다고 가정한다면 $f(t, \phi(t))$는 t만의 연속함수이다. 따라서 $y' = f(t, y)$를 초깃점 $t = 0$에서 임의의 t값까지 적분하여 초기조건 $\phi(0) = 0$인 구간에서

$$\phi(t) = \int_0^t f(s, \phi(s))\, ds \tag{3}$$

를 얻을 수 있다. 이때 s는 적분을 위한 임시변수이다.

미지함수 ϕ에 대한 적분을 포함하기 때문에 식 (3)을 **적분 방정식**이라고 부른다. 이 적분 방정식은 초깃값 문제의 해에 대한 공식이 아니라 식 (2)의 임의의 해가 만족하는 또 다른 관계식이다. 역으로 적분 방정식 (3)을 만족하는 연속 함수 $y = \phi(t)$가 존재한다고 가정하자; 그러면 이 함수는 초깃값 문제 (2)도 역시 만족한다. 먼저 식 (3) 안의 t에 0을 대입하면 $y = \phi(t)$가 초기조건을 만족함을 알 수 있다. 또한 식 (3) 안의 피적분 함수가 연속이므로 미적분학에 대한 기본 정리에 의해 ϕ는 미분 가능하고 $\phi'(t) = f(t, \phi(t))$이다. 따라서 초깃값 문제와 적분방정식은 이 중 한 식에 대한 해가 다른 식의 해이기도 하다는 점에서 서로 동치이다. 이때 어떤 구간 $|t| \le h$에서 이 적분방정식의 유일해가 존재함을 보이는 것이 더 편리하다. 이를 보이고 나면 초깃값 문제도 이와 똑같은 결론을 만족한다고 할 수 있다.

적분방정식 (3)이 유일한 해를 갖는다는 것을 보이는 방법 중에는 **연차 근사법**(method of successive approximation) 또는 **Picard[19]의 반복법**(iteration method)이라고 알려진 방법이 있다. 이 방법을 사용하는 데 있어서 먼저 할 일은 초기 함수 ϕ_0를 임의로 놓거나 또는 어떻게 해서든 초깃값 문제의 해를 근사할 수 있도록 잘 선택하는 것이다. 가장 간단하게 선택하는 방법은

$$\phi_0(t) = 0 \tag{4}$$

이라고 놓는 것이다; 그러면 ϕ_0가 비록 미분방정식은 만족하지 못하더라도 식 (2)의 초기조건은

[19] Charles-Émile Picard (1856~1914)는 30세 이전에 소르본 대학의 정교수가 되었는데 Henri Poincaré를 제외하고는 당대의 가장 저명한 프랑스 수학자일 것이다. 그는 미분방정식론뿐 아니라 복소수와 대수적 기하학 분야의 중요한 정리들로 유명하다. 특수한 경우의 연차 근사법은 1838년 Liouville에 의해 처음으로 발표되었다. 그러나 Picard가 1890년대부터 시작한 일련의 논문들에서 연차 근사법을 일반적이고 광범위하게 응용 가능한 형태로 정립하였기 때문에 보통 이 방법은 Picard의 방법으로 알려져 있다.

만족하게 된다. 식 (3)의 우변에 있는 ϕ(s)에 $\phi_0(s)$를 대입하고 그 결과를 $\phi_1(t)$라 놓으면 그다음 근사 ϕ_1을 얻을 수 있다. 즉,

$$\phi_1(t) = \int_0^t f(s, \phi_0(s))\, ds \tag{5}$$

이다. 비슷하게 ϕ_1로부터 ϕ_2를 다음과 같이 얻을 수 있다:

$$\phi_2(t) = \int_0^t f(s, \phi_1(s))\, ds \tag{6}$$

일반적으로

$$\phi_{n+1}(t) = \int_0^t f(s, \phi_n(s))\, ds \tag{7}$$

이다. 이런 식으로 함수들의 수열 $\{\phi_n\} = \{\phi 0, \phi_1, \phi_2, \dots, \phi_n, \dots\}$을 만들어낼 수 있다.

이 수열의 각각의 원소들은 초기조건은 만족하지만 일반적으로 어느 한 원소도 미분방정식을 만족하지 않는다. 그러나 어떤 단계에서, 이를테면 $n = k$에 대해 $\phi_{k+1}(t) = \phi_k(t)$가 된다면 ϕ_k는 적분방정식 (3)의 해가 된다. 따라서 ϕ_k는 초깃값 문제 (2)의 해가 되고 이때 만들어진 수열은 이 항에서 끝나게 된다. 그러나 일반적으로 이런 일은 발생하지 않기 때문에 무한 수열을 고려해야 한다.

따라서 정리 2.8.1을 확인하기 위해서는 다음과 같은 대표적인 네 가지 질문에 답해야만 한다:

1. 수열 $\{\phi_n\}$의 원소들이 모두 존재하는가 아니면 어떤 유한한 항에서 멈추는가?

2. 이 수열은 수렴하는가?

3. 극한 함수는 어떤 성질들을 갖는가? 특히 극한 함수가 적분방정식 (3)을 만족하고, 따라서 초깃값 문제 (2)를 만족하는가?

4. 이것이 유일한 해인가 아니면 다른 해가 존재하는가?

먼저 상대적으로 간단한 특정 예제에 대한 답을 찾은 후, 일반적인 경우에 나타나는 어려움에 대해 살펴보자.

예제 2.8.1

연차 근사법을 이용하여 초깃값 문제

$$y' = 2t(1 + y), \quad y(0) = 0 \tag{8}$$

을 풀어라.

풀이

우선 $y = \phi(t)$이면 이에 해당하는 적분방정식은

$$\phi(t) = \int_0^t 2s(1 + \phi(s))\, ds \tag{9}$$

임을 확인하자. 초기 근사를 $\phi_0(t) = 0$으로 놓으면 그 다음 근사는

$$\phi_1(t) = \int_0^t 2s(1+\phi_0(s))\,ds = \int_0^t 2s\,ds = t^2 \tag{10}$$

이 되고 비슷하게

$$\phi_2(t) = \int_0^t 2s(1+\phi_1(s))\,ds = \int_0^t 2s\left(1+s^2\right)ds = t^2 + \frac{t^4}{2} \tag{11}$$

이 되어

$$\phi_3(t) = \int_0^t 2s(1+\phi_2(s))\,ds = \int_0^t 2s\left(1+s^2+\frac{s^4}{2}\right)ds = t^2 + \frac{t^4}{2} + \frac{t^6}{2\cdot 3} \tag{12}$$

이 된다. 식 (10), (11), (12)로부터 각각의 $n \geq 1$에 대해

$$\phi_n(t) = t^2 + \frac{t^4}{2!} + \frac{t^6}{3!} + \cdots + \frac{t^{2n}}{n!} \tag{13}$$

이라 놓을 수 있는데, 이것을 다음과 같이 수학적 귀납법으로 증명할 수 있다. 확실히 식 (13)은 $n = 1$에 대해서 참이다; 식 (10)을 보자. 이때 식 (13)이 $n = k$에 대해 참이라고 가정하면 $n = k + 1$에 대해서도 참임을 증명하면 된다.

$$\begin{aligned}\phi_{k+1}(t) &= \int_0^t 2s(1+\phi_k(s))\,ds \\ &= \int_0^t 2s\left(1+s^2+\frac{s^4}{2!}+\cdots+\frac{s^{2k}}{k!}\right)ds \\ &= \int_0^t 2s+2s^3+\frac{2s^5}{2!}+\cdots+\frac{2s^{2k+1}}{k!}\,ds \\ &= t^2+\frac{t^4}{2!}+\frac{t^6}{3!}+\cdots+\frac{t^{2k+2}}{(k+1)!}\end{aligned} \tag{14}$$

이므로 귀납적으로 증명되었다.

처음 네 개의 반복적으로 만든 함수(iterate) $\phi_1(t)$, $\phi_2(t)$, $\phi_3(t)$, $\phi_4(t)$들이 **그림 2.8.1**에 그려져 있다. k가 증가함에 따라 이 반복 함수들은 서로 가까운 구간이 점점 더 증가하는데, 이것은 결국 하나의 극한 함수로 수렴할 것처럼 보인다.

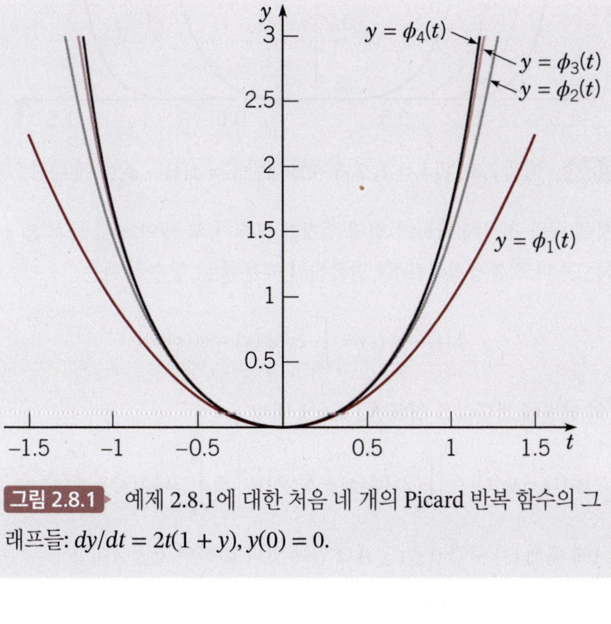

그림 2.8.1 예제 2.8.1에 대한 처음 네 개의 Picard 반복 함수의 그래프들: $dy/dt = 2t(1+y)$, $y(0) = 0$.

이때 식 (13)으로부터 $\phi_n(t)$가 무한급수

$$\sum_{k=1}^{\infty} \frac{t^{2k}}{k!} \tag{15}$$

의 n번째 부분합임을 알 수 있다; 따라서 $\lim_{n\to\infty} \phi_n(t)$가 존재하는 것은 급수 (15)가 수렴하는 것과 서로 필요충분조건이다. 비 판정법(ratio test)을 이용하면 각각의 t에 대해

$$\left|\frac{t^{2k+2}}{(k+1)!}\frac{k!}{t^{2k}}\right| = \frac{t^2}{k+1} \to 0 \quad \text{이면} \quad k \to \infty \tag{16}$$

이므로 급수 (15)는 모든 t에 대해 수렴하고, 이것의 합 $\phi(t)$는 수열 $\{\phi_n(t)\}$의 극한이다. 또한, 급수 (15)가 테일러 급수이므로 t가 수렴 구간, 이 경우에는 t축 전체, 안에 놓여있는 한 항별 미분이나 적분이 가능하다. 따라서 $\phi(t) = \sum_{k=1}^{\infty} t^{2k}/k!$가 이 적분방정식 (9)의 해임을 직접 계산하여 증명할 수 있다. 또는 식 (8)의 y에 $\phi(t)$를 대입하여 이 함수가 초깃값 문제를 만족함을 증명할 수도 있다. 이 예제의 경우에는 급수 (15)로부터 $\phi(t)$를 기초 함수들로 나타낼 수도 있다. 즉, $\phi(t) = e^{t^2} - 1$이다(연습문제 **11**). 그러나 이런 함수는 존재성과 유일성에 대해 설명할 때 필요가 없다.

$\phi(t)$를 잘 알면 다양한 k값들에 대한 $e_k = \phi(t) - \phi_k(t)$를 그려서 반복 함수들의 수열에 대한 수렴성을 더 분명하게 눈으로 확인할 수 있다. **그림 2.8.2**는 $k = 1, 2, 3, 4$에 대한 $e_k(t) = \phi(t) - \phi_k(t)$를 나타내고 있는데, 연달아 만들어지는 반복 함수들이 초깃값 문제의 해를 잘 근사하는 구간이 점점 더 증가한다는 사실을 확실히 보여주고 있다.

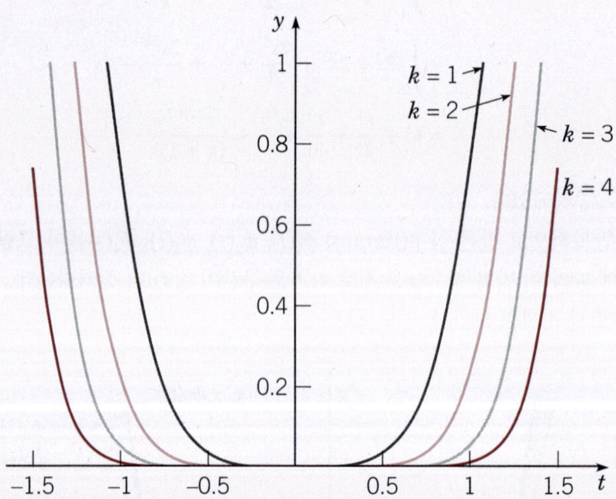

그림 2.8.2 예제 2.8.1의 $k = 1, 2, 3, 4$에 대한 $y = \phi(t) - \phi_k(t)$에 대한 그래프들.

끝으로 유일성에 대한 질문에 답하기 위해 초깃값 문제가 두 개의 서로 다른 해 ϕ와 ψ를 갖는다고 가정하자. ϕ와 ψ는 둘 다 적분방정식 (9)를 만족하기 때문에 두 함수의 차는

$$\phi(t) - \psi(t) = \int_0^t 2s(\phi(s) - \psi(s))\,ds$$

가 되는데, 이 식의 양변에 절댓값을 취하면 $t > 0$에 대해

$$|\phi(t) - \psi(t)| = \left|\int_0^t 2s(\phi(s) - \psi(s))\,ds\right| \le \int_0^t 2s\,|\phi(s) - \psi(s)|\,ds$$

가 된다. 임의의 A에 대해 t가 구간 $0 \le t \le A/2$ 안에 있다고 하면 $2t \le A$이고

$$0 \le t \le A/2 \quad \text{에 대해} \quad |\phi(t) - \psi(t)| \le A \int_0^t |\phi(s) - \psi(s)|\, ds \tag{17}$$

이 된다. 이때 편의상 다음과 같이 정의된 함수 U를 사용하자.

$$U(t) = \int_0^t |\phi(s) - \psi(s)|\, ds \tag{18}$$

그러면 일단

$$U(0) = 0 \tag{19}$$

$$t \ge 0 \quad \text{에 대해} \quad U(t) \ge 0 \tag{20}$$

이 된다. 또한 U는 미분 가능하고 $U'(t) = |\phi(t) - \psi(t)|$이므로 식 (17)에 의해

$$0 \le t \le A/2 \quad \text{에 대해} \quad U'(t) - AU(t) \le 0 \tag{21}$$

이 된다. 식 (21)에 양의 함수 e^{-At}을 곱하면

$$0 \le t \le A/2 \quad \text{에 대해} \quad (e^{-At}U(t))' \le 0 \tag{22}$$

이 되고, 식 (22)를 0에서 t까지 적분하고 식 (19)를 사용하면 다음을 얻을 수 있다.

$$0 \le t \le A/2 \quad \text{에 대해} \quad e^{-At}U(t) \le 0$$

을 얻을 수 있다. 따라서 $0 \le t \le A/2$에 대해 $U(t) \le 0$이다. 그러나 A는 임의의 값이므로 모든 음이 아닌 t에 대해 $U(t) \le 0$이라고 말할 수 있다. 이 결과와 식 (20)이 둘 다 참이 되려면 각각의 $t \ge 0$에 대해 $U(t) = 0$이어야 한다. 이때 모든 $t \ge 0$에 대해 $U'(t) = 0$이므로 $\psi(t) = \phi(t)$이다. 그러나 이것은 ϕ와 ψ가 서로 다른 해라는 가정에 대해 모순이므로 $t \ge 0$에 대해 초깃값 문제는 서로 다른 두 해를 가질 수 없다. 이 증명을 약간 수정하면 $t \le 0$에 대해서도 같은 결론을 내릴 수 있다.

이제 적분 방정식 (3)을 푸는 일반적인 문제로 돌아가서 앞서 제기했던 질문들을 간략하게 살펴보자:

1. *수열 $\{\phi_n\}$의 원소들이 모두 존재하는가?*

이 예제에서 f와 $\partial f/\partial y$는 ty평면 전체에서 연속이었고, 이때 만들어진 수열의 원소들을 각각 양함수로 계산할 수 있었다. 반면 일반적인 경우에는 f와 $\partial f/\partial y$가 직사각형 영역 R: $|t| \le a$, $|y| \le b$에서만 연속이라고 가정하였고(**그림 2.8.3** 참조), 이 수열의 각 원소들에 대한 양함수 표현을 결정할 수 없다. 이 때문에 어떤 단계, 이를테면 $n = k$에서 $y = \phi_k(t)$의 그래프가 직사각형 영역 R 밖에 있는 점들을 포함할 위험성이 있다. 좀 더 정확하게 말하자면 $f(t, y)$가 연속인지 알 수 없는 점, 심지어 존재하는지도 알 수 없는 점에서 $\phi_{k+1}(t)$를 계산하게 될 가능성이 있다는 것이다. 이럴 경우 $\phi_{k+1}(t)$를 계산하는 것은 불가능하다.

이런 위험을 피하기 위해 t에 대한 범위를 $|t| \le a$보다 더 작은 구간으로 제한해야 할 수도 있다. 이런 구간을 찾기 위해서 유한한 폐구간에서 정의된 연속함수는 유한하다는 사실을 이용하자. 즉, f는 R에서 유한하다. 따라서

$$|f(t, y)| \le M, \quad (t, y) \in R \tag{23}$$

인 양수 M이 존재한다. 앞서 언급했듯이 각각의 n에 대해

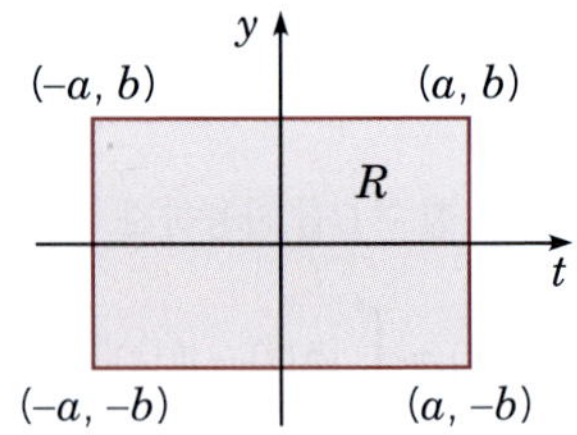

그림 2.8.3 정리 2.8.1에서 정의된 영역.

$$\phi_n(0) = 0$$

이다. 이때 $f(t, \phi_k(t))$는 $\phi'_{k+1}(t)$와 같기 때문에 식 $y = \phi_{k+1}(t)$의 그래프의 기울기에 대한 최대 절댓값은 M이다. 이 그래프는 점 (0, 0)을 포함하기 때문에 **그림 2.8.4**에 음영으로 표시한 V자 모양의 영역에 놓여 있어야 된다. 따라서 적어도 R이 이 V자 모양의 영역을 포함하는 한 점 $(t, \phi_{k+1}(t))$는 R 안에 놓여 있게 되는데, 이때 $|t| \le b/M$이다. 앞으로는 h를 a와 b/M 중 더 작은 값으로 놓았을 때의 직사각형 영역 D: $|t| \le h$, $|y| \le b$를 고려하겠다. 구간을 이렇게 제한하면 수열 $\{\phi_n(t)\}$의 모든 원소들이 존재하게 된다. 이때, 만약 $b/M < a$이면 $|f(t, y)|$에 대한 더 좋은(즉, 더 작은) 한계 M을 찾아 더 큰 h 값을 얻을 수도 있다.

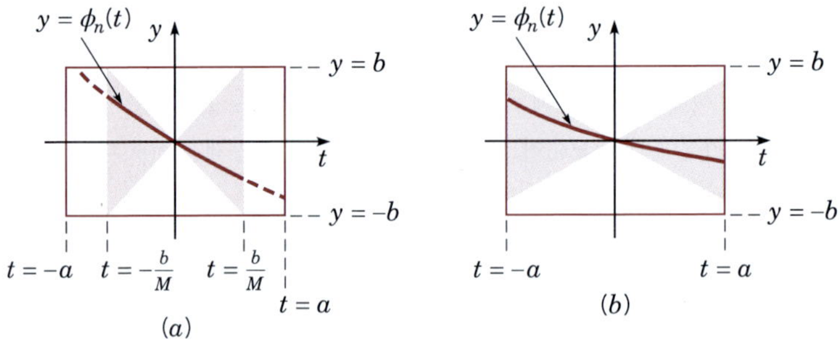

그림 2.8.4 연차적으로 만들어진 반복함수들이 놓여있는 리본 모양의 영역들. (a) $b/M < a$이면 $h = b/M$; (b) $b/M > a$이면 $h = a$.

2. *이 수열 $\{\phi_n(t)\}$은 수렴하는가?*

급수

$$\phi_1(t) + \sum_{k=1}^{\infty} (\phi_{k+1}(t) - \phi_k(t)) \tag{24}$$

의 n번째 부분합은 $\phi_n(t) = \phi_1(t) + (\phi_2(t) - \phi_1(t)) + \cdots + (\phi_n(t) - \phi_{n-1}(t))$이다. 급수 (24)가 수렴함을 보이면 수열 $\{\phi_n(t)\}$의 수렴성도 보일 수 있다. 이를 위해 일반항의 크기 $|\phi_{k+1}(t) - \phi_k(t)|$를 추정해야 한다. 이와 관련된 내용은 연습문제 **14**부터 **17**에 걸쳐 나타나 있으므로 여기서는 생략하겠다. 이 수열이 수렴한다고 가정하고 이때의 극한 함수를 ϕ라 하자. 즉,

$$\phi(t) = \lim_{n \to \infty} \phi_n(t) \tag{25}$$

이다.

3. *극한 함수 ϕ는 어떤 성질들을 만족하는가?*

먼저 ϕ가 연속이라는 사실을 확인해 보자. 수열 $\{\phi_n(t)\}$의 각 원소들이 모두 연속인 경우조차도 이 수열이 ϕ로 수렴한다고 해서 ϕ가 반드시 연속인 것은 아니다. 때로는 연속함수들로 이루어진 수열이 연속이 아닌 극한 함수로 수렴할 수도 있다. 이런 현상에 대한 간단한 예가 연습문제 **11**에 주어져 있다. ϕ가 연속이기 위한 조건은 수열 $\{\phi_n\}$이 수렴할 뿐 아니라 **평등수렴**(uniform convergence)해야 한다. 여기에서 이 문제에 대해 자세히 설명하지는 않겠다. 다만 질문 2에 대한 대답으로부터 수열 $\{\phi_n\}$이 평등수렴함을 입증할 수 있고, 따라서 극한 함수 ϕ가 구간 $|t| \le h$에서 연속이라고 결론 내릴 수 있다는 사실만 확인하고 넘어가자.

다시 식 (7)

$$\phi_{n+1}(t) = \int_0^t f(s, \phi_n(s))\, ds$$

로 돌아가서 이 식의 양변에 n이 ∞로 다가간다고 놓으면

$$\phi(t) = \lim_{n\to\infty} \int_0^t f(s, \phi_n(s))\, ds \tag{26}$$

를 얻을 수 있고, 이 식의 우변에서 적분과 극한의 순서를 바꾸면

$$\phi(t) = \int_0^t \lim_{n\to\infty} f(s, \phi_n(s))\, ds \tag{27}$$

이 된다. 일반적으로는 적분과 극한의 순서를 바꾸는 것이 허용되지 않으나(예를 들어 연습문제 **12** 참조) 수열 $\{\phi_n(t)\}$이 평등수렴하면 적분 기호 안에서 극한을 취할 수 있다. 또한 함수 f 안에서 극한을 취하여

$$\phi(t) = \int_0^t f\left(s, \lim_{n\to\infty} \phi_n(s)\right) ds \tag{28}$$

를 얻을 수 있고 따라서

$$\phi(t) = \int_0^t f(s, \phi(s))\, ds \tag{29}$$

가 된다. 명제

$$\lim_{n\to\infty} f(s, \phi_n(s)) = f\left(s, \lim_{n\to\infty} \phi_n(s)\right)$$

는 f가 두 번째 변수에 대해 연속이라는 명제와 서로 동치인데, 후자는 가정에 의해 이미 알고 있는 사실이므로 식 (29)는 참이고 함수 ϕ는 적분 방정식 (3)을 만족한다. 따라서 ϕ는 초깃값 문제 (2)의 해이기도 하다.

4. *$y = \phi(t)$ 외에 적분방정식 (3)의 해가 또 존재하는가?*

해 $y = \phi(t)$의 유일성을 보이기 위해 예제에서처럼 진행할 수 있다. 먼저, 또 다른 해 $y = \psi(t)$가 존재한다고 가정하자. 그러면 두 함수의 차 $\phi(t) - \psi(t)$가 $0 \le t \le h$와 적당한 양수 A

에 대해 부등식

$$|\phi(t) - \psi(t)| \le A \int_0^t |\phi(s) - \psi(s)|\, ds \tag{30}$$

를 만족함을 보일 수 있다(연습문제 **18** 참조). 이로써 유일성에 관해 예제에서 얻은 결과와 같음을 알 수 있고, 따라서 초깃값 문제 (2)에 대해 연차 근사법으로 만든 해 외에 다른 해는 없다는 결론을 내릴 수 있다.

연습 문제

▶ 문제 **1**과 **2**에서 각각 주어진 초깃값 문제를 이와 동치인 원점을 초깃점으로 갖는 문제로 바꿔라.

1. $dy/dt = t^2 + y^2, \quad y(1) = 2$

2. $dy/dt = 4 - y^3, \quad y(-1) = 2$

▶ 문제 **3**과 **4**에서 $\phi_0(t) = 0$이라 두고 연차 근사법을 이용하여 $\{\phi_n(t)\}$를 정의하라.

a. 임의의 n값에 대해 $\phi_n(t)$를 결정하라.

b. **G** $n = 1, \dots, 4$에 대한 $\phi_n(t)$를 그리고 이 함수들이 수렴할지 확인하라.

c. $\lim_{n\to\infty} \phi_n(t) = \phi(t)$를 기초함수들로 표현하라; 즉, 주어진 초깃값 문제를 풀어라.

d. **G** $n = 1, \dots, 4$에 대한 $|\phi(t) - \phi_n(t)|$를 그려라. 각각의 $\phi_1(t), \dots, \phi_4(t)$에 대해 이 함수가 실제 해를 잘 근사하고 있는 구간을 추정하라.

3. **N** $y' = 2(y + 1), \quad y(0) = 0$

4. **N** $y' = -y/3 + t, \quad y(0) = 0$

▶ 문제 **5**와 **6**에서 $\phi_0(t) = 0$이라 두고 연차 근사법을 이용하여 주어진 초깃값 문제를 풀어라.

a. 임의의 n값에 대해 $\phi_n(t)$를 결정하라.

b. **G** $n = 1, \dots, 4$에 대한 $\phi_n(t)$를 그리고 이 함수들이 수렴하는지 확인하라.

c. 수열 $\{\phi_n(t)\}$이 수렴함을 보여라.

5. $y' = ty + 1, \quad y(0) = 0$

6. $y' = t^2y - t, \quad y(0) = 0$

▶ 문제 **7**과 **8**에서 $\phi_0(t) = 0$이라 두고 연차 근사법을 이용하여 주어진 초깃값 문제에 대한 근사해를 구하라.

a. $\phi_1(t), \dots, \phi_3(t)$를 계산하라.

b. **G** $\phi_1(t), \dots, \phi_3(t)$를 그리고 이 함수들이 수렴하는지 확인하라.

7. $y' = t^2 + y^2, \quad y(0) = 0$

8. $y' = 4 - y^3, \quad y(0) = 0$

▶ 문제 **9**와 **10**에서 $\phi_0(t) = 0$이라 두고 연차 근사법을 이용하여 주어진 초깃값 문제에 대한 근사해를 구하라.

a. $\phi_1(t), \dots, \phi_4(t)$를 계산하거나 또는 (필요하다면) 이 함수들에 대한 테일러 근사를 계산하라. 이때 6차항까지 유지하라.

b. **G** **a**에서 찾은 함수들을 그리고 이 함수들이 수렴하는지 확인하라.

9. $y' = -\sin(y) + 1, \quad y(0) = 0$

10. $y' = \dfrac{3t^2 + 4t + 2}{2(y - 1)}, \quad y(0) = 0$

11. $0 \le x \le 1$에 대해 $\phi_n(x) = x^n$이라 두고

$$\lim_{n\to\infty} \phi_n(x) = \begin{cases} 0, & 0 \le x < 1, \\ 1, & x = 1. \end{cases}$$

임을 보여라. 이것은 연속함수들로 이루어진 수열이 연속이 아닌 극한 함수로 수렴하는 예이다.

12. 수열 $\phi_n(x) = 2nxe^{-nx^2}$, $0 \le x \le 1$을 고려하자.

a. $0 \le x \le 1$에 대해 $\lim_{n\to\infty} \phi_n(x) = 0$임을 보여라; 따라서

$$\int_0^1 \lim_{n\to\infty} \phi_n(x)\, dx = 0$$

이다.

b. $\int_0^1 2nxe^{-nx^2} dx = 1 - e^{-n}$임을 보여라; 따라서

$$\lim_{n\to\infty} \int_0^1 \phi_n(x)\, dx = 1$$

이므로 이 예제의 경우에는 $\lim_{n\to\infty} \phi_n(x)$이 존재하고 연속임에도 불구하고

$$\lim_{n\to\infty} \int_a^b \phi_n(x)\, dx \ne \int_a^b \lim_{n\to\infty} \phi_n(x)\, dx$$

이다.

13. **a.** $\phi(t) = \sum_{k=1}^{\infty} \frac{t^{2k}}{k!}$이 적분방정식 (9)의 해임을 보여라.

b. $\phi(t)$가 초깃값 문제 (8)의 해이기도 함을 보여라.

c. $\sum_{k=1}^{\infty} \frac{t^k}{k!} = e^t$임을 이용하여 $\phi(t)$를 기초함수들로 표현하라.

d. 초깃값 문제 (8)을 변수분리 미분방정식으로 풀어라.

e. 초깃값 문제 (8)을 1계 선형 미분방정식으로 풀어라.

▶ 문제 **14**부터 **17**까지 식 (4)부터 (7)에 의해 정의된 수열 $\{\phi_n(t)\}$의 수렴성을 증명하는 방법을 나타내고 있다.

14. $\partial f/\partial y$가 직사각형 영역 D에서 연속이면 t 좌표가 같은 D 안의 임의의 두 점 (t, y_1)과 (t, y_2)에 대해

$$|f(t, y_1) - f(t, y_2)| \le K|y_1 - y_2| \tag{31}$$

인 양의 상수 K가 존재함을 보여라. 이 부등식은 Lipschitz[20] 조건이라고 알려져 있다.

힌트: t를 고정하고 f에 대해 y만의 함수로서 중간값 정리를 적용하자. 또한 K를 D에서의 $|\partial f/\partial y|$의 최댓값이라 두자.

15. $\phi_{n-1}(t)$와 $\phi_n(t)$이 수열 $\{\phi_n(t)\}$의 원소일 때, 문제 **14**의 결과를 이용하여

$$|f(t, \phi_n(t)) - f(t, \phi_{n-1}(t))| \le K|\phi_n(t) - \phi_{n-1}(t)|$$

임을 보여라.

16. **a.** $|t| \le h$일 때, D 안의 (t, y)에 대해 $|f(t, y)| \le M$이 되도록 선택한 M에 대해

$$|\phi_1(t)| \le M|t|$$

임을 보여라.

b. 문제 **15**와 문제 **16a**의 결과를 이용하여

[20] 몇 년 동안 본 대학의 교수였던 독일 수학자 Rudolf Lipschitz (1832~1903)는 여러 수학 분야에 대해 연구하였다. 정리 2.8.1에서 $\partial f/\partial y$가 연속이라는 가정 대신 부등식 (i)로 대체할 수 있다; 그러면 좀 더 강력한 정리가 된다.

$$|\phi_2(t) - \phi_1(t)| \le \frac{MK|t|^2}{2}$$

임을 보여라.

c. 수학적 귀납법을 이용하여

$$|\phi_n(t) - \phi_{n-1}(t)| \le \frac{MK^{n-1}|t|^n}{n!} \le \frac{MK^{n-1}h^n}{n!}$$

임을 보여라.

17.

$$\phi_n(t) = \phi_1(t) + (\phi_2(t) - \phi_1(t)) + \ldots + (\phi_n(t) - \phi_{n-1}(t))$$

임을 확인하자.

a.

$$|\phi_n(t)| \le |\phi_1(t)| + |\phi_2(t) - \phi_1(t)| + \ldots + |\phi_n(t) - \phi_{n-1}(t)|$$

임을 보여라.

b. 문제 **16**의 결과를 이용하여

$$|\phi_n(t)| \le \frac{M}{K}\left(Kh + \frac{(Kh)^2}{2!} + \ldots + \frac{(Kh)^n}{n!}\right)$$

임을 보여라.

c. **b**에서의 합이 $n \to \infty$일 때 수렴함을 보이고, 따라서 **a**에서의 합 역시 $n \to \infty$일 때 수렴함을 보여라. 수열 $\{\phi_n(t)\}$가 수렴하는 무한급수의 부분합이기 때문에 이 수열은 수렴한다고 결론 내려라.

18. 이 문제에서 적분 방정식 (3)

$$\phi(t) = \int_0^t f(s, \phi(s))\,ds$$

에 대한 해의 유일성에 대한 질문을 살펴보자.

a. ϕ와 ψ를 식 (3)의 두 해라고 가정하고 $t \ge 0$에 대해

$$\phi(t) - \psi(t) = \int_0^t (f(s, \phi(s)) - f(s, \psi(s)))\,ds$$

임을 보여라.

b.

$$|\phi(t) - \psi(t)| \le \int_0^t |f(s, \phi(s)) - f(s, \psi(s))|\,ds$$

임을 보여라.

c. 문제 **14**의 결과를 이용하여 다음을 보여라.

$$|\phi(t) - \psi(t)| \le K\int_0^t |\phi(s) - \psi(s)|\,ds$$

여기서 K는 영역 D에서 $|\partial f/\partial y|$의 상한이다. 이것은 식 (30)과 동일하며, 나머지 증명은 본문에서 제시된 대로 구성할 수 있다.

2.9 일차 차분방정식

비록 많은 경우에는 미분방정식으로 이어지는 연속 모델(continuous model)이 더 그럴듯 해 보이고 흥미롭지만, 이산 모델(discrete model)이 더 자연스러운 경우도 있다. 예를 들어, 2.3절에서 소개한 복리에 대한 연속 모델은 실제로는 이산적으로 진행되는 과정을 근사한 것이다. 이와 비슷하게 어떤 개체수에 대한 증가는 연속 모델보다는 이산 모델로 설명하는 게 더 정확할 때도 있다. 예를 들어 세대가 겹치지 않고 달력상의 특정한 시기 같은, 일정한 간격을 두고 번식하는 종들이 이에 해당한다. 이 경우 $n+1$년에 살고 있는 종들의 개체수 y_{n+1}은 n과 그 직전 연도의 개체수 y_n에 대한 함수이다; 즉,

$$y_{n+1} = f(n, y_n), \quad n = 0, 1, 2, ... \tag{1}$$

이다. 이때 식 (1)을 **일차 차분방정식**이라고 부른다. 여기서 일차라는 것은 y_{n+1}의 값이 더 이전 해들의 값인 y_{n-1}, y_{n-2} 등이 아니라 y_n의 값에 종속된다는 의미이다. f가 y_n에 대한 선형함수이면 미분방정식처럼 차분방정식 (1)도 **선형** 차분방정식이라고 부른다; 선형함수가 아니면 **비선형** 차분방정식이다. 차분방정식 (1)의 **해**는 각각의 n에 대해 주어진 식을 만족하는 수들로 이루어진 수열이다. 또한 이 차분방정식뿐 아니라 해의 수열에 대한 첫 항의 값을 결정하는 **초기조건**

$$y_0 = \alpha \tag{2}$$

가 존재할 수도 있다.

잠시 식 (1)에 주어진 함수 f가 y_n에만 종속되고 n에는 종속되지 않는다고 가정하자. 이 경우

$$y_{n+1} = f(y_n), \quad n = 0, 1, 2, ... \tag{3}$$

이 된다. y_0가 주어지면 다음 항들은 식 (3)으로부터 연달아 찾을 수 있다. 즉,

$$y_1 = f(y_0)$$

와

$$y_2 = f(y_1) = f(f(y_0))$$

이다. 이때 $f(f(y_0))$를 차분방정식의 두 번째 반복함수(iterate)라 부르고 $f^2(y_0)$라 놓기도 한다. 비슷하게 세 번째 반복함수 y_3는

$$y_3 = f(y_2) = f(f(f(y_0))) = f^3(y_0)$$

으로 주어지는 등 일반적인 n번째 반복함수 y_n은

$$y_n = f(y_{n-1}) = f^n(y_0)$$

이다. 이와 같은 과정을 차분방정식을 반복한다고 한다. 이때 주로 관심을 기울이는 것은 $n \to \infty$일 때 y_n이 어떻게 되는가이다. 특히 y_n이 하나의 극한값을 갖게 된다면 그 값은 무엇인가?

y_n이 모든 n에 대해 같은 값을 갖게 되는 해를 **평형 상태인 해**(equilibrium solution)라고 부른다. 이런 해들은 미분방정식을 연구할 때만큼이나 매우 중요하다. 평형 상태인 해가 존재할 경우 식 (3)에서 y_{n+1}을 y_n과 같다고 놓고 그 결과로 나오는 방정식인

$$y_n = f(y_n) \tag{4}$$

을 y_n에 대해 풀면 평형 상태인 해를 구할 수 있다.

▶ **선형 차분방정식.** $n + 1$년에 주어진 영역 안에서 서식하는, y_{n+1}이라 놓은 어떤 종에 대한 개체수가 n년의 개체수 y_n의 ρ_n배라고 가정하자; 즉,

$$y_{n+1} = \rho_n y_n, \quad n = 0, 1, 2, ... \tag{5}$$

이다. 이때의 증식률(reproduction rate) ρ_n은 해마다 달라질 수 있음에 유의하자. 이 차분방정식 (5)는 선형이므로 반복법에 의해 쉽게 풀 수 있다. 즉,

$$y_1 = \rho_0 y_0,$$
$$y_2 = \rho_1 y_1 = \rho_1 \rho_0 y_0$$

이고 일반항은

$$y_n = \rho_{n-1} \cdots \rho_0 y_0, \quad n = 1, 2, ... \tag{6}$$

이다. 따라서 초기 개체수 y_0가 주어지면 다음 세대의 개체수들은 각각 식 (6)에 의해 결정된다. 비록 개체수 문제의 특성상 ρ_n은 양수여야 하나 몇몇 n 또는 모든 n에 대해 음수인 경우에도 해 (6)은 여전히 유효하다. 그러나 어떤 n에 대해 ρ_n이 0이라면 y_{n+1}과 이후 세대에 대한 y값이 모두 0이 된다; 다시 말해 이 종은 멸종하게 된다.

이때 증식률 ρ_n이 각각의 n에 대해 모두 같은 ρ값을 갖는다면 차분방정식 (5)는

$$y_{n+1} = \rho y_n \tag{7}$$

이 되고 이것의 해는

$$y_n = \rho^n y_0 \tag{8}$$

이 된다. 또한 식 (7)은 초깃값 $y_0 = 0$에 해당하는 평형 상태인 해, 즉 모든 n에 대해 $y_n = 0$인 해를 갖는다. y_n의 극한 성질은 식 (8)로부터 쉽게 찾을 수 있다. 실제로

$$\lim_{n\to\infty} y_n = \begin{cases} 0, & |\rho| < 1\text{일 때;} \\ y_0, & \rho = 1\text{일 때;} \\ \text{존재하지 않는다,} & \text{그 외} \end{cases} \tag{9}$$

이다. 즉, 이 평형 상태인 해 $y_n = 0$은 $|\rho| < 1$에서는 점근적으로 안정적이고 $|\rho| > 1$에서는 불안정하다.

이제 식 (5)로 나타낸 개체수 모델을 수정하여 이주해 들어오거나 나가는 효과를 포함시켜 보자. b_n을 n년에 이주해 들어옴으로써 발생하는 개체수의 순 증가량이라고 하면 $n + 1$년의 개체수는 자연 증식률에 의한 개체수와 이주해 들어온 개체수의 합이 된다. 따라서 상수인 증식률 ρ에 대해

$$y_{n+1} = \rho y_n + b_n, \quad n = 0, 1, 2, ..., \tag{10}$$

이 된다. 앞에서와 마찬가지로 반복법을 이용하여 식 (10)을 풀면

$$\begin{aligned} y_1 &= \rho y_0 + b_0, \\ y_2 &= \rho(\rho y_0 + b_0) + b_1 = \rho^2 y_0 + \rho b_0 + b_1, \\ y_3 &= \rho\left(\rho^2 y_0 + \rho b_0 + b_1\right) + b_2 = \rho^3 y_0 + \rho^2 b_0 + \rho b_1 + b_2 \end{aligned}$$

등이 되고 일반항은

$$y_n = \rho^n y_0 + \rho^{n-1} b_0 + \cdots + \rho b_{n-2} + b_{n-1} = \rho^n y_0 + \sum_{j=0}^{n-1} \rho^{n-1-j} b_j \tag{11}$$

가 된다. 식 (11)의 우변의 첫 항은 원래 있던 개체수의 자손들을 나타내고 있고 다른 항들은 이전 해에 각각 이주해 들어온 n년의 개체수를 나타낸다.

모든 n에 대해 $b_n = b \neq 0$인 특수한 경우에는 이 차분방정식이

$$y_{n+1} = \rho y_n + b \tag{12}$$

가 되고 식 (11)로부터 해는

$$y_n = \rho^n y_0 + \left(1 + \rho + \rho^2 + \cdots + \rho^{n-1}\right) b \tag{13}$$

가 된다. $\rho \neq 1$이면 이 해를 좀 더 간결한 형태

$$y_n = \rho^n y_0 + \frac{1 - \rho^n}{1 - \rho} b \tag{14}$$

로 쓸 수 있는데 이 식의 우변의 두 항들은 여전히 원래의 개체수와 이주해 들어온 개체수의 영향을 각각 나타낸다. 식 (14)를

$$y_n = \rho^n \left(y_0 - \frac{b}{1 - \rho}\right) + \frac{b}{1 - \rho} \tag{15}$$

로 다시 쓰면 y_n의 장기간에 걸친 모양을 좀 더 확실하게 알 수 있다. 즉, 식 (15)로부터 $|\rho| < 1$이면 $y_n \to b/(1-\rho)$이다. $|\rho| > 1$ 또는 $\rho = -1$이면 $y_0 = b/(1-\rho)$일 때 외에는 y_n의 극한이 존재하지 않는다. $\rho \neq 1$일 때는 식 (12)로부터 바로 알 수 있듯이 $b/(1-\rho)$가 식 (12)의 평형 상태인 해이다. 식 (14)는 $\rho = 1$에 대해 유효하지 않으므로 식 (13)으로 다시 돌아가 $\rho = 1$이라고 놓자. 그러면

$$y_n = y_0 + nb \tag{16}$$

가 되고 따라서 $n \to \infty$일 때 y_n은 발산하게 된다.

이와 같은 모델이 금융에 관련된 문제들을 풀기 위한 기틀을 마련해 준다. 이 경우 y_n을 n번째 기간의 잔고, 이 기간 동안의 이율 r_n에 대해 $\rho_n = 1 + r_n$, b_n은 예금액 또는 인출금액이라 두는데 이에 대한 전형적인 예제는 다음과 같다.

예제 2.9.1

대학을 갓 졸업한 사람이 차를 사기 위해 \$10,000를 대출받고자 한다. 이때의 이율이 12%라면 4년 안에 대출을 모두 갚기 위해 매달 상환해야 하는 금액은 얼마인가?

풀이

이와 관련 있는 차분방정식은 식 (12)인데 이때의 y_n은 n번째 달까지 상환하지 않은 대출 잔액, 월이

율 r에 대해 $\rho = 1 + r$, b는 월상환액의 효과이다. 여기서는 월이율이 1%이므로 $\rho = 1.01$임을 알 수 있다. 상환을 하면 대출 잔액이 줄어들기 때문에 b는 음수여야 한다; 실제 상환액은 $|b|$이다.

이런 ρ의 값과 초기조건 $y_0 = 10{,}000$에 대한 차분방정식 (12)의 해는 식 (15)에 의해 주어진다; 즉,

$$y_n = (1.01)^n (10{,}000 + 100b) - 100b \tag{17}$$

이다. 이 식에서 $y_{44} = 0$이라 두고 이를 b에 대해 풀면 4년 이내에 대출을 모두 상환하기 위해 필요한 b의 값을 구할 수 있는데 그 결과는

$$b = -100\frac{(1.01)^{44}}{(1.01)^{44} - 1} = -282.04406 \tag{18}$$

이다. 따라서 이 대출건에 대한 총 지불액은 $|b|$의 44배, 즉 \$12,409.939이고 이 중 \$10,000는 원금 상환액, 나머지 \$2409.939는 이자이다.

▶ **비선형 차분방정식.** 비선형 차분방정식은 선형 차분방정식보다 훨씬 더 복잡하고 훨씬 더 다양한 해를 갖는데 다음과 같이 하나의 식으로 되어 있는 **로지스틱 차분방정식**

$$y_{n+1} = \rho y_n \left(1 - \frac{y_n}{k}\right) \tag{19}$$

만을 살펴보겠다. 이 방정식은 2.5절에서 소개했던 로지스틱 미분방정식

$$\frac{dy}{dt} = ry\left(1 - \frac{y}{K}\right) \tag{20}$$

와 비슷하다. 식 (20)에서의 미분 dy/dt를 차분인 $(y_{n+1} - y_n)/h$으로 치환하면 식 (20)을 식 (19)로 바꿀 수 있는데 이때 $\rho = 1 + hr$이고 $k = (1 + hr)K/(hr)$이다. 식 (19)를 좀 더 단순화시키기 위해 새로운 변수 $u_n = y_n/k$를 이용하여 변수 y_n의 단위를 조정하자. 그러면 식 (19)는 양의 매개변수 ρ에 대해

$$u_{n+1} = \rho u_n (1 - u_n) \tag{21}$$

이 된다.

먼저 식 (21)에 대해 평형 상태인, 또는 상수인 해들을 찾고자 한다. 이 해들은 식 (21)에서 u_{n+1}을 u_n과 같다고 놓으면 찾을 수 있는데 이것은 식 (20)에서 dy/dt를 영과 같게 놓는 것과 동일하다. 그 결과

$$u_n = \rho u_n - \rho u_n^2 \tag{22}$$

이 되므로 식 (21)의 평형 상태인 해들은

$$u_n = 0, \quad u_n = \frac{\rho - 1}{\rho} \tag{23}$$

이다.

이 평형 상태의 해들이 점근적으로 안정적인지 아니면 불안정한지를 살펴보자. 즉, 평형 상태인 해들 중 하나의 해 가까이에서 시작하는 해들의 수열이 이 평형 상태인 해로 다가갈 것인가 아니면 멀어질 것인가?

이에 대한 답을 알아보기 위해 식 (21)을 평형 상태인 해의 근방에서 선형 근사해 보자. 예를 들어 평형 상태인 해 $u_n = 0$ 근처에서 u_n^2의 값은 u_n에 비해 작기 때문에 식 (21)의 이차항은 선형인 항에 비해 무시할 수 있다. 따라서 선형 차분방정식

$$u_{n+1} = \rho u_n \tag{24}$$

만 남는데 이 식은 충분히 0에 가까운 u_n에 대해 식 (21)을 잘 근사할 것이나. 그러나 식 (24)는 식 (7)과 같으므로 이미 식 (9)에서 결론 내렸듯이 $n \to \infty$일 때 $u_n \to 0$일 필요충분조건은 $|\rho| < 1$ 또는 (ρ가 양수여야 하므로) $0 < \rho < 1$이다. 따라서 평형 상태인 해 $u_n = 0$은 $0 < \rho < 1$에서 선형 근사 (24)에 대해 점근적으로 안정적이고, 또한 비선형 차분방정식 (21)에 대해서도 점근적으로 안정적이라고 결론 내릴 수 있다.

비록 설명이 완전하지는 않으나 이 결론은 참이다. 부족한 부분은 비선형 차분방정식 (21)의 해가 평형 상태인 해 $u_n = 0$ 근처에서 선형 차분방정식 (24)의 해와 비슷하다는 사실을 나타내는 정리이다. 이에 대해 여기서 다루지는 않겠다; 9.3절에서 미분방정식과 관련해서 살펴보겠다.

또 다른 평형 상태인 해 $u_n = (\rho - 1)/\rho$를 고려해 보자. 이 점 근방에서의 해들을 살펴보기 위해

$$u_n = \frac{\rho - 1}{\rho} + v_n \tag{25}$$

이라 놓고 이때의 v_n을 작다고 가정하자. 식 (21)에 식 (25)를 대입하여 나온 식을 단순화시키면

$$v_{n+1} = (2 - \rho)v_n - \rho v_n^2 \tag{26}$$

을 얻을 수 있다. v_n이 작아서 선형 항에 비해 이차항을 무시할 수 있으므로 선형방정식

$$v_{n+1} = (2 - \rho)v_n \tag{27}$$

을 구할 수 있다. 이때 식 (9)를 다시 이용하면 $|2 - \rho| < 1$, 즉, $1 < \rho < 3$에 대해 $n \to \infty$이면 $v_n \to 0$임을 알 수 있다. 따라서 $1 < \rho < 3$에서 평형 상태인 해 $u_n = (\rho - 1)/\rho$는 점근적으로 안정적이라고 결론내릴 수 있다.

그림 2.9.1은 각각 $\rho = 0.8$, $\rho = 1.5$, $\rho = 2.8$에 대한 식 (21)의 해들에 대한 그래프를 나타낸다. $\rho = 0.8$에 대한 해는 0으로 수렴하고 $\rho = 1.5$와 $\rho = 2.8$에 대한 해는 영이 아닌 평형 상태의 해로 수렴함을 확인할 수 있다. 또한 $\rho = 0.8$과 $\rho = 1.5$에 대한 해는 단조 증가 또는 감소하면서 수렴하고 $\rho = 2.8$에 대한 해는 진동하면서 수렴한다. 이 그림은 특정한 초기조건들에 대한 그래프들이긴 하나 다른 초기조건에 대한 그래프도 이와 비슷하다.

그림 2.9.2는 차분방정식의 해를 나타내는 또 다른 방법을 나타내고 있다. 각각의 그림들은 포물선 $y = \rho x(1 - x)$의 그래프와 직선 $y = x$의 그래프를 포함하고 있다. 따라서 평형 상태인 해들은 이 두 곡선들의 교점에 해당한다. 연속적인 수직 선분들과 수평 선분들로 이루어져 있는, 계단식 다이어그램이라고 부르기도 하는 조각적으로 선형인 그래프는 해의 수열을 나타낸다. 이 수열은 x축 위의 점 u_0에서 시작하는데 u_0에서 포물선을 향해 위쪽으로 그려진 수직 선분은 $\rho u_0(1 - u_0) = u_1$의 계산에 해당한다. 이후 이 값을 y축에서 x축으로 옮긴다; 이 단계를 포물선에서부터 직선 $y = x$까지 연결된 수평 선분으로 표시할 수 있다. 이 과정을 계속 반복하면 이 수열이 **그림 2.9.2(a)**에서는 원점으로 수렴하고 다른 두 그림에서는 0이 아닌 평형 상태의 해로 수렴함을 알 수 있다.

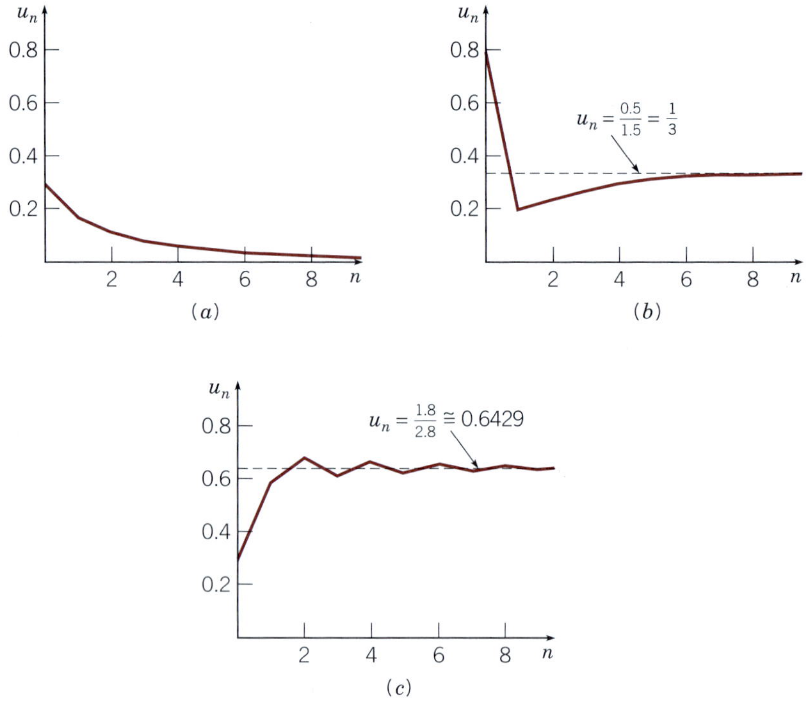

그림 2.9.1 $u_{n+1} = \rho u_n(1 - u_n)$의 해들: (a) $\rho = 0.8$; (b) $\rho = 1.5$; (c) $\rho = 2.8$.

지금까지의 결과를 요약해 보자: 차분방정식 (21)은 두 개의 평형 상태인 해, $u_0 = 0$과 $u_n = (\rho - 1)/\rho$를 갖는다; 전자는 $0 \le \rho < 1$에 대해 점근적으로 안정적이고 후자는 $1 < \rho < 3$에 대해 점근적으로 안정적이다. $\rho = 1$일 때, 이 두 평형 상태인 해들은 $u = 0$에서 만난다; 이 해도 점근적으로 안정적임을 보일 수 있다. **그림 2.9.3**에서 수평축은 매개변수 ρ이고 수직축은 u인데 평형 상태인 해 $u = 0$과 $u = (\rho - 1)/\rho$가 그려져 있고 이 해들이 각각 점근적으로 안정적인 구간들이 실선으로 표시되어 있다. 또한 $\rho = 1$에서 하나의 평형 상태인 해로부터 다른 평형 상태인 해로 **안정성의 교환**(exchange of stability)이 발생함을 알 수 있다.

$\rho > 3$일 때 평형 상태인 해들은 모두 불안정하고 ρ가 증가함에 따라 식 (21)의 해들은 점점 더 복잡해진다. ρ가 3보다 약간 크면 수열 u_n은 주기 2인 안정적인 진동으로 빠르게 다가간다; 즉, u_n은 두 개의 서로 다른 값 사이에서 오가며 진동한다. $\rho = 3.2$에 대한 해가 그림 2.9.4에 나타나 있다. n이 대략 20보다 커지면 이 해는 0.5130과 0.7995 사이에서 오간다. 이 그래프는 특정한 초기조건 $u_0 = 0.3$인 경우지만 0과 1 사이의 다른 초깃값의 경우도 모두 이와 비슷하다. **그림 2.9.4(*b*)** 역시 직사각형 경로를 따라 계속 시계 방향으로 도는 안정적인 진동을 나타내고 있다.

약 $\rho = 3.449$에서 주기 2인 진동 상태는 각각 두 개의 서로 다른 상태로 분리되고 이때의 해는 주기 4를 갖는다; $\rho = 3.5$일 때의 주기 4인 해를 나타내는 **그림 2.9.5**를 보자. ρ가 더 증가하면 주기 8, 16, ...인 해들이 나타난다. 이처럼 어떤 매개변수의 값에 따라 어떤 주기의 해가 다른 주기의 해로 변하는 것을 **분기**(bifurcation)라고 부른다; 분기가 발생하는 이 매개변수의 값을 **분기값**이라고 부른다.

연속해서 주기가 두 배가 되는 ρ값은 약 3.57로 한없이 다가간다. $\rho > 3.57$에 대한 해들은 어

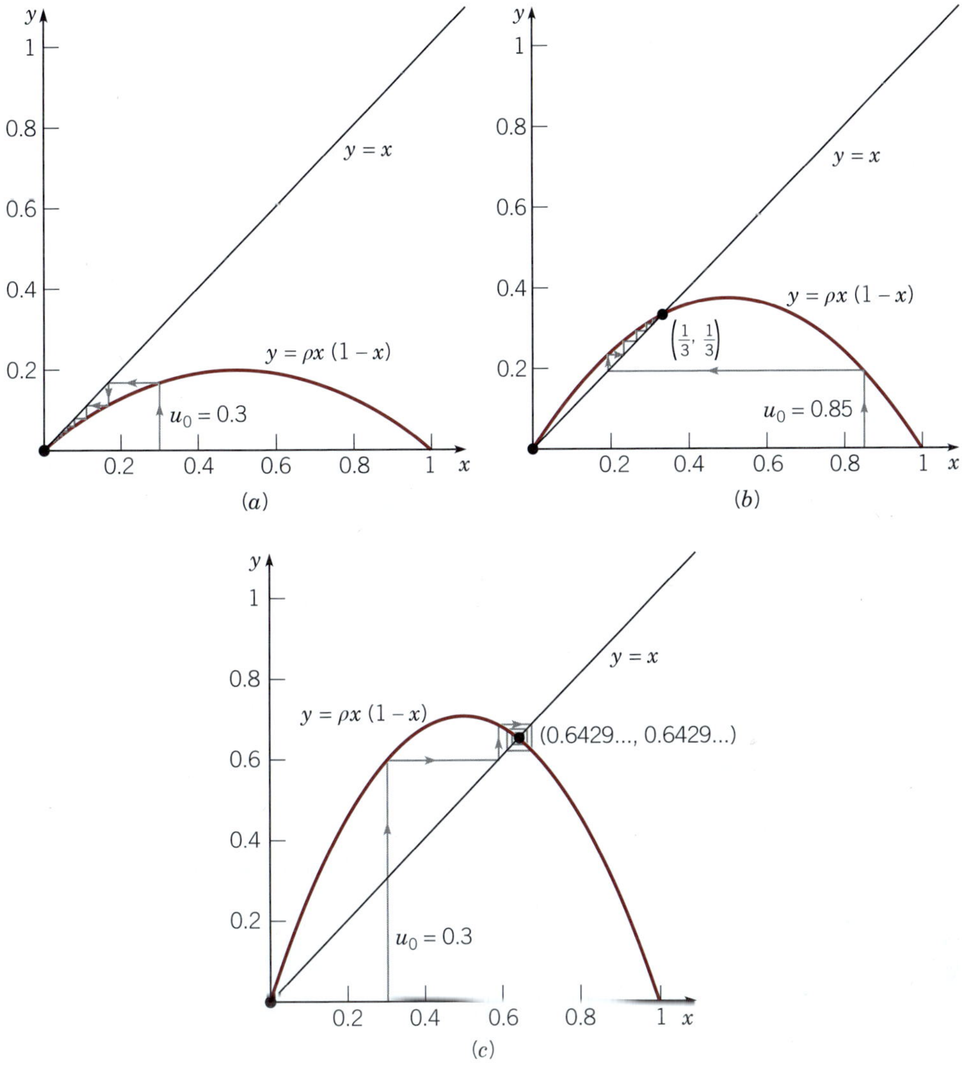

그림 2.9.2 $u_{n+1} = \rho u_n(1 - u_n)$의 반복 함수들: (*a*) $\rho = 0.8$; (*b*) $\rho = 1.5$; (*c*) $\rho = 2.8$.

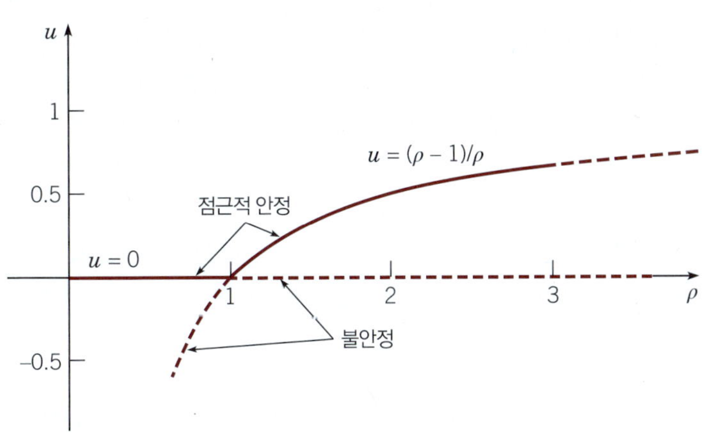

그림 2.9.3 $u_{n+1} = \rho u_n(1 - u_n)$에 대한 안정성의 교환.

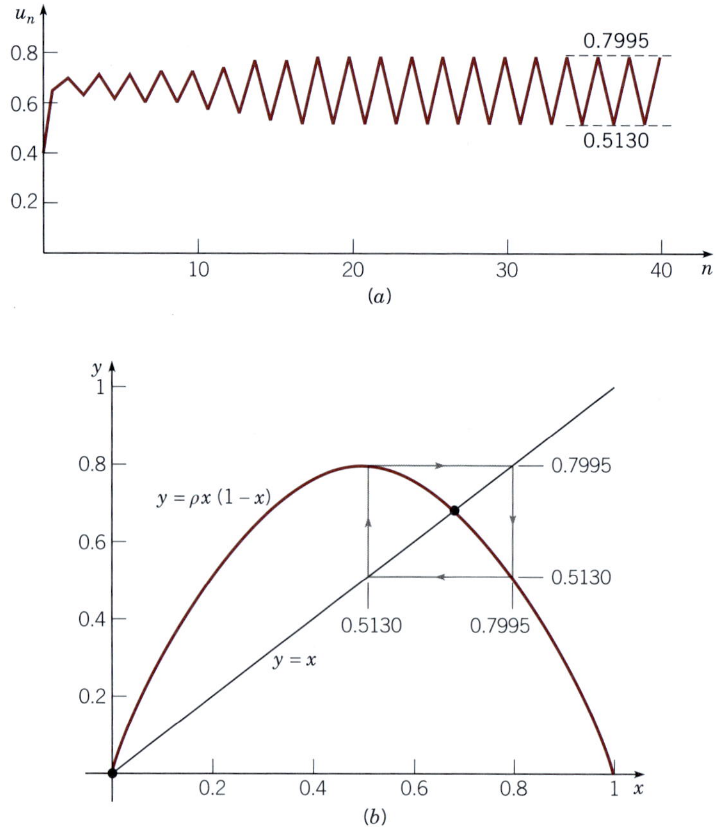

그림 2.9.4 $\rho = 3.2$일 때 $u_{n+1} = \rho u_n(1 - u_n)$ 의 해; 주기 2. (*a*) n에 따른 u_n; (*b*) 거미줄 모양의 다이어그램은 이 반복함수가 2-사이클임을 나타낸다.

느 정도 규칙성을 갖지만 대부분의 ρ에 대해 식별 가능한 구체적인 모양을 갖고 있지는 않는다. 예를 들어 **그림 2.9.6**에 나타나 있는 $\rho = 3.65$에 대한 해는 대략 0.3과 0.9 사이에서 진동하지만 자세한 형태는 예측하기 어렵다. 이런 상황을 묘사할 때 **혼돈상태**(chaotic)라는 용어를 사용한다. 혼돈상태의 해가 갖는 특징 중 하나는 초기조건에 극도로 예민하다는 것이다. 이것은 $\rho =$ 3.65에 대한 식 (21)의 두 해들을 나타내고 있는 **그림 2.9.7**로 설명할 수 있다. 한 해는 초깃값 u_0 = 0.3을 갖는 그림 2.9.6과 똑같은 해이고 또 다른 해는 초깃값 $u_0 = 0.305$를 갖는 해이다. 15번 정도 반복하면 이 두 해들이 서로 가깝기 때문에 그림에서는 구별하기가 어렵다. 15번 이후로는 이 두 해가 여전히 거의 비슷한 구간 안에서 계속 오가지만 그래프의 모양은 상당히 달라진다. 따라서 n이 대략 15 이상인 경우에는 이 두 해 중 어느 것을 사용해도 다른 해의 값을 추정할 수 없다.

차분방정식과 미분방정식의 혼돈상태인 해들이 널리 알려진 것은 비교적 최근의 일이다. 식 (20)은 1974년에 Robert May[21]가 처음으로 발견하여 자세히 연구한 수학적 혼돈상태의 한 예

[21] Robert M. May (1938~)는 오스트레일리아 시드니에서 태어났고 1959년 시드니 대학에서 이론 물리학으로 박사학위를 받았다. 그의 관심은 곧 개체수 역학과 이론 생태학으로 옮아갔다; 본문 중에 인용한 연구는 이 장 끝부분의 참고문헌에 열거되어 있는 두 개의 논문에 나와 있다. 그는 시드니 대학, 프린스턴 대학, Imperial College(런던), 옥스포드 대학(1988년 이후부터)에서 교수직에 재직한 바 있다.

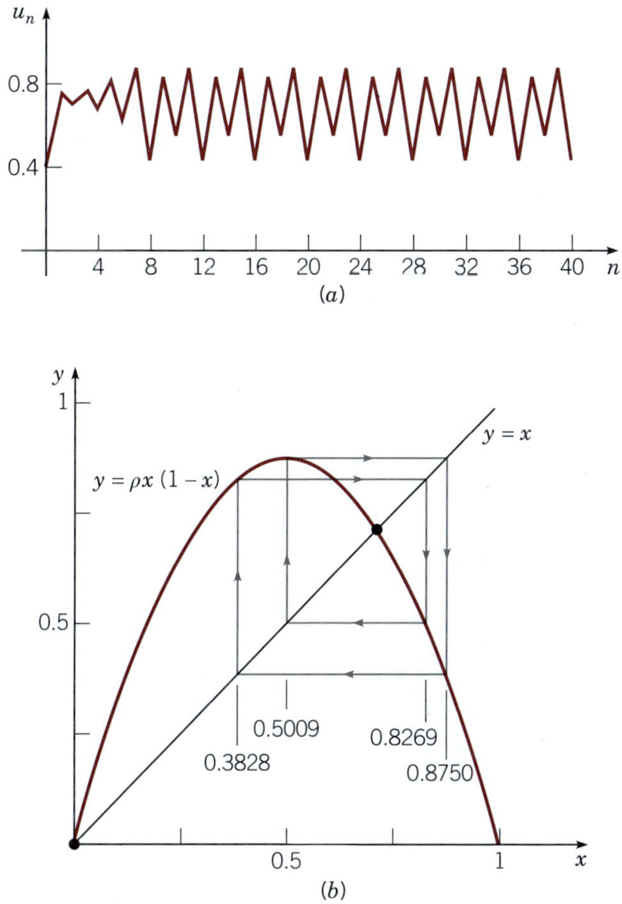

그림 2.9.5 $\rho = 3.5$일 때 $u_n + 1 = \rho u_n(1 - u_n)$의 해; 주기 4. (*a*) n에 따른 u_n; (*b*) 거미줄 모양의 다이어그램은 이 반복함수가 4-사이클임을 나타낸다.

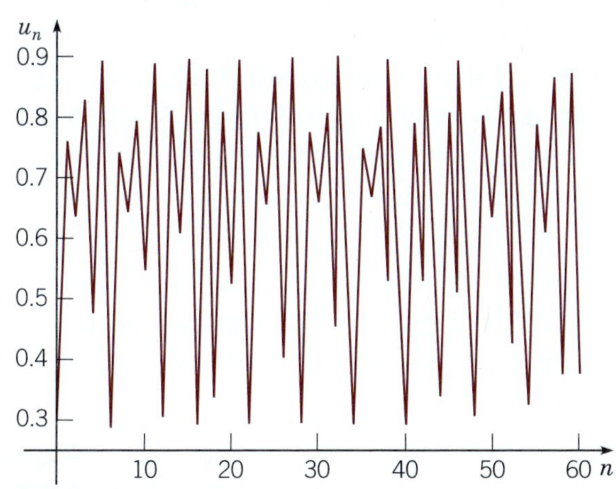

그림 2.9.6 $\rho = 3.65$일 때 $u_{n+1} = \rho u_n(1 - u_n)$의 해; 혼돈상태인 해.

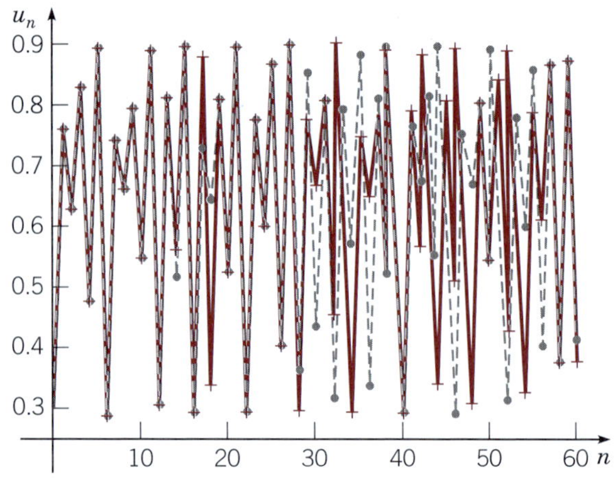

그림 2.9.7 $\rho = 3.65$일 때 $u_{n+1} = \rho u_n(1 - u_n)$의 두 해; $u_0 = 0.3$과 $u_0 = 0.305$.

이다. 그는 어떤 곤충의 개체수에 대한 모델로서 이 방정식을 분석했던 것을 근거로 성장률 ρ가 지나치게 크면 이 곤충의 개체수에 대한 장기적인 예측이 불가능하다고 주장했다. 단순한 문제처럼 보이는 이 혼돈상태인 해가 발생함으로써 엄청난 양의 연구결과가 쏟아져 나왔지만 여전히 풀리지 않은 의문들이 많이 남아 있다. 그러나 혼돈상태의 해들이 처음 예상했던 것보다 훨씬 흔하게 발생하고 있고 다양한 현상들을 연구할 때 일정 부분을 차지한다는 것은 확실하다.

연습 문제

▶ 문제 **1**부터 **4**까지 초깃값 y_0를 이용하여 주어진 차분방정식을 풀어라. 또한 이때의 해가 $n \to \infty$일 때 어떻게 되는지 설명하라.

1. $y_{n+1} = -0.9\, y_n$

2. $y_{n+1} = \sqrt{\dfrac{n+2}{n+1}}\, y_n$

3. $y_{n+1} = (-1)^{n+1} 2 y_n$

4. $y_{n+1} = 0.5 y_n + 4$

5. 한 투자자가 매달 복리로 12%의 이율을 지급하는 계좌에 \$2,000를 예치하였고 매달 \$50를 추가로 더 예금한다고 하자. 3년 후 이 계좌의 잔고를 구하라.

6. 대학을 졸업한 어떤 사람이 차를 사기 위해 \$9,000를 대출받았다. 대출기관은 8%의 연이율을 부과하였다면 3년 안에 이 대출을 모두 갚기 위해 매달 상환해야 하는 금액은 얼마인가?

7. 어떤 주택구매자가 15%의 이율인 \$300,000의 주택담보대출을 이용하려고 한다. 50년 안에 이 대출을 모두 갚기 위한 월상환액은 얼마인가? 또한 30년 안에 이 대출을 모두 갚기 위한 월상환액은 얼마인가? 각각의 경우에 이 대출기간 동안의 총 지불액은 얼마인가?

8. 20년 상환 주택담보대출에 대한 이율을 8%로 고정하고 구매자가 감당할 수 있는 최대 월상환액을 \$1,000라 놓으면 이 조건하에서 얻을 수 있는 최대 대출액은 얼마인가?

9. 어떤 주택구매자가 20년 상환인 \$98,000 주택담보대출 금융상품을 이용하고자 한다. 월상환액이 \$950를 넘지 않는다면 이 구매자가 감당할 수 있는 최대 이율은 무엇인가?

▶ **로지스틱 차분방정식.** 문제 **10**부터 **15**까지 차분방정식 (21), $u_{n+1} = \rho u_n(1 - u_n)$를 다루고 있다.

10. 이에 대한 평형 상태인 해 $u_n = (\rho - 1)/\rho$에 대한 선형 안정성을 자세히 분석하라. 즉, 본문상의 작은 변동(perturbation) v_n에 대한 차분방정식 (26)을 유도하라.

11. a. **N** $\rho = 3.2$일 때 몇몇 초기조건들, 즉 $u_0 = 0.2, 0.4, 0.6, 0.8$에 대한 로지스틱 방정식 (21)의 해를 그리거나 계산하라. 각각의 해들이 모두 똑같이 두 값들 사이의 안정적인 진동으로 다가감을 확인하자. 이는 해의 장기적인 모양이 초깃값과는 상관없음을 나타내고 있다.

b. **N** 이와 비슷하게 큰 n에 대한 해의 성질이 2.6, 2.8, 3.4 같은, 다른 ρ값의 경우에도 초기조건과는 상관없음을 계산하고 증명하라.

12. 식 (21)에서 $\rho > 1$이라고 가정하자.

a. **G** 정성적으로 적절한 계단 모양의 다이어그램을 그린 후 $u_0 < 0$이면 $n \to \infty$일 때 $u_n \to -\infty$임을 보여라.

b. **G** 비슷하게 $u_0 > 1$이면 $n \to \infty$일 때 어떻게 되는지 설명하라.

13. 매개변수 ρ가 3을 지남에 따라 식 (21)의 해들은 수렴하는 수열에서 주기 2인 주기 진동으로 바뀐다. 이런 상황을 좀 더 자세히 살펴보기 위해 다음 과정을 따라 계산하라.

a. **N** $\rho = 2.9, 2.95, 2.99$에 대해 구간 (0, 1)에서 선택한 초깃값 u_0에 대한 해를 각각 그리거나 계산하라. 각각의 경우에 극한값에 "매우 가까운" 해를 찾기 위해 얼마나 많은 반복이 필요한지 추정하라. "매우 가까운"의 의미를 편리한 대로 해석해도 좋다.

b. **N** $\rho = 3.01, 3.05, 3.1$에 대해 각각 해를 그래프로 나타내거나 계산하되, a와 동일한 초기조건을 사용하라. 각 경우에서 안정된 상태의 진동에 도달하는 데 필요한 반복 횟수를 추정하라. 또한 안정된 상태의 진동에서 두 값을 찾거나 추정하라.

14. **N** 서로 다른 ρ의 값에 대한 식 (21)의 해들을 계산하거나 그려서 이 해들이 주기 2인 진동에서 주기 4인 진동으로 바뀌는 ρ의 값을 추정하라. 똑같은 방법으로 해들이 주기 4에서 주기 8로 바뀌는 ρ의 값을 추정하라.

15. **N** ρ_k를 식 (21)의 해가 주기 2^{k-1}에서 주기 2^k으로 바뀌는 ρ의 값이라 두자. 따라서 본문에서 확인했듯이 $\rho_1 = 3$, $\rho_2 \cong 3.449$, $\rho_3 \cong 3.544$이다.

a. 이 ρ_1, ρ_2, ρ_3의 값들 또는 문제 **14**에서 값들을 사용하여 $(\rho_2 - \rho_1)/(\rho_3 - \rho_2)$를 계산하라.

b. $\delta_n = (\rho_n - \rho_{n-1})/(\rho_{n+1} - \rho_n)$이라 두자. Feigenbaum[22] 수라고 알려져 있는 $\delta \cong 4.6692$에 대해 $n \to \infty$일 때 이 극한 δ로 다가감을 보일 수 있다. **a**에서 계산했던 것처럼 이 극한값 δ와 δ_2 사이의 백분율 차이(percentage difference)를 결정하라.

c. $\delta_3 = \delta$라고 가정하여 주기 16인 해들이 발생하는 ρ의 값인 ρ_4를 추정하라.

d. **G** **c**에서 찾은 ρ_4의 값 근처에 있는 해들을 그리거나 계산하여 주기 16인 해의 모양을 구하라.

e.

$$\rho_n = \rho_1 + (\rho_2 - \rho_1) + (\rho_3 - \rho_2) + \cdots + (\rho_n - \rho_{n-1})$$

임을 확인할 수 있다.

$$\rho_4 - \rho_3 = (\rho_3 - \rho_2)\,\delta^{-1}, \quad \rho_5 - \rho_4 = (\rho_3 - \rho_2)\,\delta^{-2}$$

등으로 가정하여 ρ_n을 기하급수의 합으로 표현한 후 $n \to \infty$일 때 ρ_n의 극한을 찾아라. 이 극한은 로지스틱 방정식 (21)의 해에서 혼돈상태가 시작되는 점인 ρ의 값에 대한 추정값이다.

[22] 로지스틱 차분방정식에 대한 이와 같은 결과는 1975년 8월에 Mitchell Feigenbaum (1944~)이 Los Alamos National Laboratory에서 근무할 때 발견한 것이다. 그는 단 몇 주 만에 이와 똑같은 극한값이 주기가 두 배가 되는 다양한 차분방정식들에서도 발생한다는 것을 밝혀냈다. M.I.T에서 물리학 박사학위를 받은 Feigenbaum은 현재 록펠러 대학에 재직 중이다.

개념 문제

C2.1. 1계 선형 미분방정식에서 적분인자를 사용하는 일반적인 개념을 말로 설명하라.

C2.2. 미분방정식 $y' + py = g$에 적분인자 $\mu(t) = \exp(\int p(t)\,dt)$을 곱하면 일반해를 찾기 쉬워지는 이유를 설명하라.

C2.3. 다음 적분인자 ((a)~(d))를 해당하는 미분방정식 ((i)~(iv))과 연결하라.

a. $\mu(t) = e^{3t}$ **i.** $y' + \dfrac{3}{t}y = g(t)$

b. $\mu(t) = e^{-3t}$ **ii.** $y' + 3y = g(t)$

c. $\mu(t) = t^3$ **iii.** $y' + \dfrac{3}{t}y = g(t)$

d. $\mu(t) = t^{-3}$ **iv.** $y' + 3y = g(t)$

C2.4. **a.** 임의의 1계 선형 미분방정식에 대해 양함수 해를 찾을 수 있는가? 그 이유를 설명하라.

b. 임의의 분리 가능한 미분방정식에 대해 양함수 해를 찾을 수 있는가? 그 이유를 설명하라.

C2.5. 혼합 문제(mixing problem)에 대한 일반적인 균형 법칙을 말로 설명하라.

C2.6. 방정식 $y' = ay + b$의 모든 해가

a. 모든 t에서 유계로 유지되는 a의 값을 찾아라.

b. $t \to \infty$일 때 무한대로 발산하는 a의 값을 찾아라.

C2.7. 정리 2.4.2는 1계 선형 미분방정식 $y' + p(t)y = g(t)$의 해에 대해 무엇을 말하는가? (여기서 p와 g는 $-\infty < t < \infty$에서 연속이라고 가정한다.)

C2.8. 초깃값 문제 $y' = y^{\alpha}$, $y(0) = y_0$를 고려하자. (여기서 α는 실수이다.)

a. 어떤 α 값에 대해 정리 2.4.1이 적용되는가?

b. 어떤 α 값에 대해 정리 2.4.2가 적용되는가?

C2.9. 자율 미분방정식의 방향장을 위상선(phase line)으로 압축할 수 있게 하는 방향장의 특징은 무엇인가?

C2.10. 잘 설정된 미분방정식(well-based differential equation)이란 무엇인가?

C2.11. 좋은 수학적 모델의 중요한 두 가지 특성을 서술하라.

C2.12. 평형해 $y = -1$, $y = 0$, $y = 1$(이 외에는 없음)을 갖는 1계 미분방정식이 다음과 같은 질적 성질을 가질 수 있는가? 만약 가능하다면, $y = 0$에 대해 예를 들어라. 가능하지 않다면 그 이유를 설명하라.

a. $y = -1$은 점근적으로 안정적이고, $y = 0$은 반안정적이며, $y = 1$은 불안정하다.

b. $y = \pm 1$은 모두 반안정적이며, $y = 0$은 점근적으로 안정적이다.

c. $y = \pm 1$은 모두 불안정하다. (이것이 $y = 0$의 안정성에 대해 무엇을 의미하는가?)

d. 세 개의 평형해가 모두 점근적으로 안정적이다.

e. 세 개의 평형해가 모두 반안정적이다.

f. 정확히 두 개의 평형해가 점근적으로 안정적이다.

C2.13. 초기조건을 연구하는 이유는 무엇인가? 초깃값 문제에서 이러한 조건은 어떻게 사용되는가?

C2.14. 임의의 완전 미분방정식에 대해 명시적인 해를 찾을 수 있는가? 설명하라.

C2.15. 고계 선형 미분방정식을 자율적인 1계 시스템으로 변환하는 과정에서, 변환된 자율 시스템도 선형인가?

C2.16. $\mu(x, y)$가 미분방정식을 완전하게 만드는 적분인자라고 하자. 이 적분인자는 유일한가? 유일하지 않다면, 동일한 미분방정식을 완전하게 만드는 또 다른 적분인자를 제시하라.

C2.17. 방향장(direction field)에 대해 아는 것을 설명하고, 방향장이 중요한 이유는 무엇인가?

C2.18. 완전 미분방정식이란 무엇이며, 어디에서 사용되는가? 1계 완전 상미분방정식의 일반적인 실용적

응용 사례 몇 가지를 나열하라.

C2.19. 적분방정식 $y(t) = y_0 + \int_{y_0}^{t} f(s, y(s))\,ds$을 만족하는 함수 $y(t)$는 어떤 1계 미분방정식의 초깃값 문제를 만족하는가?

C2.20. 적분방정식 $y(t) = y_0 + \int_{y_0}^{t} f(s, y(s))\,ds$이 초깃값 문제 $y' = f(t, y), y(t_0) = y_0$의 해에 대한 명확한 공식이 되는 경우는 언제인가?

C2.21. **a.** 1계 선형 차분방정식 $y_{n+1} = ay_n + b$의 평형상태 해는 무엇인가? a와 b에 대해 어떤 가정을 해야 하는가?

b. 1계 선형 미분방정식 $y' = ay + b$의 평형상태 해는 무엇인가? a와 b에 대해 어떤 가정을 해야 하는가?

개념 문제 답

C2.1. 적분인자는 1계 선형 미분방정식의 표준형에서 좌변의 두 항을 하나의 도함수 항으로 결합할 수 있도록 해주며, 이를 통해 적분을 이용해 쉽게 역변환할 수 있다.

C2.2. 함수 $\mu(t)$는 일반적인 1계 선형 미분방정식의 적분인자이다. 미분방정식에 $\mu(t)$를 곱하면 좌변을 $\mu(t)\,y(t)$의 도함수 형태로 나타낼 수 있다.

C2.3. (a) - (iv); (b) - (ii); (c) - (i); (d) - (iii)

C2.4. **a.** 적분인자를 곱하고 적분한 후, $\mu(t)$로 나누면 $y(t)$의 양함수 공식이 도출된다.

b. 양함수 해를 구할 수 있는 경우는 y에 대한 적분 결과가 명확하게 y를 풀 수 있는 형태일 때뿐이다. 그러나 일반적으로 이 부정적분이 단순하지 않으므로, 우리는 음함수 해를 다룰 준비가 되어 있어야 한다.

C2.5. 탱크 내 물질의 양의 순간 변화율은 탱크로 유입되는 물질의 속도와 유출되는 물질의 속도의 차이와 같다. 즉, "변화율 = 유입 속도 − 유출 속도"가 된다. 유출 속도가 특정 순간의 탱크 내 물질의 양에 따라 달라지므로, 이 관계는 미분방정식으로 표현된다.

C2.6. **a.** $a \le 0$

b. $a > 0$

C2.7. 정리 2.4.2는 1계 비선형 미분방정식의 존재성과 유일성 정리이다. 이 정리를 선형 미분방정식에 적용하려면, 방정식을 $y' = -p(t)y + g(t)$로 다시 작성해야 한다. 여기서 $f(t, y) = -p(t)y + g(t)$이며, $\partial f/\partial y = -p(t)$이다. $p(t)$와 $g(t)$가 모든 t에서 연속이라는 가정은 $f(t, y)$와 $\partial f/\partial y$가 모든 t와 모든 y에 대해 연속임을 의미한다. 따라서 초기조건 $y(t_0) = y_0$에 대해 정리 2.4.2는 t_0를 포함하는 어떤 구간에서 유일한 해의 존재를 보장한다. 또한 정리 2.4.1은 이 해가 모든 t에 대해 존재하고 유일함을 보장한다.

C2.8. **a.** 정리 2.4.1은 미분방정식이 선형일 때 적용되며, 이는 $\alpha = 0$ 또는 $\alpha = 1$일 때 성립한다.

b. 정리 2.4.2는 $f(t, y) = y^{\alpha}$ 및 $\partial f/\partial y = \alpha y^{\alpha-1}$이 $y = y_0 = 0$에서 연속일 때 적용된다. 즉, $\alpha \ge 0$이면서 $\alpha - 1 \ge 0$이거나 $\alpha = 0$일 때 성립한다.

C2.9. 기울기 함수가 y에만 의존하고 t에 의존하지 않으므로, 방향장의 모든 세로 단면은 동일한 형태를 갖는다. 이 정보가 위상선으로 요약될 수 있다.

C2.10. 미분방정식이 해를 가지며, 그 해가 유일하고 초기조건에 대해 연속적으로 변화한다면, 그 방정식은 "well-based"하다고 한다.

C2.11. 수학적 모델은 문제를 쉽게 해결할 수 있도록 단순해야 한다. 또한 실제 상황을 충분히 잘 반영하여, 모델이 예측하는 결과가 실제 문제의 결과와 유용한 수준에서 일치해야 한다. 만약 모델의 예측 결과가 물리적 관측과 맞지 않는다면, 모델의 기본 가정을 수정해야 한다.

C2.12. **a.** $y' = (y-1)^2 y^2 (y+1)^2$

b. $y' = -(y-1)^2 y (y+1)^2$

c. $y' = (y-1)y(y+1)$

d. 불가능

e. $y' = (y-1)y^2(y+1)$

f. $y' = -(y-1)y(y+1)$

C2.13. 초기조건은 미분방정식의 일반해에 나타나는 임의의 상수를 결정하는 데 사용된다. 초기 데이터를 일반해에 대입한 후, 임의 상수를 풀어 정확한 해를 얻을 수 있다. 이는 문제의 정확한 해를 구하는 데 도움이 된다.

C2.14. 분리 가능한 미분방정식의 경우처럼, 일반적으로 암시적 해 $\psi(x, y) = C$에서 y를 x의 함수로 명확하게 푸는 것은 어렵다.

C2.15. 그렇다. 2계 및 고계 선형 미분방정식은 1계 선형 자율 시스템으로 변환될 수 있다.

C2.16. 아니다. 적분인자의 임의의 0이 아닌 상수배도 동일한 미분방정식을 정확한 형태로 만들 수 있다.

C2.17. 방향장은 특정 점에서 주어진 미분방정식이 만족하는 기울기를 나타내는 작은 선분들의 집합으로 정의된다. 이는 미분방정식의 해를 시각적으로 표현하는 데 사용되며, 실제로 해를 구하지 않고도 방정식의 거동을 이해하는 데 도움을 준다. 많은 경우 실제 해보다는 t가 증가할 때 방정식이 어떻게 변하는지에 더 관심이 있다. 우리가 해를 정확히 구할 필요가 없고 해의 장기적인 거동을 알고 싶은 경우, 방향장을 활용하면 유용한 정보를 얻을 수 있다.

C2.18. 수학에서 완전 미분방정식은 특정한 유형의 상미분방정식으로, 물리학과 공학에서 널리 사용된다. 일반적인 응용 사례로는 인구 성장/감소, 혼합 문제, 탱크 배수(토리첼리 법칙) 문제, 포물선 운동, 뉴턴 냉각법칙, 직교 궤적, 녹는 눈덩이 문제, 기본적인 전기 회로, 연금 성장, 로지스틱 인구 모델 등이 있다.

C2.19. $y' = f(t, y), y(t_0) = y_0$

C2.20. 기울기 함수 $f(t, y)$가 독립변수 t에만 의존할 때, 즉 $f(t, y) = f(t)$일 때이다.

C2.21. **a.** 차분방정식의 평형 해는 $y_{n=1} = y_n$을 만족한다. 따라서 $y = ay + b$가 되고, $a \neq 1$이라고 가정하면 $y = b/(1-a)$이다.

b. 미분방정식의 평형 해는 $dy/dx = 0$을 만족한다. 따라서 $0 = ay + b$가 되고, $a \neq 0$이라고 가정하면 $y = -b/a$이다.

복습 문제

기타 문제들. 1계 미분방정식을 푸는 데 있어서 어려운 점 중 하나는 여러 가지 해법 중 특정한 미분방정식에 적용할 수 있는 해법을 찾는 것이다. 주어진 미분방정식에 맞는 해법을 찾는 데 익숙해지기 위해서는 많은 시간이 필요하다. 다음 문제들 중 24번까지는 주어진 문제에 적용할 수 있는 하나 이상의 해법을 구하는 연습을 위한 것이고 나머지 문제들은 특별한 해법을 갖는 특정한 유형의 미분방정식들에 관한 것이다.

문제 **1**부터 **24**까지 주어진 미분방정식을 풀어라. 초기조건이 주어진 경우에는 그 초기조건을 만족하는 해를 구하라.

1. $\dfrac{dy}{dx} = \dfrac{x^3 - 2y}{x}$
2. $\dfrac{dy}{dx} = \dfrac{1 + \cos(x)}{2 - \sin(y)}$
3. $\dfrac{dy}{dx} = \dfrac{2x + y}{3 + 3y^2 - x}, \quad y(0) = 0$

4. $\dfrac{dy}{dx} = 3 - 6x + y - 2xy$

5. $\dfrac{dy}{dx} = -\dfrac{2xy + y^2 + 1}{x^2 + 2xy}$

6. $x^2 \dfrac{dy}{dx} + x^2 y = 2 - y, \quad y(1) = 0$

7. $x\dfrac{dy}{dx} + 2y = \dfrac{\sin(x)}{x}, \quad y(2) = 1$

8. $\dfrac{dy}{dx} = -\dfrac{2xy + 1}{x^2 + 2y}$

9. $\dfrac{dy}{dx} + \dfrac{2y^2 + 6xy - 2x}{3x^2 + 4xy + 3y^2} = 0$

10. $\left(x^2 + 3y\right) + \left(2x + e^y\right)\dfrac{dy}{dx} = 0$

11. $(x + 3y) + (x + 4y)\dfrac{dy}{dx} = 0, \quad y(2) = 3$

12. $y' = e^{x+y}$

13. $\dfrac{dy}{dx} = \dfrac{e^{-x}\cos(y) - e^{2y}\cos(x)}{-e^{-x}\sin(y) + 2e^{2y}\sin(x)}$

14. $\dfrac{dy}{dx} = e^{2x} + 3y$

15. $\dfrac{dy}{dx} + 2y = e^{-x^2-2x}, \quad y(0) = 3$

16. $\dfrac{dy}{dx} = \dfrac{3x^2 - 2y - y^4}{2x + 4xy^3}$

17. $\dfrac{dy}{dx} + y = \dfrac{1}{2 + e^x}$

18. $\dfrac{dy}{dx} + \dfrac{2y^2 + 8xy - 6}{3x^2 + 6xy + 3y^2} = 0$

19. $(2y + 3x) = -x\dfrac{dy}{dx}$

20. $x^2 y' = y + xe^{y/x}$

21. $\dfrac{dy}{dx} = \dfrac{2x^2}{x^3 y + xy^3}$

22. $\dfrac{dy}{dx} = \dfrac{x + y}{x - y}$

23. $\left(3y^2 + 4xy\right) - \left(4xy + x^2\right)\dfrac{dy}{dx} = 0$

24. $\dfrac{dy}{dx} = \dfrac{x^2 - 1}{x^2 + 2}, y(-1) = 1$

25. **Riccati 방정식**. 미분방정식

$$\frac{dy}{dt} = q_1(t) + q_2(t)y + q_3(t)y^2$$

은 Riccati[23] 방정식이라고 알려져 있다. 이 미분방정식에 대한 특수해 y_1을 알고 있다는 가정하에 치환

$$y = y_1(t) + \frac{1}{v(t)}$$

[23] Riccati 방정식은 베네치아의 귀족 Jacopo Francesco Riccati (1676~1754)의 이름을 딴 것이다. 그는 집에서 개인적으로 수학을 연구하기 위해 이탈리아, 오스트리아, 러시아 대학의 교수직 임명을 거절하였다. Riccati는 Riccati 방정식을 광범위하게 연구하였다; 그러나 이 문제에서 소개한 결과를 발견한 사람은 오일러였다(1760년).

을 이용하면 임의의 상수를 포함하는 좀 더 일반적인 해를 얻을 수 있다. 이때 $v(t)$가 1계 *선형* 미분 방정식

$$\frac{dv}{dt} = -(q_2 + 2q_3y_1)v - q_3$$

를 만족함을 보여라. 이때, $v(t)$가 임의의 상수를 하나 포함한다는 것을 확인할 수 있을 것이다.

26. 주어진 함수가 주어진 Riccati 방정식의 특수해임을 보인 후, 문제 **25**의 방법을 이용하여 주어진 Riccati 방정식을 풀어라.

a. $y' = 1 + t^2 - 2ty + y^2; \quad y_1(t) = t$

b. $y' = -\frac{1}{t^2} - \frac{y}{t} + y^2; \quad y_1(t) = \frac{1}{t}$

c. $\frac{dy}{dt} = \frac{2\cos^2(t) - \sin^2(t) + y^2}{2\cos(t)}; \quad y_1(t) = \sin(t)$

27. 어떤 행동이 대규모 집단에서 전파되는 현상(예: 운전자들이 해질 무렵 헤드라이트를 켜는 행동)은 외부 환경(어두워지는 하늘)과 이미 해당 행동을 수행한 사람들을 모방하려는 경향에 부분적으로 의존한다. 이러한 경우, 행동을 수행한 사람들의 비율 $y(t)$는 다음과 같은 방정식으로 설명할 수 있다.[24]

$$dy/dt = (1 - y)(x(t) + by) \tag{28}$$

이때 $x(t)$는 외부 자극을 측정하는 함수이며, b는 모방 계수이다.

a. 방정식 (28)이 Riccati 방정식이며, $y_1(t) = 1$이 하나의 해가 됨을 확인하라. 문제 **25**에서 제안된 변환을 사용하여 $v(t)$가 만족하는 선형 방정식을 찾아라.

b. $x(t) = at$ (a는 상수)인 경우 $v(t)$를 구하라. 답을 적분 형태로 남겨라.

특수한 2계 미분방정식들. 2계 미분방정식은 미지함수의 이계 도함수를 포함하는데, 이때의 일반형은 $y'' = f(t, y, y')$이다. 보통 이런 미분방정식들은 1계 미분방정식을 위해 고안된 방법으로는 풀 수가 없다. 그러나 적당한 변수변환을 이용하여 1계 미분방정식으로 바꿀 수 있는 두 가지 유형의 2계 미분방정식들이 있는데, 이때의 1계 미분방정식은 이 장에서 제시된 방법으로 풀리기도 한다. 문제 **28**부터 **37**까지 이런 유형의 2계 미분방정식들을 다루고 있다.

종속변수가 없는 미분방정식들. 치환 $v = y'$, $v' = y''$을 사용하면 $y'' = f(t, y')$ 형태의 2계 미분방정식을 $v = f(t, v)$ 형태의 1계 미분방정식으로 바꿀 수 있다. 이 1계 미분방정식을 v에 대해 풀 수 있다면, $dy/dt = v$를 적분하여 y를 구할 수 있다. 이때 v에 대한 1계 미분방정식을 풀 때 임의의 상수가 하나 나오고, y에 대해 적분할 때 임의의 상수가 하나 더 나온다. 이 치환을 이용하여 문제 28부터 31까지 주어진 미분방정식을 풀어라.

28. $t^2y'' + 2ty' - 1 = 0,\ t > 0$

29. $ty'' + (y')^2 = 1, \quad t > 0$

30. $2t^2y'' + (y')^3 = 2ty',\ t > 0$

31. $y'' + 2t(y')^2 = 0$

독립변수가 없는 미분방정식들. 독립변수 t가 겉으로 표현되어 있지 않은 $y'' = f(t, y')$ 형태의 2계 미분방정식을 고려하자. 이때 $v = y'$이라 두면 $dv/dt = f(y, v)$를 얻을 수 있다. 이 미분방정식의 우변이 t와 v보다는 y와 v에 더 종속되므로 너무 많은 변수들을 포함하고 있다. 그러나 y를 독립변수라고 생각하면 연쇄법칙에 의해 $dv/dt = (dv/dy)(dy/dt) = v(dv/dy)$가 되므로 원래의 미분방정식을 $v(dv/dy) = f(y, v)$로 쓸 수 있다. 이 1계 미분방정식을 풀 수 있다면 y의 함수인 v를 찾을 수 있다. 이때 분리 가능한 미분방정식인 $dy/dt =$

[24] 다음 두 논문을 참고하라; Anatol Rapoport, "Contribution to the Mathematical Theory of Mass Behavior: I. The Propagation of Single Acts," *Bulletin of Mathematical Biophysics* 14 (1952), pp. 159-169와 John Z. Hearon, "Note on the Theory of Mass Behavior," *Bulletin of Mathematical Biophysics* 17 (1955), pp. 7-13.

$v(y)$를 풀면 y와 t 사이의 관계식을 찾을 수 있다. 역시 이 과정에서 두 개의 임의의 상수가 나온다. 문제 **32**부터 **35**까지 이 방법을 사용하여 주어진 미분방정식을 풀어라.

32. $yy'' + (y')^2 = 0$

33. $y'' + y(y')^3 = 0$

34. $yy'' - (y')^3 = 0$

35. $y'' + (y')^2 = 2e^{-y}$

힌트: 문제 **35**에서의 치환된 방정식은 Bernoulli 방정식이다. 2.4절의 연습문제 **23**을 보자.

문제 **36**과 **37**은 문제 **28**부터 **35**까지의 방법을 사용하여 주어진 초깃값 문제를 풀어라.

36. $y'y'' = 2, \quad y(0) = 1, \quad y'(0) = 2$

37. $(1 + t^2)y'' + 4ty' + 6t^{-2} = 0, \quad y(1) = 2, \quad y'(1) = -1$

참고 문헌

2.5절에서 언급한 두 개의 저서는 다음과 같다.

Bailey, N. T. J., *The Mathematical Theory of Infectious Diseases and Its Applications* (2nd ed.) (New York: Hafner Press, 1975).

Clark, Colin W., *Mathematical Bioeconomics* (2nd ed.) (New York: Wiley-Interscience, 1990).

다음은 일반적인 개체수 역학에 대한 입문서이다.

Frauenthal, J. C., *Introduction to Population Modeling* (Boston: Birkhauser, 1980)

기본적인 존재성과 유일성 정리에 대한 온전한 설명은 고급 미분방정식론에 관한 교재들을 참고하면 되는데 그중 입문 단계의 독자들이 쉽게 접근할 수 있는 교재는 다음과 같다.

Coddington, E. A., *An Introduction to Ordinary Differential Equations* (Englewood Cliffs, NJ: Prentice-Hall, 1961; New York: Dover, 1989).

Brauer, F., and Nohel, J., *The Qualitative Theory of Ordinary Differential Equations* (NewYork: Benjamin, 1969; New York: Dover, 1989).

다음은 미분방정식을 푸는 방법들에 대한 훌륭한 개요서이다.

Zwillinger, D., *Handbook of Differential Equations* (3rd ed.) (San Diego: Academic Press, 1998)

분기와 혼돈상태를 포함하는 비선형 현상에 대한 설명과 예제에 대해 좀 더 알아보고 싶다면 다음 문헌을 보자.

Strogatz, Steven H., *Nonlinear Dynamics and Chaos* (Reading, MA: Addison-Wesley, 1994)

다음은 차분방정식에 대한 일반적인 참고문헌이다.

Mickens, R. E., *Difference Equations, Theory and Applications* (2nd ed.) (New York: Van Nostrand

다음은 본문 중에서 인용한 Robert May의 두 개의 논문이다.

R. M. May, "Biological Populations with Nonoverlapping Generations: Stable Points, Stable Cycles, and Chaos," *Science* 186 (1974), pp. 645 – 647; "Biological Populations Obeying Difference Equations: Stable Points, Stable Cycles, and Chaos," *Journal of Theoretical Biology* 51 (1975), pp. 511-524.

다음은 차분방정식의 혼돈상태인 해에 대한 입문서이다.

Devaney, R. L., *Chaos, Fractals, and Dynamics* (Reading, MA: Addison-Wesley, 1990).

제 3 장

2계 선형 미분방정식

Second-Order Linear Differential Equations

2계 선형 미분방정식은 미분방정식론에서 두 가지 이유로 매우 중요하다. 첫 번째 이유는 해를 찾기 위한 체계적인 방법을 제공하는 풍부한 이론적 기초가 되고, 이런 방법과 체계의 대부분이 기초 수학 수준에서 이해할 수 있다는 것이다. 본 장에서는 2계 선형 미분방정식을 대상으로 간단히 핵심적인 내용을 전달할 것이다. 2계 선형 미분방정식은 또한 이론 물리의 고전적인 영역을 다루는 데 반드시 필요한 내용이다. 유체 역학, 열전도, 파동 운동, 그리고 전자기장 분야에서 2계 선형 미분방정식의 해를 찾는 것이 매우 중요하다. 이 장의 끝부분에서는 몇 가지 기초적인 물리 및 전기 시스템에 대한 2계 선형 미분방정식을 소개할 것이다.

3.1 상수계수를 갖는 제차 선형 미분방정식

함수 f가 주어졌을 때, 2계 선형 미분방정식은 아래와 같은 형태를 갖는다.

$$\frac{d^2y}{dt^2} = f\left(t, y, \frac{dy}{dt}\right) \tag{1}$$

보통 시간이 독립변수이므로 일반적으로 독립변수로서 t를 사용하며, 필요에 따라 x를 사용하기도 한다. 종속변수는 y나 다른 문자로 표기된다. 함수 f가 아래의 형태를 갖는다면, 즉 f가 dy/dt에 관해 선형이라면, 식 (1)을 **선형**이라고 한다.

$$f\left(t, y, \frac{dy}{dt}\right) = g(t) - p(t)\frac{dy}{dt} - q(t)y \tag{2}$$

이때 g, p, q는 y에 의존하지 않으며 독립변수 t에 관한 함수이다. 이러한 경우, 식 (1)을 아래와 같이 쓸 수 있다.

$$y'' + p(t)y' + q(t)y = g(t) \tag{3}$$

때로는 식 (3) 대신 아래와 같은 식을 사용하기도 한다.

$$P(t)y'' + Q(t)y' + R(t)y = G(t) \tag{4}$$

$P(t) \neq 0$일 때, 식 (4)를 $P(t)$로 나누면 아래와 같이 표기하여 식 (3)을 얻을 수 있다.

$$p(t) = \frac{Q(t)}{P(t)}, \quad q(t) = \frac{R(t)}{P(t)}, \quad g(t) = \frac{G(t)}{P(t)} \tag{5}$$

단, 식 (3)의 해를 구할 때는 p, q, g가 연속인 구간을 대상으로 한다.[1]

식 (1)이 식 (3) 또는 식 (4)의 형태를 갖지 않는 경우, 이 미분방정식을 **비선형**이라고 한다. 비선형 미분방정식의 해석은 상대적으로 매우 어렵기 때문에 이 책에서는 많이 다루지 않겠다. 비선형 미분방정식의 해석에서는 수치 해석법 또는 기하학적 접근을 자주 사용하며, 8장과 9장에서 이러한 부분이 언급될 것이다.

초깃값 문제는 다음의 초기조건과 함께 식 (1), (3) 또는 (4)와 같은 미분방정식으로 구성된다.

$$y(t_0) = y_0, \quad y'(t_0) = y'_0 \tag{6}$$

여기서 y_0와 y'_0는 각각 초깃값 t_0에서 갖는 y와 y'의 함수 값이다. 2계 선형 미분방정식의 초깃값은 점 (t_0, y_0)에서의 해의 값뿐만 아니라, 이 점에서의 접선의 기울기로 정해진다. 해를 찾는 과정에서는 두 번의 적분 과정이 필요하고, 각각의 적분은 임의의 상수를 갖기 때문에 두 개의 초깃값이 필요하다는 것을 쉽게 유추할 수 있다. 이 두 개의 초깃값은 이러한 두 개의 임의의 상수를 결정하기에 충분할 것이다.

식 (3)에서 $g(t)$가 또는 식 (4)에서 $G(t)$가 모든 t에 대해서 영이라면, 2계 선형 미분방정식을 **제차**(homogeneous)라고 한다. 영이 아니면 이 미분방정식을 **비제차**(non-homogeneous)라고 한다. 따라서 $g(t)$와 $G(t)$를 비제차 항이라고 부르기도 한다. 먼저, 아래의 형태를 갖는 제차 미분방정식에 대해 생각해 보자.

$$P(t)y'' + Q(t)y' + R(t)y = 0 \tag{7}$$

3.5, 3.6절에서 제차 미분방정식의 해를 사용하여 비제차 미분방정식 (4)의 해를 구하거나 적분을 사용하여 해를 표현하는 방법 등을 보이기 위해 제차 미분방정식의 해를 구해보자.

먼저 P, Q, R이 상수인 경우를 고려한다. 그러면 식 (7)을 주어진 상수 a, b, c에 대해 다음과 같이 쓸 수 있다.

$$ay'' + by' + cy = 0 \tag{8}$$

기초 미적분학에 의하면 식 (8)은 항상 기초함수들로 이루어진 해를 구할 수 있다. 일반적으로 계수가 상수가 아닐 때는 식 (7)의 해를 구하는 것이 더 복잡하므로 5장에서 따로 다루기로 하겠다. 식 (8)에 대해 먼저 몇 가지 전형적인 예제를 살펴보자.

예제 3.1.1

다음 미분방정식을 풀고

$$y'' - y = 0 \tag{9}$$

아래의 초깃값을 만족하는 해를 구하라.

$$y(0) = 2, \quad y'(0) = -1 \tag{10}$$

풀이

식 (9)는 $a = 1, b = 0, c = -1$인 식 (8)의 형태이다. 식 (9)는 2계 도함수가 원래 함수와 같은 함수를 찾는 문제라고 생각할 수 있다. 미적분학에서 이런 성질을 갖는 함수를 공부한 적이 있는가? 잠시 생

[1] 4장의 고계 선형 미분방정식에 이와 상응하는 내용이 있다. 3장과 더불어 4장의 이 부분을 같이 공부해도 좋다.

각해 보면 적어도 $y_1(t) = e^t$라는 지수함수를 기억할 수 있을 것이다. 조금 더 생각해 보면 $y_2(t) = e^{-t}$라는 함수를 생각할 수 있다. 추가적으로 이 함수들의 상수 배도 해가 됨을 알 수 있다. 예를 들어 2계 도함수를 계산하면, 함수 $2e^t$와 $5e^{-t}$은 식 (9)를 만족한다. 같은 방법으로 모든 상수 c_1과 c_2에 대한 함수 $c_1y_1(t) = c_1e^t$과 $c_2y_2(t) = c_2e^{-t}$이 미분방정식 (9)를 만족함을 알 수 있다.

이러한 두 해의 합 역시 식 (9)의 해가 됨을 주목할 필요가 있다. 자세히 살펴보면, 임의의 c_1과 c_2에 대한 $c_1y_1(t)$와 $c_2y_2(t)$가 식 (9)의 해이기 때문에, 다음 함수 역시 해가 된다.

$$y = c_1y_1(t) + c_2y_2(t) = c_1e^t + c_2e^{-t} \tag{11}$$

식 (11)로부터 2계 도함수 y''을 계산해서 해가 됨을 증명할 수 있다. 즉, $y' = c_1e^t - c_2e^{-t}$이고 $y'' = c_1e^t + c_2e^{-t}$이다. y''은 y와 같으며 식 (9)를 만족한다.

지금까지의 내용을 정리해 보자. $y_1(t) = ee^t$과 $y_2(t) = e^{-t}$가 식 (9)의 해이면, 식 (11)의 일반적인 일차결합 역시 해가 된다. 식 (11)의 c_1과 c_2는 임의의 상수이므로, 이러한 방식으로 미분방정식 (9)의 무한히 많은 해의 집합을 표현할 수 있다.

이제 주어진 한 쌍의 초기조건 (10)을 만족하는 특수해를 찾아보자. 점 (0, 2)를 지나고 그 점에서 접선의 기울기가 −1인 해를 찾아야 하는데, 먼저 식 (11)에서 $t = 0, y = 2$라 두면

$$c_1 + c_2 = 2 \tag{12}$$

이고 식 (11)을 미분하면

$$y' = c_1e^t - c_2e^{-t} \tag{13}$$

을 얻는다. 또한, (0, 2)에서의 기울기가 −1이라는 조건을 만족하기 위해서 식 (13)에 $t = 0, y' = -1$을 대입하면

$$c_1 - c_2 = -1 \tag{14}$$

이고 식 (12)와 식 (14)를 c_1과 c_2에 대하여 풀면,

$$c_1 = \frac{1}{2}, \quad c_2 = \frac{3}{2} \tag{15}$$

이다. 마지막으로 이것을 식 (11)에 대입하면, 미분방정식 (9)와 초기조건 (10)을 만족하는 초깃값 문제의 해,

$$y = \frac{1}{2}e^t + \frac{3}{2}e^{-t} \tag{16}$$

을 얻을 수 있다.

앞의 예제에서 얻은 결론들이 임의의 (실수) 계수 a, b, c를 갖는 좀 더 일반적인 다음의 식 (8)을 다루는 데 도움이 될 것인지 살펴보자.

$$ay'' + by' + cy = 0$$

위의 예제에서 해가 지수함수 형태라는 것과 두 개의 해를 찾으면 미분방정식과 초깃값을 만족하는 일차결합을 찾을 수 있다는 사실을 알 수 있었다.

이러한 두 가지 아이디어를 사용하여 임의의 계수에 대하여, y와 y'의 초깃값을 만족하는 식 (8)을 풀 수 있다.

해가 $y = e^{rt}$ 형태를 갖는다고 가정하고 r을 구하는 방법을 생각해 보자. $y' = re^{rt}$이고 $y'' =$

r^2e^{rt}이므로 이들을 식 (8)에 대입하면

$$\left(ar^2 + br + c\right)e^{rt} = 0$$

이고, 이때 $e^{rt} \neq 0$이므로 다른 인수가 영이어야 한다:

$$ar^2 + br + c = 0 \tag{17}$$

식 (17)을 미분방정식 (8)의 **고유방정식**(characteristic equation)이라고 부른다. 고유방정식의 중요성은 r이 방정식 (17)의 근이라면, $y = e^{rt}$이 미분방정식 (8)의 해가 된다는 것이다. 식 (17)은 실수 계수를 갖는 이차식이므로, 두 개의 근을 갖는다. 여기서 두 개의 근이 서로 다른 실근 또는 중근일 수도 있고, 켤레 복소수 근을 가질 수도 있다. 여기서는 서로 다른 실근의 경우만 다루고 나머지 두 경우는 3.3 및 3.4절에서 다루겠다.

고유방정식 (17)이 서로 다른 두 개의 실근을 갖는다고 하고, 각각을 r_1과 r_2(단, $r_1 \neq r_2$)라고 표기하자. 그러면 $y_1(t) = e^{r_1t}$과 $y_2(t) = e^{r_2t}$이 식 (8)에 대한 두 개의 해가 된다. 예제 3.1.1에서와 같이

$$y = c_1y_1(t) + c_2y_2(t) = c_1e^{r_1t} + c_2e^{r_2t} \tag{18}$$

이 식 (8)의 해가 됨을 알 수 있다. 이를 증명하기 위하여 식 (18)을 미분하면,

$$y' = c_1r_1e^{r_1t} + c_2r_2e^{r_2t} \tag{19}$$

과

$$y'' = c_1r_1^2e^{r_1t} + c_2r_2^2e^{r_2t} \tag{20}$$

이 된다. 식 (8)에 여기서 구한 y, y' 그리고 y''을 대입하여 정리하면, 아래 식을 얻을 수 있다.

$$ay'' + by' + cy = c_1\left(ar_1^2 + br_1 + c\right)e^{r_1t} + c_2\left(ar_2^2 + br_2 + c\right)e^{r_2t} \tag{21}$$

r_1은 고유방정식 (17)의 근이므로 $ar_1^2 + br_1 + c = 0$이고 r_2도 식 (17)의 근이므로 $ar_2^2 + br_2 + c = 0$이다. 따라서 식 (18)로 주어진 y가 확실히 식 (8)의 해임을 알 수 있다.

이제 해들의 집합 (18)의 원소 중에서 초기조건 (6)을 만족하는 특수해를 찾자.

$$y(t_0) = y_0, \quad y'(t_0) = y_0'$$

식 (18)에 $t = t_0$, $y = y_0$를 대입하면, 아래 식을 얻을 수 있다.

$$c_1e^{r_1t_0} + c_2e^{r_2t_0} = y_0 \tag{22}$$

같은 방법으로, 식 (19)에 $t = t_0$와 $y' = y_0'$를 대입하면,

$$c_1r_1e^{r_1t_0} + c_2r_2e^{r_2t_0} = y_0' \tag{23}$$

이고 c_1과 c_2에 대하여 식 (22)와 식 (23)을 풀면,

$$c_1 = \frac{y_0' - y_0r_2}{r_1 - r_2}e^{-r_1t_0}, \quad c_2 = \frac{y_0r_1 - y_0'}{r_1 - r_2}e^{-r_2t_0} \tag{24}$$

이다. 고유방정식 (17)이 서로 다른 두 근을 갖는다고 가정했기 때문에 $r_1 - r_2 \neq 0$이고 식 (24)

는 유효하다. 따라서 초깃값이 무엇이든, 즉 식 (6)에서 t_0, y_0, y'_0이 어떤 값이든 초깃값을 만족하는 c_1과 c_2를 찾는 것은 항상 가능하다. 더욱이, 초기조건이 주어질 때 c_1, c_2의 유일한 값이 존재한다. 식 (24)에 의해 주어지는 c_1, c_2 값을 식 (18)에 대입하면 다음 초깃값 문제의 해를 얻을 수 있다.

$$ay'' + by' + cy = 0, \quad y(t_0) = y_0, \quad y'(t_0) = y'_0 \tag{25}$$

다음 절에서 언급될 기본 정리를 사용하면 식 (17)이 서로 다른 실근을 가질 때, 식 (8)의 모든 해가 식 (18)에 포함된다는 사실을 증명할 수 있다. 따라서 식 (18)을 식 (8)의 **일반해**라고 부른다. 임의의 초기조건에 대해 식 (18)을 사용할 수 있으므로 이 식은 식 (8)의 모든 해를 포함한다.

이제 몇 개의 예제를 더 살펴보자.

예제 3.1.2

아래 식의 일반해를 구하라.

$$y'' + 5y' + 6y = 0 \tag{26}$$

풀이

$y = e^{rt}$이라고 가정하면 r은 다음 고유방정식의 근이 되어야 한다.

$$r^2 + 5r + 6 = (r + 2)(r + 3) = 0$$

따라서 가능한 r의 값은 $r_1 = -2$와 $r_2 = -3$이며, 식 (26)의 일반해는

$$y = c_1e^{-2t} + c_2e^{-3t} \tag{27}$$

이다.

예제 3.1.3

다음 초깃값을 갖는 미분방정식의 해를 구하라.

$$y'' + 5y' + 6y = 0, \quad y(0) = 2, \quad y'(0) = 3 \tag{28}$$

풀이

이 예제의 미분방정식의 일반해는 예제 3.1.2에서 구했으며, 그것은 식 (27)과 같다. 첫 번째 초기조건을 만족하기 위해, 식 (27)에 $t = 0$과 $y = 2$를 대입하면 c_1과 c_2는 다음을 만족하게 된다.

$$c_1 + c_2 = 2 \tag{29}$$

두 번째 초기조건을 만족하려면, 식 (27)을 미분해야 한다. 그러면 $y' = -2c_1e^{-2t} - 3c_2e^{-3t}$ 이므로 $t = 0$과 $y' = 3$을 대입하여 아래의 식을 얻을 수 있다.

$$-2c_1 - 3c_2 = 3 \tag{30}$$

식 (29)와 식 (30)을 c_1과 c_2에 대하여 풀면, $c_1 = 9$이고 $c_2 = -7$이므로 식 (27)에 이 값을 대입하여

$$y = 9e^{-2t} - 7e^{-3t} \tag{31}$$

이라는 식 (28)의 초깃값 문제의 해를 구할 수 있다. 이 해의 그래프는 **그림 3.1.1**과 같다.

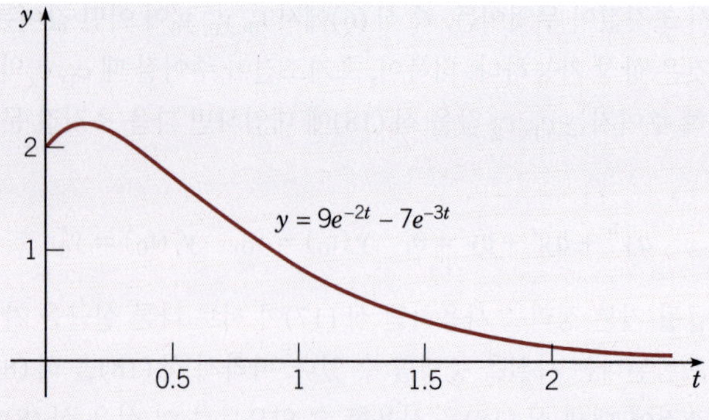

그림 3.1.1 초깃값 문제 (28)의 해: $y'' + 5y' + 6y = 0,\ y(0) = 2,\ y'(0) = 3.$

예제 3.1.4 다음 초깃값 문제의 해를 구하라.

$$4y'' - 8y' + 3y = 0, \quad y(0) = 2, \quad y'(0) = \frac{1}{2} \tag{32}$$

풀이

$y = e^{rt}$이라 하면 고유방정식은

$$4r^2 - 8r + 3 = 0$$

이 식의 근은 $r = \frac{3}{2}$과 $r = \frac{1}{2}$이다. 따라서 주어진 미분방정식의 일반해는 다음과 같다.

$$y = c_1 e^{3t/2} + c_2 e^{t/2} \tag{33}$$

초기조건을 대입하면 다음과 같은 c_1과 c_2에 대한 두 개의 식을 얻을 수 있다.

$$c_1 + c_2 = 2, \quad \frac{3}{2}c_1 + \frac{1}{2}c_2 = \frac{1}{2}$$

위 식들의 해는 $c_1 = -\frac{1}{2}, c_2 = \frac{5}{2}$이며, 초깃값 문제 (32)의 해는 다음과 같다.

$$y = -\frac{1}{2}e^{3t/2} + \frac{5}{2}e^{t/2} \tag{34}$$

그림 3.1.2는 이 해의 그래프이다.

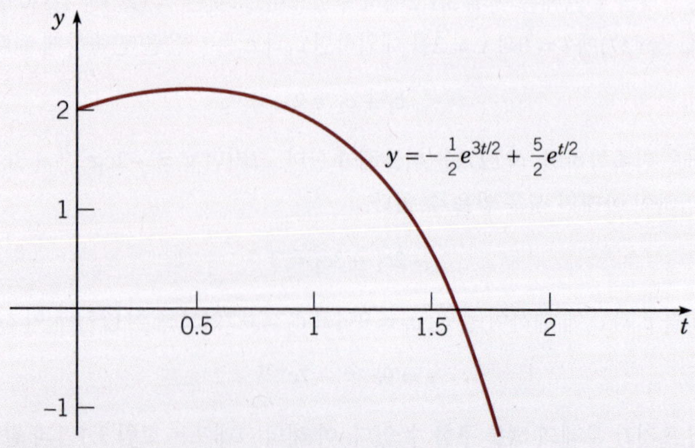

그림 3.1.2 초깃값 문제 (32)의 해: $4y'' - 8y' + 3y = 0,\ y(0) = 2,\ y'(0) = 1/2.$

예제 3.1.5

(초기 기울기가 양수이므로) 초깃값 문제 (28)의 해 (31)은 (두 항 모두 음의 지수함수이므로) 처음에는 증가하다가 결국에는 0으로 수렴한다. 따라서 그림 3.1.1의 그래프가 보여주듯이 해는 최댓값을 가진다. 이 최댓값을 구하라.

풀이

그래프로부터 대략의 최댓값 좌표를 예측할 수 있으나, 정확히 찾기 위해서는 접선이 수평인 점을 찾아야 한다. 식 (31), $y = 9e^{-2t} - 7e^{-3t}$을 t로 미분하면, 아래 식을 얻는다.

$$y' = -18e^{-2t} + 21e^{-3t} \tag{35}$$

이때 y'을 0으로 놓고 e^{3t}를 곱하면, $e^t = 7/6$을 만족하는 임계값 t_m을 찾을 수 있다. 즉,

$$t_m = \ln(7/6) \cong 0.15415 \tag{36}$$

이에 대응하는 최댓값 y_m은 아래와 같이 주어진다.

$$y_m = 9e^{-2t_m} - 7e^{-3t_m} = \frac{108}{49} \cong 2.20408 \tag{37}$$

이 예제에서의 초기 기울기는 3인데, 주어진 미분방정식의 해는 다른 양의 초기 기울기에 대해서도 비슷하다. 연습문제 **19**에서 최대점의 좌표가 초기 기울기에 어떻게 의존하는지를 결정하라고 요구하고 있다.

임의의 값을 계수로 하는 미분방정식 $ay'' + by' + cy = 0$으로 돌아가면, $r_1 \neq r_2$일 때 일반해 (18)은 두 지수함수의 합이다. 따라서 해는 기하학적으로 비교적 간단한 모양을 갖는다: t가 증가할 때 (두 해가 음의 지수함수라면) 해의 절댓값은 0으로 수렴하거나, (적어도 하나가 양의 지수함수라면) 빠르게 증가한다. 이러한 두 경우는 예제 3.1.3, 3.1.4의 그림 3.1.1과 그림 3.1.2에서 각각 보여준다. $t \to \infty$일 때 해가 $+\infty$로 다가가는지 $-\infty$로 다가가는지는 고유방정식의 두 근 중 더 큰 근에 대한 지수함수의 계수의 부호에 달려있다. (연습문제 **21** 참고.) 드물게는 세 번째 경우가 존재하는데, 하나는 0이고 다른 하나는 음의 지수함수이면 해는 $t \to \infty$일 때 상수로 수렴한다.

3.3과 3.4절에서는 미분방정식 $ay'' + by' + cy = 0$의 고유방정식이 복소수를 근으로 하는 경우와 중근을 갖는 경우에 대해 다룰 것이다. 그리고 3.2절에서는 2계 제차 선형 미분방정식의 수학적 구조를 체계적으로 다루고자 한다.

연습 문제

▶ 문제 **1**에서 **6**까지 미분방정식의 일반해를 구하라.

1. $y'' + 2y' - 3y = 0$

2. $y'' + 5y' + 6y = 0$

3. $12y'' - y' - y = 0$

4. $y'' + 4y' = 0$

5. $9y'' - 16y = 0$

6. $y'' - 4y' - 4y = 0$

▶ 문제 **7**에서 **12**까지 초깃값 문제의 해를 구하라. 해의 그래프를 그리고 t가 증가할 때, 해의 모양이 어떻게 변하는지 설명하라.

7. G $y'' + 2y' - 3y = 0, \quad y(0) = 1, \quad y'(0) = 1$

8. **G** $y'' + 4y' + 3y = 0, \quad y(0) = 3, \quad y'(0) = -1$
9. **G** $y'' + 2y' = 0, \quad y(0) = -2, \quad y'(0) = 3$
10. **G** $2y'' + y' - 4y = 0, \quad y(0) = 0, \quad y'(0) = 2$
11. **G** $y'' + 8y' - 9y = 0, \quad y(2) = 1, \quad y'(2) = 0$
12. **G** $y'' - y = 0, \quad y(1) = 2 \quad y'(1) = 2$
13. $y = c_1 e^{4t} + c_2 e^{-3t}$를 일반해로 갖는 미분방정식을 구하라.
14. **G** 아래 초깃값 문제의 해를 구하라.

$$y'' - 4y = 0, \quad y(0) = \frac{1}{2}, \quad y'(0) = \frac{3}{2}$$

또한, $0 \le t \le 2$의 범위에서 해의 그래프를 그리고 최솟값을 구하라.

15. 아래 초깃값 문제의 해를 구하라.

$$y'' - 3y' + 2y = 0, \quad y(0) = 2, \quad y'(0) = 1$$

또한, 해의 최댓값을 구하고 함수값이 0이 되는 점을 구하라.

16. 초깃값 문제 $4y'' - y = 0$, $y(0) = 2$, $y'(0) = \beta$의 해를 구하고 $t \to \infty$일 때 해가 0으로 수렴하는 β를 구하라.

▶ 문제 **17**과 **18**에서 $t \to \infty$일 때 모든 해가 0으로 수렴하는 α의 값을 구하고, $t \to \infty$일 때 0이 아닌 모든 해가 발산하는 α의 값을 구하라.

17. $y'' + (2\alpha - 1)y' + \alpha(\alpha - 1)y = 0$
18. $y'' + 2(2\alpha - 1)y' + 4\alpha(\alpha - 1)y = 0$
19. 다음 초깃값 문제를 고려하자(예제 3.1.5 참조).

$$y'' + 5y' + 6y = 0, \quad y(0) = 2, \quad y'(0) = \beta$$

(단, $\beta > 0$이다.)

a. 이 초깃값 문제의 해를 구하라.

b. 최대점의 좌표 t_m과 y_m을 β의 함수로 표현하라.

c. $y_m \ge 4$를 만족하는 β의 최솟값을 구하라.

d. β가 무한대로 갈 때 t_m과 y_m의 거동을 결정하라.

20. a, b, c, d가 상수일 때, 미분방정식 $ay'' + by' + cy = d$를 살펴보자.

a. 이 미분방정식의 모든 평형 상태인 해, 혹은 상수해를 구하라.

b. y_e를 평형 상태인 해, $Y = y - y_e$라고 하자. 그러면 Y는 평형 상태인 해로부터의 해 y의 편차이다. Y에 대한 미분방정식을 구하라.

21. $a > 0$이고 a, b, c가 상수일 때, 미분방정식 $ay'' + by' + cy = 0$을 살펴보자. 고유방정식의 근이 다음 조건을 만족하는 a, b, c의 조건을 구하라:

a. 서로 다른 음의 실수

b. 반대 부호를 갖는 실수

c. 서로 다른 양의 실수

각 경우에, $t \to \infty$ 일 때 해의 거동을 결정하라.

3.2 제차 선형 미분방정식의 해: 론스키안

앞 절에서는 계수가 상수인 경우, 다음 형태를 갖는 미분방정식의 해를 구하는 방법을 살펴보았다.

$$ay'' + by' + cy = 0$$

이제 2계 제차 선형 미분방정식의 해를 구하는 방법을 생각해 보자. 이를 명확히 이해하면 앞으로 다룰 다양한 문제의 해를 찾는 데 도움이 될 것이다.

선형 미분방정식의 일반해 성질을 살펴보기 위해 **미분 연산자**(differential operator) 기호를 사용하면 편리하다. 연속함수 p와 q가 개구간 I에서 정의된다고 하자. 여기서 I는 $\alpha < t < \beta$를 만족하는 구간이며, α와 β는 $-\infty$ 또는 ∞가 될 수도 있다. 구간 I에서 두 번 미분 가능한 임의의 함수 ϕ에 대해 미분 연산자 L을 다음과 같이 정의한다.

$$L[\phi] = \phi'' + p\phi' + q\phi \tag{1}$$

함수 ϕ에 연산자 L을 적용하면 다른 함수가 된다. 이 함수를 $L[\phi]$라 하자. 이때, t에서 $L[\phi]$의 값은 다음과 같다.

$$L[\phi](t) = \phi''(t) + p(t)\phi'(t) + q(t)\phi(t)$$

예를 들어, $p(t) = t^2$, $q(t) = 1 + t$, $\phi(t) = \sin(3t)$이면

$$\begin{aligned} L[\phi](t) &= (\sin(3t))'' + t^2(\sin(3t))' + (1+t)\sin(3t) \\ &= -9\sin(3t) + 3t^2\cos(3t) + (1+t)\sin(3t) \end{aligned}$$

이다. $D[\phi] = \phi'$인 도함수 연산자(derivative operator) D에 대해 연산자 L을 $L = D^2 + pD + q$로 쓰기도 한다.

이 절에서는 2계 제차 선형 미분방정식 $L[\phi](t) = 0$에 대해 알아보자. 보통 기호 y로 $\phi(t)$를 표기하므로, 이 식을 아래의 형태로 쓴다.

$$L[y] = y'' + p(t)y' + q(t)y = 0 \tag{2}$$

t_0가 구간 I의 임의의 값이고 y_0와 y_0'이 임의의 실수일 때, 위의 식과 함께 초기조건

$$y(t_0) = y_0, \quad y'(t_0) = y_0' \tag{3}$$

을 같이 연관시켜 보자. 초깃값 문제 (2), (3)이 항상 해를 갖는지, 갖는다면 두 개 이상의 해를 가질 수 있는지 확인하고, 해의 형태나 구조가 어떤 특정한 문제의 해를 찾는 데 도움이 될 수 있는지 여부도 확인하고자 한다. 이러한 질문에 대한 답은 이 절의 정리에 포함되어 있다.

2계 선형 미분방정식의 초깃값 문제의 기본 이론은 정리 3.2.1로, 이는 1계 선형 미분방정식에 관한 정리 2.4.1과 유사하다. 이 결과는 비제차 미분방정식에도 똑같이 적용되기 때문에 이 정리는 비제차의 형태로 되어 있다.

정리 3.2.1 | 존재성과 유일성

초깃값 문제를 고려하자:

$$y'' + p(t)y' + q(t)y = g(t), \quad y(t_0) = y_0, \quad y'(t_0) = y'_0 \tag{4}$$

여기서 p, q, g는 t_0를 포함하는 개구간 I에서 연속이다. 이 문제는 정확히 하나의 해 $y = \phi(t)$를 가지며, 해는 구간 I 전체에서 존재한다.

이 정리에서 다음 세 가지를 강조하고 있다.

1. 초깃값 문제는 해를 *갖는다*; 즉, 해의 *존재성*을 의미한다.
2. 초깃값 문제는 *유일한* 해를 갖는다; 즉, 해의 *유일성*을 의미한다.
3. 해는 연속함수이고 적어도 두 번 미분 가능한 *구간 I 전체*에서 정의된다.

어떤 문제에서는 이러한 주장의 일부가 쉽게 증명된다. 예를 들어, 예제 3.1.1에서 초깃값 문제

$$y'' - y = 0, \quad y(0) = 2, \quad y'(0) = -1 \tag{5}$$

이 해

$$y = \frac{1}{2}e^t + \frac{3}{2}e^{-t} \tag{6}$$

을 갖는다. 해를 확실히 찾았다는 것은 이러한 초깃값 문제에 대한 해가 존재한다는 것을 의미한다. 더욱이, 해 (6)은 두 번 미분 가능하며, 미분방정식의 계수가 연속인 구간 $(-\infty, \infty)$ 전체에서 임의의 횟수만큼 미분 가능하다. 그러나 식 (5)의 초깃값 문제가 식 (6)에서 주어진 해와 다른 해를 갖지 않는다는 것은 당연하지 않으며, 이를 증명하는 것도 어렵다. 그러나 정리 3.2.1로부터 이 해가 초깃값 문제 (5)의 유일한 해임을 알 수 있다.

식 (4)의 형태를 갖는 대부분의 문제에서는 해를 쉬운 식으로 쓰는 것이 어렵다. 이것이 1계 선형 미분방정식과 2계 선형 미분방정식의 중요한 차이점이다. 그러므로 이 정리의 모든 부분을 직접 증명하기보다는 일반적인 방법으로 받아들이고 활용하는 것이 더 유용하다. 정리 3.2.1의 증명은 매우 어려우므로, 여기서는 다루지 않겠다.[2] 그러나 이 정리를 사실로 받아들이고, 필요할 때마다 활용하고자 한다.

예제 3.2.1

다음 초깃값 문제의 해가 존재하는 가장 큰 구간을 찾아라.

$$(t^2 - t)y'' + ty' - (1+t)y = 0, \quad y\left(\frac{1}{2}\right) = 0, \quad y'\left(\frac{1}{2}\right) = 2$$

풀이

주어진 미분방정식이 식 (4)의 형태로 표현된다면,

$$p(t) = \frac{1}{t-1}, \quad q(t) = \frac{t+1}{t(t-1)} \quad \text{과} \quad g(t) = 0$$

이다. 계수의 불연속점은 $t = 0$과 $t = 1$뿐이다. 따라서 초깃값 $t = 1/2$을 포함하며 계수 함수가 연속이 되는 가장 큰 개구간은 $0 < t < 1$이다. 이 구간은 정리 3.2.1에서 해가 존재하는 가장 큰 구간이다.

[2] 정리 3.2.1의 증명은 이 책 끝의 참고 문헌 목록에 나오는 Coddington의 저서 6장 8절을 참조하자.

예제 3.2.2

p와 q가 t_0를 포함하는 개구간 I에서 연속일 때, 다음 초깃값 문제의 유일해를 구하라. 여기서 $a(t_0) \neq 0$이다.

$$a(t)y'' + p(t)y' + q(t)y = 0, \quad y(t_0) = 0, \quad y'(t_0) = 0$$

풀이

구간 I의 모든 t에 대해서 함수 $y = \phi(t) = 0$은 이 미분방정식과 초기조건을 만족한다. 정리 3.2.1의 유일성에 의하여 이 함수는 주어진 문제의 유일해이다.

y_1과 y_2가 식 (2)에 대한 두 해라고 하자. 즉,

$$L[y_1] = y_1'' + py_1' + qy_1 = 0$$

그리고 y_2도 이와 같다. 그러면 3.1절의 예제들과 같이 y_1과 y_2의 일차결합으로 많은 수의 해를 생성할 수 있는데, 이 결과가 다음 정리이다.

정리 3.2.2 | 중첩 원리

만약 y_1과 y_2가 미분방정식 (2)의 두 해라면,

$$L[y] = y'' + p(t)y' + q(t)y = 0$$

그러면 일차결합 $c_1y_1 + c_2y_2$는 상수 c_1과 c_2의 값에 관계없이 또한 해가 된다.

c_1 또는 c_2가 영인 정리 3.2.2의 특수한 경우를 생각하면 식 (2)인 해의 상수 배도 역시 해가 됨을 알 수 있다.

정리 3.2.2를 증명하기 위하여 식 (2)의 y를

$$y = c_1y_1(t) + c_2y_2(t) \tag{7}$$

로 변환한다. 주어진 대로 미분하여 정렬하면 아래의 식을 얻을 수 있다.

$$\begin{aligned} L[c_1y_1 + c_1y_1] &= (c_1y_1 + c_2y_2)'' + p(t)(c_1y_1 + c_2y_2)' + q(t)(c_1y_1 + c_2y_2) \\ &= c_1y_1'' + c_2y_2'' + c_1p(t)y_1' + c_2p(t)y_2' + c_1q(t)y_1 + c_2q(t)y_2 \\ &= c_1(y_1'' + p(t)y_1' + q(t)y_1) + c_2(y_2'' + p(t)y_2' + q(t)y_2) \\ &= c_1L(y_1) + c_2L(y_2) \end{aligned}$$

$L[y_1] = 0$이고 $L[y_2] = 0$이므로, $L[c_1y_1 + c_2y_2] = 0$이다. 그러므로 c_1과 c_2의 값에 관계없이 식 (7)에서 주어진 y는 미분방정식 (2)를 만족하므로 정리 3.2.2는 증명되었다.

정리 3.2.2는 식 (2)의 두 개의 해로부터 식 (7)을 이용하여 무한히 많은 해를 만들 수 있음을 보여준다. 다음 질문은 식 (2)의 모든 해가 식 (7)로 표현되는지와 다른 형태의 해가 존재하는지 여부이다. 먼저, 식 (3)의 초기조건을 만족하는 식 (7)의 c_1과 c_2를 선택할 수 있는지 살펴보자. 초기조건으로부터 c_1과 c_2는 다음을 만족해야 한다.

$$c_1 y_1(t_0) + c_2 y_2(t_0) = y_0,$$
$$c_1 y_1'(t_0) + c_2 y_2'(t_0) = y_0' \tag{8}$$

연립방정식 (8)의 계수로 구성된 행렬의 행렬식은 다음과 같다.

$$W = \begin{vmatrix} y_1(t_0) & y_2(t_0) \\ y_1'(t_0) & y_2'(t_0) \end{vmatrix} = y_1(t_0)\,y_2'(t_0) - y_1'(t_0)\,y_2(t_0) \tag{9}$$

만약 $W \neq 0$이라면, y_0와 y_0'의 값과 상관없이 식 (8)은 유일한 해 (c_1, c_2)를 갖게 되고 그 해는

$$c_1 = \frac{y_0 y_2'(t_0) - y_0' y_2(t_0)}{y_1(t_0)\,y_2'(t_0) - y_1'(t_0)\,y_2(t_0)}, \quad c_2 = \frac{-y_0 y_1'(t_0) + y_0' y_1(t_0)}{y_1(t_0)\,y_2'(t_0) - y_1'(t_0)\,y_2(t_0)} \tag{10}$$

또는

$$c_1 = \frac{\begin{vmatrix} y_0 & y_2(t_0) \\ y_0' & y_2'(t_0) \end{vmatrix}}{\begin{vmatrix} y_1(t_0) & y_2(t_0) \\ y_1'(t_0) & y_2'(t_0) \end{vmatrix}}, \quad c_2 = \frac{\begin{vmatrix} y_1(t_0) & y_0 \\ y_1'(t_0) & y_0' \end{vmatrix}}{\begin{vmatrix} y_1(t_0) & y_2(t_0) \\ y_1'(t_0) & y_2'(t_0) \end{vmatrix}} \tag{11}$$

과 같이 행렬식을 이용해서 표현할 수 있다. 이러한 c_1과 c_2에 대한 일차결합은 초기조건 (3)뿐만 아니라 미분방정식 (2)도 만족한다. 이때, c_1과 c_2에 대한 식에서 분모 W가 영이 아님에 주목하자.

$W = 0$이면 식 (10)과 식 (11)의 분모가 영이 된다. 이 경우, 식 (10)과 식 (11)의 분자를 영으로 만드는 y_0와 y_0'의 값이 없다면, 식 (8)은 해를 가질 수 없다. 그러므로 $W = 0$이면, c_1과 c_2를 어떻게 선택해도 만족하지 않는 초기조건이 많이 존재하게 된다.

행렬식 W를 **론스키안[3] 행렬식**(Wronskian determinant), 또는 단순히 해 y_1과 y_2의 **론스키안**이라고 한다. 식 (9)의 우변식을 위해 좀 더 확장된 기호 $W[y_1, y_2](t_0)$를 사용하는데, 이는 론스키안이 y_1과 y_2의 함수이고 점 t_0에서의 값을 계산한다는 것을 강조하기 위함이다. 앞에서 언급한 사실로부터 다음과 같은 결과를 얻는다.

〉정리 3.2.3

y_1과 y_2가 방정식 (2)의 두 해라고 가정하라.

$$L[y] = y'' + p(t)y' + q(t)y = 0$$

또한, 초기조건 (3)

$$y(t_0) = y_0, \quad y'(t_0) = y_0'$$

이 주어졌다고 하자. 그러면 상수 c_1, c_2가 존재하여

$$y = c_1 y_1(t) + c_2 y_2(t)$$

[3] Wronskian은 Jósef Maria Hoëné-Wronski (1776~1853)의 이름에서 따왔는데 그는 폴란드 태생으로 프랑스에 주로 거주하였다. Wronski는 뛰어난 재능을 가졌지만 그의 삶은 다른 사람이나 기관들과의 열띤 논쟁이 끊이지 않았다.

가 미분방정식 (2)와 초기조건 (3)을 만족하도록 하는 것이 항상 가능할 필요충분조건은 론스키안이

$$W[y_1, y_2] = y_1 y_2' - y_1' y_2$$

가 t_0에서 0이 아니어야 한다.

예제 3.2.3

예제 3.1.2에서 $y_1(t) = e^{-2t}$과 $y_2(t) = e^{-3t}$가 미분방정식

$$y'' + 5y' + 6y = 0$$

의 해이다. y_1과 y_2의 론스키안을 구하라.

풀이

두 함수의 론스키안은 다음과 같다.

$$W[e^{-2t}, e^{-3t}] = \begin{vmatrix} e^{-2t} & e^{-3t} \\ -2e^{-2t} & -3e^{-3t} \end{vmatrix} = -e^{-5t}$$

모든 t값에 대해서 W는 영이 아니므로, y_1과 y_2를 임의의 t의 초기조건과 함께 주어진 미분방정식의 해를 찾는 데 사용할 수 있다. 이런 초깃값 문제 중 하나가 예제 3.1.3이다.

다음 정리는 일차결합 $c_1 y_1 + c_2 y_2$가 3.1절에서 소개한 "일반해"임을 확인시켜 준다.

정리 3.2.4

y_1과 y_2가 2계 선형 미분방정식 (2)의 두 해라고 가정하라.

$$L[y] = y'' + p(t)y' + q(t)y = 0$$

그러면 임의의 상수 c_1, c_2에 대한 일차결합

$$y = c_1 y_1(t) + c_2 y_2(t)$$

이 방정식 (2)의 모든 해를 포함하는 필요충분조건은 y_1과 y_2의 론스키안이 어떤 점 t_0에서 0이 아니어야 한다.

ϕ를 식 (2)의 임의의 해라고 하자. 위 정리를 증명하기 위해 ϕ가 $c_1 y_1 + c_2 y_2$의 일차결합 형태인지 확인하여야 한다. 즉, 일차결합이 ϕ와 같게 되는 상수 c_1과 c_2가 존재하는지 확인하자. t_0를 y_1과 y_2의 론스키안이 영이 아닌 점이라고 둔 후, 그 점에서 ϕ와 ϕ'을 계산하고 그 값을 각각 y_0와 y_0'이라고 하면

$$y_0 = \phi(t_0), \quad y_0' = \phi'(t_0)$$

가 된다. 이때 다음 초깃값 문제

$$y'' + p(t)y' + q(t)y = 0, \quad y(t_0) = y_0, \quad y'(t_0) = y_0' \tag{12}$$

을 고려하면, 함수 ϕ는 이 초깃값 문제의 해이다. 또한, $W[y_1, y_2](t_0)$가 영이 아니라고 가정하면, (정리 3.2.3에 의하여) $y = c_1y_1(t) + c_2y_2(t)$가 주어진 식 (10), (11)을 만족하는 c_1과 c_2를 구할 수 있다. 실제로 c_1과 c_2의 값은 식 (10)이나 식 (11)에 의해 구해진다. 정리 3.2.1의 유일성 부분은 같은 초깃값 문제의 두 해가 실제로 같은 함수임을 보장한다; 즉, c_1과 c_2를 적절히 선택하면

$$\phi(t) = c_1y_1(t) + c_2y_2(t) \tag{13}$$

이므로 ϕ는 함수 $c_1y_1 + c_2y_2$의 집합에 포함된다. 또한 ϕ는 식 (2)의 *임의*의 해이기 때문에 이 미분방정식의 모든 해가 이 집합에 포함된다.

이제 론스키안이 영이 아닌 점이 없다고 가정하자. 따라서, 어떤 점 t_0을 선택하더라도 $W[y_1, y_2](t_0) = 0$이다. 그러면 (정리 3.2.3에 의해) c_1과 c_2에 대해서 연립방정식 (8)이 해를 갖지 않는 y_0와 y_0'의 값이 존재한다. 이 한 쌍의 값과 초기조건 (3)을 만족하는 식 (2)의 해 $\phi(t)$를 선택하자. 이 해는 정리 3.2.1에 의해 존재하지만 집합 $y = c_1y_1 + c_2y_2$에 포함되지 않는다. 따라서 $W[y_1, y_2](t_0) = 0$이면, 일차결합이 식 (2)의 모든 해를 포함하는 것은 아니다. 이것으로 정리 3.2.4의 증명을 마친다.

정리 3.2.4는 y_1과 y_2의 론스키안이 모든 점에서 0이 아니면, 그리고 오직 그럴 때만 선형 결합 $c_1y_1 + c_2y_2$가 방정식 (2)의 모든 해를 포함함을 의미한다. 따라서 (이전 절에서 밝힌 바와 같이) 임의의 상수계수를 갖는 식

$$y = c_1y_1(t) + c_2y_2(t)$$

을 식 (2)의 **일반해**라 부를 수 있다. 해 y_1과 y_2가 식 (2)의 **기본해 집합**(fundamental set of solutions)을 이룬다는 것과 이 해들의 론스키안이 영이 아닌 것은 서로 필요충분조건이다.

정리 3.2.4를 달리 말하면 다음과 같다: 식 (2)의 형태를 갖는 일반해, 즉 모든 해를 찾기 위해서는 론스키안이 영이 아닌 주어진 미분방정식의 두 해만 찾으면 된다. 론스키안을 계산하지는 않았지만 3.1절의 몇몇 예제에서 이미 찾은 적이 있다. 3.1절로 돌아가 론스키안을 계산하면 이 때의 모든 해가 "일반해"임을 증명한 것이 된다.

이제 3.1절의 예제들에 대한 론스키안이 영이 아님을 각자 보이고 서로 다른 두 실근을 갖는 고유다항식을 갖는 2계 선형 미분방정식에 대한 다음 예제를 살펴보자.

예제 3.2.4

$y_1(t) = e^{r_1t}$과 $y_2(t) = e^{r_2t}$이 (2) 형태의 어떤 미분방정식의 두 해라고 하자. $r_1 \neq r_2$이면, 이 해가 기본해 집합을 이룸을 보여라.

풀이

y_1과 y_2의 론스키안을 계산하면

$$W = \begin{vmatrix} e^{r_1t} & e^{r_2t} \\ r_1e^{r_1t} & r_2e^{r_2t} \end{vmatrix} = (r_2 - r_1)\exp((r_1 + r_2)t)$$

이다. 지수함수는 영이 될 수 없고 $r_1 \neq r_2$이므로, t의 임의의 값에 대해서 W는 영이 아니다. 결국, y_1과 y_2가 식 (2)의 기본해 집합을 이룬다.

예제 3.2.5

$y_1(t) = t^{1/2}$과 $y_2(t) = t^{-1}$이 다음 식의 기본해 집합을 이룸을 보여라.

$$2t^2y'' + 3ty' - y = 0, \quad t > 0 \tag{14}$$

풀이

식 (14)의 해를 구하는 방법은 추후에 보이기로 하고(3.3절 연습문제 25 참조), 여기에서는 직접 대입하여 y_1과 y_2가 미분방정식의 해가 됨을 증명하겠다. $y_1'(t) = \frac{1}{2}t^{-1/2}$이고 $y_1''(t) = -\frac{1}{4}t^{-3/2}$ 이므로,

$$2t^2\left(-\frac{1}{4}t^{-3/2}\right) + 3t\left(\frac{1}{2}t^{-1/2}\right) - t^{1/2} = \left(-\frac{1}{2} + \frac{3}{2} - 1\right)t^{1/2} = 0$$

이다. 비슷하게, $y_2'(t) = -t^{-2}$이고 $y_2''(t) = 2t^{-3}$ 이므로,

$$2t^2\left(2t^{-3}\right) + 3t\left(-t^{-2}\right) - t^{-1} = (4 - 3 - 1)t^{-1} = 0$$

이다. y_1과 y_2의 론스키안 W를 계산하면

$$W = \begin{vmatrix} t^{1/2} & t^{-1} \\ \frac{1}{2}t^{-1/2} & -t^{-2} \end{vmatrix} = -\frac{3}{2}t^{-3/2} \tag{15}$$

인데, $t > 0$에 대해 $W \neq 0$이므로 y_1과 y_2가 기본해 집합을 이룬다. 따라서 미분방정식 (14)의 일반해는 $t > 0$일 때 $y(t) = c_1t^{1/2} + c_2t^{-1}$이다.

몇 가지 경우에서 기본해 집합을 찾을 수 있었으며, 따라서 주어진 미분방정식의 일반해도 구할 수 있었다. 그렇지만, 기본해 집합을 구체적으로 구하는 것은 어려울 수 있으며, 식 (2) 형태의 미분방정식이 항상 기본해 집합을 가질 수 있는가 하는 새로운 질문도 생긴다. 다음 정리는 이 질문에 대한 긍정적인 답변을 준다.

정리 3.2.5

어떤 개구간 I에서 연속인 계수 함수 p, q를 갖는 미분방정식 (2)

$$L[y] = y'' + p(t)y' + q(t)y = 0$$

을 고려하자. 구간 I에서 적당한 점 t_0를 선택하고 각각 y_1은 초기조건

$$y(t_0) = 1, \quad y'(t_0) = 0$$

을 만족하고 y_2는 초기조건

$$y(t_0) = 0, \quad y'(t_0) = 1$$

을 만족하는 식 (2)의 해라 두자. 그러면 y_1과 y_2는 식 (2) 기본해 집합을 이룬다.

먼저, 정리 3.2.1의 *존재성*에 의하여 y_1과 y_2는 존재한다. 이들이 기본해 집합을 이루는 것을 보이기 위해서는 론스키안만 계산하면 되는데, t_0에 대한 론스키안은 다음과 같다.

$$W(y_1, y_2)(t_0) = \begin{vmatrix} y_1(t_0) & y_2(t_0) \\ y_1'(t_0) & y_2'(t_0) \end{vmatrix} = \begin{vmatrix} 1 & 0 \\ 0 & 1 \end{vmatrix} = 1$$

점 t_0에서 론스키안은 영이 아니므로, y_1과 y_2는 기본해 집합을 이루며 정리 3.2.5가 증명되었다.

한 쌍의 해의 존재성을 보이는 증명 과정 중 어려운 부분은 정리 3.2.1을 언급하고 넘어간다. 정리 3.2.5에 특정한 초깃값 문제에 대해 y_1과 y_2를 찾는 법이 나와 있지는 않다. 그럼에도 불구하고, 기본해 집합이 항상 존재하는 것을 알 수 있다.

예제 3.2.6 초깃값 $t_0 = 0$을 사용하여 정리 3.2.5가 특정한 다음 미분방정식의 기본해 집합 y_1과 y_2를 구하라.

$$y'' - 9y = 0 \tag{16}$$

풀이

3.1절에서 식 (16)의 두 해는 $y_1(t) = e^{3t}$과 $y_2(t) = e^{-3t}$임을 확인하였다. 이 해의 론스키안은 $W[y_1, y_2](t) = -6 \neq 0$이므로, 기본해 집합을 이룬다. 그러나 $t = 0$에서는 정리 3.2.5의 초기조건을 만족하지 않으므로, 정리 3.2.5에서 말한 기본해들은 아니다.

이 정리가 특정한 기본해들을 찾기 위해서는 이에 맞는 초기조건을 만족하는 해를 찾아야 한다. 다음 초기조건을 만족하는 식 (16)의 해를 $y_3(t)$라 하자.

$$y(0) = 1, \quad y'(0) = 0 \tag{17}$$

식 (16)의 일반해는

$$y = c_1 e^{3t} + c_2 e^{-3t} \tag{18}$$

이므로, $c_1 = \frac{1}{2}$이고 $c_2 = 1/2$이면 초기조건(ln)을 만족한다. 따라서 다음의 해를 구할 수 있다.

$$y_3(t) = \frac{1}{2}e^{3t} + \frac{1}{2}e^{-3t} = \sinh(3t)$$

비슷한 방법으로 $y_4(t)$가 초기조건

$$y(0) = 0, \qquad y'(0) = 1 \tag{19}$$

을 만족하면, 다음 결과를 얻을 수 있다.

$$y_4(t) = \frac{1}{2}e^{3t} - \frac{1}{2}e^{-3t} = \cosh(3t)$$

y_3와 y_4의 론스키안은

$$W(y_3, y_4)(t) = 1$$

이므로, 이 함수들은 정리 3.2.5에서 언급된 기본해 집합을 이룬다. 그러므로 식 (16)의 일반해는 (18)의 형태로 다음과 같이 표현된다.

$$y = k_1 \cosh(t) + k_2 \sinh(3t) \tag{20}$$

식 (18)의 c_1, c_2와는 다르므로 식 (20)에서 임의의 값을 k_1, k_2로 표현하였다. 이 예제의 목적은 두 개 이상의 기본해 집합이 존재할 수 있음을 보여 주고자 함이다. 실제로 기본해 집합은 무한히 많으며(연습문제 **16** 참조) 대체로 이 중에서 가장 다루기 편한 기본해 집합을 선택하게 된다.

다음 절에서 복소해를 갖는 미분방정식을 접하게 될 것이다. 다음 정리는 그런 미분방정식과 해를 다루는 데 기본이 되는 정리이다.

정리 3.2.6 |

p와 q가 연속실함수일 때, 다음 2계 선형 미분방정식 (2)를 다시 고려하자.

$$L[y] = y'' + p(t)y' + q(t)y = 0$$

$y = u(t) + iv(t)$가 식 (2)를 만족하는 복소해이면, 실수부 u와 허수부 v도 이 식의 해가 된다.

이 정리를 증명하기 위해 $u(t) + iv(t)$를 $L[y]$의 y에 대입하면, 다음의 식이 성립한다.

$$L[y](t) = u''(t) + iv''(t) + p(t)(u'(t) + iv'(t)) + q(t)(u(t) + iv(t)) \tag{21}$$

그리고 식 (21)을 실수부와 허수부로 나누면, 다음 식을 유도할 수 있다. (이때, $p(t)$와 $q(t)$는 실함수임을 알아야 한다.)

$$\begin{aligned} L[y](t) &= (u''(t) + p(t)u'(t) + q(t)u(t)) + i(v''(t) + p(t)v'(t) + q(t)v(t)) \\ &= L[u](t) + iL[v](t) \end{aligned}$$

어느 복소수가 영일 필요충분조건은 그 복소수의 실수부와 허수부가 모두 영인 것이다. y가 식 (2)의 해이므로 $L[y] = 0$이고, 따라서 $L[u] = 0$, $L[v] = 0$이다. 결과적으로 u와 v는 식 (2)의 해가 되며, 정리가 증명되었다. 3.3절에서 정리 3.2.6이 사용된 예제들을 살펴보겠다.

그런데, 해 y의 복소수 켤레 $\overline{y}$ 또한 해가 된다. 이는 방금 정리 3.2.6을 증명하는 데 사용한 방법과 유사한 논리를 통해 증명할 수 있지만, 정리 3.2.2의 결과이기도 하다. 왜냐하면 $\overline{y} = u(t) - iv(t)$가 두 해의 일차결합이기 때문이다.

이제 2계 제차 선형 미분방정식의 두 해에 대한 론스키안의 성질에 대해서 알아보자. 다음 정리에서는 미분방정식의 두 해에 대한 구체적인 정보가 없을지라도 론스키안을 구할 수 있는 공식을 제공한다.

정리 3.2.7 | 아벨의 정리[4]

p, q가 개구간 I에서 연속일 때, y_1과 y_2가 2계 선형 미분방정식

$$L[y] = y'' + p(t)y' + q(t)y = 0 \tag{22}$$

의 해이면 론스키안 $W[y_1, y_2]$는 다음과 같이 주어진다.

[4] 정리 3.2.7의 결과는 노르웨이 수학자 Niels Henrik Abel (1802~1829)에 의하여 1827년에 발표되었고 이를 **아벨의 공식**이라고 부른다. 아벨은 16세기 이래 난제였던 5차 이상의 다항식은 근과 계수와의 일반적인 관계식이 없다는 사실을 증명하였다. 그는 해석학 분야, 특히 타원 함수의 연구에서 많은 기여를 하였으나 그의 업적은 사망 후에 비로소 널리 알려졌다. 유명한 프랑스 수학자 르장드르(Legendre)는 그의 업적을 "구리보다 더 오래가는 업적"이라고 불렀다.

$$W[y_1, y_2](t) = c \exp\left(-\int p(t)\,dt\right) \tag{23}$$

단, c는 y_1과 y_2에 종속된 특정 상수이고, t와는 무관하다. 또한 $W[y_1, y_2](t)$는 ($c = 0$일 때) I의 모든 t에 대해 영이거나 ($c \neq 0$일 때) I상의 모든 점에서 영의 값을 갖지 않는다.

아벨의 정리를 증명하기 위해 우선 다음 식을 만족하는 y_1과 y_2를 살펴보자.

$$\begin{aligned} y_1'' + p(t)y_1' + q(t)y_1 &= 0, \\ y_2'' + p(t)y_2' + q(t)y_2 &= 0 \end{aligned} \tag{24}$$

첫 번째 식에 $-y_2$를 곱하고 두 번째 식에 y_1을 곱한 후 두 식을 더하면, 다음 식을 얻는다.

$$(y_1y_2'' - y_1''y_2) + p(t)(y_1y_2' - y_1'y_2) = 0 \tag{25}$$

다음으로 $W(t) = W[y_1, y_2](t)$는

$$W' = y_1y_2'' - y_1''y_2 \tag{26}$$

임을 알고 있다. 따라서 식 (25)를 다음의 형태로 쓸 수 있다.

$$W' + p(t)W = 0 \tag{27}$$

식 (27)은 1계 선형 미분방정식(2.1절)이고 분리 가능(2.2절)하므로, 쉽게 풀 수 있다. 따라서, c가 상수일 때,

$$W(t) = c\exp\left(-\int p(t)\,dt\right) \tag{28}$$

를 얻는다.

c의 값은 식 (22)의 한 쌍의 해가 무엇인지에 따라 다르다. 그러나 지수함수는 영이 될 수 없으므로 c가 영이 아니면 $W(t)$도 영이 될 수 없다. 따라서 정리 3.2.7이 증명이 되었다.

같은 미분방정식의 기본해들의 론스키안은 곱해지는 상수만 다르며, 미분방정식을 풀지 않고도 구할 수 있다. 또한, 정리 3.2.7의 조건하에서 론스키안은 항상 영이거나 항상 영이 될 수 없거나 둘 중의 하나이기 때문에, 하나의 t 값에서 론스키안을 계산하여 어떤 경우인지 쉽게 확인할 수 있다.

예제 3.2.7

예제 3.2.5에서 $y_1(x) = x^{5/2}$과 $y_2(x) = x^{-3}$이 다음 식의 해임을 보였다.

$$2x^2y'' + 3xy' - 15y = 0 \tag{29}$$

식 (23)이 y_1과 y_2의 론스키안이 됨을 증명하라.

풀이

예제 3.2.5에서 $W(y_1, y_2)(x) = -\frac{1}{2}x^{-\frac{3}{2}}$임을 알고 있다. 식 (23)을 활용하면, 미분방정식 (29)를 다음과 같은 y''의 계수가 1인 표준형으로 표현할 수 있다.

$$y'' + \frac{3}{2x}y' - \frac{15}{2x^2}y = 0$$

따라서 $p(x) = \frac{3}{2x}$이고

$$W(y_1, y_2)(x) = c \exp \int -\frac{3}{2t} dt = cx^{-\frac{3}{2}} \tag{30}$$

이다. 식 (30)은 식 (29)의 한 쌍의 해에 대한 론스키안이다. 이 예제에서 주어진 특수해를 위해서는 $c = -\frac{1}{2}$을 선택하면 된다.

▶**요약.** 이 절의 내용을 다음과 같이 요약할 수 있다. 다음 미분방정식

$$y'' + p(t)y' + q(t)y = 0, \quad \alpha < t < \beta$$

의 일반해를 찾기 위해 $\alpha < t < \beta$에서의 미분방정식을 만족하는 y_1과 y_2를 먼저 찾아야 한다. 그리고 이 구간 내에서 y_1과 y_2의 론스키안이 영이 아닌 점이 존재함을 확인해야 한다. 이런 상황에서 y_1과 y_2는 기본해 집합을 이루며, 일반해는 임의의 상수 c_1, c_2에 대해 다음과 같다.

$$y = c_1 y_1(t) + c_2 y_2(t)$$

만약 $\alpha < t < \beta$의 어떤 점에서 초기조건이 주어진다면, 이 조건을 만족하는 c_1과 c_2를 선택할 수 있다.

연습 문제

▶ 문제 **1**부터 **5**까지, 주어진 한 쌍의 함수에 대한 론스키안을 구하라.

1. $e^{-2t}, \quad e^{-3t}$

2. $x, \quad xe^{2x}$

3. $e^{-3t}, \quad te^{-3t}$

4. $e^{2t}\sin t, \quad e^{2t}\cos t$

5. $\sin^2\theta, \quad 1 - \cos(2\theta)$

▶ 문제 **6**부터 **9**까지, 주어진 초깃값을 만족하고 두 번 미분 가능한 유일해를 갖는 가장 큰 구간을 찾아라. 이때 해를 구할 필요는 없다.

6. $ty'' + 2y = t, \quad y(1) = 2, \quad y'(1) = 1$

7. $t(t-4)y'' + 3ty' + 5y = 2, \quad y(3) = 0, \quad y'(3) = -1$

8. $y'' + (\sin t)y' + 3(\ln|t|)y = 0, \quad y(1) = 3, \quad y'(1) = 1$

9. $(x-2)y'' + y' + (x-2)(\tan x)y = 0, \quad y(4) = 1, \quad y'(4) = 2$

10. $y_1(t) = t^2$과 $y_2(t) = t^{-1}$이 미분방정식 $t^2y'' - 2y = 0\ (t > 0)$의 해가 됨을 증명하라. 그리고 임의의 c_1과 c_2에 대해서 $y = c_1t^2 + c_2t^{-1}$도 해가 됨을 보여라.

11. $y_1(t) = 1$과 $y_2(t) = t^{1/2}$이 미분방정식 $yy'' + (y')^2 = 0\ (t > 0)$의 해가 됨을 증명하라. 그리고 $y = c_1 + c_2t^{1/2}$은 일반적으로 해가 될 수 없음을 보여라. 이 결과가 정리 3.2.2에 모순되지 않는 이유를 설명하라.

12. $g(t)$가 항상 영은 아닐 때, $y = \phi(t)$가 미분방정식 $y'' = p(t)y' + q(t)y = g(t)$의 해라면, 1보다 큰 상수 c에 대해 $y = c\phi(t)$가 해가 아님을 보여라. 이 결과가 정리 3.2.2 다음에 나오는 설명에 모순되지 않는 이유를 설명하라.

13. $y = \sin(t^2)$이 영을 포함하는 구간에서 연속함수를 계수로 갖는 미분방정식 $y'' = p(t)y' + q(t)y = 0$의 해가 될 수 있는가? 그 이유는 무엇인가?

14. f와 g의 론스키안이 $2e^{6t}$이고 $f(t) = e^{3t}$일 때, $g(t)$를 구하라.

15. 함수 f와 g의 론스키안이 $\cos(t) - \sin(t)$라고 하자. 또한 $u = f + 2g$, $v = f - 2g$일 때, u와 v의 론스키안을 구하라.

16. y_1과 y_2가 $y'' + p(t)y' + q(t)y = 0$의 기본해들이고, a_1, a_2, b_1, b_2가 임의의 상수일 때, $y_3 = a_1y_1 + a_2y_2$, $y_4 = b_1y_1 + b_2y_2$라고 하자. 이때 다음 식이 성립함을 보여라.

$$W[y_3, y_4] = (a_1b_2 - a_2b_1)W[y_1, y_2]$$

y_3과 y_4도 기본해들인가? 그 이유는 무엇인가?

▶ 문제 **17**와 **18**에서, 주어진 미분방정식과 초깃값에 대해 정리 3.2.5에서 말하는 기본해 집합을 구하라.

17. $y'' + 4y' + 4y = 0, \quad t_0 = 0$

18. $y'' - 6y' + 5y = 0, \quad t_0 = 1$

▶ 문제 **19**부터 **21**까지 y_1과 y_2가 주어진 미분방정식의 해임을 증명하라. 이 해들이 기본해 집합을 이루는가?

19. $y'' + 9t, \quad y_1(t) = \cos(3t), \quad y_2(t) = \sin(3t)$

20. $y'' - 4y' + 4y = 0; \quad y_1(t) = e^{2t}, \quad y_2(t) = te^{2t}$

21. $(1 - x\cot x)y'' - xy' + y = 0, \quad 0 < x < \pi; \quad y_1(x) = x, \quad y_2(x) = \sin x$

22. 미분방정식 $2y'' - y' - y = 0$을 고려하자.

a. $y_1(t) = e^{-t/2}$과 $y_2(t) = e^t$이 기본해 집합을 이룸을 보여라.

b. $y_3(t) = -2e^t$, $y_4(t) = y_1(t) + 2y_2(t)$, $y_5(t) = 2y_1(t) - 2y_3(t)$라고 하자. $y_3(t)$, $y_4(t)$, $y_5(t)$도 주어진 미분방정식의 해가 될 수 있는가?

c. 다음 한 쌍의 해들이 기본해 집합을 이루는지 결정하라:

$\{y_1(t), y_3(t)\}$; $\{y_2(t), y_3(t)\}$; $\{y_1(t), y_4(t)\}$; $\{y_4(t), y_5(t)\}$

▶ 문제 **23**부터 **25**까지, 주어진 미분방정식을 풀지 않고 두 해의 론스키안을 구하라.

23. $t^2y'' + t(t+1)y' + (t+1)y = 0$

24. $(\cos(t))\,y'' + (\sin(t))\,y' + ty = 0$

25. $(1 + x^2)\,y'' + 2xy' + \alpha(\alpha+1)y = 0$

26. p가 미분 가능하고 $p(t) > 0$이면 두 해의 론스키안 $W(t)$이 상수 c에 대해 $W(t) = c/p(t)$임을 보여라.

27. 미분방정식 $ty'' - 2y' + te^ty = 0$의 기본해 집합이 y_1, y_2이고 $W(y_1, y_2)(1) = 2$일 때, $W(y_1, y_2)(5)$를 구하라.

28. 만약 $y'' + p(t)y' + q(t)y = 0$의 두 해에 대한 론스키안이 0이 아니면, 이것은 해들에 대해 무엇을 의미하는가?

▶ 문제 **29**와 **30**에서 p와 q가 연속이고, y_1과 y_2가 개구간 I에서 $y'' + p(t)y' + q(t)y = 0$의 두 해라고 하자.

29. y_1과 y_2가 I의 같은 점에서 영을 가지면 주어진 구간에서 기본해 집합이 될 수 없음을 보여라.

30. y_1과 y_2가 I 내에 같은 변곡점 t_0를 가질 때 p와 q 모두 t_0에서 영이 아니라면, y_1, y_2는 주어진 구간에서 기본해 집합이 될 수 없음을 보여라.

31. 완전 미분방정식(Exact Equations).

$$P(x)y'' + Q(x)y' + R(x)y = 0$$

이 완전 미분방정식이 되려면 $f(x)$를 $P(x)$, $Q(x)$, $R(x)$에 대해 결정하여, 다음의 형태로 쓸 수 있어야 한다.

$$(P(x)y')' + (f(x)y)' = 0$$

바로 위 식은 적분이 가능하고, 2.1절에서 풀었듯이 y에 대한 1계 선형 미분방정식이 된다. 이전 식의 계수를 같게 놓고 $f(x)$를 소거하여 완전일 필요조건이 다음 식임을 보여라.

$$P''(x) - Q'(x) + R(x) = 0$$

위 식은 충분조건도 됨을 보일 수 있다.

▶ 문제 **32**부터 **34**까지, 주어진 미분방정식이 완전인지 확인하기 위하여 문제 **31**의 결과를 활용하라. 완전 미분방정식이라면 그 식을 풀어라.

32. $y'' + 4xy' + 4y = 0$

33. $4xy'' - \cos(x)y' + \sin(x)y = 0, \ x > 0$

34. $xy'' + xy' + y = 0, \ x > 0$

35. **수반 미분방정식**(The Adjoint Equation). 2계 제차 선형 미분방정식이 완전이 아니면, 적절한 적분인자 $\mu(x)$를 곱하여 완전 미분방정식으로 만들 수 있다. 따라서 다음 조건을 만족하는 $\mu(x)$가 필요하다.

$$\mu(x)P(x)y'' + \mu(x)Q(x)y' + \mu(x)R(x)y = 0$$

위 식은 다음 형태로 표현될 수 있다.

$$(\mu(x)P(x)y')' + (f(x)y)' = 0$$

두 식을 같게 한 후 $f(x)$를 소거하여, 함수 μ가 다음 조건을 만족함을 보여라.

$$P\mu'' + (2P' - Q)\mu' + (P'' - Q' + R)\mu = 0$$

이 식은 원 미분방정식의 **수반 미분방정식**이라고 알려져 있으며, 고급 미분방정식론에서 중요하다. 일반적으로 수반 미분방정식은 원 미분방정식을 푸는 것만큼 어렵지만, 단지 2계 미분방정식의 적분인자를 찾는 것은 가능할 때도 있다.

▶ 문제 **36**과 **37**에서 문제 **35**의 결과를 활용하여, 주어진 미분방정식의 수반 미분방정식을 구하라.

36. $x^2y'' + xy' + 3y = 0$

37. $y'' + xy = 0$

38. 2계 선형방정식 $P(x)y'' + Q(x)y' + R(x)y = 0$이 **자기수반 방정식**(self-adjoint)이라고 말하려면, 그 수반 방정식이 원래 방정식과 동일해야 한다. 이 방정식이 자기수반 방정식이 되기 위한 필요조건이 $P'(x) = Q(x)$임을 보이라. 문제 36과 37의 각각의 방정식이 자기수반인지 아닌지를 결정하라.

3.3 복소수 근을 갖는 고유방정식

주어진 함수 a, b, c에 대한, 다음의 2계 선형 미분방정식을 계속 살펴보자.

$$ay'' + by' + cy = 0 \tag{1}$$

3.1절에서 $y = e^{rt}$ 형태의 해를 찾았다면, r은 다음 고유방정식의 근이 되어야 한다.

$$ar^2 + br + c = 0 \tag{2}$$

3.1절에서 r_1과 r_2가 서로 다른 실수일 때, 즉 판별식 $b^2 - 4ac$가 양의 값을 가질 때 식 (1)의 일반해는

$$y = c_1e^{r_1t} + c_2e^{r_2t} \tag{3}$$

이었다.

이때, $b^2 - 4ac$가 음수이면 식 (2)는 켤레 복소수를 근으로 갖는다; 실수 λ와 μ에 대해 다음과 같이 쓸 수 있다.

$$r_1 = \lambda + i\mu, \quad r_2 = \lambda - i\mu \tag{4}$$

이에 대응하는 y에 대한 식은

$$y_1(t) = \exp((\lambda + i\mu)t), \quad y_2(t) = \exp((\lambda - i\mu)t) \tag{5}$$

이다. 우선, 복소수를 지수로 하는 지수함수의 값을 구함으로써, 이런 식이 어떤 의미를 갖는지 알아보자. 예를 들어, $\lambda = -1, \mu = 2, t = 3$이면 식 (5)로부터

$$y_1(3) = e^{-3+6i} \tag{6}$$

이다. e 지수에 있는 복소수는 무엇을 의미하는가? 그에 대한 답은 오일러 공식으로 알려진 중요한 관계식으로부터 알 수 있다.

▶ **오일러 공식.** 식 (5)에 의미를 부여하기 위해서는 복소 지수함수의 정의를 알아야 한다. 물론 지수가 실수일 때는 실수 지수함수가 되어야 한다. 지수함수를 전개하는 방법은 여러 가지가 있다. 여기서는 무한급수법을 사용하고 다른 방법은 연습문제 20에서 다루도록 하겠다.

미적분학에서 $t = 0$을 중심으로한 테일러 급수는 다음과 같았다.

$$\begin{aligned} e^t &= 1 + t + \frac{t^2}{2} + \cdots + \frac{t^n}{n!} + \cdots \\ &= \sum_{n=0}^{\infty} \frac{t^n}{n!}, \quad -\infty < t < \infty \end{aligned} \tag{7}$$

식 (7)에서 t를 it로 치환하면, 다음 식이 유도된다.

$$e^{it} = \sum_{n=0}^{\infty} \frac{(it)^n}{n!} \tag{8}$$

이 급수를 간단하게 쓰기 위해 $(it)^n = I^n t^n$이라 쓰고 $i^2 = -1, i^3 = i, i^4 = 1$ 등을 사용하자. n이 짝수이면 $n = 2k$인 정수 k가 존재한다; 이 경우, $i^n = I^{2k} = (-1)^k$이다. n이 홀수이면 $n = 2k + 1$이고, 따라서 $i^n = I^{2k+1} = i(-1)^k$이다. 이에 따라 식 (8)의 우변을 실수부와 허수부로 나눈다. 그 결과는 다음과 같다.[5]

$$e^{it} = \sum_{k=0}^{\infty} \frac{(-1)^k t^{2k}}{(2k)!} + i \sum_{k=0}^{\infty} \frac{(-1)^k t^{2k+1}}{(2k+1)!} \tag{9}$$

식 (9)의 첫 번째 급수는 정확히 $\cos(t)$의 $t = 0$에서의 테일러 급수이고, 두 번째 급수는 $\sin(t)$의 $t = 0$에서의 테일러 급수이다. 따라서 다음의 식이 유도된다.

$$e^{it} = \cos(t) + i\sin(t) \tag{10}$$

식 (10)은 **오일러 공식**으로 알려져 있으며, 수학적으로 매우 중요한 관계식이다.

비록 급수 (7)을 독립변수가 실수일 때뿐 아니라 복소수일 때도 사용할 수 있다는 증명되지

---

[5] 미적분학에 의하면 이 급수는 모든 $-\infty < t < \infty$에 대해 절대수렴하므로 식 (9)의 우변의 항들을 재배열할 수 있다.

않은 가정하에서 식 (10)을 유도했지만 여기서의 의도는 단지 식 (10)을 논리적으로 유도하는 것이다. 이제 식 (10)의 우변을 e^{it}의 *정의*로 채택하여 체계적으로 설명하도록 하겠다.

여기서 몇 가지 주목할 만한 오일러 공식의 변형이 있다. 식 (10)에서 t를 $-t$로 치환하면, $\cos(-t) = \cos(t)$이고 $\sin(-t) = -\sin(t)$이므로, 다음 식을 얻는다.

$$e^{-it} = \cos(t) - i\sin(t) \tag{11}$$

또한, 식 (10)에서 t를 μt로 치환하면, 다음과 같이 오일러 공식의 일반형을 얻는다.

$$e^{i\mu t} = \cos(\mu t) + i\sin(\mu t) \tag{12}$$

다음으로, $(\lambda + i\mu)t$ 형태의 임의의 복소 지수를 갖는 지수함수를 정의하자. 지수함수는 복소 지수에 대해서도 일반적인 성질을 만족해야 하기 때문에, $\exp((\lambda + i\mu)t)$가 다음이 되어야 한다.

$$e^{(\lambda+i\mu)t} = e^{\lambda t}e^{i\mu t} \tag{13}$$

$e^{i\mu t}$을 식 (12)로 치환하면,

$$\begin{aligned} e^{(\lambda+i\mu)t} &= e^{\lambda t}(\cos(\mu t) + i\sin(\mu t)) \\ &= e^{\lambda t}\cos(\mu t) + ie^{\lambda t}\sin(\mu t) \end{aligned} \tag{14}$$

를 얻는다. 이제 식 (14)를 $\exp((\lambda + i\mu)t)$의 정의로 택하자. 복소 지수를 갖는 지수함수 값은 식 (14)의 우변으로 이루어진 실수부와 허수부를 가지는 복소수이다. 이때, $\exp((\lambda + i\mu)t)$의 실수부와 허수부는 실변수 함수임에 주목하자. 예를 들어, 식 (6)이 갖는 값은

$$e^{-3+6i} = e^{-3}\cos(6) + ie^{-3}\sin(6) \cong 0.0478041 - 0.0139113i$$

이다.

정의 (10)과 (14)에서 복소 지수함수에 대해서 일반적인 지수법칙이 성립하는 것을 바로 알 수 있고 (14)를 사용하여 복소수 r에 대한 다음의 미분 공식을 증명할 수 있다.

$$\frac{d}{dt}(e^{rt}) = re^{rt} \tag{15}$$

예제 3.3.1

다음 미분방정식의 일반해를 구하라.

$$y'' + y' + 9.25y = 0 \tag{16}$$

또한, 다음 초기조건을 만족하는 해를 구하고 $0 < t < 10$에 대한 그래프를 그려라.

$$y(0) = 2, \quad y'(0) = 8 \tag{17}$$

풀이

식 (16)의 고유방정식은

$$r^2 + r + 9.25 = 0$$

이고, 이것의 근은 다음과 같다.

$$r_1 = -\frac{1}{2} + 3i, \quad r_2 = -\frac{1}{2} - 3i$$

그러므로, 식 (16)의 두 해는

$$y_1(t) = \exp\left(\left(-\frac{1}{2} + 3i\right)t\right) = e^{-t/2}(\cos(3t) + i\sin(3t)) \tag{18}$$

과

$$y_2(t) = \exp\left(\left(-\frac{1}{2} - 3i\right)t\right) = e^{-t/2}(\cos(3t) - i\sin(3t)) \tag{19}$$

이다. 이에 대해 론스키안 $W[y_1, y_2](t) = -6ie^{-t}$이고 영이 아니므로 식 (16)의 일반해는 임의의 계수를 갖는 $y_1(t)$와 $y_2(t)$의 일차결합으로 표현될 수 있다.

그러나, 초깃값 문제 (16), (17)은 실수 계수만을 가지므로, 실변수 함수들로 문제의 해를 표현하고자 한다. 이를 위해서, 복소수 값을 갖는 식 (16)의 해의 실수부와 허수부도 이 식의 해가 된다는 정리 3.2.6을 이용한다. 따라서 $y_1(t)$나 $y_2(t)$로부터 시작하면 식 (16)의 실변수 함수 해[6]는 다음과 같이 된다.

$$u(t) = e^{-t/2}\cos(3t), \quad v(t) = e^{-t/2}\sin(3t) \tag{20}$$

$u(t)$와 $v(t)$의 론스키안을 계산하면, $W[u, v](t) = 3e^{-t}$가 아니다. 따라서, $u(t)$와 $v(t)$는 기본해 집합을 이루고, 식 (16)의 일반해는 임의의 상수 c_1, c_2에 대해서 다음과 같이 쓸 수 있다.

$$y = c_1u(t) + c_2v(t) = e^{-t/2}(c_1\cos(3t) + c_2\sin(3t)) \tag{21}$$

초기조건 (17)을 만족하기 위해 식 (20)에 $t = 0$, $y = 2$를 대입하면 $c_1 = 2$이다. 그리고 식 (21)을 미분하여 $t = 0$, $y' = 8$을 대입하면, $-\frac{1}{2}c_1 + 3c_2 = 8$이므로 $c_2 = 3$을 얻는다. 그러므로 초깃값 문제 (16), (17)의 해는

$$y = e^{-t/2}(2\cos(3t) + 3\sin(3t)) \tag{22}$$

이고 그래프는 **그림 3.3.1**과 같다.

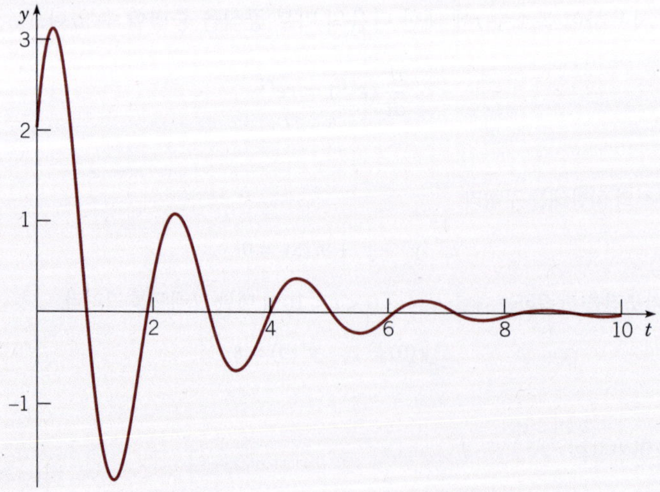

그림 3.3.1 초깃값 문제 (16), (17)의 해: $y'' + y' + 9.25y = 0$, $y(0) = 2$, $y'(0) = 8$.

[6] $u(t)$와 $v(t)$를 식 (16)에 대입해 보면 해가 됨을 알 수 있다(연습문제 **23** 참고).

이 그래프에서 주어진 문제의 해는 주기 $2\pi/3$으로 진동하다 감소하는 모습을 나타낸다. 사인과 코사인 인수가 해의 진동을 나타내며, 지수가 음수이므로 시간이 지남에 따라 진폭의 크기가 줄어들게 된다.

▶ **복소수 근; 일반적인 경우.** 식 (5)에서 주어지고, 식 (14)에서 표현된 의미로 볼 때, 고유방정식 (2)의 근이 복소수 $\lambda \pm i\mu$일 때 함수 $y_1(t)$와 $y_2(t)$는 식 (1)의 해이다. 그러나 해 y_1과 y_2는 복소 함수이다. 일반적으로 실수 계수를 갖는 미분방정식의 경우는 실수해를 주로 고려하게 되므로, 예제 3.3.1과 같이, $y_1(t)$와 $y_2(t)$의 실수부와 허수부를 선택함으로써 정리 3.2.6에 의해 실수 값을 갖는 기본해 집합을 구할 수 있다. 이러한 방법으로 얻어지는 해는 다음과 같다고 할 수 있다.

$$u(t) = e^{\lambda t}\cos(\mu t), \quad v(t) = e^{\lambda t}\sin(\mu t) \tag{23}$$

이때, u와 v의 론스키안을 직접 계산하면 다음과 같다(연습문제 **19** 참고).

$$W[u, v](t) = \mu e^{2\lambda t} \tag{24}$$

따라서 $\mu \neq 0$인 한 론스키안은 영이 아니므로, u와 v는 기본해 집합이 된다. (물론, $\mu = 0$이면 근은 실수이고, 이 절의 내용은 적용되지 않는다.) 결과적으로, 고유방정식의 근이 복소수 $\lambda \pm i\mu\ (\mu \neq 0)$이라면 식 (1)의 일반해는 c_1, c_2가 임의의 상수일 때 다음과 같다.

$$y = c_1 e^{\lambda t}\cos(\mu t) + c_2 e^{\lambda t}\sin(\mu t) \tag{25}$$

해 (25)는 λ와 μ가 알려지면 쉽게 구할 수 있다. 또 다른 예제들을 보도록 하자.

예제 3.3.2

다음 초깃값 문제의 해를 구하라.

$$y'' - 2y' + 6y = 0, \quad y(0) = -2, \qquad y'(0) = 1 \tag{26}$$

풀이

고유방정식은 $r^2 - 2r + 6 = 0$이고 이것의 근은 $r = 1 \pm \sqrt{5}\,i$이다. 그러므로 미분방정식의 일반해는

$$y(t) = c_1 e^t \cos\left(\sqrt{5}t\right) + c_2 \sin\left(\sqrt{5}t\right) \tag{27}$$

이다. 첫 번째 조건을 적용하여, 식 (27)에 $t = 0$을 대입하면

$$y(0) = c_1 = -2$$

이다. 두 번째 초기조건을 위해서 식 (27)을 미분하고 $t = 0$을 대입하면

$$y'(0) = c_1 + \sqrt{5}c_2 = 1$$

이다. 이로부터 $c_2 = \dfrac{3}{\sqrt{5}}$ 이다. 따라서, 초깃값 문제 (26)의 해는

$$y = e^t\left(-2\cos\left(\sqrt{5}t\right) + \frac{3}{\sqrt{5}}\sin\left(\sqrt{5}t\right)\right) \tag{28}$$

이 되고 이 해의 그래프는 **그림 3.3.2**와 같다.

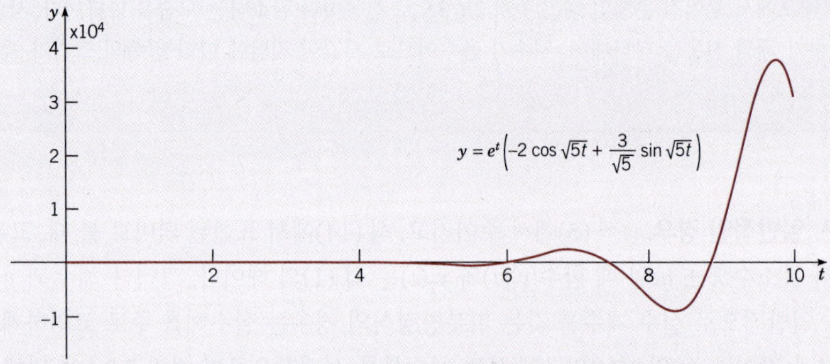

그림 3.3.2 초깃값 문제 (26)의 해: $y'' - 2y' + 6y = 0,\ y(0) = -2,\ y'(0) = 1.$

이 경우에 해는 점점 커지는 진동 모양이다. 식 (28)의 삼각함수 인수가 (주기가 $2\pi/\sqrt{5}$인) 해의 진동을 나타내고, (양의 지수를 갖는) 지수함수 인수가 진동 폭을 증가하도록 작용한다.

예제 3.3.3

다음 식의 일반해를 구하라.

$$y'' + 4y = 0 \tag{29}$$

풀이

고유방정식은 $r^2 + 4 = 0$이고 이것의 근은 $r = \pm 2\,i$이다. 따라서 일반해는 다음과 같다.

$$y(t) = c_1 \cos(2t) + c_2 \sin(2t) \tag{30}$$

이 예제에서와 같이 근의 실수부가 영이면, 해에서 지수 인수가 없어진다. **그림 3.3.3**은 초기조건이 다른 식 (29)의 대표적인 두 해의 그래프를 나타낸다. 각각의 해는 주기 π로 진동하지만 초기조건에 의해 결정되는 진폭과 위상변이(phase shift)를 갖는다. 해 (30)에는 지수 부분이 없으므로 진동의 진폭은 t에 상관없이 일정하다.

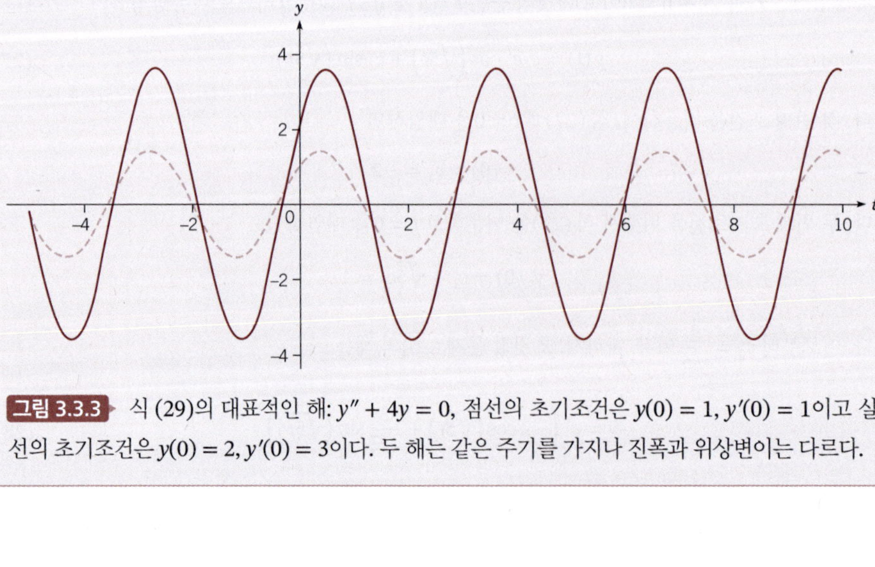

그림 3.3.3 식 (29)의 대표적인 해: $y'' + 4y = 0$, 점선의 초기조건은 $y(0) = 1, y'(0) = 1$이고 실선의 초기조건은 $y(0) = 2, y'(0) = 3$이다. 두 해는 같은 주기를 가지나 진폭과 위상변이는 다르다.

연습 문제

▶ 문제 **1**부터 **4**까지 주어진 식을 오일러 공식을 이용하여 $a + ib$ 형태로 바꾸어라.

1. $\exp(4 - 5i)$

2. $e^{3i\pi}$

3. $e^{2-(3\pi/2)i}$

4. π^{-1+4i}

▶ 문제 **5**부터 **11**까지 주어진 미분방정식의 일반해를 구하라.

5. $y'' + 3y' + 2y = 0$

6. $y'' - 2y' + 8y = 0$

7. $y'' + 4y' + 5y = 0$

8. $y'' - 7y' + 12y = 0$

9. $y'' + 6y' + 9.25y = 0$

10. $9y'' + 3y' - 2y = 0$

11. $y'' + 6y' + 11.25y = 0$

▶ 문제 **12**부터 **15**까지 주어진 초깃값 문제의 해를 구하라. 또한, 해의 그래프를 그리고 t가 증가함에 따른 해의 모양을 설명하라.

12. **G** $y'' + 9y = 0, \quad y(0) = 0. \quad y'(0) = 1$

13. **G** $y'' - 2y' + 5y = 0, \quad y(\pi/2) = 0, \quad y'(\pi/2) = 4$

14. **G** $y'' + y = 0, \quad y(\pi/3) = 2, \quad y'(\pi/3) = -2$

15. **G** $y'' + 2y' + 2y = 0, \quad y(\pi/4) = 2, \quad y'(\pi/4) = 0$

16. **N** 다음과 같은 초깃값 문제를 고려하자.

$$3u'' + u' + 2u = 0, \quad u(0) = 2, \quad u'(0) = 0$$

a. 이 문제의 해 $u(t)$를 찾아라.

b. $t > 0$일 때, 처음으로 $[u(t)] = 10$이 되는 시간을 구하라.

17. **N** 다음의 초깃값 문제를 고려하자.

$$5u'' + 2u' + 7u = 0, \quad u(0) = 2, \quad u'(0) = 2$$

a. 이 문제의 해 $u(t)$를 찾아라.

b. $t > T$일 때, $|u(t)| \leq 0.1$이 되는 T의 최솟값을 구하라.

18. **N** 다음의 초깃값 문제를 고려하자.

$$y'' + 6y' + 9y = 0, \quad y(0) = 1, \quad y'(0) = \alpha \geq 0$$

a. 이 문제의 해 $y(t)$를 찾아라.

b. $t = 1$일 때 $y = 0$이 되도록 α를 구하라.

c. t의 함수로서 $y = 0$이 되는 가장 작은 양의 α 값을 구하라.

d. c 부분에서 구한 표현식의 $\alpha \to \infty$일 때의 극한을 구하라.

19. $W[e^{\lambda t}\cos(\mu t), e^{\lambda t}\sin(\mu t)] = \mu e^{2\lambda t}$임을 보여라.

20. 이 문제에서 오일러 공식의 다른 유도 과정을 요약하겠다.

a. $y_1(t) = \cos(t)$와 $y_2(t) = \sin(t)$가 $y'' + y = 0$의 기본해 집합임을 보여라. 즉, y_1, y_2가 해임을 보이고 론스키안이 영이 아님을 보여라.

b. $y = e^{it}$도 $y'' + y = 0$의 해임을 보여라. 그러므로, 적당한 상수 c_1과 c_2에 대해서

$$e^{it} = c_1\cos(t) + c_2\sin(t) \qquad (31)$$

가 성립한다. 그 이유는 무엇인가?

c. 식 (31)에서 $t = 0$이면, $c_1 = 1$이 됨을 보여라.

d. 식 (15)가 참이라고 하자. 식 (31)을 미분하고 $t = 0$이라 두면 $c_2 = i$이다. 식 (31)의 c_1과 c_2의 값을 이용하여 오일러 공식을 유도하라.

21. 오일러 공식을 이용하여, 다음을 증명하라.

$$\frac{e^{it}+e^{-it}}{2}=\cos(t), \qquad \frac{e^{it}-e^{-it}}{2i}=\sin(t)$$

22. $y=e^{it}$이 식 (14)로 주어질 때, 복소수 r_1, r_2에 대해 다음 식 $e^{(r_1+r_2)t}=e^{r_1t}e^{r_2t}$이 성립함을 보여라.

23. $b^2-4ac<0$이고 고유방정식이 $\lambda \pm i\mu$ 형태의 복소수 근을 갖는 다음과 같은 미분방정식을 고려하자.

$$ay''+by'+cy=0$$

다음 함수로 미분방정식의 y를 치환하여

$$u(t)=e^{\lambda t}\cos(\mu t) \quad 와 \quad v(t)=e^{\lambda t}\sin(\mu t)$$

해가 됨을 확인하라.

24. 함수 y_1과 y_2가 $y''+p(t)y'+q(t)y=0$의 기본해 집합이라고 하면, y_1의 연속되는 근들 사이에 y_2의 근이 유일하게 하나 존재함을 보여라. 이 결과는 방정식 $y''+y=0$의 해 $y_1(t)=\cos(t)$와 $y_2(t)=\sin(t)$로 설명할 수 있다.
힌트: 그 사이에 y_2의 근을 포함하지 않는 y_1의 두 근을 t_1, t_2라고 가정하자. 롤(Rolle)의 정리를 y_1/y_2에 적용하여 모순을 끌어내라.

▶ **변수 변환**(Change of Variables). 변수를 계수로 하는 미분방정식

$$y''+p(t)y'+q(t)y=0 \tag{32}$$

을 독립변수를 변화시켜 더 쉽게 해를 찾을 수 있는 형태로 바꿀 수 있다. 문제 **25**부터 **36**까지 이 방법을 알아보자. 문제 **25**는 간단하게 독립변수를 변환하여 오일러 방정식류의 미분방정식을 상수계수를 갖는 미분방정식으로 바꿀 수 있음을 보여준다. 문제 **26**부터 **31**까지는 이런 종류의 미분방정식의 예이다. 문제 **32**는 좀 더 일반적인 식 (32)가 상수계수를 갖는 미분방정식이 될 수 있는 조건을 결정한다. 문제 **33**부터 **36**까지는 이런 과정을 특정한 형태에 응용하고 있다.

25. **오일러 방정식**. α와 β가 실수 값을 갖는 상수일 때, 미분방정식

$$t^2\frac{d^2y}{dt^2}+\alpha t\frac{dy}{dt}+\beta y=0, \quad t>0 \tag{33}$$

을 **오일러 방정식**이라고 부른다.

a. $x=\ln(t)$일 때, dy/dt와 d^2y/dt^2을 dy/dx와 d^2y/dx^2에 대해 계산하라.

b. **a**의 결과를 이용하여, 식 (33)을 다음 식으로 변형하라.

$$\frac{d^2y}{dx^2}+(\alpha-1)\frac{dy}{dx}+\beta y=0 \tag{34}$$

식 (34)의 계수는 상수이다. $y_1(x)$와 $y_2(x)$가 식 (34)의 기본해 집합을 이루면, $y_1(\ln(t))$와 $y_2(\ln(t))$가 식 (33)의 기본해 집합을 이룬다.

▶ 문제 **26**부터 **31**까지 문제 **25**를 이용하여, $t>0$에 대하여 주어진 방정식을 풀어라.

26. $t^2y''+ty'+4y=0$

27. $t^2y''+5ty'+3y=0$

28. $t^2y''-4ty'+6y=0$

29. $t^2y''-4ty'-3y=0$

30. $t^2y''-4ty'+6y=0$

31. $t^2y''+5ty'+4.25y=0$

32. 독립변수를 바꾸어 식 (32)를 상수계수를 갖는 미분방정식으로 변형할 수 있는 p와 q에 관한 조건을 결정하자. $x=u(t)$를 x와 t가 나중에 특정 지을 관계를 갖는 새로운 독립변수라고 하자.

a. 다음을 증명하라.

$$\frac{dy}{dt}=\frac{dx}{dt}\frac{dy}{dx}, \quad \frac{d^2y}{dt^2}=\left(\frac{dx}{dt}\right)^2\frac{d^2y}{dx^2}+\frac{d^2x}{dt^2}\frac{dy}{dx}$$

b. 미분방정식 (32)가 다음 식이 됨을 보여라.

$$\left(\frac{dx}{dt}\right)^2 \frac{d^2y}{dx^2} + \left(\frac{d^2x}{dt^2} + p(t)\frac{dx}{dt}\right)\frac{dy}{dx} + q(t)y = 0 \tag{35}$$

c. 식 (35)가 상수계수를 갖기 위해서, d^2y/dx^2, dy/dx, y의 계수가 모두 비례해야 한다. $q(t) > 0$이면 비례상수를 1로 선택할 수 있으므로 다음이 성립한다.

$$x = u(t) = \int (q(t))^{1/2} dt \tag{36}$$

d. **c**에서 선택한 x에 대해

$$\frac{q'(t) + 2p(t)q(t)}{2(q(t))^{3/2}} \tag{37}$$

가 상수이면 식 (35)의 dy/dx의 계수가 상수임을 보여라. 따라서, 독립변수를 변환하면 방정식 (32)를 상수계수를 갖는 방정식으로 바꿀 수 있으며, 이는 함수 $(q' + 2pq)/q^{3/2}$가 상수일 경우에 가능하다.

e. $q(t) < 0$이면 이를 어떻게 수정해야 하는가?

▶ 문제 **33**부터 **36**까지 문제 **32**의 방법으로 주어진 미분방정식을 상수계수를 갖는 미분방정식으로 바꾸어 보자. 이것이 가능하다면, 주어진 식의 일반해를 구하라.

33. $y'' + ty' + e^t y = 0$

34. $y'' + ty' + t^2 y = 0$

35. $ty'' + (t^2 - 1)y' + t^5 y = 0$

36. $y'' + ty' + e^t y = 0$

3.4 중근: 미분계수 축소법

3.1과 3.3절에서 미분방정식

$$ay'' + by' + cy = 0 \tag{1}$$

을 푸는 데 있어서 고유방정식

$$ar^2 + br + c = 0 \tag{2}$$

의 근이 서로 다른 실수 혹은 켤레 복소수를 근으로 가지는 경우에 대해서 다루었다. 이제 세 번째 경우로 두 근 r_1, r_2가 같은 경우에 대해서 다루도록 하겠다. 이는 다른 두 경우의 과도기적인 경우로 판별식 $b^2 - 4ac$가 영일 때 발생하므로 근의 공식으로부터

$$r_1 = r_2 = -\frac{b}{2a} \tag{3}$$

이 된다. 문제점은 바로 나타난다; 두 근 모두 미분방정식 (1)에 대해 같은 해

$$y_1(t) = e^{-bt/(2a)} \tag{4}$$

를 갖게 하고 이로부터 두 번째 해를 찾을 수가 없다.

예제 3.4.1 다음 미분방정식의 해를 구하라.

$$y'' + 4y' + 4y = 0 \tag{5}$$

풀이

고유방정식은

$$r^2 + 4r + 4 = (r+2)^2 = 0$$

이므로 $r_1 = r_2 = -2$이다. 따라서 식 (5)의 한 해는 $y_1(t) = e^{-2t}$이다. 식 (5)의 일반해를 찾기 위해서 y_1의 상수 배가 아닌 두 번째 해가 필요한데, 이 두 번째 해는 몇 가지 방법으로 찾을 수 있다(연습문제 **15**부터 **17** 참고); 여기서는 18세기 달랑베르(D'Alembert)[7]의 방법을 사용한다. 이 방법은 식 (1)의 해인 $y_1(t)$에 대해 임의의 상수 c에 대한 $cy_1(t)$ 역시 식 (1)의 해이므로 c를 함수 $v(t)$로 바꾸어서 $v(t)y_1(t)$가 식 (1)의 해가 되는 $v(t)$를 결정하는 것이다.

이를 실행하기 위해서, 식 (5)에 $y = v(t)y_1(t)$를 대입하고 그 결과를 이용하여 $v(t)$를 구한다.

$$y = v(t)y_1(t) = v(t)e^{-2t} \tag{6}$$

으로부터

$$y' = v'(t)e^{-2t} - 2v(t)e^{-2t} \tag{7}$$

과

$$y'' = v''(t)e^{-2t} - 4v'(t)e^{-2t} + 4v(t)e^{-2t} \tag{8}$$

을 얻을 수 있다.

식 (5)에 식 (6), (7), (8)을 대입하여 항을 잘 정리하면,

$$(v''(t) - 4v'(t) + 4v(t) + 4v'(t) - 8v(t) + 4v(t))e^{-2t} = 0$$

을 얻게 되며, 다음 식과 같이 단순화시킬 수 있다.

$$v''(t) = 0 \tag{9}$$

따라서

$$v'(t) = c_1$$

이고

$$v(t) = c_1 t + c_2 \tag{10}$$

이다. 이때, c_1과 c_2는 임의의 상수이다. 마지막으로 식 (6)에 $v(t)$를 대입하면,

$$y = c_1 t e^{-2t} + c_2 e^{-2t} \tag{11}$$

을 얻는다.

식 (11)의 우변에서 두 번째 항은 첫 번째 해 $y_1(t) = \exp(-2t)$에 대응되지만, 첫 번째 항은 두 번째 해로부터 발생한다. 즉, $y_2(t) = t\exp(-2t)$가 된다. 이 두 개가 기본해 집합을 이루는 것은 이 해들의 론스키안을 계산하여 확인할 수 있다.

---

[7] 달랑베르(Jean d'Alembert, 1717~1783)는 프랑스 수학자로서 현대판 오일러와 베르누이라 할 수 있고 기계공학과 미분방정식에 많은 업적이 있다. 기계공학에서 달랑베르의 원리와 유체역학에서의 달랑베르의 파라독스는 그의 이름을 딴 것이다. 파동방정식도 1747년 줄의 진동에 대한 그의 논문에 처음 등장하였다. 그는 말년에 주로 철학을 연구하였고 Diderot's *Encyclopédie*에서 과학 분야 편집인 직을 수행하였다.

$$W[y_1, y_2](t) = \begin{vmatrix} e^{-2t} & te^{-2t} \\ -2e^{-2t} & (1-2t)e^{-2t} \end{vmatrix}$$
$$= e^{-4t} - 2te^{-4t} + 2te^{-4t}$$
$$= e^{-4t} \neq 0$$

그러므로

$$y_1(t) = e^{-2t}, \quad y_2(t) = te^{-2t} \tag{12}$$

은 식 (5)의 기본해 집합을 이루며 일반해는 식 (11)과 같다. 이때, $y_1(t)$와 $y_2(t)$가 영으로 수렴하므로 이들의 일차결합으로 표현되는 식 (5)의 모든 해는 $t \to \infty$일 때 영으로 수렴하게 된다. **그림 3.4.1**은 대표적인 해의 그래프이다.

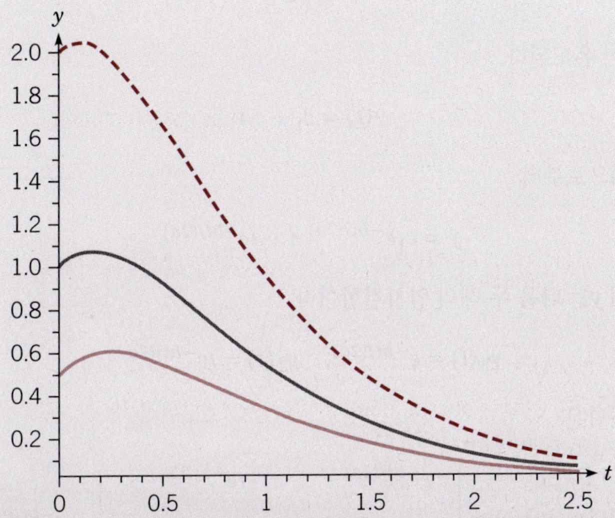

그림 3.4.1 식 (5)의 대표 해. $y'' + 4y' + 4y = 0$, 다양한 초기조건: $y(0) = 2, y'(0) = 1$ (청록색 점선); $y(0) = 1, y'(0) = 1$(회색 곡선); $y(0) = 1/2, y'(0) = 1$(청록색 곡선).

예제 3.4.1에서 사용된 과정은 중근을 갖는 고유방정식의 일반적인 미분방정식으로 확장이 가능하다. 즉 식 (1)의 계수가 $b^2 - 4ac = 0$을 만족한다고 가정하면,

$$y_1(t) = e^{-bt/(2a)}$$

이 해가 된다. 두 번째 해를 찾기 위해

$$y = v(t)\, y_1(t) = v(t)\, e^{-bt/(2a)} \tag{13}$$

이라고 하고 $v(t)$를 찾기 위하여 이를 식 (1)의 y에 대입하자. 그러면

$$y' = v'(t)\, e^{-bt/(2a)} - \frac{b}{2a} v(t)\, e^{-bt/(2a)} \tag{14}$$

과

$$y'' = v''(t)\, e^{-bt/(2a)} - \frac{b}{a} v'(t)\, e^{-bt/(2a)} + \frac{b^2}{4a^2} v(t)\, e^{-bt/(2a)} \tag{15}$$

을 얻게 된다. 그리고 이를 식 (1)에 대입하면 다음 식을 구할 수 있다.

$$\left(a\left(v''(t) - \frac{b}{a}v'(t) + \frac{b^2}{4a^2}v(t)\right) + b\left(v'(t) - \frac{b}{2a}v(t)\right) + cv(t)\right)e^{-bt/(2a)} = 0 \quad (16)$$

이때, $e^{-b/(2a)}$은 영이 아니므로 소거하고 남은 항을 정리하면, 다음 식을 얻을 수 있다.

$$av''(t) + (-b+b)v'(t) + \left(\frac{b^2}{4a} - \frac{b^2}{2a} + c\right)v(t) = 0 \quad (17)$$

$v'(t)$와 관련된 항은 명백히 영이 된다. 또한 $b^2 - 4ac = 0$이기 때문에 $v(t)$의 계수는 $c - b^2/(4a)$은 영이 된다. 따라서, 예제 3.4.1에서와 같이 식 (17)은

$$v''(t) = 0$$

이 되고, 다음 식이 유도된다.

$$v(t) = c_1 + c_2 t$$

그러므로, 식 (13)으로부터

$$y = c_1 e^{-bt/(2a)} + c_2 t e^{-bt/(2a)} \quad (18)$$

을 얻는다. 따라서 y는 다음 두 해의 일차결합이다.

$$y_1(t) = e^{-bt/(2a)}, \quad y_2(t) = te^{-bt/(2a)} \quad (19)$$

이 두 해의 론스키안은

$$W[y_1, y_2)(t) = \begin{vmatrix} e^{-bt/(2a)} & te^{-bt/(2a)} \\ -\frac{b}{2a}e^{-bt/(2a)} & \left(1 - \frac{bt}{2a}\right)e^{-bt/(2a)} \end{vmatrix} = e^{-bt/a} \quad (20)$$

이므로 $W[y_1, y_2](t)$는 영이 될 수 없고, 따라서 y_1과 y_2는 기본해 집합이 된다. 또한 고유방정식의 두 근이 같으면, 식 (18)은 식 (1)의 일반해이다. 다시 말해서, 이 경우는 중근에 해당하는 지수 해가 하나 있고, 이 지수 해에 t를 곱하면 두 번째 해를 구할 수 있다.

예제 3.4.2

다음 초깃값 문제의 해를 구하라.

$$y'' - y' + \frac{y}{4} = 0, \quad y(0) = 2, \quad y'(0) = \frac{1}{3} \quad (21)$$

풀이

고유방정식은

$$r^2 - r + \frac{1}{4} = 0$$

이며, 이 식의 근은 $r_1 = r_2 = 1/2$이다. 따라서 미분방정식의 일반해는

$$y = c_1 e^{t/2} + c_2 t e^{t/2} \quad (22)$$

이다. 첫 번째 초기조건으로부터

$$y(0) = c_1 = 2$$

가 된다. 두 번째 초기조건을 만족시키기 위해 식을 미분하고 $t = 0$을 대입하자. 그러면

$$y'(0) = \frac{1}{2}c_1 + c_2 = \frac{1}{3}$$

성립하므로 $c_2 = -2/3$이다. 따라서 초깃값 문제의 해는

$$y = 2e^{t/2} - \frac{2}{3}te^{t/2} \tag{23}$$

이다. 이 해의 그래프는 **그림 3.4.2**의 녹색 곡선으로 나타나 있다.

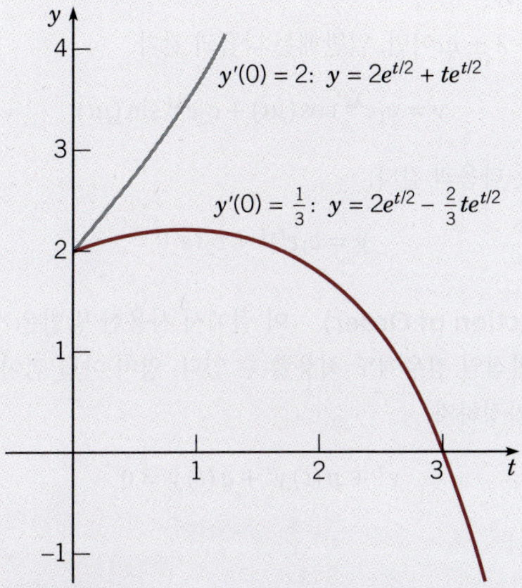

그림 3.4.2 $y'' - y' + y/4 = 0$, $y(0) = 2$, 청록색 곡선($y'(0) = 1/3$)과 회색 곡선($y'(0) = 2$)의 해.

이제 초기 기울기를 바꾸어 초깃값 문제 (21)을 수정하자. 구체적으로, 두 번째 초기조건을 $y'(0) = 2$라 하자. 이 수정된 문제의 해는

$$y = 2e^{t/2} + te^{t/2}$$

이고 해의 그래프는 그림 3.4.2의 회색 곡선으로 나타나 있다. 이 그림을 보면, 1/3과 2 사이에 임계 초기 기울기가 존재하여, $t \to \infty$일 때 양의 방향으로 증가하는 해와 음의 방향으로 증가하는 해로 나뉨을 알 수 있다. 연습문제 12는 이러한 임계 초기 기울기를 결정하는 문제이다.

해의 점근적인 형태는 서로 다른 근을 갖는 경우와 유사하다. 지수 부분이 양수냐 음수냐에 따라 해의 절댓값이 증가하거나 감소한다. 선형 인수인 t는 거의 영향을 미치지 않는다. 그림 3.4.1은 해의 절댓값이 감소하는 모습을, 그림 3.4.2는 해의 절댓값이 증가하는 모습을 보여준다. 그러나 중근이 0인 특수한 경우에는 미분방정식이 $y'' = 0$이 되고, 일반해는 t에 내한 일차 함수가 된다.

▶ **요약.** 다음과 같은 상수계수를 갖는 2계 제차 선형방정식에 대해 얻은 결과를 요약하자.

$$ay'' + by' + cy = 0 \tag{24}$$

r_1과 r_2가 대응하는 고유방정식

$$ar^2 + br + c = 0 \tag{25}$$

의 근이라고 하자.

r_1과 r_2가 서로 다른 실수라면, 미분방정식 (24)의 일반해는 다음과 같다.

$$y = c_1 e^{r_1 t} + c_2 e^{r_2 t} \tag{26}$$

r_1과 r_2가 켤레 복소수 $\lambda \pm i\mu$이면, 일반해는 다음과 같다.

$$y = c_1 e^{\lambda t} \cos(\mu t) + c_2 e^{\lambda t} \sin(\mu t) \tag{27}$$

$r_1 = r_2$이면, 일반해는 다음과 같다.

$$y = c_1 e^{r_1 t} + c_2 t e^{r_1 t} \tag{28}$$

▶ **미분계수 축소법(Reduction of Order).** 이 절에서 사용한 방법은 상수계수를 갖는 미분방정식뿐만 아니라 더 일반적인 경우에도 적용할 수 있다. 영이 아닌 점이 존재하는 다음 식의 한 해 $y_1(t)$를 알고 있다고 가정하자.

$$y'' + p(t)y' + q(t)y = 0 \tag{29}$$

두 번째 해를 찾기 위해

$$y = v(t)y_1(t) \tag{30}$$

라 놓으면,

$$y' = v'(t)y_1(t) + v(t)y_1'(t)$$

이고

$$y'' = v''(t)y_1(t) + 2v'(t)y_1'(t) + v(t)y_1''(t)$$

이다. 식 (29)에 y, y', y''을 대입하고 항을 잘 정리하면

$$y_1 v'' + (2y_1' + py_1)v' + (y_1'' + py_1' + qy_1)v = 0 \tag{31}$$

y_1이 미분방정식 (29)의 해이므로, v의 계수는 0이 되고, 결과적으로 다음과 같은 식이 된다.

$$y_1 v'' + (2y_1' + py_1)v' = 0 \tag{32}$$

겉보기와는 다르게, 식 (32)는 함수 v'에 대한 1계 미분방정식이며, 1계 선형 미분방정식 또는 분리 가능한 미분방정식이므로 풀 수 있다. v'을 찾으면 v는 적분을 통해 구할 수 있고, 결국 y는 앞에서 정의한 식을 통해 구할 수 있다. 이 방법은 y에 대한 2계 미분방정식을 풀기 위해 v'에 대한 1계 미분방정식을 푸는 방식이므로 **미분계수 축소법**이라 한다. $v(t)$에 대한 공식을 유도할 수는 있지만, 여기서는 예제를 통해 이에 대해 설명하겠다.

예제 3.4.3

$y_1(x) = x^{-3}$은

$$2x^2y'' + 3xy' - 15y = 0, \quad x > 0 \tag{33}$$

의 해이다. 식 (33)의 모든 해를 구하라.

풀이

$y = v(x)x^{-3}$이라 놓으면,

$$y' = v'(x)x^{-3} - 3v(x)x^{-4}, \quad y'' = v''x^{-3} - 6v'x^{-4} + 12vx^{-5}$$

이다. 여기서 구한 y, y', y''을 식 (33)에 대입하고 잘 정리하면

$$\begin{aligned} 2x^2(v''x^{-3} - 6v'x^{-4} + 12vx^{-5}) + 3x(v'x^{-3} - 3vx^{-4}) - 15(vx^{-3}) &= 0 \\ 2v''x^{-1} + (-12+3)v'x^{-2} + (24-9-15)vx^{-3} &= 0 \\ 2v''x^{-1} - 9v'x^{-2} &= 0 \\ 2xv'' - 9v' &= 0 \end{aligned} \tag{34}$$

이 된다. v의 계수는 0이 된다; 이는 대수 계산이 잘 되었음을 확인시켜준다.

$w = v'$이라 놓으면 2계 선형 미분방정식 (34)는

$$2tw' - 9w = 0$$

이 된다.

변수를 분리하여 $w(t)$를 구하면

$$w(x) = v'(x) = cx^{9/2}$$

이고 이를 한번 더 적분하면

$$v(x) = \frac{2}{11}x^{11/2} + k$$

가 되므로

$$y = v(x)x^{-3} = \frac{2}{11}x^{5/2} + kx^{-3} \tag{35}$$

이다. 이때 c와 k는 임의의 상수이다. 식 (35)의 우변의 두 번째 항은 y_1의 상수 배이므로 이를 제외한다.

연습 문제

▶ 문제 **1**부터 **8**까지 주어진 미분방정식의 일반해를 구하라.

1. $y'' + 2y' + y = 0$

2. $9y'' + 12y' + 4y = 0$

3. $y'' + 8y' + 16y = 0$

4. $4y'' - 12y' + 9y = 0$

5. $y'' - 10y' + 25y = 0$

6. $2y'' + 5y' + 2y = 0$

7. $16y'' - 24y' + 9y = 0$

8. $25y'' - 30y' + 9y = 0$

▶ 문제 **9**부터 **11**까지 주어진 초깃값 문제를 풀어라. 해의 그래프를 그리고 t가 증가할 때 그래프의 모양을 설명하라.

9. $9y'' - 12y' + 4y = 0, \quad y(0) = 2, \quad y'(0) = -2$

10. $y'' + 6y' + 5y = 0, \quad y(0) = 1, \quad y'(0) = 2$

11. $y'' + 4y' + 4y = 0, \quad y(-1) = 2, \quad y'(-1) = 3$

12. 예제 3.4.2의 초깃값 문제를 다음과 같이 수정한다.

$$y'' - y' + \frac{y}{4} = 0, \quad y(0) = 2, \quad y'(0) = b$$

b의 함수로 해를 구한 다음, $t > 0$에 대해 항상 양수를 유지하는 해와 결국 음수가 되는 해를 구분하는 임계값 b를 결정하라.

13. **N** 다음과 같은 초깃값 문제가 있다.

$$4y'' + 12y' + 9y = 0, \quad y(0) = 1, \quad y'(0) = -4$$

a. 이 초깃값 문제를 풀고, $0 \le t \le 5$에 대한 해의 곡선을 그려라.

b. 이 해가 어디에서 영값을 갖는지 결정하라.

c. 최솟값의 좌표 (t_0, y_0)를 구하라.

d. 두 번째 초기조건을 $y'(0) = b$로 바꾸고 b의 함수로써 해를 구하라. 항상 양인 해와 결국 음이 되는 해로 나누는 b의 임계값을 구하라.

14. 다음 미분방정식을 고려하자. $ay'' + by' + cy = 0$. 해당하는 고유방정식의 근이 실수일 때, 미분방정식의 해가 모든 곳에서 0이거나, 최대 한 번만 0이 될 수 있음을 보여라.

▶ 문제 **15**부터 **17**까지 고유방정식이 중근을 가질 때 두 번째 해를 찾는 다른 방법을 소개한다.

15. **a.** 미분방정식 $y'' + 2ay' + a^2y = 0$에 대한 고유방정식의 근은 $r_1 = r_2 = -a$이고, 한 해는 e^{-at}임을 보여라.

b. 아벨의 공식[3.2절의 식 (23)]을 이용하여 c_1이 상수일 때, 주어진 방정식의 임의의 두 해에 대한 론스키안이 다음과 같음을 보여라.

$$W(t) = y_1(t)y_2'(t) - y_1'(t)y_2(t) = c_1e^{-2at}$$

c. $y_1(t) = e^{-at}$라고 할 때 **b**의 결과를 이용하여 두 번째 해 $y_2(t)$가 만족하는 미분방정식을 구하라. 이를 풀면 $y_2(t) = te^{-at}$임을 보여라.

16. r_1과 r_2가 $ar^2 + br + c = 0$의 근이고 $r_1 \neq r_2$라고 가정하자; 그러면 $\exp(r_1t)$과 $\exp(r_2t)$는 미분방정식 $ay'' + by' + cy = 0$의 해이다.

$$\phi(t; r_1, r_2) = \frac{e^{r_2t} - e^{r_1t}}{r_2 - r_1}$$

도 $r_1 \neq r_2$인 미분방정식의 해가 됨을 보여라. 또한, r_1이 고정되었다고 생각하고 로피탈(L'Hôpital)의 법칙을 이용하여 $r_2 \to r_1$ 일 때 $\phi(t; r1, r2)$의 극한을 계산하라. 그러면 중근인 경우의 두 번째 해를 구할 수 있다.

17. **a.** $ar^2 + br + c = 0$이 중근 r_1을 가질 때, 다음 식을 보여라.

$$L[e^{rt}] = a(e^{rt})'' + b(e^{rt})' + ce^{rt} = a(r - r_1)^2e^{rt} \tag{37}$$

$r = r_1$이면 식의 우변이 영이므로, $\exp(r_1t)$가 $L[y] = ay'' + by' + cy = 0$의 해가 된다.

b. 식 (37)을 r에 대해 미분하고, r에 대한 미분과 t에 대한 미분을 바꾸면 다음 식을 얻는다.

$$\begin{aligned} \frac{\partial}{\partial r}L[e^{rt}] &= L\left[\frac{\partial}{\partial r}e^{rt}\right] \\ &= L[te^{rt}] = ate^{rt}(r - r_1)^2 + 2ae^{rt}(r - r_1) \end{aligned} \tag{38}$$

$r = r_1$일 때 식의 우변이 영이므로, $t\exp(r_1t)$가 $L[y] = 0$의 해가 된다고 결론지을 수 있다.

▶ 문제 **18**부터 **22**까지, 미분계수 축소법을 이용하여 주어진 미분방정식의 두 번째 해를 구하라.

18. $t^2y'' - 4ty' + 6y = 0, \quad t > 0; \quad y_1(t) = t^3$

19. $t^2y'' - 2ty' + 2y = 0, \quad t > 0; \quad y_1(t) = t$

20. $t^2y'' - t(t+2)y' + (t+2)y = 0, \quad t > 0; \quad y_1(t) = t$

21. $(x-1)y'' - xy' + y = 0, \quad x > 1; \quad y_1(x) = e^x$

22. $x^2y'' - (x - 0.1875)\,y = 0, \quad x > 0; \quad y_1(x) = e^{1/4}e^2\sqrt{x}$

23. 미분방정식

$$y'' + \delta(xy' + y) = 0$$

은 원기둥을 지나는 균일 흐름의 난류를 연구할 때 발생한다. $y_1(x) = \exp(-\delta x^2/2)$이 하나의 해가 됨을 증명하라. 그리고 적분 형태의 일반해를 구하라.

24. 문제 **15**의 방법을 변수를 계수로 갖는 2계 미분방정식으로 확장할 수 있다. y_1이 $y'' + p(t)y' + q(t)y = 0$의 영이 되지 않는 해로 알려져 있다면, $W[y_1, y_2]$가 y_1과 y_2의 론스키안일 때 두 번째 해 y_2는 를 만족함을 보여라. 그러고 나서 아벨의 공식[3.2절 식 (23)]을 이용하여 y_2를 구하라.

▶ 문제 **25**부터 **27**까지, 문제 **24**의 방법을 사용하여 주어진 미분방정식의 독립적인 두 번째 해를 구하라.

25. $t^2y'' + ty' + 5y = 0, \quad t > 0, \quad y_1(t) = t^{-1}$

26. $ty'' + 3y' + t^2y = 0, \quad t > 0,\ y_1(t) = \sin(t)$

27. $x^2y'' + xy' + (x^2 - 5)\,y = 0, \quad x > 0, \quad y_1(t) = t^{-1/2}\sin(t)$

▶ **$t \to \infty$일 때 해의 모양**. 문제 **28**부터 **30**까지는 $t \to \infty$일 때 해의 모양과 관련이 있다.

28. a, b, c가 양의 값을 갖는 상수이면 $t \to \infty$일 때, $ay'' + by' + cy = 0$의 해가 0으로 수렴함을 보여라.

29. **a.** $a > 0, c > 0$이고 $b = 0$이면 문제 28의 결과가 아니라, $t \to \infty$일 때 모든 해가 유한함을 보여라.

b. $a > 0, b > 0$이고 $c = 0$이면 문제 28의 결과가 아니라, $t \to \infty$일 때 모든 해가 초기조건에 따라 어떤 상수로 수렴함을 보여라. $y(0) = y_0, y'(0) = y_0'$의 초기조건에 대해 이 상수를 결정하라.

30. $y = \sin(t)$가 임의의 상수 k에 대한

$$y'' + \left(k\sin^2(t)\right)y' + (1 - k\cos(t)\sin(t))\,y = 0$$

의 해임을 보여라. $0 < k < 2$라면 $1 - k\cos(t)\sin(t) > 0$이고 $k\sin^2(t) \geq 0$임을 보여라. 따라서 변수를 계수로 갖는 미분방정식의 계수가 음수가 아니더라도(그리고 y'의 계수가 $t = 0, \pi, 2\pi, \ldots$에서만 0이더라도) $t \to \infty$일 때 0으로 수렴하지 않는 해를 갖는다. 이 상황을 문제 **28**의 결과와 비교하라. 이는 미분방정식론에서 특이한 현상이 아니다; 매우 유사하게 보이는 미분방정식들이 전혀 다른 성질을 가질 수 있다.

▶ **오일러 방정식**. 문제 31부터 34까지 3.3절의 연습문제 25에서 소개한 치환을 이용하여 주어진 미분방정식을 풀어라.

31. $(t+6)^2y'' - 3(t+6)\,y' + 4y = 0, \quad t > 0$

32. $t^2y'' + 4ty' + 2.25y = 0, \quad t > 0$

33. $t^2y'' + 5ty' + 4y = 0, \quad t > 0$

34. $t^2y'' + 5ty' + 29y = 0, \quad t > 0$

3.5 비제차 미분방정식: 미정계수법

p, q, g가 개구간 I에서 정의된 (연속)함수일 때, 다음과 같은 비제차 미분방정식을 살펴보자.

$$L[y] = y'' + p(t)y' + q(t)y = g(t) \tag{1}$$

식 (1)에서의 p와 q는 같고 $g(t) = 0$인 미분방정식

$$L[y] = y'' + p(t)y' + q(t)y = g(t) \tag{2}$$

은 식 (1)에 대응되는 제차 미분방정식이라고 한다. 다음의 두 결과는 비제차 미분방정식 (1)의 해의 구조를 설명하고 일반해를 구성하는 토대를 제공한다.

> **정리 3.5.1**

Y_1과 Y_2가 비제차 선형 미분방정식 (1)의 두 해라면, 그 차이 $Y_1 - Y_2$는 대응하는 제차 미분방정식 (2)의 해가 된다. 게다가, y_1과 y_2가 방정식 (2)의 기본해 집합을 이룬다면, 다음과 같다:

$$Y_1(t) - Y_2(t) = c_1 y_1(t) + c_2 y_2(t) \tag{3}$$

여기서 c_1과 c_2는 특정 상수들이다.

이 결과를 증명하기 위해서 Y_1과 Y_2가

$$L[Y_1](t) = g(t), \quad L[Y_2](t) = g(t) \tag{4}$$

를 만족한다는 점을 알아야 한다. 첫 번째 식에서 두 번째 식을 빼면

$$L[Y_1](t) - L[Y_2](t) = g(t) - g(t) = 0 \tag{5}$$

을 얻을 수 있다. 이때,

$$L[Y_1] - L[Y_2] = L[Y_1 - Y_2]$$

이고, 식 (5)는

$$L[Y_1 - Y_2](t) = 0 \tag{6}$$

이 된다. 식 (6)은 $Y_1 - Y_2$가 식 (2)의 해가 됨을 의미한다. 마지막으로 정리 3.2.4에 의해서 식 (2)의 모든 해는 기본해 집합의 일차결합으로 표현될 수 있으며, $Y_1 - Y_2$도 기본해 집합의 일차결합으로 표현되므로 식 (3)이 성립하여 증명이 완료된다.

> **정리 3.5.2**

비제차 미분방정식 (1)의 일반해는 다음과 같은 형태로 쓸 수 있다:

$$y = \phi(t) = c_1 y_1(t) + c_2 y_2(t) + Y(t) \tag{7}$$

여기서 y_1과 y_2는 대응하는 제차 미분방정식 (2)의 기본해 집합을 이루며, c_1과 c_2는 임의의 상수이고 Y는 비제차 미분방정식 (1)의 임의의 해이다.

이전 정리로부터 정리 3.5.2를 바로 증명할 수 있다. Y_1을 식 (1)의 임의의 해 ϕ라 하고 Y_2를

특수해 Y라 하면 식 (3)으로부터 식 (7)과 동치인

$$\phi(t) - Y(t) = c_1 y_1(t) + c_2 y_2(t) \tag{8}$$

를 얻을 수 있다. ϕ는 식 (1)의 임의의 해이므로, 식 (7)의 우변은 식 (1)의 모든 해를 포함하고 따라서 식 (1)의 일반해이다.

정리 3.5.2로부터 비제차 미분방정식 (1)의 해를 구하기 위해서 다음 세 가지를 해야 함을 알 수 있다.

1. 대응하는 제차 미분방정식의 일반해 $c_1y_1(t) + c_2y_2(t)$를 찾아라. 이 해를 **보조해**(complementary solution)라고 하며 $y_c(t)$로 쓴다.
2. 비제차 미분방정식의 해 $Y(t)$를 하나 찾아라. 이 해를 **특수해**(particular solution)라고 한다.
3. 단계 1, 2에서 찾은 함수들을 더한다.

적어도 제차 미분방정식 (2)가 상수계수를 가질 때 $y_c(t)$를 찾는 방법은 이미 다루었다. 그러므로 이 절의 나머지 부분과 다음 절에서는 비제차 미분방정식 (1)의 특수해를 찾는 것에 초점을 두겠다. 소개할 방법은 두 가지인데, 이 절에서 다룰 미정계수법(method of undetermined coefficients)과 3.6절의 매개변수 변형법(method of variation of parameters)이다. 각각은 나름의 장점과 단점이 있다.

▶ **미정계수법(Method of Undetermined Coefficients).** 미정계수법을 사용하기 위해서는 특수해 $Y(t)$의 형태에 관한 초기 가정이 필요하다. 그렇지만 계수에 관해서 특정짓지는 않는다. 그리고 나서 가정된 식을 식 (1)에 대입하고 미분방정식을 만족하는 계수를 찾기 위한 시도를 한다. 이러한 방법이 성공적이면 미분방정식 (1)의 해를 찾을 수 있게 되어 특수해 $Y(t)$를 찾는 방법으로 이용할 수 있다. 계수를 찾을 수 없다면 가정한 식이 해가 되지 않음을 의미한다. 이 경우 초기 가정을 수정하고 다시 시도한다.

미정계수법의 장점은 $Y(t)$의 형태에 관한 가정이 주어지면 바로 실행할 수 있다는 점이다. 그러나 특수해의 정확한 형태를 미리 쉽게 알 수 있는 미분방정식에 대해서만 유용하다는 한계가 있다. 이런 이유로, 이 방법은 보통 상수계수를 갖는 제차 미분방정식에 몇몇 제한된 종류의 함수로 이루어진 비제차 항인 경우에만 쓸 수 있다. 여기서는 특히 다항식, 지수함수, 사인함수 및 코사인함수로 구성된 비제차 항만이 있는 다루도록 하겠다. 이러한 한계에도 불구하고, 미정계수법은 중요한 많은 응용 문제를 풀 때 유용하다. 상세한 대수 계산이 지루하므로 컴퓨터 대수 시스템이 실제 응용에서 매우 도움이 된다. 몇 가지 간단한 예제를 가지고 미정계수법을 설명하고 이에 대한 몇 가지 규칙을 요약하도록 하겠다.

예제 3.5.1

다음 미분방정식의 특수해를 구하라.

$$y'' - 3y' - 4y = 3e^{2t} \tag{9}$$

풀이

$Y''(t) - 3Y'(t) - 4Y(t)$가 $3e^{2t}$과 같게 되는 함수 Y를 찾아보자. 지수함수는 미분을 해도 자기 자신이 되므로 원하는 결과를 얻기 위한 가장 적절한 방법은 다음과 같이 $Y(t)$가 e^{2t}의 상수 배라고 가정하

는 것이다.

$$Y(t) = Ae^{2t}$$

여기서 계수 A는 아직 결정되지 않았다. A를 찾기 위해서

$$Y'(t) = 2Ae^{2t}, \quad Y''(t) = 4Ae^{2t}$$

을 계산하고, 식 (9)의 y, y', y''에 대입하면 다음 식을 얻는다.

$$Y'' - 3Y' - 4Y = (4A - 6A - 4A)e^{2t} = 3e^{2t}$$

이때 $-6Ae^{2t}$은 $3e^{2t}$과 같아야 하므로, $A = -\frac{1}{2}$이다. 따라서 특수해는

$$Y(t) = -\tfrac{1}{2}e^{2t} \tag{10}$$

이다.

예제 3.5.2 다음 미분방정식의 특수해를 구하라.

$$y'' - 3y' - 4y = 2\cos(t) \tag{11}$$

풀이

먼저 $Y(t) = A\cos(t)$라고 가정하자. 이때, A는 결정해야 하는 상수이다.

$$Y'(t) = -A\sin(t), \quad Y''(t) = -A\cos(t)$$

식 (11)에 이를 대입하면,

$$Y'' - 3Y' - 4Y = -A\cos(t) + 3A\sin(t) - 4A\cos(t) = 2\cos(t)$$

를 얻고, 항을 정리하면

$$(2 + 5A)\cos(t) - 3A\sin(t) = 0 \tag{12}$$

이다. 식 (12)가 모든 t에 대해서 성립해야 하므로 $t = 0$과 $t = \frac{\pi}{2}$와 같은 특정한 값에서도 성립해야 한다. 이런 점들에서 식 (12)는 각각 $3A = 0$과 $2 + 5A = 0$이 된다. 이 상호 모순되는 조건은 $t = 0$과 $t = \frac{\pi}{2}$에 대해서, 모든 t에 대해서는 더군다나 식 (12)를 만족하는 상수 A를 찾을 수 없음을 의미한다. 따라서 $Y(t)$에 관한 가정이 적절하지 않았다는 결론을 내릴 수 있다.

식 (12)에 코사인 항이 있으므로 $Y(t)$에 코사인 항을 추가하여 원래의 가정을 수정할 수 있다. 즉,

$$Y(t) = A\sin(t) + B\cos(t)$$

라 두고 이때의 상수 A, B를 결정하자. 그러면

$$Y'(t) = A\cos(t) - B\sin(t), \quad Y''(t) = -A\sin(t) - B\cos(t)$$

이고 식 (11)의 y, y', y''에 이를 대입한 후 항을 잘 정리하면,

$$Y'' - 3Y' - 4Y = (-A + 3B - 4A)\sin(t) + (-B - 3A - 4B)\cos(t) = 2\cos(t) \tag{13}$$

를 얻는다. 식 (13)이 성립하기 위해서는 양변의 계수가 서로 같아야 하므로, A와 B는 다음 조건을 만족해야 한다.

$$-5A + 3B = 0, \qquad -3A - 5B = 2$$

A와 B에 관한 이 방정식들을 풀면, $A = -\frac{3}{17}$와 $B = -\frac{5}{17}$를 얻는다; 그러므로 식 (11)의 특수해는

$$Y(t) = -\frac{3}{17}\sin(t) - \frac{5}{17}\cos(t)$$

이다.

앞의 예제에서 설명한 방법은 미분방정식의 우변이 다항식일 때도 사용할 수 있다. 따라서

$$y'' - 3y' - 4y = 4t^2 - 1 \tag{14}$$

의 특수해를 찾기 위해서, 우선 $Y(t)$를 비제차 항과 같은 차수를 갖는 다항식이라고 가정한다. 즉, $Y(t) = At^2 + Bt + C$이라 놓자.

지금까지의 내용을 요약하면, 식 (1)에서 비제차 항 $g(t)$가 지수함수 $e^{\alpha t}$이면 $Y(t)$를 이 지수함수에 비례한다고 가정한다. $g(t)$가 $\sin(\beta t)$ 혹은 $\cos(\beta t)$이면 $Y(t)$를 $\sin(\beta t)$와 $\cos(\beta t)$의 일차결합이라고 가정한다. $g(t)$가 다항식이면 $Y(t)$는 같은 차수를 갖는 다항식이라고 가정한다. 다음 예제처럼 이와 같은 법칙이 $g(t)$가 이 함수들 중 두 함수 또는 세 함수의 곱인 경우에도 적용 가능하다.

예제 3.5.3

다음 미분방정식의 특수해를 구하라.

$$y'' - 3y' - 4y = -8e^t\sin(2t) \tag{15}$$

풀이

이 경우에는 $Y(t)$를 e^t과 $\cos(2t)$와 $\sin(2t)$의 일차결합과의 곱이라고 가정하자. 즉,

$$Y(t) = Ae^t\cos(2t) + Be^t\sin(2t)$$

이다. 지루한 계산 과정을 거치면,

$$Y'(t) = (A + 2B)e^t\cos(2t) + (-2A + B)e^t\sin(2t)$$

와

$$Y''(t) = (-3A + 4B)e^t\cos(2t) + (-4A - 3B)e^t\sin(2t)$$

를 얻는다. 식 (15)에 이 식들을 대입하면, A와 B는 다음을 만족해야 한다.

$$10A + 2B = 0, \quad 2A - 10B = 8$$

그러므로 $A = \frac{2}{13}$이고 $B = -\frac{10}{13}$이다; 따라서 식 (15)의 특수해는 다음과 같다.

$$Y(t) = \frac{2}{13}e^t\cos(2t) - \frac{10}{13}e^t\sin(2t)$$

이제 $g(t)$가 $g(t) = g_1(t) + g_2(t)$와 같이 두 함수의 합이고, Y_1과 Y_2가 각각

$$ay'' + by' + cy = g_1(t) \tag{16}$$

와

$$ay'' + by' + cy = g_2(t) \tag{17}$$

의 해들이라 두자. 그러면 $Y_1 + Y_2$는

$$ay'' + by' + cy = g(t) \tag{18}$$

의 해이다. 이를 증명하기 위해서는 식 (18)의 y에 $Y_1 + Y_2$를 대입하고 식 (16)과 (17)을 이용하면 된다. $g(t)$가 유한개의 항의 합일 때에도 유사한 결론을 얻을 수 있다. 이 결과가 실제로 중요한 이유는 $g(t)$가 합으로 주어진 비제차 미분방정식을 이보다 간단한 미분방정식 몇 개로 나누어 푼 후, 다시 합칠 수 있기 때문이다. 다음 예제는 이런 과정에 대한 설명이다.

예제 3.5.4 다음 미분방정식의 특수해를 구하라.

$$y'' - 3y' - 4y = 3e^{2t} + 2\cos(t) - 8e^t \sin(2t) \tag{19}$$

풀이

식 (19)의 우변을 분리하면,

$$y'' - 3y' - 4y = 3e^{2t},$$

$$y'' - 3y' - 4y = 2\cos(t)$$

와

$$y'' - 3y' - 4y = -8e^t \sin(2t)$$

와 같이 세 개의 미분방정식을 얻는다. 세 미분방정식의 해는 각각 예제 3.5.1, 3.5.2, 3.5.3에서 찾은 바 있다. 그러므로, 식 (19)의 특수해는 그것들의 합이다. 즉,

$$Y(t) = -\frac{1}{2}e^{2t} \pm \frac{3}{17}\sin(t) - \frac{5}{17}\cos(t) + \frac{2}{13}e^t \cos(2t) - \frac{10}{13}e^t \sin(2t)$$

가 된다.

이들 예제에서 설명한 과정은 많은 종류의 문제들을 효율적으로 풀 수 있게 해준다. 그렇지만, 종종 문제점이 발생할 때도 있다. 다음 예제는 이런 일이 어떻게 일어나는지를 보여준다.

예제 3.5.5 다음 미분방정식의 특수해를 구하라.

$$y'' - 3y' - 4y = 2e^{-t} \tag{20}$$

풀이

예제 3.5.1에서처럼, $Y(t) = Ae^{-t}$이라고 가정하고 식 (20)에 대입하면, 다음 식을 얻는다.

$$Y'' - 3Y' - 4Y = (A + 3A - 4A)e^{-t} = 2e^{-t} \tag{21}$$

식 (21)의 좌변이 영이므로, 이 미분방정식을 만족하는 A를 찾을 수 없다. 그러므로 가정한 형태를 갖는 식 (20)의 특수해는 존재하지 않는다. 이러한 예상치 못한 결과에 대한 원인은 식 (20)에 대응되는 제차 미분방정식

$$y'' - 3y' - 4y = 0 \tag{22}$$

을 풀면 알 수 있다. 식 (22)의 기본해 집합은 $y_1(t) = e^{-t}$과 $y_2(t) = e^{4t}$이다. 따라서 식 (20)에 대해 가정한 특수해는 제차 미분방정식 (22)의 해가 된다. 결과적으로 이는 비제차 미분방정식 (20)의 해가 될 수 없다. 그러므로 식 (20)의 해를 찾기 위해서는 조금 다른 형태의 함수를 고려해야 한다.

이 시점에서, 몇 가지 가능한 대안이 있다. 하나는 단순히 식 (20)의 특수해에 대한 적당한 형태를 추측하는 것이다. 또 다른 대안은 다른 방법으로 식 (20)을 풀고, 그 결과를 이용하여 앞으로 이 문제가 또 발생할 때 가정으로 이용하는 것이다(연습문제 **22**과 **27**). 또 다른 가능한 대안은 이러한 어려움이 발생하는 더 단순한 방정식을 찾아서, 그 해를 이용하여 식 (20)에 적용하는 것이다. 마지막 대안을 적용하여 식 (20)과 유사한 1계 미분방정식을 찾아보자. 한 가지 가능성은 선형 미분방정식

$$y' + y = 2e^{-t} \tag{23}$$

이다. Ae^{-t} 형태의 식 (23)의 특수해를 찾고자 한다면, e^{-t}이 제차 미분방정식 $y' + y = 0$의 해이므로 실패할 것이다. 그러나, 2.1절로부터 식 (23)을 푸는 방법을 이미 알고 있다. 적분인자는 $\mu(t) = e^t$이고 $\mu(t)$를 곱한 후, 양변을 적분하면 다음 식을 얻는다.

$$y = 2te^{-t} + ce^{-t} \tag{24}$$

식 (24)의 우변의 두 번째 항은 제차 미분방정식 $y' + y = 0$의 일반해이지만, 첫 번째 항은 비제차 미분방정식 (23) 전체에 대한 해이다. 이것은 지수 인수 e^{-t}에 t를 곱한 형태임을 알 수 있는데, 이는 우리가 찾고자 하는 실마리이다.

이제 식 (20)으로 돌아가서 특수해가 $Y(t) = Ate^{-t}$의 형태라고 가정하자. 그러면 다음과 같은 식이 유도된다.

$$Y'(t) = Ae^{-t} - Ate^{-t}, \quad Y''(t) = -2Ae^{-t} + Ate^{-t} \tag{25}$$

식 (20)의 y, y', y''에 이 식들을 대입하면,

$$Y'' - 3Y' - 4Y = (-2A - 3A)e^{-t} + (A + 3A - 4A)te^{-t} = 2e^{-t}$$

이 된다. te^{-t}의 계수가 영이라면, e^t을 포함하는 항으로부터 $-5A = 2$, 즉 $A = -\frac{2}{5}$를 얻는다. 따라서 식 (20)의 특수해는 다음과 같다.

$$Y(t) = -\tfrac{2}{5}te^{-t} \tag{26}$$

예제 3.5.5의 결과에 의해 앞에서 설명한 법칙을 수정할 필요가 있다. 즉, 가정한 특수해의 형태가 대응 제차 미분방정식의 해와 같으면 그것에 t를 곱하여 특수해에 대한 가정을 수정한다. 때로는 대응 제차 미분방정식의 해와 중복되는 해를 제외시키기 위해 t를 한 번 더 곱해야 하는 경우도 있는데 2계 미분방정식에서는 이런 경우가 발생하지 않는다.

▶ **요약.** a, b, c가 상수이고 초기조건들의 집합이 주어졌을 때, 비제차 미분방정식

$$ay'' + by' + cy = g(t) \tag{27}$$

로 구성된 초깃값 문제의 해를 찾는 과정을 요약하자.

1. 대응 제차 미분방정식의 일반해를 구한다.

2. 식 (27)의 함수 $g(t)$가 이 절에서 언급된 종류의 함수인지 확인한다. 즉 지수함수, 사인함수, 코사인함수, 다항 함수이거나, 그것들의 합 또는 곱인지 확인하자. 만약 이런 함수들이 아니라면, (3.6절에서 다룰) 매개변수 변형법(method of variation of parameters)을 이용한다.

3. $g(t) = g_1(t) + \cdots + g_n(t)$—즉 $g(t)$가 n개 항의 합—라면, 각각이 $g_1(t), \ldots, g_n(t)$ 중 하나가 되도록 n개의 하위 문제들을 구성하자. i가 1부터 n까지일 때, i번째 하위 문제는 다음 식으로 구성된다.

$$ay'' + by' + cy = g_i(t)$$

4. i번째 하위 문제에 대한 특수해 $Y_i(t)$가 지수함수, 사인함수, 코사인함수, 다항 함수, 또는 그것들의 결합 형태로 구성되어 있다고 가정하자. $Y_i(t)$로 가정한 형태에 대해서, [단계 1에서 찾은] 제차 미분방정식의 해와 같다면 중복을 피하기 위해 $Y_i(t)$에 t 또는 (필요하다면) t^2을 곱한다. **표 3.5.1**을 참조하라.

표 3.5.1 $ay'' + by' + cy = g_i(t)$의 특수해

$g_i(t)$	$Y_i(t)$
$P_n(t) = a_0t^n + a_1t^{n-1} + \cdots + a_n$	$t^s(A_0t^n + A_1t^{n-1} + \cdots + A_n)$
$P_n(t)e^{\alpha t}$	$t^s(A_0t^n + A_1t^{n-1} + \cdots + A_n)e^{\alpha t}$
$P_n(t)e^{\alpha t}\begin{cases}\sin(\beta t)\\ \cos(\beta t)\end{cases}$	$t^s((A_0t^n + A_1t^{n-1} + \cdots + A_n)e^{\alpha t}\cos(\beta t)$ $+ B_0t^n + B_1t^{n-1} + \cdots + B_n)e^{\alpha t}\sin(\beta t)$

비고: 여기서 s는 $Y_i(t)$의 어떤 항도 대응 제차 미분방정식의 해가 아님을 알려주는 음이 아닌 최소 정수($s = 0$, 1 또는 2)이다. 세 가지 경우에 대해서 s는 0이 고유방정식의 몇 중근인지를 알려주며 α와 $\alpha + i\beta$는 각각 고유방정식의 근이다.

5. 각 하위 문제 $Y_i(t)$의 특수해를 구하면 이것들의 합 $Y_1(t) + \cdots + Y_n(t)$는 비제차 미분방정식 (27) 전체에 대한 특수해이다.

6. 제차 미분방정식의 일반해(단계 1)와 비제차 미분방정식의 특수해(단계 5)를 합해라. 이것이 비제차 미분방정식의 일반해이다.

7. 초기조건들이 주어지면 이 초기조건들을 사용하여 일반해에 남아있는 임의의 상수 값을 결정하라.

몇몇 문제에 대해서는 위의 전체 과정을 손으로 할 수 있으나, 대수 계산이 긴 경우도 있다. 이 방법의 진행과정을 정확하게 이해한다면, 세부 과정은 컴퓨터 대수 연산 프로그램의 도움을 받도록 하자.

미정계수법은 $Y(t)$에 대해 항을 너무 적게 가정한 경우 쉽게 모순이 드러나 가정한 형태를 수정할 수 있는 자기교정이 가능한 방법이다. 반면에 너무 많은 항을 가정했다면, 불필요한 작업이 있을 수 있으며 어떤 계수들은 영이 될 수도 있지만 적어도 정확한 해는 얻을 수 있다.

▶ **미정계수법의 증명.** 앞에서 몇몇 예제를 통해서 미정계수법을 설명하였다. 이때의 과정이 언급된 대로 진행됨을 증명하기 위해서 비제차 항 $g(t)$의 서로 다른 형태에 해당하는 세 가지 경우를 살펴보고 이를 일반화시키자.

▶ **경우 1: $g(t) = P_n(t) = a_0t^n + a_1t^{n-1} + \cdots + a_n$.** 이 경우에 식 (27)은

$$ay'' + by' + cy = a_0t^n + a_1t^{n-1} + \cdots + a_n \tag{28}$$

이 된다. 특수해를 얻기 위해 다음과 같이 가정하자.

$$Y(t) = A_0t^n + A_1t^{n-1} + \cdots + A_{n-2}t^2 + A_{n-1}t + A_n \tag{29}$$

이를 식 (28)에 대입하면, 다음 식을 얻는다.

$$\begin{aligned} a\left(n(n-1)A_0t^{n-2} + \cdots + 2A_{n-2}\right) + b\left(nA_0t^{n-1} + \cdots + A_{n-1}\right) \\ + c\left(A_0t^n + A_1t^{n-1} + \cdots + A_n\right) = a_0t^n + \cdots + a_n \end{aligned} \tag{30}$$

t^n부터 시작해서 t에 대해 같은 차수인 항들의 계수를 비교하면, 다음과 같이 나열된 식들을 얻을 수 있다:

$$\begin{aligned} cA_0 &= a_0, \\ cA_1 + nbA_0 &= a_1, \\ &\vdots \\ cA_n + bA_{n-1} + 2aA_{n-2} &= a_n \end{aligned}$$

$c \neq 0$라면 첫 번째 식의 해는 $A_0 = a_0/c$이고, 나머지 식들이 차례대로 $A_1, \ldots, A_n$을 결정한다.

$c = 0$이고 $b \neq 0$이라면 식 (30)의 좌변의 다항식은 $(n-1)$차이며 식 (30)을 만족할 수 없다. $aY''(t) + bY'(t)$가 n차 다항식이기 위해서는 $Y(t)$가 $(n+1)$차 다항식이어야 한다. 그러므로 다음과 같이 가정한다.

$$Y(t) = t\left(A_0t^n + \cdots + A_n\right)$$

이러한 가정을 $c = 0$인 식 (28)에 대입하여 정리하면 다음과 같이 된다.

$$\begin{aligned} aY'' + bY' &= bA_0(n+1)t^n + \left(aA_0(n+1)n + bA_1n\right)t^{n-1} + \cdots \\ &= a_0t^n + a_1t^{n-1} + \cdots + a_n \end{aligned}$$

$Y(t)$에 대한 이 식에서 상수항이 없는데, 실제로 $c = 0$일 때 상수가 제차 미분방정식의 해이므로 상수항을 포함할 필요가 없다. $b \neq 0$이므로 $A_0 = a_0/(b(n+1))$이고 다른 계수 $A_1, \ldots, A_n$도 비슷하게 찾을 수 있다.

만약 c와 b가 둘 다 영이라면, 고유방정식은 $ar^2 = 0$이고 $r = 0$이 중근이므로 $y_1 = e^{0t} = 1$과 $y_2 = te^{0t} = t$가 이에 해당하는 제차 미분방정식의 기본해 집합이다. 따라서 다음과 같이 가정하자.

$$Y(t) = t^2\left(A_0t^n + \cdots + A_n\right)$$

항 $aY''(t)$는 n차인 항이 되므로 앞에서와 같이 진행한다. 이 경우 $Y(t)$의 상수항과 일차항이 모두 제차 미분방정식의 해이므로 제외했다.

▶ **경우 2: $g(t) = e^{\alpha t}P_n(t)$.**

$$ay'' + by' + cy = e^{\alpha t}P_n(t) \tag{31}$$

의 특수해를 구하는 문제는 치환을 통한 다음의 과정을 따라 바꿀 수 있다.

$$Y(t) = e^{\alpha t} u(t)$$

라 두면

$$Y'(t) = e^{\alpha t} (u'(t) + \alpha u(t))$$

이고

$$Y''(t) = e^{\alpha t} \left(u''(t) + 2\alpha u'(t) + \alpha^2 u(t)\right)$$

이다. 식 (31)의 y, y', y''에 이를 대입하고 $e^{\alpha t}$을 소거한 후, 항을 정리하면

$$au''(t) + (2a\alpha + b) u'(t) + \left(a\alpha^2 + b\alpha + c\right) u(t) = P_n(t) \tag{32}$$

를 얻는다.

식 (32)의 특수해를 결정하는 것은 상수를 나타내는 문자들을 제외하면 식 (28)을 푸는 것과 완전히 같다. 그러므로 $a\alpha^2 + b\alpha + c$가 영이 아니면, $u(t) = A_0t^n + \dots + A_n$라고 가정한다; 즉, 식 (31)의 특수해는

$$Y(t) = e^{\alpha t} \left(A_0 t^n + A_1 t^{n-1} + \cdots + A_n\right) \tag{33}$$

의 형태를 갖는다.

다시 말해서 $a\alpha^2 + b\alpha + c$는 영이고 $2a\alpha + b$는 영이 아니라면, $u(t)$는 $t(A_0t^n + \dots + A_n)$의 형태여야 한다. $Y(t)$에 대응되는 형태는 식 (33)의 우변에 t를 곱한 것이다. 이때, $a\alpha^2 + b\alpha + c$가 영이면 $e^{\alpha t}$이 제차 미분방정식의 해가 된다는 점을 알아야 한다.

만약 $a\alpha^2 + b\alpha + c$와 $2a\alpha + b$가 모두 영이라면(그리고 이것이 $e^{\alpha t}$과 $te^{\alpha t}$이 모두 제차 미분방정식의 해임을 의미한다면) $u(t)$의 정확한 형태는 $t^2(A_0t^n + \dots + A_n)$이다. 그러므로 $Y(t)$는 식 (33)의 우변에 t^2을 곱한 형태이다.

▶ **경우 3: $g(t) = e^{\alpha t}P_n(t)\cos(\beta t)$ 또는 $e^{\alpha t}P_n(t)\sin(\beta t)$.** 이 두 경우는 서로 유사하므로, 여기서는 후자의 경우만 다루겠다. 이 문제를, 오일러 공식의 결과인 $\sin(\beta t) = (e^{i\beta t} - e^{-i\beta t})/(2i)$를 이용하여 앞의 문제로 바꿀 수 있다. 그러므로 $g(t)$는

$$g(t) = P_n(t) \frac{e^{(\alpha+i\beta)t} - e^{(\alpha-i\beta)t}}{2i}$$

의 형태를 가지며,

$$Y(t) = e^{(\alpha+i\beta)t} (A_0t^n + \cdots + A_n) + e^{(\alpha-i\beta)t} (B_0t^n + \cdots + B_n)$$

또는

$$Y(t) = e^{\alpha t} (A_0t^n + \cdots + A_n) \cos(\beta t) + e^{\alpha t} (B_0t^n + \cdots + B_n) \sin(\beta t)$$

를 선택해야 한다. 복소수 계수를 쓰지 않으므로 보통 후자의 형식을 선호한다. $\alpha \pm i\beta$가 제차 미분방정식에 대응되는 고유방정식을 만족한다면, 다항식에 t를 곱하여 차수를 하나 증가시킨다.

만약 비제차 함수가 $\cos(\beta t)$와 $\sin(\beta t)$를 모두 포함한다면, 각각에 대해 같은 형태의 특수해

를 유발하므로, 같이 다루는 것이 편리하다. 예를 들어, $g(t) = t\sin(t) + 2\cos(t)$라면, $\sin(t)$와 $\cos(t)$가 제차 미분방정식의 해가 아닐 때, $Y(t)$의 형태는

$$Y(t) = (A_0 t + A_1)\sin(t) + (B_0 t + B_1)\cos(t)$$

이다.

연습 문제

▶ 문제 **1**부터 **10**까지 주어진 미분방정식의 일반해를 구하라.

1. $y'' + 3y' + 2y = 4e^{2t}$

2. $y'' - y' - 2y = -3 + 4t^2$

3. $y'' + y' - 6y = 18e^{3t} + 12e^{-2t}$

4. $y'' - 2y' - 3y = -6te^{-t}$

5. $y'' + y' = 6 + 4\sin(t)$

6. $y'' + 2y' + y = 4e^{-t}$

7. $y'' + y = 4\sin(2t) + t\cos(2t)$

8. $u'' + \omega_0^2 u = \cos(\omega t), \quad \omega^2 \neq \omega_0^2$

9. $u'' + \omega_0^2 u = \cos(\omega_0 t)$

10. $y'' - y' - 2y = 3\cosh 2t$
힌트: $\cosh t = (e^t + e^{-t})/2$

▶ 문제 **11**부터 **15**까지 주어진 초깃값 문제의 해를 구하라.

11. $y'' + y' - 2y = 2t, \quad y(0) = 0, \quad y'(0) = 2$

12. $y'' + 4y = t^2 + 3e^t, \quad y(0) = 0, \quad y'(0) = 2$

13. $y'' - 2y' + y = te^t + 4, \quad y(0) = 2, \quad y'(0) = 1$

14. $y'' + 6y' + 9y = 5\cos(2t)$

15. $y'' + 2y' + 5y = 4e^{-t}\cos(2t), \quad y(0) = 0, \quad y'(0) = 0$

▶ 문제 **16**부터 **21**까지:

a. 미정계수법을 사용해서 $Y(t)$의 적당한 형태를 결정하라.

b. **N** 컴퓨터 대수 시스템을 사용하여 주어진 미분방정식의 특수해를 구하라.

16. $y'' + 3y' = 2t^4 + t^2e^{-3t} + 2\sin(3t)$

17. $y'' - 5y' + 6y = e^t\sin(2t) + e^{2t}(3t + 4)\sin t$

18. $y'' + 2y' + 2y = 2e^{-t} + 2e^{-t}\cos t + 4e^{-t}t^2\sin t$

19. $y'' + 4y = t^2\sin(2t) + (3t + 2)\cos(2t)$

20. $y'' - 3y' = e^t + e^{2t}\sin(3t)$

21. $y'' - 4y' + 4y = 4t^2 + 4te^{2t} + t\sin(2t)$

22. 예제 3.5.5의 다음 식을 고려하자.

$$y'' - 3y' - 4y = 2e^{-t} \tag{34}$$

$y_1(t) = e^{-t}$과 $y_2(t) = e^{4t}$이 대응 제차 미분방정식의 해임을 상기하자. 미분계수 축소법(3.4절)을 적용하여 $v(t)$가 결정되었을 때, $Y(t) = v(t)y_1(t) = v(t)e^{-t}$ 형태의 비제차 미분방정식의 해를 찾아라.

a. $Y(t), Y'(t), Y''(t)$를 식 (34)에 대입하여 $v(t)$가 $v'' - 5v' = 2$임을 증명하라.

b. $w(t) = v'(t)$라고 하면 $w(t)$는 $w' - 5w = 2$을 만족함을 증명하라. $w(t)$에 대한 이 미분방정식을 풀어라.

c. $w(t)$를 적분하여 $v(t)$를 구하고 다음 식이 만족함을 보여라.

$$Y(t) = -\frac{2}{5}te^{-t} + \frac{1}{5}c_1e^{4t} + c_2e^{-t}$$

이 함수의 우변의 첫 번째 항은 원하는 비제차 미분방정식의 특수해이고 t와 e^{-t}의 곱임에 유의하자.

23. $\lambda > 0$이고 $m = 1, \dots, N$에 대해서 $\lambda \neq m\pi$일 때,

$$y'' + \lambda^2 y = \sum_{m=1}^{N} a_m \sin(m\pi t)$$

의 일반해를 구하라.

24. **N** 많은 물리학 문제에서 비제차 항은 서로 다른 시간 구간에서 다른 공식으로 주어지기도 한다. 그러한 예로써, 초기조건 $y(0) = 0$과 $y'(0) = 1$을 만족하는

$$y'' + y = \begin{cases} t, & 0 \le t \le \pi, \\ \pi e^{\pi - t}, & t > \pi, \end{cases}$$

의 해 $y = \phi(t)$를 구하라. y와 y'이 $t = \pi$에서 연속이라고 가정하자. 시간의 함수로써 비제차 항과 해의 그래프를 그려라.

힌트: 먼저 $t \le \pi$에 대한 초깃값 문제를 해결한 다음, $t > \pi$에 대한 해를 구하되, $t = \pi$에서의 연속 조건을 이용하여 후자의 해에서 상수들을 결정하라.

▶ **$t \to \infty$일 때 해의 모양**. 문제 **25**와 **26**에서 3.4절의 문제 **28**부터 **30**까지에서 시작한 내용을 이어가겠다. a, b, c가 양수일 때, 다음과 같이 미분방정식이 주어져 있다.

$$ay'' + by' + cy = g(t) \tag{35}$$

25. $Y_1(t)$와 $Y_2(t)$가 식 (35)의 해라면, $t \to \infty$일 때 $Y_1(t) - Y_2(t) \to 0$임을 보여라. 만약 $b = 0$이라면 이 결과는 참인가?

26. $g(t) = d$ (상수)라면 식 (35)의 모든 해는 $t \to \infty$일 때, d/c로 수렴함을 보여라. $c = 0$이면 어떻게 되는가? 만약 $b = 0$이라면 어떻게 되는가?

27. 이 문제에서 b와 c가 상수이고 D가 t에 관한 미분 연산자일 때, 다음 미분방정식의 해를 찾기 위한 또 다른 과정[8]을 설명하겠다.

$$y'' + by' + cy = (D^2 + bD + c)\,y = g(t) \tag{36}$$

r_1과 r_2가 대응 제차 미분방정식에 대한 고유방정식의 근이라고 하자. 이 근들은 서로 다른 실근이거나, 중근 또는 켤레 복소수 근일 수 있다.

a. $r_1 + r_2 = -b$이고 $r_1 r_2 = c$일 때, 식 (36)이 다음 형태로 분해될 수 있음을 증명하라.

$$(D - r_1)(D - r_2)\,y = g(t)$$

b. $u = (D - r_2)y$라고 하자. 그러면 식 (36)의 해는 다음 두 개의 1계 미분방정식을 풀면 구할 수 있다.

$$(D - r_1)\,u = g(t), \quad (D - r_2)\,y = u(t)$$

▶ 문제 **28**부터 **30**까지 문제 **27**의 방법을 사용하여 주어진 미분방정식을 풀어라.

28. $y'' + 3y' + 2y = 5e^{3t}$

29. $y'' + 3y' + 2y = 5e^{3t}$

30. $y'' + 2y' + y = \sin(4t)$

[8] R. S. Luthar, "Another Approach to a Standard Differential Equation," *Two Year College Mathematics Journal* 10 (1979), pp. 200-201. 또한 D. C. Sandell and F. M. Stein, "Factorization of Operators of Second Order Linear Homogeneous Ordinary Differential Equations," *Two Year College Mathematics Journal* 8 (1977), pp. 132-141에 연산자 분해에 대한 보다 일반적인 설명이 있다.

3.6 매개변수 변형법

이 절에서는 비제차 미분방정식의 특수해를 찾는 또 다른 방법을 소개하고 있다. **매개변수 변형법**(variation of parameters)이라는 이 방법은 라그랑지가 고안하였으며 미정계수법을 보완하는 방법이다. 매개변수 변형법의 장점은 이것이 *일반적인 방법*이라는 것이다; 적어도 원칙적으로는 어떤 미분방정식에도 적용 가능하고 해의 형태에 관한 자세한 가정이 필요하지 않다. 이 절의 뒷부분에서는 임의의 2계 비제차 선형 미분방정식의 특수해에 대한 공식을 이 방법을 사용하여 유도한다. 매개변수 변형법은 궁극적으로 미분방정식 내의 비제차 항과 관련된 적분을 해야 하는데 여기에 어려움이 있을 수 있다. 일반적인 경우에서 이 방법을 살펴보기 전에 먼저 예제를 보도록 하자.

예제 3.6.1

다음 식의 특수해를 구하라.

$$y'' + 4y = 8\tan(t), \quad -\pi/2 < t < \pi/2 \tag{1}$$

풀이

비제차 항 $g(t) = 8\tan(t)$가 $\sin(t)$와 $\cos(t)$의 몫과 관련되어 있으므로, 3.5절에서 설명한 미정계수법을 사용하기에는 적절하지 않다. 따라서 다른 접근 방법이 필요하다.

이때, 식 (1)에 대응되는 제차 미분방정식은

$$y'' + 4y = 0 \tag{2}$$

이고 식 (2)의 일반해는

$$y_c(t) = c_1\cos(2t) + c_2\sin(2t) \tag{3}$$

이다. 매개변수 변형법은 3.4절의 끝부분에서 소개한 미분계수 축소법과 비슷하다. 일반해 (3)의 상수 c_1과 c_2를 함수 $u_1(t)$와 $u_2(t)$로 각각 바꾸고

$$y = u_1(t)\cos(2t) + u_2(t)\sin(2t) \tag{4}$$

가 비제차 미분방정식 (1)의 해가 되는 이 함수들을 결정하자.

u_1과 u_2를 찾기 위해서 식 (1)에 식 (4)의 y를 대입하면 그 결과가 u_1과 u_2 그리고 그것들의 1계 도함수의 결합으로 표현된 하나의 식이 된다. 단 하나의 식과 두 개의 미지함수가 있어서 이러한 식을 만족하는 u_1과 u_2가 무수히 많으므로, u_1과 u_2를 구하기 위해서는 두 번째 조건이 필요하다. (라그랑지에 따르면) 효율적인 계산 방법으로 두 번째 조건을 유도할 수 있다.[9]

식 (4)로 돌아가서 이 식을 미분하고 항을 재배열하면

$$y' = -2u_1(t)\sin(2t) + 2u_2(t)\cos(2t) + u_1'(t)\cos(2t) + u_2'(t)\sin(2t) \tag{5}$$

를 얻을 수 있다. u_1과 u_2에 대한 두 번째 조건을 선택하기 위해 식 (5)의 우변의 마지막 두 항의 합을 영이라 두자; 즉,

$$u_1'(t)\cos(2t) + u_2'(t)\sin(2t) = 0 \tag{6}$$

이므로 식 (5)로부터

$$y' = -2u_1(t)\sin(2t) + 2u_2(t)\cos(2t) \tag{7}$$

[9] 더 수학적으로 두 번째 조건을 유도하는 방법은 6.9절의 연습문제 **17**에 있다.

가 된다. 조건 (6)의 효과가 아직은 분명하지 않지만, u_1'과 u_2'이 포함된 항들을 소개함으로써 y'에 대한 식은 간단해졌다. 또한, 식 (7)을 미분하여

$$y'' = -4u_1(t)\cos(2t) - 4u_2(t)\sin(2t) - 2u_1'(t)\sin(2t) + 2u_2'(t)\cos(2t) \tag{8}$$

를 얻을 수 있다. 또한 식 (4)와 식 (8)을 각각 식 (1)의 y와 y''에 대입하면

$$\begin{aligned} y'' + 4y = &-4u_1(t)\cos(2t) - 4u_2(t)\sin(2t) - 2u_1'(t)\sin(2t) + 2u_2'(t)\cos(2t) \\ &+ 4u_1(t)\cos(2t) + 4u_2(t)\sin(2t) = 8\tan(t) \end{aligned}$$

를 얻는다. 그러므로 u_1과 u_2는

$$-2u_1'(t)\sin(2t) + 2u_2'(t)\cos(2t) = 8\tan(t) \tag{9}$$

를 만족해야 한다.

지금까지의 결과를 정리하자면 식 (6)과 식 (9)를 만족하는 u_1과 u_2를 찾는 것이다. 이 식들은 미지함수 $u_1'(t)$와 $u_2'(t)$에 대한 한 쌍의 선형*대수* 방정식으로 볼 수 있다. 식 (6)과 식 (9)는 다양한 방법으로 풀 수 있다. 예를 들어, 식 (6)을 $u_2'(t)$에 대해 풀면

$$u_2'(t) = -u_1'(t)\frac{\cos(2t)}{\sin(2t)} \tag{10}$$

를 얻는다. 그러면 식 (9)의 $u_2'(t)$에 이를 대입한 후 간단히 하여,

$$u_1'(t) = -\frac{8\tan(t)\sin(2t)}{2} = -8\sin^2(t) \tag{11}$$

를 얻을 수 있다. 식 (10)의 $u_1'(t)$에 이를 대입하고 2배각 공식을 사용하면,

$$u_2'(t) = -\frac{8\sin^2(t)\cos(2t)}{\sin(2t)} = 4\frac{\sin(t)\left(2\cos^2(t)-1\right)}{\cos(t)} = 4\sin(t)\left(2\cos(t) - \frac{1}{\cos(t)}\right) \tag{12}$$

을 유도할 수 있다.

$u_1'(t)$와 $u_2'(t)$를 적분해서 $u_1(t)$와 $u_2(t)$를 구할 수 있다. 결과는

$$u_1(t) = 4\sin(t)\cos(t) - 4t + c_1 \tag{13}$$

과

$$u_2(t) = 4\ln(\cos(t)) - 4\cos^2(t) + c_2 \tag{14}$$

이다. 식 (4)에 이 식들을 대입하면

$$y = (4\sin(t)\cos(t))\cos(2t) + \left(4\ln(\cos(t)) - 4\cos^2(t)\right)\sin(2t) + c_1\cos(2t) + c_2\sin(2t)$$

가 된다. 마지막으로 2배각 공식을 한 번 더 사용하면 다음을 얻는다.

$$y = -2\sin(2t) - 4t\cos(2t) + 4\ln(\cos(t))\sin(2t) + c_1\cos(2t) + c_2\sin(2t) \tag{15}$$

임의의 상수 c_1과 c_2를 포함하는 식 (15)의 항은 대응 제차 미분방정식의 일반해이고 나머지 항들은 비제차 미분방정식 (1)의 해이다. 따라서 식 (15)는 식 (1)의 일반해이다.

식 (15)의 c_1과 c_2를 모두 영으로 두면 특수해가 되며 그 외 다른 c_1, c_2 값을 선택해도 같은 비제차 미분방정식의 특수해가 된다. 특히 식 (15)에서 $c_1 = 0$, $c_2 = 2$라 놓으면 두 항만으로 이루어진 특수해가 된다:

$$-4t\cos(2t) + 4\ \ln(\cos(t))\sin(2t)$$

따라서 매개변수 변형법이 찾기 어려운 특수해를 포함한다고 결론지을 수 있다. 이것이 이 문제의 경우, 미정계수법이 아니라 매개변수 변형법이 필요한 이유이다.

앞의 예제에서 특수해를 찾을 때 매개변수 변형법이 유용하게 쓰였고, 따라서 식 (1)의 일반해를 구할 수 있었다. 다음 의문은 이 방법이 일반적인 형태의 미분방정식에도 적용될 수 있을 것인가이다. p, q, g가 연속함수일 때,

$$y'' + p(t)y' + q(t)y = g(t) \tag{16}$$

를 고려해 보자. 먼저,

$$y_c(t) = c_1 y_1(t) + c_2 y_2(t) \tag{17}$$

가 대응 제차 미분방정식

$$y'' + p(t)y' + q(t)y = 0 \tag{18}$$

의 일반해임을 알고 있다고 가정하자. 지금까지는 식 (18)이 상수계수를 가질 때 푸는 방법을 다루었는데, 식 (18)이 t의 함수로 된 계수를 가질 때는 $y_c(t)$를 얻기 위해서 5장에서 소개한 방법을 사용해야 한다.

예제 3.6.1에서의 주요 발상은 식 (17)의 상수 c_1과 c_2를 각각 함수 $u_1(t)$와 $u_2(t)$로 바꾼다는 것이다; 즉,

$$y = u_1(t)y_1(t) + u_2(t)y_2(t) \tag{19}$$

로 놓는다. 식 (19)가 제차 미분방정식 (18)이 아니라 비제차 미분방정식 (16)의 해가 되도록 하는 $u_1(t)$와 $u_2(t)$를 결정하자. 식 (19)를 미분하면

$$y' = u_1'(t)y_1(t) + u_1(t)y_1'(t) + u_2'(t)y_2(t) + u_2(t)y_2'(t) \tag{20}$$

를 얻는다. 예제 3.6.1에서처럼 식 (20)에서 $u_1'(t)$와 $u_2'(t)$를 포함하는 항을 모두 영으로 두면,

$$u_1'(t)y_1(t) + u_2'(t)y_2(t) = 0 \tag{21}$$

이 된다. 그러면 식 (20)으로부터

$$y' = u_1(t)y_1'(t) + u_2(t)y_2'(t) \tag{22}$$

를 얻을 수 있고 이를 다시 미분하면

$$y'' = u_1'(t)y_1'(t) + u_1(t)y_1''(t) + u_2'(t)y_2'(t) + u_2(t)y_2''(t) \tag{23}$$

를 얻는다.

이제 식 (16)에 식 (19), (22), (23)으로부터 얻은 y, y', y''을 대입하고 항을 정리하면

$$\begin{aligned} &u_1(t)\big(y_1''(t) + p(t)y_1'(t) + q(t)y_1(t)\\ &+ u_2(t)\big(y_2''(t) + p(t)y_2'(t) + q(t)y_2(t)\\ &\qquad + u_1'(t)y_1'(t) + u_2'(t)y_2'(t) = g(t) \end{aligned} \tag{24}$$

가 된다. y_1과 y_2가 제차 미분방정식 (18)의 해이므로, 식 (24)의 대괄호 안의 식은 각각 영이다. 그러므로 식 (24)는

$$u_1'(t)y_1'(t) + u_2'(t)y_2'(t) = g(t) \tag{25}$$

가 된다. 식 (21)과 식 (25)는 미지함수의 도함수 $u_1'(t)$과 $u_2'(t)$에 대한 2개의 연립 선형대수 방정식을 이룬다. 이것은 예제 3.6.1의 식 (6)과 식 (9)와 정확하게 일치한다.

연립방정식 (21), (25)를 풀면, $W[y_1, y_2]$가 y_1과 y_2의 론스키안일 때

$$u_1'(t) = -\frac{y_2(t)g(t)}{W[y_1, y_2](t)}, \quad u_2'(t) = \frac{y_1(t)g(t)}{W[y_1, y_2](t)} \tag{26}$$

를 얻을 수 있다. y_1과 y_2가 기본해 집합이면, 이들의 론스키안이 영이 아니어서 $W[y_1, y_2]$로 나눌 수 있다. 식 (26)을 적분하면 원하는 $u_1(t)$와 $u_2(t)$를 다음과 같이 구할 수 있다.

$$u_1(t) = -\int \frac{y_2(t)g(t)}{W[y_1, y_2](t)}dt + c_1, \quad u_2(t) = \int \frac{y_1(t)g(t)}{W[y_1, y_2](t)}dt + c_2 \tag{27}$$

식 (27)에서 적분을 기초함수들로 계산할 수 있다면, 식 (19)에 이 결과를 대입하여 식 (16)의 일반해를 구할 수 있다. 좀 더 일반적으로, 해는 다음 정리에서처럼 적분의 형태로 표현이 가능하다.

정리 3.6.1 |

비제차 2계 선형 미분방정식,

$$y'' + p(t)y' + q(t)y = g(t) \tag{28}$$

를 고려하자. 함수 p, q, g가 개구간 I에서 연속이고, 함수 y_1과 y_2가 이에 대응하는 제차 미분방정식

$$y'' + p(t)y' + q(t)y = 0 \tag{29}$$

의 기본해 집합이면 I에서 편의상 선택된 t_0에 대해, 식 (28)의 특수해는

$$Y(t) = -y_1(t)\int_{t_0}^{t} \frac{y_2(s)g(s)}{W[y_1, y_2](s)}ds + y_2(t)\int_{t_0}^{t} \frac{y_1(s)g(s)}{W[y_1, y_2](s)}ds \tag{30}$$

이다. 일반해는 정리 3.5.2에서 정한 대로 다음과 같다.

$$y = c_1y_1(t) + c_2y_2(t) + Y(t) \tag{31}$$

식 (30)을 분석하고 유도한 과정을 살펴보면 매개변수 변형법을 사용하는 데 있어 두 가지 어려운 점을 발견할 수 있다. 하나는 앞에서 언급한 바와 같이, 제차 미분방정식 (29)의 계수들이 상수가 아닐 때, 이 식의 기본해 집합인 $y_1(t)$와 $y_2(t)$를 찾는 것이다. 또 다른 어려움은 식 (30)의 적분을 계산하는 것이 어려울 수 있다는 것인데 이는 전적으로 함수 y_1, y_2와 g에 달려 있다. 식 (30)을 사용할 때, 미분방정식이 정확하게 (28)의 형태인가를 확인하여야 한다. 그렇지 않다면 비제차 항 $g(t)$가 정확하지 않을 수 있다.

매개변수 변형법의 주요 장점은 식 (30)에서 보듯이 특수해 $Y(t)$를 임의의 비제차 항 $g(t)$로 표현했다는 것이다. 이것은 비제차 항이 변할 때의 효과를 연구하거나 서로 다른 강제 함수들에 대한 주어진 시스템의 반응을 분석하고자 할 때 매우 좋은 출발점이 된다(연습문제 **18**부터 **22**까지 참조).

연습 문제

▶ 문제 **1**부터 **3**까지 매개변수 변형법을 사용하여 주어진 미분방정식의 특수해를 구하라. 그리고 미정계수법으로 답을 확인하라.

1. $y'' - 5y' + 6y = 2e^t$

2. $y'' - y' = e^{-2t}$

3. $4y'' - 4y' + y = 8e^{t/2}$

▶ 문제 **4**부터 **9**까지 주어진 미분방정식의 일반해를 구하라. 문제 **8**과 **9**에서, g는 임의의 연속함수이다.

4. $y'' + y = 2\tan(t), \quad 0 < t < \pi/2$

5. $y'' + 9y = 9\sec^2(3t), \quad 0 < t < \pi/6$

6. $y'' + 4y' + 4y = t^{-2}e^{-2t}, \quad t > 0$

7. $y'' + y = \sec(t)$

8. $y'' + 9y = g(t)$

9. $y'' - 7y' + 10y = g(t)$

▶ 문제 **10**부터 **15**까지 주어진 함수 y_1과 y_2가 대응 제차 미분방정식을 만족함을 보여라. 그리고 주어진 비제차 미분방정식의 특수해를 구하라. 문제 **14**와 **15**에서, g는 임의의 연속함수이다.

10. $t^2y'' - 2y = 4t^2 - 3, \quad t > 0; \quad y_1(t) = t^2, \quad y_2(t) = t^{-1}$

11. $t^2y'' - t(t+2)y' + (t+2)y = 2t^3, \quad t > 0; \quad y_1(t) = t, \quad y_2(t) = te^t$

12. $ty'' - (1+t)y' + y = t^2e^{2t}, \quad t > 0; \quad y_1(t) = 1 + t, \quad y_2(t) = e^t$

13. $x^2y'' + xy' + (x^2 - 0.25)y = 3x^{3/2}\sin(x), \quad x > 0; \quad y_1(x) = x^{-1/2}\sin(x), \quad y_2(x) = x^{-1/2}\cos(x)$

14. $(1-x)y'' + xy' - y = g(x), \quad 0 < x < 1; \quad y_1(x) = e^x, \quad y_2(x) = x$

15. $x^2y'' - xy' + (x^2 - 9)y = g(x), \ x > 0, \ y_1(x) = x^{-1/2}\sin(x), \quad y_2(x) = x^{-1/2}\cos(x)$

16. 초깃점 t_0를 본문의 식 (30)에서 적분의 하한값으로 선택하여, $Y(t)$가 특정한 형태가 됨을 보여라.

$$Y(t) = \int_{t_0}^{t} \frac{y_1(s)y_2(t) - y_1(t)y_2(s)}{y_1(s)y_2'(s) - y_1'(s)y_2(s)} g(s)\,ds$$

$Y(t)$가 다음 초깃값 문제의 해임을 증명하라.

$$L[y] = g(t), \quad y(t_0) = 0, \quad y'(t_0) = 0$$

17. 초깃값 문제

$$L[y] = y'' + p(t)y' + q(t)y = g(t), \quad y(t_0) = y_0, \quad y'(t_0) = y_0' \tag{32}$$

의 해가 $y = u(t) + v(t)$로 표현됨을 증명하라. 단, u와 v는 각각 다음 두 초깃값 문제의 해이다.

$$L[u] = 0, \quad u(t_0) = y_0, \quad u'(t_0) = y_0', \tag{33}$$

$$L[v] = g(t), \quad v(t_0) = 0, \quad v'(t_0) = 0 \tag{34}$$

다시 말해서, 미분방정식의 비제차성과 초기조건에서의 비제차성은 분리해서 다루어야 한다. $L[u] = 0$의 기본해 집합을 알고 있으면 u를 쉽게 구할 수 있다. 또한, 문제 16에서 보였듯이 함수 v는 식 (30)으로 주어진다.

18. **a.** 문제 **16**의 결과를 이용하여, 다음 초깃값 문제

$$y'' + y = g(t), \quad y(t_0) = 0, \quad y'(t_0) = 0 \tag{35}$$

의 해가

$$y = \int_{t_0}^{t} \sin(t - s)\, g(s)\, ds \tag{36}$$

임을 보여라.

b. 문제 **17**의 결과를 이용하여, 다음 초깃값 문제의 해를 구하라.

$$y'' + y = g(t), \quad y(0) = y_0, \quad y'(0) = y_0'$$

19. 문제 **16**의 결과를 이용하여, 다음 초깃값 문제의 해를 구하라.

$$L[y] = g(t), \quad y(t_0) = 0, \quad y'(t_0) = 0$$

$L[y] = (D - a)(D - b)y$로, 여기서 a와 b는 서로 다른 실수($a \neq b$)이다. $L[y] = y'' - (a + b)y' + aby$임을 주의하라.

20. 문제 **16**의 결과를 이용하여, 다음 초깃값 문제의 해를 구하라.

$$L[y] = g(t), \quad y(t_0) = 0, \quad y'(t_0) = 0$$

여기서 $L(y) = (D - (\lambda + i\mu))(D - (\lambda - i\mu))y$; 즉,

$$L[y] = y'' - 2\lambda y' + (\lambda^2 + \mu^2)\, y$$

단, 고유방정식의 근은 $\lambda \pm i\mu$이다.

21. 문제 **16**의 결과를 이용하여, a가 임의의 실수일 때 다음 초깃값 문제의 해를 구하라.

$$L[y] = g(t), \quad y(t_0) = 0, \quad y'(t_0) = 0$$

$L[y] = (D - a)^2 y$, 즉 $L[y] = y'' - 2ay' + a^2 y$이며, a는 임의의 실수이다.

22. 문제 **19**부터 **21**의 결과들을 조합하여, b와 c가 상수일 때 초깃값 문제

$$L[y] = (D^2 + bD + c)\, y = g(t), \quad y(t_0) = 0, \quad y'(t_0) = 0$$

의 해가

$$y = \phi(t) = \int_{t_0}^{t} K(t - s)\, g(s)\, ds \tag{37}$$

형태가 됨을 보여라. 함수 K는 대응 제차 미분방정식의 해 y_1과 y_2에 종속하며 비제차 항에는 독립이다. 일단 K가 결정된다면, 같은 미분 연산자를 가지는 모든 비제차 문제는 적분 계산이 된다. K가 t와 s에 종속됨에도 불구하고 $t - s$만 나타나므로, 실제로 K는 일변수 함수이다. $g(t)$를 문제에 대한 입력(input)으로, $\phi(t)$를 출력(output)으로 생각하면, 식 (37)로부터 이 출력은 초깃점 t_0에서 t까지 전 구간에서 입력에 종속된다. 식 (37)의 적분은 K와 g의 **합성곱**(convolution)이라고 부르며, K는 **핵**(kernel)이라고 부른다.

23. 대응 제차 미분방정식의 한 해 y_1을 알고 있으면, 미분계수 축소법(3.4절)을 비제차 미분방정식

$$y'' + p(t)\, y' + q(t)\, y = g(t) \tag{38}$$

에 적용할 수 있다. $y = v(t)y_1(t)$일 때, v가

$$y_1(t)\, v'' + (2y_1'(t) + p(t)\, y_1(t))\, v' = g(t) \tag{39}$$

의 해라면, y가 식 (38)을 만족함을 보여라. 식 (39)는 v'에 대한 1계 선형 미분방정식이다. 이 식을

푼 결과를 적분하고 $y_1(t)$를 곱하면, 식 (38)의 일반해를 구할 수 있다. 이 방법은 두 번째 제차 미분방정식의 해와 특수해를 동시에 찾는다.

▶ 문제 **24**부터 **26**까지 문제 **23**에서 제시한 방법을 사용하여 주어진 미분방정식을 풀어라.

24. $t^2y'' + 2ty' + 2y = t^2, \quad t > 0, \quad y_1(t) = -t$

25. $t^2y'' + 7ty' + 5y = 3t, \quad t > 0; \quad y_1(t) = t^{-1}$

26. $(1 - t)y'' + ty' - y = 2(t - 1)^2e^{-t}, \quad 0 < t < 1; \quad y_1(t) = e^t$

3.7 기계 진동과 전기 진동

상수항을 갖는 2계 선형 미분방정식을 공부해야 하는 이유 중 하나는 이것이 몇몇 중요한 물리 과정에 대해 수학 모델로 주어지기 때문이다. 이와 관련된 두 가지 중요한 응용 분야는 기계 또는 전기 진동에 관한 것이다. 예를 들어, 진동하는 스프링에 달려있는 질량의 움직임, 플라이휠 축의 비틀림에 의한 진동, 단순한 직렬 회로에서 전류의 흐름, 그리고 그 외 많은 물리 문제들이 다음 형태의 초깃값 문제의 해로 설명된다.

$$ay'' + by' + cy = g(t), \quad y(0) = y_0, \quad y'(0) = y_0' \tag{1}$$

이것은 수학과 물리 사이의 근본적인 관계를 설명한다: *다양한 물리 문제들이 같은 수학 모델을 가질 수 있다.* 그러므로, 초깃값 문제 (1)을 풀어 다양한 물리 문제들의 해를 구하기 위해서는, 상수 a, b, c와 함수 y, g의 정확한 의미에 대한 해석이 반드시 필요하다.

단순한 진동계의 형태를 이해하는 것이 복잡한 진동계를 이해하기 위한 첫 번째 단계이므로 스프링에 달린 질량의 운동을 자세히 다뤄보자. 많은 문제들이 이와 유사한 원리를 갖는다.

그림 3.7.1에서와 같이 원래의 길이가 l인 수직 스프링의 끝에 매달려 평형 상태를 이루고 있는 질량 m을 생각해 보자. 질량 때문에 스프링은 아래 방향(양의 방향)으로 L만큼 늘어난다. 정지된 상태에서는 질량이 스프링에 매달린 점에서 두 가지 힘이 작용한다(**그림 3.7.2** 참조). g가 중력에 의한 가속도라고 할 때, 질량의 무게에 해당하는 중력이 아래로 작용하고 그 크기는 $w = mg$이다. 스프링 때문에 위로 작용하는 힘 F_s도 존재한다. 만약 스프링의 늘어난 길이 L이 작다면 스프링의 힘은 거의 L에 비례한다; 이것은 **후크**(Hooke)[10] **의 법칙**으로 알려져 있다. 비례상수 k를 탄성상수(spring constant)라고 부르고 탄성력(spring force)이 위 방향(음의 방향)으로 작용하기 때문에 음의 부호를 사용하여, $F_s = -kL$이라고 쓸 수 있다. 이때, 질량은 평형 상태에 놓여 있으므로 두 힘은 서로 균형을 이루며, 이는 다음 식으로 표현된다.

$$w + F_s = mg - kL = 0 \tag{2}$$

무게가 $w = mg$로 주어지면, L을 측정할 수 있으므로 식(2)를 사용하여 k를 구할 수 있다. k의 단위는 힘/길이(force/length)이다.

[10] Robert Hooke (1635~1703)는 많은 분야를 연구한 영국 과학자이다. 그의 저서 *Micrographia*는 1665년에 출판되었고 다양한 현미경 관찰에 대해 수록되어 있다. 후크(Hooke)는 탄성의 법칙에 대해 1676년에 출판한 *ceiiinosssttuv*에서 처음으로 소개하였다; 1678년에 "변위인 힘으로써"라는 의미의 "*ut tensio sic vis*"를 해석하였다.

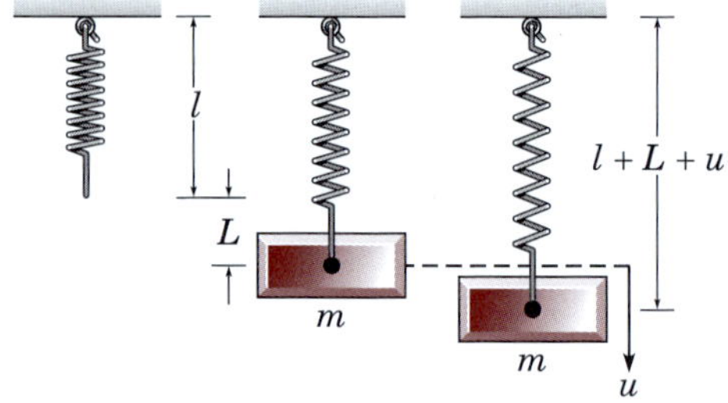

그림 3.7.1 스프링–질량계

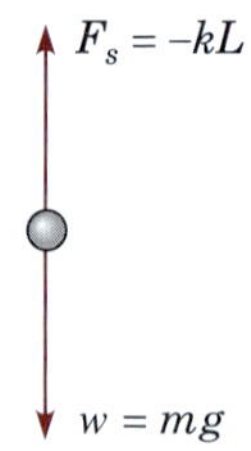

그림 3.7.2 스프링–질량계에 대한 힘 도표(force diagram)

관련된 역학 문제에서 외부 힘이 작용하거나 처음 주어진 물체의 움직임을 연구하는 것은 매우 흥미로운 일이다. $u(t)$를 시간 t에서 균형점으로부터, 양의 아래 방향으로 측정된 질량의 위치라고 하자(그림 3.7.1 참조). 그러면 u''이 질량의 가속도이고 f가 질량에 주어지는 알짜 힘(net force)이라고 할 때, 뉴턴의 운동 법칙에 의해 $u(t)$는 다음과 같이 질량에 주어지는 힘과 관련이 있다.

$$mu''(t) = f(t) \tag{3}$$

이때, u와 f는 모두 시간의 함수이다. 역학 문제에서는 다음과 같은 네 개의 힘을 고려해야 한다:

1. 질량의 무게 $w = mg$는 항상 아래 방향으로 작용한다.

2. 탄성력 F_s는 스프링이 늘어지는 총길이 $L + u$에 비례하고 스프링이 원래의 위치로 돌아가도록 작용한다고 가정한다. 만약 $L + u > 0$이면 스프링은 늘어나고 탄성력은 위로 향한다.

$$F_s = -k(L + u) \tag{4}$$

반면, $L + u < 0$이면 스프링은 길이 $|L + u|$만큼 줄어들고 아래로 향하는 탄성력은 $F_s = k|L + u|$로 주어진다. 그러나 $L + u < 0$일 때 $|L + u| = -(L + u)$이며, F_s는 다시 식 (4)로 주어진다. 그러므로 질량의 위치와 상관없이 스프링에 의해 가해지는 힘은 항상 식 (4)로 표현된다.

3. 감쇠력(damping 또는 resistive force) F_d는 항상 물체가 운동하는 반대 방향으로 작용한다. 이러한 힘이 발생하는 몇 가지 원인이 있다. 질량이 움직이는 매질 또는 공기에 대한 저항, 스프링의 팽창 및 수축 시 일어나는 내부에너지의 유출, 질량과 이것의 운동을 일차원으로 제한하는 지침이나 감쇠력을 질량에서 전달하는 기계적 장치(제동 장치) 간의 마찰이다. 어떤 경우든, 감쇠력은 질량의 속력 $|du/dt|$에 비례한다고 가정한다. 이것을 일반적으로 **점성 감쇠**

(viscous damping)라고 한다. $du/dt > 0$이면 u는 증가하고 질량은 아래로 향한다. 그러면 F_d는 위로 향하고, γ가 감쇠 상수로 알려진 양의 비례상수일 때,

$$F_d(t) = -\gamma u'(t) \tag{5}$$

로 주어진다. 한편, $du/dt < 0$이면 u는 감소하고, 물체는 위로 움직이며 F_d는 아래로 향한다. 이 경우, $F_d = \gamma|u'(t)|$이다; $|u'(t)| = -u'(t)$이므로, $F_d(t)$는 다시 식 (5)로 주어진다. 그러므로 질량의 운동 방향과 상관없이 감쇠력은 항상 식 (5)로 표현된다.

감쇠력은 다소 복잡할 수 있으며 식 (5)에 의해 적절하게 모델링될 수 있는지는 의문의 여지가 있다. 어떤 제동 장치가 식 (5)와 같이 작동하고 다른 소실 요인들이 작다면 그것은 무시하여 합치거나 감쇠상수 γ를 이 요인들을 근사하도록 조정할 수 있다. 가정 (5)가 주는 혜택은 그것이 (비선형이 아닌) 선형 미분방정식을 유도한다는 것이다. 따라서 이 진동계의 분석을 쉽게 할 수 있고 이를 이 절과 다음 3.8절에서 살펴보겠다.

4. 가해진 외부 힘(external force) $F(t)$는 양이나 음이냐에 따라, 아래 방향 혹은 위 방향으로 향한다. 이것은 스프링이 부착된 받침대의 움직임에 따른 힘이거나 질량에 직접 작용하는 힘일 수도 있다. 종종 외부 힘은 주기적이다.

이러한 힘들을 고려하면, 뉴턴의 법칙 (3)을

$$\begin{aligned} mu''(t) &= w + F_s(t) + F_d(t) + F(t) \\ &= mg - k(L + u(t)) - \gamma u'(t) + F(t) \end{aligned} \tag{6}$$

으로 다시 쓸 수 있다. 식 (2)에서 $mg - kL = 0$이기 때문에, 양의 상수 m, γ, k에 대해 질량의 운동 방정식은

$$mu''(t) + \gamma u'(t) + ku(t) = F(t) \tag{7}$$

이다. 이때, 식 (7)은 식 (1)과 같은 형태이다.

식 (7)이 단지 변위 $u(t)$에 대한 근사식임을 알아야 한다. 특히, 식 (4)와 식 (5)는 각각 탄성력과 감쇠력에 대한 근사로 봐야 한다. 유도 과정 중에서 스프링에 달려있는 물체의 질량에 비하여 스프링의 질량은 무시할 만하다.

진동 문제의 완전한 정식화에는 초기조건, 즉 질량의 초기 위치 u_0와 초기 속도 v_0가 필요하다:

$$u(0) = u_0, \quad u'(0) = v_0 \tag{8}$$

정리 3.2.1에 의해 이 조건들은 주어진 수학 문제가 유일해를 갖도록 한다. 이는 질량의 초기 위치와 초기 속도가 주어지면, 모든 미래 시점의 위치가 결정된다는 물리적 직관과 일맥상통한다. 질량의 위치는 주어진 초기조건 (8)하에서 식 (7)의 해로 (근사적으로) 주어진다.

예제 3.7.1

2 lb의 질량이 스프링을 2 in 늘린다고 하자. 처음에 이 질량을 양의 방향으로 6 in 위치에서 놓는다. 또한, 이 질량은 3 ft/s의 속도로 움직이면 6 lb의 점성저항이 발생하는 매질 안에 놓여 있다. 이 절에서 소개한 가정들 하에서 이 질량의 운동을 결정하는 초깃값 문제를 만들어라.

풀이

찾고자 하는 초깃값 문제는 미분방정식 (7)과 초기조건 (8)로 구성되어 있으므로, 주로 할 일은 이 미분방정식에 나타나는 여러 상수를 결정하는 것이다. 첫 단계로 측정 단위를 결정하는 것이다. 문제에 대한 서술에 따라 미터법 대신 영국식 단위를 사용하는 것이 자연스럽다. 언급된 단위 시간은 초이므로, t를 초 단위로 측정하고 문장에 나타난 피트와 인치를 단위 길이로써 사용할 것이다. 이런 단위들은 어떻게 설정하든 상관없지만 일단 설정되면 일관성을 유지해야 한다. 명확히 하기 위해서 변위 u를 피트 단위로 측정하자.

문제에서 외부 힘은 언급하지 않았으므로, $F(t) = 0$이라고 가정하자. m을 결정하기 위해서는

$$m = \frac{w}{g} = \frac{2\text{ lb}}{32\text{ ft/s}^2} = \frac{1}{16}\frac{\text{lb}\cdot\text{s}^2}{\text{ft}}$$

임을 알아야 한다. 감쇠상수 γ는 u'이 3 ft/s일 때, $\gamma u'$이 6 lb이라는 사실로부터 결정된다. 그러므로

$$\gamma = \frac{6\text{ lb}}{3\text{ ft/s}} = 2\,\frac{\text{lb}\cdot\text{s}}{\text{ft}}$$

이다. 탄성상수 k는 질량이 스프링을 2 in, 즉 $\frac{1}{6}$ ft만큼 늘린다는 사실로부터 찾을 수 있다. 그러므로

$$k = \frac{2\text{ lb}}{1/6\text{ ft}} = 12\frac{\text{lb}}{\text{ft}}$$

이다. 결과적으로 식 (7)은

$$\frac{1}{16}u'' + 2u' + 12u = 0$$

또는

$$u'' + 32u' + 192\,u = 0 \tag{9}$$

초기조건은

$$u(0) = \frac{1}{2}, \quad u'(0) = 0 \tag{10}$$

두 번째 초기조건은 문제에서 언급된 "놓는다"라는 단어가 내포하듯이, 질량의 초기 속도가 영이라고 해석할 수 있다.

▶ **감쇠되지 않는 자유 진동(Undamped Free Vibrations).** 외부 힘이 작용하지 않는다면, 식 (7)에서 $F(t) = 0$이다. 감쇠력도 존재하지 않으면, $\gamma = 0$이다. 이것은 이상적인 상황이며, 현실에서는 거의 일어나지 않는다. 그렇지만 실제 감쇠는 매우 작은 값이므로 적당한 시간 구간에서 감쇠력이 없다는 가정은 만족할 만한 결과를 가져다준다. 이 경우 운동 방정식 (7)은

$$mu'' + ku = 0 \tag{11}$$

이 된다. 식 (11)에 대한 고유방정식은

$$mr^2 + k = 0$$

이고, 이것의 근은 $r = \pm i\sqrt{k/m}$ 이므로 식 (11)의 일반해는

$$u = A\cos(\omega_0 t) + B\sin(\omega_0 t) \tag{12}$$

이다. 이때,

$$\omega_0^2 = \frac{k}{m} \tag{13}$$

임의의 상수 A와 B는 (8)과 같은 형태의 초기조건이 주어질 때 결정된다.

식 (11)의 해를 설명할 때, 식 (12)를 다음과 같은

$$u = R\cos(\omega_0 t - \delta) \tag{14}$$

또는

$$u = R\cos(\delta)\cos(\omega_0 t) + R\sin(\delta)\sin(\omega_0 t) \tag{15}$$

형태로 다시 쓰면 편리하다. 식 (15)와 식 (12)를 비교하면 A, B, R과 δ가 다음과 같은 관계가 있다는 것을 알 수 있다.

$$A = R\cos(\delta), \quad B = R\sin(\delta) \tag{16}$$

따라서

$$R = \sqrt{A^2 + B^2}, \quad \tan(\delta) = \frac{B}{A} \tag{17}$$

δ를 계산할 때 정확한 사분면을 선택해야 한다. 이것은 식 (16)의 $\cos(\delta)$와 $\sin(\delta)$의 부호를 확인하며 알 수 있다.

그림 3.7.3은 특정한 초기조건들에 대한 식 (12), 또는 그것과 동치인 식 (14)의 그래프이다. 이 그래프는 질량의 **단순 조화 운동**(simple harmonic motion)을 나타내는 평형이동된 코사인 함수이다. 이 운동의 **주기**는

$$T = \frac{2\pi}{\omega_0} = 2\pi\left(\frac{m}{k}\right)^{1/2} \tag{18}$$

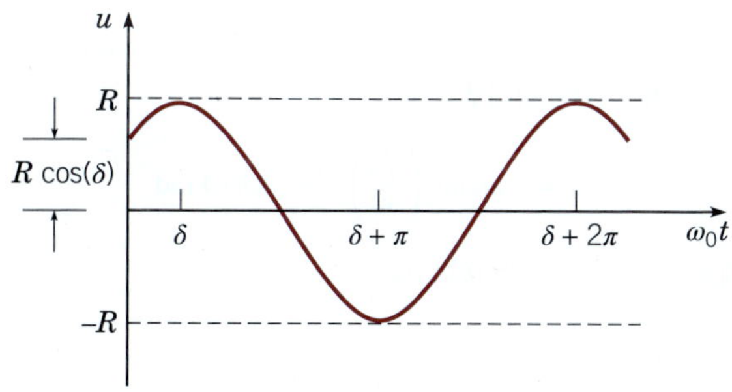

그림 3.7.3 단순 조화 운동: $u = R\cos(\omega_0 t - \delta)$. 수평축은 $\omega_0 t$이다.

이다. 원 진동수 $\omega_0 = \sqrt{k/m}$는 단위시간당 라디안(radian)으로 측정되며, 이 진동의 **고유 진동수**(natural frequency)라고 부른다. 평형 상태에서 질량의 최대 변위 R은 운동의 **진폭**이다. 단위가 없는 δ는 **위상**(phase), 혹은 위상각(phase angle)이라 부르고, $\delta = 0$에 해당하는 표준 위치로부터 파동의 변위를 측정한다.

식 (14)에 의해 기술되는 운동은 시간 t에 따라 줄어들지 않는 일정한 진폭을 가진다. 이는 초

기 변위와 초기 속도가 부여한 에너지가 소실되지 않으며, 즉 감쇠가 일어나지 않는 진동계임을 의미한다. 또한, 질량 m과 탄성상수 k가 주어졌을 때, 이 진동계는 초기조건과 상관없이 항상 같은 진동수 ω_0로 진동한다. 이때의 초기조건들은 운동의 진폭을 결정하는 데 도움을 준다. 마지막으로, 식 (18)로부터 질량 m이 증가할 때 주기 T가 증가하므로, 질량이 클수록 더 천천히 진동한다는 것을 알 수 있다. 반면에, 탄성상수 k가 증가할 때 주기 T는 감소하는데, 이는 뻣뻣한 스프링, 즉 탄성계수가 큰 스프링이 더 빨리 진동함을 의미한다.

예제 3.7.2

10 lb의 무게를 가진 질량이 스프링을 2 in 늘렸다고 가정하자. 질량을 2 in 더 늘렸다가 위 방향으로 초기 속도 1 ft/s로 놓은 후, 임의의 시간에서 질량의 위치를 결정하라. 또한 주기, 진폭, 운동의 위상도 결정하라.

풀이

탄성상수는 $k = 10\text{ lb}/2\text{ in} = 60\text{ lb/ft}$이고, 질량은 $m = w/g = 10/32\text{ lb}\cdot\text{s}^2/\text{ft}$이다. 그러므로 운동 방정식은

$$u'' + 192u = 0 \tag{19}$$

이며 일반해는

$$u = A\cos\left(8\sqrt{3}t\right) + B\sin\left(8\sqrt{3}t\right)$$

이다. 이때, 초기조건 $u(0) = 1/6\text{ ft}$와 $u'(0) = -1\text{ ft/s}$를 만족하는 해는

$$u = \frac{1}{6}\cos\left(8\sqrt{3}t\right) - \frac{1}{8\sqrt{3}}\sin\left(8\sqrt{3}t\right) \tag{20}$$

이다. 고유 진동수는 $\omega_0 = 8\sqrt{3} \cong 13.856\text{ rad/s}$이고, 주기는 $T = 2\pi/\omega_0 \cong 0.453\text{ s}$이다. 진폭 R과 위상 δ는 식 (17)에 의해 구할 수 있는데, 다음과 같다.

$$R^2 = \frac{1}{36} + \frac{1}{192} = \frac{19}{576} \quad \text{따라서,} \quad R \cong 0.182\text{ ft}$$

이고, 식 (17)의 두 번째 식에 의해 $(\delta) = -\sqrt{3}/4$이다. 이 식에서 두 개의 δ가 있을 수 있는데, 하나는 제2사분면에 있고 다른 하나는 제4사분면에 있다. 그런데 이 문제에서 $\cos(\delta) > 0$이고 $\sin(\delta) < 0$이므로 δ는 제4사분면에 있어야 한다. 실제로

$$\delta = -\arctan\left(\frac{\sqrt{3}}{4}\right) \cong -0.40864\text{ rad}$$

이다. 해 (20)의 그래프는 **그림 3.7.4**에 나와 있다.

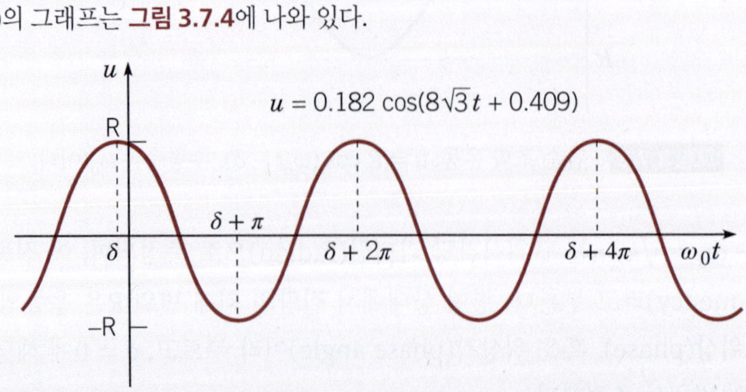

그림 3.7.4 감쇠되지 않는 자유 진동: $u'' + 192u = 0$, $u(0) = 1/6$, $u'(0) = -1$. 수평축은 $\omega_0 t$이다.

▶ **감쇠하는(Damped) 자유 진동.** 감쇠 효과를 고려하면, 질량의 운동을 나타내는 미분방정식은

$$mu'' + \gamma u' + ku = 0 \tag{21}$$

이다. 질량 m과 탄성상수 k가 주어졌을 때, 감쇠계수 γ가 진동에 끼치는 영향을 살펴보자. 식 (21)에 대응되는 고유방정식은

$$mr^2 + \gamma r + k = 0$$

이고 그 근은

$$r_1, r_2 = \frac{-\gamma \pm \sqrt{\gamma^2 - 4km}}{2m} = \frac{\gamma}{2m}\left(-1 \pm \sqrt{1 - \frac{4km}{\gamma^2}}\right) \tag{22}$$

이다. $\gamma^2 - 4km$의 부호에 따라, 해 u는 다음 중 한 가지 형태를 가진다.

$$\gamma^2 - 4km > 0, \quad u = Ae^{r_1 t} + Be^{r_2 t}; \tag{23}$$

$$\gamma^2 - 4km = 0, \quad u = (A + Bt)\, e^{-\gamma t/(2m)}; \tag{24}$$

$$\gamma^2 - 4km < 0, \quad u = e^{-\gamma t/(2m)}\,(A\cos(\mu t) + B\sin(\mu t)),$$
$$\mu = \frac{1}{2m}\left(4km - \gamma^2\right)^{1/2} > 0 \tag{25}$$

m, γ, k가 양수이므로, $\gamma^2 - 4km$은 항상 γ^2보다 작다. 따라서 $\gamma^2 - 4km \geq 0$이면 식 (22)에 의해서 주어진 r_1과 r_2의 값은 음수이다. $\gamma^2 - 4km < 0$이면 r_1과 r_2값은 음수인 실수 부를 갖는 복소수이다. 그러므로 모든 경우에서 $t \to \infty$일 때, 해 u는 영으로 수렴한다. 이러한 경우는 임의의 상수 A와 B에 상관없이, 즉 초기조건과 상관없이 일어난다. 이러한 사실은 감쇠력이 이 진동계에 부여된 초기 에너지를 소실시키고, 결과적으로 시간이 흐름에 따라 운동을 멈추게 한다는 직관적인 예측을 확인시켜 준다.

가장 중요한 경우는 세 번째인데 감쇠가 작을 때 일어난다. 식 (25)에서 $A = R\cos(\delta)$와 $B = R\sin(\delta)$라 두면,

$$u = Re^{-\gamma t/(2m)}\cos(\mu t - \delta) \tag{26}$$

가 된다. 변위 u는 곡선 $u = \pm Re^{-\gamma t/(2m)}$들 사이에 있다. 따라서 t가 증가할 때, 진폭은 감소하는 코사인 파동과 유사하다. 전형적인 예가 **그림 3.7.5**에 그려져 있다. 이러한 운동을 감쇠하는 진동(damped oscillation 또는 damped vibration)이라 한다. 진폭 R은 m, γ, k와 초기조건에 의해서 결정된다.

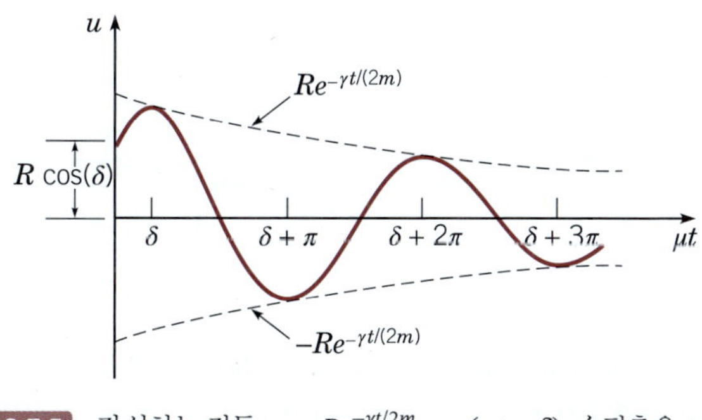

그림 3.7.5 감쇠하는 진동: $u = Re^{-\gamma t/2m}\cos(\mu t - \delta)$. 수평축은 μt이다.

운동이 주기적이지 않더라도 매개변수 μ는 질량이 앞뒤로 진동하는 진동수를 결정하는데, 이를 **유사 진동수**(quasi-frequency)라고 부른다. 감쇠하지 않는 운동의 진동수 ω_0와 μ를 비교하면, 다음 식을 얻는다.

$$\frac{\mu}{\omega_0} = \frac{(4km - \gamma^2)^{1/2}/(2m)}{\sqrt{k/m}} = \left(1 - \frac{\gamma^2}{4km}\right)^{1/2} \cong 1 - \frac{\gamma^2}{8km} \tag{27}$$

$\gamma^2/4km$이 작을 때 마지막 근사는 유효하다. 이 상황을 "작은 감쇠"라 부른다. 그러므로 작은 감쇠의 효과는 진동의 주기를 약간 줄이는 것이다. 식 (18)과 비슷하게 $T_d = 2\pi/\mu$ 값은 **유사 주기**(quasi-period)라고 부른다. 그것은 질량의 위치의 연이은 최댓값과 최솟값의 사이, 즉 같은 방향으로 움직이는 평형 상태를 지나는 질량의 연이은 경로 사이의 시간이다. T_d와 T의 관계식은 $\gamma^2/4km$이 작아서 마지막 근사가 유효할 때,

$$\frac{T_d}{T} = \frac{\omega_0}{\mu} = \left(1 - \frac{\gamma^2}{4km}\right)^{-1/2} \cong 1 + \frac{\gamma^2}{8km} \tag{28}$$

으로 주어진다. 따라서 작은 감쇠는 유사 주기를 증가시킨다.

식 (27)과 (28)은 단위가 없는 비율 $\gamma^2/(4km)$의 중요도를 다시 강조한다. γ의 크기를 결정하는 것은 감쇠가 큰지 작은지뿐 아니라 $4km$에 대한 γ^2의 크기이기도 하다. $\gamma^2/(4km)$이 작으면, 감쇠가 운동에 대한 유사 진동수와 유사 주기에 끼치는 효과가 작다. 반면에, 모든 시간에서 질량의 운동을 자세히 연구하기 위해서는 그 값이 작더라도 *절대* 감쇠력을 무시해서는 안 된다.

$\gamma^2/(4km)$이 증가함에 따라 유사 진동수 μ가 줄어들고 유사 주기 T_d는 증가한다. 실제로 $\gamma \to 2\sqrt{km}$ 일 때 $\mu \to 0$이고 $T_d \to \infty$이다. 식 (23), (24) 및 (25)에서 제시된 대로, γ가 $2\sqrt{km}$을 통과하면서 해의 특징이 변화한다. $\gamma = 2\sqrt{km}$인 운동을 **임계 감쇠**(critically damped)되었다고 하고, 큰 값의 γ에 대한 운동을 *과하게* **감쇠**(overdamped)되었다고 한다. 식 (24)와 (23)으로 각각 주어진 이 경우들에서 질량은 최대 한 번 평형 위치를 통과하고(**그림 3.7.6** 참조), 그 후에는 감소하는 형태를 보인다. 이때 질량은 작은 γ에 대해서 진동했던 것처럼 평형 상태에 대해 진동하지는 않는다. 임계 감쇠 운동의 전형적인 두 예제가 그림 3.7.6에 나타나 있으며, 어떤 상황인지는 연습문제 **15**와 **16**에서 살펴보겠다.

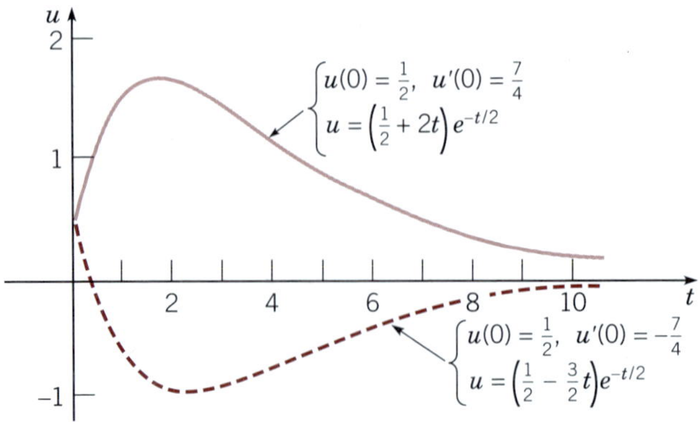

그림 3.7.6 임계 감쇠 운동: $u'' + u' + 0.25u = 0$; $u = (A + Bt)e^{-t/2}$. 위 곡선은 초기조건 $u(0) = 1/2$, $u'(0) = 7/4$일 때의 해이고, 아래 곡선은 초기조건 $u(0) = 1/2$, $u'(0) = -7/4$일 때의 해이다.

예제 3.7.3

어떤 스프링-질량계에서의 운동은, u는 피트로 t는 초로 측정될 때 미분방정식

$$u'' + \frac{1}{8}u' + u = 0 \tag{29}$$

으로 나타난다. $u(0) = 2$이고 $u'(0) = 0$일 때, 임의의 시간에서 질량의 위치를 결정하라. 유사 진동수, 유사 주기, 그리고 이 질량이 평형 위치를 지날 때의 시간을 구하라. 또한, 모든 $t > \tau$에 대해서 $|u(t)| < 0.1$인 시간 τ를 구하라.

풀이

식 (29)의 해는

$$u(t) = e^{-t/16}\left(A\cos\left(\frac{\sqrt{255}}{16}t\right) + B\sin\left(\frac{\sqrt{255}}{16}t\right)\right)$$

이다. 초기조건을 만족하기 위하여, $A = 2$와 $B = 2/\sqrt{255}$을 선택해야 한다; 따라서 초깃값 문제의 해는

$$\begin{aligned} u &= e^{-t/16}\left(2\cos\left(\frac{\sqrt{255}}{16}t\right) + \frac{2}{\sqrt{255}}\sin\left(\frac{\sqrt{255}}{16}t\right)\right) \\ &= \frac{32}{\sqrt{255}}e^{-t/16}\cos\left(\frac{\sqrt{255}}{16}t - \delta\right) \end{aligned} \tag{30}$$

이다. 여기서 δ는 제1사분면에 있으며, $\tan(\delta) = 1/\sqrt{255}$ 이므로 $\delta \cong 0.06254$이다. 시간에 대한 함수로써의 질량의 변위는 **그림 3.7.7**에서 나타나 있다. 비교를 위해 감쇠항이 무시될 때의 운동을 살펴보자.

유사 진동수는 $\mu = \sqrt{255}/16 \cong 0.998$이고, 유사 주기는 $T_d = 2\pi/\mu \cong 6.295$ s이다. 이 값은 감쇠하는 진동에 대응하는 값(각각 1과 2π)과 다른데, 이것은 함께 올라가고 내려가는 그림 3.7.7의 그래프로도 확인할 수 있다. 감쇠계수는 이 예제에서는 작은 값이다: 실제로 임계값의 1/6이다. 그림에도 불구하고, 진동의 진폭은 다소 빠르게 줄어든다.

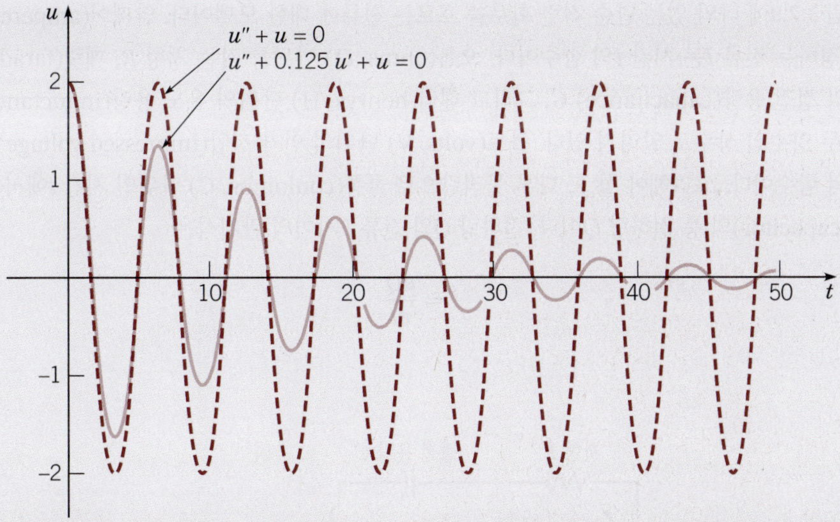

그림 3.7.7 작게 감쇠되는 진동(실선), 감쇠되지 않는 진동(점선). 두 운동 모두 같은 초기조건 $u(0) = 2$, $u'(0) = 0$을 갖는다.

그림 3.7.8은 $u = \pm 0.1$의 그래프와 함께 $40 \le t \le 60$에 대한 해의 그래프를 보여준다. 이 그래프로부터 τ는 약 47.5임을 알 수 있고, 좀 더 정확한 계산으로는 $\tau \cong 47.5149$ s임을 알 수 있다.

식 (30)을 참고하여 $\sqrt{255}t/16 - \delta$를 코사인함수가 영이 되는 가장 작은 양수 $\pi/2$와 같게 두어 질량이 평형 위치를 통과하는 시간을 찾자. 이를 t에 대해서 풀면,

$$t = \frac{16}{\sqrt{255}}\left(\frac{\pi}{2} + \delta\right) \cong 1.637 \text{ s}$$

가 된다.

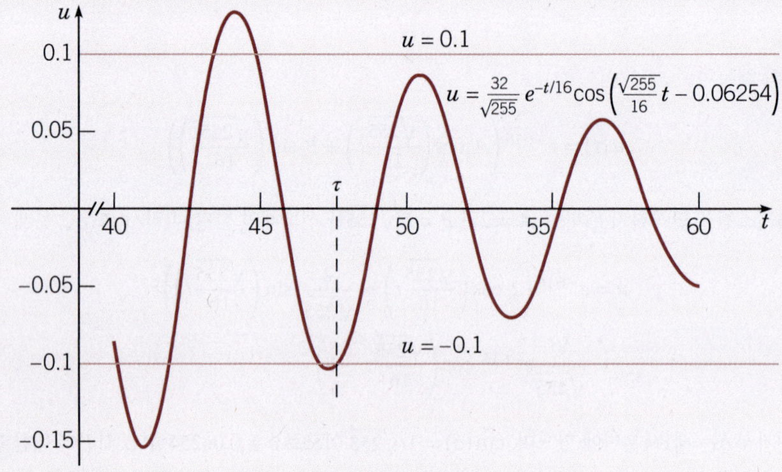

그림 3.7.8 예제 3.7.3의 $40 \le t \le 60$에 대한 해; $|u(t)| < 0.1$ 이후의 시간 τ의 측정.

▶ **전기회로(Electric Circuits).** 상수계수를 갖는 2계 선형 미분방정식이 나타나는 두 번째 예제는 **그림 3.7.9**에 나와 있는 단순 직렬 회로를 흐르는 전류에 대한 모델이다. 암페어(amperes, A)로 측정하는 전류 I는 시간 t의 함수이다. 오옴(ohms, Ω) 단위를 갖는 저항 R, 패럿(farads, F) 단위의 정전 용량(capacitance) C, 그리고 헨리(henrys, H) 단위의 유도 용량(inductance) L은 모두 양수인 상수로 알려져 있다. 볼트(volts, V) 단위의 인가 전압(impressed voltage) E는 시간의 함수이다. 고려해야 할 또 다른 물리량으로 쿨롱(coulombs, C) 단위인 시간 t에서의 콘덴서(capacitor)의 총 전하량 Q이다. 전하량 Q와 전류 I 사이의 관계식은

$$I = \frac{dQ}{dt} \tag{31}$$

이다.

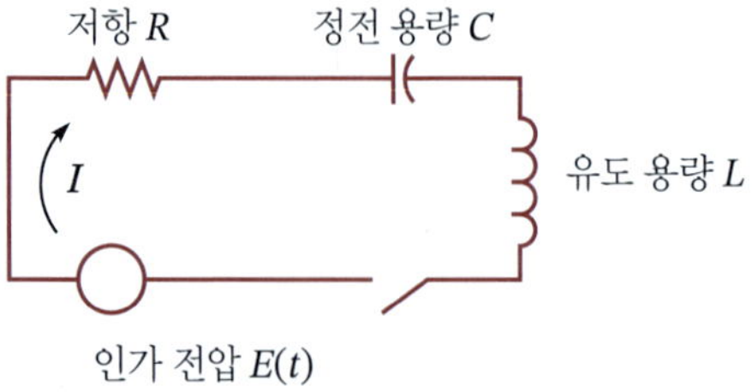

그림 3.7.9 단순 전기회로

전기회로에서 전류의 흐름은 키르히호프(Kirchhoff)[11]의 두 번째 법칙을 따른다: *폐회로에서 인가 전압은 회로의 나머지 부분에서의 전압 강하(voltage drop)의 합이다.*

전기학의 기본법칙에 따라

저항기에 걸리는 전압 강하는 RI이다.

콘덴서(capacitor)에 걸리는 전압 강하는 $\frac{Q}{C}$이다.

인덕터(inductor)에 걸리는 전입 강하는 $L\frac{dI}{dt}$이다.

그러므로, 키르히호프의 법칙에 의해서

$$L\frac{dI}{dt} + RI + \frac{1}{C}Q = E(t) \tag{32}$$

가 성립한다. 전압, 저항, 전류, 전하량, 정전 용량, 유도 용량과 시간의 단위는 모두 관계가 있다:

$$1 \text{ volt} = 1 \text{ ohm} \cdot 1 \text{ ampere} = 1 \text{ coulomb}/1 \text{ farad} = 1 \text{ henry} \cdot 1 \text{ ampere}/1\text{초}$$

식 (31)로 I를 치환하면, 전하량 Q에 대한 미분방정식

$$LQ'' + RQ' + \frac{1}{C}Q = E(t) \tag{33}$$

을 얻는다. 이때, 초기조건은

$$Q(t_0) = Q_0, \quad Q'(t_0) = I(t_0) = I_0 \tag{34}$$

이다. 따라서 적당한 초기 시간 t_0에서 콘덴서의 전하량과 회로의 전류를 알아야 한다.

대신에 식 (33)을 t에 관해서 미분하고 식 (31)로 dQ/dt를 치환하면 전류 I에 대한 미분방정식을 얻을 수 있다. 그 결과는

$$LI'' + RI' + \frac{1}{C}I = E'(t) \tag{35}$$

이며, 초기조건은

$$I(t_0) = I_0, \quad I'(t_0) = I'_0 \tag{36}$$

이다. 식 (32)로부터

$$I'_0 = \frac{E(t_0) - RI_0 - \frac{Q_0}{C}}{L} \tag{37}$$

이다. 따라서 I'_0은 물리적으로 측정되는 값인 초기 전하량 및 전류에 의해서 결정된다.

여기서 가장 중요한 결론은 회로에서 전류의 흐름이 스프링-질량계의 운동을 나타내는 것

[11] Gustav Kirchhoff (1824~1887)는 독일 물리학자이고 브레슬라우, 하이델베르그, 베를린 대학의 교수였다. 그는 전기회로에 대한 기본 법칙을 1845년 Albertus 대학 학부시절에 완성하였다. 1857년에는 저항 없는 전선에서 전류가 빛의 속도로 진행한다는 사실을 발견하였다. 그는 전자기적 흡수와 방출에 대한 근원적인 연구로 유명하며 분광학의 창시자 중 하나이다.

과 같은 형태의 초깃값 문제로 설명된다는 것이다. 이것은 수학이 갖는 통합의 역할을 나타내는 예이다: 상수계수를 갖는 2계 선형 미분방정식을 풀 수 있다면, 그 결과를 기계 진동이나 전기 진동 또는 같은 문제를 유도하는 다른 물리 상황에 맞게 설명할 수 있다.

연습 문제

▶ 문제 **1**과 **2**에서 ω_0, R, δ를 구하고, 주어진 식을 $u = R\cos(\omega_0 t - \delta)$의 형태로 표현하라.

1. $u = 2\cos(t) + 5\sin(t)$

2. $u = -3\cos(\pi t) - 2\sin(\pi t)$

3. 100 g의 질량이 스프링을 5 cm 늘린다. 질량이 평형 위치에서 20 cm/s 속도로 아래로 움직이기 시작하고 감쇠되지 않을 때, 임의의 시간 t에서 질량의 위치 u를 결정하라. 언제 처음 평형 위치로 돌아오는가?

4. 질량이 2 lb인 물체가 스프링을 2 in만큼 늘린다. 만약 질량이 위로 밀려 스프링을 1 in만큼 수축시키고, 그 후 2 ft/s의 하향 속도로 운동을 시작하며, 감쇠가 없다면 시간 t에서 질량 u의 위치를 구하라. 또한 운동의 주파수, 주기, 진폭, 위상도 구하라.

5. G 20 g의 질량이 스프링을 5 cm 늘린다. 질량이 점성이 있는 400 dyn·s/cm의 감쇠 상수를 가지는 댐퍼(damper)에 연결되어 있다고 가정하자. 질량을 아래로 2 cm 더 당긴 후 놓을 때, 임의의 시간 t에서 질량의 위치 u를 찾아라. 또한 t에 따른 u의 그래프를 그리고 유사 진동수와 유사 주기를 구하라. 이에 대응하는 감쇠하지 않는 운동의 주기에 대한 유사 주기의 비를 구하라. 또한 모든 $t \geq \tau$에 대해서 $|u(t)| < 0.05$가 되는 시간 τ를 구하라.

6. 스프링이 6 N의 힘으로 20 cm 늘어나 있다. 2 kg의 질량이 이 스프링에 매달려 있고, 질량이 5 m/s 속도일 때 3 N의 힘이 가해지는 점성이 있는 댐퍼에 연결되어 있다. 질량을 평형 위치 아래로 5 cm 당기고 초기 속도가 아래 방향으로 10 cm/s일 때, 임의의 시간 t에서 질량의 위치 u를 구하라. 또한, 유사 진동수 μ와 이에 대응하는 감쇠하지 않는 운동의 고유 진동수에 대한 μ의 비를 구하라.

7. 직렬회로에 0.25×10^{-6} F의 콘덴서와 1 H의 인덕터가 있다. 콘덴서의 초기 전하량은 2×10^{-6} C이고 초기 전류가 없을 때, 임의의 시간 t에 콘덴서의 전하량 Q를 구하라.

8. 어떤 진동계가 주어진 미분방정식 $u'' + \gamma u' + u = 0$을 만족한다. 감쇠되는 운동의 유사 주기가 이에 대응하는 감쇠되지 않는 운동의 주기보다 50% 더 클 때, 감쇠 계수 γ의 값을 구하라.

9. 수직 스프링에 매달려 있는 질량의 감쇠하지 않는 진동 운동의 주기는 $2\pi\sqrt{L/g}$임을 보여라. 단, L은 질량에 의해 늘어난 스프링의 길이이고 g는 중력가속도이다.

10. 초깃값 문제

$$mu'' + \gamma u' + ku = 0, \quad u(t_0) = u_0, \quad u'(t_0) = u_0'$$

의 해가 초기조건 $v(t_0) = u_0$, $v'(t_0) = 0$을 만족하는 v와 초기조건 $w(t_0) = 0$, $w'(t_0) = u_0'$을 만족하는 w에 대해 v와 w가 u에 대한 미분방정식을 모두 만족할 때, 합 $u = v + w$으로 표현됨을 보여라. 이것은 단순화된 문제의 해들을 중첩하여 일반적인 문제에 대한 해를 구하는 예제이다.

11. **a.** $A\cos(\omega_0 t) + B\sin(\omega_0 t)$를 $r\sin(\omega_0 t - \theta)$의 형태로 변형할 수 있음을 보여라. r과 θ를 A와 B에 대해 결정하라.

b. $R\cos(\omega_0 t - \delta) = r\sin(\omega_0 t - \theta)$일 때 R, r, δ, θ 사이의 관계를 결정하라.

12. 직렬회로에 $C = 1.6 \times 10^{-6}$ F의 콘덴서와 $L = 0.4$ H의 인덕터가 있을 때, 회로가 임계 감쇠되는 저항 R을 구하라.

13. 미분방정식 $mu'' + \gamma u' + ku = 0$으로 설명되는 시스템이 임계 감쇠이거나 과도 감쇠되었다고 가

정하자. 초기조건에 관계없이 질량이 평형 위치를 최소한 한 번은 통과함을 보여라.

힌트: $u = 0$이 되는 모든 가능한 t의 값을 구하라.

14. 미분방정식 $mu'' + \gamma u' + ku = 0$으로 설명되는 시스템이 임계 감쇠되고 초기조건이 $u(0) = u_0$, $u'(0) = v_0$라고 가정하자. $v_0 = 0$이면 $t \to \infty$일 때 $u \to 0$이고, u는 절대 영이 되지 않음을 보여라. u_0가 양수일 때, 질량을 놓은 후 평형 위치를 확실히 통과하게 하는 v_0의 조건을 구하라.

15. 로그 감쇠율

a. 식 (26)으로 설명된 감쇠 진동에 대해, 연속적인 최댓값 사이의 시간이 $T_d = 2\pi/\mu$임을 보여라.

b. 두 연속적인 최댓값에서의 변위 비율이 $\exp(\gamma T_d/(2m))$로 주어짐을 보여라. 이 비율은 어떤 최댓값 쌍을 선택하든지 관계없음을 관찰하라. 이 비율의 자연 로그를 **로그 감쇠**(logarithmic decrement)라고 하며, 이를 Δ로 나타낸다.

c. $\Delta = \pi\gamma/(m\mu)$임을 보여라. m, μ, γ는 기계 시스템에서 쉽게 측정할 수 있는 양들이므로, 이 결과는 시스템의 감쇠 상수를 결정하는 편리하고 *실용적인* 방법을 제공한다. 이는 직접 측정하기 어려운 값이다. 특히, 점성 유체 내에서 진동하는 질량의 운동에 대해 감쇠 상수는 유체의 점성에 따라 달라지며, 간단한 기하학적 형태에 대해 이 의존성의 형태가 알려져 있다. 앞서 언급한 관계는 점성을 실험적으로 결정하는 방법을 제공한다. 이는 고압 상태에서 가스의 점성을 결정하는 가장 정확한 방법 중 하나이다.

16. 문제 **15**를 참조하여, 문제 **5**의 시스템에서 로그 감쇠 값을 구하라.

17. 어떤 스프링–질량계의 위치가 초깃값 문제

$$\frac{3}{2}u'' + ku = 0, \quad u(0) = 2, \quad u'(0) = v$$

를 만족한다. 이 결과로 나타나는 운동의 주기 및 진폭이 각각 π와 3일 때, k와 v의 값을 구하라.

18. 초깃값 문제

$$mu'' + \gamma u' + ku = 0, \quad u(0) = u_0, \quad u'(0) = v_0$$

를 고려하고 $\gamma^2 < 4km$라고 가정하자.

a. 이 초깃값 문제를 풀어라.

b. $u(t) = Re^{-\gamma t/(2m)}\cos(\mu t - \delta)$ 형태로 해를 써라. m, γ, k, u_0, v_0로 R을 결정하라.

c. 다른 매개변수가 고정되었을 때, 감쇠 계수에 대한 R의 의존성을 조사하라.

19. 한 변의 길이가 l이고 질량 밀도 ρ인 정육면체 블록이 질량 밀도 ρ_0인 유체에 떠 있다. 여기서 $\rho_0 > \rho$이다. 블록이 약간 눌린 후 방출되면, 수직 방향으로 진동한다. 유체와 공기의 점성 감쇠를 무시한다고 가정하고, 운동의 미분방정식을 유도하고 운동의 주기를 구하라.

힌트: 아르키메데스[12]의 원리를 사용하라: 유체에 완전히 또는 부분적으로 잠긴 물체는 밀려난 유체의 무게와 같은 크기의 위로 향하는 (부력) 힘을 받는다.

20. 어떤 감쇠하지 않는 스프링–질량계의 위치가 초깃값 문제

$$u'' + 2u = 0, \quad u(0) = 0, \quad u'(0) = 2$$

을 만족한다.

a. 이 초깃값 문제의 해를 구하라.

b. **G** t에 따른 u와 t에 따른 u'의 그래프를 같은 축 위에 그려라.

---

[12] 아르키메데스(기원전 287~212)는 고대 그리스 최고의 수학자로, 시칠리아의 시라쿠사에서 살았다. 기하학에서 큰 업적을 남겼으며, 유체정역학과 역학의 다른 분야에도 기여했다. 그의 소진법은 약 2000년 후 뉴턴과 라이프니츠의 적분법의 선구적 개념이다. 그는 제2차 포에니 전쟁 중 로마 병사에게 살해되었다.

c. Ⓖ u에 따른 u'의 그래프를 그려라; 즉 t를 매개변수로 하여 $u(t)$와 $u'(t)$의 그래프를 그려라. 이 그래프는 **위상 그래프**(phase plot)로 알려져 있고 uu' 평면을 **위상 평면**(phase plane)이라 부른다. 위상 평면에 있는 폐곡선은 주기 해 $u(t)$에 해당한다. t가 증가할 때 위상 그래프에서 운동의 방향은 어떤 방향인가?

21. 어떤 스프링-질량계의 위치가 초깃값 문제

$$u'' + \frac{1}{4}u' + 2u = 0, \quad u(0) = 0, \quad u'(0) = 2$$

을 만족한다.

a. 이 초깃값 문제의 해를 구하라.

b. Ⓖ t에 따른 u와 t에 따른 u'의 그래프를 같은 축 위에 그려라.

c. Ⓖ u에 따른 u'의 그래프를 그려라(문제 **20** 참고). **b**와 **c**의 곡선에서 대응되는 몇 개의 점을 확인하라. t가 증가할 때 위상 그래프에서의 운동은 어떤 방향인가?

22. 감쇠되지 않는 스프링-질량계의 운동이 초깃값 문제

$$mu'' + ku = 0, \quad u(0) = a, \quad u'(0) = b$$

를 만족한다.

a. 초기에 질량에 전달되는 운동 에너지가 $mb^2/2$이고, 스프링에 저장되는 위치 에너지가 $ka^2/2$임을 보여라. 따라서 초기 총에너지는 $(ka^2 + mb^2)/2$이다.

b. 주어진 초깃값 문제를 풀어라.

c. **b**의 해를 사용하여, 임의의 시간 t에서 이 진동계의 에너지를 구하라. 이 결과로 이 진동계에서 에너지 보존의 법칙이 성립함을 확인할 수 있어야 한다.

23. 수평면에서 마찰 없이 질량 m이 미끄러진다고 가정하자. 이 질량은 **그림 3.7.10**에서처럼 탄성상수 k를 갖는 스프링에 연결되어 있고, 계수 γ를 갖는 점성 공기 저항이 있다. 평형 위치로부터 질량의 변위 $u(t)$가 식 (21)을 만족함을 보여라. 이 경우에서 운동 방정식을 유도하는 방법은 본문에서 주어진 유도 방법과 어떻게 다른가?

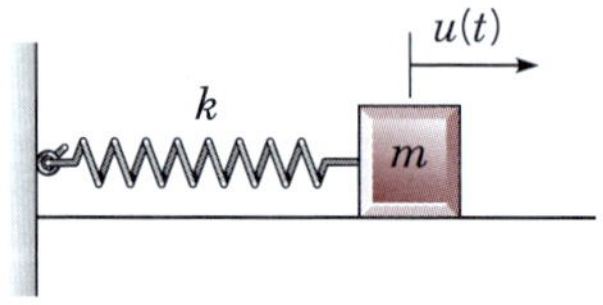

그림 3.7.10 스프링-질량계

24. 문제 **23**에서 언급된 스프링-질량계에서 탄성력이 후크의 법칙으로 주어지지 않고 $k > 0$이고 ϵ이 어느 부호든지 가질 수 있는 작은 값일 때, 관계식

$$F_s = -(ku + \epsilon u^3)$$

으로 주어진다고 가정하자. $\epsilon > 0$이면 이 스프링을 경화(hardening) 스프링이라고 하고, $\epsilon < 0$이면 유연(softening) 스프링이라고 부른다. 이런 용어가 적절한 이유는 무엇인가?

a. 평형 위치로부터 질량의 변위 $u(t)$가 미분방정식

$$mu'' + \gamma u' + ku + \epsilon u^3 = 0$$

을 만족함을 보여라. 초기조건은

$$u(0) = 0, \quad u'(0) = 1$$

이라고 가정하자. 이후로는 $m = 1, k = 1, \gamma = 0$이라고 두자.

b. $\epsilon = 0$일 때 $u(t)$를 찾고 운동의 진폭과 주기를 구하라.

c. G $\epsilon = 0.1$이라고 하자. 해의 수치 근사를 그려라. 이 운동은 주기적인가? 진폭과 주기를 추정하라.

d. G $\epsilon = 0.2$와 $\epsilon = 0.3$에 대해서 **c**를 반복하라.

e. G ϵ에 따른 진폭 A와 주기 T의 추정치를 그려라. A와 T가 각각 어떻게 ϵ에 의존하는지를 설명하라.

f. G ϵ의 음의 값에 대하여 **c, d, e**를 반복하라.

3.8 강제 주기 진동

스프링-질량계에 외부 힘이 주기적으로 주어지는 경우를 살펴보자. 이 간단한 진동계의 형태는, 예를 들어 진동계에 붙어있는 모터에 의한 외부 힘이 주어지는 많은 종류의 진동계를 모델링한다. 먼저, 감쇠되는 경우를 살펴보고 나서 감쇠되지 않는 이상적인 경우를 살펴보도록 하겠다.

▶ **감쇠되는 강제 진동(Forced Vibrations with Damping).** 이런 종류의 문제에서는 대수 계산이 상당히 복잡하기 때문에 상대적으로 간단한 예를 들어 시작하겠다.

예제 3.8.1

어떤 스프링-질량계의 운동이 미분방정식

$$u'' + u' + \frac{5}{4}u = 3\sin(t) \tag{1}$$

와 초기조건

$$u(0) = 0, \quad u'(0) = 1 \tag{2}$$

을 만족한다고 가정하자. 이 초깃값 문제의 해를 구하고 큰 t에 대한 해의 모양을 설명하라.

풀이

식 (1)에 대응되는 제차 미분방정식은 근이 $r = -\frac{1}{2} \pm i$인 고유방정식 $r^2 + r + \frac{5}{4} = 0$을 갖는다. 그러므로 이 제차 미분방정식의 일반해 $u_c(t)$는

$$u_c(t) = c_1 e^{-t/2}\cos(t) + c_2 e^{-t/2}\sin(t) \tag{3}$$

이다. 식 (1)의 특수해는 $U(t) = A\cos(t) + B\sin(t)$의 형태를 갖고 여기서 A와 B는 미정계수이다. $y'(t) = -A\cos(t) + B\sin(t)$이고 $y''(t) = -A\sin(t) - B\cos(t)$이다.

식 (1)로부터, $A = -\frac{48}{17}, B = \frac{12}{17}$이 된다. 그러므로 특수해는

$$U(t) = -\frac{48}{17}\cos(t) + \frac{12}{17}\sin(t) \tag{4}$$

이고 식 (1)의 일반해는

$$u = u_c(t) + U(t) = c_1 e^{-t/2}\cos(t) + c_2 e^{-t/2}\sin(t) - \frac{48}{17}\cos(t) + \frac{12}{17}\sin(t) \tag{5}$$

이다. 남은 상수 c_1과 c_2는 초기조건 (2)에 의해 결정된다. 식 (5)로부터

$$u(0) = c_1 - \frac{48}{17} = 0, \quad u'(0) = -\frac{1}{2}c_1 + c_2 + \frac{12}{17} = 1$$

이 되고, 따라서 $c_1 = \frac{48}{17}$, $c_2 = \frac{29}{17}$이다. 그러므로 결국 초깃값 문제의 해,

$$u = \frac{48}{17}e^{-\frac{t}{2}}\cos(t) + \frac{29}{17}e^{-\frac{t}{2}}\sin(t) - \frac{48}{17}\cos(t) + \frac{12}{17}\sin(t) \tag{6}$$

를 얻는다. 해 (6)의 그래프는 **그림 3.8.1**의 검은색 곡선으로 나타나 있다.

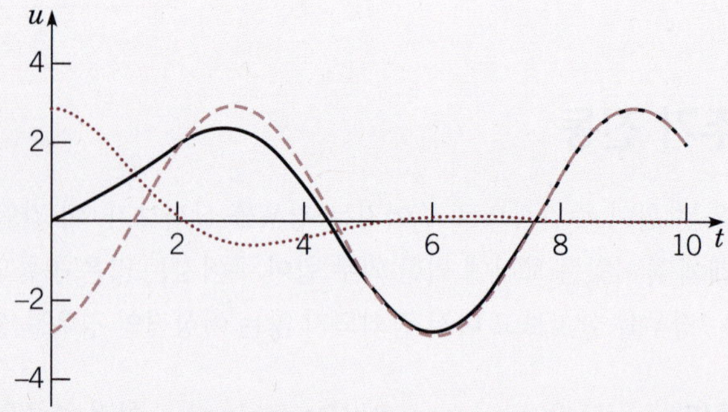

그림 3.8.1 초깃값 문제 (1), (2): $u'' + u' + \frac{5}{4}u = 3\sin(t)$, $u(0) = 0$, $u'(0) = 1$의 해. 전체 해(검은색 실선)는 과도기적인 해(녹색 점선)와 정상상태인 해(녹색 파선)의 합이다.

해가 두 개의 서로 다른 부분으로 이루어진다는 것을 알 수 있다. 식 (6)의 우변의 처음 두 항은 지수 인수 $e^{-t/2}$를 포함하므로 빠르게 영으로 다가간다. 보통 이러한 항들을 **과도기적인 해**(transient solution)라고 한다. 식 (6)의 나머지 항은 사인함수와 코사인함수만 포함하므로, 무한히 계속되는 진동을 표현한다. 이것을 **정상상태인 해**(steady state solution)라고 한다. 그림 3.8.1의 점선과 파선 곡선은 각각 해의 과도기적인 부분과 정상상태인 부분을 보여준다. 과도기인 부분은 식 (1)에 대응되는 제차 미분방정식의 해로부터 나온 것이고 초기조건을 만족해야 한다. 정상상태인 해는 비제차 미분방정식 전체의 특수해이다. 짧은 시간이 지난 후에, 과도기 부분은 작은 값으로 소멸되고 전체 해는 정상상태와 본질적으로 구별되지 않게 된다.

외부 힘 $F(t)$가 주어진 일반적인 스프링-질량계의 운동 방정식[3.7절의 식 (7)]은 m, γ, k가 질량, 감쇠 계수, 스프링-질량계의 탄성계수일 때

$$mu''(t) + \gamma u'(t) + ku(t) = F(t) \tag{7}$$

이다. F_0와 ω가 각각 외력의 진폭과 진동수를 나타내는 양의 상수일 때, 외부 힘이 $F_0\cos(\omega t)$로 주어진다고 가정하자. 그러면 식 (7)은

$$mu'' + \gamma u' + ku = F_0\cos(\omega t) \tag{8}$$

가 된다.

식 (8)의 해는 이전 예제의 해와 매우 유사한 모양이다. 즉, 식 (8)의 일반해는

$$u = c_1u_1(t) + c_2u_2(t) + A\cos(\omega t) + B\sin(\omega t) = u_c(t) + U(t) \tag{9}$$

인 형태여야 한다. 식 (9)의 우변의 처음 두 항은 식 (8)에 대응되는 제차 미분방정식의 일반해이

고, 마지막 두 항은 비제차 미분방정식 전체의 특수해 $U(t)$이다. 임의의 상수 c_1과 c_2는 주어지기만 하면 초기조건을 만족할 수 있는 반면, 계수 A, B는 미분방정식 (8)에 이 항들을 대입하여 구할 수 있다. 제차 미분방정식의 해 $u_1(t)$와 $u_2(t)$는 고유방정식 $mr^2 + \gamma r + k = 0$의 근 r_1, r_2에 의해 결정된다. m, γ, k가 모두 양수이므로, r_1과 r_2는 음의 실수이거나 음의 실수부를 갖는 복소수이다. 어떤 경우든지, $u_1(t)$와 $u_2(t)$는 $t \to \infty$일 때 영으로 수렴한다. $u_c(t)$는 t가 증가할 때 사라지므로, 이것을 **과도기적인 해**(transient solution)라고 부른다. 많은 응용에서 이것은 중요하지 않으며 (γ의 값에 의존적이고) 수 초 후에 사라진다.

식 (9)의 나머지 항—즉, $U(t) = A\cos(\omega t) + B\sin(\omega t)$—은 t가 증가해도 사라지지 않으며, 외부 힘이 계속 주어지는 한 무한히 소멸되지 않는다. 이 식들은 외부 힘과 같은 진동수를 갖는 정상 진동을 나타내며 **정상상태인 해**(steady state solution) 또는 **강제 반응**(forced response)이라 부른다. 과도기적인 해는 초기조건이 무엇이든 만족해야 한다. 시간이 증가함에 따라 초기 변위와 초기 속도에 의해 진동계에 주어진 에너지는 감쇠력에 의해 소실되고, 그 운동은 외부 힘에 대한 진동계의 반응이 된다. 감쇠되지 않는다면, 초기조건의 효과는 영원히 지속된다.

두 삼각함수 항의 합으로 표현하는 것보다 하나의 삼각함수로 $U(t)$를 표현하는 것이 편리하다. 3.7절의 비슷한 다른 식도 마찬가지다. 따라서

$$U(t) = R\cos(\omega t - \delta) \tag{10}$$

로 쓰자. 진폭 R과 위상각 δ는 직접적으로는 A와 B에, 간접적으로 미분방정식 (8)의 매개변수에 의존한다. 쉽지만 긴 대수 계산에 의해

$$R = \frac{F_0}{\Delta}, \quad \cos(\delta) = \frac{m(\omega_0^2 - \omega^2)}{\Delta} \quad \text{이고} \quad \sin(\delta) = \frac{\gamma\omega}{\Delta} \tag{11}$$

이 됨을 보일 수 있다. 이때,

$$\Delta = \sqrt{m^2(\omega_0^2 - \omega^2)^2 + \gamma^2\omega^2} \quad \text{이고} \quad \omega_0^2 = \frac{k}{m} \tag{12}$$

이다. ω_0는 감쇠되지 않는 비강제 진동계의 고유 진동수임을 기억하자.

정상상태인 진동의 진폭 R이 외부 힘의 진동수 ω에 따라 어떻게 변하는지 살펴보자. 식 (12)를 식 (11)의 R에 대입하고 대수 계산을 하면,

$$\frac{Rk}{F_0} = \left(\left(1 - \left(\frac{\omega}{\omega_0}\right)^2\right)^2 + \Gamma\left(\frac{\omega}{\omega_0}\right)^2\right)^{-1/2} \quad \text{여기서} \quad \Gamma = \frac{\gamma^2}{mk} \tag{13}$$

이 된다. Rk/F_0는 힘 F_0에 의해서 만들어지는 스프링의 고정 변위, F_0/k에 대한 강제 반응의 진폭 R의 비이다.

저주파 자극의 경우—즉, $\omega \to 0$인 경우—, 식 (13)으로부터 $Rk/F_0 \to 1$, 즉 $R \to F_0/k$가 된다. 다른 극단적인 경우로서, 고주파 자극의 경우 식 (13)으로부터 $\omega \to \infty$일 때 $R \to 0$이 된다. 따라서 ω의 중간값에서 진폭은 최댓값을 갖는다. 이 최대점을 구하기 위해 R을 ω로 미분한 결과를 영으로 놓자. 이런 방법으로,

$$\omega_{\max}^2 = \omega_0^2 - \frac{\gamma^2}{2m^2} = \omega_0^2\left(1 - \frac{\gamma^2}{2mk}\right) \tag{14}$$

일 때, 최대 진폭은 $\omega = \omega_{max}$에서 나타난다.

$\omega_{max} < \omega_0$이고 γ가 작을 때 ω_{max}는 ω_0 가까이에 있음을 알 수 있다. R의 최댓값은,

$$R_{\max} = \frac{F_0}{\gamma\omega_0\sqrt{1-(\gamma^2/4mk)}} \cong \frac{F_0}{\gamma\omega_0}\left(1+\frac{\gamma^2}{8mk}\right) \tag{15}$$

이 되는데, 마지막 근사식은 작은 γ에 대한 근사이다(연습문제 **5** 참조). $\dfrac{\gamma^2}{mk} > 2$이면, 식 (14)에 의해 주어지는 ω_{max}는 허수이다. 이 경우 R의 최댓값은 $\omega = 0$에서 나타나고 R은 단조 감소하는 ω의 함수이다. 임계 감쇠는 $\dfrac{\gamma^2}{mk} = 4$일 때 일어난다.

식 (15)로부터 작은 γ에 대해 $R_{max} \cong \dfrac{F_0}{\gamma\omega_0}$이다. 그러므로 약간 감쇠되는 진동계에 대해서, ω가 ω_0 근처에 있을 때 강제 반응의 진폭 R은 상대적으로 작은 외부 힘에 대해서도 꽤 큰 값을 갖고, γ의 값이 작을수록 이 효과는 더 분명해진다. 이런 현상은 **공명**(resonance)이라고 알려져 있는데, 기계나 건축물 등의 설계 시 중요한 고려사항이다. 공명은 주변 환경에 따라 좋을 수도 있고 안 좋을 수도 있다. 건물, 다리와 같은 구조 설계 시 심각하게 고려되어야 하는데, 구조물이 붕괴되는 불안정성을 일으킬 수도 있다. 반면, 주기적으로 들어오는 약한 신호를 감지하기 위한 지진계 같은 장비를 설계할 때는 공명을 이용한다.

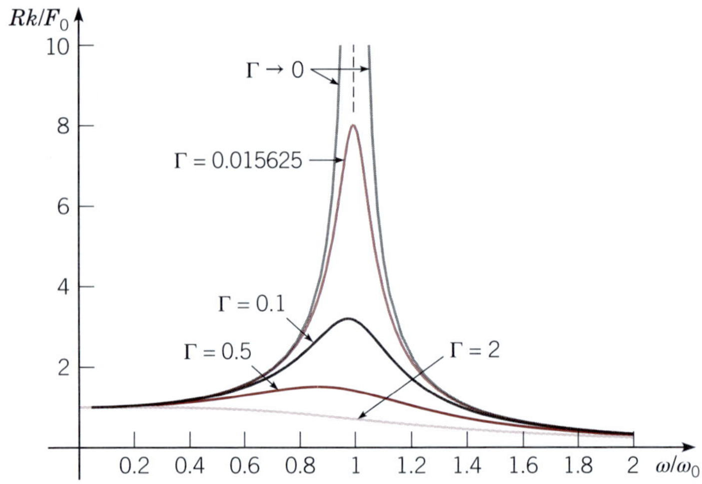

그림 3.8.2 감쇠가 있는 강제 진동: 여러 값의 무차원 감쇠 매개변수 $\Gamma = \gamma^2/mk$에 대한 구동력의 진동수에 따른 정상상태 반응의 진폭.

그림 3.8.2는 몇 가지 다른 값을 갖는 $\Gamma = \dfrac{\gamma^2}{mk}$에 대해 $\dfrac{\omega}{\omega_0}$에 따른 $\dfrac{Rk}{F_0}$의 대표적인 그래프 몇 개를 포함하고 있다. Γ를 감쇠 매개변수라 부르고 다음 예제들에서 설명하겠다. $\Gamma = 0.015625$에 해당하는 그래프가 포함되었는데, 이유는 다음 예제 3.8.2에 이 Γ값이 나오기 때문이다. 특히, $\Gamma = 0.015625$에 해당하는 곡선의 뾰족한 정상은 $\dfrac{\omega}{\omega_0} = 1$ 주변에 있다. 또한 $\Gamma \to 0$일 때, 극한의 모습

이 나와 있다. 식 (13) 혹은 식 (11)과 (12)로부터 $\gamma \to 0$일 때 $R \to \dfrac{F_0}{m\,|\omega_0^2 - \omega^2|}$이며, 따라서 그림에 나타나듯이 $\dfrac{Rk}{F_0}$는 수직선 $\omega = \omega_0$에 점근한다. 시스템에서 감쇠력이 증가함에 따라, 정상(peak)이 점차 낮아진다.

그림 3.8.2는 단위가 없는 변수의 사용법을 나타낸다. $\dfrac{Rk}{F_0}$, $\dfrac{\omega}{\omega_0}$, Γ는 각각 단위가 없음을 쉽게 보일 수 있다(연습문제 **9d**). 이것의 중요성은 문제상의 중요한 매개변수의 개수를 식 (8)에 있는 5개에서 3개로 줄일 수 있다는 점이다. 따라서 그림 3.8.2에 나와 있는 곡선들의 집합 하나로 식 (8)을 따르는 모든 시스템의 진동수에 따른 반응의 모양을 설명할 수 있다.

위상각 δ의 ω에 따른 변화도 흥미롭다. 영에 가까운 ω에 대해, 식 (11)과 (12)로부터 $\cos(\delta) \cong 1$과 $\sin(\delta) \cong 0$이므로 $\delta \cong 0$이고 이때의 반응은 자극과 거의 같은 위상을 가지며, 이는 증가와 감소가 거의 함께 일어난다는 의미이다. 특히, 각각의 최댓값들과 최솟값들이 비슷하게 발생한다고 가정한다. $\omega = \omega_0$이면 $\cos(\delta) = 0$이고 $\sin(\delta) = 1$이므로 $\delta = \pi/2$이다. 이 경우에 반응은 $\pi/2$만큼 뒤쳐져서 일어난다; 즉, 반응의 정상은 자극의 정상보다 $\pi/2$만큼 늦게 나타나며, 골짜기(valley)도 이와 유사하다. 마지막으로, 큰 ω에 대해 $\cos(\delta) \cong -1$이고 $\sin(\delta) \cong 0$이므로 $\delta \cong \pi$이다. 따라서, 반응은 자극의 위상에서 벗어난다; 이것은 자극이 최대일 때 반응이 최소이고, 그 반대도 마찬가지임을 의미한다. **그림 3.8.3**은 Γ의 몇 가지 값에 대해 ω/ω_0에 따른 δ의 그래프를 나타낸다. 감쇠가 적을 때는 $\delta = 0$ 근처에서부터 $\delta = \pi$ 근처까지 위상 변화가 급격히 일어나지만, 감쇠 매개변수가 더 클 때는 변화가 더 천천히 일어난다.

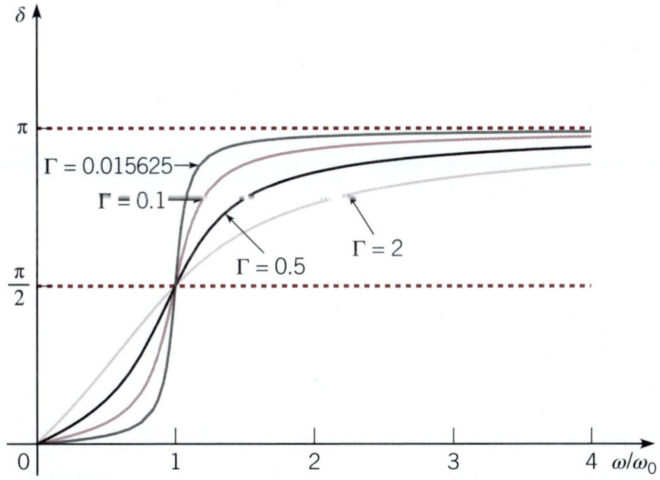

그림 3.8.3 감쇠되는 강제 진동: 단위가 없는 감쇠 매개변수 $\Gamma = \gamma^2/mk$ 값에 대한 구동력의 진동수에 따른 정상상태인 반응의 위상

예제 3.8.2

초깃값 문제

$$u'' + \frac{1}{8}u' + u = 3\cos(\omega t), \quad u(0) = 2, \quad u'(0) = 0 \tag{16}$$

을 고려하자. 강제(forcing) 진동수 ω의 서로 다른 값에 대한 해의 그래프를 그리고 이에 대응되는 강제 함수의 그래프와 비교하라.

풀이

이 시스템에 대해서 $\omega_0 = 1$과 $\Gamma = 1/64 = 0.015625$를 갖는다. 이때의 비강제 운동은 예제 3.7.3에서 살펴보았고 그림 3.7.7은 비강제 문제의 그래프를 나타낸다. **그림 3.8.4**, **3.8.5**, **3.8.6**은 각각 $\omega = 0.3$, $\omega = 1$, $\omega = 2$에 대한 강제 문제의 해를 보여준다. 이에 해당하는 강제 함수의 그래프도 각각의 그림에 나와 있다. 이 예제에서 고정 변위, F_0/k는 3과 같다.

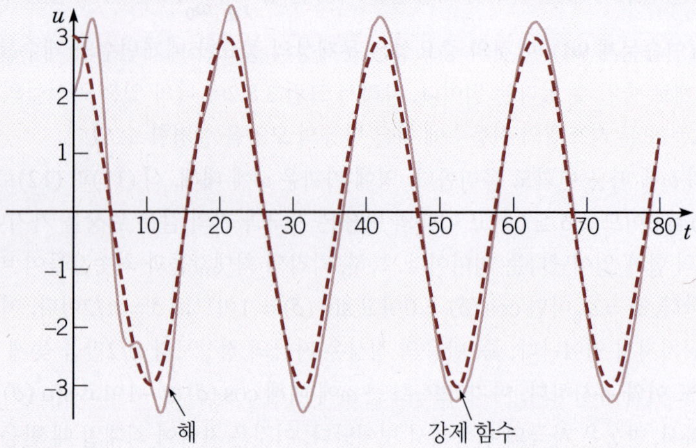

그림 3.8.4 감쇠되는 강제 진동; ω = 0.3인 식 (16)의 해(실선): $u'' + \frac{1}{8}u' + u = 3\cos(0.3t)$, $u(0) = 2$, $u'(0) = 0$. 줄선은 외부 힘 $F(t) = 3\cos(0.3t)$이다.

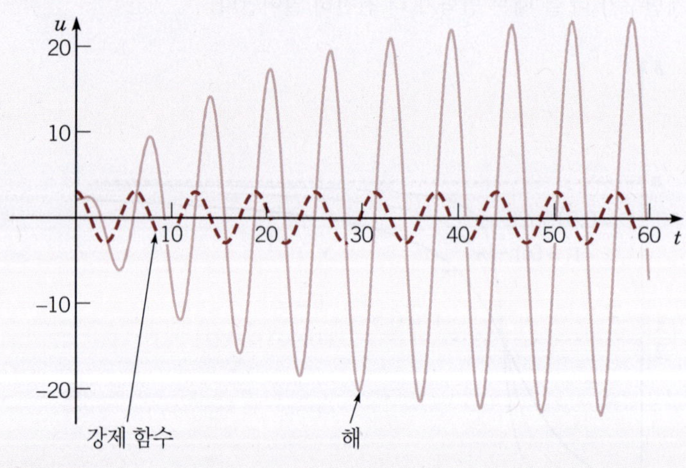

그림 3.8.5 감쇠되는 강제 진동; ω = 1인 식 (16)의 해(실선): $u'' + \frac{1}{8}u' + u = 3\cos(t)$, $u(0) = 2$, $u'(0) = 0$. 줄선은 외부 힘 $F(t) = 3\cos(t)$이다.

그림 3.8.4는 $\omega/\omega_0 = 0.3$인 저주파인 경우를 보여준다. 초기의 과도기적인 반응은 현저히 감쇠되며, 남은 정상상태의 반응은 본질적으로 자극과 같은 위상이고 진폭은 고정 변위보다 크다. 구체적으로 $R \cong 3.2939$이고 $\delta \cong 0.041185$이다.

$\omega/\omega_0 = 1$인 공명의 경우는 그림 3.8.5에 나타나 있다. 여기서 정상상태인 반응의 진폭은 고정 변위의 8배이고 그 모습은 외부 힘에 비해 $\pi/2$의 위상 차만큼 뒤처진다.

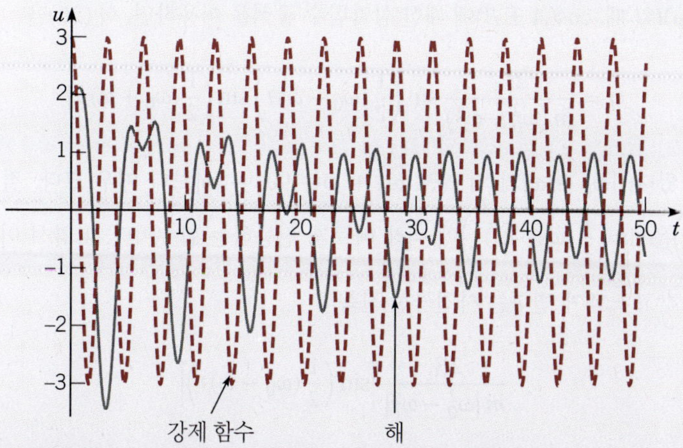

그림 3.8.6 감쇠되는 강제 진동; $\omega = 2$인 식 (16)의 해(실선): $u'' + \frac{1}{8}u' + u = 3\cos(2t)$, $u(0) = 2$, $u'(0) = 0$. 줄선은 외부 힘 $F(t) = 3\cos(2t)$이다.

상대적으로 고주파인 자극의 경우는 그림 3.8.6에 나와 있다. 정상 강제 반응의 진폭은 거의 고정 변위의 1/3이고 자극과 반응 사이의 위상 차는 거의 π이다. 보다 정확하게, $R \cong 0.99655$이고 $\delta \cong 3.0585$이다.

▶ 감쇠되지 않는 강제 진동(Forced Vibrations Without Damping). 식 (8)에서 $\gamma = 0$이라 가정하자. 감쇠되지 않는 강제 진동자의 운동 방정식은 다음과 같다.

$$mu'' + ku = F_0 \cos(\omega t) \tag{17}$$

식 (17)에 대한 일반해의 형태는 강제 진동수 ω가 감쇠되지 않는 시스템의 고유 진동수 $\omega_0 = \sqrt{k/m}$와 같은지의 여부에 따라 달라진다. 우선 $\omega \neq \omega_0$를 고려하자; 그러면 식 (17)의 일반해는

$$u = c_1 \cos(\omega_0 t) + c_2 \sin(\omega_0 t) + \frac{F_0}{m(\omega_0^2 - \omega^2)} \cos(\omega t) \tag{18}$$

이다. 상수 c_1과 c_2는 초기조건에 의해서 결정된다. 최종 운동은 일반적으로, 서로 다른 진동수(ω_0와 ω)와 서로 다른 진폭을 갖는 두 주기 운동의 합이다.

질량이 처음에 움직이지 않는다고 가정하여 초기조건이 $u(0) = 0$, $u'(0) = 0$이 되게 하자. 그러면 시스템을 구동하는 에너지는 전적으로 외부 힘에서 오는 것이며 초기조건은 기여하는 바가 없다. 이 경우 식 (18)의 상수 c_1과 c_2가

$$c_1 = -\frac{F_0}{m(\omega_0^2 - \omega^2)}, \quad c_2 = 0 \tag{19}$$

으로 주어지고 식 (17)의 해는

$$u = \frac{F_0}{m(\omega_0^2 - \omega^2)} (\cos(\omega t) - \cos(\omega_0 t)) \tag{20}$$

으로 주어진다. 이것은 주기는 다르지만 진폭은 같은 두 주기 함수의 합이다. $A = \frac{1}{2}(\omega_0 + \omega)t$와

$B = \frac{1}{2}(\omega_0 - \omega)t$일 때, $\cos(A \pm B)$에 대한 삼각함수 공식을 이용하면, 식 (20)을

$$u = \frac{2F_0}{m\left(\omega_0^2 - \omega^2\right)} \sin\left(\frac{1}{2}(\omega_0 - \omega)t\right) \sin\left(\frac{1}{2}(\omega_0 + \omega)t\right) \tag{21}$$

형태로 쓸 수 있다. $|\omega_0 - \omega|$가 작으면, $\omega_0 + \omega$는 $|\omega_0 - \omega|$보다 매우 크다. 결과적으로 $\sin\left(\frac{1}{2}(\omega_0 + \omega)t\right)$은 $\sin\left(\frac{1}{2}(\omega_0 - \omega)t\right)$에 비해 빠르게 진동하는 함수이다. 따라서 이 운동은 주기 $\frac{1}{2}(\omega_0 + \omega)$를 갖고 느리게 변하는 사인곡선 진폭

$$\frac{2F_0}{m\left|\omega_0^2 - \omega^2\right|} \left|\sin\left(\frac{1}{2}(\omega_0 - \omega)t\right)\right|$$

를 갖는 빠른 진동이다. 이런 형태의 운동은 진폭이 주기적으로 변하게 되는데 이러한 현상을 **간섭**(beat)이라고 부른다. 예를 들어, 이런 현상은 음향학에서 거의 같은 진동수를 갖는 소리굽쇠 두 개가 동시에 자극받을 때 발생한다. 이 경우 진폭의 주기적인 변화는 맨귀로도 분명하게 들린다. 전기학에서 시간에 따른 진폭의 변화를 **진폭 변조**(amplitude modulation)라고 부른다.

예제 3.8.3 초깃값 문제

$$u'' + u = \frac{1}{2}\cos(0.8t), \quad u(0) = 0, \quad u'(0) = 0 \tag{22}$$

을 풀고 해의 그래프를 그려라.

풀이

이 경우 $\omega_0 = 1, \omega = 0.8, F_0 = \frac{1}{2}$이므로 식 (21)로부터 주어진 문제의 해는

$$u = 2.778\sin(0.1t)\sin(0.9t) \tag{23}$$

이다. 이 해의 그래프는 **그림 3.8.7**에 나와 있다. 진폭 변화는 0.1의 느린 진동수와 이에 해당하는 $2\pi/0.1 = 20\pi$의 느린 주기를 갖는다. 반주기 10π 진폭이 한 번 증가하다가 감소하는 기간에 해당한다. 스프링-질량계의 변위는 상대적으로 빠른 0.9의 주기로 진동하는데, 이는 고유 진동수 ω_0보다 약간 작다.

이제 강제 진동수 ω가 $\omega = 0.9$까지 증가하는 경우를 상상해 보자. 그러면 느린 진동수는 0.05까지 반으로 줄고 이에 해당하는 반주기는 20π로 두 배가 된다. 배수 2.7778은 실제로 5.263까지 증가한다. 그러나 빠른 진동수는 거의 0.95까지 약간 증가한다. ω가 고유 진동수 $\omega_0 = 1$에 점점 가까워지면 무슨 일이 일어나는지 그래프로 표현할 수 있는가?

이제 식 (17)로 돌아가서 $\omega = \omega_0$일 때, 즉 주어지는 강제 진동수와 시스템의 고유 진동수가 같을 때의 공명 현상을 살펴보자. 이때, 비제차 항 $F_0\cos(\omega t)$는 제차 미분방정식의 해이므로 식 (17)의 해는

$$u = c_1\cos(\omega_0 t) + c_2\sin(\omega_0 t) + \frac{F_0}{2m\omega_0} t\sin(\omega_0 t) \tag{24}$$

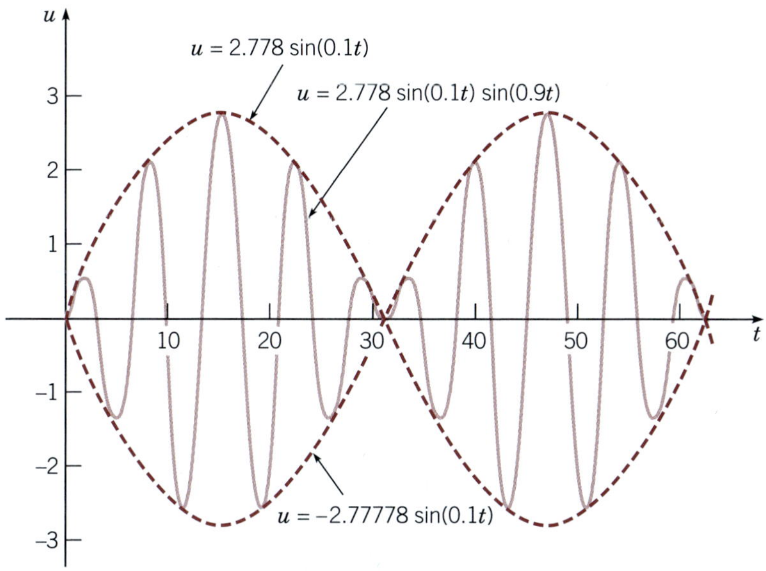

그림 3.8.7 간섭; 식 (22), $u'' + u = \frac{1}{2}\cos(0.8t)$, $u(0) = 0$, $u'(0) = 0$의 해(실선)는 $u(t) = 2.778\sin(0.1t)\sin(0.9t)$이다. 줄선은 외부 힘 $F(t) = \frac{1}{2}\cos(0.8t)$이다.

이다. 다음 예제를 살펴보자.

예제 3.8.4

초깃값 문제

$$u'' + u = \frac{1}{2}\sin(t), \quad u(0) = 0, \quad u'(0) = -\frac{1}{4} \tag{25}$$

을 풀고 해의 그래프를 그려라.

풀이

이 미분방정식의 일반해는

$$u = c_1\cos(t) + c_2\sin(t) - \frac{t}{4}\cos(t)$$

이고 초기조건에 의해 $c_1 = c_2 = 0$이다. 그러므로 주어진 초깃값 문제의 해는

$$u = -\frac{t}{4}\cos(t) \tag{26}$$

이고 해의 그래프는 **그림 3.8.8**과 같다.

항 $t\sin(\omega_0 t)$ 때문에, $t \to \infty$일 때 c_1과 c_2의 값과 관계없이 해 (24)의 운동은 무한해질 것이다(그림 3.8.8 참조). 물론, 스프링이 무한히 팽창할 수 없기 때문에, 현실에서 무한한 진동이 일어나지는 않는다. 더욱이, 탄성력이 변위에 일차종속된다는 가정은 u가 작을 때이므로, u가 커지면 식 (17)을 근거로 하는 수학 모델은 더 이상 유효하지 않다. 앞에서 보았듯이, 감쇠되는 모델을 고려한다면 예측되는 운동은 유한할 것이다; 그러나 작게 감쇠되고 ω가 ω_0에 가깝다면, 입력 함수 $F_0\cos(\omega t)$에 대한 반응은 꽤 클 것이다.

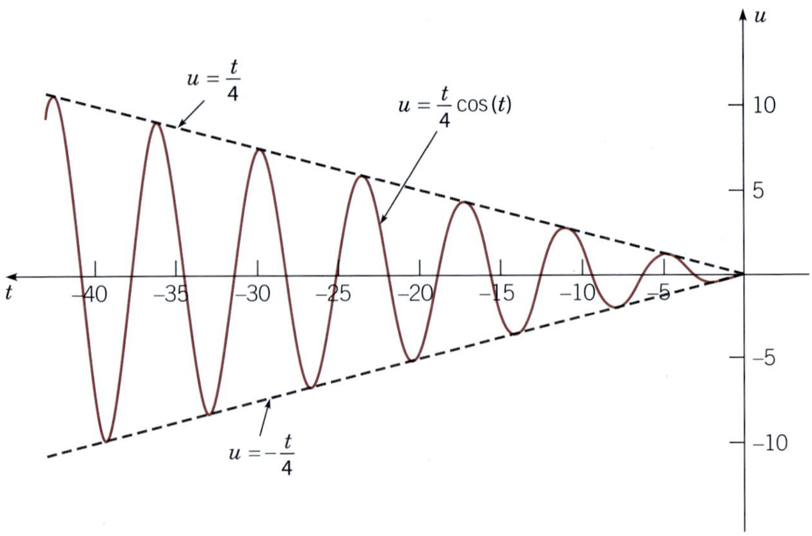

그림 3.8.8 공명; 식 (25): $u'' + u = \frac{1}{2}\sin(t)$, $u(0) = 0$, $u'(0) = -\frac{1}{4}$의 해(청록색 실선)는 $u(t) = -\frac{t}{4}\cos(t)$이다.

연습 문제

▶ 문제 **1**부터 **3**까지 주어진 식을 서로 다른 진동수를 가지는 두 개의 삼각함수의 곱으로 표현하라.

1. $\sin(9t) - \sin(6t)$

2. $\cos(2\pi t) + \cos(3\pi t)$

3. $\sin(4t) + \sin(5t)$

4. 5 kg 질량이 스프링을 10 cm 늘린다. 질량에 $10\sin(t/2)$ N(뉴턴)의 외부 힘이 작용하고, 질량의 속력이 8 cm/s일 때 4 N의 점성 힘을 받는 매질 안에서 움직인다. 질량이 3 cm/s의 초기 속도로 평형 위치로부터 움직일 때, 질량의 운동을 설명하는 초깃값 문제를 만들어라.

5. **a.** 문제 **4**에서 초깃값 문제의 해를 구하라.

b. 이 해의 과도기적인 부분과 정상상태인 부분을 구분하라.

c. Ⓖ 정상상태인 해의 그래프를 그려라.

d. Ⓝ 주어진 외부 힘을 진동수 ω의 힘 $2\cos(\omega t)$로 바꿀 때, 강제 반응의 진폭이 최대가 되는 ω의 값을 구하라.

6. 무게 6 lb인 질량과 1 lb/in인 탄성상수를 갖는 감쇠하지 않는 스프링-질량계가 $t = 0$에서 $8\cos(7t)$ lb의 외부 힘이 주어져서 갑자기 움직이기 시작할 때, 임의의 시간에서 질량의 위치를 구하고 t에 따른 변위의 그래프를 그려라.

7. 어떤 스프링-질량계가 탄성상수 3 N/m을 갖는다. 1 kg의 질량이 스프링에 붙어있고 이때의 운동은 순간 속도의 크기와 같은 저항이 있는 점성 있는 유체 내에서 일어난다. 이 시스템이 $[3\cos(3t) - 2\sin(3t)]$ N의 외부 힘으로 구동될 때, 정상상태인 반응을 결정하라. $R\cos(\omega t - \delta)$ 형태로 표현하라.

8. Ⓝ 무게 8 lb의 질량이 스프링을 6 in 늘린다. 이 진동계에 $8\sin(8t)$ lb의 외부 힘이 작용한다. 질량을 6 in 아래로 당겨서 놓을 때, 임의의 시간에서 질량의 위치를 구하라. 질량의 속도가 영이 되는 처음 네 번의 시간을 구하라.

9. 이 문제에서 감쇠되는 강제 진동을 해석함에 있어 몇 가지 세부 사항들을 제시한다.

a. 식 (8)의 정상상태인 해에 대하여 식 (10), (11), (12)를 유도하라.

b. Rk/F_0에 대한 식 (13)을 유도하라.

c. ω_{max}^2와 R_{max}가 각각 식 (14)와 (15)로 주어짐을 보여라.

d. Rk/F_0, ω/ω_0, $\Gamma = \gamma^2/(mk)$가 모두 단위가 없음을 보여라.

10. 식 (10)으로 주어지는 정상상태인 반응의 속도를 구하라. $\omega = \omega_0$일 때, 이 속도가 최대가 됨을 보여라.

11. 초깃값 문제

$$u'' + u = F(t), \quad u(0) = 0, \quad u'(0) = 0$$

을 풀어라. 단,

$$F(t) = \begin{cases} F_0 t, & 0 \le t \le \pi, \\ F_0(2\pi - t), & \pi < t \le 2\pi, \\ 0, & 2\pi < t \end{cases}$$

힌트: 각 시간 구간을 분리해서 다루고 u와 u'이 t에 관한 연속함수가 되는 서로 다른 구간에 이 해들을 대응시켜라.

12. Ⓝ 직렬 회로에 0.2×10^{-6}F의 콘덴서, $4 \times 10^3\ \Omega$의 저항기, 1 H의 인덕터가 있다. 콘덴서의 초기 전하량은 영이다. 12 V의 배터리가 회로에 연결되어 있고 $t = 0$에서 닫혔을 때 $t = 0.001$ s, $t = 0.01$ s와 임의의 시간에서의 콘덴서의 전하량을 구하라. 또한, $t \to \infty$일 때 한계 전하량을 구하라.

13. Ⓝ 초깃값 문제

$$u'' + u = 2\cos(\omega t), \quad u(0) = 0, \quad u'(0) = 0$$

으로 설명되는 감쇠되지 않는 강제 진동계를 고려하자.

a. $\omega \neq 1$에 대한 해 $u(t)$를 구하라.

b. Ⓖ $\omega = 0.7$, $\omega = 0.8$, $\omega = 0.9$에서 t에 따른 해 $u(t)$의 그래프를 그려라. 이 구간 내에서 ω가 변할 때 반응 $u(t)$가 어떻게 변하는지 설명하라. ω가 1에 가까워질수록 무슨 일이 일어나는가? 이때, 감쇠되지 않는 진동계의 고유 진동수는 $\omega_0 = 1$이다.

14. 초깃값 문제

$$u'' + u = 2\cos(\omega t), \quad u(0) = 1, \quad u'(0) = 1$$

에 의해서 표현되는 진동계를 고려하자.

a. $\omega \neq 1$에 대한 해를 구하라.

b. Ⓖ $\omega = 0.7$, $\omega = 0.8$, $\omega = 0.9$에서 t에 따른 해 $u(t)$의 그래프를 그려라. 문제 **13**의 결과와 비교하라; 즉 영이 아닌 초기조건의 효과를 설명하라.

15. Ⓖ 문제 **13**의 초깃값 문제에 대해 $\omega = 0.7$, $\omega = 0.8$, 그리고 $\omega = 0.9$일 때 u' 대 u를 그래프에 나타내라. (이러한 그래프는 위상 그래프라고 불린다.) 위상 그래프가 닫힌 곡선으로 나타나도록 충분히 긴 t 구간을 사용하라. t가 증가함에 따라 곡선이 이동하는 방향을 화살표로 표시하라.

▶ 문제 **16**부터 **18**까지 초깃값 문제

$$u'' + \frac{1}{8}u' + 4u = F(t), \quad u(0) = 2, \quad u'(0) = 0$$

을 고려하자. 각 문제에서

a. t에 따른 주어진 강제 함수 $F(t)$의 그래프를 그리고, t에 따른 해 $u(t)$의 그래프를 같은 좌표축 안에 그려라. 초기 과도기 상태가 사라지도록 충분히 긴 t의 구간을 사용하라. 강제 항의 진폭과 위상의 관계, 반응의 진폭과 위상 사이의 관계를 확인하자. 이때, $\omega_0 = \sqrt{k/m} = 2$임에 유의하자.

b. 해의 위상 그래프를 그려라; 즉, u에 따른 u'의 그래프를 그려라.

16. $F(t) = 4\cos(t/4)$

17. $F(t) = 2\cos(2t)$

18. $F(t) = 4\cos(6t)$

19. **G** 경화 스프링인 스프링-질량계에 주기적인 외부 힘이 작용한다. 감쇠될 때, 질량의 변위가 초깃값 문제

$$u'' + \frac{1}{5}u' + u + \frac{1}{5}u^3 = \cos(\omega t), \quad u(0) = 0, \quad u'(0) = 0$$

을 만족한다고 하자.

a. 1/2과 2 사이의 몇몇 ω 값에 대해 주어진 문제의 해의 그래프를 컴퓨터로 그리고 각각의 경우에서 정상 대응의 진폭 R을 추정하라.

b. **a**의 데이터를 사용하여 ω에 따른 R의 그래프를 그려라. 어떤 진동수 ω에 대해서 진폭이 최대가 되는가?

c. **a**와 **b**의 결과와 선형 스프링에 해당하는 결과를 비교하라.

개념 질문

C3.1. 왜 $y = e^{rt}$ 형태가 $ay'' + by' + cy = 0$의 해를 찾기 위한 적절한 형태인가?

C3.2. 왜 $ay'' + by' + cy = 0$의 해를 $y = At^p$ 형태로 찾는 것이 유용하지 않은가?

C3.3. 초깃값 문제 $y'' + p(t)y' + q(t)y = 0, y(t_0) = y_0$ 및 $y'(t_0) = v_0$에 대해, $y''(t_0)$의 값은 무엇인가?

C3.4. 초깃값 문제 $ay'' + by' + cy = 0, y(t_0) = y_0$ 및 $y'(t_0) = v_0$에 대해, 어떤 구간에서 유일한 해가 존재하는가? ($a \neq 0$이라고 가정할 수 있다.)

C3.5. $y_1(t)$과 $y_2(t)$가 2계 미분방정식의 두 기본 해일 때, 두 해의 론스키안에 대해 무엇을 말할 수 있는가?

C3.6. 론스키안 $W[y_1, y_2](t)$가 존재성 및 유일성 정리(정리 3.2.1)로 보장된 존재 구간에서 항상 0이거나 결코 0이 아닌 이유는 무엇인가?

C3.7. 초깃값 문제 $ay'' + by' + cy = 0, y(0) = y_0, y'(0) = v_0$에서 특성 다항식의 근이 복소수일 때, $r_{1,2} = \alpha \pm i\beta$이면 $y(t) = c_1e^{r_1t} + c_2e^{r_2t}$는 복소수 해가 된다. 초기 조건을 만족하는 c_1과 c_2를 구할 때, 결과적인 해가 복소수인지 실수인지 무엇을 알 수 있는가?

C3.8. 어떻게 2계 미분방정식을 동시 선형 미분방정식으로 바꿀 수 있는가?

C3.9. $y_1(t)$과 $y_2(t)$가 2계 제차 미분방정식 $y'' + a(t)y' + b(t)y = 0$의 두 해일 때, $y'' + a(t)y' + b(t)y = c(t)$이라는 비제차 미분방정식을 만족하는 해 $c_1y_1(t) + c_2y_2(t)$에 대해 무엇을 말할 수 있는가?

C3.10. 표 3.5.1의 세 가지 경우를 어떻게 하나의 경우로 축소할 수 있는가?

C3.11. u_1'과 u_2'에 대한 선형방정식 시스템에서 나타나는 계수 행렬을 어디서 보았는가? 이 행렬은 어떤 특별한 성질을 갖는가?

C3.12. 만약 매개변수 변형법이 비제차 선형 미분방정식의 오른쪽 항에 대해 항상 작동한다면, 왜 이 방법을 사용하여 모든 비제차 선형 미분방정식의 특수해를 찾지 않는가?

C3.13. $k = 0$인 비강제 기계 시스템을 설명하라. 이 해는 $t \to \infty$일 때 어떻게 변하는가?

C3.14. $\gamma = 0$인 비강제 기계 시스템을 설명하라. 이 해는 $t \to \infty$일 때 어떻게 변하는가?

C3.15. 외부 힘 $F_0 \cos(\omega t)$가 작용하는 감쇠 스프링-질량계에서, $Y(t) = A\cos(\omega t) + B\sin(\omega t)$가 항상 적절한 특수해의 형태인 이유는 무엇인가?

개념 문제 답

C3.1. $y = e^{rt}$의 도함수도 같은 형태의 지수 함수이므로, 이 형태를 미분방정식에 대입하면 지수 항을 묶을 수 있다. 그러면 이차방정식(고유방정식)을 얻을 수 있으며, 이는 인수분해나 이차방정식 공식을 사용하여 풀 수 있다.

C3.2. $y = At^p$을 미분방정식에 대입하면 다음과 같다:

$$Aap\,(p-1)\,t^{p-2} + Abpt^{p-1} + Act^p$$
$$= A\left(ap\,(p-1) + bpt + ct^2\right)t^{p-2} = 0$$

이것이 모든 t에 대해 만족하려면 $A = 0$이어야 하며, 이는 $y = 0$이 해임을 의미한다. 우리는 비자명한 해를 찾고자 한다.

C3.3. $t = t_0$를 미분방정식에 대입하고 주어진 $y(t_0)$와 $y'(t_0)$의 값을 사용하면,

$$y''(t_0) = -p(t_0)\,v_0 - q(t_0)\,y_0$$

가 된다.

C3.4. 이 경우 $p(t) = \frac{b}{a}$, $q(t) = \frac{c}{a}$, $g(t) = 0$이 $(-\infty, \infty)$에서 연속이므로, t_0에서 주어진 초기조건에 대해 이 초깃값 문제는 $(-\infty, \infty)$에서 정의된 유일한 두 번 미분 가능한 해를 가진다.

C3.5. $y_1(t)$과 $y_2(t)$가 두 기본 해이므로 일차 독립이다. 따라서 y_1과 y_2의 론스키안은 0이 아니다.

C3.6. 간단한 답은 "Abel의 정리" 또는 "정리 3.2.7"이다. 더 자세한 답은: $u(t) = W[y_1, y_2](t)$는 $u' + p(t)u = 0$이라는 1계 선형 미분방정식의 해이며, $u(t) = ce^{-\int p(t)dt}$이다. 지수함수는 결코 0이 아니기 때문에 이 해는 $c = 0$일 때 0이거나 $c \neq 0$일 때 0이 아니다.

C3.7. r_1과 r_2의 근은 켤레 복소수이다: $r_2 = \overline{r_1}$. 복소수 해 e^{r_1t}과 e^{r_2t}도 켤레 복소수이다: $e^{r_2t} = \overline{e^{r_1t}}$. c_1과 c_2를 구할 때(y_0와 y_0가 실수일 경우), $c_2 = \overline{c_1}$이 된다. 그러면

$$y(t) = c_1y_1(t) + c_2y_2(t) = c_1y_1(t) + \overline{c_1y_1(t)} = 2\Re\,(c_1y_1(t))$$

는 실수 해가 된다. 이 때문에 (또한 정리 3.2.6에 의해) 복소수 해를 실수와 허수 부분으로 바꾸어 $e^{\alpha t}\cos(\beta t)$와 $e^{\alpha t}\sin(\beta t)$로 나타낸다.

C3.8. 모든 2계 미분방정식은 두 개의 동시 선형 미분방정식으로 축소될 수 있다.
$a_0(t)y''(t) + a_1(t)y'(t) + a_2(t)y = 0$, $y(t_0) = y_0$, $y'(t_0) = y_0''$, 여기서 $a_0(t) \neq 0$.
다음과 같이 치환하자.

$$y' = w \tag{27}$$

$$a_0(t)w''(t) + a_1(t)w(t) + a_2(t)y = 0,\ y(t_0) = y_0,$$
$$w(t_0) = y_0'' \tag{28}$$

식 (27)과 (28)은 두 개의 동시 미분방정식이 된다.

C3.9. 비제차 방정식의 해에 일차결합을 대입하면, 제차 방정식의 해의 일차결합도 비제차 방정식의 해가 된다.

C3.10. 1행은 2행에서 $\alpha = 0$인 경우이고, 2행은 3행에서 $\beta = 0$인 경우이다. 즉, 3행만 필요하다. (그럼에도 불구하고 세 가지 경우 모두 기억하는 것이 좋다.)

C3.11. u_1'과 u_2'에 대한 계수 행렬의 행렬식은 대응 제차 미분방정식의 기본해 집합을 형성하는 함수들의 론스키안이다: $W[y_1, y_2](t)$. Abel의 정리에 의해 론스키안은 0이 아니므로 계수 행렬은 특이하지 않으며 시스템은 항상 유일한 해를 가진다.

C3.12. u_1'과 u_2'가 만족하는 연립 선형방정식을 만드는 것은 어렵지 않지만, 계산해야 할 적분이 꽤 까다로울 수 있다. 비제차 항에 미정계수법을 적용할 수 있을 경우, 해당 형태를 미분하고 계수들은 연립 선형방정식을 만족해야 한다. (이때 계수는 변수계수법에서의 함수가 아닌 수치 계수이다.) 이 연

립방정식을 풀면 특수해를 알 수 있으며, 더 이상의 적분이나 다른 작업은 필요 없다.

C3.13. $k = 0$이면 시스템에 스프링이 없다. 고유방정식은 $mr^2 + kr = 0$이므로 근은 $r = 0$과 $r = -k/m$이다. 해는 모두 상수로 수렴하며, 이 상수는 m, γ, y_0, v_0로부터 결정될 수 있다.

C3.14. $\gamma = 0$이면 시스템에 감쇠가 없다(비감쇠 운동). 고유방정식은 $mr^2 + k = 0$이므로, 근은 $r_{1,2} = \pm i\sqrt{k/\text{mi}}$이다. 기본해 집합은 $\left\{\cos\left(\sqrt{k/mt}\right), \sin\left(\sqrt{k/mt}\right)\right\}$이다. 이 시스템이 비감쇠임을 고려할 때, 해는 주기적이고 진폭이 일정하다.

C3.15. $\gamma > 0$일 때 고유방정식의 근의 실수 부는 음수이다. 이는 제차 미분방정식의 기본해 집합에서 해가 지수 항을 가진다는 것을 의미한다. 이 추측이 적절하지 않은 경우는 시스템이 비감쇠 상태일 때($\gamma = 0$) 고유 진동수가 시스템의 고유 진동수와 정확히 일치할 때이다: $\omega = \sqrt{k/m}$.

참고 문헌

이 장의 이론적 결과에 대한 증명을 찾기 좋은 문헌은 다음과 같다.

Coddington, E. A., *An Introduction to Ordinary Differential Equations* (Englewood Cliffs, NJ: Prentice-Hall, 1961; New York: Dover, 1989).

기계 진동과 전기회로에 대한 많은 문헌이 있다. 이 둘을 다루는 문헌은 다음과 같다.

Close, C. M., and Frederick, D. K., *Modeling and Analysis of Dynamic Systems* (3rd ed.) (New York:Wiley, 2001).

기계 진동에 대한 고전은 다음 서적이다.

Den Hartog, J. P., *Mechanical Vibrations* (4th ed.) (NewYork: McGraw-Hill, 1956; NewYork; Dover, 1985).

최신 중급 서적은 다음과 같다.

Thomson, W. T., *Theory of Vibrations with Applications* (5th ed.) (Englewood Cliffs, NJ: Prentice-Hall, 1997).

다음은 전기회로에 대한 기초 서적이다.

Bobrow, L. S., *Elementary Linear Circuit Analysis* (New York: Oxford University Press, 1996).

제 4 장

고계 선형 미분방정식

Higher-Order Linear Equations

앞 장에서 언급한 2계 선형 미분방정식의 이론적 구조와 풀이법은 3계 혹은 고계 미분방정식으로 바로 확장 가능하다. 이 장에서는 고계 미분방정식에서 일어날 수 있는 다양한 상황에 특히 유의하면서 그 일반화를 간략히 소개하겠다.

4.1 n계 선형 미분방정식의 일반 이론

n계 선형 미분방정식은 다음과 같은 형태를 가진다.

$$P_0(t)\frac{d^n y}{dt^n} + P_1(t)\frac{d^{n-1}y}{dt^{n-1}} + \cdots + P_{n-1}(t)\frac{dy}{dt} + P_n(t)y = G(t) \tag{1}$$

함수 $P_0, \ldots, P_n$과 G가 어떤 구간 I: $\alpha < t < \beta$에서 연속 실변수 함수이고 P_0가 이 구간에서 영이 되지 않는다고 가정하자. 그러면 식 (1)을 $P_0(t)$로 나누면 다음과 같은 식을 얻는다.

$$L[y] = \frac{d^n y}{dt^n} + p_1(t)\frac{d^{n-1}y}{dt^{n-1}} + \cdots + p_{n-1}(t)\frac{dy}{dt} + p_n(t)y = g(t) \tag{2}$$

식 (2)에서 정의된 n계 선형 미분 연산자 L은 3장에서 소개한 2계 연산자와 유사하다. 식 (2)와 관련된 수학 이론은 2계 선형 미분방정식의 이론과 매우 유사하다; 이런 이유로 n계 문제에 대한 결과를 쉽게 정리할 수 있다. 이에 대한 대부분의 증명은 2계 미분방정식과 유사하므로 연습문제로 남겨두겠다.

식 (2)는 t에 대한 y의 n계 도함수를 포함하므로 식 (2)를 풀기 위해서는 n번의 적분이 필요하고 각각의 적분은 임의의 상수를 갖는다. 따라서 n개의 초기조건

$$y(t_0) = y_0, \quad y'(t_0) = y_0', \ldots, y^{(n-1)}(t_0) = y_0^{(n-1)} \tag{3}$$

이 있어야 유일해를 얻을 수 있다. 이때, t_0는 구간 I의 임의의 값이고, $y_0, y_0', \ldots, y_0^{(n-1)}$은 주어진 실수 상수들이 집합이다. 정리 3.2.1과 유사한 다음 정리는 초깃값 문제 (2), (3)이 해를 가지며 그 해가 유일함을 보장한다.

> **정리 4.1.1**
>
> 함수 $p_1, p_2, \dots, p_n$과 g가 개구간 I에서 연속이고 t_0는 I의 임의의 점일 때, 초깃값 (3)을 만족하는 미분방정식 (2)의 유일한 해 $y = \phi(t)$가 존재한다. 이 해는 구간 I 전체에서 정의된다.

여기서 이 정리의 증명은 생략한다. 그러나 만약 계수 $p_1, p_2, \dots, p_n$이 상수라면 3장과 같이 초깃값 문제 (2), (3)의 해를 유도할 수 있다(4.2~4.4절 참조). 이 경우 해는 찾더라도 정리 4.1.1을 이용하지 않고는 그 유일성을 알 수 없다. 정리 4.1.1의 증명은 Ince (3.32절) 혹은 Coddington (7장)에서 확인할 수 있다.

▶ **제차 미분방정식(The Homogeneous Equation).** 2계 문제처럼 먼저 제차 미분방정식을 살펴보기로 하겠다.

$$L[y] = y^{(n)} + p_1(t)y^{(n-1)} + \cdots + p_{n-1}(t)y' + p_n(t)y = 0 \tag{4}$$

함수 $y_1, y_2, \dots, y_n$이 식 (4)의 해라면 임의의 상수 $c_1, \dots, c_n$에 대한 일차결합

$$y = c_1y_1(t) + c_2y_2(t) + \cdots + c_ny_n(t) \tag{5}$$

도 식 (4)의 해임을 바로 알 수 있다. 이때, 식 (4)의 모든 해가 $y_1, y_2, \dots, y_n$의 일차결합으로 표현 가능할까? 지정된 초기조건 (3)과 상관없이 일차결합 (5)가 초기조건을 만족하는 적당한 상수 $c_1, \dots, c_n$을 선택할 수 있다면 이것은 참이다. 즉, 구간 I에서 임의로 선택된 점 t_0와 임의로 선택된 $y_0, y_0', \dots, y_0^{(n-1)}$에 대해

$$\begin{aligned} c_1y_1(t_0) + \cdots + c_ny_n(t_0) &= y_0 \\ c_1y_1'(t_0) + \cdots + c_ny_n'(t_0) &= y_0' \\ &\vdots \\ c_1y_1^{(n-1)}(t_0) + \cdots + c_ny_n^{(n-1)}(t_0) &= y_0^{(n-1)} \end{aligned} \tag{6}$$

인 식들을 만족하는 $c_1, \dots, c_n$을 결정할 수 있으면 된다. n개의 선형대수 연립방정식 (6)의 계수로 이루어진 행렬의 행렬식이 영이 아닐 때 상수 $c_1, \dots, c_n$이 유일하게 결정된다. 계수 행렬의 행렬식이 영이라면, 식 (6)이 해를 갖지 않도록 하는 $y_0, y_0', \dots, y_0^{(n-1)}$의 값이 항상 존재한다. 따라서 임의의 $y_0, y_0', \dots, y_0^{(n-1)}$의 값에 대하여 식 (6)이 해를 갖기 위한 필요충분조건은 론스키안

$$W[y_1, \dots, y_n] = \begin{vmatrix} y_1 & y_2 & \cdots & y_n \\ y_1' & y_2' & \cdots & y_n' \\ \vdots & \vdots & & \vdots \\ y_1^{(n-1)} & y_2^{(n-1)} & \cdots & y_n^{(n-1)} \end{vmatrix} \tag{7}$$

이 $t = t_0$에서 영이 아닌 것이다. 이때, t_0를 구간 I에서 임의로 선택할 수 있으므로, 구간 I의 모든 점에서 $W[y_1, y_2, \dots, y_n]$이 영이 아닌 것과 이 필요충분조건이다. 2계 선형 미분방정식과 같이 $y_1, y_2, \dots, y_n$이 식 (4)의 해라면 $W[y_1, y_2, \dots, y_n]$은 구간 I의 모든 t에 대하여 영이든지 아니

면 모든 t에 대해 영이 아님을 보일 수 있다(연습문제 **15** 참조). 따라서 다음과 같은 정리를 얻을 수 있다.

정리 4.1.2

함수 $p_1, p_2, \dots, p_n$가 개구간 I에서 연속일 때, $y_1, y_2, \dots, y_n$이 식 (4)의 해이고 I의 적어도 한 점에서 $W[y_1, y_2, \dots, y_n](t) \neq 0$이면, 식 (4)의 모든 해는 $y_1, y_2, \dots, y_n$의 일차결합으로 표현된다.

론스키안이 영이 아닌 식 (4)의 해 $y_1, y_2, \dots, y_n$은 **기본해 집합**(fundamental set of solutions)을 이룬다고 말한다. 기본해 집합의 존재는 2계 선형 미분방정식과 같은 방법으로 증명된다(정리 3.2.5 참조). n계 제차 선형 미분방정식 (4)의 모든 해가 식 (5)의 형태이므로, 식 (4)에 대한 기본해 집합의 임의의 일차결합을 **일반해**(general solution)라고 한다.

▶ **일차독립과 일차종속(Linear Dependence and Independence).** 기본해 집합과 선형 대수의 기본 개념인, 일차독립의 관계를 살펴보자. 구간 I의 모든 t에 대해

$$k_1 f_1(t) + k_2 f_2(t) + \cdots + k_n f_n(t) = 0 \tag{8}$$

을 만족하는 모두 영은 아닌 상수 $k_1, k_2, \dots, k_n$의 집합이 존재하면, 함수 $f_1, f_2, \dots, f_n$은 구간 I에서 **일차종속**(linearly dependent)이라 한다. 구간 I에서 함수 $f_1, \dots, f_n$이 일차종속이 아니면 **일차독립**(linearly independent)이라 한다.

예제 4.1.1

함수 $f_1(t) = t$과 $f_2(t) = t^2$이 구간 $I: -\infty < t < \infty$에서 일차독립인지 일차종속인지 확인하라.

풀이

일차결합

$$k_1 f_1(t) + k_2 f_2(t) = k_1 t + k_2 t^2$$

을 영으로 놓으면

$$k_1 t + k_2 t^2 = 0 \tag{9}$$

이 된다. 식 (9)가 구간 I의 모든 t에 대해 성립한다면, I의 서로 다른 두 점에서도 성립하여야 한다. 편의상 이 임의의 두 점을 $t = 1, t = -1$로 선택하자. 이 점 각각에서 식 (9)를 계산하면, 연립방정식

$$\begin{aligned} k_1 + k_2 &= 0, \\ -k_1 + k_2 &= 0 \end{aligned} \tag{10}$$

을 얻을 수 있다. 이때, 연립방정식 (10)으로부터 $k_1 = k_2 = 0$을 얻을 수 있다. k_1, k_2뿐 아니라 I 전체에서 식 (9)가 성립하는 영이 아닌 상수 k_1, k_2가 존재하지 않는다. 따라서 주어진 함수들은 I에서 일차종속이 아니므로 일차독립이어야 한다. 실제로 이 함수들은 모든 구간에서 일차독립이다. 이것은 이 예제에서 다른 두 점의 집합을 이용하여 확인할 수 있다.

예제 4.1.2 임의의 구간 I에서 함수

$$f_1(t) = t^2 - 1, \quad f_2(t) = t^2 - t + 1, \text{ and } f_3(t) = 3t^2 - t - 1$$

이 일차독립인지 종속인지 결정하라.

풀이

일차결합은 다음과 같다.

$$\begin{aligned} k_1 f_1(t) + k_2 f_2(t) + k_3 f_3(t) &= k_1 (t^2 - 1) + k_2 (t^2 - t + 1) + k_3 (3t^2 - t - 1) \\ &= (k_1 + k_2 + 3k_3) t^2 + (-k_2 - k_3) t + (-k_1 + k_2 - k_3) \end{aligned} \tag{11}$$

구간 전체에서 이 식이 영이면,

$$k_1 + k_2 + 3k_3 = 0, \quad k_2 + k_3 = 0, \quad -k_1 + k_2 - k_3 = 0$$

이 되어야 하는데 세 개의 미지수를 포함하는 이 세 식은 무수히 많은 해를 갖는다. 예를 들어, $k_3 = 1$이면 $k_2 = -1$, $k_1 = -2$이다. 식 (11)의 계수들에 이 값들을 사용하면, t의 모든 값에 대해서

$$-2f_1(t) - f_2(t) + f_3(t) = 0$$

이 된다. 따라서 주어진 함수는 모든 구간에서 일차종속이다.

일차독립의 개념은 제차 미분방정식 (4)에 대한 기본해 집합의 또 다른 특성을 나타낸다. 구간 I에서 함수 $y_1, \ldots, y_n$이 식 (4)의 해라고 가정하고 다음 식

$$k_1 y_1(t) + \cdots + k_n y_n(t) = 0 \tag{12}$$

을 살펴보자. 식 (12)를 반복해서 미분하면 추가로 $n - 1$개의 식

$$\begin{aligned} k_1 y_1'(t) + \cdots + k_n y_n'(t) &= 0, \\ &\vdots \\ k_1 y_1^{(n-1)}(t) + \cdots + k_n y_n^{(n-1)}(t) &= 0 \end{aligned} \tag{13}$$

을 얻을 수 있다. 식 (12)와 (13)으로 구성된 연립방정식은 n개의 미지수 $k_1, \ldots, k_n$에 대한 n개의 연립 선형대수 방정식이다. 이 연립방정식의 계수 행렬의 행렬식은 $y_1, \ldots, y_n$의 론스키안 $W[y_1, \ldots, y_n]$이다. 이러한 사실로부터 다음 정리가 나온다.

정리 4.1.3

$y_1(t), \ldots, y_n(t)$이 구간 I에서 n계 제차 선형 미분방정식 (4)

$$L[y] = y^{(n)} + p_1(t) y^{(n-1)} + \cdots + p_{n-1}(t) y' + p_n(t) y = 0$$

에 대한 기본해 집합이면, $y_1(t), \ldots, y_n(t)$는 구간 I에서 일차독립이다. 역으로 $y_1(t), \ldots, y_n(t)$이 구간 I에서 식 (4)의 일차독립인 해라고 하면, 이들은 구간 I에서 기본해 집합을 이룬다.

이 정리를 증명하기 위하여, 우선 $y_1(t), \ldots, y_n(t)$가 구간 I에서 식 (4)에 대한 기본해 집합이라고 가정하자. 그러면 구간 I의 모든 t에 대해서 론스키안 $W[y_1, \ldots, y_n](t) \neq 0$이다. 따라서 연립방정식 (12), (13)은 구간 I의 모든 t에 대해서 유일해 $k_1 = \ldots = k_n = 0$을 갖는다. 따라서 $y_1(t), \ldots, y_n(t)$는 구간 I에서 일차종속이 될 수 없으므로 일차독립이어야 한다.

역이 사실이라는 것을 증명하기 위해서 $y_1(t), \ldots, y_n(t)$가 구간 I에서 일차독립이라고 하자. 이들이 기본해 집합을 이루는 것을 증명하기 위해서는, 론스키안이 구간 I에서 결코 영이 아님을 보여야 한다. 이것이 참이 아니라고 가정하자; 그러면 론스키안이 영이 되는 점 t_0가 적어도 하나 존재한다. 이 점에서 연립방정식 (12), (13)이 영이 아닌 해를 갖는다; 이 해를 $k_1^*, \ldots, k_n^*$라고 하고 일차결합을 다음과 같이 두자.

$$\phi(t) = k_1^* y_1(t) + \cdots + k_n^* y_n(t) \tag{14}$$

그러면 $y = \phi(t)$는 초깃값 문제

$$L[y] = 0,\ y(t_0) = 0,\ y'(t_0) = 0, \ldots, y^{(n-1)}(t_0) = 0 \tag{15}$$

을 만족한다. 함수 ϕ는 해들의 일차결합이기 때문에 미분방정식을 만족한다; 이 초기조건들은 t_0에서 계산된 연립방정식 (12), (13)이므로 ϕ는 이 초기조건들을 만족한다. 그러나 I의 모든 t에 대한 함수 $y(t) = 0$이 또한 초깃값 문제의 해이므로, 정리 4.1.1에 의해서 이 해는 유일하다. 따라서 구간 I의 모든 t에 대해 $\phi(t) = 0$이다. 결과적으로, $y_1(t), \ldots, y_n(t)$는 구간 I에서 일차종속이 되는데 이는 모순이다. 그러므로 론스키안이 영이 되는 점이 존재한다는 가정은 성립할 수 없다. 따라서 I에서 론스키안은 결코 영이 될 수 없으므로 증명이 완료된다.

식 (4)의 해가 아닌 함수 $f_1, \ldots, f_n$의 집합에 대해서, 정리 4.1.3의 역이 반드시 성립하는 것은 아니다. 어떤 점 또는 모든 점에서 론스키안이 영임에도 불구하고 서로 다른 점에서 서로 다른 상수 $k_1, \ldots, k_n$의 집합에 대해 $f_1, f_2, \ldots, f_n$이 일차독립일 수도 있다. 연습문제 **18**에 이에 대한 예가 나와 있다.

▶ **비제차 미분방정식(The Nonhomogeneous Equation).** 비제차 미분방정식 (2)

$$L[y] = y^{(n)} + p_1(t)y^{(n-1)} + \cdots + p_n(t)y = g(t)$$

를 고려하자. Y_1과 Y_2가 식 (2)에 대한 두 해라고 하면, 연산자 L의 선형성으로부터

$$L[Y_1 - Y_2](t) = L[Y_1](t) - L[Y_2](t) = g(t) - g(t) = 0$$

이 된다. 그러므로 비제차 미분방정식 (2)에 대한 두 해의 차는 제차 미분방정식 (4)의 해이다. 이 제차 미분방정식의 임의의 해는 기본해 집합 $y_1, \ldots, y_n$의 일차결합으로 표현되므로, 식 (2)의 임의의 해는

$$y = c_1 y_1(t) + c_2 y_2(t) + \cdots + c_n y_n(t) + Y(t) \tag{16}$$

로 표현된다. 여기서 Y는 비제차 미분방정식 (2)의 특수해이다. 일차결합 (16)을 비제차 미분방정식 (2)의 **일반해**(general solution)라고 부른다.

따라서 제차 미분방정식 (4)의 기본해 집합 $\{y_1, \ldots, y_n\}$을 찾는 것이 제일 먼저 해야 할 일이다. 계수가 상수라면 매우 간단하다; 이는 다음 절에서 다루겠다. 계수가 상수가 아니라면 8장 같은

수치법이나 5장의 방법과 유사한 급수법을 사용한다. 이것은 미분방정식의 계수가 커질수록 점점 복잡해진다.

식 (16)의 특수해 $Y(t)$를 구하기 위해서는 미정계수법 또는 매개변수 변형법을 다시 사용하는데 각각 4.3절과 4.4절에서 다루게 된다.

계수 축소법(3.4절) 역시 n계 선형 미분방정식에 적용 가능하다. y_1이 식 (4)의 해라면 치환 $y = v(t)y_1(t)$에 대해 v'에 대한 $(n-1)$계 선형 미분방정식을 얻을 수 있다($n = 3$인 경우는 연습문제 **19**를 참조하자). 그러나 $n \geq 3$이면 계수가 줄어든 미분방정식은 적어도 2계이므로, 대체로 원래 미분방정식보다 간단해지지 않는다. 따라서, 실제로는 계수 축소법은 2계가 넘는 고계 선형 미분방정식에는 거의 사용되지 않는다.

연습 문제

▶ 문제 **1**부터 **4**까지 해가 확실히 존재하는 구간을 구하라.

1. $y^{(4)} + ay''' + by = t$

2. $t(t-1)y^{(4)} + e^t y'' + 2t^3 y = 0$

3. $(x-1)y^{(4)} + (x+1)y'' + 3(\tan x)y = 0$

4. $\left(x^2 - 9\right) y^{(6)} + x^2 y''' + 9y = 0$

▶ 문제 **5**부터 **7**까지 주어진 함수들이 일차독립인지 일차종속인지 결정하라. 일차종속이라면 그것들 사이의 일차 관계식을 구하라.

5. $f_1(t) = 2t,\ f_2(t) = t^2,\ f_3(t) = 2t^2 - t$

6. $f_1(t) = 2t - 3, f_2(t) = 4t^2 + 2, f_3(t) = 3t^2 + t$

7. $f(t) = 2t - 3, f_2(t) = t^2 + 2, f_3(t) = 2t^2 - t, f_4(t) = t^2 + t + 1$

▶ 문제 **8**부터 **11**까지 주어진 함수들이 주어진 미분방정식의 해임을 증명하고 론스키안을 구하라.

8. $y^{(4)} + a^2 y'' = 0;\ 1,\ t,\ \cos(at),\ \sin(at)$

9. $y''' - 3y'' - y' + 3y = 0; e^t, e^{-t}, e^{3t}$

10. $ty'' - y' = 0;\ 1,\ t^2$

11. $y^{(4)} + 9y'' = 0; 1, t, \cos 3t, \sin 3t$

12. **a.** 모든 t에 대해서 $W[5, \cos^2 t, \cos(2t)] = 0$임을 론스키안을 직접 계산하여 보여라.

b. 론스키안을 직접 계산하지 않고 같은 결과를 도출하라.

13.

$$L[y] = y^{(n)} + p_1(t)\,y^{(n-1)} + \cdots + p_n(t)\,y$$

로 정의된 미분 연산자가 선형 미분 연산자임을 증명하라. 즉, y_1과 y_2가 n번 미분 가능한 함수이고 c_1과 c_2가 임의의 상수일 때,

$$L[c_1 y_1 + c_2 y_2] = c_1 L[y_1] + c_2 L[y_2]$$

임을 증명하라. 따라서 $y_1, y_2, \ldots, y_n$이 $L[y] = 0$의 해라면, 일차결합 $c_1 y_1 + \cdots + c_n y_n$ 역시 $L[y] = 0$의 해가 됨을 보여라.

14. $a_0, a_1, \ldots, a_n$이 실수인 상수일 때, 선형 미분 연산자 L이

$$L[y] = a_0 y^{(n)} + a_1 y^{(n-1)} + \cdots + a_n y$$

로 정의된다고 하자.

a. $L[t^n]$을 구하라.

b. $L[e^{rt}]$을 구하라.

c. $y^{(4)} - 5y'' + 4y = 0$의 네 해를 결정하라. 이 네 해가 기본해 집합을 구성하는가? 그 이유는 무엇인가?

15. 이 문제에서는 정리 3.2.7(아벨의 공식)을 고계 미분방정식으로 일반화하는 방법을 보여준다. 우선, 다음의 3계 미분방정식에 대한 과정을 요약하자.

$$y''' + p_1(t)\,y'' + p_2(t)\,y' + p_3(t)\,y = 0$$

y_1, y_2, y_3 를 구간 I에서의 이 미분방정식의 해라고 하자.

a. 만약 $W = W[y_1, y_2, y_3]$이면

$$W' = \begin{vmatrix} y_1 & y_2 & y_3 \\ y_1' & y_2' & y_3' \\ y_1''' & y_2''' & y_3''' \end{vmatrix}$$

임을 증명하라.

힌트: 3×3 행렬식의 미분은 첫 번째, 두 번째, 세 번째 행을 각각 미분하여 얻어지는 세 개의 3×3 행렬식의 합이다.

b. y_1''', y_2''', y_3'''에 이 미분방정식을 대입하라; 첫 번째 행에 p_3를 곱하고, 두 번째 행에 p_2를 곱하고, 이 행들을 마지막 행에 더하면

$$W' = -p_1(t)\,W$$

을 얻을 수 있다.

c.

$$W[y_1, y_2, y_3](t) = c\exp\left(-\int p_1(t)\,dt\right)$$

가 성립함을 보여라. 따라서 W은 항상 영이든지 아니면 I의 어디에서도 영이 아니다.

d. 이 논증을 해 $y_1, \ldots, y_n$을 갖는 n계 미분방정식

$$y^{(n)} + p_1(t)\,y^{(n-1)} + \cdots + p_n(t)\,y = 0$$

으로 일반화하라. 즉, 이 경우에 대한 **아벨의 공식**(Abel's formula)

$$W[y_1, \ldots, y_n](t) = c\exp\left(-\int p_1(t)\,dt\right) \tag{17}$$

를 유도하라.

▶ 문제 **16**과 **17**에서 아벨의 공식 (17)을 사용하여 주어진 미분방정식에 대한 기본해 집합의 론스키안을 구하라.

16. $ty''' - y'' = 0$

17. $ty''' + 2y'' - 5y' + ty = 0$

18. $f(t) = t^2|t|$, $g(t) = t^3$이라 하자.

a. 함수 $f(t)$와 $g(t)$가 구간 $0 < t < 1$에서 일차종속임을 보여라.

b. $f(t)$와 $g(t)$가 구간 $-1 < t < 0$에서 일차종속임을 보여라.

c. $f(t)$와 $g(t)$가 구간 $-1 < t < 1$에서 일차독립임을 보여라.

d. $W[f, g](t)$가 $-1 < t < 1$의 모든 t에서 영임을 보여라.

e. c와 d의 결과가 정리 4.1.3에 모순되지 않는 이유를 설명하라.

19. y_1이

$$y''' + p_1(t)y'' + p_2(t)y' + p_3(t)y = 0$$

의 해라면, $y = y_1(t)v(t)$를 대입하여 v'에 대한 2계 미분방정식

$$y_1 v''' + (3y_1' + p_1 y_1)v'' + (3y_1'' + 2p_1 y_1' + p_2 y_1)v' = 0$$

을 유도할 수 있음을 보여라.

▶ 문제 **20**과 **21**에서 미분계수 축소법(문제 **19**)을 사용하여 주어진 미분방정식을 풀어라.

20. $(2-t)y''' + (2t-3)y'' - ty' + y = 0, \quad t < 2; \quad y_1(t) = e^t$

21. $t^2(t+3)y''' - 3t(t+2)y'' + 6(1+t)y' - 6y = 0, \quad t > 0;$
$y_1(t) = t^2, y_2(t) = t^3$

4.2 상수계수를 갖는 제차 미분방정식

$a_0, a_1, \ldots, a_n$이 실수인 상수이고 $a_0 \neq 0$일 때, n계 제차 선형 미분방정식

$$L[y] = a_0 y^{(n)} + a_1 y^{(n-1)} + \cdots + a_{n-1}y' + a_n y = 0 \tag{1}$$

을 살펴보자. 상수계수를 갖는 2계 선형 미분방정식에서 보였듯이 적당한 값 r에 대해 $y = e^{rt}$이 식 (1)의 해가 됨을 예측할 수 있다: 실제로 모든 r에 대해서,

$$L[e^{rt}] = e^{rt}\left(a_0 r^n + a_1 r^{n-1} + \cdots + a_{n-1}r + a_n\right) = e^{rt}Z(r) \tag{2}$$

이다. 여기서,

$$Z(r) = a_0 r^n + a_1 r^{n-1} + \cdots + a_{n-1}r + a_n \tag{3}$$

이다. $Z(r) = 0$이 되는 r의 값에 대해서 $L[e^{rt}] = 0$이고, $y = e^{rt}$이 식 (1)의 해가 된다. 다항식 $Z(r)$을 **고유다항식**(characteristic polynomial)이라고 부르고 방정식 $Z(r) = 0$을 미분방정식 (1)의 **고유방정식**(characteristic equation)이라 한다. $a_0 \neq 0$이므로, $Z(r)$은 $r_1, r_2, \ldots, r_n$(이 중 몇 개는 같을 수 있고 이 들 중 몇 개는 복소수일 수 있다)을 n개의 근을 갖는 n차 다항식이다.[1] 따라서 고유다항식을

$$Z(r) = a_0(r-r_1)(r-r_2)\cdots(r-r_n) \tag{4}$$

의 형태로 쓸 수 있다.

▶ **서로 다른 실근(Real and Unequal Roots).** 고유방정식의 근이 모두 서로 다른 실수라면 식 (1)은 n개의 서로 다른 해 $e^{r_1 t}, e^{r_2 t}, \ldots, e^{r_n t}$을 갖는다. 이 함수들이 일차독립이면 식 (1)의 일반해는

[1] 수학 분야에서 200년 이상 된 중요한 의문은 모든 다항식이 적어도 하나의 근을 가지는가 하는 문제이다. 이 질문에 대한 긍정적인 답변은 현대 수학의 엄격한 기준으로 증명되지는 못했지만, 1799년 Carl Friedrich Gauss (1777~1855)가 자신의 박사학위 논문에서 밝힌 대수의 기본 정리이다. Gauss의 논문 세 편을 포함해서 이후로 몇몇 다른 증명이 발견되었다. 현재는 학생들이 복소수 함수론의 첫 번째 과정에서 대수의 기본 정리를 학습하며, 복소 해석학의 몇몇 기본 성질에 의하여 해의 존재성을 확인할 수 있다.

$$y = c_1 e^{r_1 t} + c_2 e^{r_2 t} + \cdots + c_n e^{r_n t} \tag{5}$$

이다. $e^{r_1 t}, e^{r_2 t}, \dots, e^{r_n t}$이 일차독립인지는 론스키안 행렬식을 계산하면 알 수 있다. 또 다른 방법은 연습문제 **30**에 요약되어 있다.

예제 4.2.1

미분방정식

$$y^{(4)} + y'' - 7y'' - y' + 6y = 0 \tag{6}$$

의 일반해를 구하라. 또한 초기조건

$$y(0) = 1, \quad y'(0) = 0, \quad y''(0) = -2, \quad y''(0) = -1 \tag{7}$$

을 만족하는 해를 구하고 그래프를 그린 후 $t \to \infty$일 때 해의 모양을 결정하라.

풀이

$y = e^{rt}$이라고 가정하여 다항식

$$r^4 + r^3 - 7r^2 - r + 6 = 0 \tag{8}$$

을 풀면 r을 구할 수 있다. 이 다항식의 근은 $r_1 = 1, r_2 = -1, r_3 = 2, r_4 = -3$이다. 그러므로 식 (6)의 일반해는

$$y = c_1 e^t + c_2 e^{-t} + c_3 e^{2t} + c_4 e^{-3t} \tag{9}$$

이다. 초기조건 (7)에 의해 $c_1, \dots, c_4$가 다음 네 식

$$\begin{aligned} c_1 + c_2 + c_3 + c_4 &= 1, \\ c_1 - c_2 + 2c_3 - 3c_4 &= 0, \\ c_1 + c_2 + 4c_3 + 9c_4 &= -2, \\ c_1 - c_2 + 8c_3 - 27c_4 &= -1 \end{aligned} \tag{10}$$

을 만족해야 한다. 이 4개 연립 선형대수 방정식을 풀면,

$$c_1 = \frac{11}{8}, \quad c_2 = \frac{5}{12}, \quad c_3 = -\frac{2}{3}, \quad c_4 = -\frac{1}{8}$$

을 얻는다. 따라서 초깃값 문제의 해는

$$y = \frac{11}{8}e^t + \frac{5}{12}e^{-t} - \frac{2}{3}e^{2t} - \frac{1}{8}e^{-3t} \tag{11}$$

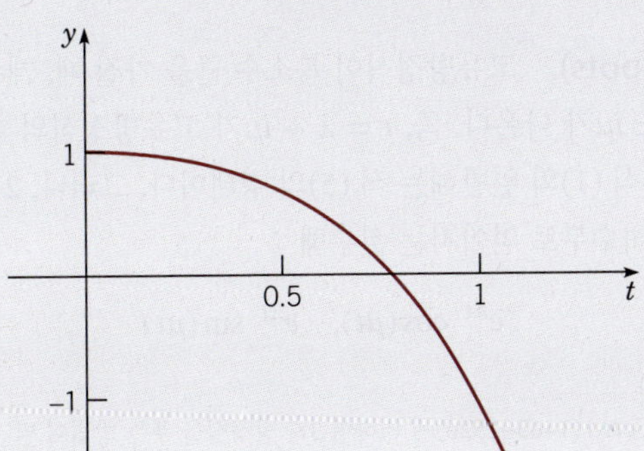

그림 4.2.1 초깃값 문제 (6), (7)의 해:
$y^{(4)} + y''' - 7y'' - y' + 6y = 0, y(0) = 1, y'(0) = 0,$
$y''(0) = -2, y'''(0) = -1.$

이고 이 해의 그래프는 **그림 4.2.1**과 같다. $t \to \infty$일 때 크게 작용하는 항은 $\frac{2}{3}e^{2t}$이다. 따라서 $t \to \infty$일 때 이 해는 $-\infty$로 다가간다.

예제 4.2.1에서 보여주듯이 상수계수를 갖는 n계 선형 미분방정식을 푸는 과정은 이에 대응되는 n계 다항식의 근을 구하는 데 따른다. 초기조건이 주어지면 n원 연립 선형대수 방정식을 풀어 적당한 상수 $c_1, \dots, c_n$을 구한다. 이러한 과정은 n이 커짐에 따라 복잡해지므로, 예제 4.2.1의 자세한 계산은 생략하기로 하겠다. 이러한 문제는 컴퓨터를 사용하면 매우 도움이 된다.

3차와 4차 방정식에 대한 근의 공식은[2] 2차 방정식의 공식과 유사하지만 근에 대한 정확한 식은 더 복잡하다. 근을 찾는 알고리즘은 계산기나 컴퓨터에 이미 내장되어 있는 경우도 있고 때로는 미분방정식을 푸는 프로그램도 내장되어 있는데, 고유다항식을 인수분해하는 과정을 나타내지 않고 미분방정식의 해를 자동적으로 계산해 준다.

만약 손으로 직접 고유다항식을 인수분해할 필요가 있다면 다음의 결과가 도움이 될 것이다. 다항식

$$a_0 r^n + a_1 r^{n-1} + \cdots + a_{n-1} r + a_n = 0 \tag{12}$$

이 정수 계수를 갖는다고 가정하자. p와 q가 서로소일 때 $r = p/q$가 유리근이라면, p는 a_n의 인수이고, q는 a_0의 인수여야 한다. 예를 들어, 식 (8)에서 a_0의 인수는 ± 1이고 a_n의 인수는 ± 1, ± 2, ± 3, ± 6이다. 그러므로 이 다항식의 유리근은 ± 1, ± 2, ± 3, ± 6만 가능하다. 이때 1, -1, 2, -3이 실제 근임을 쉽게 알 수 있다. 4차 방정식이므로 이외 다른 근은 갖지 않는다. 근 중에 일부가 무리수나 복소수이면, 이러한 과정으로 구할 수 없다. 그러나 이 다항식을 유리근에 해당하는 인수로 나누는 만큼 다항식의 차수를 줄일 수 있다.

고유방정식의 근이 서로 다른 실수이면, 일반해 (5)는 지수함수의 합일 뿐이다. t가 큰 값일 경우 해는 대수적으로 가장 큰 근에 해당하는 항에 의해 주로 영향을 받는다. 근이 양수라면 해는 지수적으로 무한해지는데, $+\infty$인지 $-\infty$인지는 이 해의 주요 항의 계수의 부호에 달려있다. 가장 큰 근이 음수라면 해는 지수적으로 영으로 수렴한다. 마지막으로 가장 큰 근이 영인 경우, t가 커짐에 따라 해는 영이 아닌 상수로 수렴한다. 물론 특정한 초기조건들에 대해서는 그 외의 항들의 계수가 영이 될 수도 있다; 큰 t에 대한 해의 특징은 두 번째로 큰 근에 의해 결정된다.

▶ **복소수 근(Complex Roots).** 고유방정식이 복소수 근을 가질 때, 계수 $a_1, a_2, \dots, a_n$이 실수이므로 켤레 복소수 $\lambda \pm i\mu$가 나온다. 즉, $r = \lambda + i\mu$가 고유방정식의 한 근이면 $\bar{r} = \lambda - i\mu$도 근이다. 중근이 없다면, 식 (1)의 일반해는 식 (5)의 형태이다. 그러나, 2계 미분방정식(3.3절)처럼 $e^{(\lambda + i\mu)t}$의 실수부와 허수부로 얻어지는 실수해

$$e^{\lambda t} \cos(\mu t), \quad e^{\lambda t} \sin(\mu t) \tag{13}$$

[2] 약 1500년경 Scipione dal Ferro (1465~1526)에 의하여 3차 방정식을 푸는 방법이 발견되었으나 1545년 Girolamo Cardano (1501~1576)의 저서 *Ars Magna*에서 처음 공개되었다. 이 책은 4차 방정식을 푸는 방법을 포함하고 있는데, 그의 제자 Ludovico Ferrari (1522~1565)에 영향을 미쳤다. 고차 방정식에 대한 근의 공식 문제는 1826년까지 2세기 동안 미해결 문제인 상태였으며, Niels Abel이 5차 이상의 고차 방정식의 근의 공식은 존재하지 않는다는 사실을 증명하였다. 보다 일반적인 이론은 Evariste Galois (1811~1832)에 의해서 발전되었으며, 불행히도 수십 년이 지나서야 이러한 사실이 알려졌다.

로 복소수 해 $e^{(\lambda + i\mu)t}$와 $e^{(\lambda - i\mu)t}$를 대신할 수 있으므로 고유방정식이 복소수 근을 가질 때도 식 (1)의 일반해를 실수해의 일차결합으로 표현할 수 있다.

예제 4.2.2

$$y^{(4)} - y = 0 \tag{14}$$

의 일반해를 구하라. 또한 초기조건

$$y(0) = \frac{7}{2}, \quad y'(0) = -4, \quad y''(0) = \frac{5}{2}, \quad y'''(0) = -2 \tag{15}$$

를 만족하는 해를 구하고 그래프를 그려라.

풀이

y에 e^{rt}을 대입하면, 고유방정식은

$$r^4 - 1 = (r^2 - 1)(r^2 + 1) = 0$$

이 된다. 따라서 근은 $r = 1, -1, i, -i$이고, 식 (14)의 일반해는

$$y = c_1 e^t + c_2 e^{-t} + c_3 \cos(t) + c_4 \sin(t)$$

이다. 초기조건 (15)를 부여하면

$$c_1 = 0, \quad c_2 = 3, \quad c_3 = \frac{1}{2}, \quad c_4 = -1;$$

을 얻으므로(연습문제 **26a** 참고), 주어진 초깃값 문제의 해는

$$y = 3e^{-t} + \frac{1}{2}\cos(t) - \sin(t) \tag{16}$$

이다. 이 해의 그래프는 **그림 4.2.2**와 같다.

초기조건 (15)에 의해 일반해에서 지수적으로 증가하는 항의 계수 c_1은 영이 된다. 그러므로 이 항은 해 (16)에서 사라지며 그림 4.2.2에서 보여주듯이 정상 진동으로 지수적으로 줄어든다. 그러나 초기조건이 약간 변한다면 c_1은 영이 아닐 수 있으며, 해의 모양이 완전히 달라진다. 예를 들어, 처음 세 초기조건은 그대로 두고 $y'''(0)$의 값을 -2에서 $-15/8$로 바꾼다면 초깃값 문제의 해는

$$y = \frac{1}{32}e^t + \frac{95}{32}e^{-t} + \frac{1}{2}\cos(t) - \frac{17}{16}\sin(t) \tag{17}$$

가 된다(연습문제 **26b** 참고).

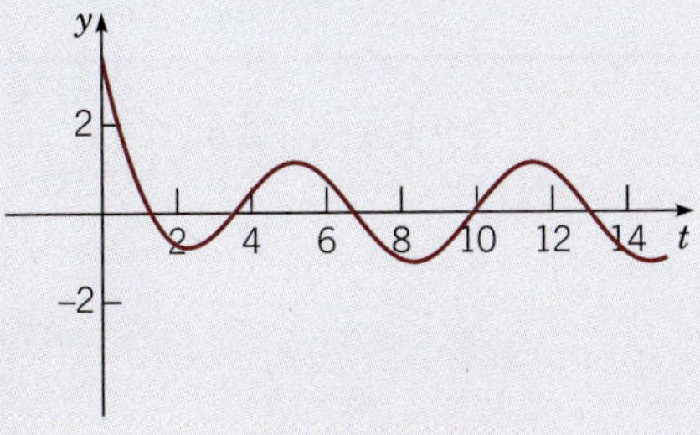

그림 4.2.2 초깃값 문제 (14), (15)의 해:
$y^{(4)} - y = 0,\ y(0) = \frac{7}{2},\ y'(0) = -4, y''(0) = \frac{5}{2}, y'''(0) = -2.$

식 (17)의 계수는 식 (16)의 계수와 약간 다르지만, 지수적으로 증가하는 항의 계수가 1/32로 매우 작음에도 불구하고 시간 t가 4 또는 5보다 클 때의 해를 완전히 바꿔 놓았다. 이것은 두 해 (16)과 (17)의 그래프를 나타내는 **그림 4.2.3**에서 확인할 수 있다.

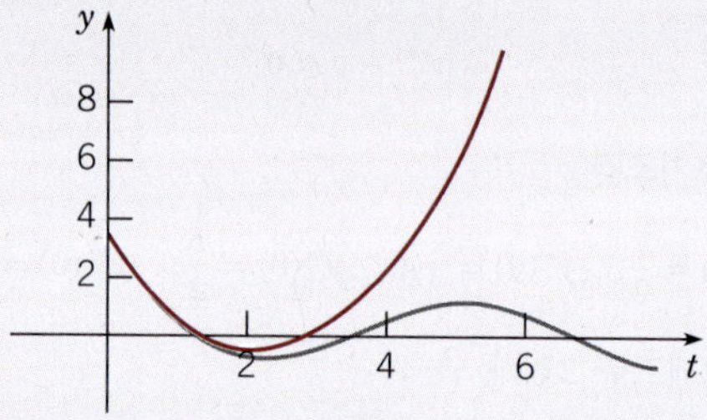

그림 4.2.3 제차 미분방정식 (14)의 두 해. 회색 곡선은 초기조건 (15)를 만족한다; 청록색 곡선은 마지막 초기조건을 $y'''(0) = -15/8$로 바꾼 수정된 문제의 해이다.

▶ **중근(Repeated Roots).** 만약 고유방정식의 근 중에 중근이 있다면 해 (5)는 명백히 식 (1)의 일반해가 될 수 없다. 만약 r_1이 2계 선형 미분방정식 $a_0y'' + a_1y' + a_2y = 0$의 중근이라면, 일차독립인 두 해는 e^{r_1t}과 te^{r_1t}이다. n계 미분방정식에서 $Z(r) = 0$의 해 $r = r_1$이 s중근($s \le n$)이라면,

$$e^{r_1t}, te^{r_1t}, t^2e^{r_1t}, \dots, t^{s-1}e^{r_1t} \tag{18}$$

이 식 (1)에 해당하는 해들이다. 이 명제에 대한 증명을 위해 연습문제 **31**을 보면, 중근이 실수이든 복소수이든 상관이 없다.

복소수 근이 중근인 경우는 미분방정식 (1)이 4계 이상일 때만 나타난다. 만약 복소수 근 $\lambda + i\mu$가 s중근이라면, 켤레 복소수 $\lambda - i\mu$ 역시 s중근이다. 이 $2s$개의 복소수 해에 대해 $e^{(\lambda + i\mu)t}$, $te^{(\lambda + i\mu)t}, \dots, t^{s-1}e^{(\lambda + i\mu)t}$의 실수부와 허수부들이 일차독립인 해들

$$e^{\lambda t}\cos(\mu t), e^{\lambda t}\sin(\mu t), te^{\lambda t}\cos(\mu t), te^{\lambda t}\sin(\mu t), \dots, t^{s-1}e^{\lambda t}\cos(\mu t), t^{s-1}e^{\lambda t}\sin(\mu t)$$

이므로 $2s$개의 실함수 해를 찾을 수 있다. 따라서 식 (1)의 일반해는 항상 n개의 실함수 해들의 일차결합으로 표현된다. 다음 예제를 살펴보자.

예제 4.2.3

$$y^{(4)} + 2y'' + y = 0 \tag{19}$$

의 일반해를 구하라.

풀이

고유방정식은

$$r^4 + 2r^2 + 1 = (r^2 + 1)(r^2 + 1) = 0$$

이다. $r^2 + 1 = (r - i)(r + i)$이므로 이 고유방정식의 근은 $r_1 = i$와 $r_2 = -i$인데, 이 두 근은 모두 2중근이므로 식 (19)의 일반해는

$$y = c_1 \cos(t) + c_2 \sin(t) + c_3 t \cos(t) + c_4 t \sin(t)$$

이다.

고유방정식의 해를 구할 때 3제곱근, 4제곱근 혹은 그 이상의(복소수근도 가능한) 제곱근을 계산해야 할 때가 있다. 이것은 대부분 오일러의 공식 $e^{it} = \cos(t) + i\sin(t)$와 3.3절에서 주어진 대수 법칙을 이용해서 쉽게 풀 수 있다. 다음 예제에서 이런 경우를 살펴보자.

예제 4.2.4

$$y^{(4)} + y = 0 \tag{20}$$

의 일반해를 구하라.

풀이

고유방정식이

$$r^4 + 1 = 0$$

이므로 이 방정식을 풀기 위해서 -1의 4제곱근들을 구해야 한다. -1을 복소수 $-1 + 0i$로 생각하면 절댓값은 1이고 편각(polar angle)은 π이다. 그러므로,

$$-1 = \cos(\pi) + i\sin(\pi) = e^{i\pi}$$

이다. 또한 $\sin(x)$와 $\cos(x)$의 주기가 2π이므로 편각은 2π의 배수로 결정된다. 따라서 영 또는 임의의 양의 정수 또는 임의의 음의 정수인 m에 대해

$$-1 = \cos(\pi + 2m\pi) + i\sin(\pi + 2m\pi) = e^{i(\pi+2m\pi)}$$

이기 때문에

$$(-1)^{1/4} = \left(e^{i(\pi+2m\pi)}\right)^{1/4} = e^{i(\pi/4+m\pi/2)} = \cos\left(\frac{\pi}{4} + \frac{m\pi}{2}\right) + i\sin\left(\frac{\pi}{4} + \frac{m\pi}{2}\right)$$

이다. 따라서 -1의 4제곱들은 $m = 0, 1, 2, 3$을 대입하여 얻을 수 있으며, 그것은 각각

$$\frac{1+i}{\sqrt{2}}, \quad \frac{-1+i}{\sqrt{2}}, \quad \frac{-1-i}{\sqrt{2}}, \quad \frac{1-i}{\sqrt{2}}$$

이다. m의 임의의 다른 값에 대해 이 4제곱근들 중 하나를 얻을 수 있음을 증명할 수 있다. 예를 들어 $m = 4$를 대입하면, $(1+i)/\sqrt{2}$를 얻는다. 따라서 4계 제차 선형 미분방정식 (20)의 일반해는

$$y = e^{t/\sqrt{2}}\left(c_1\cos\left(\frac{t}{\sqrt{2}}\right) + c_2\sin\left(\frac{t}{\sqrt{2}}\right)\right) + e^{-t/\sqrt{2}}\left(c_3\cos\left(\frac{t}{\sqrt{2}}\right) + c_4\sin\left(\frac{t}{\sqrt{2}}\right)\right) \tag{21}$$

이다.

결론적으로 다항방정식의 근을 찾는 문제는 컴퓨터의 도움을 받는다 하더라도 쉽지 않을 수 있다. 예를 들어 두 근이 같거나 매우 가깝다는 것을 판별하는 것은 매우 어려울 수 있다. 그런데 이 두 경우에 있어 일반해의 형태는 상당히 다르다.

식 (1)의 상수 $a_0, a_1, \ldots, a_n$이 복소수라면, 식 (1)의 해는 (4)의 형태를 갖는다. 그렇지만 이

경우에 일반적으로 고유방정식의 근은 복소수들이고 어떤 복소수근의 켤레 복소수는 근이 아닐 수도 있다. 이에 대응되는 해는 복소 함수이다.

연습 문제

▶ 문제 **1**부터 **4**까지 주어진 복소수를 $R(\cos(\theta) + i\sin(\theta)) = Re^{i\theta}$의 형태로 표현하라.

1. $1 - i$

2. $-2 + 2\sqrt{3}i$

3. $2i$

4. $-\sqrt{3} - i$

▶ 문제 **5**부터 **7**까지 예제 4.2.4에서 설명한 과정에 따라 주어진 복소수의 제시된 근을 구하라.

5. $i^{1/2}$

6. $(1 + i)^{1/2}$

7. $\left(4\left(\cos\left(\frac{\pi}{2}\right) + i\sin\left(\frac{\pi}{2}\right)\right)\right)^{1/2}$

▶ 문제 **8**부터 **19**까지 주어진 미분방정식의 일반해를 구하라.

8. $y'' - 5y' + 4y = 0$

9. $2y''' - y'' - 2y' + y = 0$

10. $y^{(4)} - 2y^{(3)} + 2y'' - 2y' + y = 0$

11. $y''' - y' = 0$

12. $y^{(6)} - 12y^{(4)} + 48y'' - 64y = 0$

13. $y'''' + y'' = 0$

14. $y^{(5)} - 8y'' = 0$

15. $y^{(8)} + 8y^{(4)} + 16y = 0$

16. $y^{(4)} + 2y'' + y = 0$

17. **N** $18y''' + 21y'' + 14y' + 4y = 0$

18. **N** $y^{(4)} + 6y''' + 17y'' + 22y' + 14y = 0$

19. **N** $12y^{(4)} + 31y''' + 75y'' + 37y' + 5y = 0$

▶ 문제 **20**부터 **25**까지 초깃값 문제의 해를 구하고 그래프를 그려라. $t \to \infty$일 때, 해는 어떻게 되는가?

20. **G** $y''' + y' = 0;\ y(0) = 1,\ y'(0) = 1,\ y''(0) = 2$

21. **G** $y^{(4)} + y = 0;\ y(0) = 0,\ y'(0) = 0,\ y''(0) = -1,\ y'''(0) = 0$

22. **G** $y^{(4)} - 4y''' + 4y'' = 0;\ y(2) = -1,\ y'(2) = 2,\ y''(2) = 0,\ y'''(2) = 0$

23. **G** $2y^{(4)} - y''' - 9y'' + 4y' + 4y = 0;\ y(0) = -2,\ y'(0) = 0,\ y''(0) = -2,\ y'''(0) = 0$

24. **G** $y^{(4)} + 6y''' + 17y'' + 22y' + 14y = 0;\ y(0) = 1,\ y(0) = -2,\ y''(0) = 0,\ y'''(0) = 3$

25. **G** $4y''' + y' + 5y = 0;\ y(0) = 2,\ y'(0) = 1,\ y''(0) = -1$

26. **a.** **C** $y(t) = 3e^{-t} + \frac{1}{2}\cos(t) - \sin(t)$가 $y^{(4)} - y = 0,\ y(0) = \frac{7}{2},\ y'(0) = -4,\ y''(0) = \frac{5}{2},$ $y'''(0) = -2$의 해임을 보여라.

b. **N** $y^{(4)} - y = 0,\ y(0) = \frac{7}{2},\ y'(0) = -4,\ y''(0) = \frac{5}{2},\ y'''(0) = -\frac{15}{8}$의 해를 구하라.

비고: 이 문제들은 예제 4.2.2에 있는 초깃값 문제이다.

27. $y^{(4)} - y = 0$의 일반해는

$$y = c_1\cos(t) + c_2\sin(t) + c_3\cosh(t) + c_4\sinh(t)$$

로 표현될 수 있음을 보여라. 초기조건 $y(0) = 0,\ y'(0) = 0,\ y''(0) = 1,\ y'''(0) = 1$을 만족하는 해를 결정하라. e^t과 e^{-t}보다 $\cosh(t)$와 $\sinh(t)$의 해를 사용하는 것이 왜 더 편리한가?

28. $y^{(4)} - y = 0$에 대하여 다음 문제를 풀어라.

a. 아벨의 공식[4.1절의 연습문제 **15d**]을 사용하여 주어진 미분방정식의 기본해 집합의 론스키안을 구하라.

b. 해 e^t, e^{-t}, $\cos(t)$, $\sin(t)$의 론스키안을 구하라.

c. 해 $\cosh(t)$, $\sinh(t)$, $\cos(t)$, $\sin(t)$의 론스키안을 구하라.

29. **그림 4.2.4**에 나타난 바와 같이 탄성계수가 3과 2인 두 개의 스프링에 각각 매달린 두 개의 단위 실량으로 구성된 스프링–실량계가 있다. 이때, 이 시스템이 감쇠되지 않는다고 가정하자.

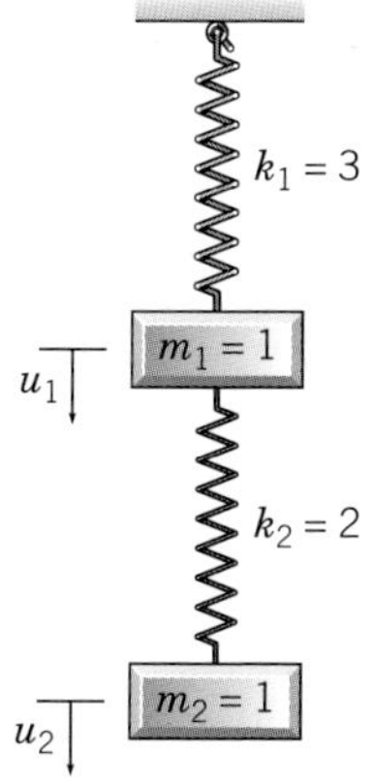

그림 4.2.4 두 개의 스프링, 두 개의 질량계.

a. 각각의 균형 위치로부터 두 질량의 변위 u_1과 u_2가

$$u_1'' + 5u_1 = 2u_2, \quad u_2'' + 2u_2 = 2u_1 \tag{22}$$

을 만족함을 보여라.

b. 식 (22)의 첫 번째 식을 u_2에 대해 푼 후 두 번째 식에 대입하면, u_1에 대한 4계 미분방정식

$$u_1^{(4)} + 7u_1'' + 6u_1 = 0 \tag{23}$$

을 얻는다. 식 (23)의 일반해를 구하라.

c. 초기조건을

$$u_1(0) = 1, \quad u_1'(0) = 0, \quad u_2(0) = 2, \quad u_2'(0) = 0 \tag{24}$$

이라고 가정하자. 식 (22)의 첫 번째 식과 초기조건 (24)를 사용하여 $u_1''(0)$과 $u_1'''(0)$의 값을 구하고 u_1에 대한 네 개의 초기조건을 만족하는 식 (23)의 해가 $u_1(t) = \cos(t)$임을 보여라. 또한, 이에 대응되는 해 u_2는 $u_2(t) = 2\cos(t)$임을 보여라.

d. 초기조건을

$$u_1(0) = -2, \quad u_1'(0) = 0, \quad u_2(0) = 1, \quad u_2'(0) = 0 \tag{25}$$

이라고 가정하자. **c**의 과정을 따라 이에 대응되는 해는 $u_1(t) = -2\cos\left(\sqrt{6}t\right)$와 $u_2(t) = \cos\left(\sqrt{6}t\right)$임을 보여라.

e. **c**와 **d**에서 얻은 해는 두 개의 서로 다른 방식(mode)의 두 진동임을 확인하라. 먼저, 운동의 고유 진동수는 $1/(2\pi)$이고 두 질량들이 함께 위나 아래로 움직인다; 두 번째 질량이 첫 번째보다 2배 빠르게 움직인다. 두 번째 운동의 고유 진동수는 $\sqrt{6}/(2\pi)$이고 질량들은 함께 움직이지 않으며, 하나가 아래로 움직이면 다른 하나는 위로 움직인다. 이 방식에서 첫 번째 질량은 두 번째

보다 두 배 빨리 움직인다. 식 (24) 혹은 (25)에 비례하지 않는 다른 초기조건에 대해서는 질량들의 운동이 이 두 가지 방식의 조합이다.

30. 이 문제에서 $r_1, \dots, r_n$이 모두 서로 다른 실수라면 $e^{r_1 t}, \dots, e^{r_n t}$이 $-\infty < t < \infty$에서 일차독립임을 보이는 한 가지 방법을 요약한다. 일단, 일차 관계식

$$c_1 e^{r_1 t} + \cdots + c_n e^{r_n t} = 0, \quad -\infty < t < \infty \tag{26}$$

을 고려하고 모든 계수가 영임을 보여라.

a. 식 (26)에 $e^{-r_1 t}$을 곱하고 t로 미분하여

$$c_2 (r_2 - r_1) e^{(r_2 - r_1)t} + \cdots + c_n (r_n - r_1) e^{(r_n - r_1)t} = 0$$

을 얻는다.

b. **a**의 결과에 $e^{-(r_2 - r_1)t}$을 곱하고 t로 미분하여

$$c_3 (r_3 - r_2)(r_3 - r_1) e^{(r_3 - r_2)t} + \cdots + c_n (r_n - r_2)(r_n - r_1) e^{(r_n - r_2)t} = 0$$

을 얻는다.

c. **a**와 **b**의 과정을 계속하여, 결국에는

$$c_n (r_n - r_{n-1}) \cdots (r_n - r_1) e^{(r_n - r_{n-1})t} = 0$$

을 얻는다. 따라서 $c_n = 0$이므로

$$c_1 e^{r_1 t} + \cdots + c_{n-1} e^{r_{n-1} t} = 0$$

이다.

d. $c_{n-1} = 0$을 보이기 위해 위의 과정을 반복하자. 비슷하게 $c_{n-2} = \cdots = c_1 = 0$임을 알 수 있다. 그러므로 함수 $e^{r_1 t}, \dots, e^{r_n t}$는 일차독립이다.

31. 이 문제에서 $r = r_1$이 고유다항식 $Z(r)$의 s중근이라면, $e^{r_1 t}, te^{r_1 t}, \dots, t^{s-1} e^{r_1 t}$이 식 (1)의 해임을 보이는 방법을 소개한다. 이 문제는 3.4절의 연습문제 **17**에서 주어진 2계 미분방정식에 대한 방법을 n계 미분방정식으로 확장한 모습이다. 본문상의 식 (2)

$$L\left[e^{rt}\right] = e^{rt} Z(r) \tag{27}$$

에서 시작해서 각각의 미분에서 $r = r_1$으로 두고 r에 대해 계속 미분하자.

a. r_1이 s중근이라면 $q(r)$이 $(n-s)$차 다항식이고 $q(r_1) \neq 0$일 때, $Z(r) = (r - r_1)^s q(r)$이다. $Z(r_1)$, $Z'(r_1), \dots, Z^{(s-1)}(r_1)$은 모두 영이나 $Z^{(s)}(r_1) \neq 0$임을 보여라.

b. 식 (27)을 r에 대해 계속 미분하여,

$$\frac{\partial}{\partial r} L\left[e^{rt}\right] = L\left[\frac{\partial}{\partial r} e^{rt}\right] = L\left[te^{rt}\right],$$
$$\vdots$$
$$\frac{\partial^{s-1}}{\partial r^{s-1}} L\left[e^{rt}\right] = L\left[t^{s-1} e^{rt}\right]$$

임을 보여라.

c. $e^{r_1 t}, te^{r_1 t}, \dots, t^{s-1} e^{r_1 t}$이 식 (27)의 해임을 보여라.

4.3 미정계수법

상수계수를 갖는 n계 비제차 선형 미분방정식

$$L[y] = a_0 y^{(n)} + a_1 y^{(n-1)} + \cdots + a_{n-1} y' + a_n y = g(t) \tag{1}$$

의 특수해 Y는 $g(t)$가 어떤 특성한 형태일 때, 미정계수법으로 구할 수 있다. 미정계수법이 다음 절에서 설명할 매개변수 변형법만큼 일반적이지는 않지만, 적용 가능한 경우 더 쉽게 사용할 수 있다.

2계 선형 미분방정식과 같이 상수계수를 갖는 선형 미분 연산자 L을 다항 함수 $A_0 t^m + A_0 t^{m-1} + \cdots + A_m$, 지수함수 $e^{\alpha t}$, 사인함수와 코사인함수의 일차결합 $a_1 \cos(\beta t) + a_2 \sin(\beta t)$, 에 적용하면 그 결과는 각각 다항 함수, 지수함수, 또는 사인함수와 코사인함수의 일차결합이다. 따라서 $g(t)$가 다항 함수, 지수함수, 사인함수, 코사인함수 또는 이런 함수들의 곱들의 합이라면 다항함수, 지수함수 등에 미정상수를 곱한 적당한 결합을 선택하여 $Y(t)$를 찾을 수 있다. 그런 다음 이 상수들은 가정한 표현식을 식 (1)에 대입하여 결정할 수 있다.

고계 미분방정식에 이 방법을 사용할 때의 주된 차이점은 고유다항식의 근이 2중근 이상일 수 있다는 것이다. 결과적으로 해의 비제차 부분을 생기게 하는 항은 대응 제차 미분방정식의 해와 달라지기 위해 t의 더 큰 거듭제곱이 곱해져야 한다. 다음 예제들은 이를 설명하고 있다. 이 예제들에서 정확한 형태의 해를 가정하는 방법을 보이는 것이 주 목적이므로 많은 직접적인 대수 계산 과정들은 생략하겠다.

예제 4.3.1

$$y'' - 4y' + 4y = e^{2t} \tag{2}$$

의 일반해를 구하라.

풀이

식 (2)에 대응되는 제차 미분방정식의 고유다항식은

$$r^2 - 4r + 4 = (r-2)^2$$

이므로, 이 제차 미분방정식의 일반해는

$$y_c(t) = c_1 e^{2t} + c_2 t e^{2t} \tag{3}$$

이다. 식 (2)의 특수해 $Y(t)$를 찾기 위해서 $Y(t) = Ae^{2t}$이라고 가정하자. 그러나 e^{2t}, te^{2t}은 모두 제차 미분방정식의 근이므로 처음 선택한 함수에 t^2을 곱한다. 즉, 최종적인 가정은 미정계수 A에 대해 $Y(t) = At^2e^{2t}$이다.

A의 정확한 값을 찾기 위하여, $Y(t)$를 두 번 미분하고 식 (2)에 y와 그 도함수 y'을 대입한 후 정리하면

$$2Ae^{2t} = e^{2t}$$

을 얻는다. 따라서 $A = \frac{1}{2}$이고 특수해는

$$Y(t) = \frac{1}{2} t^2 e^{2t} \tag{4}$$

이다. 식 (2)의 일반해는 식 (3)으로부터 얻은 $y_c(t)$와 식 (4)로부터 얻은 $Y(t)$의 합이다:

$$y = c_1 e^{2t} + c_2 t e^{2t} + \frac{1}{2} t^2 e^{2t}$$

예제 4.3.2

$$y^{(4)} + 2y'' + y = 4\sin(t) - 6\cos(t) \tag{5}$$

의 특수해를 구하라.

풀이

예제 4.2.3에서 이에 대응되는 제차 미분방정식의 일반해를 구하였는데, 고유방정식의 근 $r = i, i, -i, -i$에 대응하는

$$y_c(t) = c_1\cos(t) + c_2\sin(t) + c_3 t\cos(t) + c_4 t\sin(t) \tag{6}$$

였다. 특수해에 대한 초기 가정은 $y(t) = A\sin(t) + B\cos(t)$이나, 여기에 t^2을 곱해야 제차 미분방정식의 해와 다르게 만들 수 있다. 그러므로 최종 가정은

$$Y(t) = At^2\sin(t) + Bt^2\cos(t)$$

이다. 이 $Y(t)$를 네 번 미분하여 미분방정식 (5)에 대입한 후 정리하면

$$-8A\sin(t) - 8B\cos(t) = 4\sin(t) - 6\cos(t)$$

를 얻는다. 따라서 $A = -\frac{1}{2}$, $B = \frac{3}{4}$이고 식 (5)의 특수해는

$$Y(t) = -\frac{1}{2}t^2\sin(t) + \frac{3}{4}t^2\cos(t) \tag{7}$$

가 된다.

$g(t)$가 몇 개 항의 합이라면, $g(t)$의 각각의 항에 해당하는 특수해를 분리해서 계산하는 것이 더 쉽다. 2계 미분방정식에서처럼 전체 문제의 특수해는 전체를 구성하는 성분 문제 각각의 특수해들의 합이다. 이것은 다음 예제에서 설명한다.

예제 4.3.3

$$y''' - 4y' = t + 3\cos(t) + e^{-2t} \tag{8}$$

의 특수해를 구하라.

풀이

우선 제차 미분방정식부터 풀자. 고유방정식은 $r^3 - 4r = 0$이고 근은 $r = 0, \pm 2$이다; 따라서

$$y_c(t) = c_1 + c_2e^{2t} + c_3e^{-2t}$$

이다. 식 (8)의 특수해는 미분방정식

$$y''' - 4y' = t, \quad y''' - 4y' = 3\cos(t), \quad y''' - 4y' = e^{-2t}$$

의 특수해들의 합으로 쓸 수 있다. 첫 번째 식의 특수해 $Y_1(t)$의 초기 선택은 $A_0t + A_1$인데 상수가 제차 미분방정식의 해이므로 t를 곱한다. 그러면

$$Y_1(t) = t(A_0t + A_1)$$

이다. 두 번째 식에 대해서

$$Y_2(t) = B\cos(t) + C\sin(t)$$

인데, $\sin(t)$와 $\cos(t)$가 제차 미분방정식의 해가 아니므로 이 초기 선택을 수정할 필요가 없다. 마지막으로, 세 번째 식에 대해서는 e^{-2t}이 제차 미분방정식의 해이므로,

$$Y_3(t) = Ete^{-2t}$$

이라 가정한다. 상수들은 각각의 미분방정식에 대입하여 구할 수 있다; 즉, $A_0 = -\frac{1}{8}, A_1 = 0, B = 0, C = -\frac{3}{5}, E = \frac{1}{8}$이다. 그러므로 식 (8)의 특수해는

$$Y(t) = -\frac{1}{8}t^2 - \frac{3}{5}\sin(t) + \frac{1}{8}te^{-2t} \tag{9}$$

이다.

특히나 비제차 항이 복잡하다면 고계 미분방정식의 계수를 구하기 위해 상당히 많은 대수 계산 과정이 필요하다. 이때, 컴퓨터 대수 시스템은 이 대수 계산을 수행하는 데 많은 도움이 된다.

미정계수법은 $Y(t)$의 정확한 형태를 추측할 수 있다면 항상 사용될 수 있다. 그러나 이 방법은 앞에서 소개한 것과 다른 비제차 항을 갖거나 상수계수를 갖지 않는 미분방정식에 사용하는 것은 불가능하다. 좀 더 복잡한 문제에 대해서는 다음 절에서 설명할 매개변수 변형법을 사용할 수 있다.

연습 문제

▶ 문제 **1**부터 **6**까지 주어진 미분방정식의 일반해를 구하라.

1. $y''' - y'' - y' + y = 4e^{-t} + 3$

2. $y'' + y = 3t$

3. $y''' + y'' + y' + y = 2e^{-t} + 4t$

4. $y^{(4)} - 4y'' = t^2 + e^t$

5. $y^{(4)} + 2y'' + y = 3 + \cos(2t)$

6. $y^{(4)} - 16y = t^2$

▶ 문제 **7**부터 **9**까지 주어진 초깃값 문제의 해를 구하라. 그리고 해의 그래프를 그려라.

7. G $y''' + 4y' = t;\ y(0) = y'(0) = 0,\ y''(0) = 1$

8. G $y''' - 3y' + 2y' = t + e^t;\ y(0) = 1, y'(0) = -\frac{1}{4}, y''(0) = -\frac{3}{2}$

9. G $y^{(4)} + 2y'' + y = 3t + 4; y(0) = y'(0) = 0, y''(0) = y'''(0) = 1$

▶ 문제 **10**에서 **13**까지 미정계수법을 사용할 때, $Y(t)$의 적절한 형태를 구하라. 상수는 구할 필요가 없다.

10. $y^{(4)} - 5y'' + 4y = \sin(t)$

11. $y''' - y' = te^{-t} + 2\cos(t)$

12. $y^{(4)} - y''' - y'' + y' = t^2 + 8 + t\sin t$

13. $y^{(4)} + 4y'' = \sin 2t + te^t + 6$

14. $a_0, \ldots, a_n$이 상수일 때, n계 비제차 선형 미분방정식

$$a_0 y^{(n)} + a_1 y^{(n-1)} + \cdots + a_n y = g(t) \tag{10}$$

를 고려하자. $g(t)$가

$$e^{\alpha t}(b_0 t^m + \cdots + b_m)$$

의 형태일 때, $y = e^{\alpha t}u(t)$를 대입하면 식 (10)은 상수 $k_0, \ldots, k_n$에 대해

$$k_0 u^{(n)} + k_1 u^{(n-1)} + \cdots + k_n u = b_0 t^m + \cdots + b_m \tag{11}$$

임을 보여라. k_0와 k_n을 a의 항들과 α에 대해 결정하라. 그러면 원래 미분방정식의 특수해를 구하

는 문제는 비제차 항에 대한 다항식과 상수계수를 갖는 미분방정식의 특수해를 구하는 문제로 간단해진다.

▶ **소멸자법**(Method of Annihilators). 문제 **15**부터 **17**까지 미정계수법에서 사용할 $Y(t)$의 적당한 형태를 구하는 또 다른 방법을 생각해 보자. 이러한 과정은 지수함수, 다항 함수 혹은 삼각함수의 항들(또는 이런 항들의 합이나 곱)이 상수계수를 갖는 제차 선형 미분방정식의 해라는 사실에 근거한다. 편의상 $\dfrac{d}{dt}$ 대신 기호 D를 사용하자. 예를 들어, e^{-t}은 $(D+1)y=0$의 해이다; 여기서 미분 연산자 $D+1$은 e^{-t}을 *소멸시킨다*(annihilate). 또는 e^{-t}의 *소멸자*(annihilator)라고 한다. 같은 방법으로 D^2+4는 $\sin(2t)$ 또는 $\cos(2t)$의 소멸자이고, $(D-3)^2=D^2-6D+9$는 e^{3t} 또는 te^{3t}의 소멸자이다.

15. 상수계수를 갖는 선형 미분 연산자는 교환법칙이 성립함을 보여라. 즉, 임의의 상수 a, b와 임의의 두 번 미분 가능한 함수 f에 대해서,

$$(D-a)(D-b)f=(D-b)(D-a)f$$

임을 증명하라. 이 결과는 임의의 유한한 인수들로 확장 가능하다.

16. 좌변이 고유 다항식의 인수 분해에 해당하는 모양인

$$(D-2)^3(D+1)Y=3e^{2t}-te^{-t} \tag{12}$$

의 특수해 $Y(t)$의 형태를 찾는 문제를 고려해 보자.

a. $D-2$와 $(D+1)^2$은 각각 식 (12)의 우변의 항들에 대한 소멸자이고 결합 연산자 $(D-2)(D+1)^2$은 식 (12)의 우변의 모든 항을 동시에 소멸시킴을 보여라.

b. 연산자 $(D-2)(D+1)^2$을 식 (12)에 적용하고 문제 **15**의 결과를 사용하여

$$(D-2)^4(D+1)^3Y=0 \tag{13}$$

을 구하라. 그러면 Y는 제차 미분방정식 (13)의 해이다. 식 (13)을 풀어, 미정상수 $c_1, \dots, c_7$에 대해

$$Y(t)=c_1e^{2t}+c_2te^{2t}+c_3t^2e^{2t}+c_4t^3e^{2t}+c_5e^{-t} \tag{14}$$
$$+c_6te^{-t}+c_7t^2e^{-t},$$

이 성립함을 보여라.

c. e^{2t}, te^{2t}, t^2e^{2t}, e^{-t}이 식 (12)에 대응되는 제차 미분방정식의 해가 됨을 확인하라; 따라서 이 항들은 비제차 미분방정식을 푸는 데 사용될 수 없다. 그러므로 식 (14)의 c_1, c_2, c_3, c_5를 영으로 선택하면

$$Y(t)=c_4t^3e^{2t}+c_6te^{-t}+c_7t^2e^{-t} \tag{15}$$

이 성립한다. 이것은 식 (12)의 특수해의 형태이다. 계수 c_4, c_6, c_7의 값은 미분방정식 (12)에 식 (15)를 대입하면 얻을 수 있다.

▶ **소멸자법의 요약**(Summary of the Method of Annihilators). $L(D)$가 상수계수를 갖는 선형 미분 연산자이고 $g(t)$가 지수함수, 다항 함수 혹은 삼각함수 항들의 합 또는 곱일 때,

$$L(D)y=g(t) \tag{16}$$

라고 가정하자. 다음과 같은 과정에 따라 식 (16)의 특수해의 형태를 구하라:

a. $g(t)$를 소멸하는 상수계수를 갖는 미분 연산자 $H(D)$, 즉 $H(D)g(t)=0$을 만족하는 연산자를 구하라.

b. $H(D)$를 식 (16)에 적용하여 고계 제차 미분방정식

$$H(D)L(D)y=0 \tag{17}$$

을 구하라.

c. 식 (17)를 풀어라.

d. c에서 찾은 해에서 $L(D)y = 0$의 해에 나타나는 항을 없애라. 남은 항들은 정확하게 식 (16)의 특수해의 형태를 이룬다.

17. 소멸자법을 사용하여 문제 **10**부터 **13**까지 각각의 미분방정식에 대한 특수해의 형태를 구하라. 단, 계수를 구할 필요는 없다.

4.4 매개변수 변형법

n계 비제차 선형 미분방정식

$$L[y] = y^{(n)} + p_1(t)y^{(n-1)} + \cdots + p_{n-1}(t)y' + p_n(t)y = g(t) \tag{1}$$

의 특수해를 구하는 매개변수 변형법(variation of parameters)은 2계 미분방정식에 대한 방법(3.6절 참조)의 확장이다. 전과 마찬가지로, 매개변수 변형법을 사용하기 위해 우선 대응되는 제차 미분방정식을 풀어야 한다. 일반적으로, 계수가 상수가 아니면 어려우나 이 매개변수 변형법은 *임의의* 연속 함수 g에 대한 특수해를 유도하는 미정계수법보다 더 일반적인 방법이다. 반면에 미정계수법은 함수 g가 제한적인 경우에만 사용 가능하다.

제차 미분방정식의 기본해 집합 $y_1, y_2, \ldots, y_n$을 알고 있다고 가정하자. 그러면 제차 미분방정식의 일반해는

$$y_c(t) = c_1y_1(t) + c_2y_2(t) + \cdots + c_ny_n(t) \tag{2}$$

이다. 식 (1)의 특수해를 결정하는 매개변수 변형법은 $Y(t)$가

$$Y(t) = u_1(t)y_1(t) + u_2(t)y_2(t) + \cdots + u_n(t)y_n(t) \tag{3}$$

의 형태를 갖게 하는 n개의 함수 $u_1, u_2, \ldots, u_n$을 결정할 수 있느냐에 달려있다. 결정하고자 하는 n개의 함수가 있으므로, n개의 조건이 필요하다. 이 조건 중 하나는 Y가 식 (1)을 만족하는 것이다. 나머지 $n-1$개의 조건은 계산을 되도록이면 간단하게 할 수 있도록 선택한다. $u_1, \ldots, u_n$에 대한 고계 미분방정식을 풀어야 한다면 간단하게 Y를 결정할 수 없기 때문에 당연히 $u_1, \ldots, u_n$의 고계 도함수를 유도하는 항들을 줄일 수 있는 조건을 추가해야 한다. 식 (3)에서, 식 (4)의 각 함수가 종속되어 있는 독립변수 t를 생략하여

$$Y' = (u_1y_1' + u_2y_2' + \cdots + u_ny_n') + (u_1'y_1 + u_2'y_2 + \cdots + u_n'y_n) \tag{4}$$

로 쓰자. 이때, 첫 번째 조건

$$u_1'y_1 + u_2'y_2 + \cdots + u_n'y_n = 0 \tag{5}$$

을 추가하면 Y'에 대한 식은

$$Y' = u_1y_1' + u_2y_2' + \cdots + u_ny_n' \tag{6}$$

이 된다.

연속된 도함수 $Y'', \ldots, Y^{(n-1)}$을 계속 계산하자. 각각의 미분 후에 $u_1, \ldots, u_n$의 도함수를 포

함하는 항들의 합을 영으로 두자. 이런 방법으로 식 (5)와 유사한 $n-2$개의 추가 조건; 즉,

$$u_1' y_1^{(m)} + u_2' y_2^{(m)} + \cdots + u_n' y_n^{(m)} = 0, \quad m = 1, 2, \ldots, n-2 \tag{7}$$

을 얻는다. 이 조건의 결과로써 $Y'', \ldots, Y^{(n-1)}$에 대한 식은

$$Y^{(m)} = u_1 y_1^{(m)} + u_2 y_2^{(m)} + \cdots + u_n y_n^{(m)}, \quad m = 2, 3, \ldots, n-1 \tag{8}$$

이 된다.

마지막으로 Y가 식 (1)의 해가 될 조건을 추가하자. 식 (8)에서 $Y^{(n-1)}$을 미분하면,

$$Y^{(n)} = \left(u_1 y_1^{(n)} + \cdots + u_n y_n^{(n)}\right) + \left(u_1' y_1^{(n-1)} + \cdots + u_n' y_n^{(n-1)}\right) \tag{9}$$

을 얻는다. 식 (3), (6), (8), (9)를 식 (1)의 도함수와 Y에 대입하여 미분방정식을 정리하면 함수 $y_1, \ldots, y_n$과 이들의 도함수들을 포함하는 항으로 각각 묶어서 정리할 수 있다. 그러면 $y_1, \ldots, y_n$이 각각 식 (1)의 해들이고, 따라서 $L[y_i] = 0$, $i = 1, 2, \ldots, n$이므로 대부분의 항은 소거되고, 남은 항들은 관계식

$$u_1' y_1^{(n-1)} + u_2' y_2^{(n-1)} + \cdots + u_n' y_n^{(n-1)} = g \tag{10}$$

을 만족한다. 식 (10), 식 (5), $n-2$개의 식 (7)은 $u_1', u_2', \ldots u_n'$에 대한 n개의 비제차 선형 대수 방정식을 이룬다:

$$\begin{aligned} y_1 u_1' + y_2 u_2' + \cdots + y_n u_n' &= 0, \\ y_1' u_1' + y_2' u_2' + \cdots + y_n' u_n' &= 0, \\ y_1'' u_1' + y_2'' u_2' + \cdots + y_n'' u_n' &= 0, \\ &\vdots \\ y_1^{(n-1)} u_1' + \cdots + y_n^{(n-1)} u_n' &= g. \end{aligned} \tag{11}$$

연립방정식 (11)은 미지함수 $u_1', \ldots u_n'$에 대한 연립 선형대수 방정식이다. 이 연립방정식을 풀고 결과 식을 적분하면, 계수 $u_1, \ldots, u_n$을 얻을 수 있다. 연립방정식 (11)의 해가 존재하기 위한 충분조건은 모든 t에 대해 계수의 행렬식이 영이 아니어야 한다는 것이다. 그런데 계수의 행렬식은 정확히 $W[y_1, y_2, \ldots, y_n]$이고, $y_1, \ldots, y_n$이 제차 미분방정식의 기본해 집합이라서 절대 영이 될 수 없으므로 $u_1', \ldots u_n'$를 구할 수 있다. 이때, 크래머의[3] 법칙(Cramer's rule)을 사용하면 연립방정식 (11)에 대한 해를

$$u_m'(t) = \frac{g(t) W_m(t)}{W(t)}, \quad m = 1, 2, \ldots, n \tag{12}$$

형태로 쓸 수 있다. 여기서 $W(t) = W[y_1, y_2, \ldots, y_n]$이고, W_m이 W의 m번째 열을 열 $(0, 0, \ldots, 0, 1)^T$로 치환하여 얻은 행렬식이다. 이 기호를 사용하면, 식 (1)의 특수해는 임의의 t_0에 대해

[3] Cramer's rule은 제네바 칼빈 대학 교수인 스위스 수학자 Gabriel Cramer (1704~1752)가 만들었다. 그는 이를 1750년에 일반적인 형태로 증명 없이 발표하였다. 크기가 작은 연립방정식의 경우에 대해서는 이보다 먼저 알려졌다.

$$Y(t) = \sum_{m=1}^{n} y_m(t) \int_{t_0}^{t} \frac{g(s) W_m(s)}{W(s)} ds \tag{13}$$

로 주어진다.

예제 4.4.1

$y_1(t) = 1, y_2(t) = e^t, y_3(t) = e^{-t}$이

$$y''' - y' = g(t) \tag{14}$$

에 대응되는 제차 미분방정식의 해라고 할 때, 적분식으로 식 (14)의 특수해를 구하라.

풀이

먼저,

$$W(t) = W\left[1, e^t, e^{-t}\right](t) = \begin{vmatrix} 1 & e^t & e^{-t} \\ 0 & e^t & -e^{-t} \\ 0 & e^t & e^{-t} \end{vmatrix}$$

을 얻는다. 2열로부터 인수 e^t과 3열로부터 인수 e^{-t}에 의해 분해하면

$$W(t) = \begin{vmatrix} 1 & 1 & 1 \\ 0 & 1 & -1 \\ 0 & 1 & 1 \end{vmatrix}$$

이 된다. 마지막으로 1열을 기준으로 행렬식을 계산하면,

$$W(t) = 2$$

이다. 다음은

$$W_1(t) = \begin{vmatrix} 0 & e^t & e^{-t} \\ 0 & e^t & -e^{-t} \\ 1 & e^t & e^{-t} \end{vmatrix}$$

이고 1열을 기준으로 행렬식을 계산하면

$$W_1(t) = -2$$

이다. 비슷한 방법으로

$$W_2(t) = \begin{vmatrix} 1 & 0 & e^{-t} \\ 0 & 0 & -e^{-t} \\ 0 & 1 & e^{-t} \end{vmatrix} = e^{-t}$$

와

$$W_3(t) = \begin{vmatrix} 1 & e^t & 0 \\ 0 & e^t & 0 \\ 0 & e^t & 1 \end{vmatrix} = e^t$$

이 된다. 이것들을 식 (13)에 대입하면,

$$Y(t) = 1\int_{t_0}^{t} \frac{g(s)(-2)}{2} ds + e^t \int_{t_0}^{t} \frac{g(s)(e^{-s})}{2} ds + e^{-t} \int_{t_0}^{t} \frac{g(s)(e^{s})}{2} ds$$

$$= \frac{1}{2}\int_{t_0}^{t} \left(-2 + e^{t-s} + e^{s-t}\right) g(s)\, ds \tag{15}$$

를 얻을 수 있다. 특정한 함수 $g(t)$에 따라서 식 (15)의 적분을 기초함수들로 계산할 수도 있고 못할 수도 있다.

과정은 분명하나, n이 커질수록 식 (13)으로부터 $Y(t)$를 구하는 대수 계산은 점점 복잡해진다. 어떤 경우에는 아벨의 공식(4.1절의 연습문제 **15d**)을 사용하여 계산을

$$W(t) = W[y_1, \dots, y_n](t) = c\exp\left(-\int p_1(t)\, dt\right)$$

로 단순하게 만들 수 있다. 이때, 상수 c는 적당한 점에서의 W를 계산하여 얻을 수 있다.

연습 문제

▶ 문제 1부터 4까지, 매개변수 변형법을 사용하여 주어진 미분방정식의 일반해를 결정하라.

1. $y''' + y' = \sec(t)$

2. $y''' - 6y'' + 11y' - 6y = e^{2t}$

3. $y''' - 2y'' - y' + 2y = e^{5t}$

4. $y''' - y'' + y' - y = 2e^{-t}\sin t$

▶ 문제 **5**와 **6**에서, 주어진 미분방정식의 일반해를 구하라. 한 개 이상의 적분식을 사용하라.

5. $y''' - y'' + y' - y = \sec(t), \quad -\frac{\pi}{2} < t < \frac{\pi}{2}$

6. $y''' - y' = \tan(t), \quad -\frac{\pi}{2} < t < \frac{\pi}{2}$

▶ 문제 **7**과 **8**에서, 주어진 초깃값 문제의 해를 구하고 해의 그래프를 그려라.

7. **G** $y''' + y' = \sec t;\ y(0) = 2,\ y'(0) = 1,\ y''(0) = -2$

8. **G** $y''' - y' = \tan(t);\quad y\left(\frac{\pi}{4}\right) = 2,\ y'\left(\frac{\pi}{4}\right) = 1,\ y''\left(\frac{\pi}{4}\right) = -1$

9. 미분방정식

$$x^3y''' + x^2y'' - 2xy' + 2y = 2x^4, \quad x > 0$$

에 대응하는 제차 미분방정식의 해가 $x, x^2, 1/x$ 일 때, 특수해를 구하라.

10. 미분방정식

$$y''' - y'' + y' - y = g(t)$$

의 특수해를 적분을 포함하는 식으로 구하라.

11. 미분방정식

$$y^{(4)} - y = g(t)$$

의 특수해를 적분을 포함하는 식으로 구하라.

힌트: 함수 $\sin(t), \cos(t), \sinh(t), \cosh(t)$가 제차 미분방정식의 기본해 집합을 이룬다.

12. 미분방정식

$$x^3y''' - 3x^2y'' + 6xy' - 6y = g(x), \quad x > 0$$

의 특수해를 적분을 포함하는 식으로 구하라.
힌트: x, x^2, x^3이 제차 미분방정식의 해들임을 보여라.

개념 문제

C4.1. "론스키안 검정"은 n개의 함수 집합이 일차독립인지 판단하는 유효한 방법인가? 설명하라.

C4.2. 고유방정식에 대한 복소수 해가 홀수인 선형 미분방정식이 있는가? 설명하라.

C4.3. 상수계수를 갖는 최하계 선형 미분방정식 중 $r = i$가 3중근이 되는 고유방정식은 무엇인가?

C4.4. 표 3.5.1은 상수계수를 갖는 2계 선형 미분방정식에 대한 미정계수법을 잘 요약한 것이다. 4장에는 상수계수를 갖는 n계 선형 미분방정식에 대한 미정계수법에 대한 유사한 요약이 없다. 고계 미분방정식에 대한 표는 표 3.5.1과 어떻게 다른가?

C4.5. 비제차 미분방정식의 특수해를 찾기 시작하기 전에 해당 제차 미분방정식의 기본해 집합를 찾는 것이 중요한 이유는 무엇인가?

C4.6. 미분방정식이 표준 형태라는 것은 무엇을 의미하는가?

C4.7. 매개변수 변형법을 적용하기 전에 미분방정식이 표준 형태여야 하는 이유는 무엇인가? 미정계수법에서는 왜 이것이 문제가 되지 않는가?

개념 문제 답

C4.1. 아니다. 론스키안 검정은 함수가 n계 선형 미분방정식의 해인 경우에만 일차독립을 확인하는 데 유효하다.

C4.2. 고유방정식의 복소수 해는 항상 $r_1 = \alpha + i\beta$ 및 $r_2 = \overline{r_1} = \alpha - i\beta$와 같은 켤레 복소수로 나타난다. 이 근 중 하나가 두 번 이상 반복되면 다른 근도 같은 횟수만큼 반복된다. (본문에서 언급했듯이 복소수 중근은 미분방정식이 4계 이상일 때만 가능하다.)

C4.3. $r = i$가 3중근이라면, $r = -i$도 3중근이다:

$$(r-i)^3(r+i)^3 = ((r-i)(r+i))^3 = (r^2+1)^3$$
$$= r^6 + 3r^4 + 3r^2 + 1$$

다음은 6계 미분방정식에 대한 고유방정식이다.

$$y^{(6)} + 3y^{(4)} + 3y'' + y = 0$$

C4.4. 표의 세 행은 전혀 변경되지 않는다. 상수계수를 갖는 임의의 제차 선형 미분방정식에 적용되도록 머리글을 업데이트해야 하며, "비고(note)" 섹션을 만들어서 s가 미분방정식의 계수(order)를 포함하여 0에서 모든 정수가 될 수 있음을 표시하도록 업데이트해야 한다.

C4.5. 오른쪽을 기준으로 특수해의 형태를 선택하고 어떤 항이 해당 제차 미분방정식의 해이기도 한지 확인하지 않으면 추측에 해당 동종 해의 항이 없는지 확인하기 위해 t의 적절한 거듭제곱을 곱해야 할 때를 알 수 없다.

C4.6. n계 선형 미분방정식은 최상계 항 $y^{(n)}$의 계수가 1일 때 표준 형태이다.

C4.7. 표준 형태는 미분방정식을 효과적으로 정규화한다. 미분방정식의 최고계 항이 $ay^{(n)}$이고 $a \neq 0$, $a \neq 1$이며 전체 매개변수 변형 과정을 따르는 경우 마지막 방정식은 다음과 같다.

$$ay_1^{(n-1)}u'_1 + ay_2^{(n-1)}u'_2 + \ldots + ay_n^{(n-1)}u'_n = g(t)$$

따라서 $u'_1, \ldots, u'_n$에 대한 선형 시스템의 계수 행렬의 행렬식이 론스키안인 행렬이 되려면 최종 미분방정식(행)을 a로 나눠야 한다. 미분방정식을 선형 시스템에서 최종 미분방정식을 나누는 것을 기억하는 것보다 표준 형태로 넣는 것이 더 쉽다. 결과는 동일하다.

참고 문헌

다음 세 가지 고전 도서는 이 장에서 소개된 정리들의 증명 등을 포함한다.

Coddington, E. A., *An Introduction to Ordinary Differential Equations* (Englewood Cliffs, NJ: Prentice-Hall, 1961; New York: Dover, 1989).

Coddington, E. A. and Carlson, R., *Linear Ordinary Differential Equations* (Philadelphia, PA: Society for Industrial and Applied Mathematics, 1997).

Ince, E.L., Ordinary Differential Equations (London: Longmans, Green, 1927; New York: Dover, 1956).

제 5 장

1계 및 2계 선형 미분방정식의 급수해

Series Solutions of First-Order and Second-Order Linear Equations

선형 미분방정식의 일반해를 찾는 것은 제차 미분방정식의 기본해 집합을 찾는 것에 달려 있다. 지금까지 상수계수를 갖는 미분방정식의 기본해를 구하는 과정을 체계화하였다. 상수가 아닌 계수를 갖는 미분방정식을 다루기 위해서는 미적분학에서의 기초함수들이 아닌 해를 찾아야 한다. 이때 필요한 주요 수단은 주어진 함수를 멱급수 형태로 표현하는 것이다. 기본 개념은 미정계수법과 유사하다: 주어진 미분방정식의 해가 멱급수 전개된다고 가정하고 이 미분방정식을 만족하는 계수들을 찾는 것이다.

5.1 멱급수

이 장에서 독립변수의 함수를 계수로 갖는 2계 선형 미분방정식의 기본해 집합을 구할 때 멱급수를 사용하는 방법을 살펴보자. 먼저 멱급수에 대해 필요한 내용을 간단히 정리하겠다. 이미 멱급수에 대해 잘 알고 있다면 이 절을 넘어가도 좋다. 여기서 언급한 것보다 더 자세한 내용이 필요하다면 미적분학에 관한 책을 참고하자.

1. 만약 한 점 x에 대해

$$\lim_{m\to\infty}\sum_{n=0}^{m} a_n (x-x_0)^n$$

이 존재한다면, 멱급수 $\sum_{n=0}^{\infty} a_n (x-x_0)^n$은 *그 점 x에서 수렴*(converge at a point x)한다고 한다. 이 급수는 $x = x_0$에 대해 확실히 수렴한다; 급수는 모든 x에 대해 수렴하거나 x의 몇몇 값들에 대해서는 수렴하고 그 외 값에서는 수렴하지 않을 수 있다.

2. 급수

$$\sum_{n=0}^{\infty} |a_n (x-x_0)^n| = \sum_{n=0}^{\infty} |a_n||x-x_0|^n$$

이 수렴하면, 급수 $\sum_{n=0}^{\infty} a_n (x-x_0)^n$은 *점 x에서 절대 수렴*(converge absolutely at a point x)한다고 한다. 급수가 절대 수렴하면, 그 급수는 수렴한다는 사실을 증명할 수 있다. 그러나 역이 성립하지는 않는다.

3. 멱급수의 절대 수렴성을 확인하기 위한 가장 유용한 판정법은 비판정법(ratio test)이다. $a_n \neq 0$이고 고정된 x의 값에 대해서

$$\lim_{n\to\infty}\left|\frac{a_{n+1}(x-x_0)^{n+1}}{a_n(x-x_0)^n}\right| = |x-x_0|\lim_{n\to\infty}\left|\frac{a_{n+1}}{a_n}\right| = |x-x_0|L$$

이라면, $|x-x_0|L<1$일 때, 멱급수는 x값에서 절대 수렴하고, $|x-x_0|L>1$일 때 발산한다. $|x-x_0|L=1$이라면 이 판정법으로 수렴, 발산 여부를 알 수 없다.

예제 5.1.1 멱급수

$$\sum_{n=1}^{\infty}(-1)^{n+1}n(x-2)^n = (x-2)-2(x-2)^2+3(x-2)^3-\cdots$$

이 수렴하는 x의 값은 무엇인가?

풀이

절대 수렴성을 판정하기 위해서, 비판정법을 사용하자. 그러면

$$\lim_{n\to\infty}\left|\frac{(-1)^{n+2}(n+1)(x-2)^{n+1}}{(-1)^{n+1}n(x-2)^n}\right| = |x-2|\lim_{n\to\infty}\frac{n+1}{n} = |x-2|$$

가 된다. 명제 3에 의해서, 급수는 $|x-2|<1$, 즉 $1<x<3$에 대해서 절대 수렴하고, $|x-2|>1$에 대해서 발산한다. $|x-2|=1$에 해당하는 x값은 $x=1$과 $x=3$이다. $n\to\infty$일 때, 급수의 n번째 항이 영으로 수렴하지 않으므로 급수는 이 값들에서 발산한다. 따라서 이 멱급수는 $1<x<3$에서 (절대) 수렴하고 $x\le 1$과 $x\ge 3$에서 발산한다.

4. 멱급수 $\sum_{n=0}^{\infty}a_n(x-x_0)^n$이 $x=x_1$에서 수렴한다면, $|x-x_0|<|x_1-x_0|$에 대해서 절대 수렴하고; $x=x_1$에서 발산한다면 $|x-x_0|>|x_1-x_0|$에 대해서 발산한다.

5. 예제 5.1.1에서와 같은 전형적인 멱급수에 대해서, $\sum_{n=0}^{\infty}a_n(x-x_0)^n$이 $|x-x_0|<\rho$에 대해 절대 수렴하고 $|x-x_0|>\rho$에 대해서는 발산하는 **수렴 반경**(radius of convergence) ρ가 존재한다. **그림 5.1.1**에서 빗금친 부분으로 표시되는 구간 $|x-x_0|<\rho$을 **수렴 구간**(interval of convergence)이라고 부른다. $|x-x_0|=\rho$일 때는 수렴할 수도 있고, 발산할 수도 있다.

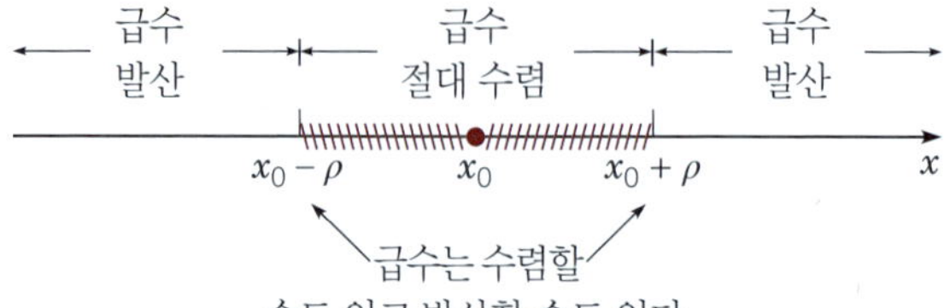

그림 5.1.1 멱급수의 수렴 구간

많은 중요한 멱급수는 모든 x에 대해서 수렴한다. 이런 경우에 ρ는 무한대이고 수렴 구간은 모든 실수이다. x_0에서만 수렴하는 급수도 있는데, 이 경우에는 $\rho = 0$이고 수렴 구간은 없다. 이러한 예외적인 상황을 모두 고려할 때, 모든 멱급수는 음이 아닌 수렴 반경 ρ를 갖고, $\rho > 0$이면 x_0를 중심으로 하는 (유한한 또는 무한한) 수렴 구간이 존재한다.

예제 5.1.2

멱급수

$$\sum_{n=1}^{\infty} \frac{(x+2)^n}{n3^n}$$

의 수렴 반경을 구하라.

풀이

비판정법을 사용하면

$$\lim_{n\to\infty} \left| \frac{(x+2)^{n+1}}{(n+1)\,3^{n+1}} \frac{n3^n}{(x+2)^n} \right| = \frac{|x+2|}{3} \lim_{n\to\infty} \frac{n}{n+1} = \frac{|x+2|}{3}$$

이므로 $|x+2| < 3$, 즉 $-5 < x < 1$에 대해서 이 급수는 수렴하고, $|x+2| > 3$에 대해서는 발산한다. 따라서 이 멱급수의 수렴 반경은 $\rho = 3$이다. 마지막으로 수렴 구간의 양 끝 점을 확인해 보자. $x = 1$에서는 이 급수가 조화 급수

$$\sum_{n=1}^{\infty} \frac{1}{n}$$

이고, 발산한다. $x = -5$에서는

$$\sum_{n=1}^{\infty} \frac{(-5+2)^n}{n3^n} = \sum_{n=1}^{\infty} \frac{(-1)^n}{n}$$

이다. 이 급수는 교대 조화 급수로 알려져 있는데, 이는 수렴하지만 절대 수렴하지는 않는다. 이 경우 $x = -5$에서 조건부 수렴한다고 한다. 정리하자면 $-5 \le x < 1$에 대해서 이 멱급수는 수렴하고, 그 외에는 발산한다. $-5 < x < 1$에 대해서는 절대 수렴하고 수렴 반경 3을 갖는다.

$\sum_{n=0}^{\infty} a_n (x-x_0)^n$과 $\sum_{n=0}^{\infty} b_n (x-x_0)^n$이 $|x-x_0| < \rho$, $\rho > 0$에 대해서, 각각 $f(x)$와 $g(x)$로 수렴한다고 가정하자.

6. 두 급수를 항별로 더하거나 빼면,

$$f(x) \pm g(x) = \sum_{n=0}^{\infty} (a_n \pm b_n)(x-x_0)^n$$

이 되고 이 새로운 급수는 적어도 $|x-x_0| < \rho$에 대해서 수렴한다.

7. $c_n = a_0 b_n + a_1 b_{n-1} + \cdots + a_n b_0$일 때, 두 급수를 곱하면

$$f(x)g(x) = \left(\sum_{n=0}^{\infty} a_n (x-x_0)^n \right) \left(\sum_{n=0}^{\infty} b_n (x-x_0)^n \right) = \sum_{n=0}^{\infty} c_n (x-x_0)^n$$

이 되고 이 새로운 급수는 적어도 $|x - x_0| < \rho$에 대해서 수렴한다.

또한, $b_0 \neq 0$이면 $g(x_0) \neq 0$이고, $f(x)$에 대한 급수를 $g(x)$에 대한 급수로 나누면

$$\frac{f(x)}{g(x)} = \sum_{n=0}^{\infty} d_n (x - x_0)^n$$

이 된다. 대부분의 경우에 계수 d_n은 다음과 같은 동치식에서 계수들을 같다고 놓으면 구할 수 있다.

$$\begin{aligned}\sum_{n=0}^{\infty} a_n (x - x_0)^n &= \left(\sum_{n=0}^{\infty} d_n (x - x_0)^n\right)\left(\sum_{n=0}^{\infty} b_n (x - x_0)^n\right)\\ &= \sum_{n=0}^{\infty} \left(\sum_{k=0}^{n} d_k b_{n-k}\right)(x - x_0)^n\end{aligned}$$

나누는 경우, 새로운 멱급수의 수렴 반경은 ρ보다 작을 수 있다.

8. 함수 f는 $|x - x_0| < \rho$에 대해서 연속이고, 무한 번 미분 가능하다. 또한 $f', f'', \cdots$은 급수를 항별 미분함으로써 구할 수 있다; 즉,

$$\begin{aligned}f'(x) &= a_1 + 2a_2 (x - x_0) + \cdots + na_n(x - x_0)^{n-1} + \cdots\\ &= \sum_{n=1}^{\infty} na_n (x - x_0)^{n-1},\\ f''(x) &= 2a_2 + 6a_3 (x - x_0) + \cdots + n(n-1)a_n (x - x_0)^{n-2} + \cdots\\ &= \sum_{n=2}^{\infty} n(n-1) a_n (x - x_0)^{n-2}\end{aligned}$$

등이고, 각각의 급수는 $|x - x_0| < \rho$에 대해서 절대 수렴한다.

9. a_n의 값은

$$a_n = \frac{f^{(n)}(x_0)}{n!}$$

로 주어진다. 이 급수를 $x = x_0$에 대한 함수 f의 테일러(Taylor1)[1] 급수라고 부른다.

10. x_0를 중심으로 하는 어떤 개구간의 모든 x값에서 $\sum_{n=0}^{\infty} a_n (x - x_0)^n = \sum_{n=0}^{\infty} b_n (x - x_0)^n$이라면, $n = 0, 1, 2, 3, \cdots$에 대해서 $a_n = b_n$이다. 특히, 이런 모든 x에 대해서 $\sum_{n=0}^{\infty} a_n (x - x_0)^n = 0$이라면 $a_0 = a_1 = \cdots = a_n = \cdots = 0$이다.

수렴 반경 $\rho > 0$인 $x = x_0$에 대한 테일러 급수 전개

$$f(x) = \sum_{n=0}^{\infty} \frac{f^{(n)}(x_0)}{n!}(x - x_0)^n$$

[1] Brook Taylor (1685~1731)는 캠브리지 대학에서 공부한 영국 수학자로서 1715년 출판한 저서 *Methodus incrementorum directa et inversa*에서 Taylor 정리의 일반적인 형태에 대하여 서술하였다. 이 내용은 해석학의 모든 분야에서 기본을 이루는 내용이지만 1772년 Lagrange에 의해 비로소 알려졌다. Taylor는 부분 적분을 처음으로 사용하였고 유한 차분학을 최초로 개발하였으며 미분방정식의 특이해(singular solutions)가 존재한다는 것을 처음으로 알아냈다.

을 갖는 함수 f를 $x = x_0$에서 **해석적**(analytic)이라고 한다. 미적분학에서 자주 등장하는 함수들은 쉽게 확인되는 몇몇 점을 제외하고는 해석적이다. 예를 들어, $\sin(x)$와 e^x은 모든 점에서 해석적이지만 $1/x$은 $x = 0$을 제외하고 해석적이며, $\tan(x)$는 $\pi/2$의 홀수 배인 점을 제외하고 해석적이다. 명제 6, 7에 의해 f와 g가 $x = x_0$에서 해석적이면 ($g(x_0) \neq 0$일 때) $f \pm g, f \cdot g, f/g$도 $x = x_0$에서 해석적이다. 많은 경우 급수는 복수평면에서 사용되기 때문에 이 장에서 사용하는 방법과 결과들은 독립변수와 종속변수가 복소수 값을 갖는 미분방정식으로 바로 확장될 수 있다.

▶급수의 첨자 변환(Shift of Index of Summation). 정적분에서 적분변수가 임시 변수이듯이 무한급수의 첨자도 임시 매개변수이다. 따라서 급수의 첨자를 쓰는 문자는 중요하지 않다. 예를 들어,

$$\sum_{n=0}^{\infty} \frac{2^n x^n}{n!} = \sum_{j=0}^{\infty} \frac{2^j x^j}{j!}$$

이다.

정적분에서 적분변수를 변환시키듯이, 미분방정식의 급수해를 계산할 때 쉽게 첨자를 변환시킬 수 있다. 첨자를 변환시키는 방법을 몇 가지 예를 통하여 설명하겠다.

예제 5.1.3

$\sum_{n=2}^{\infty} a_n x^n$을 $n = 2$ 대신에 $n = 0$을 첫 번째 항으로 하는 급수로 바꿔라.

풀이

$m = n - 2$라고 하자. 그러면 $n = m + 2$이고 $n = 2$는 $m = 0$에 해당한다. 그러므로

$$\sum_{n=2}^{\infty} a_n x^n = \sum_{m=0}^{\infty} a_{m+2} x^{m+2} \tag{1}$$

이 된다. 이 급수들의 처음 몇 개의 항을 직접 쓰면 이 급수들이 정확히 같은 항들을 포함한다는 것을 확인할 수 있다. 마지막으로 식 (1)의 우변의 급수에서 임시 첨자 m을 n으로 바꾸면

$$\sum_{n=2}^{\infty} a_n x^n = \sum_{n=0}^{\infty} a_{n+2} x^{n+2} \tag{2}$$

이 된다. 실제로 첨자를 2만큼 올려서 옮기고 이를 원래 급수보다 2단계 낮게 세기 시작하여 이를 보완하였다.

예제 5.1.4

급수

$$\sum_{n=2}^{\infty} (n+3)(n+1) a_n (x - x_0)^{n-2} \tag{3}$$

을 일반항에 $(x - x_0)^{n-2}$ 대신 $(x - x_0)^n$을 포함하도록 다시 써라.

풀이

첨자를 2만큼 옮겨 n을 $n+2$로 바꾸고 2만큼 낮춰서 세기 시작하면

$$\sum_{n=0}^{\infty}(n+5)(n+3)\,a_{n+2}(x-x_0)^n \tag{4}$$

을 얻는다. 이때, 급수 (3)과 (4)의 항들이 모두 같다는 것을 쉽게 증명할 수 있다.

예제 5.1.5

$$x^3\sum_{n=0}^{\infty}(r+n)\,a_n x^{r+n-1} \tag{5}$$

을 일반항에 x^{r+n}을 포함하는 급수로 다시 써라.

풀이

우선 x^3을 급수 안에 넣으면

$$\sum_{n=0}^{\infty}(r+n)\,a_n x^{r+n+2} \tag{6}$$

이 된다. 이때 첨자를 2만큼 낮추고 2만큼 올려서 세기 시작하면

$$\sum_{n=0}^{\infty}(r+n)\,a_n x^{r+n+2}=\sum_{n=2}^{\infty}(r+n-2)\,a_{n-2}x^{r+n} \tag{7}$$

이 된다. 식 (7)의 두 급수가 동일하고 식 (5)와도 같다는 것을 쉽게 증명할 수 있다.

예제 5.1.6

모든 x에 대해

$$\sum_{n=1}^{\infty}na_n x^{n-1}=\sum_{n=0}^{\infty}a_n x^n \tag{8}$$

이라 가정하고, 이것이 계수 a_n에 대해 무엇을 의미하는지 결정하라.

풀이

명제 10을 이용하여 두 급수의 대응하는 계수들이 같음을 보이자. 이를 위해서 식 (8)의 급수들을 다시 써서 일반항에 x의 같은 거듭제곱이 나타나도록 하자. 예를 들어 식 (8)의 좌변의 급수에서 n을 $n+1$로 바꾸고 1만큼 낮춰서 세기 시작하면 식 (8)은

$$\sum_{n=0}^{\infty}(n+1)\,a_{n+1}x^n=\sum_{n=0}^{\infty}a_n x^n \tag{9}$$

이 된다. 명제 10에 의하면

$$(n+1)\,a_{n+1}=a_n,\quad n=0,1,2,3,\ldots$$

또는

$$a_{n+1}=\frac{a_n}{n+1},\quad n=0,1,2,3,\ldots. \tag{10}$$

이 된다. 그러므로 식 (10)에서 연속된 n값을 선택하면,

$$a_1 = a_0, \quad a_2 = \frac{a_1}{2} = \frac{a_0}{2}, \quad a_3 = \frac{a_2}{3} = \frac{a_0}{3!}$$

등을 얻는다. 일반적으로

$$a_n = \frac{a_0}{n!}, \quad n = 1, 2, 3, \ldots \tag{11}$$

이다. 따라서 식 (8)은 모든 계수들을 a_0에 대해 결정할 수 있다. 마지막으로 식 (11)에서 주어진 계수를 사용하면,

$$\sum_{n=0}^{\infty} a_n x^n = \sum_{n=0}^{\infty} \frac{a_0}{n!} x^n = a_0 \sum_{n=0}^{\infty} \frac{x^n}{n!} = a_0 e^x$$

을 얻는다. 이때, 보통 $0! = 1$로 정의하고 모든 x에 대해 $e^x = \sum_{n=0}^{\infty} \frac{x^n}{n!}$이다.

연습 문제

▶ 문제 **1**부터 **6**까지 주어진 멱급수의 수렴 반경을 구하라.

1. $\sum_{n=0}^{\infty} (x-2)^n$

2. $\sum_{n=0}^{\infty} \frac{n}{3^n} x^n$

3. $\sum_{n=0}^{\infty} \frac{x^{4n}}{n!}$

4. $\sum_{n=1}^{\infty} \frac{2^n}{n} (4x-8)^n$

5. $\sum_{n=1}^{\infty} \frac{(x-x_0)^n}{\sqrt{n}}$

6. $\sum_{n=0}^{\infty} \frac{(-1)^n n^2 (x+3)^n}{5^n}$

▶ 문제 **7**부터 **13**까지, 주어진 함수의 점 x_0에 대한 테일러 급수와 이 급수의 수렴 반경을 구하라.

7. $\sin 3x, \quad x_0 = 0$

8. $e^{2x}, \quad x_0 = 0$

9. $x, \quad x_0 = 1$

10. $x^2, \quad x_0 = -2$

11. $\ln(x), \quad x_0 = 1$

12. $\frac{1}{1-x}, \quad x_0 = 0$

13. $\frac{1}{(1-x)^2}, \quad x_0 = 2$

14. $y = \sum_{n=0}^{\infty} n^2 x^n$이라 두자.

a. y'을 구하고 급수의 처음 네 항을 적어라.

b. y''을 구하고 급수의 처음 네 항을 적어라.

15. $y = \sum_{n=0}^{\infty} a_n x^n$이라 두자.

a. y'과 y''을 구하고 각 급수의 일반항에서 x^n의 계수와 처음 네 항을 적어라.

b. $y'' = y$이면 임의의 계수 a_0, a_1에 대해 a_2와 a_3를 a_0와 a_1에 대해 결정하라.

c. $a_{n+2} = \frac{a_n}{(n+2)(n+1)}, \quad n = 0, 1, 2, 3, \ldots$ 임을 보여라.

▶ 문제 **16**과 **17**에서 주어진 식을 증명하라.

16. $\sum_{n=0}^{\infty} a_n (x-1)^{n+1} = \sum_{n=1}^{\infty} a_{n-1} (x-1)^n$

17. $\sum_{k=0}^{\infty} a_{k+1} x^k + \sum_{k=0}^{\infty} a_k x^{k+1} = a_1 + \sum_{k=1}^{\infty} (a_{k+1} + a_{k-1}) x^k$

▶ 문제 **18**부터 **22**까지 주어진 식을 x^n을 포함하는 일반항을 갖는 하나의 멱급수로 표현하라.

18. $\sum_{n=2}^{\infty} n(n-2) a_n x^{n-2}$

19. $x^2 \sum_{n=1}^{\infty} n a_n x^{n-1} + \sum_{k=0}^{\infty} a_k x^k$

20. $\sum_{m=2}^{\infty} m(m-1) a_m x^{m-2} + x^3 \sum_{k=1}^{\infty} k a_k x^{k-1}$

21. $\sum_{n=1}^{\infty} n a_n x^{n-1} + x^2 \sum_{n=0}^{\infty} a_n x^n$

22. $x \sum_{n=1}^{\infty} n a_n x^{n-1} + x^2 \sum_{n=0}^{\infty} a_n x^n$

23. $\sum_{n=1}^{\infty} n a_n x^{n-1} + 2 \sum_{n=0}^{\infty} a_n x^n = 0$

을 만족하는 a_n을 구하라. 급수 $\sum_{n=0}^{\infty} a_n x^n$으로 표현되는 함수를 찾아보자.

5.2 1계 미분방정식의 멱급수 해법

멱급수를 사용하여 1계 선형 미분방정식을 풀어보자. 먼저, 미분방정식

$$\frac{dy}{dx} = y \tag{1}$$

을 고려하면, 이 방정식의 해는 쉽게 구할 수 있으며, 이는 임의의 상수 c_1에 대해 $y = c_1 e^x$와 같이 표현된다. 하지만 우리는 멱급수를 이용하여 이 방정식의 해를 구할 것이다. 따라서, 해를 다음과 같은 형태로 가정한다.

$$y = a_0 + a_1 x + a_2 x^2 + a_3 x^3 + \cdots \tag{2}$$

이제, 식 (2)를 한 번 미분하면

$$\frac{dy}{dx} = a_1 + 2a_2 x + 3a_3 x^2 + \cdots \tag{3}$$

이고, 식 (2)와 (3)을 미분방정식 (1)에 대입하면

$$a_1 + 2a_2 x + 3a_3 x^2 + \cdots = a_0 + a_1 x + a_2 x^2 + a_3 x^3 + \cdots \tag{4}$$

이다. 양변에서 x의 차수가 같은 항의 계수를 비교하면 다음 관계식을 얻는다.

$$a_1 = a_0, \quad 2a_2 = a_1, \quad 3a_3 = a_2 \tag{5}$$

이를 반복적으로 적용하여 각 계수를 a_0에 대한 식으로 표현하면

$$a_1 = a_0, \quad a_2 = \frac{a_0}{2}, \quad a_3 = \frac{a_0}{3 \cdot 2} \tag{6}$$

이다.

이를 일반화하면, 모든 n에 대해 다음 식이 성립한다.

$$a_n = \frac{a_0}{n!} \tag{7}$$

따라서, 원래 미분방정식의 급수해는 다음과 같이 나타낼 수 있다.

$$y = \sum_{i=0}^{\infty} \frac{a_0}{i!} x^i = a_0 \sum_{i=0}^{\infty} \frac{1}{i!} x^i = a_0 \cdot e^x \tag{8}$$

결과적으로, 우리는 멱급수를 이용하여 미분방정식 (1)의 일반해를 구하였다.

이제 다음 예제들을 통해 미분방정식의 멱급수해를 사용하여 주어진 함수의 멱급수 전개를 구하는 방법을 살펴 볼 것이다.

예제 5.2.1

미분방정식

$$(x-3)y' + 2y = 0 \tag{9}$$

의 멱급수해를 찾아라.

풀이

먼저, 식 (9)의 해를

$$y = \sum_{i=0}^{\infty} a_i x^i \tag{10}$$

형태로 가정하고, 식 (10)을 미분하면 다음과 같다.

$$y' = \sum_{i=1}^{\infty} i a_i x^{i-1} \tag{11}$$

이를 식 (9)에 대입하면,

$$(x-3)\sum_{i=1}^{\infty} i a_i x^{i-1} + 2\sum_{i=0}^{\infty} a_i x^i = 0 \tag{12}$$

이며, 이를 정리하면 다음과 같다.

$$\sum_{i=1}^{\infty} i a_i x^i - 3\sum_{i=1}^{\infty} i a_i x^{i-1} + 2\sum_{i=0}^{\infty} a_i x^i = 0 \tag{13}$$

여기서 모든 급수의 첨자가 동일한 값에서 시작하지 않으며, x의 거듭제곱도 다르다는 것을 볼 수 있다. 이를 해결하기 위해, 먼저 중간 급수에서 급수의 첨자를 i에서 $i+1$로 변환하여 x의 거듭제곱을 동일하게 만든다.

$$\sum_{i=1}^{\infty} i a_i x^i - 3\sum_{i=0}^{\infty} (i+1) a_{i+1} x^i + 2\sum_{i=0}^{\infty} a_i x^i = 0 \tag{14}$$

이제 x의 거듭제곱은 같지만 급수의 첨자가 동일하지 않기 때문에,

$$2a_0 - 3a_1 + \sum_{i=1}^{\infty} i a_i x^i - 3\sum_{i=1}^{\infty} (i+1) a_{i+1} x^i + 2\sum_{i=1}^{\infty} a_i x^i = 0 \tag{15}$$

처럼 변환한다. 즉,

$$2a_0 - 3a_1 + \sum_{i=1}^{\infty} [(i+2) a_n - 3(i+1) a_{i+1}] x^i = 0 \tag{16}$$

이다. 이제 각 x의 거듭제곱에 대한 계수를 0으로 두면

$$a_1 = \frac{2}{3}a_0$$

이고,

$$a_{i+1} = \frac{2+i}{3(i+1)}a_i, \quad i = 1, 2, 3, \ldots$$

이다. 따라서 항들의 계수를 구하면 다음과 같다.

$$a_1 = \frac{2}{3}a_0,$$

$$a_2 = \frac{3}{3\cdot 2}a_1 = \frac{3}{3^2}a_0,$$

$$a_3 = \frac{4}{3^3}a_0,$$

$$\ldots$$

이제 일반항은

$$a_i = \frac{i+1}{3^i}a_0, \quad i = 1, 2, \ldots \tag{17}$$

으로 쓸 수 있으며,

$$y(x) = a_0 \sum_i^{\infty} \frac{i+1}{3^i}x^i \tag{18}$$

과 같은 해를 얻는다. 멱급수의 수렴 반경을 다음과 같이 계산해 보자.

$$r = \lim_{i\to\infty}\left|\frac{a_i}{a_{i+1}}\right| = \lim_{i\to\infty}\left|\frac{3i+1}{i+2}\right| = 3$$

예제 5.2.2 임의의 실수 상수 n에 대해, 함수

$$y = (1+x)^n \tag{19}$$

의 멱급수 전개를 유도하라.

풀이

이 함수는 초깃값 문제

$$\frac{dy}{dx} = n\cdot\frac{y}{1+x}, \quad y(0) = 1 \tag{20}$$

의 해이다. 이제 이 해를 다음과 같은 꼴로 가정하고,

$$y = a_0 + a_1x + a_2x^2 + a_3x^3 + \cdots = \sum_{i=0}^{\infty} a_i x^i \tag{21}$$

식 (21)을 x에 대해 미분하면,

$$\frac{dy}{dx} = a_1 + 2a_2x + 3a_3x^2 + \cdots = \sum_{i=1}^{\infty} i\cdot a_i x^{i-1} \tag{22}$$

이다. 따라서,

$$x\frac{dy}{dx} = a_1 x + 2a_2 x^2 + 3a_3 x^3 + \cdots = \sum_{i=1}^{\infty} i \cdot a_i x^i \tag{23}$$

이고, 즉

$$n \cdot y = na_0 + na_1 x + na_2 x^2 + na_3 x^3 + \cdots = \sum_{i=0}^{\infty} na_i x^i \tag{24}$$

이며,

$$\frac{dy}{dx} + x\frac{dy}{dx} = n \cdot y \tag{25}$$

으로 표현할 수 있다. 이제 식 (25)에 $\frac{dy}{dx}, x\frac{dy}{dx}, n \cdot y$의 값을 대입하면,

$$\sum_{i=1}^{\infty} i \cdot a_i x^{i-1} + \sum_{i=1}^{\infty} i \cdot a_i x^i = \sum_{i=0}^{\infty} na_i x^i \tag{26}$$

이다. 모든 급수의 첨자가 동일한 값에서 시작하지 않으며, x의 거듭제곱도 일치하지 않는다는 것을 알 수 있다. 이러한 문제를 해결해 보자. 먼저 첫 번째 급수에서 급수의 첨자를 i에서 $i+1$로 변경하여 세 개의 급수에서 x의 거듭제곱을 동일하게 만든다.

$$\sum_{i=0}^{\infty} (i+1) \cdot a_{i+1} x^i + \sum_{i=1}^{\infty} i \cdot a_i x^i = \sum_{i=0}^{\infty} na_i x^i$$

이제 x의 거듭제곱은 동일하지만, 급수의 첨자가 모두 같은 값에서 시작하지 않는다. 이를 다시 정리하면 다음과 같다.

$$\sum_{i=1}^{\infty} (i+1) \cdot a_{i+1} x^i + a_1 x^0 + \sum_{i=1}^{\infty} i \cdot a_i x^i = \sum_{i=1}^{\infty} na_i x^i + na_0 x^0,$$

$$\Rightarrow \sum_{i=1}^{\infty} (i+1) \cdot a_{i+1} x^i + \sum_{i=1}^{\infty} i \cdot a_i x^i - \sum_{i=1}^{\infty} na_i x^i = -a_1 x^0 + na_0 x^0$$

이제 좌변의 모든 급수는 동일한 형태를 가지므로,

$$\sum_{i=1}^{\infty} [(i+1) \cdot a_{i+1} + i \cdot a_i - na_i] x^i = -a_1 + na_0 \tag{27}$$

과 같이 정리할 수 있으며, x의 다른 거듭제곱 계수를 0으로 가정하면 다음과 같은 방정식을 구할 수 있다.

$$-a_1 + na_0 = 0,$$

$$(i+1) \cdot a_{i+1} + (i-n)\, a_i = 0$$

초기조건으로부터

$$a_0 = 1$$

이며, 첫 번째 방정식으로부터

$$a_1 = n$$

이다. 두 번째 방정식에서 $i = 1$을 대입하면 $2 \cdot a_2 = (n-1)\, a_1$이므로,

$$a_2 = \frac{(n-1)\cdot a_1}{2} = \frac{n\cdot(n-1)}{2}$$

이다. 계속해서 $i = 2$를 대입하면,

$$a_3 = \frac{(n-2)\cdot a_2}{3} = \frac{n\cdot(n-1)\cdot(n-2)}{3\cdot 2}$$

이고, 일반적인 형태로 정리하면

$$a_i = \frac{n\cdot(n-1)\cdot(n-2)\ldots(n-i+1)}{i!}$$

으로 표현할 수 있다. 이제 y의 멱급수 전개에 계수 값을 대입하면,

$$y = 1 + n\cdot x + \frac{n\cdot(n-1)}{2!}\cdot x^2 + \frac{n\cdot(n-1)\cdot(n-2)}{3!}\cdot x^3 + \cdots + \frac{n\cdot(n-1)\cdot(n-2)\ldots(n-i+1)}{i!}\cdot x^i + \cdots$$

이지만, 초깃값 문제의 해가 0에서 해석적이므로

$$y = (1+x)^n$$

다음과 같이 멱급수 전개[이항 급수(binomial series)]를 구할 수 있다.

$$(1+x)^n = 1 + n\cdot x + \frac{n\cdot(n-1)}{2!}\cdot x^2 + \frac{n\cdot(n-1)\cdot(n-2)}{3!}\cdot x^3 + \cdots + \frac{n\cdot(n-1)\cdot(n-2)\ldots(n-i+1)}{i!}\cdot x^i + \cdots \tag{28}$$

연습 문제

▶ 문제 **1**부터 **8**까지의 각 문제에서 주어진 일차 미분방정식의 멱급수해를 구하라.

1. $y' + 2xy = 0$

2. $y' - xy = 0$

3. $y' = x + y$

4. $y' - y = x^2$

5. $y' + y = 0$

6. $y' - y = b$

7. $y' - \left(\frac{1}{x}\right)y = x$

8. $y' - \left(\frac{1}{x}\right)y = x^2$

▶ 문제 **9**번부터 **14**번까지, 주어진 초깃값 문제를 풀어라.

9. $x^2y' = y, \quad y(1) = 1$

10. $y' = x + y \quad y(0) = 1$

11. $y' = x^2 + y - 3$ with $y(0) = 3$

12. $(1 + y + x)y' = 1$ with $y(0) = 1$

13. $y' + \left(\frac{1}{x}\right)y = x^2, \quad y(1) = 1$

14. $y' - k\cdot y = 0, \quad y(0) = 1$

15. 미분방정식

$$y' = x - y, \quad y(0) = 0$$

에 대해

a. 멱급수 방법을 사용하여 주어진 미분방정식을 풀어라.

b. 주어진 미분방정식을 직접 풀어라.

c. 따라서 이 방정식의 해에 존재하는 함수의 급수를 구하라.

5.3 정상점 근방의 급수해 I

3장에서 상수계수를 갖는 2계 선형 미분방정식의 해를 구하는 방법을 소개하였다. 이제 독립변수의 함수를 계수로 갖는 2계 선형 미분방정식을 푸는 방법을 살펴보자. 이 장에서는 x를 독립변수로 놓고, 제차 미분방정식

$$P(x)\frac{d^2y}{dx^2}+Q(x)\frac{dy}{dx}+R(x)y=0 \tag{1}$$

을 고려하겠다. 이에 대응되는 비제차 미분방정식에 대해서도 거의 같은 방법으로 급수해를 구할 수 있다.

많은 수리 물리 문제가 다항 계수를 갖는 형태 (1)의 식을 유도한다. 예제로는 상수 ν에 대한 베셀(Bessel) 방정식

$$x^2y''+xy'+\left(x^2-\nu^2\right)y=0$$

과 상수 α에 대한 르장드르(Legendre) 방정식

$$\left(1-x^2\right)y''-2xy'+\alpha(\alpha+1)y=0$$

등이 있다. 이러한 이유와 더불어 대수 계산을 단순화하기 위해, 함수 P, Q, R이 다항 함수인 경우를 주로 다루겠다. 그러나 앞으로 보일 해법은 P, Q, R이 일반적인 해석 함수(analytic function)일 때도 적용 가능하다.

P, Q, R이 다항 함수이고 모두 $(x-c)$를 공통인수로 갖지 않는다고 가정하자. 공통인수로 $(x-c)$를 갖는다면 이것으로 나눠 버린다. 또한 점 x_0 근방에서 식 (1)을 푼다고 가정하자. x_0를 포함하는 구간에서 식 (1)의 해는 그 구간에서의 P의 모양과 밀접한 관련이 있다.

$P(x_0)\neq 0$인 점 x_0를 **정상점**(ordinary point)이라 부른다. P가 연속 함수이므로 $P(x)$가 어디서도 영이 되지 않는 x_0를 포함하는 구간이 존재하고 이 구간을 I라 하자. 이 구간 I에서 식 (1)을 $P(x)$로 나누면, 연속함수 $p(x)=Q(x)/P(x)$과 $q(x)=R(x)/P(x)$에 대해,

$$y''+p(x)y'+q(x)y=0 \tag{2}$$

을 얻는다. 따라서 정리 3.2.1의 유일성과 존재성에 의해 이 구간에서 임의의 y_0, y_0' 값에 대한 초기조건 $y(x_0)=y_0, y'(x_0)=y_0'$를 만족하는 식 (1)의 유일해가 존재한다. 이 절과 다음 절에서 정상점 근방에서의 식 (1)의 해에 대해 살펴보자.

한편, $P(x_0)=0$이면 x_0를 식 (1)의 **특이점**(singular point)이라고 부른다. 이 경우 $(x-x_0)$는 P, Q, R의 인수가 아니므로, $Q(x_0)$와 $R(x_0)$ 둘 중 최소한 하나는 영이 아니다. 결과적으로 식 (2)에서 적어도 계수 p와 q 둘 중 하나는 $x\to x_0$일 때 유한하지 않으므로 정리 3.2.1을 적용할 수 없다. 5.5절부터 5.8절까지는 특이점 근방에서 식 (1)의 해에 대해 살펴본다.

이제 정상점 x_0 근방에서 식 (1)을 풀어보자. 어떤 $\rho>0$에 대한 구간 $|x-x_0|<\rho$에서 수렴하는 급수에 대해

$$y=a_0+a_1(x-x_0)+\cdots+a_n(x-x_0)^n+\cdots=\sum_{n=0}^{\infty}a_n(x-x_0)^n \tag{3}$$

인 형태의 해를 구하자.

처음에는 멱급수 형태의 해를 찾는 것이 좋아보이지 않을 수 있으나 실제로 멱급수 형태의 해는 편리하고 유용하다. 멱급수는 수렴 구간 안에서 다항 함수와 매우 유사한 성질을 가지며 해석적으로나 수치적으로 다루기가 편하다. 실제로 지수함수 혹은 삼각함수와 같은 기초함수들로 해를 구할 수 있더라도, 이 해를 수치적으로 계산하거나 그래프를 그리고자 할 때 멱급수나 동치식이 필요하다.

계수 a_n을 구하는 가장 실용적인 방법은 급수 (3)과 이것의 도함수 y, y', y''들을 식 (1)에 대입하는 것이다. 다음 예제들이 이런 과정을 나타낸다. 이 과정 중에 포함되는 미분과 같은 연산들은 수렴 구간 안에 있는 한 모두 가능하다. 이 예제에서의 미분방정식들은 그 자체로도 매우 중요한 의미를 갖는다.

예제 5.3.1

미분방정식

$$y'' + y = 0, \quad -\infty < x < \infty \tag{4}$$

의 급수해를 구하라.

풀이

이미 알고 있듯이, $\sin(x)$와 $\cos(x)$는 이 미분방정식 기본해 집합을 이루기 때문에 이 식을 풀기 위해 급수법이 꼭 필요한 것은 아니다. 그렇지만 이 예제는 상대적으로 단순한 경우로 급수법을 사용하는 방법을 보여준다. 식 (4)에 대해 $P(x) = 1$, $Q(x) = 0$, $R(x) = 1$이라 하자; 그러면 모든 점이 정상점이다.

$x_0 = 0$에 대한 급수

$$y = a_0 + a_1x + a_2x^2 + a_3x^3 + \cdots + a_nx^n + \cdots = \sum_{n=0}^{\infty} a_nx^n \tag{5}$$

형태인 해를 찾고자 하고, 이 급수가 어떤 구간 $|x| < \rho$에서 수렴한다고 가정하자. 식 (5)를 항별 미분하면

$$y' = a_1 + 2a_2x + 3a_3x^2 + \cdots + na_nx^{n-1} + \cdots = \sum_{n=1}^{\infty} na_nx^{n-1} \tag{6}$$

과

$$y'' = 2a_2 + 3\cdot 2a_3x + \cdots + n(n-1)a_nx^{n-2} + \cdots = \sum_{n=2}^{\infty} n(n-1)a_nx^{n-2} \tag{7}$$

을 얻는다. 식 (4)에서 y와 y''을 식 (5)와 식 (7)로 치환하면

$$\sum_{n=2}^{\infty} n(n-1)a_nx^{n-2} + \sum_{n=0}^{\infty} a_nx^n = 0$$

을 얻는다. 두 급수를 합치기 위해서도 적어도 한 급수를 다시 써서 두 급수가 같은 일반항을 갖도록 해야 한다. 따라서 첫 번째 합에서 n을 $n + 2$로 바꾸고 합을 2 대신 0부터 시작하도록 첨자를 옮긴다. 그러면

$$\sum_{n=0}^{\infty} (n+2)(n+1)a_{n+2}x^n + \sum_{n=0}^{\infty} a_nx^n = 0$$

즉,

$$\sum_{n=0}^{\infty} ((n+2)(n+1)a_{n+2} + a_n)x^n = 0$$

을 얻는다. 모든 x에 대해서 이 식을 만족하기 위해서는 x에 대한 모든 거듭제곱항의 계수가 0이 되어야 한다; 그러므로

$$(n+2)(n+1)a_{n+2} + a_n = 0, \quad n = 0, 1, 2, 3, \ldots \tag{8}$$

으로 결론지을 수 있다.

이때, 식 (8)을 **점화식**(recurrence relation)이라고 부른다. 연속되는 계수들은 $n = 0$에 대한 점화식 다음에 $n = 1$에 대한 점화식을 쓰는 등 하나씩 계산할 수 있다. 이 예제에서 각 계수들은 두 번째 전의 계수와 관계식 (8)을 이룬다. 그러므로 짝수 번째 계수($a_0, a_2, a_4, \cdots$)들과 홀수 번째 계수($a_1, a_3, a_5, \cdots$)가 따로 결정된다. 짝수 번째 계수들에 대해서는

$$a_2 = -\frac{a_0}{2 \cdot 1} = -\frac{a_0}{2!}, \quad a_4 = -\frac{a_2}{4 \cdot 3} = +\frac{a_0}{4!}, \quad a_6 = -\frac{a_4}{6 \cdot 5} = -\frac{a_0}{6!}, \ldots$$

을 얻는다. 이 결과는 일반적으로 $n = 2k$에 대해

$$a_n = a_{2k} = \frac{(-1)^k}{(2k)}a_0, \quad k = 1, 2, 3, \ldots \tag{9}$$

이다. 식 (9)는 수학적 귀납법으로 증명할 수 있다. 먼저 $k = 1$에 대해 식 (9)가 참임을 확인하자. 그 다음 임의의 k에 대해 성립한다고 가정하고 $k + 1$의 경우를 고려하자. 그러면

$$a_{2k+2} = -\frac{a_{2k}}{(2k+2)(2k+1)} = -\frac{(-1)^k}{(2k+2)(2k+1)(2k)!}a_0 = \frac{(-1)^{k+1}}{(2k+2)!}a_0$$

이므로 식 (9)는 $k + 1$에 대해서 참이고 결과적으로 모든 양의 정수 k에 대해 참이다.

유사한 방법으로 홀수 번째 계수들에 대해서도

$$a_3 = -\frac{a_1}{2 \cdot 3} = -\frac{a_1}{3!}, \quad a_5 = -\frac{a_3}{5 \cdot 4} = +\frac{a_1}{5!}, \quad a_7 = -\frac{a_5}{7 \cdot 6} = -\frac{a_1}{7!}, \ldots$$

을 얻으며, 일반적으로 $n = 2k + 1$이면,[2]

$$a_n = a_{2k+1} = \frac{(-1)^k}{(2k+1)!}a_1, \quad k = 1, 2, 3, \ldots \tag{10}$$

이 된다. 이 계수들을 식 (5)에 대입하면

$$\begin{aligned}
y &= a_0 + a_1 x - \frac{a_0}{2!}x^2 - \frac{a_1}{3!}x^3 + \frac{a_0}{4!}x^4 + \frac{a_1}{5!}x^5 \\
&\quad + \cdots + \frac{(-1)^n a_0}{(2n)!}x^{2n} + \frac{(-1)^n a_1}{(2n+1)!}x^{2n+1} + \cdots \\
&= a_0\left(1 - \frac{x^2}{2!} + \frac{x^4}{4!} + \cdots + \frac{(-1)^n}{(2n)!}x^{2n} + \cdots\right) \\
&\quad + a_1\left(x - \frac{x^3}{3!} + \frac{x^5}{5!} + \cdots + \frac{(-1)^n}{(2n+1)!}x^{2n+1} + \cdots\right) \\
&= a_0 \sum_{n=0}^{\infty} \frac{(-1)^n}{(2n)!}x^{2n} + a_1 \sum_{n=0}^{\infty} \frac{(-1)^n}{(2n+1)!}x^{2n+1}
\end{aligned} \tag{11}$$

이 된다.

식 (4)의 두 급수해는 다음과 같다:

---

[2] 식 (10)에 주어진 결과와 이 장에 있는 다른 유사한 공식들은 식 (9)에 대해 주어진 방법과 비슷한 귀납법으로 증명할 수 있다. 이후 이와 비슷한 결과들을 귀납법 증명 없이 받아들이겠다(연습문제 **16** 참고).

$$y_1(x) = \sum_{n=0}^{\infty} \frac{(-1)^n}{(2n)!} x^{2n} \quad \text{and} \quad y_2(x) = \sum_{n=0}^{\infty} \frac{(-1)^n}{(2n+1)!} x^{2n+1}$$

비판정법을 사용하여 $y_1(x)$와 $y_2(x)$에 대한 급수들이 모든 x에 대해 수렴함을 보일 수 있고, 이 해들을 얻은 과정을 거슬러 올라가면서 검증할 수 있다. 실제로 $y_1(x)$에 대한 급수는 정확히 $x = 0$에 대한 $\cos(x)$의 테일러 급수이며 $y_2(x)$에 대한 급수는 $\sin(x)$의 테일러 급수이다. 따라서 식 (11)로부터 $y = a_0 \cos(x) + a_1 \sin(x)$ 형태인 식 (4)의 해를 구할 수 있다.

이때, a_0와 a_1에 대한 아무런 조건이 없으므로 a_0와 a_1은 임의의 상수이다. 식 (5)와 (6)으로부터 $x = 0$에서 계산된 y와 y'의 값은 각각 a_0와 a_1이 된다. 초기조건 $y(0)$와 $y'(0)$를 임의로 선택할 수 있으므로 특정한 초기조건이 주어지지 않는 한 a_0와 a_1은 임의의 상수이다.

그림 5.3.1과 **5.3.2**는 식 (11)의 급수들의 부분합이 어떻게 $\cos(x)$와 $\sin(x)$를 근사하는지 보여주고 있다. 항의 개수가 증가함에 따라 만족할 만한 근사 구간이 길어지고, 이 구간 안의 각각의 x에 대해서 근사에 대한 정확도가 향상된다. 그러나 유한개의 항으로 자른 멱급수는 초깃점 $x = 0$의 근방에서의 해에 대한 작은 구간에서의 근사일 뿐임을 잊지 말자; 이 멱급수는 큰 $|x|$에 대해서는 해를 적절하게 나타낼 수 없다.

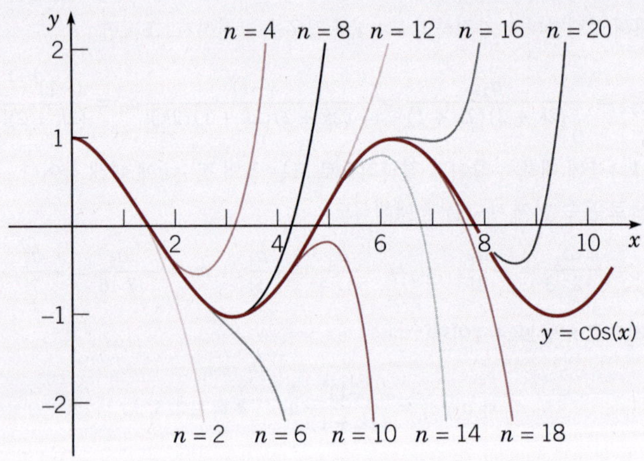

그림 5.3.1 $y = \cos(x)$에 대한 다항 함수 근사들. n의 값은 근사하는 다항 함수의 차수이다.

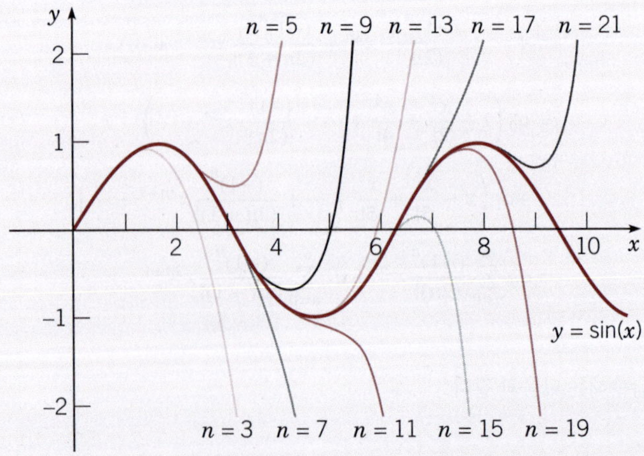

그림 5.3.2 $y = \sin(x)$에 대한 다항 함수 근사들. n의 값은 근사하는 다항 함수의 차수이다.

예제 5.3.1은 $\cos(x)$와 $\sin(x)$가 식 (4)의 기본해 집합을 이루는 것을 처음부터 알고 있었다. 그러나 이를 알지 못하고 급수법을 사용하여 식 (4)를 풀었어도 해 (11)을 얻었을 것이다. 미분방정식 (4)가 응용분야에서 자주 나타나기 때문에, 식 (11)의 두 해에

$$C(x) = \sum_{n=0}^{\infty} \frac{(-1)^n}{(2n)!} x^{2n}, \quad S(x) = \sum_{n=0}^{\infty} \frac{(-1)^n}{(2n+1)!} x^{2n+1} \tag{12}$$

와 같은 특별한 이름을 붙이고자 한다. 그러면 이 함수들이 갖는 성질이 무엇인가 하는 의문이 생긴다. 예를 들어, $C(x)$와 $S(x)$가 확실하게 기본해 집합을 이루는가? 일단 급수 전개로부터 $C(0) = 1$이고 $S(0) = 0$이다. $C(x)$와 $S(x)$에 대한 급수를 항별 미분하면,

$$S'(x) = C(x), \quad C'(x) = -S(x) \tag{13}$$

임을 알 수 있다. 따라서 $x = 0$에서 $S'(0) = 1$이고 $C'(0) = 0$이다. 결과적으로, $x = 0$에서 C와 S의 론스키안은

$$W[C, S](0) = \begin{vmatrix} 1 & 0 \\ 0 & 1 \end{vmatrix} = 1 \tag{14}$$

이므로 이 함수들은 실제로 기본해 집합을 이룬다. 식 (12)에 x 대신에 $-x$를 각각 대입하면, $C(-x) = C(x)$와 $S(-x) = -S(x)$를 얻는다. 또한 무한급수[3]를 계산하면 $C(x)$와 $S(x)$가 각각 코사인함수와 사인함수의 해석학적 성질과 대수적 성질을 가지고 있음을 보일 수 있다.

직각삼각형에서 기초적인 방법으로 정의된 사인함수와 코사인함수가 어떤 간단한 2계 선형 미분방정식의 해로써 정의될 수 있음은 흥미로운 일이다. 정확하게 말하자면, $\sin(x)$는 초깃값 문제 $y'' + y = 0$, $y(0) = 0$, $y'(0) = 1$의 유일해로 정의될 수 있다; 비슷하게 $\cos(x)$는 초깃값 문제 $y'' + y = 0$, $y(0) = 1$, $y'(0) = 0$의 유일해로 정의될 수 있다. 수리 물리에서 중요한 그 외 다른 함수들도 특정한 초깃값 문제의 해로 정의된다. 이 함수의 대부분은 좀 더 단순하거나 기초적인 방법으로 접근할 수 있는 방법이 없다.

예제 5.3.2

Airy[4] 방정식

$$y'' - xy = 0, \quad -\infty < x < \infty \tag{15}$$

에 대한 x의 멱급수 형태의 해를 구하라.

풀이

이 미분방정식은 $P(x) = 1$, $Q(x) = 0$, $R(x) = -x$이다; 따라서 모든 점이 정상점이다. 어떤 구간 $|x| < \rho$에서 수렴하는 급수에 대해

$$y = \sum_{n=0}^{\infty} a_n x^n \tag{16}$$

---

[3] 이러한 해석은 K. Knopp(이 장의 끝에 있는 참고문헌 참고)의 24절에 주어져 있다.

[4] Sir George Biddell Airy (1801~1892)는 영국 천문학자이자 수학자로서 1835년부터 1881년까지 그리니치 천문대의 감독이었다. 그는 1838년에 광학에서 그의 이름을 딴 방정식을 연구하였다. Airy 방정식이 흥미로운 이유는 그 해들이 음의 x에 대해서는 삼각함수와 비슷하고 양의 x에 대해서는 쌍곡선 함수와 비슷하기 때문이다. 그런 모양이 나오는 이유를 설명할 수 있겠는가?

이라고 가정하자. 이때, y''에 대한 급수가 식 (7)로 주어진다; 앞의 예제에서 설명했듯이,

$$y'' = \sum_{n=0}^{\infty}(n+2)(n+1)a_{n+2}x^n \tag{17}$$

으로 다시 쓸 수 있고 급수 (16)과 (17)의 y와 y''을 식 (15)의 좌변에 대입하면

$$\sum_{n=0}^{\infty}(n+2)(n+1)a_{n+2}x^n - x\sum_{n=0}^{\infty}a_nx^n = \sum_{n=0}^{\infty}(n+2)(n+1)a_{n+2}x^n - \sum_{n=0}^{\infty}a_nx^{n+1} \tag{18}$$

을 얻는다. 다음으로 식 (18)의 우변의 두 번째 급수에서 n을 $n-1$로 바꾸고 0 대신 1부터 시작하도록 첨자를 옮기면

$$2\cdot 1a_2 + \sum_{n=1}^{\infty}(n+2)(n+1)a_{n+2}x^n - \sum_{n=1}^{\infty}a_{n-1}x^n = 0$$

을 얻는다. 또한 어떤 구간의 모든 x에 대해 이 식을 만족하려면, x의 같은 거듭제곱항의 계수가 같아야 한다; 따라서 $a_2 = 0$이고

$$n = 1, 2, 3, \cdots\text{에 대해 } (n+2)(n+1)a_{n+2} - a_{n-1} = 0 \tag{19}$$

인 점화식을 얻을 수 있다.

a_{n+2}이 a_{n-1}로 주어지기 때문에 a들은 3단계씩 결정된다. 즉, a_0는 a_3을 결정하고, a_3는 a_6를 결정하고, ... ; a_1은 a_4를 결정하고, a_4는 a_7를 결정하고, ... ; a_2는 a_5를 결정하고, a_5는 a_8를 결정하고, ... 이때, a_2가 0이므로 $a_5 = a_8 = a_{11} = \cdots = 0$이다.

수열 $a_0, a_3, a_6, a_9, \cdots$을 얻기 위해 점화식에서 $n = 1, 4, 7, 10, \cdots$ 이라 두자:

$$a_3 = \frac{a_0}{2\cdot 3},\quad a_6 = \frac{a_3}{5\cdot 6} = \frac{a_0}{2\cdot 3\cdot 5\cdot 6},\quad a_9 = \frac{a_6}{8\cdot 9} = \frac{a_0}{2\cdot 3\cdot 5\cdot 6\cdot 8\cdot 9}, \ldots.$$

이 결과들로 일반식

$$a_{3n} = \frac{a_0}{2\cdot 3\cdot 5\cdot 6\cdots(3n-1)(3n)},\quad n \geq 1$$

를 얻을 수 있다.

수열 $a_1, a_4, a_7, a_{10}, \cdots$을 얻기 위해 점화식에서 $n = 2, 5, 8, 11, \cdots$ 라 두자:

$$a_4 = \frac{a_1}{3\cdot 4},\quad a_7 = \frac{a_4}{6\cdot 7} = \frac{a_1}{3\cdot 4\cdot 6\cdot 7},\quad a_{10} = \frac{a_7}{9\cdot 10} = \frac{a_1}{3\cdot 4\cdot 6\cdot 7\cdot 9\cdot 10}, \ldots$$

일반적으로

$$a_{3n+1} = \frac{a_1}{3\cdot 4\cdot 6\cdot 7\cdots(3n)(3n+1)}, n \geq 1$$

이 된다. 그러므로 Airy 방정식의 일반해는

$$\begin{aligned} y(x) &= a_0\left(1 + \frac{x^3}{2\cdot 3} + \frac{x^6}{2\cdot 3\cdot 5\cdot 6} + \cdots + \frac{x^{3n}}{2\cdot 3\cdots(3n-1)(3n)} + \cdots\right) \\ &\quad + a_1\left(x + \frac{x^4}{3\cdot 4} + \frac{x^7}{3\cdot 4\cdot 6\cdot 7} + \cdots + \frac{x^{3n+1}}{3\cdot 4\cdots(3n)(3n+1)} + \cdots\right) \\ &= a_0y_1(x) + a_1y_2(x) \end{aligned} \tag{20}$$

이다. 이때, $y_1(x)$와 $y_2(x)$는 각각 식 (20)의 첫 번째와 두 번째 대괄호이다.

두 급수해를 구했으므로 이들의 수렴성을 확인해 보자. 급수 (20)의 항들의 분모가 매우 빠르게 증가하기 때문에 수렴 반경이 매우 클 것이라는 것을 짐작할 수 있다. 실제로 비판정법을 사용하여 두 급수 모두 모든 x에 대해서 수렴한다는 것을 쉽게 증명할 수 있다(연습문제 **17** 참조).

y_1와 y_2에 대한 급수들이 모든 x에 대해 수렴한다고 가정하자. $a_0 = 1$, $a_1 = 0$을 선택한 후 $a_0 = 0$, $a_1 = 1$을 선택하면 y_1과 y_2가 각각 식 (15)에 대한 해이다. y_1은 초기조건 $y_1(0) = 1$, $y_1'(0) = 0$을 만족하고 y_2는 초기조건 $y_2(0) = 0$, $y_2'(0) = 1$을 만족함을 알 수 있다. 따라서 $W[y_1, y_2](0) = 1 \neq 0$이고, 결과적으로 y_1과 y_2는 기본해 집합이다. 그러므로 Airy 방정식의 일반해는

$$y = a_0 y_1(x) + a_1 y_2(x) \qquad -\infty < x < \infty$$

이다.

그림 5.3.3과 **5.3.4**에 각각 Airy 방정식의 해 y_1과 y_2의 그래프와 식 (20)의 두 급수의 몇몇 부분합의 그래프가 나와 있다. 역시 이 부분합들은 원점 근방에서 해에 대한 국소적인 근사일 뿐이다. 근사하는 수준은 항의 개수가 증가할수록 향상되지만 $|x|$가 클 때는 y_1과 y_2를 나타낼 다항 함수가 존재하지 않는다. 주어진 부분합이 어느 정도 정확하기 위한 구간을 추정하는 실질적인 방법은 어떤 부분합과 여기에 항을 하나 더 추가한 부분합의 그래프를 비교하는 것이다. 이 그래프들이 확실히 분리되기 시작하면 기존의 부분합이 더 이상 정확하지 않다는 확신을 가질 수 있다. 예를 들어, 그림 5.3.3에서 $n = 24$와 $n = 27$에 대한 그래프들이 $x = -9/2$에서 분리되기 시작한다. 그러므로 이 점부터는 24차 부분합은 해에 대한 근사로써 의미가 없다.

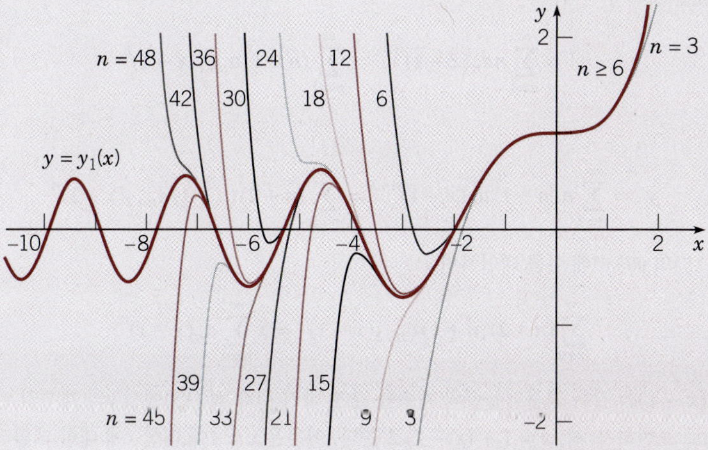

그림 5.3.3 Airy 방정식의 해 $y = y_1(x)$에 대한 다항 함수 근사들. n의 값은 근사 다항 함수의 차수이다.

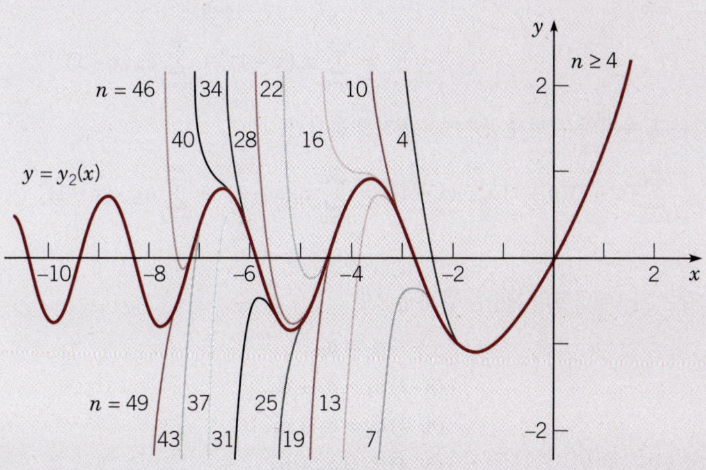

그림 5.3.4 Airy 방정식의 해 $y = y_2(x)$에 대한 다항 함수 근사들. n의 값은 근사 다항 함수의 차수이다.

y_1과 y_2가 $x > 0$에 대해 단조 함수이고 $x < 0$에 대해 진동하는 함수임을 확인하자. 그림에서 진동이 일정하지는 않지만 원점으로부터 멀어질수록 진폭은 작아지고 진동수는 증가하는 것을 알 수 있다. 예제 5.3.1에 비해 Airy 방정식의 해 y_1과 y_2는 미적분학에서 이미 경험한 기초함수들은 아니다. 그러나 물리학 분야의 응용에 있어서 매우 중요하기 때문에 이 함수들을 광범위하게 연구해 왔고 이들의 성질이 응용 수학자와 과학자들에게 잘 알려져 있다.

예제 5.3.3 $x-1$의 멱급수로 표현되는 Airy 방정식의 해를 구하라.

풀이

점 $x=1$은 식 (15)의 정상점이므로, 어떤 구간 $|x-1|<\rho$에서 수렴하는 급수

$$y = \sum_{n=0}^{\infty} a_n(x-1)^n$$

인 형태의 해를 찾고자 한다.

$$y' = \sum_{n=1}^{\infty} na_n(x-1)^{n-1} = \sum_{n=0}^{\infty} (n+1)\,a_{n+1}(x-1)^n$$

이고

$$y'' = \sum_{n=2}^{\infty} n(n-1)\,a_n(x-1)^{n-2} = \sum_{n=0}^{\infty} (n+2)(n+1)\,a_{n+2}(x-1)^n$$

이므로 식 (15)의 y와 y''에 이를 대입하면,

$$\sum_{n=0}^{\infty} (n+2)(n+1)\,a_{n+2}(x-1)^n = x\sum_{n=0}^{\infty} a_n(x-1)^n \tag{21}$$

을 얻는다. $(x-1)$의 같은 거듭제곱항의 계수를 같게 하기 위해 식 (15)에서 y의 계수인 x를 $x-1$의 거듭제곱으로 표현하자; 즉, $x = 1+(x-1)$로 쓴다. 이것은 $x=1$에 대한 x에 대한 테일러 급수이다 (5.1절의 연습문제 **9** 참조). 그러면 식 (21)은

$$\begin{aligned}\sum_{n=0}^{\infty} (n+2)(n+1)\,a_{n+2}(x-1)^n &= (1+(x-1))\sum_{n=0}^{\infty} a_n(x-1)^n \\ &= \sum_{n=0}^{\infty} a_n(x-1)^n + \sum_{n=0}^{\infty} a_n\,(x-1)^{n+1}\end{aligned}$$

인 형태를 갖는다. 우변의 두 번째 급수에서 첨자를 옮기면

$$\sum_{n=0}^{\infty} (n+2)(n+1)\,a_{n+2}(x-1)^n = \sum_{n=0}^{\infty} a_n(x-1)^n + \sum_{n=1}^{\infty} a_{n-1}(x-1)^n$$

이 된다.

$x-1$의 같은 거듭제곱항의 계수를 같게 놓으면

$$\begin{aligned}2a_2 &= a_0, \\ (3\cdot 2)\,a_3 &= a_1 + a_0, \\ (4\cdot 3)\,a_4 &= a_2 + a_1, \\ (5\cdot 4)\,a_5 &= a_3 + a_2, \\ &\;\;\vdots\end{aligned}$$

을 얻는다. 일반적인 점화식은

$$n \geq 1\text{에 대해 } (n+2)(n+1)\,a_{n+2} = a_n + a_{n-1} \tag{22}$$

이다. 처음 몇 개의 계수 a_n을 a_0와 a_1에 대해 풀면

$$a_2 = \frac{a_0}{2}, \quad a_3 = \frac{a_1}{6} + \frac{a_0}{6}, \quad a_4 = \frac{a_2}{12} + \frac{a_1}{12} = \frac{a_0}{24} + \frac{a_1}{12}, \quad a_5 = \frac{a_3}{20} + \frac{a_2}{20} = \frac{a_0}{30} + \frac{a_1}{120}$$

을 얻는다. 따라서

$$\begin{aligned} y = a_0 &\left(1 + \frac{(x-1)^2}{2} + \frac{(x-1)^3}{6} + \frac{(x-1)^4}{24} + \frac{(x-1)^5}{30} + \cdots\right) \\ &+ a_1\left((x-1) + \frac{(x-1)^3}{6} + \frac{(x-1)^4}{12} + \frac{(x-1)^5}{120} + \cdots\right) \end{aligned} \tag{23}$$

이다.

일반적으로 식 (22)와 같이 점화식이 둘 이상의 항을 가지면 a_n을 a_0와 a_1으로 표현하는 공식을 결정하는 것은, 불가능한 것은 아니지만 매우 복잡하다. 이 예제에서 이런 공식이 분명하게 나타나지 않는다. 그런 공식이 없다면 비판정법 같은 방법으로 식 (23)의 두 급수에 대한 수렴 여부를 직접 확인할 수가 없다. 그러나 5.4절에서는 a_n에 대한 공식을 몰라도 식 (23)의 두 급수가 모든 x에 대해 수렴함을 보인다. 또한 이 급수들이 Airy 방정식 (15)에 대한 기본해 집합이 되는 y_3와 y_4를 정의한다. 따라서

$$y = a_0 y_3(x) + a_1 y_4(x)$$

가 $-\infty < x < \infty$에서 Airy 방정식의 일반해이다.

Airy 방정식이 특별히 복잡하지는 않으나 예제 5.3.3은 멱급수해가 $x_0 \neq 0$인 $x - x_0$의 거듭제곱으로 표현되면 다소 복잡하다는 것을 보여주고 있다. 이에 대한 대안이 있다. 변수변환 $x - x_0 = t$를 이용하여 t의 함수 y에 대한 새로운 미분방정식을 구하여 $\sum_{n=0}^{\infty} a_n t^n$ 형태인 이 새로운 식의 해를 찾는 것이다. 그런 후에 t를 $x - x_0$로 바꾼다(연습문제 **15** 참조).

예제 5.3.2와 5.3.3에서 Airy 방정식에 대한 두 개의 해 집합을 찾았다. 식 (20)의 급수에 의해서 정의된 함수 y_1과 y_2는 모든 x에 대한 식 (15)의 기본해 집합이고 식 (23)의 급수에 의해서 정의된 y_3와 y_4도 식 (15)의 기본해 집합이다. 2계 선형 미분방정식의 일반 이론에 따르면 처음 두 함수를 다른 두 함수의 일차결합으로 표현할 수 있고 그 반대도 마찬가지이다. 이 결과는 급수 자체로는 알 수 없다.

마지막으로 예제 5.3.3에서와 같이 일반 계수 a_n을 a_0와 a_1에 대해 결정할 수 있는지가 그렇게 중요하지는 않다. 핵심은 *가능한 많은 계수*를 결정하는 것이다. 그러므로 일반항을 결정할 수 없더라도 두 급수해의 계수를 가능한 많이 결정하고자 한다. 멱급수 형태의 해에서 몇 개의 계수를 계산하는 것이 어렵지는 않으나 지겨운 일일 수 있다. 이때, 기호 처리 패키지가 큰 도움이 될 수 있다; 어떤 패키지로 명령어 하나로 멱급수의 항을 지정된 개수만큼 찾을 수 있다. 또한 적당한 그래픽 패키지로 이 절의 그림과 같은 그래프를 만들어 낼 수 있다.

연습 문제

▶ 문제 **1**부터 **11**까지

a. 주어진 미분방정식의 주어진 점 x_0에 대한 멱급수해를 구하라; 이 급수의 계수들이 만족하는 점화식을 구하라.

b. 두 해 y_1과 y_2 각각에서 (이 급수가 네 항 전에 끝나지 않는다면) 처음 네 개의 영이 아닌 항을 구하라.

c. 론스키안 $W[y_1, y_2](x_0)$를 구하여 y_1과 y_2가 기본해 집합을 이룸을 보여라.

d. 가능하다면 각 해의 일반항을 구하라.

1. $y'' - xy' - y = 0, \quad x_0 = 1$

2. $y'' + ky = 0, \quad x_0 = 0, \quad k$는 상수

3. $y'' - y = 0, \quad x_0 = 0$

4. $y'' + k^2x^2y = 0, \quad x_0 = 0, \quad k$는 상수

5. $(1 - x)y'' + y = 0, \quad x_0 = 0$

6. $(2 + x^2)y'' - xy' + 4y = 0, \quad x_0 = 0$

7. $xy'' + y' + xy = 0, \quad x_0 = 1$

8. $xy'' + \pi y' + xy = 0, \quad x_0 = 1$

9. $(4 - x^2)y'' + 2y = 0, \quad x_0 = 0$

10. $(x + 1)y'' + xy' + y = 0, \quad x_0 = 0$

11. $2y'' + xy' + 3y = 0, \quad x_0 = 0$

▶ 문제 **12**부터 **14**까지

a. 주어진 초깃값 문제의 해에서 처음 다섯 개의 영이 아닌 항을 찾아라.

b. **G** 해에 대한 네 항 근사와 다섯 항 근사를 같은 좌표축 위에 그려라.

c. **b**의 그림으로부터 네 항 근사가 매우 정확한 구간을 추정하라.

12. $y'' - xy' - y = 0, \quad y(0) = 2, \quad y'(0) = 1$

13. $y'' + xy' + 2y = 0, \quad y(0) = 1, \quad y'(0) = -1$

14. $(1 - x)y'' + xy' - y = 0, \quad y(0) = -3, \quad y'(0) = 3$

15. a. $x - 1 = t$의 변수 변환을 하고 y가 t의 거듭제곱인 테일러 급수를 갖는다고 가정하여,

$$y'' + (x - 1)^2 y' + (x^2 - 1)y = 0$$

에 대한 $x - 1$의 거듭제곱인 두 급수해를 구하라.

b. y가 $x - 1$의 거듭제곱인 테일러 급수를 갖고 $x - 1$의 거듭제곱으로 계수 $x^2 - 1$을 표현해도 같은 결과를 얻을 수 있음을 보여라.

16. 식 (10)을 증명하자.

17. 비판정법을 사용하여 $x = 0$에 대한 Airy 방정식의 두 급수해가 모든 x에 대해 수렴함을 보여라; 본문의 식 (20)을 참조하라.

18. **Hermite 방정식.** 상수 λ에 대한 미분방정식

$$y'' - 2xy' + \lambda y = 0, \quad -\infty < x < \infty$$

은 Hermite[5] 방정식으로 알려져 있는데 수리 물리에서 중요한 방정식이다.

a. $x = 0$에 대한 두 해의 처음 네 개의 항을 구하고 이 해들이 기본해 집합을 이룸을 보여라.

b. λ가 음이 아닌 짝수라면 급수해 중 하나는 유한한 항을 가져 다항 함수가 된다. $\lambda = 0, 2, 4, 6, 8, 10$에 대해서 다항 함수 해를 구하라. 각각의 다항 함수는 상수 배까지만 결정된다.

c. Hermite 다항 함수 $H_n(x)$는 x^n의 계수가 2^n인 $\lambda = 2n$에 대한 Hermite 방정식의 다항 함수 해

---

[5] Charles Hermite (1822~1901)는 영향력 있는 프랑스 해석학자이자 대수학자이다. 그는 École Polytechnique과 소르본의 뛰어난 교수였다. 1864년 Hermite 함수를 소개하였고 1873년 e가 초월수임을 증명하였다(즉, e는 계수가 유리수인 다항식의 근이 아니다). 그의 이름은 Hermitian 행렬(6.3절 참조)과 관련이 있는데, 그는 이 행렬에 대한 성질들을 발견하였다.

로 정의된다. $H_0(x), \cdots, H_5(x)$를 구하라.

19. 초깃값 문제 $y' = \sqrt{1-y^2}$, $y(0) = 0$을 고려하자.

a. $y = \sin(x)$가 이 초깃값 문제의 해임을 보여라.

b. $x = 0$에 대한 급수 형태의 초깃값 문제의 해를 구하라. 이 급수에서 x^3인 항까지의 계수를 구하라.

▶ 문제 **20**부터 **23**까지 주어진 초깃값 $x = 0$에 대한 급수해의 부분합을 몇 개 그려라. 그림 5.3.1부터 그림 5.3.4와 유사한 그래프를 얻게 될 것이다.

20. G $y'' + xy' + 2y = 0, \quad y(0) = 1, \quad y'(0) = 0$

21. G $(1 + x^2)y'' + 2y = 0, \quad y(0) = 0, \quad y'(0) = 7$

22. G $y'' + x^2y = 0, \quad y(0) = 0, \quad y'(0) = 1$

23. G $xy'' + y' + xy = 0, \quad y(0) = 1, \quad y'(0) = 0$

5.4 정상점 근방의 급수해 II

이전 절에서 P, Q, R이 다항 함수일 때, 정상점 x_0의 근방에서

$$P(x)y'' + Q(x)y' + R(x)y = 0 \tag{1}$$

의 해를 찾는 문제를 살펴보았다. 식 (1)이 해 $y = \phi(x)$을 갖고, ϕ가 $\rho > 0$에 대해 $|x - x_0| < \rho$인 구간에서 수렴하는 테일러 급수

$$\phi(x) = \sum_{n=0}^{\infty} a_n (x - x_0)^n \tag{2}$$

을 갖는다고 가정하고, 식 (1)의 y에 대한 급수 (2)를 직접 대입하면 a_n을 결정할 수 있다.

x_0가 식 (1)의 정상점이면 (2) 형태의 해가 존재한다는 명제를 어떻게 증명할지 알아보자. 또한 이런 급수의 수렴 반경에 관한 문제도 생각해 보자. 이 과정에서 정상점의 정의를 일반화시킬 수 있다.

식 (2)의 형태를 갖는 식 (1)의 해가 존재한다고 가정하자. 식 (2)를 m번 미분하고 x를 x_0와 같게 두면

$$m!a_m = \phi^{(m)}(x_0) \tag{3}$$

를 얻는다. 따라서 급수 (2)의 a_n을 계산하기 위해서는 미분방정식 (1)로부터 $n = 0, 1, 2, \ldots$에 대한 $\phi^{(n)}(x_0)$를 구할 수 있음을 보여야 한다.

$y = \phi(x)$를 초기조건 $y(x_0) = y_0$, $y'(0) = y_0'$을 만족하는 식 (1)의 해라고 가정하자. 그러면 $a_0 = y_0$이고 $a_1 = y_0'$이다. 초기조건을 특정 짓지 않고 오직 식 (1)의 해를 구하는 데만 관심이 있다면 a_0와 a_1을 임의의 값으로 두자. $\phi^{(n)}(x_0)$와 $n = 2, 3, \ldots$에 대해 이에 대응되는 a_n을 찾기 위해서 식 (1)로 돌아가서 $\phi''(x), \phi'''(x), \cdots$의 공식을 찾아보자. ϕ가 식 (1)의 해이므로,

$$P(x)\phi''(x) + Q(x)\phi'(x) + R(x)\phi(x) = 0$$

이다. P가 영이 아닌 x_0를 포함하는 구간에 대해 $p(x) = Q(x)/P(x)$이고 $q(x) = R(x)/P(x)$이면, 이 미분방정식을

$$\phi''(x) = -p(x)\phi'(x) - q(x)\phi(x) \tag{4}$$

의 형태로 다시 쓸 수 있다. $x = x_0$에서 식 (4)의 우변을 알고 있으므로 $\phi''(x_0)$를 계산할 수 있다: 식 (3)에서 x를 x_0와 같게 두면

$$\phi''(x_0) = -p(x_0)\phi'(x_0) - q(x_0)\phi(x_0) = -p(x_0)a1 - q(x_0)a_0$$

를 얻는다. 따라서 $m = 2$인 식 (3)에 의해 a_2는

$$2!a_2 = \phi''(x_0) = -p(x_0)a_1 - q(x_0)a_0 \tag{5}$$

로 주어진다.

a_3를 찾기 위해 식 (4)를 미분하고 x를 x_0와 같게 두면

$$\begin{aligned} 3!a_3 = \phi'''(x_0) &= -(p(x)\phi'(x) + q(x)\phi(x))'\big|_{x=x_0} \\ &= -2!p(x_0)a_2 - (p'(x_0) + q(x_0))a_1 - q'(x_0)a_0 \end{aligned} \tag{6}$$

가 된다. 이때, 식 (5)의 a_2를 대입하면 a_3는 a_1과 a_0에 관한 식이 된다.

P, Q, R이 다항 함수이고 $P(x_0) \neq 0$이므로, x_0에서 p와 q의 모든 미분계수가 존재한다. 따라서 식 (3)을 계속 무한히 미분할 수 있으며, 각각의 미분을 한 후에 x를 x_0와 같게 두면 연속되는 계수 $a_4, a_5, \cdots$을 얻을 수 있다.

예제 5.4.1 $y = \phi(x)$를 초깃값 문제 $(1 + x^2)y'' + 2xy' + 4x^3y = 0$, $y(0) = 0$, $y'(0) = 2$의 해라 두자. $\phi''(0)$, $\phi'''(0)$, $\phi^{(4)}(0)$을 결정하라.

풀이

$\phi''(0)$을 구하기 위해 주어진 미분방정식을 간단히 $x = 0$에서 계산하자:

$$(1 + 0^2)\phi''(0) + 2 \cdot 0 \cdot \phi'(0) + 4 \cdot 0^3 \cdot \phi(0) = 0$$

따라서 $\phi''(0) = 0$이다.

$\phi'''(0)$을 구하기 위해 주어진 미분방정식을 x에 대해 미분하자:

$$(1 + x^2)\phi'''(x) + 2x\phi''(x) + 2x\phi''(x) + 2\phi'(x) + 4x^3\phi'(x) + 12x^2\phi(x) = 0 \tag{7}$$

식 (7)을 $x = 0$에서 계산하면

$$\phi'''(0) + 2\phi'(0) = 0$$

이고 ($\phi'(0) = 2$이기 때문에) $\phi'''(0) = -2$, $\phi'(0) = -4$이다.

끝으로, $\phi^{(4)}(0)$을 구하기 위해 식 (7)을 x에 대해 미분하면

$$\begin{aligned} (1 + x^2)\phi^{(4)}(x) + 2x\phi'''(x) + 4x\phi'''(x) + 4\phi''(x) + (2 + 4x^3)\phi''(x) + 12x^2\phi'(x) \\ + 12x^2\phi'(x) + 24\phi(x) = 0 \end{aligned}$$

이고 이를 $x = 0$에서 계산하면

$$\phi^{(4)}(0) + 6\phi''(0) = 0$$

을 얻을 수 있다. 따라서 $\phi(0) = 0$과 $\phi''(0) = 0$이므로 $\phi^{(4)}(0) = 0$이라고 결론지을 수 있다.

a_n을 찾을 때 사용된 중요한 성질은 함수 p와 q가 무한 번 미분 가능하다는 것이다. 이로써 함수 p와 q가 다항식의 분수꼴이라는 가정을 x_0 근방에서 무한 번 미분 가능하다는 것으로 약화시켜도 될 것 같다. 불행하게도 이 조건은 $y = \phi(x)$에 대한 급수 전개가 수렴한다는 것을 증명하기에는 너무 약하다. 여기서 필요한 것은 함수 p와 q가 x_0에서 *해석적*이라는 가정이다; 즉, 이 함수들이 x_0를 포함하는 적당한 구간에서 수렴하는 테일러 급수를 갖는다고 가정하자:

$$p(x) = p_0 + p_1(x - x_0) + \cdots + p_n(x - x_0)^n + \cdots = \sum_{n=0}^{\infty} p_n(x - x_0)^n \tag{8}$$

$$q(x) = q_0 + q_1(x - x_0) + \cdots + q_n(x - x_0)^n + \cdots = \sum_{n=0}^{\infty} q_n(x - x_0)^n \tag{9}$$

이러한 생각을 가지고 식 (1)의 정상점과 특이점의 정의를 다음과 같이 일반화할 수 있다: 함수 $p(x) = Q(x)/P(x)$와 $q(x) = R(x)/P(x)$가 x_0에서 해석적이면, 점 x_0을 미분방정식 (1)의 **정상점**(ordinary point)이라고 부르고, 그렇지 않으면 **특이점**(singular point)이라고 부른다.

이제 급수해의 수렴 구간에 관한 문제를 살펴보자. 한 가지 방법은 각 문제의 급수해를 실제로 구하고 수렴 반경을 구하기 위해 무한급수의 수렴성 판정법 중 하나를 적용하는 것이다. 불행히도 이런 판정법에는 n에 관한 함수로써 일반계수 a_n의 식이 필요한데, 불가능하지는 않더라도 매우 어려운 일일 수 있다: 예제 5.3.3 참조. 그러나 이것은 다양한 문제에 대해 다음 정리로 답할 수 있다.

정리 5.4.1

x_0가 미분방정식 (1)

$$P(x)y'' + Q(x)y' + R(x)y = 0$$

의 정상점이라면, 즉 $p(x) = Q(x)/P(x)$, $q(x) = R(x)/P(x)$이 x_0에서 해석적이라면, 임의의 a_0, a_1과 x_0에서 해석적인 두 멱급수해 y_1, y_2에 대해 식 (1)의 일반 해는

$$y = \sum_{n=0}^{\infty} a_n(x - x_0)^n = a_0 y_1(x) + a_1 y_2(x)$$

이다. 이때, 해 y_1, y_2는 기본해 집합(fundamental set of solutions)을 이루고 급수해 y_1, y_2 각각에 대한 수렴 반경은 적어도 함수 p, q의 급수 수렴 반경 중 최소반경이다.

y_1과 y_2가 기본해 집합임을 확인하기 위해서 $b_2 + c_2 = a_2$일 때, 이 두 해가 $y_1(x) = 1 + b_2(x - x_0)^2 + \cdots$과 $y_2(x) = (x - x_0) + c_2(x - x_0)^2 + \cdots$형태임을 알아야 한다. 따라서 y_1은 초기조건 $y_1(x_0) = 1$, $y_1'(x_0) = 0$을 만족하고 y_2는 초기조건 $y_2(x_0) = 0$, $y_2'(x_0) = 1$을 만족하며 $W[y_1, y_2](x_0) = 1$이다.

미분방정식을 계속 미분하여 계수를 구하는 것이 이론적으로는 훌륭하나 실용적인 계산 과정은 아니다. 대신, 미분방정식 (1)에 y에 대한 급수 (2)를 대입하고, 이전 절의 예제에서와 같이 이 미분방정식을 만족하는 계수를 찾는다.

여기서 이 정리를 증명하지는 않겠지만 약간 더 일반적인 형태가 Fuch[6]에 의해 증명되었다. 목적에 부합하는 좀 더 중요한 내용은 (2)의 형태를 갖는 급수해가 존재하고 이 급수의 수렴 반경이 p와 q에 대한 급수들의 수렴 반경 중 더 작은 것보다 작지 않다는 것이다; 따라서 p, q에 대한 급수의 수렴 반경들만 결정하면 된다.

이것은 두 가지 방법 중 하나로 결정될 수 있다. 한 가지는 단순히 p와 q에 대한 멱급수를 계산하고 무한급수에 대한 수렴 판정법을 사용하여 이 급수들의 수렴 반경을 구하는 것이다. 그러나 $P(x)$, $Q(x)$, $R(x)$가 다항 함수일 때는 좀 더 쉬운 방법이 있다. 두 다항 함수의 분수, 즉 $Q(x)/P(x)$가 $P(x_0) \neq 0$이면 $x = x_0$에 대해 수렴하는 멱급수 전개를 갖는다는 사실이 복소 함수론에서 증명되었다. 또한, $Q(x)$와 $P(x)$의 공통인수가 약분된다면, $Q(x)/P(x)$의 x_0에 대한 멱급수의 수렴 반경은 x_0로부터 $P(x)$의 가장 가까운 근까지의 거리이다. 이 거리를 찾을 때, $P(x) = 0$이 복소수 근을 가질 수도 있으므로 이 근도 반드시 고려해야 한다.

예제 5.4.2 $x = 0$에 대한 $(1 + x^3)^{-1}$의 테일러 급수의 수렴 반경을 구하라.

풀이

이를 찾는 방법 중 하나는 테일러 급수를 찾는 것이다. 즉,

$$\frac{1}{1+x^3} = 1 - x^3 + x^6 - x^9 + \cdots + (-1)^n x^{3n} + \cdots$$

그러면 비판정법을 이용하여 $\rho = 1$임을 증명할 수 있다. 또 다른 방법은 $1 + x^3$의 근이 $x = -1$, $\frac{1 \pm i\sqrt{3}}{2}$임을 이용하는 것이다. 복소수 평면에서 0부터 -1 또는 $\frac{1 \pm i\sqrt{3}}{2}$까지의 거리는 1이므로 $x = 0$에 대한 멱급수의 수렴 반경은 1이다.

예제 5.4.3 $x = 0$에 대한 $(x^2 - 2x + 5)^{-1}$의 테일러 급수의 수렴 반경은? 그리고 $x = 1$에 대한 수렴 반경을 구하라.

풀이

먼저

$$x^2 - 2x + 5 = 0$$

이 근 $x = 1 \pm 2i$를 갖는다는 점에 유의하자. 복소 평면에서 $x = 0$부터 $x = 1 + 2i$ 또는 $x = 1 - 2i$까지의 거리는 $\sqrt{5}$이다; 그러므로 $x = 0$에 대한 테일러 급수 전개 $\sum_{n=0}^{\infty} a_n x^n$의 수렴 반경은 $\sqrt{5}$이다.

또한, 복소 평면에서 $x = 1$부터 $x = 1 + 2i$ 또는 $x = 1 - 2i$까지의 거리는 2이다; 그러므로 $x = 1$에 대한 테일러 급수 전개 $\sum_{n=0}^{\infty} b_n (x-1)^n$의 수렴 반경은 2이다.

[6] Lazarus Immanuel Fuchs (1833~1902)는 독일 수학자로서 베를린 대학의 학생이었고 후에 교수가 되었다. 그는 1866년 정리 5.4.1을 증명하였다. 그는 선형 미분방정식의 특이점에 대한 중요한 연구를 하였으며 5.5절의 정칙 특이점의 중요성을 인식하였다. (무한대를 포함한) 특이점들이 모두 정칙 특이점인 미분방정식을 Fuchsian 방정식이라 부른다.

정리 5.4.1에 의하면, 앞 절의 예제 5.4.2와 예제 5.4.3에서는 $P(x) = 1$이므로 영이 아니다. 따라서 Airy 방정식의 급수해는 각각 x와 $x - 1$의 모든 값에 대해서 수렴한다.

급수해가 정리 5.4.1에 제시된 것보다 더 넓은 범위에서 수렴할 수 있으므로, 이 정리는 실제로는 급수해의 수렴 반경의 하한을 제시할 뿐이다. 이것은 다음 예제에서 주어진 르장드르 방정식의 다항 함수 해로 설명하겠다.

예제 5.4.4

상수 α에 대한 르장드르 방정식

$$(1 - x^2)\,y'' - 2xy' + \alpha\,(\alpha + 1)\,y = 0$$

의 $x = 0$에 대한 급수해의 수렴 반경의 하한을 구하라.

풀이

$P(x) = 1 - x^2$, $Q(x) = -2x$, $R(x) = \alpha(\alpha + 1)$은 다항 함수이고 P의 근, 즉 $x = \pm 1$은 $x = 0$으로부터의 거리가 1이라는 점에 유의하자. 따라서 $\sum_{n=0}^{\infty} a_n x^n$ 형태의 급수해는 적어도 $|x| < 1$에 대해, 그리고 아마도 x의 좀 더 큰 값에 대해 수렴한다. 실제로 α가 양의 정수이면 급수해 중 하나는 유한개의 항에서 끝나므로 이는 해당 해가 다항식임을 의미하며, $|x| < 1$뿐 아니라 모든 x에 대해 수렴한다. 예를 들어, $\alpha = 1$이면 다항 함수 해는 $y = x$이다. 르장드르 방정식에 대한 좀 더 많은 내용은 이 절의 마지막에 있는 연습문제 **17**부터 **23**까지를 참고하자.

예제 5.4.5

점 $x = 0$과 점 $x = -1/2$에 대한 미분방정식

$$(1 + x^2)\,y'' + 2xy' + 4x^2 y = 0 \tag{10}$$

의 급수해의 수렴 반경의 하한을 각각 구하라.

풀이

P, Q, R이 다항 함수이고 P는 $x = \pm i$에서 영이다. 복소 평면에서 0부터 $\pm i$까지의 거리는 1이고, $-\frac{1}{2}$부터 $\pm i$까지의 거리는 $\sqrt{1 + \frac{1}{4}} = \sqrt{5}/2$이다. 따라서 첫 번째 경우에 급수 $\sum_{n=0}^{\infty} a_n x^n$은 적어도 $|x| < 1$에 대해 수렴하고, 두 번째 경우에 $\sum_{n=0}^{\infty} b_n \left(x + \frac{1}{2}\right)^n$은 적어도 $\left|x + \frac{1}{2}\right| < \sqrt{5}/2$에 대해 수렴한다.

식 (10)에 관해서 흥미로운 점은 정리 3.2.1과 5.4.1을 따른다는 점이다. 초기조건 $y(0) = y_0$와 $y'(0) = y_0'$이 주어졌다고 가정하면 모든 x에 대해 $1 + x^2 \neq 0$이므로, 정리 3.2.1로부터 $-\infty < x < \infty$에서 이 초깃값 문제의 유일해가 존재한다. 한편, 정리 5.4.1은 $-1 < x < 1$에 대해, $a_0 = y_0$, $a_1 = y_0'$인 $\sum_{n=0}^{\infty} a_n x^n$ 형태를 가지는 급수해를 보장할 뿐이다. $-\infty < x < \infty$에서의 유일해는 모든 x에 대해 수렴하는 $x = 0$에 대한 멱급수를 갖지 않을 수도 있다.

예제 5.4.6 미분방정식

$$y'' + (\cos(x))\,y' + (1 + x^2)\,y = 0$$

에 대하여 $x = 0$에 대한 급수해를 찾을 수 있는가? 찾을 수 있다면 수렴 반경은 무엇인가?

풀이

이 미분방정식을 위해서, $p(x) = \cos(x)$와 $q(x) = 1 + x^2$이라 하자. 미적분학에 의해 $\cos(x)$는 모든 x에 대해 수렴하는 $x = 0$에 대한 테일러 급수 전개를 갖는다. 또한, q도 모든 x에 대해 수렴하는 $x = 0$에 대한 테일러 급수 전개, 즉 $q(x) = 1 + x^2$을 갖는다. 그러므로 임의의 a_0와 a_1을 갖는 $y = \sum_{n=0}^{\infty} a_n x^n$ 형태의 급수해가 존재하고, 이 급수는 모든 x에 대해 수렴한다.

연습 문제

▶ 문제 **1**부터 **3**까지 $y = \phi(x)$가 주어진 초깃값 문제의 해라고 할 때, 주어진 점 x_0에 대해 $\phi''(x_0)$, $\phi'''(x_0)$, $\phi^{(4)}(x_0)$를 구하라.

1. $y'' + xy' + y = 0; \quad y(0) = 2, \quad y'(0) = 0$

2. $x^2y'' + (1 + x)\,y' + 3(\ln x)\,y = 0; \quad y(1) = 3, \quad y'(1) = 0$

3. $y'' + x^2y' + \cos(2x)\,y = 0, \quad y(0) = a_0, \quad y'(0) = a_1$

▶ 문제 **4**부터 **6**까지 각각 주어진 미분방정식에 대해 주어진 점 x_0에 대한 급수해의 수렴 반경의 하한을 구하라.

4. $y'' + 4y' + 6xy = 0; \quad x_0 = 0, \quad x_0 = 3$

5. $(x^2 - 2x - 3)\,y'' + xy' + 4y = 0; \quad x_0 = 5, \quad x_0 = -5, \quad x_0 = 0$

6. $(x^3 + 2x^2 + 2x + 4)\,y'' + 4(x + 5)\,y' + xy = 0, \quad x_0 = 0, \quad x_0 = 2$

7. 5.3절의 연습문제 **1**부터 **11**까지 주어진 미분방정식에 대해 주어진 x_0에 대한 급수해의 수렴 반경의 하한을 구하라.

8. **체비셰프 방정식**(The Chebyshev Equation). 체비셰프(Chebyshev)[7] 방정식은 상수 α에 대해

$$(1 - x^2)\,y'' - xy' + \alpha^2 y = 0$$

이다.

a. $|x| < 1$에 대해서 x의 멱급수인 두 해를 구하고 이 해들이 기본해 집합을 이룸을 보여라.

b. α가 음이 아닌 정수 n이면, n차 다항 함수 해가 존재함을 보여라. 적당히 정규화된 이 다항 함수를 **체비셰프 다항 함수**(Chebyshev polynomials)라고 부르는데, $-1 \le x \le 1$에서 주어진 함수에 대한 다항 함수 근사가 필요한 문제에서 매우 유용하다.

c. $\alpha = n = 0, 1, 2, 3$의 각각의 경우에 대한 다항 함수 해를 구하라.

▶ 문제 **9**부터 **11**까지 원점에 대한 두 급수해 각각에서 처음 네 개의 영이 아닌 항을 구하라. 이 해들이 기본해 집합을 이룸을 보여라. 각 해에 대한 수렴 반경은 무엇이겠는가?

9. $y'' + (\sin(x))\,y = 0$

10. $e^x y'' + xy = 0$

[7] Pafnuty L. Chebyshev (1821~1894)는 19세기 가장 영향력이 있는 러시아 수학자로서 St. Petersburg 대학에서 35년간 교수로 재직하면서 많은 뛰어난 수학자들을 배출하였다. 그는 1854년경 다항식을 사용하여 함수를 근사하는 방법의 일환으로 체비셰프 다항식을 연구하기 시작했다. 그는 또한 정수론과 확률론에 많은 업적을 남겼다.

11. $e^{-x}y'' + \ln(1+x)\,y' - xy = 0$

12. x와 x^2을 미분방정식 $P(x)\,y'' + Q(x)y' + R(x)y = 0$의 해라고 두자. $x = 0$을 정상점 또는 특이점이라고 말할 수 있는가? 주장하는 바를 증명하라.

▶ **1계 미분방정식**(First-Order Equations). 함수 $p = Q/P$가 점 x_0에서 테일러 급수 전개를 가지면, 이 절에서 소개한 급수법을 x_0에서 1계 선형 미분방정식 $P(x)y' + Q(x)y = 0$에 바로 적용할 수 있다. 이런 점을 정상점이라 부르고, 또한 급수 $y = \sum_{n=0}^{\infty} a_n\,(x - x_0)^n$의 수렴 반경은 적어도 Q/P에 대한 급수의 수렴 반경이다. 문제 **13**부터 **16**까지 x의 거듭제곱인 급수로 주어진 미분방정식을 풀고, 각각의 경우에 a_0가 임의의 수임을 증명하라. 문제 **16**은 급수법을 쉽게 적용할 수 있는 비제차 미분방정식이다. 가능하다면, 2장의 방법을 사용하여 얻은 해와 이 급수해를 비교하라.

13. $y' - 2y = 0$

14. $y' - 2xy = 0$

15. $(1-x)\,y' = y$

16. $y' + xy = 1 + x$

▶ **르장드르 방정식**(The Legendre Equation). 문제 **17**부터 **23**까지 르장드르(Legendre)[8] 방정식

$$(1 - x^2)\,y'' - 2xy' + \alpha(\alpha+1)\,y = 0$$

을 고려하자. 예제 5.4.4에서 지적한 것처럼 $x = 0$은 이 미분방정식의 정상점이고 원점부터 가장 가까운 $P(x) = 1 - x^2$의 근까지의 거리는 1이다. 그러므로 $x = 0$에 대한 급수해의 수렴 반경은 적어도 1이다. 또한, $\alpha \le -1$일 때는 $\gamma \ge 0$에 대해 $\alpha = -(1+\gamma)$로 치환하면 르장드르 방정식 $(1 - x^2)\,y'' - 2xy' + \gamma(\gamma + 1)y = 0$이 되므로 $\alpha > -1$만 고려하면 된다.

17. $|x| < 1$에 대한 르장드르 방정식의 두 해가

$$\begin{aligned} y_1(x) &= 1 - \frac{\alpha(\alpha+1)}{2!}x^2 + \frac{\alpha(\alpha-2)(\alpha+1)(\alpha+3)}{4!}x^4 \\ &\quad + \sum_{m=3}^{\infty}(-1)^m\frac{\alpha\cdots(\alpha-2m+2)(\alpha+1)\cdots(\alpha+2m-1)}{(2m)!}x^{2m}, \\ y_2(x) &= x - \frac{(\alpha-1)(\alpha+2)}{3!}x^3 + \frac{(\alpha-1)(\alpha-3)(\alpha+2)(\alpha+4)}{5!}x^5 \\ &\quad + \sum_{m=3}^{\infty}(-1)^m\frac{(\alpha-1)\cdots(\alpha-2m+1)(\alpha+2)\cdots(\alpha+2m)}{(2m+1)!}x^{2m+1} \end{aligned}$$

임을 증명하라.

18. α가 영이나 짝수인 양의 정수 $2n$이면, 급수해 y_1은 x의 짝수 거듭제곱만을 포함하는 $2n$차 다항 함수가 됨을 보여라. $\alpha = 0, 2, 4$에 해당하는 다항 함수를 찾아라. α가 홀수인 양의 정수 $2n+1$이면, 급수해 y_2는 x의 홀수 거듭제곱만을 포함하는 $2n+1$차 다항 함수가 됨을 보여라. $\alpha = 1, 3, 5$에 해당하는 다항 함수를 구하라.

19. 르장드르 다항식 $P_n(x)$는 $\alpha = n$일 때, $P_n(1) = 1$이라는 조건을 만족하는 르장드르 방정식의 다항 함수 해로써 정의된다.

a. 문제 **18**의 결과를 이용하여, 르장드르 다항식 $P_0(x), \cdots, P_5(x)$를 구하라.

b. G $-1 \le x \le 1$에서 $P_0(x), \cdots, P_5(x)$의 그래프를 그려라.

c. N $P_0(x), \cdots, P_5(x)$의 근을 구하라.

20. 르장드르 다항식은 수리 물리 분야에서 중요한 역할을 한다. 예를 들어 구면 좌표에서 라플라스 방정식[포텐셜(potential) 방정식]을 풀 때, 양의 정수 n에 대한 미분방정식

[8] Adrien-Marie Legendre (1752~1833)는 프랑스 Académie des Sciences에서 1783년부터 다양한 직위를 거쳤다. 그는 타원함수와 정수론에 대해 주로 연구하였고 르장드르 방정식의 해인 르장드르 함수는 1784년 회전 타원체의 인력에 대한 연구에서 처음 발표되었다.

$$\frac{d^2F(\phi)}{d\phi^2} + \cot\phi \frac{dF(\phi)}{d\phi} + n(n+1)F(\phi) = 0, \quad 0 < \phi < \pi$$

을 접하게 된다. $x = \cos(\phi)$로 변수 변환을 하면 $y = f(x) = F(\arccos x)$에 대해서 $\alpha = n$인 르장드르 방정식이 유도됨을 보여라.

21. 르장드르 방정식에 대응되는 르장드르 다항식이 $n = 0, 1, 2, 3$에 대해

$$P_n(x) = \frac{1}{2^n n!}\frac{d^n}{dx^n}(x^2-1)^n$$

으로 주어짐을 보여라. Rodrigues의 공식[9]으로 알려진 이 공식은 모든 양의 정수 n에 대해서 성립한다.

22. 르장드르 방정식은

$$\left((1-x^2)y'\right)' = -\alpha(\alpha+1)y$$

로도 쓸 수 있음을 보여라. 그러면

$$\left((1-x^2)P_n'(x)\right)' = -n(n+1)P_n(x)$$

과

$$\left((1-x^2)P_m'(x)\right)' = -m(m+1)P_m(x)$$

가 유도된다. 첫 번째 식에 $P_m(x)$를 곱하고 두 번째 식에 $P_n(x)$를 곱하여 부분 적분을 한 후 하나의 식을 다른 식으로 빼면,

$$n \neq m \text{일 때} \int_{-1}^{1} P_n(x)P_m(x)\,dx = 0$$

이 성립함을 보여라. 르장드르 방정식의 이런 성질은 직교성(orthogonality)으로 알려져 있다. $m = n$이면 위의 적분값은 $2/(2n+1)$임을 보일 수 있다.

23. 차수가 n인 다항식 f는 $P_0, P_1, P_2, \cdots, P_n$의 일차결합으로 표현할 수 있다:

$$f(x) = \sum_{k=0}^{n} a_k P_k(x)$$

문제 **22**의 결과를 사용하여, 다음 식을 증명하라.

$$a_k = \frac{2k+1}{2}\int_{-1}^{1} f(x)P_k(x)\,dx$$

5.5 오일러 방정식; 정칙 특이점

이 절에서는 특이점 x_0 근방에서

$$P(x)y'' + Q(x)y' + R(x)y = 0 \tag{1}$$

형태의 미분방정식를 푸는 방법을 살펴보겠다. 만약 함수 P, Q, R이 이 세 함수 전체에 대한 공

[9] Benjamin Olinde Rodrigues (1795~1851)은 1815년 파리대학의 박사학위 논문에서 이러한 결과를 발표하였다. 이후 그는 은행가와 사회 개혁가가 되었으나 수학에 대한 관심을 계속 갖고 있었다. 그의 나중 논문들은 20세기 후반이 되어서야 주목을 받았다.

통인수를 갖지 않는 다항 함수라면, 식 (1)의 특이점은 $P(x) = 0$인 점이라는 사실을 기억하자.

▶오일러 방정식(Euler Equations). 특이점을 갖는 상대적으로 단순한 미분방정식은 실수인 α, β에 대한 **오일러 방정식**(Euler equation)[10]

$$L[y] = x^2y'' + \alpha xy' + \beta y = 0 \tag{2}$$

이다. 그러면 $P(x) = x^2$, $Q(x) = \alpha x$, $R(x) = \beta$이다. $\beta \neq 0$이면 $P(x)$, $Q(x)$, $R(x)$는 공통 인수가 없으므로 $x = 0$이 식 (2)에 대한 유일한 특이점이다; 다른 점은 모두 정상점이다. 편의상 구간 $x > 0$을 먼저 살펴보자; 나중에 이때의 결과를 구간 $x < 0$으로 확장할 것이다.

$(x^r)' = rx^{r-1}$이고 $(x^r)'' = r(r-1)x^{r-2}$이므로 식 (2)가

$$y = x^r \tag{3}$$

형태의 해를 갖는다고 가정하면,

$$\begin{aligned} L[x^r] &= x^2(x^r)'' + \alpha x(x^r)' + \beta x^r \\ &= x^2 r(r-1)x^{r-2} + \alpha x\left(rx^{r-1}\right) + \beta x^r \\ &= x^r\left[r(r-1) + \alpha r + \beta\right] \end{aligned} \tag{4}$$

를 얻을 수 있다. r이 이차식

$$F(r) = r(r-1) + \alpha r + \beta = 0 \tag{5}$$

의 근이면 $L[x^r]$은 영이고, $y = x^r$은 식 (2)의 해이다. 이때 식 (5)의 근은

$$r_1, r_2 = \frac{-(\alpha - 1) \pm \sqrt{(\alpha - 1)^2 - 4\beta}}{2} \tag{6}$$

이면, 식 (5)에서 정의된 이차 다항식 $F(r)$은 $F(r) = (r - r_1)(r - r_2)$로 쓸 수 있다. 상수계수를 갖는 2계 선형 미분방정식을 다룰 때처럼 근을 서로 다른 두 실근, 중근, 켤레 복소수근의 경우로 분리해서 살펴보자. 실제로 오일러 방정식의 해를 구하는 과정은 e^{rx}을 x^r으로 바꾸면 3장에서 다룬 상수계수를 갖는 2계 선형 미분방정식의 경우와 유사하다.

▶서로 다른 두 실근(Real, Distinct Roots). $F(r) = 0$이 $r_1 \neq r_2$인 두 실근 r_1과 r_2를 갖는다면, $y_1(x) = x^{r_1}$과 $y_2(x) = x^{r_2}$이 식 (2)의 해이다. $r_1 \neq r_2$와 $x > 0$에 대해,

$$W\left[x^{r_1}, x^{r_2}\right] = (r_2 - r_1)\,x^{r_1 + r_2 - 1}$$

이 영이 아니므로, 식 (2)의 일반해는

$$y = c_1 x^{r_1} + c_2 x^{r_2}, \quad x > 0 \tag{7}$$

이다. r이 유리수가 아니면, x^r을 $x^r = e^{r\ln(x)}$으로 정의한다.

[10] 이 미분방정식을 코시–오일러(Cauchy-Euler) 방정식 또는 등차원 방정식이라 부르기도 한다. 오일러는 1740년에 이 방정식을 연구하였으나 요한 베르누이는 1700년 이전에 이미 이 식의 해를 알고 있었다.

예제 5.5.1

$$2x^2y'' + 3xy' - y = 0, \quad x > 0 \tag{8}$$

을 풀어라.

풀이

식 (8)에 $y = x^r$을 대입하면

$$x^r\,(2r\,(r-1) + 3r - 1) = x^r\left(2r^2 + r - 1\right) = x^r\,(2r-1)\,(r+1) = 0$$

이므로 $r_1 = \frac{1}{2}$, $r_2 = -1$이고, 따라서 식 (8)의 일반해는

$$y = c_1 x^{1/2} + c_2 x^{-1}, \quad x > 0 \tag{9}$$

이다.

▶**중근(Equal Roots).** r_1과 r_2가 같다면, 이미 가정된 형태인 $y_1(x) = x^{r_1}$이 유일해이다. 두 번째 해는 계수 축소법(method of reduction of order)을 사용해서 얻을 수 있지만, 이후의 내용을 위하여 다른 방법을 소개하겠다. $r_1 = r_2$이므로, $F(r) = (r - r_1)^2$이다. 따라서 이 경우에 $F(r_1) = 0$일 뿐 아니라 $F'(r_1) = 0$이므로 식 (4)를 r에 대해 미분하고 r을 r_1과 같게 두자. 식 (4)를 r에 대해 미분하면,

$$\begin{aligned}\frac{\partial}{\partial r}L\,[x^r] &= \frac{\partial}{\partial r}\,(x^r F\,(r)) = \frac{\partial}{\partial r}\left(x^r(r - r_1)^2\right)\\ &= (r - r_1)^2 x^r \ln(x) + 2\,(r - r_1)\,x^r\end{aligned} \tag{10}$$

을 얻는다. 이때 x에 대한 미분과 r에 대한 미분을 바꾸면

$$\frac{\partial}{\partial r}L\,[x^r] = L\left[\frac{\partial}{\partial r}x^r\right] = L\,[x^r \ln(x)]$$

을 얻는다. 식 (10)의 우변은 $r = r_1$에 대해 영이다; 결국, $L\,[x^{r_1} \ln(x)] = 0$이다. 따라서,

$$y_2\,(x) = x^{r_1} \ln(x), \quad x > 0 \tag{11}$$

이 식 (2)의 두 번째 해이다. y_1과 y_2의 론스키안을 구하면,

$$W\,[x^{r_1}, x^{r_1} \ln(x)] = x^{2r_1 - 1}$$

이므로 x^{r_1}과 $x^{r_1} \ln(x)$는 $x > 0$에 대한 기본해 집합이고, 식 (2)의 일반해는

$$y = (c_1 + c_2 \ln(x))\,x^{r_1}, \quad x > 0 \tag{12}$$

이다.

예제 5.5.2

$$x^2y'' + 5xy' + 4y = 0, \quad x > 0 \tag{13}$$

을 풀어라.

풀이

식 (13)에 $y = x^r$을 대입하면

$$x^r(r(r-1) + 5r + 4) = x^r(r^2 + 4r + 4) = 0$$

을 얻는다. 따라서 $r_1 = r_2 = -2$이고

$$y = x^{-2}(c_1 + c_2 \ln(x)), \quad x > 0 \tag{14}$$

이 식 (13)의 일반해이다.

▶복소수 근(Complex Roots). 마지막으로 근 (5)의 해 r_1과 r_2가 켤레 복소수, 즉 $\mu \neq 0$일 때 $r_1 = \lambda + i\mu$이고 $r_2 = \lambda - i\mu$라고 하자. r이 복소수일 때 x^r의 의미를 알아야 한다. $x > 0$이고 r이 실수일 때,

$$x^r = e^{r \ln(x)} \tag{15}$$

임을 떠올리며 r이 복소수일 때 이 방정식을 사용하여 x^r을 *정의*(define)하자. 그러면 $e^{i\mu \ln(x)}$에 대한 오일러의 공식에 의해

$$\begin{aligned} x^{\lambda+i\mu} &= e^{(\lambda+i\mu)\ln(x)} = e^{\lambda \ln(x)} e^{i\mu \ln(x)} = x^\lambda e^{i\mu \ln(x)} \\ &= x^\lambda(\cos(\mu \ln(x)) + i \sin(\mu \ln(x))), x > 0 \end{aligned} \tag{16}$$

를 얻는다. r의 복소수 값에 대한 x^r의 이 정의를 사용하면 대수 법칙과 미적분 공식이 유효함을 증명할 수 있고, x^{r_1}과 x^{r_2}이 식 (2)의 실제 해가 된다. 따라서 식 (2)의 일반해는

$$y = c_1 x^{\lambda+i\mu} + c_2 x^{\lambda-i\mu} \tag{17}$$

이다. 이 식의 단점은 함수 $x^{\lambda+i\mu}$과 $x^{\lambda-i\mu}$이 복소수 값을 갖는다는 것이다. 고유방정식의 해가 복소수일 때 상수계수를 갖는 2계 미분방정식과 유사한 상황이다. 그때 했던 것처럼, 정리 3.2.6을 사용하면 $x^{\lambda+i\mu}$의 실수부와 허수부, 즉

$$x^\lambda \cos(\mu \ln(x)) \quad \text{와} \quad x^\lambda \sin(\mu \ln(x)) \tag{18}$$

를 이용하여 식 (2)의 실수해들을 얻을 수 있다. 또한,

$$W\left[x^\lambda \cos(\mu \ln(x)), x^\lambda \sin(\mu \ln(x))\right] = \mu x^{2\lambda-1}$$

이 되므로(연습문제 **29** 참고) 이 실수해들은 $x > 0$에 대한 기본해 집합을 이루고 식 (2)의 일반해는

$$y = c_1 x^\lambda \cos(\mu \ln(x)) + c_2 x^\lambda \sin(\mu \ln(x)), \quad x > 0 \tag{19}$$

이 된다.

예제 5.5.3

$$x^2 y'' + xy' + y = 0 \tag{20}$$

을 풀어라.

풀이

식 (20)에 $y = x^r$을 대입하면

$$x^r(r(r-1)+r+1) = x^r(r^2+1) = 0$$

이 된다. 따라서 $r = \pm i$이고 일반해는

$$y = c_1 \cos(\ln(x)) + c_2 \sin(\ln(x)), \quad x > 0 \tag{21}$$

이다. 이 예제에서 $\lambda = 0$이고 $x^\lambda = 1$이기 때문에 인수 x^λ이 식 (21)에 나타나 있지 않는다.

이제 특이점 $x = 0$ 근방에서 식 (2)에 대한 해의 모양을 살펴보자. 이것은 지수 r_1과 r_2의 값에 달려 있다. 먼저, r이 양의 실수라면 x가 양의 값에서 영으로 다가갈 때 $x^r \to 0$이고 반면에 r이 음의 실수이면 $x^r \to \infty$이다. $r = 0$이면 $x^r = 1$이다. **그림 5.5.1**은 r의 다양한 값에 대한 여러 경우를 보여주고 있다. r이 복소수이면, 전형적인 해는 $x^\lambda \cos(\mu \ln(x))$이다. 이 함수는 λ가 음이거나 양일 때 각각 무한하거나 영으로 수렴한다. 그리고 $x \to 0$일 때 점점 빨리 진동한다. 이런 모습은 특정한 λ와 μ에 대해서 **그림 5.5.2**와 **5.5.3**에 나와 있다. $\lambda = 0$이면 진동은 일정한 진폭을 가진다. 마지막으로 중근이 존재한다면 $x^r \ln(x)$ 형태의 한 해를 갖는데, 이 해는 $r > 0$이면 영으로 수렴하고 $r \le 0$이면 무한하다. 각각의 예는 **그림 5.5.4**에 나타나 있다.

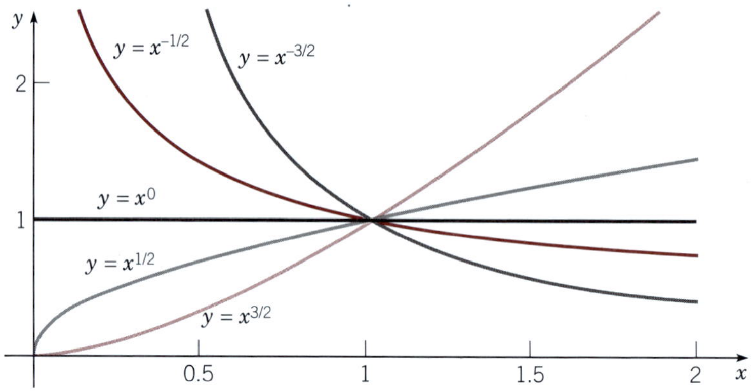

그림 5.5.1 오일러 방정식의 해: 실근들 ($\mu = 0$)

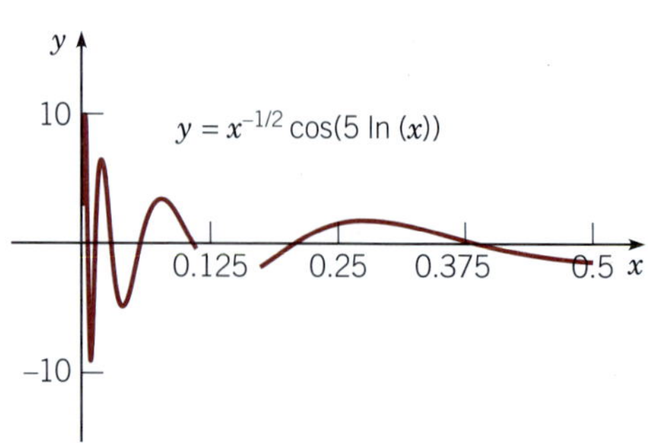

그림 5.5.2 오일러 방정식의 해; 음의 실수부를 갖는 복소수 근

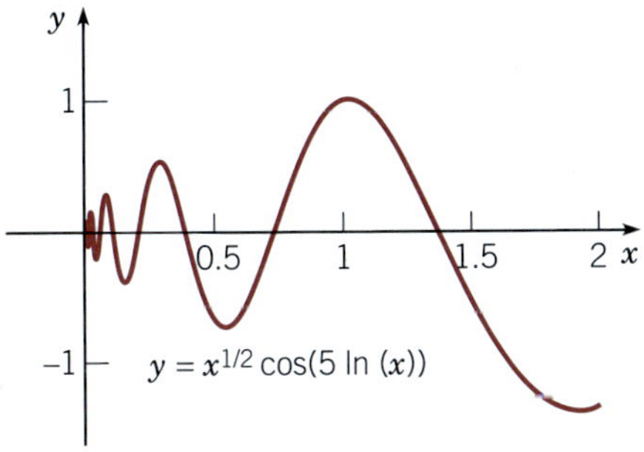

그림 5.5.3 오일러 방정식의 해; 양의 실수부를 갖는 복소수 근

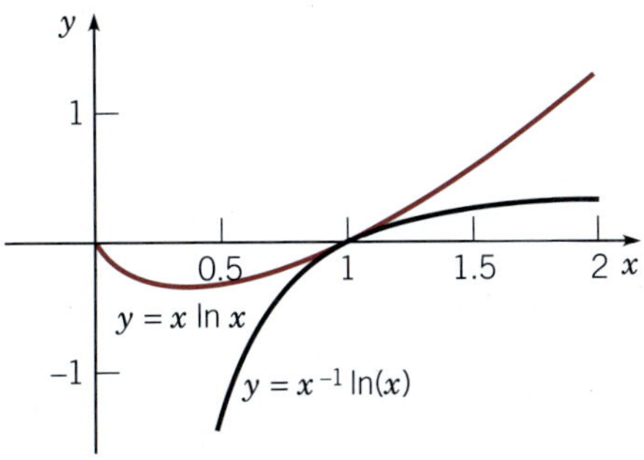

그림 5.5.4 중근을 갖는 오일러 방정식의 전형적인 두 번째 해; $r > 0$(청록), $r < 0$(검정)

식 (2)에 대한 해를 구간 $x < 0$로 확장하는 것은 직접 계산하면 된다. 어려운 점은 x가 음수이고 r이 정수가 아닐 때 x^r의 의미이다. $\ln(x)$는 $x < 0$에 대해 정의되지 않는다. $x > 0$일 때의 오일러 방정식의 해는 $x < 0$에 대해서도 유효함을 보일 수 있지만, 일반적으로 복소수 값을 갖는다. 따라서 예제 5.5.1에서 해 $x^{1/2}$은 $x < 0$에 대해 허수이다.

다음과 같이 변수를 변환하는 방법으로 구간 $x < 0$에서 오일러 방정식 (2)의 실수해를 구할 수 있다. $\xi > 0$에 대해 $x = -\xi$이라 두고 $y = u(\xi)$라 두자. 그러면

$$\frac{dy}{dx} = \frac{du}{d\xi}\frac{d\xi}{dx} = -\frac{du}{d\xi}, \quad \frac{d^2y}{dx^2} = \frac{d}{d\xi}\left(-\frac{du}{d\xi}\right)\frac{d\xi}{dx} = \frac{d^2u}{d\xi^2} \tag{22}$$

가 된다. 따라서 $x < 0$에 대해, 식 (2)는

$$\xi^2\frac{d^2u}{d\xi^2} + \alpha\xi\frac{du}{d\xi} + \beta u = 0, \quad \xi > 0 \tag{23}$$

인 형태를 갖는다. 이것은 변수의 이름을 제외하고는 식 (2)와 같다; 식 (7), (12), (19)로부터

$$u(\xi) = \begin{cases} c_1\xi^{r_1} + c_2\xi^{r_2} & r_1, r_2\text{: 서로 다른 실수 값} \\ (c_1 + c_2\ln(\xi))\,\xi^{r_1} & r_1, r_2\text{: 서로 같은 실수 값} \\ c_1\xi^{\lambda}\cos(\mu\ln(\xi)) + c_2\xi^{\lambda}\sin(\mu\ln(\xi)) & r_{1,2} = \lambda \pm i\mu\text{가 복소수 값}(\mu \neq 0) \end{cases} \tag{24}$$

를 얻는데, $F(r) = r(r-1) + \alpha r + \beta = 0$의 근이 서로 다른 실수, 중근 또는 켤레 복소수 중 무엇이냐에 달려 있다. 식 (24)에서 ξ를 $-x$로 바꾸면, x에 관한 u를 얻을 수 있다.

$x > 0$일 때 $|x| = x$이고 $x < 0$일 때 $|x| = -x$이므로 $x > 0$인 경우와 $x < 0$인 경우의 결과를 합할 수 있다. 따라서 식 (7), (12), (19)에서 x를 $|x|$로 바꾸면 원점을 포함하지 않는 임의의 구간에서 유효한 실수해를 구할 수 있다.

그러므로 오일러 방정식 (2)

$$x^2 y'' + \alpha x y' + \beta y = 0$$

의 일반해는 원점을 포함하지 않는 임의의 구간에서 방정식

$$F(r) = r(r-1) + \alpha r + \beta = 0$$

의 근 r_1과 r_2에 따라 다음과 같이 결정된다. 근 r_1, r_2가 서로 다른 실근이면,

$$y = c_1 |x|^{r_1} + c_2 |x|^{r_2} \tag{25}$$

이다. 중근이면

$$y = (c_1 + c_2 \ln|x|)|x|^{r_1} \tag{26}$$

이다. 켤레 복소수 근이면 $r_{1,2} = \lambda \pm i\mu$에 대해,

$$y = |x|^{\lambda} (c_1 \cos(\mu \ln|x|) + c_2 \sin(\mu \ln|x|)) \tag{27}$$

이다.

형태

$$(x - x_0)^2 y'' + \alpha (x - x_0) y' + \beta y = 0 \tag{28}$$

인 오일러 방정식의 해도 비슷하다. $y = (x - x_0)^r$ 형태의 해를 찾는다면, x를 $x - x_0$로 바꾸었을 때 식 (25), (26) 또는 (27)에 의하여 일반해가 주어진다. 아니면 독립변수 변환 $t = x - x_0$에 의해 식 (28)을 식 (2) 형태로 바꿀 수도 있다.

▶정칙 특이점(Regular Singular Points). x_0가 특이점일 때, 일반 미분방정식 (1)

$$P(x)y'' + Q(x)y' + R(x)y = 0$$

을 다시 살펴보자. x_0가 특이점이라는 것은 $P(x_0) = 0$이고 Q, R 중 적어도 하나는 x_0에서 영이 아님을 의미한다.

불행하게도, 특이점 x_0 근방에서 식 (1)을 푸는 데 있어서 앞의 두 절의 방법은 소용이 없다. 이것은 식 (1)의 해가 x_0에서 해석적이지 않은 경우가 많아 $x - x_0$의 거듭제곱인 테일러 급수로 표현될 수 없기 때문이다. 예제 5.5.1, 5.5.2, 5.5.3이 이런 사실을 설명한다; 이들 예제에서는 해가 특이점 $x = 0$에 대한 멱급수 전개를 갖지 않는다. 그러므로 특이점 근방에서 식 (1)을 풀기 위해서는 더 일반적인 형태의 급수 전개를 사용해야 한다.

미분방정식의 특이점은 보통 많지 않기 때문에, 특히나 정상점에 대해서는 해를 구할 수 있기 때문에 이 특이점을 무시할 수 있지 않을까 싶을 수도 있다. 그러나 그렇지 않다. 특이점은 예상했던 것보다 훨씬 더 해의 주요 성질을 결정짓는다. 특이점 근방에서 해의 크기가 커지거나 빠르게 변하기도 한다. 예를 들어 예제 5.5.1, 5.5.2, 5.5.3에서 찾은 해가 이런 경우이다. 따라서 미분

방정식으로 모델링된 물리 시스템의 형태는 특이점 근방에서 가장 흥미로운 경우가 많다. 꼭짓점 또는 날카로운 모서리와 같은 물리 문제에서의 기하학적 특이성은 이에 대응되는 미분방정식의 특이점을 유도한다. 따라서 미분방정식의 특이점을 피하고 싶더라도 이 점에서 해를 가장 주의 깊게 연구해야 한다.

해석적인 방법 대신 8장에서 소개할 수치적인 방법을 고려할 수도 있다. 그러나 이 수치적인 방법들도 특이점 근방의 해를 연구하기에는 적당하지 않다. 따라서 수치적인 방법을 이용하더라도 특이점 근방에서 해의 모양을 조사하기 위해서는 이 장의 해석적인 방법을 병행하는 것이 좋다.

특이점 근방에서 Q/P와 R/P의 모양에 관한 추가적인 정보 없이 $x = x_0$ 근방에서 식 (1)의 해의 모양을 설명하는 것은 불가능하다. $x \to x_0$일 때 식 (1)의 서로 다른 두 해가 유한할 수 있다(예제 5.5.3); 또는 $x \to x_0$일 때 한 해는 유한하고 다른 해는 무한할 수도 있다(예제 5.5.1); 또는 $x \to x_0$일 때 두 해 모두 무한할 수 있다(예제 5.5.2). 식 (1)이 $x \to x_0$일 때 무한한 해를 갖는다면 $x \to x_0$일 때 이 해가 어떤 모양인지 결정하는 것이 중요할 수 있다. 예를 들어, $(x - x_0)^{-1}$ 또는 $|x - x_0|^{-1/2}$과 같은 방식으로 $y \to \infty$인가? 아니면 이와는 다른 방식으로 $y \to \infty$인가?

여기서의 목표는 정상점 근방에서 식 (1)을 풀기 위해 만든 방법을 확장하여 특이점 x_0 근방에 적용하는 것이다. 이를 단순화시키기 위해 $x = x_0$에서 함수 Q/P와 R/P의 특이성이 너무 지나치지 않도록 제한할 필요가 있다—이를 "약한 특이성"이라고 부른다. 현 단계에서 수용할 만한 특이성이 무엇인지는 불명확하다. 그러나 이 방법을 진행하다 보면 "약한 특이성"을 특정 지을 적당한 조건들이

$$\lim_{x \to x_0} (x - x_0) \frac{Q(x)}{P(x)} \quad \text{이 유한하다} \tag{29}$$

와

$$\lim_{x \to x_0} (x - x_0)^2 \frac{R(x)}{P(x)} \quad \text{이 유한하다} \tag{30}$$

임을 알게 될 것이다. 이것은 Q/P의 특이성이 $(x - x_0)^{-1}$보다 나쁘지 않고 R/P의 특이성이 $(x - x_0)^{-2}$보다 나쁘지 않다는 것을 의미한다. 이러한 점을 식 (1)의 **정칙 특이점**(regular singular point)이라고 부른다. 다항 함수보다 더 일반적인 계수를 갖는 미분방정식에 대해 x_0가 특이점이고, 두 식[11]

$$(x - x_0) \frac{Q(x)}{P(x)} \quad \text{와} \quad (x - x_0)^2 \frac{R(x)}{P(x)} \tag{31}$$

가 모두 수렴하는 x_0에 대한 테일러 급수를 가지면—즉, 식 (31)의 함수가 $x = x_0$에서 해석적이면—x_0는 식 (1)의 정칙 특이점이다. 식 (29)와 (30)은 P, Q, R이 다항 함수인 경우임을 내포한다. 식 (1)의 정칙 특이점이 아닌 임의의 특이점을 식 (1)의 **비정칙 특이점**(irregular singular point)이라고 부른다.

오일러 방정식 (28)은 식 (29)와 (30)의 조건을 만족한다. 따라서 오일러 방정식의 특이점은

[11] 식 (31)에 주어진 함수는 x_0에서 정의가 안 될 수도 있다. 이런 경우에는 x_0에서의 함수값은 $x \to x_0$일 때의 극한값으로 정의한다.

정칙 특이점이다. 실제로 정칙 특이점 근방에서 식 (1)의 형태를 갖는 모든 미분방정식은 오일러 방정식과 유사한 특징을 갖는다. 즉, 정칙 특이점 근방의 해는 음이거나 정수가 아닌 지수를 갖는 x의 거듭제곱이거나, 로그 함수 또는 로그 함수 편각의 사인이나 코사인 등을 포함한다.

다음 절에서 정칙 특이점 근방에서 식 (1)을 푸는 방법을 설명한다. 비정칙 특이점 근방에서 미분방정식의 풀이는 더 복잡하며, 고급 과정의 책에 나와 있다.

예제 5.5.4 르장드르 방정식

$$(1-x^2)\,y'' - 2xy' + \alpha(\alpha+1)\,y = 0 \tag{32}$$

의 특이점을 구하고, 정칙인지 비정칙인지 판별하라.

풀이

이 경우 $P(x) = 1 - x^2$이므로 특이점은 $x = 1$과 $x = -1$이다. 식 (32)를 $1 - x^2$으로 나누면 y'과 y의 계수는 각각 $-2x/(1 - x^2)$와 $\alpha(\alpha + 1)/(1 - x^2)$이다. 점 $x = 1$을 먼저 살펴보자. 식 (29)와 (30)에 의해

$$\lim_{x\to1}(x-1)\frac{-2x}{1-x^2} = \lim_{x\to1}\frac{(x-1)(-2x)}{(1-x)(1+x)} = \lim_{x\to1}\frac{2x}{1+x} = 1$$

이고

$$\begin{aligned}\lim_{x\to1}(x-1)^2\frac{\alpha(\alpha+1)}{1-x^2} &= \lim_{x\to1}\frac{(x-1)^2\alpha(\alpha+1)}{(1-x)(1+x)}\\ &= \lim_{x\to1}\frac{(x-1)(-\alpha)(\alpha+1)}{1+x} = 0\end{aligned}$$

이다. 이 극한들은 유한하므로 점 $x = 1$은 정칙 특이점이다.

$x = -1$에 대해서도 이와 비슷한 방법으로 정칙 특이점임을 보일 수 있다.

예제 5.5.5 미분방정식

$$5x(x-2)^2 y'' + 3xy' + (x-2)\,y = 0$$

의 특이점을 구하고 정칙 특이점과 비정칙 특이점으로 분류하라.

풀이

주어진 미분방정식을 $5x(x-2)^2$으로 나누면

$$y'' + \frac{3}{5(x-2)^2}y' + \frac{1}{5x(x-2)}y = 0$$

이므로 $p(x) = \dfrac{Q(x)}{P(x)} = \dfrac{3}{5(x-2)^2}$ 이고 $q(x) = \dfrac{R(x)}{P(x)} = \dfrac{1}{5x(x-2)}$이다. 이때, 특이점은 $x = 0$과 $x = 2$이다. $x = 0$을 살펴보자.

$$\lim_{x\to0} x\,p(x) = \lim_{x\to0} x\frac{3}{5(x-2)^2} = 0$$

과

$$\lim_{x\to 0} x^2 q(x) = \lim_{x\to 0} x^2 \frac{1}{5x(x-2)} = 0$$

이고 이 극한들이 유한하므로 $x = 0$은 정칙 특이점이다.

$x = 2$에 대해서는

$$\lim_{x\to 2}(x-2)\,p(x) = \lim_{x\to 2}(x-2)\frac{3}{5(x-2)^2} = \lim_{x\to 2}\frac{3}{5(x-2)}$$

이 되는데, 극한이 존재하지 않는다. 따라서 $x = 2$는 비정칙 특이점이다.

예제 5.5.6

$$9\left(x-\frac{\pi}{2}\right)^2 y'' + (\cos(x))\,y' + (\sin(x))\,y = 0$$

의 특이점을 구하고 정칙 특이점과 비정칙 특이점으로 분류하라.

풀이

유일한 특이점은 $x = \frac{\pi}{2}$이다. 이를 조사하기 위해서 함수

$$\left(x-\frac{\pi}{2}\right)p(x) = \left(x-\frac{\pi}{2}\right)\frac{Q(x)}{P(x)} = \frac{\cos(x)}{9(x-\pi/2)}$$

와

$$\left(x-\frac{\pi}{2}\right)^2 q(x) = \left(x-\frac{\pi}{2}\right)^2\frac{R(x)}{P(x)} = \frac{\sin(x)}{9}$$

를 살펴보자. $x = \frac{\pi}{2}$에 대한 $\cos(x)$의 테일러 급수부터 시작하면, 모든 x에 대해 수렴하는

$$\frac{\cos(x)}{9(x-\pi/2)} = \frac{1}{9}\left(-1 + \frac{(x-\pi/2)^2}{3!} - \frac{(x-\pi/2)^4}{5!} + \cdots\right)$$

을 구할 수 있다. 비슷하게 $\sin(x)$도 $x = \frac{\pi}{2}$에서 해석적이다. 그러므로 $\frac{\pi}{2}$는 이 미분방정식에 대한 정칙 특이점이라고 결론 내릴 수 있다.

연습 문제

▶ 문제 **1**부터 **8**까지 특이점을 포함하지 않는 임의의 구간에서 유효한 주어진 미분방정식의 일반해를 구하라.

1. $x^2y'' + 5xy' + 3y = 0$

2. $(x+1)^2y'' + (x+1)' + y = 0$

3. $x^2y'' - 5xy' + 9y = 0$

4. $x^2y'' - 9xy' + 25y = 0$

5. $x^2y'' + 7xy' - y = 0$

6. $x^2y'' - 5xy' + 8y = 0$

7. $x^2y'' - 3xy' + 4y = 0$

8. $(x-1)^2y'' + 8(x-1)y' + 12y = 0$

▶ 문제 **9**부터 **11**까지, 주어진 초깃값 문제의 해를 구하라. 해의 그래프를 그리고 $x \to 0$일 때 해의 모양을 설명하라.

9. G $2x^2y'' + xy' - 3y = 0,\quad y(1) = 1,\quad y'(1) = 2$

10. G $4x^2y'' + 8xy' + 17y = 0,\quad y(1) = 2,\quad y'(1) = -1$

11. Ⓖ $x^2y'' - 3xy' + 4y = 0, \quad y(-1) = 2, \quad y'(-1) = 3$

▶ 문제 **12**부터 **23**까지, 주어진 미분방정식의 모든 특이점을 찾고 각각 정칙인지 비정칙인지 판별하라.

12. $23xy'' + (1 - x)y' + 17\,xy = 0$

13. $x^2(1 - x)^2y'' + 3xy' + 4y = 0$

14. $x^2(1 - x)y'' + (x - 3)y' - 3xy = 0$

15. $(x^2 + x - 2)y'' + (x + 1)y' + 4y = 0$

16. $5(x + 1)\,x^2y'' + 4x\,(4 - x^2)' + (2 + 3x)y = 0$

17. $x^2y'' + xy' + (x^2 - \nu^2)\,y = 0$ (베셀 방정식)

18. $(x + 2)^2(x - 1)y'' + 3(x - 1)y' - 3(x + 2)y = 0$

19. $17x^4y'' + 9x^2\sin(x)y' + (1 - \cos(x))y = 0$

20. $x^2y'' + 2(e^x - 1)y' + (e^{-x}\cos x)y = 0$

21. $y'' + (\ln|x|)y' + 4xy = 0$

22. $(\sin x)y'' + xy' + 2y = 0$

23. $(x\sin x)y'' + 3y' + 2xy = 0$

24. $x \to 0$일 때, $x^2y'' + \alpha xy' + 31y = 0$의 모든 해가 영으로 수렴하는 α의 모든 값을 구하라.

25. $x \to 0$일 때, $x^2y'' + \beta y = 0$의 모든 해가 영으로 수렴하는 β의 모든 값을 구하라.

26. $x \to 0$일 때, $x^2y'' - 2y = 0,\ y(1) = 1,\ y'(1) = \gamma$인 초깃값 문제의 모든 해가 유한한 γ의 모든 값을 구하라.

27. 오일러 방정식 $x^2y'' + \alpha xy' + \beta y = 0$이 주어져 있다. 다음 조건을 만족하는 α와 β의 조건을 구하라:

a. $x \to 0$일 때, 모든 해가 영으로 수렴한다.

b. $x \to 0$일 때, 모든 해가 유한하다.

c. $x \to \infty$일 때, 모든 해가 영으로 수렴한다.

d. $x \to \infty$일 때, 모든 해가 유한하다.

e. $x \to \infty$이고 $x \to 0$일 때, 모든 해가 유한하다.

28. 계수 축소법을 사용하여, m이

$$(r - 1) + 3\alpha r + 7\beta = 0$$

의 중근일 때 x^m과 $x^m\ln(x)$가 $x^2y'' + 3\alpha xy' + 7\beta y = 0,\ x > 0$의 해가 됨을 보여라.

29. $W[x^\lambda\cos(\mu\ln(x)), x^\lambda\sin(\mu\ln(x))] = \mu x^{2\lambda-1}$임을 보여라.

▶ 문제 **30**과 **31**에서 점 $x = 0$이 정칙 특이점임을 보여라. 각 문제에서 $\sum_{n=0}^{\infty} a_nx^n$ 형태의 해를 구해보자. 문제 **30**에 대한 이런 형태의 영이 아닌 해는 (상수 배를 제외하고는) 유일하게 하나 존재하고, 문제 **31**에 대해서는 이런 형태의 영이 아닌 해가 존재하지 않음을 보여라. 따라서 둘 중 어느 것도 이러한 방법으로 일반해를 찾을 수 없다. 이것이 특이점을 갖는 미분방정식의 전형적인 모습이다.

30. $2xy'' + 3y' + xy = 0$

31. $2x^2y'' + 3xy' - (1 + x)y = 0$

32. **무한대에서의 특이성**(Singularities at Infinity). 앞 절에서 주어진 정상점과 특이점의 정의는 점 x_0가 유한할 때만 적용 가능하다. 미분방정식을 좀 더 연구하다 보면 무한대의 점을 다루기도 한다. 이 점에서는 $\xi = 1/x$로 변수 변환하고 $\xi = 0$에서의 결과를 연구한다. 미분방정식

$$P(x)\,y'' + Q(x)\,y' + R(x)\,y = 0$$

에 대해서,

$$\frac{1}{P(1/\xi)}\left(\frac{2P(1/\xi)}{\xi} - \frac{Q(1/\xi)}{\xi^2}\right) \quad 와 \quad \frac{R(1/\xi)}{\xi^4 P(1/\xi)}$$

이 $\xi = 0$에 대한 테일러 급수 전개를 가지면 무한대에서의 점이 정상점임을 보여라. 또한, 위 함수 중 적어도 하나는 테일러 급수 전개를 갖지 않지만,

$$\frac{\xi}{P(1/\xi)}\left(\frac{2P(1/\xi)}{\xi} - \frac{Q(1/\xi)}{\xi^2}\right) \text{ 와 } \frac{R(1/\xi)}{\xi^2 P(1/\xi)}$$

이 모두 테일러 급수 전개를 가진다면 무한 점은 정칙 특이점임을 보여라.

▶ 문제 **33**에서 **37**까지, 문제 **32**의 결과를 사용하여 무한 점이 주어진 미분방정식의 정상점인지, 정칙 특이점인지, 비정칙 특이점인지 판별하라.

33. $5y'' + 2y = 0$

34. $3x^2y'' + xy' - 14y = 0$

35. $(1 - x^2)y'' - 22xy' + 7\alpha(\alpha + 1)y = 0$

36. $7y'' - 32xy' + \lambda y = 0$

37. $8y'' - 9xy = 0$

5.6 정칙 특이점 근방의 급수해 I

특이점 $x = x_0$ 근방에서 일반적인 2계 선형 미분방정식

$$P(x)\,y'' + Q(x)\,y' + R(x)\,y = 0 \tag{1}$$

을 푸는 문제를 고려하자. 편의상 $x_0 = 0$이라고 가정하자. $x_0 \neq 0$라면 $x - x_0$를 t와 같게 두어 정칙 특이점이 원점이 되도록 미분방정식을 바꿀 수 있다.

$x = 0$이 식 (1)의 정칙 특이점이라는 가정은 $xQ(x)/P(x) = xp(x)$와 $x^2R(x)/P(x) = x^2q(x)$가 $x \to 0$일 때 유한한 극한을 갖고 $x = 0$에서 해석적이라는 것을 의미한다. 따라서 이 함수들이 $\rho > 0$일 때, 원점에 대한 어떤 구간 $|x| < \rho$에서

$$xp(x) = \sum_{n=0}^{\infty} p_n x^n, \quad x^2 q(x) = \sum_{n=0}^{\infty} q_n x^n \tag{2}$$

형태의 수렴하는 멱급수 전개가 가능하다. 식 (1)에서 $xp(x)$와 $x^2q(x)$가 나타나게 하기 위해서, 식 (1)을 $P(x)$로 나눈 후 x^2을 곱하면

$$x^2y'' + x\,(xp(x))\,y' + \left(x^2q(x)\right)y = 0 \tag{3}$$

즉,

$$\begin{aligned} x^2y'' &+ x(p_0 + p_1x + \cdots + p_nx^n + \cdots)y' \\ &+ (q_0 + q_1x + \cdots + q_nx^n + \cdots)\,y = 0 \end{aligned} \tag{4}$$

이 된다. $xp(x)$와 $x^2q(x)$의 첫 항은

$$p_0 = \lim_{x \to 0} \frac{xQ(x)}{P(x)} \quad \text{와} \quad q_0 = \lim_{x \to 0} \frac{x^2R(x)}{P(x)} \tag{5}$$

이다. $n \geq 1$인 다른 계수 p_n과 q_n이 모두 영이라면, 식 (4)는 앞 절에서 다룬 오일러 방정식

$$x^2y'' + p_0xy' + q_0y = 0 \tag{6}$$

이 된다.

물론, 일반적으로는 $n \geq 1$에 대한 계수 p_n과 q_n이 모두 영인 것은 아니다. 그러나 특이점 근방에서 식 (4)에 대한 해의 중요한 특성은 오일러 방정식 (6)에 대한 해의 특성과 동일하다. 항 $p_1x + \cdots + p_nx^n + \cdots$과 $q_1x + \cdots + q_nx^n + \cdots$이 있어서 계산이 복잡해진다.

이때, 구간을 $x > 0$으로 제한하자. 구간 $x < 0$에서는 오일러 방정식에서처럼 $x = -\xi$로 변수 변환한 후, 그 결과식을 $\xi > 0$에 대해서 풀면 된다.

식 (4)의 계수는 멱급수에 "오일러 계수"를 곱한 것으로 볼 수 있다. 이를 확인하기 위해 식 (4)의 y'의 계수를

$$p_0x\left(1 + \frac{p_1}{p_0}x + \frac{p_2}{p_0}x^2 + \cdots + \frac{p_n}{p_0}x^n + \cdots\right)$$

으로 쓰고 y의 계수도 이와 유사하게 쓴다. 따라서 자연스럽게 멱급수에 "오일러 해"를 곱한 형태로 식 (4)의 해를 찾을 수 있다. 그러므로 $a_0 \neq 0$일 때,

$$y = x^r(a_0 + a_1x + \cdots + a_nx^n + \cdots) = x^r\sum_{n=0}^{\infty} a_nx^n = \sum_{n=0}^{\infty} a_nx^{r+n} \tag{7}$$

이라 가정하자. 다시 말해서, r은 급수에서 첫째 항의 지수이고 a_0는 그 항의 계수이다. 해의 일환으로 다음을 결정해야 한다:

1. 식 (1)이 (7) 형태인 해를 갖기 위한 r의 값
2. 계수 a_n에 대한 점화식.
3. 급수 $\sum_{n=0}^{\infty} a_nx^n$의 수렴 반경.

일반적인 이론은 프로베니우스(Frobenius)[12]가 완성하였으나 상당히 복잡하므로 이 이론을 소개하는 대신, 이 절과 다음 절에서 다루고 있는 형태의 해가 존재한다고만 가정하겠다. 특히 해에 대한 식에 나오는 임의의 멱급수 영이 아닌 수렴 반경을 갖는다고 가정하고 이런 급수의 계수를 찾는 방법에 집중할 것이다. 먼저, 프로베니우스의 방법을 설명하기 위해서 다음 예제를 살펴보자.

예제 5.6.1

미분방정식

$$2x^2y'' - xy' + (1 + x)y = 0 \tag{8}$$

을 풀어라.

풀이

$x = 0$이 식 (8)의 정칙 특이점을 보이는 것은 어렵지 않다. 또한, $xp(x) = -1/2$이고 $x^2q(x) = (1 + x)/2$이다. 따라서 $p_0 = -1/2$, $q_0 = 1/2$, $q_1 = 1/2$이고 그 외 다른 모든 p_n와 q_n은 영이다. 그러면 식 (6)으로부터 식 (8)에 대응하는 오일러 방정식은

[12] Ferdinand Georg Frobenius (1849~1917)은 베를린의 교외에서 자랐고 베를린 대학에서 1870년 박사 학위를 받고 1892년 베를린 대학 교수가 되었다. 그의 업적은 취리히에 있는 Eidgenössische Polytechnikum에서 주로 이루어졌다. 그는 1874년 정칙 특이점에 대한 급수해를 구하는 방법을 보였다. 그러나 그의 가장 탁월한 업적은 대수학에 있는데, 군론의 가장 뛰어난 초기 연구자이다.

$$2x^2y'' - xy' + y = 0 \tag{9}$$

이다.

식 (8)을 풀기 위해서 식 (7)의 형태를 갖는 해가 존재한다고 가정하자. 그러면 y'과 y''은

$$y' = \sum_{n=0}^{\infty} a_n (r+n) x^{r+n-1} \tag{10}$$

과

$$y'' = \sum_{n=0}^{\infty} a_n (r+n)(r+n-1) x^{r+n-2} \tag{11}$$

으로 주어진다. 식 (8)의 y, y', y''에 이 식들을 대입하면,

$$\begin{aligned} 2x^2y'' - xy' + (1+x)y &= \sum_{n=0}^{\infty} 2a_n (r+n)(r+n-1) x^{r+n} \\ &\quad - \sum_{n=0}^{\infty} a_n (r+n) x^{r+n} + \sum_{n=0}^{\infty} a_n x^{r+n} + \sum_{n=0}^{\infty} a_n x^{r+n+1} \end{aligned} \tag{12}$$

을 얻는다. 식 (12)의 마지막 항은 $\sum_{n=1}^{\infty} a_{n-1}x^{r+n}$으로 쓸 수 있으므로, 식 (12)의 항들과 합쳐서

$$\begin{aligned} 2x^2y'' - xy' + (1+x)y &= a_0 (2r(r-1) - r + 1) x^r \\ &\quad + \sum_{n=1}^{\infty} ((2(r+n)(r+n-1) - (r+n) + 1) a_n + a_{n-1}) x^{r+n} = 0 \end{aligned} \tag{13}$$

이 된다. 식 (13)이 모든 x에 대해 성립한다면, 식 (13)에서 x의 거듭제곱의 계수들이 모두 영이 되어야 한다. x^r의 계수로부터, $a_0 \neq 0$이므로

$$2r(r-1) - r + 1 = 2r^2 - 3r + 1 = (r-1)(2r-1) = 0 \tag{14}$$

이다. 이때, 식 (14)를 식 (8)에 대한 **결정 방정식**(indicial equation)이라 부른다. 이 식은 식 (8)과 관련된 오일러 방정식 (9)에 대한 다항식이다. 이 결정 방정식의 근은

$$r_1 = 1, \quad r_2 = \frac{1}{2} \tag{15}$$

이다. 이 r의 값을 정칙 특이점 $x = 0$에 대한 **특이점에서의 지수**(exponents at the singularity)라고 부른다. 이 지수들은 특이점 근방에서 해 (7)의 정성적인 모양을 결정한다.

이제 식 (13)으로 돌아가서 x^{r+n}의 계수를 영과 같게 두자. 그러면 관계식,

$$(2(r+n)(r+n-1) - (r+n) + 1) a_n + a_{n-1} = 0, \quad n \geq 1 \tag{16}$$

즉,

$$\begin{aligned} a_n &= -\frac{a_{n-1}}{2(r+n)^2 - 3(r+n) + 1} \\ &= -\frac{a_{n-1}}{((r+n)-1)(2(r+n)-1)}, \quad n \geq 1 \end{aligned} \tag{17}$$

을 얻을 수 있다. 결정 방정식에 대한 각각의 근 r_1과 r_2에 대해서, 계수 $a_1, a_2, \cdots$의 집합을 결정하기 위해 점화식을 사용하자. $r = r_1 = 1$에 대해, 식 (17)은

$$a_n = -\frac{a_{n-1}}{(2n+1)n}, \quad n \geq 1$$

이 되므로

$$a_1 = -\frac{a_0}{3 \cdot 1},$$

$$a_2 = -\frac{a_1}{5 \cdot 2} = \frac{a_0}{(3 \cdot 5)(1 \cdot 2)}$$

이고

$$a_3 = -\frac{a_2}{7 \cdot 3} = -\frac{a_0}{(3 \cdot 5 \cdot 7)(1 \cdot 2 \cdot 3)}$$

이다. 일반적으로

$$a_n = \frac{(-1)^n}{(3 \cdot 5 \cdot 7 \cdots (2n+1))\, n!} a_0, \quad n \geq 1 \tag{18}$$

이다. 식 (18)의 우변의 분자와 분모에 모두 $2 \cdot 4 \cdot 6 \cdot \cdots \cdot 2n = 2^n n!$을 곱하면, a_n을

$$a_n = \frac{(-1)^n 2^n}{(2n+1)!} a_0, \quad n \geq 1$$

이라고 쓸 수 있다. 따라서 상수인 배수 a_0를 생략하면, 식 (8)에 대한 한 해는

$$y_1(x) = x\left(1 + \sum_{n=1}^{\infty} \frac{(-1)^n 2^n}{(2n+1)!} x^n\right), \quad x > 0 \tag{19}$$

이 된다. 식 (19) 안의 급수에 대한 수렴 반경을 구하기 위하여 비판정법을 사용하자: 그러면 모든 x에 대해서

$$\lim_{n\to\infty} \left|\frac{a_{n+1}x^{n+1}}{a_n x^n}\right| = \lim_{n\to\infty} \frac{2\,|x|}{(2n+2)(2n+3)} = 0$$

이다. 따라서 이 급수는 모든 x에 대해서 수렴한다.

두 번째 근 $r = r_2 = \frac{1}{2}$에 대해서도 비슷한 과정을 따른다. 식 (17)로부터

$$a_n = -\frac{a_{n-1}}{2n\left(n - \frac{1}{2}\right)} = -\frac{a_{n-1}}{n\,(2n-1)}, \quad n \geq 1$$

이므로

$$a_1 = -\frac{a_0}{1 \cdot 1},$$

$$a_2 = -\frac{a_1}{2 \cdot 3} = \frac{a_0}{(1 \cdot 2)\,(1 \cdot 3)},$$

$$a_3 = -\frac{a_2}{3 \cdot 5} = -\frac{a_0}{(1 \cdot 2 \cdot 3)\,(1 \cdot 3 \cdot 5)}$$

이고, 일반적으로

$$a_n = \frac{(-1)^n}{n!\,(1 \cdot 3 \cdot 5 \cdots (2n-1))} a_0, \quad n \geq 1 \tag{20}$$

이 된다. 첫 번째 근 r_1의 경우와 같이 분자와 분모에 $2 \cdot 4 \cdot 6 \cdot \cdots \cdot 2n = 2^n n!$을 곱하면

$$a_n = \frac{(-1)^n\, 2^n}{(2n)!} a_0, \quad n \geq 1$$

을 얻는다. 다시 상수인 배수 a_0를 생략하면, 두 번째 해

$$y_2(x) = x^{1/2}\left(1 + \sum_{n=1}^{\infty} \frac{(-1)^n 2^n}{(2n)!} x^n\right), \quad x >; 0 \tag{21}$$

을 얻는다. 이전과 마찬가지로 식 (21) 안의 급수가 모든 x에 대해서 수렴한다는 것을 보일 수 있다. y_1과 y_2가 $x = 0$ 근방에서 각각 x와 $x^{1/2}$과 비슷한 모양이므로 기본해 집합을 이룬다. 따라서 식 (8)의 일반해는

$$y = c_1 y_1(x) + c_2 y_2(x), \quad x > 0$$

이다.

앞의 예제는 $x = 0$이 정칙 특이점이라면, 이 점 근방에서 (7)의 형태를 갖는 두 해가 존재함을 보여준다. 이와 유사하게, $x = x_0$에서 정칙 특이점이 존재한다면 $x = x_0$ 근방에서 유효한

$$y = (x - x_0)^r \sum_{n=0}^{\infty} a_n (x - x_0)^n \tag{22}$$

형태의 두 해가 존재할 수 있다. 그러나 오일러 방정식이 $y = x^r$ 형태인 두 해를 갖지 않는 것처럼 정칙 특이점을 갖는 더 일반적인 미분방정식도 (7) 또는 (22) 형태를 갖는 두 해를 갖지 않을 수 있다. 특히, 다음 절에서는 결정 방정식의 근 r_1과 r_2가 같거나 정수만큼만 다르다면, 두 번째 해는 보통 좀 더 복잡한 구조를 가짐을 보인다. 그러나 모든 경우에서 (7) 또는 (22) 형태의 해를 적어도 하나는 구할 수 있다; r_1과 r_2가 정수만큼만 다르다면, 이때의 해는 r의 더 큰 값에 해당한다. 만약 이런 해가 하나뿐이라면 고유방정식이 중근을 가질 때의 오일러 방정식과 같이 두 번째 해는 로그 항을 포함한다. 계수 축소법이나 그 외 다른 방법들을 이용해서 두 번째 해를 구할 수 있다. 이것은 5.7절과 5.8절에서 다루도록 하겠다.

결정 방정식의 근이 복소수라면 이 근들은 같거나 정수만큼의 차이를 가질 수 없으므로 (7) 또는 (22) 형태의 두 해가 항상 존재한다. 물론 이 해들은 x에 대한 복소 함수이다. 그러나 오일러 방정식과 같이 복소 함수 해의 실수부와 허수부를 취하여 실함수 해들을 얻을 수 있다.

마지막으로 현실적인 부분을 언급하고자 한다. P, Q, R이 다항 함수라면, 식 (3)보다는 식 (1)을 직접 이용하는 것이 더 나을 수 있다. 이렇게 하면 $xQ(x)/P(x)$와 $x^2R(x)/P(x)$를 멱급수로 표현하지 않아도 된다. 예를 들어, 미분방정식

$$x(1 + x)y'' + 2y' + xy = 0$$

을 고려하는 것이 $\dfrac{2x}{1+x}$와 $\dfrac{x^2}{1+x}$의 멱급수 전개가 수반되는

$$x^2y'' + \frac{2x}{1+x}y' + \frac{x^2}{1+x}y = 0$$

의 형태로 쓰는 것보다 훨씬 편리하다.

연습 문제

▶ 문제 **1**부터 **6**까지

a. 주어진 미분방정식이 $x = 0$에서 정칙 특이점을 가짐을 보여라.

b. 결정 방정식, 점화식 및 결정 방정식의 근을 결정하라.

c. 더 큰 근에 해당하는 급수해($x > 0$)를 구하라.

d. 두 근이 같지도 않고 정수만큼만 다르지도 않을 때, 더 작은 근에 해당하는 급수해를 구하라.

1. $4xy'' + 2y' + y = 0$

2. $x^2y'' + xy' + (x^2 - 25)y = 0$

3. $xy'' + y' + x^2y = 0$

4. $2xy'' + 2y' - y = 0$

5. $2x^2y'' + 3xy' + (2x^2 - 1)y = 0$

6. $x^2y'' - x(x + 3)y' + (x + 3)y = 0$

7. 차수가 α인 르장드르 방정식은

$$(1 - x^2)\, y'' - 2xy' + \alpha(\alpha + 1)\, y = 0$$

이다. 정상점 $x = 0$ 근방에서 이 방정식의 해는 5.4절의 연습문제 **17**과 **18**에서 다루었다. 또한, 예제 5.5.4에서 $x = \pm 1$이 정칙 특이점임도 보였다.

a. 점 $x = 1$에 대한 결정 방정식과 이것의 근을 구하라.

b. $x - 1 > 0$에 대해 $x - 1$의 거듭제곱인 급수해를 구하라.

힌트: $1 + x = 2 + (x - 1)$이고 $x = 1 + (x - 1)$이라고 쓰자. $x - 1 = t$로 변수 변환하고 t의 거듭제곱인 급수해를 구하라.

8. 체비셰프 방정식은 상수 β에 대해

$$(1 - x^2)\, y'' - xy' + 4\beta^2 y = 0$$

이다(5.4절의 연습문제 8번 참고).

a. $x = 1$과 $x = -1$이 정칙 특이점임을 보이고 이 특이점 각각에서의 지수를 구하라.

b. $x = 1$에 대한 두 해를 구하라.

9. 주어진 미분방정식은

$$xy'' - (4 + x)' + 2y = 0$$

이다.

a. $x = 0$이 정칙 특이점임을 보여라.

b. 결정 방정식(indicial equation)과 결정 방정식의 근, 그리고 점화식(recurrence relation)을 구하라.

c. 하나의 해를 구하라.

10. 0차 베셀 방정식은

$$x^2y'' + xy' + x^2y = 0$$

이다.

a. $x = 0$이 정칙 특이점임을 보여라.

b. 결정 방정식의 근이 $r_1 = r_2 = 0$임을 보여라.

c. $x > 0$에 대한 한 해는

$$J_0(x) = 1 + \sum_{n=1}^{\infty} \frac{(-1)^n x^{2n}}{2^{2n}(n!)^2}$$

임을 보여라. 함수 J_0는 제1종 0차 베셀 함수로 알려져 있다.

d. $J_0(x)$에 대한 급수가 모든 x에 대해서 수렴함을 보여라.

11. 문제 **10**에 대해서 계수 축소법을 사용하여 0차 베셀 방정식의 두 번째 해가 로그 항을 포함함을 보여라.

힌트: $y_2(x) = J_0(x)v(x)$이면

$$y_2(x) = J_0(x)\int \frac{dx}{x(J_0(x))^2}$$

이다. $\frac{1}{x(J_0(x))^2}$에 대한 급수 전개의 첫 번째 항을 구하라.

12. 차수가 α인 베셀 방정식은

$$x^2y'' + xy' + (x^2 - \alpha^2)y = 0$$

이다. 여기서, α는 0 이상의 상수이다.

a. $x = 0$이 정칙 특이점임을 보여라.

b. 결정 방정식의 근이 $r_1 = \alpha$과 $r_2 = -\alpha$임을 보여라.

c. $x > 0$에 대한 해는

$$J_\alpha(x) = x^\alpha\left(1 + \sum_{n=1}^{\infty} \frac{(-1)^n}{n!2^{2n}(1+\alpha)(2+\alpha)\dots(n+\alpha)}x^{2n}\right)$$

임을 보여라. 함수 J_α은 **제1종 α차 베셀 함수**(Bessel function of the first kind of order α)이다.

d. $J_\alpha(x)$에 대한 급수가 모든 x에 대해서 수렴함을 보여라.

e. $x^{-1}\sum_{n=0}^{\infty} b_n x^n, \quad x > 0$

인 형태의 두 번째 해를 구하는 것은 불가능함을 보여라.

5.7 정칙 특이점 근방의 급수해 II

이제 미분방정식

$$L[y] = x^2y'' + x(xp(x))y' + (x^2q(x))y = 0 \tag{1}$$

의 해를 결정하는 일반적인 문제를 살펴보자. 이때,

$$xp(x) = \sum_{n=0}^{\infty} p_n x^n, \quad x^2q(x) = \sum_{n=0}^{\infty} q_n x^n \tag{2}$$

이고, 적당한 $\rho > 0$에 대해 구간 $|x| < \rho$에서 이 두 급수는 수렴한다. 점 $x = 0$은 정칙 특이점이고, 이에 대응되는 오일러 방정식은

$$x^2y'' + p_0xy' + q_0y = 0 \tag{3}$$

이다. $x > 0$에 대한 식 (1)의 해를 구하려고 할 때, 이 해가 $a_0 \neq 0$에 대해

$$y = \phi(r, x) = x^r \sum_{n=0}^{\infty} a_n x^n = \sum_{n=0}^{\infty} a_n x^{r+n} \tag{4}$$

의 형태를 갖는다고 가정하고, ϕ가 x뿐 아니라 r에도 종속됨을 강조하기 위해 $y = \phi(r, x)$로 쓰자. 그러면

$$y' = \sum_{n=0}^{\infty} (r+n)\,a_n x^{r+n-1}, \quad y'' = \sum_{n=0}^{\infty} (r+n)(r+n-1)\,a_n x^{r+n-2} \tag{5}$$

이므로 식 (1)에 식 (2), (4), (5)를 대입하면

$$\begin{aligned} L[\phi](r,x) = {} & a_0 r(r-1)x^r + a_1(r+1)rx^{r+1} + \cdots + a_n(r+n)(r+n-1)x^{r+n} + \cdots \\ & + (p_0 + p_1 x + \cdots + p_n x^n + \cdots)\big(a_0 r x^r + a_1(r+1)x^{r+1} + \cdots \\ & + a_n(r+n)x^{r+n} + \cdots\big) \\ & + (q_0 + q_1 x + \cdots + q_n x^n + \cdots)\big(a_0 x^r + a_1 x^{r+1} + \cdots + a_n x^{r+n} + \cdots\big) \\ = {} & 0 \end{aligned}$$

을 얻는다. 무한급수들의 곱을 항별로 정리하면

$$\begin{aligned} L[\phi](r,x) = {} & a_0 F(r)x^r + (a_1 F(r+1) + a_0(p_1 r + q_1))x^{r+1} \\ & + (a_2 F(r+2) + a_0(p_2 r + q_2) + a_1(p_1(r+1) + q_1))x^{r+2} \\ & + \cdots + (a_n F(r+n) + a_0(p_n r + q_n) + a_1(p_{n-1}(r+1) + q_{n-1}) \\ & + \cdots + a_{n-1}(p_1(r+n-1) + q_1))x^{r+n} + \cdots \\ = {} & 0 \end{aligned}$$

을 얻게 되는데, 이를 간결하게 표현하면

$$\begin{aligned} L[\phi] = {} & a_0 F(r)x^r \\ & + \sum_{n=1}^{\infty}\left(F(r+n)a_n + \sum_{k=0}^{n-1} a_k((r+k)p_{n-k} + q_{n-k})\right)x^{r+n} = 0 \end{aligned} \tag{6}$$

이 된다. 이때,

$$F(r) = r(r-1) + p_0 r + q_0 \tag{7}$$

이다. 모든 $x > 0$에 대해 식 (6)이 성립하기 위해서 x의 거듭제곱의 계수가 모두 영이어야 한다.

$a_0 \neq 0$이기 때문에 x^r을 포함하는 항으로부터 방정식 $F(r) = 0$이 나온다. 이 방정식을 *결정 방정식*이라고 부른다: 이것은 오일러 방정식 (3)의 해 $y = x^r$을 찾을 때 나오는 방정식과 같다. 근들이 실수일 때 결정 방정식의 근들을 $r_1 \geq r_2$인 r_1과 r_2로 놓자. 근들이 복소수일 때는, 근을 정할 필요가 없다. 이런 r의 값에 대해서 식 (1)의 해를 (4) 형태로 구할 수 있다는 것을 알기만 하면 된다. 이 r_1과 r_2를 *특이점에서의 지수*(exponents at the singularity)라고 부른다; 이 지수들은 특이점 근방에서 해의 정성적인 모양을 결정한다.

식 (6)에서 x^{r+n}의 계수를 영과 같게 놓으면 **점화식**(recurrence relation)

$$F(r+n)a_n + \sum_{k=0}^{n-1} a_k((r+k)p_{n-k} + q_{n-k}) = 0, \quad n \geq 1 \tag{8}$$

을 얻을 수 있다. 식 (8)은 일반적으로 a_n이 r의 값과 그 앞의 계수들 a_0, a_1, $\cdots$, a_{n-1}에 의존함을 나타낸다. 또한 $F(r+1)$, $F(r+2)$, $\cdots$, $F(r+n)$, $\cdots$이 영이 아니면 a_0, a_1, $\cdots$, a_n, $\cdots$을 a_0와 $xp(x)$와 $x^2q(x)$에 대한 급수의 계수들에 대해 연속적으로 구할 수 있음을 보여준다. $F(r) = 0$이 되는 r의 값은 $r = r_1$과 $r = r_2$뿐이다: $r_1 \geq r_2$이기 때문에, $n \geq 1$에 대해서 $r_1 + n$이 r_1이나 r_2와 같지 않다. 결과적으로 $n \geq 1$에 대해 $F(r_1 + n) \neq 0$이다. 따라서 (4)의 형태를 갖는 식 (1)의 한

해를 항상 찾을 수 있는데, 그것은

$$y_1(x) = x^{r_1}\left(1 + \sum_{n=1}^{\infty} a_n(r_1)x^n\right), \quad x > 0 \tag{9}$$

이다. 여기서 a_n이 $r = r_1$일 때의 식 (8)로부터 결정된다는 것을 나타내기 위해 기호 $a_n(r_1)$을 도입한다. 이 해는 임의의 상수를 포함한다: 식 (9)인 해는 a_0를 1이라고 놓으면 얻을 수 있다.

r_2가 r_1과 같지 않고 $r_1 - r_2$가 양의 정수가 아니라면, $n \geq 1$의 임의의 값에 대해서 $r_2 + n$은 r_1과 같지 않다; 그러므로 $F(r_2 + n) \neq 0$이고, 두 번째 해

$$y_2(x) = x^{r_2}\left(1 + \sum_{n=1}^{\infty} a_n(r_2)x^n\right), \quad x > 0 \tag{10}$$

도 구할 수 있다.

5.4절에서 설명한 정상점에 대한 급수해와 같이, 식 (9)와 (10) 안의 급수는 적어도 $xp(x)$와 $x^2q(x)$가 수렴하는 구간 $|x| < \rho$에서 수렴한다. 이 수렴 반경 내에서, 멱급수 $1 + \sum_{n=1}^{\infty} a_n(r_1)x^n$과 $1 + \sum_{n=1}^{\infty} a_n(r_2)x^n$은 $x = 0$에서 해석적인 함수를 정의한다. 따라서 해 y_1과 y_2의 특이성은, 존재한다면 이 두 해석 함수에 곱해진 인수 x^{r_1}과 x^{r_2}에 기인한다.

그 다음, $x < 0$에 대한 실수 해를 얻기 위해 $\xi > 0$에 대해 $x = -\xi$로 치환할 수 있다. 오일러 방정식에 대한 논의에서 기대한 것과 같이, 식 (9)의 x^{r_1}과 식 (10)의 x^{r_2} 각각에 $|x|^{r_1}$과 $|x|^{r_2}$을 대입해야 한다.

마지막으로 r_1과 r_2가 복소수이면 켤레 복소수여야 하고, 모든 양의 정수 N에 대해서 $r_2 \neq r_1 + N$이다. 따라서 이 경우에 (4)의 형태를 갖는 두 급수해를 항상 구할 수 있다; 그러나 이 해들은 x에 대한 복소함수이다. 실수 해는 복소함수 해의 실수부와 허수부를 취하면 구할 수 있다.

N이 양의 정수일 때, $r_1 = r_2$ 또는 $r_1 - r_2 = N$인 예외적인 경우는 좀 더 살펴볼 필요가 있는데 이 절의 뒷부분에서 다루겠다.

특이점에서의 지수 r_1과 r_2를 쉽게 찾을 수 있고 이 지수들이 해의 정성적 모양을 결정한다는 사실을 잘 알아야 한다. r_1과 r_2를 계산하기 위해서는 이차 결정 방정식

$$r(r-1) + p_0 r + q_0 = 0 \tag{11}$$

을 풀기만 하면 되고, 이 식의 계수는

$$p_0 = \lim_{x\to 0} xp(x), \quad q_0 = \lim_{x\to 0} x^2 q(x) \tag{12}$$

로 주어진다. 이것은 특이성을 정칙 특이점으로 분류하기 위해 계산해야 하는 극한들이다; 따라서 보통 식을 다루는 초기 단계에서 결정하게 된다.

또한, P, Q, R이 나항 함수일 때, $x = 0$이 미분방정식

$$P(x)y'' + Q(x)y' + R(x)y = 0 \tag{13}$$

의 정칙 특이점이라면, $xp(x) = xQ(x)/P(x)$이고 $x^2q(x) = x^2R(x)/P(x)$이다. 그러므로

$$p_0 = \lim_{x \to 0} x \frac{Q(x)}{P(x)}, \quad q_0 = \lim_{x \to 0} x^2 \frac{R(x)}{P(x)} \tag{14}$$

이다. 마지막으로 식 (9)와 (10) 안의 급수들의 수렴 반경은 적어도 $x = 0$이 아닌 P의 원점에서 가장 가까운 근과 원점 사이의 거리와 같다.

예제 5.7.1 미분방정식

$$7x(1+x)y'' + (8+x)y' - xy = 0$$

에 대한 해의 특이점 근방에서의 특징을 설명하라.

풀이

이 미분방정식은 $P(x) = 7x(1+x)$, $Q(x) = 8 + x$일 때의 식 (13)의 형태이고 특이점은 점 $x = 0$과 $x = -1$뿐이다.

$$\lim_{x \to 0} x \frac{Q(x)}{P(x)} = \lim_{x \to 0} x \frac{8+x}{7x(1+x)} = \frac{8}{7},$$

$$\lim_{x \to 0} x^2 \frac{R(x)}{P(x)} = \lim_{x \to 0} x^2 \frac{-x}{7x(1+x)} = 0$$

이므로, 점 $x = 0$은 정칙 특이점이다. 또한, 식 (14)로부터 $p_0 = \frac{8}{7}$이고 $q_0 = 0$이므로 결정 방정식은 $r(r-1) + \frac{8}{7}r = 0$이고 그 근은 $r_1 = 0$, $r_2 = -\frac{1}{7}$이다. 이 두 근이 같지도 않고 정수만큼만 다르지도 않기 때문에, $0 < |x| < \rho$에 대해서

$$y_1(x) = 1 + \sum_{n=1}^{\infty} a_n(0)x^n \quad 과 \quad y_2(x) = |x|^{-1/7}\left(1 + \sum_{n=1}^{\infty} a_n\left(-\frac{1}{7}\right)x^n\right)$$

형태의 두 해가 존재한다. 각 급수의 수렴 반경의 하한은, $x = 0$부터 $P(x)$의 다른 근인 $x = -1$까지의 거리인 1이다. $x \to 0$일 때 해 y_1은 유한하고 $x = 0$에서 해석적이며, $x \to 0$일 때 두 번째 y_2는 무한하다는 점에 유의하자.

$$\lim_{x \to -1} (x+1)\frac{Q(x)}{P(x)} = \lim_{x \to -1} \frac{(x+1)(8+x)}{7x(1+x)} = -1,$$

$$\lim_{x \to -1} (x+1)^2 \frac{R(x)}{P(x)} = \lim_{x \to -1} \frac{(x+1)^2(-x)}{7x(1+x)} = 0$$

이므로 점 $x = -1$ 역시 정칙 특이점이다. 이 경우, $p_0 = -1$, $q_0 = 0$이므로 결정 방정식은 $r(r-1) - r = 0$이다. 이 결정 방정식의 근은 $r_1 = 2$와 $r_2 = 0$이다. 이 중 큰 근에 해당하는 해는

$$y_1(x) = (x+1)^2\left(1 + \sum_{n=1}^{\infty} a_n(2)(x+1)^n\right)$$

형태이다. 적어도 $|x+1| < 1$에 대해서 이 급수는 수렴하고 y_1은 해석 함수이다. 두 근은 양의 정수만큼 차이가 나기 때문에,

$$y_2(x) = 1 + \sum_{n=1}^{\infty} a_n(0)(x+1)^n$$

형태의 두 번째 해가 존재할 수도 있고 존재하지 않을 수도 있다.

이제 결정 방정식의 두 근이 같거나 양의 정수만큼만 다른, 즉 $r_1 - r_2 = N$인 경우를 고려하자. 앞에서 보였듯이 결정 방정식의 큰 근 r_1에 해당하는 (9) 형태의 해가 항상 존재한다. 오일러 방정식과 비슷하게 $r_1 = r_2$이면 두 번째 해가 로그 항을 가질 것으로 예상된다. 이것은 두 근이 정수만큼만 다를 때도 성립할 수 있다.

▶중근(Equal Roots). 결정 방정식이 중근을 가질 때 두 번째 해를 찾는 방법은 오일러 방정식(5.5절)의 두 번째 해를 구할 때 사용한 방법과 본질적으로 같다. r을 연속 변수라고 하고 a_n을 점화식 (8)을 푼 r의 함수로 결정하자. $n \geq 1$에 대한 $a_n(r)$의 선택에 대해서 $x^{r+1}, x^{r+2}, x^{r+3}, \cdots$을 포함하는 식 (6)의 항들은 모두 영과 같은 계수를 갖는다. 따라서 r_1이 $F(r)$의 중근이기 때문에, 식 (6)은

$$L[\phi](r,x) = a_0 F(r)\, x^r = a_0 (r - r_1)^2\, x^r \tag{15}$$

이 된다. 식 (15)에서 $r = r_1$으로 두고, $L[\phi](r_1, x) = 0$을 구하자; 그러면 이미 알다시피 식 (9)로 주어진 $y_1(x)$가 식 (1)의 한 해가 된다. 그러나 더 중요한 것은 오일러 방정식과 마찬가지로 식 (15)로부터

$$\begin{aligned} L\left[\frac{\partial \phi}{\partial r}\right](r_1, x) &= a_0 \frac{\partial}{\partial r}\left(x^r (r - r_1)^2\right)\Big|_{r=r_1} \\ &= a_0\left((r - r_1)^2 x^r \ \ln x + 2(r - r_1)\, x^r\right)\Big|_{r=r_1} = 0 \end{aligned} \tag{16}$$

을 얻을 수 있다는 것이다. 그러므로 $a_n'(r_1)$을 $r = r_1$에서 계산된 $\dfrac{da_n}{dr}$이라 놓으면, 식 (1)의 두 번째 해는

$$\begin{aligned} y_2(x) = \frac{\partial \varphi(r,x)}{\partial r}\Big|_{r=r_1} &= \frac{\partial}{\partial r}\left(x^r\left(a_0 + \sum_{n=1}^{\infty} a_n(r)\, x^n\right)\right)\Big|_{r=r_1} \\ &= (x^{r_1} \ \ln x)\left(a_0 + \sum_{n=1}^{\infty} a_n(r_1)\, x^n\right) + x^{r_1} \sum_{n=1}^{\infty} a_n'(r_1)\, x^n \\ &= y_1(x) \ \ln x + x^{r_1} \sum_{n=1}^{\infty} a_n'(r_1)\, x^n, \ x > 0 \end{aligned} \tag{17}$$

이다.

식 (17)이 두 번째 해 $y_2(x)$에 대한 명확한 식임에도 불구하고, 점화식 (8)로부터 $a_n(r)$을 r의 함수로 결정하고 이를 r에 대해 미분하는 것은 어려울 수 있다. 그 대안은 y가 식 (17)의 *형태*를 갖는다고 가정하는 것이다. 즉, $y_1(x)$를 이미 찾았다면

$$y = y_1(x) \ln x + x^{r_1} \sum_{n=1}^{\infty} b_n x^n, \quad x > 0 \tag{18}$$

으로 가정하자. 보통 계수 b_n은 이를 미분방정식에 대입하고 항을 정리하여 x의 거듭제곱의 계수를 영과 같게 두면 계산할 수 있다. 또 다른 방법은 $y_1(x)$을 알 때, $y_2(x)$를 구하기 위해 계수 축소법을 사용하는 것이다.

▶정수 N만큼 차이 나는 근 r_1과 r_2 (Roots r_1 and r_2 Differing by an Integer N). 이 경우 두 번째 해를 유도하는 것은 상당히 복잡하므로 여기서는 다루지 않겠다. 이 경우의 해의 형태는 다음 정리의 식 (24)로 나타난다. $a_0 = 1$인 점화식 (8)로부터 $a_n(r)$을 결정했을 때, 식 (24)의 계수 $c_n(r_2)$는

$$c_n(r_2) = \frac{d}{dr}((r - r_2)\, a_n(r))\Big|_{r=r_2}, \quad n = 1, 2, \ldots, \tag{19}$$

로 주어진다. 또한 식 (24)에서 계수 a는

$$a = \lim_{r \to r_2} (r - r_2)\, a_N(r) \tag{20}$$

이다. $a_N(r_2)$가 유한하다면 $a = 0$이고 y_2에 로그항은 없다. 공식 (19)와 (20)의 전체적인 유도 과정은 Coddington (4장)에서 확인할 수 있다.

실제로 두 번째 해의 a가 영인지 여부를 밝히는 최선의 방법은 근 r_2에 해당하는 a_n을 계산하여 $a_N(r_2)$를 찾는 것이 가능한지를 확인하는 것이다. 이것이 가능하다면 아무 문제가 없다. 가능하지 않다면 $a \neq 0$인 (24) 형태를 이용해야 한다.

$r_1 - r_2 = N$일 경우, 두 번째 해를 찾는 세 가지 방법이 있다. 첫 번째, 식 (1)에 y에 대한 식 (24)를 대입하여 a와 $c_n(r_2)$를 직접 계산한다. 두 번째, 공식 (19)와 (20)을 사용해서 식 (24)의 $c_n(r_2)$와 a를 계산한다. 이것이 계획대로 잘 진행되면 $r = r_1$에 해당하는 해로 $a_n(r_1)$이 아닌 $a_n(r)$에 대한 일반적인 공식을 얻을 수 있다. 세 번째 방법은 계수 축소법을 사용하는 것이다.

다음 정리는 이 절에서 얻은 결과들을 요약한 것이다.

정리 5.7.1

주어진 미분방정식 (1)

$$x^2 y'' + x((xp(x)))\, y' + \left[x^2 q(x)\right] y = 0$$

에서 $x = 0$은 정칙 특이점이다. 그러면, $xp(x)$, $x^2q(x)$는 $x = 0$에서 해석적이며, $|x| < \rho$에서 수렴하는 멱급수 전개

$$xp(x) = \sum_{n=0}^{\infty} p_n x^n, \quad x^2 q(x) = \sum_{n=0}^{\infty} q_n x^n$$

으로 표현될 수 있다. 여기서, $\rho > 0$는 $xp(x)$와 $x^2q(x)$에 대한 멱급수 전개의 수렴 반경 중 최솟값이다. 만약 r_1과 r_2가 실수라면, $r_1 \geq r_2$에 대해 r_1과 r_2를 결정 방정식

$$F(r) = r(r-1) + p_0 r + q_0 = 0$$

의 근이라고 하자. 그렇다면 구간 $-\rho < x < 0$ 또는 $0 < x < \rho$에서,

$$y_1(x) = |x|^{r_1} \left(1 + \sum_{n=1}^{\infty} a_n(r_1)\, x^n\right) \tag{21}$$

형태의 해가 존재하며, $a_n(r_1)$은 점화식 (8)에 의해 주어지고 $a_0 = 1$, $r = r_1$이다.

CASE 1 $r_1 - r_2$가 0이 아니면서 양의 정수가 아닐 경우, 구간 $-\rho < x < 0$ 또는 $0 < x < \rho$에서

$$y_2(x) = |x|^{r_2}\left(1 + \sum_{n=1}^{\infty} a_n(r_2)\, x^n\right) \tag{22}$$

형태의 두 번째 해가 존재한다. 여기서 $a_n(r_2)$은 점화식 (8)에 의해 결정되며, $a_0 = 1$, $r = r_2$이다. 식 (21)과 (22)에서의 멱급수는 적어도 $|x| < \rho$에서 수렴한다.

CASE 2 $r_1 = r_2$일 때, 두 번째 해는

$$y_2(x) = y_1(x)\ln|x| + |x|^{r_1} \sum_{n=1}^{\infty} b_n(r_1)\, x^n \tag{23}$$

이다.

CASE 3 $r_1 - r_2 = N$, 즉 양의 정수일 때 두 번째 해는

$$y_2(x) = a y_1(x)\ln|x| + |x|^{r_2}\left(1 + \sum_{n=1}^{\infty} c_n(r_2)\, x^n\right) \tag{24}$$

이다. 계수 $a_n(r_1)$, $b_n(r_1)$, $c_n(r_2)$, 상수 a는 미분방정식 (1)에서 y에 대해 급수해 형태를 대입하여 결정할 수 있다. 상수 a는 0이 될 수도 있으며, 이 경우 해 (24)에는 로그 항이 포함되지 않는다. 또한 식 (23), (24)에 등장하는 급수는 적어도 $|x| < \rho$에서 수렴하며, $x = 0$ 일부 근방에서 해석적인 함수를 정의한다.

세 가지 경우 모두에서 두 해 $y_1(x)$, $y_2(x)$는 주어진 미분방정식의 기본해 집합을 형성한다.

연습 문제

▶ 문제 **1**부터 **8**까지

a. 주어진 미분방정식의 모든 정칙 특이점을 구하라.

b. 결정 방정식과 각각의 정칙 특이점에 대한 특이점에서의 지수를 결정하라.

1. $(1-x)y'' + (1-x)y' - y = 0$

2. $2xy'' + y' + 7(x + 2x^2)y = 0$

3. $xy'' + 2xy' + 6e^x y = 0$

4. $3x(x+2)y'' + y' - xy = 0$

5. $5xy'' + 5y' + (x^2 + x^4)y = 0$

6. $11xy'' - 3(x + 2x^2)y' - 17x^3 y = 0$

7. $(x-2)^2(x+2)y'' + 4xy' + 3(x-2)y = 0$

8. $(4 - x^2)y'' + 4xy' + 3y = 0$

▶ 문제 **9**부터 **12**까지

a. $x = 0$이 주어진 미분방정식의 정칙 특이점임을 보여라.

b. 특이점 $x = 0$에서의 지수를 찾아라.

c. $x = 0$에 관한 (서로 상수 배가 아닌) 두 해에 대해 영이 아닌 처음 세 개의 항을 각각 구하라.

9. $2xy'' + (x+1)y' - 2y = 0$

10. $(2x + x^3)y'' - y' - 6xy = 0$

11. $2x(1-x)y'' + (1-x)y' + 3y = 0$

12. $x(1-x)y'' - 3xy' - y = 0$

13. a. 미분방정식

$$(\ln(x))y'' + \frac{1}{2}y' + y = 0$$

이 $x = 1$에서 정칙 특이점을 가짐을 보여라.

b. $x = 1$에서 결정 방정식의 근을 구하라.

c. 큰 근에 해당하는 급수 $\sum_{n=0}^{\infty} a_n (x-1)^{r+n}$에서 영이 아닌 처음 세 항을 구하라. $x - 1 > 0$이라고 두자.

d. 이 급수의 수렴 반경이 무엇이라고 생각하는가?

14. 몇 가지 수리 물리 문제에서, 상수 α, β, γ에 대한 미분방정식

$$x(1-x)y'' + (\gamma - (1+\alpha+\beta)x)y' - \alpha\beta y = 0 \tag{25}$$

을 연구할 필요가 있다. 이 미분방정식은 **초기하 방정식**(hypergeometric equation)으로 알려져 있다.

a. $x = 0$이 정칙 특이점이고 결정 방정식의 근이 0과 $1 - \gamma$임을 보여라.

b. $x = 1$이 정칙 특이점이고 결정 방정식의 근이 0과 $\gamma - \alpha - \beta$임을 보여라.

c. $1 - \gamma$가 양의 정수가 아니면, $x = 0$ 근방에서 식 (25)에 대한 한 해는

$$y_1(x) = 1 + \frac{\alpha\beta}{\gamma \cdot 1!}x + \frac{\alpha(\alpha+1)\beta(\beta+1)}{\gamma(\gamma+1)2!}x^2 + \cdots$$

임을 보여라. 이 급수의 수렴 반경이 무엇이라고 생각하는가?

d. $1 - \gamma$가 정수나 영이 아니면, $0 < x < 1$에 대한 두 번째 해는

$$y_2(x) = x^{1-\gamma}\left(1 + \frac{(\alpha-\gamma+1)(\beta-\gamma+1)}{(2-\gamma)1!}x + \frac{(\alpha-\gamma+1)(\alpha-\gamma+2)(\beta-\gamma+1)(\beta-\gamma+2)}{(2-\gamma)(3-\gamma)2!}x^2 + \cdots\right)$$

임을 보여라.

e. 무한대에서의 점이 정칙 특이점이고 결정 방정식의 근이 α와 β임을 보여라(5.5절의 연습문제 32번 참고).

15. α와 β가 실수 상수이고 $\alpha \neq 0$일 때, 미분방정식

$$x^3 y'' + \alpha x y' + \beta y = 0$$

을 살펴보자.

a. $x = 0$이 비정칙 특이점임을 보여라.

b. $\sum_{n=0}^{\infty} a_n x^{r+n}$ 형태의 해를 구하다 보면, r에 대한 결정 방정식이 선형이고, 결과적으로 가정된 형태의 해가 하나만 존재함을 보여라.

c. $\beta/\alpha = -1, 0, 1, 2, \cdots$이면 급수 형태인 해가 유한한 항으로 끝나고, 이것이 실제 해임을 보여라. β/α의 다른 값에 대해서 급수 형태인 해가 영인 수렴 반경을 갖고, 따라서 어떤 구간에서도 실제 해를 표현할 수 없음을 보여라.

16. 미분방정식

$$y'' + \frac{\alpha}{x^s}y' + \frac{\beta}{x^t}y = 0 \tag{26}$$

을 고려하자. 이때, $\alpha \neq 0$와 $\beta \neq 0$는 실수이고 s와 t는 일단 임의의 양의 정수이다.

a. $s > 1$ 또는 $t > 2$이면, 점 $x = 0$은 비정칙 특이점임을 보여라.

b. 식 (26)에 대해

$$y = \sum_{n=0}^{\infty} a_n x^{r+n}, \quad x > 0 \tag{27}$$

인 형태의 해를 구해보자. $s = 2$이고 $t = 2$일 때, 식 (26)에 대한 (27) 형태의 해가 존재하는 r의 값이 유일하게 하나 있음을 보여라.

c. $s = 1$이고 $t = 3$일 때, 식 (26)에 대한 (27) 형태의 해가 존재하지 않음을 보여라.

d. 결정 방정식이 r에 관한 이차식이 되는[따라서 (27) 형태의 두 해를 구할 수 있는] s와 t의 최댓값이 $s = 1$이고 $t = 2$임을 보여라. 이것이 "약한 특이성(weak singularity)", 또는 정칙 특이점을 5.5절에서 정의한 비정칙 특이점과 구별할 수 있는 조건이다.

주의할 점은 비정칙 특이점에서 (27)의 형태를 갖춘 급수해를 얻을 수 있음에도 불구하고, 이 급수가 양의 급수 반경을 갖지 않을 수도 있다는 것이다. 그 예로써 문제 **15**를 참고하라.

5.8 베셀 방정식

이 절에서는 상수 ν에 대한, 베셀 방정식[13]

$$x^2y'' + xy' + \left(x^2 - \nu^2\right) y = 0 \tag{1}$$

의 세 가지 특수한 경우를 고려함으로써 5.7절의 내용을 설명하고자 한다. $x = 0$이 식 (1)의 정칙 특이점이라는 사실은 쉽게 보일 수 있다.

$$p_0 = \lim_{x\to 0} x\frac{Q(x)}{P(x)} = \lim_{x\to 0} x\frac{1}{x} = 1,$$

$$q_0 = \lim_{x\to 0} x^2\frac{R(x)}{P(x)} = \lim_{x\to 0} x^2\frac{x^2 - \nu^2}{x^2} = -\nu^2$$

이므로 결정 방정식은 근이 $r = \pm\nu$인

$$\begin{aligned} F(r) &= r(r-1) + p_0 r + q_0 \\ &= r(r-1) + r - \nu^2 = r^2 - \nu^2 = 0 \end{aligned}$$

이다. 구간 $x > 0$에 대해 $\nu = 0$, $\nu = \frac{1}{2}$, $\nu = 1$인 세 경우를 생각해 보자. 베셀 함수는 11.4절과 11.5절에서 다시 나온다.

▶0차 베셀 방정식(Bessel Equation of Order Zero). $\nu = 0$인 경우, 미분방정식 (1)은

$$L[y] = x^2y'' + xy' + x^2y = 0 \tag{2}$$

이 되고 이때의 결정 방정식의 근은 중근 $r_1 = r_2 = 0$이다. 식 (2)에

$$y = \phi(r, x) = a_0x^r + \sum_{n=1}^{\infty} a_n x^{r+n} \tag{3}$$

[13] Friedrich Wilhelm Bessel (1784~1846)은 14세에 무역업에 종사하기 위해 학교를 그만뒀으나 곧바로 천문학과 수학에 관심을 갖게 되었다. 그는 1810년에 쾨니히스베르크 천문대 소장이 되어 평생 복무하였다. 행성의 변동을 연구하다가 1824년에 처음으로, 베셀 함수로 알려진 식 (1)의 해에 대한 해석을 체계화하였다. 그는 1838년에 지구와 별 간의 거리를 처음으로 정확하게 결정한 것으로 유명하다.

을 대입하면,

$$L[\phi](r,x) = \sum_{n=0}^{\infty} a_n ((r+n)(r+n-1)+(r+n))\,x^{r+n} + \sum_{n=0}^{\infty} a_n x^{r+n+2}$$
$$= a_0 (r(r-1)+r)\,x^r + a_1 ((r+1)r+(r+1))\,x^{r+1}$$
$$+ \sum_{n=2}^{\infty} (a_n ((r+n)(r+n-1)+(r+n)) + a_{n-2})\,x^{r+n} = 0 \tag{4}$$

을 얻는다. 이미 지적한 바와 같이 결정 방정식 $F(r) = r(r-1) + r = 0$의 근은 $r_1 = 0$과 $r_2 = 0$이다. 이때, 점화식은

$$a_n(r) = -\frac{a_{n-2}(r)}{(r+n)(r+n-1)+(r+n)} = -\frac{a_{n-2}(r)}{(r+n)^2}, \quad n \geq 2 \tag{5}$$

이다.

$y_1(x)$를 결정하기 위해 r을 0과 같게 두자. 그러면 식 (4)로부터 영이 되는 x^{r+1}의 계수에 대해 $a_1 = 0$을 선택해야 한다. 따라서 식 (5)로부터 $a_3 = a_5 = a_7 = \cdots = 0$이 된다. 또한,

$$a_n(0) = -\frac{a_{n-2}(0)}{n^2}, \quad n = 2, 4, 6, 8, \ldots,$$

이 되고, $n = 2m$으로 놓으면

$$a_{2m}(0) = -\frac{a_{2m-2}(0)}{(2m)^2}, \quad m = 1, 2, 3, \ldots.$$

을 얻는다. 따라서

$$a_2(0) = -\frac{a_0}{2^2},\, a_4(0) = \frac{a_0}{2^4 2^2}, \quad a_6(0) = -\frac{a_0}{2^6 (3 \cdot 2)^2}$$

이고, 일반적으로

$$a_{2m}(0) = \frac{(-1)^m a_0}{2^{2m}(m!)^2}, \quad m = 1, 2, 3, \ldots. \tag{6}$$

이 된다. 그러므로

$$y_1(x) = a_0 \left(1 + \sum_{m=1}^{\infty} \frac{(-1)^m x^{2m}}{2^{2m}(m!)^2}\right), \quad x > 0 \tag{7}$$

이다. 괄호 안의 함수는 **제1종 0차 베셀 함수**(Bessel function of the first kind of order zero)로 알려져 있으며 $J_0(x)$로 표기한다. 정리 5.7.1로부터 이 급수는 모든 x에 대해 수렴하고 J_0는 $x = 0$에서 해석적이다. J_0에 관한 몇 가지 중요한 성질은 연습문제에서 다루도록 하겠다. **그림 5.8.1**은 $y = J_0(x)$의 그래프와 급수 (7)의 부분합 몇 개를 나타내고 있다.

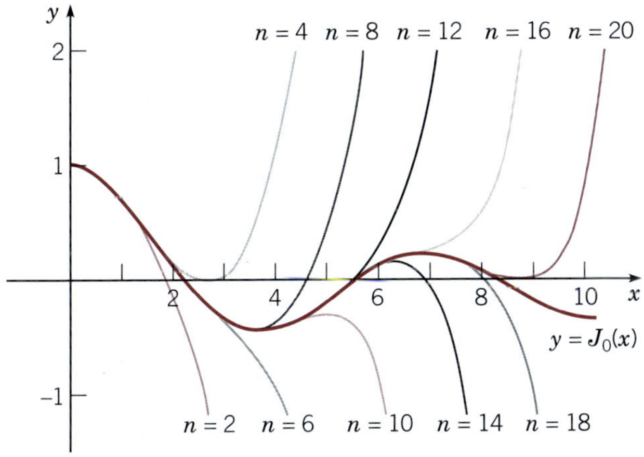

그림 5.8.1 $J_0(x)$, 제1종 0차 베셀 함수에 대한 다항 함수 근사. n의 값은 근사 다항 함수의 차수이다.

$y_2(x)$를 구하기 위해 5.7절의 식 (17)을 사용하려면 $a_n'(0)$을 계산해야 한다.[14] 먼저 식 (4) 안의 x^{r+1}의 계수로부터 $(r+1)^2 a_1(r) = 0$임에 유의하자. 따라서 $r = 0$ 근방의 모든 r에 대해 $a_1(r) = 0$이므로 $a_1(0) = 0$일 뿐만 아니라 $a_1'(0) = 0$이다. 점화식 (5)로부터

$$a_3'(0) = a_5'(0) = \cdots = a_{2n+1}'(0) = \cdots = 0$$

이다; 따라서 $m = 1, 2, 3, \cdots$에 대해 $a_{2m}'(0)$만 계산하면 된다. 식 (5)로부터

$$a_{2m}(r) = -\frac{a_{2m-2}(r)}{(r+2m)^2}, \quad m = 1, 2, 3, \ldots$$

이고 이 점화식을 풀면

$$a_2(r) = -\frac{a_0}{(r+2)^2}, \quad a_4(r) = \frac{a_0}{(r+2)^2(r+4)^2}$$

를 얻을 수 있고, 일반적으로

$$a_{2m}(r) = \frac{(-1)^m a_0}{(r+2)^2 \cdots (r+2m)^2}, \quad m \geq 1 \tag{8}$$

이다.

$$f(x) = (x-\alpha_1)^{\beta_1}(x-\alpha_2)^{\beta_2}(x-\alpha_3)^{\beta_3}\cdots(x-\alpha_n)^{\beta_n}$$

이고 x가 $\alpha_1, \alpha_2, \cdots, \alpha_n$과 같지 않으면

$$\frac{f'(x)}{f(x)} = \frac{\beta_1}{x-\alpha_1} + \frac{\beta_2}{x-\alpha_2} + \cdots + \frac{\beta_n}{x-\alpha_n}$$

이 성립한다는 사실로부터 $\alpha_{2m}'(r)$을 쉽게 계산할 수 있다. 식 (8)로부터 $\alpha_{2m}(r)$에 대한 결과를 이용하면

[14] 식 (2)에 5.7절의 형태 (23)을 대입하여 b_n을 결정하는 또 다른 방법이 연습문제 **9**에 요약되어 있다.

$$\frac{a'_{2m}(r)}{a_{2m}(r)} = -2\left(\frac{1}{r+2} + \frac{1}{r+4} + \cdots + \frac{1}{r+2m}\right)$$

을 얻게 되는데, r을 0과 같게 놓으면

$$a'_{2m}(0) = -2\left(\frac{1}{2} + \frac{1}{4} + \cdots + \frac{1}{2m}\right) a_{2m}(0)$$

을 얻는다. 식 (6)의 $a_{2m}(0)$을 대입하고

$$H_m = 1 + \frac{1}{2} + \frac{1}{3} + \cdots + \frac{1}{m} \tag{9}$$

이라 놓으면, 결국

$$a'_{2m}(0) = -H_m \frac{(-1)^m a_0}{2^{2m}(m!)^2}, \quad m = 1, 2, 3, \ldots$$

를 얻는다. 이때 $a_0 = 1$이라 하고 5.7절의 식 (23)에 $y_1(x)$와 $a'_{2m}(0) = b_{2m}(0)$을 대입하면 0차 베셀 방정식의 두 번째 해를 구할 수 있다. 즉,

$$y_2(x) = J_0(x) \ln x + \sum_{m=1}^{\infty} \frac{(-1)^{m+1} H_m}{2^{2m}(m!)^2} x^{2m}, \quad x > 0 \tag{10}$$

이다.

보통 두 번째 해를 y_2 대신 J_0와 y_2의 어떤 일차결합으로 놓는다. 이것은 **제2종 0차 베셀 함수**(Bessel function of the second kind of order zero)로 알려져 있으며 Y_0로 표기한다. 콥슨(Copson) (12장)에 따라

$$Y_0(x) = \frac{2}{\pi}\left(y_2(x) + (\gamma - \ln 2) J_0(x)\right) \tag{11}$$

로 정의하자.[15] 여기서 γ는 오일러-마스케로니(Euler-Máscheroni)[16] 상수로 알려져 있다; 이 상수는 방정식

$$\gamma = \lim_{n\to\infty} (H_n - \ln n) \cong 0.5772 \tag{12}$$

으로 정의된다. 식 (11)에 $y_2(x)$를 대입하면

$$Y_0(x) = \frac{2}{\pi}\left(\left(\gamma + \ln\frac{x}{2}\right) J_0(x) + \sum_{m=1}^{\infty} \frac{(-1)^{m+1} H_m}{2^{2m}(m!)^2} x^{2m}\right), \quad x > 0 \tag{13}$$

을 얻고 $x > 0$에 대한 0차 베셀 방정식의 일반해는

$$y = c_1 J_0(x) + c_2 Y_0(x)$$

이다.

---

[15] 다른 저자들은 Y_0에 대해 이와는 다른 정의를 사용한다. 여기서 선택한 Y_0은 몇몇 독일 대학에서 가르쳤던 Heinrich Weber (1842~1913)의 이름을 딴 Weber 함수로 알려져 있다.

[16] 오일러-마스케로니 상수는 1734년 오일러가 쓴 논문에 처음 등장한다. Lorenzo Máscheroni (1750~1800)는 이탈리아 목자이자 파비아 대학의 교수였다. 그는 1790년 γ에 대해 소숫점 19자리까지의 값을 처음 계산하였다.

$x \to 0$일 때 $J_0(x) \to 1$이고 $Y_0(x)$는 $x = 0$에서 로그 특이점을 갖는다; 즉, x가 양의 값에서 $x \to 0$이면 $Y_0(x)$는 $(2/\pi) \ln(x)$와 비슷한 모양을 갖는다. 따라서 원점에서 유한한 0차 베셀 방정식의 해에 관심이 있다면 Y_0를 버려야 한다. 함수 J_0와 Y_0의 그래프가 **그림 5.8.2**에 나와있다.

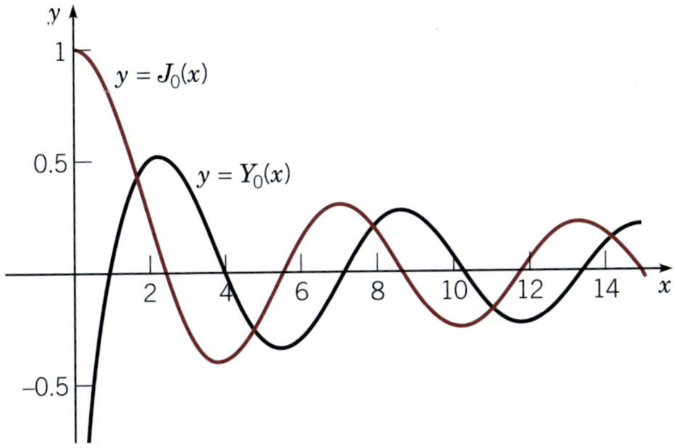

그림 5.8.2 0차 베셀 함수: $y = J_0(x)$ (청록)와 $y = Y_0(x)$ (검정).

그림 5.8.2로부터 큰 x에 대해서 $J_0(x)$와 $Y_0(x)$가 모두 진동한다는 사실을 알아야 한다. 이런 모습은 원래의 미분방정식으로부터 예측 가능하다; 실제로 그것은 ν차 베셀 방정식의 해에 대해 참이다. 만약 식 (1)을 x^2으로 나누면

$$y'' + \frac{1}{x}y' + \left(1 - \frac{\nu^2}{x^2}\right)y = 0$$

을 얻을 수 있다. 매우 큰 x에 대해서는 항 $(1/x)\,y'$과 $(\nu^2/x^2)\,y$가 무시할 만큼 작다. 그러면 ν차 베셀 방정식은

$$y'' + y = 0$$

으로 근사될 수 있다. 이 미분 방정식의 해는 $\sin(x)$와 $\cos(x)$이다; 따라서 큰 x에 대해 베셀 방정식의 해는 $\sin(x)$와 $\cos(x)$의 일차결합과 유사하다. 이것은 베셀 함수가 진동하는 한 옳은 말이다; 하지만 부분적으로 옳을 뿐이다. 큰 x에 대해 함수 J_0와 Y_0는 x가 증가함에 따라 점점 줄어든다; 따라서 미분방정식 $y'' + y = 0$은 큰 x에 대해 베셀 함수를 근사하기에 적절치 않으며 좀 더 엄밀한 해석이 필요하다. 실제로

$$x \to \infty\text{일 때,}\quad J_0(x) \cong \left(\frac{2}{\pi x}\right)^{1/2} \cos\left(x - \frac{\pi}{4}\right) \tag{14}$$

와

$$x \to \infty\text{일 때,}\quad Y_0(x) \cong \left(\frac{2}{\pi x}\right)^{1/2} \sin\left(x - \frac{\pi}{4}\right) \tag{15}$$

임을 보일 수 있다. $x \to \infty$일 때, 이러한 점근 근사는 사실 매우 유용하다. 예를 들어, **그림 5.8.3**을 보면 $J_0(x)$에 대한 점근 근사가 모든 $x \geq 1$에 대해 상당히 정확하다. 따라서 영부터 무한대까지의 모든 구간에서 $J_0(x)$를 근사하기 위해서, $x \leq 1$에서는 급수 (7)의 두 개 또는 세 개의 항을 사용하고 $x \geq 1$에서는 점근 근사 (14)를 사용할 수 있다.

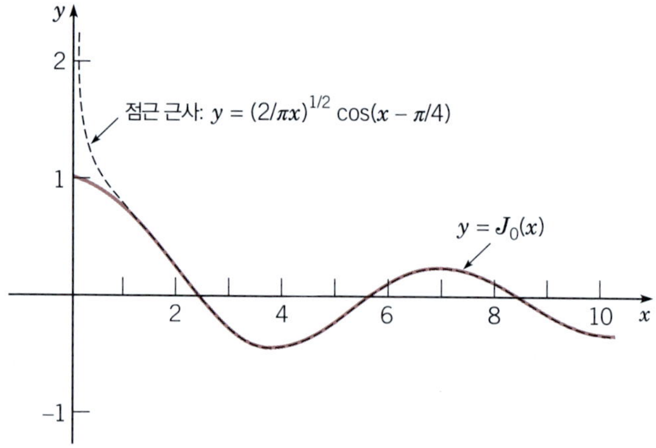

그림 5.8.3 $J_0(x)$에 대한 점근 근사

▶**1/2차 베셀 방정식(Bessel Equation of Order One-Half).** 이 경우는 결정 방정식의 근들이 양의 정수만큼 다르지만 두 번째 해에 로그 항이 없다. 식 (1)에서 $\nu = \frac{1}{2}$이라 두면

$$L[y] = x^2y'' + xy' + \left(x^2 - \frac{1}{4}\right)y = 0 \tag{16}$$

이 된다. $y = \phi(r, x)$에 대한 급수 (3)을 대입하면

$$\begin{aligned} L[\phi](r,x) &= \sum_{n=0}^{\infty}\left((r+n)(r+n-1) + (r+n) - \frac{1}{4}\right)a_n x^{r+n} + \sum_{n=0}^{\infty} a_n x^{r+n+2} \\ &= \left(r^2 - \frac{1}{4}\right)a_0x^r + \left((r+1)^2 - \frac{1}{4}\right)a_1x^{r+1} \\ &\quad + \sum_{n=2}^{\infty}\left(\left((r+n)^2 - \frac{1}{4}\right)a_n + a_{n-2}\right)x^{r+n} = 0 \end{aligned} \tag{17}$$

을 얻는다. 결정 방정식 $r^2 - \frac{1}{4} = 0$의 근은 $r_1 = \frac{1}{2}$, $r_2 = -\frac{1}{2}$이다; 따라서 이 두 근은 정수만큼의 차이를 보인다. 점화식은

$$\left((r+n)^2 - \frac{1}{4}\right)a_n = -a_{n-2}, \quad n \geq 2 \tag{18}$$

이다. 큰 근 $r_1 = \frac{1}{2}$에 해당하는 식 (17)의 x^{r+1}의 계수로부터, $a_1 = 0$이므로 식 (18)로부터 $a_3 = a_5 = \cdots = a_{2n+1} = \cdots = 0$이다. 또한, $r = \frac{1}{2}$에 대해

$$a_n = -\frac{a_{n-2}}{n(n+1)}, \quad n = 2, 4, 6 \ldots,$$

이고, $n = 2m$이라 두면

$$a_{2m} = -\frac{a_{2m-2}}{2m(2m+1)}, \quad m = 1, 2, 3, \ldots.$$

이다. 이 점화식을 풀면

$$a_2 = -\frac{a_0}{3!}, \quad a_4 = \frac{a_0}{5!}, \dots$$

을 얻으며, 일반적으로

$$a_{2m} = \frac{(-1)^m a_0}{(2m+1)!}, \quad m = 1, 2, 3, \dots .$$

이다. 따라서 $a_0 = 1$을 취하면,

$$y_1(x) = x^{1/2}\left(1 + \sum_{m=1}^{\infty} \frac{(-1)^m x^{2m}}{(2m+1)!}\right) = x^{-1/2} \sum_{m=0}^{\infty} \frac{(-1)^m x^{2m+1}}{(2m+1)!}, \quad x > 0 \tag{19}$$

을 얻는다. 식 (19)에서 두 번째 멱급수는 정확히 $\sin(x)$에 대한 테일러 급수이다; 따라서 1/2차 베셀 방정식의 해 중 하나는 $x^{-1/2}\sin(x)$이다. **제1종 1/2차 베셀 함수**(Bessel function of the first kind of order one-half), $J_{1/2}$은 $(2/\pi)^{1/2} y_1$으로 정의된다. 따라서

$$J_{1/2}(x) = \left(\frac{2}{\pi x}\right)^{1/2} \sin(x), \quad x > 0 \tag{20}$$

이다.

근 $r_2 = -\frac{1}{2}$에 대해서는 $N = r_1 - r_2 = 1$이기 때문에 a_1을 계산하기 어려울 수 있다. 그러나 $r = -\frac{1}{2}$에 대한 식 (17)로부터 a_0와 a_1의 선택과 관계없이 x^r과 x^{r+1}의 계수는 영이다. 따라서 a_0와 a_1을 임의로 선택할 수 있다. 점화식 (18)로부터, a_0에 대응하는 짝수 번째 계수들의 집합과 a_1에 대응하는 홀수 번째 계수들의 집합을 얻을 수 있다. 따라서 이 경우 두 번째 해를 얻기 위해 로그 항은 불필요하다. $r = -\frac{1}{2}$에 대해서

$$a_{2n} = \frac{(-1)^n a_0}{(2n)!}, \quad a_{2n+1} = \frac{(-1)^n a_1}{(2n+1)!}, \quad n = 1, 2, \dots .$$

임을 보이는 것은 독자에게 남겨 놓겠다. 그러므로

$$\begin{aligned} y_2(x) &= x^{-1/2}\left(a_0 \sum_{n=0}^{\infty} \frac{(-1)^n x^{2n}}{(2n)!} + a_1 \sum_{n=0}^{\infty} \frac{(-1)^n x^{2n+1}}{(2n+1)!}\right) \\ &= a_0 \frac{\cos(x)}{x^{1/2}} + a_1 \frac{\sin(x)}{x^{1/2}}, \quad x > 0 \end{aligned} \tag{21}$$

이다. 이때, 상수 a_1은 단지 $y_1(x)$의 배수일 뿐이다. 1/2차 베셀 방정식의 두 번째 해는 보통 $a_0 = (2/\pi)^{1/2}$과 $a_1 = 0$인 해로 놓는다. 이것을 $J_{-1/2}$이라 표기하자. 그러면

$$J_{-1/2}(x) = \left(\frac{2}{\pi x}\right)^{1/2} \cos(x), \quad x > 0 \tag{22}$$

이고 식 (16)의 일반해는 $y = c_1 J_{1/2}(x) + c_2 J_{-1/2}(x)$이다.

식 (20), (22)를 식 (14), (15)와 비교하면 $\pi/4$만큼의 위상 이동을 제외하고, 큰 x에 대해 $J_{-1/2}$, $J_{1/2}$은 각각 J_0, Y_0와 유사하다. $J_{1/2}$과 $J_{-1/2}$의 그래프가 **그림 5.8.4**에 나와 있다.

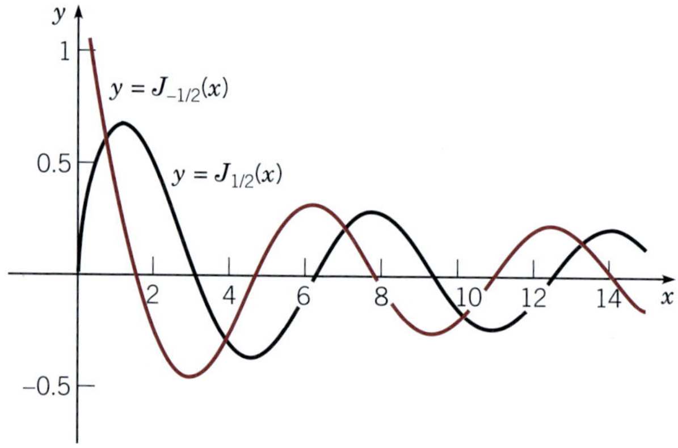

그림 5.8.4 1/2차 베셀 함수: $y = J_{1/2}$(검정)과 $y = J_{-1/2}$(청록)

▶**1차 베셀 방정식(Bessel Equation of Order One).** 이 경우에 결정 방정식의 근들은 정수만큼 다르고 두 번째 해는 로그 항을 갖는다. 식 (1)에서 $\nu = 1$이라 두면

$$L[y] = x^2 y'' + xy' + \left(x^2 - 1\right) y = 0 \tag{23}$$

을 얻는다. $y = \phi(r, x)$에 대한 급수 (3)을 대입하고 앞의 경우와 같이 항들을 정리하면

$$\begin{aligned} L[\phi](r, x) = a_0 \left(r^2 - 1\right) x^r + a_1 \left((r+1)^2 - 1\right) x^{r+1} \\ + \sum_{n=2}^{\infty} \left(\left((r+n)^2 - 1\right) a_n + a_{n-2}\right) x^{r+n} = 0 \end{aligned} \tag{24}$$

을 얻는다. 결정 방정식 $r^2 - 1 = 0$의 근은 $r_1 = 1$과 $r_2 = -1$이고 점화식은

$$\left((r+n)^2 - 1\right) a_n(r) = -a_{n-2}(r), \quad n \geq 2 \tag{25}$$

이다. 큰 근 $r = 1$에 대한 점화식은

$$a_n = -\frac{a_{n-2}}{(n+2)\,n}, \quad n = 2, 3, 4, \ldots .$$

이다. 또한, 식 (24)에서 x^{r+1}의 계수로부터 $a_1 = 0$을 얻을 수 있다; 따라서 이 점화식으로부터 $a_3 = a_5 = \cdots = 0$이다. 짝수 n 값에 대해서, m이 양의 정수일 때 $n = 2m$이라 두자; 그러면

$$a_{2m} = -\frac{a_{2m-2}}{(2m+2)(2m)} = -\frac{a_{2m-2}}{2^2\,(m+1)\,m}, \quad m = 1, 2, 3, \ldots .$$

이다. 이 점화식을 풀면

$$a_{2m} = \frac{(-1)^m\, a_0}{2^{2m}\,(m+1)!m!}, \quad m = 1, 2, 3, \ldots . \tag{26}$$

를 얻는다. J_1으로 표기한 제1종 1차 베셀 함수는 $a_0 = 1/2$로 두면 얻을 수 있다. 따라서

$$J_1(x) = \frac{x}{2} \sum_{m=0}^{\infty} \frac{(-1)^m\, x^{2m}}{2^{2m}\,(m+1)!m!} \tag{27}$$

이다. 이 급수는 모든 x에 대해 절대 수렴하므로 함수 J_1은 모든 점에서 해석적이다.

1차 베셀 방정식의 두 번째 해를 구하기 위해 직접 대입하는 방법을 설명하겠다. 아래의 식 (28)에서 일반항의 계산이 다소 복잡하지만 처음 몇 개의 계수는 비교적 쉽게 찾을 수 있다. 정리 5.7.1에 의해,

$$y_2(x) = aJ_1(x)\ln x + x^{-1}\left(1 + \sum_{n=1}^{\infty} c_n x^n\right), \quad x > 0 \tag{28}$$

이라 가정하자. $y_2'(x)$, $y_2''(x)$를 계산하고 식 (23)에 대입하여 J_1이 식 (23)의 해라는 사실을 사용하면, $c_0 = 1$일 때

$$2axJ_1'(x) + \sum_{n=0}^{\infty} ((n-1)(n-2)c_n + (n-1)c_n - c_n)x^{n-1} + \sum_{n=0}^{\infty} c_n x^{n+1} = 0 \tag{29}$$

을 얻는다. 식 (27)의 $J_1(x)$를 대입하고, 이 두 급수에서 급수의 첨자를 옮기고 몇 단계의 대수 계산을 하면,

$$\begin{aligned}-c_1 + (0\cdot c_2 + c_0)x + \sum_{n=2}^{\infty} ((n^2-1)c_{n+1} + c_{n-1})x^n \\ = -a\left(x + \sum_{m=1}^{\infty} \frac{(-1)^m (2m+1)x^{2m+1}}{2^{2m}(m+1)!m!}\right)\end{aligned} \tag{30}$$

에 도달한다. 식 (30)으로부터 먼저 $c_1 = 0$이고 $a = -c_0 = -1$임을 확인할 수 있다. 또한 우변에 x의 홀수 승만 존재하므로 좌변에서 x의 짝수 승의 계수는 모두 영이어야 한다. 따라서 $c_1 = 0$이므로 $c_3 = c_5 = \cdots = 0$이다. x의 홀수 승에 대해 다음과 같은 점화식을 얻을 수 있다[식 (30)의 좌변에 있는 급수에서 $n = 2m + 1$로 두자]:

$$\left((2m+1)^2 - 1\right)c_{2m+2} + c_{2m} = \frac{(-1)^m (2m+1)}{2^{2m}(m+1)!m!}, \quad m = 1, 2, 3, \ldots. \tag{31}$$

식 (31)에서 $m = 1$이라 두면,

$$(3^2 - 1)c_4 + c_2 = \frac{(-1)3}{2^2\cdot 2!}$$

을 얻는다. c_2를 *임의로*(arbitrarily) 선택하면 이 식이 c_4를 결정한다는 것을 알 수 있다. 이때, 식 (30)에서 x의 계수에 c_2에 0이 곱해져 있고 a를 구할 때 이 식이 사용되었다는 점을 알아야 한다. c_2가 식 $x^{-1}\left(1 + \sum_{n=1}^{\infty} c_n x^n\right)$에서 x의 계수이므로, c_2가 임의의 값인 것은 당연하다. 결국 c_2는 J_1의 배수를 이룰 뿐이고 y_2는 J_1의 추가되는 배수에 따라 결정된다. 관례에 따라 $c_2 = 1/2^2$을 선택하면

$$\begin{aligned}c_4 &= \frac{-1}{2^4\cdot 2}\left(\frac{3}{2} + 1\right) = \frac{-1}{2^4 2!}\left(\left(1 + \frac{1}{2}\right) + 1\right) \\ &= \frac{(-1)}{2^4\cdot 2!}(H_2 + H_1)\end{aligned}$$

을 얻는다. $H_0 = 0$임을 이해하면 점화식 (31)의 해가

$$c_{2m} = \frac{(-1)^{m+1}(H_m + H_{m-1})}{2^{2m} m!\,(m-1)!}, \quad m = 1, 2, \ldots$$

임을 보일 수 있으므로

$$y_2(x) = -J_1(x) \ln x + \frac{1}{x}\left(1 - \sum_{m=1}^{\infty} \frac{(-1)^m (H_m + H_{m-1})}{2^{2m} m!\,(m-1)!} x^{2m}\right), \quad x > 0 \tag{32}$$

이다.

이때, 다른 과정[5.7절의 식 (19)와 (20) 참조]을 통해 $c_n(r_2)$를 결정해서 $y_2(x)$를 계산하는 것이 좀 더 쉽다. 특히 이 과정에서는 (31) 형태의 점화식을 풀지 않아도 c_{2m}에 대한 일반식이 나온다(연습문제 **10** 참조). 이런 면에서 본문과 연습문제 **9**에서의 0차 베셀 방정식의 두 번째 해에 대한 계산들을 서로 비교해 볼 필요가 있다.

식 (23)의 두 번째 해, 제2종 1차 베셀 함수 Y_1는 보통 J_1과 y_2의 어떤 일차결합으로 놓는다. 콥슨(12장)에 따르면, Y_1은 식 (12)에서 정의된 γ에 대해

$$Y_1(x) = \frac{2}{\pi}\left(-y_2(x) + (\gamma - \ln 2) J_1(x)\right) \tag{33}$$

로 정의된다. $x > 0$에 대한 식 (23)의 일반해는

$$y = c_1 J_1(x) + c_2 Y_1(x)$$

이다. J_1이 $x = 0$에서 해석적임에도 불구하고, 두 번째 해 Y_1은 $x \to 0$일 때 $1/x$처럼 무한하다. J_1과 Y_1의 그래프가 **그림 5.8.5**에 나타나 있다.

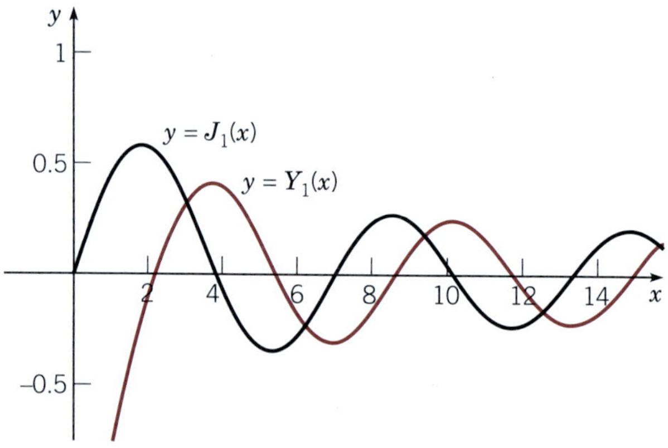

그림 5.8.5 1차 베셀 함수: $y = J_1(x)$ (검정)와 $y = Y_1(x)$ (청록)

▶베셀 함수 $J_n(x)$의 생성 함수(Generating Function for Bessel Function $J_n(x)$). 이제 우리는 $J_n(x)$가 $e^{\frac{x}{2}\cdot\left(z-\frac{1}{z}\right)}$의 전개에서 z^n의 계수임을 보일 것이다. 또한, $(-1)^n J_n(x)$가 $e^{\frac{x}{2}\cdot\left(z-\frac{1}{z}\right)}$의 전개에서 z^{-n}의 계수임을 보일 것이다. $e^{\frac{x}{2}\cdot\left(z-\frac{1}{z}\right)}$를 전개하면 다음과 같다.

$$e^{\frac{x}{2}\cdot\left(z-\frac{1}{z}\right)}=e^{\frac{xz}{2}}\cdot e^{-\frac{x}{2z}}$$

$$=\left[1+\left(\frac{xz}{2}\right)+\frac{1}{2!}\cdot\left(\frac{xz}{2}\right)^2+\cdots+\frac{1}{n!}\cdot\left(\frac{xz}{2}\right)^n+\frac{1}{(n+1)!}\cdot\left(\frac{xz}{2}\right)^{n+1}+\cdots\right]$$

$$\times\left[1-\left(\frac{x}{2z}\right)+\frac{1}{2!}\cdot\left(\frac{x}{2z}\right)^2+\cdots+\frac{(-1)^n}{n!}\cdot\left(\frac{x}{2z}\right)^n+\frac{(-1)^{n+1}}{(n+1)!}\cdot\left(\frac{x}{2z}\right)^{n+1}+\cdots\right] \quad (34)$$

우변에서 z^n의 계수는

$$=\frac{1}{n!}\cdot\left(\frac{x}{2}\right)^n-\frac{1}{(n+1)!}\cdot\left(\frac{x}{2}\right)\cdot\left(\frac{x}{2}\right)^{n+1}+\frac{1}{(n+2)!}\cdot\frac{1}{2!}\cdot\left(\frac{x}{2}\right)^2\cdot\left(\frac{x}{2}\right)^{n+2}+\cdots \quad (35)$$

이다. 식 (34)를 변형하면, 다음과 같이 표현할 수 있다.

$$=\frac{(-1)^0}{n!}\cdot\left(\frac{x}{2}\right)^n+\frac{(-1)^1}{1!\cdot(n+1)!}\cdot\left(\frac{x}{2}\right)^{n+2}+\frac{(-1)^2}{2!\cdot(n+2)!}\cdot\left(\frac{x}{2}\right)^{n+4}+\cdots$$

$$=\sum_{r=0}^{\infty}\frac{(-1)^r}{r!\cdot(n+r)!}\cdot\left(\frac{x}{2}\right)^{n+2r}$$

$$=\sum_{r=0}^{\infty}\frac{(-1)^r}{r!\cdot\Gamma(n+r+1)}\cdot\left(\frac{x}{2}\right)^{n+2r}$$

$$=J_n(x)$$

비슷한 방법으로 계산하면, z^{-n}의 계수는 다음과 같이 주어진다.

$$=\frac{(-1)^n}{n!}\cdot\left(\frac{x}{2}\right)^n+\frac{(-1)^{n+1}}{(n+1)!}\cdot\left(\frac{x}{2}\right)\cdot\left(\frac{x}{2}\right)^{n+1}+\frac{(-1)^{n+2}}{(n+2)!}\cdot\frac{1}{2!}\cdot\left(\frac{x}{2}\right)^2\cdot\left(\frac{x}{2}\right)^{n+2}+\cdots$$

$$=\frac{(-1)^n}{0!\cdot n!}\cdot\left(\frac{x}{2}\right)^n+\frac{(-1)^{n+1}}{1!\cdot(n+1)!}\cdot\left(\frac{x}{2}\right)^{n+2}+\frac{(-1)^{n+2}}{2!\cdot(n+2)!}\cdot\left(\frac{x}{2}\right)^{n+4}+\cdots$$

$$=(-1)^n\left[\frac{(-1)^0}{0!\cdot n!}\cdot\left(\frac{x}{2}\right)^n+\frac{(-1)^1}{1!\cdot(n+1)!}\cdot\left(\frac{x}{2}\right)^{n+2}+\frac{(-1)^2}{2!\cdot(n+2)!}\cdot\left(\frac{x}{2}\right)^{n+4}+\cdots\right]$$

$$=(-1)^n\sum_{r=0}^{\infty}\frac{(-1)^r}{r!\cdot(n+r)!}\cdot\left(\frac{x}{2}\right)^{n+2r}$$

$$=(-1)^n\sum_{r=0}^{\infty}\frac{(-1)^r}{r!\cdot\Gamma(n+r+1)}\cdot\left(\frac{x}{2}\right)^{n+2r}$$

$$=(-1)^n J_n(x).$$

예제 5.8.1

다음을 보여라.

$$J_n(-x)=(-1)^n J_n(x) \quad (36)$$

풀이

생성함수를 사용하여 다음 식을 얻는다.

$$e^{\frac{x}{2}\cdot\left(z-\frac{1}{z}\right)} = \sum_{n=-\infty}^{\infty} J_n(x)\cdot z^n \tag{37}$$

식 (37)에서 x를 $-x$로 치환하면, 다음을 얻는다.

$$\sum_{n=-\infty}^{\infty} J_n(-x)\cdot z^n = e^{-\frac{x}{2}\cdot\left(z-\frac{1}{z}\right)} = e^{\frac{x}{2}\cdot\left(-z-\frac{1}{-z}\right)}$$

식 (37)로부터 유도하면 다음과 같다.

$$\sum_{n=-\infty}^{\infty} J_n(-x)\cdot z^n = \sum_{n=-\infty}^{\infty} J_n(x)\cdot(-z)^n$$

따라서 우리는 다음 식을 얻고,

$$\sum_{n=-\infty}^{\infty} J_n(-x)\cdot z^n = \sum_{n=-\infty}^{\infty} J_n(x)(-1)^n\cdot z^n \tag{38}$$

양변에서 z^n의 계수를 비교하면,

$$J_n(-x). = (-1)^n J_n(x)$$

을 보일 수 있다.

예제 5.8.2 생성함수를 사용하여 다음을 보여라.

a. $2J_n'(x) = J_{n-1}(x) - J_{n+1}(x)$

b. $2nJ_n(x) = x\{J_{n+1}(x) + J_{n-1}(x)\}$

풀이

(a) 생성함수를

$$e^{\frac{x}{2}\cdot\left(z-\frac{1}{z}\right)} = \sum_{n=-\infty}^{\infty} J_n(x)\cdot z^n$$

이라고 하고, 양변을 x에 대해 미분하면

$$e^{\frac{x}{2}\cdot\left(z-\frac{1}{z}\right)}\cdot\frac{1}{2}\cdot\left(z-\frac{1}{z}\right) = \sum_{n=-\infty}^{\infty} J_n'(x)\cdot z^n$$

$$\Rightarrow \left(z-\frac{1}{z}\right)\cdot\sum_{n=-\infty}^{\infty} J_n(x)\cdot z^n = 2\cdot\sum_{n=-\infty}^{\infty} J_n'(x)\cdot z^n$$

$$\Rightarrow \sum_{n=-\infty}^{\infty} J_n(x)\cdot\left(z^{n+1} - z^{n-1}\right) = 2\cdot\sum_{n=-\infty}^{\infty} J_n'(x)\cdot z^n$$

$$\Rightarrow \sum_{n=-\infty}^{\infty} J_n(x)\cdot z^{n+1} - \sum_{n=-\infty}^{\infty} J_n(x)\cdot z^{n-1} = 2\cdot\sum_{n=-\infty}^{\infty} J_n'(x)\cdot z^n$$

이다. 양변에서 z^n의 계수를 비교하면,

$$J_{n-1}(x) - J_{n+1}(x) = 2J_n'(x)$$

을 보일 수 있다.

(b) 다시 생성함수를 사용하면

$$e^{\frac{x}{2}\cdot\left(z-\frac{1}{z}\right)}=\sum_{n=-\infty}^{\infty}J_n(x)\cdot z^n$$

이다. 이번에는 양변을 z에 대해 미분하면,

$$e^{\frac{x}{2}\cdot\left(z-\frac{1}{z}\right)}\cdot\frac{x}{2}\cdot(1+z^{-2})=\sum_{n=-\infty}^{\infty}n\cdot J_n(x)\cdot z^{n-1}$$

$$\Rightarrow x\cdot(1+z^{-2})\cdot\sum_{n=-\infty}^{\infty}J_n(x)\cdot z^n=2\cdot\sum_{n=-\infty}^{\infty}n\cdot J_n(x)\cdot z^{n-1}$$

$$\Rightarrow x\cdot\sum_{n=-\infty}^{\infty}J_n(x)\cdot z^n+x\cdot\sum_{n=-\infty}^{\infty}J_n(x)\cdot z^{n-2}=2\cdot\sum_{n=-\infty}^{\infty}n\cdot J_n(x)\cdot z^{n-1}$$

이고, 양변에서 z^{n-1}의 계수를 비교하면

$$x\{J_{n+1}(x)+J_{n-1}(x)\}=2nJ_n(x)$$

이다.

▶**베셀 다항식의 점화식(Recurrence Relations on Bessel's Polynomial).** 수학에서 점화식이란 이전 항(들)의 함수로 다음 항을 주어진 규칙에 따라 수열 또는 다차원 배열의 값을 재귀적으로 정의하는 방정식이다.

정리 5.8.1 | 점화식 I (Recurrence Relations I)

$$\frac{d}{dx}\{x^nJ_n(x)\}=x^nJ_{n-1}(x) \tag{39}$$

정리 5.8.1을 증명하려면, $J_n(x)$의 다음 정의를 사용하라.

$$\frac{d}{dx}\{x^nJ_n(x)\}=\frac{d}{dx}\left\{x^n\sum_{r=0}^{\infty}(-1)^r\frac{1}{r!\,\Gamma(n+r+1)}\left(\frac{x}{2}\right)^{2r+n}\right\}$$

$$=\sum_{r=0}^{\infty}\frac{(-1)^r}{r!\,\Gamma(n+r+1)}\cdot\frac{1}{2^{2r+n}}\cdot\frac{d}{dx}(x^{2r+2n})$$

$$=\sum_{r=0}^{\infty}\frac{(-1)^r(2r+2n)x^{2r+2n-1}}{r!\,\Gamma(n+r+1)2^{2r+n}}$$

$$=\sum_{r=0}^{\infty}\frac{(-1)^r2(r+n)}{r!\,(n+r)\Gamma(n+r)}\cdot\frac{x^n\cdot x^{2r+n-1}}{2^{2r+n}}\qquad[\therefore\Gamma(n+1)=n\Gamma(n)]$$

$$=x^n\sum_{r=0}^{\infty}\frac{(-1)^r}{r!\,\Gamma(n-1+r+1)}\cdot\left(\frac{x}{2}\right)^{2r+n-1}$$

$$=x^nJ_{n-1}(x)$$

정리 5.8.2 | 점화식 II (Recurrence Relations II)

$$\frac{d}{dx}\{x^{-n}J_n(x)\} = -x^{-n}J_{n+1}(x) \tag{40}$$

정리 5.8.2를 증명하려면, $J_n(x)$의 다음 정의를 사용하라.

$$\begin{aligned}
\frac{d}{dx}\{x^{-n}J_n(x)\} &= \frac{d}{dx}\left\{x^{-n}\sum_{r=0}^{\infty}(-1)^r\frac{1}{r!\,\Gamma(n+r+1)}\left(\frac{x}{2}\right)^{2r+n}\right\}\\
&= \sum_{r=0}^{\infty}\frac{(-1)^r}{r!\,\Gamma(n+r+1)}\cdot\frac{1}{2^{2r+n}}\cdot\frac{d}{dx}\left(x^{2r}\right)\\
&= \sum_{r=0}^{\infty}\frac{(-1)^r\,2rx^{2r-1}}{r(r-1)!\,\Gamma(n+r+1)\,2^{2r+n}}\\
&= \sum_{r=0}^{\infty}\frac{(-1)^r}{(r-1)!\,\Gamma(n+r+1)}\cdot\frac{x^{2r-1}}{2^{2r+n-1}}\\
&= \sum_{r=1}^{\infty}\frac{(-1)^r}{(r-1)!\,\Gamma(n+r+1)}\cdot\frac{x^{2r-1}}{2^{2r+n-1}}
\end{aligned}$$

$=$ ($r=0$일 때 $(r-1)!=\infty$가 되므로, $r=0$에 해당하는 항은 사라짐)

$$= \sum_{m=0}^{\infty}\frac{(-1)^{m+1}\,x^{2m+2-1}}{m!\,\Gamma(n+m+2)}\cdot\frac{x^n\cdot x^{-n}}{2^{2m+2+n-1}}$$

(합산 변수를 $m=r-1$로 변경하면, $r=m+1$이다. 그러면 $r=1$ 일 때 $m=0$이고, $r=\infty$일 때 $m=\infty$임)

$$\begin{aligned}
&= -x^{-n}\sum_{m=0}^{\infty}\frac{(-1)^m}{m!\,\Gamma(n+m+2)}\cdot\left(\frac{x}{2}\right)^{n+1+2m}\\
&= -x^{-n}\sum_{r=0}^{\infty}\frac{(-1)^r}{r!\,\Gamma(n+1+r+1)}\cdot\left(\frac{x}{2}\right)^{n+1+2r}
\end{aligned}$$

(함수의 변수를 m에서 r로 변경함)

$$= -x^{-n}J_{n+1}(x).$$

정리 5.8.3 | 점화식 III (Recurrence Relations III)

$$J_n'(x) = J_{n-1}(x) - \left(\frac{n}{x}\right)J_n(x) \tag{41}$$

정리 5.8.3을 증명하기 위해, 정리 5.8.1의 점화식 I을

$$nx^{n-1}J_n(x) + x^n J_n'(x) = x^n J_{n-1}(x)$$

으로 변형하고, x^{n-1}을 양변에 나누면 다음 식을 얻게 된다.

$$nJ_n(x) + xJ_n'(x) = xJ_{n-1}(x)$$

$$\Rightarrow \left(\frac{n}{x}\right) J_n(x) + J_n'(x) = J_{n-1}(x)$$

$$\Rightarrow J_n'(x) = J_{n-1}(x) - \left(\frac{n}{x}\right) J_n(x)$$

〉정리 5.8.4 | 점화식 IV (Recurrence Relations IV)

$$J_n'(x) = \left(\frac{n}{x}\right) J_n(x) - J_{n+1}(x) \tag{42}$$

정리 5.8.4를 증명하기 위해, 정리 5.8.2의 점화식 II을

$$-nx^{-n-1}J_n(x) + x^{-n}J_n'(x) = -x^{-n}J_{n+1}(x)$$

으로 변형하고, x^{n-1}을 양변에 나누면 다음 식을 얻게 된다.

$$-nx^{-1}J_n(x) + J_n'(x) = -J_{n+1}(x)$$

$$\Rightarrow \left(-\frac{n}{x}\right) J_n(x) + J_n'(x) = -J_{n+1}(x)$$

$$\Rightarrow J_n'(x) = \left(\frac{n}{x}\right) J_n(x) - J_{n+1}(x)$$

〉정리 5.8.5 | 점화식 V (Recurrence Relations V)

$$J_n'(x) = \frac{1}{2}\{J_{n-1}(x) - J_{n+1}(x)\} \tag{43}$$

정리 5.8.5를 증명하기 위해 점화식 III과 IV를 더하면,

$$2J_n'(x) = J_{n-1}(x) - J_{n+1}(x)$$

$$\Rightarrow J_n'(x) = \frac{1}{2}\{J_{n-1}(x) - J_{n+1}(x)\}$$

이다.

정리 5.8.6 | 점화식 VI (Recurrence Relations VI)

$$J_{n-1}(x) + J_{n+1}(x) = \left(\frac{2n}{x}\right) J_n(x) \tag{44}$$

정리 5.8.6을 증명하기 위해, 점화식 III에서 IV를 빼면,

$$0 = J_{n-1}(x) + J_{n+1}(x) - \left(\frac{2n}{x}\right) J_n(x).$$

$$\Rightarrow J_{n-1}(x) + J_{n+1}(x) = \left(\frac{2n}{x}\right) J_n(x)$$

이다.

예제 5.8.3

$$\frac{d}{dx}\left(J_n^2 + J_{n+1}^2\right) = 2\left(\frac{n}{x}J_n^2 - \frac{n+1}{x}J_{n+1}^2\right) \tag{45}$$

를 증명하라.

풀이

식 (41)에서 n을 $n+1$로 치환하면,

$$J'_{n+1} = -\frac{n+1}{x}J_{n+1} + J_n \tag{46}$$

이다. 식 (45)의 좌변을 미분하면

$$\frac{d}{dx}\left(J_n^2 + J_{n+1}^2\right) = 2J_nJ'_n + 2J_{n+1}J'_{n+1}$$

이다. 식 (42)와 (46)의 값을 대입하면 우리는

$$\frac{d}{dx}\left(J_n^2 + J_{n+1}^2\right) = 2J_n\left(\frac{n}{x}J_n - J_{n+1}\right) + 2J_{n+1}\left(-\frac{n+1}{x}J_{n+1} + J_n\right)$$

을 얻으며, 간단하게 정리하면

$$2\left(\frac{n}{x}J_n^2 - \frac{n+1}{x}J_{n+1}^2\right)$$

이다.

예제 5.8.4

a. $J_0^2 + 2\left(J_1^2 + J_2^2 + J_3^2 + \cdots\right) = 1$
b. $|J_0(x)| \le 1$
를 증명하라.

풀이

(a) 예제 5.8.3에서 증명된 식 (45)에서 $n = 0, 1, 2, 3, \cdots$을 차례로 대입하면,

$$\frac{d}{dx}(J_0^2 + J_1^2) = 2\left(0 - \frac{1}{x}J_1^2\right)$$
$$\frac{d}{dx}(J_1^2 + J_2^2) = 2\left(\frac{1}{x}J_1^2 - \frac{2}{x}J_2^2\right)$$
$$\frac{d}{dx}(J_2^2 + J_3^2) = 2\left(\frac{2}{x}J_2^2 - \frac{3}{x}J_3^2\right)$$
$$\cdots \quad \cdots \quad \cdots \qquad \cdots \quad \cdots$$

이다. 위의 식들을 세로로 더하고, $n \to \infty$일 때 $J_n \to 0$임을 고려하면

$$\frac{d}{dx}[J_0^2 + 2(J_1^2 + J_2^2 + J_3^2 + \cdots)] = 0$$

이고, 적분하면

$$J_0^2(x) + 2(J_1^2(x) + J_2^2(x) + J_3^2(x) + \cdots) = C \tag{47}$$

이다. 식 (47)에서 $x = 0$을 대입하고, $n \geq 1$에 대해 $J_0(0) = 1$, $J_n(0) = 0$임을 고려하면 $1 + 2(0 + 0 + 0 + \cdots) = C$, 즉 $C = 1$이므로 식 (47)은 다음과 같이 정리된다.

$$J_0^2 + 2(J_1^2 + J_2^2 + J_3^2 + \cdots) = 1 \tag{48}$$

(b) 식 (48)로부터,

$$J_0^2 = 1 - 2(J_1^2 + J_2^2 + J_3^2 + \cdots + J_{n-1}^2 + J_n^2 + J_{n+1}^2 + \cdots) \tag{49}$$

임을 알 수 있다. $J_1^2, J_2^2, J_3^2, \cdots$가 모두 양수거나 영이기 때문에, 식 (49)는 다음과 같이 쓸 수 있다.

$$J_0^2 \leq 1 \ \text{ so that } |J_0(x)| \leq 1$$

예제 5.8.5

$$|J_n(x)| \leq 2^{-1/2} \tag{50}$$

을 증명하라.

풀이

예제 5.8.4의 (*b*)에서 유도된 식 (49)를 사용하여 J_n^2에 대해 풀면,

$$J_n^2 = \frac{1}{2}(1 - J_0^2) - (J_1^2 + J_2^2 + J_3^2 + \cdots + J_{n-1}^2 + J_{n+1}^2 + \cdots) \tag{51}$$

이고, $J_1^2, J_2^2, J_3^2, \cdots$가 모두 양수거나 영이기 때문에, 식 (51)은 다음과 같이 쓸 수 있다.

$$J_n^2 \leq \frac{1}{2} \ \text{ so that } |J_n(x)| \leq 2^{-1/2}, \ \text{ where } n \geq 1$$

예제 5.8.6

a. $\dfrac{d}{dx}J_0(x) = -J_1(x)$

b. $\int_a^b J_0(x)J_1(x)\,dx = \frac{1}{2}\left[J_0^2(a) - J_0^2(b)\right]$

를 증명하라.

풀이

a. 점화식 II에서 $n = 0$을 대입하면,

$$\frac{d}{dx}J_0(x) = -J_1(x) \tag{52}$$

이다.

b. 식 (52)를 사용하면,

$$\begin{aligned}\int_a^b J_0(x)J_1(x)\,dx &= -\int_a^b J_0(x)J'(x)\,dx \\ &= -\left\{\frac{[J_0(x)]^2}{2}\right\}_a^b \\ &= \frac{1}{2}\left[J_0^2(a) - J_0^2(b)\right]\end{aligned}$$

이다.

▶베셀 다항식의 직교성(Orthogonal Properties of Bessel's Polynomial). 베셀 방정식 $J_n(\lambda a) = 0$의 해인 α와 β가 있을 때, 다음이 성립함을 보이자.

$$\int_0^a xJ_n(\alpha x)J_n(\beta x)\,dx = \begin{cases} 0 & \text{if } \alpha \neq \beta \quad \text{(different roots)} \\ \dfrac{a^2}{2}J_{n+1}^2(\lambda_i a) & \text{if } \lambda_i = \alpha = \beta \quad \text{(equal roots)} \end{cases} \tag{53}$$

Case 1: 근이 다를 경우(Roots are different) $\alpha \neq \beta$

$\alpha \neq \beta$라고 하자. 즉, α와 β가 베셀 방정식 $J_n(\lambda a) = 0$의 서로 다른 해라고 하자. 따라서,

$$J_n(\alpha x) = 0 \quad \text{and} \quad J_n(\beta x) = 0$$

이제 $u(x) = J_n(\alpha x)$, $v(x) = J_n(\beta x)$라고 가정하자. 그러면 $u(x)$와 $v(x)$는 각각 다음 베셀 방정식의 해가 된다.

$$x^2u'' + xu' + \left(\alpha^2x^2 - n^2\right)u = 0 \tag{54a}$$

와

$$x^2v'' + xv' + \left(\beta^2x^2 - n^2\right)v = 0 \tag{54b}$$

이제 식 (54a)에 $\frac{v}{x}$를 곱하고, 식 (54b)에 $-\frac{u}{x}$를 곱한 후 두 식을 더하면,

$$x(vu'' - uv'') + (vu' - uv') + \left(\alpha^2 - \beta^2\right)xuv = 0,$$

$$\frac{d}{dx}\left[x(vu' - uv'')\right] + \left(\alpha^2 - \beta^2\right)xuv = 0, \tag{55}$$

$$\frac{d}{dx}\left[x\left(vu' - uv''\right)\right] = \left(\beta^2 - \alpha^2\right) xuv$$

이고, 양변을 x에 대해 0부터 a까지 적분하면,

$$\left[x\left(vu' - uv'\right)\right]_0^a = \left(\beta^2 - \alpha^2\right)\int_0^a xuv\, dx \tag{56}$$

이다. 식 (56)에 $u(x) = J_n(\alpha x)$, $v(x) = J_n(\beta x)$, $u' = \alpha \cdot J_n'(\alpha x)$, $v' = \beta \cdot J_n'(\beta x)$를 대입하면,

$$\begin{aligned}
\left(\beta^2 - \alpha^2\right)\int_0^a xJ_n(\alpha x) J_n(\beta x)\, dx &= \left[x\left(J_n(\beta x)\cdot \alpha \cdot J_n'(\alpha x) - J_n(\alpha x)\cdot \beta \cdot J_n'(\beta x)\right)\right]_0^a \\
&= a\left(J_n(\beta a)\cdot \alpha \cdot J_n'(\alpha a) - J_n(\alpha a)\cdot \beta \cdot J_n'(\beta a)\right) \\
&= 0. \quad (\text{Because } J_n(\alpha a) = 0 \text{ and } J_n(\beta a) = 0)
\end{aligned}$$

이고, 그러므로 $\alpha \neq \beta$이기 때문에

$$\begin{aligned}
\left(\beta^2 - \alpha^2\right)\int_0^a xJ_n(\alpha x) J_n(\beta x)\, dx = 0, \\
\Rightarrow \int_0^a xJ_n(\alpha x) J_n(\beta x)\, dx = 0
\end{aligned}$$

이다.

Case 2: 근이 같은 경우 (Roots are equal) $\alpha = \beta$

β가 α의 근처에 있다고 가정하자. 그러면 Case 1과 동일한 방식으로

$$\begin{aligned}
\left(\beta^2 - \alpha^2\right)\int_0^a xJ_n(\alpha x) J_n(\beta x)\, dx &= \left[x\left(J_n(\beta x)\cdot \alpha \cdot J_n'(\alpha x) - J_n(\alpha x)\cdot \beta \cdot J_n'(\beta x)\right)\right]_0^a \\
&= a\left(J_n(\beta a)\cdot \alpha \cdot J_n'(\alpha a) - J_n(\alpha a)\cdot \beta \cdot J_n'(\beta a)\right)
\end{aligned}$$

을 얻을 수 있고, $J_n(\alpha a) = 0$이므로

$$\begin{aligned}
\left(\beta^2 - \alpha^2\right)\int_0^a xJ_n(\alpha x) J_n(\beta x)\, dx = a \cdot J_n(\beta a)\cdot \alpha \cdot J_n'(\alpha a) \\
\Rightarrow \int_0^a xJ_n(\alpha x) J_n(\beta x)\, dx = \frac{a\alpha \cdot J_n(\beta a)\cdot J_n'(\alpha a)}{\beta^2 - \alpha^2}
\end{aligned}$$

이다. 이제 양변에 $\beta \to \alpha$로 극한을 취하면,

$$\lim_{\beta\to\alpha}\int_0^a xJ_n(\alpha x) J_n(\beta x)\, dx = \lim_{\beta\to\alpha}\frac{a\alpha \cdot J_n(\beta a)\cdot J_n'(\alpha a)}{\beta^2 - \alpha^2}$$

우변은 $\left(\frac{0}{0}\right)$ 꼴이므로, 로피탈의 법칙(L'Hôpital의 법칙)을 적용하여 $\alpha a = \alpha_i$로 치환하면,

$$\int_0^a xJ_n^2(\alpha x)\,dx = \lim_{\beta\to\alpha} \frac{a^2\alpha \cdot J_n'(\beta a)\cdot J_n'(\alpha_i)}{2\beta}$$

$$\int_0^a xJ_n^2(\alpha x)\,dx = \frac{a^2\cdot [J_n'(\alpha_i)]^2}{2}$$

이다. 여기에 점화식 IV를 사용하면,

$$\int_0^a x\left[J_n\left(\frac{\alpha_i x}{a}\right)\right]^2 dx = \frac{a^2}{2}[J_{n+1}(\alpha_i)]^2$$

$$\Rightarrow \int_0^a x[J_n(\alpha x)]^2\,dx = \frac{a^2}{2}[J_{n+1}(a\alpha)]^2$$

이다.

점화식 IV는

$$J_{n+1}(x) = -J_n'(x) + \frac{n}{x}J_n(x)$$

이고, x를 α_i로 치환하고

$$\alpha_i = a\alpha, J_n(a\alpha) = 0$$

을 이용하면,

$$J_{n+1}(\alpha_i) = -J_n'(\alpha_i) + \frac{n}{\alpha_i}J_n(\alpha_i)$$
$$(\alpha_i) = -J_n'(\alpha_i)$$

이다.

연습 문제

▶ 문제 **1**부터 **3**까지, 주어진 미분방정식이 $x = 0$에서 정칙 특이점을 갖는지 보이고, $x > 0$에 대한 두 개의 해를 구하라.

1. a. $(\ln x)y'' + \frac{1}{2}y' + y = 0$

이 $x = 1$에서 정칙 특이점을 갖는지 보여라.

b. $x = 1$에서의 결정 방정식의 근을 구하라.

c. 더 큰 근(larger root)에 해당하는 급수 $\sum_{n=0}^{\infty} a_n(x-1)^{r+n}$의 처음 세 개의 0이 아닌 항을 구하라. 여기서 $x - 1 > 0$이라고 가정할 수 있다.

d. 이 급수의 수렴 반경이 무엇일 것으로 예상되는가?

2. $x^2y'' + 3xy' + (1 + x)y = 0$

3. $x^2y'' + xy' + axy = 0$, α는 실수 상수이다.

4. $\frac{3}{2}$차 베셀 방정식

$$x^2y'' + xy' + \left(x^2 - \frac{9}{4}\right)y = 0, \quad x > 0$$

의(서로 배수가 아닌) 두 해를 구하라.

5. 1/2차 베셀 방정식

$$x^2y'' + xy' + \left(x^2 - \frac{1}{4}\right)y = 0, \quad x > 0$$

이 종속변수 변환 $y = x^{-1/2}v(x)$에 의해 미분방정식

$$v'' + v = 0$$

으로 바뀔 수 있음을 보여라. 이로부터 $y_1(x) = x^{-1/2}\cos(x)$와 $y_2(x) = x^{-1/2}\sin(x)$가 1/2차 베셀 방정식의 해라고 결론지을 수 있다.

6. $J_0(x)$에 대한 급수 식 (7)이 모든 x에 대해 절대 수렴함을 직접 보여라.

7. $J_1(x)$에 대한 급수 식 (27)이 모든 x에 대해 절대 수렴하고 $J_0'(x) = -J_1(x)$임을 보여라.

8. 양의 실수 v에 대한 v차 베셀 방정식

$$x^2y'' + xy' + \left(x^2 - v^2\right)y = 0, \quad x > 0$$

을 살펴보자.

a. $x = 0$이 정칙 특이점이고 이때의 결정 방정식의 근이 v와 $-v$임을 보여라.

b. 큰 근 v에 해당하는 한 해가

$$y_1(x) = x^v\left(1 - \frac{1}{1!(1+v)}\left(\frac{x}{2}\right)^2 + \frac{1}{2!(1+v)(2+v)}\left(\frac{x}{2}\right)^4 + \sum_{m=3}^{\infty}\frac{(-1)^m}{m!(1+v)\cdots(m+v)}\left(\frac{x}{2}\right)^{2m}\right)$$

임을 보여라.

c. $2v$가 정수가 아니라면, 두 번째 해는

$$y_2(x) = x^{-v}\left(1 - \frac{1}{1!(1-v)}\left(\frac{x}{2}\right)^2 + \frac{1}{2!(1-v)(2-v)}\left(\frac{x}{2}\right)^4 + \sum_{m=3}^{\infty}\frac{(-1)^m}{m!(1-v)\cdots(m-v)}\left(\frac{x}{2}\right)^{2m}\right)$$

임을 보여라. $x \to 0$일 때, $y_1(x) \to 0$이고 $x \to 0$일 때, $y_2(x)$는 무한함을 보여라.

d. 직접적인 방법으로 $y_1(x)$와 $y_2(x)$에 대한 멱급수가 모든 x에 대해 절대 수렴함을 증명하라. 또한, v가 정수가 아닐 때에만 y_2가 해임을 증명하라.

9. 이 절에서 $a_0 = 1$인 식 (7)에 의해 주어진 $J_0(x)$에 대해 0차 베셀 방정식

$$L[y] = x^2y'' + xy' + x^2y = 0$$

의 한 해가 J_0임을 보였다. 정리 5.7.1에 따라 두 번째 해는 $x > 0$일 때,

$$y_2(x) = J_0(x)\ln x + \sum_{n=1}^{\infty} b_n x^n$$

인 형태를 갖는다.

a.

$$L[y_2](x) = \sum_{n=2}^{\infty} n(n-1)b_nx^n + \sum_{n=1}^{\infty} nb_nx^n + 1\sum_{n-1}^{\infty} b_nx^{n+2} + 2xJ_0'(x) \tag{57}$$

임을 보여라.

b. 식 (57)에서 $J_0(x)$에 대한 급수 전개를 대입하여

$$b_1x + 2^2b_2x^2 + \sum_{n=3}^{\infty}\left(n^2b_n + b_{n-2}\right)x^n = -2\sum_{n=1}^{\infty}\frac{(-1)^n 2nx^{2n}}{2^{2n}(n!)^2} \tag{58}$$

임을 보여라.

c. 식 (35)의 우변에서 x의 짝수 승만 나타나는 것에 유의하자. $b_1 = b_3 = b_5 = \cdots = 0$, $b_2 = \dfrac{1}{2^2(1!)^2}$ 그리고

$$(2n)^2 b_{2n} + b_{2n-2} = -2\frac{(-1)^n(2n)}{2^{2n}(n!)^2}, \quad n = 2, 3, 4, \ldots$$

임을 보여라.

$$b_4 = -\frac{1}{2^2 4^2}\left(1 + \frac{1}{2}\right) \quad \text{과} \quad b_6 = \frac{1}{2^2 4^2 6^2}\left(1 + \frac{1}{2} + \frac{1}{3}\right)$$

을 유도하라. 이 점화식의 일반해는 $b_{2n} = \dfrac{(-1)^{n+1}H_n}{2^{2n}(n!)^2}$이다. $y_2(x)$에 대한 식에 b_n을 대입하면, 식 (10)에서 주어진 해를 얻는다.

10. 5.7절의 공식 (19)와 (20)에 따라 이 절의 식 (24)의 $c_n(r_2)$와 a를 계산하여 1차 베셀 방정식의 두 번째 해를 구하라. 이를 계산하는 과정은 다음과 같다. 우선 이 절의 식 (24)를 사용하여 $a_1(-1)$과 $a_1'(-1)$이 영임을 보여라. 그런 후, $c_1(-1) = 0$이고 이 점화식으로부터, $n = 3, 5, \cdots$에 대해 $c_n(-1) = 0$임을 보여라. 결국 식 (25)를 사용하여

$$a_2(r) = -\frac{a_0}{(r+1)(r+3)},$$

$$a_4(r) = \frac{a_0}{(r+1)(r+3)(r+3)(r+5)}$$

와

$$a_{2m}(r) = \frac{(-1)^m a_0}{(r+1)\cdots(r+2m-1)(r+3)\cdots(r+2m+1)}, \quad m \geq 1$$

임을 보여라. 또한

$$c_{2m}(-1) = \frac{(-1)^{m+1}(H_m + H_{m-1})}{2^{2m}m!(m-1)!}, \quad m \geq 1$$

임을 보여라.

11. 적당한 변수 변환에 의해 다른 미분방정식을 베셀 방정식으로 변환시킬 수 있다. 예를 들어, $f(\xi)$가 ν차의 베셀 방정식 해일 때,

$$x^2y'' + \left(\alpha^2\beta^2x^{2\beta} + \frac{1}{4} - \nu^2\beta^2\right)y = 0, \quad x > 0$$

의 해는 $y = x^{1/2}f(\alpha x^\beta)$임을 보여라.

12. 문제 **11**의 결과를 사용하여, Airy 방정식

$$y'' - xy = 0, \quad x > 0$$

의 일반해가 1/3차 베셀 방정식에 대한 기본해 집합 $f_1(\xi)$와 $f_2(\xi)$에 대해, $y = x^{1/2}\left(c_1 f_1\left(\frac{2}{3}ix^{3/2}\right) + c_2 f_2\left(\frac{2}{3}ix^{3/2}\right)\right)$임을 보여라.

13. $x > 0$에 대해서 J_0가 무한히 많은 근을 가지는 것을 보일 수 있다. 특히 처음 세 근은 약 2.405, 5.520, 8.653이다(그림 5.8.1 참조). $J = 1, 2, 3, \ldots$에 대해 λ_j로 J_0의 근을 표기하자; 그러면

$$J_0(\lambda_j x) = \begin{cases} 1, & x = 0, \\ 0, & x = 1 \end{cases}$$

이다. $y = J_0(\lambda_j x)$가 미분방정식

$$y'' + \frac{1}{x}y' + \lambda_j^2 y = 0, \quad x > 0$$

을 만족함을 증명하라. 따라서

$$\lambda_i \neq \lambda_j \quad \text{이면} \quad \int_0^1 x J_0(\lambda_i x) J_0(\lambda_j x)\, dx = 0$$

이 성립함을 보여라. **직교성**(orthogonality property)이라고 알려진 $J_0(\lambda_i x)$의 중요한 이 성질은 경곗값 문제를 풀 때 유용하다.

힌트: $J_0(\lambda_i x)$에 대한 미분방정식을 써라. 이 식에 $xJ_0(\lambda_i x)$를 곱하고 $J_0(\lambda_j x)$에 대한 미분방정식에 $xJ_0(\lambda_j x)$를 곱한 것에서 빼자. 그런 후 0부터 1까지 적분하자.

▶ 베셀 함수를 사용하여 **14**번부터 **18**번까지의 각 문제를 보여라.

14. $\cos(x \sin(\phi)) = J_0 + 2\cos 2\phi . J_2 + 2\cos 4\phi . J_4 + \cdots$

15. $\sin(x\, sin\, (\phi)) = 2\sin\phi . J_1 + 2\sin 3\phi . J_2 + \cdots$

16. $\cos(x) = J_0(x) - 2J_2(x) + 2J_4(x) - \cdots$

17. $\sin(x) = 2J_1(x) - 2J_3(x) + 2J_5(x) - \cdots$

18. $J_n(x+y) = \sum_{r=-\infty}^{\infty} J_r(x) \cdot J_{n-r}(x)$

▶ **19**번부터 **21**번까지, 주어진 점화식을 증명하라.

19. $\frac{d}{dx}\{xJ_n(x)J_{n+1}(x)\} = \{J_n^2(x) - J_{n+1}^2(x)\}$

20. $x^2 J_n''(x) = (n^2 - n - x^2) J_n(x) + xJ_{n+1}(x)$, where $n = 0, 1, 2, \ldots$

21. $\int x^2 J_0(x)\, dx = x^2 J_1(x) + xJ_0(x) - \int J_0(x)\, dx$

22. 점화식

$$2J_n' = J_{n-1} - J_{n+1}$$

으로부터, 다음 결과를 보여라.

$$2^r J_n^r(x) = J_{n-r} - rJ_{n-r+2} + \frac{r(r-1)}{2!} J_{n-r+4} + \cdots + (-1)^r J_{n+r}$$

23. $\int J_3(x)\, dx$

을 계산하고 그 결과를 J_0과 J_1로 표현하라.

24. $\int x^3 J_3(x)\, dx$

을 계산하라.

25. 만약 $f(x)$가 영역 $0 \le x \le a$에서 정의되고, λ_i가 식 $J_n(\lambda a) = 0$을 만족할 때, 다음 급수

$$f(x) = \sum_{i=1}^{\infty} c_i J_n(\lambda_i x)$$

을 가질 때 다음 식을 보여라.

$$c_i = \frac{2\int_0^a x f(x) J_n(\lambda_i x)\, dx}{a^2 J_{n+1}^2(\lambda_i a)}$$

26. 다음과 같은 형태의 급수로 x를 전개하라.

$$\sum_{i=1}^{\infty} c_i J_1(\lambda_i x)$$

이 급수는 $0 \le x \le 1$ 영역에서 유효하며, λ_i는 식 $J_1(\lambda) = 0$을 만족한다.

개념 질문

C5.1. $f(x) = e^{ax}$의 멱급수는 무엇인가? 수렴 구간은 어떻게 되는가?

C5.2. $f(x) = \dfrac{1}{1 - ax}$의 멱급수는 무엇인가? 실수 상수 a에 대해, 수렴 구간은 어떻게 되는가?

C5.3. 멱급수 $y(x) = \sum_{n=0}^{\infty} \dfrac{f^{(n)}(2)}{n!}(x-2)^n$이 $x = 2$에서 해석적이라는 것은 무엇을 의미하는가?

C5.4. 미분방정식 $P(x)y'' + Q(x)y' + R(x)y = 0$의 점 x_0이 정상점이라고 말하는 것은 무엇을 의미하는가? 이것이 중요한 이유는 무엇인가? ($P(x)$, $Q(x)$, $R(x)$가 다항식이라고 가정하라.)

C5.5. 미분방정식 $P(x)y'' + Q(x)y' + R(x)y = 0$의 점 x_0이 특이점이라고 말하는 것은 무엇을 의미하는가? 이것이 중요한 이유는 무엇인가? ($P(x)$, $Q(x)$, $R(x)$가 다항식이라고 가정하라.)

C5.6. 미분방정식 $P(x)y'' + Q(x)y' + R(x)y = 0$에서 x_0이 정상점이며, $y_1(x)$과 $y_2(x)$가 x_0에서 해석적인 두 개의 멱급수해라면, y_1과 y_2의 수렴 반경에 대해 무엇을 알 수 있는가?

C5.7. $y = x^r$가 $x^2y'' + \alpha xy' + \beta y = 0$의 해를 찾는 데 합리적인 형태인 이유는 무엇인가?

C5.8. 정칙 특이점에 대한 논의에서 오일러 미분 방정식 $x^2y'' + \alpha xy' + \beta y = 0$의 중요성은 무엇인가?

C5.9. 오일러 미분방정식의 해는 $y = x^r$의 형태를 가정하고, 방정식 $r(r-1) + \alpha r + \beta = 0$의 두 근을 찾음으로써 구할 수 있다. r_1과 r_2의 세 가지 가능한 경우는 무엇이며, 각 경우에 대한 기본해 집합은 무엇인가?

C5.10. 비정칙 특이점이란 무엇인가?

C5.11. $P(x)y'' + Q(x)y' + R(x)y = 0$이 특이점을 가질 때, $x = 0$에서 특이점이 발생한다고 가정하는 이유는 무엇인가?

C5.12. 표준형 미분방정식 $y'' + p(x)y' + q(x)y = 0$에서, $x = 0$이 정칙 특이점일 때, 그 결정 방정식과 특이점에서의 지수는 무엇인가?

C5.13. 정칙 특이점 $x = 0$을 갖는 2계 선형 미분방정식에서 특이점에서의 지수가 서로 같지 않고 정수 차이가 나지 않을 때, 기본해 집합의 두 번째 해는 어떻게 찾는가? (단 $x > 0$이며, 실수 값을 갖는 해인 경우 $r_2 \ge r_1$을 가정한다.)

C5.14. 정칙 특이점 $x = 0$을 갖는 2계 선형 미분방정식에서 특이점에서의 지수가 서로 같을 때, 기본해 집합의 두 번째 해는 어떻게 찾는가? (단 $x > 0$이며, 실수 값을 갖는 해인 경우 $r_2 \ge r_1$을 가정한다.)

C5.15. 정칙 특이점 $x = 0$을 갖는 2계 선형 미분방정식에서 특이점에서의 지수가 서로 정수 차이가 날 때, 기본해 집합의 두 번째 해는 어떻게 찾는가? (단 $x > 0$이며, 실수 값을 갖는 해인 경우 $r_2 \ge r_1$을 가정한다.)

C5.16. $x = 0$이 베셀 방정식의 정칙 특이점이라는 것은 어떤 의미인가?

C5.17. 5.8절에서 고려한 베셀 방정식의 세 가지 예제는 어떤 의미를 가지는가?

개념 문제 답

C5.1. 지수함수의 멱급수 전개는 다음과 같고, 수렴 구간은 $(-\infty, \infty)$이다.

$$f(x) = e^x = \sum_{k=0}^{\infty} \frac{(ax)^k}{k!}$$

C5.2. $f(x) = \dfrac{1}{1-ax}$는 첫 번째 항이 1이고 공비가 ax인 기하급수(geometric series)의 합이다.

$$f(x) = \frac{1}{1-ax} = \sum_{k=0}^{\infty} (ax)^k$$

수렴 구간은 $\left(-\frac{1}{a}, \frac{1}{a}\right)$이다.

C5.3. 어떤 함수가 $x = 2$에서 해석적이라는 것은 $x = 2$를 중심으로 한 테일러 급수 전개(Taylor series expansion)가 양의 수렴 반경을 가진다는 것을 의미한다.

C5.4. 점 x_0가 정상점이라는 것은 $P(x) \neq 0$일 때이다. 이는 주어진 미분방정식을 표준형으로 만들기 위해 $P(x)$로 나눌 경우, 새로운 계수 $Q(x)/P(x)$와 $R(x)/P(x)$가 $x = x_0$를 포함하는 구간에서 연속이 됨을 의미한다. 따라서 정리 3.2.1을 적용할 수 있으며, 초기조건이 $y(x_0) = y_0$ 및 $y'(x_0) = v_0$인 경우 해당 문제는 유일한 해를 가진다는 결론을 내릴 수 있다.

C5.5. 점 x_0가 특이점이라는 것은 $P(x) = 0$이고 $Q(x_0) \neq 0$ 또는 $R(x_0) \neq 0$인 경우이다. 이는 $P(x)$, $Q(x)$, $R(x)$가 공통 인수로 $(x - x_0)$를 가지지 않음을 의미한다. 따라서 표준형으로 변형했을 때, 적어도 하나의 계수 $Q(x)/P(x)$ 또는 $R(x)/P(x)$가 $x = x_0$에서 무한대로 발산하게 된다. 즉, 정리 3.2.1의 가정이 충족되지 않으며, 이 문제는 유일한 두 번 미분 가능한 해를 가질 것이라고 보장할 수 없다. (이러한 상황은 5.6절에서 5.9절까지 더 자세히 연구할 것이다.)

C5.6. 정리 5.4.1에 따르면, $y_1(x)$와 $y_2(x)$ 각각의 수렴 반경은 $p(x) = Q(x)/P(x)$ 및 $q(x) = R(x)/P(x)$의 급수에 대한 수렴 반경 중 더 작은 값보다 크거나 같아야 한다. (점화식으로 정의된 급수의 수렴 반경을 찾는 것이 매우 어렵기 때문에, 이 사실은 매우 유용하다.)

C5.7. 각 x^r이 도함수는 차수를 하나 감소시킨다. y' 항에 있는 추가적인 x는 차수를 하나 증가시키므로, 이는 x^r의 배수가 된다. 마찬가지로 y'' 항에 있는 추가적인 x^2는 차수를 두 개 증가시킨다. 따라서 세 항 모두 x^r의 배수이며, 이를 인수로 묶으면 이차 방정식이 남는다.

$$r(r-1) + \alpha r + \beta = 0$$

이 이차 방정식의 두 근에 대한 세 가지 경우는 각각 다르게 다루어져야 한다. 비록 세부적인 사항은 다르지만, 전체적인 구조는 상수계수를 가진 선형 미분방정식의 지수함수 해를 찾는 과정과 매우 유사하다.

C5.8. 오일러 미분방정식은 $x = 0$에서 특이점을 갖는 2계 미분방정식의 간단한 예이다. 또한 우리는 오일러 미분방정식의 기본해 집합을 찾는 방법을 알고 있다.

C5.9. **Case 1:** (서로 다른 실근) 근이 $r_1 \neq r_2$일 때, 기본해 집합은 $\{x^{r_1}, x^{r_2}\}$, $x > 0$.
Case 2: (중근) 근이 $r_1 = r_2$일 때, 기본해 집합은 $\{x^{r_1}, x^{r_2} \ln(x)\}$, $x > 0$.
Case 3: (복소근) 근이 $r_{1,2} = \lambda + i\mu$일 때, 기본해 집합은 $\{x^{\lambda} \cos(\mu \ln(x)), x^{\lambda} \sin(\mu \ln(x))\}$, $x > 0$.

C5.10. 미분방정식 $P(x)y'' + Q(x)y' + R(x)y = 0$에서 $x = x_0$가 비정칙 특이점일 경우, $\displaystyle\lim_{x \to x_0} (x - x_0)\frac{Q(x)}{P(x)}$ 및 $\displaystyle\lim_{n \to \infty} (x - x_0)^2 \frac{R(x)}{P(x)}$ 중에서 하나 이상이 존재하지 않을 때이다:

C5.11. 만약 특이점이 $x = x_0 \neq 0$에서 발생하면, 변수 변환 $t = x - x_0$를 수행한다. 그러면 $P^*(t) = P(x_0 + t)$, $Q^*(t) = Q(x_0 + t)$, $R^*(t) = R(x_0 + t)$에 대해 원점에서 특이점을 갖는 미분방정식이 다음과 같이 주어진다.

$$P^*(t)\frac{d^2y}{dt^2}+Q^*(t)\frac{dy}{dt}+R^*(t)y=0$$

C5.12. 이 미분방정식이 $x=0$에서 정칙 특이점을 가지므로, $xp(x)$ 및 $x^2q(x)$는 $x=0$에서 해석적이다. 특히, $p_0=\lim_{x\to 0}xp(x)$, $q_0=\lim_{x\to 0}x^2q(x)$로 정의할 수 있다. 결정 방정식은 $r(r-1)+p_0r+q_0=0$이며, 이 방정식의 두 근은 특이점에서의 지수이다.

C5.13. r_2-r_1이 0이 아니며 양의 정수가 아닐 때, 두 번째 해는

$$y_2(x)=x^{r_2}\left(1+\sum_{k=1}^{\infty}a_k(r_2)x^k\right)$$

과 같은 형태를 가진다. 이때, 계수 $a_k(r_2)$는 $y_1(x)$의 계수를 찾을 때 사용한 동일한 점화 관계를 사용하여 구하며, $a_0=1$, $r=r_2$이다.

C5.14. $r_1=r_2$일 때, 두 번째 해는

$$y_2(x)=y_1(x)\ln(x)+x^{r_1}\sum_{k=1}^{\infty}b_kx^k$$

과 같은 형태를 가진다. 이때, 계수 b_k는 이 형태(그리고 $y_1(x)$)를 미분방정식에 대입한 후, x의 각 거듭제곱 항의 계수를 0으로 설정하여 구한다.

C5.15. $r_1=r_2+N$일 때, 두 번째 해는

$$y_2(x)=ay_1(x)\ln(x)+x^{r_1}\sum_{k=1}^{\infty}b_kx^k$$

과 같은 형태를 가진다. 이때, 계수 a와 b_k는 이 형태(그리고 $y_1(x)$)를 미분방정식에 대입한 후, x의 각 거듭제곱 항의 계수를 0으로 설정하여 구한다. (참고로 $a=0$일 수도 있으며, 이 경우 로그 항이 존재하지 않는다.)

C5.16. 차수 ν인 베셀 방정식은 $x^2y''+xy'+(x^2-\nu^2)y=0$이다. 여기서 $P(0)=0$이고 $Q(0)$과 $R(0)$이 0이 아니므로 $x=0$은 특이점이다. 또한 $p_0=\lim_{x\to 0}x\dfrac{Q(x)}{P(x)}=\lim_{x\to 0}x\dfrac{x}{x^2}=1$와 $q_0=\lim_{x\to 0}x^2\dfrac{R(x)}{P(x)}=\lim_{x\to 0}x^2\dfrac{x^2-\nu^2}{x^2}=-\nu^2$이 성립하고 유한하므로, 이 특이점은 정칙 특이점이다.

C5.17. $\nu=0$, $\nu=1/2$, $\nu=1$일 때, 차수가 ν인 베셀 방정식의 기본해 집합에서 두 번째 해에 대해 세 가지 다른 형태를 나타낸다.

* $\nu=0$일 때, $x=0$에서의 특이점 지수는 동일하다. 즉, $r_1=r_2=0$이다. 첫 번째 해 $y_1(x)$는 x의 정수 차수를 가지는 멱급수 형태이다. 두 번째 해 $y_2(x)$는 $y_1(x)\ln(x)$와 x의 정수 차수를 가지는 두 번째 멱급수로 구성된다.
* $\nu=1/2$일 때, $x=0$에서의 특이점 지수는 양의 정수 차이만큼 다르다. 즉, $r_1=1/2$, $r_2=-1/2$이다. 이 경우, 두 번째 해에는 로그 항이 포함되지 않는다.
* $\nu=1$일 때, $x=0$에서의 특이점 지수는 역시 양의 정수 차이만큼 다르다. 즉, $r_1=1$, $r_2=-1$이다. 이 경우, 두 번째 해에는 로그 항이 포함된다.

참고 문헌

Coddington, E. A., *An Introduction to Ordinary Differential Equations* (Englewood Cliffs, NJ: Prentice – Hall, 1961; New York: Dover, 1989).

Coddington, E. A., and Carlson, R., *Linear Ordinary Differential Equations* (Philadelphia, PA: Society for Industrial and Applied Mathematics, 1997).

Copson, E. T., *An Introduction to the Theory of Functions of a Complex Variable* (Oxford: Oxford University Press, 1935).

K. Knoop, *Theory and Applications of Infinite Series* (New York: Hafner, 1951).

정리 5.4.1과 5.7.1의 증명은 중급이나 고급 과정 교재에서 찾을 수 있다; 예를 들어, Coddington의 3장과 4장 Coddington과 Carlson의 5장과 6장 또는 Rainville, E. D., Intermediate Differential Equations (2nd ed.) (New York: Macmillan, 1964)의 3장과 4장을 참조하라.

또한 5.5절의 연습문제 32에서 다룬 무한대에서의 점에 대해서도 이 교재들을 참조하라. 비정칙 특이점 근방에서의 해의 모양은 더 고급 주제이다; 이에 대한 간단한 소재는 다음 문헌의 5장에서 참을 수 있다.

Coddington, E. A., and Levinson, N., *Theory of Ordinary Differential Equations* (New York: McGraw – Hill, 1955; Malabar, FL: Krieger, 1984).

베셀 방정식, 르장드르 방정식, 그 외 이름이 붙은 많은 방정식에 대해 더 많은 설명은 미분방정식, 응용수학의 방법, 특수 함수들에 대한 고급 교재에서 찾을 수 있다. 르장드르 다항식과 베셀 함수 같은 특수 함수를 다룬 교재는 다음과 같다.

Hochstadt, H., *Special Functions of Mathematical Physics* (New York: Holt, 1961).

베셀 함수들, 르장드르 함수들, 그 외 수리 물리에서 나오는 특수 함수들에 대한 공식들, 그래프들, 표들을 잘 모아놓은 문헌은 다음과 같다.

Abramowitz, M., and Stegun, I. A. (eds.), *Handbook of Mathematical Functions with Formulas, Graphs, and Mathematical Tables* (New York: Dover, 1965); originally published by the National Bureau of Standards, Washington, DC, 1964.

아브라모비츠와 스테건의 디지털 후속작은 다음과 같다.

Digital Library of Mathematical Functions. Release date 2011 – 08 – 29. National Institute of Standards and Technology from http://dlmf.nist.gov/.

제 6 장

연립 1계 선형 미분방정식

Systems of First-Order Linear Equations

많은 물리 문제는 어떤 식으로든 함께 연결되는 각각의 요소들을 포함한다. 예를 들어, 전기 네트워크 상의 전류와 전압, 역학 시스템 상의 각각의 질량, 화학 시스템 상의 각각의 원소(또는 화합물), 생물시스템 상의 각각의 종 등이 이런 특성을 갖고 있다. 이에 상응하는 수학 문제는 항상 1계 미분방정식으로 쓸 수 있는 둘 이상의 식으로 된 *연립*(system) 미분방정식을 이룬다. 이 장에서는 연립 1계 *선형*(linear) 미분방정식, 특히 상수계수를 갖는 미분방정식을 주로 다룰 것이며, 선형대수의 기본적인 성질을 이용하여 설명할 것이다. 이 장은 여러 가지 측면에서 3장의 2계 선형 미분방정식을 다루던 방식을 따른다.

6.1 소개

연립 상미분방정식은 동일한 하나의 독립변수에 대한 함수인 종속변수 몇 개를 포함하는 문제에서 자연스럽게 발생한다. 독립변수는 t로, t에 관한 함수인 종속변수들은 $x_1, x_2, x_3, \ldots$로 나타내자. 그리고 t에 대한 미분[1]은 $\dfrac{dx_1}{dt}$ 또는 x_1'처럼 나타낸다.

그림 6.1.1의 스프링-질량계를 먼저 살펴보자. 두 개의 질량이 마찰력 없는 표면 위를 외부힘 $F_1(t)$와 $F_2(t)$의 영향 하에서 움직이고, 또한 탄성상수가 각각 k_1, k_2, k_3인 세 개의 스프링에 매달려 있다. 오른쪽 방향으로의 운동과 변위를 양으로 간주한다.

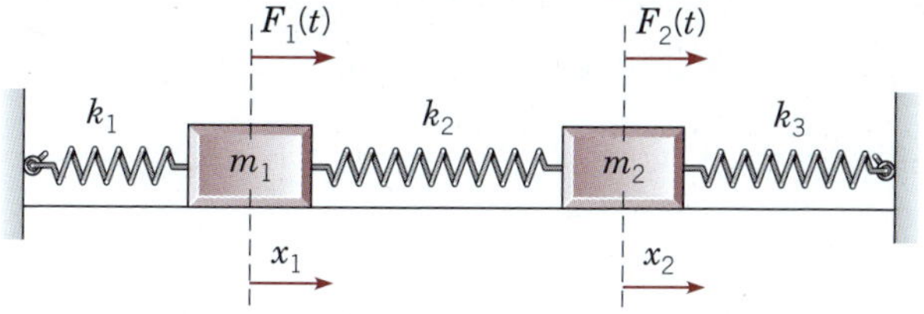

그림 6.1.1 두 개의 질량, 세 개의 스프링을 갖는 시스템.

3.7절에서와 비슷한 진개 과정을 따라 두 질량의 좌표 x_1, x_2에 대한 다음과 같은 미분방정식을 얻을 수 있다:

[1] 어떤 경우에는 시간에 대한 미분을 $\dot{x}_1 = \dfrac{dx_1}{dt}$과 $\ddot{x}_1 = \dfrac{d^2x_1}{dt^2}$처럼 함수 위의 점으로 쓰기도 한다. 특별한 목적을 위해 이 기호를 기억해 두자. 이에 대해서는 9.6절에서 소개하겠다.

$$m_1\frac{d^2x_1}{dt^2} = k_2(x_2 - x_1) - k_1x_1 + F_1(t) = -(k_1 + k_2)x_1 + k_2x_2 + F_1(t),$$
$$m_2\frac{d^2x_2}{dt^2} = -k_3x_2 - k_2(x_2 - x_1) + F_2(t) = k_2x_1 - (k_2 + k_3)x_2 + F_2(t) \qquad (1)$$

연립 미분방정식 (1)의 유도는 연습문제 **14**를 참고하자.

다음으로 **그림 6.1.2**와 같은 병렬 *LRC* 회로를 살펴보자. V가 콘덴서를 통과하는 전압 강하, 그리고 I는 인덕터를 통과하는 전류라고 하자. 그러면 3.7절과 이 절의 연습문제 **16**에 따라 전압과 전류가 다음과 같은 연립 미분방정식으로 표현된다.

$$\frac{dI}{dt} = \frac{V}{L},$$
$$\frac{dV}{dt} = -\frac{I}{C} - \frac{V}{RC} \qquad (2)$$

이때, L은 유도 용량이고 C는 정전 용량, 그리고 R은 저항이다.

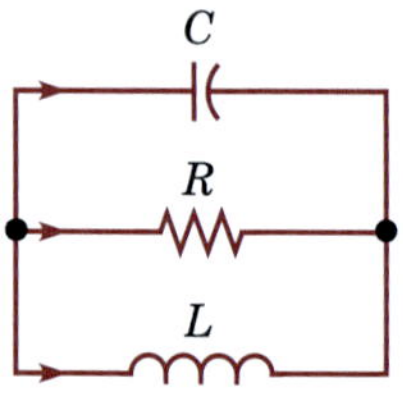

그림 6.1.2 병렬 *LRC* 회로.

연립 1계 미분방정식이 특히 중요한 이유 중 하나는 고계 미분방정식을 항상 연립 1계 미분방정식으로 바꿀 수 있기 때문이다. 수치해석적으로 접근하는 경우에 이런 과정이 꼭 필요한데, 그 이유는 8장에서 볼 수 있듯이 미분방정식의 해를 수치해석적으로 근사하는 거의 대부분의 코드가 연립 1계 미분방정식을 푸는 것으로 되어 있기 때문이다. 다음 예제는 하나의 2계 미분방정식이 두 식으로 된 연립 1계 미분방정식으로 변환하는 과정이 상당히 간단함을 보여준다.

예제 6.1.1

어떤 스프링-질량계의 운동(예제 3.7.3)이 다음과 같은 2계 미분방정식으로 표현되어있다.

$$u'' + \frac{1}{8}u' + u = 0 \qquad (3)$$

이 식을 연립 1계 미분방정식으로 다시 써라.

풀이

$x_1 = u, x_2 = u'$이라고 하자. 그러면 $x_1' = x_2$이다. 또한, $u'' = x_2'$이다. 그러면, 식 (3)에 u, u', u''을 대입하면

$$x_2' + \frac{1}{8}x_2 + x_1 = 0$$

이 되므로 x_1과 x_2는 두 식으로 된 연립 1계 미분방정식

$$x_1' = x_2,$$
$$x_2' = -x_1 - \frac{1}{8}x_2 \qquad (4)$$

를 만족한다.

스프링-질량계의 일반적인 운동 방정식도 같은 방식으로 연립 1계 미분방정식으로 바꿀 수 있다. 즉,

$$mu'' + \gamma u' + ku = F(t) \tag{5}$$

는 $x_1 = u$, $x_2 = u'$이라고 하고 예제 6.1.1과 같이 진행하면, 바로 다음 연립방정식을 구할 수 있다.

$$\begin{aligned} x_1' &= x_2, \\ x_2' &= -\frac{k}{m}x_1 - \frac{\gamma}{m}x_2 + \frac{1}{m}F(t) \end{aligned} \tag{6}$$

임의의 n계 미분방정식

$$y^{(n)} = F\left(t, y, y', \ldots, y^{(n-1)}\right) \tag{7}$$

을 n개의 식으로 된 연립 1계 미분방정식으로 바꾸기 위해

$$x_1 = y, \quad x_2 = y', \quad x_3 = y'', \ldots, \quad x_n = y^{(n-1)} \tag{8}$$

으로 정의된 변수 $x_1, x_2, \ldots, x_n$을 도입하여 예제 6.1.1의 방법을 확장하면

$$\begin{aligned} x_1' &= x_2, \\ x_2' &= x_3, \\ &\vdots \\ x_{n-1}' &= x_n \end{aligned} \tag{9}$$

이 되고, 식 (7)로부터

$$x_n' = F(t, x_1, x_2, \ldots, x_n) \tag{10}$$

이 된다.

식 (9), (10)은 다음과 같은 일반적인 연립방정식의 특수한 경우이다.

$$\begin{aligned} x_1' &= F_1(t, x_1, x_2, \ldots, x_n), \\ x_2' &= F_2(t, x_1, x_2, \ldots, x_n), \\ &\vdots \\ x_n' &= F_n(t, x_1, x_2, \ldots, x_n) \end{aligned} \tag{11}$$

비슷한 방식으로 연립방정식 (1)은 (11) 형태인 네 식으로 된 연립 1계 미분방정식으로 표현되고 연립방정식 (2)는 이미 이런 형태이다. 많은 흥미로운 문제들이 (11) 형태의 연립방정식으로 표현되기 때문에 고급 미분방정식론의 상당수가 이러한 연립방정식에 대한 연구이다.

구간 $I: \alpha < t < \beta$ 에서 연립방정식 (11)의 **해**(solution)는 n개의 함수

$$x_1 = \phi_1(t), \quad x_2 = \phi_2(t), \ldots, x_n = \phi_n(t) \tag{12}$$

로 이루어진 집합인데, 이 함수들은 구간 I의 모든 점에서 미분 가능하고, 그 구간 안의 모든 점에서 연립방정식 (11)을 만족한다. 주어진 연립 미분방정식과 더불어 다음과 같은 형태의 초기 조건들이 주어지기도 한다.

$$x_1(t_0) = x_1^0, \quad x_2(t_0) = x_2^0, \dots, x_n(t_0) = x_n^0 \tag{13}$$

이때, t_0은 I에서 t의 특정 값이고, $x_1^0, \dots, x_n^0$는 정해진 수들이다. 연립방정식 (11)과 초기조건 (13)이 합쳐져 **초깃값 문제**(initial value problem)가 된다.

해 (12)는 n차원 공간에서의 매개변수 방정식들의 집합으로 볼 수 있다. t의 주어진 값에 대하여 식 (12)는 이 공간상의 한 점의 좌표 $x_1, \dots, x_n$의 값을 결정한다. t가 바뀜에 따라 일반적으로 이 좌표들도 변한다. $\alpha < t < \beta$에 대응하는 점들의 집합은 이 공간상에서 곡선을 이룬다. 이 곡선을 연립 미분방정식 (11)을 따르며 움직이는 입자의 궤적이나 경로로 생각하는 것이 좋다. 초기조건 (13)은 움직이는 입자의 시작점을 결정한다. 이 곡선은 $n = 2$일 때 가장 쉽게 그릴 수 있으며, 이 경우 $x_1 x_2$-평면에 나타난다.

$F_1, F_2, \dots, F_n$에 관한 다음의 조건을 만족하면 초깃값 문제 (11), (13)의 해가 유일하게 존재하게 된다. 정리 6.1.1은, 하나의 1계 미분방정식에 대한 존재성과 유일성에 관한 정리 2.4.2와 유사하다.

정리 6.1.1

n개의 함수 $F_1, \dots, F_n$과 n^2개의 1차 편미분 $\dfrac{\partial F_1}{\partial x_1}, \dots, \dfrac{\partial F_1}{\partial x_n}, \dots \dfrac{\partial F_n}{\partial x_1}, \dots, \dfrac{\partial F_n}{\partial x_1}$이 $\alpha < t < \beta$, $\alpha_1 < x_1 < \beta_1$, $\dots$, $\alpha_n < x_n < \beta_n$로 정의된 $tx_1 x_2 \cdots x_n$-공간의 영역 R에서 연속이라고 하자. 이때, 점$(t_0, x_1^0, x_2^0, \dots, x_n^0)$이 R에 속한다고 하자. 그러면, 초기조건 (13)을 만족하는 연립 미분방정식 (11)의 유일해 $x_1 = \phi_1(t), \dots, x_n = \phi_n(t)$가 존재하는 구간 $|t - t_0| < h$이 존재한다.

이 정리의 증명은 2.8절에서의 증명을 일반화하여 할 수 있지만, 여기서 하지는 않겠다. 하지만, 이 정리의 가정에서 독립변수 t에 대한 $F_1, \dots, F_n$의 편미분에 대해서는 아무런 언급도 없음에 유의하자. 또한 결론에서 해가 존재하는 구간의 길이 $2h$가 정확하게 정해지지 않았으며, 그 길이가 매우 짧아질 수도 있다. 마지막으로, 똑같은 결론이 다소 약하지만 더 복잡한 가정하에서 성립하므로 이 정리는 더 일반화시킬 여지가 있고, 또한 이 정리의 결론이 성립하는 데 있어 주어진 가정은 충분조건이지 필요조건은 아님을 알아야 한다.

식 (11)의 함수 $F_1, \dots, F_n$이 각각 종속변수 $x_1, \dots, x_n$의 일차 함수라면 이 연립방정식은 **선형**(linear)이라 한다; 그렇지 않으면 **비선형**(nonlinear)이라고 한다. 따라서 n개 식으로 된 1계 선형 미분방정식에 대한 가장 일반적인 연립방정식 형태는 다음과 같다.

$$\begin{aligned} x_1' &= p_{11}(t)x_1 + \cdots + p_{1n}(t)x_n + g_1(t), \\ x_2' &= p_{21}(t)x_1 + \cdots + p_{2n}(t)x_n + g_2(t), \\ &\vdots \\ x_n' &= p_{n1}(t)x_1 + \cdots + p_{nn}(t)x_n + g_n(t) \end{aligned} \tag{14}$$

함수 $g_1(t), \dots, g_n(t)$가 각각 구간 I의 모든 t에 대해 영이라면, 연립방정식 (14)는 **제차**(homogeneous)라고 한다; 그렇지 않으면 **비제차**(nonhomogeneous)라고 한다. 연립방정식 (1)과 (2) 모두 선형이다. 연립방정식 (1)은 $F_1(t) = F_2(t) = 0$이 아닌 경우에는 비제차인 반면, 연립방정식 (2)는 제차이다.

선형 연립방정시 (14)에 대한 존재성 및 유일성의 정리는 정리 6.1.1보다 간단하지만 더욱 강력한 결론을 갖고 있다. 이는 정리 2.4.1과 정리 3.2.1과 유사하다.

정리 6.1.2

함수 $p_{11}, p_{12}, \dots, p_{nn}, g_1, \dots, g_n$이 열린 구간 $I: \alpha < t < \beta$에서 연속이면, 구간 I 내의 임의의 점 t_0와 주어진 값 $x_1^0, \dots, x_n^0$에 대해 초기조건 (13)을 만족하는 연립방정식 (14)의 유일해 $x_1 = \phi_1(t), \dots, x_n = \phi_n(t)$가 구간 I 전체에서 존재한다.

비선형 연립방정식의 경우와는 대조적으로, 선형 연립방정식의 해의 존재성과 유일성은 가정을 만족하는 구간 전체에 걸쳐 있음을 알아야 한다. 또한, 선형 연립방정식에서 $t = t_0$일 때의 초기값 $x_1^0, \dots, x_n^0$은 완전히 임의적인 데 반해, 비선형인 경우 초깃점은 정리 6.1.1에서 정의한 영역 R 안에 있어야 한다.

이 장의 나머지는 연립 1계 선형 미분방정식을 다루고 있다(비선형 연립방정식은 8장과 9장에서 다룬다). 이를 위해 행렬의 개념을 사용할 것이니 행렬의 성질에 익숙하기를 바란다. 이때 사용될 행렬의 기본적인 성질은 6.2절과 6.3절에 요약되어 있고, 그보다 더 심화된 내용은 필요할 때마다 설명하겠다.

연습 문제

▶ 문제 **1**부터 **3**까지, 주어진 식을 연립 1계 미분방정식으로 바꿔라.

1. $tu'' + u' + u = 0$

2. $t^3u'' + tu' + (t^2 - 0.25)u = 0$

3. $u^{(4)} - 3u = 0$

▶ 문제 **4**와 **5**에서, 주어진 초깃값 문제를 두 개의 1계 미분방정식에 대한 초깃값 문제로 바꿔라.

4. $u'' + 2u' + 4u = 2\cos(3t), \quad u(0) = 1, \quad u'(0) = -2$

5. $u'' + tu' + t^2u = t + t^2, \quad u(0) = a, \quad u'(0) = b$

6. 연립 1계 미분방정식은 하나의 고계 미분방정식으로 바뀔 수 있다. 다음 연립방정식을 고려하자.

$$x_1' = -2x_1 + x_2, \quad x_2' = x_1 - 2x_2$$

a. 첫 번째 식을 x_2에 관해 풀고 두 번째 식에 대입하여, x_1에 관한 2계 미분방정식을 구하라. 이 미분방정식을 x_1에 관해 푼 다음, x_2를 결정하라.

b. 초기조건 $x_1(0) = 2, x_2(0) = 4$를 만족하는 주어진 연립방정식의 해를 구하라.

c. $t \geq 0$에 대해 **b**에서 구한 x_1, x_2의 매개변수 방정식으로 주어진 곡선을 그려라.

▶ 문제 **7**부터 **9**까지, 문제 **6**과 같은 과정을 따라라.

a. 주어진 연립방정식을 하나의 2계 미분방정식으로 바꿔라.

b. 주어진 초기조건을 만족하는 x_1과 x_2를 구하라.

c. $t \geq 0$에 대해 $x_1 x_2$-평면에서 해의 그래프를 그려라.

7. $x_1' = -x_1 + 3x_2, \quad x_1(0) = 0$
$x_2' = x_1 - x_2, \quad x_2(0) = -1$

8. $x_1' = x_1 - 2x_2, \quad x_1(0) = -3$
$x_2' = 3x_1 - 4x_2, \quad x_2(0) = 2$

9. $x_1' = -0.5x_1 + 2x_2, \quad x_1(0) = -1$
$x_2' = -2x_1 - 0.5x_2, \quad x_2(0) = 2$

10. 병렬 회로에 관한 식 (2)를 하나의 2계 미분방정식으로 바꿔라.

11. 만약 $a_{11}, a_{12}, a_{21}, a_{22}$가 상수이고 a_{12}, a_{21}이 동시에 영이 아니며, 함수 g_1, g_2가 미분 가능하다면 다음의 초깃값 문제를 하나의 2계 미분방정식에 대한 초깃값 문제로 바꿀 수 있음을 보여라.

$$x_1' = a_{11}x_1 + a_{12}x_2 + g_1(t), \quad x_1(0) = x_1^0$$
$$x_2' = a_{21}x_1 + a_{22}x_2 + g_2(t), \quad x_2(0) = x_2^0$$

만약 $a_{11}, \dots, a_{22}$가 t에 대한 함수라면 똑같은 과정이 성립하겠는가?

12. 다음의 선형 제차 연립방정식을 고려하자.

$$x' = p_{11}(t)x + p_{12}(t)y,$$
$$y' = p_{21}(t)x + p_{22}(t)y$$

만약 $x = x_1(t), y = y_1(t)$와 $x = x_2(t), y = y_2(t)$가 주어진 연립방정식의 두 해라면, 임의의 상수 c_1과 c_2에 대하여 $x = c_1x_1(t) + c_2x_2(t), y = c_1y_1(t) + c_2y_2(t)$도 해가 됨을 보여라. 이것이 중첩의 원리(principle of superposition)이다(6.4절에서 자세히 논의될 것이다.)

13. $x = x_1(t), y = y_1(t)$와 $x = x_2(t), y = y_2(t)$를 다음과 같은 선형 비제차 연립방정식의 임의의 두 해라고 하자.

$$x' = p_{11}(t)x + p_{12}(t)y + g_1(t),$$
$$y' = p_{21}(t)x + p_{22}(t)y + g_2(t)$$

$x = x_1(t) - x_2(t), y = y_1(t) - y_2(t)$는 이에 대응하는 제차 연립방정식의 해임을 증명하라.

14. 식 (1)을 각 질량에 가해지는 힘을 보여주는 자유물체도(free-body diagram)로 유도할 수 있다. **그림 6.1.3*a***는 두 질량의 변위 x_1, x_2가 모두 (오른쪽 방향으로) 양수이고 $x_2 > x_1$인 상태를 나타내고 있다. 그러면 스프링 1과 2는 늘어나고 스프링 3은 압축되어서 **그림 6.1.3*b***에서와 같이 힘을 발생시킨다. 뉴턴의 법칙($F = ma$)을 이용하여 식 (1)을 유도하라.

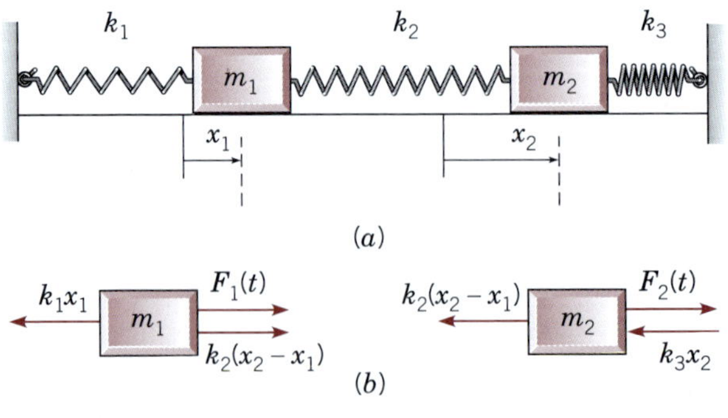

그림 6.1.3 (a) 변위 x_1, x_2가 모두 양수일 때 (b) 스프링–질량계에 대한 자유물체도.

15. 연립방정식 (1)을 $y_1 = x_1, y_2 = x_2, y_3 = x_1', y_4 = x_2'$라고 놓고 연립 1계 미분방정식으로 바꿔라.

▶ **전기회로**(Electric Circuits). 그림 6.1.2에서와 같이 인덕터, 저항기, 콘덴서로 구성된 전기회로론은 키르히호프(Kirchhoff)의 법칙을 기반으로 한다: (1) 각각의 교점을 흐르는 순 전류는 영이다. (2) 각각의

폐회로를 도는 순 전압 강하는 영이다. 키르히호프의 법칙에 추가하여 각 회로 원소를 통과하는 암페어(ampere) 단위의 전류 I와 볼트(volt) 단위의 전압 강하 V 사이에 다음과 같은 관계식이 있다:

$$V = RI, \qquad R = \text{resistance in ohms};$$

$$C\frac{dV}{dt} = I, \qquad C = \text{capacitance in farads};$$[2]

$$L\frac{dI}{dt} = V, \qquad L = \text{inductance in henrys}.$$

각 회로 원소에 대한 키르히호프의 법칙과 전류-전압의 관계는 대수 방정식과 미분방정식들의 연립식으로 나타나며, 이것이 회로를 흐르는 전압과 전류를 결정한다. 문제 **16**부터 **18**까지 이와 같은 과정을 설명한다.

16. 그림 6.1.2에 나온 회로를 고려하자. I_1, I_2, I_3를 각각 콘덴서, 저항기, 인덕터를 통과하는 전류라고 하자. 비슷한 방식으로 V_1, V_2, V_3를 이에 해당되는 전압 강하라고 하자. 화살표는 전류와 전압 강하가 양이 되는 방향을 나타낸다.

a. 키르히호프의 두 번째 법칙을 회로의 위쪽 회로에 적용하여 다음을 보여라.

$$V_1 - V_2 = 0 \tag{15}$$

비슷한 방식으로 다음을 보여라.

$$V_2 - V_3 = 0 \tag{16}$$

b. 키르히호프의 첫 번째 법칙을 회로의 두 교점에 적용하여 다음을 보여라.

$$I_1 + I_2 + I_3 = 0 \tag{17}$$

c. 회로의 각 원소를 지나는 전류-전압 간의 관계를 이용하여 다음 식들을 구하라.

$$CV_1' = I_1, \quad V_2 = RI_2, \quad LI_3' = V_3 \tag{18}$$

d. 식 (15)부터 (18)까지 V_2, V_3, I_1, I_2를 소거하여 다음을 구하라.

$$CV_1' = -I_3 - \frac{V_1}{R}, \quad LI_3' = V_1 \tag{19}$$

이때, 식 (19)에서 아래 첨자를 생략하면 이 절의 연립방정식 (2)가 됨을 알 수 있다.

17. **그림 6.1.4**에 나온 회로를 고려하자. 문제 **16**에서 요약한 방법을 이용하여 인덕터를 통과하는 전류 I와 콘덴서를 통과하는 전압 V가 다음 연립 미분방정식을 만족함을 보여라.

$$\frac{dI}{dt} = -I - V, \quad \frac{dV}{dt} = 2I - V$$

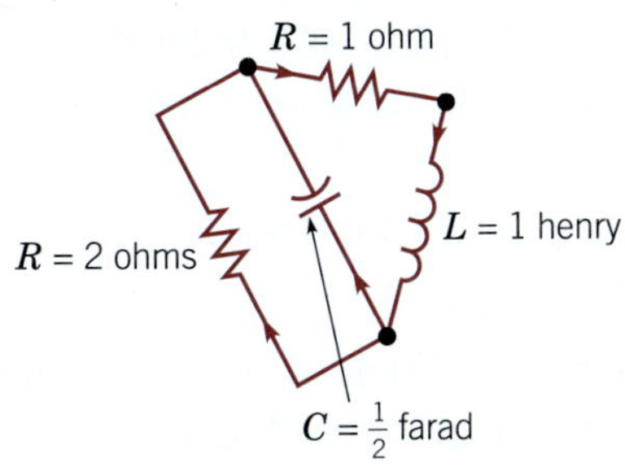

그림 6.1.4 문제 **17**의 회로

[2] 실제의 콘덴서는 microfarads 단위로 측정된 정전용량을 갖는다. 여기서는 수치상 편리하게 나타내기 위해 farad 단위를 사용한다.

18. **그림 6.1.5**에 나온 회로를 고려하자. 문제 **16**에서 요약한 방법을 이용하여 인덕터를 통한 전류 I와 콘덴서를 통과하는 전압 V가 다음 연립 미분방정식을 만족함을 보여라.

$$L\frac{dI}{dt} = -R_1 I - V, \quad C\frac{dV}{dt} = I - \frac{V}{R_2}$$

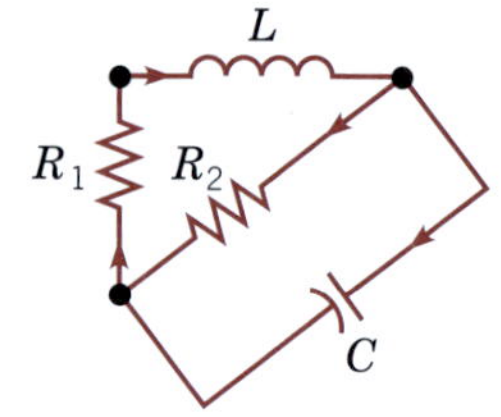

그림 6.1.5 문제 **18**의 회로.

19. **그림 6.1.6**에 나온 서로 연결된 두 개의 탱크를 고려하자. 탱크 1에는 처음에 30 gal의 물과 25 oz의 소금이, 그리고 탱크 2에는 처음에 20 gal의 물과 15 oz의 소금이 들어있다. 1 oz/gal의 소금을 포함한 물이 탱크 1로 1.5 gal/min의 비율로 흘러 들어간다. 이 혼합물은 탱크 1에서 탱크 2로 3 gal/min의 비율로 흘러간다. 또한 3 oz/gal의 소금을 포함하는 물이 1 gal/min의 비율로 탱크 2로 (외부로부터) 흘러 들어간다. 이 혼합물은 탱크 2로부터 4 gal/min의 비율로 빠져나가고, 그중 일부는 탱크 1로 1.5 gal/min의 비율로 다시 들어간다. 나머지는 이 시스템 안에 남아있는다.

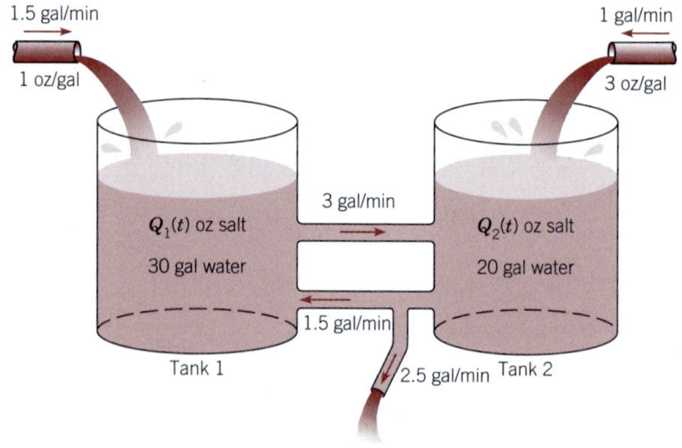

그림 6.1.6 서로 연결된 두 개의 탱크(문제 **19**).

a. $Q_1(t)$와 $Q_2(t)$를 시간 t에 각각의 탱크 안에 있는 소금의 양이라고 하자. 이 흐름에 대한 과정을 모델링하는 미분방정식과 초기조건을 적어라. 이때의 연립 미분방정식은 비제차임을 알 수 있다.

b. 이 시스템이—시간에 따라 변하지 않는—평형 상태에 이르는 Q_1과 Q_2의 값을 구하라. Q_1^E와 Q_2^E를 이 평형 상태의 값이라고 두자. 어느 탱크가 이 평형 상태로 더 빨리 도달하는지 예측할 수 있겠는가?

c. $x_1 = Q_1(t) - Q_1^E$와 $x_2 = Q_2(t) - Q_2^E$라고 하자. x_1과 x_2에 대한 초깃값 문제를 결정하라. x_1, x_2에 대한 연립방정식은 제차임을 알 수 있다.

20. 그림 6.1.6와 비슷한 서로 연결된 두 개의 탱크를 고려하자. 처음에 탱크 1에는 60 gal의 물과 Q_1^0 oz의 소금이, 그리고 탱크 2에는 100 gal의 물과 Q_2^0 oz의 소금이 들어있다. q_1 oz/gal의 소금을 포함하는 물이 탱크 1로 3 gal/min의 비율로 흘러 들어간다. 탱크 1의 이 혼합물이 4 gal/min의 비율로 빠져 나가는데, 그중 반은 탱크 2로 흘러 들어가고 나머지는 이 시스템을 빠져 나간다. 또한, q_2 oz/gal의 소금을 포함하는 물이 외부에서 탱크 2로 1 gal/min의 비율로 흘러 들어간다. 탱크 2의 이 혼합물은 3 gal/min의 비율로 빠져나가는데, 그중 일부는 탱크 1로 1 gal/min의 비율로 다시 되돌아

서 들어가고 나머지는 이 시스템을 빠져나간다.

a. 위에서 설명한 흐름의 과정을 다이어그램으로 그려라. $Q_1(t)$와 $Q_2(t)$를 시간 t에 각각의 탱크 안에 있는 소금의 양이라고 하자. 이 흐름의 과정을 모델링하는 미분방정식과 초기조건을 적어라.

b. 평형 상태의 값 Q_1^E와 Q_2^E를 농도 q_1과 q_2에 대해 구하라.

c. (q_1과 q_2를 조절하여) $Q_1^E = 60$과 $Q_2^E = 50$인 평형 상태를 얻을 수 있는가?

d. 다양한 q_1과 q_2의 값에 대하여 이 시스템에서 어떤 평형 상태가 가능한지 설명하라.

6.2 행렬

이론과 계산 둘 다를 위해 행렬 대수[3]의 결과 중 일부를 연립 선형 미분방정식에 대한 초깃값 문제에 연관 지어 생각해 보자. 이 절과 다음 절에서 기본적인 내용이 간략하게 요약되어 있다. 이보다 더 자세한 내용은 선형대수에 대한 기본 교재에서 찾아볼 수 있다. 여기서는 행렬식(determinants)의 정의와 계산하는 법을 잘 안다고 가정하겠다.

보통행렬은 볼드체의 대문자 **A**, **B**, **C**, ...로 나타내지만 때로는 볼드체의 그리스 문자 **Φ**, **Ψ**, ⋯로 나타내기도 한다. 행렬 **A**는 m개의 행과 n개의 열을 갖는 숫자나 요소의 직사각형 배열을 이룬다. 즉,

$$\mathbf{A} = \begin{pmatrix} a_{11} & a_{12} & \cdots & a_{1n} \\ a_{21} & a_{22} & \cdots & a_{2n} \\ \vdots & \vdots & & \vdots \\ a_{m1} & a_{m2} & \cdots & a_{mn} \end{pmatrix} \tag{1}$$

이다. 이때 **A**를 **m × n 행렬**(m × n matrix)이라고 한다. 이 장의 뒷부분에서는 행렬의 요소를 대개 실수로 가정하겠지만, 이 절에서는 행렬의 요소가 복소수라고 가정한다. 행렬의 i번째 행, j번째 열에 있는 요소를 a_{ij}라고 표시하는데 첫 번째 아래 첨자는 행을, 두 번째 아래 첨자는 열을 나타낸다. 어떤 때는 일반 요소가 a_{ij}인 행렬을 (a_{ij})라고 쓰기도 한다.

각각의 행렬 **A**와 연관되는 행렬 $\mathbf{A}^T$를 **A**의 **전치행렬**(transpose)이라고 부르며 **A**의 행과 열을 서로 교환하여 얻는다. 따라서 $\mathbf{A} = (a_{ij})$이면 $\mathbf{A}^T = (a_{ji})$이다. 또한 a_{ij}의 켤레 복소수를 $\overline{a_{ij}}$로 나타내고, 행렬 A의 각 요소 a_{ij}를 그것의 켤레 복소수 $\overline{a_{ij}}$로 바꿔서 얻은 행렬을 $\overline{\mathbf{A}}$로 나타낸다. 행렬 $\overline{\mathbf{A}}$는 **A**의 **켤레**(conjugate)라고 부른다. 또한 켤레의 전치행렬인 $\overline{\mathbf{A}}^T$를 쓰는 경우도 있다. 이 행렬을 **A**의 **수반행렬**(adjoint matrix)이라고 부르며 $\mathbf{A}^*$로 나타낸다.

예를 들어,

$$\mathbf{A} = \begin{pmatrix} 3 & 2-i \\ 4+3i & -5+2i \end{pmatrix}$$

이면

[3] 비록 "행렬(matrix)"이라는 단어는 친구인 James Sylvester (1814~1897)가 1850년에 처음 도입했지만 행렬의 성질은 영국의 대수학자인 Arthur Cayley (1821~1895)에 의해 가장 먼저 폭넓게 연구되었다. Cayley는 1849년부터 1863년까지 법 분야에 종사하는 동안 그의 가장 훌륭한 수학 업적을 이루었고 그 후 캠브리지 대학에서 수학 교수로 나머지 일생을 보냈다. Cayley의 혁신적인 업적 이후에 연이어 행렬 이론이 빠르게 연구되었으며 그중에서도 특히 Charles Hermite, Georg Frobenium, Camille Jordan 등이 크게 기여했다.

$$\mathbf{A}^T = \begin{pmatrix} 3 & 4+3i \\ 2-i & -5+2i \end{pmatrix}, \quad \overline{\mathbf{A}} = \begin{pmatrix} 3 & 2+i \\ 4-3i & -5-2i \end{pmatrix}, \quad \mathbf{A}^* = \begin{pmatrix} 3 & 4-3i \\ 2+i & -5-2i \end{pmatrix}$$

이다.

특히 두 가지 특별한 종류의 행렬에 관심을 기울이자; 행과 열의 개수가 같은—즉, $m = n$인—**정사각행렬**(square matrix); $n \times 1$ 행렬 또는 하나의 열만 갖는 행렬인 **벡터**(vector)[또는 **열 벡터**(column vector)]. n개의 행과 n개의 열을 갖는 정사각행렬을 n차라고 한다. (열) 벡터는 볼드체의 소문자 $\mathbf{x}, \mathbf{y}, \boldsymbol{\xi}, \boldsymbol{\eta}, \ldots$와 같이 나타낸다. $n \times 1$ 열 벡터의 전치행렬 x^T는 $1 \times n$행 벡터; 즉, 하나의 행을 가지며 그 요소가 $\mathbf{x}$의 대응하는 요소와 같은 행렬이다.

▶ 행렬의 성질들(Properties of Matrices).

1. **상동**(Equality). 두 개의 $m \times n$ 행렬 $\mathbf{A}, \mathbf{B}$의 대응하는 요소가 모두 서로 같으면—즉, 각 i, j에 대하여 $a_{ij} = b_{ij}$이면—$\mathbf{A}$와 $\mathbf{B}$는 같다고 한다.
2. **영행렬**(Zero). 기호 $\mathbf{0}$은 각 요소가 전부 영인 행렬(또는 벡터)을 표시한다.
3. **덧셈**(Addition). 두 개의 $m \times n$ 행렬 $\mathbf{A}, \mathbf{B}$의 합은 다음과 같이 서로 대응하는 요소들을 더하는 것으로 정의한다.

$$\mathbf{A} + \mathbf{B} = (a_{ij}) + (b_{ij}) = (a_{ij} + b_{ij}) \tag{2}$$

이런 정의를 바탕으로, 행렬의 덧셈은 교환법칙과 결합법칙이 성립하는 것을 알 수 있다. 즉,

$$\mathbf{A} + \mathbf{B} = \mathbf{B} + \mathbf{A}, \quad \mathbf{A} + (\mathbf{B} + \mathbf{C}) = (\mathbf{A} + \mathbf{B}) + \mathbf{C} \tag{3}$$

4. **수와의 곱**(Multiplication by a Number). 행렬 $\mathbf{A}$에 실수나 복소수 α를 곱하는 것은 다음과 같이 정의한다;

$$\alpha\mathbf{A} = \alpha\,(a_{ij}) = (\alpha a_{ij}) \tag{4}$$

즉, $\mathbf{A}$의 각 요소에 α를 곱한다. 이런 유형의 곱셈에 대해 분배법칙

$$\alpha\,(\mathbf{A} + \mathbf{B}) = \alpha\mathbf{A} + \alpha\mathbf{B}, \quad (\alpha + \beta)\,\mathbf{A} = \alpha\mathbf{A} + \beta\mathbf{A} \tag{5}$$

가 성립한다. 특히, $\mathbf{A}$의 부호를 바꾼 것을 $-\mathbf{A}$로 나타내는데 다음과 같이 정의한다.

$$-\mathbf{A} = (-1)\,\mathbf{A} \tag{6}$$

5. **뺄셈**(Subtraction). 두 개의 $m \times n$ 행렬의 차 $\mathbf{A} - \mathbf{B}$는 다음과 같이 정의한다.

$$\mathbf{A} - \mathbf{B} = \mathbf{A} + (-\mathbf{B}) \tag{7}$$

따라서

$$\mathbf{A} - \mathbf{B} = (a_{ij}) - (b_{ij}) = (a_{ij} - b_{ij}) \tag{8}$$

이다.

6. **곱셈**(Multiplication). 두 행렬의 곱 $\mathbf{AB}$는 첫 번째 행렬의 열의 개수와 두 번째 행렬의 행의 개수가 같을 때 정의된다. 만약 $\mathbf{A}$와 $\mathbf{B}$가 각각 $m \times n$과 $n \times r$ 행렬이면 곱 $\mathbf{C} = \mathbf{AB}$는 $m \times r$ 행렬이 된다. $\mathbf{C}$의 i번째 행, j번째 열의 요소는 $\mathbf{A}$의 i번째 행의 각 요소와 이에 대응되는 $\mathbf{B}$의 i

번째 열의 각 요소를 곱한 다음 이를 전부 더한 것이다. 기호로는,

$$c_{ij} = \sum_{k=1}^{n} a_{ik} b_{kj} \tag{9}$$

이다. 행렬의 곱이 결합법칙

$$(\mathbf{AB})\,\mathbf{C} = \mathbf{A}\,(\mathbf{BC}) \tag{10}$$

와 분배법칙

$$\mathbf{A}\,(\mathbf{B} + \mathbf{C}) = \mathbf{AB} + \mathbf{AC} \tag{11}$$

를 만족함을 직접 계산하여 보일 수 있다. 그러나, 일반적으로 *행렬의 곱은 교환법칙이 성립하지 않는다.* 곱 **AB**와 **BA**가 존재하고 똑같은 크기가 되려면 **A**와 **B**는 같은 차수의 정사각 행렬이어야 한다. 이런 경우에도 두 곱은 보통 서로 같지 않으므로, 일반적으로는

$$\mathbf{AB} \neq \mathbf{BA} \tag{12}$$

이다.

예제 6.2.1

행렬의 곱을 설명하고 행렬의 곱이 반드시 교환법칙이 성립하지는 않는 것을 보이기 위하여 다음 행렬들을 살펴보자.

$$\mathbf{A} = \begin{bmatrix} 1 & 0 & 2 \\ 0 & 2 & -1 \\ 1 & 2 & 3 \end{bmatrix}, \qquad \mathbf{B} = \begin{bmatrix} 1 & 2 & -1 \\ 2 & 0 & 3 \\ 1 & -1 & 0 \end{bmatrix}$$

풀이

식 (9)에 의해 주어진 곱의 정의로부터

$$\mathbf{AB} = \begin{bmatrix} 1+0+2 & 2+0-2 & -1+0+0 \\ 0+4-1 & 0+0+1 & 0+6+0 \\ 1+4+3 & 2+0-3 & -1+6+0 \end{bmatrix} = \begin{bmatrix} 3 & 0 & -1 \\ 3 & 1 & 6 \\ 8 & -1 & 5 \end{bmatrix}$$

이다. 비슷한 방식으로,

$$\mathbf{BA} = \begin{bmatrix} 0 & 2 & -3 \\ 5 & 6 & 13 \\ 1 & -2 & 3 \end{bmatrix}$$

이므로 명백히 $\mathbf{AB} \neq \mathbf{BA}$이다.

7. **벡터의 곱**(Multiplication of Vectors). 각각 n개의 요소를 갖는 두 벡터 $\mathbf{x}$, $\mathbf{y}$에 대하여 몇 가지 방식으로 곱을 정의할 수 있다. 그중 한 가지는 물리학과 미적분학에서 익숙한 **내적**(dot product)을 n차원으로 직접 확장하는 것이다; 이를 $\mathbf{x}^T y$로 표시하고

$$\mathbf{x}^T\mathbf{y} = \sum_{i=1}^{n} x_i y_i \tag{13}$$

로 쓴다. 식 (13)의 결과는 실수이거나 복소수이며, 식 (13)으로부터 바로 다음이 유도된다.

$$\mathbf{x}^T\mathbf{y} = \mathbf{y}^T\mathbf{x}, \quad \mathbf{x}^T(\mathbf{y}+\mathbf{z}) = \mathbf{x}^T\mathbf{y} + \mathbf{x}^T\mathbf{z}, \quad (\alpha\mathbf{x})^T\mathbf{y} = \alpha\left(\mathbf{x}^T\mathbf{y}\right) = \mathbf{x}^T(\alpha\mathbf{y}) \tag{14}$$

같은 개수의 성분을 갖는 두 개의 벡터에 대해 정의하는 또 다른 벡터 곱도 있다. $(\mathbf{x}, \mathbf{y})$로 표시하는 이 곱은 **스칼라 곱**(scalar product) 또는 **내적**(inner product)이라고 부르며 다음과 같이 정의한다.

$$(\mathbf{x}, \mathbf{y}) = \sum_{i=1}^{n} x_i \overline{y}_i \tag{15}$$

스칼라 곱도 실수이거나 복소수이며, 식 (13)과 (15)를 비교하면,

$$(\mathbf{x}, \mathbf{y}) = \mathbf{x}^T\overline{\mathbf{y}} \tag{16}$$

임을 알 수 있다. 따라서, 만약 $\mathbf{y}$의 모든 성분이 실수라면 두 곱 (13)과 (15)는 서로 같다. 식 (15)로부터 다음이 성립한다.

$$\begin{aligned} (\mathbf{x}, \mathbf{y}) &= \overline{(\mathbf{y}, \mathbf{x})}, & (\mathbf{x}, \mathbf{y}+\mathbf{z}) &= (\mathbf{x}, \mathbf{y}) + (\mathbf{x}, \mathbf{z}), \\ (\alpha\mathbf{x}, \mathbf{y}) &= \alpha(\mathbf{x}, \mathbf{y}), & (\mathbf{x}, \alpha\mathbf{y}) &= \overline{\alpha}(\mathbf{x}, \mathbf{y}) \end{aligned} \tag{17}$$

벡터 $\mathbf{x}$가 허수부가 영이 아닌 성분을 갖는 경우라 하더라도, $\mathbf{x}$에 자기 자신과의 스칼라 곱을 취하면 음이 아닌 실수값을 얻는다. 즉,

$$(\mathbf{x}, \mathbf{x}) = \sum_{i=1}^{n} x_i \overline{x}_i = \sum_{i=1}^{n} |x_i|^2 \tag{18}$$

음이 아닌 값 $(\mathbf{x}, \mathbf{x})^{1/2}$, 보통 $\|\mathbf{x}\|$라고 표시하는 $\mathbf{x}$의 **길이**(length)나 **크기**(magnitude)라고 부른다. 길이가 0인 유일한 벡터, $(\mathbf{x}, \mathbf{x}) = 0$는 영벡터 $\mathbf{x} = \mathbf{0}$이며, 그 외의 모든 벡터는 양의 길이를 가진다. 만약 $(\mathbf{x}, \mathbf{y}) = 0$이면 두 벡터 $\mathbf{x}, \mathbf{y}$는 서로 **직교**(orthogonal)한다고 한다. 예를 들어, 3차원 벡터 기하의 단위 벡터 $\mathbf{i}, \mathbf{j}, \mathbf{k}$는 서로 직교하는 집합을 이룬다. 다른 한편으로, 만약 $\mathbf{x}$의 성분 중에 실수가 아닌 것이 있으면 그 곱

$$\mathbf{x}^T\mathbf{x} = \sum_{i=1}^{n} x_i^2 \tag{19}$$

은 실수가 아닐 수도 있다. 또한 $\mathbf{x}^T\mathbf{x}$는 어떤 영이 아닌 벡터에 대해 영이 될 수도 있다.

예를 들어,

$$\mathbf{x} = \begin{pmatrix} i \\ -2 \\ 1+i \end{pmatrix}, \quad \mathbf{y} = \begin{pmatrix} 2-i \\ i \\ 3 \end{pmatrix} \quad \text{and} \quad \mathbf{z} = \begin{pmatrix} 1 \\ 0 \\ i \end{pmatrix}$$

라 두면 다음이 성립한다.

$$\begin{aligned}
\mathbf{x}^T\mathbf{y} &= (i)(2-i) + (-2)(i) + (1+i)(3) = 4 + 3i, \\
(\mathbf{x}, \mathbf{y}) &= (i)(2+i) + (-2)(-i) + (1+i)(3) = 2 + 7i, \\
\mathbf{x}^T\mathbf{x} &= (i)^2 + (-2)^2 + (1+i)^2 = 3 + 2i, \\
(\mathbf{x}, \mathbf{x}) &= (i)(-i) + (-2)(-2) + (1+i)(1-i) = 7, \\
\mathbf{z}^T\mathbf{z} &= (1)(1) + (0)(0) + (i)(i) = 1 + 0 - 1 = 0, \\
(\mathbf{z}, \mathbf{z}) &= (1)(1) + (0)(0) + (i)(-i) = 1 + 0 + 1 = 2
\end{aligned}$$

8. 항등원(Identity). $n \times n$ 곱셈 항등원 또는 간단히 말해 $n \times n$ 항등 행렬 **I**는 다음과 같이 정의된다.

$$\mathbf{I} = \left.\overbrace{\begin{pmatrix} 1 & 0 & \cdots & 0 \\ 0 & 1 & \cdots & 0 \\ \vdots & \vdots & \ddots & \vdots \\ 0 & 0 & \cdots & 1 \end{pmatrix}}^{n\ \text{columns}}\right\} n\ \text{rows} \tag{20}$$

행렬의 곱의 정의로부터 임의의 (정사각)행렬 **A**에 대해

$$\mathbf{AI} = \mathbf{IA} = \mathbf{A} \tag{21}$$

이다. 따라서 곱하는 두 정사각행렬 중 하나가 항등행렬이면 교환법칙이 성립한다.

9. 역과 행렬식(Inverse and Determinant). **I**가 $n \times n$ 항등행렬일 때, $n \times n$ 정사각행렬 **A**에 대하여 다른 행렬 **B**가 있어서 $\mathbf{AB} = \mathbf{I}$이고 $\mathbf{BA} = \mathbf{I}$이면 **비특이**(nonsingular) 또는 **가역**(invertible)행렬이라고 한다. 만약 이와 같은 **B**가 존재하면 그것이 유일함을 보일 수 있다. 이때의 **B**를 **A**의 곱셈에 대한 역원(multiplicative inverse), 또는 단순히 **역**(inverse)이라고 부르며 $\mathbf{B} = \mathbf{A}^{-1}$로 쓴다. 그러면 다음이 성립한다.

$$\mathbf{AA}^{-1} = \mathbf{A}^{-1}\mathbf{A} = \mathbf{I} \tag{22}$$

역을 갖지 않는 행렬은 **특이**(singular) 또는 **비가역**(noninvertible)행렬이라고 한다.

$\mathbf{A}^{-1}$가 존재한다면 이것을 계산하는 방법은 여러 가지가 있다. 그중 한 가지는 행렬식을 사용하는 것이다. 주어진 행렬의 각 요소 a_{ij}에 대해 **소행렬식**(minor) M_{ij}를 정의하는데, 이것은 원래의 행렬에서 i행과 j열, 즉 a_{ij}를 포함하는 행과 열을 제거한 행렬의 행렬식이다. 또한 각 요소 a_{ij}에 대해 **여인수**(cofactor) C_{ij}를 다음과 같이 정의한다.

$$C_{ij} = (-1)^{i+j} M_{ij} \tag{23}$$

A의 **행렬식**(determinant)은 det **A**라 쓰고, **A**의 행이나 열에 따른 여인수들의 합으로 찾을 수 있다. 예를 들어, 첫 행을 따라 전개하면 공식

$$\det \mathbf{A} = C_{11} + C_{12} + \cdots + C_{1n}$$

을 얻을 수 있다.

$\det \mathbf{A} \neq 0$이면 **A**는 비특이행렬이고 $\mathbf{A}^{-1}$가 존재한다. 만약 $\mathbf{B} = \mathbf{A}^{-1}$이면 일반 요소 b_{ij}는 다음과 같이 주어짐을 보일 수 있다.

$$b_{ij} = \frac{C_{ji}}{\det \mathbf{A}} \tag{24}$$

식 (24)가 $\mathbf{A}^{-1}$를 계산하는 효율적인 방법[4]은 아니지만, **A**가 역을 갖기 위해서는 반드시 만족해야 하는 조건을 제시한다. 사실상 이 조건은 필요충분조건이다: **A**가 비특이행렬일 필요충분조건은 $\det \mathbf{A} \neq 0$이다. 그러므로, **A**가 특이행렬일 필요충분조건은 $\det \mathbf{A} = 0$인 것이다.

$\mathbf{A}^{-1}$를 계산하는 또 다른 (더 좋은) 방법은 기본행 연산(elementary row operation)을 이용하는 것이다. 세 개의 기본행 연산이 있다:

1. 두 행을 서로 바꾼다.

2. 한 행에 영이 아닌 스칼라를 곱한다.

3. 한 행에 임의의 상수를 곱한 것을 다른 행에 더한다.

주어진 행렬을 일련의 기본행 연산에 의해 변환시키는 것을 **행 축소**(row reduction) 또는 **가우스[5] 소거법**(Gaussian elimination)이라고 부른다. 임의의 비특이행렬 **A**에 이런 일련의 연산을 체계적으로 적용하면 항등행렬 **I**로 변환시킬 수 있다. 만약 똑같은 연산들을 항등행렬 **I**에 적용하면 $\mathbf{A}^{-1}$로 변환시킬 수 있다. 두 행렬에 일련의 똑같은 연산을 적용할 때 확장된 행렬 $\mathbf{A}|\mathbf{I}$를 만드는 것이 가장 효율적이다. 다음 예제는 이런 방식으로 역행렬을 계산하는 과정을 보여준다.

예제 6.2.2 다음 행렬의 역을 구하라.

$$\mathbf{A} = \begin{bmatrix} 1 & 0 & 2 \\ 0 & 2 & -1 \\ 1 & 2 & 3 \end{bmatrix}$$

풀이

$\mathbf{A}^{-1}$를 찾는 첫 단계는, 우선 확장행렬 $(\mathbf{A}|\mathbf{I})$를 만드는 것이다.

$$(\mathbf{A}|\mathbf{I}) = \left(\begin{array}{ccc|ccc} 1 & 0 & 2 & 1 & 0 & 0 \\ 0 & 2 & -1 & 0 & 1 & 0 \\ 1 & 2 & 3 & 0 & 0 & 1 \end{array}\right)$$

수직선은 이 3×6 행렬이 두 개의 3×3 행렬로 만든 것임을 나타낸다. 행렬 **A**는 다음과 같은 일련의 연산을 거치면 **I**로 변환되고, 동시에 **I**는 $\mathbf{A}^{-1}$로 변환된다. 각 단계의 결과는 다음과 같다.

(a) 1열의 대각 성분이 아닌 요소를 영으로 만들기 위해 1행에 (−1)을 곱해서 3행에 더한다.

$$\left(\begin{array}{ccc|ccc} 1 & 0 & 2 & 1 & 0 & 0 \\ 0 & 2 & -1 & 0 & 1 & 0 \\ 0 & 2 & 1 & -1 & 0 & 1 \end{array}\right)$$

[4] n이 큰 수이면 식 (24)에 따라 $\mathbf{A}^{-1}$를 계산하는 데 필요한 곱의 수가 $n!$에 비례한다. 이 절에서 설명한 행 축소법과 같이 더 효율적인 방법을 쓰면, 곱의 수는 n^3에만 비례한다. n이 ($n = 4$ 정도의) 작은 값일 때도 역을 계산할 때 행렬식을 쓰는 것은 별로 경제적이지 않으므로, 행 축소법을 권장한다.

[5] Carl Friedrich Gauss (1777~1855)는 Brunswick(독일)에서 태어나서 괴팅겐 대학의 천문학 교수 및 관측대장으로 일생의 대부분을 살았다. 가우스는 다양한 수학 분야에 결정적인 기여를 했다. 그는 정수론, 대수학, 비유클리드 및 미분기하학, 그리고 해석학에 능통하였으며 측지학, 통계학 및 천체 역학과 같은 응용분야에도 관심을 두었다. 시대를 뛰어넘는 최고의 수학자 6인 중 하나로 인정받는다.

(b) 2열의 대각 성분을 1로 만들기 위해 2행에 $\frac{1}{2}$을 곱한다.

$$\left(\begin{array}{ccc|ccc} 1 & 0 & 2 & 1 & 0 & 0 \\ 0 & \boxed{1} & -1/2 & 0 & 1/2 & 0 \\ 0 & 2 & 1 & -1 & 0 & 1 \end{array}\right)$$

(c) 2열의 대각 성분이 아닌 요소를 영으로 만들기 위해 2행에 (−2)를 곱해서 3행에 디한다.

$$\left(\begin{array}{ccc|ccc} 1 & 0 & 2 & 1 & 0 & 0 \\ 0 & 1 & -1/2 & 0 & 1/2 & 0 \\ 0 & \boxed{0} & 2 & -1 & -1 & 1 \end{array}\right)$$

(d) 3열의 대각 성분을 1로 만들기 위하여 3행에 $\frac{1}{2}$을 곱한다.

$$\left(\begin{array}{ccc|ccc} 1 & 0 & 2 & 1 & 0 & 0 \\ 0 & 1 & -1/2 & 0 & 1/2 & 0 \\ 0 & 0 & \boxed{1} & -1/2 & -1/2 & 1/2 \end{array}\right)$$

(e) 3열의 대각 성분이 아닌 요소를 영으로 만들기 위해 3행에 −2를 곱해서 1행에 더하고, 3행에 $\frac{1}{2}$을 곱하여 2행에 더한다.

$$\left(\begin{array}{ccc|ccc} 1 & 0 & \boxed{0} & 2 & 1 & -1 \\ 0 & 1 & \boxed{0} & -\frac{1}{4} & \frac{1}{4} & \frac{1}{4} \\ 0 & 0 & 1 & -\frac{1}{2} & \frac{-1}{2} & \frac{1}{2} \end{array}\right) = \left(\mathbf{I}|\mathbf{A}^{-1}\right)$$

따라서,

$$\mathbf{A}^{-1} = \begin{pmatrix} 2 & 1 & -1 \\ -\frac{1}{4} & \frac{1}{4} & \frac{1}{4} \\ -\frac{1}{2} & \frac{-1}{2} & \frac{1}{2} \end{pmatrix}$$

이다. 이 행렬이 실제로 A에 역임은 원래 행렬 **A**에 직접 곱하면 확인할 수 있다.

이 예제는 주어진 행렬 **A**의 왼쪽 상단 구석의 요소($a_{11} = 1$)가 1이므로 좀 더 간단하다. 만약 1이 아니면, 첫 번째 단계로 1을 만들기 위해 $a_{11} \neq 0$일 때 1행에 $1/a_{11}$을 곱해야 한다. 만약 $a_{11} = 0$이면 1행을 다른 행과 바꿔서 왼쪽 상단 구석에 영이 아닌 요소가 오도록 해야 한다. 1열의 모든 요소가 영이어서 이렇게 할 수 없다면 이 행렬은 역이 존재하지 않게 되므로 특이행렬이다. 비슷한 상황이 나중 단계에서도 생길 수 있는데 그때의 처리 방법도 동일하다: 주어진 행을 더 아래쪽 행과 서로 바꿔서 대각 성분으로 영이 아닌 요소가 오도록 한다. 만약 그렇게 할 수 없다면 주어진 행렬은 역시 특이행렬이다.

▶ **행렬함수(Matrix Functions).** 벡터나 행렬의 요소가 실변수 t의 함수인 경우를 고려해야 할 때도 있다. 그럴 때는 각각 다음과 같이 쓴다.

$$\mathbf{x}(t) = \begin{pmatrix} x_1(t) \\ \vdots \\ x_n(t) \end{pmatrix} \quad \text{and} \quad \mathbf{A}(t) = \begin{pmatrix} a_{11}(t) & \cdots & a_{1n}(t) \\ \vdots & & \vdots \\ a_{m1}(t) & \cdots & a_{mn}(t) \end{pmatrix} \tag{25}$$

행렬 **A**의 각 요소가 주어진 점이나 주어진 구간에서 연속함수면 행렬 $\mathbf{A}(t)$는 $t = t_0$나 구간 $\alpha < t < \beta$에서 연속이라고 한다. 비슷하게 $\mathbf{A}(t)$의 요소가 미분 가능하고 도함수 $d\mathbf{A}/dt$가

$$\frac{d\mathbf{A}}{dt} = \left(\frac{da_{ij}}{dt}\right); \tag{26}$$

로 정의되면 $\mathbf{A}(t)$는 미분 가능하다고 한다. 즉, $d\mathbf{A}/dt$의 각 요소는 **A**의 대응되는 요소의 도함수이다. 같은 방식으로, 행렬함수의 적분은

$$\int_a^b \mathbf{A}(t)\,dt = \left(\int_a^b a_{ij}(t)\,dt\right) \tag{27}$$

로 정의된다. 예를 들어, 만약

$$\mathbf{A}(t) = \begin{pmatrix} \sin(t) & t \\ 1 & \cos(t) \end{pmatrix}$$

라면,

$$\mathbf{A}'(t) = \begin{pmatrix} \cos(t) & 1 \\ 0 & -\sin(t) \end{pmatrix} \quad \text{and} \quad \int_0^\pi \mathbf{A}(t)\,dt = \begin{pmatrix} 2 & \pi^2/2 \\ \pi & 0 \end{pmatrix}$$

이다. 기본 미적분학의 여러 법칙은 행렬함수에도 쉽게 확장된다; 특히,

$$\frac{d}{dt}(\mathbf{CA}) = \mathbf{C}\frac{d\mathbf{A}}{dt}, \quad \text{여기서 C는 상수이다;} \tag{28}$$

$$\frac{d}{dt}(\mathbf{A}+\mathbf{B}) = \frac{d\mathbf{A}}{dt} + \frac{d\mathbf{B}}{dt}; \tag{29}$$

$$\frac{d}{dt}(\mathbf{AB}) = \mathbf{A}\frac{d\mathbf{B}}{dt} + \frac{d\mathbf{A}}{dt}\mathbf{B} \tag{30}$$

이다.

식 (28)과 (30)의 각 항에서 곱의 순서가 바뀌지 않도록 주의해야 한다. 식 (26)과 (27)로 표현된 정의는 특별한 경우인 벡터에도 마찬가지로 적용된다.

행렬에 대한 몇 가지 연산은 행렬의 각 요소에 개별적으로 적용하여 처리하기도 한다. 행렬에 수를 곱하거나, 미분하거나 적분하는 경우가 그러하다. 하지만, 그런 방식이 성립하지 않는 연산도 많다. 예를 들어, 행렬의 제곱은 각 요소를 제곱하여 계산할 수 없다.

연습 문제

1. $\mathbf{A} = \begin{bmatrix} 1 & 0 & 2 \\ 0 & 2 & -1 \\ 1 & 2 & 3 \end{bmatrix}$이고 $\mathbf{B} = \begin{bmatrix} 1 & 2 & -1 \\ 2 & 0 & 3 \\ 1 & -1 & 0 \end{bmatrix}$일 때, 다음을 구하라.

a. $\mathbf{A} + 2\mathbf{B}$

b. $3\mathbf{A} - \mathbf{B}$

c. $\mathbf{AB}$

d. $\mathbf{BA}$

2. $\mathbf{A}=\begin{bmatrix}1-i & 1-2i\\ 3-2i & 2+i\end{bmatrix}$이고 $\mathbf{B}=\begin{bmatrix}-i & 2\\ 3 & i\end{bmatrix}$일 때, 다음을 구하라.

a. $\mathbf{A}+2\mathbf{B}$ b. $2\mathbf{A}-\mathbf{B}$

c. $\mathbf{AB}$ d. $\mathbf{BA}$

3. $\mathbf{A}=\begin{pmatrix}-2 & 1 & 3\\ 3 & 0 & -3\\ 2 & -1 & 1\end{pmatrix}$이고 $\mathbf{B}=\begin{pmatrix}1 & 2 & 2\\ 1 & -1 & -1\\ -2 & 1 & 0\end{pmatrix}$일 때, 다음을 구하라.

a. $\mathbf{A}^T$ b. $\mathbf{B}^T$

c. $\mathbf{A}^T+\mathbf{B}^T$ d. $(\mathbf{A}+\mathbf{B})^T$

4. $\mathbf{A}=\begin{pmatrix}3-2i & 1+2i\\ 2-i & -2+3i\end{pmatrix}$일 때, 다음을 구하라.

a. $\mathbf{A}^T$ b. $\overline{\mathrm{A}}$

c. A^*

5. $\mathbf{A}=\begin{pmatrix}1 & -2 & 0\\ 2 & 2 & -1\\ -2 & 1 & 3\end{pmatrix}$, $\mathbf{B}=\begin{pmatrix}2 & 1 & -1\\ -2 & -1 & 3\\ 1 & 0 & 2\end{pmatrix}$, $\mathbf{C}=\begin{pmatrix}2 & 1 & 0\\ 1 & 2 & 2\\ 0 & -3 & -1\end{pmatrix}$일 때, 다음을 구하라.

a. $(\mathbf{AB})\mathbf{C}=\mathbf{A}(\mathbf{BC})$

b. $(\mathbf{A}+\mathbf{B})+\mathbf{C}=\mathbf{A}+(\mathbf{B}+\mathbf{C})$

c. $\mathbf{A}(\mathbf{B}+\mathbf{C})=\mathbf{AB}+\mathbf{AC}$

6. 다음의 각 행렬의 대수법칙을 증명하라:

a. $\mathbf{A}+\mathbf{B}=\mathbf{B}+\mathbf{A}$ b. $\mathbf{A}+(\mathbf{B}+\mathbf{C})=(\mathbf{A}+\mathbf{B})+\mathbf{C}$

c. $\alpha(\mathbf{A}+\mathbf{B})=\alpha\mathbf{A}+\alpha\mathbf{B}$ d. $(\alpha+\beta)\mathbf{A}=\alpha\mathbf{A}+\beta\mathbf{A}$

e. $\mathbf{A}(\mathbf{BC})=(\mathbf{AB})\mathbf{C}$ f. $\mathbf{A}(\mathbf{B}+\mathbf{C})=\mathbf{AB}+\mathbf{AC}$

7. $\mathbf{x}=\begin{bmatrix}i\\ 2\\ 1+i\end{bmatrix}$이고 $\mathbf{y}=\begin{bmatrix}-1-i\\ 3\\ i-2\end{bmatrix}$일 때, 다음을 구하라.

a. $\mathbf{x}^T\mathbf{y}$ b. $\mathbf{y}^T\mathbf{y}$

c. $(\mathbf{x},\mathbf{y})$ d. $(\mathbf{y},\mathbf{y})$

▶ 문제 **8**부터 **14**까지, 주어진 행렬이 비특이행렬이면 역행렬을 구하고, 특이행렬이면 행렬식이 영임을 보여라.

8. $\begin{bmatrix}5 & 2\\ -7 & -3\end{bmatrix}$

9. $\begin{pmatrix}3 & -1\\ 1 & 2\end{pmatrix}$

10. $\begin{bmatrix}1 & 1 & 1\\ 1 & 2 & 2\\ 1 & 2 & 3\end{bmatrix}$

11. $\begin{pmatrix}1 & 2 & 1\\ -2 & 1 & 8\\ -1 & -1 & 1\end{pmatrix}$

12. $\begin{pmatrix}3 & 1 & 0\\ 0 & 3 & 1\\ 0 & 0 & 3\end{pmatrix}$

13. $\begin{pmatrix}1 & -1 & -1\\ 2 & 1 & 0\\ 3 & -2 & 1\end{pmatrix}$

14. $\begin{pmatrix}1 & -1 & 2 & 0\\ -1 & 2 & -4 & 2\\ 1 & 0 & 1 & 3\\ -2 & 2 & 0 & -1\end{pmatrix}$

15. 만일 $\mathbf{A}$가 정사각행렬이고, $\mathbf{AB} = \mathbf{I}$이고 $\mathbf{CA} = \mathbf{I}$인 두 행렬 $\mathbf{B}$와 $\mathbf{C}$가 존재한다면 $\mathbf{B} = \mathbf{C}$임을 보여라. 따라서, 행렬이 역을 가지면 그 역은 유일하다.

16. $\mathbf{A}(t) = \begin{pmatrix} e^t & 2e^{-t} & e^{2t} \\ 2e^t & e^{-t} & -e^{2t} \\ -e^t & 3e^{-t} & 2e^{2t} \end{pmatrix}$, $\mathbf{B}(t) = \begin{pmatrix} 2e^t & e^{-t} & 3e^{2t} \\ -e^t & 2e^{-t} & e^{2t} \\ 3e^t & -e^{-t} & -e^{2t} \end{pmatrix}$일 때, 다음을 구하라.

a. $\mathbf{A} + 2\mathbf{B}$

b. $\mathbf{AB}$

c. $\dfrac{d\mathbf{A}}{dt}$

d. $\displaystyle\int_0^1 \mathbf{A}(t)\,dt$

▶ 문제 **17**과 **18**에서 주어진 벡터가 주어진 미분방정식을 만족함을 보여라.

17. $\mathbf{x}' = \begin{pmatrix} 3 & -2 \\ 2 & -2 \end{pmatrix}\mathbf{x}, \quad \mathbf{x} = \begin{pmatrix} 2 \\ 1 \end{pmatrix} e^{2t}$

18. $\mathbf{x}' = \begin{bmatrix} 3 & 2 & 4 \\ 2 & 0 & 2 \\ 4 & 2 & 3 \end{bmatrix}\mathbf{x}$

$$\mathbf{x} = \begin{bmatrix} \frac{1}{9} + \frac{4}{9} \\ \frac{-2}{9} + 0 \\ 0 - \frac{4}{9} \end{bmatrix} e^{-t} + \begin{bmatrix} \frac{4}{9} \\ \frac{2}{9} \\ \frac{4}{9} \end{bmatrix} e^{8t}$$

▶ 문제 **19**과 **20**에서 주어진 행렬이 주어진 미분방정식을 만족함을 보여라.

19. $\mathbf{\Psi}' = \begin{bmatrix} 9 & -4 \\ 15 & -7 \end{bmatrix}\mathbf{\Psi}, \qquad \mathbf{\Psi}(t) = \begin{bmatrix} 2e^{3t} & 4e^{-t} \\ 3e^{3t} & 10e^{-t} \end{bmatrix}$

20. $\mathbf{\Psi}' = \begin{bmatrix} 5 & -4 & 4 \\ 12 & -11 & 12 \\ 4 & -4 & 5 \end{bmatrix}\mathbf{\Psi}, \qquad \mathbf{\Psi}(t) = \begin{bmatrix} -e^{-3t} & 2e^t & e^t \\ -3e^{-3t} & 0 & 3e^t \\ -e^{-3t} & -2e^t & 3e^t \end{bmatrix}$

6.3 연립 선형대수 방정식: 일차독립, 고윳값, 고유벡터

이 절에서는 연립 선형 미분방정식의 해를 구하는 데 중요한 선형대수의 몇 가지 결과를 살펴보자. 이런 결과 중 몇 가지는 쉽게 증명되지만 나머지는 그렇지 않다; 여기서는 유용한 몇 가지 정보를 간단하게 요약하고자 하므로 증명은 하지 않겠다. 이 절의 모든 결과는 연립 선형대수 방정식의 해에 관한 기본적인 사실 몇 가지를 근거로 하고 있다.

▶ **연립 선형대수 방정식(Systems of Linear Algebraic Equations).** n개의 변수에 대한 n개의 선형대수 방정식

$$\begin{aligned} a_{11}x_1 + a_{12}x_2 + \cdots + a_{1n}x_n &= b_1, \\ &\vdots \\ a_{n1}x_1 + a_{n2}x_2 + \cdots + a_{nn}x_n &= b_n \end{aligned} \tag{1}$$

을 다음과 같이 쓸 수 있다.

$$\mathbf{Ax} = \mathbf{b} \tag{2}$$

이때, $n \times n$ 행렬 **A**와 n차원 벡터 **b**가 주어지며, n차원 벡터 **x**의 성분을 결정해야 한다. 만약 $\mathbf{b} = 0$이면 이 연립방정식은 **제차**(homogeneous)라고 하고, 그렇지 않으면 **비제차**(nonhomogeneous)라고 한다.

계수행렬 **A**가 비특이행렬이면—즉, det **A**가 영이 아니면—임의의 벡터 연립방정식 (2)의 유일한 해가 존재한다. **A**가 비특이행렬이므로 $\mathbf{A}^{-1}$가 존재하며, 해는 식 (2)의 양변의 왼쪽에 $\mathbf{A}^{-1}$를 곱하면 얻을 수 있다; 따라서 다음 식이 성립한다.

$$\mathbf{x} = \mathbf{A}^{-1}\mathbf{b} \tag{3}$$

특히, 식 (2)에서 $\mathbf{b} = \mathbf{0}$에 대응되는 제차 문제 $\mathbf{Ax} = \mathbf{0}$은 $\mathbf{x} = \mathbf{0}$인 자명한 해만 갖는다.

만약 **A**가 특이행렬이면—즉, det **A**가 영이면—우변 **b**의 특정 값에 따라 식 (2)의 해는 존재하지 않거나, 또는 존재하더라도 유일하지 않다. **A**가 특이행렬이므로 $\mathbf{A}^{-1}$가 존재하지 않고, 따라서 식 (3)은 더 이상 유효하지 않다.

제차 연립방정식

$$\mathbf{Ax} = \mathbf{0} \tag{4}$$

은 자명한 해와 더불어 (무한히 많은) 영이 아닌 해를 갖는다. 비제차 연립방정식 (2)의 경우는 더욱 복잡하다. 이 연립방정식은 벡터 **b**가 다른 추가 조건을 만족하지 않으면 해를 갖지 않는다. 그 조건은

$$(\mathbf{b}, \mathbf{y}) = 0 \tag{5}$$

인데, **A**의 수반행렬 $\mathbf{A}^*$에 대해 모든 벡터 y는 $\mathbf{A}^*\mathbf{y} = \mathbf{0}$을 만족한다. 만약 조건 (5)를 충족하면, 연립방정식 (2)는 (무한히 많은) 해를 갖는다. 이러한 해들은

$$\mathbf{x} = \mathbf{x}^{(0)} + \boldsymbol{\xi} \tag{6}$$

형태이며, 이때의 $\mathbf{x}^{(0)}$는 식 (2)의 특수해이고, $\boldsymbol{\xi}$는 제차 연립방정식 (4)의 가장 일반적인 해이다. 식 (6)과 비제차 선형 미분방정식의 해가 유사함에 유의하자. 앞의 명제들에 대한 몇 가지 증명은 연습문제 **21c**부터 **25**까지에 요약되어 있다.

위 단락의 결과는 선형 연립방정식의 해를 분류할 때 중요하게 사용된다. 하지만 특수한 연립방정식을 풀 때는 행 축소법을 써서 훨씬 간단한 형태로 변환하여, 만약 해가 존재하면 그 해를 더 쉽게 표현할 수 있게 하는 것이 가장 좋다. 이를 효율적으로 하기 위해 계수행렬 **A**에 열을 추가하여 벡터 **b**를 넣은 확대행렬

$$(\mathbf{A}|\mathbf{b}) = \left(\begin{array}{ccc|c} a_{11} & \cdots & a_{1n} & b_1 \\ \vdots & & \vdots & \vdots \\ a_{n1} & \cdots & a_{nn} & b_n \end{array}\right) \tag{7}$$

을 이용한다. 세로줄은 등호 기호를 대신한 것으로 확대행렬을 나눈다. 확대행렬에 행연산들을 해서 **A**가 **상삼각행렬**(upper triangular matrix)—즉, 대각선 아래가 모두 영인 행렬—이 되도록 한다. 일단 이렇게 하면 주어진 연립방정식이 해를 갖는지 판정하기가 쉬워지고, 만약 존재하는 경우에 그 해를 찾기도 쉽다. 확대행렬 (7)에 대한 기본행 연산은 연립방정식 (1)의 식들에 적절한 방식의 연산을 하는 것과 같다. 이런 과정을 다음의 예제에서 살펴보자.

예제 6.3.1 다음 연립방정식의 해를 구하라.

$$\begin{aligned} x_1 - 2x_2 + 3x_3 &= 7, \\ -x_1 + x_2 - 2x_3 &= -5, \\ 2x_1 - x_2 - x_3 &= 4 \end{aligned} \tag{8}$$

풀이

연립방정식 (8)의 확대행렬은 다음과 같다.

$$\left(\begin{array}{rrr|r} 1 & -2 & 3 & 7 \\ -1 & 1 & -2 & -5 \\ 2 & -1 & -1 & 4 \end{array}\right) \tag{9}$$

여기서 행렬 (9)에 대해 행 연산을 해서 행렬의 왼쪽 하단을 영으로 만든다. 각 단계와 결과는 다음과 같다.

(a) 1행을 2행에 더하고, 1행에 (−2)를 곱해서 3행에 더한다.

$$\left(\begin{array}{rrr|r} 1 & -2 & 3 & 7 \\ 0 & -1 & 1 & 2 \\ 0 & 3 & -7 & -10 \end{array}\right)$$

(b) 2행에 −1을 곱한다.

$$\left(\begin{array}{rrr|r} 1 & -2 & 3 & 7 \\ 0 & 1 & -1 & -2 \\ 0 & 3 & -7 & -10 \end{array}\right)$$

(c) 2행에 (−3)을 곱해서 3행에 더한다.

$$\left(\begin{array}{rrr|r} 1 & -2 & 3 & 7 \\ 0 & 1 & -1 & -2 \\ 0 & 0 & -4 & -4 \end{array}\right)$$

(d) 3행을 −4로 나눈다.

$$\left(\begin{array}{rrr|r} 1 & -2 & 3 & 7 \\ 0 & 1 & -1 & -2 \\ 0 & 0 & 1 & 1 \end{array}\right)$$

이런 방식으로 얻은 행렬은 다음의 연립방정식에 대응되며, 이 연립방정식은 원래의 연립방정식 (8)과 동치이다.

$$\begin{aligned} x_1 - 2x_2 + 3x_3 &= 7, \\ x_2 - x_3 &= -2, \\ x_3 &= 1 \end{aligned} \tag{10}$$

이때, 식 (10)의 계수는 삼각행렬을 이룸을 알 수 있다. 식 (10)의 마지막에서 $x_3 = 1$이고, 두 번째 방정식에서 $x_2 = -2 + x_3 = -1$, 그리고 첫 번째 방정식에서 $x_1 = 7 + 2x_2 - 3x_3 = 2$이다. 따라서

$$\mathbf{x} = \begin{pmatrix} 2 \\ -1 \\ 1 \end{pmatrix}$$

을 얻는데, 이는 주어진 연립방정식 (8)의 해이다. 해가 유일하므로 계수행렬이 비특이행렬이라고 결론 내릴 수 있다.

예제 6.3.2

b_1, b_2, b_3의 다양한 값에 대한 다음 연립방정식을 살펴보자.

$$\begin{aligned} x_1 - 2x_2 + 3x_3 &= b_1, \\ -x_1 + x_2 - 2x_3 &= b_2, \\ 2x_1 - x_2 + 3x_3 &= b_3 \end{aligned} \tag{11}$$

풀이

연립방정식 (11)의 계수는 연립방정식 (8)의 계수와 세 번째 방정식에서 x_3의 계수를 제외하고 동일하다. 연립방정식 (11)의 확대행렬은 다음과 같다.

$$\left(\begin{array}{ccc|c} 1 & -2 & 3 & b_1 \\ -1 & 1 & -2 & b_2 \\ 2 & -1 & 3 & b_3 \end{array}\right) \tag{12}$$

예제 6.3.1에서와 같이 단계 (a), (b), (c)를 수행하면 행렬 (12)를 다음과 같이 변환시킬 수 있다.

$$\left(\begin{array}{ccc|c} 1 & -2 & 3 & b_1 \\ 0 & 1 & -1 & -b_1 - b_2 \\ 0 & 0 & 0 & b_1 + 3b_2 + b_3 \end{array}\right) \tag{13}$$

행렬 (13)의 3행에 대응되는 방정식이

$$b_1 + 3b_2 + b_3 = 0 \tag{14}$$

이므로 b_1, b_2, b_3에 대한 조건 (14)가 성립되지 않으면 연립방정식 (11)은 해를 가질 수 없다. 이때, 이 조건은 연립방정식 (11)에 대한 식 (5)임을 보일 수 있다.

$b_1 = 2, b_2 = 1, b_3 = -5$라고 가정하여 식 (14)를 만족하게 하자. 그러면 행렬 (13)의 첫 두 행은 다음 방정식에 대응된다.

$$\begin{aligned} x_1 - 2x_2 + 3x_3 &= 2, \\ x_2 - x_3 &= -3 \end{aligned} \tag{15}$$

연립방정식 (15)를 풀기 위해서 미지수 중 하나를 임의로 선택해서 다른 두 미지수를 그 미지수에 대해 풀자. 만약 임의의 α에 대하여 $x_3 = \alpha$라고 두면,

$$\begin{aligned} x_2 &= x_3 - 3 = \alpha - 3, \\ x_1 &= 2x_2 - 3x_3 + 2 = 2(\alpha - 3) - 3\alpha + 2 = -\alpha - 4 \end{aligned}$$

이다. 이 해를 벡터 기호로 표현하면,

$$\mathbf{x} = \begin{pmatrix} -\alpha - 4 \\ \alpha - 3 \\ \alpha \end{pmatrix} = \alpha \begin{pmatrix} -1 \\ 1 \\ 1 \end{pmatrix} + \begin{pmatrix} -4 \\ -3 \\ 0 \end{pmatrix} \tag{16}$$

이다. 식 (16)의 우변의 두 번째 항은 비제차 연립방정식 (11)의 해이고, 첫 번째 항은 (11)에 대응하는 제차 연립방정식의 가장 일반적인 해임을 쉽게 보일 수 있다.

행 축소법 역시 제차 연립방정식과 방정식의 개수와 미지수의 개수가 다른 연립방정식을 풀 때 유용하다.

▶ **일차종속과 일차독립(Linear Dependence and Independence).** 적어도 한 개가 영이

아닌 실수 또는 복소수 $c_1, \ldots, c_k$가 존재해서

$$c_1\mathbf{x}^{(1)} + \cdots + c_k\mathbf{x}^{(k)} = \mathbf{0} \tag{17}$$

을 만족하면 k개의 벡터 $\mathbf{x}^{(1)}, \ldots, \mathbf{x}^{(k)}$의 모임은 **일차종속**(linearly dependent)이라고 한다. 즉, $\mathbf{x}^{(1)}, \ldots, \mathbf{x}^{(k)}$ 간에 일차 관계식이 존재하면 일차종속이다. 한편, 만약 식 (17)을 만족하는 $c_1, \ldots, c_k$의 유일한 집합이 $c_1 = c_2 = \cdots = c_k = 0$뿐이면 $\mathbf{x}^{(1)}, \ldots, \mathbf{x}^{(k)}$는 **일차독립**(linearly independent)이라고 한다.

각각 n개의 성분을 갖는 n개의 벡터를 고려하자. 벡터 $\mathbf{x}^{(j)}$를 $\mathbf{X}$의 j열에 넣어 $n \times n$ 행렬 $\mathbf{X}$를 만들면 벡터 $\mathbf{x}^{(j)}$의 i번째 성분 $x_{ij} = x_i^{(j)}$에 대해 $\mathbf{X} = (x_{ij})$이다. 또한, $\mathbf{c} = (c_j)$라 두자. 그러면 식 (17)을

$$\begin{pmatrix} x_1^{(1)}c_1 & +\cdots+ & x_1^{(n)}c_n \\ \vdots & & \vdots \\ x_n^{(1)}c_1 & +\cdots+ & x_n^{(n)}c_n \end{pmatrix} = \begin{pmatrix} x_{11}c_1 & +\cdots+ & x_{1n}c_n \\ \vdots & & \vdots \\ x_{n1}c_1 & +\cdots+ & x_{nn}c_n \end{pmatrix} = \mathbf{0}$$

또는,

$$\mathbf{Xc} = \mathbf{0} \tag{18}$$

으로 쓸 수 있다. $\det \mathbf{X} \neq 0$이면 식 (18)의 유일한 해는 $\mathbf{c} = \mathbf{0}$이지만, $\det \mathbf{X} = 0$이면 영이 아닌 해가 존재한다. 따라서 벡터 $\mathbf{x}^{(1)}, \ldots, \mathbf{x}^{(n)}$가 일차독립일 필요충분조건은 $\det \mathbf{X} \neq 0$이다.

예를 들어 벡터 $\begin{pmatrix} 1 \\ -1 \\ 2 \end{pmatrix}, \begin{pmatrix} -2 \\ 1 \\ -1 \end{pmatrix}, \begin{pmatrix} 3 \\ -2 \\ -1 \end{pmatrix}$들은 일차독립이다; 예제 6.3.1 참조. 비슷하게, 예제 6.3.2 로부터 벡터 $\begin{pmatrix} 1 \\ -1 \\ 2 \end{pmatrix}, \begin{pmatrix} -2 \\ 1 \\ -1 \end{pmatrix}, \begin{pmatrix} 3 \\ -2 \\ 3 \end{pmatrix}$들은 일차종속이다.

예제 6.3.3 다음 벡터가 일차종속인지 또는 일차독립인지 결정하라.

$$\mathbf{x}^{(1)} = \begin{bmatrix} 2 \\ 2 \\ 6 \end{bmatrix}, \quad \mathbf{x}^{(2)} = \begin{bmatrix} 4 \\ 0 \\ 8 \end{bmatrix}, \quad \mathbf{x}^{(3)} = \begin{bmatrix} 6 \\ 2 \\ 14 \end{bmatrix} \tag{19}$$

만약 일차종속이면, 벡터 간의 일차 관계식을 구하라.

풀이

$\mathbf{x}^{(1)}, \mathbf{x}^{(2)}, \mathbf{x}^{(3)}$가 일차종속인지 결정하기 위해서는 다음을 만족하는 상수 c_1, c_2, c_3를 찾으면 된다.

$$c_1\mathbf{x}^{(1)} + c_2\mathbf{x}^{(2)} + c_3\mathbf{x}^{(3)} = 0 \tag{20}$$

또한 식 (20)은

$$\begin{bmatrix} 2 & 4 & 6 \\ 2 & 0 & 2 \\ 6 & 8 & 14 \end{bmatrix} \begin{bmatrix} c_1 \\ c_2 \\ c_3 \end{bmatrix} = \begin{bmatrix} 0 \\ 0 \\ 0 \end{bmatrix} \tag{21}$$

인 형태로 쓸 수 있고 다음과 같은 확대행렬에 기본행 연산을 하여 풀 수 있다.

$$\left[\begin{array}{ccc|c} 2 & 4 & 6 & 0 \\ 2 & 0 & 2 & 0 \\ 6 & 8 & 14 & 0 \end{array}\right] \tag{22}$$

이후의 과정은 예제 6.3.1, 예제 6.3.2와 같다.

(a) 1행을 2로 나누고, 1행에 (-1)를 곱해서 2행에 더하고, 1행에 (-3)을 곱해서 3행에 더한다.

$$\left[\begin{array}{ccc|c} 1 & 2 & 3 & 0 \\ 0 & -4 & -4 & 0 \\ 0 & -4 & -4 & 0 \end{array}\right]$$

(b) 2행에 (-1)를 곱해서 3행에 더한다.

$$\left[\begin{array}{ccc|c} 1 & 2 & 3 & 0 \\ 0 & -4 & -4 & 0 \\ 0 & 0 & 0 & 0 \end{array}\right]$$

그렇게 하여 다음과 같은 동치 연립방정식을 얻었다.

$$c_1 + 2c_2 + 3c_3 = 0,$$

$$-4c_2 - 4c_3 = 0. \tag{23}$$

에서 식 (20)에 대해 자명하지 않은 해가 존재함을 알고 있기 때문에 $\mathbf{x}^{(1)}, \mathbf{x}^{(2)}, \mathbf{x}^{(3)}$은 일차종속이다.

$\mathbf{x}^{(1)}, \mathbf{x}^{(2)}, \mathbf{x}^{(3)}$ 간의 일차 관계식을 구하기 위해 식 (23)의 두 번째 식을 $c_2 = -c_3$로 다시 쓰면 첫 번째 식으로부터 $c_1 = -2c_2 - 3c_3 = -2c_2 + 3c_2 = c_2$를 얻는다. 따라서 c_1, c_2를 임의의 값으로 놓은 c_3에 대해 풀었다. 편의상 $c_3 = -1$을 선택하면 $c_1 = 1$이고 $c_2 = 1$이 된다. 이 경우 일차 관계식 (20)은

$$\mathbf{x}^{(1)} + \mathbf{x}^{(2)} - \mathbf{x}^{(3)} = \mathbf{0}$$

이 되고, 주어진 벡터들은 일차종속이다.

또 다른 방법으로, 식 (21)의 3×3 계수 행렬을 $\mathbf{X}$라 두고 $\det \mathbf{X}$를 계산한다. 따라서

$$\begin{aligned} \det \mathbf{X} &= \begin{vmatrix} 2 & 4 & 6 \\ 2 & 0 & 2 \\ 6 & 8 & 14 \end{vmatrix} = (2)\begin{vmatrix} 0 & 2 \\ 8 & 14 \end{vmatrix} - (4)\begin{vmatrix} 2 & 2 \\ 6 & 14 \end{vmatrix} + (6)\begin{vmatrix} 2 & 0 \\ 6 & 8 \end{vmatrix} \\ &= -32 - 64 + 96 = 0. \end{aligned}$$

이고 $\mathbf{x}^{(1)}, \mathbf{x}^{(2)}, \mathbf{x}^{(3)}$는 일차종속이다. 그러나 이 세 벡터 간의 일차 관계식의 계수 c_1, c_2, c_3가 필요하다면 식 (20)을 풀면 된다.

행렬 $\mathbf{A}$의 열(이나 행)을 벡터로 생각하면 유용한 경우가 많다. 이러한 열(이나 행) 벡터들이 일차종속일 필요충분조건은 $\det \mathbf{A} \neq 0$인 것이다. 또한 만약 $\mathbf{C} = \mathbf{AB}$라면, $\det \mathbf{C} = (\det \mathbf{A})(\det \mathbf{B})$임을 보일 수 있다. 따라서 $\mathbf{A}$, $\mathbf{B}$의 열(이나 행)이 모두 일차독립이면 $\mathbf{C}$의 열(이나 행)도 역시 일차독립이다.

이제 구간 $\alpha < t < \beta$에서 정의된 벡터함수 $\mathbf{x}^{(1)}(t), \ldots, \mathbf{x}^{(k)}(t)$의 집합으로 일차종속과 일차독립의 개념을 확장해 보자. 벡터 $\mathbf{x}^{(1)}(t), \ldots, \mathbf{x}^{(k)}(t)$가 구간 $\alpha < t < \beta$에서 전부 다 영은 아닌 적당한 $c_1, \ldots, c_k$가 존재하며

$$\text{구간 내의 모든 } t\text{에 대해, } c_1\mathbf{x}^{(1)}(t) + \cdots + c_k\mathbf{x}^{(k)}(t) = \mathbf{0}$$

이면 일차종속이라고 한다. 그렇지 않으면 $\mathbf{x}^{(1)}(t), \ldots, \mathbf{x}^{(k)}(t)$는 일차독립이라고 한다. 만약 어떤

구간 내에서 $\mathbf{x}^{(1)}(t), \ldots, \mathbf{x}^{(k)}(t)$가 일차종속이면, 해당 구간 내의 각 점에서 일차종속이다. 하지만 $\mathbf{x}^{(1)}(t), \ldots, \mathbf{x}^{(k)}(t)$가 구간 내에서 일차독립이면, 구간 내의 각 점에서는 일차독립일 수도 있고 아닐 수도 있다; 사실상 서로 다른 점에서 서로 다른 상수들의 집합을 가지며 각 점에서 일차종속일 수도 있다. 연습문제 **13**을 보자.

▶ 고윳값과 고유벡터(Eigenvalues and Eigenvectors). 방정식

$$\mathbf{Ax} = \mathbf{y} \tag{24}$$

를 주어진 벡터 $\mathbf{x}$를 새로운 벡터 $\mathbf{y}$로 변환시키는 일차변환으로 볼 수도 있다. 자신의 배수로 변환되는 벡터는 상수계수를 갖는 연립 1계 선형 미분방정식에 대한 해를 구하는 다양한 응용 분야에서 중요하다.[6]

그런 벡터를 찾으려면 스칼라 비례상수 λ에 대해 $\mathbf{y} = \lambda\mathbf{x}$로 두고, 방정식

$$\mathbf{Ax} = \lambda\mathbf{x} \tag{25}$$

또는

$$(\mathbf{A} - \lambda\mathbf{I})\mathbf{x} = \mathbf{0} \tag{26}$$

의 해를 찾는다. 식 (26)이 영이 아닌 해를 가질 필요충분조건은

$$\det(\mathbf{A} - \lambda\mathbf{I}) = 0 \tag{27}$$

인 λ를 선택하는 것이다. 식 (27)은 λ에 관한 n차 다항식이며 행렬 $\mathbf{A}$의 **고유방정식**(characteristic equation)이라고 부른다. 식 (27)을 만족하는 λ의 값은 실수이거나 복소수인데 $\mathbf{A}$의 **고윳값**(eigenvalues)이라고 한다. 이런 λ의 값을 써서 구한 식 (25)나 (26)의 영이 아닌 해는 이 고윳값에 대응하는 **고유벡터**(eigenvectors)라고 부른다.

다음 예제는 고윳값과 고유벡터를 찾는 방법을 설명한다.

예제 6.3.4 다음 행렬의 고윳값과 고유벡터를 구하라.

$$\mathbf{A} = \begin{pmatrix} 3 & -1 \\ 4 & -2 \end{pmatrix} \tag{28}$$

풀이

고윳값 λ와 고유벡터 $\mathbf{x}$는 방정식 $(\mathbf{A} - \lambda\mathbf{I})\mathbf{x} = 0$, 또는

$$\begin{pmatrix} 3-\lambda & -1 \\ 4 & -2-\lambda \end{pmatrix} \begin{pmatrix} x_1 \\ x_2 \end{pmatrix} = \begin{pmatrix} 0 \\ 0 \end{pmatrix} \tag{29}$$

을 만족한다. 고윳값은 다음 방정식의 근이다.

$$\det(\mathbf{A} - \lambda\mathbf{I}) = \begin{vmatrix} 3-\lambda & -1 \\ 4 & -2-\lambda \end{vmatrix} = \lambda^2 - \lambda - 2 = (\lambda - 2)(\lambda + 1) = 0 \tag{30}$$

[6] 예를 들어 이런 문제는 탄성체에서 압력의 주축을 찾거나 유한 개의 자유도를 갖는 보존계에서 자유진동의 방식을 찾을 때 발생한다.

따라서 고윳값은 $\lambda_1 = 2$와 $\lambda_2 = -1$이다.

고유벡터를 구하기 위해 식 (29)로 돌아가 λ에 대신 각 고윳값을 차례로 대입한다. $\lambda = 2$인 경우 다음과 같다.

$$\begin{pmatrix} 1 & -1 \\ 4 & -4 \end{pmatrix} \begin{pmatrix} x_1 \\ x_2 \end{pmatrix} = \begin{pmatrix} 0 \\ 0 \end{pmatrix} \tag{31}$$

따라서 이 벡터 방정식의 각 행은 $x_1 - x_2 = 0$을 유도하므로 x_1과 x_2가 서로 같지만 그 값은 결정되지 않는다. 만약 $x_1 = c$이면 $x_2 = c$이므로 고유벡터 $\mathbf{x}^{(1)}$는 다음과 같다.

$$\mathbf{x}^{(1)} = c \begin{pmatrix} 1 \\ 1 \end{pmatrix}, \quad c \neq 0 \tag{32}$$

따라서 고윳값 $\lambda_1 = 2$에 대응하는 고유벡터는 임의의 상수 c로 표시되는 무수히 많은 집합을 이룬다. 이런 집합 중에 나머지를 대표할 한 원소를 선택한다; 이 예제에서는 가장 간단하게 $c = 1$이라 둔다. 그러면 식 (32) 대신,

$$\mathbf{x}^{(1)} = \begin{pmatrix} 1 \\ 1 \end{pmatrix} \tag{33}$$

이라 쓰고 이 벡터의 임의의 영이 아닌 배수도 고유벡터임을 기억해야 한다. $\mathbf{x}^{(1)}$을 고윳값 $\lambda_1 = 2$에 대응하는 고유벡터라고 한다.

이제 식 (29)에서 $\lambda = -1$로 두면 다음을 얻게 된다.

$$\begin{pmatrix} 4 & -1 \\ 4 & -1 \end{pmatrix} \begin{pmatrix} x_1 \\ x_2 \end{pmatrix} = \begin{pmatrix} 0 \\ 0 \end{pmatrix} \tag{34}$$

다시 x_1, x_2에 대한 하나의 조건, $4x_1 - x_2 = 0$을 얻었다. 따라서 고윳값 $\lambda_2 = -1$에 대응하는 고유벡터는

$$\mathbf{x}^{(2)} = \begin{pmatrix} 1 \\ 4 \end{pmatrix} \tag{35}$$

또는 이 벡터의 영이 아닌 임의의 배수이다.

예제 6.3.4에서처럼, 고유벡터는 임의의 영이 아닌 배수까지만 결정된다; 만약 이 배수가 적당한 방식으로 결정되면 이때의 고유벡터는 **정규화**(normalized)되었다고 한다. 예제 6.3.4에서 고유벡터의 성분이 작은 정수가 되도록 상수 c를 선택했다. 그러나 다소 불편하더라도 c를 다르게 선택해도 된다. 고유벡터 $\mathbf{x}$에 대해 크기가 $\|\mathbf{x}\| = (\mathbf{x}, \mathbf{x})^{1/2} = 1$이 되도록 상수를 선택하여 이 고유벡터를 정규화하는 것도 유용하다.

$n \times n$ 행렬 A의 고유방정식 (27)은 λ에 대한 n차 다항식이므로, 이런 행렬은 n개의 고윳값 $\lambda_1, \dots, \lambda_n$을 가지며 그중 몇 개는 중복될 수도 있다. 만약 주어진 고윳값이 식 (27)의 근으로 m번 등장하면 이 고윳값은 **대수적 다중도**(algebraic multiplicity) m을 갖는다고 말한다. 각각의 고윳값은 적어도 한 개의 고유벡터와 연관되어 있고, 대수적 다중도 m을 갖는 고윳값은 q개의 일차독립인 고유벡터를 가질 수도 있다. 정수 q를 이 고윳값에 대한 **기하적 다중도**(geometric multiplicity)라고 부르며,

$$1 \leq q \leq m \tag{36}$$

임을 보일 수 있다. 즉, 기하적 다중도는 대수적 다중도를 초과하지 않는다. 또한 예제들은 q가 이 구간 내의 임의의 정수일 수도 있음을 보여준다. 만약 $\mathbf{A}$의 각 고윳값이 **단순**(simple)하면 (즉, 대수적 다중도 1을 가지면) 마찬가지로 각 고윳값은 기하적 다중도 1을 갖는다.

만일 $\mathbf{A}$의 두 고윳값이 λ_1, λ_2이고 $\lambda_1 \neq \lambda_2$라면 이에 대응되는 고유벡터 $\mathbf{x}^{(1)}$, $\mathbf{x}^{(2)}$는 일차독립임을 보일 수 있다(연습문제 **29**). 이런 결과는 서로 다른 고윳값의 집합 $\lambda_1, \ldots, \lambda_k$로 확장될 수 있다; 이들의 고유벡터 $\mathbf{x}^{(1)}, \ldots, \mathbf{x}^{(k)}$는 일차독립이다. 따라서 $n \times n$ 행렬의 고윳값이 모두 단순하면 $\mathbf{A}$의 각 고윳값에 대한 n개의 고유벡터는 일차독립이다. 한편, 만약 $\mathbf{A}$가 한 개 이상의 중복되는 고윳값을 갖는다면 중복되는 고윳값에 대해 $q < m$이므로, $\mathbf{A}$와 연관된 일차독립인 고유벡터가 n보다 작을 수 있다. 6.8절에서 살펴보겠지만, 이는 연립 미분방정식의 해를 복잡하게 만든다.

예제 6.3.5

다음 행렬의 고윳값과 고유벡터를 구하라.

$$\mathbf{A} = \begin{pmatrix} 5 & -4 & 4 \\ 12 & -11 & 12 \\ 4 & -4 & 5 \end{pmatrix} \tag{37}$$

풀이

고윳값 λ와 고유벡터 $\mathbf{x}$는 방정식 $(\mathbf{A} - \lambda\mathbf{I})\mathbf{x} = \mathbf{0}$ 또는

$$\begin{pmatrix} 5-\lambda & -4 & 4 \\ 12 & -11-\lambda & 12 \\ 4 & -4 & 5-\lambda \end{pmatrix} \begin{pmatrix} x_1 \\ x_2 \\ x_3 \end{pmatrix} = \begin{pmatrix} 0 \\ 0 \\ 0 \end{pmatrix} \tag{38}$$

을 만족하고 고윳값은 방정식

$$\det(\mathbf{A} - \lambda\mathbf{I}) = \begin{vmatrix} 5-\lambda & -4 & 4 \\ 12 & -11-\lambda & 12 \\ 4 & -4 & 5-\lambda \end{vmatrix} = -\lambda^3 - \lambda^2 + 5\lambda - 3 = 0 \tag{39}$$

의 근이다. 식 (39)의 근은 $\lambda_1 = -3$, $\lambda_2 = \lambda_3 = 1$이다. 따라서 -3는 단순 고윳값이고, 1은 대수적 다중도 2를 갖는 고윳값 또는 이중 고윳값이다.

고윳값 λ_1에 대응되는 고유벡터 $\mathbf{x}^{(1)}$를 구하기 위해 식 (38)에 $\lambda = -3$를 대입하면 연립방정식

$$\begin{pmatrix} 8 & -4 & 4 \\ 12 & -8 & 12 \\ 4 & -4 & 8 \end{pmatrix} \begin{pmatrix} x_1 \\ x_2 \\ x_3 \end{pmatrix} = \begin{pmatrix} 0 \\ 0 \\ 0 \end{pmatrix} \tag{40}$$

이 나오고, 이 식에 기본행 연산을 취하면 다음과 같은 동치 연립방정식이 된다.

$$\begin{pmatrix} 8 & -4 & 4 \\ 0 & 4 & -12 \\ 0 & 0 & 0 \end{pmatrix} \begin{pmatrix} x_1 \\ x_2 \\ x_3 \end{pmatrix} = \begin{pmatrix} 0 \\ 0 \\ 0 \end{pmatrix} \tag{41}$$

또한, 이 연립방정식을 풀면 다음의 고유벡터를 얻는다.

$$x^{(1)} = \begin{pmatrix} 1 \\ 3 \\ 1 \end{pmatrix} \tag{42}$$

식 (38)에서 $\lambda = 1$로 두면 다음과 같은 하나의 방정식이 생긴다.

$$x_1 - x_2 + x_3 = 0 \tag{43}$$

따라서 x_1, x_2, x_3 중 두 개를 임의로 선택하면 세 번째는 식 (43)으로부터 정해진다. 예를 들어, $x_1 = c_1$이고 $x_2 = c_2$이면 $x_3 = c_2 - c_1$이다. 이를 벡터 기호로 쓰면

$$x = \begin{pmatrix} c_1 \\ c_2 \\ c_2 - c_1 \end{pmatrix} = c_1 \begin{pmatrix} 1 \\ 0 \\ -1 \end{pmatrix} + c_2 \begin{pmatrix} 0 \\ 1 \\ 1 \end{pmatrix} \tag{44}$$

이다. 예를 들어, $c_1 = 1$이고 $c_2 = 0$으로 선택하면, 다음의 고유벡터를 얻는다.

$$\mathbf{x}^{(2)} = \begin{pmatrix} 1 \\ 0 \\ -1 \end{pmatrix} \tag{45}$$

두 번째로 독립적인 고유벡터는 c_1, c_2를 다른 값으로, 예를 들어 $c_1 = 0$, $c_2 = 1$로 선택하면 구할 수 있다. 이 경우엔 다음과 같이 $\mathbf{x}^{(2)}$와 일차독립인 고유벡터를 얻을 수 있다.

$$x^{(3)} = \begin{pmatrix} 0 \\ 1 \\ 1 \end{pmatrix} \tag{46}$$

따라서, 이 예제에서는 이중 고윳값에 대응되어 두 개의 일차독립인 고유벡터가 나오는 것을 알 수 있다.

중요한 특별한 종류의 행렬 중 하나는 $\mathbf{A}^* = \mathbf{A}$, 즉 $\bar{a}_{ji} = a_{ij}$인 **자기수반** 행렬(self-adjoint matrix) 또는 **Hermitian** 행렬이다. Hermitian 행렬은 실수대칭행렬—즉, 실수 요소를 가지며 $\mathbf{A}^T = \mathbf{A}$인 행렬—을 포함한다. Hermitian 행렬의 고윳값과 고유벡터는 다음과 같은 유용한 성질을 갖는다:

1. 모든 고윳값은 실수이다.
2. 고윳값의 대수적 다중도에 상관없이, 언제나 n개의 일차독립인 고유벡터들의 집합이 존재한다.
3. $\mathbf{x}^{(1)}$과 $\mathbf{x}^{(2)}$가 서로 다른 고윳값에 대응되는 고유벡터들이라면 $(\mathbf{x}^{(1)}, \mathbf{x}^{(2)}) = 0$이다. 따라서, 모든 고윳값이 단순하면 그에 대응되는 고유벡터들은 직교 집합을 이룬다.
4. 대수적 다중도 m을 갖는 고윳값에 대하여, 상호 직교하는 m개의 고유벡터를 선택할 수 있다. 따라서 서로 직교하면서 동시에 일차독립인 n개의 고유벡터들의 집합을 항상 선택할 수 있다.

위 명제 1과 3은 연습문제 **27**과 **28**에서 간략하게 증명하겠다. 예제 6.3.5는 실수대칭행렬이면서 위 성질 1, 2, 3을 만족하지만, 선택된 $\mathbf{x}^{(2)}$, $\mathbf{x}^{(3)}$는 성질 4를 만족하지 않는다. 그렇지만 언제든지 $(\mathbf{x}^{(2)}, \mathbf{x}^{(3)}) = 0$이 되는 $\mathbf{x}^{(2)}$와 $\mathbf{x}^{(3)}$를 선택할 수 있다. 예를 들어, 예제 6.3.5에서 $\mathbf{x}^{(2)}$는 그대로 두고 $\mathbf{x}^{(3)}$를 식 (44)에서 $c_1 = 1$과 $c_2 = 2$라 두어 선택하면 고윳값 $\lambda = 1$에 대응된 고유벡터

$$\mathbf{x}^{(2)} = \begin{pmatrix} 1 \\ 0 \\ -1 \end{pmatrix}, \quad \mathbf{x}^{(3)} = \begin{pmatrix} 1 \\ 2 \\ 1 \end{pmatrix}$$

를 얻을 수 있다. 이 고유벡터들은 고윳값 $\lambda = -3$에 대응되는 고유벡터 $\mathbf{x}^{(1)}$뿐 아니라 서로서로 직교한다.

연습 문제

▶ 문제 **1**부터 **5**까지, 주어진 연립방정식을 풀거나 또는 해가 존재하지 않음을 보여라.

1. $\begin{aligned} x_1 \quad\quad - x_3 &= 0 \\ 3x_1 + x_2 + x_3 &= 1 \\ -x_1 + x_2 + 2x_3 &= -1 \end{aligned}$

2. $\begin{aligned} x_1 + x_2 + x_3 &= 6 \\ 2x_1 + 4x_2 + 6x_3 &= 10 \\ x_1 + 2x_2 + 3x_3 &= 4 \end{aligned}$

3. $\begin{aligned} x_1 + 2x_2 - x_3 &= 1 \\ 2x_1 + x_2 + x_3 &= 1 \\ x_1 - x_2 + 2x_3 &= 0 \end{aligned}$

4. $\begin{aligned} 2x_1 + 4x_2 + 6x_3 &= 0 \\ 2x_1 + \quad\quad 2x_3 &= 0 \\ 6x_1 + 8x_2 + 14x_3 &= 0 \end{aligned}$

5. $\begin{aligned} 7x_1 + 6x_2 + 12x_3 &= 0 \\ 5x_1 + 5x_2 + 7x_3 &= 0 \\ x_1 + \quad\quad 4x_3 &= 0 \end{aligned}$

▶ 문제 **6**부터 **9**까지 주어진 벡터들의 집합이 일차독립인지 판정하라. 만약 일차종속이면 벡터들 간의 일차 관계식을 구하라. 문제 **6**부터 **9**, **11**, **12**에서 벡터는 자리를 덜 차지하기 위해 행벡터로 표기했지만 열벡터로 생각해도 좋다; 즉, 주어진 벡터를 전치해도 된다.

6. $\mathbf{x}^{(1)} = (7, 5, 1)$, $\mathbf{x}^{(2)} = (6, 5, 0)$, $\mathbf{x}^{(3)} = (12, 7, 4)$

7. $\mathbf{x}^{(1)} = (1, 1, 3)$, $\mathbf{x}^{(2)} = (2, 0, 4)$, $\mathbf{x}^{(3)} = (3, 1, 7)$

8. $\mathbf{x}^{(1)} = (1, 2, 2, 3)$, $\mathbf{x}^{(2)} = (-1, 0, 3, 1)$,
$\mathbf{x}^{(3)} = (-2, -1, 1, 0)$, $\mathbf{x}^{(4)} = (-3, 0, -1, 3)$

9. $\mathbf{x}^{(1)} = (1, 2, -1, 0)$, $\mathbf{x}^{(2)} = (2, 2, 1, -1)$,
$\mathbf{x}^{(3)} = (-1, 0, 2, 2)$, $\mathbf{x}^{(4)} = (2, -1, 1, 3)$

10. $n < m$일 때 각 벡터 $\mathbf{x}^{(1)}, \ldots, \mathbf{x}^{(m)}$은 n개의 성분을 갖는다고 하자. 이 $\mathbf{x}^{(1)}, \ldots, \mathbf{x}^{(m)}$이 일차종속임을 보여라.

▶ 문제 11과 12에서 각각 주어진 벡터들의 집합의 원소들이 $-\infty < t < \infty$에서 일차독립인지 판정하라. 만약 일차종속이면, 벡터들 간의 일차 관계식을 구하라.

11. $\mathbf{x}^{(1)}(t) = (3\sin t, \sin t)$, $\mathbf{x}^{(2)}(t) = (\sin t, 3\sin t)$

12. $\mathbf{x}^{(1)}(t) = (e^{-t}, 2e^{-t})$, $\mathbf{x}^{(2)}(t) = (e^{-t}, e^{-t})$,
$\mathbf{x}^{(3)}(t) = (4e^{-t}, 0)$

13. $\mathbf{x}^{(1)}(t) = \begin{pmatrix} e^t \\ te^t \end{pmatrix}$, $\mathbf{x}^{(2)}(t) = \begin{pmatrix} 1 \\ t \end{pmatrix}$

라 두자. $\mathbf{x}^{(1)}(t)$와 $\mathbf{x}^{(2)}(t)$가 구간 $0 \le t \le 1$의 각 점에서 일차종속임을 보여라. 그럼에도 불구하고 $\mathbf{x}^{(1)}(t)$와 $\mathbf{x}^{(2)}(t)$는 $0 \le t \le 1$에서는 일차독립임을 보여라.

▶ 문제 **14**부터 **20**까지, 주어진 행렬의 고윳값과 고유벡터를 구하라.

14. $\begin{pmatrix} 7 & 3 \\ 3 & -1 \end{pmatrix}$

15. $\begin{pmatrix} 2 & -1 \\ 1 & 2 \end{pmatrix}$

16. $\begin{pmatrix} 3 & 4 \\ -2 & -1 \end{pmatrix}$

17. $\begin{pmatrix} 5 & 3 \\ -1 & 1 \end{pmatrix}$

18. $\begin{pmatrix} 0 & 1 & 1 \\ 1 & 0 & 1 \\ 1 & 1 & 0 \end{pmatrix}$

19. $\begin{pmatrix} 3 & 2 & 4 \\ 2 & 0 & 2 \\ 4 & 2 & 3 \end{pmatrix}$

20. $\begin{pmatrix} 0 & 1/3 & 0 \\ \frac{1}{3} & -\frac{1}{3} & \frac{1}{3} \\ 0 & 1/3 & 0 \end{pmatrix}$

▶ 문제 **21**부터 **25**까지 $\det \mathbf{A} = 0$일 때 $\mathbf{Ax} = \mathbf{b}$를 푸는 문제를 다루자.

21. **a.** $\mathbf{A}$가 실수값을 갖는 $n \times n$ 행렬이라고 하자. 임의의 벡터 $\mathbf{x}, \mathbf{y}$에 대하여 $(\mathbf{Ax}, \mathbf{y}) = (\mathbf{x}, \mathbf{A}^T\mathbf{y})$임을 보여라.

힌트: 우선 간단히 $n = 2$인 경우를 보이자; 이 결과를 임의의 n으로 확장하라.

b. 만약 $\mathbf{A}$가 반드시 실수인 것은 아니라면, 임의의 벡터 $\mathbf{x}, \mathbf{y}$에 대하여 $(\mathbf{Ax}, \mathbf{y}) = (\mathbf{x}, \mathbf{A}^*\mathbf{y})$임을 보여라.

c. 만약 $\mathbf{A}$가 Hermitian이면, 임의의 벡터 $\mathbf{x}, \mathbf{y}$에 대하여 $(\mathbf{Ax}, \mathbf{y}) = (\mathbf{x}, \mathbf{Ay})$임을 보여라.

22. 주어진 행렬 $\mathbf{A}$에 대하여 $\mathbf{Ax} = \mathbf{0}$인 영이 아닌 벡터 $\mathbf{x}$가 있다고 하자. 그러면 $\mathbf{A}^*\mathbf{y} = \mathbf{0}$을 만족시키는 영이 아닌 벡터 y도 있음을 보여라.

23. $\det \mathbf{A} = 0$이고 $\mathbf{Ax} = \mathbf{b}$가 해를 갖는다고 하자. $\mathbf{y}$가 $\mathbf{A}^*\mathbf{y} = 0$의 임의의 해라고 할 때 $(\mathbf{b}, \mathbf{y}) = 0$임을 보여라. 이 명제는 예제 6.3.2에서 주어진 방정식의 집합에 대해서도 참임을 증명하라.
힌트: 문제 **21b**의 결과를 이용하라.

24. $\det \mathbf{A} = 0$이고 $\mathbf{x} = \mathbf{x}^{(0)}$이 $\mathbf{Ax} = \mathbf{b}$의 해라고 하자. $\boldsymbol{\xi}$가 $\mathbf{A}\boldsymbol{\xi} = 0$의 해이고 α가 임의의 상수이면 $\mathbf{x} = \mathbf{x}^{(0)} + \alpha\boldsymbol{\xi}$ 또한 $\mathbf{Ax} = \mathbf{b}$의 해임을 보여라.

25. $\det \mathbf{A} = \mathbf{0}$이고 $\mathbf{y}$가 $\mathbf{A}^*\mathbf{y} = 0$의 한 해라고 하자. 만약 그런 모든 $\mathbf{y}$에 대하여 $(\mathbf{b}, \mathbf{y}) = 0$이라면 $\mathbf{Ax} = \mathbf{b}$는 해를 가짐을 보여라. 이는 문제 23의 역임을 알 수 있다; 이 해의 형태는 문제 **24**에 의해 주어진다.
힌트: 관계식 $\mathbf{A}^*\mathbf{y} = \mathbf{0}$이 $\mathbf{A}$의 행에 관해 어떤 의미를 가지는가? $n = 2$인 경우를 우선 생각해 보면 도움이 된다.

26. $\lambda = 0$이 $\mathbf{A}$의 고윳값일 필요충분조건은 $\mathbf{A}$가 특이행렬인 것이다.

27. 이 문제에서 Hermitian 행렬 $\mathbf{A}$의 고윳값은 실수임을 보이자. $\mathbf{x}$가 고윳값 λ에 대응되는 고유벡터라고 하자.

a. $(\mathbf{Ax}, \mathbf{x}) = (\mathbf{x}, \mathbf{Ax})$임을 보여라. *힌트*: 문제 **21c**를 참고하라.

b. $\lambda(\mathbf{x}, \mathbf{x}) = \bar{\lambda}(\mathbf{x}, \mathbf{x})$임을 보여라. *힌트*: $\mathbf{Ax} = \lambda\mathbf{x}$임을 이용하라.

c. $\lambda = \bar{\lambda}$임을 보여라. 즉, 고윳값 λ는 실수이다.

28. λ_1과 λ_2가 Hermitian 행렬 $\mathbf{A}$의 고윳값이고 $\lambda_1 \neq \lambda_2$이면 각각에 대응되는 고유벡터 $\mathbf{x}^{(1)}$과 $\mathbf{x}^{(2)}$가 서로 직교함을 보여라.
힌트: 문제 **21c**와 **27**의 결과를 이용하여 $(\lambda_1 - \lambda_2)(\mathbf{x}^{(1)}, \mathbf{x}^{(2)}) = 0$임을 보여라.

29. λ_1과 λ_2가 임의의 행렬 $\mathbf{A}$의 고윳값이고, $\lambda_1 \neq \lambda_2$이면 각각에 대응되는 고유벡터 $\mathbf{x}^{(1)}, \mathbf{x}^{(2)}$는 일차독립임을 보여라.
힌트: $c_1\mathbf{x}^{(1)} + c_2\mathbf{x}^{(2)} = \mathbf{0}$부터 시작하자; $\mathbf{A}$를 곱하여 $c_1\lambda_1\mathbf{x}^{(1)} + c_2\lambda_2\mathbf{x}^{(2)} = \mathbf{0}$를 얻은 다음 $c_1 = c_2 = 0$임을 보여라.

6.4 | 연립 1계 선형 미분방정식의 기본 이론

n개의 식으로 된 연립 1계 선형 미분방정식

$$\begin{aligned} x_1' &= p_{11}(t)x_1 + \cdots + p_{1n}(t)x_n + g_1(t), \\ &\vdots \\ x_n' &= p_{n1}(t)x_1 + \cdots + p_{nn}(t)x_n + g_n(t) \end{aligned} \tag{1}$$

에 대한 일반론은 하나의 n계 선형 미분방정식의 일반론과 매우 유사하다. 따라서 이 절의 내용은 3.2절과 4.1절에서 전개된 내용과 유사하게 진행된다. 연립방정식 (1)을 가장 효율적으로 살펴보기 위해 행렬 기호로 표기한다. 즉, $x_1 = x_1(t), \dots, x_n = x_n(t)$를 벡터 $\mathbf{x} = \mathbf{x}(t)$의 성분들이라고 생각하자; 비슷하게 $g_1(t), \dots, g_n(t)$는 벡터 $\mathbf{g}(t)$의 성분들, 그리고 $p_{11}(t), \dots, p_{nn}(t)$는 $n \times n$ 행렬 $\mathbf{P}(t)$의 요소들이다. 그러면 식 (1)은 다음과 같은 형태를 갖는다.

$$\mathbf{x}' = \mathbf{P}(t)\mathbf{x} + \mathbf{g}(t) \tag{2}$$

벡터와 행렬을 사용하면 상당한 양의 공간을 절약하고 계산을 용이하게 할 뿐만 아니라 연립방정식과 하나의 (스칼라) 방정식 간의 공통점을 강조해준다.

벡터 $\mathbf{x} = \mathbf{x}(t)$의 성분이 연립방정식 (1)을 만족하면 이 벡터를 식 (2)의 해라고 한다. 이 절 전체에서 $\mathbf{P}$와 $\mathbf{g}$가 어떤 구간 $\alpha < t < \beta$에서 연속이라고 가정하자; 즉, 각 스칼라 함수 $p_{11}, \dots, p_{nn}$, $g_1, \dots, g_n$도 그 구간에서 연속이다. 정리 6.1.2에 의해, 이 조건은 구간 $\alpha < t < \beta$에서 식 (2)의 해가 존재함을 충분히 보장해준다.

식 (2)에서 $\mathbf{g}(t) = 0$으로 두고 얻은 다음의 제차 미분방정식을 먼저 생각해 보자.

$$\mathbf{x}' = \mathbf{P}(t)\mathbf{x} \tag{3}$$

(임의의 계수인) 하나의 선형 미분방정식 때처럼 일단 이 제차 미분방정식을 풀고 나서 비제차 미분방정식 (2)를 푸는 방법이 몇 가지 있다; 6.9절에서 이에 대해 다룬다.

우선 다음과 같은 기호로 연립방정식 (3)의 특정한 해들을 나타내자.

$$\mathbf{x}^{(1)}(t) = \begin{pmatrix} x_{11}(t) \\ x_{21}(t) \\ \vdots \\ x_{n1}(t) \end{pmatrix}, \dots, \mathbf{x}^{(k)}(t) = \begin{pmatrix} x_{1k}(t) \\ x_{2k}(t) \\ \vdots \\ x_{nk}(t) \end{pmatrix}, \dots \tag{4}$$

$x_{ij}(t) = x_i^{(j)}(t)$는 j번째 해 $\mathbf{x}^{(j)}(t)$의 i번째 성분을 나타낸다. 연립방정식 (3)의 해의 구조에 관한 중요한 사실들이 정리 6.4.1부터 정리 6.4.5에 걸쳐 서술되어있다. 이 정리들은 이에 대응되는 3.2절과 4.1절의 정리들과 매우 유사하다; 일부 증명은 독자에게 남겨두겠다.

정리 6.4.1 | 중첩의 원리(Principle of Superposition)

벡터 함수 $\mathbf{x}^{(1)}$과 $\mathbf{x}^{(2)}$가 연립방정식 (3)의 해라면, 임의의 상수 c_1, c_2에 대해 일차결합 $c_1\mathbf{x}^{(1)} + c_2\mathbf{x}^{(2)}$ 또한 해가 된다.

이 **중첩의 원리**(principle of superposition)는 $c_1\mathbf{x}^{(1)} + c_2\mathbf{x}^{(2)}$를 미분하고 $\mathbf{x}^{(1)}, \mathbf{x}^{(2)}$가 식 (3)을 만족한다는 사실로부터 간단히 증명할 수 있다. 예를 들어,

$$\mathbf{x}^{(1)}(t)=\begin{pmatrix}e^{3t}\\2e^{3t}\end{pmatrix}=\begin{pmatrix}1\\2\end{pmatrix}e^{3t},\quad \mathbf{x}^{(2)}(t)=\begin{pmatrix}e^{-t}\\-2e^{-t}\end{pmatrix}=\begin{pmatrix}1\\-2\end{pmatrix}e^{-t} \tag{5}$$

이 미분방정식

$$\mathbf{x}'=\begin{pmatrix}1&1\\4&1\end{pmatrix}\mathbf{x} \tag{6}$$

를 만족함을 보일 수 있다. 그러면 정리 6.4.1에 따라,

$$\mathbf{x}=c_1\mathbf{x}^{(1)}(t)+c_2\mathbf{x}^{(2)}(t)=c_1\begin{pmatrix}1\\2\end{pmatrix}e^{3t}+c_2\begin{pmatrix}1\\-2\end{pmatrix}e^{-t}=\begin{pmatrix}c_1e^{3t}+c_2e^{-t}\\2c_1e^{3t}-2c_2e^{-t}\end{pmatrix} \tag{7}$$

도 식 (6)을 만족한다.

정리 6.4.1을 반복해서 적용하면, $\mathbf{x}^{(1)}, \dots, \mathbf{x}^{(k)}$가 식 (3)의 해들일 때 임의의 상수 $c_1, \dots, c_k$에 대한

$$\mathbf{x}=c_1\mathbf{x}^{(1)}(t)+\cdots+c_k\mathbf{x}^{(k)}(t) \tag{8}$$

도 해라고 결론 내릴 수 있다. 따라서 식 (3)의 해 등에 대한 모든 유한한 일차결합 역시 해가 된다. 그렇다면 식 (3)의 모든 해를 이런 식으로 구할 수 있는지 궁금해진다. 앞의 경우로 유추해 보면, n개의 식으로 된 연립 1계 미분방정식 (3)에 대해서도 적당히 선택한 n개의 해들의 일차결합을 만들 수 있다. 따라서, $\mathbf{x}^{(1)}, \dots, \mathbf{x}^{(n)}$을 연립방정식 (3)에 대한 n개의 해라고 두고, 각 열들이 벡터 $\mathbf{x}^{(1)}(t), \dots, \mathbf{x}^{(n)}(t)$인 다음과 같은 행렬 $\mathbf{X}(t)$를 고려하자;

$$\mathbf{X}(t)=\begin{pmatrix}x_{11}(t)&\cdots&x_{1n}(t)\\\vdots&&\vdots\\x_{n1}(t)&\cdots&x_{nn}(t)\end{pmatrix} \tag{9}$$

6.3절로부터 $\mathbf{X}(t)$의 열들이 주어진 t값에 대해 일차독립일 필요충분조건은 $\det\mathbf{X}\neq 0$이다. 이 행렬식을 n개의 해 $\mathbf{x}^{(1)}, \dots, \mathbf{x}^{(n)}$에 대한 론스키안(Wronskian)이라고 부르며 $W[\mathbf{x}^{(1)}, \dots, \mathbf{x}^{(n)}]$이라고 표기한다; 즉,

$$W\left[\mathbf{x}^{(1)},\dots,\mathbf{x}^{(n)}\right](t)=\det\mathbf{X}(t) \tag{10}$$

이다. 그러면 해 $\mathbf{x}^{(1)}, \dots, \mathbf{x}^{(n)}$이 한 점에서 일차독립일 필요충분조건은 그 점에서 $W[\mathbf{x}^{(1)}, \dots, \mathbf{x}^{(n)}]$가 영이 아닌 것이다.

정리 6.4.2

벡터 함수 $\mathbf{x}^{(1)}, \dots, \mathbf{x}^{(n)}$이 구간 $\alpha < t < \beta$에서 각 점에 대한 연립방정식 (3)의 일차독립인 해(linearly independent solutions)라면, 연립방정식 (3)의 각 해 $\mathbf{x}=\mathbf{x}(t)$는

$$\mathbf{x}(t)=c_1\mathbf{x}^{(1)}(t)+\cdots+c_n\mathbf{x}^{(n)}(t) \tag{11}$$

처럼 $\mathbf{x}^{(1)}, \dots, \mathbf{x}^{(n)}$의 일차결합으로 표현될 수 있다.

정리 6.4.2를 증명하기 전에 정리 6.4.1에 따라 (11) 형태는 모두 연립방정식 (3)의 해이고, 정리 6.4.2에 따라 식 (3)의 모든 해는 (11)의 형태로 쓸 수 있음을 알 수 있다. 상수 $c_1, \ldots, c_n$을 임의의 값이라고 생각하면 식 (11)은 연립방정식 (3)의 모든 해를 포함하며, 보통 이런 해를 **일반해**(general solution)라고 부른다. 구간 $\alpha < t < \beta$ 안의 각 점에서 일차독립인 식 (3)의 임의의 해의 집합 $\{\mathbf{x}^{(1)}, \ldots, \mathbf{x}^{(n)}\}$을 그 구간에 대한 **기본해 집합**(fundamental set of solution)이라고 한다.

정리 6.4.2를 증명하기 위해 식 (3)의 임의의 해 $\mathrm{x}(t)$를 적당한 $c_1, \ldots, c_n$에 대하여 $\mathbf{x}(t) = c_1\mathbf{x}^{(1)}(t) + \cdots + c_n\mathbf{x}^{(n)}(t)$와 같이 쓸 수 있는지 밝혀보자. 점 $t = t_0$를 구간 $\alpha < t < \beta$ 안의 어떤 점이라 두고 $\mathbf{y} = \mathbf{x}(t_0)$라고 하자. 그러면 똑같은 초기조건 $\mathbf{x}(t_0) = \mathbf{y}$를 만족하는 $\mathbf{x} = c_1\mathbf{x}^{(1)}(t) + \cdots + c_n\mathbf{x}^{(n)}(t)$ 형태의 해가 있는지 결정해 보자. 즉,

$$c_1\mathbf{x}^{(1)}(t_0) + \cdots + c_n\mathbf{x}^{(n)}(t_0) = \mathbf{y} \tag{12}$$

또는, 스칼라 형태

$$\begin{aligned} c_1x_{11}(t_0) + \cdots + c_nx_{1n}(t_0) &= y_1, \\ &\vdots \\ c_1x_{n1}(t_0) + \cdots + c_nx_{nn}(t_0) &= y_n \end{aligned} \tag{13}$$

인 $c_1, \ldots, c_n$의 값이 존재하는지 알아보자. 식 (13)이 유일한 해 $c_1, \ldots, c_n$을 가질 필요충분조건은 계수의 행렬식, 즉 $t = t_0$에서 계산된 론스키안 $W[\mathbf{x}^{(1)}, \ldots, \mathbf{x}^{(n)}]$이 영이 되지 않는 것이다. $\mathbf{x}^{(1)}, \ldots, \mathbf{x}^{(n)}$이 $\alpha < t < \beta$ 전체에서 일차독립이라는 가정으로부터 $W[\mathbf{x}^{(1)}, \ldots, \mathbf{x}^{(n)}]$은 $t = t_0$에서 확실히 영이 아니므로 초기조건 (12)를 만족하는 식 (3)의 (유일)해는 $\mathbf{x} = c_1\mathbf{x}^{(1)}(t) + \cdots + c_n\mathbf{x}^{(n)}(t)$인 형태를 갖는다. 정리 6.1.2의 유일성에 의해 이 해는 $\mathbf{x}(t)$와 일치하며, 따라서 증명하고자 했던 $\mathbf{x}(t) = c_1\mathbf{x}^{(1)}(t) + \cdots + c_n\mathbf{x}^{(n)}(t)$가 된다.

정리 6.4.3 | 아벨의 정리(Abel's Theorem)

벡터 함수 $\mathbf{x}^{(1)}, \ldots, \mathbf{x}^{(n)}$이 구간 $\alpha < t < \beta$에서 식 (3)의 해라면, 이 구간에서 $W[\mathbf{x}^{(1)}, \ldots, \mathbf{x}^{(n)}]$은 항상 0이거나 아니면 절대 0이 아니다.

정리 6.4.3은 $W[\mathbf{x}^{(1)}, \ldots, \mathbf{x}^{(n)}]$을 다루고자 하는 구간 내의 모든 점에서 계산할 필요가 없으며, 아울러 구간 내의 편리한 아무 점에서만 론스키안을 계산해도 $\mathbf{x}^{(1)}, \ldots, \mathbf{x}^{(n)}$이 기본해 집합을 이루는지의 여부를 알 수 있다는 점에서 중요하다.

정리 6.4.3 $\mathbf{x}^{(1)}, \ldots, \mathbf{x}^{(n)}$의 론스키안이 미분방정식

$$\frac{dW}{dt} = (p_{11}(t) + p_{22}(t) + \cdots + p_{nn}(t))W \tag{14}$$

를 만족함을 보임으로써 증명할 수 있다(연습문제 **8** 참조). 따라서 임의의 상수 c에 대해

$$W(t) = c\ \exp\left(\int (p_{11}(t) + \cdots + p_{nn}(t))\,dt\right) \tag{15}$$

이므로 정리가 바로 증명되었다. 식 (15)에서 $W(t)$에 대한 식은 **아벨의 공식**(Abel's formula)으로 알려져 있다; 이 결과는 정리 3.2.7과 특히, 3.2절의 식 (23)과 비슷하다.

다시 말해서, 정리 6.4.3은 식 (3)의 n개의 해 $\mathbf{x}^{(1)}, \ldots, \mathbf{x}^{(n)}$이 한 점 $t = t_0$에서 일차종속이면, 구간 $\alpha < t < \beta$의 각 점에서 일차종속이어야 함을 보이면 증명할 수 있다(연습문제 **14** 참고). 결국, $\mathbf{x}^{(1)}, \ldots, \mathbf{x}^{(n)}$이 한 점에서 일차독립이면, 해당 구간 내의 모든 점에서 일차독립일 수밖에 없다.

다음 정리는 연립방정식 (3)이 언제나 적어도 한 개의 기본해 집합을 갖는다고 말하고 있다.

정리 6.4.4

$$\mathbf{e}^{(1)} = \begin{pmatrix} 1 \\ 0 \\ 0 \\ \vdots \\ 0 \end{pmatrix}, \quad \mathbf{e}^{(2)} = \begin{pmatrix} 0 \\ 1 \\ 0 \\ \vdots \\ 0 \end{pmatrix}, \quad \ldots, \quad \mathbf{e}^{(n)} = \begin{pmatrix} 0 \\ 0 \\ \vdots \\ 0 \\ 1 \end{pmatrix}$$

이라고 하고, 구간 $\alpha < t < \beta$ 내의 임의의 점 t_0에 대해, 연립방정식 (3)의 해 $\mathbf{x}^{(1)}, \ldots, \mathbf{x}^{(n)}$이 초기조건

$$\mathbf{x}^{(1)}(t_0) = \mathbf{e}^{(1)}, \ldots, \mathbf{x}^{(n)}(t_0) = \mathbf{e}^{(n)} \tag{16}$$

을 만족한다고 하자. 그러면, $\mathbf{x}^{(1)}, \ldots, \mathbf{x}^{(n)}$는 연립방정식 (3)의 기본해 집합을 형성한다.

이 정리를 증명하기 위하여 정리 6.4.4에서 소개한 해 $\mathbf{x}^{(1)}, \ldots, \mathbf{x}^{(n)}$의 존재성과 유일성이 정리 6.1.2에 의해 보장됨을 알아야 한다. $t = t_0$일 때 이 해들의 론스키안이 1임을 어렵지 않게 보일 수 있다; 따라서 $\mathbf{x}^{(1)}, \ldots, \mathbf{x}^{(n)}$는 기본해 집합이다.

일단 한 개의 기본해 집합을 찾으면, 다른 집합은 처음에 주어진 집합의 (독립적인) 일차결합으로 만들어진다. 이론적으로 볼 때, 정리 6.4.4에서 주어진 집합이 가장 간단한 것이다.

끝으로, (2계 선형 미분방정식처럼) 계수가 전부 실수인 연립방정식이 복소함수 해를 갖기도 한다. 이 경우, 다음의 정리는 정리 3.2.6과 유사하게 복소함수 해 대신 실함수 해를 얻는 과정을 보여준다.

정리 6.4.5

$\mathbf{P}$의 각 원소가 실수값 연속함수(real-valued continuous function)일 때, 연립방정식 (3)

$$\mathbf{x}' = \mathbf{P}(t)\mathbf{x}$$

을 고려하자. 만약 $\mathbf{x} = \mathbf{u}(t) + i\mathbf{v}(t)$가 방정식 (3)의 복소수 해라면, 해의 실수부 $\mathbf{u}(t)$와 허수부 $\mathbf{v}(t)$ 또한 이 방정식의 해가 된다.

이러한 결과를 증명하기 위하여 식 (3)에서 $\mathbf{x}$에 $\mathbf{u}(t) + i\mathbf{v}(t)$를 대입하면,

$$\mathbf{x}' - \mathbf{P}(t)\mathbf{x} = \mathbf{u}'(t) - \mathbf{P}(t)\mathbf{u}(t) + i(\mathbf{v}'(t) - \mathbf{P}(t)\mathbf{v}(t)) = \mathbf{0} \tag{17}$$

을 얻는다. 식 (17)을 실수부와 허수부로 분리하기 위하여 $\mathbf{P}(t)$가 실함수라고 가정했다. 복소수가 영일 필요충분조건은 실수부와 허수부가 모두 영인 것이므로, $\mathbf{u}'(t) - \mathbf{P}(t)\mathbf{u}(t) = 0$과 $\mathbf{v}'(t) - \mathbf{P}(t)\mathbf{v}(t) = 0$으로 결론지을 수 있다. 따라서, $\mathbf{u}(t)$와 $\mathbf{v}(t)$는 식 (3)의 해들이다.

이 절에서의 결과를 요약하면 다음과 같다:

1. 연립방정식 $\mathbf{x}' = \mathbf{P}(t)\mathbf{x}$의 임의의 n개의 일차독립인 해들의 집합은 기본해 집합을 이룬다.

2. 이 절에서 주어진 가정 하에 이런 기본해 집합은 언제나 존재한다.

3. 연립방정식 $\mathbf{x}' = \mathbf{P}(t)\mathbf{x}$의 모든 해는 임의의 기본해 집합의 일차결합으로 표현될 수 있다.

연습 문제

▶ 문제 **1**부터 **6**까지 제차 연립 1계 선형 미분방정식과 두 개의 벡터 함수 $\mathbf{x}^{(1)}, \mathbf{x}^{(2)}$가 주어져 있다.

a. 주어진 함수들이 주어진 연립 미분방정식의 해임을 보여라.

b. 임의의 상수 c_1, c_2에 대해 $\mathbf{x} = c_1\mathbf{x}^{(1)}(t) + c_2\mathbf{x}^{(2)}(t)$도 주어진 연립 미분방정식의 해임을 보여라.

c. 주어진 함수들이 주어진 연립 미분방정식의 기본해 집합을 이룸을 보여라.

d. 문제 1-4에 대해서는, 초기조건 $\mathbf{x}(0) = (1, 2)^T$를 만족하는 주어진 연립 미분방정식의 해를 구하라. 문제 5번과 6번에서는, 초기조건 $\mathbf{x}(2) = (1, 2)^T$을 사용하라.

e. $W[\mathbf{x}^{(1)}, \mathbf{x}^{(2)}](t)$를 구하라.

f. **e**에서 구한 로스키안, $W[\mathbf{x}^{(1)}, \mathbf{x}^{(2)}](t)$가 아벨의 방정식, $W' = (p_{11}(t) + p_{22}(t))W$의 해임을 보여라.

1. $\mathbf{x}' = \begin{bmatrix} 1 & 0 \\ 0 & -2 \end{bmatrix}\mathbf{x}; \quad \mathbf{x}^{(1)} = \begin{bmatrix} 1 \\ 0 \end{bmatrix}e^t, \quad \mathbf{x}^{(2)} = \begin{bmatrix} 0 \\ 1 \end{bmatrix}e^{-2t}$

2. $\mathbf{x}' = \begin{bmatrix} 2 & -3 \\ 3 & 8 \end{bmatrix}\mathbf{x}; \quad \mathbf{x}^{(1)} = \begin{bmatrix} -3 \\ 3 \end{bmatrix}e^{5t}, \quad \mathbf{x}^{(2)} = \begin{bmatrix} -3t+1 \\ 3t \end{bmatrix}e^{5t}$

3. $\mathbf{x}' = \begin{bmatrix} 0 & 1 \\ -9 & 10 \end{bmatrix}\mathbf{x}; \quad \mathbf{x}^{(1)} = \begin{bmatrix} 1 \\ 1 \end{bmatrix}e^t, \quad \mathbf{x}^{(2)} = \begin{bmatrix} 1 \\ 9 \end{bmatrix}e^{9t}$

4. $\mathbf{x}' = \begin{bmatrix} \frac{-1}{2} & 1 \\ -1 & \frac{-1}{2} \end{bmatrix}\mathbf{x}; \quad \mathbf{x}^{(1)} = e^{\frac{-t}{2}}\begin{bmatrix} \cos(t) \\ -\sin(t) \end{bmatrix},$

$\mathbf{x}^{(2)} = e^{\frac{-t}{2}}\begin{bmatrix} \sin(t) \\ \cos(t) \end{bmatrix}$

5. $\mathbf{x}' = \begin{bmatrix} 0 & 1 \\ \frac{3}{t^2} & \frac{1}{t} \end{bmatrix}\mathbf{x}; \quad \mathbf{x}^{(1)} = \begin{bmatrix} t^3 \\ 3t^2 \end{bmatrix}, \quad \mathbf{x}^{(2)} = \begin{bmatrix} t^{-1} \\ -t^{-2} \end{bmatrix}$

6. $t\mathbf{x}' = \begin{pmatrix} 3 & -2 \\ 2 & -2 \end{pmatrix}\mathbf{x}\ (t > 0); \quad \mathbf{x}^{(1)} = \begin{pmatrix} 1 \\ 2 \end{pmatrix}t^{-1}, \quad \mathbf{x}^{(2)} = \begin{pmatrix} 2 \\ 1 \end{pmatrix}t^2$

7. 임의의 정수 k에 대하여 식 (8)을 포함하는 문장으로 표현되는 정리 6.4.1의 일반형을 증명하라.

8. 이 문제에서 $n = 2$인 경우에 대하여 정리 6.4.3의 증명을 요약하자. $\mathbf{x}^{(1)}$과 $\mathbf{x}^{(2)}$가 $\alpha < t < \beta$에 대한 식 (3)의 해라고 하고, W를 $\mathbf{x}^{(1)}$과 $\mathbf{x}^{(2)}$의 론스키안이라고 하자.

a. 다음을 보여라.

$$\frac{dW}{dt} = \begin{vmatrix} \dfrac{dx_1^{(1)}}{dt} & \dfrac{dx_1^{(2)}}{dt} \\ x_2^{(1)} & x_2^{(2)} \end{vmatrix} + \begin{vmatrix} x_1^{(1)} & x_1^{(2)} \\ \dfrac{dx_2^{(1)}}{dt} & \dfrac{dx_2^{(2)}}{dt} \end{vmatrix}$$

b. 식 (3)을 이용하여 다음을 보여라.

$$\frac{dW}{dt} = (p_{11} + p_{22})W$$

c. **b**에서 구한 미분방정식을 풀이서 $W(t)$를 구하라. 이 결과를 이용하여 정리 6.4.3에서 언급한 결론을 얻어라.

d. **a, b, c** 과정을 일반화하고 임의의 n에 대하여 정리 6.4.3을 증명하라.

9. 연립방정식 (3)의 두 기본해 집합들의 론스키안은 기껏해야 곱해지는 상수 정도만 다름을 보여라. *힌트*: 식 (15)를 이용하라.

10. $x_1 = y, x_2 = y'$이면, 2계 미분방정식

$$y'' + p(t)y' + q(t)y = 0 \tag{18}$$

은 연립방정식

$$\begin{aligned} x_1' &= x_2, \\ x_2' &= -q(t)x_1 - p(t)x_2 \end{aligned} \tag{19}$$

에 대응된다. 만약 $\mathbf{x}^{(1)}$과 $\mathbf{x}^{(2)}$가 식 (19)의 기본해 집합이고, $y^{(1)}$과 $y^{(2)}$는 식 (18)의 기본해 집합이면, c가 영이 아닌 상수일 때 $W[y^{(1)}, y^{(2)}] = cW[\mathbf{x}^{(1)}, \mathbf{x}^{(2)}]$임을 보여라.
힌트: $y^{(1)}(t)$와 $y^{(2)}(t)$는 $x_{11}(t)$와 $x_{12}(t)$의 일차결합이어야 한다.

11. $\mathbf{x}' = \mathbf{P}(t)\mathbf{x} + \mathbf{g}(t)$의 일반해는 이 미분방정식의 특수해 $\mathbf{x}^{(p)}$와 이에 대응되는 제차 미분방정식의 일반해 $\mathbf{x}^{(c)}$의 합임을 보여라.

12. 벡터 $\mathbf{x}^{(1)}(t) = \begin{pmatrix} t \\ 1 \end{pmatrix}$와 $\mathbf{x}^{(2)}(t) = \begin{pmatrix} t^2 \\ 2t \end{pmatrix}$을 고려하자.

a. $\mathbf{x}^{(1)}, \mathbf{x}^{(2)}$의 론스키안을 계산하라.

b. $\mathbf{x}^{(1)}$과 $\mathbf{x}^{(2)}$가 일차독립인 구간은 무엇인가?

c. $\mathbf{x}^{(1)}$과 $\mathbf{x}^{(2)}$가 만족하는 연립 제차 미분방정식의 계수에 관하여 어떤 결론이 유도되는가?

d. 이때의 연립방정식을 찾고 **c**의 결과를 증명하라.

13. 벡터 $\mathbf{x}^{(1)}(t) = \begin{pmatrix} t^2 \\ 2t \end{pmatrix}$와 $\mathbf{x}^{(2)}(t) = \begin{pmatrix} e^t \\ e^t \end{pmatrix}$을 고려하여, 문제 **12**와 동일한 문제에 답하라.

▶ 다음 두 문제는 정리 6.4.2를 유도하는 다른 방법이다.

14. $\mathbf{x}^{(1)}, \dots, \mathbf{x}^{(m)}$을 구간 $\alpha < t < \beta$에서 $\mathbf{x}' = \mathbf{P}(t)\mathbf{x}$의 해라고 하자. $\mathbf{P}$가 연속이고 t_0가 주어진 구간의 임의의 한 점이라고 할 때, $\mathbf{x}^{(1)}, \dots, \mathbf{x}^{(m)}$이 일차종속일 필요(충분)조건은 $\mathbf{x}^{(1)}(t_0), \dots, \mathbf{x}^{(m)}(t_0)$이 $\alpha < t < \beta$에서 일차종속임을 보여라. 다시 말해서, $\mathbf{x}^{(1)}, \dots, \mathbf{x}^{(m)}$가 구간 (α, β) 내의 임의의 한 점에서 일차종속이면 이 구간에서 일차종속이다.
힌트: 상수 $c_1, \dots, c_m$이 다음 식을 만족한다고 하자.

$$c_1\mathbf{x}^{(1)}(t_0) + \cdots + c_m\mathbf{x}^{(m)}(t_0) = \mathbf{0}$$

$\mathbf{z}(t) = c_1\mathbf{x}^{(1)}(t) + \cdots + c_m\mathbf{x}^{(m)}(t)$로 두고, 유일성의 정리를 이용하여 구간 $\alpha < t < \beta$에서 모든 t에 대해 $\mathbf{z}(t) = \mathbf{0}$임을 보여라.

15. 벡터 함수 $\mathbf{x}^{(1)}, \dots, \mathbf{x}^{(n)}$이 연립 미분방정식 $\mathbf{x}' = \mathbf{P}(t)\mathbf{x}$의 일차독립 해이고, $\mathbf{P}$가 구간 $\alpha < t < \beta$에서 연속이라고 하자.

a. 적절한 상수들 $c_1, \dots, c_n$에 대해, 임의의 해 $\mathbf{x} = \mathbf{z}(t)$가

$$\mathbf{z}(t) = c_1\mathbf{x}^{(1)}(t) + \cdots + c_n\mathbf{x}^{(n)}(t)$$

의 형태로 표현될 수 있음을 보여라.

힌트: 6.3절의 문제 **10**과 위의 문제 **14**번의 결과를 활용하라.

b. **a**에서 해 $\mathbf{z}(t)$의 식이 유일한지 보여라. 즉, $\mathbf{z}(t) = k_1\mathbf{x}^{(1)}(t) + \cdots + k_n\mathbf{x}^{(n)}(t)$이면, $k_1 = c_1, \ldots, k_n = c_n$임을 보여라.

힌트: 구간 $\alpha < t < \beta$에서 모든 t에 대해, $(k_1 - c_1)\,\mathbf{x}^{(1)}(t) + \cdots + (k_n - c_n)\,\mathbf{x}^{(n)}(t) = 0$임을 보이고, $\mathbf{x}^{(1)}, \ldots, \mathbf{x}^{(n)}$의 일차독립성을 활용하라.

6.5 상수계수인 제차 선형 연립방정식

이 절에서는 상수계수를 갖는 연립 제차 선형 미분방정식—즉, $n \times n$ 상수행렬 $\mathbf{A}$에 대한

$$\mathbf{x}' = \mathbf{A}\mathbf{x} \tag{1}$$

형태의 연립방정식에 주목하자. 따로 명시하지 않는 한, 앞으로 $\mathbf{A}$의 요소는 (복소수가 아닌) 실수라고 가정한다.

$n = 1$이면, 연립방정식은 하나의 1계 미분방정식

$$\frac{dx}{dt} = ax \tag{2}$$

가 되고 이 식의 해는 $x(t) = ce^{at}$이다. $a \neq 0$이면 $x = 0$은 유일한 평형해이다. 만약 $a < 0$이면 평행해가 아닌 해가 t가 증가함에 따라 $x(t) = 0$에 다가가고, 이 경우 $x(t) = 0$을 점근적으로 안정적인 평형해(asymptotically stable equilibrium solution)라고 한다. 한편, $a > 0$이면 (평형해 $x(t) = 0$을 제외한) 모든 해는 t가 증가할수록 이 평행해로부터 멀어진다. 따라서 이 경우 $x(t) = 0$은 불안정하다.

n개의 식으로 된 연립방정식의 경우엔 상황은 비슷하지만 훨씬 복잡하다. 평형해는 $\mathbf{A}\mathbf{x} = \mathbf{0}$을 풀면 구할 수 있다. 보통 $\det \mathbf{A} \neq 0$이라고 가정하기 때문에 $\mathbf{x} = \mathbf{0}$이 유일한 평형해이다. 여기서 t가 증가함에 따라 평형해가 아닌 해는 평형해로 다가가는지, 아니면 멀어지는지 하는 중요한 의문이 제기된다; 다시 말해서, $\mathbf{x} = \mathbf{0}$이 점근적으로 안정적인가 또는 불안정한가? 그렇지 않으면 또 다른 가능성이 존재하는가?

$n = 2$인 경우는 특별히 중요한데 **위상 평면**(phase plane)이라고 부르는 $x_1 x_2$-평면에서 그래프로 그릴 수 있다. 많은 점에서 $\mathbf{A}\mathbf{x}$를 계산하여 나온 벡터들을 그리면 연립 미분방정식의 해와 접하는 방향장(direction field)을 얻는다. 방향장은 대개 해의 성질을 정성적으로 이해시켜 준다. 더 정확한 정보는 해의 곡선이나 궤적을 그린 그래프에서 얻을 수 있다. 주어진 시스템의 대표적인 궤적을 보여주는 그래프를 **위상 궤적**(phase portrait)이라고 부른다. 잘 그린 위상 궤적은 하나의 그래프로 나타내기 때문에 2차원 시스템의 모든 해를 쉽게 이해하도록 해 준다. 정량적으로 정확한 위상 궤적은 컴퓨터의 도움이 필요하지만, 다음 예제 6.5.2와 6.5.3에서 나타내듯이 보통 정성적으로 정확한 위상 궤적은 손으로 그릴 수 있다.

첫 번째 과정으로, 식 (1)과 같은 연립방정식의 해를 구하는 방법을 다음의 간단한 예제로부터 살펴보자.

예제 6.5.1

다음 연립방정식의 일반해를 구하라.

$$\mathbf{x}' = \begin{pmatrix} 2 & 0 \\ 0 & -3 \end{pmatrix} x \tag{3}$$

풀이

이 연립방정식의 가장 중요한 특징은 계수행렬이 **대각행렬**(diagonal matrix)이라는 점이다. 따라서 연립방정식을 스칼라 형태로 쓰면,

$$x_1' = 2x_1, \quad x_2' = -3x_2$$

를 얻고 각각의 식들은 미지수를 한 개씩 갖고 있으므로 독립적으로 풀 수 있다. 그렇게 하여 임의의 상수 c_1, c_2에 대해

$$x_1 = c_1 e^{2t}, \quad x_2 = c_2 e^{-3t}$$

이 된다. 이때, 해를 벡터 형태로 쓰면

$$\mathbf{x} = \begin{pmatrix} c_1 e^{2t} \\ c_2 e^{-3t} \end{pmatrix} = c_1 \begin{pmatrix} e^{2t} \\ 0 \end{pmatrix} + c_2 \begin{pmatrix} 0 \\ e^{-3t} \end{pmatrix} = c_1 \begin{pmatrix} 1 \\ 0 \end{pmatrix} e^{2t} + c_2 \begin{pmatrix} 0 \\ 1 \end{pmatrix} e^{-3t} \tag{4}$$

이 되고 두 해 $\mathbf{x}^{(1)}, \mathbf{x}^{(2)}$를 다음과 같이 정의할 수 있다.

$$\mathbf{x}^{(1)}(t) = \begin{pmatrix} 1 \\ 0 \end{pmatrix} e^{2t}, \quad \mathbf{x}^{(2)}(t) = \begin{pmatrix} 0 \\ 1 \end{pmatrix} e^{-3t} \tag{5}$$

이 해들의 론스키안은

$$W\left[\mathbf{x}^{(1)}, \mathbf{x}^{(2)}\right](t) = \begin{vmatrix} e^{2t} & 0 \\ 0 & e^{-3t} \end{vmatrix} = e^{-t} \tag{6}$$

이므로 절대 영이 되지 않는다. 따라서 $\mathbf{x}^{(1)}, \mathbf{x}^{(2)}$는 기본해 집합을 이루고, 식 (3)의 일반해는 식 (4)에 의해 주어진다

예제 6.5.1에서 주어진 연립방정식 (3)의 두 독립적인 해는 벡터가 곱해진 지수함수 형태임을 알았다. 이는 상수계수를 갖는 다른 선형 미분방정식도 지수해를 가질 뿐만 아니라 연립방정식 (3)의 미지함수 $\mathbf{x}$가 벡터라는 사실로부터 예상할 수 있다. 따라서 이를 일반해 (1)로 확장하여 다음과 같은 형태의 해를 구해보자.

$$\mathbf{x} = \xi e^{rt} \tag{7}$$

이때, 지수 r과 벡터 $\boldsymbol{\xi}$를 결정해야 한다. 연립방정식 (1)에 식 (7)의 $\mathbf{x}$를 대입하면,

$$r\xi e^{rt} = \mathbf{A}\xi e^{rt}$$

을 얻고 영이 아닌 스칼라 인수 e^{rt}을 소거하면 $\mathbf{A}\boldsymbol{\xi} = r\boldsymbol{\xi}$, 즉 $n \times n$ 항등행렬 $\mathbf{I}$에 대해

$$(\mathbf{A} - r\mathbf{I})\xi = \mathbf{0} \tag{8}$$

이 된다. 따라서, 연립 미분방정식 (1)을 풀기 위해서는 연립 대수 방정식 (8)을 풀어야 한다. 후자의 문제는 행렬 $\mathbf{A}$의 고윳값과 고유벡터를 구하는 문제이다. 따라서, r이 계수행렬 $\mathbf{A}$의 고윳값이고 $\boldsymbol{\xi}$를 이에 대응되는 고유벡터라고 두면, 식 (7)에 의해 주어진 벡터 $\mathbf{x}$는 식 (1)의 해가 된다.

다음의 두 예제는 서로 다른 실수인 고윳값을 갖는 전형적인 2 × 2 연립방정식들이다. 각각의 예제에 이 연립방정식을 풀어 그에 대응되는 위상 궤적을 그리고자 한다. 해들이 고윳값의 부호가 같거나 다름에 따라 다른 형태의 기하학적 패턴을 갖는 것을 보게 될 것이다. 이 절의 후반부에서는 일반적인 $n \times n$ 연립방정식에 대해 다루고 있다.

예제 6.5.2 다음 연립방정식을 고려하자.

$$\mathbf{x}' = \begin{pmatrix} 1 & 1 \\ 4 & 1 \end{pmatrix} \mathbf{x} \tag{9}$$

방향장을 그리고 해의 정성적인 모양을 결정하라. 그런 다음 일반해를 구하고 몇 가지 궤적을 보여주는 위상 궤적을 그려라.

풀이

그림 6.5.1에 나와 있는 방향장은 정사각형 $-2.5 \le x_1 \le 2.5$, $-2.5 \le x_2 \le 2.5$의 21 × 21격자 위에 그려진 441개의 화살표로 구성되어 있다(x_1과 x_2의 스텝 사이즈는 모두 0.25이다). 각각의 격자점 (x_1, x_2)에서 화살표는

$$\begin{pmatrix} 1 & 1 \\ 4 & 1 \end{pmatrix} \begin{pmatrix} x_1 \\ x_2 \end{pmatrix}$$

*방향*으로 그려져 있다. 예를 들어, (1, 0)에서 방향 벡터는 $(1, 4)^T$이고 (−1, −1)에서는 $(-2, -5)^T$이다. (이 두 방향 벡터는 초록색으로 나타낸다.) 모든 방향 벡터는 같은 길이로 그려져 있고 가까이 있는 화살표들이 서로 가로지르지 않을 정도로 짧게 그렸다.

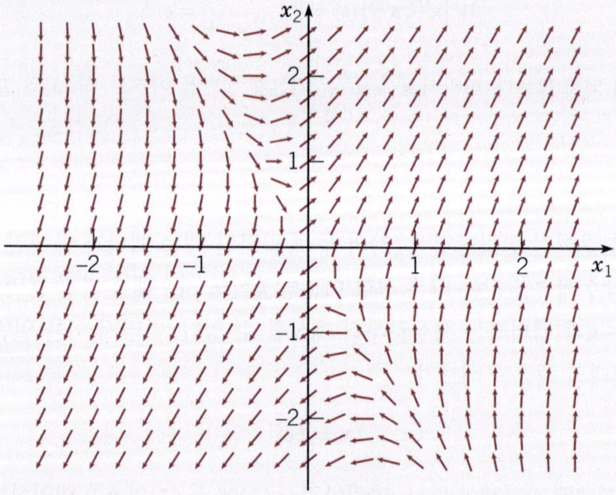

그림 6.5.1 연립방정식 (9)에 대한 방향장.

해의 궤적은 방향장에서 화살표를 따라간다. 특히, 제2사분면에서의 특정한 해가 제4사분면에 있는 해처럼 제1사분면이나 제3사분면으로 옮겨 감을 볼 수 있다. 한편, 제1사분면이나 제3사분면에 있는 어떤 해도 해당 사분면을 떠나지 않는다. 또한 전형적인 해는 원점 부근에서 출발해서 결국 기울기가 거의 2가 된다.

해를 확실하게 구하기 위해서 $\mathbf{x} = \xi e^{rt}$이라고 하고 식 (9)의 x에 대입하자. 그러면 다음의 연립 대수 방정식을 얻게 된다.

$$\begin{pmatrix} 1-r & 1 \\ 4 & 1-r \end{pmatrix} \begin{pmatrix} \xi_1 \\ \xi_2 \end{pmatrix} = \begin{pmatrix} 0 \\ 0 \end{pmatrix} \tag{10}$$

식 (10)이 자명하지 않은 해를 가질 필요충분조건은 계수의 행렬식이 영인 것이다. 따라서 r이 취할 수 있는 값은 다음 방정식에서 구할 수 있다.

$$\begin{vmatrix} 1-r & 1 \\ 4 & 1-r \end{vmatrix} = (1-r)^2 - 4 = r^2 - 2r - 3 = (r-3)(r+1) = 0 \tag{11}$$

식 (11)은 $r_1 = 3, r_2 = -1$을 근으로 갖는다; 이 근들은 식 (9)의 계수행렬의 고윳값들이다.

$r = 3$이면, 연립방정식 (10)은 다음과 같이 하나의 방정식이 된다.

$$-2\xi_1 + \xi_2 = 0 \tag{12}$$

따라서 $\xi_2 = 2\xi_1$이고, $r_1 = 3$에 대응되는 고유벡터는 다음과 같다.

$$\boldsymbol{\xi}^{(1)} = \begin{pmatrix} 1 \\ 2 \end{pmatrix} \tag{13}$$

비슷하게, $r_2 = -1$이면 $\xi_2 = -2\xi_1$이므로 $r_2 = -1$에 대응되는 고유벡터는 다음과 같다.

$$\boldsymbol{\xi}^{(2)} = \begin{pmatrix} 1 \\ -2 \end{pmatrix} \tag{14}$$

이에 대응되는 미분방정식의 해는

$$\mathbf{x}^{(1)}(t) = \begin{pmatrix} 1 \\ 2 \end{pmatrix} e^{3t}, \quad \mathbf{x}^{(2)}(t) = \begin{pmatrix} 1 \\ -2 \end{pmatrix} e^{-t} \tag{15}$$

이고 이 해들의 론스키안은

$$W[\mathbf{x}^{(1)}, \mathbf{x}^{(2)}](t) = \begin{vmatrix} e^{3t} & e^{-t} \\ 2e^{3t} & -2e^{-t} \end{vmatrix} = -4e^{2t} \tag{16}$$

이므로 절대 영이 아니다. 따라서 해 $\mathbf{x}^{(1)}, \mathbf{x}^{(2)}$는 기본해 집합을 이루며, 연립방정식 (9)의 일반해는 임의의 상수 c_1, c_2에 대한

$$\begin{aligned} \mathbf{x} &= c_1\mathbf{x}^{(1)}(t) + c_2\mathbf{x}^{(2)}(t) \\ &= c_1 \begin{pmatrix} 1 \\ 2 \end{pmatrix} e^{3t} + c_2 \begin{pmatrix} 1 \\ -2 \end{pmatrix} e^{-t} \end{aligned} \tag{17}$$

이다.

해 (17)을 그림으로 나타내려면 $x_1 x_2$-평면에 다양한 상수 c_1, c_2에 대한 해의 그래프를 그리는 것이 좋다. 우선, $\mathbf{x} = c_1\mathbf{x}^{(1)}(t)$ 또는 스칼라 형태

$$x_1 = c_1 e^{3t}, \quad x_2 = 2c_1 e^{3t}$$

부터 시작하자. 두 식에서 t를 소거하면, 이 해는 직선 $x_2 = 2x_1$위에 있다; **그림 6.5.2(*a*)**를 보자. 이 직선은 고유벡터 $\boldsymbol{\xi}^{(1)}$ 방향으로 원점을 지난다. 만약 움직이는 입자의 궤적으로 해를 본다면 입자는 $c_1 > 0$일 때 제1사분면에, $c_1 < 0$일 때 제3사분면에 있게 된다. 어떤 경우든 입자는 t가 커짐에 따라 원점으로부터 멀어지게 된나.

다음으로 $x = c_2\mathbf{x}^{(2)}(t)$, 또는

$$x_1 = c_2 e^{-t}, \quad x_2 = -2c_2 e^{-t}$$

을 고려하자. 이 해는 직선 $x_2 = -2x_1$ 상에 있는데, 이때의 방향은 고유벡터 $\boldsymbol{\xi}^{(2)}$에 의해 결정된다. 그림 6.5.2(***a***)에 나타나듯이 해는 $c_2 > 0$일 때 제4사분면에, $c_2 < 0$일 때 제2사분면에 있다. 두 경우 모

두 t가 증가함에 따라 입자는 원점을 향해 이동한다.

일반해 (17)은 $\mathbf{x}^{(1)}(t)$와 $\mathbf{x}^{(2)}(t)$의 일차결합이다. t가 충분히 크면 항 $c_1\mathbf{x}^{(1)}(t)$가 주가 되고, 항 $c_2\mathbf{x}^{(2)}(t)$는 무시해도 된다. 따라서 $c_1 \neq 0$일 때의 모든 해는 $t \to \infty$임에 따라 직선 $x_2 = 2x_1$에 접근한다. 비슷하게, $c_2 \neq 0$일 때의 모든 해는 $t \to -\infty$임에 따라 직선 $x_2 = -2x_1$에 접근한다. 연립방정식 (9)의 위상 궤적이 그림 6.5.2(a)에 나와있다. $\mathbf{x}^{(1)}$와 $\mathbf{x}^{(2)}$의 기본해는 각각 실선과 줄선 곡선이다; 몇몇 다른 궤적도 나와 있다. 이 그림에서 궤적의 패턴은 고윳값이 실수이면서 부호가 반대인 2×2 연립방정식 $\mathbf{x}' = \mathbf{A}\mathbf{x}$의 전형적인 형태이다. 이 경우 원점은 **안장점**(saddle point)이라고 부른다. 안장점은 언제나 불안정한데, 그 이유는 t가 증가함에 따라 대부분의 궤적이 안정적으로부터 멀어지기 때문이다.

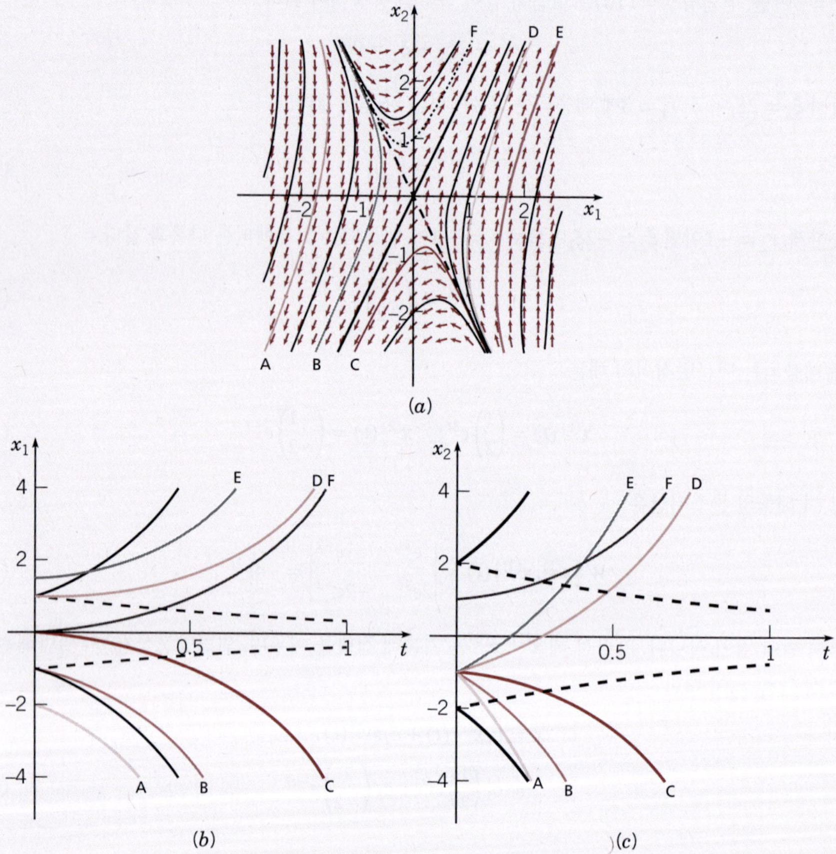

그림 6.5.2 (*a*) 연립방정식 (9)의 위상 궤적; 원점이 안장점이다. (*b*) 연립방정식 (9)에 대한 t에 따른 x_1의 전형적인 그래프. (*c*) 연립방정식 (9)에 대한 t에 따른 x_2의 전형적인 그래프. (*b*)와 (*c*)의 성분 그래프는 (*a*)의 궤적과 함께 색상으로 구분되어 있다. 검은 실선과 검은 점선은 각각 기본해 $\mathbf{x}^{(1)}$과 $\mathbf{x}^{(2)}$를 나타낸다. 곡선 A는 $(-2, -1)$, 곡선 B는 $(-1, -1)$, 곡선 C는 $(0, -1)$, 곡선 D는 $(1, -1)$, 곡선 E는 $(3/2, -1)$, 곡선 F는 $(0, 1)$을 지나는 해를 나타낸다.

앞 단락에서 식 (9)와 같은 연립방정식의 고윳값과 고유벡터를 일단 결정한 다음, 정성적인 궤적의 그래프를 손으로 그리는 방법을 설명하였다. 그렇지만 그림 6.5.2(*a*) 및 이 장의 후반부에 나오는 것과 같이 자세하고 정확하게 그리려면, 필수적이진 않으나 컴퓨터가 큰 도움이 된다.

그림 6.5.2(*a*) 대신, x_1이나 x_2를 t에 대한 함수로 그릴 수도 있다; t에 따른 x_1의 특정한 그래프가 **그림 6.5.2(*b*)**에 나타나 있고, t에 따른 x_2의 그래프는 **그림 6.5.2(*c*)**에 있다. 특정 초기조건에 대해 식 (17)에서 $c_1 = 0$이므로, $x_1 = c_2e^{-t}$이고 $t \to \infty$일 때 $x_1 \to 0$이다. 이에 대한 그래프는 그림 6.5.2(*b*)와 같으며, 그림 6.5.2(*a*)에서 원점에 가까이 다가가는 궤적에 해당한다. 하지만 대부분의 초기조건에 대

해서는 $c_1 \neq 0$이고 x_1은 $x_1 = c_1e^{3t} + c_2e^{-t}$으로 주어진다. 그러면 양의 지수항이 존재하므로 t가 증가함에 따라 x_1의 크기는 지수적으로 증가한다. 이런 유형 몇 가지가 그림 6.5.2(b)에 나와있으며, 이는 그림 6.5.2(a)에서 원점 근방으로부터 멀어지는 궤적에 해당한다. 그림 6.5.2에서 (a)의 방향장과 (b)와 (c)의 성분 그래프들 간의 관계와 이후에 나올 이와 비슷한 다른 그림을 이해하는 것이 중요한데, 그 이유는 해를 x_1x_2-평면상에서나 또는 독립변수 t의 함수로 나타내고 싶기 때문이다.

예제 6.5.3

다음 연립방정식을 고려하자.

$$\mathbf{x}' = \begin{pmatrix} -3 & \sqrt{2} \\ \sqrt{2} & -2 \end{pmatrix} \mathbf{x} \tag{18}$$

이 연립방정식에 대한 방향장을 그리고 일반해를 구하라. 그런 다음 위상 평면상에 전형적인 궤적 몇 가지를 보여주는 위상 궤적을 그려라.

풀이

그림 6.5.3의 연립방정식 (18)에 대한 방향장은 모든 해가 원점으로 다가가는 것을 보여준다.

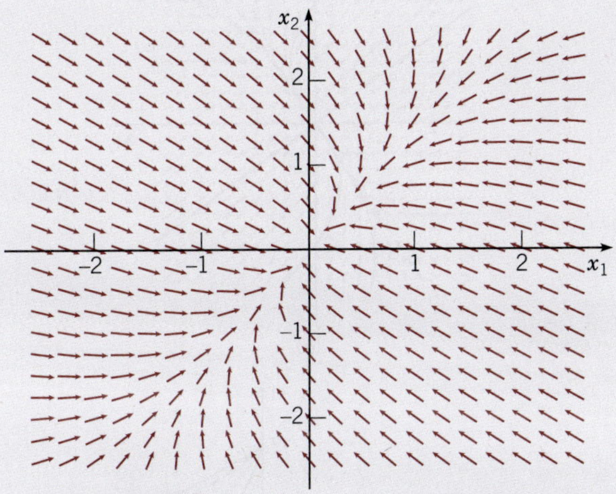

그림 6.5.3 연립방정식 (18)에 대한 방향장.

해를 찾기 위해, $\mathbf{x} = \boldsymbol{\xi}e^{rt}$이라고 가정하자; 그러면 다음의 대수 연립방정식을 얻을 수 있다.

$$\begin{pmatrix} -3-r & \sqrt{2} \\ \sqrt{2} & -2-r \end{pmatrix} \begin{pmatrix} \xi_1 \\ \xi_2 \end{pmatrix} = \begin{pmatrix} 0 \\ 0 \end{pmatrix} \tag{19}$$

그러면 고윳값은 다음을 만족한다.

$$(-3-r)(-2-r) - 2 = r^2 + 5r + 4 = (r+1)(r+4) = 0 \tag{20}$$

따라서 $r_1 = -1$, $r_2 = -4$이다. $r = -1$이면 식 (19)는 다음과 같다.

$$\begin{pmatrix} -2 & \sqrt{2} \\ \sqrt{2} & -1 \end{pmatrix} \begin{pmatrix} \xi_1 \\ \xi_2 \end{pmatrix} = \begin{pmatrix} 0 \\ 0 \end{pmatrix} \tag{21}$$

그러므로 $\xi_2 = \sqrt{2}\xi_1$이고, 고윳값 $r_1 = -1$에 대응되는 고유벡터 $\boldsymbol{\xi}^{(1)}$은 다음과 같다.

$$\boldsymbol{\xi}^{(1)} = \begin{pmatrix} 1 \\ \sqrt{2} \end{pmatrix} \tag{22}$$

비슷하게, 고윳값 $r_2 = -4$인 경우 $\xi_1 = -\sqrt{2}\xi_2$이므로, 고유벡터는 다음과 같다.

$$\boldsymbol{\xi}^{(2)} = \begin{pmatrix} -\sqrt{2} \\ 1 \end{pmatrix} \tag{23}$$

따라서 연립방정식 (18)의 기본해 집합은

$$\mathbf{x}^{(1)}(t) = \begin{pmatrix} 1 \\ \sqrt{2} \end{pmatrix} e^{-t}, \quad \mathbf{x}^{(2)}(t) = \begin{pmatrix} -\sqrt{2} \\ 1 \end{pmatrix} e^{-4t} \tag{24}$$

이고 일반해는

$$\mathbf{x} = c_1\mathbf{x}^{(1)}(t) + c_2\mathbf{x}^{(2)} = c_1 \begin{pmatrix} 1 \\ \sqrt{2} \end{pmatrix} e^{-t} + c_2 \begin{pmatrix} -\sqrt{2} \\ 1 \end{pmatrix} e^{-4t} \tag{25}$$

이다.

연립방정식 (18)의 위상 궤적은 **그림 6.5.4(*a*)**에 나와 있다. 해 $\mathbf{x}^{(1)}(t)$에 해당하는 궤적은 검은 실선

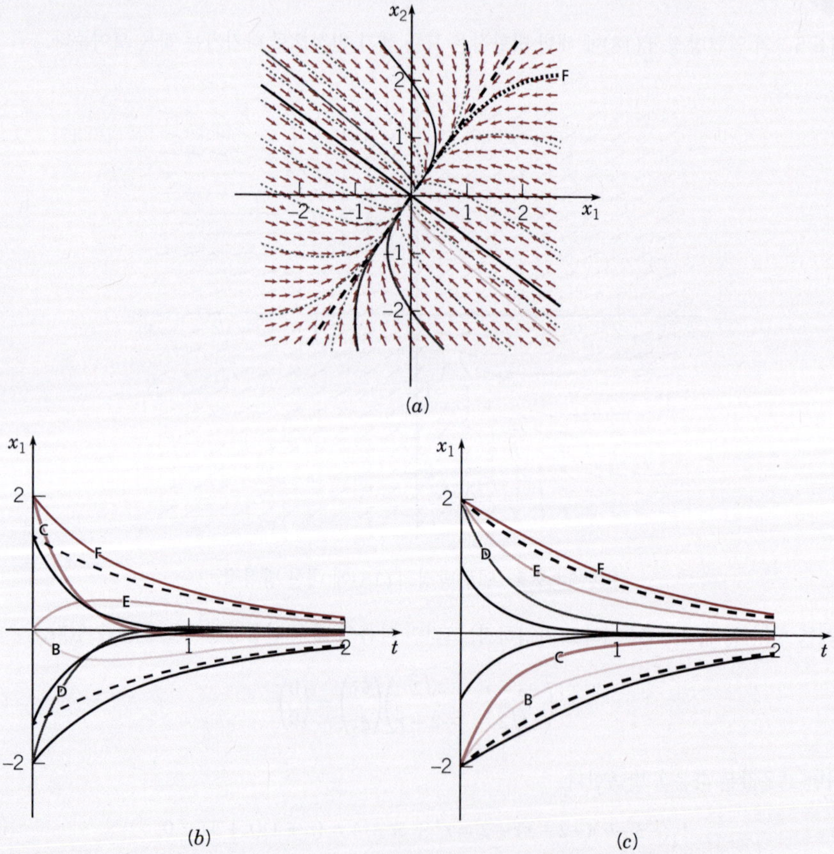

그림 6.5.4 (*a*) 연립방정식 (18)에 대한 위상 궤적; 원점은 점근적으로 안정적인 node이다. (*b*) 연립방정식 (18)에 대한 t에 따른 x_1의 전형적인 그래프들. (*c*) 연립방정식 (18)에 대한 t에 따른 x_2의 전형적인 그래프들. (*b*)와 (*c*)의 성분 그래프는 (*a*)의 궤적과 함께 색상으로 구분되어 있다. 검은 실선과 검은 점선은 각각 기본해 $\mathbf{x}^{(1)}$과 $\mathbf{x}^{(2)}$를 나타낸다. 곡선 A는 (−2, −2), 곡선 B는 (0, −2), 곡선 C는 (2, −2), 곡선 D는 (−2, 2), 곡선 E는 (0, 2), 곡선 F는 (2, 2)을 지나는 해를 나타낸다.

이다; 이것은 직선 $x_2 = \sqrt{2}x_1$을 따라 원점을 다가간다. 검은 줄선은 해 $\mathbf{x}^{(2)}(t)$에 대한 궤적이다; 이것은 직선 $x_1 = -\sqrt{2}x_2$를 따라 원점으로 다가간다. 이러한 직선들의 기울기는 각각 고유벡터 $\boldsymbol{\xi}^{(1)}, \boldsymbol{\xi}^{(2)}$에 의해 결정된다. 일반적으로, 이와 같은 두 기본해의 일차결합을 갖는다. $t \to \infty$이면 e^{-4t}이 e^{-t}보다 훨씬 작기 때문에 해 $\mathbf{x}^{(2)}(t)$는 $\mathbf{x}^{(1)}(t)$에 비해 무시할 만하다. 따라서 $c_1 = 0$이 아니면, 해 (25)는 직선 $x_2 = \sqrt{2}x_1$에 접하면서 원점으로 다가간다. 그림 6.5.4(a)에서와 같은 궤적의 패턴은 고윳값이 서로 다른 실수이면서 부호가 같은 2×2 연립방정식 $\mathbf{x}' = \mathbf{Ax}$의 전형적인 형태이다. 이 경우 원점은 이 연립방정식에 대한 **node**라고 부른다. 만약 고윳값이 음수가 아니라 양수이면, 궤적은 비슷하지만 바깥 방향으로 움직인다. Node는 고윳값이 음수이면 점근적으로 안정적이지만, 고윳값이 양수이면 불안정하다.

그림 6.5.4(a)는 컴퓨터로 그렸지만, 고윳값과 고유벡터에 대해 알고 있으면 이를 토대로 정성적으로 정확한 궤적의 그래프를 손으로 그릴 수 있다.

t에 따른 x_1의 전형적인 그래프들은 **그림 6.5.4(b)**와 같다; 이에 해당하는 x_2에 따른 t의 그래프는 **그림 6.5.4(c)**에 나와있다. 그림 6.5.4(b)와 그림 6.5.4(c)에서 t가 증가함에 따라 각 그래프가 점근적으로 t축에 다가가는데 이는 그림 6.5.2(a)에서 원점으로 다가가는 궤적에 해당된다.

예제 6.5.2와 6.5.3은 서로 다른 실수인 고윳값을 갖는 2×2 연립방정식의 두 가지 중요한 경우를 보여준다. 이 고윳값들은 각각 서로 다른 부호(예제 6.5.2)를 갖기도 하고 똑같은 부호(예제 6.5.3)를 갖기도 한다. 또 다른 가능성은 영이 고윳값인 경우인데, 이때는 $\det \mathbf{A} = 0$이므로 이 절의 서두에서 했던 가정에 어긋난다. 연습문제 **5**와 **6**을 참고하자.

일반적인 $n \times n$ 연립방정식 (1)로 다시 돌아와서, 예제를 따라 전개해 보자. 미분방정식 (1)의 해를 구하려면, 이에 대응되는 연립 대수 방정식 (8)에서 $\mathbf{A}$의 고윳값과 고유벡터를 찾아야 한다. (모두 다를 필요는 없는) 고윳값 $r_1, \dots, r_n$은 다음 n차 다항식의 근들이다.

$$\det(\mathbf{A} - r\mathbf{I}) = 0 \tag{26}$$

고윳값과 이에 대응되는 고유벡터의 성질은 연립방정식 (1)의 일반해의 성질을 결정한다. 만일 $\mathbf{A}$가 실수행렬이라면, $\mathbf{A}$의 고윳값에 대하여 다음과 같은 가능성들이 있다.

1. 모든 고윳값은 실수이며 서로 다르다.

2. 고윳값 중에는 켤레 복소수들이 나오기도 있다.

3. 고윳값 중에는 실수든 복소수이든 중복되기도 한다.

앞의 세 예제와 같이, n개의 고윳값이 모두 실수이고 서로 다르면, 각 고윳값은 대수적 다중도와 기하적 다중도가 1이다. 각 고윳값 r_i에 대응되는 실수 고유벡터 $\boldsymbol{\xi}^{(i)}$가 존재하며, 이 n개의 고유벡터 $\boldsymbol{\xi}^{(1)}, \dots, \boldsymbol{\xi}^{(n)}$은 일차독립이다. 미분방정식 (1)의 대응되는 해는 다음과 같다.

$$\mathbf{x}^{(1)}(t) = \boldsymbol{\xi}^{(1)} e^{r_1 t}, \dots, \mathbf{x}^{(n)}(t) = \boldsymbol{\xi}^{(n)} e^{r_n t} \tag{27}$$

이 해가 기본해 집합을 이루는 것을 보이기 위해 론스키안을 계산하자:

$$W\left[\mathbf{x}^{(1)}, \dots, \mathbf{x}^{(n)}\right](t) = \begin{vmatrix} \xi_1^{(1)} e^{r_1 t} & \cdots & \xi_1^{(n)} e^{r_n t} \\ \vdots & & \vdots \\ \xi_n^{(1)} e^{r_1 t} & \cdots & \xi_n^{(n)} e^{r_n t} \end{vmatrix} = e^{(r_1 + \cdots + r_n)t} \begin{vmatrix} \xi_1^{(1)} & \cdots & \xi_1^{(n)} \\ \vdots & & \vdots \\ \xi_n^{(1)} & \cdots & \xi_n^{(n)} \end{vmatrix} \tag{28}$$

먼저, 지수함수는 절대 영이 될 수 없음을 알 수 있다. 그 다음으로, 고유벡터 $\xi^{(1)}, \ldots, \xi^{(n)}$이 일차독립이므로 식 (28)의 마지막 항에서 행렬식은 영이 아니다. 결국, 론스키안 $W[\mathbf{x}^{(1)}, \ldots, \mathbf{x}^{(n)}](t)$는 절대 영이 될 수 없다; 따라서 $\mathbf{x}^{(1)}, \ldots, \mathbf{x}^{(n)}$은 기본해 집합을 이룬다. 그러므로 식 (1)의 일반해는 다음과 같다.

$$\mathbf{x} = c_1\xi^{(1)}e^{r_1 t} + \cdots + c_n\xi^{(n)}e^{r_n t} \tag{29}$$

만약 $\mathbf{A}$가 (Hermitian 행렬의 특별한 경우인) 실수인 대칭행렬이면, 6.3절로부터 모든 고윳값 $r_1, \ldots, r_n$은 전부 실수일 수밖에 없다. 또한, 만일 몇몇 고윳값이 중복되는 경우가 발생할지라도 언제나 일차독립인 (사실상 직교하는) n개의 고유벡터 $\xi^{(1)}, \ldots, \xi^{(n)}$이 존재한다. 그러므로 식 (27)로 주어진 연립 미분방정식 (1)에 대응되는 해들도 역시 기본해 집합을 이루며, 일반해는 식 (29)로 주어진다. 다음 예제가 바로 이런 경우를 설명한다.

예제 6.5.4

다음 연립방정식의 일반해를 구하라.

$$\mathbf{x}' = \begin{pmatrix} 5 & -4 & 4 \\ 12 & -11 & 12 \\ 4 & -4 & 5 \end{pmatrix}\mathbf{x} \tag{30}$$

풀이

이 행렬의 고윳값과 고유벡터는 예제 6.3.5와 같다.

$$r_1 = -3,\ \xi^{(1)} = \begin{pmatrix} 1 \\ 3 \\ 1 \end{pmatrix} \tag{31}$$

$$r_2 = 1, \quad r_3 = 1; \quad \xi^{(2)} = \begin{pmatrix} 1 \\ 0 \\ -1 \end{pmatrix}, \quad \xi^{(3)} = \begin{pmatrix} 0 \\ 1 \\ 1 \end{pmatrix} \tag{32}$$

따라서 식 (30)의 기본해 집합은

$$\mathbf{x}^{(1)}(t) = \begin{pmatrix} 1 \\ 3 \\ 1 \end{pmatrix}e^{-3t}, \quad \mathbf{x}^{(2)}(t) = \begin{pmatrix} 1 \\ 0 \\ 1 \end{pmatrix}e^{t}, \quad \mathbf{x}^{(3)}(t) = \begin{pmatrix} 0 \\ 1 \\ 1 \end{pmatrix}e^{t} \tag{33}$$

이고 일반해는

$$\mathbf{x} = c_1\begin{pmatrix} 1 \\ 3 \\ 1 \end{pmatrix}e^{-3t} + c_2\begin{pmatrix} 1 \\ 0 \\ -1 \end{pmatrix}e^{t} + c_3\begin{pmatrix} 0 \\ 1 \\ 1 \end{pmatrix}e^{t} \tag{34}$$

이다. 이 예제는 고윳값($r = 1$)이 대수적 다중도 2를 갖더라도 여전히 일차독립인 고유벡터 $\xi^{(2)}, \xi^{(3)}$를 구할 수 있으며, 따라서 일반해 (34)를 얻을 수도 있다.

해 (34)의 모양은 결정적으로 초기조건에 좌우된다. 큰 t에 대해 식 (34)의 우변의 두 번째와 세 번째 항이 주를 이룬다; 따라서 $c_2 \neq 0$ 또는 $c_3 \neq 0$, 혹은 둘 다 0이 아니면 $t \to \infty$일 때 $\mathbf{x}$의 모든 성분은 발산한다. 한편, 특정 초깃값에서 $c_2 = 0$, $c_3 \neq 0$일 경우에도 해는 발산하며, 반대로 $c_2 \neq 0$이고 $c_3 = 0$일 경우에도 해는 발산한다. 또한, $c_2 = 0$이고 $c_3 = 0$일 경우에도 해는 다시 발산한다. 이런 경우에서, 해는 음의 지수항만 포함하며 $t \to \infty$일 때 $\mathbf{x} \to 0$이 된다. c_2, c_3이 영이 되는 초기 점들은 하나의 음의 고윳값에 대응되는 고유벡터 $\xi^{(1)}$가 결정하는 평면 위에 놓여있다. 따라서 이 평면에서 시작하는 해는 $t \to \infty$에 따라 원점으로 가까이 가며, 그 외 다른 해들은 발산하게 된다.

만약 켤레 복소수들인 고윳값이 생기고 모든 고윳값이 다르면 (27) 형태의 일차독립인 n개의 해들이 여전히 존재한다. 물론 복소수 고윳값으로부터 만들어지는 해는 복소함수이다. 하지만 3.3절에서와 같이 실함수로만 되어있는 해집합을 얻을 수 있다. 이런 내용은 6.6절에서 다루고 있다.

고윳값이 중복될 때는 심각한 문제가 발생하기도 한다. 이 경우 대응되는 일차독립인 고유벡터의 개수가 고윳값의 대수적 다중도보다 적을 수도 있다. 그런 경우라면, ξe^{rt} 형태의 일차독립인 해의 개수가 n보다 적게 되어 기본해 집합을 이루기 위해서 다른 형태의 해를 추가로 찾아야 한다. 이런 상황은 상수계수를 갖는 n계 선형 미분방정식의 경우와 비슷하다; 고유방정식의 중근은 $e^{rt}, te^{rt}, t^2e^{rt}, \ldots$ 형태의 해를 만든다. 고윳값이 중복되는 경우는 6.8절에서 다루기로 하자.

끝으로, $\mathbf{A}$가 복소수인 경우 복소수 고윳값은 켤레로 발생할 필요는 없고, 실수인 고윳값에 대응되는 고유벡터도 보통 복소수 값을 갖게 된다. n개의 일차독립인 고유벡터가 있으면 미분방정식 (1)의 해는 여전히 (27)의 형태이지만, 일반적으로 모든 해는 복소함수이다.

연습 문제

▶ 문제 **1**부터 **4**까지

a. G 방향장을 그려라.

b. 주어진 연립방정식의 일반해를 구하고 $t \to \infty$일 때의 해의 모양을 설명하라.

c. G 이 연립방정식의 궤적을 몇 개 그려라.

1. $\mathbf{x}' = \begin{pmatrix} 3 & 2 \\ -2 & -2 \end{pmatrix}\mathbf{x}$

2. $\mathbf{x}' = \begin{bmatrix} 1 & 1 \\ 4 & 1 \end{bmatrix}\mathbf{x}$

3. $\mathbf{x}' = \begin{pmatrix} 1 & 4 \\ 1 & -2 \end{pmatrix}\mathbf{x}$

4. $\mathbf{x}' = \begin{bmatrix} 4 & 1 \\ 6 & -1 \end{bmatrix}\mathbf{x}$

▶ 문제 **5**와 **6**에서 계수행렬은 영인 고윳값을 갖는다. 따라서 궤적의 패턴은 본문상의 예제와 다르다. 각 연립방정식에 대해:

a. G 방향장을 그려라.

b. 주어진 연립방정식의 일반해를 구하라.

c. G 궤적을 몇 개 그려라.

5. $\mathbf{x}' = \begin{pmatrix} 4 & -3 \\ 8 & -6 \end{pmatrix}\mathbf{x}$

6. $\mathbf{x}' = \begin{pmatrix} 3 & 6 \\ -1 & -2 \end{pmatrix}\mathbf{x}$

▶ 문제 **7**부터 **9**까지, 주어진 연립방정식의 일반해를 구하라.

7. $\mathbf{x}' = \begin{bmatrix} 3 & -1 & -1 \\ -12 & 0 & 5 \\ 4 & -2 & -1 \end{bmatrix}\mathbf{x}$

8. $\mathbf{x}' = \begin{pmatrix} 1 & 1 & 1 \\ 2 & 1 & -1 \\ -8 & -5 & -3 \end{pmatrix}\mathbf{x}$

9. $\mathbf{x}' = \begin{pmatrix} 1 & 3 & 2 \\ -1 & 2 & 1 \\ 4 & -1 & -1 \end{pmatrix}\mathbf{x}$

▶ 문제 **10**부터 **12**까지, 주어진 초깃값 문제를 풀어라. $t \to \infty$일 때의 해의 모양을 설명하라.

10. $\mathbf{x}' = \begin{bmatrix} 6 & -1 \\ 2 & 3 \end{bmatrix}\mathbf{x}, \quad \mathbf{x}(0) = \begin{pmatrix} 2 \\ -1 \end{pmatrix}$

11. $\mathbf{x}' = \begin{pmatrix} 5 & -1 \\ 3 & 1 \end{pmatrix}\mathbf{x}, \quad \mathbf{x}(0) = \begin{pmatrix} 3 \\ -1 \end{pmatrix}$

12. $\mathbf{x}' = \begin{pmatrix} 1 & 1 & 2 \\ 0 & 2 & 2 \\ -1 & 1 & 3 \end{pmatrix}\mathbf{x}, \quad \mathbf{x}(0) = \begin{pmatrix} 2 \\ 0 \\ 3 \end{pmatrix}$

13. 연립방정식 $t\mathbf{x}' = \mathbf{A}\mathbf{x}$는 2계 오일러 방정식(5.5절)과 비슷하다. $\boldsymbol{\xi}$가 상수 벡터이고 $x = \boldsymbol{\xi}t^r$이면, 주어진 미분방정식에서 자명하지 않은 해를 구하기 위해 $\boldsymbol{\xi}$와 r이 $(\mathbf{A} - r\mathbf{I})\boldsymbol{\xi} = \mathbf{0}$을 만족해야 함을 보여라.

▶ 문제 **13**을 참조하여 문제 **14**부터 **16**까지 주어진 연립 미분방정식을 풀어라. $t > 0$이라고 가정하자.

14. $t\mathbf{x}' = \begin{bmatrix} 3 & -1 \\ 8 & -3 \end{bmatrix}\mathbf{x}$

15. $t\mathbf{x}' = \begin{bmatrix} 0 & 1 \\ -9 & 10 \end{bmatrix}\mathbf{x}$

16. $t\mathbf{x}' = \begin{pmatrix} 2 & 3 \\ -1 & -2 \end{pmatrix}\mathbf{x}$

▶ 문제 **17**부터 **19**까지, 행렬 **A**의 고윳값과 고유벡터가 주어져 있다. 이에 대응되는 연립방정식 $\mathbf{x}' = \mathbf{A}\mathbf{x}$를 고려하자.

a. **G** 이 연립방정식의 위상 궤적을 그려라.

b. **G** 초깃점 (2,3)을 지나는 궤적을 그려라.

c. **G** **b**의 궤적에 대해 t에 따른 x_1의 그래프와 t에 따른 x_2의 그래프를 같은 좌표축 위에 그려라.

17. $r_1 = -1, \quad \boldsymbol{\xi}^{(1)} = \begin{pmatrix} -1 \\ 2 \end{pmatrix}; \quad r_2 = 2, \quad \boldsymbol{\xi}^{(2)} = \begin{pmatrix} 1 \\ 2 \end{pmatrix}$

18. $r_1 = 1, \quad \boldsymbol{\xi}^{(1)} = \begin{pmatrix} -1 \\ 2 \end{pmatrix}; \quad r_2 = -2, \quad \boldsymbol{\xi}^{(2)} = \begin{pmatrix} 1 \\ 2 \end{pmatrix}$

19. $r_1 = 1, \quad \boldsymbol{\xi}^{(1)} = \begin{pmatrix} 1 \\ 2 \end{pmatrix}; \quad r_2 = 2, \quad \boldsymbol{\xi}^{(2)} = \begin{pmatrix} 1 \\ -2 \end{pmatrix}$

20. 2×2 연립방정식 $\mathbf{x}' = \mathbf{A}\mathbf{x}$를 고려하자. $r_1 \neq r_2$이면 $\boldsymbol{\xi}^{(1)}, \boldsymbol{\xi}^{(2)}$가 일차독립일 때 일반해는 $\mathbf{x} = c_1\boldsymbol{\xi}^{(1)}e^{r_1t} + c_2\boldsymbol{\xi}^{(2)}e^{r_2t}$이다. 이 문제에서는 $\boldsymbol{\xi}^{(1)}, \boldsymbol{\xi}^{(2)}$가 일차종속이라고 가정했을 때 모순이 생기도록 하여 일차독립임을 증명하고자 한다.

a. $\boldsymbol{\xi}^{(1)}$은 행렬방정식 $(\mathbf{A} - r_1\mathbf{I})\boldsymbol{\xi}^{(1)} = \mathbf{0}$을 만족한다; 비슷하게 $(\mathbf{A} - r_2\mathbf{I})\boldsymbol{\xi}^{(2)} = \mathbf{0}$이다.

b. $(\mathbf{A} - r_2\mathbf{I})\boldsymbol{\xi}^{(1)} = (r_1 - r_2)\boldsymbol{\xi}^{(1)}$임을 보여라.

c. $\boldsymbol{\xi}^{(1)}, \boldsymbol{\xi}^{(2)}$가 일차종속이라고 가정하자. 그러면 $c_1\boldsymbol{\xi}^{(1)} + c_2\boldsymbol{\xi}^{(2)} = \mathbf{0}$이고 c_1, c_2 중 적어도 하나(c_1이라 하자)는 영이 아니다. $(\mathbf{A} - r_2\mathbf{I})(c_1\boldsymbol{\xi}^{(1)} + c_2\boldsymbol{\xi}^{(2)}) = 0$이고 $(\mathbf{A} - r_2\mathbf{I})(c_1\boldsymbol{\xi}^{(1)} + c_2\boldsymbol{\xi}^{(2)}) = c_1(r_1 - r_2)\boldsymbol{\xi}^{(1)}$임을 증명하라. 따라서, $c_1 = 0$이 되므로 모순이다. 그러므로 $\boldsymbol{\xi}^{(1)}, \boldsymbol{\xi}^{(2)}$은 일차독립이다.

d. **c**를 $c_2 \neq 0$라고 가정하여 수정하라.

e. **A**가 3×3인 경우에도 이와 비슷한 주장을 펼쳐봐라; 이 과정을 임의의 n에 대해 확장할 수 있다.

21. 다음 미분방정식을 고려하자.

$$ay'' + by' + cy = 0 \tag{35}$$

이때, a, b, c는 상수이며 $a \neq 0$이다. 3장에서 일반해는 다음과 같은 고유방정식의 근에 종속됨을 보였다.

$$ar^2 + br + c = 0 \tag{36}$$

a. 식 (35)를 $x_1 = y, x_2 = y'$으로 두고 연립 1계 미분방정식으로 바꿔라. $\mathbf{x} = \begin{pmatrix} x_1 \\ x_2 \end{pmatrix}$이 만족하는 연립방정식 $\mathbf{x}' = \mathbf{A}\mathbf{x}$를 구하라.

b. **a**에서 계수행렬 **A**의 고윳값을 결정하는 방정식을 구하라. 이 방정식이 바로 식 (35)의 고유방정식 (36)임을 알 수 있다.

22. 6.1절의 연습문제 **19**에서 두 개의 탱크 시스템은 다음의 초깃값 문제를 유도한다.

$$\mathbf{x}' = \begin{pmatrix} -\frac{1}{10} & \frac{3}{40} \\ \frac{1}{10} & -\frac{1}{5} \end{pmatrix}\mathbf{x}, \quad \mathbf{x}(0) = \begin{pmatrix} -17 \\ -21 \end{pmatrix}$$

이때, x_1, x_2는 각각 평형 상태에서의 염노 Q_1, Q_2에 대한 편차이다.

a. Ⓖ 주어진 초깃값 문제를 풀어라.

b. t에 따른 x_1의 그래프와 t에 따른 x_2의 그래프를 같은 축 위에 그려라.

c. Ⓝ 모든 $t \geq T$에 대하여 $|x_1(t)| \leq 0.5$이고 $|x_2(t)| \leq 0.5$인 최소의 시간 T를 구하라.

23. 다음 연립방정식을 고려하자.

$$\mathbf{x}' = \begin{pmatrix} -1 & -1 \\ -\alpha & -1 \end{pmatrix}\mathbf{x}$$

a. $\alpha = \frac{1}{2}$일 때 이 연립방정식을 풀어라. 계수행렬의 고윳값은 무엇인가? 원점에서의 평형점을 분류하라.

b. $\alpha = 2$일 때 이 연립방정식을 풀어라. 계수행렬의 고윳값은 무엇인가? 원점에서의 평형점을 분류하라.

c. **a, b**에서 이 연립방정식의 해는 아주 다른 두 가지 모양을 보인다. 계수행렬의 고윳값을 α로 나타내고, 한 가지 모양에서 다른 모양으로 변이 되는 $\frac{1}{2}$에서 2 사이의 α값을 구하라. 이 α의 값을 이 문제에 대한 **분기값**(bifurcation value)이라 부른다.

▶ **전기회로**(Electric Circuits). 문제 **24**와 **25**는 6.1절의 연습문제 **18**에서 다음의 연립 미분방정식으로 나타나는 전기회로와 관련이 있다:

$$\frac{d}{dt}\begin{pmatrix} I \\ V \end{pmatrix} = \begin{pmatrix} -\frac{R_1}{L} & -\frac{1}{L} \\ \frac{1}{C} & -\frac{1}{CR_2} \end{pmatrix}\begin{pmatrix} I \\ V \end{pmatrix}, \quad I(0) = I_0, \quad V(0) = V_0 \tag{37}$$

24. **a.** $R_1 = 1\Omega$, $R_2 = \frac{3}{5}\Omega$, $L = 1\text{H}$, $C = \frac{1}{3}\text{F}$일 때 식 (37)의 일반해를 구하라.
b. $t \to \infty$일 때, 초깃값 I_0, V_0에 관계없이 $I(t) \to 0$, $V(t) \to 0$임으로 보여라.

25. 위 연립 미분방정식 (37)을 고려하자.

a. 계수행렬의 고윳값이 서로 다른 실수일 때 R_1, R_2, C, L이 만족해야 하는 조건을 구하라.

b. **a**에서 구한 조건을 만족할 때, 두 고윳값이 모두 음수임을 보여라. 또한 $t \to \infty$일 때 초기조건에 관계없이 $I(t) \to 0$, $V(t) \to 0$임을 보여라.

c. **a**에서 구한 조건을 만족하지 않을 때, 고윳값은 복소수이거나 중복된다. 그러면 이 경우에도 $t \to \infty$일 때 $I(t) \to 0$, $V(t) \to 0$라고 할 수 있겠는가?

힌트: **c**에서, 연립방정식 (37)을 하나의 2계 미분방정식으로 바꿔보자. 복소수이고 중복된 고윳값은 6.6절과 6.8절에서 다루기로 한다.

6.6 복소수 고윳값

이 절에서는 다시 상수계수를 갖는 n개의 식으로 된 연립 제차 선형 미분방정식

$$\mathbf{x}' = \mathbf{A}\mathbf{x} \tag{1}$$

를 다루며, 이때 계수행렬 $\mathbf{A}$는 실수값을 갖는다. $\mathbf{x} = \boldsymbol{\xi} e^{rt}$ 형태의 해를 구하고자 한다면, 6.5절에서와 같이, r은 계수행렬 $\mathbf{A}$의 고윳값이고, $\boldsymbol{\xi}$는 이에 대응되는 고유벡터여야 한다. $\mathbf{A}$의 고윳값 $r_1, \ldots, r_n$은 고유방정식

$$\det(\mathbf{A} - r\mathbf{I}) = 0 \tag{2}$$

의 근이고 이에 대응되는 고유벡터는

$$(\mathbf{A} - r\mathbf{I})\boldsymbol{\xi} = \mathbf{0} \tag{3}$$

을 만족한다.

만약 $\mathbf{A}$가 실수행렬이라면 r에 대한 다항식 (2)의 계수는 실수이고, 임의의 복소수 고윳값은 반드시 켤레로 나와야 한다. 예를 들어, λ, μ가 실수일 때 $r_1 = \lambda + i\mu$가 $\mathbf{A}$의 고윳값이면, $r_2 = \lambda - i\mu$도 마찬가지이다. 복소수 고윳값의 효과를 알아보기 위해 예제부터 시작하자.

예제 6.6.1

다음 연립방정식의 실함수인 기본해 집합을 구하라.

$$\mathbf{x}' = \begin{pmatrix} -\frac{1}{2} & 1 \\ -1 & -\frac{1}{2} \end{pmatrix}\mathbf{x} \tag{4}$$

위상 궤적과 전형적인 해의 성분의 그래프를 그려라.

풀이

연립방정식 (4)에 대한 방향장은 **그림 6.6.1**과 같다. 이 그림은 위상 평면에서 궤적들이 시계방향으로 원점을 향해 나선형을 그리는 모양을 보여준다.

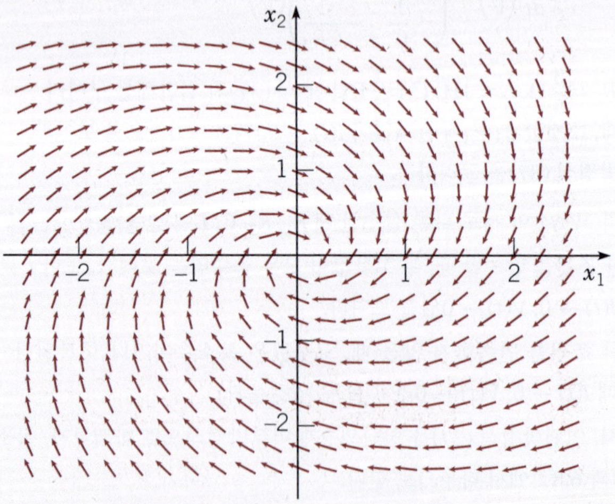

그림 6.6.1 연립방정식 (4)에 대한 방향장.

기본해 집합을 구하기 위하여

$$\mathbf{x} = \boldsymbol{\xi} e^{rt} \tag{5}$$

이라고 가정하면 다음과 같이 $\mathbf{A}$의 고윳값과 고유벡터에 대한 선형대수 방정식의 집합을 구할 수 있다.

$$\begin{pmatrix} -\frac{1}{2}-r & 1 \\ -1 & -\frac{1}{2}-r \end{pmatrix}\begin{pmatrix} \xi_1 \\ \xi_2 \end{pmatrix} = \begin{pmatrix} 0 \\ 0 \end{pmatrix} \tag{6}$$

고유방정식이

$$\begin{vmatrix} -\frac{1}{2}-r & 1 \\ -1 & -\frac{1}{2}-r \end{vmatrix} = r^2 + r + \frac{5}{4} = 0 \tag{7}$$

이므로 고윳값은 $r_1 = -\frac{1}{2} + i,\ r_2 = -\frac{1}{2} - i$이다. 식 (6)을 직접 계산하면 이에 대응되는 고유벡터는 다음과 같다.

$$\xi^{(1)} = \begin{pmatrix} 1 \\ i \end{pmatrix}, \quad \xi^{(2)} = \begin{pmatrix} 1 \\ -i \end{pmatrix} \tag{8}$$

이 고유벡터 $\boldsymbol{\xi}^{(1)}$과 $\boldsymbol{\xi}^{(2)}$는 켤레 복소수임에 유의하자. 따라서 연립방정식 (4)의 기본해 집합은

$$\mathbf{x}^{(1)}(t) = \begin{pmatrix} 1 \\ i \end{pmatrix} e^{(-1/2+i)t}, \quad \mathbf{x}^{(2)}(t) = \begin{pmatrix} 1 \\ -i \end{pmatrix} e^{(-1/2-i)t} \tag{9}$$

이다.

실함수 해집합을 구하기 위해, (정리 6.4.5에 의해) $\mathbf{x}^{(1)}$ 또는 $\mathbf{x}^{(2)}$의 실수부와 허수부를 선택할 수 있다. 실제,

$$\mathbf{x}^{(1)}(t) = \begin{pmatrix} 1 \\ i \end{pmatrix} e^{-t/2}(\cos(t) + i\sin(t)) = \begin{pmatrix} e^{-t/2}\cos(t) \\ -e^{-t/2}\sin(t) \end{pmatrix} + i\begin{pmatrix} e^{-t/2}\sin(t) \\ e^{-t/2}\cos(t) \end{pmatrix} \tag{10}$$

이므로 식 (4)의 한 쌍의 실함수 해는 다음과 같다.

$$\mathbf{u}(t) = e^{-t/2}\begin{pmatrix} \cos(t) \\ -\sin(t) \end{pmatrix}, \quad \mathbf{v}(t) = e^{-t/2}\begin{pmatrix} \sin(t) \\ \cos(t) \end{pmatrix} \tag{11}$$

$\mathbf{u}(t)$와 $\mathbf{v}(t)$가 일차독립인 것을 보이기 위해 이들의 론스키안을 계산하자:

$$W[\mathbf{u}, \mathbf{v}](t) = \begin{vmatrix} e^{-t/2}\cos(t) & e^{-t/2}\sin(t) \\ -e^{-t/2}\sin(t) & e^{-t/2}\cos(t) \end{vmatrix} = e^{-t}\left(\cos^2(t) + \sin^2(t)\right) = e^{-t}$$

론스키안 $W[\mathbf{u}, \mathbf{v}](t)$는 영이 될 수 없으므로 $\mathbf{u}(t)$와 $\mathbf{v}(t)$는 연립방정식 (4)의 (실함수) 기본해 집합을 이룬다.

해 $\mathbf{u}(t)$와 $\mathbf{v}(t)$의 그래프는 연립방정식 (4)의 위상 궤적인 **그림 6.6.2(*a*)**에서 검은 실선과 줄선이다.

$$\mathbf{u}(0) = \begin{pmatrix} 1 \\ 0 \end{pmatrix}, \quad \mathbf{v}(0) = \begin{pmatrix} 0 \\ 1 \end{pmatrix}$$

이므로 $\mathbf{u}(t)$와 $\mathbf{v}(t)$의 그래프는 각각 점 (1, 0)과 (0, 1)을 지난다. 연립방정식 (4)의 다른 해는 $\mathbf{u}(t)$와 $\mathbf{v}(t)$의 일차결합이고, 이러한 몇 가지 해의 그래프도 그림 6.6.2(*a*)에 나와 있다; 각 궤적은 $t \to \infty$일 때 원점 근방에서 무한히 돌며 나선형 경로를 따라 원점으로 다가간다; 이는 해 (11)이 감소하는 지수와 사인 또는 코사인 인수의 곱이기 때문이다. t에 따른 x_1의 몇몇 특정한 그래프가 **그림 6.6.2(*b*)**에 나타나 있다; 각각의 그래프는 시간에 따라 감소하는 진동을 나타낸다. 또한 이에 해당하는 t에 따른 x_2의 그래프는 **그림 6.6.2(*c*)**에 나와 있다.

그림 6.6.2(a)는 고윳값이 복소수이면서 실수부가 음수인 모든 2×2 연립방정식 $\mathbf{x}' = \mathbf{A}\mathbf{x}$의 전형적인 형태를 나타낸다. 이 원점을 **spiral point**라고 부르며 t가 증가함에 따라 모든 궤적이 이 점으로 다가오기 때문에 점근적으로 안정적이다. 고윳값의 실수부가 양수인 연립방정식에서 궤적은 그림

6.6.2(a)와 비슷하지만, 움직이는 방향은 원점에서 멀어져서 결국 발산한다. 이 경우 원점은 불안정하다.

만약 고윳값의 실수부가 영이면 궤적은 원점으로 다가가지도 않고 발산하지도 않는 대신 원점에 대한 폐곡선을 따라 계속 돈다. 이런 모양의 예는 아래의 **그림 6.6.3(*b*)**와 **6.6.4(*b*)**에서 볼 수 있다. 이 경우 원점을 **center**라고 부르며, 안정적이지만 점근적으로 안정적이진 않는다. 이러한 세 경우 모두 움직이는 방향은 계수행렬 **A**의 요소에 따라 이 예와 같이 시계방향이거나, 혹은 반시계방향이 된다.

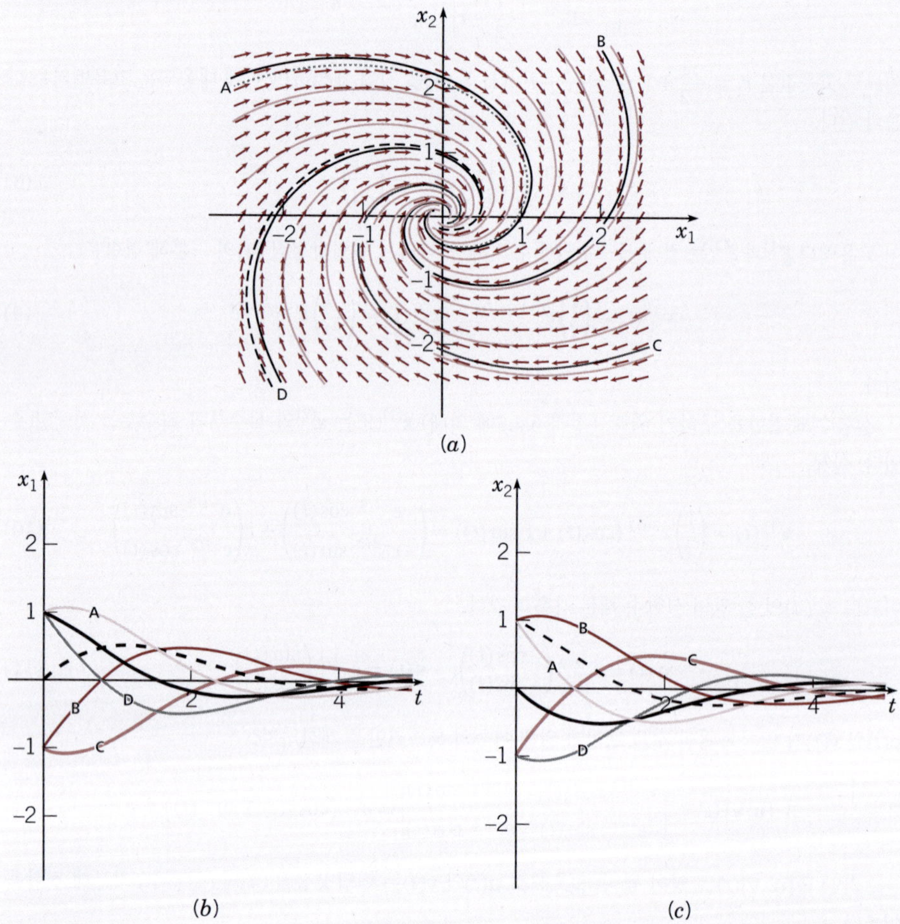

그림 6.6.2 (a) 연립방정식 (4)에 대한 위상 궤적; 원점은 spiral point이다. (b) 연립방정식 (4)에 대한 t에 따른 x_1의 그래프들. (c) 연립방정식 (4)에 대한 t에 따른 x_2의 그래프들. (b)와 (c)의 구성 요소 그래프는 (a)의 궤적에 따라 색상으로 구분된다. 검은색 실선은 (1, 0)을 지나는 해 $\mathbf{u}(t)$이고 검은색 점선은 (0, 1)을 지나는 해 $\mathbf{v}(t)$, 곡선 A는 (1, 1), 곡선 B는 (−1, 1), 곡선 C는 (−1, −1), 곡선 D는 (1, −1)을 통과하는 곡선이다.

그림 6.6.2(a)의 위상 궤적은 컴퓨터로 그렸지만 손으로 그릴 수도 있다. 고윳값 $\lambda \pm i\mu$가 복소수이면 궤적은 나선 안쪽 ($\lambda < 0$)이거나, 나선 바깥쪽($\lambda > 0$), 또는 폐곡선을 따라 계속 돈다($\lambda = 0$). 움직이는 방향이 시계방향인지 또는 반시계방향인지 결정하려면, 편의상 한 점에서 움직이는 방향만 결정하면 된다. 예를 들어, 연립방정식 (4)에서 $x = (0, 1)^T$를 선택하면, $\mathbf{A}\mathbf{x} = \left(1, -\frac{1}{2}\right)^T$이다. 위상 평면 상의 점 (0, 1)에서의 궤적에 접하는 벡터 $\mathbf{x}'$이 양의 x_1 성분을 가지므로 제2사분면에서 제1사분면을 향한다. 따라서 움직이는 방향은 이 연립방정식의 궤적에 대해 시계방향이다.

다음의 일반적인 연립방정식 (1)

$$\mathbf{x}' = \mathbf{A}\mathbf{x}$$

로 돌아가서 예제와 같은 과정을 진행하자. 우선, 켤레 복소수 고윳값 $r_1 = \lambda + i\mu$, $r_2 = \lambda - i\mu$가 있다고 가정하자. 그러면 이에 대응되는 고유벡터 $\boldsymbol{\xi}^{(1)}$, $\boldsymbol{\xi}^{(2)}$도 켤레 복소수이다. 실제로 그런지 확인하기 위하여 r_1과 $\boldsymbol{\xi}^{(1)}$이 다음 식을 만족함을 상기하자.

$$(\mathbf{A} - r_1\mathbf{I})\,\xi^{(1)} = \mathbf{0} \tag{12}$$

이 방정식에 켤레 복소수를 취하면 **A**와 **I**는 실수행렬이므로

$$\overline{(A - r_1 I)\,\xi^{(1)}} = (\mathbf{A} - \bar{r}_1\mathbf{I})\,\overline{\xi^{(1)}} = \mathbf{0} \tag{13}$$

을 얻는데, 여기서 $\bar{r}_1$, $\overline{\xi^{(1)}}$은 각각 r_1과 $\boldsymbol{\xi}^{(1)}$의 켤레 복소수이다. 즉, $r_2 = \bar{r}_1$도 고윳값이고, $\boldsymbol{\xi}^{(2)} = \overline{\xi^{(1)}}$는 이에 대응되는 고유벡터이다. 따라서 이에 대응되는 미분방정식 (1)의 해는

$$\mathbf{x}^{(1)}(t) = \xi^{(1)}e^{r_1 t}, \quad \mathbf{x}^{(2)}(t) = \overline{\xi^{(1)}}e^{\bar{r}_1 t} \tag{14}$$

이고 서로 복소켤레를 이룬다. 그러므로 예제 6.6.1에서와 같이, 식 (14)에 의해 주어진 $\mathbf{x}^{(1)}(t)$나 $\mathbf{x}^{(2)}(t)$의 실수부와 허수부를 취해 식 (1)의 고윳값 r_1, r_2에 대응되는 두 실함수 해를 구할 수 있다.

실수 벡터 **a**, **b**에 대해 $\boldsymbol{\xi}^{(1)} = \mathbf{a} + i\mathbf{b}$라고 하자; 그러면,

$$\mathbf{x}^{(1)}(t) = (\mathbf{a} + i\mathbf{b})\,e^{(\lambda+i\mu)t} = (\mathbf{a} + i\mathbf{b})^{e^{\lambda t}}(\cos(\mu t) + i\ \sin(\mu t)) \tag{15}$$

가 된다. $\mathbf{x}^{(1)}(t)$의 실수부와 허수부를 분리하면,

$$\mathbf{x}^{(1)}(t) = e^{\lambda t}\left(\mathbf{a}\cos(\mu t) - \mathbf{b}\sin(\mu t) + ie^{\lambda t}(\mathbf{a}\sin(\mu t) + \mathbf{b}\cos(\mu t)\right) \tag{16}$$

를 얻고 $\mathbf{x}^{(1)}(t) = \mathbf{u}(t) + i\mathbf{v}(t)$라고 쓰면, 벡터

$$\begin{aligned}\mathbf{u}(t) &= e^{\lambda t}(\mathbf{a}\cos(\mu t) - \mathbf{b}\sin(\mu t)),\\ \mathbf{v}(t) &= e^{\lambda t}(\mathbf{a}\sin(\mu t) + \mathbf{b}\cos(\mu t))\end{aligned} \tag{17}$$

들이 식 (1)의 실함수 해들이다. **u**와 **v**가 일차독립임을 보일 수도 있다(연습문제 **22** 참고).

예를 들어, 행렬 **A**가 두 복소수 고윳값 $r_1 = \lambda + i\mu$와 $r_2 = \lambda - i\mu$를 갖고, $r_3, \ldots, r_n$은 서로 다른 실수라고 하자. 그리고 이에 대응되는 고유벡터를 $\boldsymbol{\xi}^{(1)} = \mathbf{a} + i\mathbf{b}$, $\boldsymbol{\xi}^{(2)} = \mathbf{a} - i\mathbf{b}$, $\boldsymbol{\xi}^{(3)}, \ldots, \boldsymbol{\xi}^{(n)}$으로 두자. 그러면 식 (1)의 일반해는 식 (17)에 의해 주어진 $\mathbf{u}(t)$와 $\mathbf{v}(t)$에 대해

$$\mathbf{x} = c_1\mathbf{u}(t) + c_2\mathbf{v}(t) + c_3\xi^{(3)}e^{r_3 t} + \cdots + c_n\xi^{(n)}e^{r_n t} \tag{18}$$

이 된다. 이런 해석은 식 (1)의 계수행렬 **A**가 실수인 경우에만 적용되는데, 그 이유는 복소수 고윳값과 고유벡터가 켤레로 나타나기 때문이다.

실수계수를 갖는 2 × 2 연립방정식에서 발생할 수 있는 세 가지 주요 경우를 다음과 같이 정리한다.

1. 고윳값이 실수이면서 서로 부호가 다르다; $\mathbf{x} = 0$는 안장점이다.

2. 고윳값이 실수이고 부호가 같지만 서로 값이 같지 않다; $\mathbf{x} = \mathbf{0}$은 node이다.

3. 고윳값이 영이 아닌 실수부를 갖는 복소수이다; $\mathbf{x} = \mathbf{0}$은 spiral point이다.

다른 경우는 이보다 덜 중요하며, 위에 나열된 두 가지 경우 사이에서 변이될 때 발생한다. 예를 들어, 고윳값이 영인 경우는 안장점과 node 사이에서 변이될 때 발생한다. 순허수 고윳값은 점근적으로 안정적인 spiral point와 불안정한 spiral point 사이에서 변이될 때 발생한다. 마지막으로, 서로 같은 실수 고윳값은 node와 spiral point 사이에서 변이될 때 나타난다.

예제 6.6.2

매개변수 α를 포함하는 연립방정식

$$\mathbf{x}' = \begin{pmatrix} 0 & -1 \\ 1 & \alpha \end{pmatrix} \mathbf{x} \tag{19}$$

에 대해 α에 따라 해가 정성적으로 어떻게 바뀌는지 설명하자; 특히 위상 평면에서 궤적의 정성적인 모양이 두드러지게 바뀌는 α의 분기값을 구하라.

풀이

궤적의 모양은 계수행렬의 고윳값에 의해 바뀐다. 고유방정식이

$$r^2 - \alpha r + 1 = 0 \tag{20}$$

이므로 고윳값은 다음과 같다.

$$r = \frac{\alpha \pm \sqrt{\alpha^2 - 4}}{2} \tag{21}$$

식 (21)로부터 고윳값은 $-2 < \alpha < 2$에서는 켤레 복소수이며, 그 외 구간에서는 실수임을 알 수 있다.

따라서 두 분기값은 $\alpha = -2$와 $\alpha = 2$이며, 여기서 고윳값은 실수에서 복소수로, 또는 그 반대로 바뀐다. $\alpha < -2$일 때 두 고윳값이 모두 음수이므로 모든 궤적은 점근적으로 안정적인 node인 원점으로 다가간다. $\alpha > 2$일 때 두 고윳값은 모두 양수이므로 원점은 다시 node가 되는데 이번에는 불안정하다; ($\mathbf{x} = \mathbf{0}$을 제외한) 모든 궤적은 발산한다. 중간 범위, $-2 < \alpha < 2$에서 고윳값은 복소수이고 궤적은 나선형이다. 그러나 $-2 < \alpha < 0$에서 고윳값의 실수부는 음수이며, 나선형은 안쪽을 향하고 원점은 점근적으로 안정적이지만, $0 < \alpha < 2$에서 고윳값의 실수부는 양수이고 원점은 불안정하다.

세 번째 분기값은 나선형의 방향이 안쪽에서 바깥쪽으로 바뀌는 $\alpha = 0$이다. $\alpha = 0$일 때 원점은 center가 되고 궤적은 원점에 대한 폐곡선이 되는데, 이는 시간에 대한 주기적인 해에 해당된다. 다른 분기점, $\alpha = \pm 2$에서는 고윳값들이 실수이며 서로 같다. 이 경우 원점은 다시 node가 되지만 위상 궤적은 6.5절의 위상 궤적과는 조금 다르다. 이 경우는 6.8절에서 다시 살펴보자.

▶ **여러 개의 스프링–질량계(A Multiple Spring-Mass System).** 그림 6.1.1처럼 두 개의 질량과 세 개의 스프링이 있는 경우엔 운동 방정식들이 6.1절의 식 (1)과 같이 주어진다. 외부 힘이 없다고 가정하면 $F_1(t) = 0$, $F_2(t) = 0$이고 그 결과로 나온 미분방정식은 다음과 같다.

$$\begin{aligned} m_1 \frac{d^2 x_1}{dt^2} &= -(k_1 + k_2)\, x_1 + k_2 x_2, \\ m_2 \frac{d^2 x_2}{dt^2} &= k_2 x_1 - (k_2 + k_3)\, x_2 \end{aligned} \tag{22}$$

이 미분방정식들은 두 식으로 된 연립 2계 미분방정식으로 풀 수 있지만(연습문제 **24** 참고), 이 장의 방식에 따라 이 연립방정식을 네 식으로 된 연립 1계 미분방정식으로 바꾸겠다. 이를 위하여 $y_1 = x_1, y_2 = x_2, y_3 = x_1', y_4 = x_2'$로 두자. 그러면

$$y_1' = y_3, \quad y_2' = y_4 \tag{23}$$

이고, 식 (22)로부터

$$m_1 y_3' = -(k_1 + k_2)y_1 + k_2 y_2, \quad m_2 y_4' = k_2 y_1 - (k_2 + k_3)y_2 \tag{24}$$

가 된다. 다음의 예제에서 이와 같이 두 개의 질량과 세 개의 스프링이 있는 특수한 경우를 다뤄 보자.

예제 6.6.3

식 (23)과 (24)에서 $m_1 = 2, m_2 = 9/4, k_1 = 1, k_2 = 3, k_3 = 15/4$로 가정하면 세 개의 미분방정식은 다음과 같이 된다.

$$y_1' = y_3, \quad y_2' = y_4, \quad y_3' = -2y_1 + \frac{3}{2}y_2, \quad y_4' = \frac{4}{3}y_1 - 3y_2 \tag{25}$$

식 (25)가 나타내는 운동을 해석하고, 전형적인 모양을 보여주는 그래프를 그려라.

풀이

$\mathbf{y} = (y_1, y_2, y_3, y_4)^T$로 두자. 연립방정식 (25)를 행렬 형태로 나타내면 다음과 같다.

$$\mathbf{y}' = \begin{pmatrix} 0 & 0 & 1 & 0 \\ 0 & 0 & 0 & 1 \\ -2 & \frac{3}{2} & 0 & 0 \\ \frac{4}{3} & -3 & 0 & 0 \end{pmatrix} \mathbf{y} = \mathbf{A}\mathbf{y} \tag{26}$$

여기서 y_1과 y_2는 두 질량의 평형 상태로부터의 상대적인 위치이고, y_3와 y_4는 이 두 질량의 속도이다. r이 행렬 $\mathbf{A}$의 고윳값이고 $\mathbf{y} = \xi e^{rt}$가 이에 대응되는 고유벡터일 때, ξ이라고 가정하자. 다소 귀찮긴 해도 손으로 행렬 $\mathbf{A}$의 고윳값과 고유벡터를 구할 수도 있고, 적당한 컴퓨터 소프트웨어로 쉽게 구할 수도 있다. $\mathbf{A}$의 고유다항식이

$$r^4 + 5r^2 + 4 = (r^2 + 1)(r^2 + 4) \tag{27}$$

이므로 고윳값은 $r_1 = i, r_2 = -i, r_3 = 2i, r_4 = -2i$이다. 이에 대응되는 고유벡터는 다음과 같다.

$$\xi^{(1)} = \begin{pmatrix} 3 \\ 2 \\ 3i \\ 2i \end{pmatrix}, \quad \xi^{(2)} = \begin{pmatrix} 3 \\ 2 \\ -3i \\ -2i \end{pmatrix}, \quad \xi^{(3)} = \begin{pmatrix} 3 \\ -4 \\ 6i \\ -8i \end{pmatrix}, \quad \xi^{(4)} = \begin{pmatrix} 3 \\ -4 \\ -6i \\ 8i \end{pmatrix} \tag{28}$$

복소함수 해 $\xi^{(1)}e^{it}$과 $\xi^{(2)}e^{-it}$은 켤레 복소수이므로 둘 중 하나의 실수부와 허수부를 찾으면 두 개의 실함수 해를 찾을 수 있다. 예를 들어,

$$\begin{aligned} \xi^{(1)}e^{it} &= \begin{pmatrix} 3 \\ 2 \\ 3i \\ 2i \end{pmatrix} (\cos(t) + i\sin(t)) \\ &= \begin{pmatrix} 3\cos(t) \\ 2\cos(t) \\ -3\sin(t) \\ -2\sin(t) \end{pmatrix} + i \begin{pmatrix} 3\sin(t) \\ 2\sin(t) \\ 3\cos(t) \\ 2\cos(t) \end{pmatrix} = \mathbf{u}^{(1)}(t) + i\mathbf{v}^{(1)}(t) \end{aligned} \tag{29}$$

이고 비슷하게 다음도 구할 수 있다.

$$\xi^{(3)}e^{2it} = \begin{pmatrix} 3 \\ -4 \\ 6i \\ -8i \end{pmatrix}(\cos(2t) + i\sin(2t))$$
$$= \begin{pmatrix} 3\cos(2t) \\ -4\cos(2t) \\ -6\sin(2t) \\ 8\sin(2t) \end{pmatrix} + i\begin{pmatrix} 3\sin(2t) \\ -4\sin(2t) \\ 6\cos(2t) \\ -8\cos(2t) \end{pmatrix} = \mathbf{u}^{(2)}(t) + i\mathbf{v}^{(2)}(t) \tag{30}$$

$\mathbf{u}^{(1)}$, $\mathbf{v}^{(1)}$, $\mathbf{u}^{(2)}$, $\mathbf{v}^{(2)}$가 일차독립이므로 기본해 집합을 이룬다는 사실은 독자들이 증명하기 바란다. 따라서 식 (26)의 일반해는 임의의 상수 c_1, c_2, c_3, c_4에 대해

$$\mathbf{y} = c_1\begin{pmatrix} 3\cos(t) \\ 2\cos(t) \\ -3\sin(t) \\ -2\sin(t) \end{pmatrix} + c_2\begin{pmatrix} 3\sin(t) \\ 2\sin(t) \\ 3\cos(t) \\ 2\cos(t) \end{pmatrix} + c_3\begin{pmatrix} 3\cos(2t) \\ -4\cos(2t) \\ -6\sin(2t) \\ 8\sin(2t) \end{pmatrix} + c_4\begin{pmatrix} 3\sin(2t) \\ -4\sin(2t) \\ 6\cos(2t) \\ -8\cos(2t) \end{pmatrix} \tag{31}$$

이다.

이 연립방정식의 위상 공간은 4차원이고, 식 (31)에서 c_1, c_2, c_3, c_4에 대한 특정 값의 집합으로 구한 각각의 해는 위상 공간에서의 궤적에 해당한다. 식 (31)에 의해 주어진 각 해는 주기 2π인 주기함수이며 각 궤적은 폐곡선을 이룬다. $t = 0$일 때 궤적이 어디서 시작하든 상관없이 매시간 간격 2π마다 반복적으로 같은 곡선을 돌면서 $t = 2\pi$, $t = 4\pi$ 등에서 시작한 지점으로 돌아온다. 이러한 4차원의 궤적을 보이지는 않을 것이다. 그 대신, 아래의 그림에서 $y_1 y_3$-평면이나 $y_2 y_4$-평면에 특정 궤적의 사영을 나타내어 각 질량의 운동을 따로따로 보여주겠다.

식 (31)의 우변의 처음 두 항은 주기 1과 주기 2π인 운동을 나타낸다. 이 항들에서 $y_2 = \frac{2}{3}y_1$이고 $y_4 = \frac{2}{3}y_3$인 것에 유의하자. 즉, 이는 두 질량이 함께 앞뒤로 움직이며, 언제나 같은 방향이지만 두 번째 질량은 첫 번째 질량의 2/3만큼만 움직인다는 의미이다. 해 $\mathbf{u}^{(1)}(t)$에만 집중하고 t에 따른 y_1의 그래프와 t에 따른 y_2의 그래프를 같은 좌표 위에 그리면, 그림 6.6.3(a)에서와 같이 각각 진폭이 3과 2인 코사인 그래프를 얻는다. $y_1 y_3$-평면에서 첫 번째 질량의 궤적은 그림 6.6.3(b)와 같이 반경 3인 원 위에서, 점 (3, 0)에서 시작하여 시계방향으로 움직이는 데 시간 2π 동안 원을 한 바퀴 돈다. 또한 이 그림에는 $y_2 y_4$-평면에서 두 번째 질량의 궤적이 표시되어 있는데, 반경 2인 원 위에서 마찬가지로 점 (2, 0)에서 시작하여 시계방향으로 움직이며 시간 2π 동안 원을 한 바퀴 돈다. 이때 원점은 $y_1 y_3$-평면과 $y_2 y_4$-평면의 center이다. $\mathbf{v}^{(1)}$으로부터 또는 $\mathbf{u}^{(1)}$과 $\mathbf{v}^{(1)}$의 일차결합으로부터 (시간에 대해 적당히 이동된) 비슷한 그래프를 얻을 수 있다.

식 (31)의 우변의 나머지 항들은 진동수 2이고 주기 π인 운동을 나타낸다. 이 경우 $y_2 = -\frac{4}{3}y_1$이고 $y_4 = -\frac{4}{3}y_3$임을 알 수 있다. 이는 두 개의 질량은 언제나 반대 방향으로 움직이고 두 번째 질량이 첫 번째 것에 비해 $\frac{4}{3}$만큼 멀리 움직인다는 것을 뜻한다. $\mathbf{u}^{(2)}(t)$만을 보고 같은 좌표축 위에 t에 따른 y_1의 그래프와 t에 따른 y_2의 그래프를 그리면 **그림 6.6.4(*a*)**를 얻게 된다. 위상차가 π이고 y_2의 진폭은 y_1의 진폭의 $\frac{4}{3}$이므로 앞의 질량들의 운동에 대한 명제를 입증하게 된다. **그림 6.6.4(*b*)**는 두 질량의 궤적을 각각의 위상 평면에 겹친 그림이다. 두 그래프는 모두 타원인데 안쪽 타원은 첫 번째 질량에, 바깥쪽 타원은 두 번째 질량에 해당한다. 안쪽 타원의 궤적은 (3, 0)에서 시작하고, 바깥쪽 타원의 궤적은 (−4, 0)에서 시작한다. 둘 다 시계방향으로 움직이며 π시간 동안 한 바퀴를 돈다. 이때 원점은 각각의 $y_1 y_3$-평면과 $y_2 y_4$-평면의 center이다. 다시 한번 $\mathbf{v}^{(2)}$으로부터 또는 $\mathbf{u}^{(2)}$과 $\mathbf{v}^{(2)}$의 일차결합으로부터 비슷한 그래프를 얻을 수 있다.

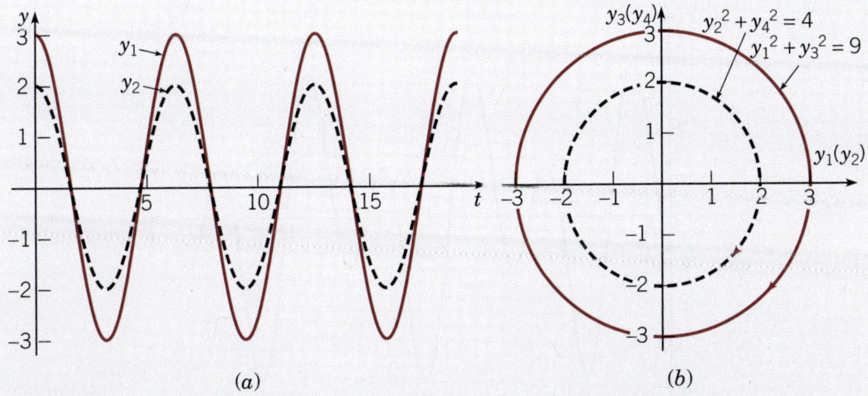

그림 6.6.3 (a) 해 $\mathbf{u}^{(1)}(t)$에 대한 t에 따른 y_1의 그래프(초록색 실선)와 t에 따른 y_2의 그래프(검은색 점선). (b) 해 $\mathbf{u}^{(1)}(t)$에 대해 y_1y_3-평면과 y_2y_4-평면 안에 겹쳐 그린 궤적들의 사영.

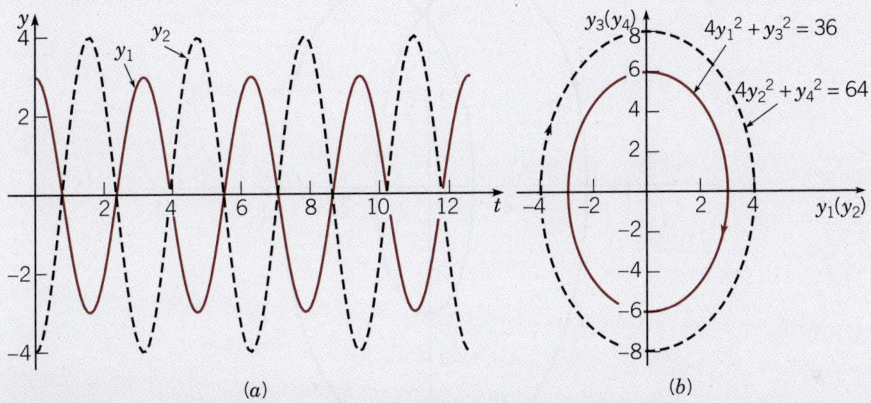

그림 6.6.4 (a) 해 $\mathbf{u}^{(2)}(t)$에 대한 t에 따른 y_1의 그래프(초록색 실선)와 t에 따른 y_2의 그래프(검은색 점선). (b) 해 $\mathbf{u}^{(2)}(t)$에 대해 y_1y_3-평면과 y_2y_4-평면 안에 겹쳐 그린 궤적들의 사영.

앞의 두 단락에서 설명한 운동의 유형들은 두 질량계에서의 진동에 대한 **기본 모드**(fundamental mode)라고 부른다. 각각의 유형들은 상당히 특별한 초기조건으로부터 나온다. 예를 들어, 진동수 1인 기본 모드를 구하려면 식 (31)에서 상수 c_3와 c_4는 모두 영이어야 한다. 이는 초기조건이 $3y_2(0) = 2y_1(0)$와 $3y_4(0) = 2y_3(0)$일 때만 일어난다. 비슷하게 진동수 2인 모드는 식 (31)에서 상수 c_1와 c_2가 모두 영일 때 구할 수 있다—즉, 초기조건이 $3y_2(0) = -4y_1(0)$와 $3y_4(0) = -4y_3(0)$이어야 한다.

더욱 일반적인 초기조건인 경우, 해는 두 개의 기본 모드의 결합이 된다. 전형적인 경우에 대한 t에 따른 y_1의 그래프가 **그림 6.6.5(*a*)**에 나와있고, 이에 해당하는 y_1y_3-평면에서의 궤적은 **그림 6.6.5(*b*)**에 나와있다. 후자의 그림을 보고 궤적의 사영이 자기 자신을 가로질러가는 것으로 오해할 수 있다. 하지만 4차원 상의 실제 궤적에서는 이렇게 될 수 없는데, 그 이유는 일반적인 유일성의 정리에 위배되기 때문이다: 즉, 같은 초깃점으로부터 발생하는 두 개의 서로 다른 해는 존재할 수 없다.

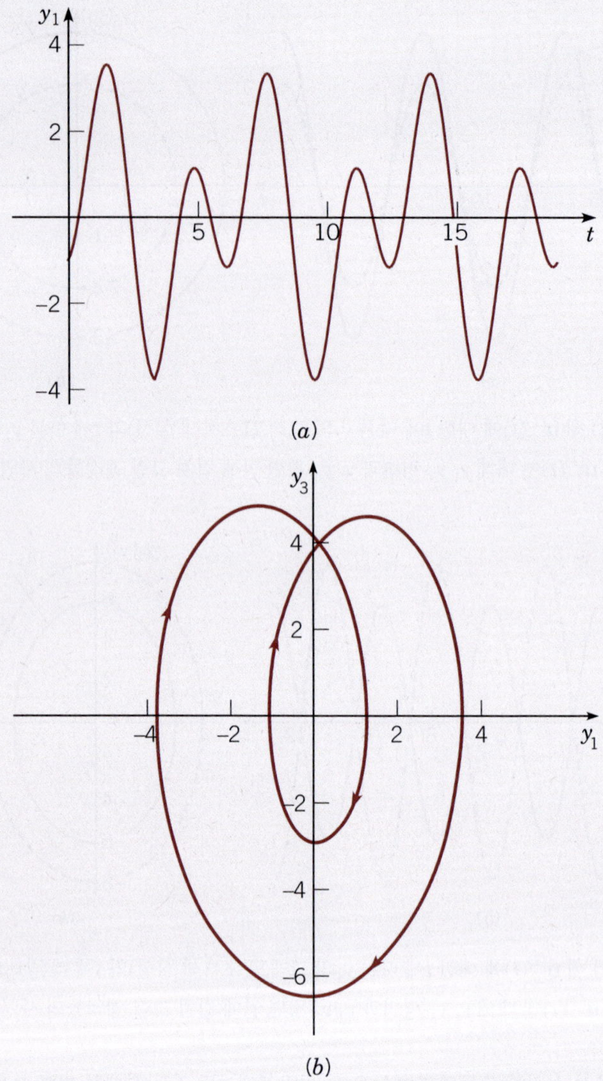

그림 6.6.5 초기조건 $\mathbf{y}(0) = (-1, 4, 1, 1)^T$를 만족하는 연립방정식 (25)의 해. (a) t에 따른 y_1의 그래프, (b) 궤적의 $y_1 y_3$-평면으로의 사영. 본문에서 언급한 것처럼, 4차원에서의 실제 궤적은 자기 자신을 가로지르지 않는다.

연습 문제

▶ 문제 **1**부터 **4**까지:

a. G 방향장을 그리고, 몇몇 궤적을 그려라.

b. 주어진 연립방정식의 일반해를 실함수로 나타내라.

c. $t \to \infty$일 때의 해의 모양을 설명하라.

1. $\mathbf{x}' = \begin{pmatrix} -4 & -8 \\ 4 & 4 \end{pmatrix}\mathbf{x}$

2. $\mathbf{x}' = \begin{bmatrix} -1/2 & 1 \\ -1 & -1/2 \end{bmatrix}\mathbf{x}$

3. $\mathbf{x}' = \begin{pmatrix} 1 & -5 \\ 2 & -1 \end{pmatrix}\mathbf{x}$

4. $\mathbf{x}' = \begin{pmatrix} 3 & 4 \\ -2 & -1 \end{pmatrix}\mathbf{x}$

▶ 문제 **5**과 **6**에서, 주어진 연립방정식의 일반해를 실함수로 나타내라.

5. $\mathbf{x}' = \begin{bmatrix} 4 & 10 & 0 \\ -5 & -6 & 0 \\ 0 & 0 & 1 \end{bmatrix}\mathbf{x}$

6. $\mathbf{x}' = \begin{bmatrix} 2 & 0 & 0 \\ 0 & 2 & 3 \\ 0 & -3 & 2 \end{bmatrix}\mathbf{x}$

▶ 문제 **7**과 **8**에서 주어진 초깃값 문제의 해를 구하라. $t \to \infty$일 때 해의 모양을 설명하라.

7. $\mathbf{x}' = \begin{bmatrix} 6 & -17 \\ 8 & -6 \end{bmatrix}\mathbf{x}, \quad \mathbf{x}(0) = \begin{pmatrix} 4 \\ 2 \end{pmatrix}$

8. $\mathbf{x}' = \begin{pmatrix} 1 & -5 \\ 1 & -3 \end{pmatrix}\mathbf{x}, \quad \mathbf{x}(0) = \begin{pmatrix} 2 \\ 1 \end{pmatrix}$

▶ 문제 **9**와 **10**에서:

a. 주어진 연립방정식의 고윳값을 구하라.

b. **G** (원점과 다른) 초깃점을 선택하여 $x_1 x_2$-평면에 이에 대응하는 궤적을 그려라.

c. **G** **b**의 궤적에 대하여 t에 따른 x_1의 그래프와 t에 따른 x_2의 그래프를 그려라.

d. **G** **b**의 궤적에 대하여 3차원 tx_1x_2-공간에 이에 대응하는 그래프를 그려라. 이 그래프의 각각의 좌표 평면에 대한 사영은 **b**와 **c**에서 그린 세 개의 그래프여야 한다.

9. $\mathbf{x}' = \begin{pmatrix} \frac{3}{4} & -2 \\ 1 & -\frac{5}{4} \end{pmatrix}\mathbf{x}$

10. $\mathbf{x}' = \begin{pmatrix} -\frac{4}{5} & -1 \\ 2 & \frac{6}{5} \end{pmatrix}\mathbf{x}$

▶ 문제 **11**부터 **15**까지, 주어진 계수행렬은 매개변수 α를 갖고 있다. 각각의 문제에서:

a. 고윳값을 α에 대하여 결정하라.

b. 연립방정식에 대한 위상 궤적의 정성적인 성질이 바뀌는 α의 분기값을 구하라.

c. **G** 각 분기값 약간 아래인 α값과 약간 위인 α값에 대한 위상 궤적을 그려라.

11. $\mathbf{x}' = \begin{bmatrix} \alpha & 2 \\ -2 & 0 \end{bmatrix}\mathbf{x}$

12. $\mathbf{x}' = \begin{pmatrix} 3 & \alpha \\ -6 & -4 \end{pmatrix}\mathbf{x}$

13. $\mathbf{x}' = \begin{pmatrix} \alpha & 10 \\ -1 & -4 \end{pmatrix}\mathbf{x}$

14. $\mathbf{x}' = \begin{bmatrix} 2 & 4 \\ \alpha & -3 \end{bmatrix}\mathbf{x}$

15. $\mathbf{x}' = \begin{bmatrix} \alpha & -10 \\ 10 & \alpha \end{bmatrix}\mathbf{x}$

▶ 문제 **16**과 **17**에서, 주어진 연립방정식을 6.5절의 연습문제 **13**에서 소개한 방법으로 풀어라. 단, $t > 0$이라고 가정한다.

16. $t\mathbf{x}' = \begin{pmatrix} -1 & 2 \\ -1 & -1 \end{pmatrix}\mathbf{x}$

17. $t\mathbf{x}' = \begin{bmatrix} 0 & -1 \\ 1 & 0 \end{bmatrix}\mathbf{x}$

▶ 문제 **18**과 **19**에서:

a. 주어진 연립방정식의 고윳값을 구하라.

b. **G** (원점과 다른) 초깃점을 선택하여 x_1x_2-평면에 이에 대응하는 궤적을 그려라. 또한 x_1x_3-평면과 x_2x_3-평면에 궤적을 그려라.

c. **G** **b**의 초깃점에 대하여 $x_1x_2x_3$-공간에 이에 대응하는 궤적을 그려라.

18. $\mathbf{x}' = \begin{pmatrix} -\frac{1}{4} & 1 & 0 \\ -1 & -\frac{1}{4} & 0 \\ 0 & 0 & -\frac{1}{4} \end{pmatrix}\mathbf{x}$

19. $\mathbf{x}' = \begin{pmatrix} -\frac{1}{4} & 1 & 0 \\ -1 & -\frac{1}{4} & 0 \\ 0 & 0 & \frac{1}{10} \end{pmatrix}\mathbf{x}$

20. **그림 6.6.6**에 나온 전기회로를 고려하자. 여기서 $R_1 = R_2 = 4\Omega$, $C = \frac{1}{2}\text{F}$, $L = 8\text{H}$라고 가정하자.

a. 이 회로가 다음의 연립 미분방정식으로 나타남을 보여라.

$$\frac{d}{dt}\begin{pmatrix} I \\ V \end{pmatrix} = \begin{pmatrix} -\frac{1}{2} & -\frac{1}{8} \\ 2 & -\frac{1}{2} \end{pmatrix}\begin{pmatrix} I \\ V \end{pmatrix} \tag{32}$$

이때, I는 인덕터를 통과하는 전류이고 V는 콘덴서를 통과하는 전압 강하이다.

힌트: 6.1절의 연습문제 **18**을 참고하라.

b. 식 (32)의 일반해를 실함수로 나타내라.

c. $I(0) = 2$ A이고 $V(0) = 3$ V일 때 $I(t)$와 $V(t)$를 구하라.

d. $t \to \infty$일 때 $I(t)$와 $V(t)$의 한계값을 결정하라. 이 한계값들은 초기조건에 따라 달라지는가?

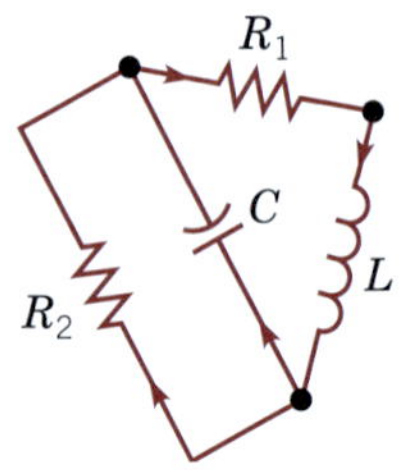

그림 6.6.6 문제 **20**의 회로.

21. **그림 6.6.7**에 나온 전기회로는 다음의 연립 미분방정식으로 표현된다.

$$\frac{d}{dt}\begin{pmatrix} I \\ V \end{pmatrix} = \begin{pmatrix} 0 & \frac{1}{L} \\ -\frac{1}{C} & -\frac{1}{RC} \end{pmatrix}\begin{pmatrix} I \\ V \end{pmatrix} \tag{33}$$

이때 I는 인덕터를 통과하는 전류이고 V는 콘덴서를 통과하는 전압 강하이다. 이 미분방정식들은 6.1절의 연습문제 **16**에서 유도되었다.

a. $L > 4R^2C$일 때 계수행렬의 고윳값들이 서로 다른 실수임을 보여라; $L < 4R^2C$이면 고윳값들은 켤레 복소수임을 보여라.

b. $R = 1\Omega$, $C = \frac{1}{2}\text{F}$, $L = 1\text{H}$라고 가정하자. 이런 경우 연립방정식 (33)의 일반해를 구하라.

c. $I(0) = 2$ A이고 $V(0) = 1$ V일 때 $I(t)$와 $V(t)$를 구하라.

d. **b**의 회로에 대하여 $t \to \infty$일 때 $I(t)$와 $V(t)$의 한계값을 결정하라. 이 한계값은 초기조건에 따라 달라지는가?

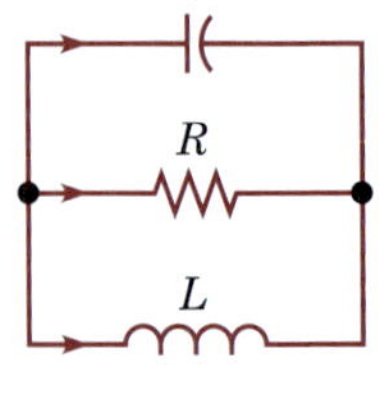

그림 6.6.7 문제 **21**의 회로.

22. 이 문제에서는 식 (17)에 의해 주어진 $\mathbf{u}(t)$와 $\mathbf{v}(t)$가 일차독립임을 보이고자 한다. 식 (1)의 계수행렬 $\mathbf{A}$의 켤레 복소수 고윳값을 $r_1 = \lambda + i\mu$, $\bar{r}_1 = \lambda - i\mu$라고 두자; 이에 대응하는 고유벡터를 $\boldsymbol{\xi}^{(1)} =$

$\mathbf{a} + i\mathbf{b}$, $\overline{\boldsymbol{\xi}^{(1)}} = \mathbf{a} - i\mathbf{b}$라고 두자. 6.3절에서 두 개의 서로 다른 고윳값은 일차독립인 고유벡터들을 갖는다고 했으므로, $r_1 \neq \bar{r}_1$이면 $\boldsymbol{\xi}^{(1)}$과 $\overline{\boldsymbol{\xi}^{(1)}}$은 서로 일차독립이다.

a. 우선 **a**와 **b**가 일차독립임을 보여라. 방정식 $c_1\mathbf{a} + c_2\mathbf{b} = 0$을 고려하여 **a**와 **b**를 $\boldsymbol{\xi}^{(1)}$과 $\overline{\boldsymbol{\xi}^{(1)}}$로 나타낸 다음, $(c_1 - ic_2)\,\boldsymbol{\xi}^{(1)} + (c_1 + ic_2)\,\overline{\boldsymbol{\xi}^{(1)}} = 0$임을 보여라.

b. $c_1 - ic_2 = 0$이고 $c_1 + ic_2 = 0$임을 보여서 $c_1 = 0$이고 $c_2 = 0$인 것을 증명하라. 따라서, **a**와 **b**는 일차독립이다.

c. $\mathbf{u}(t)$와 $\mathbf{v}(t)$가 일차독립인 것을 보이기 위해, 임의의 점 t_0에 대해 방정식 $c_1\mathbf{u}(t_0) + c_2\mathbf{v}(t_0) = \mathbf{0}$을 고려하자. 이 방정식을 **a**와 **b**에 대해 다시 쓴 다음, **b**에서와 마찬가지로 $c_1 = 0$이고 $c_2 = 0$임을 보여라. 따라서, 임의의 점 t_0에서 $\mathbf{u}(t)$와 $\mathbf{v}(t)$는 일차독립이므로 모든 점과 임의의 구간에서 일차독립이다.

23. 상수 k인 스프링에 매달린 질량 m은 다음의 미분방정식을 만족한다(3.7절 참조).

$$mu'' + ku = 0$$

이때, $u(t)$는 시간 t에서 평형점으로부터의 질량의 변위를 나타낸다.

a. $x_1 = u$, $x_2 = u'$이라 두고 연립방정식이 다음과 같이 됨을 보여라.

$$\mathbf{x}' = \begin{pmatrix} 0 & 1 \\ -\dfrac{k}{m} & 0 \end{pmatrix}\mathbf{x}$$

b. **a**의 연립방정식에 대한 행렬의 고윳값을 구하라.

c. 이 연립방정식의 궤적 몇 개를 그려라. 궤적 한 개를 골라서 이에 해당하는 t에 따른 x_1의 그래프와 t에 따른 x_2의 그래프를 그려라. 두 그래프를 같은 좌표 위에 그려라.

d. 계수행렬의 고윳값과 스프링 질량계의 고유 진동수 간의 관계는 무엇인가?

24. 본문에 나오는 예제 6.6.3의 세 개의 스프링에 두 개의 질량이 있는 시스템을 고려하자. 이 문제를 네 개의 1계 미분방정식으로 바꾸는 대신, 식 (22)를 직접 푸는 과정을 보이고자 한다.

a. 식 (22)를 다음과 같이 쓸 수 있음을 보여라.

$$\mathbf{x}'' = \begin{pmatrix} -2 & \dfrac{3}{2} \\ \dfrac{4}{3} & -3 \end{pmatrix}\mathbf{x} = \mathbf{A}\mathbf{x} \tag{34}$$

b. $x = \xi e^{rt}$일 때 다음을 보여라.

$$(\mathbf{A} - r^2\mathbf{I})\,\boldsymbol{\xi} = \mathbf{0}$$

(r이 아니라) r^2이 **A**의 고윳값이고 이에 대응되는 고유벡터는 $\boldsymbol{\xi}$임을 알아야 한다.

c. **A**의 고윳값과 고유벡터를 구하라.

d. x_1과 x_2에 대한 식을 적어라. 이런 식에는 네 개의 임의의 상수가 존재한다.

e. **d**의 결과를 미분한 다음 x_1'과 x_2'에 대한 식을 적어라. **d**, **e**의 결과는 본문상의 식 (31)과 일치해야 한다.

25. 본문상의 식 (22)인 운동 방정식을 갖는 두 개의 질량과 세 개의 스프링이 있는 시스템을 고려하자. 여기서 $m_1 = 1$, $m_2 = 4/3$, $k_1 = 1$, $k_2 = 3$, $k_3 = 4/3$이라고 두자.

a. 예제 6.6.3처럼 이 연립방정식을 $\mathbf{y}' = \mathbf{A}\mathbf{y}$ 형태를 갖는 네 개의 1계 미분방정식으로 바꾸고 계수행렬 **A**를 구하라.

b. **A**의 고윳값과 고유벡터를 구하라.

c. 이 연립방정식의 일반해를 구하라.

d. G 기본 진동모드에 대해 설명하라. 각각의 기본 모드에 대해서 t에 따른 y_1의 그래프와 t에 따른 y_2의 그래프를 그려라. 또한 $y_1\,y_3$-평면과 $y_2\,y_4$-평면에 이에 대응하는 궤적을 그려라.

e. G 초기조건 $\mathbf{y}(0) = (2, 1, 0, 0)^T$를 고려하자. **c**의 일반해에 나오는 임의의 상수를 계산하라. 이 경우 운동의 주기는 얼마인가? t에 따른 y_1의 그래프와 t에 따른 y_2의 그래프를 그려라. 또한 $y_1\,y_3$-평면과 $y_2\,y_4$-평면에 이에 대응하는 궤적을 그려라. 궤적이 전체 주기 동안 어떻게 이동하는지 이해해야 한다.

f. 다른 초기조건을 맘대로 골라보고 **e**에서 제시한 것과 비슷한 그래프를 그려라.

6.7 기본행렬

연립 선형 미분방정식의 해의 구조는 기본행렬이라는 개념을 도입하면 더 잘 이해할 수 있다. $\mathbf{x}^{(1)}(t), \ldots, \mathbf{x}^{(n)}(t)$가 어떤 구간 $\alpha < t < \beta$에서 다음 미분방정식의 기본해 집합을 이룬다고 하자.

$$\mathbf{x}' = \mathbf{P}(t)\mathbf{x} \tag{1}$$

그러면 행렬

$$\mathbf{\Psi}(t) = \left(\mathbf{x}^{(1)}(t)\,|\,\mathbf{x}^{(2)}(t)\,|\cdots|\,\mathbf{x}^{(n)}(t)\right) = \begin{pmatrix} x_1^{(1)}(t) & \cdots & x_1^{(n)}(t) \\ \vdots & & \vdots \\ x_n^{(1)}(t) & \cdots & x_n^{(n)}(t) \end{pmatrix} \tag{2}$$

의 열들이 벡터 $\mathbf{x}^{(1)}(t), \ldots, \mathbf{x}^{(n)}(t)$이고 이 행렬을 연립방정식 (1)의 **기본행렬**(fundamental matrix)이라고 부른다. 이때, 기본행렬은 열들이 일차독립인 벡터들이므로 비특이행렬임에 유의하자.

예제 6.7.1 다음 연립방정식의 기본행렬을 구하라.

$$\mathbf{x}' = \begin{pmatrix} 6 & -1 \\ 2 & 3 \end{pmatrix}\mathbf{x} \tag{3}$$

풀이

명시적으로 해를 구하기 위해, $\mathbf{x} = \xi e^{rt}$라고 가정하고 이를 $\mathbf{x}'$에 대입한다. 따라서, 주어진 연립방정식의 대수 방정식은

$$\begin{pmatrix} 6-r & -1 \\ 2 & 3-r \end{pmatrix}\begin{pmatrix} \xi_1 \\ \xi_2 \end{pmatrix} = \begin{pmatrix} 0 \\ 0 \end{pmatrix}$$

이다. 즉,

$$r^2 - 9r + 20 = 0 \Rightarrow (r-4)(r-5) = 0 \Rightarrow r_1 = 4\,, r_2 = 5$$

이며, 이 값들이 고윳값이다.

$r = 4$일 때, 우리는

$$\begin{pmatrix} 1 & -1 \\ 2 & -2 \end{pmatrix}\begin{pmatrix} \xi_1 \\ \xi_2 \end{pmatrix} = \begin{pmatrix} 0 \\ 0 \end{pmatrix}$$

을 얻으며, 이는 즉

$$2\xi_1 - \xi_2 = 0 \Rightarrow \xi_2 = 2\xi_1$$

이다. 따라서, $r = 4$에 해당하는 고유벡터는 $\boldsymbol{\xi}^1 = \begin{pmatrix} 1 \\ 2 \end{pmatrix}$로 선택할 수 있다.

유사하게, $r = 5$에 대해서는

$$\begin{pmatrix} 1 & -1 \\ 2 & -2 \end{pmatrix}\begin{pmatrix} \xi_1 \\ \xi_2 \end{pmatrix} = \begin{pmatrix} 0 \\ 0 \end{pmatrix}$$

을 얻으며, 이는 즉

$$\xi_1 = \xi_2$$

이다. 따라서, $r = 5$에 해당하는 고유벡터는

$$\xi^2 = \begin{pmatrix} -1 \\ -1 \end{pmatrix}$$

로 선택할 수 있다. 위 결과를 바탕으로, 미분방정식의 해는

$$\mathbf{x}^{(1)}(t) = \begin{pmatrix} 1 \\ 2 \end{pmatrix} e^{4t}, \quad \mathbf{x}^{(2)}(t) = \begin{pmatrix} 1 \\ 1 \end{pmatrix} e^{5t}$$

로 얻어지며, 이 두 해는 일차독립이다. 따라서, 연립방정식 (3)의 기본행렬은

$$\boldsymbol{\Psi}(t) = \begin{pmatrix} e^{4t} & e^{5t} \\ 2e^{4t} & e^{5t} \end{pmatrix} \tag{4}$$

이다.

초깃값 문제의 해는 기본행렬로 아주 간단히 표현할 수 있다. 식 (1)의 일반해는

$$\mathbf{x} = c_1\mathbf{x}^{(1)}(t) + \cdots + c_n\mathbf{x}^{(n)}(t) \tag{5}$$

이며 $\boldsymbol{\Psi}(t)$에 대해 나타내면

$$\mathbf{x} = \boldsymbol{\Psi}(t)\,\mathbf{c} \tag{6}$$

이다. 이때, $\mathbf{c}$는 임의의 성분 $c_1, \ldots, c_n$을 갖는 상수 벡터이다. t_0가 $\alpha < t < \beta$에서 주어진 한 점이고 $\mathbf{x}^0$가 주어진 초기 벡터이면, 미분방정식 (1)과 초기조건

$$\mathbf{x}(t_0) = \mathbf{x}^0 \tag{7}$$

로 구성된 초깃값 문제에 대해 식 (6)의 벡터 $\mathbf{c}$를 초기조건 (7)을 만족하도록 선택하기만 하면 된다. 따라서 $\mathbf{c}$는 다음을 만족해야 한다.

$$\boldsymbol{\Psi}(t_0)\,\mathbf{c} = \mathbf{x}^0 \tag{8}$$

따라서, $\boldsymbol{\Psi}(t_0)$가 비특이행렬이므로

$$\mathbf{c} = \boldsymbol{\Psi}^{-1}(t_0)\,\mathbf{x}^0 \tag{9}$$

이고 다음 식이 초깃값 문제 (1), (7)의 해이다.

$$\mathbf{x} = \mathbf{\Psi}(t)\mathbf{\Psi}^{-1}(t_0)\mathbf{x}^0 \tag{10}$$

하지만, 주어진 초깃값 문제를 풀려면 $\mathbf{\Psi}^{-1}(t_0)$를 계산하여 식 (10)을 사용하는 대신, 보통 행 축소법으로 식 (8)을 푼 다음 식 (6)에서 **c**를 치환한다.

기본행렬 $\mathbf{\Psi}$의 각 열은 식 (1)의 해가 됨을 상기하자. 그러면 $\mathbf{\Psi}$는 다음의 행렬 미분방정식을 만족한다.

$$\mathbf{\Psi}' = \mathbf{P}(t)\mathbf{\Psi} \tag{11}$$

이 관계는 식 (11)의 양변을 열별로 비교해 봄으로써 증명할 수 있다.

$\mathbf{\Phi}(t)$로 나타내는 특별한 기본행렬을 이용하면 편리한 경우가 있는데 이 행렬의 열들은 정리 6.4.4에서 지정된 벡터 $\mathbf{x}^{(1)}(t), \ldots, \mathbf{x}^{(n)}(t)$이다. 이 벡터들은 미분방정식 (1)뿐 아니라 다음의 초기조건도 만족한다.

$$\mathbf{x}^{(j)}(t_0) = \mathbf{e}^{(j)} \tag{12}$$

여기서 $\mathbf{e}^{(j)}$는 정리 6.4.4에서 정의된 단위 벡터인데 j번째 위치만 1이고 그 외는 모두 영이다. 따라서 $\mathbf{\Phi}(t)$는 다음의 성질을 갖는다.

$$\mathbf{\Phi}(t_0) = \begin{pmatrix} 1 & 0 & \cdots & 0 \\ 0 & 1 & \cdots & 0 \\ \vdots & \vdots & & \vdots \\ 0 & 0 & \cdots & 1 \end{pmatrix} = \mathbf{I} \tag{13}$$

앞으로 기호 $\mathbf{\Phi}$는 초기조건 (13)을 만족하는 기본행렬로 나타내기로 하고, $\mathbf{\Psi}$는 임의의 기본행렬을 나타낼 때 쓰기로 하자. $\mathbf{\Phi}(t)$를 사용하면 초깃값 문제 (1), (7)의 해를 훨씬 간단한 모양으로 나타낼 수 있다; $\mathbf{\Phi}^{-1}(t_0) = \mathbf{I}$이므로 식 (10)으로부터 다음을 만족한다.

$$\mathbf{x} = \mathbf{\Phi}(t)\mathbf{x}^0 \tag{14}$$

기본행렬 $\mathbf{\Phi}(t)$가 $\mathbf{\Psi}(t)$보다 더 복잡함에도 불구하고, 같은 연립 미분방정식을 여러 개의 서로 다른 초기조건하에서 반복적으로 풀 때는 훨씬 유용하다. 이는 여러 개의 서로 다른 초기 상태가 주어진 물리 시스템과 일치한다. 기초행렬 $\mathbf{\Phi}(t)$가 결정되면 식 (14)에 의해 나타난 것처럼 각 초기조건들의 질량에 대한 해를 행렬의 곱으로 간단히 구할 수 있다. 따라서 행렬 $\mathbf{\Phi}(t)$는 초기조건 $\mathbf{x}^0$를 임의의 시간 t에서의 해 $\mathbf{x}(t)$로 변환하는 것을 나타낸다. 식 (10)과 (14)를 비교하면 확실히 $\mathbf{\Phi}(t) = \mathbf{\Psi}(t)\Psi^{-1}(t_0)$이다.

예제 6.7.2

예제 6.7.1의 연립방정식 (3)

$$\mathbf{x}' = \begin{pmatrix} 6 & -1 \\ 2 & 3 \end{pmatrix}\mathbf{x}$$

에 대해 $\mathbf{\Phi}(0) = \mathbf{I}$가 되는 기본행렬 $\mathbf{\Phi}$를 구하라.

풀이

$\mathbf{\Phi}$의 열들은 초기조건

$$\mathbf{x}^{(1)}(0) = \begin{pmatrix} 1 \\ 0 \end{pmatrix}, \quad \mathbf{x}^{(2)}(0) = \begin{pmatrix} 0 \\ 1 \end{pmatrix} \tag{15}$$

을 만족하는 식 (3)의 해들이다. 식 (3)의 일반해는

$$\mathbf{x} = c_1 \begin{pmatrix} 1 \\ 2 \end{pmatrix} e^{4t} + c_2 \begin{pmatrix} 1 \\ 1 \end{pmatrix} e^{5t}$$

이므로 $c_1 = -1, c_2 = 2$로 선택하여 이러한 첫 번째 초기조건들의 집합을 만족하는 해를 찾을 수 있다; 비슷하게 $c_1 = 1, c_2 = -1$로 신택하여 두 번째 초기조건들의 집합을 만족하는 해를 구할 수 있다. 따라서

$$\mathbf{\Phi}(t) = \begin{pmatrix} -e^{4t} + 2e^{5t} & e^{4t} - e^{5t} \\ -2e^{4t} + 2e^{5t} & 2e^{4t} - e^{5t} \end{pmatrix} \tag{16}$$

이다.

▶ **행렬 exp(At) (The Matrix exp(At)).** 상수 a에 대한 스칼라 초깃값 문제

$$x' = ax, \quad x(0) = x_0 \tag{17}$$

의 해는

$$x = x_0 \exp(at) \tag{18}$$

이다. 이제 상수행렬 $\mathbf{A}$에 대해 이에 대응되는 다음과 같은 $n \times n$ 연립방정식의 초깃값 문제를 생각해 보자.

$$\mathbf{x}' = \mathbf{A}\mathbf{x}, \quad \mathbf{x}(0) = \mathbf{x}^0 \tag{19}$$

이 절에서의 결과를 문제 (19)에 적용하면 식 (19)의 해는

$$\mathbf{x} = \mathbf{\Phi}(t)\mathbf{x}^0 \tag{20}$$

로 쓸 수 있고 이때, $\mathbf{\Phi}(t) = \mathbf{I}$이다. 문제 (17)과 (19), 그리고 (18), (20)의 해들을 비교해 보면 행렬 $\mathbf{\Phi}(t)$는 지수적 특성을 가질 수도 있다. 그 가능성에 대해 좀 더 살펴보자.

스칼라 지수함수 $\exp(at)$는 모든 t에 대해 수렴하는 다음과 같은 멱급수로 표현된다.

$$\exp(at) = 1 + \sum_{n=1}^{\infty} \frac{a^n t^n}{n!} = 1 + at + \frac{a^2 t^2}{2!} + \cdots + \frac{a^n t^n}{n!} + \cdots \tag{21}$$

이제 스칼라 a를 $n \times n$ 상수행렬 $\mathbf{A}$로 바꾸고 스칼라 1을 $n \times n$ 행동행렬로 바꿔서 이에 대응되는 급수

$$\mathbf{I} + \sum_{n=1}^{\infty} \frac{\mathbf{A}^n t^n}{n!} = \mathbf{I} + \mathbf{A}t + \frac{\mathbf{A}^2 t^2}{2!} + \cdots + \frac{\mathbf{A}^n t^n}{n!} + \cdots \tag{22}$$

를 고려하자. 급수 (22)의 각 항은 $n \times n$ 행렬이다. 이 행렬 합의 각 요소는 $n \to \infty$일 때 모든 t에 대하여 수렴함을 보일 수 있다. 따라서 급수 (22)는 이것의 합으로써 $\exp(\mathbf{A}t)$로 나타내는 새로운 행렬을 정의한다; 즉,

$$\exp(\mathbf{A}t) = \mathbf{I} + \sum_{n=1}^{\infty} \frac{\mathbf{A}^n t^n}{n!} \tag{23}$$

인데, 이는 스칼라 함수 exp(at)의 전개 (21)과 비슷하다.

급수 (23)을 항별 미분하면,

$$\frac{d}{dt}\exp(\mathbf{A}t) = \sum_{n=1}^{\infty} \frac{\mathbf{A}^n t^{n-1}}{(n-1)!} = \mathbf{A}\left(\mathbf{I} + \sum_{n=1}^{\infty} \frac{\mathbf{A}^n t^n}{n!}\right) = \mathbf{A}\ \exp(\mathbf{A}t) \tag{24}$$

를 얻으므로 exp($\mathbf{A}t$)는 다음의 미분방정식을 만족한다.

$$\frac{d}{dt}\exp(\mathbf{A}t) = \mathbf{A}\exp(\mathbf{A}t) \tag{25}$$

또한, 식 (23)에서 $t = 0$이라고 놓으면, exp($\mathbf{A}t$)가 다음 초기조건을 만족하는 것을 알게 된다.

$$\exp(\mathbf{A}t)\,|_{t=0} = \mathbf{I} + \sum_{n=1}^{\infty} \frac{\mathbf{A}^n 0^n}{n!} = \mathbf{I} \tag{26}$$

기본행렬 $\mathbf{\Phi}$는 exp($\mathbf{A}t$)처럼 다음의 초깃값 문제를 만족한다.

$$\mathbf{\Phi}' = \mathbf{A}\mathbf{\Phi}, \quad \mathbf{\Phi}(0) = \mathbf{I} \tag{27}$$

그러면, (행렬 미분방정식으로 확장된) 정리 6.1.2의 유일성에 의해 exp($\mathbf{A}t$)와 기본행렬 $\mathbf{\Phi}(t)$는 서로 같다는 결론을 얻게 된다. 따라서 초깃값 문제 (19)의 해를 다음과 같은 형태로 쓸 수 있다.

$$\mathbf{x} = \exp(\mathbf{A}t)\,\mathbf{x}^0 \tag{28}$$

이는 초깃값 문제 (17)의 해 (18)과 비슷하다.

급수 (22)의 합에 exp($\mathbf{A}t$)를 사용할 수 있음을 더 확실하게 보이기 위해서는 이 행렬 함수가 실제로 지수함수와 관련된 성질을 갖고 있음을 보여야 한다. 연습문제 **12**에 이를 위한 한 가지 방법이 요약되어 있다.

▶ **대각화 가능한 행렬(Diagonizable Matrices).** 연립 선형 (대수 또는 미분) 방정식이 어려운 근본적인 이유는 이 방정식들이 대개 서로 *연결*(coupled)되어 있기 때문이다. 즉, 방정식들의 일부나 전부가 한 개 이상의—보통은 모든—미지수를 포함한다. 그렇기 때문에 연립방정식에 있는 식들은 *동시에*(simultaneously) 풀어야 한다. 반면 만약 각 방정식이 하나의 변수만 포함한다면 각각의 방정식은 다른 것들과 독립적으로 풀 수 있어 보다 수월하다. 그러므로 연립방정식을 각 식이 하나의 미지수만을 포함하는, 이와 동치인 서로 *연결되지 않는*(uncoupled) 연립방정식으로 변환시키는 방법을 생각할 수 있다. 이는 계수행렬 $\mathbf{A}$를 *대각*(diagonal)행렬로 변환시키는 것과 같다.

대각행렬로 변환하는 데 고유벡터들이 사용된다. $n \times n$ 행렬 $\mathbf{A}$가 n개의 일차독립인 고유벡터를 갖고 있다고 가정하자. 이는 $\mathbf{A}$의 고윳값이 전부 다르거나 Hermitian 행렬일 때 확실히 가능하다. $\boldsymbol{\xi}^{(1)}, \ldots, \boldsymbol{\xi}^{(n)}$을 고유벡터로 두고 $\lambda_1, \ldots, \lambda_n$을 이에 대응하는 고윳값이라 두어 행렬 $\mathbf{T}$를 다음과 같이 열들이 고유벡터 $\boldsymbol{\xi}^{(1)}, \ldots, \boldsymbol{\xi}^{(n)}$로 구성된 행렬이라고 하자.

$$\mathbf{T} = \begin{pmatrix} \xi_1^{(1)} & \cdots & \xi_1^{(n)} \\ \vdots & & \vdots \\ \xi_n^{(1)} & \cdots & \xi_n^{(n)} \end{pmatrix} \quad (29)$$

T의 열들은 일차독립이기 때문에, det $\mathbf{T} \neq 0$이다; 따라서 T는 비특이행렬이고 $\mathbf{T}^{-1}$가 존재한다. 직접 계산해 보면 행렬 **AT**의 열들이 정확히 벡터 $\mathbf{A}\boldsymbol{\xi}^{(1)}, \ldots, \mathbf{A}\boldsymbol{\xi}^{(n)}$임을 알 수 있다. 여기서 $\mathbf{A}\boldsymbol{\xi}^{(k)} = \lambda_k \boldsymbol{\xi}^{(k)}$이므로

$$\mathbf{AT} = \begin{pmatrix} \lambda_1\xi_1^{(1)} & \cdots & \lambda_n\xi_1^{(n)} \\ \vdots & & \vdots \\ \lambda_1\xi_n^{(1)} & \cdots & \lambda_n\xi_n^{(n)} \end{pmatrix} = \mathbf{TD} \quad (30)$$

이고 이때,

$$\mathbf{D} = \begin{pmatrix} \lambda_1 & 0 & \cdots & 0 \\ 0 & \lambda_2 & \cdots & 0 \\ \vdots & \vdots & \ddots & \vdots \\ 0 & 0 & \cdots & \lambda_n \end{pmatrix} \quad (31)$$

은 대각 요소들이 **A**의 고윳값들인 대각행렬이다. 식 (30)으로부터 다음이 성립한다.

$$\mathbf{T}^{-1}\mathbf{AT} = \mathbf{D} \quad (32)$$

따라서, 만약 **A**의 고윳값과 고유벡터를 알고 있다면, **A**를 식 (32)에서 보여준 과정을 따라 대각행렬로 변환시킬 수 있다. 이런 과정을 **닮음 변환**(similarity transformation)이라고 하고, 식 (32)를 **A**가 대각행렬 **D**와 **닮았다**(similar)라는 말로 요약할 수 있다. 또는 A가 **대각화 가능**(diagonalizable)하다고 말하기도 한다. 닮음 변환에 의해 **A**의 고윳값들은 바뀌지 않으나 고유벡터들은 좌표 벡터 $\mathbf{e}^{(1)}, \ldots, \mathbf{e}^{(n)}$로 변환된다.

A가 Hermitian이면 $\mathbf{T}^{-1}$를 결정하는 것은 아주 간단하다. **A**의 고유벡터 $\boldsymbol{\xi}^{(1)}, \ldots, \boldsymbol{\xi}^{(n)}$은 서로 직교하는 것으로 알려져 있으므로, 각 i에 대하여 $(\boldsymbol{\xi}^{(i)}, \boldsymbol{\xi}^{(i)}) = 1$로 정규화되도록 선택한다. 그러면 $\mathbf{T}^{-1} = \mathbf{T}^*$임을 간단히 보일 수 있다; 따라서, **T**의 역은 수반행렬(켤레 복소수의 전치행렬)과 같다.

끝으로, 만약 **A**가 n개보다 적은 일차독립인 고유벡터들을 가지면 $\mathbf{T}^{-1}\mathbf{AT} = \mathbf{D}$를 만족하는 행렬 **T**는 존재하지 않는다. 이 경우 **A**는 직교행렬과 닮지 않았으며 대각화할 수도 없다. 이 경우는 6.8절에서 더 자세히 다루겠다.

예제 6.7.3

다음 행렬을 고려하자.

$$\mathbf{A} = \begin{pmatrix} 6 & -1 \\ 2 & 3 \end{pmatrix} \quad (33)$$

닮음 변환행렬 **T**를 찾고 **A**를 대각화할 수 있음을 보여라.

풀이

예제 6.5.2에서 다음과 같은 **A**의 고윳값과 고유벡터들을 구했다.

$$r_1 = 4, \quad \xi^{(1)} = \begin{pmatrix} 1 \\ 2 \end{pmatrix} \text{ and } r_2 = 5, \quad \xi^2 = \begin{pmatrix} 1 \\ 2 \end{pmatrix} \tag{34}$$

따라서 변환행렬 $\mathbf{T}$와 역행렬 $\mathbf{T}^{-1}$는 다음과 같다.

$$T = \begin{pmatrix} 1 & 1 \\ 2 & 1 \end{pmatrix} \quad \text{and} \quad \mathbf{T}^{-1} = \begin{pmatrix} -1 & 1 \\ 2 & -1 \end{pmatrix} \tag{35}$$

결과적으로, 다음을 확인할 수 있다.

$$\mathrm{T}^{-1}\mathbf{A}\mathrm{T} = \begin{pmatrix} 4 & 0 \\ 0 & 5 \end{pmatrix} = \mathbf{D} \tag{36}$$

그러면 이제 상수행렬 $\mathbf{A}$에 대한 다음과 같은 연립방정식으로 돌아가 보자.

$$\mathbf{x}' = \mathbf{A}\mathbf{x} \tag{37}$$

6.5절과 6.6절에서 이런 연립방정식을 풀 때 $\mathbf{x} = \xi e^{rt}$이라고 가정했다. 여기서는 계수행렬 $\mathbf{A}$를 대각화하는 것에 기반한 다른 관점을 제시하고자 한다.

바로 위에서 내린 결과에 따르면 $\mathbf{A}$가 n개의 일차독립인 고유벡터들을 갖고 있을 때 $\mathbf{A}$를 대각화할 수 있다. $\boldsymbol{\xi}^{(1)}, \ldots, \boldsymbol{\xi}^{(n)}$을 $\mathbf{A}$의 고윳값 $r_1, \ldots, r_n$에 대응하는 고유벡터들이고 열들이 $\boldsymbol{\xi}^{(1)}, \ldots, \boldsymbol{\xi}^{(n)}$인 변환행렬 $\mathbf{T}$를 이룬다고 하자. 그러면 관계식

$$\mathbf{x} = \mathbf{T}\mathbf{y} \tag{38}$$

로 정의되는 새로운 종속변수 $\mathbf{y}$에 대해 식 (37)로부터

$$\mathbf{T}\mathbf{y}' = \mathbf{A}\mathbf{T}\mathbf{y} \tag{39}$$

를 얻는다. 이 식의 양변에 $\mathbf{T}^{-1}$을 곱하면,

$$\mathbf{y}' = \left(\mathbf{T}^{-1}\mathbf{A}\mathbf{T}\right)\mathbf{y} \tag{40}$$

또는 식 (32)를 이용하여

$$\mathbf{y}' = \mathbf{D}\mathbf{y} \tag{41}$$

가 된다. $\mathbf{D}$는 $\mathbf{A}$의 고윳값 $r_1, \ldots, r_n$을 대각 요소들로 갖는 직교행렬이므로 연립방정식 (41)의 기본행렬은 대각행렬

$$\mathbf{Q}(t) = \exp(\mathbf{D}t) = \begin{pmatrix} e^{r_1 t} & 0 & \cdots & 0 \\ 0 & e^{r_2 t} & \cdots & 0 \\ \vdots & \vdots & \ddots & \vdots \\ 0 & 0 & \cdots & e^{r_n t} \end{pmatrix} \tag{42}$$

이고(연습문제 **13** 참고), 따라서 연립방정식 (37)의 기본행렬 $\boldsymbol{\Psi}$는 $\mathbf{Q}$를 변환 (38)에 의해

$$\boldsymbol{\Psi} = \mathbf{T}\mathbf{Q} \tag{43}$$

가 된다. 즉,

$$\mathbf{\Psi}(t) = \begin{pmatrix} \xi_1^{(1)} e^{r_1 t} & \cdots & \xi_1^{(n)} e^{r_n t} \\ \vdots & & \vdots \\ \xi_n^{(1)} e^{r_1 t} & \cdots & \xi_n^{(n)} e^{r_n t} \end{pmatrix} \tag{44}$$

이다.

$\mathbf{\Psi}(t)$의 열들은 6.5절의 식 (27)의 해와 같다. 따라서 어느 경우든 연립 미분방정식의 계수행렬에 대한 고윳값과 고유벡터를 반드시 계산해야 하기 때문에, 대각화 과정은 6.5절에 있는 방법에 비해 계산상 이점이 있다고 볼 수 없다.

예제 6.7.4

다음 연립 미분방정식을 다시 고려하자.

$$\mathbf{x}' = \mathbf{A}\mathbf{x} \tag{45}$$

이때, **A**는 식 (33)에 의해 주어진 것이다. 식 (35)에 의해 주어진 **T**에 대해 변환 $\mathbf{x} = \mathbf{T}\mathbf{y}$를 이용하면 연립방정식 (45)를 다음의 대각 연립방정식으로 만들 수 있다.

$$\mathbf{y}' = \begin{pmatrix} 4 & 0 \\ 0 & 5 \end{pmatrix} \mathbf{y} = \mathbf{D}\mathbf{y} \tag{46}$$

연립방정식 (46)의 기본행렬을 구하고, 이를 변환시켜 원래의 연립방정식 (45)의 기본행렬을 구하라.

풀이

D를 계속 거듭제곱하면,

$$\mathbf{D}^2 = \begin{pmatrix} 16 & 0 \\ 0 & 25 \end{pmatrix}, \quad \mathbf{D}^3 = \begin{pmatrix} 64 & 0 \\ 0 & 125 \end{pmatrix}, \ \cdots \tag{47}$$

을 구할 수 있다. 따라서 식 (23)으로부터 $\exp(\mathbf{D}t)$는 대각 요소들이 e^{4t}과 e^{5t}인 대각행렬이다; 즉,

$$e^{\mathbf{D}t} = \begin{pmatrix} e^{4t} & 0 \\ 0 & e^{5t} \end{pmatrix} \tag{48}$$

이다. 따라서, T와 $\exp(\mathbf{D}t)$를 곱하면 기본행렬 $\mathbf{\Psi}(t)$를 구할 수 있다:

$$\mathbf{\Psi}(t) = \begin{pmatrix} 1 & 1 \\ 2 & 1 \end{pmatrix} \begin{pmatrix} e^{4t} & 0 \\ 0 & e^{5t} \end{pmatrix} = \begin{pmatrix} e^{4t} & e^{5t} \\ 2e^{4t} & e^{5t} \end{pmatrix} \tag{49}$$

이때의 기본행렬이 예제 6.7.1에서 구한 것과 같음을 확인해 보자.

연습 문제

▶ 문제 **1**부터 **8**까지:

a. 주어진 연립방정식의 기본행렬을 구하라.

b. 또한 $\mathbf{\Phi}(0) = \mathbf{I}$를 만족하는 기본행렬 $\mathbf{\Phi}(t)$를 구하라.

1. $\mathbf{x}' = \begin{pmatrix} 2 & 3 \\ -1 & -2 \end{pmatrix} \mathbf{x}$

2. $\mathbf{x}' = \begin{pmatrix} 2 & 1 \\ -5 & -2 \end{pmatrix} \mathbf{x}$

3. $\mathbf{x}' = \begin{bmatrix} 1 & 1 \\ 4 & 1 \end{bmatrix} \mathbf{x}$

4. $\mathbf{x}' = \begin{bmatrix} 6 & -17 \\ 8 & -6 \end{bmatrix} \mathbf{x}$

5. $\mathbf{x}' = \begin{pmatrix} 1 & 4 \\ 1 & -2 \end{pmatrix}\mathbf{x}$

6. $\mathbf{x}' = \begin{bmatrix} 6 & -1 \\ 2 & 3 \end{bmatrix}\mathbf{x}$

7. $\mathbf{x}' = \begin{pmatrix} 5 & 3 \\ -1 & 1 \end{pmatrix}\mathbf{x}$

8. $\mathbf{x}' = \begin{bmatrix} 3 & -1 & -1 \\ -12 & 0 & 5 \\ 4 & -2 & -1 \end{bmatrix}\mathbf{x}$

9. 문제 **1**에서 구한 기본행렬 $\mathbf{\Phi}(t)$를 이용하여 다음 초깃값 문제를 풀어라.

$$\mathbf{x}' = \begin{pmatrix} 2 & -1 \\ 3 & -2 \end{pmatrix}\mathbf{x}, \quad \mathbf{x}(0) = \begin{pmatrix} 2 \\ 3 \end{pmatrix}$$

10. 이 절에서 정의한 $\mathbf{\Phi}(t)$, $\mathbf{\Psi}(t)$를 이용하여 $\mathbf{\Phi}(t) = \mathbf{\Psi}(t)\,\mathbf{\Psi}^{-1}(t_0)$임을 보여라.

11. 연립방정식 (3)의 기본행렬 $\mathbf{\Phi}(t)$를 예제 6.7.2에서 구한 바 있다. $\mathbf{\Phi}(t)$와 $\mathbf{\Phi}(s)$를 곱하여 $\mathbf{\Phi}(t)\mathbf{\Phi}(s) = \mathbf{\Phi}(t+s)$임을 보여라.

12. $\mathbf{\Phi}(t)$를 $\mathbf{\Phi}' = \mathbf{A}\Phi$, $\mathbf{\Phi}(0) = \mathbf{I}$를 만족하는 기본행렬이라 두자. 본문 중에서는 이러한 행렬을 $\exp(\mathbf{A}t)$로 나타내기도 했다. 이 문제에서는 $\mathbf{\Phi}$가 실제로 지수함수와 관련된 기본 대수 성질을 가졌음을 보이고자 한다.

a. $\mathbf{\Phi}(t)\mathbf{\Phi}(s) = \mathbf{\Phi}(t+s)$임을 보여라; 즉, $\exp(\mathbf{A}t)\exp(\mathbf{A}s) = \exp(\mathbf{A}(t+s))$임을 보여라.

힌트: 고정된 s, 변수인 t에 대해 $\mathbf{\Phi}(t)\mathbf{\Phi}(s)$와 $\mathbf{\Phi}(t+s)$는 모두 초깃값 문제 $\mathbf{Z}' = \mathbf{AZ}$, $\mathbf{Z}(0) = \mathbf{\Phi}(s)$를 만족함을 보여라.

b. $\mathbf{\Phi}(t)\mathbf{\Phi}(-t) = \mathbf{I}$임을 보여라; 즉, $\exp(\mathbf{A}t)\exp\mathbf{A}(-t) = \mathbf{I}$임을 보여라. 또한 $\mathbf{\Phi}(-t) = \mathbf{\Phi}^{-1}(t)$임을 보여라.

c. $\mathbf{\Phi}(t-s) = \mathbf{\Phi}(t)\mathbf{\Phi}^{-1}(s)$임을 보여라.

13. $\mathbf{A}$가 $a_1, \ldots, a_n$을 대각 요소들로 갖는 대각행렬이면 $\exp(\mathbf{A}t)$도 $\exp(a_1t), \exp(a_2t), \ldots, \exp(a_nt)$를 대각 요소들로 갖는 대각행렬임을 보여라.

14. 다음 초깃값 문제를 만족하는 발진기를 고려하자.

$$u'' + \omega^2 u = 0, \quad u(0) = u_0, \quad u'(0) = v_0 \tag{50}$$

a. $x_1 = u$, $x_2 = u'$로 두고, 식 (50)을 다음과 같이 변환하라.

$$\mathbf{x}' = \mathbf{Ax}, \quad \mathbf{x}(0) = \mathbf{x}^0 \tag{51}$$

b. 급수 (23)을 이용하여 다음을 보여라.

$$\exp(\mathbf{A}t) = \mathbf{I}\cos(\omega t) + \mathbf{A}\frac{\sin(\omega t)}{\omega} \tag{52}$$

c. 초깃값 문제 (51)의 해를 구하라.

15. 연차 근사법(2.8절 참조)을 연립방정식에도 적용할 수 있다. 예를 들어, 다음과 같은 초깃값 문제를 고려하자.

$$\mathbf{x}' = \mathbf{Ax}, \quad \mathbf{x}(0) = \mathbf{x}^0 \tag{53}$$

이때, $\mathbf{A}$는 상수행렬이고 $\mathbf{x}^0$는 정해진 벡터이다.

a. 해 $\mathbf{x} = \phi(t)$가 존재한다면, 다음의 적분 방정식을 만족해야 함을 보여라.

$$\Phi(t) = \mathbf{x}^0 + \int_0^t \mathbf{A}\phi(s)\,ds \tag{54}$$

b. 초기 근사 $\phi^{(0)}(t) = \mathbf{x}^0$로부터 시작해서 식 (54)의 우변의 $\phi(s)$에 이를 대입하여 새로운 근사 $\phi^{(1)}(t)$를 구하면

$$\boldsymbol{\Phi}^{(1)}(t) = (\mathbf{I} + \mathbf{A}t)\mathbf{x}^0 \tag{55}$$

임을 보여라.

c. 이러한 과정을 반복해서 근사 $\phi^{(0)}, \phi^{(1)}, \phi^{(2)}, \ldots, \phi^{(n)}$의 수열을 구하라. 또한, 수학적 귀납법을 써서 다음을 보여라.

$$\boldsymbol{\Phi}^{(n)}(t) = \left(\mathbf{I} + \mathbf{A}t + \mathbf{A}^2\frac{t^2}{2!} + \cdots + \mathbf{A}^n\frac{t^n}{n!}\right)\mathbf{x}^0 \tag{56}$$

d. $n \to \infty$라 두고 초깃값 문제 (53)의 해는 다음과 같음을 보여라.

$$\boldsymbol{\Phi}(t) = \exp(\mathbf{A}t)\mathbf{x}^0 \tag{57}$$

6.8 중복 고윳값

다음과 같이 상수계수를 갖는 선형 제차 연립방정식에 대하여 행렬 $\mathbf{A}$가 중복 고윳값을 갖는 경우를 살펴보자.

$$\mathbf{x}' = \mathbf{A}\mathbf{x} \tag{1}$$

6.3절에서 대수적 다중도(multipicity) $m \geq 2$을 갖는 중복 고윳값은 기하적 다중도가 m보다 적을 수 있음을 언급한 바 있다. 다시 말해서, 이러한 고윳값에 대응되는 일차독립인 고유벡터는 m개보다 적을 수 있다. 이런 가능성을 다음의 예제에서 살펴보도록 하자.

예제 6.8.1

다음 행렬의 고윳값과 고유벡터를 구하라.

$$\mathbf{A} = \begin{pmatrix} 1 & -1 \\ 1 & 3 \end{pmatrix} \tag{2}$$

풀이

고윳값 r과 고유벡터 $\boldsymbol{\xi}$는 방정식 $(\mathbf{A} - r\mathbf{I})\boldsymbol{\xi} = \mathbf{0}$ 또는

$$\begin{pmatrix} 1-r & -1 \\ 1 & 3-r \end{pmatrix}\begin{pmatrix} \xi_1 \\ \xi_2 \end{pmatrix} = \begin{pmatrix} 0 \\ 0 \end{pmatrix} \tag{3}$$

을 만족하므로 고윳값은 다음 방정식의 근이다.

$$\det(\mathbf{A} - r\mathbf{I}) = \begin{vmatrix} 1-r & -1 \\ 1 & 3-r \end{vmatrix} = r^2 - 4r + 4 = (r-2)^2 = 0 \tag{4}$$

따라서 두 고윳값은 $r_1 = r_2 = 2$이다; 즉, 고윳값 2는 대수적 다중도 2를 갖는다.

고유벡터를 결정하기 위하여, 식 (3)으로 되돌아가서 r에 2를 대입한다. 그러면,

$$\begin{pmatrix} -1 & -1 \\ 1 & 1 \end{pmatrix}\begin{pmatrix} \xi_1 \\ \xi_2 \end{pmatrix} = \begin{pmatrix} 0 \\ 0 \end{pmatrix} \tag{5}$$

이 되므로 $\xi_1 + \xi_2 = 0$이라는 한 개의 조건을 얻게 되는데, 여기서 ξ_2를 ξ_1에 대해 결정하거나 또는 그 반대로 정한다. 따라서 고윳값 $r = 2$에 대응되는 고유벡터는

$$\boldsymbol{\xi}^{(1)} = \begin{pmatrix} 1 \\ -1 \end{pmatrix} \tag{6}$$

이거나 이 벡터의 임의의 영이 아닌 상수 배이다. 이때, 중복 고윳값과 관련된 일차독립인 고유벡터가 한 개만 존재하는 것을 알 수 있다.

연립방정식 (1)로 되돌아가서 $r = \rho$가 다음 고유방정식의 m 중근이라고 하자.

$$\det(\mathbf{A} - r\mathbf{I}) = 0 \tag{7}$$

그러면 ρ는 $\mathbf{A}$의 대수적 다중도가 m인 고윳값이다. 이런 경우 두 가지 가능성이 있다: 고윳값 ρ에 대응되는 m개의 일차독립인 고유벡터가 있거나, 아니면 예제 6.8.1처럼 m보다 적은 개수의 일차독립인 고유벡터가 있다.

첫 번째 경우, 대수적 다중도가 m인 고윳값 ρ에 대응되는 m개의 일차독립인 고유벡터를 $\boldsymbol{\xi}^{(1)}, \ldots, \boldsymbol{\xi}^{(m)}$이라고 하자. 그러면 식 (1)에 대해 m개의 일차독립인 해 $\mathbf{x}^{(1)}(t) = \boldsymbol{\xi}^{(1)}e^{\rho t}, \ldots, \mathbf{x}^{(m)}(t) = \boldsymbol{\xi}^{(m)}e^{\rho t}$이 존재한다. 따라서 이 경우는 고윳값 $r = \rho$가 중복된다고 해서 달라질게 없다; 여전히 식 (1)에 대해 $\boldsymbol{\xi}e^{rt}$ 형태인 기본해 집합이 존재한다. 이런 일은 계수행렬 $\mathbf{A}$가 (실수이고 대칭인) Hermitian이면 언제나 일어난다.

하지만 만약 계수행렬이 Hermitian이 아니면 대수적 다중도 m인 고윳값 ρ에 대응되는 일차독립인 고유벡터의 개수가 m보다 적을 수 있고, 이런 경우 식 (1)의 해 중에 이 고윳값에 대응되는 $\boldsymbol{\xi}e^{\rho t}$ 형태의 해가 m개보다 적을 것이다. 따라서, 식 (1)의 일반해를 이루기 위해서는 다른 형태의 해를 찾아야 한다. 3.4절에서 선형 미분방정식 $ay'' + by' + cy = 0$의 고유방정식이 중근 r을 갖는 경우에도 이와 비슷한 상황이 발생했다. 그 경우 지수함수 해 $y_1(t) = e^{rt}$ 하나를 구했으므로 일차독립인 두 번째 해는 $y_2(t) = te^{rt}$인 형태였다. 이 결과를 염두에 두고 다음의 예제를 살펴보자.

예제 6.8.2

다음 연립방정식의 기본해 집합을 구하고 위상 궤적을 그려라.

$$\mathbf{x}' = \mathbf{A}\mathbf{x} = \begin{pmatrix} 1 & -1 \\ 1 & 3 \end{pmatrix}\mathbf{x} \tag{8}$$

풀이

연립방정식 (8)의 방향장은 **그림 6.8.1**과 같다. 이 그림을 보면 영이 아닌 임의의 해는 원점으로부터 멀어짐을 알 수 있다.

연립방정식을 풀기 위해, 계수행렬 $\mathbf{A}$가 예제 6.8.1에서의 계수행렬과 똑같다는 것을 알아두자. 따라서 $r = 2$는 이중 고윳값이고 이에 대응되는 고유벡터가 하나임을 알 수 있다. 이 고유벡터로 $\boldsymbol{\xi} = (1, -1)^T$를 취하자. 따라서 연립방정식 (8)의 한 해는

$$\mathbf{x}^{(1)}(t) = \begin{pmatrix} 1 \\ -1 \end{pmatrix} e^{2t} \tag{9}$$

이나 $\mathbf{x} = \boldsymbol{\xi}e^{rt}$ 형태인 두 번째 해는 없다.

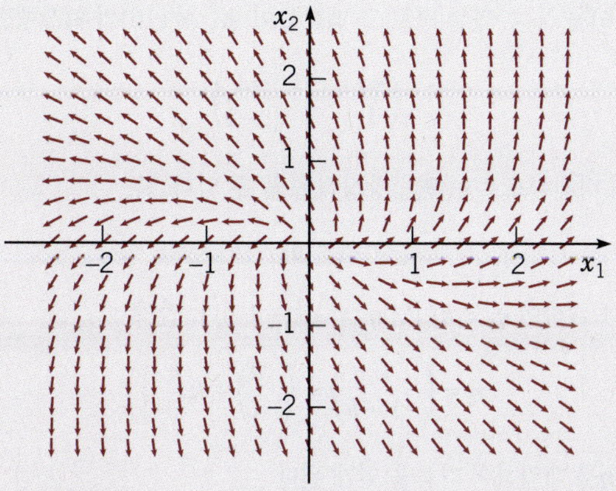

그림 6.8.1 연립방정식 (8)의 방향장.

3.4절에서 2계 선형 미분방정식에 사용했던 과정을 근거로 결정해야 하는 상수벡터 $\boldsymbol{\xi}$에 대한

$$\mathbf{x} = \boldsymbol{\xi} t e^{2t} \tag{10}$$

형태의 연립방정식 (8)의 두 번째 독립해를 찾아보자. 식 (8)에서 $\mathbf{x}$를 치환하면 다음을 얻는다.

$$2\boldsymbol{\xi} t e^{2t} + \boldsymbol{\xi} e^{2t} = \mathbf{A}\boldsymbol{\xi} t e^{2t} \tag{11}$$

모든 t에 대해 식 (11)을 만족하려면 식 (11) 양변에서 te^{2t}와 e^{2t}의 계수를 각각 같게 해야 한다. 그러면 e^{2t}항으로부터 다음을 얻게 된다.

$$\boldsymbol{\xi} = \mathbf{0} \tag{12}$$

따라서 (10)과 같은 형태의 연립방정식 (8)에 대해 영이 아닌 해는 없다.

식 (11)이 te^{2t}과 e^{2t}인 항을 모두 갖기 때문에 $\boldsymbol{\xi} t e^{2t}$과 더불어 두 번째 해는 $\boldsymbol{\eta} e^{2t}$ 형태의 해를 가져야 한다; 다시 말해서 $\boldsymbol{\xi}$, $\boldsymbol{\eta}$가 미정인 상수벡터일 때 다음과 같이 가정할 필요가 있다.

$$\mathbf{x} = \boldsymbol{\xi} t e^{2t} + \boldsymbol{\eta} e^{2t} \tag{13}$$

식 (8)에서 $\mathbf{x}$에 이 식을 대입하면 다음을 얻게 된다.

$$2\boldsymbol{\xi} t e^{2t} + (\boldsymbol{\xi} + 2\boldsymbol{\eta}) e^{2t} = \mathbf{A}\left(\boldsymbol{\xi} t e^{2t} + \boldsymbol{\eta} e^{2t}\right) \tag{14}$$

식 (14)의 양변에서 te^{2t}과 e^{2t}의 계수들을 같게 놓으면 $\boldsymbol{\xi}$와 $\boldsymbol{\eta}$의 결정에 대한 두 조건

$$2\boldsymbol{\xi} = \mathbf{A}\boldsymbol{\xi}$$

와

$$\boldsymbol{\xi} + 2\boldsymbol{\eta} = \mathbf{A}\boldsymbol{\eta}$$

를 얻게 된다. 이 조건들을

$$(\mathbf{A} - 2\mathbf{I})\boldsymbol{\xi} = \mathbf{0} \tag{15}$$

과

$$(\mathbf{A} - 2\mathbf{I})\boldsymbol{\eta} = \boldsymbol{\xi} \tag{16}$$

로 바꿔 쓰면 도움이 된다. $\boldsymbol{\xi}$가 고윳값 $r = 2$에 대응되는 $\mathbf{A}$의 고유벡터이고 $\boldsymbol{\xi} = (1, -1)^T$이면 식 (15)를 만족한다. $\det(\mathbf{A} - 2\mathbf{I})$가 영이므로, 식 (16)은 우변 $\boldsymbol{\xi}$가 특정 조건을 만족할 때만 풀 수 있다. 다행

히 $\boldsymbol{\xi}$와 그 배수는 식 (16)을 풀 수 있는 바로 그 벡터들이다.[7] 식 (16)의 확장행렬은 다음과 같다.

$$\left(\begin{array}{cc|c} -1 & -1 & 1 \\ 1 & 1 & -1 \end{array}\right)$$

이 행렬의 2행은 1행에 비례하므로 이 연립방정식을 풀 수 있다. 즉,

$$-\eta_1 - \eta_2 = 1$$

이고 따라서 임의의 k에 대하여 $\eta_1 = k$이면 $\eta_2 = -k - 1$이다. 만약,

$$\boldsymbol{\eta} = \begin{pmatrix} k \\ -1-k \end{pmatrix} = \begin{pmatrix} 0 \\ -1 \end{pmatrix} + k\begin{pmatrix} 1 \\ -1 \end{pmatrix} \tag{17}$$

로 쓰면 식 (13)에 $\boldsymbol{\xi}$와 $\boldsymbol{\eta}$를 대입하여 다음을 얻게 된다.

$$\mathbf{x} = \xi te^{2t} + \boldsymbol{\eta} e^{2t} = \begin{pmatrix} 1 \\ -1 \end{pmatrix} te^{2t} + \begin{pmatrix} 0 \\ -1 \end{pmatrix} e^{2t} + k\begin{pmatrix} 1 \\ -1 \end{pmatrix} e^{2t} \tag{18}$$

식 (18)의 마지막 항은 첫 번째 해 $\mathbf{x}^{(1)}(t)$의 상수 배이므로 무시할 수 있지만, 처음 두 항은 다음의 새로운 해를 이룬다.

$$\mathbf{x}^{(2)}(t) = \begin{pmatrix} 1 \\ -1 \end{pmatrix} te^{2t} + \begin{pmatrix} 0 \\ -1 \end{pmatrix} e^{2t} \tag{19}$$

간단한 계산으로 $W[\mathbf{x}^{(1)}, \mathbf{x}^{(2)}](t) = -e^{4t} \neq 0$임을 보일 수 있으므로, $\mathbf{x}^{(1)}$과 $\mathbf{x}^{(2)}$는 연립방정식 (8)의 기본해 집합을 이룬다. 따라서 일반해는 다음과 같다.

$$\begin{aligned} \mathbf{x} &= c_1\mathbf{x}^{(1)}(t) + c_2\mathbf{x}^{(2)}(t) \\ &= c_1\begin{pmatrix} 1 \\ -1 \end{pmatrix} e^{2t} + c_2\left(\begin{pmatrix} 1 \\ -1 \end{pmatrix} te^{2t} + \begin{pmatrix} 0 \\ -1 \end{pmatrix} e^{2t}\right) \end{aligned} \tag{20}$$

해 (20)의 위상 궤적의 주요 특징은 모든 항에 지수 인수 e^{2t}이 있음으로써 나타난다. 따라서 $t \to -\infty$일 때 $\mathbf{x} \to \mathbf{0}$이며, c_1과 c_2가 동시에 영은 아니라면 $t \to \infty$일 때 $\mathbf{x}$는 발산한다. 만약 c_1, c_2가 동시에 영은 아니면 어떤 궤적으로든 다음을 얻게 된다.

$$\lim_{t\to-\infty} \frac{x_2(t)}{x_1(t)} = \frac{-c_1e^{2t} + c_2(-te^{2t} - e^{2t})}{c_1e^{2t} + c_2te^{2t}} = \lim_{t\to-\infty} \frac{-c_1 - c_2t - c_2}{c_1 + c_2t} = -1$$

따라서 $t \to -\infty$일 때 모든 궤적은 고유벡터에 의해 결정된 직선 $x_2 = -x_1$에 접하면서 원점에 다가간다; 이 모양은 **그림 6.8.2(*a*)**에 분명하게 나와 있다. 또한, $t \to \infty$이면 각 궤적의 기울기도 -1로 다가간다. 그렇지만, $t \to \infty$일 때 궤적은 점근선으로 다가가지 않음을 보일 수 있다. 연립방정식 (8)의 $\mathbf{x}^{(1)}$(검은색 실선)과 $\mathbf{x}^{(2)}$(검은색 점선)을 포함한 몇몇 궤적은 그림 6.8.2(*a*)에 나타나 있고 t에 따른 x_1의 전형적인 그래프와 t에 따른 x_2의 전형적인 그래프가 **그림 6.8.2(*b*)**와 **6.8.2(*c*)**에 각각 나타나 있다.

[7] 이 조건은 $(\boldsymbol{\xi}, \mathbf{y}) = 0$의 임의의 자명하지 않은 해 $\mathbf{y}$에 대해 $(\mathbf{A} - 2\mathbf{I})^*\mathbf{y} = \mathbf{0}$이다. 모든 행렬과 그것의 수반행렬이 같은 고윳값을 갖는다는 (6.3절의 연습문제 **21-25** 참고) 사실로부터 벡터 $\mathbf{y}$가 (중복) 고윳값 $r = 2$에 대응되는 $\mathbf{A}^*$의 고유벡터라고 결론지을 수 있고 $\mathbf{y} = c(1, 1)^T$임을 쉽게 계산할 수 있다(연습문제 **16** 참고). 이때, $\boldsymbol{\xi} = (1, -1)^T$이므로 $(\boldsymbol{\xi}, \mathbf{y}) = 0$이다. 따라서 식 (16)을 풀 수 있다.

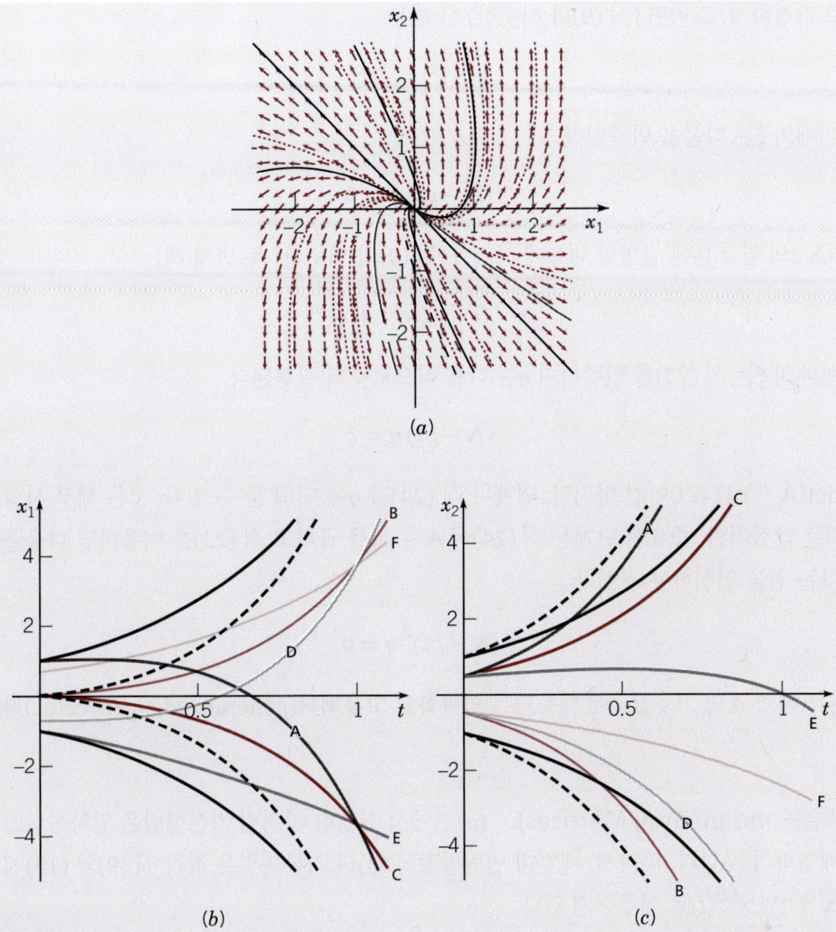

그림 6.8.2 (*a*) 연립방정식 (8)의 위상 궤적; 원점은 improper node이다. (*b*) 연립방정식 (8)의 t에 따른 x_1의 그래프들. (*c*) 연립방정식 (8)의 t에 따른 x_2의 그래프들. (*b*)와 (*c*)의 성분 그래프는 (*a*)의 궤적과 함께 색상으로 구분되어 있다. 곡선 A는 (−1, 1/2), 곡선 B는 (−1, −1/2), 곡선 C는 (0, 1/2), 곡선 D는 (0, −1/2), 곡선 E는 (1, 1/2), 곡선 F는 (1, −1/2)을 지나는 해를 나타낸다.

그림 6.8.2(*a*)에서 궤적의 패턴은 같은 고윳값과 유일한 독립 고유벡터를 갖는 전형적인 2 × 2인 연립방정식 $\mathbf{x}' = \mathbf{A}\mathbf{x}$를 나타낸다. 이런 경우의 원점을 **improper node**라고 부른다. 만약 고윳값들이 음수이면 궤적들은 비슷하지만 안쪽 방향으로 움직인다. Improper node는 고윳값이 음수인지 양수인지에 따라 점근적으로 안정적이거나 불안정하다.

두 식인 연립 1계 미분방정식과 한 개의 2계 미분방정식 간의 차이점 한 가지는 앞선 예제에서 분명히 드러났다. 고유방정식의 중근 r_1을 갖는 2계 선형 미분방정식에 대해 두 번째 해에서의 $ce^{r_1 t}$ 항은 첫 번째 해의 배수이기 때문에 필요가 없다. 한편, 두 식인 연립 1계 미분방정식에 대해 $r_1 = 2$인 식 (13)의 항 $\boldsymbol{\eta}e^{r_1 t}$은 일반적으로 첫 번째 해 $\boldsymbol{\xi}e^{r_1 t}$의 상수 배가 아니기 때문에 항 $\boldsymbol{\eta}e^{r_1 t}$을 갖고 있어야 한다.

예제 6.8.2는 이중 고윳값과 이에 대응되는 하나의 고유벡터가 있는 전형적인 경우이다. 다시금 연립방정식 (1)을 고려하여 $r = \rho$가 $\mathbf{A}$의 이중 고윳값과, 이에 대응되는 고유벡터 $\boldsymbol{\xi}$는 하나만

있다고 가정하자. 그러면 (식 (9)와 비슷한) 한 해는

$$\mathbf{x}^{(1)}(t) = \boldsymbol{\xi} e^{\rho t} \tag{21}$$

이고 이때의 $\boldsymbol{\xi}$는 다음을 만족한다.

$$(\mathbf{A} - \rho\mathbf{I})\boldsymbol{\xi} = \mathbf{0} \tag{22}$$

예제 6.8.2의 앞부분에 설명한 내용에 따라, [식 (19)와 비슷한] 두 번째 해는

$$\mathbf{x}^{(2)}(t) = \boldsymbol{\xi} t e^{\rho t} + \boldsymbol{\eta} e^{\rho t} \tag{23}$$

이고 이때의 $\boldsymbol{\xi}$는 식 (22)를 만족하며 $\boldsymbol{\eta}$는 다음 식으로부터 결정된다.

$$(\mathbf{A} - \rho\mathbf{I})\boldsymbol{\eta} = \boldsymbol{\xi} \tag{24}$$

비록 $\det(\mathbf{A} - \rho\mathbf{I}) = 0$이긴 하지만, 언제나 식 (24)를 $\boldsymbol{\eta}$에 대해 풀 수 있다. 모든 세부 사항을 제시하지는 않겠지만, 중요한 단계는 식 (24)에 $\mathbf{A} - \rho\mathbf{I}$를 곱하고 식 (22)를 이용하면 다음을 얻을 수 있다는 점을 인식하는 것이다.

$$(\mathbf{A} - \rho\mathbf{I})^2 \boldsymbol{\eta} = \mathbf{0}$$

벡터 $\boldsymbol{\eta}$를 행렬 $\mathbf{A}$의 고윳값 ρ에 대응되는 **일반화된 고유벡터**(generalized eigenvector)라고 부른다.

▶ **기본행렬(Fundamental Matrices).** 6.7절에서 설명한 것처럼 기본행렬은 일차독립인 해를 열로 배열하여 구한다. 따라서, 예컨대 연립방정식 (8)의 기본행렬은 각각 식 (9)와 (19)에서 구한 해 $\mathbf{x}^{(1)}(t)$와 $\mathbf{x}^{(2)}(t)$로 이루어져 있다:

$$\boldsymbol{\Psi}(t) = \begin{pmatrix} e^{2t} & te^{2t} \\ -e^{2t} & -te^{2t} - e^{2t} \end{pmatrix} = e^{2t}\begin{pmatrix} 1 & t \\ -1 & -1-t \end{pmatrix} \tag{25}$$

$\boldsymbol{\Phi}(0) = \mathbf{I}$를 만족하는 기본행렬 $\boldsymbol{\Phi}$는 관계식 $\boldsymbol{\Phi}(t) = \boldsymbol{\Psi}(t)\,\boldsymbol{\Psi}^{-1}(0)$으로부터 쉽게 구할 수 있다. 식 (25)로부터

$$\boldsymbol{\Psi}(0) = \begin{pmatrix} 1 & 0 \\ -1 & -1 \end{pmatrix} \quad \text{이고} \quad \boldsymbol{\Psi}^{-1}(0) = \begin{pmatrix} 1 & 0 \\ -1 & -1 \end{pmatrix} \tag{26}$$

이며, 따라서

$$\begin{aligned} \boldsymbol{\Phi}(t) = \boldsymbol{\Psi}(t)\boldsymbol{\Psi}^{-1}(0) &= e^{2t}\begin{pmatrix} 1 & t \\ -1 & -1-t \end{pmatrix}\begin{pmatrix} 1 & 0 \\ -1 & -1 \end{pmatrix} \\ &= e^{2t}\begin{pmatrix} 1-t & -t \\ t & 1+t \end{pmatrix} \end{aligned} \tag{27}$$

이다. $\boldsymbol{\Phi}(0) = \mathbf{I}$인 기본행렬 $\boldsymbol{\Phi}(t)$를 exp(At)로도 쓸 수 있음을 상기하자. 예제 6.8.2의 행렬 A에 대해 $\mathbf{x}(0) = \mathbf{x}^0$인 $\mathbf{x}' = \mathbf{A}\mathbf{x}$에 대한 해는 $\mathbf{x}(t) = \exp(\mathbf{A}t)\mathbf{x}^0$ 또는 식 (27)에 의해 주어진 $\boldsymbol{\Phi}(t)$에 대한 $\mathbf{x}(t) = \boldsymbol{\Phi}(t)\mathbf{x}^0$이다.

▶ **Jordan 형식(Jordan Forms).** $n \times n$ 행렬 $\mathbf{A}$는 6.7절에서 설명했듯이 n개의 일차독립인 고

유벡터를 전부 가질 때만 대각화할 수 있다. 만약 (고윳값이 중복되는 바람에) 고유벡터가 부족해지면, **A**를 거의 대각행렬인 이른바 Jordan[8] 형식으로 항상 변환시킬 수 있는데, 이 형식은 주 대각선에 **A**의 고윳값을 갖고, 주 대각선 위쪽 대각선의 어떤 위치에는 1들을 가지며, 나머지는 모두 영이다.

다시 식 (2)에서 주어진 행렬 **A**를 고려하자. **A**를 Jordan 형식으로 변환시키기 위하여 변환행렬 **T**를 만들어야 하는데, 이 행렬은 1열은 식 (6)으로부터 구한 하나의 고유벡터 $\boldsymbol{\xi}$가, 2열은 $k=0$인 식 (17)로부터 일반화된 고유벡터 $\boldsymbol{\eta}$로 되어있다. 그러면 **T**와 그 역행렬은 다음과 같이 주어진다.

$$\mathbf{T}=\begin{pmatrix}1 & 0\\ -1 & -1\end{pmatrix},\quad \mathbf{T}^{-1}\begin{pmatrix}1 & 0\\ -1 & -1\end{pmatrix}\text{이며} \tag{28}$$

따라서

$$\mathbf{T}^{-1}\mathbf{AT}=\begin{pmatrix}2 & 1\\ 0 & 2\end{pmatrix}=\mathbf{J} \tag{29}$$

가 됨을 보일 수 있다. 식 (29)에서 행렬 **J**는 **A**의 **Jordan 형식**(Jordan form of **A**)이다. 이것은 부족한 고유벡터에 해당하는 열에서 주 대각선 위쪽에 1이 있는 (그리고 일반적인 고유벡터로 **T**를 바꾼) 전형적인 Jordan 형식이다.

다시 식 (1),

$$\mathbf{x}'=\mathbf{Ax}$$

로부터 시작하면 식 (28)에 의해 주어진 **T**에 대한 변환 $\mathbf{x}=\mathbf{Ty}$는 식 (29)에 의해 주어진 **J**에 대한 연립방정식

$$\mathbf{y}'=\mathbf{Jy} \tag{30}$$

를 가져온다. 스칼라 형태로 연립방정식 (30)을 표현하면 다음과 같다.

$$y_1'=2y_1+y_2,\quad y_2'=2y_2 \tag{31}$$

이 미분방정식들은 순서를 거꾸로—즉, y_2에 대한 미분방정식을 먼저 시작—하면 쉽게 풀린다. 이런 방식으로

$$y_2(t)=c_1e^{2t},\quad y_1(t)=c_1te^{2t}+c_2e^{2t}\text{이며} \tag{32}$$

따라서 연립방정식 (30)의 일차독립인 두 해는

$$\mathbf{y}^{(1)}(t)=\begin{pmatrix}1\\0\end{pmatrix}e^{2t}\quad\text{이고}\quad \mathbf{y}^{(2)}(t)=\begin{pmatrix}t\\1\end{pmatrix}e^{2t} \tag{33}$$

이며 이에 대응되는 기본행렬은 다음과 같다.

[8] Marie Ennemond Camille Jordan (1838~1922)은 École Polytechnique과 Collége de France의 교수였다. 그는 해석학과 위상수학(Jordan 곡선 정리), 그리고 특히 군론(group theory)에서 기본이 되는 업적을 세운 것으로 유명하다. 행렬의 Jordan 형식은 1870년에 출간하여 큰 영향을 준 *Traité des substitutions et des équations algébriques*에 소개되었다.

$$\hat{\boldsymbol{\Psi}}(t) = \begin{pmatrix} e^{2t} & te^{2t} \\ 0 & e^{2t} \end{pmatrix} \tag{34}$$

$\hat{\boldsymbol{\Psi}}(0) = \mathbf{I}$이므로 식 (34)의 행렬이 $\exp(\mathbf{J}t)$임을 확인할 수 있다. $\mathbf{J}$의 거듭제곱을 계산해서 지수급수로 치환하면(연습문제 **19**부터 **21**까지 참조) 같은 결과를 얻을 수 있다. 원래의 연립방정식에 대한 기본행렬을 구하려면 식 (25)에서 주어진 기본행렬과 같은 곱

$$\boldsymbol{\Psi}(t) = \mathbf{T}\exp(\mathbf{J}t) = \begin{pmatrix} e^{2t} & te^{2t} \\ -e^{2t} & -e^{2t} - te^{2t} \end{pmatrix} \tag{35}$$

을 만든다.

여기서 $n \times n$ 연립방정식 $\mathbf{x}' = \mathbf{A}\mathbf{x}$에 대해 더 자세히 다루지 않겠다. 큰 n에 대해서는 고윳값의 대수적 다중도 m은 높고, 기하적 다중도 q는 훨씬 낮아서 $m - q$개의 일반화된 고유벡터가 생기기도 한다. 연습문제 **17**과 **18**은 세 식으로 된 연립 미분방정식에 Jordan 형식을 사용하는 방법을 소개한다. $n \geq 4$이면 중복 복소수 고윳값이 나오기도 한다. 일반적인 $n \times n$ 행렬의 Jordan 형식에 대한 전체적인 내용[9]을 이해하려면 이 책에서 요구되는 수준보다 훨씬 높은 수준의 선형대수 지식이 필요하다.

일반적인 $n \times n$ 연립방정식의 해석에서 필요한 계산량은 n이 3이나 4를 넘지 않을 때조차도 손으로 풀기가 힘들다. 따라서, 대부분의 경우에 적당한 컴퓨터 소프트웨어를 사용하는 것이 좋다. 물론 컴퓨터를 써도 모든 어려움이 원활하게 해결되지는 않지만, 많은 문제를 다루기 쉽게 만든다. 끝으로, 물리계를 모델링해서 나오는 일련의 방정식에 대해 계수행렬 $\mathbf{A}$의 요소 중 일부는 어떤 물리량을 측정해야 결정되기도 한다. 이렇게 측정할 때 피할 수 없는 불확실성은 $\mathbf{A}$의 고윳값의 불확실한 값을 초래한다. 예컨대 그런 경우, 두 개의 고윳값이 실제로 같은지 또는 단지 서로 비슷한 것인지 분명하지 않을 수도 있다.

연습 문제

▶ 문제 **1**부터 **3**까지:

a. 방향장을 그리고 궤적 몇 개를 그려라.

b. G $t \to \infty$일 때 이 해가 어떻게 움직이는지 설명하라.

c. 연립방정식의 일반해를 구하라.

1. $\mathbf{x}' = \begin{bmatrix} 1 & -3 \\ 3 & 7 \end{bmatrix}\mathbf{x}$

2. $\mathbf{x}' = \begin{pmatrix} 3 & 1 \\ -4 & -1 \end{pmatrix}\mathbf{x}$

3. $\mathbf{x}' = \begin{pmatrix} -3 & -5/2 \\ 5/2 & 2 \end{pmatrix}\mathbf{x}$

▶ 문제 **4**과 **5**에서, 주어진 연립방정식의 일반해를 구하라.

4. $\mathbf{x}' = \begin{bmatrix} 5 & -4 & 0 \\ 1 & 0 & 2 \\ 0 & 2 & 5 \end{bmatrix}\mathbf{x}$

5. $\mathbf{x}' = \begin{bmatrix} 2 & 2 & 2 \\ 2 & 2 & 2 \\ 2 & 2 & 2 \end{bmatrix}x$

▶ 문제 **6**부터 **8**까지:

[9] 본 장의 끝에 나오는 참고문헌 목록을 참고하라.

a. 주어진 초깃값 문제의 해를 구하라.

b. 이 해의 궤적을 x_1x_2-평면에 그리고, t에 따른 x_1의 그래프도 그려라.

6. $\mathbf{x}' = \begin{pmatrix} 2 & 3/2 \\ -3/2 & -1 \end{pmatrix}\mathbf{x}, \quad \mathbf{x}(0) = \begin{pmatrix} 3 \\ -1 \end{pmatrix}$

7. $\mathbf{x}' = \begin{pmatrix} -5/2 & 1 & 1 \\ 1 & -5/2 & 1 \\ 1 & 1 & -5/2 \end{pmatrix}\mathbf{x}, \quad \mathbf{x}(0) = \begin{pmatrix} 2 \\ 3 \\ -1 \end{pmatrix}$

8. $\mathbf{x}' = \begin{bmatrix} 7 & 1 \\ -4 & 3 \end{bmatrix}\mathbf{x}, \quad \mathbf{x}(0) = \begin{bmatrix} 2 \\ -5 \end{bmatrix}$

▶ 문제 **9**와 **10**에서:

a. 주어진 초깃값 문제의 해를 구하라.

b. **G** 이 해의 궤적을 $x_1x_2x_3$-공간에 그리고,

c. t에 따른 x_1의 그래프를 그려라.

9. $\mathbf{x}' = \begin{bmatrix} 2 & -5 & 0 \\ 0 & 2 & 0 \\ -1 & 4 & 1 \end{bmatrix}\mathbf{x}, \quad \mathbf{x}(0) = \begin{pmatrix} 1 \\ 1 \\ 0 \end{pmatrix}$

10. $\mathbf{x}' = \begin{bmatrix} 1 & -1 & -1 \\ -1 & 1 & -1 \\ -1 & -1 & 1 \end{bmatrix}\mathbf{x}, \quad \mathbf{x}(0) = \begin{pmatrix} 1 \\ 0 \\ 1 \end{pmatrix}$

▶ 문제 **11**과 **12**에서, 주어진 연립방정식을 6.5절의 연습문제 **13**에서 제시한 방법으로 풀어라. 단, $t > 0$이라고 가정하자.

11. $t\mathbf{x}' = \begin{pmatrix} 1 & 4 \\ -4 & -7 \end{pmatrix}\mathbf{x}$

12. $t\mathbf{x}' = \begin{pmatrix} 3 & 1 \\ -4 & -1 \end{pmatrix}\mathbf{x}$

13. 다음 연립방정식의 모든 해가 $t \to \infty$일 때 영으로 수렴하는 것과 $a + d < 0$, $ad - bc > 0$인 것이 서로 필요충분조건임을 보여라. 3.4절의 연습문제 **28**의 결과와 비교하라.

$$\mathbf{x}' = \begin{pmatrix} a & b \\ c & d \end{pmatrix}\mathbf{x}$$

14. 6.6절의 연습문제 **21**에 있는 전기회로를 다시 고려하자. 이 회로는 다음의 연립 미분방정식으로 표현될 수 있다.

$$\frac{d}{dt}\begin{pmatrix} I \\ V \end{pmatrix} = \begin{pmatrix} 0 & \frac{1}{L} \\ -\frac{1}{C} & -\frac{1}{RC} \end{pmatrix}\begin{pmatrix} I \\ V \end{pmatrix}$$

a. $L = 4R^2C$이면 고윳값들은 실수이고 서로 같음을 보여라.

b. $R = 1\ \Omega$, $C = 1$ F, $L = 4$ H라고 하자. 또한 $I(0) = 1$ A, $V(0) = 2$ V라고 하자. 이때의 $I(t)$와 $V(t)$를 구하라.

15. 예제 6.8.2에서 다뤘던 다음의 연립방정식을 다시 고려하자.

$$\mathbf{x}' = \mathbf{A}\mathbf{x} = \begin{pmatrix} 1 & -1 \\ 1 & 3 \end{pmatrix}\mathbf{x} \tag{36}$$

$\mathbf{A}$는 이중 고윳값 $r_1 = r_2 = 2$을 갖고, $\boldsymbol{\xi}^{(1)} = (1, -1)^T$ 또는 여기에 영이 아닌 임의의 상수를 곱한 한 개의 일차독립인 고유벡터를 갖는 것을 알았다. 따라서 연립방정식 (36)의 해 중 하나는 $\mathbf{x}^{(1)}(t) = \boldsymbol{\xi}^{(1)}e^{2t}$이고, 일차독립인 두 번째 해는

$$\mathbf{x}^{(2)}(t) = \boldsymbol{\xi}te^{2t} + \boldsymbol{\eta}e^{2t}$$

형태이고 이때, $\boldsymbol{\xi}$와 $\boldsymbol{\eta}$는 다음을 만족한다.

$$(\mathbf{A}-2\mathbf{I})\boldsymbol{\xi}=\mathbf{0}, \quad (\mathbf{A}-2\mathbf{I})\boldsymbol{\eta}=\boldsymbol{\xi} \tag{37}$$

본문 중에서는 $\boldsymbol{\xi}$에 대한 첫 번째 식을 푼 다음 $\boldsymbol{\eta}$에 관한 두 번째 식을 풀었다. 여기서는 그 반대 방향으로 풀어보기로 하자.

a. $\boldsymbol{\eta}$가 $(\mathbf{A}-2\mathbf{I})^2\boldsymbol{\eta}=0$을 만족함을 보여라.

b. $(\mathbf{A}-2\mathbf{I})^2=\mathbf{0}$임을 보여라. 따라서 일반화된 고유벡터 $\boldsymbol{\eta}$를 $\boldsymbol{\xi}^{(1)}$와 일차독립이기만 하면 임의로 선택할 수 있다.

c. $\boldsymbol{\eta}=(0,-1)^T$라고 두자. 그런 후 식 (37)의 두 번째 식으로부터 $\boldsymbol{\xi}$를 구하고 $\boldsymbol{\xi}=(1,-1)^T=\boldsymbol{\xi}^{(1)}$임을 보여라. $\boldsymbol{\eta}$를 이렇게 선택하면 예제 6.8.2에서 찾은 해를 다시 찾게 된다.

d. $\boldsymbol{\eta}=(1,0)^T$라고 하고 이에 대응되는 고유벡터 $\boldsymbol{\xi}$를 구하라.

e. 임의의 수 k_1, k_2에 대해 $\boldsymbol{\eta}=(k_1,k_2)^T$라 두자. k_1과 k_2가 어떤 조건을 만족할 때 $\boldsymbol{\eta}$와 $\boldsymbol{\xi}^{(1)}$이 일차독립인가? 그런 다음 $\boldsymbol{\xi}$를 구하라. 이것은 고유벡터 $\boldsymbol{\xi}^{(1)}$과 어떤 관계를 갖는가?

16. 예제 6.8.2에서, 위의 방정식 (36)에서 주어진 $\mathbf{A}$에 대해, 행렬 $\mathbf{A}-2\mathbf{I}$가 특이행렬임에도 불구하고, 방정식 (16)이 해를 가진다고 주장했다. 이 문제는 이러한 주장을 정당화한다.

a. $\mathbf{A}$의 수반행렬, $\mathbf{A}^*$에 대한 모든 고윳값과 고유벡터를 구하라.

b. $\mathbf{A}$의 고유벡터와 $\mathbf{A}^*$의 대응하는 고유 벡터가 직교함을 보여라.

c. 이것이 방정식 (16)의 해의 존재성을 증명하는 이유를 설명하라.

▶ **다중도 3인 고윳값**(Eigenvalues of Multiplicity 3). 만약 행렬 $\mathbf{A}$가 대수적 다중도 3인 고윳값을 갖는다면, 이에 대응되는 일차독립인 고유벡터는 한 개, 또는 두 개, 또는 세 개가 있을 수 있다. 삼중 고윳값과 관련된 고유벡터의 개수에 따라 연립방정식 $\mathbf{x}'=\mathbf{A}\mathbf{x}$의 일반해는 달라진다. 본문에서 지적했듯이 고유벡터가 3개라면 $\mathbf{x}=\boldsymbol{\xi}e^{rt}$ 형태의 일차독립인 세 개의 해가 있기 때문에 어려울 것이 없다. 다음의 두 문제는 각각 한 개 또는 두 개의 고유벡터를 갖는 삼중 고윳값에 대한 풀이과정을 나타낸다.

17. 다음의 연립방정식을 고려하자.

$$\mathbf{x}'=\mathbf{A}\mathbf{x}=\begin{pmatrix}1&1&1\\2&1&-1\\-3&2&4\end{pmatrix}\mathbf{x} \tag{38}$$

a. 계수행렬 $\mathbf{A}$에 대하여 $r=2$가 대수적 다중도가 3인 고윳값이고, 이에 대응되는 고유벡터는 다음의 오직 한 개만 존재함을 보여라.

$$\boldsymbol{\xi}^{(1)}=\begin{pmatrix}0\\1\\-1\end{pmatrix}$$

b. **a**에서 주어진 정보를 이용하여, 연립방정식 (38)의 한 해 $\mathbf{x}^{(1)}(t)$를 적어라. 지수 형태 $\mathbf{x}=\boldsymbol{\xi}e^{rt}$만 갖는 다른 해는 없다.

c. 두 번째 해를 구하기 위하여 $\mathbf{x}=\boldsymbol{\xi}te^{2t}+\boldsymbol{\xi}e^{2t}$이라고 가정하자. $\boldsymbol{\xi}$, $\boldsymbol{\eta}$가 다음의 방정식들을 만족함을 보여라.

$$(\mathbf{A}-2\mathbf{I})\boldsymbol{\xi}=\mathbf{0}, \quad (\mathbf{A}-2\mathbf{I})\boldsymbol{\eta}=\boldsymbol{\xi}$$

$\boldsymbol{\xi}$는 **a**에서 이미 구했으니 $\boldsymbol{\eta}$에 관한 두 번째 방정식을 풀어라. $\boldsymbol{\eta}$에 있는 $\boldsymbol{\xi}^{(1)}$의 배수는 첫 번째 해 $\mathbf{x}^{(1)}$의 배수이므로 무시하고 연립방정식 (38)의 두 번째해 $\mathbf{x}^{(2)}(t)$를 적어라.

d. 세 번째 해를 구하기 위하여

$$\mathbf{x} = \xi \frac{t^2}{2} e^{2t} + \eta t e^{2t} + \varsigma e^{2t}$$

라고 가정하자. ξ, η, ζ는 다음 방정식들을 만족함을 보여라.

$$(\mathbf{A} - 2\mathbf{I})\,\xi = \mathbf{0}, \quad (\mathbf{A} - 2\mathbf{I})\,\eta = \xi, \quad (\mathbf{A} - 2\mathbf{I})\,\zeta = \eta$$

처음 두 식은 **c**와 같으므로, 세 번째 식을 ξ에 대해 풀고, $\xi^{(1)}$의 배수는 무시하자. 그런 다음 연립방정식 (38)의 세 번째 해 $\mathbf{x}^{(3)}(t)$를 적어라.

e. 연립방정식 (38)의 기본행렬 $\mathbf{\Psi}(t)$를 적어라.

f. 1열에 고유벡터 $\xi^{(1)}$을 놓고, 1열과 3열에 일반화된 고유벡터 η, ζ를 놓아 행렬 **T**를 만들어라. 그런 다음 $\mathbf{T}^{-1}$를 구하고 곱 $\mathbf{J} = \mathbf{T}^{-1}\mathbf{AT}$를 만들어라. 이때의 행렬 **J**는 **A**의 Jordan 형식이다.

18. 다음 연립방정식을 고려하자.

$$\mathbf{x}' = \mathbf{Ax} = \begin{pmatrix} 5 & -3 & -2 \\ 8 & -5 & -4 \\ -4 & 3 & 3 \end{pmatrix} \mathbf{x}. \tag{39}$$

a. $r = 1$은 계수행렬 **A**의 삼중 고윳값임을 보이고, 두 개의 일차독립인 고유벡터만 존재함을 증명하라. 다음과 같은 고유벡터를 취할 수 있다.

$$\xi^{(1)} = \begin{pmatrix} 1 \\ 0 \\ 2 \end{pmatrix}, \quad \xi^{(2)} = \begin{pmatrix} 0 \\ 2 \\ -3 \end{pmatrix} \tag{40}$$

식 (39)의 일차독립인 두 해 $\mathbf{x}^{(1)}(t)$와 $\mathbf{x}^{(2)}(t)$를 적어라.

b. 세 번째 해를 구하기 위하여 $\mathbf{x} = \xi t e^t + \eta e^t$라고 가정하자; ξ, η가 다음을 만족함을 보여라.

$$(\mathbf{A} - \mathbf{I})\,\xi = \mathbf{0} \tag{41}$$

$$(\mathbf{A} - \mathbf{I})\,\eta = \xi \tag{42}$$

c. ξ가 고유벡터라면 식 (41)을 만족하므로, 한 가지 진행 방법은 ξ를 $\xi^{(1)}$과 $\xi^{(2)}$의 적당한 일차결합으로 선택하며 식 (42)를 풀고, η에 관한 방정식을 푸는 것이다. 하지만, 여기서는 다른 방식으로 진행하여 문제 15의 과정을 따라가자. 우선 η가 다음 식을 만족함을 보여라.

$$(\mathbf{A} - \mathbf{I})^2\,\eta = \mathbf{0}$$

더 나아가, $(\mathbf{A} - \mathbf{I})^2 = 0$임을 보여라. 따라서 $\xi^{(1)}$과 $\xi^{(2)}$이 일차독립이기만 하면 η를 임의의 값으로 선택할 수 있다.

d. η를 간편하게 $\eta = (0, 0, 1)^T$로 택하자. 식 (42)로부터 이에 대응되는 ξ를 구하라. 이 A가 고유벡터임을 증명하라.

e. 연립방정식 (39)의 기본행렬 $\mathbf{\Psi}(t)$를 적어라.

f. 1열에 고유벡터 $\xi^{(1)}$을 놓고 다른 두 열에는 **d**에서 구한 고유벡터 ξ와 일반화된 고유벡터 η를 놓아 행렬 **T**를 만들어라. $\mathbf{T}^{-1}$를 구하고 곱 $\mathbf{J} = \mathbf{T}^{-1}\,\mathbf{AT}$를 만들어라. 이때의 행렬 **J**는 **A**의 Jordan 형식이다.

19. 임의의 실수 λ에 대해 $\mathbf{J} = \begin{pmatrix} \lambda & 1 \\ 0 & \lambda \end{pmatrix}$라 두자.

a. $\mathbf{J}^2, \mathbf{J}^3, \mathbf{J}^4$을 구하라.

b. 수학적 귀납법을 써서 $\mathbf{J}^n = \begin{pmatrix} \lambda^n & n\lambda^{n-1} \\ 0 & \lambda^n \end{pmatrix}$임을 보여라.

c. $\exp(\mathbf{J}t)$를 구하라.

d. $\exp(\mathbf{J}t)$를 이용하여 초깃값 문제 $\mathbf{x}' = \mathbf{Jx}$를 풀어라.

20. λ가 임의의 실수에 대해

$$\mathbf{J} = \begin{pmatrix} \lambda & 0 & 0 \\ 0 & \lambda & 1 \\ 0 & 0 & \lambda \end{pmatrix}$$

라 두자.

a. $\mathbf{J}^2, \mathbf{J}^3, \mathbf{J}^4$을 구하라.

b. 수학적 귀납법을 써서 다음을 보여라.

$$\mathbf{J}^n = \begin{pmatrix} \lambda^n & 0 & 0 \\ 0 & \lambda^n & n\lambda^{n-1} \\ 0 & 0 & \lambda^n \end{pmatrix}$$

c. $\exp(\mathbf{J}t)$를 구하라.

d. $\lambda = 1$을 선택하면 이 문제의 행렬 $\mathbf{J}$는 문제 **18f**의 행렬 $\mathbf{J}$와 같음을 알 수 있다. 문제 **18f**에서 나온 행렬 $\mathbf{T}$를 써서 $\lambda = 1$인 곱 $\mathbf{T}\exp(\mathbf{J}t)$를 만들어라.

e. 그 결과로 나온 행렬이 문제 **18e**에서의 행렬 $\mathbf{\Psi}(t)$와 같은가? 그렇지 않다면 같지 않은 이유를 설명하라.

21. 임의의 실수 λ에 대해

$$\mathbf{J} = \begin{pmatrix} \lambda & 1 & 0 \\ 0 & \lambda & 1 \\ 0 & 0 & \lambda \end{pmatrix}$$

라 두자.

a. $\mathbf{J}^2, \mathbf{J}^3, \mathbf{J}^4$을 구하라.

b. 수학적 귀납법을 써서 다음을 보여라.

$$\mathbf{J}^n = \begin{pmatrix} \lambda^n & n\lambda^{n-1} & \frac{1}{2}n(n-1)\lambda^{n-2} \\ 0 & \lambda^n & n\lambda^{n-1} \\ 0 & 0 & \lambda^n \end{pmatrix}$$

c. $\exp(\mathbf{J}t)$를 구하라.

d. $\lambda = 2$를 선택하면 이 문제의 행렬 $\mathbf{J}$는 문제 **17f**의 행렬 $\mathbf{J}$와 같음을 알 수 있다. 문제 **17f**에서 나온 행렬 $\mathbf{T}$를 써서 $\lambda = 2$인 곱 $\mathbf{T}\exp(\mathbf{J}t)$를 만들어라. 그 결과로 나온 행렬은 문제 **17e**에서의 행렬 $\mathbf{\Psi}(t)$와 같다. 그렇지 않다면, 그 불일치를 설명하라.

6.9 비제차 선형 연립방정식

이 절에서는 다음과 같은 비제차 연립방정식으로 관심을 돌려보자.

$$\mathbf{x}' = \mathbf{P}(t)\mathbf{x} + \mathbf{g}(t) \tag{1}$$

이때, $n \times n$ 행렬 $\mathbf{P}(t)$와 $n \times 1$ 벡터 $\mathbf{g}(t)$는 구간 $\alpha < t < \beta$에서 연속이다. 3.5절에서와 같은 논리로(또한 이 절의 연습문제 **12** 참고) 식 (1)의 일반해는 다음과 같이 표현할 수 있다.

$$\mathbf{x} = c_1\mathbf{x}^{(1)}(t) + \cdots + c_n\mathbf{x}^{(n)}(t) + \mathbf{v}(t) \tag{2}$$

이때, $c_1\mathbf{x}^{(1)}(t) + \cdots + c_n\mathbf{x}^{(n)}(t)$는 제차 연립방정식 $\mathbf{x}' = \mathbf{P}(t)\mathbf{x}$의 일반해이고 $\mathbf{v}(t)$는 비제차 연립

방정식 (1)의 특수해이다. $\mathbf{v}(t)$를 구하는 몇 가지 방법을 간단하게 설명하고자 한다.

▶ **대각화(Diagonalization).** $\mathbf{A}$가 $n \times n$인 대각화할 수 있는 상수행렬일 때, 다음과 같은 형태의 연립방정식에서 시작해 보자.

$$\mathbf{x}' = \mathbf{A}\mathbf{x} + \mathbf{g}(t) \tag{3}$$

6.7절에서 설명한 대로 계수행렬 $\mathbf{A}$를 대각화하여 식 (3)을 쉽게 풀리는 연립방정식으로 바꿀 수 있다.

$\mathbf{T}$를 $\mathbf{A}$의 고유벡터 $\xi^{(1)}, \ldots, \xi^{(n)}$을 열들로 갖는 행렬로 두고 새로운 종속변수 $\mathbf{y}$를 다음과 같이 정의하자.

$$\mathbf{x} = \mathbf{T}\mathbf{y} \tag{4}$$

그러면, 식 (3)에서 $\mathbf{x}$를 치환하면 다음을 얻는다.

$$\mathbf{T}\mathbf{y}' = \mathbf{A}\mathbf{T}\mathbf{y} + \mathbf{g}(t)$$

이 식에 $\mathbf{T}^{-1}$를 곱하면

$$\mathbf{y}' = \left(\mathbf{T}^{-1}\mathbf{A}\mathbf{T}\right)\mathbf{y} + \mathbf{T}^{-1}\mathbf{g}(t) = \mathbf{D}\mathbf{y} + \mathbf{h}(t) \tag{5}$$

가 되는데 여기서 $\mathbf{h}(t) = \mathbf{T}^{-1}\mathbf{g}(t)$이고, $\mathbf{D}$는 A의 고윳값 $r_1, \ldots, r_n$을 대각 요소들로 갖는 대각행렬이며 이때의 고윳값 순에 해당되는 고유벡터 $\xi^{(1)}, \ldots, \xi^{(n)}$이 $\mathbf{T}$의 열들에 나타난다. 식 (5)는 $y_1(t), \ldots, y_n(t)$에 대해 서로 *연결되어 있지 않은*(uncoupled) n개의 식인 연립방정식이다; 결국 이 식들을 따로따로 풀 수 있다. 식 (5)를 스칼라 형태로 쓰면 $g_1(t), \ldots, g_n(t)$의 적당한 일차결합인 $h_j(t)$에 대해

$$y_j'(t) = r_j y_j(t) + h_j(t), \quad j = 1, \ldots, n \tag{6}$$

가 된다. 식 (6)은 1계 선형 미분방정식이므로 2.1절에서 소개한 방법으로 풀 수 있다. 실제로, 임의의 상수 c_j에 대하여 다음을 얻는다.

$$y_j(t) = e^{r_j t}\int_{t_0}^{t} e^{-r_j s} h_j(s)\,ds + c_j e^{r_j t}, \quad j = 1, \ldots, n, \tag{7}$$

결국, 식 (3)의 해 $\mathbf{x}$는 식 (4)로부터 얻어진다. 변환행렬 $\mathbf{T}$를 곱하면 식 (7)의 우변의 두 번째 항에서 제차 미분방정식 $\mathbf{x}' = \mathbf{A}\mathbf{x}$의 일반해가 나오는 반면, 식 (7)의 우변의 첫 번째 항에서는 비제차 연립방정식 (3)의 특수해가 나온다.

예제 6.9.1

다음 연립방정식의 일반해를 구하라.

$$\mathbf{x}' = \begin{pmatrix} -2 & 1 \\ 1 & -2 \end{pmatrix}\mathbf{x} + \begin{pmatrix} 2e^{-t} \\ 3t \end{pmatrix} = \mathbf{A}\mathbf{x} + \mathbf{g}(t) \tag{8}$$

풀이

6.5절에서처럼 전개하여 계수행렬의 고윳값 $r_1 = -3,\ r_2 = -1$과 이에 대응되는 고유벡터

$$\xi^{(1)} = \begin{pmatrix} 1 \\ -1 \end{pmatrix} \quad \text{그리고} \quad \xi^{(2)} = \begin{pmatrix} 1 \\ 1 \end{pmatrix} \tag{9}$$

을 구할 수 있다.

따라서, 제차 연립방정식의 일반해는

$$\mathbf{x} = c_1 \begin{pmatrix} 1 \\ -1 \end{pmatrix} e^{-3t} + c_2 \begin{pmatrix} 1 \\ 1 \end{pmatrix} e^{-t} \tag{10}$$

이다. 고유벡터들의 행렬 $\mathbf{T}$를 적기 전에, 결국엔 $\mathbf{T}^{-1}$를 찾아야만 한다는 점을 상기하자. 계수행렬 $\mathbf{A}$는 실수이고 대칭이므로 예제 6.7.3에서 말한 결과를 이용할 수 있다: $\mathbf{A}$의 고유벡터들이 $(\xi, \xi) = 1$로 정규화되면 $\mathbf{T}^{-1}$는 단순히 $\mathbf{T}$의 수반행렬이거나 또는 ($\mathbf{T}$가 실수이므로) 전치행렬이다. 따라서, $\xi^{(1)}$과 $\xi^{(2)}$의 길이가 모두 $\sqrt{2}$이므로, 다음과 같이 정의한다.

$$\mathbf{T} = \frac{1}{\sqrt{2}} \begin{pmatrix} 1 & 1 \\ -1 & 1 \end{pmatrix}, \quad \text{그리고} \quad \mathbf{T}^{-1} = \frac{1}{\sqrt{2}} \begin{pmatrix} 1 & -1 \\ 1 & 1 \end{pmatrix} \tag{11}$$

$\mathbf{x} = \mathbf{Ty}$로 두고 식 (8)에서 $\mathbf{x}$를 치환하면 새로운 종속변수 $\mathbf{y}$에 대한 다음의 연립방정식을 얻게 된다.

$$\mathbf{y}' = \mathbf{Dy} + \mathbf{T}^{-1}\mathbf{g}(t) = \begin{pmatrix} -3 & 0 \\ 0 & -1 \end{pmatrix} \mathbf{y} + \frac{1}{\sqrt{2}} \begin{pmatrix} 2e^{-t} - 3t \\ 2e^{-t} + 3t \end{pmatrix} \tag{12}$$

따라서

$$\begin{aligned} y_1' + 3y_1 &= \sqrt{2}e^{-t} - \frac{3}{\sqrt{2}}t, \\ y_2' + y_2 &= \sqrt{2}e^{-t} + \frac{3}{\sqrt{2}}t \end{aligned} \tag{13}$$

이다. 식 (13)의 각 식은 1계 선형 미분방정식이므로 2.1절에서 소개한 방법으로 풀 수 있다. 그렇게 하여 다음을 얻는다.

$$\begin{aligned} y_1 &= \frac{\sqrt{2}}{2}e^{-t} - \frac{3}{\sqrt{2}}\left(\frac{t}{3} - \frac{1}{9}\right) + c_1 e^{-3t}, \\ y_2 &= \sqrt{2}te^{-t} + \frac{3}{\sqrt{2}}(t-1) + c_2 e^{-t} \end{aligned} \tag{14}$$

끝으로, 해를 원래의 변수들에 대해 쓰면 다음과 같다.

$$\begin{aligned} \mathbf{x} = \mathbf{Ty} &= \frac{1}{\sqrt{2}} \begin{pmatrix} y_1 + y_2 \\ -y_1 + y_2 \end{pmatrix} \\ &= \begin{pmatrix} \dfrac{c_1}{\sqrt{2}}e^{-3t} + \left(\dfrac{c_2}{\sqrt{2}} + \dfrac{1}{2}\right)e^{-t} + t - \dfrac{4}{3} + te^{-t} \\ -\dfrac{c_1}{\sqrt{2}}e^{-3t} + \left(\dfrac{c_2}{\sqrt{2}} - \dfrac{1}{2}\right)e^{-t} + 2t - \dfrac{5}{3} + te^{-t} \end{pmatrix} \\ &= k_1 \begin{pmatrix} 1 \\ -1 \end{pmatrix} e^{-3t} + k_2 \begin{pmatrix} 1 \\ 1 \end{pmatrix} e^{-t} + \frac{1}{2} \begin{pmatrix} 1 \\ -1 \end{pmatrix} e^{-t} + \begin{pmatrix} 1 \\ 1 \end{pmatrix} te^{-t} + \begin{pmatrix} 1 \\ 2 \end{pmatrix} t - \frac{1}{3} \begin{pmatrix} 4 \\ 5 \end{pmatrix} \end{aligned} \tag{15}$$

여기서 $k_1 = c_1/\sqrt{2}$이고 $k_2 = c_2/\sqrt{2}$이다. 식 (15)의 우변의 처음 두 항은 식 (8)에 대응되는 제차 연립방정식의 일반해를 이룬다. 나머지 항들은 비제차 연립방정식의 특수해이다.

식 (3)의 계수행렬 **A**를 (중복 고윳값과 그로 인한 고유벡터의 부족으로 인해) 대각화할 수 없더라도 고유벡터와 일반화된 고유벡터를 모두 포함하는 적당한 변환행렬 **T**를 써서 Jordan 형식 **J**로 만들 수 있다. 이 경우엔 $y_1, \dots, y_n$에 대한 미분방정식들이 서로 연결되어 있을 수도 있는데, 왜냐하면 **J**에는 영이 아닌 요소들이 두 개 있는 행이 있기 때문이다: 즉, 대각선에 놓여 있는 고윳값과 이것의 오른쪽에 인접한 1이 있다. 그러나 여전히 $y_1, \dots, y_n$에 대한 방정식들을 y_n부터 시작해서 연속적으로 풀 수 있다. 그러면 원래의 연립방정식 (3)의 해는 관계식 $\mathbf{x} = \mathbf{Ty}$로부터 구할 수 있다.

▶ **미정계수법(Undetermined Coefficients).** 비제차 연립방정식 (1)의 특수해를 구하는 두 번째 방법은 3.5절에서 처음 소개한 미정계수법이다. 이 방법을 쓰려면 몇 개 또는 전체의 계수가 정해지지 않은 상태에서 해의 형태를 가정한 다음, 주어진 미분방정식을 만족하는 계수들을 찾아야 한다. 실질적으로 이런 방법은 계수행렬 **P**가 상수행렬이고 **g**의 성분들이 다항식이거나 지수함수, 또는 사인곡선 함수들이거나 이런 함수들의 합이나 곱일 때만 사용 가능하다. 이런 경우 올바른 해의 형태를 단순하고 체계적으로 예측할 수 있다. 이 해의 형태를 선택하는 과정은 3.5절에서 선형 2계 미분방정식에 대해 진행한 과정과 같다. 가장 큰 차이점은 λ가 고유방정식의 단순 근일 때, $\mathbf{u}e^{\lambda t}$ 형태의 비제차 항이 있는 경우로 설명할 수 있다는 것이다. 이 경우 $\mathbf{a}te^{\lambda t}$ 형태의 해를 가정하기보다, 미분방정식에 대입하여 결정할 수 있는 **a**와 **b**에 대한 $\mathbf{a}te^{\lambda t} + \mathbf{b}e^{\lambda t}$으로 써야 한다.

예제 6.9.2

미정계수법을 써서 다음의 특수해를 구하라.

$$\mathbf{x}' = \begin{pmatrix} -2 & 1 \\ 1 & -2 \end{pmatrix}\mathbf{x} + \begin{pmatrix} 2e^{-t} \\ 3t \end{pmatrix} = \mathbf{Ax} + \mathbf{g}(t) \tag{16}$$

풀이

이것은 예제 6.9.1에서의 연립방정식과 똑같다. 미정계수법을 쓰기 위하여 $\mathbf{g}(t)$를 다음 형식으로 쓴다.

$$\mathbf{g}(t) = \begin{pmatrix} 2 \\ 0 \end{pmatrix} e^{-t} + \begin{pmatrix} 0 \\ 3 \end{pmatrix} t \tag{17}$$

$r = -1$은 계수행렬의 고윳값이고, 따라서 가정할 해에 $\mathbf{a}te^{-t}$과 $\mathbf{b}e^{-t}$을 모두 포함해야 한다. 따라서, 앞으로 결정해야 할 **a**, **b**, **c**, **d**에 대해 다음을 가정한다.

$$\mathbf{x} = \mathbf{v}(t) = \mathbf{a}te^{-t} + \mathbf{b}e^{-t} + \mathbf{c}t + \mathbf{d} \tag{18}$$

식 (18)을 식 (16)에 대입하고 항들을 정리하면 **a**, **b**, **c**, **d**에 대한 다음의 대수 방정식들을 얻게 된다.

$$\begin{aligned} \mathbf{Aa} &= -\mathbf{a}, \\ \mathbf{Ab} &= \mathbf{a} - \mathbf{b} - \begin{pmatrix} 2 \\ 0 \end{pmatrix}, \\ \mathbf{Ac} &= -\begin{pmatrix} 0 \\ 3 \end{pmatrix}, \\ \mathbf{Ad} &= \mathbf{c} \end{aligned} \tag{19}$$

식 (19)의 첫 번째 식으로부터 **a**가 고윳값 $r = -1$에 대응되는 **A**의 고유벡터임을 알 수 있다. 따라서 영이 아닌 임의의 상수 α에 대하여 $\mathbf{a} = (\alpha, \alpha)^T$이다. 식 (19)의 두 번째 식은 $\alpha = 1$인 경우에만 풀 수 있으며 이 경우는 임의의 상수 k에 대하여

$$\mathbf{b} = k\begin{pmatrix}1\\1\end{pmatrix} - \begin{pmatrix}0\\1\end{pmatrix} \tag{20}$$

이다. 가장 간단한 선택은 $k = 0$이며, 이로부터 $\mathbf{b} = (0, -1)^T$이 된다.

또한, 식 (19)의 세 번째와 네 번째 식으로부터 각각 $\mathbf{c} = (1, 2)^T$와 $\mathbf{d} = -\frac{1}{3}(4, 5)^T$가 된다. 끝으로, 식 (18)로부터 다음의 특수해를 얻는다.

$$\mathbf{v}(t) = \begin{pmatrix}1\\1\end{pmatrix}te^{-t} - \begin{pmatrix}0\\1\end{pmatrix}e^{-t} + \begin{pmatrix}1\\2\end{pmatrix}t - \frac{1}{3}\begin{pmatrix}4\\5\end{pmatrix} \tag{21}$$

특수해 (21)은 $\mathbf{e}^{-t}$의 항이 다르기 때문에 예제 6.9.1의 식 (15) 안에 포함된 특수해와 같지 않다. 그러나 식 (20)에서 $k = \frac{1}{2}$을 선택하면 $\mathbf{b} = -\frac{1}{2}(1, 1)^T$이므로 이 두 특수해는 같다.

▶ **매개변수 변형법(Variation of Parameters).** 이제 계수행렬이 상수가 아니거나 대각화될 수 없는 좀 더 일반적인 문제로 관심을 돌려보자. $\alpha < t < \beta$에서 연속인 $\mathbf{P}(t)$, $\mathbf{g}(t)$에 대해

$$\mathbf{x}' = \mathbf{P}(t)\mathbf{x} + \mathbf{g}(t) \tag{22}$$

라 두자. 이에 대응되는 제차 연립방정식

$$\mathbf{x}' = \mathbf{P}(t)\mathbf{x} \tag{23}$$

에 대한 기본행렬 $\mathbf{\Psi}(t)$을 구했다고 가정하고, 매개변수 변형법을 사용하여 비제차 연립방정식 (22)의 특수해를 구하면 일반해를 얻을 수 있다.

제차 연립방정식 (23)의 일반해가 $\mathbf{\Psi}(t)\mathbf{c}$이므로, 3.6절에서와 마찬가지로 상수 벡터 $\mathbf{c}$를 벡터 함수 $\mathbf{u}(t)$로 바꿔서 비제차 연립방정식 (22)의 해를 구하고자 한다. 따라서 앞으로 구할 벡터 $\mathbf{u}(t)$에 대해

$$\mathbf{x} = \mathbf{\Psi}(t)\mathbf{u}(t) \tag{24}$$

라고 가정하자. 식 (24)에 의해 주어진 $\mathbf{x}$를 미분하고 식 (22)를 만족하게 하면 다음을 얻게 된다.

$$\mathbf{\Psi}'(t)\mathbf{u}(t) + \mathbf{\Psi}(t)\mathbf{u}'(t) = \mathbf{P}(t)\mathbf{\Psi}(t)\mathbf{u}(t) + \mathbf{g}(t) \tag{25}$$

$\mathbf{\Psi}(t)$는 기본행렬이기 때문에 $\mathbf{\Psi}'(t) = \mathbf{P}(t)\mathbf{\Psi}(t)$이다; 따라서 식 (25)가

$$\mathbf{\Psi}'(t)\mathbf{u}'(t) = \mathbf{g}(t) \tag{26}$$

가 된다. $\mathbf{\Psi}(t)$는 $\mathbf{P}$가 연속인 임의의 구간에서 비특이행렬이다. 따라서 $\mathbf{\Psi}^{-1}(t)$가 존재하여

$$\mathbf{u}'(t) = \mathbf{\Psi}^{-1}(t)\mathbf{g}(t) \tag{27}$$

이므로, $\mathbf{u}(t)$에 대해 식 (27)을 만족하는 벡터들의 집합에서 임의의 벡터를 선택할 수 있다. 이런 벡터들은 임의의 상수 벡터가 더해지는 만큼만 결정된다; 따라서 임의의 상수 벡터 $\mathbf{c}$에 대해 $\mathbf{u}(t)$를 다음과 같이 나타낼 수 있다.

$$\mathbf{u}(t) = \int \mathbf{\Psi}^{-1}(t)\mathbf{g}(t)\,dt + \mathbf{c} \tag{28}$$

식 (28)의 적분을 계산할 수 있다면 연립방정식 (22)의 일반해는 식 (24)에 식 (28)의 $\mathbf{u}(t)$를 대입하면 구할 수 있다. 그렇지만 적분을 계산할 수 없어도, 구간 (α, β)의 임의의 점 t_1에 대하여 식 (22)의 일반해는 여전히 다음의 형태로 쓸 수 있다.

$$\mathbf{x} = \mathbf{\Psi}(t)\mathbf{c} + \mathbf{\Psi}(t)\int_{t_1}^{t} \mathbf{\Psi}^{-1}(s)\mathbf{g}(s)\,ds \tag{29}$$

식 (29)의 우변의 첫 번째 항은 대응되는 제차 연립방정식 (23)의 일반해이고, 두 번째 항은 식 (22)의 특수해이다.

이제 미분방정식 (22)와 다음의 초기조건으로 구성된 초깃값 문제를 살펴보자.

$$\mathbf{x}(t_0) = \mathbf{x}^0 \tag{30}$$

식 (29)에서 적분의 하한값을 초깃점 t_0로 선택하면 이 문제의 해를 가장 쉽게 구할 수 있다. 그러면 이 미분방정식의 일반해는 다음과 같다.

$$\mathbf{x} = \mathbf{\Psi}(t)\mathbf{c} + \mathbf{\Psi}(t)\int_{t_0}^{t} \mathbf{\Psi}^{-1}(s)\mathbf{g}(s)\,ds \tag{31}$$

식 (31)에서 $t = t_0$에 대한 적분값이 영이므로

$$\mathbf{c} = \mathbf{\Psi}^{-1}(t_0)\mathbf{x}^0 \tag{32}$$

로 선택하면 초기조건 (30)도 만족한다. 따라서

$$\mathbf{x} = \mathbf{\Psi}(t)\mathbf{\Psi}^{-1}(t_0)\mathbf{x}^0 + \mathbf{\Psi}(t)\int_{t_0}^{t} \mathbf{\Psi}^{-1}(s)\mathbf{g}(s)\,ds \tag{33}$$

는 주어진 초깃값 문제의 해이다. 해 (29)와 (33)을 $\mathbf{\Psi}^{-1}$를 써서 표현하면 도움이 되지만, 필요한 방정식들을 풀 때 행 축소법을 이용하는 것이 $\mathbf{\Psi}^{-1}$를 계산해서 식 (29)와 (33)에 대입하는 것보다 더 나을 때가 있다.

$\mathbf{\Phi}(t_0) = \mathbf{I}$를 만족하는 기본행렬 $\mathbf{\Phi}(t)$를 사용하면 해 (33)을 훨씬 더 간결한 형태로 쓸 수 있다. 이 경우엔 다음의 식을 얻게 된다.

$$\mathbf{x} = \mathbf{\Phi}(t)\mathbf{x}^0 + \mathbf{\Phi}(t)\int_{t_0}^{t} \mathbf{\Phi}^{-1}(s)\mathbf{g}(s)\,ds \tag{34}$$

계수행렬 $\mathbf{P}(t)$가 상수행렬이면 식 (34)를 더 간단하게 쓸 수 있다(연습문제 **16** 참고).

예제 6.9.3

매개변수 변형법을 써서 다음 연립방정식의 일반해를 구하라.

$$\mathbf{x}' = \begin{pmatrix} -2 & 1 \\ 1 & -2 \end{pmatrix}\mathbf{x} + \begin{pmatrix} 2e^{-t} \\ 3t \end{pmatrix} = \mathbf{A}\mathbf{x} + \mathbf{g}(t) \tag{35}$$

이것은 예제 6.9.1과 6.9.2의 연립방정식과 똑같다.

풀이

이에 대응되는 제차 연립방정식의 일반해는 식 (10)에 주어졌다. 따라서

$$\mathbf{\Psi}(t) = \begin{pmatrix} e^{-3t} & e^{-t} \\ -e^{-3t} & e^{-t} \end{pmatrix} \tag{36}$$

이 기본행렬이다. 그러면 식 (35)의 해 $\mathbf{x}$는 $\mathbf{x} = \mathbf{\Psi}(t)\mathbf{u}(t)$로 주어지는데, 여기서 $\mathbf{u}(t)$는 $\mathbf{\Psi}(t)\mathbf{u}'(t) = \mathbf{g}(t)$ 또는

$$\begin{pmatrix} e^{-3t} & e^{-t} \\ -e^{-3t} & e^{-t} \end{pmatrix}\begin{pmatrix} u_1' \\ u_2' \end{pmatrix} = \begin{pmatrix} 2e^{-t} \\ 3t \end{pmatrix} \tag{37}$$

를 만족한다. 식 (37)을 행 축소법으로 풀면, 다음을 얻는다.

$$u_1' = e^{2t} - \frac{3}{2}te^{3t},$$
$$u_2' = 1 + \frac{3}{2}te^t$$

따라서

$$u_1(t) = \frac{1}{2}e^{2t} - \frac{1}{2}te^{3t} + \frac{1}{6}e^{3t} + c_1,$$
$$u_2(t) = t + \frac{3}{2}te^t - \frac{3}{2}e^t + c_2$$

이고

$$\begin{aligned} \mathbf{x} &= \mathbf{\Psi}(t)\mathbf{u}(t) \\ &= c_1\begin{pmatrix} 1 \\ -1 \end{pmatrix}e^{-3t} + c_2\begin{pmatrix} 1 \\ 1 \end{pmatrix}e^{-t} + \frac{1}{2}\begin{pmatrix} 1 \\ -1 \end{pmatrix}e^{-t} + \begin{pmatrix} 1 \\ 1 \end{pmatrix}te^{-t} + \begin{pmatrix} 1 \\ 2 \end{pmatrix}t - \frac{1}{3}\begin{pmatrix} 4 \\ 5 \end{pmatrix} \end{aligned} \tag{38}$$

인데, 이는 예제 6.9.1에서 구한 해(식 (15))와 같으며, 예제 6.9.2에서 구한 해(식 (21))와 동치이다.

▶ **라플라스 변환법(Laplace Transforms).** 7장에서 임의의 계수를 갖는 선형 미분방정식을 풀기 위해 라플라스 변환을 사용할 것이다. 이는 연립 미분방정식을 풀 때도 매우 비슷한 방식으로 사용될 수 있다. 이 변환은 적분이기 때문에 벡터를 변환할 때는 각 성분별로 계산한다. 따라서 $\mathcal{L}\{\mathbf{x}(t)\}$는 그 성분이 $\mathbf{x}(t)$의 각각의 성분을 변환한 벡터이고, $\mathcal{L}\{\mathbf{x}'(t)\}$에 대해서도 비슷하다. $\mathcal{L}\{\mathbf{x}(t)\}$를 $\mathbf{X}(s)$로 표시하면, 정리 7.2.1을 벡터로 확장하여 다음을 얻는다.

$$\mathcal{L}\{\mathbf{x}'(t)\} = s\mathbf{X}(s) - \mathbf{x}(0) \tag{39}$$

예제 6.9.4

라플라스 변환법을 이용하여 다음 연립방정식을 풀어라.

$$\mathbf{x}' = \begin{pmatrix} -2 & 1 \\ 1 & -2 \end{pmatrix}\mathbf{x} + \begin{pmatrix} 2e^{-t} \\ 3t \end{pmatrix} = \mathbf{A}\mathbf{x} + \mathbf{g}(t) \tag{40}$$

이것은 예제 6.9.1부터 6.9.3까지의 연립방정식과 같다.

풀이

식 (40)의 각 항에 라플라스 변환을 취하면

$$s\mathbf{X}(s) - \mathbf{x}(0) = \mathbf{A}\mathbf{X}(s) + \mathbf{G}(s) \tag{41}$$

가 되고 이때의 $\mathbf{G}(s)$는 $\mathbf{g}(t)$의 변환이다. 변환 $\mathbf{G}(s)$는 다음과 같이 주어진다.

$$\mathbf{G}(s) = \begin{pmatrix} \dfrac{2}{s+1} \\ \dfrac{3}{s^2} \end{pmatrix} \tag{42}$$

더 진행하기 위해서 초기 벡터 $\mathbf{x}(0)$를 선택해야 한다. 간단히 $\mathbf{x}(0) = \mathbf{0}$을 선택하자. 그러면 식 (41)은 다음과 같이 된다.

$$(s\mathbf{I} - \mathbf{A})\mathbf{X}(s) = \mathbf{G}(s) \tag{43}$$

여기서, 보통 $\mathbf{I}$는 2×2 항등행렬이다. 결국, $\mathbf{X}(s)$는 다음과 같이 주어진다.

$$\mathbf{X}(s) = (s\mathbf{I} - \mathbf{A})^{-1}\mathbf{G}(s) \tag{44}$$

행렬 $(s\mathbf{I} - \mathbf{A})^{-1}$를 **전달행렬**(transfer matrix)이라고 부르는데, 그 이유는 이 행렬에 입력 벡터 $\mathbf{g}(t)$의 변환을 곱하면 출력 벡터 $\mathbf{x}(t)$의 변환이 나오기 때문이다. 이 예제에서

$$s\mathbf{I} - \mathbf{A} = \begin{pmatrix} s+2 & -1 \\ -1 & s+2 \end{pmatrix} \tag{45}$$

이고 이를 직접 계산하면 다음을 얻는다.

$$(s\mathbf{I} - \mathbf{A})^{-1} = \frac{1}{(s+1)(s+3)}\begin{pmatrix} s+2 & 1 \\ 1 & s+2 \end{pmatrix} \tag{46}$$

이때, 식 (44)에 식 (42)와 (46)을 대입하고 위에서 말한 곱을 진행하면 다음을 얻는다.

$$\mathbf{X}(s) = \begin{pmatrix} \dfrac{2(s+2)}{(s+1)^2(s+3)} + \dfrac{3}{s^2(s+1)(s+3)} \\ \dfrac{2}{(s+1)^2(s+3)} + \dfrac{3(s+2)}{s^2(s+1)(s+3)} \end{pmatrix} \tag{47}$$

끝으로, 변환 $\mathbf{X}(s)$로부터 해 $\mathbf{x}(t)$를 얻어야 한다. 이는 식 (47)의 식을 부분 분수로 전개하고 표 7.2.1을 이용하거나, 또는 적당한 컴퓨터 소프트웨어를 이용하면 된다. 어떤 경우든 간단히 정리하면 다음의 결과를 얻게 된다.

$$\mathbf{x}(t) = \begin{pmatrix} 2 \\ 1 \end{pmatrix}e^{-t} - \frac{2}{3}\begin{pmatrix} 1 \\ -1 \end{pmatrix}e^{-3t} + \begin{pmatrix} 1 \\ 1 \end{pmatrix}te^{-t} + \begin{pmatrix} 1 \\ 2 \end{pmatrix}t - \frac{1}{3}\begin{pmatrix} 4 \\ 5 \end{pmatrix} \tag{48}$$

식 (48)은 초기조건 $\mathbf{x}(0) = \mathbf{0}$을 만족하는 연립방정식 (40)의 특수해를 나타낸다. 결과적으로, 위 세 예제에서 얻은 특수해와 조금 다르다. 식 (40)의 일반해를 구하려면 식 (48)에 식 (40)에 대응되는 제차 연립방정식의 일반해 (10)을 더해야 한다.

비제차 미분방정식을 푸는 각각의 방법은 장점과 단점을 갖고 있다. 미정계수법은 적분을 계산하지 않아도 되지만, 적용범위가 제한되고 대수 방정식들의 해를 구해야 한다. 대각화 법은 변환행렬의 역행렬과 행렬의 곱으로 발생하는 서로 연결되어 있지 않은 1계 선형 미분방정식들의 해를 구해야 한다. 이 방법의 주된 장점은 Hermitian 계수행렬의 경우 변환행렬의 역행렬을 계산하지 않고도 쓸 수 있다는 점이다—사이즈가 큰 연립방정식일 때 더 중요한 성질이다. 라플라스 변환법은 곱셈을 하고 변환을 취해서 나온 결과식의 각 항에 대한 역변환을 결정하여 전달행렬을 구할 때 역행렬을 포함한다. 이 방법은 특히 불연속 항이나 임펄스 항을 포함하는 forcing 함수를 가진 문제를 풀 때 유용하다. 매개변수 변형법은 가장 일반적인 방법이다. 그러나 변수인 계수를 갖는 일련의 선형대수 방정식들을 풀어야 하고 이를 위해 적분과 행렬의 곱을 해야 하기

때문에 계산은 가장 복잡하다. 이 절의 예제들처럼 상수계수를 갖는 사이즈가 작은 연립방정식에 대해서는 이 모든 방법들이 잘 되기 때문에 어떤 방법을 선택해도 무방하다.

연습 문제

▶ 문제 **1**부터 **8**까지 주어진 연립방정식의 일반해를 구하라.

1. $\mathbf{x}' = \begin{bmatrix} -5 & 1 \\ 4 & -2 \end{bmatrix}\mathbf{x} + \begin{bmatrix} 6 \\ -1 \end{bmatrix} e^{2t}$

2. $\mathbf{x}' = \begin{bmatrix} 0 & 1 \\ -1 & 0 \end{bmatrix} x + \begin{bmatrix} \dfrac{1}{\cos t} \\ 0 \end{bmatrix}$

3. $\mathbf{x}' = \begin{pmatrix} 1 & 4 \\ 1 & -2 \end{pmatrix}\mathbf{x} + \begin{pmatrix} e^{-2t} \\ -2e^{t} \end{pmatrix}$

4. $\mathbf{x}' = \begin{pmatrix} -4 & 2 \\ 2 & -1 \end{pmatrix}\mathbf{x} + \begin{pmatrix} t^{-1} \\ 2t^{1} + 2 \end{pmatrix}, \quad t > 0$

5. $\mathbf{x}' = \begin{bmatrix} 2 & 1 \\ 0 & 3 \end{bmatrix} x + \begin{bmatrix} 0 \\ te^{t} \end{bmatrix}$

6. $\mathbf{x}' = \begin{pmatrix} 1 & 4 \\ 1 & 1 \end{pmatrix}\mathbf{x} + \begin{pmatrix} 2 \\ -1 \end{pmatrix} e^{t}$

7. $\mathbf{x}' = \begin{pmatrix} -5/4 & 3/4 \\ 3/4 & -5/4 \end{pmatrix}\mathbf{x} + \begin{pmatrix} 4t \\ e^{t} \end{pmatrix}$

8. $\mathbf{x}' = \begin{pmatrix} 2 & 1 \\ -5 & -2 \end{pmatrix}\mathbf{x} + \begin{pmatrix} \cos t \\ \sec t \end{pmatrix}, \quad \dfrac{\pi}{2} < t < \pi$

9. 전기회로는 다음 연립 미분방정식으로 표현된다.

$$\frac{d}{dt}\begin{pmatrix} I \\ V \end{pmatrix} = \begin{pmatrix} -1 & -1 \\ 3 & -5 \end{pmatrix}\begin{pmatrix} I \\ V \end{pmatrix} + \begin{pmatrix} 1 \\ 0 \end{pmatrix} I(t) \tag{49}$$

a. 식 (49)에 대응되는 제차 연립방정식의 기본행렬 $\mathbf{\Psi}(t)$를 결정하라. 6.6절의 연습문제 **20**을 참조하라.

b. $I(t) = e^{-t}$일 때, 초기조건 $\mathbf{x}(0) = \mathbf{0}$을 만족하는 연립방정식 (49)의 해를 구하라.

▶ 문제 **10**과 **11**에서 주어진 벡터가 대응되는 제차 연립방정식의 일반해임을 보이고, 비제차 연립방정식을 풀어라. 여기서 $t > 0$이라고 가정하자.

10. $t\mathbf{x}' = \begin{bmatrix} 3 & -1 \\ 8 & -3 \end{bmatrix}\mathbf{x} + \begin{pmatrix} 1 - t^2 \\ 2t \end{pmatrix}$

11. $t\mathbf{x}' = \begin{pmatrix} 3 & -2 \\ 2 & -2 \end{pmatrix}\mathbf{x} + \begin{pmatrix} -2t \\ t^4 - 1 \end{pmatrix},$

$$\mathbf{x}^{(c)} = c_1\begin{pmatrix} 1 \\ 2 \end{pmatrix} t^{-1} + c_2\begin{pmatrix} 2 \\ 1 \end{pmatrix} t^{2}$$

12. $\mathbf{x} = \phi(t)$를 $\mathbf{x}' = \mathbf{P}(t)\mathbf{x} + \mathbf{g}(t)$의 일반해라 두고 $\mathbf{x} = \mathbf{v}(t)$를 같은 연립방정식의 특수해라고 두자. 이 두 해의 차 $\phi(t) - \mathbf{v}(t)$를 고려하여 제차 연립방정식 $\phi(t) = \mathbf{u}(t) + \mathbf{v}(t)$의 일반해인 $\mathbf{u}(t)$에 대해 $\mathbf{x}' = \mathbf{P}(t)\mathbf{x}$임을 보여라.

▶ **매개변수 변형법의 또 다른 유도**(Alternate Derivation of Variation of Parameters). 3.6절에서 2계 선형 미분방정식에 대한 매개변수 변형법이 처음 나왔을 때와 4.4절에서 고계 선형 미분방정식에 대한 매개변수 변형법이 다시 나왔을 때, 변하는 미지 계수를 결정해야 하는 방정식 몇 가지는 이 변하는 미지 계수들의 고계 도함수가 매개변수 변형 과정 안에서 나오지 않도록 선택되었다. 실제로 문제 **13**부터 **15**까지에서 보인 것처럼, 매개변수 변형 방정식들을 연립 1계 선형 미분방정식과 동치라고 생각하면 완벽하게 설명할 수 있다. 문제 **13**과 **14**에서 3.6절의 두 문제를 다시 고려하자; 문제 **15**에서 이런 관계가 임의의 2계 선형 미분방정식에 대해 참임을 보인다. 같은 방법으로 고계 선형 미분방정식에 대한 매개변수 변형도 설명할 수 있다.[10]

[10] 이 문제들은 캔사스 대학의 Weishi Liu와의 서신이 동기가 되었다.

문제 **13**과 **14**에 비제차 2계 선형 미분방정식과 이에 대응되는 제차 미분방정식의 일차독립인 두 해 y_1과 y_2가 주어져 있다. 이 정보를 이용하여 다음 단계들을 완성하라.

a. $x_1 = y$와 $x_2 = y'$에 대해 이와 동치인 비제차 연립 1계 선형 미분방정식을 구하라.

b. $\mathbf{x}^{(1)} = (y_1, y_1')^T$와 $\mathbf{x}^{(2)} = (y_2, y_2')^T$가 **a**에서 구한 연립방정식에 대한 해임을 보여라(결국, $\mathbf{\Psi} = (\mathbf{x}^{(1)}|\mathbf{x}^{(2)})$는 똑같은 제차 연립방정식에 대한 기본행렬이다).

c. $y = y_1(t)u_1(t) + y_2(t)u_2(t)$가 주어진 비제차 2계 미분방정식의 특수해가 되도록 하는 매개변수 변형을 구하라.

d. $\mathbf{x} = \mathbf{\Psi}(t)\mathbf{u}(t)$가 **a**에서 구한 비제차 연립 2계 미분방정식의 특수해가 되도록 하는 매개변수 변형을 구하라.

e. **b**에서의 $\mathbf{x}^{(1)}$, $\mathbf{x}^{(2)}$의 정의를 이용하여 **c**에서 구한 연립방정식과 **d**에서 구한 연립방정식이 동일함을 보여라.

13. $y'' - 5y' + 6y = 2e^t$, $y_1 = e^{2t}$, $y_2 = e^{3t}$ (3.6절 연습문제 **1**)

14. $t^2y'' - t(t+2)y' + (t+2)y = 2t^3 (t > 0)$, $y_1 = t$, $y_2 = te^t$ (3.6절 연습문제 **11**)

15. 일반적인 비제차 2계 선형 미분방정식 $y'' + p(t)y' + q(t)y = g(t)$에 대해 단계 **a~e**를 수행하라. 이때, $y_1 = y_1(t)$와 $y_2 = y_2(t)$는 대응 제차 미분방정식에 대한 기본해 집합을 이룬다.

16. 다음의 초깃값 문제를 고려하자.

$$\mathbf{x}' = \mathbf{A}\mathbf{x} + \mathbf{g}(t), \quad \mathbf{x}(0) = \mathbf{x}^0$$

a. 6.7절의 연습문제 **12c**를 참고하여 다음을 증명하라.

$$\mathbf{x} = \mathbf{\Phi}(t)\mathbf{x}^0 + \int_0^t \mathbf{\Phi}(t-s)\mathbf{g}(s)\,ds$$

b. 또한 다음을 보여라.

$$\mathbf{x} = \exp(\mathbf{A}t)\mathbf{x}^0 + \int_0^t \exp(\mathbf{A}(t-s))\mathbf{g}(s)\,ds$$

이 결과를 3.6절의 연습문제 **22**와 비교하라.

17. 라플라스 변환을 써서 이 절의 예제에서 사용된 다음 연립방정식을 풀어라.

$$\mathbf{x}' = \begin{pmatrix} -2 & 1 \\ 1 & -2 \end{pmatrix}\mathbf{x} + \begin{pmatrix} 2e^{-t} \\ 3t \end{pmatrix} = \mathbf{A}x + \mathbf{g}(t) \tag{50}$$

예제 6.9.4와 같이 영인 초기조건 대신, 임의의 α_1, α_2에 대한 다음과 같은 초기조건을 고려하자.

$$\mathbf{x}(0) = \begin{pmatrix} \alpha_1 \\ \alpha_2 \end{pmatrix} \tag{51}$$

해가 식 (38)과 같아지려면 α_1과 α_2를 어떻게 선택해야 하는가?

개념 문제

C6.1. 1계 선형 방정식(정리 2.4.1)과 1계 선형 연립방정식(정리 6.1.2)의 존재성과 유일성 정리를 비교하고 대조하라.

C6.2. 1계 비선형 방정식(정리 2.4.2)과 1계 비선형 연립방정식(정리 6.1.1)의 존재성과 유일성 정리를 비교하고 대조하라.

C6.3. 차수가 n인 선형 미분방정식은 항상 1계 선형 미분방정식의 연립방정식으로 변환할 수 있음을 설명하라.

C6.4. $y^{(1)}, y^{(2)}, \ldots, y^{(n)}$이 n개의 1계 선형 미분방정식들의 연립방정식의 해라면, 이들의 일차결합도 역시 해가 됨을 검증하라.

C6.5. 1계 제차 선형 미분방정식의 연립방정식의 해를 구하는 방법에 대해 간략히 설명하라.

C6.6. 4.1절과 6.4절에서 정의된 론스키안(Wronskian)의 정의가 어떻게 일치하는지 설명하라.

C6.7. n개의 제차 선형 미분방정식의 연립방정식의 해가 일차적으로 독립적인지 또는 종속적인지와 론스키안이 어떻게 관련되는지 설명하라.

C6.8. 투영 행렬(projection matrix)의 고윳값(eigenvalues)과 고유벡터(eigenvectors)는 무엇인가?

C6.9. λ를 구하기 위해 고유방정식을 어떻게 설정하는가?

C6.10. 연립방정식 $\mathbf{x}' = \mathbf{A}\mathbf{x}$가 n개의 해로 이루어진 기본해 집합을 $\mathbf{x} = \xi e^{rt}$ 형태로 가질 수 있는 조건은 무엇인가? (단, $\mathbf{A}$가 실수값의 고윳값만 가지고, 서로 구별되지 않는다고 가정한다.)

C6.11. $\mathbf{A}$가 복소수 고윳값을 갖는 2×2 행렬일 때, 위상 궤적은 어떤 특징적인 형태를 가지는가?

C6.12. 고윳값으로 복소수 값을 갖는 2×2 행렬의 $\mathbf{x}' = \mathbf{A}\mathbf{x}$의 위상 궤적에서 궤적은 고윳값의 실수 부분의 부호를 어떻게 나타내는가?

C6.13. 복소수 값을 갖는 고윳값과 복소수 고유벡터는 $\mathbf{x}' = \mathbf{A}\mathbf{x}$에 대한 실수값 해를 어떻게 생성하는가?

C6.14. 2×2 행렬 $\mathbf{A}$의 고윳값 부호는 $\mathbf{x}' = \mathbf{A}\mathbf{x}$의 평형 해의 정성적 분류(qualitative classification)를 어떻게 결정하는가?

C6.15. 왜 모든 기본행렬은 비특이행렬인가?

C6.16. 기본행렬 $\mathbf{\Psi}(t)$가 주어졌을 때, $\mathbf{\Phi}(0) = \mathbf{I}$을 만족하는 기본행렬 $\mathbf{\Phi}(t)$를 구하기 위해 추가적으로 해야 할 것은 무엇인가? 이러한 추가 작업을 수행하는 경우는 언제인가?

C6.17. 연립방정식 $\mathbf{x}' = \mathbf{A}\mathbf{x}$에서 $\Phi(0) = \mathbf{I}$을 만족하는 기본행렬 $\mathbf{\Phi}(t)$가 행렬 지수함수 $e^{\mathbf{A}t}$와 같다는 것은 어떻게 알 수 있는가?

C6.18. $n \times n$ 행렬 $\mathbf{A}$가 주어지고 $k \to \infty$일 때 $\mathbf{A}^k \to 0$이면, 이 행렬의 모든 고윳값 λ_i이 $|\lambda_i| < 1$을 만족할 때만 가능한다.

C6.19. $\mathbf{A}$가 대각화 가능인 경우, $\mathbf{\Phi}(0) = \mathbf{I}$을 만족하는 기본행렬 $\mathbf{\Phi}(t)$을 $\mathbf{A}$의 고윳값과 고유벡터로부터 어떻게 계산할 수 있는가?

C6.20. $\mathbf{A}$의 고윳값 r에 대해 두 가지 다중도가 존재하는데, 그것이 무엇인지 설명하고 상대적인 크기를 포함하여 차이점을 설명하라.

C6.21. 모든 중복된 고윳값이 문제가 되는 것은 아니다. 어떤 다른 경우가 있는가? 어떤 것이 특별히 고려되어야 하는가?

C6.22. $\boldsymbol{\xi}$가 A의 고윳값 ρ와 관련된 고유 벡터라고 가정하고, ρ의 기하적 다중도(geometric multiplicity)가 ρ의 대수적 다중도(algebraic multiplicity)보다 작다고 가정하면, $\mathbf{x} = \xi te^{\rho t}$는 $\mathbf{x}' = \mathbf{A}\mathbf{x}$의 해이다. $\mathbf{x} = \xi te^{\rho t}$가 $\mathbf{x}' = \mathbf{A}\mathbf{x}$의 두 번째 일차독립인 해가 아닌 이유와 해의 형태를 보여라.

C6.23. 두 개의 일차독립인 해가 존재하지 않는 선형 제차 미분방정식들의 연립방정식의 예를 제시하라.

C6.24. $\mathbf{x}' = \mathbf{A}\mathbf{x} + \mathbf{g}(t)$를 풀기 위한 대각화 방법의 기본 개념을 말로 설명하라.

C6.25. $\mathbf{x}' = \mathbf{A}\mathbf{x} + \mathbf{g}(t)$를 풀기 위한 미정계수법의 기본 개념을 말로 설명하라.

C6.26. $\mathbf{x}' = \mathbf{A}\mathbf{x} + \mathbf{g}(t)$를 풀기 위한 매개변수 변형법의 기본 개념을 가능한 한 적은 표기법을 사용하여 설명하라.

C6.27. $\mathbf{x}' = \mathbf{A}\mathbf{x} + \mathbf{g}(t)$, $\mathbf{x}(0) = \mathbf{x}^0$을 풀기 위한 라플라스 변환법의 기본 개념을 가능한 한 적은 표기법을 사용하여 설명하라.

개념 문제 답

C6.1. 선형 방정식에 대한 두 가지 존재 정리와 고유성 정리는 매우 유사하다. 가장 큰 차이점은 하나의 계수 $p(t)$ 대신 n^2개의 계수, $p_{ij}(t)$가 있고, 하나의 우변 $g(t)$ 대신 n개의 우변 $g_i(t)$가 있다는 점이다. t_0이 포함된 구간에서 해당 함수들이 연속이면, 구간 전체에서 유일한 해가 존재한다는 것을 보장할 수 있다.

C6.2. 비선형 방정식의 존재성과 유일성 정리도 매우 유사하다. 스칼라의 경우, 두 함수 $F(t, y)$와 $\dfrac{\partial F}{\partial y}$는 초기조건 (t_0, y_0)을 포함하는 2차원 직사각형에서 연속이어야 한다. 연립방정식의 경우, n개의 함수 $F_i(t, x_1, x_2, \ldots, x_n)$와 n^2개의 편도함수 $\dfrac{\partial F_i}{\partial x_j}$가 연속해야 하지만, t에 대한 n개의 도함수는 연속일 필요가 없다. 두 경우 모두, 이러한 연속성이 초기조건 $(t, x_1, x_2, \ldots, x_n)$을 포함하는 $(n+1)$차원 직사각형에서 성립하면, t를 포함하는 일부 열린 구간에서 유일한 해의 존재가 보장된다.

C6.3. n계 제차 선형 미분방정식

$$y^{(n)} + a_1 y^{(n-1)} + a_2 y^{(n-2)} + \cdots + a_{n-2} y^{(2)} + a_n y = 0 \tag{52}$$

을 고려하자. $y = y_1$이라고 두면,

$$y_1' = y_2,\ y_2' = y_3, \cdots y_{(n-1)}' = y_n \tag{53}$$

이고, 그러면 식 (1)을

$$y_n' + a_1 y_n + a_2 y_{n-1} + \cdots + a_{n-2} y_3 + a_{n-1} y_2 + a_n y_1 = 0 \tag{54}$$

식 (53)과 (54)는 n개의 식으로 된 연립 1계 선형 미분방정식이다.

C6.4. $y^{(1)}, y^{(2)}, \ldots, y^{(n)}$의 일차결합이 연립방정식을 만족하는 해임을 쉽게 확인할 수 있다.

C6.5. 다음과 같은 1계 제차 선형 미분방정식들의 연립방정식을 고려하자.

$$Y' = AY$$

해가 $Y = Xe^{\lambda t}$라고 가정하면, 이 해는 미분방정식들의 연립방정식을 만족해야 한다. 따라서 $X\lambda e^{\lambda t} = AXe^{\lambda t}$이고 $e^{\lambda t} \neq 0$이므로, $X\lambda = AX$이다. 여기서 λ는 행렬 A의 고윳값이고, X는 대응하는 고유벡터이다.

C6.6. 4.1절에서, n계 선형 미분방정식의 기본해 집합에 대한 론스키안(Wronskian)은 다음과 같다.

$$W[y_1, y_2, \ldots, y_n](t) = \det\begin{pmatrix} y_1(t) & y_2(t) & \cdots & y_n(t) \\ y'_1(t) & y'_2(t) & \cdots & y'_n(t) \\ \vdots & \vdots & \ddots & \vdots \\ y_1^{(n-1)} & y_2^{(n-1)} & \cdots & y_n^{(n-1)}(t) \end{pmatrix}$$

6.4절에서, n개의 1계 선형 미분방정식들의 연립방정식의 기본해 집합에 대한 론스키안은 다음과 같다.

$$W\left[\mathbf{x}^{(1)}, \mathbf{x}^{(2)}, \ldots, \mathbf{x}^{(n)}\right](t) = \det\begin{pmatrix} x_{11}(t) & x_{12}(t) & \cdots & x_{1n}(t) \\ x_{21}(t) & x_{22}(t) & \cdots & x_{2n}(t) \\ \vdots & \vdots & \ddots & \vdots \\ x_{n1}(t) & x_{n2}(t) & \cdots & x_{nn}(t) \end{pmatrix}$$

$y(t)$에 대한 n차 선형 미분방정식은 $\mathbf{x}(t)$에 대한 n개의 1계 선형 미분방정식과 동일한 연립방정식이다.

$$\mathbf{x}(t) = \begin{pmatrix} y(t) \\ y'(t) \\ \vdots \\ y^{(n)}(t) \end{pmatrix}$$

이 관계로부터 기본해 집합에서 n개의 함수 $y_1(t), y_2(t), \dots, y_n(t)$는 n개의 함수 $\mathbf{x}^{(1)}(t), \mathbf{x}^{(2)}(t), \dots,$ $\mathbf{x}^{(n)}(t)$와 대응된다.

$$\mathbf{x}^{(1)}(t) = \begin{pmatrix} x_{11}(t) \\ x_{12}(t) \\ \vdots \\ x_{1n}(t) \end{pmatrix} = \begin{pmatrix} y_1(t) \\ y_1'(t) \\ \vdots \\ y_1^{(n-1)}(t) \end{pmatrix},$$

$$\mathbf{x}^{(2)}(t) = \begin{pmatrix} x_{21}(t) \\ x_{22}(t) \\ \vdots \\ x_{2n}(t) \end{pmatrix} = \begin{pmatrix} y_2(t) \\ y_2'(t) \\ \vdots \\ y_2^{(n-1)}(t) \end{pmatrix},$$

$$\vdots$$

$$\mathbf{x}^{(n)}(t) = \begin{pmatrix} x_{n1}(t) \\ x_{n2}(t) \\ \vdots \\ x_{nn}(t) \end{pmatrix} = \begin{pmatrix} y_n(t) \\ y_n'(t) \\ \vdots \\ y_n^{(n-1)}(t) \end{pmatrix}$$

따라서, $W[y_1, y_2, \dots, y_n](t) = W[\mathbf{x}^{(1)}, \mathbf{x}^{(2)}, \dots, \mathbf{x}^{(n)}](t)$이며, 두 정의는 일치한다.

C6.7. 연립방정식의 n개의 해가 다음과 같다고 하자.

$$y^{(1)} = x_1 e^{\lambda_1 t},\ y^{(2)} = x_2 e^{\lambda_2 t}, \cdots y^{(n)} = x_n e^{\lambda_n t}$$

이제, $e^{(\lambda_1 + \lambda_2 + \cdots + \lambda_n)t} \neq 0$이고, $|x_1\ x_2 \dots x_n|$을 n개의 고유벡터 행렬식이라고 하면,

$$\begin{aligned} W\left[y^{(1)},\ y^{(2)}, \cdots, y^{(n)}\right] &= |x_1 e^{\lambda_1 t} \quad x_2 e^{\lambda_2 t} \quad \cdots \quad x_n e^{\lambda_n t}| \\ &= e^{(\lambda_1 + \lambda_2 + \cdots + \lambda_n)t}\, |x_1\ x_2\ \cdots\ x_n| \end{aligned}$$

이다.

따라서 $W = 0$이면 n개의 고유벡터의 행렬식은 0이므로, 벡터들은 일차종속이다. 반대로 $W \neq 0$이면, 벡터들은 일차독립이다.

C6.8. 평면상의 임의의 벡터 $\mathbf{X}$는 $\mathbf{PX} = \mathbf{X}$로서, 벡터를 평면 위로 투영하면 그 벡터 자체가 되기 때문에 고유벡터가 되고, 여기서 $\lambda = 1$이다. 또한, 투영 평면에 수직인 벡터는 $\mathbf{PX} = 0$이므로 고유벡터이고 $\mathbf{PX} = \mathbf{0X}$로 쓸 수 있다. 여기서 $\lambda = 0$이다.

C6.9. $\mathbf{AX} = \lambda\mathbf{X}$는 $(\mathbf{A} - \lambda\mathbf{I})\mathbf{X} = 0$이고 $\mathbf{X} \neq 0$이므로 $\mathbf{A} - \lambda\mathbf{I}$는 특이행렬이어야 한다. 따라서, $|\mathbf{A} - \lambda\mathbf{I}| = 0$이며, 이것을 고유방정식(characteristic equation)이라고 한다.

C6.10. $n \times n$ 행렬 $\mathbf{A}$가 서로 다른 n개의 (실수) 고윳값 $r_1, r_2, \dots, r_n$을 가지며, 각각의 대응하는 고유벡터가 $\boldsymbol{\xi}^{(1)}, \boldsymbol{\xi}^{(2)}, \dots, \boldsymbol{\xi}^{(n)}$이라고 하자. 이때, 각 고윳값의 대수적 다중도와 기하적 다중도가 같다면, 기본해 집합은 다음과 같이 주어진다.

$$\left\{\xi^{(1)} e^{r_1 t}, \xi^{(2)} e^{r_2 t}, \dots, \xi^{(n)} e^{r_n t}\right\}$$

만약 $\mathbf{A}$가 중복된 고윳값을 가지면, 모든 고윳값의 기하적 다중도가 대수적 다중도와 같아야 기본해 집합이 $\mathbf{x} = \xi e^{rt}$ 형태가 된다. 만약 어떤 고윳값의 기하적 다중도가 대수적 다중도보다 작다면, $\mathbf{x} = \xi e^{rt}$ 형태의 n개의 일차독립 해는 존재하지 않는다. (이 경우는 6.8절에서 다룬다.)

C6.11. 연립방정식 $\mathbf{x}' = \mathbf{Ax}$에서, 2×2 행렬 $\mathbf{A}$가 복소수 고윳값을 가지는 경우, 위상 궤적에서 원점을 통과하는 직선 형태의 해가 존재하지 않는다는 것을 확인할 수 있다. 모든 해 곡선(solution curve)은 원점을 중심으로 나선형을 그린다.

C6.12. 나선이 원점에 가까워지면, 고윳값의 실수부가 음수이다. 나선이 원점에서 멀어지면, 고윳값의 실수부가 양수이다. 만약 궤적이 원 위에 놓이면, 고윳값의 실수부는 0이다.

C6.13. 복소수 고윳값 $r = \lambda + i\mu$과 관련된 복소수 고유벡터 $\boldsymbol{\xi} = \mathbf{a} + i\mathbf{b}$는 복소값 해 $\mathbf{x}(t) = \xi e^{rt} = e^{\lambda t}$ $(\cos(\mu t)\mathbf{a} - \sin(\mu t)\mathbf{b}) + ie^{\lambda t}(\sin(\mu t)\mathbf{a} + \cos(\mu t)\mathbf{b})$을 생성하지만, 이 해의 실수와 허수 부분은

일차적으로 독립된 $\mathbf{x}' = \mathbf{A}\mathbf{x}$의 실수값 해이고 다음과 같다.

$$\mathbf{x}^{(1)}(t) = e^{\lambda t}(\cos(\mu t)\mathbf{a} - \sin(\mu t)\mathbf{b}),$$

$$\mathbf{x}^{(2)}(t) = e^{\lambda t}(\sin(\mu t)\mathbf{a} + \cos(\mu t)\mathbf{b})$$

또한, 고윳값-고유벡터 쌍 (r, ξ)의 켤레 복소수도 $\mathbf{A}$의 고윳값-고유벡터 쌍이 된다. 이 과정을 통해 동일한 두 개의 실수해 $\mathbf{x}^{(1)}$와 $\mathbf{x}^{(2)}$를 얻을 수 있다. 즉, 두 개의 복소수 고윳값 r과 $\bar{r}$ 그리고 이에 대응하는 고유벡터 ξ와 $\bar{\xi}$가 두 개의 실수해를 제공한다.

만약, 복소값 고윳값이 대수적 다중도과 같은 기하적 다중도를 갖는 경우, 일차적으로 독립적인 복소값 고유벡터의 켤레 복소수 쌍은 각각 두 개의 일차적으로 독립적인 실수값 해를 유도한다.

C6.14. $\mathbf{A}$의 고윳값이 다음과 같을 때, 원점 $\mathbf{x} = \mathbf{0}$의 성질은 다음과 같다.

a. 실수이며 양수 → $\mathbf{x} = \mathbf{0}$은 node

b. 실수이며 음수 → $\mathbf{x} = \mathbf{0}$은 sink

c. 실수이며 부호가 서로 다름 → $\mathbf{x} = \mathbf{0}$은 안장점(saddle point)

d. 복소수이며 실수부가 양수 → $\mathbf{x} = \mathbf{0}$은 spiral source

e. 복소수이며 실수부가 음수 → $\mathbf{x} = \mathbf{0}$은 spiral sink

f. 복소수이며 실수부가 0 → $\mathbf{x} = \mathbf{0}$은 center

(아직 완전히 고려되지 않은 위의 두 가지 사례 사이의 전환에 대한 몇 가지 사례가 더 있다.)

C6.15. 기본행렬에서 n개의 열 벡터는 1계 선형 미분방정식들의 연립방정식의 기본해 집합을 형성하므로, 이 벡터들은 일차독립이어야 하며, 따라서 행렬은 비특이행렬이어야 한다. (또한, 기본행렬의 행렬식은 기본 해의 론스키안(Wronskian)이며, 적절한 구간에서 0이 아니라는 점에 유의하라.)

C6.16. 기본행렬 $\mathbf{\Phi}(t) = \mathbf{\Psi}(t)\,\mathbf{\Psi}^{-1}(0)$이므로 $\mathbf{\Psi}(0)$의 역을 구한 다음 결과에 $\mathbf{\Psi}(t)$를 곱해야 한다(왼쪽). 연립방정식이 세 개 이상의 미분방정식으로 구성된 경우 이 역을 구하는 것은 점점 더 복잡하다. 그러나 초기조건이 여러 가지인 동일한 미분방정식들의 연립방정식을 풀어야 하는 경우에는 이 방법이 유용할 수 있다.

C6.17. 이는 두 행렬의 항목을 직접 변형하여 확인하기가 쉽지 않다. 하지만 두 행렬 모두 동일한 초깃값 문제를 만족하기 때문에 $\mathbf{\Phi}' = \mathbf{A}\mathbf{\Phi}$, $\mathbf{\Phi}(0) = \mathbf{I}$이며 이 초깃값 문제의 해가 유일함이 보장된다.

C6.18. $\mathbf{A}$는 n개의 일차독립 벡터가 존재하면 대각화할 수 있다. 이를 통해 행렬의 유사성을 사용하여 결과를 유도할 수 있다.

C6.19. $\mathbf{A}$가 대각화 가능하면, 완전한 고유벡터 집합을 가진다. $\mathbf{A}$의 n개의 선형인 고유벡터를 n열로 가지는 $n \times n$ 행렬 $\mathbf{T}$를 생성한다. 또한, $\mathbf{T}$의 고유벡터에 해당하는 $\mathbf{A}$의 고윳값으로 대각행렬 $\mathbf{D}$를 만든다. 이러한 구성에 따라, $\mathbf{A} = \mathbf{T}\mathbf{D}\mathbf{T}^{-1}$이 성립한다. 따라서, $e^{\mathbf{A}t} = \mathbf{T}e^{\mathbf{D}t}\mathbf{T}^{-1}$이며, 여기서 $e^{\mathbf{D}t}$는 대각 원소가 $e^{\lambda_i t}$인 대각행렬이다.

C6.20. $\mathbf{A}$의 고윳값에 대한 대수적 다중도는 고유방정식의 n개의 근 중에서 특정 고윳값 r이 몇 번 등장하는지를 나타낸다. 모든 고윳값의 대수적 다중도의 합은 n과 같아야 한다.

$\mathbf{A}$의 고윳값 r에 대한 기하적 다중도는 $\mathbf{A} - r\mathbf{I}$의 영공간(null-space)의 차원으로 정의된다. 모든 고윳값의 기하적 다중도의 합은 n보다 클 수 없으며, n보다 작을 수 있다.

각 고윳값에 대해 기하적 다중도는 항상 1 이상이며($\mathbf{A} - r\mathbf{I}$가 특이행렬이기 때문), 대수적 다중도를 초과할 수는 없다.

C6.21. $\mathbf{A}$의 각 고윳값에 대해 기하적 다중도와 대수적 다중도가 같다면, $\mathbf{A}$는 n개의 일차독립적인 고유벡터를 가지며, n개의 고유벡터는 $\mathbf{x}' = \mathbf{A}\mathbf{x}$의 n개의 기본해 집합을 형성한다.

반면, 적어도 하나 이상의 (중복된) 고윳값이 존재하며, 그 고윳값의 기하적 다중도가 대수적 다중도보다 작은 경우, 기본해 집합을 완성하기 위해 추가적인 작업이 필요하다.

C6.22. $\mathbf{x} = \xi t e^{\rho t}$를 미분방정식 $\mathbf{x}' = \mathbf{A}\mathbf{x}$에 대입하면, $te^{\rho t}$ 항에 대해 식을 맞추기 위해서는 $\mathbf{A}\xi = \rho\xi$가 되

어야 하며, $e^{\rho t}$ 항에 대해 식을 맞추려면 $\boldsymbol{\xi} = \mathbf{0}$이어야 한다. 따라서 $\mathbf{x}(t) = \mathbf{0}$만이 이러한 형태를 가지는 유일한 해이며, $\mathbf{x}(t) = \mathbf{0}$은 이 미분방정식의 다른 해에 대해 일차독립이지 않다.

$\mathbf{x}' = \mathbf{A}\mathbf{x}$의 두 번째 일차독립 해를 찾기 위해 $\mathbf{x} = \boldsymbol{\xi} te^{\rho t} + \boldsymbol{\eta} e^{\rho t}$를 사용한다. 이것은 ρ가 $\boldsymbol{A}$의 고윳값이고, 이에 대응하는 고유벡터 $\boldsymbol{\xi}, \boldsymbol{\eta}$가 $\boldsymbol{A}$의 일반화된 고유벡터일 때 성립한다. 즉, $(\mathbf{A} - \rho\mathbf{I})\boldsymbol{\xi} = 0$, $(\mathbf{A} - \rho\mathbf{I})\boldsymbol{\eta} = \boldsymbol{\xi}$를 만족한다.

C6.23. $\mathbf{A}$의 고윳값에 대한 대수적 다중도는 고유방정식의 n개의 근 중에서 특정 고윳값 r이 몇 번 등장하는지를 나타낸다. 모든 고윳값의 대수적 다중도의 합은 n과 같아야 한다. $\mathbf{A}$의 고윳값 r에 대한 기하적 다중도는 $\mathbf{A} - r\mathbf{I}$의 영공간의 차원으로 정의된다. 기하적 다중도의 합은 n보다 클 수 없으며, n보다 작을 수 있다.

모든 고윳값에 대해 기하적 다중도와 대수적 다중도가 같다면, $\mathbf{A}$는 n개의 일차독립적인 고유벡터를 가지며, 이 n개의 고유벡터는 기본해 집합을 형성한다. 반면, 적어도 하나 이상의 (중복된) 고윳값이 존재하며, 그 고윳값의 기하적 다중도가 대수적 다중도보다 작은 경우, 기본해 집합을 완성하기 위해 추가적인 작업이 필요하다.

C6.24. 계수행렬 $\mathbf{A}$가 대각화 가능하면, 미분방정식의 연립방정식은 동등한 형태의 연결되지 않은 1계 선형 미분방정식들의 연립방정식으로 변환될 수 있다. 이러한 n개의 미분방정식은 2.1절에서 논의된 적분 인자(integrating factor)를 사용하여 풀 수 있다. 최종적으로, 대각화 과정을 역변환해야 한다. ($\mathbf{A}$가 대각화 가능하지 않다면, 이 방법을 사용할 수 없다.)

C6.25. 선형 미분방정식들의 연립방정식에 대한 미정계수법은 단일 선형 미분방정식을 풀 때와 동일한 방식으로 적용된다. 이 방법은 계수행렬이 상수행렬일 때($\mathbf{P}(t) = \mathbf{A}$)와 비동차항이 다항식, 지수함수, 사인 및 코사인의 합으로만 이루어질 때만 적용 가능하다. (이는 3장과 4장에서 다룬 방식과 동일하다.)

이 방법을 사용하려면 해당하는 제차 문제의 일반해를 알고 있어야 한다. 스칼라 방정식과의 가장 큰 차이점은, 미정계수가 스칼라가 아니라 벡터라는 점이다. 이로 인해, 비동차항이 동차 해의 항과 동일한 형태를 가질 때 단순히 적절한 t의 거듭제곱을 곱하는 것만으로는 충분하지 않다. 이 경우, 모든 낮은 차수의 t항을 포함해야 한다. (낮은 차수 항은 제차 미분방정식의 해가 될 수 없으므로, 해당 벡터 값 계수가 고유벡터일 경우에만 예외적으로 해가 될 수 있다.)

C6.26. 매개변수 변형법은 선형 비제차 미분방정식들의 연립방정식에 적용할 수 있다. 단, 해당하는 제차 문제의 일반해를 알고 있어야 한다.

이 방법을 설명하기 위해, $\boldsymbol{\Psi}(t)$를 미분방정식 $\mathbf{x}' = \mathbf{P}(t)\mathbf{x}$의 기본행렬이라고 하자. 이때, 제차 미분방정식의 일반해는 $\boldsymbol{\Psi}(t)\mathbf{c}$의 형태이다. 매개변수 변형법으로 얻어진 특정 해는 $\mathbf{x}(t) = \boldsymbol{\Psi}(t)\mathbf{u}(t)$의 형태이며, 여기서 매개변수 벡터 $\mathbf{u}(t)$는 $\boldsymbol{\Psi}(t)\mathbf{u}'(t) = \mathbf{g}(t)$를 만족해야 한다. 특정 해를 구하려면 이 연립방정식을 $\mathbf{u}'(t)$에 대해 풀고, 이를 적분한 후 행렬-벡터 곱 $\mathbf{x}(t) = \boldsymbol{\Psi}(t)\mathbf{u}(t)$을 계산한다.

C6.27. 라플라스 변환법은 상수계수를 가진 연립방정식에 대해 적용할 수 있다. 즉, $\mathbf{x}' = \mathbf{A}\mathbf{x} + \mathbf{g}(t)$이다. 비제차항은 라플라스 변환이 있는 항이어야 하며, 계단 함수(step function) 및 충격 함수(impulse function) 등을 포함할 수 있다. 이 방법에서 복잡한 부분은 행렬 $s\mathbf{I} - \mathbf{A}$의 역행렬을 구하는 것이다. 또한, 각 항의 역 라플라스 변환을 찾는 과정이 필요하며, 이때 시스템의 라플라스 변환식은 $\mathbf{X}(s) = (s\mathbf{I} - \mathbf{A})^{-1}\,(\mathbf{G}(s) + \mathbf{X}^0)$와 같이 표현된다.

참고 문헌

행렬과 선형대수에 관한 더 많은 내용은 이 주제에 대한 어떤 입문서에나 나와있다. 그중 대표적인 문헌은 다음과 같다.

Anton, H. and Rorres, C., Elementary Linear Algebra (10th ed.) (Hoboken, NJ: Wiley, 2010).

Johnson, L.W., Riess, R. D., and Arnold, J.T., Introduction to Linear Algebra (6th ed.) (Boston: Addison Wesley, 2008).

Kolman, B. and Hill, D. R., Elementary Linear Algebra (8th ed.) (Upper Saddle River, NJ: Pearson,2004).

Lay, D. C., Linear Algebra and Its Applications(4th ed.)(Boston: Addison-Wesley, 2012).

Leon, S. J., Linear Algebra with Applications (8th ed.) (Upper Saddle River, NJ: Pearson/Prentice-Hall, 2010).

Strang, G., Linear Algebra and Its Applications (4th ed.)(Belmont, CA: Thomson, Brooks/Cole, 2006).

1계 선형 미분방정식들의 연립방정식에 대한 더 많은 내용은 다음 문헌을 포함한 많은 문헌에서 찾아볼 수 있다:

Coddington, E.A. and Carlson, R., Linear Ordinary Differential Equations (Philadelphia, PA: Society for Industrial and Applied Mathematics, 1997).

Hirsch, M.W., Smale, S., and Devaney, R. L., Differential Equations, Dynamical Systems, and an Introduction to Chaos (2nd ed.)(San Diego, CA: Academic Press, 2004).

다음의 문헌은 특히 1계 미분방정식들의 연립방정식을 강조한 기본적인 미분방정식을 다룬다:

Brannan, J. R. and Boyce, W. E., Differential Equations: An Introduction to Modern Methods and Applications (3nd ed.) (New York: Wiley, 2015)

제 7 장 라플라스 변환

The Laplace Transform

많은 실제 공학 문제들은 불연속적이거나 임펄스(forcing) 항이 작용하는 기계 또는 전기 시스템을 포함한다. 이런 문제에 3장에서 소개한 방법을 적용하기가 곤란한 경우가 많다. 이때 라플라스 변환을 따르는 방법은 이런 종류의 문제에 아주 적합할 뿐만 아니라, 훨씬 더 일반적으로 사용된다. 이 장에서는 특히 응용공학에서 발생하는 전형적인 문제에 초점을 맞춰 이 방법의 원리를 설명하겠다.

7.1 라플라스 변환의 정의

▶이상 적분(Improper Integrals). 라플라스 변환은 영부터 무한대까지의 적분을 포함하므로 이후 라플라스 변환의 성질을 알아내기 위해 이상 적분(improper integral)에 대해 알아야 한다. 이 장에서는 이상 적분에 대해서 간략한 설명을 제공하겠다. 이상 적분에 대해 이미 잘 알고 있으면 이 부분은 생략해도 되나, 그렇지 않다면 아래의 설명과 함께 더 자세한 설명과 예제가 포함되어 있는 미적분학 교재를 참고하는 것이 좋을 것이다.

무한 구간에서의 이상 적분은 유한한 구간에서의 적분값의 극한으로 정의한다; 따라서 양의 실수 A에 대해

$$\int_a^{\infty} f(t)\,dt = \lim_{A\to\infty}\int_a^{A} f(t)\,dt \tag{1}$$

이다. $A > a$에 대해 a부터 A까지의 정적분이 존재하고 $A \to \infty$일 때의 극한값이 존재하면, 이상 적분은 이 극한값으로 **수렴**(converge)한다고 한다. 그렇지 않으면 이 적분은 **발산**(diverge)하거나, 또는 존재하지 않는다고 한다. 다음의 예제는 두 가지 경우를 모두 보여준다.

예제 7.1.1

이상 적분 $\displaystyle\int_1^{\infty}\frac{dt}{t}$가 수렴하는가, 발산하는가?

풀이

식 (1)로부터

$$\int_1^{\infty}\frac{dt}{t} = \lim_{A\to\infty}\int_1^{A}\frac{dt}{t} = \lim_{A\to\infty}\ln(A)$$

이고 $\displaystyle\lim_{A\to\infty}\ln(A) = \infty$이므로, 이 이상 적분은 발산한다.

예제 7.1.2

이상 적분 $\int_0^\infty e^{ct}\,dt$를 계산하라. 이 이상 적분이 수렴하는 c의 값은 무엇인가?

풀이

영이 아닌 실수 c에 대해

$$\int_0^\infty e^{ct}\,dt = \lim_{A\to\infty}\int_0^A e^{ct}\,dt = \lim_{A\to\infty}\left.\frac{e^{ct}}{c}\right|_0^A$$
$$= \lim_{A\to\infty}\frac{1}{c}\left(e^{cA}-1\right)$$

이다. $c<0$이면 이상 적분은 $-1/c$로 수렴하고 $c>0$이면 발산한다. 만약 $c=0$이면 피적분 함수 e^{ct}은 1의 값을 갖는 상수함수이다. 이 경우엔

$$\lim_{A\to\infty}\int_0^A 1dt = \lim_{A\to\infty}(A-0)=\infty$$

이므로 이 적분도 발산한다.

예제 7.1.3

이상 적분 $\int_1^\infty t^{-p}\,dt$이 수렴하는 실수 p를 모두 찾아라. 이 이상 적분이 발산하는 p의 값은 무엇인가?

풀이

p는 실수이고 $p\neq 1$이라고 가정하자; $p=1$인 경우는 예제 7.1.1에서 다루었다. 그러면

$$\int_1^\infty t^{-p}\,dt = \lim_{A\to\infty}\int_1^A t^{-p}\,dt = \lim_{A\to\infty}\frac{1}{1-p}\left(A^{1-p}-1\right)$$

이다. $A\to\infty$일 때 $p>1$이면 $A^{1-p}\to 0$이고, $p<1$이면 $A^{1-p}\to\infty$이다. 따라서 $\int_1^\infty t^{-p}\,dt$는 $p>1$에 대해 $1/(p-1)$ 값으로 수렴하고(예제 7.1.1의 결과 참조) $p\le 1$일 때는 발산한다. 이런 결과는 무한급수 $\sum_{n=1}^{\infty} n^{-p}$의 경우와 유사하다.

$\int_a^\infty f(t)\,dt$가 존재하는지 검토하기 전에 몇 가지 용어를 정리하자. 구간 $\alpha\le t\le\beta$를 유한한 개수의 점 $\alpha=t_0<t_1<\cdots<t_n=\beta$로 분할하여 다음을 만족하면 함수 f는 이 구간[1]에서 **조각조각 연속**(piecewise continuous)이라고 한다.

1. f가 각각의 부분 개구간 $t_{i-1}<t<t_i$에서 연속이다.
2. 각 부분 구간의 끝점들이 그 부분 구간 내부에서 접근됨에 따라서 f가 유한한 극한값을 갖는다.

[1] 구간이 반드시 닫혀 있어야 할 필요는 없으며; 구간의 한쪽이 열리고 다른 한쪽이 닫힌 구간에 대해서도 똑같이 정의할 수 있다.

다시 말해서, f가 $\alpha \le t \le \beta$에서 유한개의 점프 불연속을 제외하고 연속이면 f는 조각조각 연속이다. 그리고 f가 모든 $\beta > \alpha$에 대해 $\alpha \le t \le \beta$에서 조각조각 연속이면 f는 $t \ge \alpha$에서 조각조각 연속이라고 한다. **그림 7.1.1**은 조각조각 연속인 함수의 예를 나타낸다.

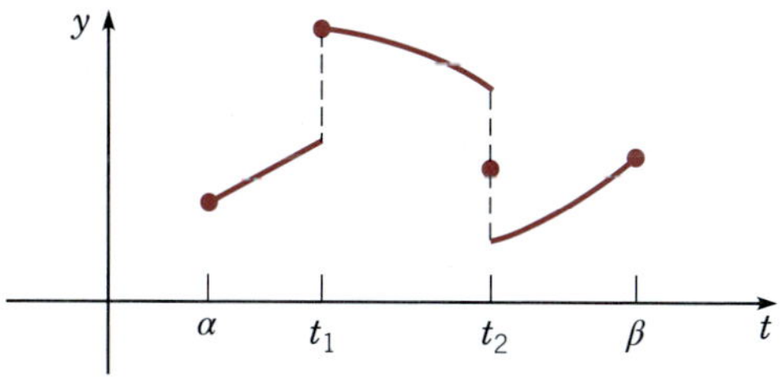

그림 7.1.1 조각조각 연속인 함수 $y = f(t)$

유한한 구간에서 조각조각 연속인 함수의 적분은 분할된 점들로 이루어진 부분 구간에서의 적분의 합과 같다. 예컨대, 그림 7.1.1에서 나타난 함수 $f(t)$에 대해

$$\int_{\alpha}^{\beta} f(t)\,dt = \int_{\alpha}^{t_1} f(t)\,dt + \int_{t_1}^{t_2} f(t)\,dt + \int_{t_2}^{\beta} f(t)\,dt \tag{2}$$

이다. 그림 7.1.1의 함수는 끝점 α와 β, 그리고 분할 점 t_1과 t_2에서 함수 값이 부여되어있다. 하지만 식 (2)의 적분에 관한 한 $f(t)$가 이 점들에서 정의되었는지, 그 점에서 $f(t)$에 어떤 값이 부여되었는지는 상관없다. 왜냐하면 식 (2)의 적분값은 그런 값과 상관없이 똑같기 때문이다.

따라서 f가 구간 $a \le t \le A$에서 조각조각 연속이면 $\int_a^A f(t)\,dt$가 존재하므로 f가 $t \ge a$에 대해 조각조각 연속이면 $A > a$에 대해 $\int_a^A f(t)\,dt$가 존재한다. 하지만 앞의 예제에서 보여준 것처럼, 조각조각 연속이라고 해서 이상 적분 $\int_a^A f(t)\,dt$가 반드시 수렴하지는 않는다.

만약 f를 기초함수들로 쉽게 적분할 수 없으면 $\int_a^\infty f(t)\,dt$의 수렴성 정의를 적용하기 어려울 수 있다. 보통, 이상 적분이 수렴하거나 발산하는지 판별하는 가장 쉬운 방법은 다음의 비교 정리를 이용하는 것인데, 무한급수에 대해서도 이와 비슷한 정리가 있다.

정리 7.1.1

f가 $t \ge a$에 대해서 조각조각 연속이고, 양의 상수 M에 대해 $t \ge M$일 때 $|f(t)| \le g(t)$이고, $\int_M^\infty g(t)\,dt$가 수렴하면, $\int_a^\infty f(t)\,dt$도 수렴한다.

반면에, $t \ge M$에 대해 $f(t) \ge g(t) \ge 0$이고, $\int_M^\infty g(t)\,dt$가 발산하면, $\int_a^\infty f(t)\,dt$도 발산한다.

여기서는 이 결과에 대한 미적분학으로부터의 증명은 생략하겠다. 하지만 $\int_M^\infty g(t)\,dt$와 $\int_M^\infty |f(t)|\,dt$가 나타내는 면적을 비교하면 쉽게 이해할 수 있다. 가장 비교하기 좋은 함수들은 예제 7.1.1, 7.1.2, 7.1.3에서 다룬 e^{ct}과 t^{-p}이다.

▶**라플라스 변환(The Laplace Transform).** 선형 미분방정식을 푸는 데 있어서 다음과 같은 형태의 **적분 변환**(integral transforms)이 매우 유용하다.

$$F(s) = \int_{\alpha}^{\beta} K(s,t)\, f(t)\, dt \tag{3}$$

여기서 $K(s, t)$는 문제에서 주어지는 함수로서 이 변환에 대한 **kernel**이라고 부르며 적분의 상, 하한 α와 β도 주어진다. 이때, $\alpha = -\infty$ 또는 $\beta = \infty$ 또는 동시에 둘 다일 수도 있다. 함수 f를 다른 함수 F로 변환하는 관계식 (3)을 f의 **변환**(transform)이라고 부른다.

응용수학에서 유용하게 쓰이는 여러 가지 적분 변환이 있지만, 이 장에서는 라플라스[2] 변환만 다룬다. 이 변환은 다음과 같은 방식으로 정의된다. $f(t)$가 $t \geq 0$에서 주어지고 조금 뒤에 제시할 조건을 만족한다고 가정하자. 그러면 f의 라플라스 변환은 $\mathcal{L}\{f(t)\}$나 $F(s)$로 표시되며, 다음과 같이 정의된다.

$$\mathcal{L}\{f(t)\} = F(s) = \int_{0}^{\infty} e^{-st} f(t)\, dt \tag{4}$$

여기서의 이상 적분은 수렴한다. 라플라스 변환은 kernel $K(s, t) = e^{-st}$를 사용한다. 상수계수를 갖는 선형 미분방정식의 해는 지수함수를 따르기 때문에, 라플라스 변환은 특히 이런 미분방정식에서 유용하다. 라플라스 변환을 써서 미분방정식을 푸는 일반적인 방법은 다음과 같다:

1. 관계식 (4)를 써서 t-영역 안의 미지함수 f에 대한 초깃값 문제를 s-영역에서 F에 대한 (사실상 대수 문제인) 더 단순한 문제로 변환한다.
2. F를 찾기 위해 이 대수 문제를 푼다.
3. f의 변환 F로부터 원하는 함수 f를 복구한다. 이 마지막 단계를 "역변환"이라고 부른다.

일반적으로는 매개변수 s가 복소수이고 $F(s)$가 복소함수여야 전체 라플라스 변환이 가능할 수도 있지만 여기서 다뤄지는 문제는 실수인 s값만 고려해도 충분하므로 이 경우만 다루기로 한다.

함수 f의 라플라스 변환 F는 f가 다음 정리에서 언급되는 특정 조건을 만족할 때 존재한다.

〉정리 7.1.2

가정하면

(i) f는 $0 \leq t \leq A$ 구간에서 임의의 양의 A에 대해 조각적으로 연속이고

(ii) K와 M이 양수인 실수 상수 K, a, M이 존재하여

$$|f(t)| \leq ke^{at} \ (t \geq M\text{일 때})$$

[2] 라플라스 변환은 1782년에 관계식 (3)을 연구한 프랑스의 뛰어난 수학자 P. S. Laplace를 기리기 위해 이름 붙여졌다. 하지만, 이 장에서 소개하는 기법은 1세기 이상 지난 후 개발된 것이다. 이 기법은 독학으로 뛰어난 전기 기술자가 된 영국의 헤비사이드(Oliver Heaviside, 1850~1925)가 주로 만들었다. 그는 전자기 이론의 개발과 응용 분야에 큰 업적을 남겼으며 벡터 해석학을 만든 사람 중 하나이기도 하다.

그러면 방정식 (4)에 의해 정의된 라플라스 변환 $\mathcal{L}\{f(t)\} = F(s)$가 $s > a$에 대해 존재한다.

위 정리가 성립하기 위해서는 식 (4)의 적분이 $s > a$에 대해 수렴하는 것을 보여야 한다. 이때, 이상 적분을 두 부분으로 나누면 다음과 같다.

$$\int_0^{\infty} e^{-st} f(t)\, dt = \int_0^{M} e^{-st} f(t)\, dt + \int_M^{\infty} e^{-st} f(t)\, dt \tag{5}$$

식 (5)의 우변에서 첫 번째 적분은 정리의 가정 (1)에 의해 존재한다; 따라서 $F(s)$의 존재성은 이 두 번째 적분의 수렴성에 종속된다. 가정 (ii)에 의해, $t \geq M$에 대해

$$|e^{-st} f(t)| \leq Ke^{-st} e^{at} = Ke^{(a-s)t}$$

이므로 정리 7.1.1에 의해 $\int_M^{\infty} e^{(a-s)t} dt$가 수렴하면 $F(s)$가 존재한다. 예제 7.1.2에서 c를 $a - s$로 바꾸면 $a - s < 0$일 때 나중에 나온 적분값이 수렴하기 때문에 정리 7.1.2가 성립한다.

(7.5절을 제외한) 이 장에서는 정리 7.1.2의 조건을 만족하는 함수만을 다루기로 하자. 이런 함수들을 조각조각 연속이고 $t \to \infty$에 따라 **지수 차수**(exponential order)를 갖는다고 한다. $t \to \infty$일 때 지수 차수를 갖지 않는 함수도 있다. 예를 들어, $f(t) = e^{t^2}$은 $t \to \infty$일 때 상수 K와 a의 크기에 상관없이 Ke^{at}보다 더 빠르게 증가한다.

다음 예제들에서 몇 가지 중요한 기초함수들의 라플라스 변환을 살펴보도록 하자.

예제 7.1.4

$\mathcal{L}\{c\}$, c을 구하라.

풀이

$f(t) = 1$, c이라 두자. 그러면, 예제 7.1.2처럼

$$\mathcal{L}\{c\} = \int_0^{\infty} ce^{-st} dt = -c \lim_{A\to\infty} \left.\frac{e^{-st}}{s}\right|_0^A = \frac{c}{s}, \quad s > 0$$

이다.

예제 7.1.5

$\mathcal{L}\{e^{at}\}$을 구하라.

풀이

$f(t) = e^{at}$, $t \geq 0$이라 두자. 그러면 다시 예제 7.1.2에서처럼,

$$\mathcal{L}\{e^{at}\} = \int_0^{\infty} e^{-st} e^{at} dt = \int_0^{\infty} e^{-(s-a)t} dt$$

$$= \frac{1}{s-a}, \quad s > a$$

이다.

예제 7.1.6 **그림 7.1.2**에 그려진 함수의 라플라스 변환을 구하라.

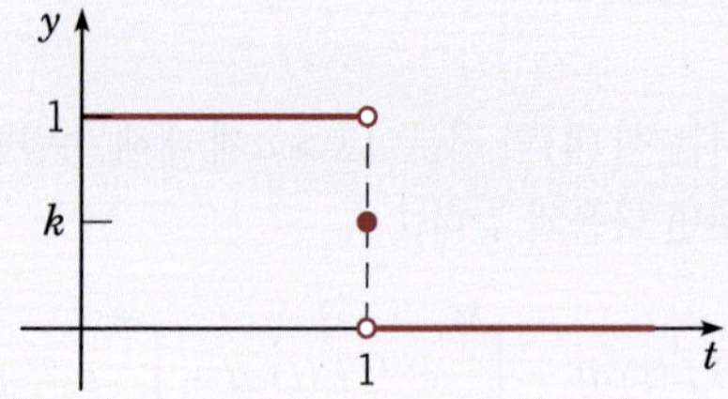

그림 7.1.2 예제 7.1.6에서 조각조각 정의된 함수의 그래프

풀이

k가 상수일 때 다음과 같이 두자.

$$f(t) = \begin{cases} 1, & 0 \le t < 1, \\ k, & t = 1, \\ 0, & t > 1 \end{cases}$$

공학에서 $f(t)$는 보통 힘이나 전압 같은 단위 펄스(unit pulse)를 나타낸다.

f가 조각조각 연속인 함수이므로

$$\mathcal{L}\{f(t)\} = \int_0^\infty e^{-st} f(t)dt = \int_0^1 e^{-st}dt = -\frac{e^{-st}}{s}\bigg|_0^1 = \frac{1-e^{-s}}{s}, \quad s > 0$$

이다. 여기서 $\mathcal{L}\{f(t)\}$는 불연속점에서의 함수 값인 k에 상관없음을 알 수 있다. 만약 $f(t)$가 이 점에서 정의되지 않았더라도, f의 라플라스 변환은 여전히 똑같다. 따라서 한 점에서의 값만 다른 같은 라플라스 변환을 갖는 함수가 많다.

예제 7.1.7 $\mathcal{L}\{cos\,(at)\}$을 구하라. 이 변환이 정의되는 s의 값은 무엇인가?

풀이

$f(t) = \cos\,(at),\ t \ge 0$이라 두자. 그러면

$$\mathcal{L}\,\{\cos\,(at)\} = F(s) = \int_0^\infty e^{-st}\cos(at)dt, \quad s > 0$$

이고

$$F(s) = \lim_{A\to\infty}\int_0^A e^{-st}\cos(at)dt$$

이므로 부분 적분을 하면,

$$F(s) = \lim_{A\to\infty}\left(\frac{e^{-st}\sin\,(at)}{a}\bigg|_0^A + \frac{s}{a}\int_0^A e^{-st}\sin(at)dt\right)$$

$$= \frac{s}{a}\int_0^\infty e^{-st}\sin(at)dt$$

를 얻는다. 부분 적분을 한 번 더 하면 다음을 얻는다.

$$F(s) = \frac{s}{a^2} - \frac{s^2}{a^2}\int_0^\infty e^{-st}\cos(at)dt$$

$$= \frac{s}{a^2} - \frac{s^2}{a^2}F(s)$$

이제, 이를 $F(s)$에 대해 풀면

$$F(s) = \frac{s}{s^2 + a^2}, \quad s > 0$$

이다.

연습문제 **5**에서 이와 비슷한 과정에 따라 $s > 0$에 대해 $\mathcal{L}\{\sin(at)\} = \frac{a}{s^2 + a^2}$임을 보인다. 이제 두 함수 f_1과 f_2가 각각 $s > a_1$와 $s > a_2$에 대한 라플라스 변환이 존재한다고 가정하자. 그러면 a_1과 a_2의 최댓값보다 더 큰 s에 대해

$$\begin{aligned}\mathcal{L}\{c_1 f_1(t) + c_2 f_2(t)\} &= \int_0^\infty e^{-st}(c_1 f_1(t) + c_2 f_2(t))\,dt \\ &= c_1\int_0^\infty e^{-st} f_1(t)\,dt + c_2\int_0^\infty e^{-st} f_2(t)\,dt\end{aligned}$$

이고, 따라서

$$\mathcal{L}\{c_1 f_1(t) + c_2 f_2(t)\} = c_1\mathcal{L}\{f_1(t)\} + c_2\mathcal{L}\{f_2(t)\} \tag{6}$$

이다. 식 (6)은 라플라스 변환이 **선형 연산자**(linear operator)임을 나타내는데, 나중에 이런 성질을 자주 사용할 것이다. 식 (6)의 합은 항들의 임의의 수로 쉽게 확장될 수 있다.

예제 7.1.8

$f(t) = 2e^{-4t} + 5\sin(2t) - 7\cos(3t)$, $t \geq 0$의 라플라스 변환을 구하라.

풀이

$F(s) = \mathcal{L}\{f(t)\}$이라고 두자. 식 (6)에서 주어진 라플라스 변환의 선형 특성을 사용하면

$$F(s) = 2\mathcal{L}\{e^{-4t}\} + 5\mathcal{L}\{\sin(2t)\} - 7\mathcal{L}\{\cos(3t)\}$$

이므로, 예제 7.1.5와 7.1.7에 의해 다음을 얻는다.

$$F(s) = \frac{2}{s+4} + \frac{10}{s^2+4} - \frac{7s}{s^2+9}$$

연습 문제

▶ 문제 **1**부터 **3**까지 주어진 함수 각각의 그래프를 그려라. 각 경우에 대해 f가 구간 $0 \leq t \leq 3$에서 연속인지, 조각조각 연속인지, 또는 둘 다 아닌지 결정하라.

1. $f(t) = \begin{cases} t^2, & 0 \le t \le 1 \\ 1+t, & 1 < t \le 2 \\ 2-t, & 2 < t \le 3 \end{cases}$

2. $f(t) = \begin{cases} t^2, & 0 \le t \le 1 \\ 1, & 1 \le t \le 2 \\ 3-t^2/2, & 2 \le t \le 3 \end{cases}$

3. $f(t) = \begin{cases} t/2, & 0 \le t \le 1 \\ 3-t, & 1 \le t \le 2 \\ 1, & 2 \le t \le 3 \end{cases}$

4. 다음의 각 함수에 대한 라플라스 변환을 구하라.

a. $f(t) = a(t)^{\frac{1}{2}}$, a은 0이 아닌 상수.

b. $f(t) = (bt)^{\frac{3}{2}}$, b은 0이 아닌 상수.

c. $f(t) = t^{\frac{n}{2}}$, n은 양의 정수.

5. 실수 a에 대해 $f(t) = \cos(at)$의 라플라스 변환을 구하라.

$$\cosh(bt) = \frac{1}{2}\left(e^{bt} + e^{-bt}\right) \quad \text{과} \quad \sinh(bt) = \frac{1}{2}\left(e^{bt} - e^{-bt}\right)$$

임을 상기하자.

▶ 문제 **6**과 **7**에서 라플라스 변환의 선형성을 이용하여 주어진 함수의 라플라스 변환을 구하라. 단, a, b는 실수인 상수이다.

6. $f(t) = e^{at}\cosh(bt)$

7. $f(t) = e^{at}\sinh(bt)$

$$\cosh(bt) = \frac{1}{2}\left(e^{ibt} + e^{-ibt}\right) \quad \text{과} \quad \sinh(bt) = \frac{1}{2i}\left(e^{ibt} - e^{-ibt}\right)$$

임을 상기하자.

▶ 문제 **8**부터 **11**까지 라플라스 변환의 선형성을 이용하여 주어진 함수의 라플라스 변환을 구하라. 단 a, b는 실수이다. 필요하면 기본적인 적분 공식을 확장하여 적용하라.

8. $f(t) = 5\sin(bt)$

9. $f(t) = p\cos(bt)$, p는 상수

10. $f(t) = e^{-at}\sin(bt)$

11. $f(t) = e^{-at}\cos(bt)$

▶ 문제 **12**부터 **15**까지 부분 적분을 이용하여 주어진 함수의 라플라스 변환을 구하라. 단, n은 양의 정수이고 a는 실수인 상수이다.

12. $f(t) = te^{-at}$

13. $f(t) = t\cos(at)$

14. $f(t) = t^n e^{at}$

15. $f(t) = t^2\cosh(at)$

▶ 문제 **16**부터 **18**까지 주어진 함수의 라플라스 변환을 구하라.

16. $f(t) = \begin{cases} c, & 0 \le t < \frac{\pi}{2} \\ 0, & \frac{\pi}{2} \le t < \infty \end{cases}$

17. $F(t) = \begin{cases} t, & 0 \le t < 3 \\ 0, & 3 \le t < \infty \end{cases}$

18. $f(t) = \begin{cases} t, & 0 \le t < 2 \\ 4-t, & 2 \le t < 4 \\ 0, & 4 \le t < \infty \end{cases}$

▶ 문제 **19**부터 **21**까지 주어진 적분이 수렴하는지, 아니면 발산하는지 판정하라.

19. $\int_0^\infty \left(t^2+1\right)^{-1} dt$

20. $\int_1^\infty t^{-3}e^t\,dt$

21. $\int_0^\infty e^{-t}\sin t\,dt$

22. f와 f'은 $t \geq 0$에서 연속이고 $t \to \infty$일 때 지수 차수를 갖는다고 하자. $\lim_{s \to \infty} F(s) = 0$일 때 부분 적분을 이용하여 $F(s) = \mathcal{L}\{f(t)\}$임을 보여라. 이러한 결과는 정리 7.1.2와 같이 약한 조건에서도 성립한다.

23. **감마 함수**(The Gamma Function). 감마 함수는 $\Gamma(p)$로 나타내며 다음 적분으로 정의된다.

$$\Gamma(p+1) = \int_0^\infty e^{-x} x^p dx \tag{7}$$

이 적분은 모든 p에 대해 $x \to \infty$일 때 수렴한다. $p < 0$에 대해 $x \to 0$일 때 피적분 함수가 무한이 되므로 $x = 0$에서도 이상 적분이다. 하지만, $p > -1$일 때는 이 적분이 $x = 0$에서 수렴임을 보일 수 있다.

a. $p > 0$에 대해 다음을 증명하라.

$$\Gamma(p+1) = p\Gamma(p)$$

b. $\Gamma(1) = 1$임을 보여라.

c. p가 양의 정수 n일 때, 다음을 보여라.

$$\Gamma(n+1) = n!$$

또한 $\Gamma(p)$는 p가 정수가 아닐 때도 정의되므로 이 함수를 독립변수가 정수가 아닌 계승 함수(factorial function)로 확장할 수 있다. 단, $0! = 1$로 정의한다.

d. $p > 0$에 대해 다음을 보여라.

$$p(p+1)(p+2)\cdots(p+n-1) = \frac{\Gamma(p+n)}{\Gamma(p)}$$

따라서 $\Gamma(p)$를 예컨대 $0 < p \leq 1$과 같은 단위 길이를 갖는 하나의 구간에서 주어진다면 p의 임의의 양수 값에 대해 결정할 수 있다. $\Gamma\left(\frac{1}{2}\right) = \sqrt{\pi}$를 보이는 것도 가능하다. $\Gamma\left(\frac{3}{2}\right)$과 $\Gamma\left(\frac{11}{2}\right)$을 구하라.

24. $p > -1$일 때 t^p의 라플라스 변환을 고려하자.

a. 문제 **23**을 이용하여 다음을 증명하라.

$$\mathcal{L}\{t^p\} = \int_0^\infty e^{-st} t^p dt = \frac{1}{s^{p+1}} \int_0^\infty e^{-x} x^p dx$$
$$= \frac{\Gamma(p)}{s^{(P+1)}}, \quad s > 0$$

b. **a**에서 p가 양의 정수 n일 때, 다음을 보여라.

$$\mathcal{L}\{t^n\} = \frac{n!}{s^{n+1}}, \quad s > 0$$

c. 다음을 증명하라.

$$\mathcal{L}\{t^{-1/2}\} = \frac{2}{\sqrt{s}} \int_0^\infty e^{-x^2} dx, \quad s > 0$$

그러면

$$\int_0^\infty e^{-x^2} dx = \frac{\sqrt{\pi}}{2}$$

임을 보일 수 있고, 따라서

$$\mathcal{L}\{t^{-1/2}\} = \sqrt{\frac{\pi}{s}}, \quad s > 0$$

이다.

d. 다음을 증명하라.

$$\mathcal{L}\{t^{1/2}\} = \frac{\sqrt{\pi}}{2s^{3/2}}, \quad s > 0$$

7.2 초깃값 문제의 해

이 절에서는 상수계수를 갖는 선형 미분방정식에 대한 초깃값 문제를 풀 때 라플라스 변환을 사용하는 방법을 소개한다. 이때, f'의 변환이 f의 변환과 쉽게 관련되어 있다는 점에서 라플라스 변환은 매우 유용하다. 그 연관성은 다음의 정리에 나와있다.

> **정리 7.2.1**
>
> f가 연속이고 f'가 $0 \le t \le A$의 어떠한 구간에서 조각조각 연속이라고 가정하자. 또한 $t \ge M$에 대해 $|f(t)| \le Ke^{at}$인 상수 K, a 및 M이 존재한다고 가정하자. 그러면 $\mathcal{L}\{f'(t)\}$가 $s > a$에 대해 존재하므로,
>
> $$\mathcal{L}\{f'(t)\} = s\mathcal{L}\{f(t)\} - f(0) \tag{1}$$

이 정리를 증명하기 위해 다음 적분을 살펴보자.

$$\int_0^A e^{-st} f'(t)\,dt$$

$A \to \infty$일 때 이 적분의 극한이 존재하면 이 극한은 f'의 라플라스 변환이다. 이 극한을 계산하기 위해 우선 적분을 적당한 형태로 써야 한다. 만일 f'이 구간 $0 \le t \le A$에서 불연속점, $t_1, t_2, \ldots, t_k$을 갖는다면 적분을 다음과 같이 쓸 수 있다.

$$\int_0^A e^{-st} f'(t)\,dt = \int_0^{t_1} e^{-st} f'(t)\,dt + \int_{t_1}^{t_2} e^{-st} f'(t)\,dt + \cdots + \int_{t_k}^{A} e^{-st} f'(t)\,dt$$

우변의 각 항을 부분 적분하면,

$$\begin{aligned}\int_0^A e^{-st} f'(t)\,dt &= e^{-st} f(t)\Big|_0^{t_1} + e^{-st} f(t)\Big|_{t_1}^{t_2} + \cdots + e^{-st} f(t)\Big|_{t_k}^{A} \\ &\quad + s\left(\int_0^{t_1} e^{-st} f(t)\,dt + \int_{t_1}^{t_2} e^{-st} f(t)\,dt + \cdots + \int_{t_k}^{A} e^{-st} f(t)\,dt\right)\end{aligned}$$

가 된다. 여기서 f는 연속이므로 $t_1, t_2, \ldots, t_k$에서 적분한 항은 상쇄된다. 또한 우변의 적분들은 하나의 적분으로 표시될 수 있으므로 다음을 얻게 된다.

$$\int_0^A e^{-st} f'(t)\,dt = e^{-sA} f(A) - f(0) + s\int_0^A e^{-st} f(t)\,dt \tag{2}$$

이제 식 (2)에서 $A \to \infty$라고 두자. 그러면 이 식의 우변의 적분은 $\{f(t)\}$로 다가간다. 또한, $A \geq M$에 대하여 $|f(A)| \leq Ke^{aA}$이다; 결과적으로 $|e^{-sA}f(A)| \leq K^{e-(s-a)A}$이다. 따라서 $e^{-sA}f(A) \to 0$이면 $s > a$일 때 $A \to \infty$이다. 그러므로 식 (2)의 우변은 극한 $s\mathcal{L}\{f(t)\} - f(0)$을 갖는다. 결국, 식 (2)의 좌변도 극한을 갖는데, 앞서 언급한 것과 같이 그 값은 $\mathcal{L}\{f'(t)\}$이고, $s > a$일 때 다음과 같은 결론을 얻게 된다.

$$\mathcal{L}\{f'(t)\} = s\mathcal{L}\{f(t)\} - f(0)$$

따라서 정리 7.2.1이 성립한다.

만일 f'과 f''이 각각 정리 7.2.1에서 f와 f'에 부과된 똑같은 조건을 만족하면 $s > a$에 대해 f''의 라플라스 변환도 존재하며 다음과 같이 주어진다.

$$\begin{aligned}\mathcal{L}\{f''(t)\} &= s\mathcal{L}\{f'(t)\} - f'(0)\\ &= s(s\mathcal{L}\{f(t)\} - f(0)) - f'(0)\\ &= s^2\mathcal{L}\{f(t)\} - sf(0) - f'(0)\end{aligned} \tag{3}$$

사실상 함수 f와 그 도함수들이 조건들을 만족하면, n계 도함수 $f^{(n)}$의 변환에 대한 식을 이 정리를 연속해서 n번 적용하여 유도할 수 있다. 그 결과는 다음의 따름정리와 같다.

따름정리 7.2.2

함수 $f, f', \ldots, f^{(n-1)}$이 연속이고 $f^{(n)}$이 $0 \leq t \leq A$의 모든 구간에서 조각적으로 연속이라고 가정하자. 또한 $t \geq M$에 대해 $|f(t)| \leq Ke^{at}$, $|f'(t)| \leq Ke^{at}$, ... , $|f^{(n-1)}(t)| \leq Ke^{at}$인 상수 K, a, M이 존재한다고 가정하자. 그러면 $s > a$에 대해 $\mathcal{L}\{f^{(n)}(t)\}$가 존재하고 다음으로 주어진다.

$$\mathcal{L}\{f^{(n)}(t)\} = s^n\mathcal{L}\{f(t)\} - s^{n-1}f(0) - \cdots - sf^{(n-2)}(0) - f^{(n-1)}(0) \tag{4}$$

라플라스 변환에 대한 초깃값 정리로 알려진 다음 결과를 여기에 명시해야 한다.

정리 7.2.2

적절한 함수 $f(t)$에 대해 $F(s) = \mathcal{L}\{f(t)\}$가 존재한다고 가정하자. 그러면 $\lim_{s\to\infty} F(s) = 0$이다. 또한, t가 0으로 갈 때 함수 $f(t)$와 그 미분 $f^n(t)$가 존재한다고 가정한다 그러면 다음 결과가 성립하는데:

1. $\lim\limits_{s\to\infty}[sF(s)] = \lim\limits_{t\to 0} f(t)$
2. $\lim\limits_{s\to\infty}\left[s^2F(s) - sf(0)\right] = \lim\limits_{t\to 0} f'(t)$
3. $\lim\limits_{s\to\infty}\left[s^{n+1}F(s) - s^nf(0) - \cdots - sf^{n-1}(0)\right] = \lim\limits_{t\to 0} f^n(t)$

예제 7.2.1

$f(t)$에 대한 지식 없이 주어진 $F(s)$에 대한 $f(0)$ 및 $f'(0)$을 찾아라.

(a) $F(s) = \dfrac{b}{s^2 + b^2}$ **(b)** $F(s) = \dfrac{e^{-s\pi}}{s} + \dfrac{1 + e^{-s\pi}}{1 + s^2}$

풀이

(a) 정리 7.2.2의 결과로부터 우리는 다음과 같이 사용한다.

$$\lim_{t\to 0} f(t) = \lim_{s\to\infty}\left(\frac{bs}{s^2+b^2}\right) = 0$$

또한

$$\lim_{t\to 0} f'(t) = \lim_{s\to\infty}[s^2F(s) - sf(0)]$$

$$= \lim_{s\to\infty}\left(\frac{bs^2}{s^2+b^2}\right) = b$$

(b) 정리 7.2.2의 결과로부터 우리는 다음과 같이 사용한다.

$$\lim_{t\to 0} f(t) = \lim_{s\to\infty}\left(e^{-s\pi} + \frac{s(1+e^{-s\pi})}{1+s^2}\right) = 0$$

또한

$$\lim_{t\to 0} f'(t) = \lim_{s\to\infty}[s^2F(s) - sf(0)]$$

$$= \lim_{s\to\infty}\left(\frac{s^2e^{-s\pi}}{s} + \frac{s^2(1+e^{-s\pi})}{1+s^2}\right) = 1$$

이로써 라플라스 변환을 이용하여 초깃값 문제를 푸는 방법을 살펴보았다. 특히 비제차 미분방정식과 관련된 문제에 유용한데, 이후 절에서 설명하겠다. 우선 좀 더 간단한 제차 미분방정식을 살펴보기로 하자.

예제 7.2.2

미분방정식의 해를 구하라.

$$y'' - y' - 2y = 0 \tag{5}$$

초기조건을 만족하는 해를 구하자.

$$y(0) = 1, \quad y'(0) = 0 \tag{6}$$

풀이

이 초깃값 문제는 3.1절의 방법들을 사용하여 쉽게 풀 수 있다. 고유방정식이

$$r^2 - r - 2 = (r-2)(r+1) = 0$$

이므로 (5)의 일반해는 다음과 같다.

$$y = c_1e^{-t} + c_2e^{2t} \tag{7}$$

초기조건 (6)을 만족하려면 $c_1 + c_2 = 1$이고 $-c_1 + 2c_2 = 0$이어야 한다; 따라서 $c_1 = \frac{2}{3}$이고 $c_2 = \frac{1}{3}$이므로 초깃값 문제 (4)와 (5)의 해는

$$y = \phi(t) = \frac{2}{3}e^{-t} + \frac{1}{3}e^{2t} \tag{8}$$

이 된다. 이번에는 라플라스 변환을 이용하여 같은 문제를 풀어보자. 이를 위해 이 문제가 처음 두 도함수가 따름정리 7.2.2의 조건을 만족하는 해 $y = y(t)$를 갖는다고 가정하자. 미분방정식 (5)에 라플라

스 변환을 취하면,

$$\mathcal{L}\{y'' - y' - 2y\} = \mathcal{L}\{y''\} - \mathcal{L}\{y'\} - 2\mathcal{L}\{y\} = 0 \tag{9}$$

이 된다. 여기서 합의 변환은 각각의 변환의 합과 같다는 라플라스 변환의 선형성을 사용했다. 따름정리 7.2.2를 써서 $\mathcal{L}\{y''\}$와 $\mathcal{L}\{y'\}$를 $\mathcal{L}\{y\}$로 표현하면, 식 (9)는

$$s^2\mathcal{L}\{y\} - sy(0) - y'(0) - (s\mathcal{L}\{y\} - y(0)) - 2\mathcal{L}\{y\} = 0$$

또는, $Y(s) = \mathcal{L}\{y\}$에 대해

$$(s^2 - s - 2)Y(s) + (1 - s)y(0) - y'(0) = 0 \tag{10}$$

이 된다. 식 (10)에 초기조건 (6)의 $y(0)$과 $y'(0)$을 대입한 다음 $Y(s)$에 대해 풀면,

$$Y(s) = \frac{s-1}{s^2 - s - 2} = \frac{s-1}{(s-2)(s+1)} \tag{11}$$

을 얻을 수 있다. 따라서 주어진 초깃값 문제의 해 $y(t)$의 라플라스 변환 $Y(s)$에 대한 식을 얻었다. 함수 $y(t)$를 결정하기 위해서는 식 (11)로 주어진 것처럼 라플라스 변환이 $Y(s)$인 함수를 찾아야 한다.

이것은 식 (11)의 우변을 부분 분수로 전개하면 쉽게 해결된다. 따라서

$$Y(s) = \frac{s-1}{(s-2)(s+1)} = \frac{a}{s-2} + \frac{b}{s+1} = \frac{a(s+1) + b(s-2)}{(s-2)(s+1)} \tag{12}$$

이고 계수 a, b를 결정해야 한다. 식 (12)의 두 번째와 네 번째 변의 분자를 같게 놓으면

$$s - 1 = a(s+1) + b(s-2)$$

인데 이 방정식은 모든 s에 대해 성립해야 하므로 $s = 2$라고 놓으면 $a = \frac{1}{3}$이고, $s = -1$이라고 놓으면 $b = \frac{2}{3}$가 된다. a와 b에 각각 이 값들을 대입하면,

$$Y(s) = \frac{1/3}{s-2} + \frac{2/3}{s+1} \tag{13}$$

이다. 여기에 예제 7.1.5의 결과를 사용하면 $\frac{1}{3}e^{2t}$의 라플라스 변환은 $\frac{1}{3}(s-2)^{-1}$이고 $\frac{2}{3}e^{-t}$의 변환은 $\frac{2}{3}(s+1)^{-1}$이므로 라플라스 변환의 선형성에 의해

$$y(t) = \frac{1}{3}e^{2t} + \frac{2}{3}e^{-t}$$

의 라플라스 변환은 (13)이고, 따라서 초깃값 문제 (4), (5)의 해가 된다. 이 해는 처음에 가정한 것처럼 따름정리 7.2.2의 조건을 만족하고 있음을 알 수 있다. 물론 이 해는 앞서 구한 해와 같다.

같은 방법을 다음의 일반적인 2계 선형 미분방정식에도 적용할 수 있다.

$$ay'' + by' + cy = f(t) \tag{14}$$

해 $y(t)$가 $n = 2$에 대한 따름정리 7.2.2의 조건을 만족한다고 가정하고, 식 (14)에 라플라스 변환을 취하면 $f(t)$의 변환 $F(s)$에 대해

$$a\left(s^2Y(s) - sy(0) - y'(0)\right) + b(sY(s) - y(0)) + cY(s) = F(s) \tag{15}$$

를 얻는다. 식 (15)를 $Y(s)$에 대해 풀면,

$$Y(s) = \frac{(as+b)\,y(0) + ay'(0)}{as^2+bs+c} + \frac{F(s)}{as^2+bs+c} \tag{16}$$

이므로 변환 $Y(s)$를 갖는 함수 $y(t)$을 찾을 수 있다면 이 문제를 풀 수 있다.

위에서 볼 수 있듯이 라플라스 변환법의 중요한 특징이 네 가지 있다. 첫째, 미지 함수 $y(t)$의 변환 $Y(s)$는 미분방정식이 아닌 *대수 방정식*(algebriaic equation)을 풀어서 구한다. 우리는 이미 두 가지 다른 상황에서 이것을 보았는데, 이것은: 대수 방정식 (10)이 미분방정식 (5)를 대체한 예제 7.2.2와 미분방정식 (14)가 대수 방정식 (15)로 대체된 일반적인 경우이다. 이것이 상수계수를 갖는 일계 상미분방정식을 풀 때 라플라스 변환을 이용하는 핵심이다—미분방정식 문제가 대수 방정식 문제가 된다. 그 후, 주어진 초기조건을 만족하는 해를 자동적으로 찾을 수 있기 때문에, 일반해에서의 임의의 상수에 대한 적당한 값을 결정할 필요가 없다. 또한 식 (15)에 나온 것처럼, 비제차 미분방정식도 제차 미분방정식과 완전히 똑같은 방식으로 처리된다; 대응되는 제차 미분방정식을 미리 풀 필요가 없다. 마지막으로, 이 방법은 적당한 n에 대한 따름정리 7.2.2의 조건을 만족하는 한 고계 미분방정식에도 똑같이 적용될 수 있다.

식 (16)의 우변의 분모에서 다항식 $as^2 + bs + c$가 식 (14)의 고유다항식과 같음을 알 수 있다. $y(t)$를 구하기 위하여 이 다항식을 인수분해해서 $Y(s)$를 부분 분수 전개해야 하므로 라플라스 변환을 쓰는 경우에도 고유방정식의 근을 찾아야 한다. 2계보다 더 높은 고계 미분방정식에 대해서는, 특히 근이 무리수이거나 복소수인 경우에 수치적 근사법이 필요할 수 있다.

라플라스 변환법을 써서 초깃값 문제를 풀 때 발생하는 가장 어려운 점은 변환 $Y(s)$에 대응하는 함수 $y(t)$을 구하는 문제이다. 이 문제는 라플라스 변환의 역 문제(inverse problem)로 알려져 있다; $y(t)$를 $Y(s)$에 대응하는 **역변환**(inverse Laplace transform)이라 부르고, $Y(s)$로부터 $y(t)$를 찾는 과정을 *역으로 변환*(inverting the Laplace transform)시킨다고 한다. 이러한 $Y(s)$의 역변환을 $\mathcal{L}^{-1}\{Y(s)\}$로 표기한다. 라플라스 역변환의 일반적인 공식이 있긴 하지만 복소함수를 잘 다뤄야 하므로 이 책에서는 고려하지 않겠다. 그러나 복소수를 사용하지 않아도 라플라스 변환의 여러 중요한 성질을 발전시켜서 흥미로운 여러 문제들을 풀 수 있다.

초깃값 문제 (5), (6)을 푸는 데 있어, 변환 (13)을 가지면서 식 (8)에 의해 주어진 것과 다른 함수가 존재할 가능성에 대해서는 다루지 않았다. 그러나 정리 3.2.1에 의해 초깃값 문제의 해가 유일하다는 것을 알고 있고, 그 유일해 (8)이 연속인 것도 알고 있다. 그러므로 만일 f와 g가 연속이면서 같은 라플라스 변환을 갖는다면 f와 g는 같다. 한편, f와 g가 조각조각 연속이면 한 개 이상의 불연속점에서 다른 값을 가질 수는 있겠지만 그래도 라플라스 변환은 같다; 예제 7.1.6 참조. 이처럼 조각조각 연속인 함수에 대해 라플라스 역변환이 유일하지 않다는 것은 실제 응용에서는 중요하지 않다.

따라서 본질적으로 함수와 라플라스 변환 간에는 일대일 대응이 존재한다. 이런 사실에 기초하여 **표 7.2.1**에서와 같이 자주 접하게 되는 함수의 변환을 정리하였다. 표 7.2.1의 2열의 함수들은 1열의 함수들의 변환인데, 이보다 더 중요한 것은 1열의 함수들이 2열의 함수들의 역변환이라는 것이다. 미분방정식의 해의 라플라스 변환을 알고 있다면, 그 해를 이 표를 사용하여 찾을 수 있다. 표 7.2.1에서 몇 개의 함수들은 예제나 7.1절의 연습문제에 있고, 나머지는 이 장의 뒷부분에서 다루고 있다. 표의 3열이 제공하는 위치에서 주어진 변환의 유도를 찾을 수 있다. 표

표 7.2.1 라플라스 변환 요소

$f(t) = \mathcal{L}^{-1}\{F(s)\}$	$F(s) = \mathcal{L}\{f(t)\}$	Notes
1. 1	$\dfrac{1}{s}, \quad s > 0$	7.1절; 예제 7.1.4
2. e^{at}	$\dfrac{1}{s-a}, \quad s > a$	7.1절; 예제 7.1.5
3. t^n, n은 양의 정수	$\dfrac{n!}{s^{n+1}}, \quad s > 0$	7.1절; 문제 6
4. $t^p, \quad p > -1$	$\dfrac{\Gamma(p+1)}{s^{p+1}}, \quad s > 0$	7.1절; 문제 6
5. $\sin(at)$	$\dfrac{a}{s^2+a^2}, \quad s > 0$	7.1절; 예제 7.1.7
6. $\cos(at)$	$\dfrac{s}{s^2+a^2}, \quad s > 0$	7.1절; 문제 5
7. $\sinh(at)$	$\dfrac{a}{s^2-a^2}, \quad s > \|a\|$	7.1절; 문제 2
8. $\cosh(at)$	$\dfrac{s}{s^2-a^2}, \quad s > \|a\|$	7.1절; 문제 1
9. $e^{at}\sin(bt)$	$\dfrac{b}{(s-a)^2+b^2}, \quad s > a$	7.1절; 문제 3
10. $e^{at}\cos(bt)$	$\dfrac{s-a}{(s-a)^2+b^2}, \quad s > a$	7.1절; 문제 4
11. $t^n e^{at}$, n은 양의 정수	$\dfrac{n!}{(s-a)^{n+1}}, \quad s > a$	7.1절; 문제 3
12. $u_c(t) = \begin{cases} 0 & t < c \\ 1 & t \geq c \end{cases}$	$\dfrac{e^{-cs}}{s}, \quad s > 0$	7.3절
13. $u_c(t)f(t-c)$	$e^{-cs}F(s)$	7.3절
14. $e^{ct}f(t)$	$F(s-c)$	7.3절
15. $f(ct)$	$\dfrac{1}{c}F\left(\dfrac{s}{c}\right), \quad c > 0$	7.3절; 문제 5
16. $(f * g)(t) = \displaystyle\int_0^t f(t-\tau)g(\tau)\,d\tau$	$F(s)G(s)$	7.6절
17. $\delta(t-c)$	e^{-cs}	7.5절
18. $f^{(n)}(t)$	$s^nF(s) - s^{n-1}f(0) - \cdots - f^{(n-1)}(0)$	7.2절; 따름정리 7.2.2
19. $(-t)nf(t)$	$F^{(n)}(s)$	7.2절; 문제 1

7.2.1은 이 책의 예제나 문제로 충분하지만, 훨씬 더 많은 함수를 다룬 표도 있다(이 장의 끝에 나오는 참고문헌 목록을 보자). 또한 최근에는 라플라스 변환과 역변환을 컴퓨터 대수 시스템을 써서 구할 수 있게 되었다.

흔히 라플라스 변환 $F(s)$는 다음과 같이 몇 개 항의 합으로 표현된다.

$$F(s) = F_1(s) + F_2(s) + \cdots + F_n(s) \tag{17}$$

$f_1(t) = \mathcal{L}^{-1}\{F_1(s)\}, \ldots, f_n(t) = \mathcal{L}^{-1}\{F_n(s)\}$이라고 가정하면 함수

$$f(t) = f_1(t) + \cdots + f_n(t)$$

는 라플라스 변환 $F(s)$를 갖는다. 앞서 소개한 유일성에 의해 다른 연속함수 f가 같은 변환을 갖지 않으므로

$$\mathcal{L}^{-1}\{F(s)\} = \mathcal{L}^{-1}\{F_1(s)\} + \cdots + \mathcal{L}^{-1}\{F_n(s)\} \tag{18}$$

이다; 즉, 라플라스 역변환도 선형 연산자이다.

이에 더하여, 라플라스 변환은 다음과 같은 소멸 속성을 즐긴다. 기호적으로, 우리는

$$\lim_{s\to\infty} |F(s)| = 0 \tag{19}$$

이라고 쓴다. 즉, 함수 $F(s)$는 s가 ∞에 접근함에 따라 0에 접근한다.

이런 성질은 많은 문제에서 주어진 변환을 역변환이 이미 알려져 있거나 표에서 간단히 구할 수 있는 함수들의 합으로 분해하여 적용할 수 있다. 특히 이 경우에 부분 분수 전개가 더욱 필요하며, 여러 가지 상황을 다루는 일반적인 결과는 연습문제 **29**에 나와있다. 라플라스 변환에 대한 유용한 다른 성질들은 이 장의 끝부분에서 유도하겠다.

라플라스 변환과 부분 분수 전개를 이용하여 초깃값 문제를 푸는 방법을 더 자세히 살펴보기 위하여 다음의 예제들을 고려하자.

예제 7.2.3 미분방정식

$$y' + 2y = 12e^{3t} \tag{20}$$

와 초기조건

$$y(0) = 3 \tag{21}$$

을 만족하는 해를 구하라.

풀이

이 초깃값 문제에서 처음 두 도함수가 따름정리 7.2.2의 조건을 만족하는 해 $y(t)$를 갖는다고 가정하자. 그러면 미분방정식 (20)의 라플라스 변환을 취하면,

$$[sY(s) - y(0)] + 2Y(s) = \frac{12}{s-3}$$

가 된다. 여기서 e^{3t}의 변환은 표 7.2.1의 2번째 줄에서 얻었다. 초기조건 (21)의 $y(0)$를 대입하고 $Y(s)$에 대해 풀면,

$$Y(s) = \frac{3(s+1)}{(s+2)(s-3)} \tag{22}$$

을 얻는다. 이 $Y(s)$를 부분 분수를 써서 나타내면,

$$Y(s) = \frac{a}{(s+2)} + \frac{b}{(s-3)} \tag{23}$$

이므로 식 (23)의 우변의 분자를 전개하여 식 (22)의 분자와 같게 두면, 모든 s에 대해

$$3s + 3 = (a+b)s + (-3a + 2b)$$

가 된다. 이때, s의 거듭제곱들의 계수를 비교하면,

$$a + b = 3, \qquad -3a + 2b = 3$$

이며[3] 결과적으로, $a = \frac{3}{5}$, $b = \frac{12}{5}$ 이므로

$$Y(s) = \frac{3}{5(s+2)} + \frac{12}{5(s-3)} \tag{24}$$

이 된다. 표 7.2.1의 2번째 줄로부터 주어진 초깃값 문제의 해는

$$y(t) = \frac{3}{5}e^{-2t} + \frac{12}{5}e^{3t} \tag{25}$$

이다.

예제 7.2.4

다음 초깃값 문제의 해를 구하라.

$$y^{(4)} - 4y = 0 \tag{26}$$

$$y(0) = 0, \quad y'(0) = 1, \quad y''(0) = 0, \quad y'''(0) = 0 \tag{27}$$

풀이

이 문제에서는 해 $y(t)$가 따름정리 7.2.2에서 $n = 4$일 때의 조건을 만족한다고 가정해야 한다. 미분방정식 (26)의 라플라스 변환이

$$s^4Y(s) - s^3y(0) - s^2y(0) - sy''(0) - y'''(0) - 4Y(s) = 0$$

이므로 초기조건 (27)을 써서 $Y(s)$에 대해 풀면,

$$Y(s) = \frac{s^2}{s^2 - 4} \tag{28}$$

이 된다. 이 $Y(s)$를 부분 분수로 전개하면,

$$Y(s) = \frac{as + b}{s^2 - 2} + \frac{cs + d}{s^2 + 2} \tag{29}$$

이고, 따라서 모든 s에 대하여

$$(as + b)(s^2 + 2) + (cs + d)(s^2 - 2) = s^2 \tag{30}$$

이다. 이 문제에 s의 값들을 대입하여 s의 같은 거듭제곱의 계수들을 같다고 두자. 식 (30)에서 각각 $s = \sqrt{2}$, $s = -\sqrt{2}$ 이라 두면, 한 쌍의 방정식

$$2\left(\sqrt{2}a + b\right) = 1, \quad 2\left(-\sqrt{2}a + b\right) = 1$$

을 얻으므로 $a = 0$, $b = \frac{1}{2}$이다. 식 (30)에서 $s = 0$으로 두면 $b - d = 0$이고, 따라서 $d = \frac{1}{2}$이다. 끝으로, 식 (30)의 양변의 3차항의 계수를 같게 놓으면 $a + c = 0$이 되므로 $c = 0$이다. 따라서

$$Y(s) = \frac{1/2}{s^2 - 2} + \frac{1/2}{s^2 + 2} \tag{31}$$

[3] s의 서로 다른 네 값에 대해 식 (23)을 풀면 네 개의 계수들의 값을 구할 수 있다. 그러나 예제 7.1.2와 달리 s의 어떤 네 값들이 a, b, c, d를 푸는 자명한 방정식을 만족하는지는 분명하지 않다.

이 되고 표 7.2.1의 7번째와 5번째 줄로부터, 초깃값 문제 (26), (27)의 해는

$$y(t) = \frac{1}{2\sqrt{2}}\left(\sinh\left(\sqrt{2}t\right) + \sin\left(\sqrt{2}t\right)\right) \tag{32}$$

가 된다.

라플라스 변환은 기계적 진동을 연구하거나 전기회로를 분석할 때 가장 중요하게 사용된다; 3.7절에서 이에 대한 지배방정식을 유도하였다. 진동하는 스프링-질량계는 다음의 운동 방정식을 갖는다.

$$m\frac{d^2u}{dt^2} + \gamma\frac{du}{dt} + ku = F(t) \tag{33}$$

이때 m은 질량, γ는 감쇠 계수, k는 탄성 상수, 그리고 $F(t)$는 외부에서 작용하는 힘이다. 유도 용량 L, 저항 R, 정전 용량 C (LRC 회로)를 갖는 전기회로를 나타내는 방정식은

$$L\frac{d^2Q}{dt^2} + R\frac{dQ}{dt} + \frac{1}{C}Q = E(t) \tag{34}$$

이다. 여기서 $Q(t)$는 콘덴서의 전하량이고 $E(t)$는 이 회로에 걸리는 전압이다. 전류 $I(t) = dQ(t)/dt$에 대해 식 (34)를 미분하여

$$L\frac{d^2I}{dt^2} + R\frac{dI}{dt} + \frac{1}{C}I = \frac{dE}{dt}(t) \tag{35}$$

로 쓸 수 있다. 또한, u, Q, I에 대한 적당한 초기조건을 정할 수 있다.

앞서 3.7절에서 언급했지만, 스프링-질량계에 관한 식 (33)과 전기회로에 관한 식 (34)와 (35)는 수학적으로 동일하며, 다만 그 식에서 나타나는 상수와 변수의 해석이 다를 뿐이다. 동일한 2차 선형 미분방정식이 다른 물리적 설정에서 발생한다. 따라서 일단 수학 문제가 풀리면, 그 해를 해당되는 물리 맥락으로 바로 해석할 수 있다.

이 장의 여러 절에 걸쳐 상수계수를 갖는 2계 미분방정식에 대한 초깃값 문제를 많이 제시하였다. 그중 다수는 특정 물리 시스템의 모델로 해석될 수 있었으나 이를 언급하지는 않았었다.

연습 문제

▶ 문제 **1**부터 **7**까지, 주어진 함수의 라플라스 역변환을 구하라.

1. $F(s) = \dfrac{12}{s^2 + 25}$

2. $F(s) = \left[\dfrac{1}{(s^2 + a^2)(s^2 + b^2)}\right]$

3. $F(s) = \dfrac{3}{s^2 + 3s - 4}$

4. $F(s) = \dfrac{3s + 3}{s^2 + 2s + 5}$

5. $F(s) = \dfrac{s + 7}{s^2 + 2s + 5}$

6. $F(s) = \dfrac{8s^2 - 6s + 12}{s(s^2 + 4)}$

7. $F(s) = \dfrac{3 - 2s}{s^2 + 4s + 5}$

▶ 문제 **8**부터 **16**까지, 라플라스 변환을 이용하여 주어진 초깃값 문제를 풀어라.

8. $y'' - y = \sinh(2t)$; $y(0) = 1$, $y'(0) = 1$

9. $y'' + 2y' + 2y = 0$; $y(0) = 1$, $y'(0) = -1$

10. $y'' - 2y' + 2y = 0$; $y(0) = 1$, $y'(0) = 1$

11. $y'' - 4y' + 4y = 0$; $y(0) = 1$, $y'(0) = 3$

12. $y'' - 2y' - 3y = 0$; $y(0) = 1$, $y'(0) = 3$

13. $y^{(4)} - 4y = 0$; $y(0) = 1$, $y'(0) = 0$, $y''(0) = -2$, $y'''(0) - 0$

14. $y^{(4)} - 4y = 0$; $y(0) = 1$, $y'(0) = 0$, $y''(0) = -2$, $y'''(0) = 0$

15. $y'' - 2y' + 2y = \cos t$; $y'(0) = 1$, $y'(0) = 1$

16. $y'' - 2y' + y = 4e^{-t}$; $y(0) = 2$, $y'(0) = -1$

▶ 문제 **17**부터 **19**까지, 주어진 초깃값 문제의 해에 대한 라플라스 변환 $Y(s) = \mathcal{L}\{y\}$를 구하라. 역변환을 결정하는 방법을 7.3절에서 제시하였다.

17. $y'' + 4y = \begin{cases} 1, & 0 \le t < 2\pi, \\ 0, & 2\pi \le t < \infty; \end{cases}$ $y(0) = 1$, $y'(0) = 0$

18. $y'' + 4y = \begin{cases} t, & 0 \le t < 1, \\ 1, & 1 \le t < \infty; \end{cases}$ $y(0) = 0$, $y'(0) = 0$

19. $y'' + 4y = \begin{cases} t, & 0 \le t < 3, \\ 1, & 3 \le t < \infty; \end{cases}$ $y(0) = 0$, $y'(0) = 0$

20. 어떤 함수의 라플라스 변환은 이 함수의 테일러 급수 전개로부터 편리하게 찾을 수 있다.

a. $\sin(t)$에 대한 테일러 급수

$$\sin(t) = \sum_{n=0}^{\infty} \frac{(-1)^n t^{2n+1}}{(2n+1)!}$$

을 이용하고 이 급수의 라플라스 변환을 항별 계산할 수 있다면

$$\mathcal{L}\{\sin(t)\} = \frac{1}{s^2+1}, \quad s > 1$$

임을 보여라.

b.

$$f(t) = \begin{cases} \dfrac{\sin(t)}{t}, & t \ne 0, \\ 1, & t = 0 \end{cases}$$

라 두자. 모든 실수 t에 대해 $f(t)$가 연속임을 보이고 $t = 0$에 대한 f의 테일러 급수를 구하라. 이 함수의 라플라스 변환을 항별 계산할 수 있다면

$$\mathcal{L}\{f(t)\} = \arctan\left(\frac{1}{s}\right), \quad s > 1$$

임을 보여라.

c. 제1종 0차 베셀 함수 J_0가 테일러 급수(5.8절 참조)

$$J_0(t) = \sum_{n=0}^{\infty} \frac{(-1)^n t^{2n}}{2^{2n}(n!)^2}$$

을 갖는다. 다음 라플라스 변환을 항별 계산할 수 있다면

$$\mathcal{L}\{J_0(t)\} = \left(s^2+1\right)^{-1/2}, \quad s > 1$$

이고

$$\mathcal{L}\{J_0(\sqrt{t})\} = s^{-1}e^{-1/(4s)}, \quad s > 0$$

임을 보여라.

▶ 문제 **21**에서 **27**까지는 라플라스 변환의 미분과 관련이 있다.

21.

$$F(s) = \int_0^\infty e^{-st} f(t)\, dt$$

라 두자. f가 정리 7.1.2의 조건을 만족하면 $s > a$일 때 피적분 함수를 매개변수 s에 대해 미분할 수 있다.

a. $F'(s) = \mathcal{L}\{-tf(t)\}$임을 보여라.

b. $F^{(n)}(s) = \mathcal{L}\{(-t)^n f(t)\}$임을 보여라; 따라서 라플라스 변환을 미분하는 것은 원래 함수에 $-t$를 곱하는 것에 해당한다.

▶ 문제 **22**부터 **25**까지 문제 **21**의 결과를 이용하여 주어진 함수의 라플라스 변환을 구하라; 여기서 a, b는 실수이고 n은 양의 정수이다.

22. $f(t) = te^{-at}$

23. $f(t) = t^2 \cos(at)$

24. $f(t) = t^n e^{-at}$

25. $f(t) = te^{at} \cos(bt)$

26. 다음 0차 베셀 함수를 고려하자.

$$ty'' + y' + ty = 0$$

5.8절에서 $t = 0$이 이 방정식의 정칙 특이점(regular singular point)인 것을 상기하면, $t \to 0$에 따라 이 해는 발산한다. 이때, $t = 0$에서 유한하고 그 미분계수도 유한한 해가 있는지 알아보자. 그런 해 $y = \phi(t)$가 있다고 가정하고 $Y(s) = \mathcal{L}\{\phi(t)\}$라 두자.

a. $Y(s)$가 다음을 만족함을 보여라.

$$(1 + s^2)\, Y'(s) + sY(s) = 0$$

b. c가 임의의 상수일 때 $Y(s) = c\,(1 + s^2)^{-1/2}$임을 보여라.

c. $(1 + s^2)^{-1/2} = s^{-1}(1 + s^{-2})^{-1/2}$으로 쓰고, $s > 1$에 대한 이항 급수로 전개하여 역변환을 항별 계산할 수 있다고 할 때, 다음을 보여라.

$$y = c \sum_{n=0}^{\infty} \frac{(-1)^n t^{2n}}{2^{2n}(n!)^2} = cJ_0(t)$$

여기서 J_0은 제1종 0차 베셀 함수이다. $J_0(0) = 1$이고 J_0은 $t = 0$일 때 모든 계수의 미분계수가 유한하다는 것에 유의하자. 5.8절에서 $t \to 0$일 때 이 미분방정식의 두 번째 해가 발산한다는 것을 보인 바 있다.

27. 다음의 각 초깃값 문제에 대해, 문제 **21**의 결과를 이용하여 $y(t)$가 주어진 초깃값 문제의 해일 때 $Y(s) = \mathcal{L}\{y(t)\}$를 만족하는 미분방정식을 구하라.

a. $y'' - ty = 0; \quad y(0) = 1, \quad y'(0) = 0$ (Airy 방정식)

b. $(1 - t^2)\, y'' - 2ty' + \alpha(\alpha + 1)\, y = 0; \quad y(0) = 0, \quad y'(0) = 1$ (르장드르 방정식)

$Y(s)$에 대한 미분방정식이 **a**에서는 1계이지만, **b**에서는 2계임에 유의하라. 그 이유는 **a**의 미분방정식에서는 t가 기껏해야 1승이지만, **b**에서는 2승이기 때문이다. 이를 통해 모든 계수가 독립변수의 선형함수가 아니라면 라플라스 변환을 이용하여 풀 수 없는, 변수를 계수로 갖는 미분방정식이 있음을 알 수 있다.

28.

$$g(t) = \int_0^t f(\tau)\, d\tau$$

라고 가정하자. $G(s)$와 $F(s)$가 각각 $g(t)$와 $f(t)$의 라플라스 변환일 때 $G(s) = \dfrac{F(s)}{s}$임을 보여라.

29. 이 문제에서는 라플라스 역변환을 계산할 때 많이 사용되는 일반적인 부분 분수 전개법을 보이고자 한다. 다음이 성립한다고 가정하자.

$$F(s) = \frac{P(s)}{Q(s)}$$

이때, $Q(s)$는 서로 다른 근 $r_1, \dots, r_n$을 갖는 n차 다항식이고 $P(s)$는 n보다 작은 차수의 다항식이다. 이 경우 $P(s)/Q(s)$를 다음과 같이 부분 분수 전개할 수 있음을 보일 수 있다.

$$\frac{P(s)}{Q(s)} = \frac{A_1}{s - r_1} + \cdots + \frac{A_n}{s - r_n} \tag{36}$$

여기서 계수 $A_1, \dots, A_n$을 결정해야 한다.

a. 다음을 보여라.

$$A_k = \frac{P(r_k)}{Q'(r_k)}, \quad k = 1, \dots, n$$

힌트: 식 (36)에 $s - r_k$을 곱한 다음 $s \to r_k$인 극한을 취한다. 식 (36)이 $Q(s)$의 근에서 정의되지 않기 때문에 간단히 식 (36)에 $s - r_k$를 곱해서는 보일 수가 없다. 따라서 이 극한을 이용해야 한다.

b. 다음을 보여라.

$$\mathcal{L}^{-1}\{F(s)\} = \sum_{k=1}^{n} \frac{P(r_k)}{Q'(r_k)} e^{r_k t}$$

7.3 | 계단 함수

7.2절에서 초깃값 문제를 라플라스 변환으로 푸는 일반적인 과정을 살펴보았다. 라플라스 변환이 가장 흥미롭게 이용되는 경우는 불연속이거나 임펄스 forcing 함수를 포함하는 선형 미분방정식을 풀 때이다. 이런 유형의 미분방정식은 전기회로에서 전류의 흐름을 분석하거나 기계시스템의 진동을 분석하는 과정에서 자주 발생한다. 이 절과 다음 절에서 이런 문제를 푸는 데 유용한 라플라스 변화의 성질을 더 알아보자. 별도의 언급이 없다면 다음의 함수들 모두 조각조각 연속이고 지수 차수를 가져서 충분히 큰 s에 대해 라플라스 변환을 갖는다고 가정하자.

점프 불연속점을 갖는 함수를 효과적으로 다루기 위해 **단위 계단 함수**(unit step function) 혹은 **헤비사이드 함수**(Heaviside function)를 사용하자. 이 함수는 u_c로 표기하며 다음과 같이 정의한다.

$$u_c(t) = \begin{cases} 0, & t < c, \\ 1, & t \geq c \end{cases} \tag{1}$$

라플라스 변환은 구간 $[0, \infty)$에서의 t값을 포함하기 때문에 음이 아닌 c값에만 다루자. $y = u_c(t)$의 그래프는 **그림 7.3.1**과 같다. 여기서 $t = c$에서 u_c의 값을 1로 두었다. u_c와 같이 조각조각 연속인 함수의 불연속점에서의 값은 일반적으로 중요하지 않다. 또한 계단이 음수일 수도 있다. 예를 들어, **그림 7.3.2**는 $y = 1 - u_c(t)$의 그래프를 나타낸다.

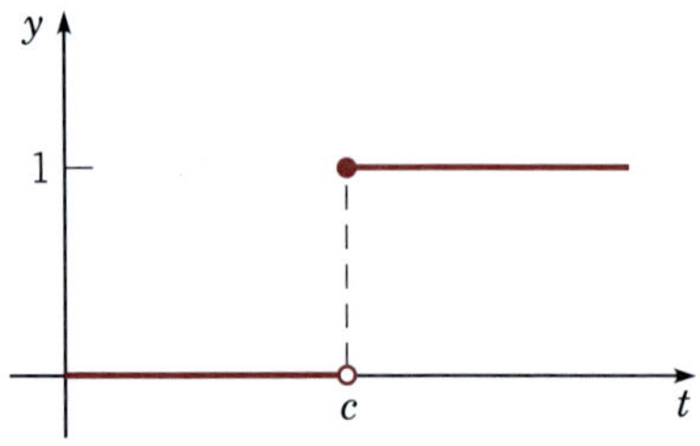

그림 7.3.1 $y = u_c(t)$의 그래프

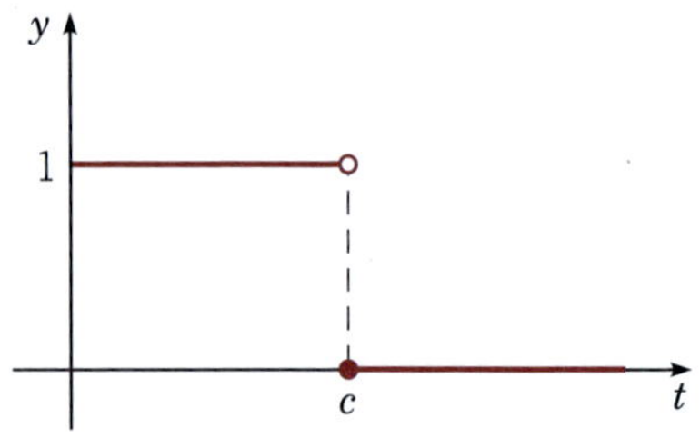

그림 7.3.2 $y = 1 - u_c(t)$의 그래프

값 1을 "on", 값 0을 "off"라고 하면 함수 $u_c(t)$는 시간 c에서 켠 스위치를 나타낸다. 비슷하게 $1 - u_c(t)$는 시간 c에서 끈 스위치를 나타낸다.

예제 7.3.1

$$h(t) = u_\pi(t) - u_{2\pi}(t), \quad t \geq 0$$

일 때, $y = h(t)$의 그래프를 그려라.

풀이

식 (1)의 $u_c(t)$의 정의로부터

$$h(t) = \begin{cases} 0, & t < \pi, \\ 1, & t \geq \pi \end{cases} - \begin{cases} 0, & t < 2\pi, \\ 1, & t \geq 2\pi \end{cases}$$

$$= \begin{cases} 0 - 0, & 0 \leq t < \pi, \\ 1 - 0, & \pi \leq t < 2\pi, \\ 1 - 1, & 2\pi \leq t < \infty, \end{cases}$$

$$= \begin{cases} 0, & 0 \leq t < \pi, \\ 1, & \pi \leq t < 2\pi, \\ 0, & 2\pi \leq t < \infty \end{cases}$$

이므로 방정식 $y = h(t)$는 **그림 7.3.3**의 그래프와 같다. 이 함수를 처음에는 꺼져있다가 $t = \pi$에서 켰다가 $t = 2\pi$에서 다시 끈 스위치라고 생각할 수 있다; 이 함수를 **네모펄스**(rectangular pulse)라고 부르기도 한다.

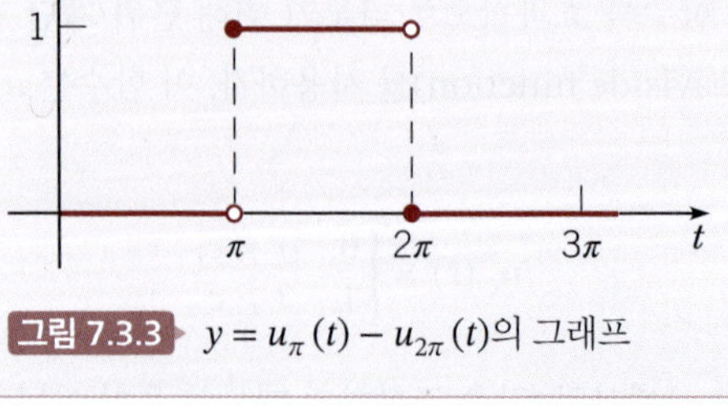

그림 7.3.3 $y = u_\pi(t) - u_{2\pi}(t)$의 그래프

예제 7.3.2

다음 함수 $f(t)$에 대하여

$$f(t) = \begin{cases} 1, & 0 \le t < 5, \\ 3, & 5 \le t < 8, \\ -2, & 8 \le t < 10, \\ -1, & t \ge 10 \end{cases} \tag{2}$$

$y = f(t)$의 그래프를 그리고 $f(t)$를 $u_c(t)$에 대해 나타내라.

풀이

$y = f(t)$의 그래프는 조각조각 상수이다. 각 수평 선분이 왼쪽 끝점을 포함해야 하므로 **그림 7.3.4**가 된다.

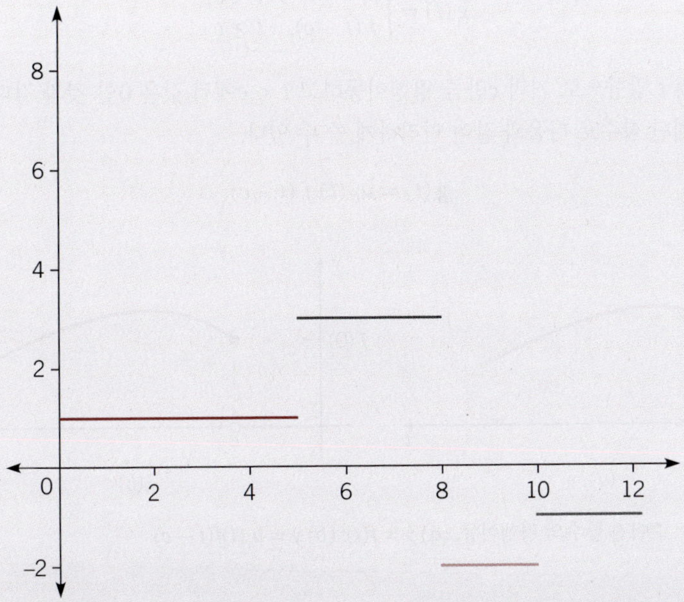

그림 7.3.4 식 (2)인 함수의 그래프

$[0, 5)$에서 $f(t)$와 일치하는 함수 $f_1(t) = 1$로 시작해 보자. $t = 5$에서 2단위 점프를 만들기 위해 $f_1(t)$에 $2u_5(t)$를 더하면,

$$f_2(t) = 1 + 2u_5(t)$$

를 얻는데, 이는 $[0, 8)$에서 $f(t)$와 일치한다. $t = 8$에서의 5단위의 음의 점프는 $-5u_8(t)$를 더하는 것에 해당하고,

$$f_3(t) = 1 + 2u_5(t) - 5u_8(t)$$

가 된다. 마지막으로 $t = 10$일 때 2단위의 점프와 일치하려면 $u_{10}(t)$를 더해야 한다. 따라서,

$$f(t) = 1 + 2u_5(t) - 5u_8(t) + u_{10}(t) \tag{3}$$

이다.

$c \geq 0$에 대한 u_c의 라플라스 변환은 다음과 같이 쉽게 구할 수 있다;

$$\mathcal{L}\{u_c(t)\} = \int_0^\infty e^{-st} u_c(t)\, dt = \int_c^\infty e^{-st}\, dt$$
$$= \frac{e^{-cs}}{s}, \qquad s > 0 \tag{4}$$
$$\mathcal{L}\{u_0(t)\} = \frac{e^0}{s} = \frac{1}{s} = \mathcal{L}\{1\}$$

임에 유의하자. 이는 모든 $t \geq 0$에 대해 $u_c(t) = 0$이기에 참이다.

$t \geq 0$에 대해 정의된 주어진 함수 f에 관련해 다음과 같이 정의된 함수 g를 고려하자.

$$g(t) = \begin{cases} 0, & t < c, \\ f(t-c), & t \geq c \end{cases}$$

이는 f를 양의 t 방향으로 거리 c만큼 평행이동하고 $t < c$에서 값은 0인 것과 같다(**그림 7.3.5**). $g(t)$를 단위 계단 함수로 다음과 같이 편리하게 쓸 수 있다.

$$g(t) = u_c(t) f(t-c)$$

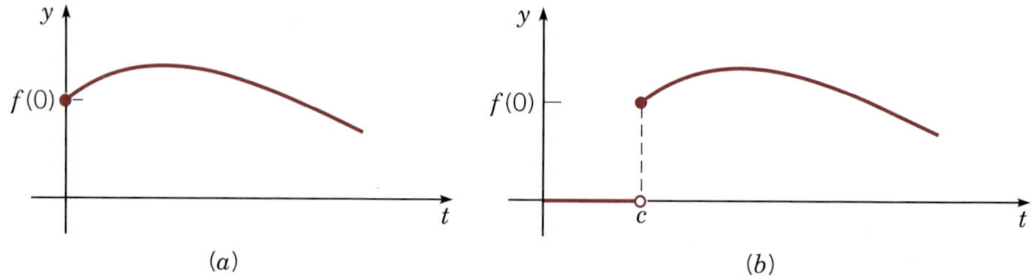

그림 7.3.5 주어진 함수의 평행이동. (a) $y = f(t)$; (b) $y = u_c(t)f(t-c)$.

$f(t)$의 라플라스 변환과 f를 평행이동한 $u_c(t)f(t-c)$의 변환 사이의 다음과 같은 관계식 때문에 단위 계단 함수는 라플라스 변환을 사용하는 데 있어서 특히 중요하다.

정의 7.3.1

$f(t)$의 라플라스 변환, $F(s) = \mathcal{L}\{f(t)\}$가 $s > a \geq 0$에 대해 존재하고 c가 양의 상수인 경우,

$$\mathcal{L}\{u_c(t) f(t-c)\} = e^{-cs}\mathcal{L}\{f(t)\} = e^{-cs}F(s), \quad s > a \tag{5}$$

반대로, $f(t)$가 $F(s)$의 역 라플라스 변환인 경우, $f(t) = \mathcal{L}^{-1}\{F(s)\}$이면

$$u_c(t) f(t-c) = \mathcal{L}^{-1}\{e^{-cs}F(s)\} \tag{6}$$

정리 7.3.1은 단순히 $f(t)$을 양의 t 방향으로 거리 c만큼 평행이동한 것이 $F(s)$에 e^{-cs}을 곱하는 것과 같다고 말하고 있다. 정리 7.3.1을 증명하려면, $u_c(t)f(t-c)$의 라플라스 변환을 계산하는 것으로 충분하다;

$$\begin{aligned}\mathcal{L}\{u_c(t)f(t-c)\} &= \int_0^\infty e^{-st}u_c(t)f(t-c)\,dt \\ &= \int_c^\infty e^{-st}f(t-c)\,dt\end{aligned}$$

이때, 새로운 적분변수 $\sigma = t - c$를 도입하면,

$$\begin{aligned}\mathcal{L}\{u_c(t)f(t-c)\} &= \int_0^\infty e^{-(\sigma+c)s}f(\sigma)\,d\sigma = e^{-cs}\int_0^\infty e^{-s\sigma}f(\sigma)\,d\sigma \\ &= e^{-cs}F(s)\end{aligned}$$

를 얻는다. 따라서 식 (5)가 성립한다; 식 (6)은 식 (5)의 양변에 역변환을 취한 것이다.

$f(t) = 1$로 두면 이 정리의 간단한 예를 얻을 수 있다. $\mathcal{L}\{1\} = 1/s$임을 상기해 보면 식 (5)로부터 $\mathcal{L}\{u_c(t)\} = e^{-cs}/s$인 것을 바로 알 수 있다. 이 결과는 식 (4)와 일치한다. 또한, 변환과 역변환을 계산할 때 정리 7.3.1을 어떻게 쓰는지 예제 7.3.3과 7.3.4에서 볼 수 있다.

예제 7.3.3

함수 f가

$$f(t) = \begin{cases} \sin(t), & 0 \le t < \dfrac{\pi}{4}, \\ \sin(t) + \cos\left(t - \dfrac{\pi}{4}\right), & t \ge \dfrac{\pi}{4} \end{cases}$$

로 정의되었을 때 구간 $0 \le t \le 3$에 대해 $y = f(t)$의 그래프를 그리고 $\mathcal{L}\{f(t)\}$를 구하라.

풀이

$y = f(t)$의 그래프는 **그림 7.3.6**에 나와 있다.

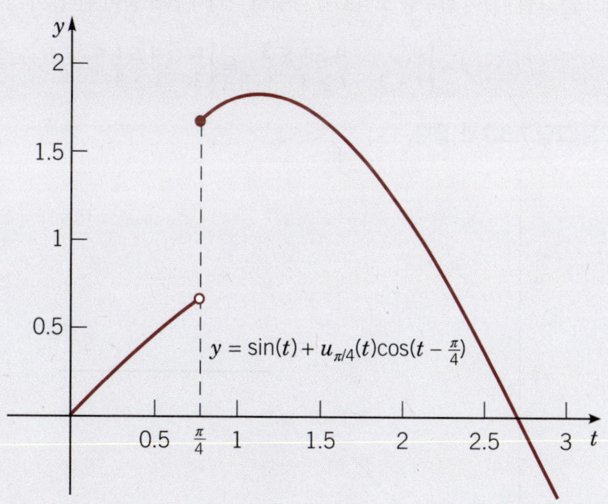

그림 7.3.6 예제 7.3.3의 함수의 그래프

여기서

$$g(t) = \begin{cases} 0, & t < \dfrac{\pi}{4} \\ \cos\left(t - \dfrac{\pi}{4}\right), & t \ge \dfrac{\pi}{4} \end{cases} = u_{\pi/4}(t)\cos\left(t - \frac{\pi}{4}\right)$$

일 때, $f(t) = \sin(t) + g(t)$이고

$$\mathcal{L}\{f(t)\} = \mathcal{L}\{\sin(t)\} + \mathcal{L}\left\{u_{\pi/4}(t)\cos\left(t - \frac{\pi}{4}\right)\right\}$$
$$= \mathcal{L}\{\sin t\} + e^{-\pi s/4}\mathcal{L}\{\cos(t)\}$$

이다.

sin (t)와 cos (t)의 라플라스 변환을 사용하면,

$$\mathcal{L}\{f(t)\} = \frac{1}{s^2+1} + e^{-\pi s/4}\frac{s}{s^2+1} = \frac{1+se^{-\pi s/4}}{s^2+1}$$

이 된다. 이것과 라플라스 변환 정의에서 이상 적분을 직접 계산한 $\mathcal{L}\{f(t)\}$를 서로 비교해 보자.

예제 7.3.4 다음 함수의 라플라스 역변환을 구하라.

$$F(s) = \frac{1-e^{-3s}}{s^2}$$

$y = f(t)$를 그려라.

풀이

역변환의 선형성 특성을 이용해서

$$f(t) = \mathcal{L}^{-1}\left\{\frac{1}{s^2}\right\} - \mathcal{L}^{-1}\left\{\frac{e^{-3s}}{s^2}\right\}$$
$$= t - u_3(t)(t-3)$$

이다.

$y = f(t)$의 그래프를 그릴 때, 이 함수를 조각조각 나눠서 나타내면 도움이 된다. 이 경우는 다음과 같다.

$$f(t) = t - \begin{cases} 0, & 0 \le t < 3 \\ t-3, & t \ge 3 \end{cases} = \begin{cases} t, & 0 \le t < 3, \\ 3, & t \ge 3 \end{cases}$$

$y = f(t)$의 그래프는 **그림 7.3.7**과 같다.

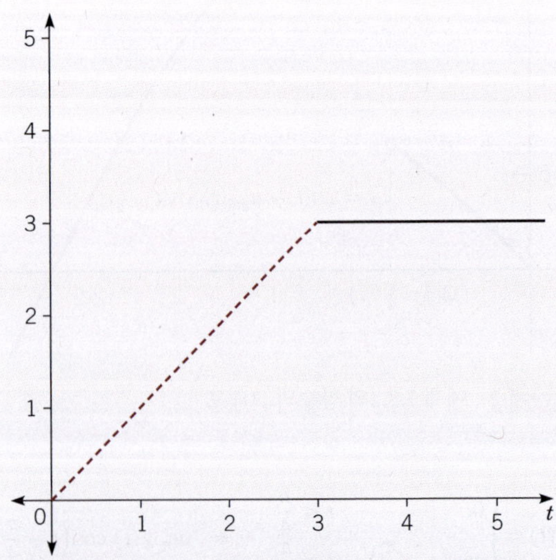

그림 7.3.7

다음 정리는 정리 7.3.1에서 주어진 것과 유사한 라플라스 변환의 아주 유용한 또 다른 성질에 관한 것이다.

정리 7.3.2

$F(s) = \mathcal{L}\{f(t)\}$가 $s > a \geq 0$에 대해 존재하고 c가 상수이면

$$\mathcal{L}\{e^{ct} f(t)\} = F(s-c), \quad s > a + c \tag{7}$$

반대로, $f(t) = \mathcal{L}^{-1}\{F(s)\}$이면

$$e^{ct} f(t) = \mathcal{L}^{-1}\{F(s-c)\} \tag{8}$$

정리 7.3.2에 의하면, $f(t)$에 e^{ct}을 곱한 것은 변환 $F(s)$를 양의 s 방향으로 거리 c만큼 평행이동한 결과가 되고, 그 역도 성립한다. 이 정리를 증명하기 위해 $\mathcal{L}\{e^{ct}f(t)\}$를 계산하면

$$\mathcal{L}\{e^{ct} f(t)\} = \int_0^\infty e^{-st} e^{ct} f(t)\,dt = \int_0^\infty e^{-(s-c)t} f(t)\,dt$$
$$= F(s-c)$$

이므로 식 (7)이 되었다. $|f(t)| \leq Ke^{at}$이므로, 정리 7.1.2의 가정 (ii)에 따라, $s > a + c$로 제한한다; 따라서 $|e^{ct}f(t)| \leq K^{e(a+c)t}$이다. 식 (8)은 식 (7)을 역변환하여 구한 것이므로 증명이 완료되었다.

정리 7.3.2는 예제 7.3.5에서와 같은 특정 역변환을 계산할 때 주로 사용된다.

예제 7.3.5

다음 함수의 라플라스 역변환을 구하라.

$$F(s) = \frac{s-1}{s^2 - 2s + 5}$$

풀이

먼저, 분모 $s^2 - 2s + 5$의 복소수근을 다루지 않기 위해서 완전제곱꼴로 쓴다;

$$F(s) = \frac{s-1}{s^2 - 2s + 5} = \frac{s-1}{(s-1)^2 + 4} = G(s-1)$$

이때, $G(s) = \dfrac{s}{s^2 + 2^2}$ 이고 $\mathcal{L}^{-1}\{G(s)\} = \cos(2t)$ 이므로 정리 7.3.2에 의해

$$f(t) = e^t \cos(2t)$$

이다.

이 절의 결과는, 특히 불연속 forcing 함수를 갖는 미분방정식을 풀 때 유용하다. 다음 절에서는 이런 사실을 보여주는 예제를 집중적으로 다루겠다.

연습 문제

▶ 문제 **1**부터 **4**까지 구간 $t \ge 0$에서 주어진 함수의 그래프를 그려라.

1. $g(t) = u_1(t) + 3u_2(t) - 5u_6(t)$

2. $g(t) = f\left(t - \frac{\pi}{2}\right)u_{\frac{\pi}{2}}(t)$, 여기서 $f(t) = t$

3. $g(t) = f(t-3)u_3(t)$, 여기서 $f(t) = 2\sin t$

4. $g(t) = (t-3)u_2(t) - (t-4)u_3(t)$

▶ 문제 **5**부터 **8**까지;

a. 주어진 함수의 그래프를 그려라.

b. $f(t)$을 단위 계단 함수 $u_c(t)$에 대해 나타내라.

5. $f(t) = \begin{cases} 1, & 0 \le t < 2, \\ -1, & 2 \le t < 4, \\ 2, & 4 \le t < 6, \\ 1, & t \ge 6. \end{cases}$

6. $f(t) = \begin{cases} 2, & 0 \le t < 1, \\ 4, & 1 \le t < 3, \\ 0, & 3 \le t < 5, \\ -2, & 5 \le t < 7, \\ -4, & t \ge 7. \end{cases}$

7. $f(t) = \begin{cases} t, & 0 \le t < 1, \\ t-1, & 1 \le t < 2, \\ t-2, & 2 \le t < 3, \\ 0, & t \le 3. \end{cases}$

8. $f(t) = \begin{cases} 1, & 0 \le t < 1, \\ -1, & 1 \le t < 2, \\ 1, & 2 \le t < 3, \\ -1, & 3 \le t < 4, \\ 0, & t \le 4. \end{cases}$

▶ 문제 **9**부터 **12**까지, 주어진 함수의 라플라스 변환을 구하라.

9. $f(t) = \begin{cases} 0, & t < 3 \\ t-3, & t \ge 3 \end{cases}$

10. $f(t) = \begin{cases} 0, & t < 1 \\ t^2 - 2t + 3, & t \ge 1 \end{cases}$

11. $f(t) = t^2 - u_1(t)(t-1), \quad t \ge 0$

12. $f(t) = (t-4)u_2(t) - (t-2)\,u_3(t)$

▶ 문제 **13**부터 **16**까지 주어진 함수의 라플라스 역변환을 구하라.

13. $F(s) = \dfrac{2!}{s^2 - 4}$

14. $F(s) = \dfrac{e^{-4s}}{s^2 - 3s + 2}$

15. $F(s) = \dfrac{(s-2)e^{-2s}}{s^2 - 4s + 3}$

16. $F(s) = \dfrac{2e^{-4s}}{s^2 - 4}$

17. $s > a \ge 0$에 대해 $F(s) = \mathcal{L}[f(t)]$가 존재한다고 가정하자.

a. c가 양의 상수일 때 다음을 보여라.

$$\mathcal{L}\{f(ct)\} = \frac{1}{c}F\left(\frac{s}{c}\right), \quad s > ca$$

b. k가 양의 상수일 때 다음을 보여라.

$$\mathcal{L}^{-1}\{F(ks)\} = \frac{1}{k}f\left(\frac{t}{k}\right)$$

c. a, b가 상수이고 $a > 0$일 때 다음을 보여라.

$$\mathcal{L}^{-1}\{F(as+b)\} = \frac{1}{a}e^{-bt/a}f\left(\frac{t}{a}\right)$$

▶ 문제 **18**부터 **20**까지, 문제 **17**의 결과를 이용하여 주어진 함수의 라플라스 역변환을 구하라.

18. $F(s) = \dfrac{e^2 e^{-4s}}{2s - 1}$

19. $F(s) = \dfrac{2s + 1}{4s^2 + 4s + 5}$

20. $F(s) = \dfrac{1}{9s^2 - 12s + 3}$

▶ 문제 **21**부터 **23**까지, 주어진 함수의 라플라스 변환을 구하라. 문제 **23**에서는 무한 급수의 항별 적분이 허용된다고 가정한다.

21. $f(t) = \begin{cases} 1, & 0 \le t < 1 \\ 0, & t \ge 1 \end{cases}$

22. $f(t) = \left\{\begin{array}{ll} 2, & 0 \le t < 1 \\ 0, & 1 \le t < 2 \\ 2, & 2 \le t < 3 \\ 0, & t \ge 3 \end{array}\right\}$

23. $f(t) = 1 + \sum_{k=1}^{\infty} (-1)^k u_k(t)$. **그림 7.3.8**을 참고.

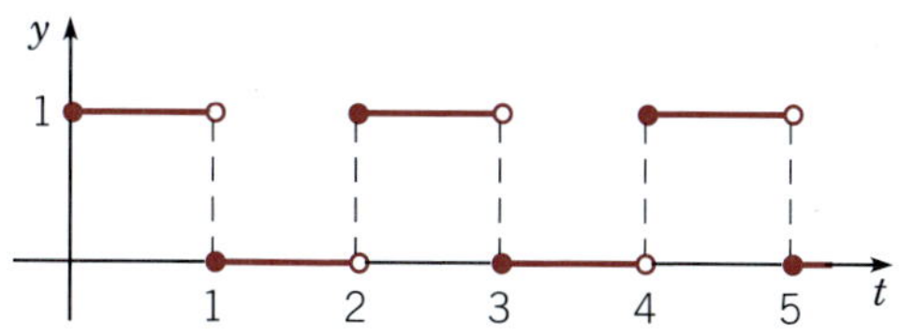

그림 7.3.8 문제 **23**의 함수 $f(t)$는 사각파형.

24. f가 모든 $t \ge 0$와 고정된 어떤 양수 T에 대해 $f(t+T) = f(t)$를 만족한다고 하자; f를 구간 $0 \le t < \infty$에서 **주기 T를 갖는 주기함수**라고 한다. 다음을 증명하라.

$$\mathcal{L}\{f(t)\} = \frac{\int_0^T e^{-st} f(t)\, dt}{1 - e^{-sT}}$$

▶ 문제 **25**부터 **28**까지, 문제 **24**의 결과를 이용하여 주어진 함수의 라플라스 변환을 구하라.

25. $f(t) = \begin{cases} 1, & 0 \le t < 2, \\ 0, & 2 \le t < 4; \end{cases} \quad f(t+4) = f(t)$

26. $f(t) = \begin{cases} 1, & 0 \le t < 1, \\ -1, & 1 \le t < 2; \end{cases} \quad f(t+2) = f(t)$

그림 7.3.9 참고.

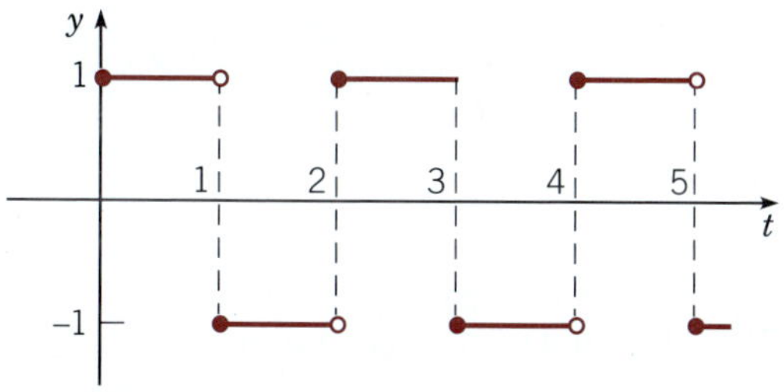

그림 7.3.9 문제 **23**의 함수 $f(t)$는 사각파형.

27. $f(t) = t, \quad 0 \le t < 1; \quad f(t+1) = f(t)$

그림 7.3.10을 참고할 것

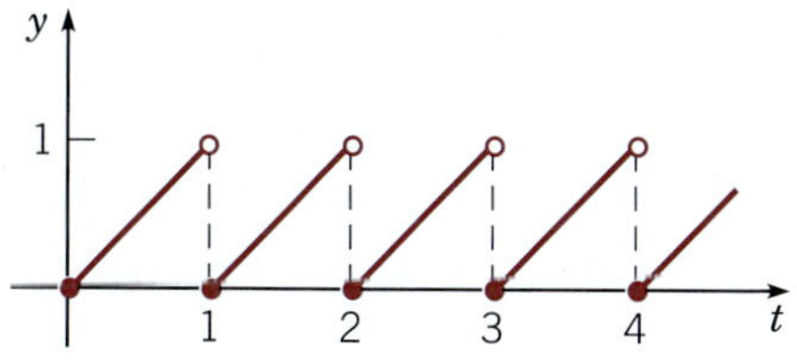

그림 7.3.10 문제 **26**의 함수 $f(t)$; 정류된 사인파

28. 정류된 사인파 함수.

29. **a.** $f(t) = 1 - u_1(t)$일 때 $\mathcal{L}\{f(t)\}$를 구하라; $y = f(t)$의 그래프를 그리고 문제 **21**과 비교하라.

b. **a**에서 정의된 함수 f에 대해 $g(t) = \int_0^t f(\xi)\, d\xi$라고 하자. $y = g(t)$의 그래프를 그리고 $\mathcal{L}\{g(t)\}$를 구하라. $\mathcal{L}\{g(t)\}$를 이용하여 $g(t)$에 대한 공식을 구하라.
(힌트: 7.2절의 문제 **28**을 참고)

c. **b**에서 정의된 함수 g에 대해 $h(t) = g(t) - u_1(t)\, g(t-1)$이라고 하자. $y = h(t)$의 그래프를 그리고 $\mathcal{L}\{h(t)\}$를 구하라. 이 $\mathcal{L}\{h(t)\}$를 이용하여 $h(t)$에 대한 공식을 구하라.

30. 다음과 같이 정의된 함수 p를 고려하자.

$$p(t) = \begin{cases} t, & 0 \le t < 1, \\ 2 - t, & 1 \le t < 2; \end{cases} \qquad p(t+2) = p(t)$$

a. $y = p(t)$의 그래프를 그려라.

b. p가 문제 **29c**의 함수 h에 대한 주기적 확장임을 확인하고 문제 **24**의 결과를 사용하여 $\mathcal{L}\{p(t)\}$를 구하라.

c. 문제 **26**에서의 함수 f에 대하여 정리 7.2.1을 이용하여

$$p(t) = \int_0^t f(x)\, dx$$

임을 확인하고 $\mathcal{L}\{p(t)\}$를 구하라.

7.4 불연속 forcing 함수를 갖는 미분방정식

이 절에서는 비제차 항 또는 **forcing 함수**가 불연속인 예제들을 중심으로 다루기로 한다.

예제 7.4.1

다음 미분방정식의 해를 구하라.

$$2y'' + y' + 2y = g(t) \tag{1}$$

이때,

$$g(t) = u_5(t) - u_{20}(t) = \begin{cases} 1, & 5 \le t < 20, \\ 0, & 0 \le t < 5 \quad \text{or} \quad t \ge 20 \end{cases} \tag{2}$$

이고 초기조건은 다음과 같다고 가정하자.

$$y(0) = 0, \quad y'(0) = 0 \tag{3}$$

이 문제는 $5 \le t < 20$에 대한 단위 전압 펄스를 갖는 단순한 전기회로에서, 콘덴서의 전하량에 대한 것이다. 또한 y가 힘 $g(t)$가 작용하는 감쇠되는 발진기의 운동을 나타내기도 한다.

풀이

식 (1)의 라플라스 변환은

$$2s^2Y(s) - 2sy(0) - 2y'(0) + sY(s) - y(0) + 2Y(s) = \mathcal{L}\{u_5(t)\} - \mathcal{L}\{u_{20}(t)\}$$
$$= \frac{1}{s}\left(e^{-5s} - e^{-20s}\right)$$

이고 초깃값 (3)을 적용하여 $Y(s)$에 대해 풀면,

$$Y(s) = \frac{e^{-5s} - e^{-20s}}{s(2s^2 + s + 2)} \tag{4}$$

이 된다. $y(t)$를 구하기 위해 $Y(s)$를 다음과 같이 표현하자.

$$Y(s) = \left(e^{-5s} - e^{-20s}\right) H(s) \tag{5}$$

이때,

$$H(s) = \frac{1}{s(2s^2 + s + 2)} \tag{6}$$

이다. 따라서 $h(t) = \mathcal{L}^{-1}\{H(s)\}$이면,

$$y(t) = u_5(t)\,h(t-5) - u_{20}(t)\,h(t-20) \tag{7}$$

이며 정리 7.3.1을 써서 $e^{-5s}H(s)$와 $e^{-20s}H(s)$의 역변환을 표현한다. 끝으로, $h(t)$를 결정하기 위해 $H(t)$를 부분 분수 전개하자:

$$H(s) = \frac{a}{s} + \frac{bs + c}{2s^2 + s + 2} \tag{8}$$

계수를 결정하면 $a = \frac{1}{2}, b = -1, c = -\frac{1}{2}$이다. 따라서,

$$\begin{aligned} H(s) &= \frac{1}{2}s - \frac{s + \frac{1}{2}}{2s^2 + s + 2} = \frac{1}{2}s - \frac{1}{2}\frac{\left(s + \frac{1}{4}\right) + \frac{1}{4}}{\left(s + \frac{1}{4}\right)^2 + \frac{15}{16}} \\ &= \frac{1}{2s} - \frac{1}{2}\left(\frac{s + \frac{1}{4}}{\left(s + \frac{1}{4}\right)^2 + \left(\frac{\sqrt{15}}{4}\right)^2} + \frac{1}{\sqrt{15}}\frac{\frac{\sqrt{15}}{4}}{\left(s + \frac{1}{4}\right)^2 + \left(\frac{\sqrt{15}}{4}\right)^2}\right) \end{aligned} \tag{9}$$

이므로 표 7.2.1의 9번째와 10번째 줄을 참고하면,

$$h(t) = \frac{1}{2} - \frac{1}{2}\left(e^{-t/4}\cos\left(\frac{\sqrt{15}}{4}t\right) + \frac{1}{\sqrt{15}}e^{-t/4}\sin\left(\frac{\sqrt{15}}{4}t\right)\right) \tag{10}$$

이다.

그림 7.4.1에서 식 (7)과 (10)으로부터 얻은 $y(t)$의 그래프는 해가 서로 다른 세 부분으로 이루어졌음을 보여준다. $0 < t < 5$에 대해 미분방정식은

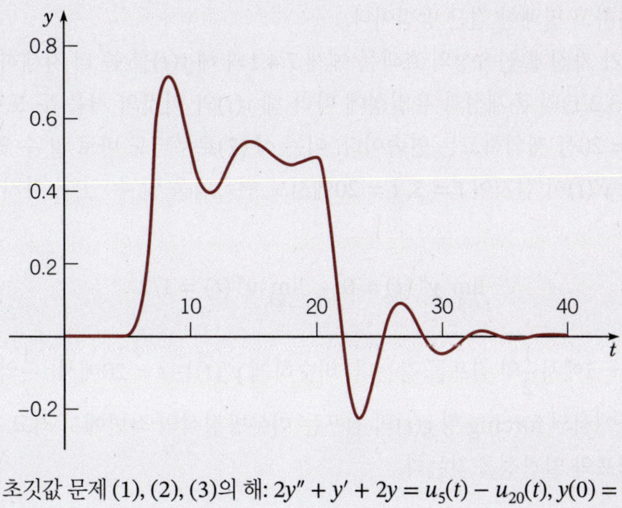

그림 7.4.1 초깃값 문제 (1), (2), (3)의 해: $2y'' + y' + 2y = u_5(t) - u_{20}(t), y(0) = 0, y'(0) = 0.$

$$2y'' + y' + 2y = 0 \tag{11}$$

이고 초기조건은 식 (3)으로 주어졌다. 초기조건에 의하면 주어진 시스템에 아무런 에너지도 주어지지 않고 외부로부터 오는 힘도 없기 때문에 이 시스템은 정지된 상태이다; 즉, $0 < t < 5$에 대해 $y = 0$이다. 이는 초기조건 (3)에 따라 식 (11)을 풀면 확인할 수 있다. 특히 $t = 5$일 때 또는 더 정확하게 t가 아래로부터 5로 다가갈 때의 해와 해의 미분계수를 계산하면,

$$y(5) = 0, \quad y'(5) = 0 \tag{12}$$

이다.

$t > 5$이면, 미분방정식은

$$2y'' + y' + 2y = 1 \tag{13}$$

이 된다. 이 식의 해는 (상수인 forcing 함수에 대한 반응으로써의) 상수와 (대응 제차 미분방정식의 해로써) 감쇠하는 진동의 합이다. 그림 7.4.1의 그래프는 구간 $5 \le t \le 20$에서 이 해의 모양을 보여준다. 이 부분의 해에 대한 식은 초기조건 (12) 하에서 미분방정식 (13)을 풀면 구할 수 있다. $5 \le t \le 20$에 대해 $u_5(t) = 1$이고 $u_{20}(t) = 0$이므로 식 (7)과 (10)은

$$\begin{aligned} y(t) &= h(t-5) \\ &= \frac{1}{2} - \frac{1}{2}e^{-(t-5)/4}\cos\left(\frac{\sqrt{15}(t-5)}{4}\right) + \frac{1}{2\sqrt{15}}e^{-(t-5)/4}\sin\left(\frac{\sqrt{15}(t-5)}{4}\right) \end{aligned} \tag{14}$$

가 된다.

끝으로, $t > 20$에 대한 미분방정식은 다시 식 (11)이 되고 초기조건은 식 (13), (12)의 해와 $t = 20$에서의 해의 미분계수를 계산하여 구할 수 있다. 이 값들은 다음과 같다.

$$y(20) \cong 0.50162, \quad y'(20) \cong 0.01125 \tag{15}$$

초깃값 문제 (11), (15)는 외력을 포함하지 않으므로 해는 약 $y = 0$에서 감쇠하는 진동이며, 그림 7.4.1과 같다.

그림 7.4.1에 그려진 해는 분리된 세 구간에서 별도의 세 초깃값 문제의 해들로 구성된 모습을 나타내는 데 유용하긴 하나, 이렇게 분리된 문제들을 풀어서 해를 찾는 것은 귀찮은 일이다. 이런 면에서 라플라스 변환법은 이 문제뿐만 아니라 불연속 forcing 함수를 갖는 다른 문제에 대해서도 더 편리하고 명쾌한 접근 방법이다.

Forcing 함수가 가진 불연속성의 효과는 예제 7.4.1의 해 $y(t)$를 좀 더 자세히 살펴보면 알 수 있다. 정리(정리 3.2.1)의 존재성과 유일성에 따라 해 $y(t)$와 이것의 처음 두 도함수는 g가 불연속인 점 $t = 5$, $t = 20$을 제외하고는 연속이다. 이는 식 (7)로부터도 바로 알 수 있다. 식 (7)을 직접 계산하면 $y(t)$, $y'(t)$이 심지어 $t = 5$, $t = 20$에서도 연속임을 알 수 있다. 하지만, $y''(t)$을 계산해 보면

$$\lim_{t \to 5^-} y''(t) = 0, \quad \lim_{t \to 5^+} y''(t) = 1/2$$

이므로 $y''(t)$는 $t = 5$에서 $\frac{1}{2}$의 점프를 갖는다. 비슷하게 $y''(t)$는 $t = 20$에서 $-\frac{1}{2}$의 점프를 갖는다. 따라서 이런 점들에서의 forcing 항 $g(t)$의 점프는 미분방정식의 좌변에서 최고 계항인 $2y''$의 같은 점들에서의 점프와 일관성을 갖는다.

이제 일반적인 2계 선형 미분방정식

$$y'' + p(t)y' + q(t)y = g(t) \tag{16}$$

를 고려하자. 이때, 어떤 구간 $\alpha < t < \beta$에서 p, q는 연속이지만 g는 조각조각 연속이다. 만약 $y(t)$가 식 (16)의 해라면 $y(t)$와 $y'(t)$은 $\alpha < t < \beta$에서 연속이지만, $y''(t)$는 g와 같은 점에서 점프 불연속점들을 갖는다. 고계 미분방정식에 대해서도 마찬가지이다; 미분방정식에 나타나는 해의 최고계 도함수는 forcing 함수와 같은 점에서 점프 불연속 점을 갖지만, 해 자체와 최고 계수보다 낮은 계수의 도함수는 그런 점에서도 연속이다.

예제 7.4.2

다음 초깃값 문제의 해의 정성적인 모양에 대하여 설명하고 그 해를 구하라.

$$y'' + 4y = g(t) \tag{17}$$

$$y(0) = 0, \quad y'(0) = 0 \tag{18}$$

이때,

$$g(t) = \begin{cases} 0, & 0 \le t < 5, \\ \frac{1}{5}(t-5), & 5 \le t < 10, \\ 1, & t \ge 10 \end{cases} \tag{19}$$

이다.

풀이

이 예제에서 forcing 함수는 **그림 7.4.2**의 그래프와 같고 **경사로 타기**(ramp loading)라고 알려져 있다. 해의 일반적인 형태를 찾는 것은 상대적으로 쉽다. $t < 5$에 대한 해는 간단하게 $y = 0$이다. 한편, $t > 10$에 대한 해는 다음의 형태를 갖는다.

$$y = c_1 \cos(2t) + c_2 \sin(2t) + \frac{1}{4} \tag{20}$$

상수 1/4은 비제차 미분방정식의 특수해인 반면, 다른 두 항은 이와 대응되는 제차 미분방정식의 일반해이다. 따라서 해 (20)은 $y = 1/4$ 부근에서의 단순 조화 진동이다. 비슷하게 중간 범위 $5 < t < 10$에서 해는 어떤 선형함수 부근에서 진동한다. 공학에서는 이 궁극적인 정상 진동의 진폭을 알아내는 데 관심이 있다.

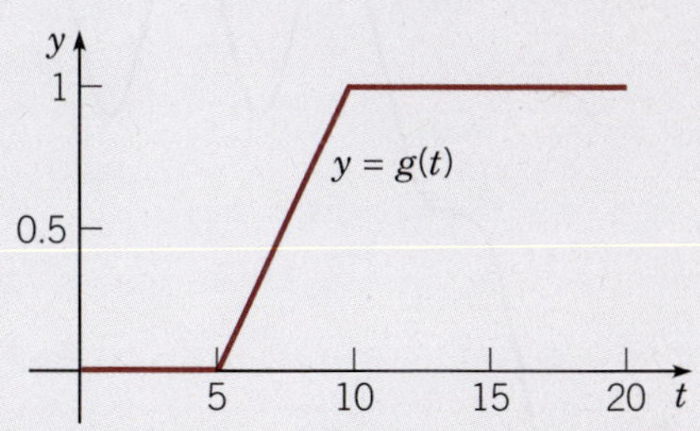

그림 7.4.2 경사로 타기; $y = g(t)$는 방정식 (19) 또는 방정식 (21)로부터

이 문제를 풀기 위해 다음과 같이 쓰면 편리하다.

$$g(t) = \frac{1}{5}(u_5(t)(t-5) - u_{10}(t)(t-10)) \tag{21}$$

그런 다음, 미분방정식의 라플라스 변환을 취하고 초기조건을 사용하면,

$$(s^2+4)Y(s) = \frac{e^{-5s} - e^{-10}}{5s^2}$$

또는

$$Y(s) = \frac{1}{5}\left(e^{-5s} - e^{-10s}\right)H(s) \tag{22}$$

가 된다. 이때,

$$H(s) = \frac{1}{s^2(s^2+4)} \tag{23}$$

이다. 따라서 초깃값 문제 (17), (18), (19)의 해는 $H(s)$의 역변환 $h(t)$에 대해

$$y(t) = \frac{1}{5}(u_5(t)h(t-5) - u_{10}(t)h(t-10)) \tag{24}$$

이다.

$H(s)$를 부분 분수로 나타내면

$$H(s) = \frac{1/4}{s^2} - \frac{1/4}{s^2+4} \tag{25}$$

이고 표 7.2.1의 3번째와 5번째 줄로부터

$$h(t) = \frac{1}{4}t - \frac{1}{8}\sin(2t) \tag{26}$$

이다.

$y(t)$의 그래프는 **그림 7.4.3**과 같은데, 앞서 지적했던 정성적인 모양을 가짐을 알 수 있다. 결과적으로 정상 진동의 진폭을 알아내려면 $t > 10$에 대한 최대 또는 최소점 중 하나의 위치만 알아내면 충분하다. 식 (24)의 해의 도함수를 영과 같게 두면, 첫 번째 최대점은 대략 (10.642, 0.2979)에 위치하므로 진동의 폭은 약 $0.2979 - 0.25 = 0.0479$가 된다.

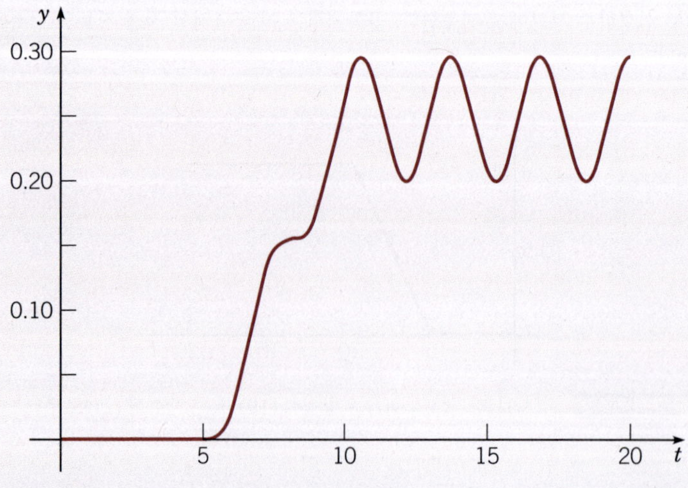

그림 7.4.3 초깃값 문제 (12), (13), (14)의 해

이 예제에서 $t = 5$, $t = 10$에서 forcing 함수 g는 연속이지만 g'은 불연속이다. 이로부터 해 $y(t)$와 이것의 처음 두 도함수는 어디서든 연속이지만 $y'''(t)$는 g'이 불연속인 $t = 5$와 $t = 10$에서 불연속이다.

연습 문제

▶ 문제 **1**부터 **8**까지;

a. 적당한 구간에서 forcing 함수의 그래프를 그려라.

b. 주어진 초깃값 문제의 해를 구하라.

c. **G** 이 해의 그래프를 그려라.

d. Forcing 함수의 그래프와 해의 그래프가 어떻게 연관되어 있는지 설명하라.

1. $y'' + y = f(t)$; $y(0) = 0$, $y'(0) = 1$;

$$f(t) = \begin{cases} 1, & 0 \le t < 3\pi \\ 0, & 3\pi \le t < 8 \end{cases}$$

2. $y'' + 2y' + 2y = h(t)$; $y(0) = 0$, $y'(0) = 1$;

$$h(t) = \begin{cases} 1, & \pi \le t < 2\pi \\ 0, & 0 \le t < \pi \quad \text{or} \quad t \ge 2\pi \end{cases}$$

3. $y'' + 4y = \sin t + u_\pi(t)\sin(t - \pi)$; $y(0) = 1$, $y'(0) = 0$

4. $y'' + 3y' + 2y = f(t)$; $y(0) = 1$, $y'(0) = 0$;

$$f(t) = \begin{cases} 1, & 0 \le t < 10 \\ 0, & t \ge 10 \end{cases}$$

5. $y'' + y' + \frac{5}{4}y = t - u_{\pi/2}(t)\left(t - \frac{\pi}{2}\right)$; $y(0) = 0$, $y'(0) = 0$

6. $y'' + y' + \frac{5}{4}y = g(t)$; $y(0) = 1$, $y'(0) = 0$;

$$g(t) = \begin{cases} \sin t, & 0 \le t < \pi \\ 0, & t \ge \pi \end{cases}$$

7. $y'' + y = u_{3\pi}(t)$; $y(0) = 2$, $y'(0) = 0$

8. $y^{(4)} - y = u_1(t) - u_3(t)$; $y(0) = 0$, $y'(0) = 0$, $y'(0) = 0$, $y'''(0) = 0$

9. $t = t_0$일 때 0부터 $t = t_0 + k$일 때 h 값까지 증가하는 함수 f에 대한 $u_c(t)$를 포함하는 식을 구하라.

10. $t = t_0$일 때 0에서 시작하여 $t = t_0 + k$일 때 h 값으로 증가한 후 $t = t_0 + 2k$일 때 다시 0으로 감소하는 함수 g에 대한 $u_c(t)$를 포함하는 식을 구하라.

11. 이 특정한 스프링-질량 시스템은 초깃값 문제를 만족한다.

$$u'' + \frac{1}{4}u' + u = kg(t), \quad u(0) = 0, \quad u'(0) = 0$$

여기서 $g(t) = u_{3/2}(t) - u_{5/2}(t)$이고 $k > 0$은 매개변수이다.

a. $g(t)$의 그래프를 그려라. 단위 크기의 펄스가 한 시간 단위에 걸쳐 확장되는 것을 관찰하라.

b. 초깃값 문제를 구하라.

c. **G** $k = 1/2$, $k = 1$, $k = 2$에 대한 해를 그려라. 해의 주요 특징과 k에 따라 어떻게 달라지는지 설명하라.

d. **N** 해 $u(t)$가 값 2에 도달하는 k의 가장 작은 값을 소수점 두 자리까지 구하라.

e. **N** $k = 2$라고 가정한다. 모든 $t > \tau$에 대해 $|u(t)| < 0.1$이 되는 시간 τ을 구하라.

12. 이 절의 예제 7.4.2의 문제에서 주어진 forcing 함수 $g(t)$를 다음 식으로 바꾸자.

$$f(t) = \frac{1}{k}(u_5(t)(t-5) - u_{5+k}(t)(t-5-k))$$

a. $f(t)$의 그래프를 그리고 k와의 연관성을 설명하라. 이 예제에서 $f(t)$가 $g(t)$와 같게 되는 k의 값은 무엇인가?

b. 다음 초깃값 문제를 풀어라.

$$y'' + 4y = f(t), \quad y(0) = 0, \quad y'(0) = 0$$

c. **b**의 해는 k에 의존적이지만, 충분히 큰 t에 대해 $y = 1/4$ 부근에서는 해가 언제나 단순 조화 진동이 된다. 이 궁극적인 진동의 진폭이 k와 어떤 연관을 갖는지 결정하라. 그런 다음, 몇 개의 다른 k 값에 대해 해를 그려서 이 답을 확인하라.

공명과 간섭(Resonance and Beats). 3.8절에서 사인 곡선의 forcing 항을 가진 (스프링–질량계처럼) 감쇠하지 않는 조화 진동의 경우, 이 forcing 항의 진동수가 고유 진동수와 같으면 공명이 나타남을 보였다. Forcing의 진동수가 고유 진동수와 약간만 달라도 이 시스템은 간섭을 나타낸다. 문제 **13**부터 **17**까지 사인곡선 주기가 아닌 몇 가지 forcing 함수의 효과를 살펴보기로 하자.

13. 다음의 초깃값 문제를 고려하자.

$$y'' + y = f(t), \quad y(0) = 0, \quad y'(0) = 0$$

이때,

$$f(t) = u_0(t) + 2\sum_{k=1}^{n}(-1)^k u_{k\pi}(t)$$

이다.

a. $0 \le t \le 6\pi$ 같은 구간에서 $f(t)$의 그래프를 그려라.

b. 이 초깃값 문제의 해를 구하라.

c. $n = 15$라 두고 $0 \le t \le 60$에 대한 해의 그래프를 그려라. 해의 모양을 묘사하고 왜 그렇게 움직이는지 설명하라.

d. n이 증가함에 따라 해가 어떻게 변하는지 조사하라. $n \to \infty$이면 어떻게 되는가?

14. 다음 초깃값 문제를 고려하자.

$$y'' + 0.1y' + y = f(t), \quad y(0) = 0, \quad y'(0) = 0$$

이때의 $f(t)$는 문제 **13**에서와 같다.

a. G 해의 그래프를 그려라. 충분히 큰 n의 값과 충분히 긴 t-구간을 써서 해의 과도기 부분은 무시할 수 있고 정상상태는 분명하게 보이도록 하자.

b. 해의 정상상태 부분의 진폭과 진동수를 추정하라.

c. **b**의 결과를 3.8절의 사인곡선을 갖는 강제 진동자의 경우와 비교하라.

15. 다음 초깃값 문제를 고려하자.

$$y'' + y = g(t), \quad y(0) = 0, \quad y'(0) = 0$$

이때

$$g(t) = u_0(t) + \sum_{k=1}^{n}(-1)^k u_{k\pi}(t)$$

이다.

a. $0 \le t \le 6\pi$ 같은 구간에서 $g(t)$의 그래프를 그려라. 이 그래프를 문제 **13a**의 $f(t)$와 비교하라.

b. 이 초깃값 문제의 해를 구하라.

c. **G** $n = 15$라 두고 $0 \le t \le 60$에 대한 해의 그래프를 그려라. 해의 모양을 묘사하고 왜 그렇게 움직이는지 설명하라. 또한 이것을 문제 **13**의 해와 비교하라.

d. n이 증가함에 따라 해가 어떻게 변하는지 조사하라. $n \to \infty$이면 어떻게 되는가?

16. 다음 초깃값 문제를 고려하자.

$$y'' + 0.1y' + y - g(t), \quad y(0) = 0, \quad y'(0) - 0$$

이때의 $g(t)$는 문제 **15**에서와 같다.

a. **G** 해의 그래프를 그려라. 충분히 큰 n의 값과 충분히 긴 t-구간을 써서 해의 과도기 부분은 무시할 수 있고 정상상태는 분명하게 보이도록 하자.

b. **N** 해의 정상상태 부분의 진폭과 진동수를 추정하라.

c. **b**의 결과를 문제 **15**와 3.8절의 사인곡선을 갖는 강제 진동자의 경우와 비교하라.

17. 다음 초깃값 문제를 고려하자.

$$y'' + \frac{1}{3}y' + 4y = f_k(t), \quad y(0) = 0, \quad y'(0) = 0$$

이때,

$$f_k(t) = \begin{cases} 1/2k, & 4 - k \le t < 4 + k \\ 0, & 0 \le t < 4 - k \text{ and } t \ge 4 + k \end{cases}$$

이고 $0 < k < 4$이다.

a. $f_k(t)$의 그래프를 그려라. 이 그래프 아래쪽 면적이 k에 독립적임을 확인하라. 이는 만약 $f_k(t)$가 힘을 표현한다면, 힘의 크기에 힘이 작용하는 시간 간격을 곱한 값이 k에 독립적임을 의미한다.

b. $f_k(t)$를 단위 계단 함수로 표현한 다음 주어진 초깃값 문제를 풀어라.

c. **G** $k = 2, k = 1, \frac{1}{2}$일 때의 해를 그려라. 이 해는 k와 어떤 관련이 있는지 설명하라.

7.5 임펄스 함수

응용 분야에서는 예컨대, 아주 짧은 시간 동안 상당히 큰 크기의 힘이나 전압 같은 임펄스 현상을 다루는 경우가 있다. 보통 그런 문제는 다음 형태의 미분방정식으로 표현된다.

$$ay'' + by' + cy = g(t) \tag{1}$$

이때, $g(t)$는 어떤 $\tau > 0$에 대해 짧은 구간 $t_0 - \tau < t < t_0 + \tau$에서 큰 값을 갖고, 그 외에는 영이다.

$$I(\tau) = \int_{t_0-\tau}^{t_0+\tau} g(t)\, dt \tag{2}$$

또는, 구간 $(t_0 - \tau, t_0 + \tau)$ 외에는 $g(t) = 0$이기 때문에,

$$I(\tau) = \int_{-\infty}^{\infty} g(t)\, dt \tag{3}$$

로 정의되는 적분 $I(\tau)$는 forcing 함수의 크기를 측정한다. 기계 시스템에서 $g(t)$가 힘이라고 할

때 $I(\tau)$는 시간 구간 $(t_0 - \tau, t_0 + \tau)$ 동안의 힘 $g(t)$의 총 **임펄스**(impulse)이다. 비슷하게 만약 y가 전기회로의 전류이고 $g(t)$가 전압에 대한 시간 도함수라면, $I(\tau)$는 구간 $(t_0 - \tau, t_0 + \tau)$ 동안 이 회로에 가해지는 총 전압을 나타낸다.

특히, t_0가 영이고 $g(t)$가 다음과 같이 주어졌다고 하자.

$$g(t) = d_\tau(t) = \begin{cases} \dfrac{1}{2\tau}, & -\tau < t < \tau, \\ 0, & t \le -\tau \quad \text{or} \quad t \ge \tau \end{cases} \tag{4}$$

이때의 τ는 작은 양수이다(**그림 7.5.1**). 식 (2) 또는 (3)에 따르면 이 경우에 $\tau \neq 0$인 한 τ에 상관없이 $I(\tau) = 1$임을 바로 알 수 있다. 이제 forcing 함수 d_τ가 점점 더 짧아지는 시간 구간 동안 작용한다고 이상화시키자; 즉 **그림 7.5.2**에서와 같이 $\tau \to 0^+$일 때 $d_\tau(t)$를 고려하자. 이 극한을 취한 결과로

$$\lim_{\tau \to 0^+} d_\tau(t) = 0, \quad t \neq 0 \tag{5}$$

이 되고 $\tau \neq 0$에 대해 $I(\tau) = 1$이므로

$$\lim_{\tau \to 0^+} I(\tau) = 1 \tag{6}$$

이 된다.

식 (5), (6)으로부터 이상적인 **단위 임펄스 함수**(unit impulse function) δ를 정의할 수 있는데, δ는 $t = 0$에서는 크기가 1이고 영이 아닌 모든 t에서는 영인 임펄스를 준다. 즉, "함수" δ는 다음의 성질을 갖는다.

$$\delta(t) = 0, \quad t \neq 0 \tag{7}$$

$$\int_{-\infty}^{\infty} \delta(t)\, dt = 1 \tag{8}$$

기본 미적분학에서 식 (7)과 (8)을 동시에 만족하는 함수는 없다. 이 식들로 정의된 "함수" δ는

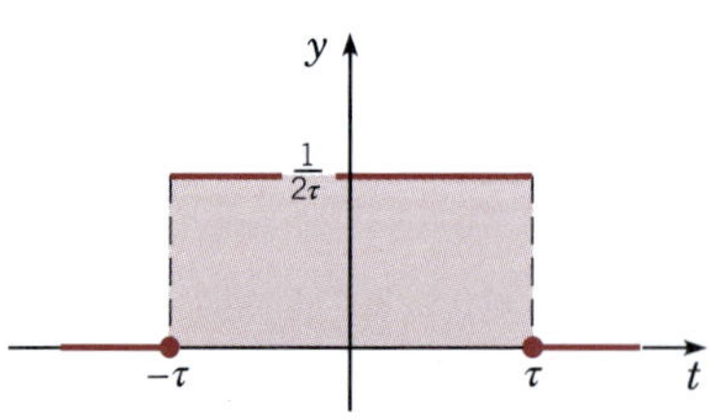

그림 7.5.1 $y = d_\tau(t)$의 그래프

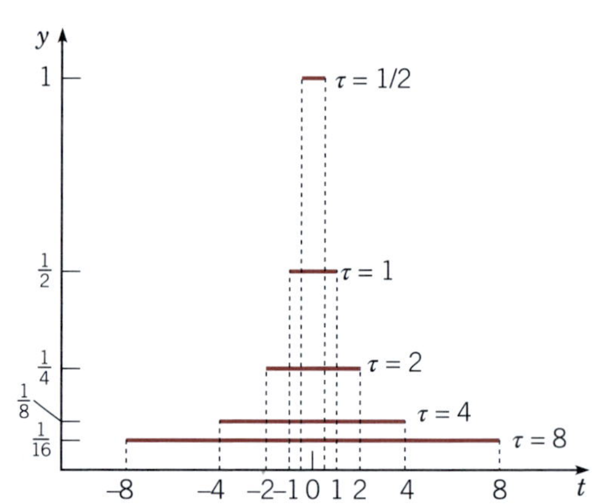

그림 7.5.2 $\tau \to 0^+$일 때 $y = d_\tau(t)$의 그래프들

일반화된 함수(generalized functions)의 한 예이다; 이를 보통 **Dirac[4] 델타 함수**(Dirac delta function)라고 부른다. $\delta(t)$는 $t = 0$일 때의 단위 임펄스에 해당하기 때문에, 임의의 점 $t = t_0$에서의 단위 임펄스는 $\delta(t - t_0)$이다. 식 (7), (8)로부터

$$\delta(t - t_0) = 0, \quad t \neq t_0 \tag{9}$$

$$\int_{-\infty}^{\infty} \delta(t - t_0)\, dt = 1 \tag{10}$$

이다.

델타 함수는 정리 7.1.2의 조건을 만족하지 않지만, 그럼에도 불구하고 라플라스 변환을 형식에 맞게 정의할 수 있다. $\delta(t)$가 $\tau \to 0^+$일 때의 $d_\tau(t)$의 극한으로 정의되므로 δ의 라플라스 변환을 d_τ의 변환의 극한으로 정의하는 것이 자연스럽다. 특히, $t_0 > 0$라고 하면 $\mathcal{L}\{\delta(t - t_0)\}$를 다음과 같이 정의할 수 있다.

$$\mathcal{L}\{\delta(t - t_0)\} = \lim_{\tau \to 0^+} \mathcal{L}\{d_\tau(t - t_0)\} \tag{11}$$

식 (11)의 극한을 계산하기 위해, 먼저 $\tau < t_0$이면 $\tau \to 0^+$이므로 $t_0 - \tau > 0$임을 알아야 한다. $d_\tau(t - t_0)$가 $t_0 - \tau$부터 $t_0 + \tau$까지의 구간에서만 영이 아니므로,

$$\begin{aligned}\mathcal{L}\{d_\tau(t - t_0)\} &= \int_0^{\infty} e^{-st} d_\tau(t - t_0)\, dt \\ &= \int_{t_0-\tau}^{t_0+\tau} e^{-st} d_\tau(t - t_0)\, dt\end{aligned}$$

이고 식 (4)로부터의 $d_\tau(t - t_0)$를 대입하면,

$$\begin{aligned}\mathcal{L}\{d_\tau(t - t_0)\} &= \frac{1}{2\tau}\int_{t_0-\tau}^{t_0+\tau} e^{-st} dt = -\frac{1}{2s\tau} e^{-st}\Big|_{t=t_0-\tau}^{t=t_0+\tau} \\ &= \frac{1}{2s\tau} e^{-st_0}\left(e^{s\tau} - e^{-s\tau}\right)\end{aligned}$$

즉,

$$\mathcal{L}\{d_\tau(t - t_0)\} = \frac{\sinh(s\tau)}{s\tau} e^{-st_0} \tag{12}$$

이 된다. 분수 $\sinh(s\tau)/(s\tau)$는 $\tau \to 0^+$일 때 부정형이나 로피탈(L'Hôspital)[5]의 정리를 사용하여 다음과 같이 극한을 계산할 수 있다.

---

[4] Paul A. M. Dirac (1902~1984)은 영국의 수리물리학자로서 1926년 캠브리지에서 박사학위를 받았으며 1969년까지 그 대학에서 교수를 역임했다. 그는 양자 역학 분야의 기초적인 연구로 (Erwin Surödinger와 함께) 1933년 노벨 물리학상을 수상하였다. 그의 대표적인 업적은 1928년 출판된 전자의 상대론적인 방정식이다. 이 방정식에서 그는 "반-전자", 혹은 양전자의 존재성을 예측했으며 1932년에 이를 처음으로 관측한 바 있다. Dirac은 캠브리지 대학에서 은퇴한 뒤로 미국으로 건너가 플로리다 주립대학교에서 연구교수를 역임했다.

[5] Marquis Guillaume de L'Hôspital (1661~1704)은 프랑스 귀족으로 수학에 깊은 흥미를 갖고 있었다. 미적분학의 개인 교수로 한동안 Johann Bernoulli를 고용하기도 했다. L'Hôspital은 1696년에 미적분학 교재를 처음으로 출판하였다; 그 책에 그의 이름을 딴 미분 법칙이 등장한다.

$$\lim_{\tau\to 0^+}\frac{\sinh(s\tau)}{s\tau} = \lim_{\tau\to 0^+}\frac{s\cosh(s\tau)}{s} = 1$$

그러면 식 (11)로부터

$$\mathcal{L}\{\delta(t-t_0)\} = e^{-st_0} \tag{13}$$

이다. 식 (13)은 임의의 $t_0 > 0$에 대하여 $\mathcal{L}\{\delta(t-t_0)\}$를 정의한다. t_0가 영이 될 수 있다고 하고, 식 (13)의 우변에서 $t_0 \to 0^+$로 두어 이 결과를 확장하자;

$$\mathcal{L}\{\delta(t)\} = \lim_{t_0\to 0^+} e^{-st_0} = 1 \tag{14}$$

이때 식 (13), (14)에서 유도된 라플라스 변환 공식들이 수평 이동한 함수의 라플라스 변환과 같음을 확인할 수 있다.

$$\mathcal{L}\{\delta(t-t_0)\} = e^{-st_0}\mathcal{L}\{\delta(t)\} = e^{-st_0}$$

비슷하게 델타 함수와 임의의 연속함수 f와의 곱에 대한 적분을 정의할 수 있다.

$$\int_{-\infty}^{\infty}\delta(t-t_0)f(t)\,dt = \lim_{\tau\to 0^+}\int_{-\infty}^{\infty} d_\tau(t-t_0)f(t)\,dt \tag{15}$$

이므로 $d_\tau(t)$의 정의 (4)와 적분에 대한 평균값 정리를 사용하여 $t_0 - \tau < t^* < t_0 + \tau$에 대해

$$\begin{aligned}\int_{-\infty}^{\infty} d_\tau(t-t_0)f(t)\,dt &= \frac{1}{2\tau}\int_{t_0-\tau}^{t_0+\tau} f(t)\,dt \\ &= \frac{1}{2\tau}\cdot 2\tau\cdot f(t^*) = f(t^*)\end{aligned}$$

이다. 따라서 $t^* \to t_0$이면 $\tau \to 0^+$이고, 식 (15)로부터

$$\int_{-\infty}^{\infty}\delta(t-t_0)f(t)\,dt = f(t_0) \tag{16}$$

가 된다.

다음 예제는 임펄스 forcing 함수를 가진 초깃값 문제를 푸는 데 델타 함수를 이용하는 방법을 보여준다.

예제 7.5.1 다음 초깃값 문제의 해를 구하라.

$$2y'' + y' + 2y = \delta(t-5) \tag{17}$$

$$y(0) = 0, \quad y'(0) = 0 \tag{18}$$

풀이

이 초깃값 문제는 예제 7.4.1에서와 같은 전기회로나 기계적 발진기에서 발생한다. 유일한 차이는 forcing 항이다.

주어진 문제를 풀기 위해 미분방정식에 라플라스 변환을 취하고 초기조건을 이용하면

$$(2s^2 + s + 2)Y(s) = e^{-5s}$$

이 되고, 따라서

$$Y(s) = \frac{e^{-5s}}{2s^2 + s + 2} = \frac{e^{-5s}}{2} \frac{1}{\left(s + \frac{1}{4}\right)^2 + \frac{15}{16}} \tag{19}$$

이 된다. 정리 7.3.2, 또는 표 7.2.1의 9번째 줄로부터

$$\mathcal{L}^{-1}\left\{\frac{1}{\left(s + \frac{1}{4}\right)^2 + \frac{15}{16}}\right\} = \frac{4}{\sqrt{15}} e^{-t/4} \sin\left(\frac{\sqrt{15}}{4} t\right) \tag{20}$$

이므로, 정리 7.3.1에 의해

$$y(t) = \mathcal{L}^{-1}\{Y(s)\} = \frac{2}{\sqrt{15}} u_5(t) e^{-(t-5)/4} \sin\left(\frac{\sqrt{15}}{4}(t-5)\right) \tag{21}$$

가 된다. 이것이 주어진 문제의 공식적인 해이다. $y(t)$를 다음과 같이 쓸 수도 있다.

$$y = \begin{cases} 0, & t < 5, \\ \frac{2}{\sqrt{15}} e^{-(t-5)/4} \sin\left(\frac{\sqrt{15}}{4}(t-5)\right), & t \geq 5 \end{cases} \tag{22}$$

식 (22)의 그래프는 **그림 7.5.3**과 같다. $t = 0$일 때의 초기조건은 제차이고 $t = 5$일 때까지는 외부 자극이 없기 때문에, 구간 $0 < t < 5$에서는 아무런 반응이 없다. $t = 5$에서의 임펄스는 무한히 지속되는 감소하는 진동을 발생시킨다. $t = 5$에서 forcing 함수가 특이점을 갖는데도 불구하고 반응은 연속적이다. 하지만 해의 1계 도함수는 $t = 5$에서 점프 불연속점을 갖고, 2계 도함수는 이 점에서 무한히 많은 불연속점을 갖는다. 이는 미분방정식 (17)의 한 변에서의 특이성이 이에 대응되는 다른 변의 특이성과 균형을 맞춰야 하기 때문이다.

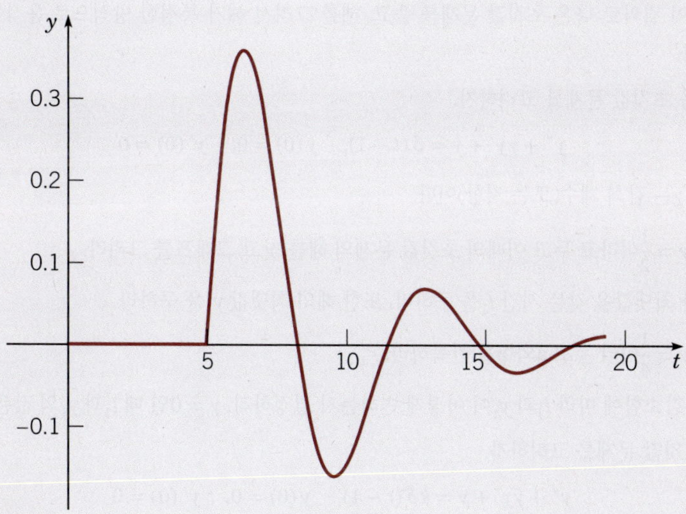

그림 7.5.3 초깃값 문제 (17), (18)의 해: $2y'' + y' + 2y = \delta(t-5)$, $y(0) = 0$, $y'(0) = 0$.

임펄스 forcing과 관련된 문제를 다룰 때 델타 함수를 쓰면 수학 계산이 대체로 엄청나게 간단해진다. 하지만 실제 자극은 짧지만 영이 아닌 시간 구간에서 일어나기 때문에 순간적으로 발생하는 자극을 모델링하면 오류가 발생하게 된다. 이런 오류는 무시할 수준이긴 하지만, 살펴볼

필요도 없는 정도는 아니다. 연습문제 **12**에서 단순 조화 진동에 대해 발생하는 이런 종류의 오류를 다룬다.

연습 문제

▶ 문제 **1**부터 **8**까지:

a. 주어진 초깃값 문제의 해를 구하라.

b. G 이 해의 그래프를 그려라.

1. $y'' + 4y' + 8y = \delta\left(t - \frac{\pi}{2}\right);\ \ y(0) = 1,\ \ y'(0) = -2$

2. $y'' + 4y = \delta(t - \pi) - \delta(t - 2\pi);\quad y(0) = 0,\quad y'(0) = 0$

3. $y'' + 3y' + 2y = \delta(t - 4) + u_8(t);\quad y(0) = 0,\quad y'(0) = 1/2$

4. $y'' + 2y' + 3y = \sin t + \delta(t - 2\pi);\quad y(0) = 0,\quad y'(0) = 0$

5. $y'' + y = \delta(t - 2\pi)\cos(t);\quad y(0) = 0,\quad y'(0) = 1$

6. $y'' + 4y = 4\delta(t - \pi/4);\quad y(0) = 0,\ \ y'(0) = 0$

7. $y'' + 2y' + 2y = \cos t + \delta(t - \pi);\quad y(0) = 0,\quad y'(0) = 0$

8. $y^{(4)} - y = \delta(t - 2);\ \ y(0) = 0,\ \ y'(0) = 0,\ \ y''(0) = 0,\ \ y'''(0) = 0$

9. $t = 5$에서 단위 임펄스에 의해 자극을 받는 이 절의 예제 7.5.1의 시스템을 다시 고려하자. 완전한 1주기 후—즉, 그 반응이 양의 방향으로 움직여 처음으로 평형 상태로 돌아갈 때—해당 시스템이 정지한다고 가정하자.

a. N 이 목적을 이루기 위해 해당 시스템에 가해지는 임펄스 $k\delta(t - t_0)$를 결정하라. 여기서 k는 임펄스의 세기이고 t_0는 임펄스가 가해진 시간이다.

b. G 이 결과로 나온 초깃값 문제를 풀고, 해를 그려서 해가 특정한 방식으로 움직이는 것을 확인하라.

10. N 다음 초깃값 문제를 고려하자.

$$y'' + \gamma y' + y = \delta(t - 1),\quad y(0) = 0,\quad y'(0) = 0$$

여기서 γ는 감쇠 계수(또는 저항)이다.

a. G $\gamma = \frac{1}{2}$이라고 두고 이때의 초깃값 문제의 해를 찾고 그래프를 그려라.

b. 해가 최댓값을 갖는 시간 t_1을 구하라. 또한 해의 최댓값 y_1을 구하라.

c. G $\gamma = \frac{1}{4}$이라 두고 **a**와 **b**를 반복하라.

d. γ가 감소함에 따라 t_1과 y_1이 어떻게 변하는지 결정하라. $\gamma = 0$일 때 t_1과 y_1의 값은 무엇인가?

11. 다음 초깃값 문제를 고려하자.

$$y'' + \gamma y' + y = k\delta(t - 1),\quad y(0) = 0,\quad y'(0) = 0$$

이때, k는 $t = 1$일 때의 임펄스의 크기이고, γ는 감쇠 계수(또는 저항)이다.

a. G $\gamma = \frac{1}{2}$이라고 두고 반응이 최고값 2를 가지는 k을 결정하라; 이 값을 k_1이라고 부르자.

b. G $\gamma = \frac{1}{4}$일 때 (a)를 반복하라.

c. γ가 감소함에 따라 k_1이 어떻게 변하는지 결정하라. $\gamma = 0$일 때 k_1의 값은 무엇인가?

12. 다음 초깃값 문제를 고려하자.

$$y'' + y = f_k(t), \quad y(0) = 0, \quad y'(0) = 0$$

이때, $0 < k \leq 1$에 대해 $f_k(t) = \dfrac{1}{2k}(u_{4-k}(t) - u_{4+k}(t))$이다.

a. 이 초깃값 문제의 해 $y = \phi(t, k)$를 구하라.

b. a에서 구한 해로부터 $\lim\limits_{k \to 0^+} \phi(t, k)$를 계산하라.

c. $\lim\limits_{k \to 0^+} f_k(t) = \delta(t-4)$임을 확인하라. $f_k(t)$를 $\delta(t-4)$로 바꾼 주어진 초깃값 문제의 해 $\phi_0(t)$를 구하라. $\phi_0(t) = \lim\limits_{k \to 0^+} \phi(t, k)$인가?

d. **G** 같은 좌표 위에 $\phi\left(t, \frac{1}{2}\right)$, $\phi\left(t, \frac{1}{4}\right)$, $\phi_0(t)$를 그려라. $\phi(t, k)$와 $\phi_0(t)$의 관계를 설명하라.

▶ 문제 **13**부터 **16**까지 감쇠하지 않는 진동자의 임펄스의 수열을 다루고 있다. 다음을 가정하자.

$$y'' + y = f(t), \quad y(0) = 0, \quad y'(0) = 0$$

$f(t)$에 대해 아래와 같이 각각 선택했을 때:

a. 문제를 풀지 않은 상태에서 해의 모양을 예측하라.

b. **G** 해를 구하고 그림을 그린 다음 예측한 내용을 검증하라.

c. 임펄스의 수열이 끝난 다음에 무슨 일이 벌어지는지 결정하라.

13. $f(t) = \sum_{k=1}^{10} \delta(t - k\pi)$

14. $f(t) = \sum_{k=1}^{20} (-1)^{k+1} \delta(t - k\pi)$

15. $f(t) = \sum_{k=1}^{15} \delta(t - (2k-1)\pi)$

16. $f(t) = \sum_{k=1}^{20} (-1)^{k+1} \delta(t - k\pi/2)$

17. 약한 감쇠하는 진동자의 위치는 다음의 초깃값 문제를 만족한다.

$$y'' + 0.1y' + y = \sum_{k=1}^{20} (-1)^{k+1} \delta(t - k\pi), \quad y(0) = 0, \quad y'(0) = 0$$

이 문제는 감쇠 항을 제외하면 문제 **14**와 동일하다는 점을 주의하라.

a. 문제를 풀지 않은 상태에서 해의 모양을 예측하라.

b. **G** 해를 구하고 그림을 그린 다음 예측한 내용을 검증하라.

c. 임펄스의 수열이 끝난 다음에 무슨 일이 벌어지는지 결정하라.

18. **G** 다음을 만족하는 진동자에 대해 문제 **17**에서 제시한 과정을 따라라.

$$y'' + 0.1y' + y = \sum_{k=1}^{15} \delta(\mathrm{t} - (2k-1)\pi), \quad y(0) = 0, \quad y'(0) = 0$$

이 문제는 감쇠 항을 제외하면 문제 **15**와 동일하다는 점을 주의하라.

19. **a.** 매개변수 변형법(variation of parameters)을 사용하여 초깃값 문제

$$y'' + 2y' + 2y = f(t); \quad y(0) = 0, \quad y'(0) = 0$$

의 해가 다음과 같음을 보여라.

$$y = \int_0^t e^{-(t-\tau)} f(\tau) \sin(t-\tau)\, d\tau$$

b. $f(t) = \delta(t-\pi)$이면 **a**의 해는 다음과 같이 정리됨을 보여라.

$$y = u_\pi(t) e^{\ (t-\pi)} \sin(t-\pi)$$

c. 라플라스 변환을 써서 $f(t) = \delta(t-\pi)$인 주어진 초깃값 문제를 풀고, 그 해가 **b**의 결과와 일치함을 확인하라.

7.6 합성 적분

라플라스 변환 $H(s)$를 각각 알려진 두 함수 f, g의 변환인 $F(s)$, $G(s)$의 곱으로 나타낼 수도 있다. 이 경우 $H(s)$가 f와 g의 곱의 라플라스 변환과 같을 것 같지만, 사실은 그렇지 않다; 즉, 라플라스 변환은 일반적인 곱셈에 대한 교환법칙이 성립하지 않는다. 한편, 적당한 "일반화된 곱셈"의 정의를 도입하면 다음의 정리에 나온 것처럼 상황이 달라진다.

정리 7.6.1 | 합성 정리

$F(s) = \mathcal{L}\{f(t)\}$이고 $G(s) = \mathcal{L}\{g(t)\}$가 모두 $s > a \geq 0$에 대해 존재하는 경우

$$H(s) = F(s)G(s) = \mathcal{L}\{h(t)\}, \quad s > a \tag{1}$$

여기서

$$h(t) = \int_0^t f(t-\tau)g(\tau)\,d\tau = \int_0^t f(\tau)g(t-\tau)\,d\tau \tag{2}$$

함수 h는 **f와 g의 합성곱**으로 알려져 있다. 방정식 (2)의 적분을 **합성 적분**(convolution integrals)이라고 한다.

식 (2)의 두 적분의 등호는 첫 번째 적분에서 변수 $t - \tau = \xi$로 변환하면 성립된다. 이 정리를 증명하기 전에 합성 적분에 대해 몇 가지를 살펴보자. 이 정리에 따르면, 두 함수의 일반 곱의 변환이 아닌 두 함수의 합성의 변환이 각각의 변환의 곱으로 주어진다. 합성 적분을 "일반화된 곱셈"의 개념으로 생각하는 것이 일반적이며 다음과 같이 표기한다.

$$h(t) = (\mathrm{f} * g)(t) \tag{3}$$

특히, $(f * g)(t)$라는 기호는 방정식(2)에서 나타나는 첫 번째 적분을 나타낸다. 방정식 (2)에서 두 번째 적분은 $(g * f)(t)$으로 나타낸다.

합성 $f * g$는 곱셈의 여러 가지 성질을 갖고 있다. 예를 들어, 다음이 성립한다.

$$f * g = g * f \quad \text{(교환법칙)} \tag{4}$$

$$f * (g_1 + g_2) = f * g_1 + f * g_2 \quad \text{(분배법칙)} \tag{5}$$

$$(f * g) * h = f * (g * h) \quad \text{(결합법칙)} \tag{6}$$

$$f * 0 = 0 * f = 0 \quad \text{(영의 성질)} \tag{7}$$

식 (7)에서 영은 숫자 0이 아니라 모든 t에 대해서 0 값을 갖는 함수를 뜻한다. 이 성질들에 대한 증명은 독자에게 남겨둔다.

그러나, 곱셈의 성질 중 합성 적분에서 성립되지 않는 성질들이 있다. 예를 들어, 일반적으로 $f * 1$은 f와 같지 않다. 이를 확인하자면,

$$(\mathrm{f} * 1)(t) = \int_0^t f(t-\tau)\cdot 1 d\tau = \int_0^t f(t-\tau)\,d\tau$$

이다. 예컨대, 만약 $f(t) = \cos(t)$이면

$$\begin{aligned}(f * 1)(t) &= \int_0^t \cos(t-\tau)\,d\tau = -\sin(t-\tau)\Big|_{\tau=0}^{\tau=t} \\ &= -\sin(0) + \sin(t) \\ &= \sin(t)\end{aligned}$$

인데, 이 경우 명백하게 $(f * 1)(t) \neq f(t)$이다. 비슷하게 $f * f$가 음이 아니라는 것도 참이 아닐 수 있다. 그 예로 연습문제 3을 살펴보자.

합성 적분은 시간 t에서의 어떤 시스템의 모양이 이 시스템의 시간 t에서의 상태뿐 아니라 과거의 상태에도 종속되는 다양한 응용 분야에서 발생한다. 이런 종류의 시스템을 **세습되는 시스템**이라고 부르기도 하며, 특히 중성자 수송, 점탄성, 개체역학과 같은 다양한 분야에서 발생한다.

이제 정리 7.6.1을 증명하도록 하자. 우선,

$$F(s) = \int_0^\infty e^{-s\xi} f(\xi)\,d\xi \quad \text{이고} \quad G(s) = \int_0^\infty e^{-s\tau} g(\tau)\,d\tau$$

이면,

$$F(s)G(s) = \int_0^\infty e^{-s\xi} f(\xi)\,d\xi \int_0^\infty e^{-s\tau} g(\tau)\,d\tau \tag{8}$$

가 된다. 식 (8)의 첫 번째 적분의 피적분 함수는 두 번째 적분의 적분변수에 영향을 받지 않기 때문에 $F(s)G(s)$를 다음과 같이 반복적분으로 나타낼 수 있다.

$$\begin{aligned}F(s)G(s) &= \int_0^\infty e^{-s\tau} g(\tau) \left(\int_0^\infty e^{-s\xi} f(\xi)\,d\xi \right) d\tau \\ &= \int_0^\infty g(\tau) \left(\int_0^\infty e^{-s(\xi+\tau)} f(\xi)\,d\xi \right) d\tau\end{aligned} \tag{9}$$

여기서 나중에 나온 적분은 변수를 변환하면 더 편리한 형태로 바뀔 수 있다. 고정된 τ에 대해 $\xi = t - \tau$로 두면 $d\xi = dt$이다. 또한, $\xi = 0$은 $t = \tau$에 해당되고, $\xi = \infty$는 $t = \infty$에 해당된다; 따라서 식 (9)에서 ξ에 대한 적분은 다음과 같이 t에 대한 적분으로 바뀐다;

$$F(s)G(s) = \int_0^\infty g(\tau) \left(\int_\tau^\infty e^{-st} f(t-\tau)\,dt \right) d\tau \tag{10}$$

식 (10)의 우변의 반복적분은 **그림 7.6.1**에 나타난 것처럼 $t\tau$-평면에서 무한대로 확장되는 쐐기 모양의 음영이 들어간 영역에 걸쳐서 이뤄진 것이다. 이 적분 순서를 바뀔 수 있다면, 식 (10)을 다시 써서 τ에 관한 적분을 먼저 할 수 있다. 그러면

$$F(s)G(s) = \int_0^\infty e^{-st} \left(\int_0^t f(t-\tau) g(\tau)\,d\tau \right) dt \tag{11}$$

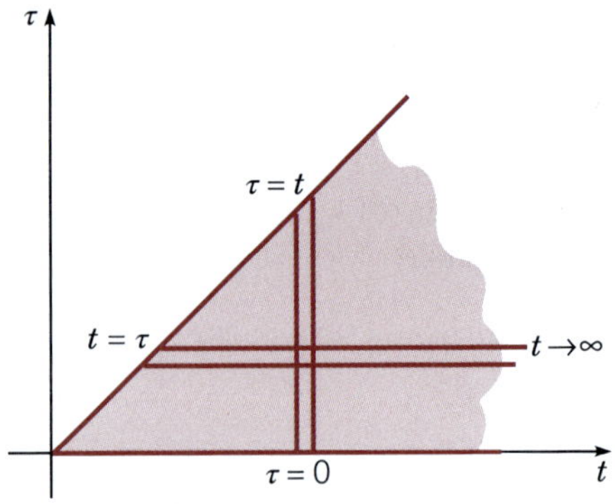

그림 7.6.1 $F(s)G(s)$에서의 적분 영역

또는 식 (2)에 의해 정의된 $h(t)$에 의해

$$F(s)G(s) = \int_0^\infty e^{-st}h(t)\,dt = \mathcal{L}\{h(t)\} \tag{12}$$

가 된다. 따라서 정리 7.6.1이 증명되었다.

예제 7.6.1 다음의 라플라스 역변환을 구하라.

$$H(s) = \frac{1}{s^2(s-a)} \tag{13}$$

풀이

$H(s)$를 s^{-2}와 $1/(s-a)$의 곱으로 생각하는 것이 편리한데, 이는 표 7.2.1의 2행과 3행에 따라서 t와 e^{at}의 변환이다. 따라서 정리 7.6.1에 의해서 $H(s)$의 역 라플라스 변환 $H(s)$는 다음과 같다.

$$h(t) = \int_0^t (t-\tau)e^{a\tau}d\tau = \frac{e^{at} - at - 1}{a^2} \tag{14}$$

$h(t)$를 다음과 같이 써도 같은 결과임을 알 수 있다.

$$h(t) = \int_0^t \tau e^{a(t-\tau)}d\tau$$

이 경우는 식 (2)를 확인시켜 준다. 물론, $h(t)$는 $H(s)$를 부분 분수로 전개하여 구할 수도 있다.

예제 7.6.2 다음의 초깃값 문제의 해를 구하라.

$$y'' + 4y = g(t) \tag{15}$$

$$y(0) = 3, \quad y'(0) = -1 \tag{16}$$

풀이

미분방정식에 라플라스 변환을 취하고 초기조건을 사용하면,

$$s^2Y(s) - 3s + 1 + 4Y(s) = G(s)$$

즉,

$$Y(s) = \frac{3s-1}{s^2+4} + \frac{G(s)}{s^2+4} \tag{17}$$

를 얻는다. 식 (17)의 우변의 첫 번째와 두 번째 항은 각각 $Y(s)$가 초기조건과 forcing 함수로부터 받는 영향을 나타낸다. 이때, 편의상 $Y(s)$를 다음과 같이 쓰자.

$$Y(s) = 3\frac{s}{s^2+4} - \frac{1}{2}\frac{2}{s^2+4} + \frac{1}{2}\frac{2}{s^2+4}G(s) \tag{18}$$

따라서 표 7.2.1의 5번째와 6번째 줄과 정리 7.6.1에 의해

$$y = 3\cos(2t) - \frac{1}{2}\sin(2t) + \frac{1}{2}\int_0^t \sin(2(t-\tau))g(\tau)\,d\tau \tag{19}$$

이다. Forcing 함수 g가 구체적으로 주어는 경우, 식 (19)의 적분을 (필요하면 수치해석적 방법으로) 계산할 수 있다.

예제 7.6.2는 초깃값 문제의 해를 적분에 대해 쓸 때 합성 적분이 얼마나 유용한지를 보여준다. 사실상 더 일반적인 문제에 대해서도 똑같이 전개할 수 있다. 실수 a, b, c와 주어진 함수 g에 대한 미분방정식

$$ay'' + by' + cy = g(t) \tag{20}$$

와 초기조건

$$y(0) = y_0, \quad y'(0) = y_0' \tag{21}$$

으로 이루어진 문제를 살펴보자. 라플라스 변환법은 이런 유형의 임의의 문제에 대한 해의 구조를 잘 파악할 수 있게 해준다.

초깃값 문제 (20), (21)은 보통 입-출력 문제라고 부르는데, 계수 a, b, c는 주어진 물리시스템의 특성을 나타내고, $g(t)$는 이 시스템의 입력이다. y_0, y_0'은 초기 상태를 나타내며, 해 y는 시간 t에서의 출력이다.

식 (20)에 라플라스 변환을 취하고 초기조건 (21)을 사용하면,

$$\left(as^2 + bs + c\right)Y(s) - (as+b)y_0 - ay_0' = G(s)$$

이다. 만약

$$\Phi(s) = \frac{(as+b)y_0 + ay_0'}{as^2+bs+c} \quad \text{and} \quad \Psi(s) = \frac{G(s)}{as^2+bs+c} \tag{22}$$

라고 하면

$$Y(s) = \Phi(s) + \Psi(s) \tag{23}$$

로 쓸 수 있으므로, 결과적으로 $\phi(t) = \mathcal{L}^{-1}\{\Phi(s)\}$와 $\psi(t) = \mathcal{L} - 1\psi(s)$에 대해

$$y(t) = \phi(t) + \Psi(t) \tag{24}$$

가 된다. $\phi(t)$는 식 (20), (21)로부터 $g(t)$를 영과 같게 놓아 얻은 초깃값 문제

$$ay'' + by' + cy = 0, \quad y(0) = y_0, \quad y'(0) = y_0' \tag{25}$$

의 해임을 알 수 있다. 비슷하게, $\psi(t)$는 초깃값 y_0와 y_0'을 각각 영으로 바꾼

$$ay'' + by' + cy = g(t), \quad y(0) = 0, \quad y'(0) = 0 \tag{26}$$

의 해이다.

a, b, c에 특정 값이 주어지면, 필요하다면 평행이동이나 부분 분수 전개와 함께 표 7.2.1을 이용하여 $\phi(t) = \mathcal{L}^{-1}\{\Phi(s)\}$를 구할 수 있다. $\psi(t) = \mathcal{L} - 1\psi(s)$를 구하기 위해 편의상 $\psi(s)$를 $H(s) = (as^2 + bs + c)^{-1}$에 대해

$$\Psi(s) = H(s)G(s) \tag{27}$$

라고 쓰자. 이때, 함수 H는 **전달 함수**(transfer function)[6]로 알려져 있으며 다루고자 하는 시스템의 성질에만 의존한다; 즉, $H(s)$는 전적으로 계수 a, b, c에 의해 결정된다. 다른 한편으로 $G(s)$는 이 시스템에 작용되는 외부 자극 $g(t)$에만 의존한다. 합성 정리(정리 7.6.1)를 이용하면 $h(t) = \mathcal{L}^{-1}\{H(s)\}$에서 주어진 forcing 함수 $g(t)$에 대해

$$\psi(t) = \mathcal{L}^{-1}\{H(s)G(s)\} = \int_0^t h(t-\tau)g(\tau)\,d\tau \tag{28}$$

라고 쓸 수 있다.

$h(t)$의 중요성을 더 잘 이해하기 위하여 $G(s) = 1$인 경우를 생각하자; 결국, $g(t) = \delta(t)$이고 $\psi(s) = H(s)$이다. 이는 $y = h(t)$가 식 (26)으로부터 $g(t)$를 $\delta(t)$로 바꿔서 얻은 초깃값 문제

$$ay'' + by' + cy = \delta(t), \quad y(0) = 0, \quad y'(0) = 0 \tag{29}$$

의 해임을 의미한다. 따라서 $h(t)$는 $t = 0$에서 작용한 단위 임펄스에 대한 시스템의 반응이고 이때, $h(t)$를 시스템의 **임펄스 반응**(impulse response)이라고 부른다. 따라서 식 (28)은 $\psi(t)$가 임펄스 반응과 forcing 함수의 합성임을 나타낸다.

예제 7.6.2에 따르면, 이 경우의 전달 함수는 $H(s) = 1/(s^2 + 4)$이고 임펄스 반응은 $h(t) = \frac{1}{2}\sin(2t)$이다. 또한, 식 (19)의 우변의 처음 두 항은 주어진 초기조건을 만족하는 대응되는 제차 미분방정식의 해를 이룬다.

연습 문제

1. 합성 적분의 교환, 분배, 결합법칙을 증명하라.

a. $f * g = g * f$

b. $f * (g_1 + g_2) = f * g_1 + f * g_2$

c. $f * (g * h) = (f * g) * h$

[6] $H(s)$가 문제 (20)의 출력의 변환과 입력의 변환의 비라는 사실로부터 이런 용어가 만들어졌다.

2. $(f*1)(t)$가 $f(t)$와 같지 않은 본문상의 예제가 아닌 다른 예제를 구하라.

3. $f(t) = \sin(t)$를 이용하여 $f*f$가 음이 아닐 필요는 없음을 보여라.

▶ 문제 **4**부터 **6**까지, 주어진 함수의 라플라스 변환을 구하라.

4. $f(t) = \int_0^t (t-\tau)^2 \cos(3\tau)\,d\tau$

5. $f(t) = \int_0^t e^{-(t-\tau)} \sin(2\tau)\,d\tau$

6. $f(t) = \int_0^t \sin(t-\tau)\cos(2\tau)\,d\tau$

▶ 문제 **7**부터 **9**까지, 합성 정리를 써서 주어진 함수의 라플라스 역변환을 구하라.

7. $F(s) = \dfrac{4}{s^3(s^2+4)}$

8. $F(s) = \dfrac{s}{(s+1)(s^2+9)}$

9. $F(s) = \dfrac{1}{(s+1)^3(s^2+4)}$

10. **a.** 양의 정수 m, n에 대해 $f(t) = t^m$이고 $g(t) = t^n$일 때 다음을 보여라.

$$f*g = t^{m+n+1}\int_0^1 u^m(1-u)^n du$$

b. 합성 정리를 이용하여 다음을 보여라.

$$\int_0^1 u^m(1-u)^n du = \frac{m!n!}{(m+n+1)!}$$

c. **b**의 결과를 m, n이 양수이지만 정수가 아닌 경우로 확장하라.

▶ 문제 **11**부터 **15**까지 주어진 초깃값 문제의 해를 합성 적분으로 나타내라.

11. $x'(t) + 3x(t) = f(t);\quad x(0) = 5$

12. [1]$x''(t) + w^2x(t) = f(t);\ t > 0,\ x(0) = a,\ x'(0) = U,\ a > 0,\ U > 0$ [힌트: 이것은 고조파 발진기 방정식이며, 여기서 $f(t)$는 외부 구동력이고 w는 주파수]

13. $y'' + 2y' + 2y = \sin(\alpha t);\quad y(0) = 0,\quad y'(0) = 1$

14. $y'' + 3y' + 2y = \cos(\alpha t);\quad y(0) = 2,\quad y'(0) = -1$

15. $y^{(4)} - y = g(t);\quad y(0) = 0,\quad y'(0) = 0,\quad y''(0) = 0,\quad y'''(0) = 0$

16. 다음 방정식을 고려하자.

$$\phi(t) + \int_0^t k(t-\xi)\phi(\xi)\,d\xi = f(t)$$

이때, f와 k는 미지함수이고 ϕ는 정해야 한다. 미지함수 ϕ가 적분 기호 안에 있으므로 주어진 방정식은 **적분방정식**(integral equation)이라고 한다; 특히, **Volterra 적분방정식**[7] 범주에 속한다. 주어진 적분방정식에 라플라스 변환을 취하고 주어진 함수 f, k의 변환 $\mathcal{L}\{f(t)\}$와 $\mathcal{L}\{k(t)\}$에 대해 $\mathcal{L}\{f(\phi)\}$의 식을 구하라. $\mathcal{L}\{f(\phi)\}$의 역변환은 원래의 적분방정식의 해이다.

17. 다음의 Volterra 적분방정식을 고려하자(문제 **16** 참고).

$$\phi(t) + \int_0^t (t-\xi)\phi(\xi)\,d\xi = \sin(2t) \tag{30}$$

a. 적분방정식 (30)을 라플라스 변환을 이용하여 풀어라.

b. 식 (30)을 두 번 미분하여 $\phi(t)$가 다음의 미분방정식을 만족함을 보여라.

$$\phi''(t) + \phi(t) = -4\sin(2t)$$

[7] 9.2절의 **Vito Volterra**에 대한 주석 참고

또한, 초기조건이 다음과 같음을 보여라.

$$\phi(0) = 0, \quad \phi'(0) = 2$$

c. **b**의 초깃값 문제를 풀고, 그 해가 **a**의 해와 같음을 증명하라.

▶ 문제 **18**과 **19**에서;

a. 주어진 Volterra 적분방정식을 라플라스 변환을 이용하여 풀어라.

b. 문제 **17b**와 같이 적분방정식을 초깃값 문제로 바꿔라.

c. **b**의 초깃값 문제를 풀고 그 해가 **a**의 해와 같음을 증명하라.

18. $\phi(t) + \int_0^t (t - \xi)\phi(\xi)\, d\xi = 2$

19. $\phi(t) + 2\int_0^t \cos(t - \xi)\phi(\xi)\, d\xi = e^{-t}$

적분-미분방정식(integro-differential equations)이라고 알려진 방정식도 있는데, 이는 미지함수의 도함수와 적분이 동시에 나온다. 문제 **20**과 **21**에서;

a. 주어진 적분-미분방정식을 라플라스 변환을 이용하여 풀어라.

b. 적분-미분방정식을 필요한 만큼 미분하여 초깃값 문제로 바꿔라.

c. **b**의 초깃값 문제를 풀고 그 해가 **a**의 해와 같음을 증명하라.

20. $\phi'(t) + \int_0^t (t - \xi)\phi(\xi)\, d\xi = t, \quad \phi(0) = 0$

21. $\phi'(t) - \frac{1}{2}\int_0^t (t - \xi)^2\phi(\xi)\, d\xi = -t, \quad \phi(0) = 1$

22. **등시곡선**(tautochrone). 수학사에서 흥미로운 문제 중 하나가 **등시곡선**[8]—입자가 오직 중력의 영향만을 받으면서 자유롭게 미끄러져 내려갈 때 만드는 곡선으로서, 곡선의 어느 부분에서 시작하는지 상관없이 똑같은 시간 동안 맨 아래 지점에 도착하는 특징이 있다—을 찾는 것이다. 이 문제는 주기가 추가 움직이는 진폭과 무관한 시계 추를 만드는 과정에서 생겨났다. 등시곡선은 Christian Huygens (1629~1695)가 1673년에 기하학적 방법으로 발견했으며, 나중에 라이프니쯔와 제이콥 베르누이가 해석학적 개념으로 발견했다. 베르누이의 해법(1690년)은 미분방정식이 확실하게 풀리는 첫 사례 중 하나이다. 기하학적 모양은 **그림 7.6.2**와 같다. 시작점 $P(a, b)$는 호 C에 의해 끝점 $(0, 0)$까지 연결되어 있다. 호의 길이 s는 원점으로부터 측정되고, $f(y)$는 y에 대한 s의 변화율을 나타낸다;

$$f(y) = \frac{ds}{dy} = \left(1 + \left(\frac{dx}{dy}\right)^2\right)^{1/2} \tag{31}$$

그러면 **에너지 보존법칙**에 따라 입자가 P로부터 시작점까지 미끄러져 가는 데 필요한 시간 $T(b)$는 다음과 같다.

$$T(b) = \frac{1}{\sqrt{2g}} \int_0^b \frac{f(y)}{\sqrt{b - y}} dy \tag{32}$$

[8] "Tautochrone"이라는 말은 그리스어로 "똑같다(same)"를 뜻하는 *tauto*와 "시간(time)"을 뜻하는 *chronos*에서 유래하였다.

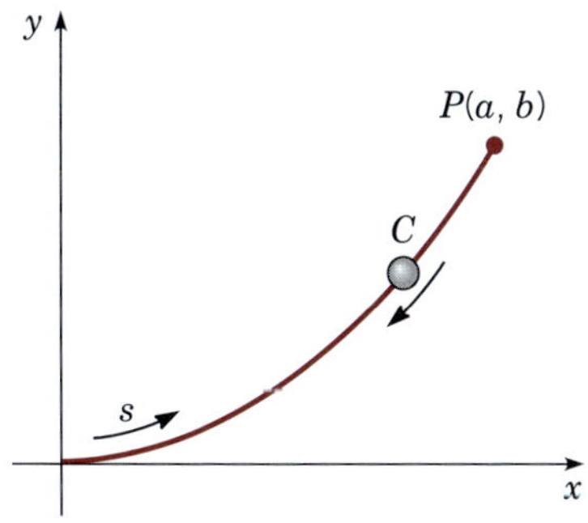

그림 7.6.2 등시곡선

a. 각 b에 대해 $T(b) = T_0$, 상수라 하자. 식 (32)에 라플라스 변환을 취하고 합성 정리(정리 7.6.1)를 이용하여 다음을 증명하라.

$$F(s) = \sqrt{\frac{2g}{\pi}} \frac{T_0}{\sqrt{s}} \tag{33}$$

그리고 다음을 보여라.

$$f(y) = \frac{\sqrt{2g}}{\pi} \frac{T_0}{\sqrt{y}} \tag{34}$$

힌트: 7.1절의 문제 **24**와 같다.

b. 식 (32)와 (34)를 결합하여 다음을 증명하라.

$$\frac{dx}{dy} = \sqrt{\frac{2\alpha - y}{y}} \tag{35}$$

이때, $\alpha = gT_0^2/\pi^2$이다.

c. 식 (35)를 풀기 위해 $y = 2\alpha \sin^2(\theta/2)$로 치환하여 다음을 보여라.

$$x = \alpha(\theta + \sin(\theta)), \quad y = \alpha(1 - \cos(\theta)) \tag{36}$$

식 (36)은 사이클로이드의 매개변수 방정식이다. 따라서 등시곡선은 사이클로이드의 호이다.

개념 질문

C7.1. 경계가 있고 지수적으로 경계가 있는 두 함수를 설명하라.

C7.2. 함수가 지수적 차수이고 조각조각 연속이면 잘 정의된 라플라스 변환을 갖는다. 이 조건이 충분조건인가 필요조건인가?

C7.3. **a.** 단어만 사용하여 라플라스 변환의 미분을 설명하라.

b. 기호만 사용하여 이 정의를 요약하라.

C7.4. $F(s)$를 함수 $f(t)$의 라플라스 변환이라고 하자. 그러면 $s \to \infty$일 때 $F(s)$는 어떤 유한 값에 접근하는가? 그렇다면 값을 설명하라.

C7.5. 3장에서 논의한 상수계수를 갖는 비제차 2계 선형 미분방정식의 초깃값 문제를 푸는 풀이 과정을 라플라스 변환을 사용하는 과정과 비교하라.

C7.6. 불연속 forcing 함수를 Heaviside 함수로 표현하는 목적은 무엇인가?

C7.7. 역 라플라스 변환이 Heaviside 함수를 포함한다는 주요 단서는 언제인가? 이는 해가 불연속적이라는 것을 의미하는가?

C7.8. 표현식 $e^{-cs}F(s)$의 역 라플라스 변환을 찾는 기본 프로세스를 말로 설명하라.

C7.9. Dirac 델타 함수의 필수 속성을 말로 설명하라.

C7.10. Dirac 델타 함수를 "함수"라고 부르는 것이 잘못된 명칭인 이유는 무엇인가?

C7.11. 합성 적분은 역 라플라스 변환을 찾는 방법을 어떻게 바꾸는가?

C7.12. 이 초깃값 문제의 전달 함수는 무엇인가?

C7.13. 전달 함수의 역 라플라스 변환은 어떤 초깃값 문제를 충족하는가?

C7.14. 이 질문의 시작 부분에 있는 초깃값 문제의 해를 구하는 데 전달 함수는 어떻게 사용되는가?

개념 문제 답

C7.1. 함수 t^n와 $\sin(at)$은 유계 함수일 뿐만 아니라 지수적으로 유계 함수이다.

C7.2. 라플라스 변환을 위한 존재 조건은 충분 조건일 뿐이다.

C7.3. **(a)** 함수의 라플라스 변환 도함수는 주어진 함수의 $-t$ 배의 라플라스 변환과 같다.

(b) $F(s) := \mathcal{L}\{f(t)\}(s)$라고 하자. 그러면 $\dfrac{d}{ds}F(s) = \mathcal{L}\{-tf(t)\}$이다.

C7.4. 그렇다. $s \to \infty$로 갈수록 $F(s)$은 0에 가까워진다.

C7.5. 3장의 방법은 여러 단계가 필요하다. (i) 해당 제차 미분방정식에 대한 기본해 집합을 찾는다. (ii) 특정 해(미정계수 또는 매개변수의 변화)를 찾는다. (iii) (i)과 (ii)에서 찾은 해를 추가하여 일반해를 찾는다. (iv) 초기조건을 충족하는 해를 생성하는 상수의 고윳값을 찾는다.

이와 대조적으로 초깃값 문제의 라플라스 변환을 수행하면 해의 라플라스 변환인 $Y(s)$에 대해 풀 수 있는 동등한 대수 방정식이 생성된다. 부분 분수 분해를 사용하여 라플라스 변환 표에 나타나는 표현식을 사용하여 $Y(s)$을 나타낸다. 이 방법은 보완 해와 특정 해를 동시에 생성하고 초기조건을 적용한다.

C7.6. 불연속 함수를 Heaviside 함수로 표현하면 부적절한 적분을 명시적으로 평가하지 않고도 라플라스 변환을 쉽게 찾을 수 있다.

C7.7. 표현식에 지수(e^{-as})가 포함되는 경우, 역 라플라스 변환은 $u_a(t)$에 따라 작성된다. 이는 해가 조각별로 정의되지만 해가 $t = a$에서 불연속적이라는 것을 의미하지는 않는다. (사실, 거의 모든 경우에서 잘 정의된 초깃값 문제의 해는, 존재하는 도메인 전체에서 연속적이다.)

C7.8. e^{-cs} 인수는 역 라플라스 변환에 계단 함수 $u_a(t)$가 포함된다는 것을 나타낸다. 역 라플라스 변환의 다른 인수는 $F(s)$의 역 라플라스 변환, 즉 $f(t)$이며 c에 의해 수평 이동(오른쪽으로)된다. 즉, $e^{-cs}F(s)$의 역 라플라스 변환은 $u_c(t)\,f(t-c)$이다.

C7.9. $\delta(t)$의 특별한 점은 함수 아래의 면적이 1이지만, 함수가 정의되지 않은 하나의 고립된 숫자 $t = 0$을 제외한 모든 입력에 대한 함수의 값은 0이라는 것이다.

C7.10. $\delta(0)$에 할당된 값은 없다. $t = 0$에서의 정의에 대해 말할 수 있는 것은 $\int_{-\infty}^{\infty} \delta(t)\,dt = 1$이라는 것이다.

C7.11. 한 개의 표현식이 두 개의 라플라스 변환의 곱으로 구별될 수 있는 경우, 그 역 라플라스 변환은 두 항의 역 라플라스 변환의 합성 적분으로 찾을 수 있다. 이것의 장점은 곱의 부분 분수 분해를 찾는 것을 피할 수 있는 방법을 제공한다. (하지만 합성 적분은 평가하기 지루할 수 있다.)

다음 세 가지 질문은 초깃값 문제를 다룬다:

$$ay'' + by' + cy = g(t) \tag{1}$$

$$y(0) = 0, y'(0) = 0 \tag{2}$$

C7.12. 전달 함수는 $H(s) = \frac{1}{as^2 + bs + c}$, $g(t) = \delta(t)$인 해의 라플라스 변환이다.

C7.13. 전달 함수는 미분방정식의 우변이 $\delta(t)$인 것을 제외하고는 동일한 초깃값 문제에 대한 해의 라플라스 변환이다. 즉, $y = h(t)$는 $ay'' + by' + cy = \delta(t)$, $y(0) = 0$, $y'(0) = 0$의 해이다.

C7.14. (1)-(2) 해의 라플라스 변환은 $Y(s) = H(s)G(s)$이며, 여기서 $H(s)$는 변환 함수이고 $G(s) = \mathcal{L}\{g(t)\}$이다. 따라서 합성 정리에 따르면 $y(t) = (h * g)(t) = \int_0^t h(t-\tau)\, g(\tau)\, d\tau$, 여기서 $h(t)$는 임펄스 응답 함수 $h(t) = L^{-1}\{H(s)\}$이다. 이는 모든 연속 비제차 항 $g(t)$에 유효한 해에 대한 단일 공식을 제공한다.

참고 문헌

아래에 나열된 책은 라플라스 변환과 그 응용에 관한 추가 정보를 담고 있다. 각 함수에는 라플라스 변환에 대한 긴 표도 포함되어 있다.

Churchill, R. V. *Operational Mathematics* (3dr ed.) (New York: Mcgraw-Hill, 1971).

Deutsch, G, *Introduction to the Theory and Application of the Laplace Transform* (trans. W. Nader) (New York: Springer, 1974).

Kaplan, W, *Operational Methods for Linear Systems* (Reading, MA: Addison-Wesley, 1962).

Kuhfittig, P. K. F. *Introduction to the Laplace Transform* (New York: Plenum, 1978).

Miles, J. W. *Integral Transforms in Applied Mathematics* (London: Cambridge University Press, 2008).

Renville, E. D. *The Laplace Transform: An Introduction* (New York: Macmillan, 1963).

위에서 언급된 책에는 모두 변환표가 있다. 이보다 확장된 표도 있는데, 예컨대 다음과 같은 책에서 찾아볼 수 있다.

Erdelyi, A. (ed.), *Tables of Integral Transforms* (Vol. 1) (New York: Mcgraw-Hill, 1954).

Roberts, G. E. and Kaufman, H. *Table of Laplace Transforms* (Philadelphia: Saunders, 1966)

일반화된 함수(generalized functions)에 관하여 더 심화된 내용은 다음에서 찾아볼 수 있다.

Lightships, M. J. *An Introduction to Fourier Analysis and Generalized Functions* (London: Cambridge University Press, 1958).

제 8 장

1계 미분방정식을 풀기 위한 수치해석법

Numerical Methods of Solving First Order Equations

지금까지는 적분이나 급수 전개 같은 해석학적 방법을 사용하여 미분방정식을 푸는 방법에 대해서 설명하였다. 이 경우엔 정확한 해를 찾는 데 주력하였다. 그러나 불행히도 공학이나 과학 분야에서는 비선형 문제같이 해석학적인 방법을 적용하기 힘들거나 복잡한 문제들이 많이 존재한다. 이 장에서는 그 대안으로서 초깃값 문제의 해를 정확하게 근사하기 위한 수치적 근사법을 소개하며, 이를 위해 가장 단순한 형태인 하나의 스칼라 1계 미분방정식을 예로 들겠다. 그러나 이 근사법은 연립 1계 미분방정식으로 쉽게 확장될 수 있으며 이는 8.5절에서 간략하게 설명하겠다. 또한, 이 장에 나와있는 모든 계산 과정들은 스마트폰부터 슈퍼컴퓨터까지 쉽게 실행할 수 있다.

8.1 오일러 근사법 또는 접선 근사법

수치적 근사법을 유도하고 그 사용법을 설명하기 위해 다음과 같은 미분방정식과 초기조건으로 이루어진 1계 초깃값 문제를 주로 다루자.

$$\frac{dy}{dt} = f(t, y) \tag{1}$$

$$y(t_0) = y_0 \tag{2}$$

함수 f와 f_y가 점 (t_0, y_0)를 포함하는 ty-평면상의 적당한 직사각형 영역에서 연속이라고 가정하면 정리 2.4.2에 의해 위에 주어진 초깃값 문제는 t_0를 포함하는 어떤 구간에서 유일한 해 $y = \phi(t)$를 갖는다. 식 (1)이 비선형이면 해가 존재하는 구간을 결정하기 매우 어려울 수 있고 함수 f에 대한 관계식도 단순하지 않을 수 있지만, 여기서는 초깃값 문제 (1), (2)에 대한 해가 원하는 구간 안에서 항상 유일하게 존재한다고 가정한다.

2.7절에서 가장 오래되고 가장 간단한 수치적 근사법인 오일러 근사법 또는 접선 근사법을 소개하였다. 이 방법을 유도하기 위해서 점 $t = t_n$에서의 미분방정식 (1)을 다음과 같은 형태로 쓰자.

$$\frac{d\phi}{dt}(t_n) - f(t_n, \phi(t_n)) \tag{3}$$

그런 후, 식 (3)에서의 미분을(정방향, forward) 차분 몫(difference quotient)을 이용하여 다음과 같이 근사한다.

$$\frac{\phi(t_{n+1}) - \phi(t_n)}{t_{n+1} - t_n} \cong f(t_n, \phi(t_n)) \tag{4}$$

마지막으로 $\phi(t_{n+1})$과 $\phi(t_n)$을 각각 근사값 y_{n+1}과 y_n으로 바꾸고 y_{n+1}에 대하여 풀면 다음과 같은 오일러 공식을 얻을 수 있다.

$$y_{n+1} = y_n + f(t_n, y_n)(t_{n+1} - t_n), \quad n = 0, 1, 2, \ldots \tag{5}$$

스텝 사이즈 $t_{n+1} - t_n$을 모든 n에 대해 일정한 값 h라고 놓고 $f(t_n, y_n)$을 f_n이라고 놓으면 식 (5)를 다음과 같이 간략하게 쓸 수 있다.

$$y_{n+1} = y_n + hf_n, \quad n = 0, 1, 2, \ldots \tag{6}$$

오일러 근사법은 각각의 스텝의 결과를 이용하여 다음 스텝을 실행하면서 식 (5)나 (6)을 순차적으로 계산하도록 되어 있다. 결과적으로 이 과정을 통해 점 $y_0, y_1, y_2, \ldots, y_n, \ldots$에서 해 $\phi(t)$의 값을 근사하는 수열 $t_0, t_1, t_2, \ldots, t_n, \ldots$을 얻을 수 있다.

오일러 근사법에 대한 컴퓨터 프로그램은 아래와 같은 구조로 이루어져 있으며 각각의 지시문은 프로그램 언어에 상관없이 사용 가능하다.

The Euler Method

Step 1.	**define** $f(t, y)$
Step 2.	**input** initial values $t = t_0$ and $y = y_0$
Step 3.	**input** step size h and number of steps n
Step 4.	**output** t_0 and y_0
Step 5.	**for** j from 1 to n **do**
Step 6.	$f_n = f(t, y)$ $y = y + h * f_n$ $t = t + h$
Step 7.	**output** t and y
Step 8.	**end**

오일러 근사법에 대한 예제들은 2.7절에서 다루었으나 또 다른 예제로 다음과 같은 초깃값 문제를 고려하자.

$$y' = 1 - t + 4y \tag{7}$$

$$y(0) = 1 \tag{8}$$

1계 선형 미분방정식 (7)과 초기조건 (8)을 만족하는 해가

$$y = \phi(t) = \frac{1}{4}t - \frac{3}{16} + \frac{19}{16}e^{4t} \tag{9}$$

임을 쉽게 알 수 있다. 초깃값 문제 (7), (8)의 경우 실제 해를 알고 있기 때문에 근사해를 구하기 위한 수치적 근사법이 필요하지는 않다. 하지만 이 실제 해를 이용하면 수치적 근사법의 정확도(accuracy)를 쉽게 조사할 수 있다. 서로 다른 수치적 근사법을 설명하고 그 정확도를 비교하기

위해 위의 예제를 이 장에서 계속 사용하겠다. 특히, 식 (7)에 대한 해는 빠르게 발산하므로 임의의 구간에서 해 (9)를 근사하기가 어렵기 때문에 이 예제를 사용하면 효율적인 수치적 근사법을 사용했을 때의 이점을 더 잘 관찰할 수 있다.

예제 8.1.1

오일러 공식 (6)을 이용하여 구간 $0 \le t \le 2$에서의 초깃값 문제 (7), (8)의 해 $y = \phi(t)$를 근사하라. 단, 스텝 사이즈는 $h = 0.05, 0.025, 0.01, 0.001$을 선택한다.

풀이

이 계산들을 컴퓨터로 실행했으며, 몇 가지 결과가 **표 8.1.1**에 나타나 있다. 이 계산의 정확도는 특별히 인상적이지는 않다. $h = 0.01$에 대한 상대오차는 $t = 0.5$일 때 3.85%, $t = 1.0$일 때 7.49%, $t = 2.0$일 때 14.4%이다. $h = 0.001$에 대한 상대오차는 각각 0.40%, 0.79%, 1.58%이다. $h = 0.001$인 경우, 구간 $t = 0$에서 $t = 2$까지 도달하는 데 2000스텝이 필요하였다. 즉, 오일러 근사법을 이용해 이 문제에 대한 정확한 근사값을 구하기 위해서는 상당히 많은 계산이 필요하다는 것을 의미한다. 이 장의 뒤에 가서는 더 큰 스텝 사이즈로 계산을 더 적게 하지만 위와 비슷하거나 더 정확한 근사값을 구할 수 있는 수치적 근사법에 대하여 다룰 것이다.

표 8.1.1 오일러 근사법을 이용한 서로 다른 스텝 사이즈 h에 대한 $y' = 1 - t + 4y$, $y(0) = 1$의 수치적 근사해 비교

t	$h = 0.05$	$h = 0.025$	$h = 0.01$	$h = 0.001$	Exact
0.0	1.0000000	1.0000000	1.0000000	1.0000000	1.0000000
0.1	1.5475000	1.5761188	1.5952901	1.6076289	1.6090418
0.2	2.3249000	2.4080117	2.4644587	2.5011159	2.5053299
0.3	3.4333560	3.6143837	3.7390345	3.8207130	3.8301388
0.4	5.0185326	5.3690304	5.6137120	5.7754845	5.7942260
0.5	7.2901870	7.9264062	8.3766865	8.6770692	8.7120041
1.0	45.588400	53.807866	60.037126	64.382558	64.897803
1.5	282.07187	361.75945	426.40818	473.55979	479.25919
2.0	1745.6662	2432.7878	3029.3279	3484.1608	3540.2001

수치적인 근사값에 대한 오차를 계산하고 더 정확한 알고리즘을 짜기 위한 방법을 제시하기 위해 오일러 근사법을 몇 가지 다른 방향에서 살펴볼 필요가 있다.

그중 한 가지는 주어진 문제를 적분방정식으로 바꾸는 것이다. $y = \phi(t)$를 초깃값 문제 (1), (2)의 해라 두고 t_n부터 t_{n+1}까지 적분하면

$$\int_{t_n}^{t_{n+1}} \phi'(t)\,dt = \int_{t_n}^{t_{n+1}} f(t, \phi(t))\,dt$$

또는

$$\phi(t_{n+1}) = \phi(t_n) + \int_{t_n}^{t_{n+1}} f(t, \phi(t))\,dt \qquad (10)$$

를 얻을 수 있다. 식 (10)에서의 적분식은 **그림 8.1.1**에서의 곡선 아래쪽 영역 중, $t = t_n$과 t_{n+1} 사

이의 면적을 나타낸다. $f(t, \phi(t))$를 $f(t_n, \phi(t_n))$에서의 값 $t = t_n$으로 바꾸고 적분을 근사하면 실제 영역의 면적을 음영이 들어간 직사각형 영역의 면적으로 근사할 수 있다. 각각의 스텝을 사이즈 h, 즉 다음 n에 대해 $t_{n+1} - t_n = h$라고 가정하면 다음과 같은 식을 얻을 수 있다.

$$\begin{aligned}\phi(t_{n+1}) &\cong \phi(t_n) + f(t_n, \phi(t_n))(t_{n+1} - t_n) \\ &= \phi(t_n) + hf(t_n, \phi(t_n))\end{aligned} \tag{11}$$

마지막으로, $\phi(t_{n+1})$에 대한 근사값 y_{n+1}을 구하기 위해 식 (11)에서 $\phi(t_n)$을 이것의 근사값 y_n으로 치환하여 두 번째 근사를 한다. 그러면 오일러 공식 $y_{n+1} = y_n + hf(t_n, y_n)$을 얻을 수 있다. 더 정확한 알고리즘은 적분을 더 정확하게 근사하면 얻을 수 있는데 이것은 8.2절에서 다루겠다.

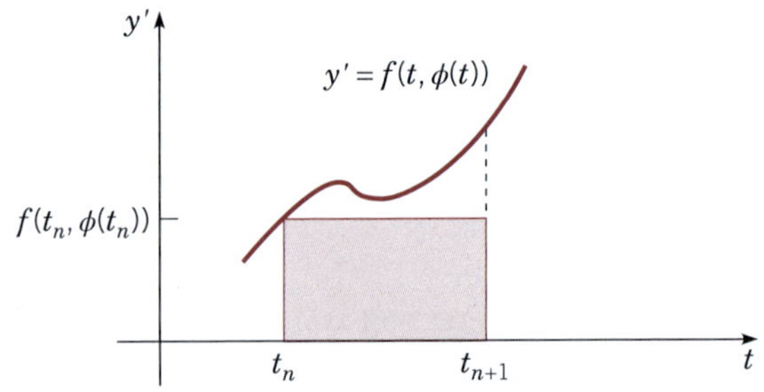

그림 8.1.1 오일러 근사법을 이용한 적분 유도

또 다른 접근방법은 해 $y = \phi(t)$가 점 t_n에 대한 테일러 급수를 갖는다고 가정하는 것이다. 그러면

$$\phi(t_n + h) = \phi(t_n) + \phi'(t_n)h + \phi''(t_n)\frac{h^2}{2!} + \cdots,$$

또는

$$\phi(t_{n+1}) = \phi(t_n) + f(t_n, \phi(t_n))h + \phi''(t_n)\frac{h^2}{2!} + \cdots \tag{12}$$

을 얻을 수 있다. 만약 이 급수의 처음 두 항을 제외한 모든 항을 없애고 $\phi(t_{n+1})$과 $\phi(t_n)$을 각각 근사값 y_{n+1}과 y_n으로 치환하면 다시 오일러 공식 (6)을 얻게 된다. 더 많은 항을 고려하면 더 정확한 공식을 얻을 수 있고, 테일러 급수의 나머지 공식을 사용하면 이때 얻어지는 공식의 오차도 추정할 수 있다. 이것에 대해서는 이 절의 뒷부분에서 설명하겠다.

▶역방향 오일러 공식(The backward Euler Formula). 적분방정식 (10)의 정적분을 구간의 오른쪽 끝에서 함수 값으로 결정된 높이를 갖는 직사각형의 면적으로 근사하면 오일러 공식에 대한 변형을 얻을 수 있다. 즉,

$$\phi(t_{n+1}) \cong \phi(t_n) + f(t_{n+1}, \phi(t_{n+1}))(t_{n+1} - t_n)$$

이고 이것은 **역방향 오일러 공식**(the backward Euler formula)으로 알려져 있는

$$y_{n+1} = y_n + hf(t_{n+1}, y_{n+1}) \tag{13}$$

을 유도한다. y_n을 알고 있고 y_{n+1}을 계산할 수 있다고 해도 식 (13)에서 y_{n+1}은 양함수로 표현되

지 않는다. 대신 음함수의 식으로 표현되며 y_{n+1}의 값을 구하기 위해서는 이 식을 풀어야 한다. 이런 이유로 이 방법을 **음함수 오일러 공식**(implicit Euler formula)이라고 부르기도 한다. 이것이 얼마나 어려운지는 함수 f의 성질에 달려 있다.

예제 8.1.2

역방향 오일러 공식 (13)과 스텝 사이즈 $h = 0.05, 0.025, 0.01$을 사용하여 초깃값 문제의 해를 근사하라. 구간은 $0 \le t \le 2$이다.

$$y' = 1 - t + y, \quad y(0) = 1$$

풀이

이 문제를 풀기 위해서 역방향 오일러 공식 (13)을 다음과 같이 바꾼다.

$$y_{n+1} = y_n + h(1 - t_{n+1} + y_{n+1})$$

미분방정식이 선형이므로 y_{n+1}에 대한 위 식도 선형이다. y_{n+1}에 대한 이 식을 풀면

$$y_{n+1} = \frac{y_n + h(1 - t_{n+1})}{1 - h}$$

을 얻을 수 있다. $h = 0.05$이고 $n = 0$인 첫 번째 스텝에서 다음 식을 얻을 수 있다.

$$y_1 = y_0 + h(1 - t_1 + y_1) = 1 + (0.05)(1 - 0.05 + y_1)$$

이 식을 y_1에 대해서 풀면

$$y_1 = \frac{1.0475}{0.95} = 1.102632$$

이 된다. 그러면 $n = 1$인 y_{n+1}에 대한 공식을 사용하여

$$y_2 = y_1 + h(1 - t_2 + y_2) = 1.102632 + (0.05)(1 - 0.05 + y_2)$$

를 얻을 수 있으므로

$$y_2 = \frac{1.147632}{0.95} = 1.208034$$

이 된다. 이 계산을 계속하면 **표 8.1.2**와 같은 결과를 얻을 수 있다. 역방향 오일러 방법으로 구한 값은 이 문제에 대해 균일하게 너무 큰 반면, 오일러 방법으로 얻은 값은 너무 작았다.

표 8.1.2 역방향 오일러 근사법을 이용한 서로 다른 스텝 사이즈 h에 대한 $y' = 1 - t + y, y(0) = 1$의 수치적 근사해 비교

t	$h = 0.05$	$h = 0.025$	$h = 0.01$	$h = 0.001$	Exact
0.0	1.000000	1.000000	1.000000	1.000000	1.000000
0.1	1.208033	1.206577	1.020055	1.205226	1.205171
0.2	1.427738	1.424512	1.040212	1.421525	1.421403
0.3	1.660374	1.655017	1.06047	1.650061	1.649859
0.4	1.90734	1.89943	1.080832	1.892123	1.891825
0.5	2.170183	2.159234	1.101297	2.149134	2.148721
1.0	3.78951	3.753058	1.205226	3.719642	3.718282
1.5	6.158991	6.067968	1.311921	5.985054	5.981689
2.0	9.781365	9.579329	1.421525	9.396454	9.389056

역방향 오일러 공식이라는 이름은 미분방정식 (3)의 미분을 근사할 때 식 (4)에서 사용된 정방향 차분 몫 대신 역방향 차분 몫인 $\frac{1}{h}(\phi(t_n) - \phi(t_{n-1}))$을 사용한 데 기인한다.

역방향 오일러 근사법이 오일러 근사법보다 더 정확하지도 않을 뿐더러 적용하기 더 복잡한 데 왜 이 방법을 소개했는지 의아할 수도 있다. 여기서 굳이 역방향 오일러 근사법을 소개한 이유는 위의 초깃값 문제가 어떤 미분방정식의 경우에는 더 유용할 수도 있는 역차분공식이라고 알려진 방법들을 소개할 수 있는 가장 간단한 예이기 때문이다. 이에 대해서는 8.4절 끝에서 다시 다루겠다.

▶수치적 근사값에 대한 오차. 오일러 공식 같은 수치적인 과정을 따라 초깃값 문제를 계산하다 보면 그 결과인 수치적 근사값을 해로써 받아들이기 전에 해결해야 할 몇 가지 의문들이 있다. 그 의문 중 하나는 **수렴성**에 대한 것이다. 즉, 스텝 사이즈 h가 영으로 다가감에 따라 수치적 근사값 $y_1, y_2, \ldots, y_n, \ldots$이 이것에 해당하는 실제 해에 다가갈 것인가? 만약 다가간다면 그 수치적 근사값이 해에 얼마나 빨리 수렴할 것인지 하는 중요하고도 실질적인 또 다른 의문이 생긴다. 즉, 원하는 수준의 정확도를 위해 스텝 사이즈를 얼마나 작게 두어야 하는가? 필요한 만큼의 정확도를 보장하기에는 충분하지만 그렇다고 너무 작지는 않은 스텝 사이즈가 필요하다. 쓸데없이 너무 작은 스텝 사이즈는 계산 속도를 떨어뜨릴 것이고 어떤 경우에는 이 때문에 오히려 정확도가 떨어질 수도 있다.

여기, 초깃값 문제의 해를 수치적으로 근사할 때 오차가 발생하는 세 가지 기본 원인이 있다.

1. 계산에 사용되는 공식이나 알고리즘은 항상 근사값이다. 예를 들어, 오일러 공식은 실제 해를 직선으로 근사한 것이다.
2. 첫 번째 스텝을 제외하고 계산에 사용된 입력 데이터는 특정한 점들에서의 해의 실제 값에 대한 근사값일 뿐이다.
3. 계산에 사용되는 컴퓨터는 유한한 정밀도(finite precision)를 갖는다. 즉, 각각의 스텝에서 유한개의 자릿수만 유지된다.

잠시, 컴퓨터가 모든 계산을 정확하게 해낼 수 있다고 가정해 보자. 즉, 각 스텝에서 무한개의 자릿수가 가능하다고 가정하는 것이다. 그러면 초깃값 문제 (1), (2)에 대한 해 $y = \phi(t)$와 점 $t = t_n$에서의 근사값 y_n 사이의 오차 E_n은 다음과 같이 주어진다.

$$E_n = \phi(t_n) - y_n \tag{14}$$

이때의 오차 E_n을 **global truncation 오차**라고 하는데 이것은 위에서 언급한 기본 원인 중 1, 2번에 의해서 발생한다. 즉, 근사된 공식을 근사된 데이터에 적용함으로써 발생한다.

그러나 실제로는 각 스텝에서 유한한 정밀도 연산, 즉 유한한 자릿수만을 가지고 계산을 해야 한다. 이때의 오차를 **round-off 오차**(반올림 오차) R_n이라 하고 주어진 수치적 근사법을 이용한 *실제 계산* 값 Y_n에 대해 다음과 같이 정의한다.

$$R_n = y_n - Y_n \tag{15}$$

이때, $\phi(t_n)$을 계산할 때의 전체 오차에 대한 절대값은

$$|\phi(t_n) - Y_n| = |\phi(t_n) - y_n + y_n - Y_n| \tag{16}$$

으로 주어진다. 이때 삼각 부등식, $|a + b| \leq |a| + |b|$을 이용하여 식 (16)을 다음과 같이 쓸 수 있다.

$$\begin{aligned} |\phi(t_n) - Y_n| &\leq |\phi(t_n) - y_n| + |y_n - Y_n| \\ &\leq |E_n| + |R_n| \end{aligned} \tag{17}$$

따라서 전체 오차는 global truncation 오차와 round-off 오차의 각각의 절대값의 합을 넘지 않는다.

이 책에서 소개하는 수치적 근사법들에 대한 global truncation 오차는 추정 가능한 반면, round-off 오차는 수학적으로 해석하기가 쉽지 않다. 그 이유는 사용한 컴퓨터의 종류와 계산 실행과정에서 사용된 수열, 반올림하는 방법 등에 따라 round-off 오차가 달라지기 때문이다. Round-off 오차에 대해 자세히 조사하는 것은 이 책에서 다루고자 하는 바가 아니므로 참고문헌에 열거되어 있는 Henrici가 쓴 문헌 등을 참고하자. 반올림 오차의 위험 중 일부는 문제 **22~24**와 8.6절에서 논의한다.

근사식을 사용할 때만 발생하는 global truncation 오차를 따로 조사해야 할 때도 있다. 이를 위해서는 n번째 스텝에서의 입력 데이터가 정확하다. 즉, $y_n = \phi(t_n)$이라고 가정하면 되는데, 이때의 오차를 **local truncation 오차**라고 하며 e_n이라고 놓는다.

▶오일러 근사법에 대한 local truncation 오차. 초깃값 문제 (1), (2)에 대한 해 $y = \phi(t)$가 원하는 구간 안에서 연속인 2계 도함수를 갖는다고 가정하자. 이를 보장하기 위해서 f, f_t, f_y가 모두 연속이라고 가정하자. f가 위와 같은 성질을 만족하고 ϕ가 초깃값 문제 (1), (2)에 대한 해라면

$$\phi'(t) = f(t, \phi(t))$$

이고 연쇄법칙에 의해

$$\begin{aligned} \phi''(t) &= f_t(t, \phi(t)) + f_y(t, \phi(t))\phi'(t) \\ &= f_t(t, \phi(t)) + f_y(t, \phi(t)) f(t, \phi(t)) \end{aligned} \tag{18}$$

이 된다. 이 식의 우변이 연속이기 때문에 ϕ''도 연속이다.

여기서 ϕ의 t_n에 대한 테일러 다항식의 나머지를 사용하면 $\overline{t_n}$인 어떤 $t_n < \overline{t_n} < t_n + h$에 대한 다음과 같은 식을 얻는다.

$$\phi(t_n + h) = \phi(t_n) + \phi'(t_n)h + \frac{1}{2}\phi''\left(\overline{t_n}\right)h^2 \tag{19}$$

그러면 $\phi(t_n + h) = \phi(t_{n+1})$이고 $\phi'(t_n) = f(t_n, \phi(t_n))$이므로 식 (19)를 다음과 같이 쓸 수 있다.

$$\phi(t_{n+1}) = \phi(t_n) + hf(t_n, \phi(t_n)) + \frac{1}{2}\phi''\left(\overline{t_n}\right)h^2 \tag{20}$$

여기서 t_n에서의 y_n에 대한 정확한 값, $y_n = \phi(t_n)$을 안다고 가정하고 $\phi(t_{n+1})$을 근사하기 위해서 오일러 공식을 사용하자. 그 결과는 다음 식과 같으며 이 식에서의 별표(*)는 $\phi(t_{n+1})$에 대해 가정한 근사값을 나타낸다.

$$y_{n+1}^* = \phi(t_n) + hf(t_n, \phi(t_n)) \tag{21}$$

$\phi(t_{n+1})$과 y^*_{n+1}의 차는 오일러 근사법에 대한 $(n + 1)$번째 스텝에서의 local truncation 오차 e_{n+1}이다. 따라서 식 (20)에서 식 (21)을 빼고 각 식에서의 나머지 항들을 생략하면

$$e_{n+1} = \phi(t_{n+1}) - y^*_{n+1} = \frac{1}{2}\phi''\left(\overline{t_n}\right)h^2 \tag{22}$$

이 된다.

즉, 오일러 근사법을 사용한 local truncation 오차는 스텝 사이즈 h의 제곱에 비례하고 이때의 비례인수는 해 ϕ의 2계 도함수에 따라 달라진다. 식 (22)의 식은 n에 따라 달라지며 일반적으로 각 스텝마다 다르다. 그러나 구간 $[a, b]$에서의 $|\phi''(t)|$의 최대값 M에 대해 이 구간 안에서의 균일한 한계(uniform bound)는 다음과 같이 주어진다.

$$|e_n| \le \frac{1}{2}Mh^2 \tag{23}$$

식 (23)은 $|\phi''(t)|$의 가능한 가장 큰 값을 고려한 것이기 때문에 구간 $[a, b]$의 어떤 부분에서는 local truncation 오차를 실제보다 지나치게 크게 추정(overestimate)한 것일 수도 있다.

그러나 식 (23)을 이용하면 local truncation 오차가 주어진 허용오차(tolerance)를 넘지 않도록 하는 스텝 사이즈를 선택할 수 있다. 예를 들어, local truncation 오차가 ϵ을 넘지 않아야 한다면 식 (23)으로부터

$$\frac{1}{2}Mh^2 \le \epsilon \quad \text{또는} \quad h \le \sqrt{\frac{2\epsilon}{M}} \tag{24}$$

이면 된다. 식 (22), (23) 또는 (24)를 사용하는 데 있어 가장 어려운 점은 $|\phi''(t)|$ 또는 M을 추정하는 데 있지만 여기서의 요점은 local truncation 오차가 h^2에 비례한다는 것이다. 예를 들어, h를 원래 값의 1/2로 줄인다면 오차는 줄이기 전보다 1/4만큼 줄어들 것이다.

Local truncation 오차보다 더 중요한 것은 global truncation 오차 E_n이다. E_n을 추정하기 위한 해석은 e_n을 추정할 때보다 훨씬 더 어렵지만 적어도 유한한 구간에서 오일러 근사법을 사용할 때 얻어지는 global truncation 오차가 h의 상수 배를 넘지 않는다는 것은 보일 수 있다. 따라서 어떤 상수 K에 대해서

$$|E_n| \le Kh \tag{25}$$

이 된다; 좀 더 자세한 내용은 연습문제 **20**을 참고하자. 오일러 근사법은 이것의 global truncation 오차가 스텝 사이즈의 1승에 비례하기 때문에 **1차 근사법**이라고도 한다.

앞으로 수치적 근사법의 정확도에 대한 주요 척도이자 서로 다른 근사법들을 비교하기 위한 방법으로 global truncation 오차보다 다루기 쉬운 local truncation 오차를 사용하겠다. 주어진 초깃값 문제의 해에 대해 *선험적*(priori) 정보를 갖고 있다면 식 (22)를 사용하여 local truncation 오차가 t에 따라 어떻게 변하는지에 대한 더 정확한 정보를 얻을 수 있다.

예를 들어, 다음과 같은 대표적인 문제가 구간 $0 \le t \le 2$에서 주어졌다고 하자.

$$y' = 1 - t + 4y, \quad y(0) = 1 \tag{26}$$

$y = \phi(t)$를 초깃값 문제 (26)의 해라고 하면 앞에서 보였듯이

$$\phi(t) = \frac{1}{16}\left(4t - 3 + 19e^{4t}\right)$$

이고, 따라서

$$\phi''(t) = 19e^{4t}$$

이다. 그러면 식 (22)를 다음과 같이 쓸 수 있다.

$$e_{n+1} = \frac{19e^{4\overline{t_n}}h^2}{2}, \quad t_n < \overline{t_n} < t_n + h \tag{27}$$

이 식에 인수 19와 급격하게 증가하는 함수 e^{4t}이 포함되어 있으므로 표 8.1.1에서의 결과가 부정확할 수밖에 없었다.

예를 들어, $h = 0.05$에 대한 첫 번째 스텝에서의 오차는 다음과 같다.

$$e_1 = \phi(t_1) - y_1 = \frac{19e^{4\overline{t_0}}(0.0025)}{2}, \quad 0 < \overline{t_0} < 0.05$$

e_1은 확실히 양수이고 $e^{4\overline{t_0}} < e^{0.2}$이기 때문에

$$e_1 \le \frac{19e^{0.2}(0.0025)}{2} \cong 0.02901 \tag{28}$$

이다. 또한 $e^{4\overline{t_0}} > 1$이므로 $e_1 = \frac{19}{2}(0.0025) = 0.2375$이다. 여기서 실제 오차는 0.02542이다. 식 (27)에 의해 오차는 t가 증가함에 따라 점차적으로 나빠지는데 이는 표 8.1.1에 잘 나타나 있다. 비슷하게 t가 0.95부터 1.0까지 증가함에 따른 local truncation 오차의 한계(bound)를 다음과 같이 계산할 수 있다.

$$1.0617 \cong \frac{19e^{3.8}(0.0025)}{2} \le e_{20} \le \frac{19e^{4}(0.0025)}{2} \cong 1.2967 \tag{29}$$

또한 t가 1.95부터 2.0까지 증가함에 따라

$$57.96 \cong \frac{19e^{7.8}(0.0025)}{2} \le e_{40} \le \frac{19e^{8}(0.0025)}{2} \cong 70.80 \tag{30}$$

이 된다.

이 결과들은 위 문제의 경우, local truncation 오차가 $t = 0$ 근방에서보다 $t = 2$ 근방에서 약 2500배 더 크다는 걸 나타내고 있다. 따라서 $0 \le t \le 2$에서 local truncation 오차를 허용오차 이내로 줄이기 위해 스텝 사이즈 h를 $t = 2$ 근방에서의 결과에 근거해서 선택해야 한다. 물론, 이 스텝 사이즈는 $t = 0$ 근방에서는 필요 이상으로 작을 것이다. 예를 들어, 위의 문제에서 0.01 이내의 local truncation 오차를 얻기 위해서 $t = 2$ 근방에서는 약 0.00059 정도의 스텝 사이즈가 필요하고 $t = 0$ 근방에서는 약 0.032 정도의 스텝 사이즈가 필요하다. 주어진 구간 전체에서 필요한 정도보다 훨씬 작은 스텝 사이즈를 균일하게 사용하는 것은 필요 이상으로 많은 계산을 하게 하고 그만큼 많은 시간을 소비하게 하며, 따라서 허용치를 벗어나는 round-off 오차가 발생할 수 있다.

또 다른 접근법은 t가 증가함에 따라 스텝 사이즈를 점점 줄여서 local truncation 오차를 구간 전체에서 거의 상수로 유지하는 것이다. 위의 예제에서 $t = 0$부터 $t = 2$까지 증가함에 따라 h를 약 50배 줄일 필요가 있다. 스텝 사이즈에 변화를 주는 방법을 **adaptive**라고 한다. 미분방

정식을 푸는 데 사용되는 모든 컴퓨터 코드들은 스텝 사이즈를 필요에 따라 조정할 수 있다. 이 문제에 대해서는 다음 절에서 다루기로 한다.

연습 문제

1. Ⓝ 표 8.1.1의 3번째와 4번째 열에서 처음으로 성분들을 각각 계산하라.
2. Ⓝ 표 8.1.2의 3번째와 4번째 열에서 처음으로 성분들을 각각 계산하라.

▶ 문제 **3**부터 **7**까지 주어진 초깃값 문제의 해에 대한 $t = 0.1, 0.2, 0.3, 0.4$에서의 근사값을 다음에 제시된 방법들을 이용하여 구하라.

a. Ⓝ 오일러 근사법 사용($h = 0.05$)

b. Ⓝ 오일러 근사법 사용($h = 0.025$)

c. Ⓝ 역방향 오일러 근사법 사용($h = 0.05$)

d. Ⓝ 역방향 오일러 근사법 사용($h = 0.025$)

3. $y' = 5t - 2\sqrt{y},\ y(0) = 2$
4. $y' = 2y - 3t,\quad y(0) = 1$
5. $y' = t + e^{-ty},\ y(0) = 1$
6. $y' = (y^2 + ty)(2 + t^2),\ y(0) = 0.1$
7. $y' = (t^2 + y^2)\sin(y),\ y(0) = 1$

▶ 문제 **8**부터 **12**까지 주어진 초깃값 문제의 해에 대한 $t = 0.5, 1.0, 1.5, 2.0$에서의 근사값을 다음에 제시된 방법들을 이용하여 구하라.

a. Ⓝ 오일러 근사법 사용($h = 0.025$).

b. Ⓝ 오일러 근사법 사용($h = 0.0125$).

c. Ⓝ 역방향 오일러 근사법 사용($h = 0.025$).

d. Ⓝ 역방향 오일러 근사법 사용($h = 0.0125$).

8. $y' = t + e^{-ty},\ y(0) = 1$
9. $y' = 5t - 2\sqrt{y},\ y(0) = 2$
10. $y' = t + e^{-ty},\ y(0) = 1$
11. $y' = \dfrac{3 - ty}{1 + y^2},\ y(0) = -2$
12. $y' = (y^2 + ty)(2 + t^2),\ y(0) = 0.1$
13. 식 (12)에서 주어진 테일러 급수의 세 개의 항을 사용하고 $h = 0.1$로 두어 $t = 0.1$과 $t = 0.2$에서의 $y' = 1 - t + 4y,\ y(0) = 1$의 해를 근사하라. 오일러 근사법을 사용한 결과와 실제 해를 비교하라. *힌트*: $y' = f(t, y)$일 때, y''은?

▶ 문제 **14**와 **15**에서

a. Ⓝ 오일러 근사법에 대한 local truncation 오차를 실제 해 $y = \phi(t)$를 이용하여 추정하라.

b. Ⓝ 구간 $0 \le t \le 1$에서의 e_{n+1}에 대한 한계를 t와 $\phi(t)$에 대해 구하라.

c. Ⓝ 이 해에 대한 공식을 사용하여 e_{n+1}에 대한 좀 더 정확한 오차의 한계를 구하라.

d. Ⓝ $h = 0.1$일 때, e_1에 대한 한계를 계산하고 $t = 0.1$에서의 실제 오차와 비교하라.

e. Ⓝ 4번째 스텝에서 오차 e_4에 대한 한계를 계산하라.

14. $y' = 3y - 1,\ y(0) = 1$
15. $y' = 1 - t + 2y,\ y(0) = 1$

▶ 문제 **16**부터 **18**까지 t와 해 $y = \phi(t)$를 이용하여 오일러 근사법에 대한 local truncation 오차의 공식을 구하라.

16. $y' = t - 3\sqrt{y},\ y(0) = 2$

17. $y' = t^2 + y^2,\quad y(0) = 1$

18. $y' = t + e^{-ty}, y(0) = 1$

19. 초깃값 문제를 다음과 같이 두자.

$$y' = \cos(5\pi t),\quad y(0) = 1$$

a. **N** $h = 0.2$에 대한 오일러 근사법을 이용하여 $t = 0.2, 0.4, 0.6$에서의 $\phi(t)$의 근사값을 구하라.

b. **N** 해 $y = \phi(t)$를 구하고 $0 \le t \le 1$에서 $y = \phi(t)$의 그래프를 그려라.

c. **N** 이 근사값에 대한 꺾은선 그래프를 그리고 실제 해의 그래프와 비교하라.

d. **N** $h = 0.1$일 때, $0 \le t \le 0.4$에서 **a**를 반복하라.

e. **N** Local truncation 오차를 계산하여 위의 두 스텝 사이즈 모두 충분히 작지 않음을 보여라.

f. **N** 구간 $0 \le t \le 1$에서 local truncation 오차가 0.05보다 작아지도록 하는 h 값을 결정하라. 이때, $|\phi''(t)|$의 최대값이 크기 때문에 h 값은 작아야 한다.

20. 초깃값 문제 $y' = f(t, y), y(t_0) = y_0$에 오일러 근사법을 적용했을 때의 global truncation 오차를 살펴보자. 이때, 함수 f와 f_y가 점 (t_0, y_0)를 포함하는 ty-평면상에서의 유한한 폐구간 R에서 연속이라고 가정하자. 그러면 같은 t 좌표를 갖는 R에서의 임의의 두 점 $(t, y), (t, \tilde{y})$에 대해서 $|f(t, y) - f(t, \tilde{y})| \le L\,|y - \tilde{y}|$를 만족하는 상수 L이 존재한다(2.8절의 연습문제 14를 참고하자). 또한, f_t가 연속이면 해 ϕ는 연속인 2계 도함수를 갖는다.

a. 식 (20)을 이용하여 $t_0 \le t \le t_{n+1}$에서의 $\alpha = 1 + hL$과 $\beta = \max \frac{1}{2}|\phi''(t)|$에 대해서

$$\begin{aligned}|E_{n+1}| &\le |E_n| \\ &\quad + h\,|f(t_n, \phi(t_n)) - f(t_n, y_n)| \\ &\quad + \frac{1}{2}h^2\,|\phi''(\overline{t_n})| \le \alpha\,|E_n| + \beta h^2\end{aligned} \tag{31}$$

임을 보여라.

b. $E_0 = 0$이고, $|E_n|$이 식 (31)을 만족하면 1이 아닌 $\alpha \ne 1$에 대해서 $|E_n| \le \beta h^2(\alpha^n - 1)/(\alpha - 1)$이 된다고 가정하고

$$|E_n| \le \frac{(1 + hL)^n - 1}{L}\beta h \tag{32}$$

임을 보여라. 식 (32)는 h, L, n, β에 대한 $|E_n|$의 한계를 나타낸다. h를 고정하면 n이 증가함에 따라 이 오차의 한계도 증가한다. 즉, 오차의 한계는 시작점 t_0로부터의 거리와 함께 증가한다.

c. $(1 + hL)^n \le e^{nhL}$임을 보임으로써

$$|E_n| \le \frac{e^{nhL} - 1}{L}\beta h$$

를 보여라. t_0보다 더 큰 끝점 T에 대해서 스텝 사이즈 h를 n개의 스텝으로 구간 $[t_0, T]$를 모두 지날 수 있도록 선택하면, $nh = T - t_0$이고

$$|E_n| \le \frac{e^{(T-t_0)L} - 1}{L}\beta h = Kh$$

를 만족하는데, 이 식은 식 (25)이다. 여기서 K는 함수 f에 의해 결정되는 상수 L, β와 구간의 길이 $T - t_0$에 의해 결정된다.

21. 식 (22)와 비슷하게 역방향 오일러 공식을 이용하여 local truncation 오차에 대한 식을 유도하라. 힌트: $\phi(t)$를 $t = t_{n+1}$에 대한 테일러 급수로 근사하라.

22. 스텝 사이즈 $h = 0.05$에 대한 오일러 근사법을 이용하여 다음 초깃값 문제들의 $t = 0.1, 0.2, 0.3,$

0.4에서의 근사값을 구하라. 단, 세 자리까지만 계산할 것.

a. **N** $y' = 1 + t + 2y, y(0) = 1$

b. **N** $y' = 2 + t + y, y(0) = 1$

c. **N** $y' = y + 2t, y(0) = 1$

a의 결과를 예제 8.1.1과 문제 **1**에서 얻은 결과와 비교하고, **c**의 결과를 문제 **4**에서 얻은 결과와 비교하라. 세 자리로 반올림한 결과 중 일부와 현재 결과 사이의 작은 차이는 반올림 오차 때문이다. 계산에 많은 단계가 필요한 경우 반올림 오차가 중요해진다.

23. 다음 문제는 거의 비슷한 수끼리 빼서 그 차에 큰 수를 곱할 경우, round-off 오차 때문에 발생하는 문제를 나타내고 있다.

$$1000 \cdot \begin{vmatrix} 6.010 & 18.04 \\ 2.004 & 6.000 \end{vmatrix}$$

을 아래와 같은 과정으로 계산하라.

a. **N** 행렬식 안에 있는 각각의 요소를 두 자릿수까지 반올림한 후 계산하라.

b. **N** 행렬식 안에 있는 각각의 요소를 세 자릿수까지 반올림한 후 계산하라.

c. **N** 반올림하지 않고 네 자릿수를 모두 이용하여 계산한 결과와 **a**, **b**의 결과를 비교하라.

24. 일반적으로 곱셈을 할 때, 주어진 숫자의 자릿수보다 더 작은 자릿수에서 반올림하면 분배법칙 $a(b - c) = ab - ac$가 성립하지 않는다. 이것을 보이기 위해 $a = 0.22$, $b = 3.19$, $c = 2.17$에 대해 곱셈을 한 후, 마지막 자릿수에서 반올림하라.

8.2 오일러 근사법의 개선

오일러 근사법을 이용하여 원하는 만큼 정확한 결과를 얻기 위해 매우 작은 스텝 사이즈가 필요하기 때문에 그보다 더 효율적인 근사법을 개발하기 위해 많은 노력을 기울여왔다. 다음 세 절에서 이러한 근사법들을 소개하려고 한다. 초깃값 문제를

$$y' = f(t, y), \quad y(t_0) = y_0 \tag{1}$$

로 두고 $y = \phi(t)$를 이 식의 해라고 하자. 8.1절의 식 (10)과 같이 이 식을 t_n부터 t_{n+1}까지 적분하면

$$\phi(t_{n+1}) = \phi(t_n) + \int_{t_n}^{t_{n+1}} f(t, \phi(t))\, dt \tag{2}$$

를 얻을 수 있다. 식 (2)에서 적분구간의 왼쪽 끝점에서 $f(t, \phi(t))$의 값을 근사값 $f(t_n, y_n)$으로 치환하면 오일러 공식

$$y_{n+1} = y_n + hf(t_n, y_n) \tag{3}$$

을 얻을 수 있다. 정적분을 다르게 근사하면 초깃값 문제에 대한 또 다른 수치해법이 나온다.

▶개량 오일러 공식. 식 (2)에 나오는 피적분 함수를 더 정확하게 근사한다면 더 좋은 공식을 얻을 수 있다. 이를 위한 한 가지 방법은 먼저, 피적분 함수를 양 끝점에서의 함수값들의 평균, $\frac{1}{2}(f(t_n,$

$\phi(t_n)) + (f(t_{n+1}, \phi(t_{n+1})))$으로 놓는 것이다. 이것은 **그림 8.2.1**에 나타나듯이 $t = t_n$부터 $t = t_{n+1}$까지의 곡선 아래쪽 영역을 음영이 진 사다리꼴 영역의 면적으로 근사하는 것과 같다. 또한, $\phi(t_n)$과 $\phi(t_{n+1})$을 각각 근사값 y_n과 y_{n+1}로 치환한다. 그러면 식 (2)로부터

$$y_{n+1} = y_n + \frac{f(t_n, y_n) + f(t_{n+1}, y_{n+1})}{2}h \tag{4}$$

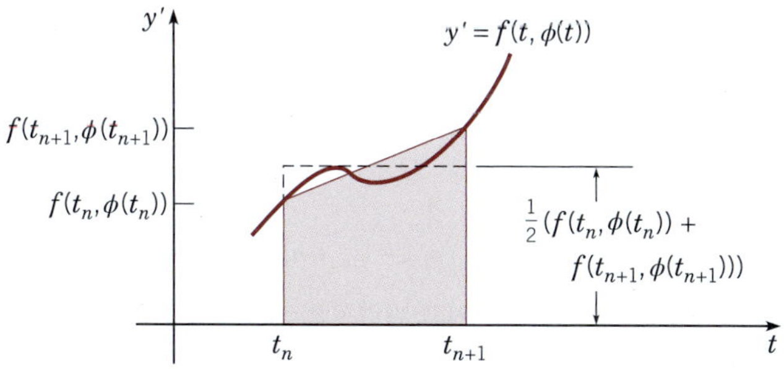

그림 8.2.1 개량 오일러 근사법의 유도

를 얻을 수 있다. 식 (4)의 우변 중 f의 변수에 미지수 y_{n+1}이 포함되므로 y_{n+1}에 대한 양함수가 아니라 음함수이다. 따라서 함수 f의 형태에 따라서는 식 (4)에서 y_{n+1}을 구하는 것이 상당히 어려울 수 있다. 그러나 이 문제는 식 (4)의 우변에 있는 y_{n+1}을 오일러 공식 (3)을 이용하여 바꾸고 t_{n+1}을 $t_n + h$로 두면 다음과 같이 쉽게 해결할 수 있다.

$$\begin{aligned} y_{n+1} &= y_n + \frac{f(t_n, y_n) + f(t_n + h, y_n + hf(t_n, y_n))}{2}h \\ &= y_n + \frac{f_n + f(t_n + h, y_n + hf_n)}{2}h \end{aligned} \tag{5}$$

식 (5)는 $\phi(t_{n+1})$의 근사값인 y_{n+1}을 t_n에서의 데이터들에 대한 양함수로 표현하고 있다. 이 식을 **개량 오일러 공식**(improved Euler formula) 또는 **Heun**[1] **공식**이라고 한다. 개량 오일러 공식은 두 단계 근사법의 예이다. 먼저, 오일러 공식을 이용하여 $y_n + hf_n$을 계산한 후, 이 결과를 이용하여 식 (5)에서 y_{n+1}을 계산한다.

개량 오일러 공식 (5)는 오일러 공식 (3)을 말 그대로 개량시킨 것이다. 왜냐하면 오일러 공식에 대한 local truncation 오차가 h^2에 비례했던 반면, 식 (5)에 대한 local truncation 오차는 h^3에 비례하기 때문이다. 개량 오일러 공식에 대한 오차를 추정하는 계산 과정은 연습문제 **12**에 자세히 나와 있다. 또한, 개량 오일러 공식에 대한 global truncation 오차가 유한한 구간 안에서 h^2의 상수 배를 넘지 않는다는 것도 보일 수 있기 때문에 이 근사법을 2차 근사법이라고 한다. 그러나, 이 개량 오일러 공식의 정확도는 t_n부터 t_{n+1}까지 가기 위해 $f(t, y)$를 두 배 더 계산한 결과이다.

$f(t, y)$가 y가 아닌 t에만 종속된다면 미분방정식 $y' = f(t, y)$를 푸는 것은 $f(t)$를 적분하는 것으로 바뀔 수 있다. 이 경우, 개량 오일러 공식 (5)는

$$y_{n+1} = y_n + \frac{h}{2}(f(t_n) + f(t_n + h)) \tag{6}$$

로 바뀌는데 이것은 수치적분에 대한 사다리꼴 공식과 일치한다.

[1] 이 공식은 Technishe Hochschule Karlsruhe 교수였던 독일 수학자 Karl Heun (1859~1929)의 이름을 딴 것이다.

예제 8.2.1 다음 초깃값 문제의 근사해를 구하기 위해 개량 오일러 공식 (5)를 사용하라.

$$y' = 1 - t + 4y, \quad y(0) = 1 \tag{7}$$

단, 스텝 사이즈는 $h = 0.025$, $h = 0.01$임을 선택하라.

풀이

필요한 계산이 무엇인지 정확히 확인하기 위해 두 스텝을 자세히 살펴보자. 이 문제에 대해 $f(t, y) = 1 - t + 4y$이다; 따라서

$$f_n = 1 - t_n + 4y_n$$

이고

$$f(t_n + h, y_n + hf_n) = 1 - (t_n + h) + 4(y_n + hf_n)$$

이다. 또한 $t_0 = 0, y_0 = 1, f_0 = 1 - t_0 + 4y_0$이고, 따라서 $h = 0.025$라 두면,

$$f(t_0 + h, y_0 + hf_0) = 1 - 0.025 + 4(1 + (0.025)(5)) = 5.475$$

이다. 따라서, 식 (5)에 의해

$$y_1 = 1 + (0.5)(5 + 5.475)(0.025) = 1.1309375 \tag{8}$$

를 구할 수 있다.

두 번째 스텝에서는 다음과 같이 계산할 수 있다.

$$f_1 = 1 - 0.025 + 4(1.1309375) = 5.49875,$$
$$y_1 + hf_1 = 1.1309375 + (0.025)(5.49875) = 1.26840625$$
$$f(t_2, y_1 + hf_1) = 1 - 0.05 + 4(1.26840625) = 6.023625$$

그러면 식 (5)에 의해

$$y_2 = 1.1309375 + (0.5)(5.49875 + 6.023625)(0.025) = 1.2749671875 \tag{9}$$

가 된다.

$0 \le t \le 2$에 대해 $h = 0.025$와 $h = 0.01$일 때, 개량 오일러 근사법을 이용해서 얻은 추가적인 결과는 **표 8.2.1**에 있다. 개량 오일러 근사법과 오일러 근사법의 결과를 비교할 때, 오일러 근사법에서는 매 스텝마다 f를 한 번 계산하는 반면, 개량 오일러 근사법에서는 두 번 계산한다는 사실을 알아야 한다. 보통 매 스텝마다 f를 계산할 때 대부분의 시간을 쓰기 때문에 이 계산 횟수를 세는 것이 전체 계산의 효율성을 추정하는 합리적인 방법이 된다. 따라서 주어진 스텝 사이즈 h에 대해 개량 오일러 근사법은 오일러 근사법보다 f를 두 배 더 계산해야 한다. 바꿔 말하면, 스텝 사이즈 h를 사용하는 개량 오일러 근사법은 스텝 사이즈 $h/2$를 사용하는 오일러 근사법과 똑같은 횟수만큼 f를 계산한다.

표 8.2.1에 나온 근사해를 보면, $h = 0.025$인 개량 오일러 근사법이 $h = 0.01$인 오일러 근사법보다 더 나은 결과를 보여준다. 이 스텝 사이즈들을 이용해서 $t = 2$에 도달하려면 오일러 근사법으로는 f를 200번 계산하는 반면, 개량 오일러 근사법으로는 160번 계산한다. 더 주목할 점은 $h = 0.025$인 개량 오일러 근사법이 $h = 0.001$인 오일러 근사법(f를 2000번 계산하는)보다 약간 더 정확하다는 것이다. 즉, 개량 오일러 근사법은 이 문제에 관한 한 오일러 근사법의 1/12 정도의 계산량으로 오일러 근사법에 의해 나온 결과만큼, 또는 그보다 더 나은 결과를 낸다. 이것은 오일러 근사법에 비해 개량 오일러 근사법이 훨씬 더 나은 결과를 내거나 또는 현저하게 적은 계산량을 갖거나 또는 둘 다에 있어서 확실히 더 효율적이라는 걸 나타내고 있다.

$t = 2$일 때, $h = 0.025$에 대한 개량 오일러 근사법의 상대오차는 1.23%이고 $h = 0.01$에 대한 상대오차는 0.21%이다.

표 8.2.1 초깃값 문제 $y' = 1 - t + 4y, y(0) = 1$에 대한 오일러 근사법과 개량 오일러 근사법의 비교

	오일러 근사법		개량 오일러 근사법		
t	$h = 0.01$	$h = 0.001$	$h = 0.025$	$h = 0.01$	Exact
0.0	1.0000000	1.0000000	1.0000000	1.0000000	1.0000000
0.1	1.5952901	1.6076289	1.6079462	1.6088585	1.6090418
0.2	2.4644587	2.5011159	2.5020618	2.5047827	2.5053299
0.3	3.7390345	3.8207130	3.8228282	3.8289146	3.8301388
0.4	5.6137120	5.7754845	5.7796888	5.7917911	5.7942260
0.5	8.3766865	8.6770692	8.6849039	8.7074637	8.7120041
1.0	60.037126	64.382558	64.497931	64.830722	64.897803
1.5	426.40818	473.55979	474.83402	478.51588	479.25919
2.0	3029.3279	3484.1608	3496.6702	3532.8789	3540.2001

오일러 근사법에 대한 컴퓨터 프로그램을 개량 오일러 근사법을 실행할 수 있도록 쉽게 수정할 수 있다. 즉, 8.1절의 알고리즘에서 Step 6을 아래와 같이 바꾸기만 하면 된다:

The Improved Euler Method

Step 6. $k1 = f(t, y)$

$k2 = f(t + h, y + h * k1)$

$y = y + (h/2) * (k1 + k2)$

$t = t + h$

▶스텝 사이즈의 변경. 8.1절에서 local truncation 오차를 거의 상수로 유지하도록 스텝 사이즈를 조정할 수 있다고 하였다. 그렇게 하는 이유는 필요 이상의 스텝을 사용하지 않고도 근사값의 정확도를 높이기 위해서인데 여기서 그 방법을 소개하겠다. 먼저, 허용오차를 ϵ이라고 두는데 이것을 local truncation 오차라고 생각해도 된다. 다음으로, n 스텝 후에 점 (t_n, y_n)에 도달한다고 가정하고 스텝 사이즈를 h로 둔 후, y_{n+1}을 계산하고 이때의 오차를 추정한다. 실제 해를 모르는 상태에서 취할 수 있는 최선의 방법은 더 정확한 근사법을 사용하여 (t_n, y_n)에서부터 다시 한번 y_{n+1}을 계산하는 것이다. 예를 들어, 원래 계산에서 오일러 근사법을 사용했다면, 이것을 개량 오일러 근사법으로 다시 한번 계산한다. 두 계산 결과의 차이는 원래 계산에서의 오차에 대한 추정값인 e_{n+1}^{est}이다. 추정된 오차가 허용오차 ϵ과 다르다면, 스텝 사이즈를 조정해서 다시 계산한다. 이 조정을 효율적으로 하기 위한 열쇠는 local truncation 오차 e_{n+1}이 스텝 사이즈 h에 따라 얼마나 달라지는지를 알아내는 것이다. 오일러 근사법에서는 local truncation 오차가 h^2에 비례하기 때문에 추정된 오차를 허용오차 ϵ만큼 줄이려면(또는 늘리려면) 원래 스텝 사이즈에 $\sqrt{\epsilon / e_{n+1}^{\text{est}}}$를 곱해야 한다.

이 과정을 설명하기 위해서 예제 문제 (7)

$$y' = 1 - t + 4y, \quad y(0) = 1$$

을 고려하자. 우선 허용오차 ϵ을 0.05로 선택하자. 스텝 사이즈를 $h = 0.1$이라 두면 첫 번째 스텝 후에 오일러 근사법과 개량 오일러 근사법을 이용한 값이 각각 1.5와 1.595임을 알 수 있다. 이 때, 오일러 근사법에 대한 추정오차가 0.095가 되는데, 이 값은 허용오차 0.05보다 크기 때문에 $\sqrt{0.05/0.095} \cong 0.73$을 곱해서 스텝 사이즈를 줄여야 한다. 마지막 자릿수를 버리고 조정된 스텝 사이즈 $h = 0.07$을 선택한다. 그러면 오일러 공식에 의해 다음과 같은 식을 얻는다.

$$y_1 = 1 + (0.07)\,f(0, 1) = 1.35 \cong \phi(0.07)$$

$h = 0.07$인 개량 오일러 근사법을 사용하면 $y_1 = 1.39655$가 되고, 오일러 공식을 사용하여 오차 값을 추정하면 0.04655가 되는데, 이 값은 위의 오일러 근사법에 대한 추정오차보다 약간 작다. 실제 해와 비교한 실제 오차는 이보다 다소 큰 0.05122이다.

계산하는 각각의 스텝에 대해서도 이와 같은 과정을 반복하면 수치적 근사값을 구하는 전 과정 내내 local truncation 오차를 거의 상수가 되도록 할 수 있다. 미분방정식을 푸는 최근의 adaptive 코드들은 비록 오일러 공식이나 개량 오일러 공식보다 더 정확한 공식을 사용하더라도 스텝 사이즈를 조정하는 방식은 대략 이와 같다. 결과적으로, 실제로 필요한 구간에서만 작은 스텝 사이즈를 사용함으로써 효율성과 정확성을 높일 수 있다.

연습 문제

1. **N** 표 8.2.1의 4번째와 5번째 열에서 처음으로 영이 아닌 요소들을 각각 계산하라.

▶ 문제 **2**부터 **6**까지 주어진 초깃값 문제의 해에 대해 $t = 0.1, 0.2, 0.3, 0.4$에서의 근사값을 다음에 제시된 방법들을 이용하여 구하라. 이때 나온 결과를 8.1절에서 구한 오일러 근사법과 역방향 오일러 근사법을 이용한 결과와 비교하고 (가능하다면) 실제 해와도 비교하라.

a. **N** 개량 오일러 근사법 사용($h = 0.05$)

b. **N** 개량 오일러 근사법 사용($h = 0.025$)

c. **N** 개량 오일러 근사법 사용($h = 0.0125$)

2. $y' = 2 + t - y, \quad y(0) = 1$

3. $y' = y + 2t, \quad y(0) = 1$

4. $y' = 3y - 4t, \quad y(0) = 1$

5. $y' = \dfrac{y^2 + ty}{2 + t^2}, \quad y(0) = 1$

6. $y' = (t^2 - y^2)\sin(y), \quad y(0) = -2$

▶ 문제 **7**부터 **11**까지 주어진 초깃값 문제의 해에 대한 $t = 0.5, 1.0, 1.5, 2.0$에서의 근사값을 다음에 제시된 방법들을 이용하여 구하라.

a. **N** 개량 오일러 근사법 사용($h = 0.025$)

b. **N** 개량 오일러 근사법 사용($h = 0.0125$)

7. $y' = 1 - t + 2y, \quad y(0) = -0.001$

8. $y' = 3t - 2\sqrt{y}, \quad y(0) = 1$

9. $y' = \sqrt{t + y}, \quad y(0) = 3$

10. $y' = 2t + e^{-ty}, \quad y(0) = 1$

11. $y' = \dfrac{3 - ty}{1 + y^2}, \quad y(0) = -2$

12. 개량 오일러 공식에 대한 local truncation 오차가 h^3에 비례함을 보이자. 초깃값 문제 $y' = f(t, y)$, $y(t_0) = y_0$의 해 ϕ가 연속인 3계 도함수를 갖는다고 가정하면(f는 연속인 2계 편도함수를 갖는다고

가정) $t_n < \overline{t_n} < t_n + h$일 때, 다음 식을 만족한다.

$$\phi(t_n + h) = \phi(t_n) + \phi'(t_n)h + \frac{\phi''(t_n)}{2!}h^2 + \frac{\phi'''(\overline{t_n})}{3!}h^3$$

여기서 $y_n = \phi(t_n)$이라 가정하자.

a. 식 (5)에 의해 주어진 y_{n+1}이 다음을 만족함을 보여라.

$$\begin{aligned} e_{n+1} &= \phi(t_{n+1}) - y_{n+1} \\ &= \frac{\phi''(t_n)h - (f(t_n + h, y_n + hf(t_n, y_n)) - f(t_n, y_n))}{2!}h + \frac{\phi'''(\overline{t_n})h^3}{3!} \end{aligned} \tag{10}$$

b. $\phi''(t) = f_t(t, \phi(t)) + f_y(t, \phi(t))\phi'(t)$라는 것과 ξ가 a와 $a + h$ 사이에 놓여 있고 η가 b와 $b + k$ 사이에 놓여 있을 때, 나머지를 포함한 2변수 함수 $F(t, y)$의 테일러 근사가

$$\begin{aligned} F(a+h, b+k) &= F(a,b) + F_t(a,b)h + F_y(a,b)k \\ &\quad + \frac{1}{2!}\left(h^2F_{tt} + 2hkF_{ty} + k^2F_{yy}\right)\Big|_{t=\xi, y=\eta} \end{aligned}$$

임을 이용하여 식 (10)에서 우변의 첫 항이 h^3 더하기 4차 이상의 고차항들에 비례함을 보여라. 이것은 local truncation 오차가 h^3에 비례한다는 것을 증명하는 데 필요한 중요한 추정이다.

c. $f(t, y)$가 t와 y에 대한 선형함수라면, $e_{n+1} = \frac{1}{6}\phi'''(\overline{t_n})h^3$을 만족하는 $\overline{t_n}$인 $t_n < \overline{t_n} < t_{n+1}$가 존재함을 보여라.

힌트: f_{tt}, f_{ty}, f_{yy}는 무엇인가?

13. 대표적인 초깃값 문제 $y' = 1 - t + 4y$, $y(0) = 1$을 풀기 위한 방법으로 개량 오일러 근사법을 고려하자.

a. 문제 **12c**의 결과와 이 초깃값 문제의 실제 해를 사용하여 e_{n+1}을 결정하고 $0 \le t \le 2$에서 임의의 스텝에서의 오차의 한계를 결정하라.

b. 이 오차를 8.1절에서의 오일러 근사법에 대한 오차인 식 (27)과 비교하라.

c. $h = 0.05$에 대한 e_1의 한계를 구하고 8.1절의 식 (28)과 비교하라.

▶ 문제 **14**와 **15**에서:

a. 주어진 초깃값 문제에 대해 $0 \le t \le 1$ 안의 임의의 스텝에서 개량 오일러 근사법에 대한 e_{n+1}과 e_{n+1}의 한계를 실제 해 $\phi(t)$를 이용하여 구하라.

b. 또한, $h = 0.1$일 때 e_1의 한계를 구하라. 이 결과를 오일러 근사법에 대한 e_1의 한계와 비교하고 개량 오일러 근사법에 대한 실제 오차와도 비교하라.

14. $y' = 1 - t + 2y, \quad y(0) = 1$

15. $y' = 3y - 1, \quad y(0) = 1$

▶ 문제 **16**부터 **19**까지 스텝 사이즈 $h = 0.1$을 사용하여 오일러 근사법과 개량 오일러 근사법에서의 한 스텝을 실행하라. 이때, $\epsilon = 0.0025$를 넘지 않는 local truncation 오차가 필요하다고 가정하자. 오일러 근사법의 첫 번째 스텝에서 이 조건을 만족하기 위한 스텝 사이즈를 추정하라.

16. **N** $y' = 0.5 - t + 2y, \quad y(0) = 1$

17. **N** $y' = 5t - 3\sqrt{y}, \quad y(0) = 2$

18. **N** $y' = \sqrt{t + y}, \quad y(0) = 3$

19. **N** $y' = \dfrac{y^2 + ty}{2 + t^2}, \quad y(0) = 1$

20. 초깃값 문제 $y' = f(t, y)$, $y(t_0) = y_0$에 대한 **수정**(modified) **오일러 공식**은 다음과 같이 주어진다.

$$y_{n+1} = y_n + hf\left(t_n + \frac{1}{2}h, y_n + \frac{1}{2}hf(t_n, y_n)\right)$$

▶ 문제 **12**에 요약되어 있는 과정을 따라 수정 오일러 공식에 대한 local truncation 오차가 h^3에 비례함을 보여라.

▶ 문제 **21**부터 **24**까지 주어진 초깃값 문제들에 대해 문제 **20**의 수정 오일러 공식을 이용하여 $t = 0.1, 0.2, 0.3, 0.4$에서의 근사해를 구하라. 단, 스텝 사이즈 $h = 0.05$이다.

21. Ⓝ $y' = 2 + t + y, \quad y(0) = 1$

22. Ⓝ $y' = 5t - 2\sqrt{y}, \quad y(0) = 2$

23. Ⓝ $y' = 2y + 3t, \quad y(0) = 1$

24. Ⓝ $y' = 3y - 4t, \quad y(0) = 1$

25. f가 t와 y 모두에서 선형인 경우에 문제 **20**의 수정된 오일러 공식이 $y' = f(t, y)$를 위한 방정식 (5)의 개량 오일러 공식과 동일함을 보여라.

8.3 Runge-Kutta 근사법

8.1절과 8.2절들에서 오일러 공식, 역방향 오일러 공식, 개량 오일러 공식들을 초깃값 문제

$$y' = f(t, y), \quad y(t_0) = y_0 \tag{1}$$

의 수치적 근사해를 찾는 과정을 통해서 소개하였다. 이 방법들에 대한 local truncation 오차는 각각 h^2, h^2, h^3에 비례하였다. 이 중에서 오일러 근사법과 개량 오일러 근사법은 이제부터 소개할 Runge-Kutta[2]류의 근사법들이다.

이 절에서 Runge와 Kutta에 의해 처음으로 개발된 방법을 소개하겠다. 이 방법은 전형적인 **4차, 4단계 Runge-Kutta 근사법**이라고 불리는데 흔히 간단하게 Runge-Kutta 근사법이라고 한다. 이 방법은 h^5에 비례하는 local truncation 오차를 갖기 때문에, 개량 오일러 근사법보다 h^2 이상 정확하고 오일러 근사법보다는 h^3 이상 정확하다. 이 방법은 상대적으로 간편하게 사용할 수 있고 많은 문제들을 정확하고 효율적으로 다룰수 있다. 특히, 스텝 사이즈를 필요에 따라 조정할 수 있는 adaptive Runge-Kutta 근사법을 사용하면 더 효율적이다. 이 주제에 대하여는 이 절의 끝에서 다루겠다.

Runge-Kutta 공식은 구간 $t_n \le t \le t_{n+1}$ 안에 있는 서로 다른 점에서의 $f(t, y)$ 값들의 가중평균값(weighted average)을 포함하는데, 다음과 같이 주어진다.

$$y_{n+1} = y_n + h\left(\frac{k_{n1} + 2k_{n2} + 2k_{n3} + k_{n4}}{6}\right) \tag{2}$$

이때,

$$\begin{aligned}
k_{n1} &= f(t_n, y_n), \\
k_{n2} &= f\left(t_n + \frac{1}{2}h, y_n + \frac{1}{2}hk_{n1}\right), \\
k_{n3} &= f\left(t_n + \frac{1}{2}h, y_n + \frac{1}{2}hk_{n2}\right), \\
k_{n4} &= f(t_n + h, y_n + hk_{n3})
\end{aligned} \tag{3}$$

[2] 독일 수학자이자 물리학자였던 Carl David Runge (1856~1927)는 수년 동안 분광학을 연구하였다. 그는 데이터 분석을 하면서 수치적 계산을 많이 접하였고 Runge-Kutta 근사법은 1895년 미분방정식들의 수치해에 대한 논문에서 비롯되었다. Martin Wilhelm Kutta (1867~1944)는 1901년에 이 근사법을 연립방정식을 푸는 데 이용하였다. Kutta는 독일 수학자겸 공기역학자로 고전적인 에어포일(airfoil) 이론에 크게 기여한 것으로 유명하다.

이다. 합 $\frac{1}{6}(k_{n1} + 2k_{n2} + 2k_{n3} + k_{n4})$는 평균 기울기라고 해석할 수 있다. k_{n1}은 구간의 왼쪽 끝점에서의 기울기이고 k_{n2}는 오일러 공식을 사용하여 t_n부터 $t_n + h/2$까지 갈 때의 중간점에서의 기울기이다. 또한, k_{n3}는 그 중간점에서의 기울기에 대한 두 번째 근사값이고 k_{n4}는 오일러 공식과 기울기 k_{n3}를 사용하여 t_n부터 $t_n + h$까지 갈 때의 $t_n + h$에서의 기울기이다.

비록 이론적으로는 식 (2)가 해 ϕ의 테일러 전개와 h^5에 비례하는 항만큼 서로 다르다는 것을 쉽게 보일 수 있으나 그 과정이 다소 장황하므로[3] 증명 없이 식 (2)에 대한 local truncation 오차가 h^5에 비례하고 global truncation 오차가 유한한 구간에서 기껏해야 h^4의 상수 배라고만 말하겠다. 앞에서 이 근사법이 4차, 4단계 근사법이라고 했던 것은 global truncation 오차가 스텝 사이즈 h에 대해서 4차이고 ($k_{n1}, \ldots, k_{n4}$를) 계산할 때 4개의 중간 단계가 있다는 것을 뜻한다.

확실히 Runge-Kutta 공식, 식 (2)와 (3)은 앞서 소개했던 공식들보다 복잡하다. 그러나 이 근사법을 실행하기 위한 컴퓨터 프로그램을 쉽게 작성할 수 있기 때문에 공식이 복잡하다는 사실은 별로 문제가 되지 않는다. 이 프로그램은 8.1절에서 간략하게 소개했던 오일러 근사법에 대한 알고리즘과 같은 구조로 되어 있다. 구체적으로 말하자면, Euler 알고리즘에서 Step 6에서의 각 줄들을 다음과 같이 바꾸기만 하면 된다.

The Runge-Kutta Method

Step 6.
$k1 = f(t, y)$
$k2 = f(t + h/2, y + (h/2) * k1)$
$k3 = f(t + h/2, y + (h/2) * k2)$
$k4 = f(t + h, y + h * k3)$
$y = y + (h/6) * (k1 + 2 * k2 + 2 * k3 + k4)$
$t = t + h$

f가 y에 종속되지 않는다면

$$k_{n1} = f(t_n), \quad k_{n2} = k_{n3} = f\left(t_n + \frac{h}{2}\right), \quad k_{n4} = f(t_n + h) \tag{4}$$

가 되고 식 (2)는

$$y_{n+1} - y_n = \frac{h}{6}\left(f(t_n) + 4f\left(t_n + \frac{h}{2}\right) + f(t_n + h)\right) \tag{5}$$

가 된다. 식 (5)는 $y' = f(t)$의 근사적분법인 심슨(Simpson)의 공식[4]과 일치한다. 심슨의 공식에 대한 오차는 h^5에 비례하는데 이것은 Runge-Kutta 공식에 대한 local truncation 오차의 경우와 일치한다.

[3] 예를 들어, 참고문헌에 있는 Henrici의 서적에서 3장을 보라.

[4] 심슨의 공식은 1743년에 이것을 출판한 영국의 수학자 겸 교과서 편집자였던 Thomas Simpson (1710~1761)의 이름을 딴 것이다.

예제 8.3.1 Runge-Kutta 근사법을 이용하여 다음 초깃값 문제의 해 $y = \phi(t)$를 근사하라.

$$y' = 1 - t + y, \quad y(0) = 1 \tag{6}$$

풀이

$h = 0.2$라 두고 다음과 같이 계산한다.

$$k_{01} = f(0, 1) = 2; \qquad \frac{1}{2}hk_{01} = 0.2,$$

$$k_{02} = f(0 + 0.1, 1 + 0.2) = 2.1; \qquad \frac{1}{2}hk_{02} = 0.21,$$

$$k_{03} = f(0 + 0.1, 1 + 0.21) = 2.21; \qquad hk_{03} = 0.422,$$

$$k_{04} = f(0 + 0.2, 1 + 0.422) = 2.222$$

그러면

$$\begin{aligned} y_1 &= 1 + \frac{0.2}{6}(2 + 2(2.1) + 2(2.21) + 2.222) \\ &= 1 + 0.428 = 1.428 \end{aligned}$$

이 된다. $h = 0.2$, $h = 0.1$, $h = 0.05$에 대해 Runge-Kutta 근사법을 이용한 결과들은 **표 8.3.1**에 있다. 스텝 사이즈 $h = 0.1$인 경우에 Runge-Kutta 근사법을 이용하여 구한 값은 $t = 2$에서 실제 해와 0.64509593%만큼 차이가 나고, 스텝 사이즈 $h = 0.05$인 경우는 실제 해와 0.000029%만큼 차이가 난다.

우선, $h = 0.05$일 때의 Runge-Kutta 근사법과 $h = 0.025$일 때의 개량 오일러 근사법은 모두 $t = 2$까지 도달하기 위해 f를 160번 계산한다는 사실을 알아야 한다. $t = 2$에서의 개량 오일러 근사법의 계산 결과는 1.98%만큼의 오차가 있다. 비록 이 정도의 오차가 어떤 경우에는 허용될 정도겠지만 비슷한 계산량을 갖는 Runge-Kutta 근사법을 이용했을 때의 오차보다 135배 더 크다. 또한, $h = 0.2$ 또는 f를 40번 계산할 때, Runge-Kutta 근사법에 의한 결과는 $t = 2$에서 1.60%의 오차를 갖는데, 이것은 $h = 0.025$ 또는 f를 160번 계산할 때의 개량 오일러 근사법의 오차보다 아주 약간 클 뿐이다. 이로써 다시 한번 더 정확한 알고리즘이 더 효율적임을 확인할 수 있다. 즉, 비슷한 계산량으로 더 좋은 결과를 얻거나 더 적은 계산량으로 비슷한 결과를 얻을 수 있다.

표 8.3.1 초깃값 문제 $y' = 1 - t + y, y(0) = 1$의 수치적 근사해에 대한 결과 비교

	개량 오일러 근사법	Runge-Kutta 근사법			
t	$h = 0.025$	$h = 0.2$	$h = 0.1$	$h = 0.05$	Exact
0.0	1.0000000	1.0000000	1.0000000	1.0000000	1.0000000
0.1	1.6079462		1.6089333	1.6090338	1.6090418
0.2	2.5020619	2.5016000	2.5050062	2.5053060	2.5053299
0.3	3.8228282		3.8294145	3.8300854	3.8301388
0.4	5.7796888	5.7776358	5.7927853	5.7941197	5.7942260
0.5	8.6849039		8.7093175	8.7118060	8.7120041
1.0	64.497931	64.441579	64.858107	64.894875	64.897803
1.5	474.83402		478.81928	479.22674	479.25919
2.0	3496.6702	3490.5574	3535.8667	3539.8804	3540.2001

전형적인 Runge-Kutta 근사법은 다른 근사법들처럼 스텝 사이즈를 고정할 경우 local truncation 오차가 주어진 구간의 각 위치마다 다를 수 있다는 단점이 있다. 즉, 주어진 구간 안의 어떤 부분에서 원하는 만큼의 정확도를 위해 작게 줄인 스텝 사이즈가 다른 부분에서는 필요 이상으로 작을 수 있다는 것이다. 이것이 Adaptive Runge-Kutta 근사법이 개발된 이유이다. Adaptive Runge-Kutta 근사법은 계산 과정 안에서 스텝 사이즈를 자동으로 조정해서 local truncation 오차를 특정한 유효값 이하로 유지시키는데, 이를 위해서 8.2절에서 설명했던 것처럼 매 스텝마다 local truncation 오차를 먼저 추정해야 한다. 이를 위한 한 가지 방법은 local truncation 오차가 h^6에 비례하는 5차 근사법을 이용한 계산을 반복하여 이 두 결과의 차이를 오차의 추정값으로 놓는 것이다. 이때, 5차 근사법은 4차 근사법에서 필요한 계산 외에 매 스텝마다 f를 적어도 5번은 더 계산해야 한다. 그러나, 4차 Runge-Kutta 근사법에서 중간값들과 $k_{n1}, \dots, k_{n4}$의 가중된 계수들을 잘 선택한다면 추가된 스텝에서 $k_{n1}, \dots, k_{n4}$ 식들을 다시 사용하여 5차 Runge-Kutta 근사법을 찾을 수 있다. 이렇게 함으로써 효율성을 크게 높일 수 있다. 이를 수행하는 방법은 여러 가지가 있다.

이 한 쌍의 4차와 5차 Runge-Kutta 근사법은 1960년대 말 Erwin Fehlberg[5]에 의해 처음 개발되었고 지금은 Runge-Kutta-Fehlberg 또는 RKF[6] 근사법이라고 부른다. 1977년 Lawrence F. Shampine과 H.A. Watts가 Fortran으로 구현한 RKF45가 나온 이후 RKF 근사법은 크게 인기를 얻었다. 이 RKF 근사법과 그 외 다른 Adaptive Runge-Kutta 근사법들은 매우 효과적이고 효율적으로 많은 종류의 초깃값 문제들의 수치해를 찾도록 해준다. 상업적인 소프트웨어 패키지들에서는 이와 같은 한 개 이상의 근사법들을 사용하고 있다.

연습 문제

1. N 표 8.3.1의 결과를 실제로 계산하여 확인하라.

▶ 문제 **2**부터 **6**까지 주어진 초깃값 문제의 해에 대한 $t = 0.1, 0.2, 0.3, 0.4$에서의 근사값을 다음에 제시된 방법들을 이용하여 구하라. 각각의 방법으로 나온 결과들을 서로 비교하고 (가능하다면) 실제 해와도 비교하라.

a. N Runge-Kutta 근사법 사용($h = 0.1$)

b. N Runge-Kutta 근사법 사용($h = 0.05$)

2. $y' = 2 + t + y, \quad y(0) = 1$

3. $y' = 5t - 2\sqrt{y}, \quad y(0) = 2$

4. $y' = 3y - 4t, \quad y(0) = 1$

5. $y' = (y^2 + ty)/(2 + t^2), \quad y(0) = 1$

6. $y' = (t^2 - y^2)\,\sin(y), \quad y(0) = -1$

▶ 문제 **7**부터 **11**까지 주어진 초깃값 문제의 해에 대한 $t = 0.5, 1.0, 1.5, 2.0$에서의 근사값을 다음에 제시된 방법들을 이용하여 구하라. 각각의 방법으로 나온 결과들을 서로 비교하고 (가능하면) 실제 해와도 비교하라.

a. N Runge-Kutta 근사법 사용($h = 0.1$)

[5] Erwin Fehlberg (1911~1990)은 독일에서 태어나서 1942년에 베를린에 있는 Technical University에서 박사 학위를 받았다. 이후, 제2차 세계대전 중에 미국으로 이민을 가서 몇 년간 NASA에서 일했다. Runge-Kutta-Fehlberg 근사법은 1969년에 NASA Technical Report에 처음 게재되었다.

[6] RKF 근사법의 자세한 내용은 참고문헌에 있는 Ascher와 Petzold나 Mattheij와 Molenaar의 서적 등에서 찾아볼 수 있다.

b. Ⓝ Runge-Kutta 근사법 사용($h = 0.05$)

7. $y' = 1 + t + 2y, \quad y(0) = 1$

8. $y' = 5t - 2\sqrt{y}, \quad y(0) = 2$

9. $y' = \sqrt{t + y}, \quad y(0) = 1$

10. $y' = 2t + e^{-ty}, \quad y(0) = 1$

11. $y' = (y^2 + ty)/(2 + t^2), \quad y(0) = 1$

12. 초깃값 문제를 다음과 같이 두자.

$$y' = t^2 + y^2, \quad y(0) = 1$$

a. Ⓖ 이 식의 방향장을 그려라.

b. Ⓝ Runge-Kutta 근사법이나 다른 근사법을 사용하여 위에 주어진 문제에 대한 $t = 0.8, 0.9, 0.95$에서의 해를 근사하라. 이때 나온 근사값이 적어도 네 자릿수까지 정확하도록 충분히 작은 스텝 사이즈를 선택하라.

c. **b**에서의 계산을 이용하여 $t = 1$에서의 근사값을 구하라. 이것을 구하는 데 어려움이 있다면 그 이유에 대해서 설명하라. **a**에서의 방향장 그림이 도움이 될 것이다.

8.4 여러 스텝 근사법

지금까지 설명한 초깃값 문제

$$y' = f(t, y), \quad y(t_0) = y_0 \tag{1}$$

의 해를 근사하기 위한 수치해석적 과정에서는 $t = t_n$에서의 데이터를 이용하여 다음 격자점(mesh point) $t = t_{n+1}$에서의 해 $\phi(t_{n+1})$을 근사하였다. 즉, 임의의 격자점에서 계산된 ϕ의 값이 바로 앞 격자점에서의 데이터에 의해서만 결정되었다. 이런 근사법을 **단일스텝**(one-step) **근사법**이라고 한다. 그러나 t_0의 다음 점들에 대한 해 $y = \phi(t)$의 근사값들을 구하다 보면 마지막 점뿐 아니라 이 데이터들을 이용해서 그 바로 다음 점에서의 $\phi(t)$의 값을 구할 수 있을지 궁금해진다. 구체적으로 말하자면, t_1에서의 값 y_1, t_2에서의 값 y_2, ..., t_n에서의 값 y_n들을 알고 있다면, 이런 정보들을 이용해서 t_{n+1}에서의 값 y_{n+1}을 구할 수 있지 않을까? 이렇게 바로 전 격자점 외에 더 많은 점들에서의 정보를 사용하는 근사법을 **여러 스텝**(multistep) **근사법**이라고 한다. 이 절에서는 두 가지 유형의 여러 스텝 근사법인 Adams[7] 근사법과 역방향 미분 근사법을 소개하겠다. 또한, 각각의 유형에 따라 이전의 점들에서의 데이터를 몇 개 사용했는지에 따라 정확도가 달라진다는 것을 보일 것이다. 계산의 편의상, 이 절에서의 스텝 사이즈 h를 상수라고 가정하겠다.

▶Adams 근사법. 초깃값 문제 (1)의 해인 $\phi(t)$가 다음 식을 만족한다는 사실을 상기하자.

$$\phi(t_{n+1}) - \phi(t_n) = \int_{t_n}^{t_{n+1}} \phi'(t)\,dt \tag{2}$$

[7] 영국의 수학자겸 천문학자였던 John Couch Adams (1819~1892)는 1846년에 Joseph Leverrier와 함께 해왕성을 발견한 것으로 유명하다. 그는 학생으로(1839~1843), 연구원으로, Lowdean 교수로, 또는 천문소장으로 그의 생애 대부분을 캠브리지 대학에 몸담았다. Adams는 특히 계산능력에 있어서 탁월했는데 1883년 Francis Bashforth와 함께 모세관 활동에 대해서 쓴 책에 미분방정식을 수치 적분하는 과정을 기술하였다.

Adams 근사법의 기본 개념은 k차 다항식 $P_k(t)$로 $\phi'(t)$를 근사하고, 또한 이 다항식을 이용하여 식 (2)의 우변에 있는 적분값을 계산하다는 것이다. $P_k(t)$의 계수들은 이전에 계산된 $k+1$개의 점들에서의 데이터에 의해 결정된다.

예를 들어, 1차 다항식 $P_1(t) = At + B$를 사용하고자 한다면 두 점 (t_n, y_n)과 (t_{n-1}, y_{n-1})에서의 데이터만 알면 된다. 즉, P_1으로 ϕ'을 근사하기 위해서 $t = t_n$, $t = t_{n-1}$이고 $P_1(t_n) = \phi'(t_n) = f(t_n, y_n)$, $P_1(t_{n-1}) = \phi'(t_{n-1}) - f(t_{n-1}, y_{n-1})$이어야 한다. 이와 같이 정수 j에 대해 $f(t_j, y_j)$를 f_j라 두자. 그러면 A와 B는 다음 식을 만족하게 된다.

$$\begin{aligned} At_n + B &= f_n, \\ At_{n-1} + B &= f_{n-1} \end{aligned} \tag{3}$$

이것을 A와 B에 대해 풀면,

$$A = \frac{f_n - f_{n-1}}{h} \quad \text{and} \quad B = \frac{f_{n-1}t_n - f_n t_{n-1}}{h} \tag{4}$$

이 된다. $\phi'(t)$를 $P_1(t)$로 치환해서 식 (2) 안의 적분식을 계산하면 다음을 구할 수 있다.

$$\phi(t_{n+1}) - \phi(t_n) = \int_{t_n}^{t_{n+1}} (At + B)\,dt = \frac{A}{2}\left(t_{n+1}^2 - t_n^2\right) + B\left(t_{n+1} - t_n\right)$$

끝으로, $\phi(t_{n+1})$과 $\phi(t_n)$을 각각 y_{n+1}과 y_n으로 치환하고 식을 간단하게 정리하면 상수인 스텝 사이즈 h에 대해

$$y_{n+1} = y_n + \frac{3}{2}hf_n - \frac{1}{2}hf_{n-1} \tag{5}$$

가 된다. 식 (5)는 **2차 Adams-Bashforth**[8] **공식**인데, 이것은 y_{n+1}을 y_n과 y_{n-1}에 대한 양함수로 표현한 것이고 h^3에 비례하는 local truncation 오차를 갖는다.

여기서, 0차 다항식인 $P_0(t) = f_n$을 사용한 **1차 Adams-Bashforth 공식**은 오일러 공식과 같다는 걸 알 수 있다(연습문제 **11a** 참고).

좀 더 정확한 Adams 공식은 위에 요약한 과정을 따라가면 구할 수 있으나 더 높은 차수의 다항식과 그에 따른 더 많은 점에서의 데이터들이 필요하다. 예를 들어, 3차 다항식 $P_3(t)$를 사용한다고 하면 이것의 계수들은 네 개의 점 (t_n, y_n), (t_{n-1}, y_{n-1}), (t_{n-2}, y_{n-2}), (t_{n-3}, y_{n-3})에서의 데이터에 의해 결정된다. 식 (2)에서 $\phi'(t)$를 이 다항식으로 치환하고 적분식을 계산해서 나온 식을 다시 간단하게 정리하면 다음과 같은 **4차 Adams-Bashforth 공식**을 구할 수 있다.

$$y_{n+1} = y_n + \frac{h}{24}\left(55f_n - 59f_{n-1} + 37f_{n-2} - 9f_{n-3}\right) \tag{6}$$

이 4차 공식의 local truncation 오차는 h^5에 비례한다.

[8] 영국의 수학자 겸 영국 성공회 성직자였던 Francis Bashforth (1819~1912)는 캠브리지 시절에 J. C. Adams의 동급생이었다. 그는 특히 탄도학에 관심이 많았고 포탄의 속도를 재는 Bashforth 스톱워치를 발명하였다.

Adams-Bashforth 공식을 유도하는 방법에 변화를 주면 **Adams-Moulton[9] 공식**이라 부르는 또 다른 공식을 구할 수 있다. 이 두 공식의 차이점을 알아보기 위해 2차 공식을 살펴보자. 1차 다항식 $Q_1(t) = \alpha t + \beta$를 다시 사용하되, 점 (t_n, y_n)과 (t_{n+1}, y_{n+1})을 이용하여 계수를 결정한다. 그러면 α와 β는

$$\alpha t_n + \beta = f_n,$$
$$\alpha t_{n+1} + \beta = f_{n+1} \tag{7}$$

이 되고, 따라서

$$\alpha = \frac{f_{n+1} - f_n}{h}, \quad \beta = \frac{f_n t_{n+1} - f_{n+1} t_n}{h} \tag{8}$$

이 된다.

식 (2)에서 $Q_1(t)$를 $\phi'(t)$로 치환하고 간단히 정리하면

$$y_{n+1} = y_n + \frac{1}{2}hf_n + \frac{1}{2}hf(t_{n+1}, y_{n+1}) \tag{9}$$

이 되는데 이것을 **2차 Adams-Moulton 공식**이라고 한다. Adams-Moulton 공식이 y_{n+1}이 양쪽 변에 모두 있는 음함수 형태임을 나타내기 위해 마지막 항에 $f(t_{n+1}, y_{n+1})$을 강조해서 썼다. 2차 Adams-Moulton 공식에 대한 local truncation 오차는 h^3에 비례한다.

1차 Adams-Bashforth 공식과 비슷하게 **1차 Adams-Moulton 공식**은 역방향 오일러 공식과 같다. (연습문제 **11b** 참고.)

더 정확한 고차 공식은 더 높은 차수의 다항식으로 근사하면 구할 수 있다. Local truncation 오차가 h^5에 비례하는 **4차 Adams-Moulton 공식**은 다음과 같다.

$$y_{n+1} = y_n + \frac{h}{24}(9f_{n+1} + 19f_n - 5f_{n-1} + f_{n-2}) \tag{10}$$

이 공식도 f_{n+1}안에 y_{n+1}이 들어 있는 음함수 형태이다.

비록 같은 차수의 Adams-Bashforth 공식과 Adams-Moulton 공식의 local truncation 오차가 둘 다 h의 같은 거듭제곱에 비례하기는 하나, 좀 더 높은 차수인 경우에는 Adams-Moulton 공식이 훨씬 더 정확하다. 예를 들어 4차 공식 (6)과 (10)에서 Adams-Moulton 공식의 비례상수는 Adams-Bashforth 공식의 비례상수의 $\frac{1}{10}$보다 더 작다.

양함수인(그래서 더 빠른) Adams-Bashforth 공식을 사용하는 게 더 나은가? 아니면 더 정확하지만 음함수인(그래서 더 느린) Adams-Moulton 공식을 사용하는 게 더 나은가? 정답은 더 정확한 공식을 사용하여 스텝 사이즈를 얼마나 더 늘릴 수 있는지에 달려있다. 스텝 사이즈를 늘리면 스텝의 개수가 줄어서 매 스텝마다 늘어나는 계산량을 상쇄시킬 수 있다.

사실, 수치해석을 연구하는 사람들은 **예측-수정**(predictor-corrector) **근사법**이라 부르는 두 개의 공식을 결합하는 방식으로 계산상의 편의성과 정확성을 모두 이루려고 노력해 왔다. 일단 $y_{n-3}, y_{n-2}, y_{n-1}, y_n$을 알고 있다면 $f_{n-3}, f_{n-2}, f_{n-1}, f_n$을 계산할 수 있고, 따라서 Ad-

[9] 미국의 천문학자 겸 과학부 처장이였던 Forest Ray Moulton (1872~1952)은 몇 년 동안 시카고 대학의 천문학과 교수로 재직하였다. 제1차 세계 대전 중에는 미육군 병기 실험 부대(Aberdeen Proving Ground)에서 탄도 분과의 책임자로 근무했는데 탄도의 궤도를 계산하는 과정에서 Adams 공식에 대한 실질적인 개선안을 고안하였다.

ams-Bashforth (예측) 공식 (6)을 이용하여 y_{n+1}의 첫 번째 값을 구할 수 있다. 그리고 나서 f_{n+1}을 계산하고 더 이상 음함수가 아닌 Adams-Moulton (수정) 공식 (10)을 사용하여 좀 더 향상된 y_{n+1}의 값을 구할 수 있다. 이 두 y_{n+1} 간의 차이가 너무 크다면 수정 공식 (10)을 계속 사용해도 되지만 이 수정 공식을 한 번이나 두 번 이상 사용해야 하는 경우라면 스텝 사이즈 h가 너무 큰 것이므로 줄여야 한다.

여러 스텝 근사법을 사용하기 위해서는 먼저 다른 근사법을 이용하여 몇 개의 y_j들을 계산할 필요가 있다. 예를 들어, 4차 Adams-Moulton 근사법은 y_1과 y_2의 값이 필요한 반면, 4차 Adams-Bashforth 근사법은 y_3의 값도 필요하다. 이것을 해결하는 한 가지 방법은 먼저 비교적 정확한 단일스텝 근사법을 이용하여 원래 사용하고자 하는 근사법을 시작하기 위해 필요한 값들을 계산하는 것이다. 4차 여러 스텝 근사법을 시작하기 위해 필요한 값들을 계산하기 위해서 보통 4차 Runge-Kutta 근사법을 사용하기도 한다. 이것이 다음 예제에서 사용될 방법이다.

또 다른 해결 방법은 y_1을 계산하기 위해 처음에는 아주 작은 h를 가지고 낮은 차수의 근사법을 사용하다가 주어진 근사법을 시작하기 위해 필요한 값이 결정될 때까지 차츰 차수와 스텝 사이즈를 늘리는 것이다.

예제 8.4.1

초깃값 문제를 다음과 같이 두자.

$$y' = 1 - t + 4y, \quad y(0) = 1 \tag{11}$$

스텝 사이즈 $h = 0.1$에 대한 4차 Adams-Bashforth 공식, 4차 Adams-Moulton 공식, 예측–수정 근사법을 이용하여 $t = 0.4$에서의 해 $y = \phi(t)$의 값을 근사하라.

풀이

Runge-Kutta 근사법을 사용하여 구한 y_1, y_2, y_3의 값들을 각 근사법을 시작하기 위한 데이터로 이용한다. 이 값들은 표 8.3.1에 나와 있으며, 이 값들에 대한 $f(t, y)$의 값을 계산하면 다음과 같다.

$$\begin{aligned} y_0 &= 1, & f_0 &= 5, \\ y_1 &= 1.6089333, & f_1 &= 7.3357332, \\ y_2 &= 2.5050062, & f_2 &= 10.820025, \\ y_3 &= 3.8294145, & f_3 &= 16.017658 \end{aligned}$$

그러면 Adams-Bashforth 공식, 식 (6)을 이용하여 $y_4 = 5.7836305$를 구할 수 있다. 8자릿수까지 정확한 $t = 0.4$에서의 실제 값은 5.7942260이므로 오차는 −0.0105955가 된다.

또한 Adams-Moulton 공식, 식 (10)을 이용하면

$$y_4 = 4.9251275 + 0.15y_4$$

가 되므로 $y_4 = 5.7942676$이 되고 이때의 오차는 0.0000416이다.

마지막으로, Adams-Bashforth 공식에서 나온 값을 $\phi(0.4)$의 예측값으로 사용하고 식 (10)을 그에 대한 수정 공식으로 사용할 수 있다. y_4의 예측값에 해당하는 f의 값은 $f_4 = 23.734522$이고 식 (10)을 이용하여 y_4의 수정값을 구하면 5.7926721이 되는데 이것은 오차가 −0.0015539이다.

이 세 개의 근사법 중에서 한 개의 양함수 형태의 식만을 계산하는 Adams-Bashforth 근사법이 가장 간단하고 빠르긴 하지만 가장 부정확하다. Adams-Moulton 공식을 수정 공식으로 사용한다면, 계산량은 늘어나겠지만 공식은 여전히 양함수로 표현될 것이다. 주어진 초깃값 문제에 있어서 y_4의 수정 값에 대한 오차는 예측값에 대한 오차와 비교했을 때 7배 정도(14.7%) 줄어든다. Adams-Moulton 근사법만을 사용하면 그 오차가 예측-수정 근사법에 대한 오차의 $\frac{1}{40}$ 정도(2.7%)로 가장 정확한 결과를 얻을 수 있다.

그러나 Adams-Moulton 공식은 음함수로 되어 있어서 매 스텝마다 이 함수를 풀어야 한다는 사실을 잊지 말자. 주어진 초깃값 문제에서는 이 음함수가 선형함수이므로 비교적 빨리 풀 수 있지만 다른 문제의 경우에는 이 함수를 푸는 과정에서 많은 시간이 소모될 수 있다.

$h = 0.1$일 때 Runge-Kutta 근사법을 사용하면 $y_4 = 5.7927853$이 되고, 이때의 오차는 -0.0014407이다(표 8.3.1). 따라서 주어진 초깃값 문제의 경우에는 Runge-Kutta 근사법이 예측-수정 근사법만큼 정확하다.

▶**역방향 미분 공식.** 여러 스텝 근사법의 또 다른 유형은 초깃값 문제 (1)에서 다항식 $P_k(t)$를 Adams 근사법처럼 해의 미분인 $\phi'(t)$가 아니라 해 $\phi(t)$를 근사하기 위해서 사용하는 것이다. 그런 후에 $P_k(t)$를 미분하여 $P_k'(t_{n+1})$을 $f(t_{n+1}, y_{n+1})$과 같게 두고 y_{n+1}에 대한 음함수를 구하는데, 이것을 **역방향 미분 공식**이라고 부른다. 이 근사법은 이른바 *stiff 미분방정식*에 대한 C. William Gear[10]의 연구 결과 덕에 1970년대에 널리 쓰였다. 이 미분방정식의 해는 지금까지 소개한 방법으로는 근사하기가 어려운데 이것에 대해서는 8.6절에서 다루겠다.

1차 다항식 $P_1(t) = At + B$를 사용하는 것이 가장 간단한 경우이다. 이 계수들은 $P_1(t_n)$과 $P_1(t_{n+1})$이 각각 해 y_n과 y_{n+1}을 계산한 값과 일치하도록 선택해야 한다: $P_1(t_n) = y_n$, $P_1(t_{n+1}) = y_{n+1}$. 따라서 A와 B는 다음 식을 만족한다.

$$\begin{aligned} At_n + B &= y_n, \\ At_{n+1} + B &= y_{n+1} \end{aligned} \tag{12}$$

이 선형대수 방정식 (12)를 A와 B에 대해 풀면

$$A = \frac{y_{n+1} - y_n}{h} \quad \text{과} \quad B = \frac{y_{n+1}t_n - y_n t_{n+1}}{h} \tag{13}$$

을 얻는다. $P_1'(t) = A$이므로 $P_1'(t_{n+1}) = f(t_{n+1}, y_{n+1})$일 필요조건은 $A = f(t_{n+1}, y_{n+1})$이다. A의 이 값과 식 (13)으로 주어진 A의 값을 같게 놓고 재배열하면 다음과 같은 **1차 역방향 미분 공식**을 얻을 수 있다.

$$y_{n+1} = y_n + hf(t_{n+1}, y_{n+1}) \tag{14}$$

여기서 식 (14)는 8.1절에서 처음 나왔던 역방향 오일러 공식임을 알 수 있다.

고차 다항식과 그에 따른 좀 더 많은 점에서의 데이터들을 사용하면 더 높은 차수의 역방향 미분 공식을 얻을 수 있다. **2차 역방향 미분 공식**은

$$y_{n+1} = \frac{1}{3}(4y_n - y_{n-1} + 2hf(t_{n+1}, y_{n+1})) \tag{15}$$

이고 **4차 역방향 미분 공식**은

[10] C. William Gear (1935~)는 영국 런던에서 태어나서 캠브리지 대학에서 학부를 마쳤고 1960년에 일리노이 대학에서 박사학위를 취득했다. 현역시절의 대부분을 일리노이 대학에서 교수로 지냈고 컴퓨터 디자인과 수치해석학, 두 분야에서 모두 중요한 업적을 이루었다. 미분방정식에 대한 수치적 근사법을 다룬 주요 저서가 참고문헌에 나와 있다.

$$y_{n+1} = \frac{1}{25}\left(48y_n - 36y_{n-1} + 16y_{n-2} - 3y_{n-3} + 12hf\left(t_{n+1}, y_{n+1}\right)\right) \tag{16}$$

이다. 이 공식들의 local truncation 오차는 각각 h^3과 h^5에 비례한다.

예제 8.4.2

$h = 0.1$일 때의 4차 역방향 미분 공식과 예제 8.4.1에서 나온 데이터를 이용하여 초깃값 문제 (11)에 대한 해 $y = \phi(t)$의 $t = 0.4$에서의 값을 근사하라.

풀이

$n = 3, h = 0.1$이라 두고 예제 8.4.1에서 구한 $y_0, \ldots, y_3$를 식 (16)에 대입하면

$$y_4 = 4.6837842 + 0.192y_4$$

가 되고, 따라서

$$y_4 = 5.7967626$$

이 된다. 이 값을 실제 값 $\phi(0.4) = 5.7942260$과 비교하면 오차가 0.0025366임을 알 수 있다. 이 결과는 Adams-Bashforth 근사법의 결과보다는 좀 더 낫지만 예측–수정 근사법이나 Adams-Moulton 근사법의 결과만큼은 아니다.

단일스텝과 여러 스텝 근사법을 비교할 때는 몇 가지 요인을 고려해야 한다. 4차 Runge-Kutta 근사법에서는 매 스텝마다 f를 네 번 더 계산해야 하는 반면, 4차 Adams-Bashforth 근사법은 (일단 이 방법을 시작하기 위해 계산해야 하는 값들을 구한 후에는) 매 스텝마다 f를 한 번 더 계산해야 하고 예측–수정 근사법은 두 번 더 계산해야 한다. 따라서 주어진 스텝 사이즈 h에 대해서 뒤의 두 가지 근사법은 Runge-Kutta 근사법보다 훨씬 더 빠를 수 있다. 그러나 Runge-Kutta 근사법이 더 정확하고, 그래서 더 적은 스텝을 사용해도 된다면 계산 속도상의 차이는 줄어들거나 사라질 것이다.

또한, Adams-Moulton 공식과 역방향 미분 공식은 매 스텝마다 음함수를 풀어야 하는 어려움이 있고, 모든 여러 스텝 근사법들은 앞의 스텝들에서 생긴 오차가 다음 계산에서 좋지 않은 결과로 피드백된다는 단점이 있다. 그러나 여러 스텝 근사법은 다항식 근사를 사용하기 때문에 필요하다면 (계산에서 사용되는) 격자점 외의 점들에서의 근사해를 쉽게 구할 수 있고 매 스텝마다 오차를 추정하여 조절할 수 있도록 스텝 사이즈나 차수를 조정하는 것이 상대적으로 쉽기 때문에 인기를 끌고 있다. 이 문제에 대해 좀 더 알아보고 싶다면 이 장의 끝에 나와 있는 참고문헌들을 참고하기 바란다. 이 중에서 Shampine (1994)의 책이 가장 권위 있는 출처이다.

연습 문제

▶ 문제 **1**부터 **5**까지 주어진 초깃값 문제의 해에 대한 $t = 0.4$와 $t = 0.5$에서의 근사값을 다음에 제시된 방법들을 이용하여 구하라. 주어진 방법을 시작하기 위해 필요한 값을 계산하기 위해 Runge-Kutta 근사법에서 나온 결과를 사용하라(8.3절의 연습문제 **2**부터 **6**까지 참조). 각각의 방법으로 나온 결과들을 서로 비교하고 (가능하다면) 실제 해와도 비교하라.

a. N 4차 예측–수정 근사법 사용($h = 0.1$). 매 스텝마다 수정 공식을 한 번 사용하라.

b. N 4차 Adams-Moulton 근사법 사용($h = 0.1$).

c. Ⓝ 4차 역방향 미분 근사법 사용($h = 0.1$).

1. $y' = 2 + t + y, \quad y(0) = 1$

2. $y' = 5t - 2\sqrt{y}, \quad y(0) = 2$

3. $y' = 3y - 4t, \quad y(0) = 1$

4. $y' = (y^2 + 2ty) / (3 + t^2), \quad y(0) = 0.5$

5. $y' = (t^2 + y^2)\cos(y), \quad y(0) = 1$

▶ 문제 **6**부터 **10**까지 주어진 초깃값 문제의 해에 대한 $t = 0.5, 1.0, 1.5, 2.0$에서의 근사값을 다음에 제시된 방법들을 이용하여 구하라. 주어진 방법을 시작하기 위해, 필요한 값을 계산하기 위해서 Runge-Kutta 근사법에서 나온 결과를 사용하라(8.3절의 연습문제 **7**부터 **11**까지 참조). 각각의 방법으로 나온 결과들을 서로 비교하고 (가능하다면) 실제 해와도 비교하라.

a. Ⓝ 4차 예측-수정 근사법 사용($h = 0.05$). 매 스텝마다 수정 공식을 한 번 사용하라.

b. Ⓝ 4차 Adams-Moulton 근사법 사용($h = 0.05$)하라.

c. Ⓝ 4차 역방향 미분 근사법 사용($h = 0.05$)하라.

6. $y' = 1 - t + 2y, \quad y(0) = 1$

7. $y' = 5t - 2\sqrt{y}, \quad y(0) = 2$

8. $y' = \sqrt{t + y}, \quad y(0) = 1$

9. $y' = 2t + e^{-ty}, \quad y(0) = 1$

10. $y' = \dfrac{3 - ty}{1 + y^2}, \quad y(0) = -2$

11. **a.** 1차 Adams-Bashforth 근사법이 오일러 근사법임을 보여라.

b. 1차 Adams-Moulton 근사법이 역방향 오일러 근사법임을 보여라.

12. 3차 Adams-Bashforth 공식이

$$y_{n+1} = y_n + \frac{h}{12}(23f_n - 16f_{n-1} + 5f_{n-2})$$

임을 보여라.

13. 3차 Adams-Moulton 공식이

$$y_{n+1} = y_n + \frac{h}{12}(5f_{n+1} + 8f_n - f_{n-1})$$

임을 보여라.

14. 이 절의 식 (15)에 의해 주어진 2차 역방향 미분 공식을 유도하라.

8.5 연립 1계 미분방정식

지금까지는 이 장에서 한 개의 1계 미분방정식으로 이루어진 초깃값 문제의 근사해를 구하기 위한 여러 가지 수치적 근사법들을 소개하였는데, 이 근사법들은 연립 1계 미분방정식에도 적용될 수 있다. 고계 미분방정식의 경우에도 주어진 미분방정식을 연립 1계 미분방정식으로 바꿀 수 있으므로 역시 적용 가능하다. 편의상, 다음과 같이 두 개의 1계 미분방정식들로 이루어진 연립 방정식을 다루겠다.

$$x' = f(t, x, y), \quad y' = g(t, x, y) \tag{1}$$

이때, 초기조건을

$$x(t_0) = x_0, \quad y(t_0) = y_0 \tag{2}$$

라 둔다. 함수 f와 g가 정리 6.1.1의 조건들을 만족한다면, 초깃값 문제 (1)은 t축상의 점 t_0를 포함하는 어떤 구간에서 유일한 해를 갖는다. 이때 점 $t_n = t_0 + nh$ $(n = 1, 2, \ldots)$에서의 해 $x =$

$\phi(t)$와 $y = \psi(t)$의 근사값 $x_1, x_2, \ldots, x_n, \ldots$과 $y_1, y_2, \ldots, y_n, \ldots$ 을 결정하고자 한다.

벡터 기호를 이용하여 초깃값 문제 (1)을 다음과 같이 쓸 수 있다.

$$\mathbf{x}' = \mathbf{f}(t, \mathbf{x}), \quad \mathbf{x}(t_0) = \mathbf{x}_0 \tag{3}$$

여기서, $\mathbf{x}$는 x와 y를 성분으로 갖는 벡터, $\mathbf{f}$는 f와 g를 성분으로 갖는 벡터 함수, $\mathbf{x}_0$는 x_0와 y_0를 성분으로 갖는 벡터이다. 벡터 기호를 사용할 때의 이점은 연립방정식을 이루는 식의 개수와 상관없이 초깃값 문제가 항상 같은 형태라는 것이다. 바뀌는 것은 벡터 $\mathbf{x}$, $\mathbf{f}$, $\mathbf{x}_0$의 성분들의 개수뿐이다.

앞 절들에서의 근사법들은 두 개의(또는 그 이상의) 1계 미분방정식들로 이루어진 연립방정식에 적용 가능하도록 쉽게 일반화시킬 수 있다. 해당하는 식 안에서 스칼라 변수 y를 벡터 $\mathbf{x}$로, 스칼라 함수 f를 벡터 함수 $\mathbf{f}$로 바꾸기만 하면 된다. 예를 들어, 오일러 공식은 벡터를 이용하면 $\mathbf{f}_n = \mathbf{f}(t_n, \mathbf{x}_n)$에 대해

$$\mathbf{x}_{n+1} = \mathbf{x}_n + h\mathbf{f}_n \tag{4}$$

으로, 또는 벡터의 성분을 이용하면

$$\begin{pmatrix} x_{n+1} \\ y_{n+1} \end{pmatrix} = \begin{pmatrix} x_n \\ y_n \end{pmatrix} + h \begin{pmatrix} f(t_n, x_n, y_n) \\ g(t_n, x_n, y_n) \end{pmatrix} \tag{5}$$

으로 표현할 수 있다. 초기조건을 사용하여 $\mathbf{f}_0 = \mathbf{f}(t_0, \mathbf{x}_0)$를 결정할 수 있는데, 이 $\mathbf{f}_0 = \boldsymbol{\phi}(t_0)$는 xy 평면상의 초기점 $\mathbf{x}_0$에서 곡선 $\mathbf{x} = \boldsymbol{\phi}(t)$에 접하는 벡터이다. 다음 점 $\mathbf{x}_1$을 찾기 위해서 이 접선 벡터 방향으로 시간 스텝 h만큼 이동한다. 그러면 $\mathbf{x}_1$에서의 새로운 접선 벡터 $\mathbf{f}_1$을 계산할 수 있고, 다시 이 접선 벡터 방향으로 시간 스텝 h만큼 이동하여 $\mathbf{x}_2$를 찾는다. 이 일련의 과정들을 계속 반복한다.

비슷한 방법으로, Runge-Kutta 근사법도 연립방정식에 확장, 적용될 수 있으며, 이때 t_n에서 t_{n+1}로 가는 스텝은 다음과 같다.

$$\mathbf{x}_{n+1} = \mathbf{x}_n + \frac{h}{6}(\mathbf{k}_{n1} + 2\mathbf{k}_{n2} + 2\mathbf{k}_{n3} + \mathbf{k}_{n4}) \tag{6}$$

여기서,

$$\begin{aligned} \mathbf{k}_{n1} &= \mathbf{f}(t_n, \mathbf{x}_n), \\ \mathbf{k}_{n2} &= \mathbf{f}\left(t_n + \left(\frac{h}{2}\right), \mathbf{x}_n + \left(\frac{h}{2}\right)\mathbf{k}_{n1}\right), \\ \mathbf{k}_{n3} &= \mathbf{f}\left(t_n + \left(\frac{h}{2}\right), \mathbf{x}_n + \left(\frac{h}{2}\right)\mathbf{k}_{n2}\right), \\ \mathbf{k}_{n4} &= \mathbf{f}(t_n + h, \mathbf{x}_n + h\mathbf{k}_{n3}) \end{aligned} \tag{7}$$

이다. 초깃값 문제 (1)에 적용되는 Adams-Moulton 예측–수정 근사법에 대한 공식들은 연습문제 **8**에서 다루겠다.

연립 1계 미분방정식을 모두 식 (3)의 형태로 쓸 수 있기 때문에 식 (4)는 임의의 연립 1계 미분방정식에 대한 오일러 공식이고 식 (6)과 (7)은 4차 Runge-Kutta 공식이다. 바뀌는 것은 벡터들의 성분의 개수뿐이다.

예제 8.5.1 다음과 같은 초깃값 문제에 대한 해 $x=\phi(t)$와 $y=\psi(t)$의 점 $t=0.2$에서의 근사값을 구하라.

$$x' = x + 4y, \qquad x(0) = 1 \qquad y' = x + y, \qquad y(0) = 0$$

$h=0.1$일 때의 오일러 근사법과 $h=0.2$일 때의 Runge-Kutta 근사법을 사용하라. 이 결과들을 다음의 실제 해와 비교하라.

$$\phi(t) = 2e^{3t}, \psi(t) = \frac{-e^{-t} + e^{3t}}{2}$$

풀이

우선, 오일러 근사법을 사용해 보자. 이 문제에 대해서 $f_n = x_n + 4y_n$이고 $g_n = x_n + y_n$이므로,

$$f_0 = x_0 + 4y_0 \quad \text{and} \quad g_0 = x_0 + y_0 = 1$$

이고 오일러 공식 (5)에 의해

$$x_1 = 1 + (0.1)(1) = 1.1 \quad \text{and} \quad y_1 = 0 + (0.1)(1) = 0.1$$

이다. 그러면 다음 스텝에서

$$f_1 = 1.1 + (4)(0.1) = 1.5 \quad \text{and} \quad g_1 = 1.1 + 0.1 = 1.2$$

이 되고, 결국

$$x_2 = 1.1 + (0.1)(1.5) = 1.25 \quad \text{and} \quad y_2 = 0.1 + (0.1)(1.2) = 0.22$$

$$f_2 = x_2 + 4y_2 = 1.25 + (4)(0.12) = 1.73 \quad \text{and} \quad g_2 = x_2 + y_2 = 1.37$$

가 된다. 정확한 해의 값은 4자리까지 정확하며, $\phi(0.2) = 3.6442$이고 $\psi(0.2) = 0.2013$이다. 따라서 오일러 근사법으로 계산된 값은 각각 약 2.3242와 0.0533의 오차가 있으며, 이는 약 1.76075758%와 0.02098%의 백분율 오차에 해당한다.

다음으로 $\phi(0.2)$와 $\psi(0.2)$를 근사하기 위해 Runge-Kutta 근사법을 사용해 보자. 벡터 방정식 (7)을 사용하기 위해 다음과 같이 정의하자.

$$\mathbf{x} = \begin{pmatrix} x \\ y \end{pmatrix}, \mathbf{f}(\mathbf{x}) = \begin{pmatrix} f(x,y) \\ g(x,y) \end{pmatrix} = \begin{pmatrix} x+4y \\ x+y \end{pmatrix}, \quad \text{and} \quad \mathbf{x}_0 = \begin{pmatrix} 1 \\ 0 \end{pmatrix}$$

$h=0.2$일 때, 식 (7)에 의해 다음과 같은 값들을 구할 수 있다.

$$\begin{aligned}
\mathbf{k}_{01} &= \mathbf{f}\left(0, \begin{pmatrix} 1 \\ 0 \end{pmatrix}\right) = \begin{pmatrix} 1 \\ 1 \end{pmatrix}; \\
\mathbf{k}_{02} &= \mathbf{f}\left(0.1, \begin{pmatrix} 1 \\ 0 \end{pmatrix} + 0.1\begin{pmatrix} 1 \\ 1 \end{pmatrix}\right) = \mathbf{f}\left(0.1, \begin{pmatrix} 1.1 \\ 0.1 \end{pmatrix}\right) = \begin{pmatrix} 1.5 \\ 1.2 \end{pmatrix}; \\
\mathbf{k}_{03} &= \mathbf{f}\left(0.1, \begin{pmatrix} 1 \\ 0 \end{pmatrix} + 0.1\begin{pmatrix} 1.5 \\ 1.2 \end{pmatrix}\right) = \mathbf{f}\left(0.1, \begin{pmatrix} 1.15 \\ 0.12 \end{pmatrix}\right) = \begin{pmatrix} 1.63 \\ 1.27 \end{pmatrix}; \\
\mathbf{k}_{04} &= \mathbf{f}\left(0.2, \begin{pmatrix} 1 \\ 0 \end{pmatrix} + 0.2\begin{pmatrix} 1.63 \\ 1.27 \end{pmatrix}\right) = \mathbf{f}\left(0.2, \begin{pmatrix} 1.326 \\ 0.254 \end{pmatrix}\right) = \begin{pmatrix} 2.342 \\ 1.680 \end{pmatrix}
\end{aligned}$$

식 (6)에 이 값들을 대입하면

$$\begin{aligned}
\mathbf{x}_1 &= \begin{pmatrix} 1 \\ 0 \end{pmatrix} + \frac{0.2}{6}\left(\begin{pmatrix} 1 \\ 1 \end{pmatrix} + 2\begin{pmatrix} 1.5 \\ 1.2 \end{pmatrix} + 2\begin{pmatrix} 1.63 \\ 1.27 \end{pmatrix} + \begin{pmatrix} 2.342 \\ 1.680 \end{pmatrix}\right) \\
&= \begin{pmatrix} 1.32 \\ 0.254 \end{pmatrix}
\end{aligned}$$

이 된다. 이 x_1과 y_1의 값들은 각각 오차가 1.76075758과 0.02098 정도이다.

이 예제는 Runge-Kutta 근사법같이 좀 더 정확한 근사법을 사용하면 정확도를 크게 향상시킬 수

있다는 것을 다시 한번 보여주고 있다. 위의 예제에서 Runge-Kutta 근사법은 오일러 근사법보다 f를 두 배 더 계산했을 뿐인데, 그 오차는 오일러 근사법에 대한 오차보다 200배 더 작아졌다.

연습 문제

▶ 문제 **1**부터 **5**까지 주어진 초깃값 문제의 해 $x = \phi(t)$, $y = \psi(t)$에 대한 $t = 0.2, 0.4, 0.6, 0.8, 1.0$에서의 근사값을 다음에 제시된 방법들을 이용하여 구하라. 서로 다른 방법과 서로 다른 스텝 사이즈를 이용하여 나온 결과들을 서로 비교하라.

a. N 오일러 근사법 사용($h = 0.1$).

b. N Runge-Kutta 근사법 사용($h = 0.2$).

c. N Runge-Kutta 근사법 사용($h = 0.1$).

1. $x' = 3x + ty, \quad y' = xy; \quad x(0) = 1, y(0) = 1$

2. $x' = tx + y + 1, y' = x, x(0) = 1, y(0) = 1$

3. $x' = x + y + 1, y' = 3x + 2y - xy, x(0) = 0, y(0) = 1$

4. $x' = x(x + y + 1), y' = y(x + y), x(0) = 1, y(0) = 1$

5. $x' = \exp(x + y), y' = \sin(x + y), x(0) = 1, y(0) = 1$

6. N 예제 8.6.1에서 주어졌던 초기조건 $x(0) = 1$과 $y(0) = 0$을 갖는 초깃값 문제 $x' = x - 4y$, $y' = -x + y$에 대해 Runge-Kutta 근사법을 사용하여 구간 $0 \le t \le 1$에서의 근사해를 구하라. 먼저, 스텝 사이즈 $h = 0.2$로 시작하고, $h = 0.1, 0.05, \ldots$,처럼 이전 경우의 반씩 줄인 스텝 사이즈를 사용하여 다시 계산하라. $t = 1$에서 해의 5자리까지의 값이 이전 스텝 사이즈에서 구한 값들과 달라지지 않을 때까지 이 과정을 반복하라. 이 값들을 본문상에 주어진 실제 해 (8)과 비교하여 얼마나 정확한지 살펴보라.

7. N 초깃값 문제를 다음과 같이 두자.

$$x'' + t^2x' + 3x = t, \quad x(0) = 1, \quad x'(0) = 2$$

이 문제를 두 식으로 된 연립 1계 미분방정식으로 바꾸고 $h = 0.1$일 때의 Runge-Kutta 근사법을 이용하여 $t = 0.5$와 $t = 1.0$에서의 근사해를 구하라.

8. N 초기조건 $x(t_0) = x_0$와 $y(t_0) = y_0$인 초깃값 문제 $x' = f(t, x, y)$와 $y' = g(t, x, y)$에 대해서 8.4절의 Adams-Moulton 예측–수정 근사법의 일반형은 다음과 같다.

$$x_{n+1} = x_n + \frac{1}{24}h(55f_n - 59f_{n-1} + 37f_{n-2} - 9f_{n-3}),$$

$$y_{n+1} = y_n + \frac{1}{24}h(55g_n - 59g_{n-1} + 37g_{n-2} - 9g_{n-3})$$

그리고

$$x_{n+1} = x_n + \frac{1}{24}h(9f_{n+1} + 19f_n - 5f_{n-1} + f_{n-2}),$$

$$y_{n+1} = y_n + \frac{1}{24}h(9g_{n+1} + 19g_n - 5g_{n-1} + g_{n-2})$$

이것을 이용하여 예제에서 주어졌던 초기조건 $x(0) = 1, y(0) = 0$을 갖는 초깃값 문제 $x' = x - 4y$, $y' = -x + y$에 대한 $t = 0.4$에서의 근사해를 구하라. 스텝 사이즈 $h = 0.1$로 두고 예측 값을 한 번 수정하라. $x_1, \ldots, y_3$의 값에 대해서 6자리까지 반올림하여 나타낸 다음의 실제 해를 사용하라: $x_1 = 1.12735$, $x_2 = 1.32042$, $x_3 = 1.60021$, $y_1 = -0.111255$, $y_2 = -0.250847$, $y_3 = -0.429696$.

8.6 오차에 대한 추가 설명: 안정성

8.1절에서 초깃값 문제

$$y' = f(t, y), \quad y(t_0) = y_0 \tag{1}$$

의 해를 수치적으로 근사할 때 발생하는 오차와 관련된 주제를 다루었다. 이 절에서는 이 주제를 계속 이어서 다루고 수치적 근사 과정에서 발생할 수 있는 또 다른 어려움에 대해서도 짚어 보겠다. 자세히 설명하기 어려운 부분은 예시를 통해서 설명하겠다.

▶Truncation 오차와 Round-off 오차. 앞에서 오일러 근사법에 대한 local truncation 오차는 h^2에 비례하고 global truncation 오차는 유한한 구간 안에서 h의 상수 배를 넘지 않음을 보였다. 일반적으로, p차 근사법에 대한 local truncation 오차는 h^{p+1}에 비례하고 global truncation 오차는 유한한 구간 안에서 h^p의 상수 배를 넘지 않는다. 예를 들어, 오일러 근사법은 1차 근사법이다.

보통은 정확도를 높이기 위해서 4차 이상의 근사법을 사용한다. p가 증가할수록 y_{n+1}을 구하기 위한 공식은 복잡해지고, 따라서 매 스텝마다 필요한 계산량이 많아진다. 그러나 이것은 $f(t, y)$가 매우 복잡하거나 계산을 굉장히 여러 번 반복해야 하는 경우가 아니라면 그다지 큰 문제는 아니다.

p차 근사법에서 스텝 사이즈 h가 감소하면 global truncation 오차는 p제곱의 비율로 감소하지만, 8.1절에서 이미 언급한 것처럼 h가 너무 작으면 고정된 구간을 가로지르기 위해 많은 스텝이 필요하고 global round-off 오차가 global truncation 오차보다 커질 것이다. 이 상황은 그림 8.6.1에 나타나 있다. Round-off 오차 R_n이 계산 횟수에 비례하고, 따라서 스텝 사이즈 h에 반비례한다고 가정해 보자. 반면, truncation 오차 E_n은 h의 양의 거듭제곱에 비례한다. 8.1절의 식 (17)에 의하면 총 오차는 $|E_n| + |R_n|$을 넘지 않으므로 이 값을 최소화시키는 h를 선택하고자 한다. 그림 8.6.1에 나타나 있듯이 (h가 증가함에 따라) truncation 오차의 증가율이 round-off 오차의 감소율과 균형을 이룰 때가 h의 최적값이다.

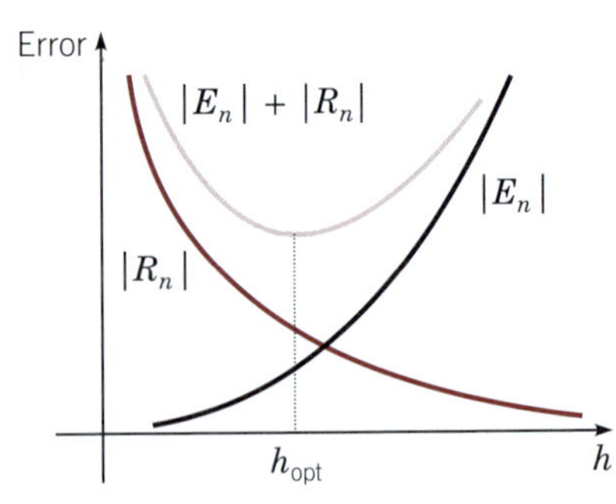

그림 8.6.1 스텝 사이즈 h에 따른 truncation 오차 $|E_n|$와 round-off 오차 $|R_n|$, $|E_n| + |R_n|$

예제 8.6.1

다음과 같은 문제를 고려하자.

$$y' = 1 - t + 4y, \quad y(0) = 1 \tag{2}$$

다양한 스텝 사이즈에 대한 오일러 근사법을 이용하여 $t = 0.5$와 $t = 1$에서의 해 $\phi(t)$에 대한 근사값을 계산하고, 또한 최적의 스텝 사이즈를 결정해 보자.

풀이

표 8.6.1은 9개의 서로 다른 h 값에 대해 오일러 근사법을 적용한 결과를 나타낸다. 소프트웨어를 이용하여 네 자리까지의 결과만 구했다. 이는 부동 소수점 연산에 더 많은 자릿수를 사용하기보다는 h의 값이 커질수록 round-off 오차가 더 중요해짐을 보이기 위함이다. 처음 두 열은 스텝 사이즈 h와 구간 $0 \le t \le 1$을 가로지르기 위해 필요한 스텝의 개수 N을 나타낸다. $y_{N/2}$과 y_N은 각각 $\phi(0.5) = 8.712$와 $\phi(1) = 64.90$의 근사값인데, 이 값들은 각각 세 번째와 다섯 번째 열에 나타나 있다. 네 번째와 여섯 번째 열은 해의 실제 값과 계산 값의 차이이다.

표 8.6.1 서로 다른 스텝 사이즈에 대한 오일러 근사법을 사용한 초깃값 문제 $y' = 1 - t + 4y$, $y(0) = 1$의 근사해

h	N	$y_{N/2}$	Error	y_N	Error
0.01	100	8.390	−0.322	60.12	−4.78
0.005	200	8.551	−0.161	62.51	−2.39
0.002	500	8.633	−0.079	63.75	−1.15
0.001	1000	8.656	−0.056	63.94	−0.96
0.0008	1250	8.636	−0.076	63.78	−1.12
0.000625	1600	8.616	−0.096	64.35	−0.55
0.0005	2000	8.772	0.060	64.00	−0.90
0.0004	2500	8.507	0.205	63.40	−1.50
0.00025	4000	8.231	0.481	56.77	−8.13

상대적으로 큰 스텝 사이즈를 사용한 경우, round-off 오차는 global truncation 오차보다 훨씬 작다. 따라서 총 오차는 global truncation 오차와 거의 비슷한데, 오일러 근사법의 경우에는 h의 상수 배를 넘지 않으므로 스텝 사이즈가 줄어들면 총 오차도 그에 비례해서 줄어든다. 표 8.6.1의 처음 세 줄이 이런 현상을 잘 보여주고 있다. $h = 0.001$인 경우에는 오차가 더욱 줄어들지만 비례하는 정도는 아닌데 이것은 round-off 오차가 더욱 중요해졌음을 의미한다. h가 이보다 더 작아짐에 따라 오차는 들쭉날쭉해지고 더 이상 정확도가 증가하고 있다고 보기 어려워진다. h가 0.0005보다 작은 경우에는 그 오차가 확실히 증가하는데, 이것은 round-off 오차가 총 오차에서 차지하는 비중이 더 크다는 걸 의미한다.

이런 결과들은 스텝의 개수 N으로도 설명할 수가 있다. N이 1000보다 작은 경우 정확도는 스텝 수가 많을수록 증가하지만, N이 2000보다 클 경우에는 스텝이 많은 것은 오히려 역효과를 일으킨다. 따라서 이 문제의 경우, N에 대한 최적의 값은 1000과 2000 사이에 있다. 표 8.6.1에 나타난 결과에 따르면, $t = 0.5$에서의 최적의 결과는 N이 1000일 때 나타나고 $t = 1.0$에서는 1600일 때 나타난다.

그러나 예제 8.6.1에 나타난 결과에 너무 큰 의미를 부여하지 않도록 주의해야 한다. 실제로, h와 N의 최적의 범위는 미분방정식과 사용된 수치적 근사법, 계산상 유지한 자릿수의 개수에

따라 다르기 때문이다. 그럼에도 불구하고, 일반적으로 계산상 너무 많은 스텝이 필요하게 되면 결국 계산 과정상의 정확도가 떨어지는 점에서 round-off 오차가 축적될 것이다. 많은 문제들에서는 이런 사실이 크게 상관이 없기 때문에 round-off 오차가 영향을 끼치지 않도록 충분히 적은 개수의 스텝을 사용한다면, 8.3, 8.4절에서 소개한 어떤 4차 근사법을 사용해도 좋은 결과를 얻을 수 있다. 그러나 몇몇 문제들에서는 round-off 오차가 큰 영향을 끼친다. 그런 문제들의 경우에는 어떤 근사법을 사용하는지가 절대적으로 중요하다. 이것이 현재 사용되는 코드들이 계산 과정 중에 가능한 크게, 그러나 필요한 구간에서만큼은 작게 스텝 사이즈를 조정할 수 있도록 되어 있는 또 다른 이유이기도 하다.

▶수직점근선(Vertical Asymptotes). 두 번째 예로, 아래와 같은 초깃값 문제의 해 $y = \phi(t)$를 근사해 보자.

$$y' = t^2 + y^2, \quad y(0) = 1 \tag{3}$$

위에 주어진 식이 비선형 미분방정식이므로 존재성 및 유일성 정리(정리 2.4.2)는 $t = 0$를 포함하는 *어떤* 구간에서만 해가 존재하는 것으로 국한된다. 이 초깃값 문제에 대해 여러 가지 수치적 근사법을 이용하여 구간 $0 \le t \le 1$에서의 근사해를 구해보자.

$h = 0.1, 0.05, 0.01$에 대한 오일러 근사법을 사용한다면, $t = 1$에서 다음과 같은 근사값들을 각각 구할 수 있다: 7.189548, 12.32093, 90.75551. 계산된 값들 간에 차이가 너무 크기 때문에 Runge-Kutta 근사법같이 더욱 정확한 근사법이 필요하다는 것을 알 수 있다. $h = 0.1$에 대한 Runge-Kutta 근사법을 사용하면 $t = 1$에서 근사값 735.0991을 얻을 수 있는데, 이것은 오일러 근사법으로 구한 값과 상당한 차이를 보인다. 스텝 사이즈 $h = 0.05$와 $h = 0.01$을 사용하여 다시 한번 계산하면 표 8.6.2와 같은 결과를 얻을 수 있다.

표 8.6.2 Runge-Kutta 근사법을 사용한 초깃값 문제 $y' = t^2 + y^2, y(0) = 1$의 근사해

h	$t = 0.90$	$t = 1.0$
0.1	14.02182	735.0991
0.05	14.27117	1.75863×10^5
0.01	14.30478	2.0913×10^{2893}
0.001	14.30486	

$t = 0.9$에서의 값은 적당해 보이며 이때의 해를 약 14.305라고 생각해도 무방할 것 같다. 그러나 $t = 0.9$와 $t = 1.0$ 사이에서 어떤 상황이 벌어지는지는 확실히 알 수 없다. 이 상황을 확실히 알기 위해서 초깃값 문제 (3)의 해를 해석학적으로 근사해 보자. 우선, 구간 $0 \le t \le 1$에서 다음과 같은 부등식을 만족함을 알 수 있다.

$$y^2 \le t^2 + y^2 \le 1 + y^2 \tag{4}$$

따라서

$$y' = 1 + y^2, \quad y(0) = 1 \tag{5}$$

의 해 $y = \phi_1(t)$와

$$y' = y^2, \quad y(0) = 1 \tag{6}$$

의 해 $y = \phi_2(t)$는 각각 원래 문제의 해 $y = \phi(t)$의 상한과 하한인데, 그 이유는 이 세 해들이 모두 같은 초기점을 지나기 때문이다. 실제로, 이 세 함수들이 존재하는 한 [2.8절의 반복법(iteration method)을 이용하여], $\phi_2(t) \le \phi(t) \le \phi_1(t)$임을 보일 수 있다. 여기서 주목할 점은 변수분리법을 이용하여 식 (5)와 (6)을 풀면 다음과 같이 ϕ_1, ϕ_2를 구할 수 있다는 것이다.

$$\phi_1(t) = \tan\left(t + \frac{\pi}{4}\right), \quad \phi_2(t) = \frac{1}{1-t} \tag{7}$$

따라서 $t \to 1$이면 $\phi_2(t) \to \infty$이고, $t \to \frac{\pi}{4} \cong 0.785$이면 $\phi_1(t) \to \infty$이다. 이 계산들은 원래의 초깃값 문제의 해가 적어도 구간 $0 \le t < \frac{\pi}{4}$ 안에서는 존재하지만, 해가 존재하는 구간이 $0 \le t < 1$을 넘지는 않음을 보여준다. 문제 (3)의 해가 $\frac{\pi}{4} \le t \le 1$ 안의 어떤 t에서 수직 점근선을 가지므로 전 구간 $0 \le t \le 1$에서 존재할 수 없다.

그러나 수치적으로는 $t = \frac{\pi}{4}$를 넘어서까지, 심지어는 $t = 0.9$를 넘어서까지 계산이 가능할 수 있다. $t = 0.9$에서 초깃값 문제의 해가 14.305라는 값을 갖는다고 가정하고 초깃값 문제 (5)와 (6)의 초기조건을 $y(0) = 1$ 대신 $y(0.9) = 14.305$로 바꾸면, 더 큰 t에 대해 어떤 상황이 벌어지는지 살펴볼 수 있다. 계산상의 자릿수를 소수점 이하 5자리로 유지하면 다음과 같은 식을 얻을 수 있다.

$$\phi_1(t) = \tan(t + 0.60100), \qquad \phi_2(t) = \frac{1}{0.96991 - t} \tag{8}$$

따라서, $\phi_1(t) \to \infty$이면 $t \to \frac{\pi}{2} - 0.60100 \cong 0.96980$이고, $\phi_2(t) \to \infty$이면 $t \to 0.96991$이다. 결론적으로 초깃값 문제 (3)의 해에 대한 점근선은 이 두 값 사이에 존재한다. 또한, 이것은 수학적 해석과 수치적 계산의 적절한 조합으로 정보를 얻은 예이다.

▶**안정성(Stability).** 안정성이라는 개념은 수학적 계산 과정에서 발생하는 작은 오차가 그 계산 과정이 진행됨에 따라 사라질 것인가 하는 문제와 관련이 있다. 역으로 말하자면, 불안정성은 작은 오차들이 한없이 증가할 때 발생한다. 예를 들어, 2.5절에서 미분방정식의 평형 상태의 해(equilibrium solution)가 (점근적으로) 안정적이다 또는 불안정하다를 처음에는 그 해의 근방에 있던 해들이 t가 증가함에 따라 이 평형 상태의 해로 다가가는지 또는 멀어지는지에 따라 분류하였다. 좀 더 일반적으로 말하자면, 초깃값 문제의 해는 처음에 그 근방에 있던 해들이 이 해로 다가가면 점근적으로 안정적인 것이고, 멀어지면 점근적으로 불안정한 것이다. 그래프 상에서 보자면, 점근적으로 안정적인 문제에서는 해들의 그래프가 서로 모여 있고, 불안정한 문제에서는 떨어져 있다.

초깃값 문제를 수치적으루 연구할 때, 가장 바람직한 상황은 수치적 근사해가 실제 해의 모양과 닮아 있는 것이다. 불안정한 문제의 해를 수치적으로 근사해서 안정적인 문제로 바꿀 수는 없지만, 원래의 문제에는 없었던 불안정성이 수치적 근사 과정 중에 발생해서 해를 근사하기 어렵게 하는 경우는 종종 있다. 이런 불안정성을 피하기 위해서 스텝 사이즈 h의 조건이 더 필요하다.

이를 간단하게 설명하기 위해 다음과 같이 상수 r에 대한 미분방정식을 고려하자.

$$\frac{dy}{dt} = ry \tag{9}$$

위 식의 근사해를 점 (t_n, y_n)까지 구했다고 하자. 이 점을 지나는 다음과 같은 식 (9)의 실제 해

$$\phi(t) = y_n \exp(r(t - t_n)) \tag{10}$$

을 오일러 공식을 이용해서 구한 근사해

$$y_{n+1} = y_n + hf(t_n, y_n) \tag{11}$$

과 역방향 오일러 공식을 이용해서 구한 근사해

$$y_{n+1} = y_n + hf(t_{n+1}, y_{n+1}) \tag{12}$$

과 각각 비교해 보자. 오일러 공식 (11)로부터

$$y_{n+1} = y_n + hry_n = y_n(1 + rh) \tag{13}$$

를 구할 수 있고, 비슷하게 역방향 오일러 공식 (12)로부터

$$y_{n+1} = y_n + hry_{n+1}$$

또는

$$y_{n+1} = \frac{y_n}{1 - rh} = y_n\left(1 + rh + (rh)^2 + \cdots\right) \tag{14}$$

을 구할 수 있다. 마지막으로 $t_n + h$에서 해 (10)을 계산하면 다음을 구할 수 있다.

$$\phi(t_{n+1}) = y_n \exp(rh) = y_n\left(1 + rh + \frac{(rh)^2}{2} + \cdots\right) \tag{15}$$

식 (13), (14), (15)를 비교하면, 오일러 공식과 역방향 오일러 공식에서의 오차 $y_{n+1} - \phi(t_{n+1})$이 이론상 예측했던 것처럼 모두 차수가 h^2임을 알 수 있다.

이제 y_n을 $y_n + \delta$로 바꿔보자. δ를 $t = t_n$까지 도달할 때까지 축적되는 오차라고 생각해도 좋다. 여기서 t_{n+1}까지 한 스텝을 더 진행시킬 때, 이 오차가 증가할 것인지 감소할 것인지가 관건이다.

실제 해 (15)에 대해서 y_n을 δ만큼 변화시킨 데 따른 $\phi(t_{n+1})$의 변화량은 정확히 $\delta \exp(rh)$이다. 이 값은 $\exp(rh) < 1$이면, 즉 $r < 0$이면 δ보다 작다. 이것은 2장에서 식 (9)가 $r < 0$일 때는 점근적으로 안정적이고, $r > 0$일 때는 불안정하다고 했던 결과를 다시 한번 확인시켜 준다.

역방향 오일러 근사법의 경우, 식 (14)에서 y_n을 $y_n + \delta$로 변화시킬 때의 y_{n+1}의 변화량은 $\delta/(1 - rh)$이고, $r < 0$이면 $1/(1 - rh)$은 항상 음수가 아니고 1보다 작다. 따라서, 이 미분방정식이 안정적이면 임의의 스텝 사이즈 h에 대한 역방향 오일러 근사법도 안정적이다.

한편, 오일러 근사법의 경우에는 식 (13)에서 y_n을 $y_n + \delta$로 변화시킬 때의 y_{n+1}의 변화량은 $\delta(1 + rh)$이다. 이때, $r < 0$이면 $1 + rh$를 $1 - |r|h$로 바꿔 쓸 수 있으므로 $|1 + rh| < 1$라는 조건은

$$-1 < 1 - |r|h < 1, \quad 또는 \quad 0 < |r|h < 2$$

와 동치이다. 결과적으로 h는 $h < \dfrac{2}{|r|}$를 만족해야 하고, 따라서 이 문제에 대해서 오일러 근사법은 h가 충분히 작지 않으면 안정적일 수 없다.

앞의 예제에서 오일러 근사법을 사용하는 데 있어서의 스텝 사이즈 h에 대한 제한 조건이 $|r|$이 상당히 큰 경우가 아니라면 다소 느슨한 편이긴 하나, 초깃값 문제 자체가 모든 h에 대해 안정적이어도 수치적 근사법의 안정성을 위해서는 h를 제한할 필요가 있음을 나타낸다. 정확도보다는 안정성을 위해 훨씬 작은 스텝 사이즈가 필요한 문제를 **stiff**하다고 한다. (역방향 오일러 공식이 가장 낮은 차수였던 예제를 통해) 8.4절에서 소개한 역방향 미분 공식은 stiff한 문제를 다루는 데 있어 가장 널리 쓰이는 공식이다. 다음 예제는 stiff한 문제의 해를 근사하려고 할 때 발생하는 불안정성을 설명하고 있다.

예제 8.6.2

초깃값 문제를 다음과 같이 두자.

$$y' = -100y + 100t + 1, \quad y(0) = 1 \tag{16}$$

오일러, 역방향 오일러, Runge-Kutta 근사법들을 이용하여 $0 \le t \le 1$에서의 근사해를 구하고, 이 수치적 결과들과 실제 해를 비교하라.

풀이

이 미분방정식은 선형이므로 풀기 쉬운데, 따라서 초깃값 문제 (16)의 해는

$$y = \phi(t) = e^{-100t} + t \tag{17}$$

이다. 해의 그래프는 **그림 8.6.2**에 나와 있다. 지수함수가 포함되어 있는 항이 주가 되고 해가 빠르게 변하는 $t = 0$의 바로 오른쪽에 [종종 **경계층**(boundary layer)이라고 불리는] 얇은 층이 있다. 그러나 일단 이 층을 지나고 나면, $\phi(t) \cong t$가 되고 해의 그래프는 거의 직선이 된다. 이 경계층의 두께는 다소 임의적이긴 하나 매우 작다. 예를 들어, $t = 0.1$에서 $\exp(-100t) \cong 0.000045$이다.

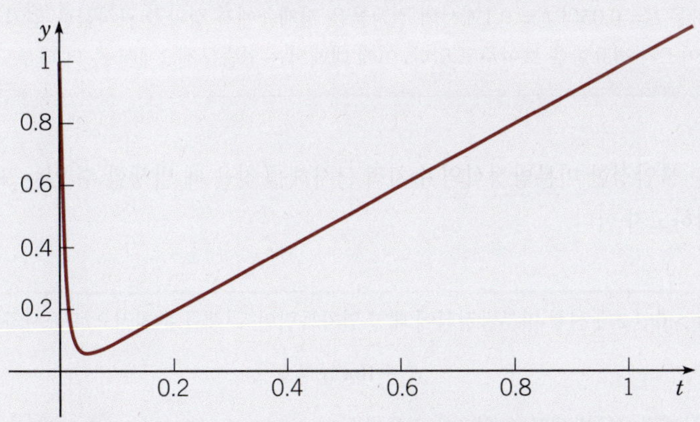

그림 8.6.2 초깃값 문제 $y' = -100y + 100t + 1, y(0) = 1$의 해

소수점 이하 6자리까지 정확한, 해 $\phi(t)$의 몇몇 값들은 **표 8.6.3**의 두 번째 열에 주어져 있다. 해 (17)을 수치적으로 근사하고자 할 때, 이 경계층에서만 작은 스텝 사이즈가 필요하다는 사실을 직관적으로 예측할 수 있다. 이 예측을 확인하기 전에 8.1절에서 보인 오일러 근사법과 역방향 오일러 근사법에서의 local truncation 오차가 $\phi''(t)$에 비례한다는 사실을 상기하자. 위의 문제에서 $\phi''(t) =$

10^4e^{-100t}인데, 이것은 $t = 0$에서는 10^4의 값을, $t > 0.2$에서는 거의 영에 가까운 값을 갖는다. 따라서 $t = 0$ 근방에서는 정확도를 위해 매우 작은 스텝 사이즈가 필요하지만, 그보다 조금 더 큰 t에 대해서는 훨씬 큰 스텝 사이즈로도 충분하다.

표 8.6.3 초깃값 문제 $y' = -100y + 100t + 1, y(0) = 1$의 근사해

t	Exact	오일러 $h = 0.025$	오일러 $h =$ 0.0166 ...	Runge-Kutta $h = 0.0333$ ...	Runge-Kutta $h = 0.025$	역방향 오일러 $h = 0.1$
0.0	1.000000	1.000000	1.000000	1.000000	1.000000	1.000000
0.05	0.056738	2.300000	−0.246296		0.470471	
0.1	0.100045	5.162500	0.187792	10.6527	0.276796	0.190909
0.2	0.200000	25.8289	0.207707	111.559	0.231257	0.208264
0.4	0.400000	657.241	0.400059	1.24×10^4	0.400977	0.400068
0.6	0.600000	1.68×10^4	0.600000	1.38×10^6	0.600031	0.600001
0.8	0.800000	4.31×10^5	0.800000	1.54×10^8	0.800001	0.800000
1.0	1.000000	1.11×10^7	1.000000	1.71×10^{10}	1.000000	1.000000

한편, 식 (9)부터 (15)까지 걸쳐 진행했던 안정성에 대한 수학적 해석을 위의 문제에 적용할 수도 있다. 식 (16)에서 $r = -100$이므로, 오일러 근사법의 경우에는 안정성을 위한 제한 조건이 $h < 2/|r| = 0.02$여야 하고 역방향 오일러 근사법의 경우에는 제한 조건이 필요 없다.

오일러 근사법을 이용하여 구한 몇몇 결과들이 표 8.6.3의 세 번째($h = 0.025$)와 네 번째 열($h = 0.01666...$)에 나타나 있다. $h = 0.01666...$에 대한 값들은 $t \geq 0.2$인 경우 상당히 정확한 반면, $h = 0.025$에 대한 값들은 불안정하기 때문에 가치가 없다. 그러나 역방향 오일러 근사법의 경우, 표의 일곱 번째 열에 나와 있듯이 $h = 0.1$에 대한 $t \geq 0.2$에서의 결과들이 상당히 정확하다.

이런 현상은 오일러 근사법 대신 Runge-Kutta 근사법처럼 좀 더 정확한 근사법을 사용한다고 해도 향상되지 않는다. 위의 문제에 대한 Runge-Kutta 근사법은 표 8.6.3의 다섯 번째와 여섯 번째 열에 나와 있는 것처럼, $h = 0.033...$의 경우에는 불안정하고 $h = 0.025$인 경우에는 안정적이다.

이 표에 나온 $t = 0.05$와 $t = 0.1$에서의 결과들은 경계층에서 정확한 근사값을 얻기 위해서는 더 작은 스텝 사이즈가 필요함을 보여주고 있다. 이에 대해서는 연습문제 3에서 좀 더 다루도록 하겠다.

다음 예제는 불안정한 미분방정식의 수치적 근사해를 찾을 때 발생할 수 있는 또 다른 종류의 문제점을 설명하고자 한다.

예제 8.6.3

다음과 같이 $t > 0$인 2계 선형 미분방정식에 대한 일차독립인 두 해를 수치적으로 근사하자.

$$y'' - 10\pi^2 y = 0 \tag{18}$$

어떤 종류의 문제점이든 발생할 수 있음을 염두에 두자.

풀이

이 문제에 대한 수치적 접근방법을 살펴보기 위해 우선, 식 (18)을 8.5절에서 사용했던 방법대로 두 식으로 된 연립 1계 미분방정식으로 바꾸도록 하자. 즉, $x_1 = y, x_2 = y'$이라 두면 연립방정식

$$x_1' = x_2, \quad x_2' = 10\pi^2 x_1$$

또는 벡터 $\mathbf{x} = (x_1, x_2)^T$에 대해서

$$\mathbf{x}' = \begin{pmatrix} 0 & 1 \\ 10\pi^2 & 0 \end{pmatrix}\mathbf{x} \tag{19}$$

를 얻을 수 있다. 식 (19)의 계수행렬에 대한 고윳값과 고유벡터는 다음과 같다.

$$r_1 = \sqrt{10}\pi, \quad \xi^{(1)} = \begin{pmatrix} 1 \\ \sqrt{10}\pi \end{pmatrix}; \quad r_2 = -\sqrt{10}\pi, \quad \xi^{(2)} = \begin{pmatrix} 1 \\ -\sqrt{10}\pi \end{pmatrix} \tag{20}$$

따라서 연립방정식 (19)의 일차독립인 두 해는

$$\mathbf{x}^{(1)}(t) = \begin{pmatrix} 1 \\ \sqrt{10}\pi \end{pmatrix} e^{\sqrt{10}\pi t}, \quad \mathbf{x}^{(2)}(t) = \begin{pmatrix} 1 \\ -\sqrt{10}\pi \end{pmatrix} e^{-\sqrt{10}\pi t} \tag{21}$$

이다. 2계 미분방정식 (18)에 대한 해들은 $\mathbf{x}^{(1)}(t)$와 $\mathbf{x}^{(2)}(t)$의 각각의 첫 번째 성분들인 $y_1(t) = e^{\sqrt{10}\pi t}$과 $y_2(t) = e^{-\sqrt{10}\pi t}$이다.

다음과 같이 $\mathbf{x}^{(1)}(t)$와 $\mathbf{x}^{(2)}(t)$의 일차결합으로 이루어진 또 다른 일차독립인 한 쌍의 해를 고려하자.

$$\mathbf{x}^{(3)}(t) = \frac{1}{2}\mathbf{x}^{(1)}(t) + \frac{1}{2}\mathbf{x}^{(2)}(t) = \begin{pmatrix} \cosh\left(\sqrt{10}\pi t\right) \\ \sqrt{10}\pi \sinh\left(\sqrt{10}\pi t\right) \end{pmatrix} \tag{22}$$

$$\mathbf{x}^{(4)}(t) = \frac{1}{2}\mathbf{x}^{(1)}(t) - \frac{1}{2}\mathbf{x}^{(2)}(t) = \begin{pmatrix} \sinh\left(\sqrt{10}\pi t\right) \\ \sqrt{10}\pi \cosh\left(\sqrt{10}\pi t\right) \end{pmatrix} \tag{23}$$

$\mathbf{x}^{(3)}(t)$와 $\mathbf{x}^{(4)}(t)$의 모양이 상당히 다르긴 하지만, t가 클 경우 $\cosh\left(\sqrt{10}\pi t\right) \cong \frac{1}{2}e^{\sqrt{10}\pi t}$이고 $\sinh\left(\sqrt{10}\pi t\right) \cong \frac{1}{2}e^{\sqrt{10}\pi t}$이므로 t가 충분히 크고 일정한 자릿수를 유지한다면 두 벡터 함수 $\mathbf{x}^{(3)}(t)$와 $\mathbf{x}^{(4)}(t)$는 수치적으로 똑같아 보일 것이다. 예를 들어, 8자릿수로 고정하면 $t = 1$에서

$$\sinh\left(\sqrt{10}\pi\right) = \cosh\left(\sqrt{10}\pi\right) = 10{,}315.894$$

이다, 이 8자릿수를 계속 유지한다면, 두 개의 해 $\mathbf{x}^{(3)}(t)$와 $\mathbf{x}^{(4)}(t)$는 $t = 1$에서뿐 아니라 1보다 큰 모든 t에 대해서 일치하게 된다. 자릿수를 늘리더라도 결국 두 해들은 (수치적으로) 일치하게 될 것이다. 이런 현상을 **수치적 종속성**(numerical dependence)이라고 부른다.

수치법이 만드는 해는 초기조건에 종속된다. 특히, $\mathbf{x}^{(1)}$은 초기조건 $\mathbf{x}(0) = \left(1, \sqrt{10}\pi\right)^T$, $\mathbf{x}^{(2)}$는 $\mathbf{x}^{(0)} = \left(1, -\sqrt{10}\pi\right)^T$, $\mathbf{x}^{(3)}$은 $\mathbf{x}(0) = (1, 0)^T$, $\mathbf{x}^{(4)}$는 $x(0) = \left(0, \sqrt{30}\pi\right)^T$로부터 각각 구한 것이다.

$\mathbf{x}^{(1)}(t)$와 $\mathbf{x}^{(2)}(t)$를 연립방정식 (19)의 해로 사용하면 수학적 종속성의 문제를 피할 수도 있다. 식 (21)에서 $\mathbf{x}^{(1)}(t)$는 $e^{\sqrt{10}\pi t}$에 비례하고 $\mathbf{x}^{(2)}(t)$는 $e^{-\sqrt{10}\pi t}$에 비례하므로 이 두 해는 t가 증가함에 따라 매우 다른 양상을 보일 것이다. 심지어 큰 구간에서는 $\mathbf{x}^{(2)}(t)$를 정확하게 계산하기 어려울 수도 있다. 여기서, $\mathbf{x}^{(2)}(t)$는 초기조건

$$\mathbf{x}(0) = \begin{pmatrix} 1 \\ -\sqrt{10}\pi \end{pmatrix} \tag{24}$$

을 만족하는 식 (19)의 해이다. 초깃값 문제 (19), (24)의 근사해를 수치적으로 구하고자 한다면, 계산 과정상의 각 스텝에서 truncation 오차와 round-off 오차를 도입해야 한다. 임의의 점 t_n에서 다음 점까지 가기 위해 사용된 데이터는 정확하게 $\mathbf{x}^{(2)}(t_n)$의 성분들은 아니다. t_n에서의 이 데이터를 갖는 초깃값 문제의 해는 $e^{-\sqrt{10}\pi t}$뿐 아니라 $e^{\sqrt{10}\pi t}$도 포함한다. t_n에서의 이 데이터에 대한 오차가 작기 때문

에, 함수 $e^{\sqrt{10}\pi t}$이 매우 작은 계수를 갖는다. 그럼에도 불구하고 $e^{-\sqrt{10}\pi t}$은 영으로 수렴하고 $e^{\sqrt{10}\pi t}$은 급격하게 증가하기 때문에 결국에는 $e^{\sqrt{10}\pi t}$이 주를 이루게 되어 계산된 해는 $\mathbf{x}^{(2)}(t)$와 상당히 달라질 것이다.

이를 구체적으로 보이기 위해 초깃값 문제 (19), (24)의 해를 근사해 보자. 이때의 첫 번째 성분은 2계 초깃값 문제

$$y'' - 10\pi^2 y = 0, \quad y(0) = 1, \quad y'(0) = -\sqrt{10}\pi \tag{25}$$

의 해 $y_2(t) = e^{-\sqrt{10}\pi t}$이다. 스텝 사이즈 $h = 0.01$에 대한 Runge-Kutta 근사법을 사용하고 계산상의 자릿수를 8자리로 유지하면, **표 8.6.4**의 결과를 얻을 수 있다. 이 결과에 의하면 수치적 근사값은 $t > 0.5$부터 실제 해와 멀어지기 시작하다가 곧 상당히 큰 자릿수만큼 달라진다. 그 이유는 수치적 근사과정 중 지수적으로 증가하는 $e^{\sqrt{10}\pi t}$ 성분을 작게나마 포함하고 있기 때문이다. 또한 8자릿수 연산을 할 때, 각 스텝마다 차수 10^{-8} 정도의 round-off 오차가 생긴다. $e^{\sqrt{10}\pi t}$은 $t = 0$부터 $t = 5$까지 약 3.7×10^{21}배만큼 증가하기 때문에 계산 중에 다른 오차가 생기지 않아도 $t = 0$ 근방에서 차수 10^{-8} 정도였던 오차가 $t = 5$에서는 차수 10^{13} 정도의 오차가 될 수 있다. 표 8.6.4에 나와 있는 결과들이 이런 상황을 잘 나타내고 있다.

표 8.6.4의 두 번째 열의 수치적 계산값들은 어떤 방식으로 계산했는지에 굉장히 민감하다는 사실을 염두에 두어야 한다. 그러나 어떤 경우든 그때의 근사값은 항상 지수적으로 증가한다.

따라서 식 (18)은 매우 불안정한 미분방정식이며 위의 예에서 소개한 상황은 불안정한 문제에서 발생할 수 있는 전형적인 모습이다. 잠시 동안은 해를 정확하게 쫓아갈 수 있고, 더 작은 스텝 사이즈를 사용하거나 더 정확한 근사법을 사용하여 근사 가능한 구간을 좀 더 늘릴 수는 있지만, 결국에는 문제 자체의 불안정성으로 인해 오차가 점점 커질 것이다.

표 8.6.4 $y'' - 10\pi^2 y = 0, y(0) = 1, y'(0) = -\sqrt{10}\pi$**의 실제 해와** $h = 0.01$**에 대한 Runge-Kutta 근사법을 사용한 수치적 근사해**

	y	
t	Runge-Kutta ($h = 0.001$)	Exact
0.0	1.0000	1.0000
0.25	8.3439×10^{-2}	8.3438×10^{-2}
0.5	6.9623×10^{-3}	6.9620×10^{-3}
0.75	5.8409×10^{-4}	5.8089×10^{-4}
1.0	8.6688×10^{-5}	4.8469×10^{-5}
1.5	5.4900×10^{-3}	3.3744×10^{-7}
2.0	7.8852×10^{-1}	2.3492×10^{-9}
2.5	1.1326×10^{2}	1.6355×10^{-11}
3.0	1.6268×10^{4}	1.1386×10^{-13}
3.5	2.3368×10^{6}	7.9272×10^{-16}
4.0	3.3565×10^{8}	5.5189×10^{-18}
4.5	4.8211×10^{10}	3.8422×10^{-20}
5.0	6.9249×10^{12}	2.6749×10^{-22}

▶**수치적 근사법에 대한 몇 가지 소견.** 이 장에서 초깃값 문제의 근사해를 찾기 위한 여러 가지 수치적 근사법을 소개하였다. 복잡성 수준을 제한하면서 몇 가지 중요한 아이디어를 강조해 왔다. 한 가지 예를 들자면, 8.2절 끝의 주석을 제외하고 항상 균일한 스텝 사이즈를 사용해왔다. 반면, 현재 사용되는 상업적인 코드들은 계산 과정 중에 스텝 사이즈를 변화시킨다.

스텝 사이즈를 선택하기 위해서 몇 가지 고려해야 할 사항들이 있는데 그중 한 가지는 말할 것도 없이 정확성이다; 너무 큰 스텝 사이즈는 부정확한 결과를 가져온다. 보통 허용 오차는 미리 정해져 있고 각 스텝에서의 스텝 사이즈는 그 오차에 대한 조건과 일치해야 한다. 또한, 사용하는 근사법이 안정적인 방법이 되도록 스텝 사이즈를 선택해야 한다. 그렇지 않으면 작았던 오차가 점점 커지고 결국에는 의미 없는 결과를 가져온다. 마지막으로 음함수로 표현되는 근사법의 경우 각 스텝마다 방정식을 풀어야 하고, 이때 사용되는 근사법 때문에 스텝 사이즈에 대한 제한 조건이 부가적으로 더 필요하다.

근사법을 선택하는 데 있어서는 정확성 및 안정성과 각 스텝마다 실행되는 계산 시간 사이에서 균형을 잡아야 한다. Adams-Moulton 근사법같이 음함수적인 근사법은 각 스텝마다 더 많은 계산이 필요하지만, 이 방법이 더 안정적이고 정확해서 스텝 사이즈를 늘릴 수 있다면(이에 따라 스텝 수가 더 적어져) 계산량이 많아지는 것을 보완할 수 있다. 중간 정도의 차수(예컨대, 4차 같은)를 갖는 역방향 미분 공식은 매우 안정적이어서 stiff한 문제에 적합한데, 이때의 상황을 조절하는 것이 바로 이 안정성이다.

최근에 나온 몇몇 상업적인 코드들은 계산 과정 중 스텝 사이즈뿐 아니라 근사법의 차수도 변화시킬 수 있다. 각 스텝마다 오차를 계산하여 허용오차 이내가 되도록 하는 차수와 스텝 사이즈를 선택한다. 실제로, Adams 근사법은 12차까지, 역방향 미분 공식은 5차까지 사용된다. 더 높은 차수의 역방향 미분 공식은 안정성이 떨어지므로 적합하지 않다.

결국, 함수 f의 smoothness(즉, f의 연속인 도함수의 계수)가 사용하는 근사법의 차수를 결정짓는 요소임을 알아야 한다. 함수 f가 해당되는 계수만큼 smooth하지 않다면 그 계수에 해당하는 차수를 갖는 근사법은 정확성이 떨어질 것이다.

수치해석 과정 중에는 오차, 안정성, 효율성에 대한 더 심도 있는 연구가 이루어지는 듯하다. 이와 비슷한 정보가 이 장의 끝부분에 있는 참고문헌에 나와있다.

연습 문제

1. 반올림과 같은 초깃값에 대한 작은 오차 때문에 발생할 수 있는 문제를 다루기 위해 초깃값 문제를 다음과 같이 두자.

$$y' = t + y - 4, \quad y(0) = 3$$

a. 이 문제의 해가 $y = \phi_1(t) = 3 - t$임을 보여라.

b. 초깃값을 3 대신 3.001로 두는 실수를 저질렀다고 생각해 보자. 이때의 해 $y = \phi_2(t)$를 찾아서 이 두 해의 차 $\phi_2(t) - \phi_1(t)$를 $t = 1$에서와 $t \to \infty$일 때 비교하라.

2. 초깃값 문제를 다음과 같이 두자.

$$y' = t^2 + e^y, \quad y(0) = 0 \tag{26}$$

Runge-Kutta 근사법을 이용하여 **표 8.6.5**와 같이 두 개의 스텝 사이즈 h에 대한 결과들을 각각 얻었다. 이 표를 통해서 이 문제의 해가 $t = 0.9$와 $t = 1.0$ 사이에서 수직인 점근선을 갖음을 알 수 있다.

표 8.6.5 Runge-Kutta 근사법을 이용한 초깃값 문제 $y' = t^2 + e^y, y(0) = 0$의 근사해

h	$y(0.9)$	$y(1.0)$
0.02	3.42985	$> 10^{38}$
0.01	3.42982	$> 10^{38}$

a. 초깃값 문제 (26)의 해를 $y = \phi(t)$라 두자. 또한,

$$y' = 1 + e^y, \quad y(0) = 0 \tag{27}$$

의 해를 $y = \phi_1(t)$로 두고,

$$y' = e^y, \quad y(0) = 0 \tag{28}$$

의 해를 $y = \phi_2(t)$로 두자. 위의 세 해들이 존재하는 $0 \le t \le 1$에 포함되는 어떤 구간 안에서

$$\phi_2(t) \le \phi(t) \le \phi_1(t) \tag{29}$$

임을 보여라.

b. $\phi_1(t)$와 $\phi_1(t)$를 결정하고, $t = \ln(2) \cong 0.69315$와 $t = 1$ 사이의 어떤 t에 대해서 $\phi(t) \to \infty$임을 보여라.

c. 초기조건 $y(0.9) = 3.4298$을 갖는 미분방정식 $y' = e^y$과 $y' = 1 + e^y$의 해를 각각 구하라. 이 결과를 이용하여 $\phi(t) \to \infty$일 때, $t \cong 0.932$임을 보여라.

3. 예제 8.6.2의 초깃값 문제 (16)에 대해서 $t = 0.05$와 $t = 0.1$에서의 오차가 0.0005 이하가 되려면 얼마나 작은 스텝 사이즈 h를 선택해야 하는지 구하라.

a. **N** 오일러 근사법 사용

b. **N** 역방향 오일러 근사법 사용

c. **N** Runge-Kutta 근사법 사용

4. 초깃값 문제를 다음과 같이 두자.

$$y' = -10y + 2.5t^2 + 0.5t, \quad y(0) = 4$$

a. 이 문제의 해 $y = \phi(t)$를 구하고 구간 $0 \le t \le 5$에서의 그래프를 그려라.

b. **N** 이 문제에 본문상에서 다루었던 안정성에 대한 수학적 해석을 적용하면, 오일러 근사법이 $h < 0.2$일 때만 안정적임을 알 수 있다. 구간 $0 \le t \le 5$에서 이 문제에 0.2 정도의 스텝 사이즈에 대한 오일러 근사법을 이용하여 이 사실을 확인하라.

c. **N** 구간 $0 \le t \le 5$에서 이 문제에 다양한 스텝 사이즈에 대한 Runge-Kutta 근사법을 적용하라. 이 근사법이 안정적이라고 말할 수 있는가?

d. **N** 구간 $0 \le t \le 5$에서 이 문제에 다양한 스텝 사이즈에 대한 역방향 오일러 근사법을 적용하라. $t = 5$에서의 오차가 0.01보다 작기 위한 스텝 사이즈는 얼마인가?

▶ 문제 **5**와 **6**에 대해서 각각 다음과 같은 과정을 수행하라.

a. 주어진 초깃값 문제의 해에 대한 식을 구하고 이것이 λ에 독립적임을 보여라.

b. **N** $h = 0.01$에 대한 Runge-Kutta 근사법을 사용하여 $\lambda = 1, 10, 20, 50$과 같은 다양한 λ값에 대한 $0 \le t \le 1$에서의 근사해를 구하라.

c. 실제 해와 수치적 근사해 간의 차이가 있다면 설명하라.

5. $y'' - \lambda y = 1 + \lambda t, \quad y(0) = 0$

6. $y' - \lambda y = 2t - \lambda t^2, \quad y(0) = 0$

개념 문제

C8.1. 다양한 미분방정식에 대한 정확한 해를 생성하는 많은 해결 방법을 배운 후에, 왜 지금 근사해를 생성하는 수치적 방법 논의가 필요한가?

C8.2. 오일러 근사법을 설명하라.

C8.3. 백분율 오차란 무엇을 의미하는가?

C8.4. 절대 오차를 설명하라.

C8.5. 오일러 근사법을 1차 방법으로 설명한다면 이것은 무엇을 의미하는가?

C8.6. 구간 $[a, b]$에서 오일러 근사법에 대한 local truncation 오차의 균일 한계(bound)는 무엇인가?

C8.7. 개량 오일러 근사법이 2단계 근사법이라는 것은 무엇을 의미하는가?

C8.8. 알고리즘의 수렴을 설명하라.

C8.9. 2차 근사법이 1차 근사법보다 나은 이유를 설명하라.

C8.10. Runge-Kutta 2차 근사법을 설명하라.

C8.11. Runge-Kutta 근사법의 효과를 고려할 때, 왜 이미 도입된 근사법보다 정확하지 않은 다른 근사법을 고려하고 싶어하는가?

C8.12. Adams-Bashforth 근사법과 Adams-Moulton 근사법의 차이점은 무엇인가? 이러한 차이점은 왜 중요한가?

C8.13. 역방향 미분 공식에서 어떤 새로운 아이디어가 도입되었는가? 이러한 근사법은 다른 여러 스텝 근사법과 어떻게 비교되는가?

C8.14. 이 장에서는 많은 아이디어가 도입되었다. 처음 몇 가지는 매우 자세히 소개되었지만, 나머지 아이디어 중 일부는 매우 간략했다. 이 모든 아이디어에서 무엇을 얻을 수 있는가?

C8.15. 이 장에서 소개된 모든 수치적 근사법은 1계 미분방정식을 위한 것이다. 고계 미분방정식에 대한 수치적 근사법을 고려할 필요가 없는 이유는 무엇인가?

C8.16. 초깃값 문제의 근사해 맥락에서 사용되는 차수, 단계, 스텝이라는 용어를 설명하라.

C8.17. p차 근사법이 h^{p+1}에 비례하는 local truncation을 갖는 이유를 설명하라.

C8.18. 더 작은 스텝 사이즈가 항상 더 작은 오류를 가져오지 않는 이유는 무엇인가?

C8.19. 수치적 근사법이 안정적이라는 것은 무슨 뜻인가?

C8.20. 초깃값 문제에 대한 수치적 근사법을 선택할 때 주요 고려 사항은 무엇인가?

개념 문제 답

C8.1. 양함수 해를 갖는 미분방정식의 유형이 매우 작기 때문에 수치적 방법이 필요하다. 비선형 미분방정식은 분리 가능한 경우가 아니면 문제가 될 수 있다.

C8.2. 미분방정식 $dy/dx = f(x, y)$의 경우 x의 초깃값을 x_0으로 하고 y의 해당 값을 y_0으로 한다. 그러면 x의 해당 값에서 y_n의 값은 Euler의 방법을 사용하여 다음과 같이 계산할 수 있다.

$$y_n = y_0 + h * f(x_{n-1}, y_{n-1})$$

C8.3. 백분율 오차는 추정 값과 실제 값의 차이를 실제 값과 비교하여 찾아 백분율로 표현한다. 다시 말해, 퍼센트 오차는 상대오차를 100으로 곱한 것이다.

C8.4. 오차는 다음과 같이 계산할 수 있다.

$$\text{오류} = \text{참 또는 실제 값} - \text{근사값}$$

위의 오차는 참오차(true error)라고도 한다. 오차의 크기만 고려하면 절대 오차라고 한다. 즉,

$$\text{절대 오차} = |\text{참 또는 실제 값} - \text{근사값}|$$

C8.5. 오일러 방법이 1차 방법이라고 하면 global truncation 오차는 상수 곱하기 h의 1제곱보다 크지 않다는 것을 의미한다: $|E_n| \le Kh$.

C8.6. Local truncation 오차의 균일 경계는 $|e_n| \le \frac{1}{2}Mh^2$이며, 여기서 M는 $[a, b]$에서 $|\phi''(t)|$의 최대값이다.

C8.7. 2단계 방법은 다음 시간 스텝에서 해를 근사화하려면 두 개의 다른 지점에서 미분방정식의 오른쪽에 대한 두 개의 별도 평가가 필요하고, 두 번째 평가 지점에는 첫 번째 평가 결과가 포함된다는 사실이 특징이다.

$$u_n = y_n + hf(t_n, y_n)$$
$$y_{n+1} = y_n + \frac{1}{2}(f(t_n, y_n) + f(t_n + h, u_n))$$

C8.8. 수치적 방법은 정확한 해를 제공하지 않는다. 따라서 근사해에 접근하려면 알고리즘을 종료하기 위한 사전 정의된 기준을 설정해야 한다. 알고리즘이 정확한 해에 도달하고 오류가 수용되면 알고리즘이 수렴한다고 불린다.

C8.9. 1차 근사법의 경우 스텝 사이즈를 10배 줄이면 global truncation 오차도 10배 줄어든다.

2차 근사법의 경우 스텝 사이즈를 10배 줄이면 global truncation 오차가 $10^2 = 100$배 줄어든다.

실제 global truncation 오차는 이러한 요소만큼 감소하지 않을 수 있지만 global truncation 오차의 상한은 이러한 양만큼 감소한다.

C8.10. 미분방정식 $dy/dx = f(x, y)$의 경우, x의 초깃값을 x_0으로 하고 y의 해당 값을 y_0으로 한다. 그러면 x의 해당 값에서 y_g의 값은 Runge-Kutta 2차 근사법을 사용하여

$$y_g = y_0 + k$$

로 계산할 수 있다. h를 스텝 사이즈로 하자.

$$k_1 = h * f(x_0, y_0)$$
$$k_2 = h * f(x_0 + h, y_0 + k)$$
$$y_g = y_0 + \frac{1}{2}(k_1 + k_2)$$

C8.11. 여러 스텝 방법의 주요 장점은 이전에 계산된 근사값을 사용하여 다음 시점에서 개선된 근사값을 생성한다는 것이다. 이는 $f(t, \mathbf{x})$를 평가하는 것이 "비싼" 경우 특히 중요하다.

C8.12. 동일한 순서의 Adams-Bashforth와 Adams-Moulton 공식의 가장 중요한 차이점은 Adams-Bashforth 공식이 y_{n+1}에 대한 양함수를 제공하는 반면, Adams-Moulton 공식은 y_{n+1}에 대한 음함수 해를 요구한다는 것이다. y_{n+1}에 대한 음함수 방정식은 일반적으로 비선형이며 해결하는 데 더 많은 시간이 필요하다.

C8.13. 역방향 미분 공식은 시간 간격에 대한 해가 다항식이라고 가정하고 이 다항식의 미분이 다음 시간 단계의 끝에서 미분방정식에 의해 주어진 기울기와 일치하도록 요구함으로써 도출된다. 이전에 논의된 방법은 모두 해의 미분을 근사화하는 데 기반한다.

역방향 미분 공식은 일반적으로 Adams-Moulton 공식과 마찬가지로 음함수이므로 이러한 복잡성을 해결해야 한다.

역방향 미분 공식의 한 가지 장점은 각 구간의 끝점뿐만 아니라 구간의 모든 지점에서 근사해를

제공하는 (다항식) 공식이 있다는 것이다.

C8.14. 공식이 주요 핵심은 아니다. 이러한 공식은 근사법 간의 일부 차이점(음함수 또는 양함수, 단일스텝 또는 여러 스텝 등)을 설명하는 데 유용하지만, 이 장의 실제 목적은 초깃값 문제의 해를 근사하는 수치적 근사법을 만드는 데 사용할 수 있는 다양한 아이디어를 제시하는 것이다.

각 문제는 그 자체의 장점에 따라 평가해야 한다. 몇 가지 일반적인 결론을 내릴 수 있지만 대부분의 문제는 최적의 수치적 근사치를 개발하기 위해 신중하게 고려하고 실험해야 한다. 고려 사항에는 복잡성, 속노, 비용, 정확도 등이 있다. 또 다른 중요한 고려 사항은 근사해를 사용하는 방법이다.

관심 있는 특정 방법에 대한 결정이 내려지면 참고 문헌이 온라인에서 더 많은 세부 정보와 옵션을 찾을 수 있다.

C8.15. 모든 n계 미분방정식은 n 1차 미분방정식 시스템으로 동등하게 공식화될 수 있다는 점을 기억하라. 그러면 1계 미분방정식 시스템에 대한 수치적 근사법 중 하나를 사용하여 근사해를 생성할 수 있다.

C8.16. 계수는 방법의 global truncation 오차에 대한 상한에서 h의 거듭제곱이다. p차 방법은 $|E_n| \leq Kh^p$이다.

*스텝*은 수치적 근사법의 단일스텝을 완료하는 데 필요한 개별 계산(일반적으로 인수의 적절한 값에서 f의 평가)의 수이다.

*스텝*은 근사법의 각 스텝에 포함된 하위 구간의 수이다.

이러한 설명은 각각 고유한 방식으로 중요하다. 일반적으로 우리는 너무 많은 단계나 스텝을 포함하지 않는 고차 방법을 선호한다.

C8.17. 스텝 사이즈가 h일 때, 전체 구간 $[a, b]$에 걸쳐 근사치를 계산하는 데 $\frac{b-a}{h}$ 단계가 소요된다. 각 스텝의 local truncation 오차가 h^{p+1}에 비례할 때, 이를 각 $\frac{b-a}{h}$ 단계에 대해 합산하면 $\frac{h^{p+1}}{h} = h^p$에 비례하는 global truncation 오차가 제공된다. 즉, 그 근사법이 p차수가 되어야 함을 의미한다.

C8.18. Truncation 오차 분석은 반올림 오류의 영향을 고려하지 않기 때문에 스텝 사이즈가 줄어들어도 오류가 항상 작아지는 것은 아니다. 반올림 오류는 일반적으로 중간 스텝 사이즈에서는 작지만 스텝 사이즈가 "너무 작아지면" 상당히 커질 수 있다.

C8.19. 수치적 근사법은 일반적으로 각 단계에서 오류를 발생시킨다. 작은 오류가 증가하면 불안정성이 발생하여 구간을 통해 정확한 근사해를 얻는 것이 매우 어렵다.

일부 음함수 근사법은 소위 stiff 문제를 해결하는 데 도움이 될 수 있다. 문제가 stiff 경우 단순히 스텝 사이즈를 줄이는 것만으로는 예상만큼 근사치를 개선하지 못할 것이다.

C8.20. 정확도(오류: 차수), 안정성(강성), 근사법의 각 단계(단계, 스텝, 암묵적/명시적)를 실행하는 비용은 수치적 근사법과 스텝 사이즈를 선택할 때 고려해야 할 세 가지 주요 사항이다. 또 다른 고려 사항은 근사해를 사용하는 것이다.

참고 문헌

수치해석학을 일반적으로 다루거나 특히 상미분방정식에 대한 수치적 근사해를 다룬 다양한 수준의 문헌들이 많이 있다. 그 중 몇 가지는 다음과 같다.

Ascher, Uri M., and Petzold, Linda R., *Computer Methods for Ordinary Differential Equations and Differential-Algebraic Equations* (Philadelphia: Society for Industrial and Applied Mathematics, 1998)

Atkinson, Kendall E., Han, Weimin, and Stewart, David, *Numerical Solution of Ordinary Differential Equations* (Hoboken, NJ: Wiley, 2009).

Gautschi, W. *Numerical Analysis* (2nd ed.) (New York: Birkhäuser, 2011).

Gear, C. William, *Numerical Initial Value Problems in Ordinary Differential Equations* (Englewood Cliffs, NJ: Prentice-Hall, 1971).

Henrici, Peter, *Discrete Variable Methods in Ordinary Differential Equations* (New York: Wiley, 1962).

Henrici, Peter, *Error Propagation for Difference Methods* (NewYork: Wiley, 1963; Huntington, NY: Krieger, 1977).

Iserles, A., *A First Course in Numerical Analysis of Differential Equations* (New York: Cambridge University Press, 2009).

Mattheij, Robert, and Molenaar, Jaap, *Ordinary Differential Equations in Theory and Practice* (New York: Wiley, 1996; Philadelphia: Society for Industrial and Applied Mathematics, 2002).

Shampine, Lawrence F., *Numerical Solution of Ordinary Differential Equations* (New York: Chapman and Hall, 1994).

Adams 예측-수정(predictor-corrector) 근사법을 구현하기 위한 실질적인 가이드라인을 포함하는 상세한 내용은 다음 문헌에서 찾아볼 수 있다.

Shampine, L. F., and Gordon, M. K., *Computer Solution of Ordinary Differential Equations: The Initial Value Problem* (San Francisco: Freeman, 1975).

수치해석학에 대한 많은 문헌들이 다양한 미분방정식들을 다루고 있다. 입문 단계를 위해서는 다음 문헌을 참고하자.

Burden, Richard L., and Faires, J. Douglas, *Numerical Analysis* (9th ed.) (Boston: Brooks/Cole, Cengage Learning, 2011).

다음 두 문헌은 조금 더 고급 단계이며 MATLAB을 이용한 알고리즘을 구현하기 위한 정보를 포함하고 있다.

Atkinson, Kendall E., and Han, Weimin, *Elementary Numerical Analysis* (3rd ed.) (Hoboken, NJ: Wiley, 2004).

Shampine, L. F., Gladw.ell, I., and Thompson, S., *Solving ODEs with MATLAB* (New York: Cambridge University Press, 2003).

Stoer, J., and Bulirsch, R., *Introduction to Numerical Analysis* (3rd ed.) (New York: Springer, 2002).

비선형 미분방정식과 안정성

Nonlinear Differential Equations and Stability

앞 장에서 소개했던 수치해석적 근사법들을 이용하면 해석학적으로 쉽게 해를 다루기 어려운 비선형 미분방정식을 포함한 많은 미분방정식들을 다룰 수 있다. 이 장에서 소개하고자 하는 또 다른 접근법은 기하학적인 방법으로써 해에 대해 구체적인 정량적 정보를 얻기보다는 해의 모양을 정성적으로 파악할 수 있게 해준다.

9.1 위상 평면: 선형 연립방정식

많은 미분방정식들이 해석학적인 방법으로는 쉽게 풀리지 않기 때문에 직접 식을 풀지 않고 얻을 수 있는 정성적인[1] 정보가 무엇인지를 고민해 봐야 한다. 이 장에서는 해의 안정성과 연관되어 있는 문제를 기하학적인 방법으로 다루려고 한다. 안정성의 개념과 기하학적 해석의 사용을 1장에서 소개하였고 2.5절에서는 다음과 같은 1계 자율(autonomous) 미분방정식에 적용하였다.

$$\frac{dy}{dt} = f(y) \tag{1}$$

이 장에서는 이 개념을 보완하여 자율 연립방정식 중에서도 잘 알려져 있는 기초함수들로 된 해를 찾기 어려운 비선형 연립방정식에 적용하고자 한다. 특히, 평면상에서 기하학적 해석이 가능한 2개의 미분방정식으로 이루어진 경우를 주로 살펴보겠다.

비선형 연립방정식에 대한 논의를 시작하기 전에 6장에서 다룬 다음과 같은 형태의 상수계수를 갖는 1계 제차 선형 미분방정식의 2차원 연립방정식에 대한 결과를 간략하게 요약하겠다.

$$\frac{d\mathbf{x}}{dt} = \mathbf{A}\mathbf{x} \tag{2}$$

여기서, $\mathbf{A}$는 2×2 상수행렬이고 $\mathbf{x}$는 2×1 벡터이다. 이와 같은 연립방정식의 해를 구하기 위

[1] 미분방정식에 대한 정성 이론은 Henri Poincaré (1854~1912)가 1880년과 1886년 사이에 발표한 몇몇 주요 논문에서 처음 제안하였다. Poincaré는 파리대학 교수였으며 당대를 이끄는 뛰어난 수학자로 알려져 있다. 그는 복소함수론, 미분방정식론, 천체 역학 같은 서로 다른 수학 분야에서 획기적인 업적을 남겼다. 1894년부터 발표하기 시작한 일련의 논문들에서 위상수학에 대한 현대 이론을 처음으로 수립하기도 하였다. 또한, 점근 급수(asymptotic series)를 미분방정식에 처음 도입하였는데, 이는 현대 응용수학 분야에서 강력한 수단으로 사용되고 있다. 무엇보다도 그는 불규칙한 특이점(irregular singular points)에서의 해를 구하기 위해 점근 전개법(asymptotic expansion)을 사용함으로써 5장에서 소개했던 Fuchs와 Frobenius의 연구 결과를 더욱더 발전시켰다.

해 6.5절부터 6.8절에 걸쳐 $\mathbf{x} = \xi e^{rt}$ 형태의 해를 구했었다. 식 (2)에 $\mathbf{x}$을 대입하면

$$(\mathbf{A} - r\mathbf{I})\,\xi = \mathbf{0} \tag{3}$$

이 되고, 따라서 r은 고윳값이고 ξ는 이 고윳값에 대응하는 계수행렬 $\mathbf{A}$의 고유벡터여야 한다. 고윳값들은 다항식

$$\det(\mathbf{A} - r\mathbf{I}) = 0 \tag{4}$$

의 근들이고 고유벡터는 식 (3)을 풀면 임의의 상수 배까지 구할 수 있다. 6.5절, 6.6절, 6.8절에서 식 (2)의 해에 대한 그래프를 그리긴 했으나, 이때의 그래프의 주 역할은 일반해를 쉽게 표현하는 것이었다. 이 절에서는 선형 연립방정식에 대한 기하학적 정보를 한곳에 모아놓고 위상 평면에 궤적을 손으로 스케치하는 방법을 공부한다. 9장의 나머지 절들에서 이 정보를 이용하여 훨씬 더 어려운 비선형 연립방정식을 연구할 수 있도록 하겠다.

2.5절에서 식 (1)의 우변이 영이 되는 점들이 중요한 역할을 한다는 사실을 밝힌 바 있다. 이런 점들은 식 (1)의 상수인 해, 또는 **평형 상태인 해**(equilibrium solution)와 일치하는데 이것을 **임계점**(critical points)이라고 한다. 비슷하게, 연립방정식 (2)에 대해서 $\mathbf{Ax} = 0$인 점들도 평형 상태의 (상수인) 해와 일치하고 역시 임계점이라고 부른다. 여기서 $\mathbf{A}$가 비특이행렬이라면(nonsingular), 즉 $\det\mathbf{A} \neq 0$라면 $\mathbf{x} = \mathbf{0}$이 연립방정식 (2)의 유일한 임계점이 된다.

식 (2)의 해는 미분방정식을 만족하는 벡터함수 $\mathbf{x} = \mathbf{x}(t)$ 형태인데 이 벡터 함수는 x_1x_2-평면상의 매개변수 곡선으로 나타낼 수 있다. 이 곡선을 주어진 미분방정식을 만족하는 속도 $d\mathbf{x}/dt$로 운동하는 입자가 지나는 경로 내지는 **궤적**(trajectory)이라고 보면 유용할 것이다. 이때의 x_1x_2-평면을 **위상 평면**(phase plane), 궤적들의 대표 집합을 **위상 궤적**(phase portrait)이라고 부른다.

연립방정식 (2)를 해석할 때, $\mathbf{A}$의 고윳값들이 갖는 특성에 따라 발생할 수 있는 몇 가지 상황을 고려해야 한다. 각 상황에 따라 만들어지는 궤적의 기하학적인 패턴을 보고 미분방정식을 특징짓고자 한다. 또한, 각각의 상황에 따른 궤적의 모양을 일반적으로 설명하고 예시를 하나 들어 보겠다. 연립방정식의 고윳값과 고유벡터를 알면 약간의 연습만으로도 정성적으로 정확한 위상 그림을 쉽게 시각화하거나 스케치할 수 있다. 궤적의 서로 다른 유형들은 미분방정식의 정성 이론을 구성하는 기본 요소들이기 때문에 그 유형에 익숙해져야 한다.

경우 1 같은 부호의 서로 다른 실수 고윳값들. 이 경우, 식 (2)의 일반해는 둘 다 양수이거나 둘 다 음수인 r_1, r_2에 대해 다음과 같다.

$$\mathbf{x} = c_1\xi^{(1)}e^{r_1t} + c_2\xi^{(2)}e^{r_2t} \tag{5}$$

먼저 $r_1 < r_2 < 0$라고 가정하고, 따라서 그때의 고유벡터들 $\xi^{(1)}$과 $\xi^{(2)}$가 그림 9.1.1처럼 나타난다고 하자. 그러면 식 (5)에 의해 c_1, c_2의 값에 상관없이 $t \to \infty$이면 $\mathbf{x} \to \mathbf{0}$이 된다. 즉, $t \to \infty$일 때 모든 해들이 원점에서 임계점으로 다가간다.

만약 해가 $\xi^{(1)}$을 지나는 직선 위의 한 초깃점에서 시작한다면 $c_2 = 0$이 된다. 따라서 이때의 해는 모든 t에 대해서 $\xi^{(1)}$을 지나는 직선 위에 놓여있게 되고 $t \to \infty$이면 원점으로 다가간다. 비슷하게, $\xi^{(2)}$를 지나는 직선 위의 한 점에서 시작하는 해도 그 직선을 따라 원점으로 다가간다.

일반적으로, 식 (5)를 다음과 같이 바꿔 쓰면 유용하다.

$$\mathbf{x} = e^{r_2 t}\left(c_1\xi^{(1)}e^{(r_1-r_2)t} + c_2\xi^{(2)}\right) \tag{6}$$

이때, $r_1 - r_2 < 0$이므로 $c_2 \neq 0$라면 충분히 큰 t에 대해서 $c_1\boldsymbol{\xi}^{(1)} \exp((r_1 - r_2)t)$항은 $c_2\boldsymbol{\xi}^{(2)}$의 크기에 비해 무시해도 될 만큼 작은 크기를 갖게 된다. 따라서 $t \to \infty$이면, 궤적은 원점으로 다가갈 뿐 아니라 $\boldsymbol{\xi}^{(2)}$를 지나는 직선을 향해 갈 것이다. 결국, $\boldsymbol{\xi}^{(1)}$을 지나는 직선 위에서 시작하는 해를 제외한 모든 해들이 임계점에서 $\boldsymbol{\xi}^{(2)}$에 접하게 된다. 그림 9.1.1에 몇 개의 궤적들이 그려져 있다. 이런 종류의 임계점을 **node** 또는 **nodal sink**라 부른다.

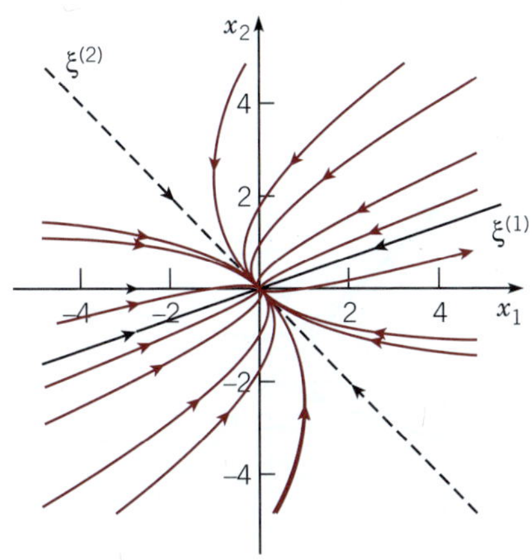

그림 9.1.1 $r_1 < r_2 < 0$일 때 원점이 node인 위상 평면 상의 궤적. 검은색 실선과 검은색 줄선은 각각 기본해 $\boldsymbol{\xi}^{(1)}e^{r_1t}$과 $\boldsymbol{\xi}^{(2)}e^{r_2t}$을 나타낸다.

이제 시간을 뒤로 돌려서 $t \to -\infty$일 때 어떻게 되는지 살펴보자. 여전히 $r_1 < r_2 < 0$라고 가정하자. $t \to -\infty$일 때, $c_1 \neq 0$이면 식 (5)의 주요 항은 e^{r_1t}을 포함하는 항이 된다. 따라서, $\boldsymbol{\xi}^{(2)}$를 지나는 직선을 따라 놓여있는 궤적을 제외한 모든 궤적들은 크기가 큰 음수 t에 대해 고유벡터 $\boldsymbol{\xi}^{(1)}$과 거의 비슷한 기울기를 갖게 되는데, 이것 역시 그림 9.1.1에 나타나 있다.

r_1과 r_2가 모두 양수이고 $0 < r_2 < r_1$이면 그 궤적들은 원점에서 임계점에 다가가는 대신 멀어진다는 것만 빼고는 그림 9.1.1과 비슷한 양상을 보인다. 이 경우, t에 대한 함수인 x_1과 x_2는 지수적으로 증가하는데, 이때의 임계점을 **node** 또는 **nodal source**라고 부른다.

예제 6.5.3에서 node가 발생하고, 이때의 궤적이 그림 6.5.4에 나와 있다.

경우 2 반대 부호의 실수 고윳값들. 식 (2)의 일반해는 $r_1 > 0$과 $r_2 < 0$에 대해 다음과 같다.

$$\mathbf{x} = c_1\xi^{(1)}e^{r_1 t} + c_2\xi^{(2)}e^{r_2 t} \tag{7}$$

고유벡터 $\boldsymbol{\xi}^{(1)}$과 $\boldsymbol{\xi}^{(2)}$가 **그림 9.1.2**와 같다고 하자. 해가 $\boldsymbol{\xi}^{(1)}$을 지나는 직선 위의 한 초깃점에서 시작한다면 $c_2 = 0$이 된다. 따라서, 해가 $\boldsymbol{\xi}^{(1)}$을 통해 선에 남아 있게 되고, $c_2 = 0$이 된다. 따라서, 이때의 해는 모든 t에 대해서 $\boldsymbol{\xi}^{(1)}$을 지나는 직선 위에 놓이게 되고, $r_1 > 0$이므로 $t \to \infty$이면 $\|\mathbf{x}\| \to \infty$이다.

만약 해가 $\boldsymbol{\xi}^{(2)}$를 지나는 직선 위의 한 초깃점에서 시작한다면 항상 그 직선 위에 놓여있게 되고, $r_2 < 0$이므로 $t \to \infty$이면 $\|\mathbf{x}\| \to 0$이다. 다른 점에서 시작하는 해들은 t가 클 때, 양의 지수를 포함하는 함수가 식 (7)의 주요 항이 되므로 양의 고윳값 r_1에 대한 고유벡터 $\boldsymbol{\xi}^{(1)}$에 의해 결정되는 직선을 향해 한없이 점근한다. 원점에서 임계점으로 다가가는 해는 $\boldsymbol{\xi}^{(2)}$에 의해 결정되는 직선 위에서 시작하는 해들밖에 없다.

크기가 큰 음수 t에 대해 식 (7)의 주요 항은 음의 지수를 갖는 함수이므로 $t \to -\infty$일 때, 해들은 고유벡터 $\boldsymbol{\xi}^{(2)}$를 지나는 직선을 향해 점근한다. 그러나 고유벡터 $\boldsymbol{\xi}^{(1)}$을 지나는 직선 위에 놓여있는 해는 $t \to -\infty$일 때, $\boldsymbol{\xi}^{(2)}$를 지나는 직선에 점근하지 않고 원점으로 다가간다. 그림 9.1.2에 나타나 있는 위상 궤적들은 고윳값들이 모두 실수이고 부호가 반대인 전형적인 경우인데, 이때의 원점을 **안장점**(saddle point)이라고 부른다.

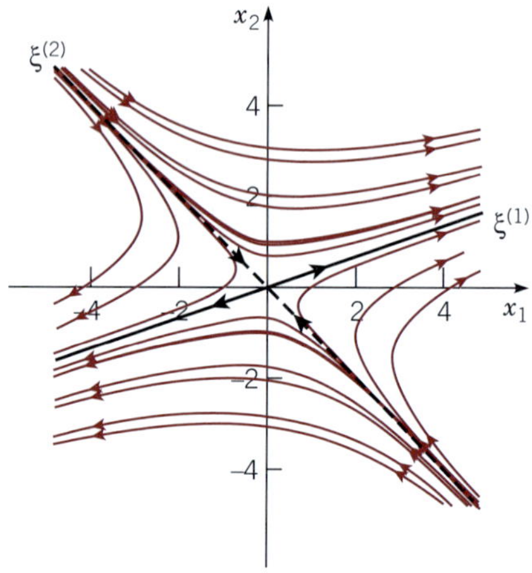

그림 9.1.2 $r_1 > 0$, $r_2 < 0$일 때, 원점이 안정점인 위상 평면상의 궤적들. 검은색 실선과 검은색 줄선은 각각 기본해 $\boldsymbol{\xi}^{(1)}e^{r_1 t}$과 $\boldsymbol{\xi}^{(2)}e^{r_2 t}$를 나타낸다.

안장점의 또 다른 예는 예제 6.5.2이며, 이때의 궤적과 성분 그래프가 그림 6.5.2에 나와있다.

경우 3 **서로 같은 고윳값.** $r_1 = r_2 = r$이라고 가정하고 이 중에서 고윳값이 음수인 경우만 살펴보자; 양수인 경우는 궤적이 움직이는 방향만 반대일 뿐 모양은 비슷하다. 이때의 상황은 중복되는 고윳값이 두 개의 독립적인 고유벡터를 갖는지, 아니면 하나의 고유벡터를 갖는지에 따라 두 가지 경우로 다시 세분화될 수 있다.

(a) 두 개의 독립 고유벡터. 식 (2)의 일반해는 독립적인 고유벡터 $\boldsymbol{\xi}^{(1)}$과 $\boldsymbol{\xi}^{(2)}$에 대해 다음과 같다.

$$\mathbf{x} = c_1\xi^{(1)}e^{rt} + c_2\xi^{(2)}e^{rt} \tag{8}$$

비 x_2/x_1은 t에는 독립적이나 $\boldsymbol{\xi}^{(1)}$, $\boldsymbol{\xi}^{(2)}$의 성분들과 임의의 상수 c_1, c_2에는 종속적이다. 따라서 모든 궤적은 **그림 9.1.3(a)**에서 보여지듯이 원점을 지나는 직선 위에 놓여있다. x_1과 x_2 성분의 그래프들은 **그림 9.1.3(b)**와 **그림 9.1.3(c)**에 나타나듯이 지수곡선들이다. 이때의 임계점을 **proper node** 또는 **star point**라고 부른다.

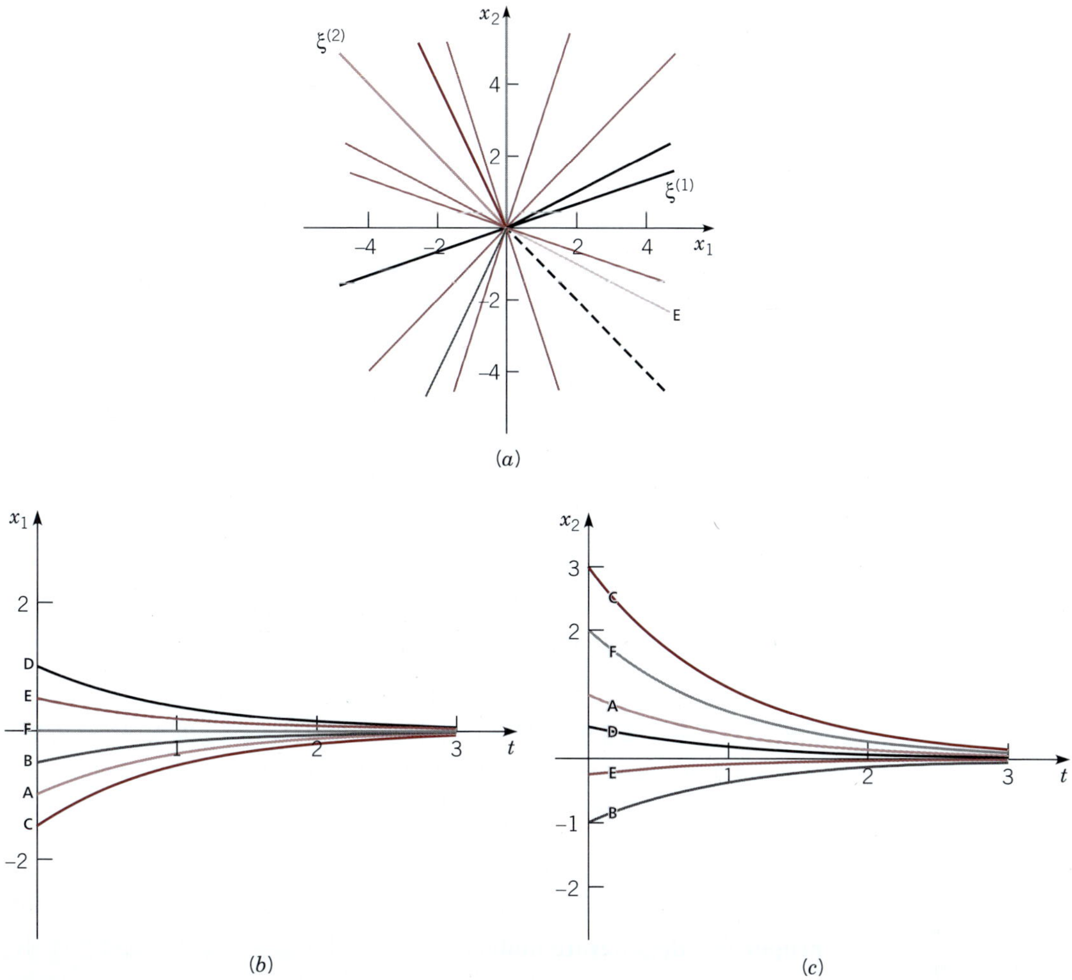

그림 9.1.3 (a) $r_1 = r_2 < 0$일 때, 원점이 proper node인 위상 평면 상의 궤적들. (b)와 (c)는 각각 t에 따른 x_1과 x_2에 대한 성분 그래프를 나타낸다. 실선과 줄선은 각각 기본해 $\boldsymbol{\xi}^{(1)}e^{r_1t}$과 $\boldsymbol{\xi}^{(2)}e^{r_2t}$를 나타낸다. 곡선 A는 $(-1, 1)$, 곡선 B는 $(-1/2, -1)$, 곡선 C는 $(-3/2, 3)$, 곡선 D는 $(1, 1/2)$, 곡선 E는 $(1/2, -1/4)$, 곡선 F는 $(0, 2)$를 지난다.

(b) 한 개의 독립 고유벡터. 6.8절에서 보였듯이 식 (2)의 일반해는 고유벡터 $\boldsymbol{\xi}$와 중복되는 고윳값에 대한 고유벡터의 일반형 η에 대해 다음과 같다. 즉 $(\mathbf{A} - r\mathbf{I})\boldsymbol{\xi} = \mathbf{0}$, $(\mathbf{A} - r\mathbf{I})\boldsymbol{\eta} = \boldsymbol{\xi}$.

$$\mathbf{x} = c_1\xi e^{rt} + c_2\left(\xi te^{rt} + \boldsymbol{\eta}e^{rt}\right) \tag{9}$$

큰 t에 대해 식 (9)의 주요 항은 $c_2\boldsymbol{\xi}te^{rt}$이므로 $t \to \infty$이면 모든 궤적은 고유벡터를 지나는 직선에 접하는 원점으로 다가간다. $c_2 = 0$일 때도 해 $\mathbf{x} = c_1\boldsymbol{\xi}e^{rt}$가 고유벡터를 지나는 직선 위에 놓여 있으므로 마찬가지이다. 비슷하게, 크기가 큰 음수 t에 대해 $c_1\boldsymbol{\xi}te^{rt}$이 다시 한번 주요 항이 되므로 $t \to -\infty$일 때, 모든 궤적의 기울기는 고유벡터 $\boldsymbol{\xi}$의 기울기로 다가간다.

궤적의 방향은 ξ와 η의 상대적인 위치에 따라 결정되는데 한 가지 예가 **그림 9.1.4(a)**

에 나와 있다. 해 (9)를 $\mathbf{y} = (c_1\xi + c_2\boldsymbol{\eta}) + c_2\xi t$에 대해 다음과 같이 바꾸면 궤적을 찾는 데 도움이 된다.

$$\mathbf{x} = ((c_1\xi + c_2\boldsymbol{\eta}) + c_2\xi t)\, e^{rt} = \mathbf{y}e^{rt} \tag{10}$$

여기서 벡터 $\mathbf{y}$는 $\mathbf{x}$의 방향을, 스칼라 값 e^{rt}은 $\mathbf{x}$의 크기를 결정한다는 사실을 알 수 있다. 또한 c_1, c_2값을 고정하면 $\mathbf{y}$는 점 $c_1\xi + c_2\boldsymbol{\eta}$를 지나고 ξ에 평행한 직선에 대한 벡터 방정식 형태로 표현된다는 사실에 주목하자.

다음과 같은 과정을 따라 주어진 한 쌍의 c_1, c_2값에 대응하는 궤적을 그려보자. 먼저, 직선 $(c_1\xi + c_2\boldsymbol{\eta}) + c_2\boldsymbol{\xi}t$를 그리고 이 직선 위에 t가 증가하는 방향을 표시하자. 이런 직선 두 개가 그림 9.1.4(a)에 나타나 있는데 하나는 $c_2 > 0$, 다른 하나는 $c_2 < 0$에 대한 직선들이다. 그리려고 하는 궤적이 $t = 0$일 때 점 $c_1\xi + c_2\boldsymbol{\eta}$를 지난다는 사실을 알아야 한다. t가 증가함에 따라 식 (10)에 의해 주어진 벡터 $\mathbf{x}$의 방향은 직선 위에서 t가 증가하는 방향을 따라가지만, 감소하는 지수함수 인수 e^{rt} 때문에 $\mathbf{x}$의 크기는 급격히 감소하다가 영으로 다가간다. 마지막으로, t가 $-\infty$를 향해가면 $\mathbf{x}$의 방향은 직선에서 해당 구간 위에 있는 점들에 따라 결정되고 $\mathbf{x}$의 크기는 무한대로 발산한다. 이와 같은 방법으로 구한 궤적들이 그림 9.1.4(a)에 검은색으로 그려져 있다. 그 외, 도표를 완성하기 위해 몇 개의 궤적을 더 그려넣었다.

또 다른 경우가 **그림 9.1.4(*b*)**에 나타나 있다. 여기서는 ξ와 $\boldsymbol{\eta}$의 상대적인 방향이 역전되어 있기 때문에 이 그림에 나타난 것처럼 궤적들의 방향도 역전되었다.

$r_1 = r_2 > 0$이면 같은 절차를 따라 궤적을 스케치할 수 있다. 이 경우 궤적은 바깥쪽 방향으로 이동하고 ξ 및 $\boldsymbol{\eta}$에 대한 궤적의 방향도 반전된다.

중복되는 고윳값이 단 한 개의 독립 고유벡터만을 갖는 경우의 임계점을 **improper** 또는 **degenerate node**라고 부른다. 이런 경우에 대한 구체적인 예제는 예제 6.8.2이고 이때의 궤적이 그림 6.8.2에 나와 있다.

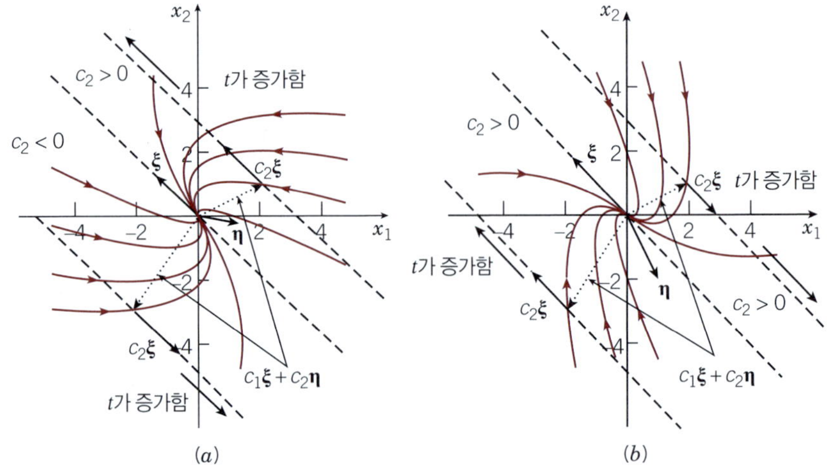

그림 9.1.4 (a) 고윳값 $r_1 = r_2 < 0$과 하나의 독립 고유벡터 $\boldsymbol{\xi}$를 갖는 improper node의 위상 평면. (b) 동일한 고윳값 $r_1 = r_2 < 0$과 고유벡터 $\boldsymbol{\xi}$를 갖지만 다른 일반화된 고유벡터 $\boldsymbol{\eta}$를 갖는 연립방정식의 위상 평면.

경우 4 영이 아닌 실수부를 갖는 복소수 고윳값들. 고윳값을 영이 아닌 실수 λ와 양의 실수 μ에 대해 $\lambda \pm i\mu$라 두자. 6.6절에서 이때의 일반해를 고윳값과 고유벡터로 나타내긴 했지만 여기서는 다른 방식으로 설명하고자 한다.

우선, 연립방정식을 다음과 같이 두자.

$$\mathbf{x}' = \begin{pmatrix} \lambda & \mu \\ -\mu & \lambda \end{pmatrix} \mathbf{x} \tag{11}$$

이것에 대한 스칼라 형태의 식은

$$x_1' = \lambda x_1 + \mu x_2, \quad x_2' = -\mu x_1 + \lambda x_2 \tag{12}$$

이다. 고윳값 $\lambda \pm i\mu$를 갖는 2×2 연립방정식은 모두 일차 변환(이것을 어떻게 하는지는 연습문제 **16**을 참조)에 의해 (11)과 같은 형태로 바꿀 수 있기 때문에 연립방정식 (11)만 살펴보면 된다. 여기에 다음과 같은 관계식을 갖는 극좌표 r, θ를 도입하겠다.

$$r^2 = x_1^2 + x_2^2, \quad \tan(\theta) = \frac{x_2}{x_1}$$

위의 관계식들을 미분하면

$$rr' = x_1x_1' + x_2x_2', \quad (\sec^2(\theta))\,\theta' = \frac{x_1x_2' - x_2x_1'}{x_1^2} \tag{13}$$

이 되는데 식 (13)의 첫 번째 식에 식 (12)를 대입하면

$$r' = \lambda r \tag{14}$$

이 되고, 따라서 상수 c에 대해

$$r = ce^{\lambda t} \tag{15}$$

이 된다. 또한 식 (13)의 두 번째 식에 식 (12)를 대입하면 $\sec^2(\theta) = r^2/x_1^2$이기 때문에

$$\theta' = -\mu \tag{16}$$

가 되고, 따라서 $t = 0$일 때의 θ값인 θ_0에 대해

$$\theta = -\mu t + \theta_0 \tag{17}$$

가 된다.

식 (15)와 (17)은 연립방정식 (11)의 궤적에 대한 극좌표상의 매개변수 방정식들이다. $\mu > 0$이기 때문에 식 (17)에 의해 t가 증가함에 따라 θ는 감소하고, 따라서 궤적 위에서 움직이는 방향은 시계방향이 된다. $t \to \infty$일 때, 식 (15)에 의해 $\lambda < 0$이면 $r \to 0$이고, $\lambda > 0$이면 $r \to \infty$이다. 따라서 궤적들은 λ의 부호에 따라 원점을 향해 들어가거나 또는 나오는 나선형이 된다. $\lambda < 0$인 경우는 **그림 9.1.5(*a*)**에 나타나 있다. **그림 9.1.5(*b*)**는 $\lambda > 0$인 경우에 해당하는 그래프이다. 이때의 임계점을 **spiral point**라고 부르는 데, 궤적이 임계점을 향해 들어가는지($\lambda < 0$) 또는 임계점에서 멀어지는지($\lambda > 0$)에 따라 각각 **spiral sink** 또는 **spiral source**라고 부르기도 한다.

일반적으로, $\lambda \neq 0$인 복소수 고윳값 $\lambda \pm i\mu$를 갖는 연립방정식에 대한 궤적들은 나선형이다. 이 나선형의 궤적들은 λ가 음수냐 또는 양수냐에 따라 안으로 들어가거나 또는 바깥쪽으로 빠져나가는데, 좌표축에 따라 길어지거나 비스듬해질 수도 있고, 움직이는 방향은 시계방향 또는 반시계방향이 된다. 또한, 주어진 미분방정식으로부터 직접 궤적의 방향을 찾을 수도 있다.

$$\begin{pmatrix} \dfrac{dx}{dt} \\ \dfrac{dy}{dt} \end{pmatrix} = \begin{pmatrix} a & b \\ c & d \end{pmatrix} \begin{pmatrix} x \\ y \end{pmatrix} \tag{18}$$

가 복소수 고윳값 $\lambda \pm i\mu$를 갖는다고 하자. 이때, 식 (18)로부터 양의 y축 위에 있는 점 (0, 1)에서 $dx/dt = b$이고 $dy/dt = d$임을 알 수 있다. b와 d의 부호에 따라, 궤적이 움직이는 방향과 그 궤적이 향하는 대략적인 지점을 유추해 낼 수 있다. 예를 들어, b가 양수이고 d가 음수이면, (1, 0)을 지나는 궤적이 오른쪽($dx/dt = b > 0$)과 아래쪽($dy/dt = b < 0$)으로 이동하여 첫 번째 사분면으로 향한다. $\lambda < 0$이면, 궤적은 그림 9.1.5(a)에 나온 그림과 비슷하게 안으로 향하는 나선형이 된다; $\lambda > 0$이면, 궤적은 그림 9.1.5(b)처럼 나선형을 따라 원점에서 빠져 나온다. 또 다른 경우는 예제 6.6.1에 나와 있고 그때의 궤적과 성분 그래프들은 그림 6.6.2에 있다.

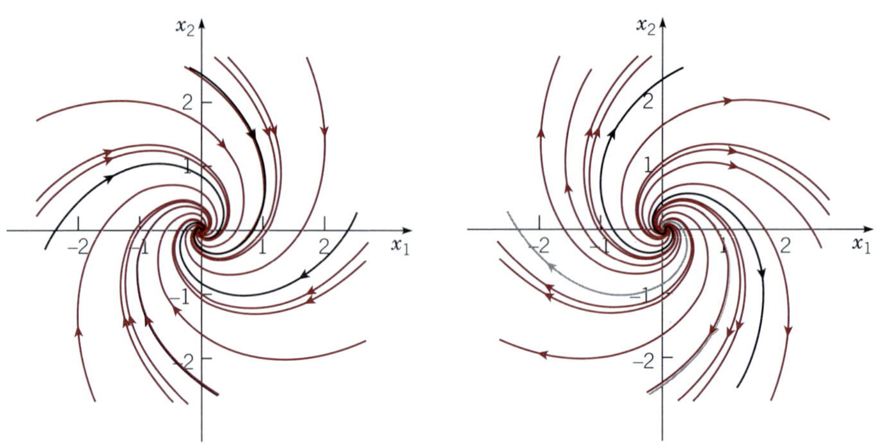

(a) (b)

그림 9.1.5 고윳값이 $\lambda \pm i\mu$인 선형 연립방정식에 대한 위상 평면상의 궤적들. (a) Spiral sink, $\lambda < 0$. (b) Spiral source, $\lambda > 0$

경우 5 순허수 고윳값들. $\lambda = 0$이면, 연립방정식 (11)은 두 개의 고윳값 $\pm i\mu$를 갖는 다음과 같은 식이 된다.

$$\mathbf{x}' = \begin{pmatrix} 0 & \mu \\ -\mu & 0 \end{pmatrix} \mathbf{x} \tag{19}$$

상황 4와 같은 방법으로

$$r' = 0, \quad \theta' = -\mu \tag{20}$$

를 얻을 수 있고 결국 상수 c와 θ_0에 대해

$$r = c, \quad \theta = -\mu t + \theta_0 \tag{21}$$

가 된다. 따라서 이때의 궤적들은 $\mu > 0$일 때는 시계방향으로, $\mu < 0$일 때는 반시계방향으로 도는 원점이 중심인 원 모양을 이룬다. 길이 $2\pi/\mu$인 시간간격 동안 원점을 중심으로 한 바퀴를 돌기 때문에 모든 해들은 $2\pi/\mu$를 한 주기로 갖는데, 이때의 임계점을 **center**라고 부른다.

일반적으로, 고윳값이 순허수이면 궤적들은 원점을 중심으로 하는 타원 모양이다(연습문제 **16** 참고). 구체적인 모양은 t에 따른 x_1의 그래프와 t에 따른 x_2의 그래프가 함께 **그림 9.1.6**에 나타나 있다. 예제 6.6.3, 특히 그림 6.6.3과 6.6.4를 살펴보도록 하자.

이 다섯 가지 사례 및 관련된 그림들을 살펴보면 다음과 같은 몇 가지 사실을 알 수 있다:

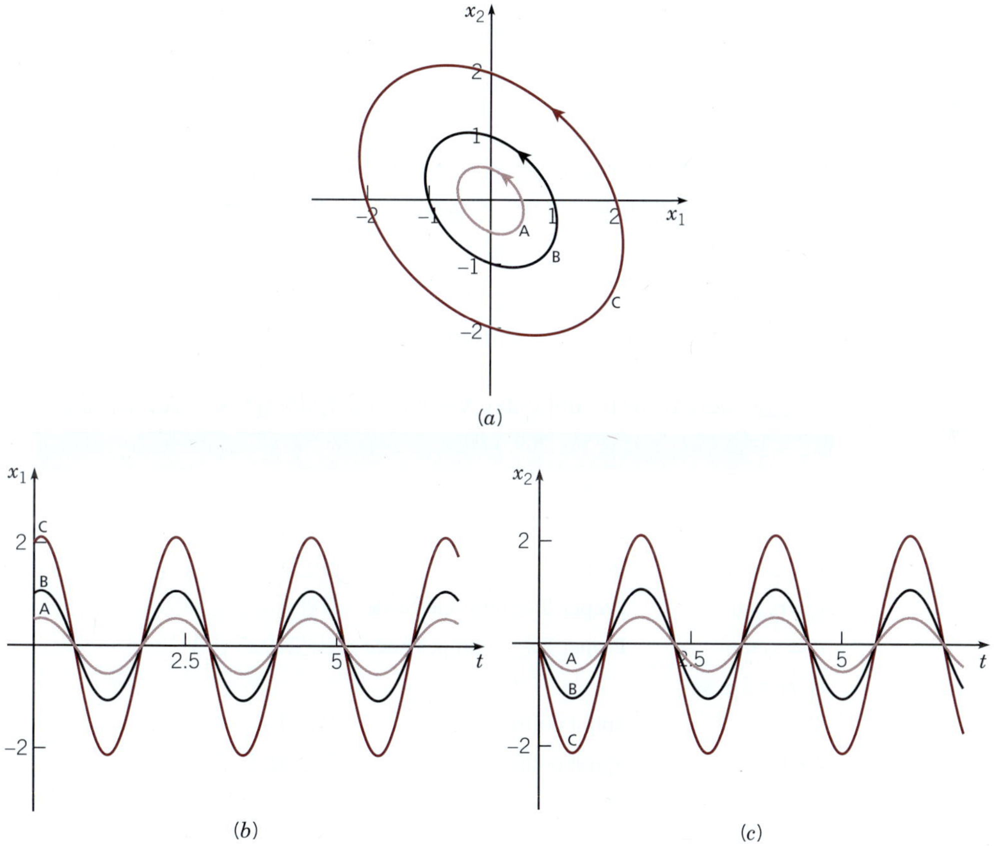

그림 9.1.6 (a) 선형 연립방정식 고윳값 $\pm i\mu$를 가질 때 위상 평면상의 궤적들. (b)와 (c)는 각각 t에 따른 x_1과 t에 따른 x_2에 대한 성분 그래프들이다. 곡선 A는 (1/2, 0,) 곡선 B는 (1, 0), 곡선 C는 (2, 0)를 지난다.

1. 긴 시간이 흐르고 나면 각각의 궤적은 세 가지 유형 중 하나의 유형을 갖는다. $t \to \infty$일 때, 각각의 궤적은 임계점 $\mathbf{x} = \mathbf{0}$를 둘러싸고 있는 폐곡선(주기적인 해에 해당하는)을 여러 번 회전하면서 그 임계점으로 다가가거나 또는 무한대로 발산한다.

2. 전체적으로 봤을 때, 각각의 상황에 대한 궤적의 모양은 비교적 단순하다. 구체적으로 말하자면, 위상 평면상에서 각각의 점 (x_0, y_0)를 지나는 궤적은 단 하나뿐이다; 따라서 궤적들은 서로 엇갈려서 지나가지 않는다. 위에 제시된 그림들을 보고 임계점 $\mathbf{x} = \mathbf{0}$를 지나는 궤적이 많은 것으로 오해하지 말자. 사실, 원점을 지나는 유일한 해는 평형 상태의 해인 $\mathbf{x} = \mathbf{0}$밖에 없다. 원점을 지나는 것처럼 보이는 다른 해들은 실제로는 $t \to \infty$거나 $t \to -\infty$일 때 원점을 향해 다가가는 것뿐이다.

3. 각각의 상황에 대한 궤적들의 집합은 다음 세 가지 중 하나이다.

(a) $t \to \infty$일 때, 모든 궤적들이 임계점 $\mathbf{x} = \mathbf{0}$로 다가간다. 이 경우에 해당하는 고윳값은 음의 실수이거나 또는 음의 실수부를 갖는 복소수이고 이때의 원점은 nodal sink이거나 spiral sink이다.

(b) $t \to \infty$일 때, 모든 궤적들이 유한하지만 원점으로 다가가지는 않는다. 이 경우에 해당하는 고윳값은 순허수이고 원점은 center이다.

(c) $t \to \infty$일 때 어떤 궤적들은, 또는 $\mathbf{x} = 0$를 제외한 모든 궤적들은 무한대로 발산한다. 적어도 한 개의 고윳값이 양수이거나 또는 두 개의 고윳값이 모두 양의 실수부를 갖는 경우가 이에 해당한다. 이때, 원점은 nodal source 또는 spiral source 또는 안장점이다.

3(a), (b), (c)에 나열한 경우들은 각각 연립방정식 (2)에 대한 평형 상태의 해 $\mathbf{x} = \mathbf{0}$의 점근 안정성, 안정성, 불안정성을 설명하고 있다. 이 용어들에 대한 정확한 정의는 9.2절에서 하겠지만 이 절에서 기하학적으로 묘사한 것만으로도 그 기본적인 의미는 충분히 파악할 수 있다. 지금까지 구한 연립방정식 (2)에 대한 정보들을 **표 9.1.1**에 요약하였다. 또한 연습문제 **17**과 **18**을 참고하자.

표 9.1.1 $\det(\mathbf{A} - r\mathbf{I}) = 0$이고 $\det \mathbf{A} \neq 0$인 선형 연립방정식 $\mathbf{x}' = \mathbf{A}\mathbf{x}$의 안정성

고윳값들	임계점의 유형	안정성
$r_1 > r_2 > 0$	Node	불안정
$r_1 < r_2 < 0$	Node	점근적으로 안정
$r_1 < 0 < r_1$	안장점	불안정
$r_1 = r_2 > 0$	Proper 또는 improper node	불안정
$r_1 = r_2 < 0$	Proper 또는 improper node	점근적으로 안정
$r_1, r_2 = \lambda \pm i\mu$		
$\lambda > 0$	Spiral point	불안정
$\lambda < 0$	Spiral point	점근적으로 안정
$\lambda = 0$	Center	안정

지금까지 위상 평면상의 곡선으로 표현할 수 있는 $\det \mathbf{A} \neq 0$인 2차원 연립방정식 $\mathbf{x}' = \mathbf{A}\mathbf{x}$에 대해서만 해석하였다. 그러나, 해가 n차원 위상 공간상의 곡선으로 나타나고 $n \times n$ 계수행렬을 갖는 n차원 연립방정식에 대해서도 복잡하긴 하나 비슷한 해석을 할 수 있다. 고차원 연립방정식일 때 발생하는 상황들은 본질적으로는 2차원 연립방정식에서 발생했던 상황들의 조합이다. 예를 들어, 3차원 위상 공간을 갖는 3차원 연립방정식 중에는 한 평면 안에 있는 해들이 나선형을 그리며 원점을 향해 다가가는 동안 또 다른 해들은 이 평면을 가로지르는 직선을 따라 무한대로 가는 경우도 발생할 수 있다.

이것은 계수행렬이 음의 실수부를 갖는 두 개의 복소수 고윳값들과 양의 실수인 한 개의 고윳값을 갖는 경우에 발생할 것이다. 그러나 2차원보다 높은 고차원 연립방정식은 설명하기 복잡하기 때문에 자세히 다루지 않겠다.

연습 문제

▶ 문제 **1**부터 **10**까지 주어진 연립방정식들에 대해

a. 고윳값들과 고유벡터들을 찾아라.

b. 임계점 (0, 0)를 유형별로 분류하고, 안정적인지 또는 점근적으로 안정적인지 또는 불안정한지를 결정하라.

c. 위상 공간상에 궤적을 몇 개를 (아무런 그래픽 도구 없이) 손으로 그려라.

d. **G** 그래프 도구를 사용하여 위상 평면상에 궤적 몇 개와 이에 해당하는 t에 따른 x_1과 t에 따른 x_2 그래프를 정확하게 그려라.

1. $\mathbf{x}' = \begin{bmatrix} 3 & 2 \\ 2 & 2 \end{bmatrix}\mathbf{x}$

2. $\mathbf{x}' = \begin{bmatrix} 5 & 2 \\ 1 & 2 \end{bmatrix}\mathbf{x}$

3. $\mathbf{x}' = \begin{bmatrix} 1 & 3 \\ 2 & 1 \end{bmatrix}\mathbf{x}$

4. $\mathbf{x}' = \begin{bmatrix} 1 & -2 \\ 1 & -3 \end{bmatrix}\mathbf{x}$

5. $\dfrac{d\mathbf{x}}{dt} = \begin{pmatrix} 1 & 1 \\ -5 & -3 \end{pmatrix}\mathbf{x}$

6. $\dfrac{d\mathbf{x}}{dt} = \begin{pmatrix} 2 & 1 \\ -5 & -2 \end{pmatrix}\mathbf{x}$

7. $\dfrac{d\mathbf{x}}{dt} = \begin{pmatrix} 3 & 4 \\ -2 & -1 \end{pmatrix}\mathbf{x}$

8. $\dfrac{d\mathbf{x}}{dt} = \begin{pmatrix} -1 & 0 \\ -1 & -0.25 \end{pmatrix}\mathbf{x}$

9. $\mathbf{x}' = \begin{bmatrix} 1 & 2 \\ 0 & 2 \end{bmatrix}\mathbf{x}$

10. $\mathbf{x}' = \begin{bmatrix} 2 & 0 \\ 0 & 3 \end{bmatrix}\mathbf{x}$

▶ 문제 **11~13**은 $\mathbf{x}' = \mathbf{Ax} + \mathbf{b}$ 형태의 비제차 미분방정식의 임계점 유형을 분류하고 안정성을 검토하는 것을 포함한다. 임계점은 존재하는 경우 벡터 $\mathbf{x} = \mathbf{x}^0$는 $\mathbf{Ax} + \mathbf{b} = \mathbf{0}$을 만족한다. 변환 $\mathbf{u} = \mathbf{x} - \mathbf{x}^0$은 비제차 문제를 제차 미분방정식 $\mathbf{u}' = \mathbf{Au}$로 축소한다. 임계점 $\mathbf{u} = 0$ $(\mathbf{u}' = \mathbf{Au})$과 $\mathbf{x} = \mathbf{x}^0$ $(\mathbf{x}' = \mathbf{Ax} + \mathbf{b})$의 유형과 안정성은 동일하다. 각 문제에서, 비제차 문제의 임계점을 결정하고 $\mathbf{u} = \mathbf{x} - \mathbf{x}^0$이 해당 제차 문제를 만족함을 보여주며, 이 문제를 사용하여 유형을 분류하고 원래 비제차 미분방정식의 임계점 $\mathbf{x} = \mathbf{x}^0$의 안정성을 검토한다.

11. $\mathbf{x}' = \begin{bmatrix} 1 & -2 \\ 1 & -3 \end{bmatrix}\mathbf{x} - \begin{bmatrix} 2 \\ 0 \end{bmatrix}$

12. $\mathbf{x}' = \begin{bmatrix} -1 & 1 \\ 1 & 2 \end{bmatrix}\mathbf{x} - \begin{bmatrix} 3 \\ -1 \end{bmatrix}$

13. $\dfrac{d\mathbf{x}}{dt} = \begin{pmatrix} -1 & -1 \\ 2 & -1 \end{pmatrix}\mathbf{x} + \begin{pmatrix} 1 \\ 4 \end{pmatrix}$

14. 감쇠 스프링-질량계(spring-mass system with damping) (3.7절 참조)의 운동을 나타내는 방정식은 양수 m, c, k에 대해서

$$m\frac{d^2u}{dt^2} + c\frac{du}{dt} + ku = 0$$

이다. 이 2계 미분방정식을 $x = u$, $y = du/dt$에 대한 두 식으로 된 연립 1계 미분방정식으로 바꾸자. $x = 0$, $y = 0$이 임계점임을 보이고 매개변수 m, c, k의 함수로 임계점의 특성과 안정성을 해석하라. 비슷한 해석 과정을 다음과 같은 전기회로 방정식에 적용할 수 있다(3.7절 참조).

$$L\frac{d^2I}{dt^2} + R\frac{dI}{dt} + \frac{1}{C}I = 0$$

15. 연립방정식을 $\mathbf{x}' = \mathbf{A}\mathbf{x}$라 두고 $\mathbf{A}$가 0인 고윳값을 하나 갖는다고 가정하자.

a. $\mathbf{A} = 0$임을 보여라.

b. $\mathbf{x} = 0$이 임계점임을 보이고, 원점을 지나는 어떤 직선 위의 점들도 모두 임계점임을 보여라.

c. $r_1 = 0, r_2 \neq 0$라 두고 이에 대응되는 고유벡터를 각각 $\xi^{(1)}, \xi^{(2)}$라 두자. 궤적들이 **그림 9.1.7**처럼 나타남을 보여라.

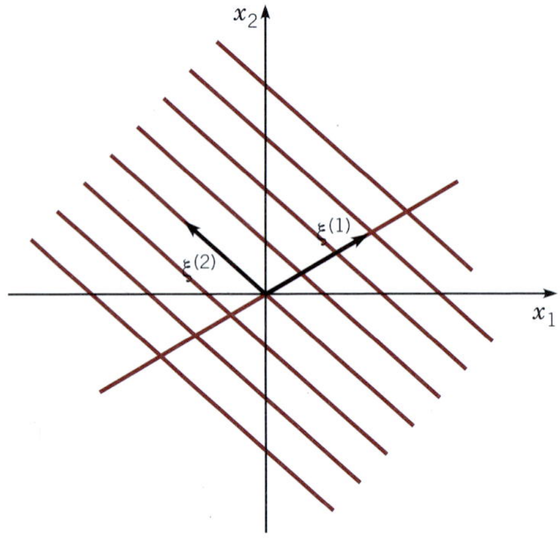

그림 9.1.7 고립되지 않은(nonisolated) 임계점들을 갖는 선형 연립방정식의 궤적 $r_1 = 0, r_2 \neq 0$. $\xi^{(1)}$을 지나는 직선 위의 모든 점들이 임계점이다.

궤적 위를 따라 움직이는 방향은 어느 쪽인가? 한 궤적을 따라 움직이는 방향을 결정하는 것은 무엇인가?

16. 이 문제에서 고윳값들이 순허수이면 궤적들이 타원이 된다는 사실을 보이고자 한다. 연립방정식을 다음과 같이 두자.

$$\begin{pmatrix} x \\ y \end{pmatrix}' = \begin{pmatrix} a_{11} & a_{12} \\ a_{21} & a_{22} \end{pmatrix}\begin{pmatrix} x \\ y \end{pmatrix} \tag{22}$$

a. 이 계수행렬의 고윳값들이 순허수일 필요충분조건이

$$a_{11} + a_{22} = 0, \quad a_{11}a_{22} - a_{12}a_{21} > 0 \tag{23}$$

임을 보여라.

b. 식 (22)를 하나의 미분방정식

$$\frac{dy}{dx} = \frac{dy/dt}{dx/dt} = \frac{a_{21}x + a_{22}y}{a_{11}x + a_{12}y} \tag{24}$$

로 바꾸면 연립방정식 (22)의 궤적을 구할 수 있다. 식 (23)의 첫 번째 식을 사용해서 식 (24)가 완전(exact) 미분방정식임을 보여라.

c. 식 (24)를 적분하여 상수인 k에 대해

$$a_{21}x^2 + 2a_{22}xy - a_{12}y^2 = k \tag{25}$$

임을 보여라. 식 (23)을 이용하여 식 (25)의 그래프가 항상 타원임을 보여라.

힌트: 식 (25)의 이차 형식에 대한 판별식은 무엇인가?

17. 실수인 상수 $a_{11}, a_{12}, a_{21}, a_{22}$에 대한 선형 연립방정식을 다음과 같이 두자.

$$\frac{dx}{dt} = a_{11}x + a_{12}y, \quad \frac{dy}{dt} = a_{21}x + a_{22}y$$

$p = a_{11} + a_{22}$, $q = a_{11}a_{22} - a_{12}a_{21}$이라 두고 $\Delta = p^2 - 4q$라 두자. 이때, p와 q는 각각 주어진 연립방정식에 대한 계수행렬의 대각 요소들의 합(trace)과 행렬식이다. 임계점 (0, 0)이

a. $q > 0$이고 $\Delta \geq 0$이면 node;

b. $q < 0$이면 안장점;

c. $p \neq 0$이고 $\Delta < 0$이면 spiral point;

d. $p = 0$이고 $q > 0$이면 center

임을 보여라.

힌트: 고윳값 r_1과 r_2를 살펴보면 위의 결과들을 보일 수 있다. 또한, 관계식 $r_1r_2 = q$와 $r_1 + r_2 = p$를 이용할 수도 있다.

18. 문제 **17**에 이어서 임계점 (0, 0)이

a. $q > 0$이고 $p < 0$이면 점근적 안정;

b. $q > 0$이고 $p = 0$이면 안정;

c. $q < 0$ 또는 $p > 0$이면 불안정;

임을 보여라.

▶ 문제 **17**과 **18**의 결과가 **그림 9.1.8**에 요약되어 있다.

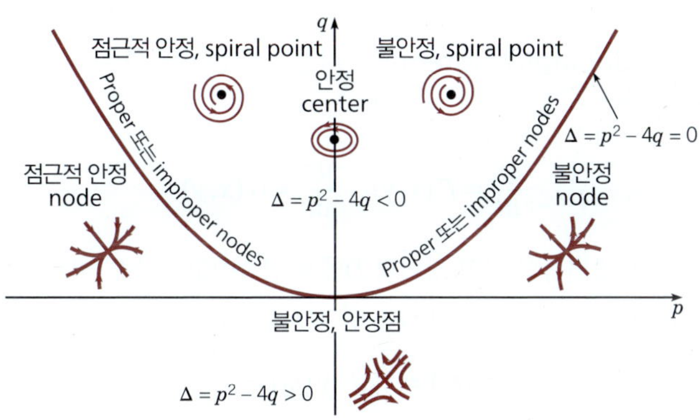

그림 9.1.8 $p = a_{11} + a_{22}$와 $q = a_{11}a_{22} - a_{12}a_{21}$의 함수로써 임계점 (0, 0)의 안정성 분류.

19. 이 문제에서 우리는 고윳값이 $\lambda \pm i\mu$인 2×2 시스템이 어떻게 시스템 (11)로 변환될 수 있는지 설명한다.

$$\mathbf{x}' = \begin{pmatrix} 2 & -2.5 \\ 1.8 & -1 \end{pmatrix}\mathbf{x} = \mathbf{A}\mathbf{x} \tag{26}$$

a. 이 연립방정식의 고윳값들이 $r_{1,2} = 0.5 \pm 1.5i$임을 보여라.

b. r_1에 대응되는 고유벡터를

$$\xi^{(1)} = \begin{pmatrix} 5 \\ 3 - 3i \end{pmatrix} = \begin{pmatrix} 5 \\ 3 \end{pmatrix} + i\begin{pmatrix} 0 \\ -3 \end{pmatrix} \tag{27}$$

과 같이 찾을 수 있음을 보여라.

c. $\xi^{(1)}$의 실수부와 허수부를 열로 갖는 행렬 $\mathbf{P}$를

$$\mathbf{P} = \begin{pmatrix} 5 & 0 \\ 3 & -3 \end{pmatrix} \tag{28}$$

으로 두자. $\mathbf{x} = \mathbf{P}\mathbf{y}$라 두고 식 (26)의 $\mathbf{x}$에 이를 대입하자.

$$\mathbf{y}' = \left(\mathbf{P}^{-1}\mathbf{A}\mathbf{P}\right)\mathbf{y} \tag{29}$$

임을 보여라.

d. $\mathbf{P}^{-1}$을 찾고

$$\mathbf{P}^{-1}\mathbf{A}\mathbf{P} = \begin{pmatrix} 0.5 & 1.5 \\ -1.5 & 0.5 \end{pmatrix} \tag{30}$$

임을 보여라. 따라서 식 (30)은 식 (11)의 형태이다.

9.2 자율 연립방정식과 안정성

이 절에서는 2.5절에서 소개했던 1계 미분방정식에 대한 기하학적 개념과 9.1절에서 소개했던 상수계수를 갖는 두 식으로 된 연립 1계 제차 선형 미분방정식에 대한 기하학적 개념을 합쳐서 확장하고자 한다. 이 개념들은 미분방정식에 대한 정성적인 연구와 안정성 개념과 관계가 있는데, 정확한 정의는 이 절의 뒷부분에서 하겠다.

▶ **자율 연립방정식(Autonomous Systems).** 다음과 같은 형태의 두 식으로 된 연립 미분방정식을 살펴보도록 하자.

$$\frac{dx}{dt} = F(x, y), \quad \frac{dy}{dt} = G(x, y) \tag{1}$$

이때, 함수 F와 G는 xy-평면상의 어떤 정의역 D에서 연속이고 연속인 편도함수를 갖는다고 가정한다. 정리 7.1.1에 의하면 이 정의역에 있는 한 점 (x_0, y_0)에서의 초기조건

$$x(t_0) = x_0, \quad y(t_0) = y_0 \tag{2}$$

를 만족하는 연립방정식 (1)의 유일한 해 $x = x(t)$, $y = y(t)$가 존재하는데, 이 해는 점 t_0를 포함하는 시간 구간 I에서 정의된다.

흔히 초깃값 문제 (1), (2)를 $\mathbf{x} = (x, y)^T$, $\mathbf{f}(\mathbf{x}) = (F(x, y), G(x, y))^T$, $\mathbf{x}^0 = (x_0, y_0)^T$에 대한 벡터 형태

$$\frac{d\mathbf{x}}{dt} = \mathbf{f}(\mathbf{x}), \quad \mathbf{x}(t_0) = \mathbf{x}^0 \tag{3}$$

로 쓰기도 한다. 이때 식 (3)의 해를 $x = (x(t), y(t))^T$라고 표현하는데, 보통 이 해를 xy-평면(위상평면)에서 움직이는 점의 자취를 나타내는 곡선 $\mathbf{x} = \mathbf{x}(t)$으로 해석한다.

식 (1)에서의 함수 F와 G는 독립변수 t가 아니라 종속변수 x, y에만 종속되는데 이런 성질을 갖는 연립방정식을 **자율**(autonomous) 연립방정식이라고 한다. 2×2 상수행렬 $\mathbf{A}$에 대한 연립방정식

$$\mathbf{x}' = \mathbf{A}\mathbf{x} \tag{4}$$

은 2차원 자율 연립방정식의 간단한 예이다. 계수행렬 **A**의 하나 또는 그 이상의 요소가 독립 변수 t에 대한 함수라면, 이 연립방정식은 자율적이지 않은(nonautonomous) 연립방정식이 된다. 일반적으로 9.1절에서 소개한 기하학적 정성 해석은 2차원 자율 연립방정식에서는 가능하지만 자율적이지 않은 연립방정식으로는 거의 불가능하기 때문에 자율 연립방정식인지 자율적이지 않은 연립방정식인지를 구별하는 것은 중요하다.

특히나 자율 연립방정식 (1)은 시간에 따라 변하지 않는 특정한 방향장을 갖기 때문에 위상 평면상의 각 점 (x_0, y_0)를 지나는 궤적이 하나뿐이다. 다시 말해, 초기조건 (2)를 만족하는 해는 (x_0, y_0)를 지나는 시간 t_0에 상관없이 모두 똑같은 궤적 위에 놓여 있게 된다. 따라서, 상수계수를 갖는 선형 연립방정식 (4)의 경우, 단 하나의 위상 궤적만이 연립방정식 (1)의 모든 해에 대한 정성적인 정보를 동시에 나타낼 수 있다. 이와 같은 사실을 이 장에서 여러 번 확인하게 될 것이다.

자율 연립방정식은 응용 분야에서 자주 발생한다. 물리적으로 말하자면, 자율 연립방정식은 물리적인 매개변수들과 외부의 힘 또는 효과를 포함하는 환경설정 요소들이 시간에 독립적인 방정식들이다. 따라서 주어진 초기조건에 대한 자율 연립방정식의 반응은 초기조건들이 부여된 시간과는 상관이 없다.

▶ **안정성과 불안정성.** 안정성, 점근 안정성, 불안정성의 개념은 이 책에서 이미 여러 번 언급하였다. 이제 적어도 자율 연립방정식

$$\mathbf{x}' = \mathbf{f}(\mathbf{x}) \tag{5}$$

에 대한 안정성을 수학적으로 정확하게 정의해야 할 때이다. 다음의 정의들에서뿐 아니라 이후에도 벡터 $\mathbf{x}$의 길이, 또는 크기를 기호 $\|\mathbf{x}\|$로 나타내겠다.

$\mathbf{f}(\mathbf{x}) = \mathbf{0}$인 점이 있다면, 그 점은 자율 연립방정식 (5)의 **임계점**(critical point)이라고 한다. 또한 이 점에서 $\mathbf{x}' = \mathbf{0}$이기 때문에 임계점들은 연립 미분방정식의 상수인, 또는 평형 상태인 해와 일치한다. 만약 주어진 임의의 $\epsilon > 0$에 대해서 이것에 대응하는 적당한 $\delta > 0$가 존재하여 $t = 0$에서

$$\|\mathbf{x}(0) - \mathbf{x}^0\| < \delta \tag{6}$$

을 만족하는 연립방정식 (1)의 모든 해 $\mathbf{x} = \mathbf{x}(t)$가 모든 t에 대해서 존재하고 모든 $t \geq 0$에 대해

$$\|\mathbf{x}(0) - \mathbf{x}^0\| < \epsilon \tag{7}$$

을 만족한다면 연립방정식 (5)의 임계점 $\mathbf{x}^0$를 **안정적**(stable)이라고 한다. 이것은 **그림 9.2.1(*a*)**와 **9.2.1(*b*)**에 기하학적으로 잘 나타나 있다. 이러한 수학적인 명제들은 $\mathbf{x}^0$에 "충분히 가까운 곳에서"(즉, 거리 δ 이내에서) 시작한 모든 해들은 $\mathbf{x}^0$와 "가까운 곳에"(거리 ϵ 이내에) 머무른다는 것을 의미한다. 그림 9.2.1(a)에서 궤적은 $t = 0$에서는 원 $\|\mathbf{x} - \mathbf{x}^0\| = \delta$ 안에 있고(비록 이 원을 빠르게 빠져나가더라도) 모든 $t \geq 0$에 대해서 계속 원 $\|\mathbf{x} - \mathbf{x}^0\| = \epsilon$ 안에 머물러 있다. 그러나, $t \to \infty$일 때, 해의 궤적이 임계점 $\mathbf{x}^0$으로 다가갈 필요는 없다; 단지 그림 9.2.1(b)에 나타난 것처럼 반경 ϵ인 원 안에 있기만 하면 된다. 이때, 안정적이지 않은 임계점을 **불안정**(unstable)하다고 한다.

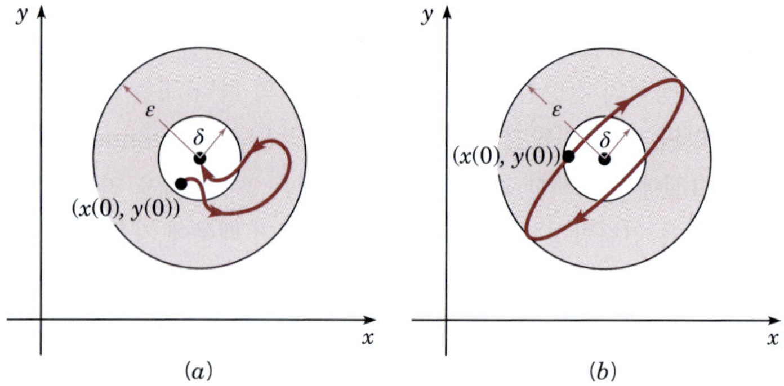

그림 9.2.1 (a) 점근 안정성, (b) 안정성을 나타내는 궤적들을 그래프로 표현.

임계점 $\mathbf{x}^0$가 안정적이고 적당한 δ_0 ($\delta_0 > 0$)가 존재하여 해 $\mathbf{x} = \mathbf{x}(t)$가

$$\|\mathbf{x}(0) - \mathbf{x}^0\| < \delta_0 \tag{8}$$

을 만족할 때

$$\lim_{t\to\infty} \mathbf{x}(t) = \mathbf{x}^0 \tag{9}$$

이면 이때의 임계점 $\mathbf{x}^0$를 **점근적으로 안정적**(asymptotically stable)이라고 한다. 따라서 $\mathbf{x}^0$에 "충분히 가까운 곳에서" 시작한 궤적은 $\mathbf{x}^0$ "가까이에" 머무를 뿐 아니라 $t \to \infty$일 때 결국 x^0으로 다가간다. 그림 9.2.1(a)는 이에 해당되는 경우이고 그림 9.2.1(b)는 해당되지 않는 경우이다. 임계점이 점근적으로 안정적인지 아닌지를 알아보기 전에 먼저 안정적이라는 조건을 만족해야 하기 때문에 점근 안정성은 안정성보다 훨씬 더 강한 성질이다. 또한, 점근 안정성에 대해 필수적인 극한 조건 (9)는 그 자체가 안정성을 의미하지 않는다. 실제로, $t \to \infty$일 때 모든 궤적들이 $\mathbf{x}^0$에 다가가긴 하지만 그때의 $\mathbf{x}^0$이 안정적인 임계점은 아닌 예를 찾을 수 있다. 기하학적으로 봤을 때, $\mathbf{x}^0$에 가까운 아무데서나 시작하고 $t \to \infty$일 때, $\mathbf{x}^0$에 다가가기 전에는 적당히 먼 거리만큼 떨어져 있는 궤적들의 집합만 찾으면 된다.

이 장에서 두 개의 식으로 되어 있는 연립방정식만 다루고 있기는 하지만 위에서 한 정의들은 연립방정식의 크기와는 상관이 없다. 식 (5)부터 (9)까지의 벡터들을 n차원 벡터라고 생각하면 안정성, 점근 안정성, 불안정성에 대한 정의들을 n개의 식으로 된 연립방정식에도 적용할 수 있다. 또한, 이러한 정의들의 개념은 구체적인 물리 문제를 다뤄보면 더 분명하게 알 수 있다.

▶ **진동하는 진자.** 점근 안정성, 안정성, 불안정성이라는 개념은 진동하는 진자를 이용하면 쉽게 눈으로 확인할 수 있다. **그림 9.2.2**처럼 단단하지만 무게가 없는 길이가 L인 막대 끝에 질량 m이 달려있다고 하자. 막대의 다른 한쪽 끝은 원점 O에 고정시키고 막대는 지면이 이루는 평면에서 자유롭게 회전할 수 있도록 놓는다. 진자의 위치는 막대기와 아래로 수직인 방향 사이의 각 θ로 표시한다. 단, 반시계방향을 양의 방향으로 놓는다. 중력 mg는 아래쪽으로 작용하고 양수 c에 대한 감쇠력(damping force) $c|d\theta/dt|$는 진자의 운동 방향과 반대로 작용한다. 여기서 θ와 $d\theta/dt$를 양수라고 가정하자. 운동 방정식은 각운동량(angular momentum)의 원리로부터 바로 유도될 수 있는데, 각운동량의 원리란 임의의 점에 대한 각운동량의 시간에 따른 변화율이 그 점에서의 합력(resultant force)의 모멘트와 같다는 것이다. 원점에 대한 각운동량은 mL^2 $(d\theta/dt)$이

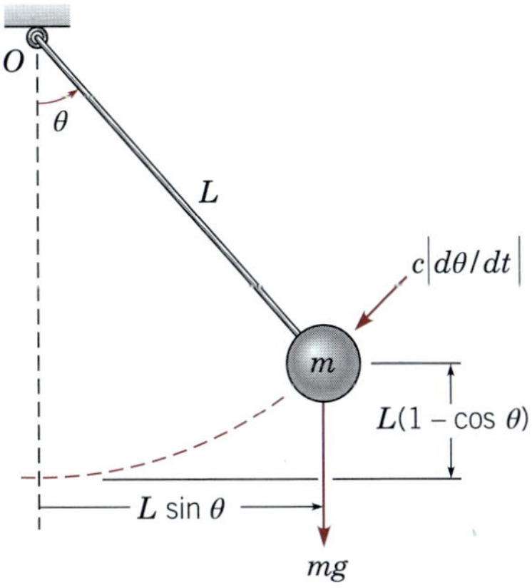

그림 9.2.2 진동하는 진자.

므로 지배 방정식은 다음과 같다.

$$mL^2\frac{d^2\theta}{dt^2} = -cL\frac{d\theta}{dt} - mgL\sin(\theta) \tag{10}$$

식 (10)의 우변에 있는 인수 L과 $L\sin(\theta)$는 각각 저항력과 중력의 모멘트 팔에 해당한다; 음의 부호는 저항력과 중력이 진자를 시계방향(음의 방향)으로 회전시킨다는 사실에 기인한다. 연습 삼아 θ와 $d\theta/dt$의 다른 세 가지 부호로 조합될 때도 똑같은 방정식이 나옴을 보여 보자.

간단한 사칙연산을 하여 식 (10)을 표준형

$$\frac{d^2\theta}{dt^2} + \frac{c}{mL}\frac{d\theta}{dt} + \frac{g}{L}\sin(\theta) = 0 \tag{11}$$

또는

$$\frac{d^2\theta}{dt^2} + \gamma\frac{d\theta}{dt} + \omega^2\sin(\theta) = 0 \tag{12}$$

으로 바꿀 수 있다. 이때, $\gamma = \dfrac{c}{mL}$이고 $\omega^2 = \dfrac{g}{L}$이다. $x = \theta$, $y = d\theta/dt$라 두면 식 (12)를 다음과 같은 두 식으로 된 연립 1계 미분방정식으로 바꿀 수 있다.

$$\frac{dx}{dt} = y, \quad \frac{dy}{dt} = -\omega^2\sin(x) - \gamma y \tag{13}$$

γ와 ω^2이 상수이므로 연립방정식 (13)은 (1)과 같은 자율 연립방정식이다.

$$y = 0, \quad -\omega^2\sin(x) - \gamma y = 0$$

을 풀면 식 (13)의 임계점을 찾을 수 있다. 즉, $y = 0$이고 정수 n에 대해서 $x = \pm n\pi$이다. 이 점들은 두 개의 물리적으로 평형 상태인 위치들과 일치한다. 이 중 한 위치는 지지대 바로 아래($\theta = 0$)이고 다른 하나는 지지대 바로 위($\theta = \pi$)인데, 전자는 안정적이고 후자는 불안정함을 직관적으로 알 수 있다.

좀 더 정확하게 말하자면, 질량을 갖는 물체를 낮은 평형 상태의 위치에서 약간 들어올렸다 놓으면 앞뒤로 진동하면서 진폭이 점점 줄어들다가 처음 상태에서 갖고 있던 위치에너지가 감쇠력에 의해 사라져 감에 따라 평형 상태의 위치로 수렴해 간다. 이런 유형의 운동이 *점근 안정성*을 나타내는 것이다. **그림 9.2.3(*a*)**를 보자.

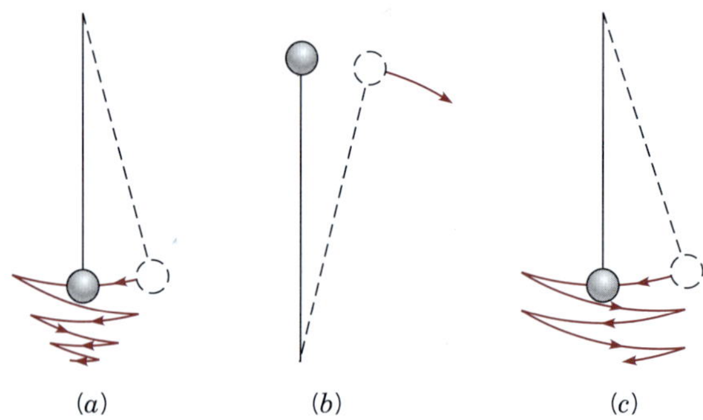

그림 9.2.3 진자의 정성 운동. (*a*) 공기 저항이 있는 경우. (*b*) 공기 저항이 있거나 없는 경우. (*c*) 공기 저항이 없는 경우.

한편, 질량이 있는 물체를 높은 평형 상태의 위치에서 약간 내렸다 놓으면 중력의 영향으로 아래로 바로 떨어지고 결국에는 위의 경우와 마찬가지로 낮은 평형 상태의 위치로 수렴하게 된다. 이런 유형의 운동은 *불안정성*을 나타낸다. **그림 9.2.3(*b*)**를 보자. 실제로 질량을 갖는 물체는 약간만 흔들려도 아래로 떨어지므로 외부에서 지탱하는 기구 없이 진자가 긴 시간 동안 높은 평형 상태를 유지할 수는 없다.

마지막으로, 감쇠 계수 c(또는 γ)가 영인 이상적인 상황을 고려해 보자. 이런 경우에는 질량이 있는 물체를 낮은 평형 상태의 위치에서 약간 들어 올린 후 놓으면 평형 상태의 위치에서 일정한 진폭을 유지하며 무한히 진동할 것이다. 에너지가 소멸되지 않기 때문에 질량이 있는 물체는 계속 평형 상태의 위치 근처에 있게 되지만 점근적으로 그 위치로 다가가지는 않는다. 이런 유형의 운동이 **그림 9.2.3(*c*)**에 나타난 것처럼 *안정적*이지만 점근적으로 안정적이지는 않은 경우이다. 그러나 공기저항이나 지지대에서의 마찰이 조금이라도 있으면 진자는 결국 멈추기 때문에 이런 운동을 실제로 목격할 수는 없다.

진자의 운동 방정식에 대한 해는 다음 절에서 자세히 다루겠다.

▶ **임계점의 중요성.** 임계점은 평형 상태의 해—즉, $x(t)$와 $y(t)$가 상수가 되는 해—와 일치한다. 이런 해에 대해서 x와 y로 표현된 연립방정식은 변하지 않는다; 즉, 영원히 초기상태를 유지한다. 따라서 이런 점들은 관심을 가질 필요가 없다. 그러나 상수계수를 갖는 제차 선형 연립방정식, $\mathbf{x}' = \mathbf{A}\mathbf{x}$의 경우 원점에서의 임계점의 특성이 xy-평면상에서 궤적의 모양을 거의 대부분 결정한다는 사실을 상기하자.

비선형 자율 연립방정식은 적어도 두 가지 이유 때문에 위와 같은 성질을 갖지 않는다. 첫 번째 이유는 소위 경쟁적으로 궤적에 영향을 끼치려고 하는 임계점들이 몇 개, 혹은 많이 존재할 수 있다는 것이다. 두 번째는 임계점에서 멀리 떨어진 곳에서는 연립방정식의 비선형성이 중요한 역할을 한다는 것이다. 그럼에도 불구하고, 비선형 자율 연립방정식의 임계점들도 선형 연립방정식과 똑같이 분류할 수 있다. 자세한 설명은 9.3절에서 하도록 하고 이 절에서는 그림으로 설명하겠다. 이를 위해서 방향장을 구할 수 있는 소프트웨어가 있어서 수치적으로 근사된 궤적을 그릴 수 있어야 한다.

예제 9.2.1

연립방정식을 다음과 같이 두자.

$$\frac{dx}{dt} = -(x-y)(1-x-y), \quad \frac{dy}{dt} = x(2+y) \tag{14}$$

이 연립방정식에 대한 임계점들을 찾고 임계점을 포함하는 사각형 인에 방향장을 그려보자. 방향장을 살펴보면서 각각의 임계점을 유형별로 분류하고 점근적으로 안정적인지, 안정적인지 또는 불안정한지를 밝히자.

풀이

다음 대수식들을 풀면 임계점을 구할 수 있다.

$$(x-y)(1-x-y) = 0, \quad x(2+y) = 0 \tag{15}$$

$x = 0$이면 두 번째 식을 만족하므로 첫 번째 식은 $y(1-y) = 0$이 되고, 따라서 $y = 0$ 또는 $y = 1$이다. 또한, $y = -2$도 두 번째 식을 만족하므로 첫 번째 식은 $(x+2)(3-x) = 0$이 되고, 따라서 $x = -2$ 또는 $x = 3$이 된다. 결국, 네 개의 임계점 (0, 0), (0, 1), (−2, −2), (3, −2)를 찾을 수 있다.

그림 9.2.4는 처음 두 개의 임계점을 포함하는 방향장을 나타내고 있다. 이 그림을 9.1절과 6장에 나오는 그림들과 비교해 보면 원점은 안장점이고 (0, 1)은 spiral point임을 알 수 있다. 물론, 안장점은 불안정하다. Spiral point의 경우엔, 그 근처의 궤적들이 이 spiral point로 다가가므로 점근적으로 안정적이라고 할 수 있다.

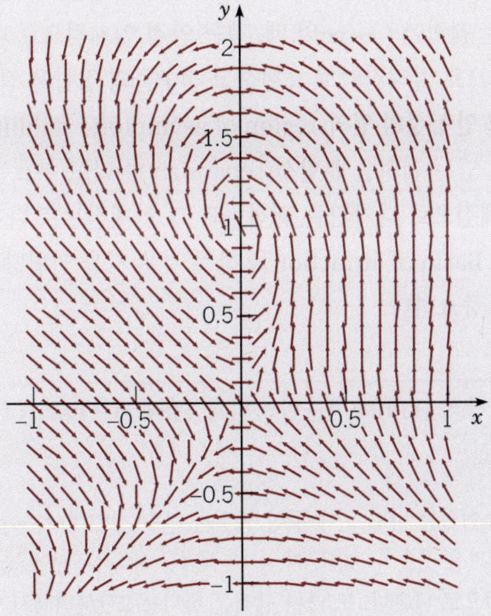

그림 9.2.4 임계점 (0, 0)과 (0, 1)을 포함하는 연립방정식 (14)에 대한 방향장. 전자는 안장점이고 후자는 spiral sink.

다른 두 개의 임계점들에 대한 방향장은 **그림 9.2.5**에 나타나 있는데 둘 다 node임을 알 수 있다. 이때, 화살표가 점 (−2, −2)를 향하고 있고 점 (3, −2)에서는 멀어지고 있다; 따라서 전자는 점근적으로 안정적이고, 후자는 불안정하다.

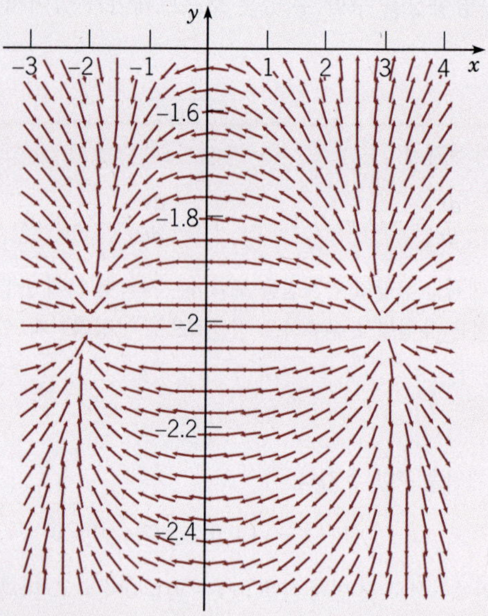

그림 9.2.5 임계점 (−2, −2) 및 (3, −2)를 포함하는 연립방정식 (14)에 대한 방향장. 전자는 nodal sink이고 후자는 nodal source.

다음은 적어도 한 개의 점근 안정 임계점을 갖는 2차원 자율 연립방정식에 대해서 주어진 임계점으로 다가가는 궤적들이 위상 평면 중 어느 곳에 위치해 있는지 알아보고자 한다. xy평면상의 어떤 한 점 P를 지나는 궤적이 $t \to \infty$일 때, 점근 안정 임계점으로 다가간다고 하자. 이때 이 궤적을 점근 안정 임계점으로 끌려간다고 표현하고 점 P들의 집합을 점근 안정 임계점의 **basin of attraction** 또는 **점근 안정성의 영역**(region of asymptotic stability)이라고 부른다. 이 basin of attraction을 묶고 있는 궤적을 **분할선**(separatrix)이라고 부르는데, 그렇게 부르는 이유는 이 궤적이 특정한 임계점으로 다가가는 궤적들과 그 임계점으로 다가가지 않는 궤적들을 서로 분리시키기 때문이다. Basin of attraction을 찾는 것은 자율 연립방정식의 해들을 큰 규모로 이해하는 데 있어서 매우 중요하다.

예제 9.2.2 예제 9.2.1에서 구한 연립방정식 (14)의 점근 안정 임계점들에 대한 basin of attraction을 찾아보자.

풀이

그림 9.2.6은 방향장이 놓여있는 바탕 위에 위상 궤적을 그린 것인데, $t \to \infty$일 때 원점에서 안장점으로 다가가는 두 개의 궤적을 찾을 수 있다. 이 중 한 궤적은 제4사분면에 놓여있고 (3, −2)에서 불안정 node로부터 거의 직선으로 나온다. 또 다른 궤적은 하나는 2사분면에서 안장점에 접근하고, 우리가 시간을 거슬러 따라가면 나선형 점을 중심으로 고리모양을 만들고 $t \to \infty$일 때 궁극적으로 불안정 node (3, −2)에 접근하는 것을 알 수 있다. 이 두 궤적들이 분할선이다; 두 분할선 사이의 영역(그러나 분할선들 자체는 포함되지 않는)은 (0, 1)에서 spiral point에 대한 basin of attraction이다. 그림 9.2.6에 이 영역이 음영으로 표시되어 있다.

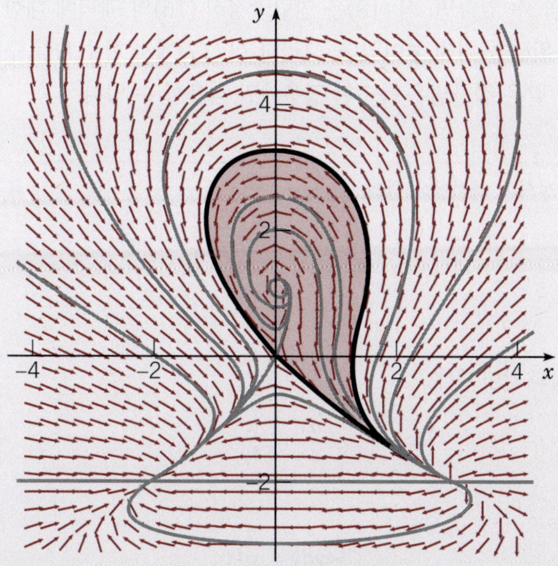

그림 9.2.6 연립방정식 (14)의 방향장, 궤적들, 임계점들. 분할선은 검은색 실선으로 나타냈다. Spiral point (0, 1)에 대한 basin of attraction이 음영으로 표시되어 있다.

(−2, −2)에서 점근 안정 node에 대한 basin of attraction은 약간의 예외를 제외한 *xy*평면상의 나머지 부분을 모두 포함하고 있다. 위에서 지적한대로 분할선들은 node가 아닌 안장점으로 다가간다. 안장점 자체와 불안정 node는 평형 상태의 해들이고, 따라서 모든 시간에 대해 고정되어 있다. 끝으로, $x > 3$일 때 직선 $y = -2$ 위에 놓여서 그 위에 있는 방향장이 항상 오른쪽으로 움직이는 궤적을 하나 찾을 수 있다; 이 궤적도 점 (−2, −2)로 다가가지 않는다.

그림 9.2.4, 9.2.5, 9.2.6에 나타나 있는 방향장과 궤적은 임계점 근처에서 상수계수를 갖는 선형 연립방정식의 경우와 모양이 거의 유사하다. 확대/축소 가능한 그래핑 소프트웨어를 이용하여 임계점에 더 가까이 다가가 살펴보면 더 확실히 알 수 있다. 따라서 비선형 연립방정식이 적어도 임계점 근처에서는 선형 연립방정식과 비슷하다는 걸 눈으로 직접 확인할 수 있다. 이 개념에 대해서는 다음 절에서 계속 살펴보겠다.

▶ **궤적의 결정.** 2차원 자율 연립방정식

$$\frac{dx}{dt} = F(x, y), \quad \frac{dy}{dt} = G(x, y) \tag{16}$$

의 궤적은 이 식에 해당하는 1계 미분방정식을 풀면 찾을 수 있다. 이를 위해 식 (16)을 변수 x, y에 대한 1계 미분방정식

$$\frac{dy}{dx} = \frac{dy/dt}{dx/dt} = \frac{G(x, y)}{F(x, y)} \tag{17}$$

로 바꾸자. F와 G가 t에도 종속된 함수라면 이와 같은 축소 형태로 만들 수 없다. 식 (17)을 2장에서 소개한 방법으로 풀 수 있고 해를

$$H(x, y) = c \tag{18}$$

인(음함수) 형태로 쓸 수 있다면, 식 (18)은 연립방정식 (16)의 궤적에 대한 방정식이다. 즉, 궤적들은 $H(x, y)$의 등위선들 위에 놓여있다. 그러나 식 (17)에서 함수 H를 구하는 일반적인 해법이 없기 때문에 위와 같은 접근법은 특수한 경우에만 적용할 수 있다.

예제 9.2.3

다음과 같은 연립방정식의 궤적을 구하라.

$$\frac{dx}{dt} = 4y, \quad \frac{dy}{dt} = x \tag{19}$$

풀이

이때, 식 (17)은 다음과 같이 된다.

$$\frac{dy}{dx} = \frac{x}{4y} \tag{20}$$

이 미분방정식은

$$4ydy = xdx$$

라고 쓸 수 있기 때문에 분리 가능하고, 해는 임의의 c에 대해

$$H(x, y) = 2y^2 - x^2 = c \tag{21}$$

로 주어진다. 따라서, 연립방정식 (19)의 궤적들은 **그림 9.2.7**에 나타난 것처럼 쌍곡선 모양이다. 두 개의 검은색 궤적은 $(x, y) = 0$인 두 해, 즉 $y = x$(실선)과 $y = -x$(줄선)에 해당한다. 궤적 위에서 움직이는 방향은 dx/dt와 dy/dt가 제1사분면에서 모두 양수라는 사실로부터 추정할 수 있다. 이때, 유일한 임계점은 원점에서의 안장점이다.

궤적을 찾는 또 다른 방법은 6.5절에서 소개한 것처럼 연립방정식 (19)를 푸는 것이다. 자세한 내용은 생략하고 결과만 보면 다음과 같다.

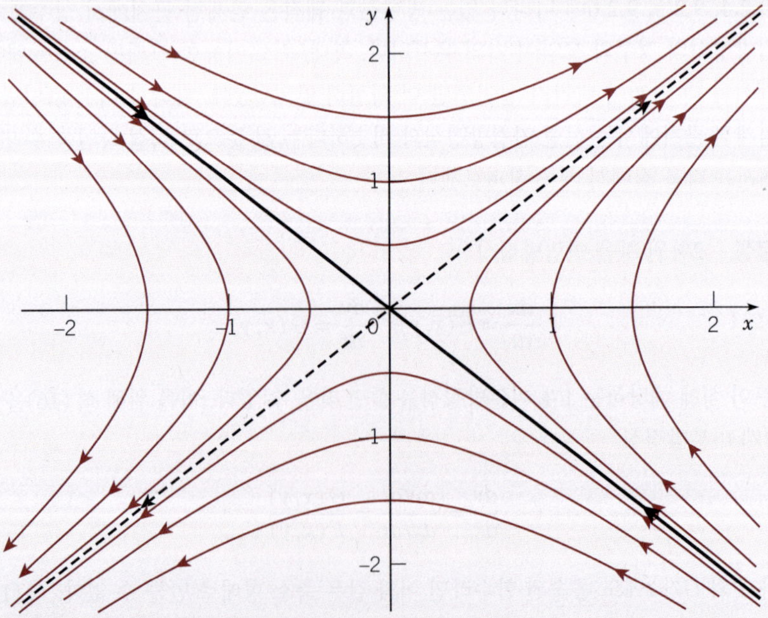

그림 9.2.7 연립방정식 (19)의 방향장과 궤적들; 원점이 안장점이다.

$$x = c_1e^t + c_2e^{-t}, \quad y = \frac{1}{2}\left(c_1e^t - c_2e^{-t}\right)$$

위의 두 식에서 t를 소거하면 식 (21)을 다시 얻을 수 있다.

예제 9.2.4

다음과 같은 연립방정식의 궤적을 구하라.

$$\frac{dx}{dt} = 2 + y, \qquad \frac{dy}{dt} = 4 - x^2 \tag{22}$$

풀이

두 식

$$2 + y = 0, \quad 4 - x^2 = 0$$

으로부터 연립방정식 (22)의 임계점 (2, −2)와 (−2, −2)를 구할 수 있다. 궤적을 결정하기 위해 연립방정식 (17)을 다음과 같이 바꾸자.

$$\frac{dy}{dx} = \frac{4 + x^2}{2 - y} \tag{23}$$

식 (23)을 변수분리하여 각각 적분하면 임의의 상수 c에 대한 다음과 같은 해를 구할 수 있다.

$$H(x, y) = 12y + 3y^2 - 72x + x^3 = c \tag{24}$$

컴퓨터를 이용하면 $H(x, y)$의 등위선들을 쉽게 그릴 수 있는데 그중 몇 개가 **그림 9.2.8**에 그려져 있다. 궤적 위에서 움직이는 방향은 연립방정식 (22)에 대한 방향장을 그리거나 한두 점에서의 dx/dt와 dy/dt를 계산하면 알 수 있다. **그림 9.2.8**에 의하면 임계점 (−2, −2)는 안장점이고 (2, −2)는 center임을 알 수 있다. 또한, 안장점 (−2, −2)에서 출발하여($t \to -\infty$일 때) center인 (2, −2) 주위를

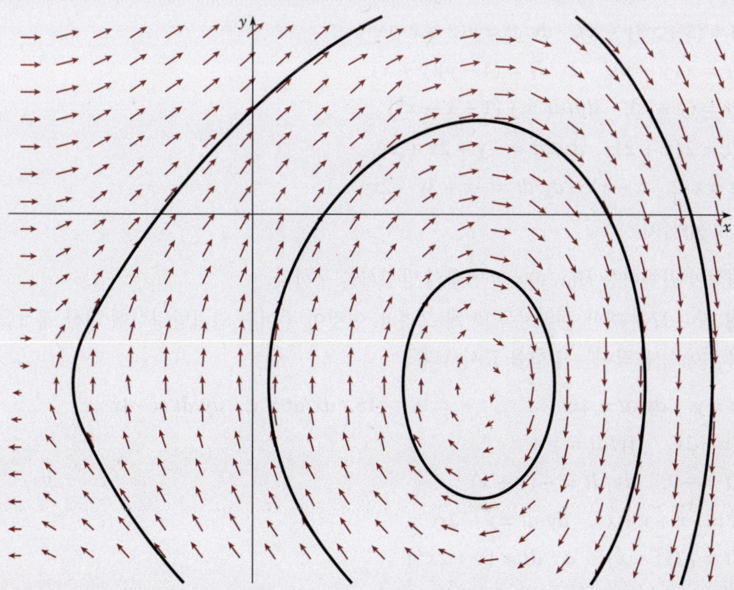

그림 9.2.8 연립방정식 (22)의 궤적들. 점 (2, −2)는 center이고 (−2, −2)는 안장점이다. 검은색 곡선은 분할선이다.

고리모양을 그리며 돌다가 다시 안장점 $(-2, -2)$으로 돌아오는($t \to +\infty$일 때) 분할선(검은색으로 그려진)을 하나 찾을 수 있다. 이 분할선 안에는 center를 둘러싼 닫힌 궤적들—또는 주기적인 해들—이 있다. 분할선 밖에 있는 궤적들은 오른쪽에서 안장점으로 들어오는 검은색 궤적 하나를 제외하고는 모두 무한대로 발산한다.

연습 문제

▶ 문제 **1**부터 **3**까지 주어진 초기조건을 만족하는 해에 대응하는 궤적을 그리고 t가 증가할 때 움직이는 방향을 표시하라.

1. **G** $dx/dt = x,\ \ dy/dt = -y,\ \ x(1) = 3,\ \ y(1) = 2$

2. **G** $dx/dt = -x,\ \ dy/dt = y,\ \ x(1) = 4,\ \ y(1) = 2$ 그리고 $x(1) = 1,\ \ y(1) = 0$

3. **G** $dx/dt = -y,\ dy/dt = x;\ \ x(0) = 3,\ \ y(0) = 0$ 그리고 $x(0) = 0,\ \ y(0) = 3$

▶ 문제 **4**부터 **13**까지 주어진 연립방정식에 대해

a. 모든 임계점(평형 상태의 해)을 찾아라.

b. **G** 컴퓨터를 이용해서 주어진 연립방정식에 대한 방향장과 위상 궤적을 그려라.

c. **b**에서 그린 그림에 대해서 각각의 임계점이 점근적으로 안정적인지, 안정적인지 또는 불안정한지를 밝히고 유형별로 분류하라.

d. 각각의 점근 안정 임계점에 대한 basin of attraction을 나타내라.

4. $dx/dt = x(1 + y),\ \ \ dy/dt = x - y$

5. $dx/dt = 1 + 2x,\ \ \ dy/dt = -2y$

6. $dx/dt = y(2 - x - y),\ \ \ dy/dt = -x - y - 2xy$

7. $dx/dt = (x + y)x,\ \ \ dy/dt = -y(1 - x)$

8. $dx/dt = -x + 2xy,\ \ \ dy/dt = y - x^2 - y^2$

9. $dx/dt = (3 + x)(y - x),\ \ \ dy/dt = y(2 + x - x^2)$

10. $dx/dt = x(y - x),\ \ \ dy/dt = (4 - y)(y + x)$

11. $dx/dt = (y + x),\ \ \ dy/dt = y\left(1 + x - x^2\right)$

12. $dx/dt = 2(y + x),\ \ \ dy/dt = -y + 2x + xy$

13. $dx/dt = x(2 - x - y),\ \ \ dy/dt = -x + 3y - 2xy$

▶ 문제 **14**부터 **20**까지:

a. 궤적이 만족하는 $H(x, y) = c$ 형태의 방정식을 구하라.

b. **G** 함수 H에 대한 등위선을 몇 개 그려라. 이것이 주어진 연립방정식에 대한 궤적들이다. 각 궤적 위에서 움직이는 방향을 표시하라.

14. $dx/dt = y,\ \ \ dy/dt = 4x$

15. $dx/dt = y,\ \ \ dy/dt = -4x$

16. $dx/dt = 2y,\ \ \ dy/dt = y + x$

17. $dx/dt = -y,\ \ \ dy/dt = -(y + x)$

18. $dx/dt = -x + y + x^2,\ \ \ dy/dt = y - 2xy$

19. $dx/dt = \left(2y^2 + x\right),\ \ \ dy/dt = \left(y + 2x^2\right)$

20. $dx/dt = x,\ \ \ dy/dt = -y + x^2$

21. $\alpha < t < \beta$에 대한 자율 연립방정식

$$\frac{dx}{dt} = F(x, y), \quad \frac{dy}{dt} = G(x, y)$$

의 해를 $x = \phi(t)$, $y = \psi(t)$라 두고, 임의의 실수 s에 대해

$$x = \Phi(t) = \phi(t - s), \quad y = \Psi(t) = \psi(t - s)$$

가 $\alpha + s < t < \beta + s$일 때의 해임을 보여라.

22. 연립방정식

$$\frac{dx}{dt} = F(x, y), \quad \frac{dy}{dt} = G(x, y)$$

에 대해서 점 (x_0, y_0)를 지나는 궤적이 기껏해야 하나임을 보여라.

힌트: $\phi_0(t_0) = x_0$, $\psi_0(t_0) = y_0$를 만족하는 해 $x = \phi_0(t)$, $y = \psi_0(t)$에 의해 생기는 궤적을 C_0라 두고 $\phi_1(t_1) = x_0$, $\psi_1(t_1) = y_0$를 만족하는 해 $x = \phi_1(t)$, $y = \psi_1(t)$에 의해 생기는 궤적을 C_1이라 두자. 주어진 연립방정식이 자율 연립방정식이라는 사실과 존재성 및 유일성 정리를 이용하여 C_0와 C_1이 같다는 것을 증명하자.

23. 연립방정식

$$\frac{dx}{dt} = F(x, y), \quad \frac{dy}{dt} = G(x, y)$$

의 임계점이 아닌 점에서 시작하는 궤적이 있다면 이 궤적은 유한한 시간 안에는 임계점 (x_0, y_0)에 도달할 수 없음을 증명하라.

힌트: 도달할 수 있다고 가정하자; 즉, 해 $x = \phi(t)$, $y = \psi(t)$가 $\phi(a) = x_0$, $\psi(a) = y_0$를 만족한다고 가정하자. 그리고 $x = x_0$, $y = y_0$가 $t = a$에서의 초기조건 $x = x_0$, $y = y_0$를 만족하는 주어진 연립방정식의 해라는 사실을 이용하자.

24. 자율 연립방정식의 해 $x = \phi(t)$, $y = \psi(t)$, $-\infty < t < \infty$에 대응하는 궤적이 닫혀있으면 이 해는 주기함수임을 보여라.

힌트: 궤적이 닫혀있으므로 $\phi(t_0) = x_0$, $\psi(t_0) = y_0$를 만족하는 적어도 한 점 (x_0, y_0)가 존재하고 $\phi(t_0 + T) = x_0$, $\psi(t_0 + T) = y_0$인 상수 $T > 0$가 존재한다. $x = \Phi(t) = \phi(t + T)$와 $y = \Psi(t) = \psi(t + T)$가 해임을 보이고 존재성 및 유일성 정리를 이용하여 모든 t에 대해 $\Phi(t) = \phi(t)$이고 $\Psi(t) = \psi(t)$임을 보여라.

9.3 국소적으로 선형인 연립방정식

9.1절에서 2차원 선형 연립방정식

$$\mathbf{x}' = \mathbf{A}\mathbf{x} \tag{1}$$

의 평형 상태인 해 $\mathbf{x} = \mathbf{0}$의 안정성에 대해 설명하고 그 결과들을 표 9.1.1에 요약하였다. 여기서 $\det \mathbf{A} \neq 0$이면, $\mathbf{x} = \mathbf{0}$는 연립방정식 (1)의 유일한 임계점이었다. 이제 점근 안정성, 안정성, 불안정성의 개념을 좀 더 정확하게 정의하기 위해 다음 정리에 다시 서술하겠다.

정리 9.3.1

선형 연립방정식 (1)의 임계점 $\mathbf{x} = \mathbf{0}$이

1. 고윳값 r_1, r_2가 실수이고 음수이거나 음의 실수부를 갖는 경우에는 점근적으로 안정적이다.
2. r_1과 r_2가 순수 허수이면 안정적이지만 점근적으로 안정적이지 않다.
3. r_1과 r_2가 실수이고 둘 중 하나가 양수이거나, 또는 양의 실수부를 갖는 경우 5는 불안정하다.

▶ **섭동(Perturbation)의 효과.** 위의 정리 또는 표 9.1.1로부터 계수행렬 $\mathbf{A}$의 고윳값 r_1, r_2가 $\mathbf{x} = \mathbf{0}$에서의 임계점의 유형과 안정성의 특징을 결정한다는 것을 확실히 알 수 있었다. 또한 r_1, r_2의 값은 연립방정식 (1)의 계수에 따라 달라진다. 이런 연립방정식이 응용 분야에서 발생하면, 그 계수는 대체로 측정된 물리량들에 의해서 결정된다. 이런 물리량의 측정값은 약간의 불확실성에도 변하기 쉽기 때문에 계수의 작은 변화(섭동, perturbation)가 임계점의 안정성이나 불안정성 또는/그리고 궤적의 모양에 영향을 끼치는지를 따져볼 필요가 있다.

고윳값 r_1, r_2가 다음 다항식의 근임을 상기하자.

$$\det(\mathbf{A} - r\mathbf{I}) = 0 \tag{2}$$

몇몇 또는 모든 계수에 대한 작은 섭동이 고윳값에 작은 섭동을 일으킴을 보일 수 있다. 가장 변화에 민감한 경우는 $r_1 = i\mu$와 $r_2 = -i\mu$일 때이다. 이때 임계점은 center이고 궤적은 임계점을 둘러싼 폐 곡선들이다(타원). 계수에 약간의 변화를 주면 고윳값 r_1과 r_2는 새로운 값 $r_1' = \lambda' + i\mu'$과 $r_2' = \lambda' - i\mu'$으로 바뀐다. 이때, λ'은 크기가 작은 값이고 $\mu' \cong \mu$이다(**그림 9.3.1** 참고). 거의 대부분 그렇듯이 $\lambda' \neq 0$이면 작은 섭동이 주어진 연립방정식의 궤적들은 타원이 아니라 나선형이 된다. 이 연립방정식은 $\lambda' < 0$이면 점근적으로 안정적이지만 $\lambda' > 0$이면 불안정하다. 따라서 center의 경우에는 계수에 대한 작은 섭동이 안정적인 연립방정식을 불안정한 연립방정식으로, 타원 모양의 궤적들을 나선형으로 바꿀 수도 있다(연습문제 **24**번 참고).

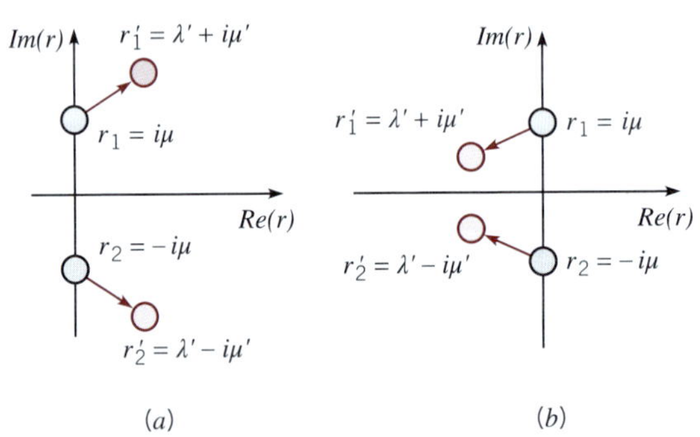

그림 9.3.1 도표로 나타낸 (a) 양의 실수부 또는 (b) 음의 실수부인 켤레 복소수 고윳값으로의 $r_1 = i\mu$, $r_2 = -i\mu$의 섭동.

이보다 변화에 덜 민감한 경우는 고윳값 r_1과 r_2가 같을 때인데 이 경우의 임계점은 node이다. 계수에 작은 섭동을 주면 두 개의 중근은 대체로 서로 분리된다(분기된다). 분리된 두 근이 실수이면 작은 섭동이 주어진 연립방정식의 임계점은 여전히 node이지만 분리된 두 근이 켤레 복소수들이라면 임계점은 spiral point가 된다. 이 두 가지 가능성은 **그림 9.3.2**에 나타나 있다. 이 경우 연립방정식의 안정성 또는 불안정성은 계수의 작은 섭동에 영향을 받지 않지만 임계점의 유형은 바뀔 수 있다(연습문제 **25**번 참고).

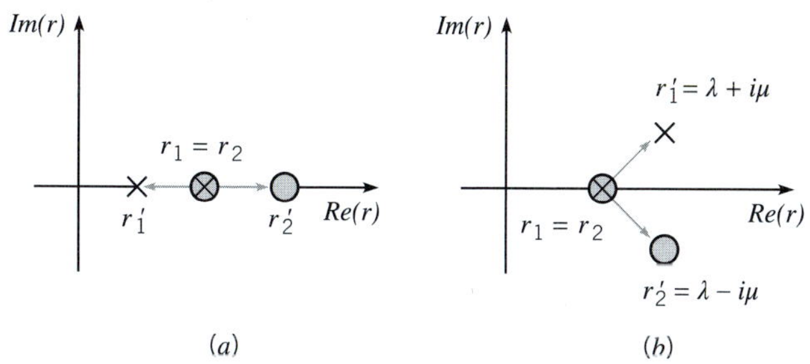

그림 9.3.2 도표로 나타낸 (a) 한 쌍의 서로 다른 실수 고윳값 또는 (b) 켤레 복소수 고윳값으로의 $r_1 = r_2$의 섭동.

그 외의 경우에는 계수의 충분히 작은 섭동에 의해 연립방정식의 안정성 또는 불안정성이 변하지 않고 임계점의 유형도 변하지 않는다. 예를 들어, r_1과 r_2가 서로 다른 음의 실수라면 계수를 *약간* 변화시킨다고 해서 r_1, r_2의 부호가 바뀌거나 r_1, r_2가 합쳐지지 않는다. 따라서 임계점은 여전히 점근 안정 node이다.

▶ **비선형 연립방정식에 대한 선형 근사.** 이제 비선형 자율 2차원 연립방정식

$$\mathbf{x}' = \mathbf{f}(\mathbf{x}) \tag{3}$$

를 살펴보자. 여기서의 주요 목적은 임계점 $\mathbf{x}^0$ 근처에서 연립방정식 (3)의 궤적의 모양을 조사하는 것이다. 예제 9.2.1에서 비선형 연립방정식이 임계점 근처에서 어떤 선형 연립방정식의 궤적과 비슷한 궤적을 갖는다는 것을 지적한 바 있다. 이것은 비선형 연립방정식 (3)을 임계점 근처에서 궤적을 구하기 쉬운 선형 연립방정식으로 근사할 수 있음을 시사하고 있다. 여기서 결정적인 문제는 임계점 근처에서 비선형 연립방정식의 궤적에 거의 근접하는 궤적을 갖는 근사 선형 연립방정식을 찾을 수 있는지, 찾을 수 있다면 어떻게 찾을지 하는 것이다.

편의상 임계점을 원점으로 선택하자. $\mathbf{x}^0 \neq \mathbf{0}$이면 식 (3)에서 $\mathbf{u} = \mathbf{x} - \mathbf{x}^0$로 치환하여 $\mathbf{u}$가 원점에서 임계점을 갖는 자율 연립방정식을 만족하도록 바꿀 수 있기 때문에 임계점을 원점으로 두어도 일반성을 잃지 않는다.

먼저, 비선형 연립방정식 (3)이 선형 연립방정식 (1)에 "가깝다"는 것이 어떤 의미인지 알아보자. 이를 위해서

$$\mathbf{x}' = \mathbf{A}\mathbf{x} + \mathbf{g}(\mathbf{x}) \tag{4}$$

이고 $\mathbf{x} = \mathbf{0}$은 연립방정식 (4)의 **고립된**(isolated) **임계점**이라고 하자. $\mathbf{x} = \mathbf{0}$가 고립되었다는 것은 그 안에 다른 임계점들을 포함하지 않는 원점을 중심으로 하는 적당한 원이 존재함을 의미한다. 또한 $\det \mathbf{A} \neq \mathbf{0}$라고 가정하여 $\mathbf{x} = \mathbf{0}$가 선형 연립방정식 $\mathbf{x}' = \mathbf{A}\mathbf{x}$의 고립된 임계점이 되도록 한다. 여기서 비선형 연립방정식 (4)가 선형 연립방정식 $\mathbf{x}' = \mathbf{A}\mathbf{x}$에 가깝기 위해서는 $\mathbf{g}(\mathbf{x})$를 작게 두어야 한다. 정확하게 말하자면, $\mathbf{g}$의 성분들이 연속인 1계 도함수를 갖고 극한 조건

$$\mathbf{x} \to \mathbf{0} \text{ 일 때, } \frac{\|\mathbf{g}(\mathbf{x})\|}{\|\mathbf{x}\|} \to 0 \tag{5}$$

을 만족해야 한다. 즉, $\|\mathbf{g}(\mathbf{x})\|$가 원점 근처에서 $\|\mathbf{x}\|$에 비해 작아야 한다. 이런 연립방정식을 임계점 $\mathbf{x} = \mathbf{0}$의 근방에서 **국소적으로 선형인 연립방정식**(locally linear system)이라고 한다.

조건 (5)를 스칼라 형태로 표현하는 것이 더 유용할 수 있다. $\mathbf{x} = (x, y)^T$라 두면 $\|\mathbf{x}\| = (x^2 + y^2)^{1/2} = r$이 되고, 비슷하게 $\mathbf{g}(\mathbf{x}) = (g_1(x, y), g_2(x, y))^T$라 두면 $\|\mathbf{g}(\mathbf{x})\| = (g_1^2(x, y) + g_2^2(x, y))^{1/2}$이 된다. 따라서 조건 (5)를 만족할 필요충분조건은

$$\text{모든 } 0 \le \theta \le 2\pi\text{에 대해 } r \to 0 \text{ 일 때}, \frac{g_1(r\cos(\theta), r\sin(\theta))}{r} \to 0, \quad \frac{g_2(r\cos(\theta), r\sin(\theta))}{r} \to 0$$

인 것이다.

예제 9.3.1 연립방정식

$$\begin{pmatrix} x \\ y \end{pmatrix}' = \begin{pmatrix} 1 & 0 \\ 0 & 0.5 \end{pmatrix}\begin{pmatrix} x \\ y \end{pmatrix} + \begin{pmatrix} -x^2 - xy \\ -0.75xy - 0.25y^2 \end{pmatrix} \tag{7}$$

이 원점 근방에서 국소적으로 선형인지를 결정하라.

풀이

연립방정식 (7)은 (0, 0)이 임계점이고 $\det \mathbf{A} \neq 0$인 (4)와 같은 형태이다. 어렵지 않게 식 (7)의 다른 임계점 (0, 2), (1, 0), $\left(\frac{1}{2}, \frac{1}{2}\right)$를 찾을 수 있다; 따라서 원점은 고립된 임계점이다. 조건 (6)을 만족하는지 확인하기 위해서 $x = r\cos(\theta)$, $y = r\sin(\theta)$인 극좌표를 이용하자. 그러면 $r \to 0$일 때,

$$\begin{aligned} \frac{g_1(x, y)}{r} &= \frac{-x^2 - xy}{r} = \frac{-r^2\cos^2\theta - r^2\sin(\theta)\cos(\theta)}{r} \\ &= -r\left(\cos^2\theta + \sin(\theta)\cos(\theta)\right) \to 0 \end{aligned}$$

이 된다. 비슷한 방법으로 $r \to 0$일 때, $g_2(x, y)/r \to 0$임을 보일 수 있다. 따라서 연립방정식 (7)은 원점 근처에서 국소적으로 선형이다.

예제 9.3.2 진자 운동은 다음과 같은 연립방정식으로 표현된다[9.2절의 식 (13) 참조].

$$\frac{dx}{dt} = y, \quad \frac{dy}{dt} = \omega^2\sin(x) + \gamma y \tag{8}$$

임계점이 (0, 0), $(\pm\pi, 0)$, $(\pm 2\pi, 0)$, ... 이므로 원점은 이 연립방정식의 고립된 임계점이다. 이 연립방정식이 원점 근처에서 국소적으로 선형임을 보여라.

풀이

식 (8)을 연립방정식 (4)의 형태로 바꾸기 위해 식 (8)을 선형인 항과 비선형인 항으로 구분해서 다시 쓰겠다. 식 (8)의 두 번째 식에서 $\sin(x) = x + (\sin(x) - x)$로 쓰면 다음과 같이 동치인 연립방정식을 구할 수 있다.

$$\begin{pmatrix} x \\ y \end{pmatrix}' = \begin{bmatrix} 0 & 1 \\ \omega^2 & \gamma \end{bmatrix}\begin{pmatrix} x \\ y \end{pmatrix} + \omega^2\begin{pmatrix} 0 \\ \sin(x) - x \end{pmatrix} \tag{9}$$

따라서 $g_1(x, y) = 0$이고 $g_2(x, y) = \omega^2(\sin(x) - x)$임을 알 수 있다. $\sin(x)$에 대한 테일러 급수로부터 충분히 작은 x에 대해 $\sin(x) - x$를 $x^3/3! = (r^3\cos^2(\theta))/3!$로 근사할 수 있기 때문에 $r \to 0$이면 $(\sin(x) - x)/r \to 0$이다. 따라서 연립방정식 (9)는 조건 (6)을 만족했기 때문에 원점 근처에서 국소

적으로 선형이다.

다시 일반적인 비선형 연립방정식 (3)으로 돌아가서 다음과 같은 스칼라 형태로 써보자.

$$x' = F(x, y), \quad y' = G(x, y) \tag{10}$$

즉, $\mathbf{x} = (x, y)^T$이고 $\mathrm{f}(\mathbf{x}) = (F(x, y), G(x, y))^T$이다.

정리 9.3.2

함수 F와 G가 2차까지 연속 편미분을 가질 때마다 연립방정식 (10)은 임계점 (x_0, y_0) 근처에서 국소적으로 선형이다.

이를 보이기 위해 점 (x_0, y_0)에 대한 테일러 전개를 이용하여 $F(x, y)$와 $G(x, y)$를 다음과 같이 쓰겠다.

$$\begin{aligned} F(x, y) &= F(x_0, y_0) + F_x(x_0, y_0)(x - x_0) + F_y(x_0, y_0)(y - y_0) + \eta_1(x, y), \\ G(x, y) &= G(x_0, y_0) + G_x(x_0, y_0)(x - x_0) + G_y(x_0, y_0)(y - y_0) + \eta_2(x, y) \end{aligned}$$

이때, $(x, y) \to (x_0, y_0)$이면 $\eta_1(x, y) / \left((x - x_0)^2 + (y - y_0)^2\right)^{1/2} \to 0$이고 η_2에 대해서도 마찬가지이다. $F(x_0, y_0) = G(x_0, y_0) = 0$이고 $dx/dt = d(x - x_0)/dt$, $dy/dt = d(y - y_0)/dt$이므로 연립방정식 (10)은

$$\frac{d}{dt}\begin{pmatrix} x - x_0 \\ y - y_0 \end{pmatrix} = \begin{pmatrix} F_x(x_0, y_0) & F_y(x_0, y_0) \\ G_x(x_0, y_0) & G_y(x_0, y_0) \end{pmatrix}\begin{pmatrix} x - x_0 \\ y - y_0 \end{pmatrix} + \begin{pmatrix} \eta_1(x, y) \\ \eta_2(x, y) \end{pmatrix} \tag{11}$$

또는, 벡터기호 $\mathbf{u} = (x - x_0, y - y_0)^T$와 $\boldsymbol{\eta} = (\eta_1, \eta_2)^T$에 대해

$$\frac{d\mathbf{u}}{dt} = \frac{d\mathbf{f}}{d\mathbf{x}}(\mathbf{x}^0)\,\mathbf{u} + \boldsymbol{\eta}(\mathbf{x}) \tag{12}$$

로 쓸 수 있다.

정리 9.3.2에는 두 가지 의미가 있다. 첫 번째는 함수 F와 G가 두 번 미분 가능하다면 연립방정식 (10)은 국소적으로 선형이기 때문에 이를 보이기 위해서 예제 9.3.1, 9.3.2에서 사용했던 극한 과정에 의지할 필요가 없다는 것이다. 두 번째는 (x_0, y_0) 근처에서 비선형 연립방정식 (10)에 근사되는 선형 연립방정식은 $u_1 = x - x_0$, $u_2 = y - y_0$일 때 식 (11) 또는 (12)의 선형인 부분

$$\frac{d}{dt}\begin{pmatrix} u_1 \\ u_2 \end{pmatrix} = \begin{pmatrix} F_x(x_0, y_0) & F_y(x_0, y_0) \\ G_x(x_0, y_0) & G_y(x_0, y_0) \end{pmatrix}\begin{pmatrix} u_1 \\ u_2 \end{pmatrix} \tag{13}$$

에 의해 주어진다는 것이다. 식 (13)은 주어진 임계점 근처에서 국소적으로 선형인 연립방정식에 대응되는 선형 연립방정식을 찾는 간단하면서도 일반적인 방법을 제시한다.

이때, 식 (13)의 계수행렬에 나타나 있는 행렬

$$\mathbf{J} = \mathbf{J}[F,G](x,y) = \begin{pmatrix} F_x(x,y) & F_y(x,y) \\ G_x(x,y) & G_y(x,y) \end{pmatrix} \tag{14}$$

를 x, y에 대한 함수 F와 G의 **Jacobian**[2] **행렬**이라 부른다. 여기서 $\det \mathbf{J}$가 (x_0, y_0) 에서 영이 아니라고 가정해야 (x_0, y_0)가 선형 연립방정식 (13)의 고립된 임계점이 될 수 있다.

예제 9.3.3 식 (13)을 이용하여 진자 운동 방정식 (8)에 대응되는 원점 근처와 임계점 $(\pi, 0)$ 근처에서의 선형 연립방정식을 각각 구하라.

풀이

우선, 식 (8)로부터

$$F(x,y) = y, \quad G(x,y) = \omega^2 \sin(x) + \gamma y \tag{15}$$

인데, 이 함수들은 무한 번 미분 가능하기 때문에 연립방정식 (8)은 각각의 임계점 근처에서 국소적으로 선형이다. 이때, F와 G의 편도함수들은

$$F_x = 0, \quad F_y = 1, \quad G_x = \omega^2 \cos(x), \quad G_y = \gamma \tag{16}$$

이다. 따라서 원점에서 대응되는 선형 연립방정식은

$$\frac{d}{dt}\begin{pmatrix} x \\ y \end{pmatrix} = \begin{bmatrix} 0 & 1 \\ \omega^2 & \gamma \end{bmatrix}\begin{pmatrix} x \\ y \end{pmatrix} \tag{17}$$

인데, 이것은 예제 9.3.2의 식 (9)와 일치한다.

비슷하게 $(\pi, 0)$에서 식 (16)의 편도함수 값들을 구하면 $u = x - \pi, v = y$일 때,

$$\frac{d}{dt}\begin{pmatrix} u \\ v \end{pmatrix} = \begin{bmatrix} 0 & 1 \\ -\omega^2 & \gamma \end{bmatrix}\begin{pmatrix} u \\ v \end{pmatrix} \tag{18}$$

가 된다. 이것이 점 $(\pi, 0)$ 근처에서의 식 (8)에 대응되는 선형 연립방정식이다.

이제 다시 국소적으로 선형인 연립방정식 (4)로 돌아가 보자. $\mathbf{x}$가 작으면 비선형인 항 $\mathbf{g}(\mathbf{x})$가 선형인 항 $\mathbf{A}\mathbf{x}$에 비해 작아지기 때문에, 적어도 원점 근처에서는 선형 연립방정식 (1)의 궤적들이 비선형 연립방정식 (4)의 궤적을 잘 근사할 것으로 여겨진다. 이는 다음 정리에 서술되어 있듯이 (모든 경우는 아니지만) 많은 경우에 참임이 밝혀져 있다.

정리 9.3.3

r_1과 r_2를 선형 연립방정식 (1)의 고윳값, $\mathbf{x}' = \mathbf{A}\mathbf{x}$라 하고, 국소 선형 연립방정식 (4)의 고윳값, $\mathbf{x}' =$

---

[2] Königsberg와 베를린 대학에서 교수이자 강사였던 독일 해석학자 Carl Gustav Jacob Jacobi (1804~1851)는 타원함수(elliptic function) 이론에 지대한 공헌을 하였다. **J**의 행렬식과 n개의 변수를 갖는 n개의 함수로의 확장을 Jacobian이라고 부르는데, 이것은 1841년에 이 행렬식의 성질에 대해 쓴 그의 유명한 논문에 기인한다. 비록 Jacobi의 사후에야 비로소 이 행렬에 대한 연구가 진행되었지만 그의 이름을 따서 이 행렬의 이름을 지었다.

$\mathbf{Ax} + \mathbf{g}(\mathbf{x})$라 하자. 그러면 선형 연립방정식 (1)의 임계점 (0, 0)과 국소 선형 연립방정식 (4)의 임계점의 종류와 안정성은 **표 9.3.1**과 같다.

표 9.3.1 선형 연립방정식과 국소적으로 선형인 연립방정식의 안정성과 불안정성

	선형 연립방정식		국소적으로 선형인 연립방정식	
고윳값	종류	안정성	종류	안정성
$r_1 > r_2 > 0$	N	Unstable	N	Unstable
$r_1 < r_2 < 0$	N	Asymptotically stable	N	Asymptotically stable
$r_2 < 0 < r_1$	SP	Unstable	SP	Unstable
$r_1 = r_2 > 0$	*PN or IN*	Unstable	*N or SpP*	Unstable
$r_1 = r_2 < 0$	*PN or IN*	Asymptotically stable	*N or SpP*	Asymptotically stable
$r_1, r_2 = \lambda \pm i\mu$				
$\lambda > 0$	SpP	Unstable	SpP	Unstable
$\lambda < 0$	SpP	Asymptotically stable	SpP	Asymptotically stable
$\lambda = 0$	*C*	Stable	*C or SpP*	Indeterminate

여기서 정리 9.3.3의 증명을 설명하기는 어려우므로 증명 없이 받아들이기로 하자. 점근적 안정성과 불안정성에 대한 명제는 9.6절에서 다룰 것이고 증명은 9.6절의 연습문제 9부터 11에 걸쳐 좀 더 자세히 설명되어있다. 본질적으로 정리 9.3.3은 $\mathbf{x}$(또는 $\mathbf{x} - \mathbf{x}^0$)가 작으면 비선형인 항들도 작아지고, 따라서 선형인 항에 의해 결정된 임계점의 유형과 안정성에 영향을 끼치지 않음을 의미하는데, 예외인 경우가 두 가지 있다. 그중 한 가지는 r_1과 r_2가 순허수일 때인데, 이때는 작은 비선형 항이 안정적인 center를 점근 안정 또는 불안정 spiral point로 바꿀 수 있다. 또 다른 경우는 r_1과 r_2가 둘 다 같은 실수일 때인데, 이때는 비선형 항이 node를 spiral point로 바꿀 수 있다. 단, 이때의 점근적 안정성이나 불안정성은 변하지 않는다. 이 절의 앞부분에서 선형 연립방정식 (1)의 계수에 대한 작은 섭동이, 즉 고윳값 r_1, r_2에 대한 작은 섭동이 방금 언급한 두 가지 경우에만 임계점의 유형과 안정성을 변화시킬 수 있음을 보였다. 따라서 적어도 이 두 가지 경우에는 식 (4)의 작은 비선형 항이 실질적으로 작은 섭동과 비슷한 역할을 할 것으로 보인다. 그러나 정리 9.3.3의 주된 내용은 이 두 가지를 제외한 *모든 경우에* 작은 비선형 항이 임계점의 유형이나 안정성을 변화시키지 않는다는 것이다. 따라서 이 두 가지 민감한 경우를 제외하고는 비선형 연립방정식 (4)의 임계점에 대한 유형과 안정성은 이보다 훨씬 간단한 선형 연립방정식 (1)을 조사하면 알 수 있다.

선형 연립방정식의 임계점과 같은 유형의 임계점을 갖더라도 국소적으로 선형인 연립방정식의 궤적들은 그 임계점 바로 근처를 제외하고는 이에 대응되는 선형 연립방정식의 궤적들과는 상당히 다를 수 있다. 그러나 그 임계점을 향해 "들어" 가거나 "빠져나오는" 점에서 궤적들이 갖는 기울기는 선형 연립방정식으로부터 정확하게 구할 수 있다.

▶ **감쇠하는 진자.** 예제 9.3.2와 9.3.3에서 소개한 감쇠하는 진자에 대해 계속 살펴보자. 원점 근처에서 비선형 미분방정식 (8)은 다음과 같은 고윳값을 갖는 선형 연립방정식 (17)로 근사된다.

$$r_1, r_2 = \frac{-\gamma \pm \sqrt{\gamma^2 - 4\omega^2}}{2} \tag{19}$$

식 (8)과 (17)의 해의 특성은 다음과 같이 $r^2 - 4\omega^2$의 부호에 의해 결정된다:

1. $r^2 - 4\omega^2 > 0$이면, 고윳값들은 서로 다른 음의 실수이다. 임계점 (0, 0)은 선형 연립방정식 (17)과 국소적으로 선형인 연립방정식 (8)의 점근 안정 node이다.

2. $r^2 - 4\omega^2 = 0$이면, 고윳값들은 서로 같은 음의 실수이다. 임계점 (0, 0)은 선형 연립방정식 (17)의 점근 안정(proper 또는 improper) node이다. 이것은 국소적으로 선형인 연립방정식 (8)의 점근 안정 node이거나 점근 안정 spiral point일 것이다.

3. $r^2 - 4\omega^2 < 0$이면, 고윳값들은 음의 실수부를 갖는 복소수이다. 임계점 (0, 0)은 선형 연립방정식 (17)과 국소적으로 선형인 연립방정식 (8)의 점근 안정 spiral point이다.

따라서 임계점 (0, 0)은 감쇠력 γ이 작으면 연립방정식 (8)의 spiral point이고 감쇠력이 충분히 크면 node이다. 이때, 두 경우 다 점근적으로 안정적이다.

작은 감쇠력에 해당하는 $r^2 - 4\omega^2 < 0$인 경우에 대해 좀 더 자세히 살펴보자. (0, 0) 근처의 나선형의 궤적들 위에서 움직이는 방향은 식 (8)로부터 직접 알 수 있다. 나선형 궤적 하나가 양의 y축($x = 0$이고 $y > 0$인 축)과 만나는 점을 살펴보자. 식 (8)로부터 이 점에서 $dx/dt > 0$임을 알 수 있다. 따라서 궤적 위의 점 (x, y)가 오른쪽으로 움직이므로 나선형 모양의 궤적들 위에서 움직이는 방향은 시계방향이 된다.

짝수 n에 대한 임계점들 $(\pm n\pi, 0)$ 근처에서 진자의 움직임은 원점 근처에서의 움직임과 똑같은데 이 임계점들은 모두 진자의 낮은 평형 상태의 위치와 일치하기 때문에 물리적으로 근거가 있어 보인다. 이것은 앞에서 원점에 대해 해석했던 과정을 되풀이하여 확인할 수 있다. **그림 9.3.3**은 이 중 몇 개의 임계점에서 시계방향으로 움직이는 나선형 모양의 궤적들을 나타내고 있다.

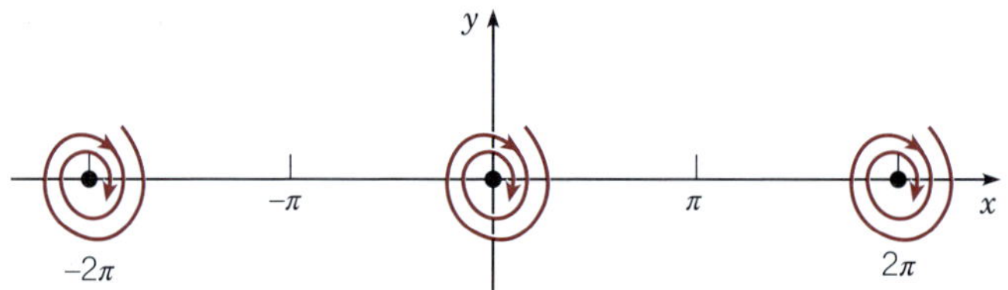

그림 9.3.3 작은 감쇠, $r^2 - 4\omega^2 < 0$로 감쇠하는 진자에 대한 $(\pm 2n\pi, 0)$에서의 점근 안정 spiral point들.

이제 임계점 $(\pi, 0)$를 살펴보자. 여기서 비선형 미분방정식 (8)은 다음과 같은 고윳값을 갖는 선형 연립방정식 (18)로 근사된다.

$$r_1, r_2 = \frac{-\gamma \pm \sqrt{\gamma^2 + 4\omega^2}}{2} \tag{20}$$

한 고윳값(r_1)은 양수이고 다른 하나(r_2)는 음수이다. 따라서 감쇠력의 크기에 상관없이 임계점 $(x, y) = (\pi, 0)$은 선형 연립방정식 (18)과 국소적으로 선형인 연립방정식 (8)의 불안정 안장점이다.

안장점 $(\pi, 0)$ 근처에서의 궤적의 모양을 좀 더 자세히 알아보기 위해 식 (18)의 일반해를 임의의 상수 C_1, C_2에 대해 다음과 같이 쓰겠다.

$$\begin{pmatrix} u \\ v \end{pmatrix} = C_1 \begin{pmatrix} 1 \\ r_1 \end{pmatrix} e^{r_1 t} + C_2 \begin{pmatrix} 1 \\ r_2 \end{pmatrix} e^{r_2 t} \tag{21}$$

$r_1 > 0$이고 $r_2 < 0$이므로 $t \to \infty$일 때 영으로 다가가는 해는 $C_1 = 0$일 때이다. 이 해에 대해서 $v/u = r_2$이므로 들어가는 궤적들의 기울기는 음수이다; 하나는 제2사분면($C_2 < 0$)에 놓여있고, 다른 하나는 제4사분면($C_2 > 0$)에 놓여있다. $C_2 = 0$일 때는 안장점으로부터 "빠져나가는" 한 쌍의 궤적을 찾을 수 있다. 이 궤적들의 기울기는 $r_1 > 0$이다; 하나는 제1사분면($C_1 > 0$)에 놓여있고, 다른 하나는 제3사분면($C_1 < 0$)에 놓여있다.

이런 상황은 홀수 n에 대한 다른 임계점들($n\pi$, 0)에서도 마찬가지이다. 이 임계점들은 모두 진자의 높은 평형 상태의 위치와 일치하므로 불안정할 것이다. $(\pi, 0)$에서 했던 해석과정을 되풀이하면 이 임계점들이 $(\pi, 0)$에서의 임계점과 같은 방향을 갖는 안장점임을 보일 수 있다. 두 개의 안장점 근방에서의 궤적들이 **그림 9.3.4**에 나타나 있다.

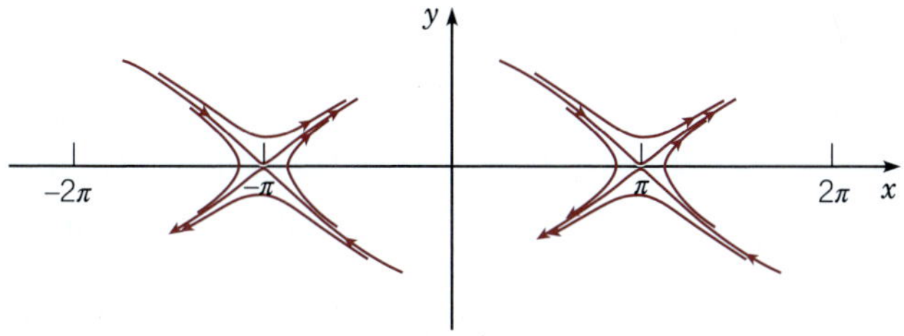

그림 9.3.4 작은 감쇠, $\gamma^2 - 4\omega^2 < 0$로 감쇠하는 진자에 대한 $(\pm(2n+1)\pi, 0)$에서의 불안정 안장점들.

예제 9.3.4

어떤 진자에 대한 운동 방정식은 $x = \theta$, $y = d\theta/dt$에 대해 다음과 같다.

$$\frac{dx}{dy} = y, \quad \frac{dy}{dt} = 9\sin(x) + \frac{1}{5}y \tag{22}$$

이 연립방정식에 대한 위상 궤적을 그리고 진자가 어떻게 운동하는지 설명하라.

풀이

위상 평면상의 다양한 점에서 시작하는 궤적들을 그리면 **그림 9.3.5**와 같은 위상 궤적을 찾을 수 있다. 그림 9.3.5에 보여지듯이 임계점들(평형 상태의 해들)은 $n = 0, \pm 1, \pm 2, \ldots$인 점들 $(n\pi, 0)$이다. 영을 포함한 짝수 n은 진자의 낮은 위치에 해당하고 홀수 n은 높은 위치에 해당한다. 각각의 점근 안정 임계점 근처에서의 궤적들은 시계방향으로 도는 나선형 모양인데 이는 낮은 평형 상태의 위치 주변에서 점점 줄어드는 진동을 표현하고 있다. $|y|$값이 클 때 발생하는 수평으로 물결치는 궤적의 일부분은 진자가 회전하는 모양을 나타낸다. 이 회전 운동은 $|y|$가 아무리 커도 무한히 지속되지는 못한다; 즉, 각속도가 감쇠력에 의해 현저하게 줄어들어서 진자가 더 이상 꼭대기 부분을 넘어가지 못하고 낮은 위치 근처에서 진동하게 된다.

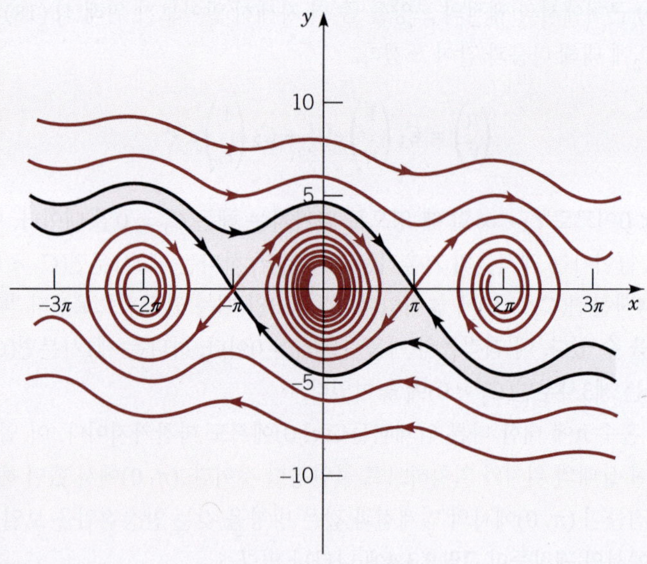

그림 9.3.5 예제 9.3.4의 감쇠하는 진자에 대한 위상 궤적. 음영진 영역은 (0, 0)에 대한 basin of attraction이다.

원점에 대한 basin of attraction은 그림 9.3.5에 음영으로 표시되어 있는데 $(\pi, 0)$과 $(-\pi, 0)$에서의 서로 이웃하는 두 개의 안장점으로 들어가는 궤적들에 의해 둘러싸여 있다. Basin of attraction을 둘러싸고 있는 이 궤적들이 분할선들이다. 점근 안정 임계점은 basin of attraction을 갖고 있는데, 이것은 서로 이웃하는 두 개의 안장점으로 들어가는 분할선에 의해 둘러싸여 있다. 모든 basin of attraction은 그림 9.3.5의 음영 부분과 합동이다; 유일하게 다른 점은 2π의 정수배만큼 수평이동되어 있다는 것이다. (물리적으로는 불가능하나) 수학적으로는 초기조건을 정확하게 분할선 위에서 선택하여 진자가 높은 불안정 평형 상태의 위치에서 균형을 이루도록 하는 것이 가능하다.

9.1절에서 소개한 비선형 자율 연립방정식과 선형 연립방정식 간의 중요한 차이점도 진자의 운동 방정식으로 설명할 수 있다. $\det \mathbf{A} \neq 0$이면 선형 연립방정식 (1)은 유일한 임계점 $\mathbf{x} = \mathbf{0}$을 갖는다. 따라서 원점이 점근적으로 안정적이면 원점 가까이에서 시작하는 궤적뿐 아니라 모든 궤적들이 원점으로 다가간다. 이 경우, 임계점 $\mathbf{x} = \mathbf{0}$은 **전구간에서 점근적으로 안정적**(globally asymptotically stable)이라고 한다. 일반적으로 선형 연립방정식의 이와 같은 성질은 오직 하나의 점근 안정 임계점만을 갖는 비선형 연립방정식에서조차도 성립되지 않는다. 따라서 비선형 연립방정식의 경우, 각각의 점근 안정 임계점에 대한 basin of attraction을 결정(또는 추정)하는 것이 중요하다.

연습 문제

▶ 문제 **1**부터 **3**까지 (0, 0)이 임계점임을 증명하고 주어진 연립방정식이 국소적으로 선형임을 보여라. 또한, 각각에 대응되는 선형 연립방정식을 조사하여 임계점 (0, 0)의 유형과 안정성을 결정하라.

1. $dx/dt = x + y^2, \quad dy/dt = x + 2y + x^2$

2. $dx/dt = (1 - x)\sin(y), \quad dy/dt = 1 + x - \cos(y)$

3. $dx/dt = x + y^2, \quad dy/dt = x + y$

▶ 문제 4부터 15까지:

a. 주어진 연립방정식의 임계점들을 모두 결정하라.

b. 각각의 임계점 근처에서 주어진 비선형 연립방정식에 대응되는 선형 연립방정식을 구하라.

c. 각각의 선형 연립방정식의 고윳값들을 구하라. 이때, 비선형 연립방정식에 대해서 내릴 수 있는 결론은 무엇인가?

d. Ⓖ c에서 내린 결론을 확인하기 위해서 비선형 연립방정식의 위상 궤적을 그려라. 이 위상 궤적을 이용하면 선형 연립방정식에서 비선형 연립방정식에 대한 확실한 정보를 얻을 수 없는 경우에도 c에서 내린 결론을 적용할 수 있다.

4. $dx/dt = (3 + x)(y - x), \quad dy/dt = (4 - x)(y + x)$

5. $dx/dt = x(1 + x + y), \quad dy/dt = y(3 + x + 2y)$

6. $dx/dt = 1 + y, \quad dy/dt = x^2 - y^2$

7. $dx/dt = (2 - y)(-x + 2y), \quad dy/dt = (2 + x)(2y + x)$

8. $dx/dt = x^2 + y^2 - x, \quad dy/dt = y + xy$

9. $dx/dt = (1 - x)\sin(y), \quad dy/dt = 1 + x + \cos(y)$

10. $dx/dt = x^2 + y, \quad dy/dt = 8x - y^2$

11. $dx/dt = x - x^2 - xy, \quad dy/dt = 3y - xy - 2y^2$

12. $dx/dt = y + x(1 - x^2 - y^2), \quad dy/dt = -x + y(1 - x^2 - y^2)$

13. $dx/dt = -y - x(x^2 + y^2 - 4), \quad dy/dt = -x + y(x^2 + y^2 - 4)$

14. $dx/dt = 4 - y^2, \quad dy/dt = (1.5 + x)(y - x)$

15. $dx/dt = (2 - y)(2x - y), \quad dy/dt = (2 + x)(x - 2y)$

16. 자율 연립방정식을 다음과 같이 두자.

$$\frac{dx}{dt} = y, \quad \frac{dy}{dt} = x + 2x^3$$

a. 임계점 $(0, 0)$이 안장점임을 보여라.

b. dy/dx에 대한 방정식을 적분하여 주어진 연립방정식에 대응되는 선형 연립방정식에 대한 궤적들을 그려라. 매개변수 형태의 해를 이용하여 $t \to \infty$일 때 $x \to 0, y \to 0$이 되는 유일한 궤적은 $y = -x$임을 보여라.

c. dy/dx에 대한 방정식을 적분하여 비선형 연립방정식에 대한 궤적들을 결정하라. 선형 연립방정식에 대한 궤적들 $y = -x$와 $y = x$에 대응되는 비선형 연립방정식의 궤적들을 그려라.

17. 자율 연립방정식을 다음과 같이 두자.

$$\frac{dx}{dt} = x, \quad \frac{dy}{dt} = -2y + x^3$$

a. 임계점 $(0, 0)$이 안장점임을 보여라.

b. 주어진 연립방정식에 대응되는 선형 연립방정식에 대한 궤적들을 그리고 $t \to \infty$일 때 $x \to 0, y \to 0$이 되는 궤적은 $x = 0$임을 보여라.

c. dy/dx에 대한 방정식을 적분하여 $x \neq 0$인 비선형 연립방정식에 대한 궤적들을 결정하라. 선형 연립방정식에 대한 궤적 $x = 0$에 대응되는 비선형 연립방정식의 궤적은 변하지 않으나 $y = 0$에 대응되는 궤적은 $y = x^3/5$임을 보여라. 비선형 연립방정식의 궤적을 몇 개 그려라.

18. $\omega^2 = g/L$일 때, 감쇠하지 않는 진자의 운동 방정식은 $d^2\theta/dt^2 + \omega^2 \sin(\theta) = 0$이다. $x = \theta$와 $y = d\theta/dt$라 두면 다음과 같은 연립방정식을 구할 수 있다.

$$\frac{dx}{dt} = y, \quad \frac{dy}{dt} = -\omega^2 \sin(x)$$

a. 임계점이 $(\pm n\pi, 0)$, $n = 0, 1, 2, \ldots$임을 보이고 이 임계점 근방에서 주어진 연립방정식이 국소적으로 선형임을 보여라.

b. 임계점 (0, 0)이 주어진 연립방정식에 대응되는 선형 연립방정식의 (안정) center임을 보여라. 정리 9.3.3을 이용하면 비선형 연립방정식에 대해 뭐라고 말할 수 있겠는가? 임계점 $(\pm 2n\pi, 0)$, $n = 1, 2, 3, \ldots$에서도 상황은 같다. 이런 임계점들에 대해 어떤 물리적 해석을 할 수 있겠는가?

c. 임계점 $(\pi, 0)$가 주어진 연립방정식에 대응되는 선형 연립방정식의 (불안정) 안장점임을 보여라. 비선형 연립방정식에 대해 어떤 결론을 내릴 수 있겠는가? 임계점 $(\pm(2n-1)\pi, 0)$, $n = 1, 2, 3, \ldots$에서도 상황은 같다. 이런 임계점들에 대해 어떤 물리적 해석을 할 수 있겠는가?

d. **G** ω^2에 대한 값을 하나 선택하고 원점 근방에서 비선형 연립방정식의 궤적을 몇 개 그려라. 비선형 연립방정식에 대한 (0, 0)에서의 임계점은 어떤 특징이 있다고 결론내릴 수 있겠는가?

e. **G** **d**에서 선택한 ω^2의 값을 이용하여 진자의 운동에 대한 위상 궤적을 그려라. 이 그림과 감쇠하는 진자에 대한 그림 9.3.5를 비교하라.

19. **a.** dy/dx에 대한 방정식을 풀어서 문제 **18**의 감쇠하지 않는 진자 운동의 궤적에 대한 방정식이 다음과 같음을 보여라.

$$\frac{1}{2}y^2 + \omega^2(1 - \cos(x)) = c \tag{23}$$

이때, c는 적분상수이다.

b. 식 (23)에 mL^2을 곱하면 $E = mL^2c$일 때 θ에 대해 다음과 같이 표현됨을 보여라.

$$\frac{1}{2}mL^2\left(\frac{d\theta}{dt}\right)^2 + mgL(1 - \cos(\theta)) = E \tag{24}$$

c. 식 (24)의 첫 항은 진자의 운동 에너지이고 식 (24)의 두 번째 항은 중력에 따른 위치에너지임을 보여라. 따라서 진자의 총 에너지 E는 임의의 궤적에 따라 일정하다; 총 에너지의 값은 초기조건에 의해 결정된다.

20. 감쇠하지 않는 진자의 운동을 다시 고려하자(문제 20 참조).

$$\frac{dx}{dt} = y, \quad \frac{dy}{dt} = 4\sin(x)$$

진자가 각변위(angular displacement) A에서 초기 속도 없이 운동하기 시작하면 이때의 초기조건은 $x(0) = A$, $y(0) = 0$이다.

a. **G** $A = 0.25$로 놓고 t에 따른 x를 그려라. 이 그래프로부터 결과적으로 나타나는 진자의 운동에 대한 진폭 R과 주기 T를 추정하라.

b. **G** $A = 0.5, 1.0, 1.5, 2.0$에 대해서 **a**를 반복하라.

c. **G** 진자 운동의 진폭과 주기는 초기위치 A에 따라 어떻게 결정되는가? 이 관계식을 나타내는 그래프를 그려라. $A \to 0$일 때 주기의 극한값은 어떻게 된다고 말할 수 있는가?

d. **G** $A = 4$로 놓고 t에 따른 x를 그려라. 왜 이 그래프가 **a**와 **b**의 그래프와 다른지 설명하라. A가 어떤 값일 때 그래프가 달라지는가?

21. 어떤 감쇠하지 않는 진자의 운동이 다음과 같다고 하자.

$$\frac{dx}{dt} = y, \quad \frac{dy}{dt} = 4\sin(x)$$

진자가 낮은 평형 상태의 위치에서 각속도 v로 운동하기 시작하면 이때의 초기조건은 $x(0) = 0$,

$y(0) = v$이다.

a. **G** $v = 2$일 때와 $v = 5$일 때의 t에 따른 x를 그려라. 두 그래프에서 진자 운동이 서로 어떻게 다른지 설명하라.

b. v에 대한 임계값 v_c가 존재하여 $v < v_c$일 때 한 가지 유형의 운동이 발생하고 $v > v_c$일 때 또 다른 유형의 운동이 발생한다. 이때의 v_c값을 추정하라.

22. 문제 **21**을 감쇠하는 진자 운동으로 확장해 보자. 이때의 운동 방정식은 감쇠계수 γ와 초기조건 $x(0) = 0, y(0) = v$에 대해 다음과 같이 나타낸다.

$$\frac{dx}{dt} = y, \qquad \frac{dy}{dt} = 4\sin(x) - \gamma y$$

a. **G** $\gamma = 0.25$로 놓고 $v = 2$일 때와 $v = 5$일 때의 t에 따른 x를 그려라. 이 그래프에서 나타나는 진자의 운동을 설명하고 문제 **21a**에서 그린 그래프와 어떤 관련이 있는지 설명하라.

b. 한 가지 유형의 운동에서 다른 유형의 운동으로 변하기 시작하는 초기 속도의 임계점 v_c를 추정하라.

c. 다른 γ값에 대해 **b**를 반복하고 v_c가 γ에 따라 어떻게 달라지는지 밝혀라.

23. 국소적으로 선형인 연립방정식의 임계점이 이 연립방정식에 대응되는 선형 연립방정식의 center인 경우에는 정리 9.3.3을 이용하여 이 임계점의 안정성에 대한 정보를 구할 수 없다. 다음과 같은 연립방정식들이 이를 잘 설명해주는 예시이다.

$$\frac{dx}{dt} = y + x(x^2 + y^2), \qquad \frac{dy}{dt} = -x + y(x^2 + y^2) \tag{25}$$

그리고

$$\frac{dx}{dt} = y - x(x^2 + y^2), \qquad \frac{dy}{dt} = -x - y(x^2 + y^2) \tag{26}$$

a. (0, 0)이 각각의 주어진 연립방정식들의 임계점임을 보이고, 또한 이에 대응하는 선형 연립방정식의 center임을 보여라.

b. 주어진 연립방정식들이 모두 국소적으로 선형임을 보여라.

c. $r^2 = x^2 + y^2$이라 두면 $x\,dx/dt + y\,dy/dt = r\,dr/dt$이다. 연립방정식 (ii)에 대해 $dr/dt < 0$이고, $t \to \infty$이면 $r \to 0$임을 보여라; 따라서 임계점은 점근적으로 안정적이다. 연립방정식 (i)에 대해 $t = 0$에서 $r = r_0$인 r에 대한 초깃값 문제의 해가 $t \to 1/2r_0^2$일 때 무한대로 발산함을 보여라. 따라서 이 임계점은 불안정하다.

24. 이 문제에서 선형 연립방정식의 계수에 작은 변화를 주면 center인 임계점에 어떤 영향을 끼치는지 살펴보자. 연립방정식을 다음과 같이 두자.

$$\mathbf{x}' = \begin{pmatrix} 0 & 1 \\ -1 & 0 \end{pmatrix}\mathbf{x}$$

이때의 고윳값들은 $\pm i$이고, 따라서 (0, 0)이 center임을 보여라. 이 임의의 작은 값일 때 다음과 같은 연립방정식을 고려하자.

$$\mathbf{x}' = \begin{pmatrix} \epsilon & 1 \\ -1 & \epsilon \end{pmatrix}\mathbf{x}$$

이때의 고윳값들이 $\epsilon \pm i$임을 보여라. 따라서 $|\epsilon| \neq 0$이 아무리 작아도 center는 spiral point가 된다. $\epsilon < 0$이면 이 spiral point는 점근적으로 안정적이고 $\epsilon > 0$이면 불안정하다.

25. 이 문제에서 우리는 선형 방정식 연립방정식의 계수에서 작은 변화가 고윳값이 같을 때 임계점의 특성에 어떻게 영향을 미칠 수 있는지 보여준다. 다음 연립방정식을 고려하라.

$$\mathbf{x}' = \begin{pmatrix} -1 & 1 \\ 0 & -1 \end{pmatrix} \mathbf{x}$$

고윳값이 $r_1 = -1$, $r_2 = -1$이므로 임계점 $(0, 0)$이 점근적으로 안정된 node임을 보여라. 이제 다음 연립방정식을 고려하라.

$$\mathbf{x}' = \begin{pmatrix} -1 & 1 \\ -\epsilon & -1 \end{pmatrix} \mathbf{x}$$

여기서 $|\epsilon|$는 임의로 작다. 만약 $\epsilon > 0$이면 고윳값이 $-1 \pm i\sqrt{\epsilon}$이므로 점근적으로 안정된 node가 점근적으로 안정된 나선점이 된다. $\epsilon < 0$이면 근은 $-1 \pm \sqrt{|\epsilon|}$이고, 임계점은 점근적으로 안정된 노 node로 유지가 된다.

26. 이 문제에서 감쇠하지 않는 비선형 진동(9.2절의 식 (10)에서 $c = 0$인) 운동의 고유 주기를 구하는 공식을 유도하자. 진자의 추를 양의 각도 α만큼 잡아당겼다가 영인 속도로 가만히 놓았다고 가정하자.

a. 보통은 θ와 $d\theta/dt$를 t에 대한 함수로 놓지만 t와 θ의 역할을 바꾸어 t를 θ에 대한 함수로 놓고, 따라서 $d\theta/dt$도 θ에 대한 함수가 되도록 하자. 그러고 나서 다음과 같은 방정식들을 유도하라.

$$\frac{1}{2}mL^2 \frac{d}{d\theta}\left(\left(\frac{d\theta}{dt}\right)^2\right) = -mgL\sin(\theta),$$

$$\frac{1}{2}m\left(L\frac{d\theta}{dt}\right)^2 = mgL(\cos(\theta) - \cos(\alpha)),$$

$$dt = -\sqrt{\frac{L}{2g}}\frac{d\theta}{\sqrt{\cos(\theta) - \cos(\alpha)}}$$

마지막 방정식에서 음의 제곱근을 선택한 이유가 무엇일까?

b. T를 고유진동 주기라 놓고 다음 공식을 유도하라.

$$\frac{T}{4} = -\sqrt{\frac{L}{2g}}\int_{\alpha}^{0}\frac{d\theta}{\sqrt{\cos(\theta) - \cos(\alpha)}}$$

c. 항등식 $\cos(\theta) = 1 - 2\sin^2\left(\frac{\theta}{2}\right)$와 $\cos(\alpha) = 1 - 2\sin^2\left(\frac{\alpha}{2}\right)$를 이용하고 $k = \sin\left(\frac{\alpha}{2}\right)$에 대한 변수 변환 $\sin\left(\frac{\theta}{2}\right) = k\sin(\phi)$을 이용하여 다음을 보여라.

$$T = 4\sqrt{\frac{L}{g}}\int_{0}^{\pi/2}\frac{d\phi}{\sqrt{1 - k^2\sin^2(\phi)}}$$

이 적분을 제1종 **타원 적분**(elliptic integral)이라고 부른다. 이 주기는 비 L/g에 따라 달라지며 또한 $k = \sin(\alpha/2)$를 지나는 초기 위치 α에 따라서도 달라진다는 사실에 유의하자.

d. **N** T에 대한 식 안의 적분을 계산하면 T의 값을 구할 수 있고, 따라서 문제 **20**에서 그래프로 추정했던 T의 값과 비교할 수 있다.

27. 본문에서 소개했던 감쇠되는 진자 운동의 방정식 또는 감쇠 스프링-질량계의 일반형은 Liénard[3] 방정식

$$\frac{d^2x}{dt^2} + c(x)\frac{dx}{dt} + g(x) = 0$$

이다. $c(x)$가 상수이고 $g(x) = kx$이면 이 미분방정식은 선형 진자 운동 방정식(9.2절의 식 (12)에서 $\sin\theta$를 선형 근사 θ로 바꾼) 형태가 된다; $c(x)$가 상수가 아니거나 $g(x) = kx$가 아니면 감쇠력 $c(x)\,dx/dt$와 복원력 $g(x)$는 비선형이다. 여기서 c는 연속적으로 미분 가능하고 g는 연속적으로 두 번 미분 가능하며 $g(0) = 0$라고 가정하자.

a. Liénard 방정식을 변수 $y = dx/dt$를 이용하여 두 식으로 된 연립 1계 미분방정식으로 바꿔 써라.

b. $(0, 0)$가 임계점임을 보이고 이 연립방정식이 $(0, 0)$ 근방에서 국소적으로 선형임을 보여라.

c. $c(0) > 0$이고 $g'(0) > 0$이면 이 임계점이 점근적으로 안정적이고 $c(0) < 0$이거나 $g'(0) < 0$이면 불안정함을 보여라.

힌트: $x = 0$ 근방에서 c와 g를 근사하기 위해 테일러 급수를 이용하라.

9.4 경쟁관계의 종들

이 절과 다음 절에 걸쳐 위상 평면 해석을 개체역학에서 발생하는 몇몇 문제들에 적용하고자 한다. 이 문제들은 상호작용하는 두 개체를 포함하며 2.5절에서 다루었던 단일 개체에 대한 내용의 연장선에 있다. 비록 이 절에서 소개하는 방정식들이 현실에서의 복잡한 관계에 비해 극도로 단순하지만 이런 모델링들을 연구함으로써 생태계의 원리를 이해하는 데 도움이 된다. 또한 이와 똑같은, 또는 비슷한 모델을 이용하여 다른 종류의 경쟁적인 상황—예컨대 동일 시장 안의 경쟁적인 회사들—을 연구하기도 한다.

폐쇄적인 환경에서 제한적인 식량을 두고 경쟁하는 비슷한 두 개의 종이 있다고 가정하자—예를 들어 한 연못 안에 서로 잡아먹지는 않지만 식량을 두고 경쟁하는 두 종의 물고기들이 있다. 시간 t에 대한 두 종의 개체수를 각각 x, y라 두자. 2.5절에서 언급했던 것처럼 한 종이 없을 때 다른 종의 개체수는 로지스틱 방정식을 따른다고 가정하자. 따라서 두 개체수의 증가율 ϵ_1, ϵ_2와 두 개체수의 포화 레벨을 나타내는 ϵ_1/σ_1, ϵ_2/σ_2에 대해 각각

$$\begin{aligned} \frac{dx}{dt} &= x(\epsilon_1 - \sigma_1 x), \\ \frac{dy}{dt} &= y(\epsilon_2 - \sigma_2 y) \end{aligned} \tag{1}$$

이 된다. 그러나 두 종이 모두 있을 때는 각각의 종들이 다른 종에 대한 식량 공급을 감소시킨다. 사실상 이로 인해 두 종의 성장률과 포화 개체수가 줄어든다. y종이 존재함으로써 x종의 성장률이 줄어드는 것을 나타내는 가장 간단한 식을 구하는 방법은 (1)의 첫 번째 식에 있는 성장률 인수 $\epsilon_1 - \sigma_1 x$를 $\epsilon_1 - \sigma_1 x - \sigma_1 y$로 바꾸는 것이다. 이때, α_1은 y종이 x종의 성장을 방해하는 정도를 측정하는 값이다. 비슷하게 (1)의 두 번째 식에서 $\epsilon_2 - \sigma_2 y$를 $\epsilon_2 - \sigma_2 y - \sigma_2 x$로 바꾸면 다음

[3] 프랑스 물리학자이자 공학자인 Alfred-Marie Liénard (1869~1958)은 파리에 있는 l'École des Mines의 교수였다. 그는 주로 전기학, 역학, 응용수학 분야를 연구하였으며 미분방정식에 대한 연구결과들은 1928년에 출판되었다.

과 같은 연립방정식을 얻을 수 있다.

$$\frac{dx}{dt} = x(\epsilon_1 - \sigma_1 x - \alpha_1 y),$$
$$\frac{dy}{dt} = y(\epsilon_2 - \sigma_2 y - \alpha_2 x) \tag{2}$$

양의 상수 $\epsilon_1, \sigma_1, \alpha_1, \epsilon_2, \sigma_2, \alpha_2$는 고려 대상인 종이 무엇이냐에 따라 좌우되는데 대체로 관찰에 의해 결정된다. 식 (2)의 해 중에서 음수가 아닌 x, y에 대한 해만 다루겠다. 먼저 다음 예제 1, 2에서 대표적인 문제 두 가지를 자세히 살펴보고 이 절 끝부분에서 일반적인 연립방정식 (2)를 살펴보겠다.

예제 9.4.1 다음 연립방정식의 해에 대한 정성적인 성질을 살펴보라.

$$\frac{dx}{dt} = x(1 - x - y), \tag{3}$$
$$\frac{dy}{dt} = \frac{y}{4}(3 - 4y - 2x)$$

풀이

대수식들로 이루어진 연립방정식

$$x(1 - x - y) = 0, \quad \frac{y}{4}(3 - 4y - 2x) = 0 \tag{4}$$

을 풀면 임계점들을 찾을 수 있다. $x = 0$를 선택하면 첫 번째 식을 만족한다; 따라서 두 번째 식에 의해 $y = 0$ 또는 $y = \frac{3}{4}$이다. 비슷하게 $y = 0$를 선택하면 두 번째 식을 만족하므로 첫 번째 식에 의해 $x = 0$ 또는 $x = 1$이다. 따라서 세 개의 임계점, 즉 $(0, 0)$, $\left(0, \frac{3}{4}\right)$, $(1, 0)$을 구할 수 있다. x, y가 둘 다 영이 아니면 연립방정식

$$1 - x - y = 0, \quad 3 - 4y - 2x = 0 \tag{5}$$

의 해들이 식 (4)도 만족하므로 네 번째 임계점 $\left(\frac{1}{2}, \frac{1}{2}\right)$을 찾을 수 있다. 이 네 개의 임계점들은 연립방정식 (3)의 평형 상태인 해와 일치한다. 처음 세 개의 임계점들은 하나 또는 두 개의 종이 없는 경우에 해당한다; 마지막 네 번째 임계점만이 두 개의 종이 모두 존재하는 경우에 해당한다. 평형 상태인 해가 아닌 해들은 xy-평면상의 곡선이나 궤적으로 표현되는데, 이것은 시간에 따라 개체수가 어떻게 변하는지를 나타낸다. 해의 정성적 성질을 찾기 위해 다음의 과정을 따라가 보자.

먼저 좌표축 자체가 궤적임을 알 수 있다. 이것은 y축($x = 0$) 위에서 $dx/dt = 0$이고 x축($y = 0$) 위에서 $dy/dt = 0$이므로 식 (3)에 의해 바로 보일 수 있다. 따라서 다른 궤적들은 좌표축들을 가로지를 수 없다. 개체수 문제에서는 음수가 아닌 x와 y의 값만이 의미가 있기 때문에 제1사분면에서 시작한 궤적은 항상 제1사분면에 놓여 있어야 한다.

그림 9.4.1에 연립방정식 (3)에 대한 방향장들이 제1사분면 안에 그려져 있다; 이 그림 위의 검은색 점들은 임계점 또는 평형 상태의 해들을 나타낸다. 이 방향장에 따르면 점 $\left(\frac{1}{2}, \frac{1}{2}\right)$은 다른 해들을 끌어당기고 있다. 따라서 이 임계점은 점근적으로 안정적이다. 반면 다른 세 개의 임계점들은 불안정하다. 이 결과들을 확실히 보이려면 각각의 임계점 근처에서 선형 근사를 해보면 된다.

연립방정식 (3)은 각각의 임계점 근방에서 국소적으로 선형이다. 이때 임계점 (X, Y) 근처에서 선형인 연립방정식을 찾는 방법이 두 가지 있다. 첫 번째 방법은 식 (3)에서 $x = X + u$, $y = Y + v$로 치

환한 후 u와 v에 대해 선형인 항들만 남기는 것이다. 두 번째 방법은 각각의 임계점에서 Jacobian 행렬 **J**를 계산하여 근사 선형 연립방정식의 계수행렬을 구하는 것이다; 9.3절의 식 (13)을 보자. 조사해야 할 임계점이 여러 개인 경우에는 일반적으로 Jacobian 행렬을 사용하는 게 더 낫다. 연립방정식 (3)에 대해

$$F(x, y) = x(1 - x - y), \quad G(x, y) = y(0.75 - y - 0.5x) \tag{6}$$

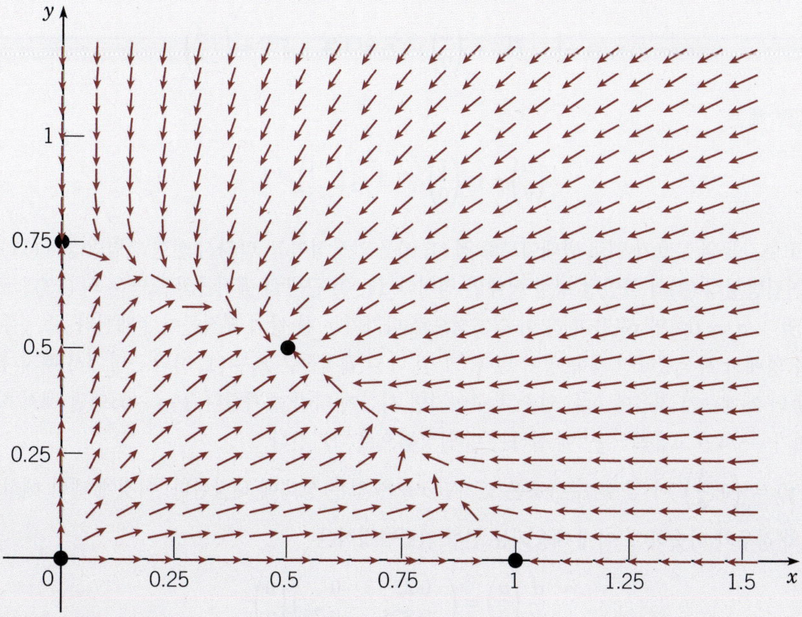

그림 9.4.1 연립방정식 (3)에 대한 임계점들과 방향장.

이고 따라서

$$\mathbf{J} = \mathbf{J}[F, G](x, y) = \begin{pmatrix} 1 - 2x - y & -x \\ -0.5y & 0.75 - 2y - 0.5x \end{pmatrix} \tag{7}$$

가 된다. 이제 각각의 임계점들을 차례대로 살펴보자.

$(\boldsymbol{x}, \boldsymbol{y}) = (\mathbf{0}, \mathbf{0})$. 이 임계점은 종들이 모두 없는 상태에 해당한다. 원점 근방에서 어떤 일이 일어나는지 확인하기 위해 식 (7)에서 $x = y = 0$이라 놓으면 다음과 같이 대응되는 선형 연립방정식을 구할 수 있다.

$$\frac{d}{dt}\begin{pmatrix} x \\ y \end{pmatrix} = \begin{pmatrix} 1 & 0 \\ 0 & 0.75 \end{pmatrix}\begin{pmatrix} x \\ y \end{pmatrix} \tag{8}$$

연립방정식 (8)의 고윳값들과 고유벡터들은

$$r_1 = 1, \quad \xi^{(1)} = \begin{pmatrix} 1 \\ 0 \end{pmatrix}; \quad r_2 = 0.75, \quad \xi^{(2)} = \begin{pmatrix} 0 \\ 1 \end{pmatrix} \tag{9}$$

이므로 이 연립방정식의 일반해는

$$\begin{pmatrix} x \\ y \end{pmatrix} = c_1 \begin{pmatrix} 1 \\ 0 \end{pmatrix} e^{t} + c_2 \begin{pmatrix} 0 \\ 1 \end{pmatrix} e^{0.75t} \tag{10}$$

이다. 따라서 원점은 선형 연립방정식 (8)과 비선형 연립방정식 (3)의 불안정 node이다. 원점 근방에서 x축 위에 놓여있는 궤적을 제외한 모든 궤적들은 y축에 접한다. 하나의 종 또는 두 종 모두 조금이라도 있다면 그 개체수(들)는 증가할 것이다.

$(\boldsymbol{x}, \boldsymbol{y}) = (\mathbf{1}, \mathbf{0})$. 이 임계점은 x종은 있지만 y종은 없는 상태에 해당한다. 식 (7)에서 (1, 0)에서의 $\mathbf{J}$를 계산하면 다음과 같이 대응되는 선형 연립방정식을 구할 수 있다.

$$\frac{d}{dt}\begin{pmatrix} u \\ v \end{pmatrix} = \begin{pmatrix} -1 & -1 \\ 0 & 1/4 \end{pmatrix}\begin{pmatrix} u \\ v \end{pmatrix} \tag{11}$$

이것의 고윳값들과 고유벡터들은

$$r_1 = -1, \quad \xi^{(1)} = \begin{pmatrix} 1 \\ 0 \end{pmatrix}; \quad r_2 = 1/4, \quad \xi^{(2)} = \begin{pmatrix} 4 \\ -5 \end{pmatrix} \tag{12}$$

이고 일반해는

$$\begin{pmatrix} u \\ v \end{pmatrix} = c_1\begin{pmatrix} 1 \\ 0 \end{pmatrix}e^{-t} + c_2\begin{pmatrix} 4 \\ -5 \end{pmatrix}e^{t/4} \tag{13}$$

이다. 고윳값들의 부호가 서로 반대이므로 점 (1, 0)은 안장점이고, 따라서 선형 연립방정식 (11)과 비선형 연립방정식 (3)의 불안정 평형 상태인 점이다. (1, 0) 근방의 궤적들의 모양은 식 (13)으로부터 알 수 있다. $c_2 = 0$이면 x축을 따라 이 임계점으로 다가가는 한 쌍의 궤적들이 존재한다. 즉, y종의 개체수가 영에서 시작했다면 계속 영이 된다. 그 외 다른 궤적들은 모두 (1, 0)의 근방에서 빠져나온다; 즉, y종의 개체수가 처음에 작은 양수로 주어지면 시간에 따라 증가한다. $t \to -\infty$이면 궤적 하나가 기울기가 $-5/4$인 고유벡터 $\boldsymbol{\xi}^{(2)}$에 접하는 이 안장점으로 다가간다.

$(\mathbf{x}, \mathbf{y}) = \left(\mathbf{0}, \frac{\mathbf{3}}{\mathbf{4}}\right)$. 이 임계점은 y종은 있지만 x종은 없는 상태에 해당한다. 이것에 대한 해석은 점 (1, 0)의 경우와 비슷하다. 이에 대응되는 선형 연립방정식은

$$\frac{d}{dt}\begin{pmatrix} u \\ v \end{pmatrix} = \begin{pmatrix} 0.25 & 0 \\ -0.375 & -0.75 \end{pmatrix}\begin{pmatrix} u \\ v \end{pmatrix}$$

이며 이때의 고유들값과 고유벡터들은

$$r_1 = \frac{1}{4}, \quad \xi^{(1)} = \begin{pmatrix} 8 \\ -3 \end{pmatrix}; \quad r_2 = -\frac{3}{4}, \quad \xi^{(2)} = \begin{pmatrix} 0 \\ 1 \end{pmatrix} \tag{15}$$

이고, 따라서 식 (14)의 일반해는

$$\begin{pmatrix} u \\ v \end{pmatrix} = c_1\begin{pmatrix} 8 \\ -3 \end{pmatrix}e^{t/4} + c_2\begin{pmatrix} 0 \\ 1 \end{pmatrix}e^{-3t/4} \tag{16}$$

이다. 따라서 점 (0, 3/4)도 안장점이다. y축을 따라 다가가는 한 쌍의 궤적을 제외한 모든 궤적들이 이 점의 근방에서 멀어진다. $t \to -\infty$일 때 이 안장점으로 다가가는 궤적은 고유벡터 $\boldsymbol{\xi}^{(1)}$에 의해 결정되는 기울기가 $-3/8 = -0.375$인 직선에 접한다. x종의 개체수가 처음부터 영으로 주어지면 계속 영인 상태로 남지만, 작은 양수로 주어지면 증가할 것이다.

$(\mathbf{x}, \mathbf{y}) = \left(\frac{\mathbf{1}}{\mathbf{2}}, \frac{\mathbf{1}}{\mathbf{2}}\right)$. 이 임계점은 두 종이 서로 경쟁하면서 섞여있는 평형 상태 또는 **공존**하는 상태에 해당한다. 이에 대응되는 선형 연립방정식

$$\frac{d}{dt}\begin{pmatrix} u \\ v \end{pmatrix} = \begin{pmatrix} -0.5 & -0.5 \\ -0.25 & -0.5 \end{pmatrix}\begin{pmatrix} u \\ v \end{pmatrix} \tag{17}$$

의 고윳값들과 고유벡터들은

$$r_1 = \frac{1}{4}\left(-2 + \sqrt{2}\right) \cong -0.146, \quad \xi^{(1)} = \begin{pmatrix} \sqrt{2} \\ -1 \end{pmatrix}; \tag{18}$$

$$r_2 = \frac{1}{4}\left(-2-\sqrt{2}\right) \cong -0.854, \quad \xi^{(2)} = \begin{pmatrix} \sqrt{2} \\ 1 \end{pmatrix}$$

이고, 따라서 식 (17)의 일반해는

$$\begin{pmatrix} u \\ v \end{pmatrix} = c_1 \begin{pmatrix} \sqrt{2} \\ -1 \end{pmatrix} e^{-0.146t} + c_2 \begin{pmatrix} \sqrt{2} \\ 1 \end{pmatrix} e^{-0.854t} \tag{19}$$

이다. 고윳값이 모두 음수이므로 임계점 (1/2, 1/2)는 선형 연립방정식 (17)과 비선형 연립방정식 (3)의 점근 안정 node이다. 이 임계점 가까이에 있는 궤적들은 모두 $t \to \infty$일 때 이 임계점으로 다가간다. 이 중 한 쌍의 궤적은 고유벡터 $\xi^{(2)}$에 의해 결정되는 기울기 $\sqrt{2}/2 \cong 0.707$인 직선을 따라 이 임계점으로 다가간다. 다른 궤적들은 모두 고유벡터 $\xi^{(1)}$에 의해 결정되는 기울기 $-\sqrt{2}/2 \cong -0.707$인 직선에 접하며 이 임계점으로 다가간다.

연립방정식 (3)에 대한 위상 궤적이 **그림 9.4.2**에 나타나 있다. 자세히 들여다보면 각 임계점 근처에 있는 궤적들이 그 임계점 근처의 선형 연립방정식에 의해 예측되는 대로 움직인다는 것을 알 수 있다. 여기서 식 (3)의 우변에 있는 이차항이 모두 음수임에 주목하자. x, y가 크기가 큰 양수이면 이 이차항들이 주요 항이 되기 때문에 원점에서 멀리 떨어진 제1사분면 안의 점에서는 x'과 y'이 모두 음수가 된다; 즉, 궤적들이 안쪽으로 향한다. 따라서 $x_0 > 0$이고 $y_0 > 0$인 한 점 (x_0, y_0)에서 시작하는 모든 궤적들은 결국 점 (0.5, 0.5)로 다가간다. 다시 말해, 경계를 포함하지 않는(open) 제1사분면 전체가 (0.5, 0.5)의 basin of attraction이다.

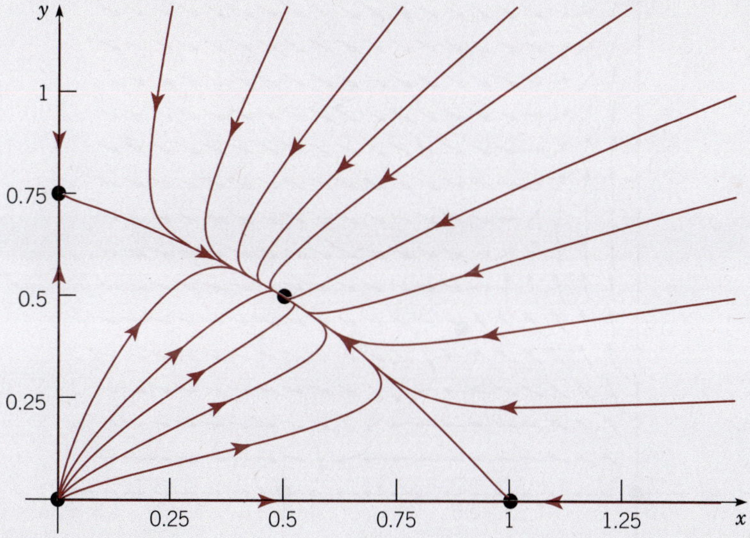

그림 9.4.2 연립방정식 (3)에 대한 위상 궤적. (0, 0)에서의 임계점은 불안정 node, (1, 0)과 (0, 3/4)에서의 임계점들은 안장점 (1/2, 1/2)에서의 임계점은 점근 안정 node이다.

예제 9.4.2

다음과 같은 음수가 아닌 x, y에 대한 연립방정식의 해에 대한 정성적인 성질을 살펴보자.

$$\begin{aligned} \frac{dx}{dt} &= x(1-x-y), \\ \frac{dy}{dt} &= y(0.5-0.25y-0.75x) \end{aligned} \tag{20}$$

이 연립방정식 역시 서로 경쟁하는 두 종에 대한 연립방정식 (2)의 특정한 경우이다.

풀이

연립방정식 (20)의 평형 상태인 해에 해당하는 임계점은 (0, 0), (1, 0), (0, 2), (0.5, 0.5)들이다. **그림 9.4.3**에 이 네 개의 임계점들과 함께 연립방정식 (20)에 대한 방향장이 나타나 있다. 이 방향장으로부터 (1, 0), (0, 2)는 점근적으로 안정적인 데 반해 두 종이 섞여있는 평형 상태의 해 (0.5, 0.5)는 안장점이고, 따라서 불안정함을 알 수 있다. 결국 식 (20)에 의해 묘사되는 경쟁에서는 한 종이 다른 종을 이겨 멸종시킨다. 이때 살아남는 종이 무엇인지는 주어진 연립방정식의 초기 상태로 결정된다. 이와 같은 결론을 확인하기 위해서는 각 임계점 근처에서의 선형 근사를 살펴보면 된다. 뒤에서 계속 사용하기 위해 연립방정식 (20)의 Jacobian 행렬 **J**를 다음과 같이 정리하겠다.

$$\mathbf{J} = \begin{pmatrix} F_x(x,y) & F_y(x,y) \\ G_x(x,y) & G_y(x,y) \end{pmatrix} = \begin{pmatrix} 1-2x-y & -x \\ -0.75y & 0.5-0.5y-0.75x \end{pmatrix} \tag{21}$$

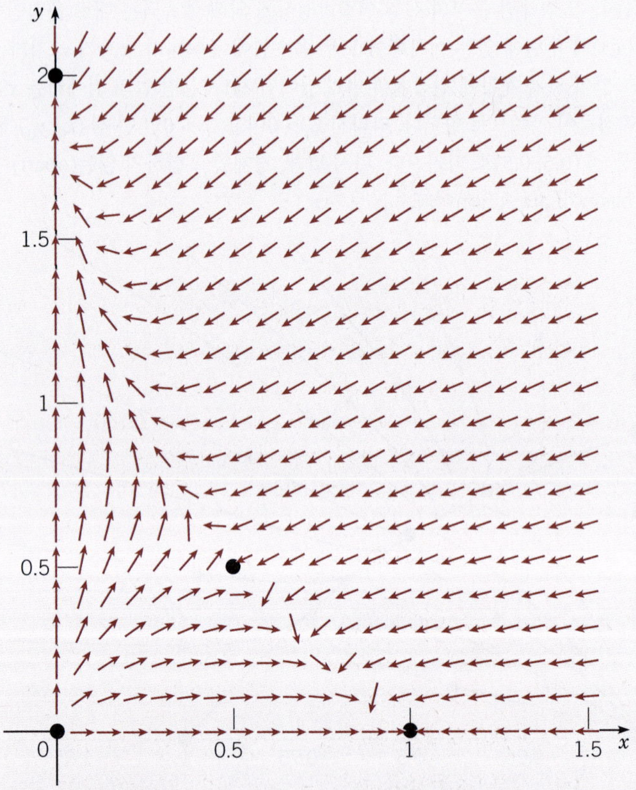

그림 9.4.3 연립방정식 (20)에 대한 임계점들과 방향장.

(x, y) = (0, 0). 식 (21)로부터 (0, 0)에서의 Jacobian 행렬 **J**를 계산하면 원점 근처에서 유효한 다음과 같은 선형 연립방정식을 구할 수 있다.

$$\frac{d}{dt}\begin{pmatrix} x \\ y \end{pmatrix} = \begin{pmatrix} 1 & 0 \\ 0 & 0.5 \end{pmatrix}\begin{pmatrix} x \\ y \end{pmatrix} \tag{22}$$

연립방정식 (22)의 고윳값들과 고유벡터들은

$$r_1 = 1, \quad \xi^{(1)} = \begin{pmatrix} 1 \\ 0 \end{pmatrix}; \quad r_2 = 0.5, \quad \xi^{(2)} = \begin{pmatrix} 0 \\ 1 \end{pmatrix} \tag{23}$$

이고 일반해는

$$\begin{pmatrix} x \\ y \end{pmatrix} = c_1 \begin{pmatrix} 1 \\ 0 \end{pmatrix} e^{t} + c_2 \begin{pmatrix} 0 \\ 1 \end{pmatrix} e^{0.5t} \tag{24}$$

이다. 그러므로, 원점은 선형 연립방정식 (22)와 비선형 연립방정식 (20)의 불안정 node이다. x축 위에 놓여있는 궤적 하나를 제외한 모든 궤적들이 y축에 접하는 원점의 근방에서 빠져나간다.

(x, y) = (1, 0). 이에 대응되는 선형 연립방정식은 다음과 같다.

$$\frac{d}{dt}\begin{pmatrix} u \\ v \end{pmatrix} = \begin{pmatrix} -1 & -1 \\ 0 & -0.25 \end{pmatrix}\begin{pmatrix} u \\ v \end{pmatrix} \tag{25}$$

이 식의 고윳값들과 고유벡터들은

$$r_1 = -1, \quad \xi^{(1)} = \begin{pmatrix} 1 \\ 0 \end{pmatrix}; \quad r_2 = -0.25, \quad \xi^{(2)} = \begin{pmatrix} 4 \\ -3 \end{pmatrix} \tag{26}$$

이고 일반해는

$$\begin{pmatrix} u \\ v \end{pmatrix} = c_1 \begin{pmatrix} 1 \\ 0 \end{pmatrix} e^{-t} + c_2 \begin{pmatrix} 4 \\ -3 \end{pmatrix} e^{-0.25t} \tag{27}$$

이다. 점 (1, 0)은 선형 연립방정식 (25)와 비선형 연립방정식 (20)의 점근 안정 node이다. x와 y의 초깃값이 (1, 0)에 충분히 가깝다면 상호작용 과정에 의해 (1, 0)에 해당하는 상태가 된다—즉, x종은 살아남고 y종은 멸종된다. 한 쌍의 궤적은 x축을 따라 이 임계점으로 다가가고 그 외 궤적들은 모두 고유벡터 $\boldsymbol{\xi}^{(2)}$에 의해 결정되는 기울기 $-3/4$인 직선에 접하는 점 (1, 0)으로 다가간다.

(x, y) = (0, 2). 이 경우에 대한 해석은 점 (1, 0)에 대한 해석과 비슷하다. 이에 해당되는 선형 연립방정식은 다음과 같다.

$$\frac{d}{dt}\begin{pmatrix} u \\ v \end{pmatrix} = \begin{pmatrix} -1 & 0 \\ -1.5 & -0.5 \end{pmatrix}\begin{pmatrix} u \\ v \end{pmatrix} \tag{28}$$

이 연립방정식의 고윳값들과 고유벡터들은

$$r_1 = -1, \quad \xi^{(1)} = \begin{pmatrix} 1 \\ 3 \end{pmatrix}; \quad r_2 = -0.5, \quad \xi^{(2)} = \begin{pmatrix} 0 \\ 1 \end{pmatrix} \tag{29}$$

이고 일반해는

$$\begin{pmatrix} u \\ v \end{pmatrix} = c_1 \begin{pmatrix} 1 \\ 3 \end{pmatrix} e^{-t} + c_2 \begin{pmatrix} 0 \\ 1 \end{pmatrix} e^{-0.5t} \tag{30}$$

이다. 따라서 임계점 (0, 2)는 선형 연립방정식 (28)과 비선형 연립방정식 (20)의 점근 안정 node이다. 이 임계점 가까이에 있는 궤적들은 기울기 3인 직선을 따라 다가가는 궤적 하나를 제외하고는 모두 y축에 접하는 이 임계점으로 다가간다.

$\mathbf{(x, y) = \left(\frac{1}{2}, \frac{1}{2}\right)}$. 이에 대응되는 연립방정식은 다음과 같다.

$$\frac{d}{dt}\begin{pmatrix} u \\ v \end{pmatrix} = \begin{pmatrix} -0.5 & -0.5 \\ -0.375 & -0.125 \end{pmatrix}\begin{pmatrix} u \\ v \end{pmatrix} \tag{31}$$

이에 대한 고윳값들과 고유벡터들은

$$\begin{aligned} r_1 &= \frac{1}{16}\left(-5 + \sqrt{57}\right) \cong 0.1594, \qquad \xi^{(1)} = \begin{pmatrix} 1 \\ \frac{1}{8}\left(-3 - \sqrt{57}\right) \end{pmatrix} \cong \begin{pmatrix} 1 \\ -1.3187 \end{pmatrix}, \\ r_2 &= \frac{1}{16}\left(-5 - \sqrt{57}\right) \cong -0.7844, \qquad \xi^{(2)} = \begin{pmatrix} 1 \\ \frac{1}{8}\left(-3 + \sqrt{57}\right) \end{pmatrix} \cong \begin{pmatrix} 1 \\ 0.5687 \end{pmatrix} \end{aligned} \tag{32}$$

이고, 따라서 일반해는

$$\begin{pmatrix} u \\ v \end{pmatrix} = c_1 \begin{pmatrix} 1 \\ -1.3187 \end{pmatrix} e^{0.1594t} + c_2 \begin{pmatrix} 1 \\ 0.5687 \end{pmatrix} e^{-0.7844t} \tag{33}$$

이다. 고윳값들의 부호가 서로 반대이므로 임계점 (0.5, 0.5)는 안장점이고, 따라서 앞에서 예측했던 것처럼 불안정하다. $t \to \infty$일 때 안장점으로 다가가는 한 쌍의 궤적을 제외한 모든 궤적들이 임계점 근방에서부터 멀어진다. 이 임계점으로 다가가는 궤적들은 고유벡터 $\boldsymbol{\xi}^{(2)}$에 의해 결정되는 기울기 $(\sqrt{57}-3)/8 \cong 0.5687$인 직선에 접한다. 또한 $t \to -\infty$일 때 이 안장점으로 다가가는 한 쌍의 궤적도 있다. 이 궤적들은 $\boldsymbol{\xi}^{(1)}$에 의해 결정되는 기울기 -1.3187인 직선에 접한다.

연립방정식 (20)에 대한 위상 궤적이 **그림 9.4.4**에 나타나 있다. 각 임계점 근처에 있는 비선형 연립방정식의 궤적들은 각 임계점에 대응되는 선형 근사가 예측하는 대로 움직인다. 특히 관심을 가져야 하는 것은 안장점으로 다가가는 한 쌍의 궤적들인데, 이것은 제1사분면을 두 개의 basin of attraction으로 나누는 분할선이 된다. 이 분할선 위쪽에서 시작하는 궤적들은 (0, 2)에서의 node로 다가가는 반면, 이 분할선 아래쪽에서 시작하는 궤적들은 (1, 0)에서의 node로 다가간다. 만약 초기 상태가 바로 이 분할선 위였다면 해 (x, y)는 $t \to \infty$일 때 안장점으로 다가간다. 그러나 점 (x, y)에 약간의 섭동을 주면 이 궤적은 분할선 위의 점에서 벗어나서 node 중의 하나로 다가가게 된다. 따라서 한 종은 경쟁에서 살아남고 다른 한 종은 살아남지 못할 것이다.

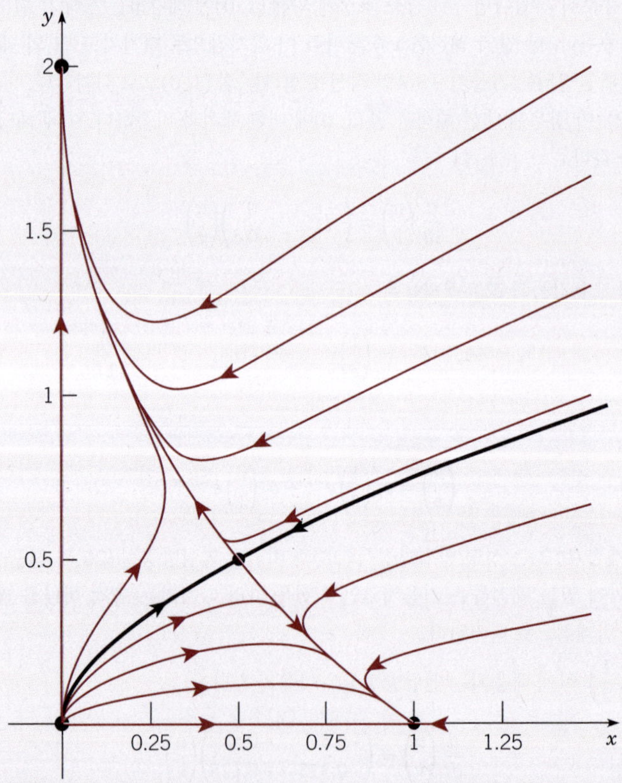

그림 9.4.4 연립방정식 (20)에 대한 위상 궤적. 검은색 곡선이 분할선이다. 이 분할선 위에 있는 초깃점을 갖는 해는 임계점 (0, 2)로 다가간다. 이 분할선 아래에 있는 초깃점을 갖는 해는 임계점 (1, 0)으로 다가간다. 임계점 (0, 0)은 불안정 node이고, (1/2, 1/2)에서의 임계점은 안장점이다.

예제 9.4.1과 9.4.2는 어떤 경우에는 두 종 사이의 경쟁이 공존하는 평형 상태를 이루고 어떤 경우에는 두 종 중 한 종이 멸종될 수도 있음을 보여준다. 이런 일이 어떻게 일어나고 왜 일어나는지 좀 더 확실하게 이해하고 이런 상황이 발생하는 것을 미리 예측하기 위해 일반적인 연립방정식 (2)를 다시 한번 살펴보자. **그림 9.4.5**에 나타났듯이 두 개의 직선

$$\epsilon_1 - \sigma_1 x - \alpha_1 y = 0 \quad \text{과} \quad \epsilon_2 - \sigma_2 y - \alpha_2 x = 0 \tag{34}$$

의 상대적인 방향에 따른 네 가지 경우가 있다. 첫 번째 직선 위에서 x'이 영이고 두 번째 직선 위에서 y'이 영이므로 이 직선들을 각각 x-**nullcline**[4]과 y-**nullcline**이라고 부른다. 그림 9.4.5에서 실선은 x-nullcline이고 줄선은 y-nullcline이다.

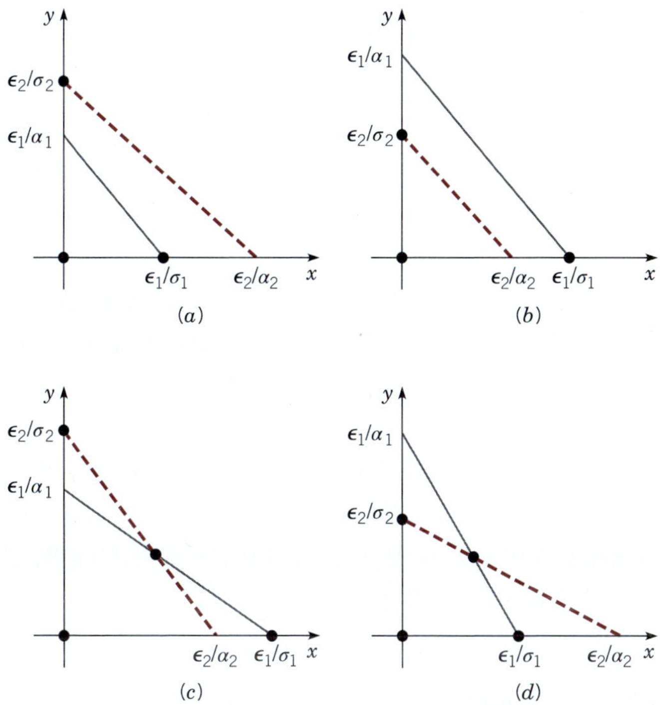

그림 9.4.5 경쟁하는 종들에 대한 연립방정식 (2)의 네 가지 경우들. 검은색 실선은 x-nullcline이고 파란색 줄선은 y-nullcline이다.

(X, Y)를 네 가지 경우 중 한 경우에 대한 임의의 임계점이라 하자. 예제 9.4.1과 9.4.2에서처럼 연립방정식 (2)는 각각의 미분방정식의 우변이 2차 다항식이므로 이 점 근방에서 국소적으로 선형이다. 연립방정식 (2)를 임계점 근방에서 살펴보기 위해 9.3절의 식 (13)으로부터 얻어지는 다음과 같은 선형 연립방정식을 살펴보자:

$$\frac{d}{dt}\begin{pmatrix} u \\ v \end{pmatrix} = \begin{pmatrix} \epsilon_1 - 2\sigma_1 X - \alpha_1 Y & -\alpha_1 X \\ -\alpha_2 Y & \epsilon_2 - 2\sigma_2 Y - \alpha_2 X \end{pmatrix}\begin{pmatrix} u \\ v \end{pmatrix} \tag{35}$$

식 (35)를 이용하여 식 (2)가 묘사하는 모델에서 두 종 x, y가 공존하기 위한 조건을 찾아보자. 그림 9.4.5에 나타난 네 가지 경우 중에서 공존이 가능한 경우는 (c)와 (d)이다. 대수 방정식 (34)

[4] 수직선 $x = 0$도 연립방정식 (2)의 x-nullcline이고, 수평선 $y = 0$도 연립방정식 (2)의 y-nullcline이다.

를 풀면 영이 아닌 X와 Y의 값을 구할 수 있다; 그 값은

$$X = \frac{\epsilon_1\sigma_2 - \epsilon_2\alpha_1}{\sigma_1\sigma_2 - \alpha_1\alpha_2}, \quad Y = \frac{\epsilon_2\sigma_1 - \epsilon_1\alpha_2}{\sigma_1\sigma_2 - \alpha_1\alpha_2} \tag{36}$$

이다. 또한, $\epsilon_1 - \sigma_1 X - \alpha_1 Y = 0$이고 $\epsilon_2 - \sigma_2 Y - \alpha_2 X = 0$이면 식 (35)는 다음과 같은 형태가 된다.

$$\frac{d}{dt}\begin{pmatrix} u \\ v \end{pmatrix} = \begin{pmatrix} -\sigma_1 X & -\alpha_1 X \\ -\alpha_2 Y & -\sigma_2 Y \end{pmatrix}\begin{pmatrix} u \\ v \end{pmatrix} \tag{37}$$

연립방정식 (37)의 고윳값들은 방정식

$$r^2 + (\sigma_1 X + \sigma_2 Y) r + (\sigma_1\sigma_2 - \alpha_1\alpha_2) XY = 0 \tag{38}$$

으로부터 구할 수 있다. 따라서

$$r_1, r_2 = \frac{-(\sigma_1 X + \sigma_2 Y) \pm \sqrt{(\sigma_1 X + \sigma_2 Y)^2 - 4(\sigma_1\sigma_2 - \alpha_1\alpha_2) XY}}{2} \tag{39}$$

이다.

$\sigma_1\sigma_2 - \sigma_1\sigma_2 < 0$이면 식 (39)의 근호 안의 값은 양수가 되고 $(\sigma_1 X + \sigma_2 Y)^2$보다 커진다. 따라서 고윳값은 서로 다른 부호를 갖는 실수이다. 결과적으로 임계점 (X, Y)는 (불안정) 안장점이 되므로 공존은 불가능하다. 이것은 $\sigma_1 = 1$, $\alpha_1 = 1$, $\sigma_2 = 0.25$, $\alpha_2 = 0.75$, $\sigma_1\sigma_2 - \alpha_1\alpha_2 = -0.5$인 예제 9.4.2에 해당하는 경우이다.

한편, $\sigma_1\sigma_2 - \alpha_1\alpha_2 > 0$이면 식 (39)의 근호 안의 값은 $(\sigma_1 X + \sigma_2 Y)^2$보다 작아진다. 따라서 고윳값은 서로 다른 음의 실수이거나 음의 실수부를 갖는 복소수이다. 그러나 식 (39)의 근호 안의 값을 간단하게 해석해 보면 이때의 고윳값이 복소수가 아님을 알 수 있다(연습문제 **5** 참고). 따라서 임계점은 점근 안정 node이고 공존이 계속 가능하다. 이것은 $\sigma_1 = 1$, $\alpha_1 = 1$, $\sigma_2 = 1$, $\alpha_2 = \frac{1}{2}$, $\sigma_1\sigma_2 - \alpha_1\alpha_2 = \frac{1}{2}$인 예제 9.4.1에 해당하는 경우이다.

이 결과를 그림 9.4.5(*c*)와 9.4.5(*d*)와 연관시켜 보자. 그림 9.4.5(*c*)에서

$$\frac{\epsilon_1}{\sigma_1} > \frac{\epsilon_2}{\alpha_2} \quad \text{또는} \quad \epsilon_1\alpha_2 > \epsilon_2\sigma_1 \text{이고} \quad \frac{\epsilon_2}{\sigma_2} > \frac{\epsilon_1}{\alpha_1} \quad \text{또는} \quad \epsilon_2\alpha_1 > \epsilon_1\sigma_2 \tag{40}$$

이다. 이 부등식들과 식 (36)에 의해 주어진 X와 Y가 양수라는 조건 때문에 부등식 $\sigma_1\sigma_2 < \alpha_1\alpha_2$임을 알 수 있다. 따라서 이 경우 임계점은 안장점이다. 한편, 그림 9.4.5(d)에서

$$\frac{\epsilon_1}{\sigma_1} < \frac{\epsilon_2}{\alpha_2} \quad \text{또는} \quad \epsilon_1\alpha_2 < \epsilon_2\sigma_1 \quad \text{이고} \quad \frac{\epsilon_2}{\sigma_2} < \frac{\epsilon_1}{\alpha_1} \quad \text{또는} \quad \epsilon_2\alpha_1 < \epsilon_1\sigma_2 \tag{41}$$

이다. X와 Y가 양수이므로 $\sigma_1\sigma_2 > \alpha_1\alpha_2$가 된다. 따라서 이 임계점은 점근적으로 안정적이다. 또한 이 경우에 대한 다른 임계점들 $(0, 0)$, $(\epsilon_1/\sigma_1, 0)$, $(0, \epsilon_2/\sigma_2)$는 불안정함을 보일 수 있다. 따라서 x, y에 임의의 양의 초깃값들이 주어질 때 두 종의 개체수는 식 (36)에 의해 주어진 공존하는 평형 상태로 다가간다.

식 (2)에 의해 $\sigma_1\sigma_2 - \alpha_1\alpha_2$가 양수인지 음수인지에 따라 생물학적으로 공존이 가능한지 가능하지 않은지 하는 해석을 할 수 있다. 이때 σ들은 각 개체수의 증가가 스스로를 억제하는 효과를

측정하는 값이고, α들은 각 개체수의 증가가 다른 종을 억제하는 효과를 측정하는 값이다. 따라서 $\sigma_1\sigma_2 > \alpha_1\alpha_2$이면 상호작용(경쟁)은 "약해지고" 각 종들은 공존할 수 있다; $\sigma_1\sigma_2 < \alpha_1\alpha_2$이면 상호작용(경쟁)은 "강해지고" 각 종들은 공존할 수 없다—한 종이 멸종한다.

연습 문제

▶ 문제 **1**부터 **4**까지는 개체수 x와 y를 갖는 두 종의 상호작용을 묘사한다고 해석할 수 있다. 각 문제들에 대해서 다음에 주어진 단계별 지시문에 답하라.

a. G 방향장을 그리고 해들이 어떻게 움직이는지 설명하라.

b. 임계점들을 구하라.

c. 각 임계점에 대해서 주어진 연립방정식에 대응되는 선형 연립방정식을 구하고 이 선형 연립방정식에 대한 고윳값들과 고유벡터들을 구하라; 각각의 임계점을 유형별로 분류하고 이것이 점근적으로 안정적인지, 안정적인지 또는 불안정한지를 판별하라.

d. 각각의 임계점 근방에서의 궤적들을 그려라.

e. G 주어진 연립방정식에 대해서 해들의 모양을 분명하게 알아볼 수 있을 만큼 궤적들을 계산하고 그려라.

f. $t \to \infty$일 때 x와 y의 극한을 구하고, 그 결과를 두 종의 개체수의 관점으로 해석하라.

1. $dx/dt = x(2 - x - 0.5y)$
$dy/dt = y(2 - y - 0.75x)$

2. $dx/dt = x(1.5 + x - 0.5y)$
$dy/dt = y(2 + 0.5y - 1.5x)$

3. $dx/dt = x(1 - x - y)$
$dy/dt = y(2 - y - x)$

4. $dx/dt = x(1 - x + 0.5y)$
$dy/dt = y(1.5 - 1.5y + 0.25x)$

5. 본문 중의 식 (39)로 주어진 고윳값들을 이용하여

$$(\sigma_1 X + \sigma_2 Y)^2 - 4(\sigma_1\sigma_2 - \alpha_1\alpha_2)XY = (\sigma_1 X - \sigma_2 Y)^2 + 4\alpha_1\alpha_2 XY$$

임을 보여라. 결론적으로 이 고윳값들은 복소수가 될 수 없다.

6. 서로 먹이를 두고 경쟁하지만 서로를 잡아먹지는 않는 블루길과 레드이어라는 두 종의 물고기가 있다. 한 연못에 블루길과 레드이어가 많이 살고 있다고 가정하고 t 시간에 대한 각각의 개체수를 x, y라 두자. 이때의 경쟁관계는 다음과 같은 방정식들로 모델링될 수 있다.

$$\frac{dx}{dt} = x(\epsilon_1 - \sigma_1 x - \alpha_1 y), \quad \frac{dy}{dt} = y(\epsilon_2 - \sigma_2 y - \alpha_2 x)$$

a. $\epsilon_2/\alpha_2 > \epsilon_1/\sigma_1$이고 $\epsilon_2/\sigma_2 > \epsilon_1/\alpha_1$이면 연못 안의 유일한 평형 상태의 개체수는 물고기가 전부 없거나 레드이어가 없거나 또는 블루길이 없는 것임을 보여라. t가 커지면 어떻게 되겠는가?

b. $\epsilon_1/\sigma_1 > \epsilon_2/\alpha_2$이고 $\epsilon_1/\alpha_1 > \epsilon_2/\sigma_2$이면 연못 안의 유일한 평형 상태의 개체수는 물고기가 전부 없거나 레드이어가 없거나 또는 블루길이 없는 것임을 보여라. t가 커지면 어떻게 되겠는가?

7. 문제 **6**에서 소개한 블루길과 레드이어 간의 경쟁을 고려하자. $\epsilon_2/\alpha_2 > \epsilon_1/\sigma_1$이고 $\epsilon_1/\alpha_1 > \epsilon_2/\sigma_2$이면 본문에서 보인 것처럼 두 종이 공존하는 안정적인 평형 상태의 점이 존재한다. 편의상 문제 **6**의 미분방정식들을 레드이어가 없을 때 블루길에 대한 연못의 환경 수용력($B = \epsilon_1/\sigma_1$)과 블루길이 없을 때 레드이어에 대한 연못의 환경 수용력 ($R = \epsilon_2/\sigma_2$)에 대한 식으로 바꾸자.

a. 문제 **6**의 미분방정식을 $\gamma_1 = \alpha_1/\sigma_1$과 $\gamma_2 = \alpha_2/\sigma_2$에 대해 다음과 같이 쓸 수 있음을 보여라.

$$\frac{dx}{dt} = \epsilon_1 x\left(1 - \frac{1}{B}x - \frac{\gamma_1}{B}y\right), \quad \frac{dy}{dt} = \epsilon_2 y\left(1 - \frac{1}{R}y - \frac{\gamma_2}{R}x\right)$$

공존 평형 상태인 점 (X, Y)를 B, R, γ_1, γ_2에 대한 식으로 표현하라.

b. 한 낚시꾼이 오로지 블루길만을 잡아서 B를 줄이는 효과가 생겼다고 가정하자. 이것은 평형 상태의 개체수에 어떤 영향을 끼치는가? 낚시로 블루길이 멸종하는 수준까지 개체수를 줄일 수 있겠는가?

8. 본문상의 연립방정식 (2)를 고려하고 $\sigma_1\sigma_2 - \alpha_1\alpha_2 = 0$이라 가정하자.

a. 이 연립방정식의 임계점을 모두 구하라. $\sigma_1\epsilon_2 - \alpha_2\epsilon_1$이 영인지 아닌지에 따라 결과가 달라짐을 확인하라.

b. $\sigma_1\epsilon_2 - \alpha_2\epsilon_1 > 0$일 때 각각의 임계점을 분류하고 점근 안정적인지 안정적인지 또는 불안정한지를 판별하라. 문제 3이 이 유형임에 유의하자. $\sigma_1\epsilon_2 - \alpha_2\epsilon_1 < 0$일 때도 각각의 임계점을 분류하고 점근 안정적인지 안정적인지 또는 불안정한지를 판별하라.

c. $\sigma_1\epsilon_2 - \alpha_2\epsilon_1 = 0$일 때 궤적들의 성질을 해석하라.

9. 본문상의 예제 9.4.1에 있는 연립방정식 (3)을 고려하자. 이 연립방정식은 (0.5, 0.5)에서 점근 안정적인 임계점을 갖는데 이것은 두 종의 안정적인 공존에 해당하는 것이었다. 이제 x종과 y종이 각각 상수 δa와 δb의 비율로 이주해 들어오거나 나갈 수 있다고 가정하자. 이 경우 식 (3)은 다음과 같이 바뀐다.

$$\frac{dx}{dt} = x(1 - x - y) + \delta a, \quad \frac{dy}{dt} = \frac{y}{4}(3 - 4y - 2x) + \delta b \tag{42}$$

문제는 이것이 안정적 평형 상태인 점의 위치에 어떤 영향을 끼치는가이다.

a. 새로운 임계점을 찾기 위해서 다음 방정식들을 풀어야 한다.

$$\begin{aligned} x(1 - x - y) + \delta a &= 0, \\ \frac{y}{4}(3 - 4y - 2x) + \delta b &= 0 \end{aligned} \tag{43}$$

한 가지 계산 방법은 x와 y를 다음과 같이 매개변수 δ에 대한 멱급수로 놓는 것이다;

$$x = x_0 + x_1\delta + \cdots, \quad y = y_0 + y_1\delta + \cdots \tag{44}$$

식 (44)를 식 (43)에 대입하고 δ에 대한 거듭제곱으로 항들을 정리하라.

b. 상수항(δ를 포함하지 않는 항)으로부터 $x_0 = 0.5$이고 $y_0 = 0.5$임을 보여라. 따라서 이주해 들어오거나 나가지 않으면 임계점이 (0.5, 0.5)임을 알 수 있다.

c. δ에 대해 선형인 항들로부터

$$x_1 = 4a - 4b, \quad y_1 = -2a + 4b \tag{45}$$

임을 보여라.

d. 두 종 모두 이주해 들어올 수 있다고 가정하기 위해 $a > 0, b > 0$라 두자. 이때 나타나는 평형 상태의 해는 두 종의 개체수가 모두 증가하거나 또는 한 종의 개체수는 증가하지만 다른 한 종의 개체수는 감소하는 것임을 보여라. 이 결과가 왜 타당한지 직관적으로 설명하라.

10. 연립방정식

$$x' = -y, \quad y' = -\gamma y - x(x - 0.15)(x - 2)$$

은 Hodgkin-Huxley[5] 방정식을 근사한 것인데 신경자극이 축색돌기를 타고 전달되는 과정을 모델링한 것이다.

a. 임계점들을 구하고 각 임계점 근처에서의 근사 선형 연립방정식을 이용하여 이 임계점들을 분류하라.

b. G $\gamma = 0.8$일 때와 $\gamma = 1.5$일 때의 위상 궤적들을 그려라.

c. G 임계점 (2, 0)에서 빠져나오는 궤적을 살펴보자. $t \to \infty$일 때 이 궤적이 원점으로 다가가도록 하는 γ값을 찾고 이 γ값에 대한 위상 궤적을 그려라.

분기점들. 매개변수 α에 대한 다음과 같은 연립방정식을 고려하자.

$$x' = F(x, y, \alpha), \quad y' = G(x, y, \alpha) \tag{46}$$

방정식

$$F(x, y, \alpha) = 0, \quad G(x, y, \alpha) = 0 \tag{47}$$

은 각각 x-nullcline들과 y-nullcline들을 결정한다; x-nullcline과 y-nullcline이 교차하는 임의의 점이 임계점이다. α가 변하고 nullcline들의 구성이 달라짐에 따라 두 개의 임계점이 하나로 합쳐지는 α값이 존재할 수 있다. α가 여기서 더 변하게 되면 하나로 합쳐진 임계점은 다시 두 개로 나뉘어지거나 없어져 버릴 것이다. 또는 역이 성립할 수도 있다: 어떤 α에 대해 앞에서는 교차하지 않았던 두 개의 nullcline들이 임계점을 새로 만들면서 합쳐졌다가 α가 더 변하게 되면 다시 두 개로 나뉘어질 수 있다. 이런 현상이 발생하는 α값을 분기점(bifurcation point)이라고 한다. 분기점에서 임계점의 유형과 안정성이 변하기도 한다. 따라서 임계점의 개수와 종류는 α가 분기점을 지날 때 갑자기 변할 수 있다. 한 연립방정식에 대한 위상 궤적은 임계점들의 위치와 성질에 따라 크게 좌우되므로 연립방정식에 대한 해들의 전구간에서의 모양을 파악하기 위해서는 분기점에 대한 이해가 필수적이다.

▶ 문제 **11**부터 **14**까지:

a. Nullcline들을 그리고 α가 증가함에 따라 임계점들이 어떻게 옮겨가는지를 설명하라.

b. 임계점들을 구하라.

c. G $\alpha = 2$라 두자. 각 문제에 대응되는 근사 선형 연립방정식을 이용하여 각각의 임계점을 분류하라. 임계점들을 포함하는 직사각형 안에 위상 궤적을 그려라.

d. G 임계점들이 합쳐지는 분기점 α_0를 구하라. 이 임계점의 위치를 찾고 근사 선형 연립방정식의 고윳값을 구하라. 위상 궤적을 구하라.

e. G $\alpha > \alpha_0$에 대해서 임계점이 존재하지 않는 α값을 하나 찾고 위상 궤적을 그려라.

11. $x' = 4x + y - x^2, \quad y' = \frac{3}{2}\alpha + y$

12. $x' = \frac{3}{2}\alpha - y, \quad y' = 4x - y - x^2$

13. $x' = -\alpha - x + y, \quad y' = 4x - y - x^2$

14. $x' = 4x - y - x^2, \quad y' = \alpha - x + y$

▶ 문제 **15**부터 **17**까지는 몇몇 계수들이 매개변수 α에 종속되어 있다는 것만 제외하고 예제 9.4.1과 9.4.2에서 다루었던 경쟁관계를 나타내는 연립방정식들과 똑같다. 모든 문제에서 x, y, α는 음수가 아니라고

[5] 영국 생리학자이자 생물물리학자인 Alan L. Hodgkin (1914~1998)경과 Andrew F. Huxley (1917~)경은 캠브리지 대학과 Plymouth에 있는 해양생물 연합연구소에서 신경 자극과 전달을 연구하였다. 이 연구는 (비선형 연립 미분방정식을 유도한) 이론과 (대서양 오징어의 거대한 축색돌기를 측정한) 실험을 둘 다 포함하고 있다. 이를 바탕으로 1963년 노벨 생리의학상을 수상했다.

가정하자. 문제 **15**부터 17까지:

a. 그림 9.4.5와 같이 제1사분면에 nullcline들을 그려라. 이 그림들은 서로 다른 α의 범위에 대해서 그림 9.4.5의 각각의 그림들과 비슷할 것이다.

b. 임계점들을 구하라.

c. 분기점들을 결정하라.

d. Jacobian 행렬 **J**를 구하고 임계점 각각에 대한 **J**를 계산하라.

e. 각각의 임계점에 대한 유형과 안정성을 결정하라. 특히 α가 분기점을 지날 때 어떤 일이 일어나는지 주의 깊게 보도록 하자.

f. **G** 위의 결과를 확인하기 위해 선택한 α값에 대해 연립방정식의 위상 궤적을 그려라.

15. $dx/dt = x(1 + x + y), \quad dy/dt = y(\alpha + y + 0.5x)$

16. $dx/dt = x(1 + x + y), \quad dy/dt = y(0.75 + \alpha y + 0.5x)$

17. $dx/dt = x(1 + x + y), \quad dy/dt = y(\alpha + y + (2\alpha - 1)x)$

9.5 포식자-먹이 방정식

앞 절에서 동일한 식량 또는 동일한 자원을 놓고 서로 경쟁하는 두 종의 모델을 소개하였다. 이 절에서는 한 종(포식자)이 다른 종(먹이)을 잡아먹고 먹이는 다른 식량을 먹고 사는 상황을 다루겠다. 예를 들어 폐쇄된 숲속에 여우들과 토끼들이 산다면 여우들은 토끼들을 잡아먹고 토끼들은 숲속에 있는 식물을 먹고 살 것이다. 또 다른 예로는 호수 안에 사는 포식자 농어와 그 먹이인 레드이어, 포식자 무당벌레와 그 먹이인 진딧물 등이 있다. 다시 한번 강조하자면 단 두 종만을 포함하는 모델은 실제로 자연에서 발생하는 여러 종들 간의 복잡한 관계를 완전히 묘사할 수는 없다. 그렇지만 간단한 모델을 연구하는 것은 좀 더 복잡한 현상을 이해하기 위한 첫 단계가 될 수 있다.

시간 t에 대한 먹이의 개체수와 포식자의 개체수를 각각 x와 y라 두겠다. 두 종 간의 상호작용을 모델링하는 데 있어서 다음과 같은 가정들을 세우자:

1. 포식자가 없으면 먹이는 현재의 개체수에 비례하여 증가한다; 즉, $y = 0$일 때 $dx/dt = ax$, $a > 0$이다.
2. 먹이가 없으면 포식자는 멸종된다; 즉, $x = 0$일 때 $dy/dt = -cy$, $c > 0$이다.
3. 포식자와 먹이가 마주치는 횟수는 두 개체수의 곱에 비례한다. 서로 마주치면 포식자의 증가량은 촉진되고 먹이의 증가량은 억제되는 경향이 있다. 따라서 양의 상수 γ, α에 대해서 포식자의 증가율은 γxy항만큼 증가하는 반면, 먹이의 증가율은 $-\alpha xy$항만큼 감소한다.

이 가정들에 따라 다음과 같은 연립방정식이 유도된다.

$$\frac{dx}{dt} = ax - \alpha xy = x(a - \alpha y), \qquad \frac{dy}{dt} = -cy + \gamma xy = y(-c + \gamma x) \tag{1}$$

여기서 상수 a, c, α, γ는 모두 양수이다; a와 c는 각각 먹이의 증가율과 포식자의 사망률이고 α

와 γ는 두 종 간의 상호작용의 영향을 측정하는 값들이다. 식 (1)은 **로트카-볼테라 방정식**(Lotka-Volterra equations)으로 알려져 있는데 1925년 로트카(Lotka)[6]와 1926년 볼테라(Volterra)[7]가 쓴 논문들에서 발전되었다. 비록 이 식이 매우 단순하긴 하나 광범위한 유형의 문제들에 적용될 수 있다. 이 식을 좀 더 현실적으로 만드는 방법은 이 절 뒷부분과 연습문제에서 다루겠다. 우선적인 목표는 x와 y에 대해 임의의 양의 초깃값이 주어졌을 때 연립방정식 (1)에 대한 해들(궤적들)의 정성적인 성질을 찾는 것이다. 이를 위해 먼저 구체적인 예를 들어보고 이 절의 끝부분에서 일반적인 식 (1)로 다시 돌아가겠다.

예제 9.5.1

양수 x, y에 대한 다음 연립방정식의 해를 살펴보자.

$$\begin{aligned} \frac{dx}{dt} &= x(1-0.5y) = x - 0.5xy = F(x,y), \\ \frac{dy}{dt} &= y(-0.75+0.25x) = -0.75y + 0.25xy = G(x,y) \end{aligned} \tag{2}$$

풀이

이 연립방정식의 임계점들은 대수식

$$x(1-0.5y) = 0, \quad y(-0.75+0.25x) = 0 \tag{3}$$

의 해인 점 (0, 0)과 (3, 2)이다. **그림 9.5.1**은 연립방정식 (2)에 대한 임계점들과 방향장을 그린 것인데 임계점 (3, 2)를 둘러싸고 있는 제1사분면 상의 궤적들이 나타나 있다. 이 궤적들이 실제로 닫힌 곡선인지 또는 나선형을 그리며 천천히 들어가고 있는지 빠져나가고 있는지는 방향장만으로는 분명하게 알 수가 없다. 원점은 안장점을 나타내고 있고 9.4절의 경쟁관계에 대한 식들과 똑같이 좌표축들이 식 (1) 또는 (2)의 궤적이 된다. 따라서 좌표축을 가로지르는 다른 궤적들은 있을 수 없기 때문에 제1사분면에서 시작하는 모든 해들은 항상 제1사분면에 놓여있게 된다.

다음으로 각각의 임계점 근처에서 해들의 국소적인 모양을 알아보자.

(x, y) = (0, 0). 식 (2)의 비선형 항을 무시하면 원점 근방에서 식 (2)에 대응되는 다음과 같은 선형 연립방정식을 구할 수 있다.

$$\frac{d}{dt}\begin{pmatrix} x \\ y \end{pmatrix} = \begin{pmatrix} 1 & 0 \\ 0 & -0.75 \end{pmatrix}\begin{pmatrix} x \\ y \end{pmatrix} \tag{4}$$

식 (4)의 고윳값들과 고유벡터들은

$$r_1 = 1, \quad \xi^{(1)} = \begin{pmatrix} 1 \\ 0 \end{pmatrix}; \quad r_2 = -0.75, \quad \xi^{(2)} = \begin{pmatrix} 0 \\ 1 \end{pmatrix} \tag{5}$$

[6] 미국 생물 물리학자인 Alfred J. Lotka (1880~1949)는 지금의 우크라이나 지방에서 태어났고 주로 유럽에서 교육을 받았다. 그는 로트카-볼테라(Lotka-Volterra) 방정식의 창시자로 기억되고 있으며 또한 1924년에 수리 생물학에 관한 최초의 서적을 발표하였다; 지금은 이 서적이 *Elements of Mathematical Biology* (New York: Dover, 1956)로 알려져 있다.

[7] 저명한 이탈리아 수학자인 Vito Volterra (1860~1940)는 피사, 투린, 로마에서 교수를 역임했다. 그는 특히 적분 방정식과 함수 해석학 분야의 업적으로 유명하다. 주요 적분 방정식들 중에는 그의 이름을 딴 부류도 있다; 7.6절의 연습문제 **16**을 보자. 종들 간의 상호작용에 관한 그의 이론은 그의 친구 중 하나인 D'Ancona가 수집한 아드리아해에서의 어획량에 관한 자료가 계기가 되었다. 그가 1926년에 발표한 논문의 번역본은 부록에 있는 R. N. Chapman의 Animal Ecology with Special Reference to Insects (New York: McGraw-Hill, 1931)에 실려있다.

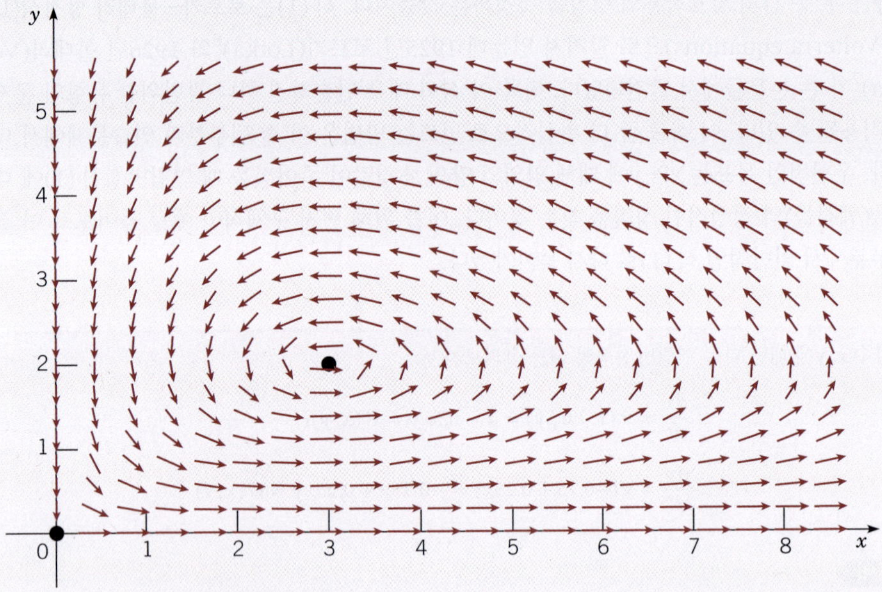

그림 9.5.1 포식자−먹이 연립방정식 (2)에 대한 임계점들과 방향장.

이고 일반해는

$$\begin{pmatrix} x \\ y \end{pmatrix} = c_1 \begin{pmatrix} 1 \\ 0 \end{pmatrix} e^{t} + c_2 \begin{pmatrix} 0 \\ 1 \end{pmatrix} e^{-0.75t} \tag{6}$$

이다. 따라서 원점은 선형 연립방정식 (4)와 비선형 연립방정식 (2)의 안장점이므로 불안정하다. 이때 한 쌍의 궤적이 y축을 따라 원점으로 들어간다; 다른 궤적들은 모두 원점의 근방에서부터 멀어진다.

(x, y) = (3, 2). 임계점 (3, 2)를 조사하기 위해 다음과 같은 Jacobian 행렬을 이용하자.

$$\mathbf{J} = \mathbf{J}[F, G](x, y) = \begin{pmatrix} F_x(x, y) & F_y(x, y) \\ G_x(x, y) & G_y(x, y) \end{pmatrix} = \begin{pmatrix} 1 - 0.5y & -0.5x \\ 0.25y & -0.75 + 0.25x \end{pmatrix} \tag{7}$$

점 (3, 2)에서의 **J**값을 계산하면 $u = x - 3$과 $v = y - 2$에 대한 선형 연립방정식

$$\frac{d}{dt}\begin{pmatrix} u \\ v \end{pmatrix} = \begin{pmatrix} 0 & -1.5 \\ 0.5 & 0 \end{pmatrix} \begin{pmatrix} u \\ v \end{pmatrix} \tag{8}$$

를 구할 수 있다. 이 연립방정식의 고윳값들과 고유벡터들은 다음과 같다.

$$r_1 = \frac{\sqrt{3}i}{2}, \quad \xi^{(1)} = \begin{pmatrix} 1 \\ -i/\sqrt{3} \end{pmatrix}; \quad r_2 = -\frac{\sqrt{3}i}{2}, \quad \xi^{(2)} = \begin{pmatrix} 1 \\ i/\sqrt{3} \end{pmatrix} \tag{9}$$

고윳값이 모두 허수이므로 임계점 (3, 2)는 선형 연립방정식 (8)의 center이고, 따라서 안정적이다. 이것은 9.3절에서 언급했던, 선형 연립방정식의 성질이 비선형 연립방정식에서 만족할 수도 있고 만족하지 않을 수도 있는 경우에 해당된다. 따라서 이 정보로 비선형 연립방정식 (2)에 대한 점 (3, 2)의 유형이나 안정성을 알아낼 수는 없다.

선형 연립방정식 (8)의 궤적들을 구하는 가장 간단한 방법은 식 (8)의 두 번째 식을 첫 번째 식으로 나누어서 미분방정식

$$\frac{dv}{du} = \frac{dv/dt}{du/dt} = \frac{0.5u}{-1.5v} = -\frac{u}{3v}$$

또는

$$u\,du + 3v\,dv = 0 \tag{10}$$

을 구하는 것이다. 결국 임의의 음수가 아닌 적분상수 k에 대해

$$u^2 + 3v^2 = k \tag{11}$$

이 된다. 따라서 선형 연립방정식 (8)의 궤적들은 임계점을 중심으로 하는 수평 방향으로 긴 타원들이다.

이제 비선형 연립방정식 (2)로 돌아가 보자. 식 (2)의 두 번째 식을 첫 번째 식으로 나누면

$$\frac{dy}{dx} = \frac{y(-0.75 + 0.25x)}{x(1 - 0.5y)} \tag{12}$$

이 된다. 식 (12)는 분리 가능하므로

$$\frac{1 - 0.5y}{y}\,dy = \frac{-0.75 + 0.25x}{x}\,dx$$

의 형태로 쓸 수 있고, 따라서 적분상수 c에 대해

$$0.75 \ln x + \ln y - 0.5y - 0.25x = c \tag{13}$$

가 된다. 비록 식 (13)이 하나의 변수를 다른 변수에 대한 양함수로 표현할 수 없는 기초함수들로 되어 있긴 하지만 그 그래프가 고정된 c값에 대해 임계점 (3, 2)를 둘러싸고 있는 폐곡선임은 보일 수 있다. 따라서 이 임계점 역시 비선형 연립방정식 (2)의 center이고 포식자와 먹이의 개체수는 순환 변동을 나타낸다.

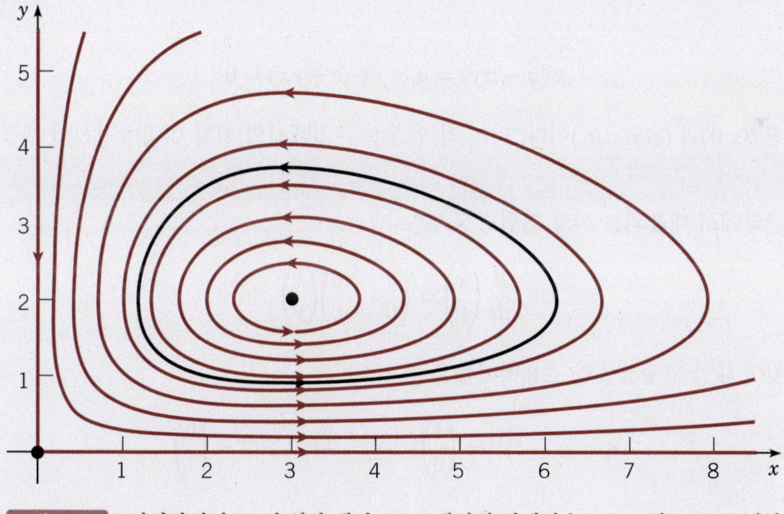

그림 9.5.2 연립방정식 (2)의 위상 궤적. (3, 2)에서의 임계점은 center이고 (0, 0)에서의 임계점은 안장점이다. 그림 9.5.3에는 초기조건 $x(0) = 2, y(0) = 1$을 갖는 검정색 궤적의 구성 요소가 나와 있다.

그림 9.5.2가 연립방정식 (2)의 위상 궤적을 나타내고 있다. 어떤 초기조건들에 대해서는 궤적의 임계점에 대한 x와 y가 조금씩 변하긴 해도 선형 해석에서 제시했던 것과 비슷한 타원 모양이고, 또 다른 초기조건들에 대해서는 x와 y가 더 많이 변하고 궤적의 모양도 타원과는 상당히 다르다. 그러나 이 궤적들은 모두 반시계방향으로 움직이는 것을 관찰할 수 있다. 검정색 궤도와 같은 특정한 조건들에 대한 x, y의 t에 대한 종속성이 **그림 9.5.3**에 그려져 있다. 궤적들이 모두 폐곡선이기 때문에 x와 y는 t에 대한 주기함수이다. 이때, 포식자 개체수의 진동은 먹이 개체수의 진동에 뒤쳐져서 나타난다. 처

음에 포식자와 먹이의 개체수들이 둘 다 적다면 먹이가 포식자에게 덜 잡아먹히기 때문에 먹이가 먼저 증가하게 된다. 먹이가 풍부해져서 포식자의 개체수 또한 증가하게 되고 먹이는 포식자에게 더 많이 잡아먹히게 되어 먹이가 감소하게 된다. 식량이 줄어들면 포식자의 개체수도 줄어들게 되므로 다시 원래의 상태로 돌아간다. 이제 그 궤적은 반복한다.

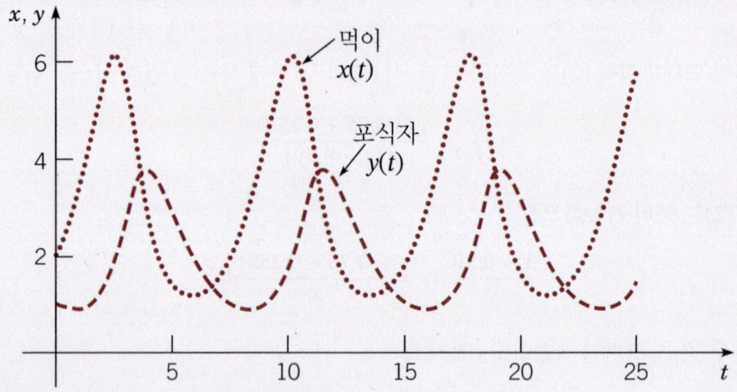

그림 9.5.3 초기조건 $x(0) = 2, y(0) = 1$인 연립방정식 (2)에 대한 먹이 개체수와 포식자 개체수의 시간에 따른 변화.

일반적인 연립방정식 (1)은 예제와 똑같은 방법으로 해석할 수 있다. 연립방정식 (1)의 임계점들은

$$x(a - \alpha y) = 0, \quad y(-c + \gamma x) = 0$$

의 해인 점 (0, 0)과 $(c/\gamma, a/\alpha)$이다. 먼저 각 임계점 근처에서의 선형 연립방정식의 해들을 조사하겠다.

원점 근방에서 대응되는 선형 연립방정식은

$$\frac{d}{dt}\begin{pmatrix} x \\ y \end{pmatrix} = \begin{pmatrix} a & 0 \\ 0 & -c \end{pmatrix}\begin{pmatrix} x \\ y \end{pmatrix} \tag{14}$$

이다. 이것에 대한 고윳값들과 고유벡터들은

$$r_1 = a, \quad \xi^{(1)} = \begin{pmatrix} 1 \\ 0 \end{pmatrix}; \quad r_2 = -c, \quad \xi^{(2)} = \begin{pmatrix} 0 \\ 1 \end{pmatrix} \tag{15}$$

이고 일반해는

$$\begin{pmatrix} x \\ y \end{pmatrix} = c_1\begin{pmatrix} 1 \\ 0 \end{pmatrix}e^{at} + c_2\begin{pmatrix} 0 \\ 1 \end{pmatrix}e^{-ct} \tag{16}$$

이다. 따라서 원점은 안장점이고 불안정하다. y축 위에 있는 궤적들은 이 안장점을 향해 들어간다; 다른 궤적들은 모두 이 임계점 근방에서부터 멀어진다.

다음은 임계점 $(c/\gamma, a/\alpha)$를 살펴보자. 이때 Jacobian 행렬은 다음과 같다.

$$\mathbf{J} = \begin{pmatrix} a - \alpha y & -\alpha x \\ \gamma y & -c + \gamma x \end{pmatrix}$$

$(c/\gamma, a/\alpha)$에서 $\mathbf{J}$을 계산하면 근사 선형 연립방정식이 $u = x - c/\gamma$와 $v = y - a/\alpha$에 대해

$$\frac{d}{dt}\begin{pmatrix} u \\ v \end{pmatrix} = \begin{pmatrix} 0 & -\alpha c/\gamma \\ \gamma a/\alpha & 0 \end{pmatrix}\begin{pmatrix} u \\ v \end{pmatrix} \tag{17}$$

가 된다. 연립방정식 (17)의 고윳값들은 $r = \pm i\sqrt{ac}$이므로 이 임계점은 선형 연립방정식의 (안정적인) center이다. 연립방정식 (17)의 궤적들을 구하기 위해서 이것의 두 번째 식을 첫 번째 식으로 나누면

$$\frac{dv}{du} = \frac{dv/dt}{du/dt} = -\frac{(\gamma a/\alpha)\,u}{(\alpha c/\gamma)\,v} \tag{18}$$

또는

$$\gamma^2 au\,du + \alpha^2 cv\,dv = 0 \tag{19}$$

을 얻는다. 결국 음수가 아닌 적분상수 k에 대해

$$\gamma^2 au^2 + \alpha^2 cv^2 = k \tag{20}$$

가 된다. 따라서 선형 연립방정식 (17)의 궤적들은 예제에서처럼 타원 모양이다.

잠시 비선형 연립방정식 (1)로 되돌아가 보면 이 식을 다음과 같은 하나의 미분방정식으로 쓸 수 있음을 알 수 있다.

$$\frac{dy}{dx} = \frac{dy/dt}{dx/dt} = \frac{y\,(-c + \gamma x)}{x\,(a - \alpha y)} \tag{21}$$

식 (21)은 분리 가능하므로 적분상수 C에 대해 다음과 같은 해를 갖는다.

$$a \ln y - \alpha y + c \ln x - \gamma x = C \tag{22}$$

식 (22)의 그래프는 고정된 C에 대해서 임계점 $(c/\gamma, a/\alpha)$를 둘러싸고 있는 폐곡선 형태임을 알 수 있다. 따라서 이 임계점은 일반적인 비선형 연립방정식 (1)에 대해서도 center이다.

포식자와 먹이의 개체수에 대한 순환 변동은 점 $(c/\gamma, a/\alpha)$로부터 많이 떨어지지 않아서 선형 연립방정식 (17)을 사용할 수 있는 곳에서는 좀 더 자세하게 해석할 수 있다. 연립방정식 (17)의 해는 다음과 같은 형태로 쓸 수 있다.

$$u = \frac{c}{\gamma}K\cos\left(\sqrt{ac}\,t + \phi\right), \quad v = \frac{a}{\alpha}\sqrt{\frac{c}{a}}K\sin\left(\sqrt{ac}\,t + \phi\right) \tag{23}$$

이때, 상수 K와 ϕ는 초기조건에 의해 결정된다. 따라서

$$\begin{aligned} x &= \frac{c}{\gamma} + \frac{c}{\gamma}K\cos\left(\sqrt{ac}\,t + \phi\right), \\ y &= \frac{a}{\alpha} + \frac{a}{\alpha}\sqrt{\frac{c}{a}}K\sin\left(\sqrt{ac}\,t + \phi\right) \end{aligned} \tag{24}$$

가 되는데 이것은 임계점 $(c/\gamma, a/\alpha)$ 가까이에 있는 거의 타원 모양인 궤적들에 대한 훌륭한 근사식이다. 이 식을 이용하여 타원 모양의 궤적들 위에서의 포식자와 먹이의 순환 변동에 대한 몇 가지 결론을 도출해 낼 수 있다.

1. 포식자 개체수와 먹이 개체수의 크기는 주기가 $2\pi/\sqrt{ac}$인 사인 곡선을 그리며 변화한다. 이때의 주기는 초기조건에 따라 달라지지 않는다.
2. 먹이 개체수의 변화가 포식자 개체수의 변화보다 사분의 일 주기 앞서있다. 예시에서의 설명과 같이, 먹이가 앞서고 포식자가 뒤따른다.
3. 먹이에 대한 진동의 진폭은 Kc/γ이고 포식자에 대한 진동의 진폭은 $\sqrt{ac}K/\alpha$이므로 이 진폭들은 식을 이루는 매개변수들뿐 아니라 초기조건에 따라서도 달라진다.
4. 완전한 한 주기 동안의 포식자와 먹이의 평균 개체수는 각각 c/γ와 a/α인데 이것은 평형 상태의 개체수들과 똑같다; 연습문제 **10** 참고.

식 (1)에서 예측했던 포식자와 먹이의 순환 변동은 실제 자연에서 목격할 수 있었다. 한 가지 놀랄만한 예는 캐나다 허드슨만사의 기록을 토대로 Odum이 소개한 것인데 1845~1935년 동안 신고된 털가죽 수로 알 수 있듯이 시라소니와 눈신 토끼가 번성했던 시기가 9년에서 10년을 주기로 뚜렷한 주기적 변동을 보인다는 것이다. 가장 번성했던 정점 이후에는 바로 급격한 감소가 나타나고, 토끼가 가장 번성했던 정점은 시라소니보다 1년 이상을 앞섰다.

임계점 $(c/\gamma, a/\alpha)$가 center이므로 로트카–볼테라 방정식에 약간의 섭동을 주면 주기적이지 않은 해들이 나올 수도 있다. 즉, 로트카–볼테라 방정식이 주어진 포식자–먹이 관계를 정확하게 묘사하지 못한다면 이 모델 방정식의 작은 부정확성이 이 방정식이 예측하는 변동과 개체수의 실제 변동이 매우 달라질 수 있다. 따라서 작은 섭동의 영향을 거의 받지 않는 다른 연립방정식들로 로트카–볼테라 방정식을 대체하려는 많은 시도[8]를 해왔다. 연습문제 **13**에 그 대안이 되는 모델이 하나 소개되어 있다.

로트카–볼테라 방정식에 대한 또 다른 비판 중 하나는 포식자가 없으면 먹이가 한없이 증가한다고 한 것인데, 이는 개체수가 증가할 때 자연적으로 증가율을 억제하는 효과가 있는 것으로 수정하면 된다. 예를 들어, 식 (1)의 첫 번째 식을 $y = 0$일 때 x에 대한 로지스틱 방정식으로 바꿀 수 있다. 이렇게 바꾸었을 때의 효과는 연습문제 **11**과 **12**에서 살펴보겠다. 연습문제 **14**부터 **16**까지는 포식자–먹이 관계에 채집(또는 수렵)활동(harvesting)을 포함한 것이다.

끝으로 앞서 했던 주의사항을 한 번 더 강조하고자 한다: 자연계에서의 종들 간의 관계는 대체로 복잡하고 다루기가 어렵다. 이런 관계들을 묘사하는 데 있어서 두 개의 미분방정식으로 되어 있는 간단한 연립방정식에 너무 많은 것을 기대하지 않도록 주의하자. 설사 일반형으로 되어 있는 방정식들이 완벽하다고 확신하더라도 그 계수들을 수치적으로 계산하는 것은 극도로 어려운 일일 수 있다.

연습 문제

▶ 문제 **1**부터 5까지는 개체수 밀도 x와 y를 갖는 두 종 간의 상호작용을 묘사한다고 해석할 수 있다. 각각의 문제에 대해 다음의 주어진 단계별 지시문을 따라라.

a. **G** 방향장을 그리고 해들이 어떤 모양일지 설명하라.

---

[8] 포식자–먹이 관계를 다룬 모델을 폭넓게 연구하고 싶다면 참고문헌에 열거되어 있는 Brauer와 Castillo-Chávez가 쓴 서적을 보자.

b. 임계점들을 찾아라.

c. 각각의 임계점에 대해서 주어진 연립방정식에 대응되는 선형 연립방정식을 구하라. 이 선형 연립방정식의 고윳값들과 고유벡터들을 구하라; 각 임계점들을 유형별로 분류하고 점근적으로 안정적인지 안정적인지 아니면 불안정한지를 판별하라.

d. 각각의 임계점 근방에서 궤적들을 그려라.

e. **G** 주어진 연립방정식에 대한 위상 궤적을 그려라.

f. $t \to \infty$일 때 x와 y의 극한을 결정하라.

g. 그 결과를 두 종들의 개체수의 관점으로 해석하라.

1. $dx/dt = x(2 - 0.5y)$
$dy/dt = y(-0.5 + x)$

2. $dx/dt = x(1 + 0.5y)$
$dy/dt = y(0.25 + 0.5x)$

3. $dx/dt = x(1.5 - 0.5x - 0.5y)$
$dy/dt = y(-0.25 + 0.5x)$

4. $dx/dt = x(1 - 2.5x + 0.3y + x^2)$
$dy/dt = y(1.5 - x)$

5. $dx/dt = x(-1 + 2.5x - 0.5y - x^2)$
$dy/dt = y(-1.5 + x)$

6. 이 문제에서 이 절의 식 (24)로 주어진 포식자 개체수와 먹이 개체수의 순환 변동 간의 위상 차이를 조사하자. $K > 0$이고 t를 먹이의 개체수 x가 최대가 되는 시간이라고 가정하자; 이때 $\phi = 0$이다.

a. 진동 주기 T에 대해서 포식자의 개체수 y가 $t = \pi/\left(2\sqrt{ac}\right) = T/4$에서 최대임을 보여라.

b. 먹이의 개체수는 언제 가장 빨리 증가하고 언제 가장 빨리 감소하며, 최소가 될 때는 또 언제인가?

c. 포식자의 개체수에 대해서도 **b**의 질문에 답하라.

d. 점 $(c/\gamma, a/\alpha)$를 둘러싸고 있는 타원 모양의 궤적을 하나 그리고 **a**, **b**, **c**에서 찾은 점들을 그 위에 표시하라.

7. **a.** 진동이 작을 때 유효한 근사식 (24)를 이용하여 먹이 개체수와 포식자 개체수가 임계점 $(c/\gamma, a/\alpha)$에서 진동할 때의 진폭의 비를 구하라. 이 비는 초기조건과는 상관없음을 알 수 있다.

b. 연립방정식 (2)에 대해 **a**에서 구한 비를 계산하라.

c. 그림 9.5.3에 나타나 있는 비선형 연립방정식 (2)의 해에 대한 진폭의 비를 추정하라. 이 결과는 선형 근사를 이용하여 구한 결과와 일치하는가?

d. **G** 연립방정식 (2)의 또 다른 해들—다른 초기조건을 만족하는 해들—에 대한 먹이-포식자 간의 진폭의 비를 계산하라. 이 비는 초기조건에 대해 독립적인가?

8. **a.** 진동이 작을 때 유효한 근사식 (24)를 이용하여 먹이 개체수와 포식자 개체수에 대한 진동 주기를 구하라. 이 주기는 진폭에 독립적임을 알 수 있다.

b. 그림 9.5.3에 나타나 있는 비선형 연립방정식 (2)의 해에 대한 주기를 가능한 정확하게 추정하라. 이 결과는 선형 근사를 이용하여 구한 결과와 일치하는가?

c. **G** 연립방정식 (2)의 또 다른 해들—다른 초기조건을 만족하는 해들—을 계산하고 이것에 대한 주기를 결정하라. 이 주기는 초기조건에 대해 모두 같은가?

9. 양의 상수 a, b에 대한 연립방정식을 다음과 같이 두자.

$$\frac{dx}{dt} = ax\left(1 - \frac{y}{2}\right), \quad \frac{dy}{dt} = by\left(1 - \frac{x}{3}\right)$$

이 연립방정식은 $a = 1$이고 $b = 0.75$이면 본문에서의 예제와 똑같다. 초기조건을 $x(0) = 5$와 $y(0) = 2$로 놓자.

a. **G** $a = 1$이고 $b = 1$에 대해 위상 평면상의 궤적을 그리고 진동 주기를 계산(또는 추정)하라.

b. **G** $b = 1$일 때, $a = 3$과 $a = 1/3$에 대해서 각각 **a**를 반복하라.

c. **G** $a = 1$일 때, $b = 3$과 $b = 1/3$에 대해서 각각 **a**를 반복하라.

d. 궤적의 주기와 모양이 a와 b에 따라 어떻게 달라지는지 설명하라.

10. 먹이 개체수와 포식자 개체수에 대한 평균 크기는 다음과 같이 정의된다.

$$\bar{x} = \frac{1}{T}\int_A^{A+T} x(t)\,dt, \quad \bar{y} = \frac{1}{T}\int_A^{A+T} y(t)\,dt$$

이때, T는 완전한 한 주기이고 A는 임의의 음수가 아닌 상수이다.

a. 임계점 근처에서 유효한 근사식 (24)를 이용하여 $\bar{x} = c/\gamma$이고 $\bar{y} = a/\alpha$임을 보여라.

b. **N** 그림 9.5.3에 나타나 있는 비선형 연립방정식 (2)의 해에 대해서 가능한 정확하게 $\bar{x}$와 $\bar{y}$를 추정하라. 이 경우, $\bar{x}$와 $\bar{y}$를 각각 c/γ와 a/α로 놓을 수 있을지 결정하라.

힌트 : 적분 공식을 사용하지 않고 어떻게 적분 값을 추정할 수 있을지 생각해 보자.

c. **G** 연립방정식 (2)의 다른 해들—다른 초기조건들을 만족하는 해들—을 계산하고 이 해들에 대한 $\bar{x}$와 $\bar{y}$를 결정하라. $\bar{x}$와 $\bar{y}$의 값이 모든 해에 대해 같은가?

▶ 문제 **11**과 **12**에서 먹이 x에 대한 방정식에 $-\sigma x^2$ 항을 넣어 포식자 y가 없을 때 로지스틱 방정식이 되도록 수정했을 때의 효과를 살펴보자. 문제 **11**은 이런 유형의 특정한 연립방정식을 다루고 문제 **12**는 이 수정안을 일반적인 로트카–볼테라 연립방정식에 적용한다. 연습문제 **3**의 연립방정식은 이 형식의 예시이다.

11. 다음과 같은 연립방정식을 고려하자.

$$x' = x(1 - \sigma x - 0.5y), \quad y' = y(-0.75 + 0.25x)$$

이 연립방정식은 예제 9.5.1에서의 연립방정식 (2)를 수정한 것이다.

a. 임계점을 모두 찾아라. σ가 영에서부터 점점 증가함에 따라 임계점의 위치는 어떻게 바뀌는가? $\sigma < 1/3$인 경우에만 제1사분면 내부에 임계점이 하나 있음을 확인하자.

b. 각 임계점의 유형과 안정성을 결정하라. 제1사분면 내부에서 임계점의 성질이 바뀌는 값을 찾아라. σ가 σ_1을 지날 때 이 임계점에 생기는 변화를 묘사하라.

c. **G** 방향장을 그리고 영과 σ_1 사이에 있는 하나의 σ값에 대한 위상 궤적을 그려라; σ_1과 1/3 사이에 있는 하나의 σ값에 대한 위상 궤적을 그려라.

d. σ가 영에서부터 1/3까지 증가할 때 두 개체수에 미치는 영향을 설명하라.

12. 양수 $a, \sigma, \alpha, c, \gamma$에 대한 다음과 같은 연립방정식을 고려하자.

$$dx/dt = x(a - \sigma x - \alpha y), \quad dy/dt = y(-c + \gamma x)$$

a. 주어진 연립방정식에 대한 임계점을 모두 찾아라. σ가 영에서부터 점점 증가함에 따라 임계점의 위치는 어떻게 바뀌는가? $a/\sigma > c/\gamma$, 즉 $\sigma < a\gamma/c$라고 가정하자. 이 가정이 왜 필요하겠는가?

b. 각 임계점의 성질과 안정성을 결정하라.

c. 제1사분면 내부에 있는 임계점이 spiral point에서 node로 변하는 σ값이 영과 $a\gamma/c$ 사이에 하나 있음을 보여라.

d. σ가 영에서부터 $a\gamma/c$까지 증가할 때 두 개체수에 미치는 영향을 설명하라.

13. 로트카–볼테라 방정식에서 두 종 간의 상호작용은 각각의 개체수의 곱 xy에 비례하는 항으로 모델링된다. 만약 먹이의 개체수가 포식자의 개체수보다 훨씬 많다면 이 항은 실제 발생하는 상호작용을 과장한 것일 수 있다; 예를 들어 포식자는 배고플 때만 먹이를 사냥하고 그 외에는 무시할 것이다. 이 문제에서 Rosenzweig와 MacArthur[9]가 제안한 모델을 대신 다룬다.

[9] 좀 더 자세한 내용은 Brauer와 Castillo-Chávez가 쓴 서적을 보라.

a. 연립방정식을 다음과 같이 두자.

$$x' = x\left(1 - \frac{x}{5} - \frac{2y}{x+6}\right), \quad y' = y\left(-\frac{1}{4} + \frac{x}{x+6}\right)$$

이 연립방정식에 대한 임계점을 모두 찾아라.

b. 각 임계점의 유형과 안정성을 결정하라.

c. G 이 연립방정식에 대한 방향장과 위상 궤적을 그려라.

▶ **채집(또는 수렵)활동이 포함된 포식자–먹이 관계.** 포식자–먹이의 경우에 있어서 한 종 또는 두 종 모두 귀중한 식량자원일 수도 있다. 또는 먹이가 유해 동물이라서 그 수를 줄이기 위한 노력을 기울여야 할 수도 있다. 채집(또는 수렵)활동에 대한 일정한 노력을 모델링할 때 먹이 방정식에는 $-E_1x$항을, 포식자 방정식에는 $-E_2y$항을 포함시킨다. 여기서 E_1과 E_2는 각각의 종을 채집(또는 수렵)하는 데 들이는 노력을 측정하는 값이다. 또한 먹이 방정식에 $-H_1$항을, 포식자 방정식에 $-H_2$항을 포함시키면 채집(또는 수렵)활동으로 인한 일정한 수익 모델을 얻을 수 있다. 여기서 상수 E_1, E_2, H_1, H_2는 음수가 아니다. 문제 **16**은 채집(또는 수렵)활동으로 인한 일정한 수익을, 문제 **14**와 **15**는 채집(또는 수렵)활동에 대한 일정한 노력을 다룬다.

14. 로트카–볼테라 방정식 (1)에 채집(또는 수렵)활동에 대한 일정한 노력을 적용하면 다음과 같은 연립방정식을 얻을 수 있다.

$$x' = x(a - \alpha y - E_1), \quad y' = y(-c + \gamma x - E_2)$$

채집(또는 수렵)활동을 하지 않을 때 평형 상태의 해는 $(c/\gamma, a/\alpha)$이다.

a. 수학적 해석을 하기 전에 이 상황을 직관적으로 살펴보자. 먹이만 잡는다면 두 개체수는 어떻게 바뀔 것 같은가? 포식자만 잡는다면? 둘 다 잡는다면?

b. 먹이는 잡고 포식자는 잡지 않는다면($E_1 > 0, E_2 = 0$) 평형 상태의 해는 어떻게 바뀔 것인가?

c. 포식자는 잡고 먹이는 잡지 않는다면($E_1 = 0, E_2 > 0$) 평형 상태의 해는 어떻게 바뀔 것인가?

d. 둘 다 잡는다면($E_1 > 0, E_2 > 0$) 평형 상태의 해는 어떻게 바뀔 것인가?

15. 먹이 방정식에 자기–억제 항 $-\sigma x^2$을 포함시켜 로트카–볼테라 방정식을 수정하고 일정한 노력을 들여 채집(또는 수렵)활동을 한다고 가정하면 다음과 같은 연립방정식을 구할 수 있다.

$$x' = x(a - \sigma x - \alpha y - E_1), \quad y' = y(-c + \gamma x - E_2)$$

채집(또는 수렵)활동을 하지 않을 때 의미있는 평형 상태의 해는 $x = c/\gamma$, $y = (a/\alpha) - (\sigma c)/(\alpha\gamma)$이다.

a. 먹이는 잡고($E_1 > 0$) 포식자는 잡지 않는다면($E_2 = 0$) 평형 상태의 해는 어떻게 바뀔 것인가?

b. 포식자는 잡고($E_2 > 0$) 먹이는 잡지 않는다면($E_1 = 0$) 평형 상태의 해는 어떻게 바뀔 것인가?

c. 둘 다 잡는다면($E_1 > 0, E_2 > 0$) 평형 상태의 해는 어떻게 바뀔 것인가?

16. 이 문제에서 예제 9.5.1의 상황에 채집(또는 수렵)활동으로 인한 일정한 수익을 포함시킨다. 음수가 아닌 상수 H_1과 H_2에 대한 연립방정식을 다음과 같이 두자.

$$x' = x(1 - 0.5y) - H_1, \quad y' = y(-0.75 + 0.25x) - H_2$$

$H_1 = H_2 = 0$일 때는 (3, 2)가 이 연립방정식에 대한 평형 상태의 해였음을 기억하자.

a. 수학적 해석을 하기 전에 이 상황을 직관적으로 살펴보자. 먹이만 잡는다면 두 개체수는 어떻게 바뀔 것 같은가? 포식자만 잡는다면? 둘 다 잡는다면?

b. 먹이는 잡고($H_1 > 0$) 포식자는 잡지 않는다면($H_2 = 0$) 평형 상태의 해는 어떻게 바뀔 것인가?

c. 포식자는 잡고($H_2 > 0$) 먹이는 잡지 않는다면($H_1 = 0$) 평형 상태의 해는 어떻게 바뀔 것인가?

d. 둘 다 잡는다면($H_1 > 0, H_2 > 0$) 평형 상태의 해는 어떻게 바뀔 것인가?

9.6 두 번째 Liapunov법

9.3절에서 국소적으로 선형인 연립방정식의 임계점에 대한 안정성을 결정하기 위해 이에 대응되는 선형 연립방정식을 어떻게 활용하는지를 알아보았다. 그러나 선형 연립방정식의 center인 임계점에 대해서는 안정성을 결정할 수 없었다. 이런 경우의 예에는 감쇠하지 않는 진자, 아래의 식 (1), (2), 그리고 9.5절에서 소개한 포식자-먹이 문제가 있다. 또한 점근 안정 임계점의 경우에는 basin of attraction—그 안에서 시작한 모든 해들이 임계점으로 다가가는 영역—을 조사하는 것이 중요할 수도 있다. 그러나 국소적으로 선형인 연립방정식들에 대한 이론으로는 이런 질문에 대한 정보를 얻을 수 없다.

이 절에서는 **두 번째 Liapunov[10]법** 또는 **직접법**이라고 알려져 있는 또 다른 접근방법을 소개하겠다. 이 방법을 직접법이라고도 부르는 이유는 미분방정식들로 이루어진 연립방정식의 해에 대한 정보가 필요 없기 때문이다. 대신 적당한 보조 함수를 찾아서 임계점의 안정성이나 불안정성을 판별한다. 이 기술을 이용하면 좀 더 포괄적인 정보—임계점에 대한 basin of attraction의 범위를 추정하는 등의—를 얻을 수 있다. 두 번째 Liapunov법은 국소적으로 선형이 아닌 연립방정식을 연구할 때도 사용할 수 있으나 여기서는 다루지 않겠다.

▶ **진자 운동 방정식.** 본질적으로 두 번째 Liapunov법은 보존계(conservative system)에서 작용하는 두 가지 물리 법칙의 일반화이다. 즉, (i) 정지된 위치에서 위치에너지가 극소이면 그 위치는 안정적이고 극소가 아니면 불안정하다. (ii) 운동하는 동안 총 에너지는 항상 일정하다. 이 개념들을 설명하기 위해 다시 한번 감쇠하지 않는 진자(보존 역학계)를 고려하자. 이때의 지배 방정식은

$$m\frac{d^2\theta}{dt^2} + \frac{mg}{L}\sin(\theta) = 0 \tag{1}$$

이다. 이에 해당되는 연립방정식은 $x = \theta, y = d\theta/dt$에 대한 2개의 1계 미분방정식

$$\frac{dx}{dt} = y, \quad \frac{dy}{dt} = -\frac{g}{L}\sin(x) \tag{2}$$

으로 이루어져 있다. 임의의 상수를 생략하면 위치에너지 U는 진자를 가장 낮은 위치에서 위로 들어 올릴 때 한 일이다. 즉,

$$U(x, y) = mgL(1 - \cos(x)) \tag{3}$$

[10] 상트페테르부르크 대학에서 체비셰프의 제자였던 Alexander M. Liapunov (1857~1918)는 1885년부터 상트페테르부르크 과학 아카데미 응용수학부 학술위원으로 선출되었던 1901년까지 Kharkov 대학에서 교편을 잡았다. 1917년 부인의 건강문제로 Odessa로 이사했다. 그의 안정성에 대한 연구결과는 이론적 해석과 다양한 물리 문제에 대한 응용을 모두 포함하고 있다. 두 번째 Liapunov법은 1892년에 출간된 큰 영향력을 끼친 논문, *General Problem of Stability of Motion*의 한 부분을 이루고 있다.

이다; 그림 9.2.2를 보자. 연립방정식 (2)의 임계점들은 $n = 0, 1, 2, 3, \dots$에 대해 $\theta = \pm n\pi$, $d\theta/dt = 0$에 해당하는 $(x, y) = (\pm n\pi, 0)$이다. 물리적으로 $\theta = 0, \pm 2\pi, \dots$에 해당하는 점 $(x, y) = (0, 0), (\pm 2\pi, 0) \dots$들은 진자추가 수직방향으로 늘어뜨려져 있기 때문에 안정적일 것이다. 또한, $\theta = \pm\pi, \pm 3\pi, \dots$에 해당하는 점 $(x, y) = (\pm\pi, 0), (\pm 3\pi, 0), \dots$들은 진자추가 수직방향으로 가장 높은 위치에 있기 때문에 불안정할 것이다. 이것은 명제 (i)과 일치하는데 전자의 점들에서 U는 최소값 영을 갖고 후자의 점들에서는 최대값 $2mgL$을 갖는다.

위치에너지 U와 운동에너시 $\frac{1}{2}mL^2(d\theta/dt)^2$의 합인 종 에너지 V는 x, y에 대해

$$V(x,y) = U(x,y) + \frac{1}{2}mL^2y^2 = mgL(1 - \cos(x)) + \frac{1}{2}mL^2y^2 \tag{4}$$

이다. 식 (2)의 해 $(x, y) = (x(t), y(t))$에 대응되는 궤적 위에서 V를 t에 대한 함수로 놓을 수 있고 $V((xt), y(t))$의 t에 대한 미분은 이 궤적에 따른 V의 변화율이다. x, y가 실제로 t에 대한 함수 $x = x(t)$, $y = y(t)$임을 알고 연쇄법칙을 이용하면

$$\begin{aligned}\frac{dV(x(t),y(t))}{dt} &= V_x(x(t),y(t))\frac{dx(t)}{dt} + V_y(x(t),y(t))\frac{dy(t)}{dt}\\ &= (mgL\sin(x))\frac{dx}{dt} + mL^2y\frac{dy}{dt}\end{aligned} \tag{5}$$

가 된다. 결국, (x, y)는 연립방정식 (2)의 해이므로 $dx/dt = y$이고 $dx/dt = -(g/L)\sin(x)$이다; 이를 식 (5)의 dx/dt와 dy/dt에 대입하면 $dV/dt = 0$임을 알 수 있다. 따라서 V는 연립방정식 (2)의 임의의 궤적에 따른 상수이며 이것은 명제 (ii)와 일치한다.

연립방정식 (2)를 실제로 풀지 않고도 임의의 점 (x, y)를 지나는 궤적에 따른 V의 변화율을 계산할 수 있었다는 사실에 주목하자. 즉, 해를 알지 못하는 연립방정식에도 두 번째 Liapunov 법을 적용할 수 있다는 것인데, 이것이 바로 이 방법이 그토록 중요한 이유이다.

안정 임계점, $(x, y) = (\pm 2n\pi, 0)$, $n = 0, 1, 2, \dots$에서 에너지 V는 영이다. 진자의 초기 상태 (x_1, y_1)이 안정 임계점에 충분히 가까이 있다면 에너지 $V(x_1, y_1)$은 작을테고, 따라서 이 에너지와 관련된 운동(궤적)은 임계점 근처를 벗어나지 않을 것이다. 또한, $V(x_1, y_1)$이 충분히 작을 때의 궤적이 임계점을 포함하는 폐곡선임을 보일 수 있다. 예를 들어, (x_1, y_1)이 $(0, 0)$ 근방에 있고 $V(x_1, y_1)$이 매우 작다고 가정하면 에너지 $V(x_1, y_1)$을 갖는 궤적의 방정식은 다음과 같다.

$$V(x,y) = mgL(1 - \cos(x)) + \frac{1}{2}mL^2y^2 = V(x_1, y_1)$$

작은 x에 대해 $1 - \cos(x) = 1 - (1 - x^2/2! + \dots) \cong x^2/2$이므로 이 궤적에 대한 방정식을

$$\frac{1}{2}mgLx^2 + \frac{1}{2}mL^2y^2 = V(x_1, y_1)$$

또는

$$\frac{x^2}{2V(x_1,y_1)/(mgL)} + \frac{y^2}{2V(x_1,y_1)/(mL^2)} = 1$$

로 근사할 수 있는데, 이것은 임계점 $(0, 0)$을 포함하는 타원이다; $V(x_1, y_1)$이 작을수록 타원의

장축과 단축의 길이는 점점 작아진다. 물리적으로 닫힌 궤적은 시간에 대한 주기적인 해에 해당된다—진자가 평형 상태인 점에서 작게 진동한다.

감쇠력이 작용한다면 이 진동의 진폭은 시간에 따라 줄어들고 안정 임계점(center)은 점근 안정 임계점(spiral point)이 될 것이다. 그림 9.3.5에 나타나 있는 감쇠되는 진자에 대한 위상 궤적을 보자. 위와 같은 사실을 $\dfrac{dV}{dt}$를 계산하여 확인해 보자. 감쇠하는 진자에 대해 총 에너지는 여전히 식 (4)로 주어지지만 이제부터는 $(x, y) = (x(t), y(t))$가 9.2절의 식 (13)의 해일 때, $\dfrac{dx}{dt} = y$이고 $\dfrac{dy}{dt} = -\dfrac{g}{L}\sin(x) - \dfrac{c}{mL}y$이다. 식 (5)에 이 dx/dt와 dy/dt를 대입하면 $\dfrac{dV}{dt} = -cLy^2 \leq 0$이 된다. 따라서 총 에너지는 임의의 궤적을 따라 증가하지 않으며 직선 $y = 0$를 제외하고는 에너지가 감소함에 따라 진자의 운동도 줄어든다. 따라서 궤적들은 모두 에너지가 최소인 점—안정 평형 상태인 점—으로 다가간다. $\dfrac{dV}{dt} < 0$가 아니라 $\dfrac{dV}{dt} \leq 0$라면 원점 가까이에서 시작하는 모든 궤적이 위의 성질을 만족할 것이다.

▶ **일반적인 연립방정식.** 위와 같은 주제를 좀 더 알아보기 위해서 자율 연립방정식

$$\frac{dx}{dt} = F(x, y), \quad \frac{dy}{dt} = G(x, y) \tag{6}$$

을 고려하고 점 $(x, y) = (0, 0)$이 점근 안정 임계점이라고 가정하자. 그러면 (0, 0)을 포함하는 영역 D가 존재하여 그 안에서 시작하는 모든 궤적이 $t \to \infty$일 때 원점으로 다가가야 한다. 이때, D 안의 (x, y)에 대해 $V \geq 0$이고 원점에서만 $V = 0$인 “에너지” 함수 V가 존재한다고 하자. $t \to \infty$일 때, D 안에서 시작하는 궤적들이 모두 원점으로 다가가므로 V는 특정한 궤적을 따라 영으로 다가간다. 사실은 이것의 역이 성립한다는 것이 매우 중요하다: 즉, 모든 궤적 위에서 V가 t가 증가함에 따라 영으로 다가가면 이 궤적들은 $t \to \infty$일 때 원점으로 다가가야 하고, 따라서 원점은 점근적으로 안정적이다. 이것을 증명하기 전에 몇 가지 정의가 필요하다.

V를 원점을 포함하는 어떤 영역 D에서 정의하자. 이때 $V(0, 0) = 0$이고 D 안의 원점이 아닌 모든 점에 대해 $V(x, y) > 0$이라면 V는 D에서 **positive definite**라고 한다. 비슷하게 $V(0, 0) = 0$이고 D 안의 원점이 아닌 모든 점에 대해 $V(x, y) < 0$이라면 V는 D에서 **negative definite**라고 한다. 부등식 >, <를 ≥, ≤으로 바꾸면 V는 각각 **positive semidefinite**, **negative semidefinite**라고 한다. 원점을 포함하는 영역 D에서 positive definite (negative definite, ...) 함수는 원점이 아닌 모든 점에서 각 정의에 해당하는 부등식을 만족할 뿐 아니라 원점에서 반드시 0이어야 함에 유의하자.

예제 9.6.1

$$V(x, y) = \cos(x^2 + y^2)$$

이 $x^2 + y^2 < \pi/2$에서 positive definite임을 보여라.

또한,

$$W(x, y) = (x - y)^2$$

은 모든 (x, y)에 대해 positive semidefinite임을 보여라.

풀이

$V(0,0)=0$이고 $0<x^2+y^2<\pi/2$에 대해 $V(x,y)>0$이기 때문에 $0<x^2+y^2<\pi/2$에서 positive definite이다.

비슷하게 $W(0,0)=0$이고 모든 (x,y)에 대해 $W(x,y)\geq 0$이다. 그러나 직선 $y=x$에 대해 $W(x,y)=0$이므로 w는 positive semidefinite이다.

다음은 식 (6)에 나와있는 함수 F, G에 대한 함수

$$\dot{V}(x,y)=V_x(x,y)F(x,y)+V_y(x,y)G(x,y) \tag{7}$$

를 살펴보자. 기호 $\dot{V}(x,y)$는 점 (x,y)를 지나는 *연립방정식* (6)*의 궤적에 따른* V의 변화율을 의미한다. 따라서 $(x,y)=(x(t),y(t))$가 연립방정식 (6)의 해이면

$$\begin{aligned}\frac{dV(x(t),y(t))}{dt}&=V_x(x(t),y(t))\frac{dx(t)}{dt}+V_y(x(t),y(t))\frac{dy(t)}{dt}\\&=V_x(x,y)F(x,y)+V_y(x,y)G(x,y)\\&=\dot{V}(x,y)\end{aligned} \tag{8}$$

이 된다. 함수 $\dot{V}$은 종종 **연립방정식** (6)**에 대한 V의 미분**이라고 부른다.

이제 Liapunov의 두 가지 정리를 소개하겠다. 첫 번째는 안정성에 관한 것이고 두 번째는 불안정성에 관한 것이다.

정리 9.6.1 | Lyapunov 안정성 정리

자율 연립방정식 (6)이 원점에 고립된 임계점을 가지고 있다고 가정하자. 연속이고 연속적인 1차 편미분을 가지는 함수 V가 존재하고, positive definite이고, 방정식 (7)에 의해 주어진 함수 $\dot{V}$가 $(0,0)$을 포함하는 xy-평면의 어떤 영역 D에서 negative definite이면, 원점은 점근적으로 안정적인 임계점이다. $\dot{V}$가 negative semidefinite이면, 원점은 안정적인 임계점이다.

정리 9.6.2 | Lyapunov 불안정성 정리

원점을 연립방정식 (6)의 고립된 임계점으로 두자. V를 연속이고 연속 1차 편미분을 갖는 함수라고 하자. (i) $V(0,0)=0$이고 (ii) 원점의 모든 근방에 V가 양수(음수)인 점이 하나 이상 있다고 가정하자. 방정식 (7)에 의해 주어진 함수 $\dot{V}$가 D에서 positive definite (negative definite)인 원점을 포함하는 영역 D가 존재한다면, 원점은 불안정한 임계점이다.

이 함수 V를 **Liapunov 함수**라 부른다. 정리 9.6.1과 정리 9.6.2를 기하학적으로 설명하기 전에 한 가지 유의해야 하는 사실은 Liapunov 함수를 찾는 방법이 언급되어 있지 않아 이 정리들을 사용하기가 어렵다는 것이다. 자율 연립방정식 (6)이 물리적인 문제를 나타내는 경우에는

자연스럽게 이 연립방정식의 실제 총 에너지 함수를 Liapunov 함수로 생각할 수 있다. 그러나 정리 9.6.1과 정리 9.6.2는 물리적인 에너지의 개념이 유효하지 않은 경우에도 적용 가능하다. 이 경우에는 시행착오를 거치는 과정이 필요하다.

이제 정리 9.6.1의 두 번째 경우—즉, $\dot{V} \le 0$인 경우—를 살펴보자. $c \le 0$를 상수라 두고 $V(x, y) = c$로 주어진 xy평면상의 곡선을 고려하자. $c = 0$이면 이 곡선은 한 점 $(x, y) = (0, 0)$로 줄어든다. **그림 9.6.1(*a*)**처럼 $0 < c_1 < c_2$이면 곡선 $V(x, y) = c_1$은 원점을 포함하고 곡선 $V(x, y) = c_2$ 안에 놓여 있다고 가정하자. 그러면 폐곡선 $V(x, y) = c$의 내부에서 시작하는 궤적이 밖으로 빠져나가지 않음을 보일 수 있다. 충분히 작은 c에 대해 원점으로부터의 반경이 ϵ인 원이 주어졌을 때, 폐곡선 $V(x, y) = c$의 내부에서 시작하는 궤적은 모두 이 반경 ϵ인 원 안에 머물러 있게 된다; 즉, 이 궤적은 폐곡선 $V(x, y) = c$ 안에 머물러 있다. 따라서 원점은 안정 임계점이다.

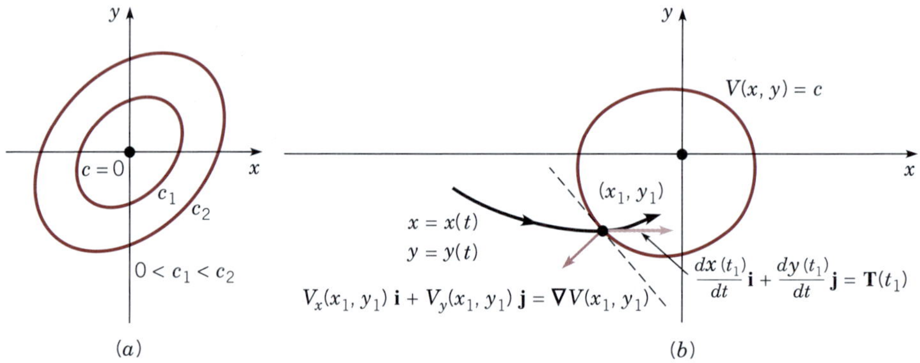

그림 9.6.1 (*a*) 점 $V(x, y) = 0$과 $0 < c_1 < c_2$일 때의 라벨 곡선들 $V(x, y) = c_1$과 $V(x, y) = c_2$. (*b*) 두 번째 Liapunov법에 대한 기하학적 해석.

이를 보이기 위해 미적분학에서 배운 V의 **경도**(gradient) 벡터

$$\nabla V(x, y) = V_x(x, y)\mathbf{i} + V_y(x, y)\mathbf{j}$$

가 곡선 $V(x, y) = c$에 수직이고 V가 증가하는 방향으로 향한다는 사실을 이용하자. 이 경우에는 V가 원점에서 바깥쪽 방향으로 증가하므로 **그림 9.6.1(*b*)**에 나타났듯이 ∇V는 원점에서 멀어지는 쪽으로 향한다. 다음은 연립방정식 (6)의 한 궤적 $(x, y) = (x(t), y(t))$에 대해 벡터 $\mathbf{T}(t) = x'(t)\mathbf{i} + y'(t)\mathbf{j}$가 각 점에서 이 궤적에 접한다는 사실을 이용하자; 그림 9.6.1(*b*)를 보자. 이 궤적과 폐곡선 $V(x, y) = c$의 교점을 $(x_1, y_1) = (x(t_1), y(t_1))$이라 두면 이 교점에서 $x'(t_1) = F(x_1, y_1)$, $y'(t_1) = G(x_1, y_1)$이므로 식 (7)로부터 다음과 같은 식을 얻을 수 있다.

$$\begin{aligned}\dot{V}(x_1, y_1) &= V_x(x_1, y_1)x'(t_1) + V_y(x_1, y_1)y'(t_1)\\ &= \left(V_x(x_1, y_1)\mathbf{i} + V_y(x_1, y_1)\mathbf{j}\right)\cdot\left(x'(t_1)\mathbf{i} + y'(t_1)\mathbf{j}\right)\\ &= \nabla V(x_1, y_1)\cdot\mathbf{T}(t_1)\end{aligned} \tag{10}$$

따라서 $\dot{V}(x_1, y_1)$은 벡터 $\nabla V(x_1, y_1)$과 벡터 $\mathbf{T}(t_1)$의 내적(scalar product)이다. $\dot{V}(x_1, y_1) \le 0$이기 때문에 $\nabla V(x_1, y_1)$과 $\mathbf{T}(t_1)$의 사잇각의 코사인값 역시 영보다 작거나 같다; 즉, 이 사잇각은 $\left[\frac{\pi}{2}, \frac{3\pi}{2}\right]$ 범위 안에 있다. 또한 궤적 위에서 움직이는 방향은 폐곡선 $V(x_1, y_1) = c$에 대해 안쪽 방향이거나 적어도 이 폐곡선에 접하는 방향이다. 따라서 폐곡선 $V(x_1, y_1) = c$ (c가 아무리 작더

라도) 안에서 시작하는 궤적은 이 곡선을 벗어날 수 없으므로 원점은 안정점이다. $\dot{V}(x_1, y_1) < 0$이면 $\nabla V(x_1, y_1)$과 $\mathbf{T}(t_1)$ 사이의 각은 개구간 $\left(\frac{\pi}{2}, \frac{3\pi}{2}\right)$ 안에 놓여있고 곡선 위의 점을 지나는 이 궤적들은 이 곡선의 안쪽으로 향한다. 결과적으로 원점 가까이에서 시작하는 궤적들은 원점을 향해 다가간다; 따라서 원점은 점근적으로 안정적이다.

정리 9.6.2에 대한 기하학적인 설명도 이와 비슷하다. 간단하게 $\dot{V}$가 positive definite이고 원점에 대한 임의의 원이 주어졌을 때 $V(x_1, y_1) > 0$인 내점 (x_1, y_1)이 존재한다고 가정하자. 이 (x_1, y_1)에서 시작하는 궤적을 살펴보면, $\dot{V}(x_1, y_1) > 0$이므로 식 (8)로부터 V가 이 궤적을 따라 증가함을 알 수 있다; 게다가 $V(x_1, y_1) > 0$이므로 이 궤적은 $V(0, 0) = 0$인 원점으로 다가갈 수 없다. 따라서 원점은 점근적으로 안정적일 수 없다. $\dot{V}(x_1, y_1) > 0$라는 사실을 좀 더 활용하면 원점이 불안정한 점임을 보일 수 있다; 그러나 여기서 보이지는 않겠다.

예제 9.6.2

정리 9.6.1을 이용하여 $(x, y) = (0, 0)$이 감쇠되지 않는 진자의 운동 방정식 (2)에 대한 안정 임계점임을 보여라.

풀이

시작하기 전에 (0, 0)이 이에 해당하는 선형 연립방정식의 center이기 때문에 원점의 안정성은 정리 9.3.2로 결정되지 않음을 알아야 한다. Liapunov 안정성 정리(정리 9.6.1)를 적용하기 위해서 V를 식 (4)에 의해 주어진 총 에너지라 놓자:

$$V(x, y) = mgL(1 - \cos(x)) + \frac{1}{2}mL^2y^2 \tag{4}$$

D를 영역 $-\pi/2 < x < \pi/2, -\infty < y < \infty$라 두면 V는 영이 되는 원점을 제외한 이 영역 안의 점에서 모두 양수이다. 따라서 V는 D에서 positive definite이다. 또한 앞에서 이미 보였듯이 모든 x, y에 대해

$$\dot{V} = \left(mgL\sin(x)(y) + (mL^2y)\left(-\frac{g}{L}\sin(x)\right)\right) = 0$$

이다. 따라서 $\dot{V}$는 D에서 negative semidefinite이다. 결국 정리 9.6.1의 마지막 명제에 의해 원점은 감쇠하지 않는 진자에 대한 안정 임계점이다.

예제 9.6.3

Liapunov 정리(정리 9.6.2)를 이용하여 $(-\pi, 0)$이 감쇠되지 않는 진자의 운동 방정식 (2)에 대한 불안정 임계점임을 보여라.

풀이

임계점 $(-\pi, 0)$에 대해 정리 9.6.2를 이용하기 위해서는 $\dot{V}$가 positive 또는 negative definite인 함수 V가 필요하기 때문에 식 (4)에 의해 주어진 Liapunov 함수는 더 이상 적합하지 않다. 점 $(-\pi, 0)$을 해석하기 위해 편의상 이 점을 변수변환 $x = -\pi + u, y = v$를 이용하여 원점으로 이동시키자. 그러면 미분방정식 (2)는

$$\frac{du}{dt} = v, \qquad \frac{dv}{dt} = \frac{g}{L}\sin(u) \tag{11}$$

가 되고 임계점은 uv-평면에서 (0, 0)이 된다. 함수

$$V(u, v) = v\sin(u) \tag{12}$$

를 고려하고 D를 영역 $-\pi/4 < u < \pi/4$, $-\infty < v < \infty$라 두자. 그러면

$$V = (V\cos(u))(v) = (\sin(u))\left(\frac{g}{l}\sin(u)\right) = v^2\cos(u) = \frac{g}{l}\sin^2(u) \quad (13)$$

는 D에서 positive definite이다. 한 가지 남아있는 문제는 원점의 모든 근방에 대해서 V자체가 양수인 점이 존재하는가 하는 것이다. 식 (12)로부터 ($\sin(u)$와 v가 동시에 양수인) 제1사분면과 ($\sin(u)$와 v가 동시에 음수인) 제3사분면에서 $V(u, v) > 0$임을 알 수 있다. 따라서 정리 9.6.2의 조건들이 충족되었으므로 xy-평면상의 점 $(-\pi, 0)$에 대응되는 uv-평면상의 점 $(0, 0)$은 불안정하다.

감쇠하는 진자의 운동 방정식은 연습문제 6에서 다룬다.

우리는 종종 실용적인 관점으로 basin of attraction에 관심을 갖는다. 다음 정리는 이 주제에 대한 몇 가지 이론을 제공한다.

정리 9.6.3

원점을 자율 연립방정식 (6)의 고립된 임계점으로 두자. 함수 V가 연속이고 연속 1차 편미분을 갖는다고 하자. $V(x, y) < K$(양의 K에 대해)이고 V가 positive definite이고 $\dot{V}$가 negative definite인 원점을 포함하는 유계 영역 D_K가 있다면, D_K의 한 지점에서 시작하는 방정식 (6)의 모든 해는 $t \to \infty$일 때 원점에 접근한다.

다시 말하자면 정리 9.6.3은 $(x, y) = (x(t), y(t))$가 D_K의 한 점에서 시작하는 식 (6)의 해라면 $t \to \infty$일 때 이 (x, y)가 임계점 $(0, 0)$으로 다가간다는 것을 의미한다. 따라서 D_K는 점근적으로 안정적인 영역이다; 물론, 이것이 완전한 basin of attraction은 아닐 수 있다. 이 정리를 증명하기 위해서는 (i) 연립방정식 (6)의 주기해가 D_K 안에 존재하지 않고, (ii) 다른 임계점들이 D_K 안에 존재하지 않음을 보이면 된다. 따라서 D_K 안에서 시작하는 궤적들은 이 영역을 빠져나갈 수 없기 때문에 t가 무한대로 감에 따라 원점으로 다가간다.

정리 9.6.1과 9.6.2에서 각각 안정성과 불안정성에 대한 충분 조건들을 찾을 수 있다. 그러나 이 조건들은 필요조건은 아니다. 또한, 적절한 Liapunov 함수를 찾지 못했다고 해서 이런 함수가 존재하지 않는 것을 의미하지도 않는다. 불행히도 Liapunov 함수를 찾는 일반적인 방법은 없다; 그러나 특정한 종류의 방정식들에 대한 Liapunov 함수를 찾는 연구는 광범위하게 이루어져 왔다. Positive definite 또는 negative definite 함수를 찾을 때 자주 사용하는 기본적인 대수식을 증명 없이 다음 정리에 서술하겠다.

정리 9.6.4

함수

$$V(x, y) = ax^2 + bxy + cy^2 \quad (14)$$

는 다음의 경우에만 positive definite이다.

$$a > 0 \quad \text{and} \quad 4ac - b^2 > 0 \tag{15}$$

그리고 다음의 경우에만 negative definite이다.

$$a < 0 \quad \text{and} \quad 4ac - b^2 > 0 \tag{16}$$

정리 9.6.4를 활용하는 방법을 나음 예제에서 설명하겠다.

예제 9.6.4

자율 연립방정식

$$\frac{dx}{dt} = -x - xy^2, \quad \frac{dy}{dt} = -y - x^2y \tag{17}$$

의 임계점 $(x, y) = (0, 0)$은 점근적으로 안정적임을 보여라.

풀이

연립방정식 (17)의 평형 상태인 해는 $(x, y) = (0, 0)$뿐이다. (14) 형태의 Liapunov 함수를 만들어 보자. $V_x(x, y) = 2ax + by$, $V_y(x, y) = bx + 2cy$이므로

$$\begin{aligned}\dot{V}(x, y) &= (2ax + by)(-x - xy^2) + (bx + 2cy)(-y - x^2y) \\ &= -\left(2a\left(x^2 + x^2y^2\right) + b\left(2xy + xy^3 + x^3y\right) + 2c\left(y^2 + x^2y^2\right)\right)\end{aligned}$$

이 된다. $b = 0$을 선택하고 a와 c를 임의의 양수로 두면 정리 9.6.4에 의해 $\dot{V}$는 negative definite이고 V는 positive definite이다. 따라서 정리 9.6.1에 의해 원점은 점근 안정 임계점이다.

예제 9.6.5

다음과 같은 연립방정식을 고려하자.

$$\begin{aligned}\frac{dy}{dt} &= x(1 - x - y), \\ \frac{dy}{dt} &= \frac{y}{4}(3 - 4y - 2x)\end{aligned} \tag{18}$$

예제 9.4.1에서 이 연립방정식이 경쟁 관계에 있는 한 쌍의 종들을 모델링한 것이고 이것의 임계점 $\left(\frac{1}{2}, \frac{1}{2}\right)$는 점근적으로 안정적임을 보였다. 이 결과를 이에 알맞은 Liapunov 함수를 구해서 확인하라.

풀이

편의상 점 $\left(\frac{1}{2}, \frac{1}{2}\right)$을 원점으로 바꾸기 위해

$$x = \frac{1}{2} + u, \quad y = \frac{1}{2} + v \tag{19}$$

라 두고 이를 식 (18)의 x와 y에 대입하면 다음과 같은 새루운 연립방정식을 얻을 수 있다.

$$\begin{aligned}\frac{du}{dt} &= -\frac{1}{2}u - \frac{1}{2}v - u^2 - uv, \\ \frac{dv}{dt} &= -\frac{1}{4}u - \frac{1}{2}v - \frac{1}{2}uv - v^2\end{aligned} \tag{20}$$

계산을 비교적 간단하게 하기 위해서 Liapunov 함수를 $V(u, v) = u^2 + v^2$이라 두자. 이 함수는 확실히 positive definite이므로 연립방정식 (20)에 대한 미분 $\dot{V}$이 negative definite인 uv평면상의 원점을 포함하는 영역이 존재하는지만 확인하면 된다. $\dot{V}(u, v)$를 계산하면

$$\begin{aligned}\dot{V}(u,v) &= V_u \frac{du}{dt} + V_v \frac{dv}{dt} \\ &= 2u\left(-\frac{1}{2}u - \frac{1}{2}v - u^2 - uv\right) + 2v\left(-\frac{1}{4}u - \frac{1}{2}v - \frac{1}{2}uv - v^2\right),\end{aligned}$$

이 되고 이 식에서 이차항과 삼차항을 따로 모아 정리하면

$$\dot{V}(u,v) = -\left(\left(u^2 + \frac{3}{2}uv + v^2\right) + \left(2u^3 + 2u^2v + uv^2 + 2v^3\right)\right) \tag{21}$$

이 된다. 식 (21)에서 대괄호 안의 식이 적어도 충분히 작은 u, v에 대해서는 positive definite임을 보이자. 정리 9.6.4에 $a = c = 1$과 $b = 1.5$를 적용하면 $4ac - b^2$이 양수이므로 $u^2 + 1.5uv + v^2$은 positive definite이다. 반면에 식 (21)의 삼차항은 양수와 음수를 모두 취할 수 있다. 따라서 $(u, v) = (0, 0)$의 적당한 근방에서 삼차항의 크기는 이차항의 크기보다 작다. 이를 보이기 위해 이차항들을

$$u^2 + \frac{3}{2}uv + v^2 = \frac{1}{4}\left(u^2 + v^2\right) + \frac{3}{4}(u + v)^2 \tag{22}$$

으로 바꿔 쓰는 것이 좋다. 따라서 충분히 작은 u, v에 대해

$$\left|2u^3 + 2u^2v + uv^2 + 2v^3\right| < \frac{1}{4}\left(u^2 + v^2\right) + \frac{3}{4}(u + v)^2 \tag{23}$$

임을 보일 수 있다.

식 (23)의 좌변의 값을 추정하기 위해서 극좌표 $u = r\cos(\theta)$, $v = r\sin(\theta)$를 도입하자. 그러면 $|\sin\theta|$이고 $|\cos\theta|$이기 때문에

$$\begin{aligned}\left|2u^3 + 2u^2v + uv^2 + 2v^3\right| &= r^3\left|2\cos^3(\theta) + 2\cos^2(\theta)\sin(\theta) + \cos(\theta)\sin^2(\theta) + 2\sin^3(\theta)\right| \\ &\le r^3\left(2\left|\cos^3(\theta)\right| + 2\cos^2(\theta)\left|\sin(\theta)\right| + \left|\cos(\theta)\right|\sin^2(\theta) + 2\left|\sin^3(\theta)\right|\right) \\ &\le 7r^3\end{aligned}$$

이 된다. 식 (23)보다 좀 더 강한 조건

$$7r^3 < \frac{1}{4}\left(u^2 + v^2\right) = \frac{1}{4}r^2$$

즉, $r < \frac{1}{28}$을 만족하므로 식 (23)을 확실히 만족한다. 따라서 적어도 이 원판에서는 정리 9.6.1의 가정이 충족되므로 원점은 연립방정식 (20)의 점근 안정 임계점이다. 따라서 원래의 연립방정식 (18)의 임계점 $\left(\frac{1}{2}, \frac{1}{2}\right)$도 점근 안정 임계점이다.

정리 9.6.3을 다시 사용한다면 위의 내용으로부터 $\left(\frac{1}{2}, \frac{1}{2}\right)$를 중심으로 하고 반경이 $\frac{1}{28}$인 원판이 연립방정식 (18)에 대한 점근 안정성의 영역임을 알 수 있다. 이것은 9.4절에서 언급했듯이 전체 basin of attraction에 비해 지나치게 작게 잡은 것이다. 정리 9.6.3으로부터 실제의 basin of attraction을 좀 더 잘 추정하기 위해서는 식 (23)의 항들을 좀 더 정확하게 추정하거나 또는 더 나은 (그러나 아마도 좀 더 복잡한) Liapunov 함수를 사용하거나 또는 이 둘을 모두 해야 할 것이다.

연습 문제

▶ 문제 **1**부터 **3**까지 a와 c를 잘 선택하여 $ax^2 + cy^2$ 형태의 적절한 Liapunov 함수를 만들어라. 그리고 원점에서의 임계점이 각각의 문제에 제시되어 있는 유형임을 보여라.

1. $dx/dt = -x^3 + xy^2$, $dy/dt = -2x^2y - y^3$; 점근 안정

2. $dx/dt = -2x^3 + 2y^3$, $dy/dt = -2xy^2$; (적어도) 안정

3. $dx/dt = 2x^3 - y^3$, $dy/dt = 2xy^2 + 4x^2y + 2y^3$; 불안정

4. 연립방정식을 고려하라.

$$\frac{dx}{dt} = y - xf(x, y), \quad \frac{dy}{dt} = -x - yf(x, y)$$

여기서 f는 연속이고 연속적인 1차 편미분을 갖는다. 원점의 어떤 근방에서 $f(x, y) > 0$이면 원점은 점근적으로 안정적인 임계점이고, 원점의 어떤 근방에서 $f(x, y) < 0$이면 원점은 불안정한 임계점임을 보여라. *힌트*: $c(x^2 + y^2)$ 형태의 Lyapunov 함수를 구성하라.

5. 감쇠되지 않는 진자 운동에 대한 방정식의 일반형은

$$\frac{d^2u}{dt^2} + g(u) = 0 \tag{24}$$

이다. 이때, $g(0) = 0$이고 $0 < u < k$일 때 $g(u) > 0$이고, $-k < u < 0$일 때 $g(u) > 0$이다; 즉, $u \neq 0$, $-k < u < k$일 때, $ug(u) > 0$이다. $g(u) = \sin(u)$도 $(-\pi/2, \pi/2)$에서 이 성질을 만족한다.

a. $x = u$, $y = du/dt$에 대해 식 (24)를 두 개의 식으로 되어 있는 연립방정식으로 다시 쓰고 $x = 0$, $y = 0$이 임계점임을 보여라.

b. 다음 식이 positive definite임을 보여라.

$$V(x, y) = \frac{1}{2}y^2 + \int_0^x g(s)\,ds, \qquad -k < x < k \tag{25}$$

이 결과를 이용하여 임계점 (0, 0)이 안정적임을 보여라. 식 (25)로 주어진 Liapunov 함수 V는 $g(u) = \sin(u)$일 때의 에너지 함수 $V(x, y) = \frac{1}{2}y^2 + (1 - \cos(x))$와 일치한다.

6. 물리적 단위가 없는 적당한 변수를 이용하여 감쇠하는 진자에 대한 비선형 연립방정식(9.3절의 식 (8))을

$$\frac{dx}{dt} = y, \quad \frac{dy}{dt} = -y - \sin(x)$$

로 쓸 수 있다.

a. 원점이 임계점임을 보여라.

b. 비록 $V(x, y) = x^2 + y^2$은 positive definite이나 $\dot{V}(x, y)$가 원점을 포함하는 임의의 영역에서 양수와 음수를 둘 다 취할 수 있으므로 V는 Liapunov 함수가 아님을 보여라.

힌트 : $x > 0$일 때 $x - \sin(x) > 0$이고, $x < 0$일 때 $x - \sin(x) < 0$이다. 이때, y가 양수이긴 하나 y에 비해 y^2을 무시해도 될 만큼 그 값이 작은 경우를 고려하자.

c. 문제 **5b**에서 소개한 에너지 함수 $V(x, y) = \frac{1}{2}y^2 + (1 - \cos(x))$를 사용하여 원점이 안정 임계점임을 보여라. 주어진 연립방정식에 감쇠력이 존재하기 때문에 원점이 점근적으로 안정적일 것으로 보여지나 이를 Liapunov 함수를 이용해서 보일 수는 없다.

d. 점근 안정성을 보이기 위해서는 c에서 사용한 Liapunov 함수보다 더 좋은 함수를 만들어야 한다. $V(x, y) = \frac{1}{2}(x + y)^2 + x^2 + \frac{1}{2}y^2$이 그런 Liapunov 함수 중 하나임을 보이고, 이를 이

용하여 원점이 점근 안정 임계점임을 보여라. *힌트*: 나머지에 대한 테일러 공식으로부터 $\sin(x) = x - \alpha x^3/3!$임을 알 수 있다. 이때, α는 x에 따라 달라지나 $-\pi/2 < x < \pi/2$에 대해서 $0 < \alpha < 1$이다. 따라서 $x = r\cos(\theta)$, $y = r\sin(\theta)$라 두면 충분히 작은 r에 대해 $|h(r, \theta)| < 1$일 때 $\dot{V}(r\cos(\theta), r\sin(\theta)) = -r^2(1 + h(r, \theta))$임을 보일 수 있다.

7. Liénard 방정식(9.3절 문제 **27**)은

$$\frac{d^2u}{dt^2} + c(u)\frac{du}{dt} + g(u) = 0$$

여기서 g는 문제 **5**의 조건과 $c(u) \geq 0$을 만족한다. $u = 0$ 점을 보이고, $du/dt = 0$인 지점이 안정적인 임계점임을 보여라.

8. a. 문제 5의 조건들을 만족하는 g에 대한 문제 **7**의 Liénard 방정식의 특정한 경우는

$$\frac{d^2u}{dt^2} + \frac{du}{dt} + g(u) = 0$$

이다. 이때, $x = u$, $y = du/dt$라 두고 원점이 위 식에 대응되는 연립방정식의 임계점임을 보여라. 이 식을 속도와 비선형 복원력에 비례하는 감쇠력을 갖는 스프링−질량계의 운동에 대한 묘사라고 해석할 수 있다. 문제 **5**의 Liapunov 함수를 사용하여 원점이 안정 임계점임을 보여라. 그러나 감쇠력을 포함하더라도 이 Liapunov 함수를 사용하여 점근 안정성을 보일 수는 없다.

b. 임계점 (0, 0)의 점근 안정성은 문제 **6**의 **d**에서 했던 것처럼 더 나은 Liapunov 함수를 만들어야 보일 수 있다. 그러나 일반적인 함수 g에 대한 해석은 다소 복잡하므로 이 경우에 적합한 형태의 V가

$$V(x, y) = \frac{1}{2}y^2 + Ayg(x) + \int_0^x g(s)\,ds$$

라는 것만 언급하겠다. 이때, A를 V가 positive definite이고 $\dot{V}$는 negative definite가 되도록 양의 상수로 선택하여야 한다. 진자 문제 $g(x) = \sin(x)$에 대해 원점이 점근적으로 안정적임을 보이기 위해서 $A = \frac{1}{2}$일 때의 위와 같이 주어진 방정식 V를 사용하라. *힌트*: $\sin(x) = x - \alpha x^3/3!$과 $\cos(x) = 1 - \beta x^2/2!$을 이용하자. 이때, α, β는 x에 종속되고 $-\pi/2 < x < \pi/2$에 대해 $0 < \alpha < 1$이고 $0 < \beta < 1$이다; 따라서 $x = r\cos(\theta)$, $y = r\sin(\theta)$라 두면 충분히 작은 r에 대해 $|h(r, \theta)| < \frac{1}{2}$일 때 $\dot{V}(r\cos(\theta), r\sin(\theta)) = -\frac{1}{2}r^2\left(1 + \frac{1}{2}\sin 2(\theta) + h(r, \theta)\right)$임을 보일 수 있다. $\cos(x) = 1 - x^2/2 + \gamma x^4/4!$를 이용하여 V가 positive definite임을 보이자. 이때, γ는 x에 종속되고 $-\pi/2 < x < \pi/2$에 대해 $0 < \gamma < 1$이다.

▶ 문제 **9**와 **10**에서 다음과 같은 정리 9.6.3의 한 부분을 증명하자: 국소적으로 선형인 연립방정식

$$\frac{dx}{dt} = a_{11}x + a_{12}y + F_1(x, y), \quad \frac{dy}{dt} = a_{21}x + a_{22}y + G_1(x, y) \tag{26}$$

의 임계점 (0, 0)이 이 연립방정식에 대응되는 선형 연립방정식

$$\frac{dx}{dt} = a_{11}x + a_{12}y, \quad \frac{dy}{dt} = a_{21}x + a_{22}y \tag{27}$$

의 점근 안정 임계점이면, (0, 0)은 국소적으로 선형인 연립방정식 (26)의 점근 안정 임계점이다. 문제 **11**은 이에 대응되는 불안정성에 대한 결과를 다루고 있다.

9. 선형 연립방정식 (27)을 고려하자.

a. (0, 0)이 점근 안정 임계점이므로 $a_{11} + a_{22} < 0$이고 $a_{11}a_{22} - a_{12}a_{21} > 0$임을 보여라. (9.1절의 연습문제 **18** 참고)

b. V는 positive definite, $\dot{V}$는 negative definite인 Liapunov 함수 $V(x, y) = Ax^2 + Bxy + Cy^2$을 만들어라. $\dot{V}$가 negative definite임을 확인하는 한 가지 방법은 $\dot{V}(x, y) = -x^2 - y^2$이 되도록 하는 A, B, C를 선택하는 것이다. 이것으로 $\Delta = (a_{11} + a_{22})(a_{11}a_{22} - a_{12}a_{21})$에 대한 다음과 같은 결과를 유도하라.

$$A = -\frac{a_{21}^2 + a_{22}^2 + (a_{11}a_{22} - a_{12}a_{21})}{2\Delta},$$
$$B = \frac{a_{12}a_{22} + a_{11}a_{21}}{\Delta},$$
$$C = -\frac{a_{11}^2 + a_{12}^2 + (a_{11}a_{22} - a_{12}a_{21})}{2\Delta}$$

c. **a**의 결과를 이용하여 $A > 0$이고, 따라서

$$4AC - B^2 =$$
$$\frac{(a_{11}^2 + a_{12}^2 + a_{21}^2 + a_{22}^2)(a_{11}a_{22} - a_{12}a_{21}) + 2(a_{11}a_{22} - a_{12}a_{21})^2}{\Delta^2} > 0.$$

임을 보여라(여러 단계의 대수 계산이 필요하다). 따라서 정리 9.6.4에 의해 V는 positive definite이다.

10. 이 문제에서 위의 문제에서 만든 Liapunov 함수가 국소적으로 선형인 연립방정식 (26)에 대한 Liapunov 함수이기도 함을 보이자. $\dot{V}$가 negative definite인 원점을 포함하는 영역이 존재함을 보여야 한다.

a. $\dot{V}(x, y) = -(x^2 + y^2) + (2Ax + By)\, F_1(x, y) + (Bx + 2Cy)\, G_1(x, y)$임을 보여라.

b. $r = (x^2 + y^2)^{1/2} \to 0$일 때 $F_1(x, y)/r \to 0$이고 $G_1(x, y)/r \to 0$이었음을 기억하자. 이것은 임의의 $\epsilon > 0$에 대해 $0 < r < R$일 때 $|F_1(x, y)| < \epsilon r$이고 $|G_1(x, y)| < \epsilon r$인 원점에 대한 원 $r = R$이 존재함을 의미한다. $|2A|$, $|B|$, $|2C|$ 중 가장 큰 값을 M이라 놓으면 극좌표를 이용하여 $r < R$일 때 $\dot{V}(x, y) < 0$이 되도록 하는 R을 선택할 수 있음을 보여라.

힌트: M을 이용하여 충분히 작은 ϵ을 선택하자.

11. 이 문제에서 정리 9.6.3에서 불안정성과 관련 있는 부분을 증명하자.

a. $a_{11} + a_{22} > 0$이고 $a_{11}a_{22} - a_{12}a_{21} > 0$이면 선형 연립방정식 (27)의 임계점 (0, 0)이 불안정함을 보여라.

b. 국소적으로 선형인 연립방정식 (26)에 대해서도 같은 결과를 만족한다. 문제 **9**와 **10**에서처럼 $\dot{V}(x, y) = x^2 + y^2$이고, 따라서 positive definite인 positive definite 함수 V를 만들고 정리 9.6.2를 적용하자.

9.7 주기해와 극한 순환 궤적

이 절에서 2차원 자율 연립방정식

$$\mathbf{x}' = \mathbf{f}(\mathbf{x}) \tag{1}$$

에 대한 주기해가 존재하는지 살펴보자. 주기해는 모든 t와 주기라 불리는 어떤 양수 T에 대해 관계식

$$\mathbf{x}(t + T) = \mathbf{x}(t) \tag{2}$$

를 만족하는데, 이에 대응되는 궤적들은 위상 평면상에서 *폐곡선*이다. 주기해들은 반복적으로 발생하는 현상을 표현하기 때문에 물리 문제에서 중요한 역할을 한다. 많은 경우, 주기해는 초기 조건 때문에 발생하는 과도기 상태가 점차 사라지면서 "이웃하는" 모든 해들이 다가가는 "최종 상태"를 나타낸다.

주기해의 특수한 형태는 자율 연립방정식의 임계점에 해당하는 상수해 $\mathbf{x} = \mathbf{x}^0$인데, 이것은 임의의 주기를 갖는 주기 함수이다. 그러나 이 절에서 주기해라고 부르는 경우는 상수가 아닌 주기해를 의미하고, 이때의 주기 T는 주로 식 (2)를 만족하는 가장 작은 양수로 선택한다.

선형 자율 연립방정식

$$\mathbf{x}' = \mathbf{A}\mathbf{x} \tag{3}$$

의 해가 주기적인 것과 $\mathbf{A}$의 고윳값이 순허수인 것은 서로 필요충분조건이다. 이 경우에는 9.1절에서 보였듯이 원점에서의 임계점이 center이다. 따라서 $\mathbf{A}$의 고윳값들이 순허수이면 선형 연립방정식 (3)의 해는 주기적이고, 순허수가 아니면 (상수가 아닌) 주기해가 존재하지 않는다. 9.5절에서 소개했던 포식자-먹이 방정식들도 비선형이긴 하나 이와 비슷하다: 제1사분면 상의 모든 해들이 주기적이다. 다음 예제는 주기해가 발생하는 비선형 자율 연립방정식의 또 다른 예이다.

예제 9.7.1

연립방정식

$$\begin{pmatrix} x \\ y \end{pmatrix}' = \begin{pmatrix} x + y - x\left(x^2 + y^2\right) \\ -x + y - y\left(x^2 + y^2\right) \end{pmatrix} \tag{4}$$

의 해를 살펴보자.

풀이

(0, 0)이 연립방정식 (4)의 유일한 임계점이고 이 연립방정식이 원점 근방에서 국소적으로 선형임은 어렵지 않게 보일 수 있다. 이에 대응되는 선형 연립방정식

$$\begin{pmatrix} x \\ y \end{pmatrix}' = \begin{pmatrix} 1 & 1 \\ -1 & 1 \end{pmatrix}\begin{pmatrix} x \\ y \end{pmatrix} \tag{5}$$

의 고윳값은 $1 \pm i$이다. 따라서 원점이 선형 연립방정식 (5)와 비선형 연립방정식 (4)에 대한 불안정 spiral point이므로 원점 근방에서 시작하는 위상 평면상의 임의의 해들은 원점으로부터 나선형을 그리며 빠져나갈 것이다.

그 외 다른 임계점들이 없기 때문에 식 (4)의 모든 해들이 나선형을 그리며 무한대로 빠져나가는 궤적을 이룬다고 생각할 수도 있다. 그러나 이것은 사실이 아니며 원점에서 멀리 떨어진 궤적들은 안쪽을 향하고 있음을 보일 수 있다.

연립방정식 (4)에 $x^2 + y^2$이 있기 때문에

$$x = r\cos(\theta), \quad y = r\sin(\theta) \tag{6}$$

이고 $r \geq 0$인 극좌표 r과 θ를 사용하자. $r^2 = x^2 + y^2$의 양변을 t로 미분하면

$$2r\frac{dr}{dt} = 2x\frac{dx}{dt} + 2y\frac{dy}{dt}$$

가 된다. 식 (4)의 첫 번째 식에 x를 곱하고 두 번째 식에 y를 곱한 후 더하면 다음과 같은 식을 얻을 수 있다.

$$x\frac{dx}{dt} + y\frac{dy}{dt} = (x^2 + y^2) - (x^2 + y^2)^2 \tag{7}$$

이때, 식 (7)은 극좌표에서

$$r\frac{dr}{dt} = r^2(1 - r^2) \tag{8}$$

로 쓸 수 있다. 이 식은 2.5절에서 다루었던 미분방정식들과 비슷하며, 이때의 ($r \geq 0$에 대한) 임계점들은 원점과 위상 평면상의 단위원에 해당하는 점 $r = 1$이다. 식 (8)에 의해 $r < 1$이면 $\frac{dr}{dt} > 0$이고 $r > 1$이면 $\frac{dr}{dt} < 0$이므로 단위원 안에 있는 궤적들은 바깥쪽을 향하고 단위원 밖에 있는 궤적들은 안쪽을 향한다. 이때, 원 $r = 1$은 이 연립방정식에 대한 극한 궤적임을 확실히 알 수 있다.

연립방정식 (4)를 극좌표로 바꾸기 위해서는 $\frac{d\theta}{dt}$를 포함하는 식이 필요하다. 이 식을 찾기 위해 식 (6)으로부터 $\frac{dx}{dt}$와 $\frac{dy}{dt}$를 계산하면

$$y\frac{dx}{dt} - x\frac{dy}{dt} = -r^2\frac{d\theta}{dt} \tag{9}$$

가 된다. 따라서 식 (9)의 $\frac{dx}{dt}$와 $\frac{dy}{dt}$에 연립방정식 (4)의 두 식을 대입하면

$$-r^2\frac{d\theta}{dt} = y\frac{dx}{dt} - x\frac{dy}{dt} = x^2 + y^2 = r^2$$

에 도달한다. 이때, r^2의 공통인수를 소거하면

$$\frac{d\theta}{dt} = -1 \tag{10}$$

의 형태가 된다.

r과 θ에 대한 식 (8), (10)으로 이루어진 연립방정식은 원래의 연립방정식 (4)와 동치이고 연립방정식 (8), (10)의 해 중 하나는 임의의 상수 t_0에 대한

$$r = 1, \quad \theta = -t + t_0 \tag{11}$$

이다. t가 증가함에 따라 식 (11)을 만족하는 점은 단위원 주위를 시계방향으로 돌기 때문에 자율 연립방정식 (4)는 주기해를 하나 갖게 된다. 변수분리법을 이용하여 식 (8)을 풀면 또 다른 해들을 구할 수 있다; $r \neq 0$이고 $r \neq 1$이면

$$\frac{dr}{r(1 - r^2)} = dt \tag{12}$$

가 된다. 식 (12)의 좌변을 부분분수로 나누고 적분하여 풀면 식 (10)과 (12)의 해는 임의의 상수 c_0와 t_0에 대해

$$r = \frac{1}{\sqrt{1 + c_0 e^{-2t}}}, \quad \theta = -t + t_0 \tag{13}$$

가 된다. 식 (13)의 첫 번째 식에서 $c_0 = 0$으로 놓으면 식 (11)이 되므로 해 (13)은 해 (11)을 포함한다.

또한, $t = 0$에서의 초기조건들 $r = \rho, \theta = \alpha$를 만족하는 해는 다음과 같이 주어진다.

$$r = \frac{1}{\sqrt{1 + ((1/\rho^2) - 1)e^{-2t}}}, \quad \theta = -(t - \alpha) \tag{14}$$

$\rho < 1$이면 $t \to \infty$일 때, 안쪽으로부터 $r \to 1$이 된다; $\rho > 1$이면 $t \to \infty$일 때, 바깥쪽으로부터 $r \to 1$이 된다. 따라서 두 경우 모두 궤적들이 $t \to \infty$일 때 나선형을 그리며 원 $r = 1$로 향한다. 이에 해당하는 몇 가지 궤적들이 **그림 9.7.1**에 나와 있다.

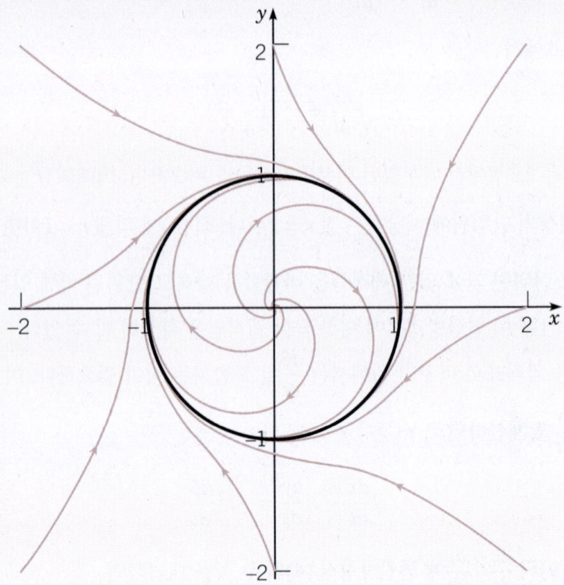

그림 9.7.1 연립방정식 (4)의 모두 궤적들은 $t \to \infty$일 때 나선형을 그리며 (검은색) 원 $r = 1$로 향한다.

이 예제에서, 원 $r = 1$은 연립방정식 (4)의 주기해에 해당할 뿐 아니라 $t \to \infty$일 때 다른 닫혀있지 않은 궤적들을 나선형으로 끌어당긴다. 일반적으로, $t \to \infty$일 때 다른 닫혀있지 않은 궤적들이 나선형을 그리며 다가가거나 멀어지는 위상 평면상의 닫힌 궤적을 **극한 순환 궤적**(limit cycle)이라 부른다. 따라서 $r = 1$은 연립방정식 (4)에 대한 극한 순환 궤적이다. 닫힌 궤적 근처에서(안이나 바깥에서) 시작하는 모든 궤적들이 $t \to \infty$일 때 이 닫힌 궤적을 향해 나선형을 그리며 다가가면 이때의 극한 순환 궤적은 **점근적으로 안정적**이다.

이 극한 궤적 자체는 평형 상태의 점이라기보다는 주기적인 궤도이므로 이런 유형의 안정성을 **궤도 안정성**(orbital stability)이라 부른다. 궤적들이 $t \to \infty$일 때 한쪽 방향에서는 나선형을 그리며 이 닫힌 궤적을 향해 들어가고 다른 쪽 방향에서는 빠져나간다면 이때의 극한 순환 궤적을 **준안정적**(semistable)이라고 부른다. 궤적들이 $t \to \infty$일 때 나선형을 그리며 양쪽방향으로 닫힌 궤적을 빠져 나가면 이 닫힌 궤적은 **불안정**하다. 또한, 다른 궤적들이 다가가지도 않고 멀어지지도 않는 닫힌 궤적이 존재할 수도 있는데—예를 들어, 9.5절의 포식자−먹이 방정식에 대한 주기해들—이때의 닫힌 궤적은 **안정적**이다.

예제 9.7.1에서는 미분방정식들을 직접 풀면 점근적으로 안정적인 극한 순환 궤적의 존재성을 명확하게 밝힐 수 있었다. 그러나 불행히도 일반적으로는 미분방정식을 직접 푸는 것이 가능하지 않기 때문에 비선형 자율 연립방정식의 극한 순환 궤적이 존재하거나 존재하지 않는 것과 관련된 일반적인 정리들을 파악하고 있어야 한다. 이 정리들을 소개하기 위해 편의상 연립방정식 (1)을 다음과 같은 스칼라 형태로 바꿔 쓰자.

$$\frac{dx}{dt} = F(x, y), \quad \frac{dy}{dt} = G(x, y) \tag{15}$$

정리 9.7.1

함수 F와 G가 xy평면의 영역 D에서 연속적인 1차 편미분을 갖는다고 하자. 연립방정식 (15)의 닫힌 궤적은 반드시 적어도 하나의 임계(평형)점을 둘러싸야 한다. 임계점이 하나만 둘러싸인다면, 임계점은 안장점이 될 수 없다.

이 정리에 대한 증명은 생략하겠지만 쉬운 사례를 들 수 있다. 이 중 한 예는 닫힌 궤적이 임계점 (0, 0), spiral point를 둘러싸고 있는 예제 9.7.1과 그림 9.7.1이다. 또 다른 예는 9.5절의 포식자-먹이에 대한 연립방정식이다; 그림 9.5.2를 보자. 각각의 닫힌 궤적들은 임계점 (3, 2)를 포함하고 있다; 이 경우의 임계점은 center이다.

정리 9.7.1은 닫힌 궤적이 존재하지 않는 경우에도 사용할 수 있다. 즉, 만약 주어진 영역이 임계점을 포함하지 않는다면 이 영역 안에 완전히 속해 있는 닫힌 궤적은 존재할 수 없다. 주어진 영역이 안장점인 단 하나의 임계점만을 포함할 때도 이와 똑같이 결론 내릴 수 있다. 예를 들어, 서로 경쟁하는 두 종을 다루었던 예제 9.4.2에서 제1사분면 내부에 있는 유일한 임계점은 안장점 (0.5, 0.5)였다. 따라서 이 연립방정식은 제1사분면 안에 속해있는 닫힌 궤적을 가질 수 없다.

닫힌 궤적이 존재하지 않는 것과 관련된 두 번째 결과는 다음 정리에 서술되어 있다.

정리 9.7.2

함수 F와 G가 xy 평면의 단순연결 영역 D에서 연속 1차 편미분을 갖도록 하자. $F_x + G_y$가 D 전체에서 같은 부호를 갖는다면, D에 완전히 존재하는 연립방정식 (15)의 닫힌 궤적이 없다.

단순연결된 2차원 영역은 구멍이 없는 영역이다. 정리 9.7.2는 평면에서의 Green 정리에 의해 쉽게 보일 수 있다; 연습문제 **13**을 보자. 정리 9.7.3에 나오는 $F_x + G_y$는 벡터장 $F_i = G_j$의 발산(divergence)으로 볼 수 있다. 만약 이 영역 안에서 $F_x + G_y$의 부호가 바뀐다면 아무런 결론도 내릴 수 없다; D 안에 닫힌 궤적이 있을 수도 있고 없을 수도 있다.

정리 9.7.2를 설명하기 위해 연립방정식 (4)를 다시 고려하자. $r^2 = x^2 + y^2$일 때의 통상적인 계산과정을 거치면

$$F_x(x, y) + G_y(x, y) = 2 - 4(x^2 + y^2) = 2(1 - 2r^2) \tag{16}$$

이 된다. 따라서 $0 \le r < 1/\sqrt{2}$일 때 $F_x + G_y$가 양수이므로 이 원판 안에 닫힌 궤적은 없다. 물론, 예제 9.7.1에서 이보다 더 큰 영역 $r < 1$에서도 닫힌 궤적이 없음을 보인 바 있다. 이것은 정리 9.7.2에 의해 얻은 정보가 최선의 결과가 아닐 수도 있음을 의미한다. 다시 한번 식 (16)을 살펴보면 $r > 1/\sqrt{2}$일 때 $F_x + G_y < 0$이다. 그러나 이 고리모양의 영역은 단순연결된 영역이 아니

므로 정리를 적용할 수 없다. 실제로 예제 9.7.1에서 보였듯이 이 영역은 극한 순환 궤적을 포함한다.

다음은 닫힌 궤적이 존재할 조건들에 관한 정리이다.

정리 9.7.3 | Poincaré-Bendixson[11] 정리

함수 F와 G가 xy평면의 영역 D에서 연속적인 1차 편미분을 갖도록 하자. D_1을 D의 유계 부분 영역으로 하고, R을 D_1과 그 경계로 구성된 영역으로 하자(R의 모든 점은 D에 있다). R에 연립방정식 (15)의 임계점이 없다고 가정하자. 모든 $t \geq t_0$(일부 상수 t_0)에 대해 존재하고 R에 남아 있는 연립방정식 (15)의 해가 있다면, 그 해는 주기적 해(폐쇄된 궤적)이거나, 해는 $t \to \infty$로 폐쇄된 궤적을 향해 나선을 그리게 된다. 어느 경우든 연립방정식 (15)는 R에서 주기적 해를 갖는다.

R이 닫힌 궤적을 포함한다면 정리 9.7.1에 의해 이 궤적은 반드시 임계점을 둘러싸고 있어야 한다. 그러나 이 임계점은 R 안에 있을 수 없고, 따라서 R은 단순연결된 영역일 수 없다; R은 구멍을 포함해야 한다.

연립방정식 (4)에 Poincaré-Bendixson 정리를 적용할 때 임계점인 원점은 제외해야 한다. 예를 들어, 영역 R을 $0.5 \leq r \leq 2$라고 정의하자. 그 다음으로 어떤 t_0보다 크거나 같은 모든 t에 대해 R에 머물러 있는 궤적을 갖는 해가 존재하는지 보여야 하는데, 이는 식 (8)에 의해 바로 보일 수 있다. $r = 0.5$일 때는 $dr/dt > 0$이므로 r이 증가하는 반면, $r = 2$일 때는 $dr/dt < 0$이므로 r은 감소한다. 따라서 R의 경계를 가로지르는 임의의 궤적은 R 안으로 들어간다. 결국, R 안의 $t = t_0$에서 시작하는 식 (4)에 대한 임의의 해는 $t > t_0$일 때 R을 빠져나갈 수 없고 그 안에 머물러 있어야 한다. 물론, 0.5와 2 대신 다른 수를 사용해도 좋다; 중요한 것은 $r = 1$을 포함하는가 하는 것이다.

앞의 정리를 이용한다고 해서 주어진 비선형 자율 연립방정식이 주기해를 갖는지를 쉽게 결정할 수 있는 것은 아니다; 이것은 대체로 굉장히 어려운 문제이다. 정리 9.7.1과 9.7.2는 결론을 내릴 수 없을 때가 있고, 정리 9.7.3은 영역 R과 그 안에 머물러 있는 해를 결정하기가 어려울 때가 있다.

끝으로 극한 순환 궤적을 갖는 비선형 연립방정식의 또 다른 예를 들으며 이 절을 마치고자 한다.

예제 9.7.2 음수가 아닌 상수 μ에 대한 **van der Pol[12] 방정식**

$$u'' - \mu(1 - u^2)u' + u = 0 \tag{17}$$

[11] 스웨덴 수학자인 Ivar Otto Bendixson (1861~1935)은 Uppsala 대학에서 박사학위를 받았고 스톡홀름 대학 교수였으며 몇 년 동안 총장이었다. 이 정리는 앞서 Poincaré가 발표했던 결과를 발전시킨 것으로 1901년 *Acta Mathematica*에 실린 Bendixson의 논문에 들어 있다.

[12] Balthasar van der Pol (1889~1959)은 아인호벤에 있는 필립스 연구소에 재직했던 네덜란드 물리학자이자 전기 공학자이다. 그는 비선형 현상에 대한 실험 연구 분야의 개척자였으며 1926년에 발표한 논문에서 그의 이름을 딴 이 방정식을 연구하였다.

은 3극 진동관 발진기(triode oscillator)의 전류 u를 나타내고 있다. 이 미분방정식의 해를 살펴보자.

풀이

$\mu = 0$이면 식 (17)은 $u'' + u = 0$이 되는데, 이것의 해는 주기 2π를 갖는 사인파 또는 코사인파들이다. $\mu > 0$이면 식 (17)의 좌변에 있는 두 번째 항도 고려해야 한다. 이것은 저항을 나타내는 항인데 u'에 비례하고 u에 따라 달라지는 계수 $-\mu(1-u^2)$을 갖고 있다. u가 크면 이 항은 양수가 되고 주로 반응의 진폭을 줄이는 역할을 한다. 그러나 u가 작으면 이 항은 음수가 되고 반응을 증폭시킨다. 이것은 t가 증가함에 따라 다른 해들이 다가가는 중간 크기의 해가 존재함을 내포한다.

식 (17)을 해석하기 위해 변수 $x = u, y = u'$을 이용하여 두 개의 식으로 되어 있는 다음과 같은 연립방정식으로 바꾸도록 하자.

$$x' = y, \quad y' = -x + \mu(1 - x^2)y \tag{18}$$

이 연립방정식 (18)의 유일한 임계점은 원점이다. 원점 근방에서 이 식에 대응되는 선형 연립방정식은

$$\begin{pmatrix} x \\ y \end{pmatrix}' = \begin{pmatrix} 0 & 1 \\ -1 & \mu \end{pmatrix}\begin{pmatrix} x \\ y \end{pmatrix} \tag{19}$$

이고 이때의 고윳값들은 $\frac{1}{2}\left(\mu \pm \sqrt{\mu^2 - 4}\right)$이다. 따라서 원점은 $0 < \mu < 2$에 대해서는 불안정 spiral point이고 $\mu \geq 2$에 대해서는 불안정 node이다. 어떤 경우든 원점 근방에서 시작하는 해는 t가 증가함에 따라 같이 증가한다.

주기해에 관한 정리 9.7.1과 정리 9.7.2는 부분적인 정보만을 준다. 정리 9.7.1로부터 닫힌 궤적이 존재하면 이 궤적은 원점을 둘러싸야 한다는 결론을 얻을 수 있다. 또한 $F(x, y) = y$이고 $G(x, y) = -x + \mu(1 - x^2)y$이므로

$$F_x(x, y) + G_y(x, y) = \mu(1 - x^2) \tag{20}$$

을 얻을 수 있다. 따라서 $|x| < 1$일 때 $F_x + G_y > 0$이기 때문에, 정리 9.7.2로부터 닫힌 궤적들은 존재하기만 하다면, 좁고 긴 수직 영역 $|x| < 1$ 안에 포함되지 않는다.

Poincaré-Bendixson 정리를 이 문제에 적용하는 것은 예제 9.7.1처럼 간단하지 않다. 극좌표를 도입하면 역시 반지름 변수 r에 대한 방정식

$$r' = \mu(1 - r^2\cos^2(\theta))\, r\sin^2(\theta) \tag{21}$$

를 얻을 수 있다.

예제 9.7.1에서처럼 r_1은 작고 r_2는 큰 $r_1 \leq r \leq r_2$로 주어진 고리모양의 영역 R을 고려하자. $r = r_1$일 때, 식 (21)의 우변에 있는 선형인 항이 주요 항이 되고 $\sin\theta = 0$인, 즉 $r' = 0$인 x축을 제외하고는 항상 $r' > 0$이다. 따라서 궤적들은 원 $r = r_1$ 위의 모든 점에서 R로 들어간다. 단, 궤적들이 원 $r = r_1$에 접하는 x축 위의 점들은 예외이다. $r = r_2$일 때는 식 (21)의 우변에 있는 이차항이 주요항이 된다. 따라서 $r' = 0$인 x축 위의 점들과 $r^2\cos^2(\theta) < 1$와 선형인 항에 의해 $r' > 0$인 y축 근처의 점들을 제외하고는 $r' < 0$이다. 따라서 얼마나 큰 원을 선택하든 궤적들이 R을 빠져나가는 점들(즉, y축이나 y축 근처에 있는 점들)이 이 원 위에 항상 있게 된다. 따라서 Poincaré-Bendixson 정리를 적용하기 위해서는 좀 더 복잡한 영역을 고려해야 한다.

좀 더 심도 있는 해석을 하면 van der Pol 방정식이 유일한 극한 순환 궤적을 갖는다는 것을 보일 수 있다. 그러나 여기서 이 해석 과정을 다루지는 않겠다. 대신 해들의 근사값을 수치적으로 그리고자 한다. 실험 관찰에 의하면 van der Pol 방정식은 주기와 진폭이 매개변수 μ에 따라 달라지는 점근적으로 안정적인 주기해를 갖는다. 위상 평면에서 궤적들의 그래프와 t에 따른 u의 그래프를 살펴보면 이 주기해의 모양을 이해하는 데 도움이 될 것이다.

그림 9.7.2는 $\mu = 0.2$에 대한 van der Pol 방정식의 궤적 두 개를 위상 평면상에 나타내고 있다. (0, 1/3)을 지나는 궤적은 시계방향으로 나선형을 그리며 빠져나간다; 이것은 원점 근처의 선형 근사의 경우와 일치한다. 또 다른 궤적은 (−3, 2)를 지나서 역시 시계방향으로 나선형을 그리며 들어온다. 두 궤적들은 모두 안정적인 주기해에 해당하는 폐곡선으로 다가간다. 그림 9.7.2의 궤적들에 대응되는 해들에 대한 t에 따른 u의 그래프들이 **그림 9.7.3**에 나타나 있다. 처음에 더 작았던 해는 점점 증폭되는 반면 더 컸던 해는 점점 줄어드는데, 두 해 모두 극한 순환 궤적에 해당되는 안정 주기 운동으로 다가간다. 또한, 그림 9.7.3은 두 해가 극한 순환 궤적으로 다가감에 따라 위상 차이가 생기는 모습을 나타내고 있다. t에 따른 u의 그래프들은 거의 사인 곡선의 형태를 띠는데 이것은 원형에 가까운 극한 순환 궤적과 일치한다.

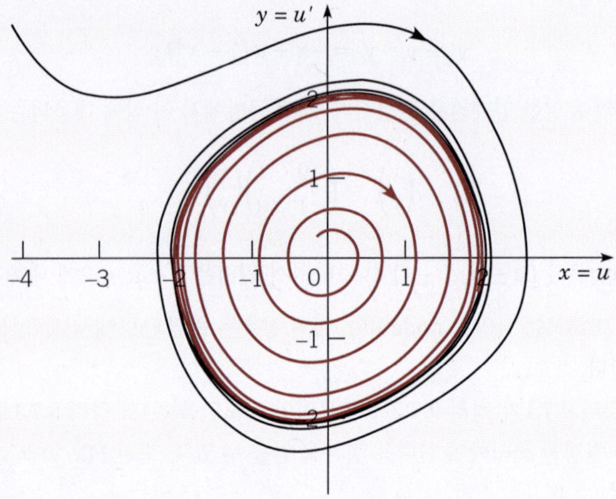

그림 9.7.2 $\mu = 0.2$에 대한 van der Pol 방정식 (17)의 두 궤적. 검은색 궤적은 (−3, 2)를 지나고 푸른색 궤적은 (0, 1/3)을 지난다.

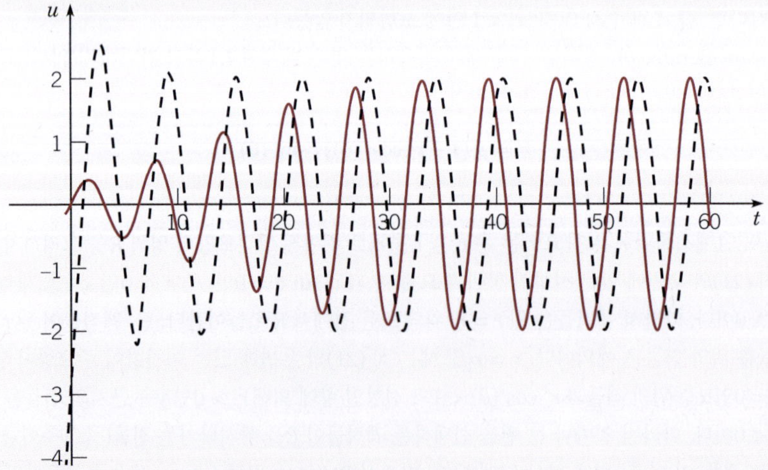

그림 9.7.3 그림 9.7.2의 궤적들에 대한 t에 따른 u의 그래프들. 푸른색 곡선은 (0, 1/3)를 지나고 검은색 궤적은 (−3, 2)을 지난다.

그림 9.7.4와 **9.7.5**는 $\mu = 1$인 경우에 대한 위와 비슷한 그림들이다. 궤적들은 여전히 위상 평면에서 시계방향으로 움직이지만 이때의 극한 순환 궤적은 원과는 상당히 다른 모양이다. t에 따른 u의 그래프들은 극한 진동을 향해 더 빨리 다가가고, 위의 경우와 마찬가지로 위상 차이가 생긴다. 이 경우의

진동들은 떨어질 때보다 올라갈 때 좀 더 가파른 모양으로, 다소 비대칭이다.

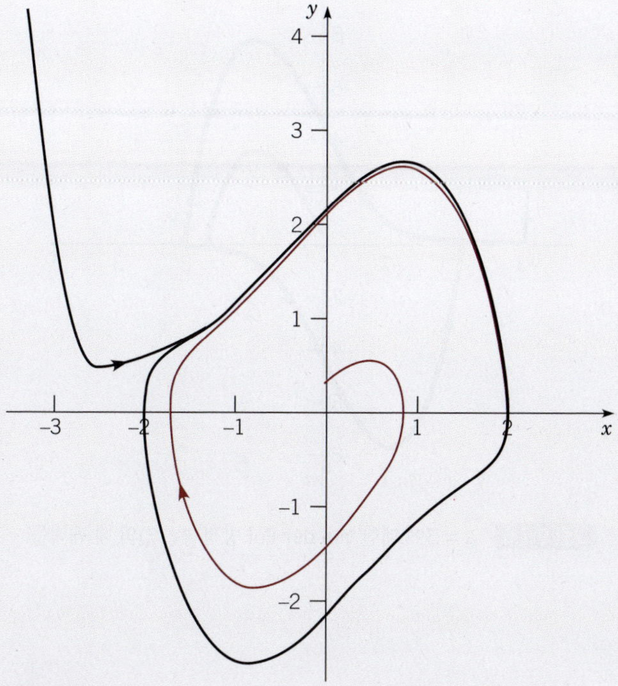

그림 9.7.4 $\mu = 1$에 대한 van der Pol 방정식 (17)의 두 궤적.

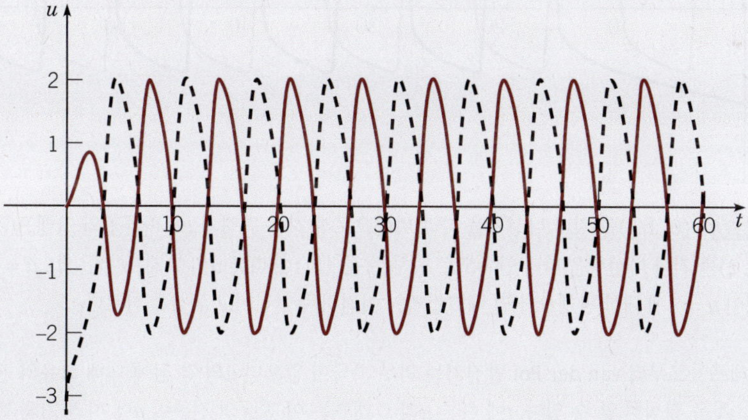

그림 9.7.5 그림 9.7.4의 궤적들에 대한 t에 따른 u의 그래프들. 두 파형은 주기적이고 위상이 완전히 다르다.

그림 9.7.6은 $\mu = 5$에 대한 위상 평면이다. 여전히 시계방향으로 움직이고 있고 극한 순환 궤적은 y축 방향으로 특히 더 길어졌다. **그림 9.7.7**은 t에 따른 u의 그래프이다. 비록 이 해가 극한 순환 궤적에서 멀리 떨어진 곳에서 시작하지만 한 주기가 되기 전에 극한 진동에 도달하고 있다. 위상 평면에서 x축 위의 극값들 중 하나에서 시작한 해들은 처음에는 다른 극점을 향해 천천히 다가가지만 일단 궤적 위의 어느 한 지점에 도달하게 되면 나머지 변화는 순식간에 이루어진다. 그런 후에는 이런 과정이 반대 방향에서 반복된다. 그림 9.7.7에 나타나 있듯이 이 극한 순환 궤적의 파형은 사인파와는 매우 다르다.

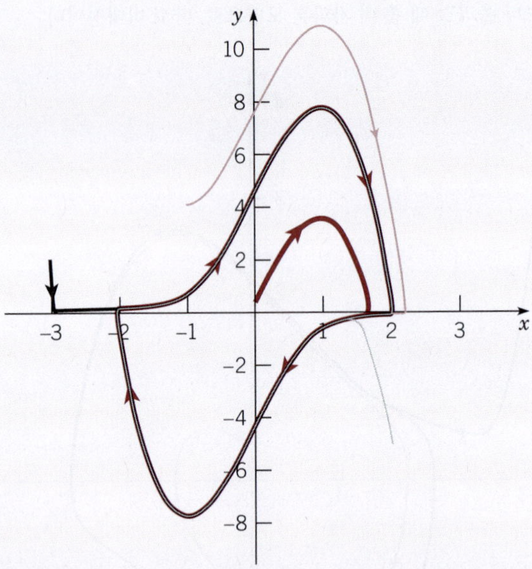

그림 9.7.6 $\mu = 5$에 대한 van der Pol 방정식 (17)의 네 궤적들.

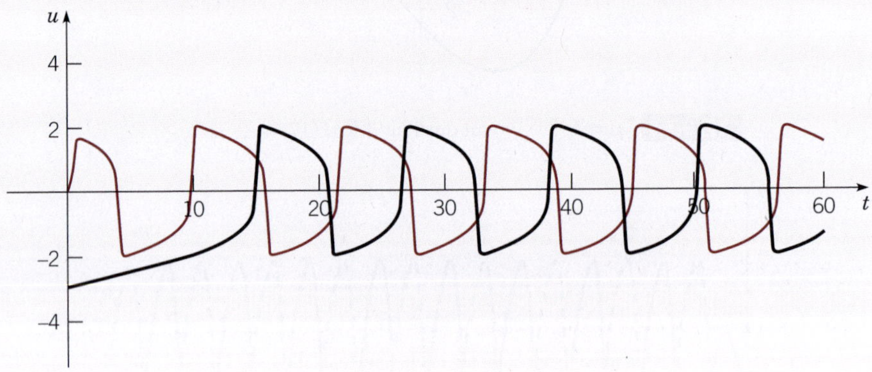

그림 9.7.7 (0, 1/3)을 지나 나선형을 따라 바깥으로 향하는 궤적의 t에 따른 u의 그래프(푸른색)와 (−3, 2)를 지나 나선형을 따라 안쪽으로 향하는 궤적의 t에 따른 u의 그래프(검은색). $\mu = 5$에 대한 파형이 $\mu = 1$에 대한 파형보다 덜 매끄럽지만 여전히 주기적이고 위상은 다르다.

이 그래프들로부터 van der Pol 발진기는 외부 자극이 없으면 μ의 각 점에 대해 고유의 진동 모드가 있다는 것을 확실히 알 수 있다. t에 따른 u의 그래프는 이 진동의 진폭이 μ에 따라 거의 변하지 않으나 그 주기는 μ가 증가함에 따라 같이 증가한다는 사실을 보여준다. 작은 μ값에 대한 극한 순환 궤적이 반지름 2인 원에 가까움을 강조하고자 한다. μ가 증가함에 따라 극한 순환 궤적은 y축으로 뻗어나가나 여전히 구간 $[-2, 2]$ 안에 수평적으로 놓여있다. 이와 동시에 파형은 매끄러운 진동에서 더 많이 뛰는 모양으로 변해간다.

모든 (가까이 있는) 해를 끌어당기는 하나의 주기 운동—즉, 점근적으로 안정적인 극한 순환 궤적—이 존재한다는 것은 비선형 연립방정식들과 관련있는 고유한 현상 중 하나이다.

연습 문제

▶ 문제 **1**부터 **6**까지 자율 연립방정식을 극좌표로 표현하였다. 모든 주기해와 극한 순환 궤적을 찾고 각 주기해의 안정성을 결정하라.

1. $\dfrac{dr}{dt} = r^2(4 - r^2), \quad \dfrac{d\theta}{dt} = 1$

2. $\dfrac{dr}{dt} = r(2 - r)^2, \quad \dfrac{d\theta}{dt} = -1$

3. $\dfrac{dr}{dt} = r(r - 2)(r - 3), \quad \dfrac{d\theta}{dt} = 1$

4. $\dfrac{dr}{dt} = r(1 - r)(r - 3), \quad \dfrac{d\theta}{dt} = -1$

5. $\dfrac{dr}{dt} = \sin(\pi r), \quad \dfrac{d\theta}{dt} = 2$

6. $\dfrac{dr}{dt} = r|r - 2|(r - 4), \quad \dfrac{d\theta}{dt} = -1$

7. a. 연립방정식

$$\frac{dx}{dt} = -y + xf(r)/r, \quad \frac{dy}{dt} = x + yf(r)/r$$

에 대해 $f(r)$이 0이 되는 근들에 대응되는 주기해들이 존재함을 보여라. 위상 평면상의 닫힌 궤적 위에서 어느 방향으로 도는가?

b. $f(r) = r(r - 2)^2(r^2 - 5r + 4)$라 두자. 모든 주기해를 찾고 이것의 안정성을 결정하라.

8. 다음 연립방정식의 주기해가 존재하면 찾아라.

$$\frac{dx}{dt} = y + \frac{x}{\sqrt{x^2 + y^2}}(x^2 + y^2 - 3),$$
$$\frac{dy}{dt} = -x + \frac{y}{\sqrt{x^2 + y^2}}(x^2 + y^2 - 3)$$

9. 정리 9.7.2를 이용하여 선형 자율 연립방정식

$$\frac{dx}{dt} = a_{11}x + a_{12}y, \quad \frac{dy}{dt} = a_{21}x + a_{22}y$$

이 $a_{11} + a_{22} \neq 0$이면 $(x = 0, y = 0$ 이외의) 주기해는 갖지 않음을 보여라.

▶ 문제 **10**과 **11**에서 주어진 연립방정식에 대해 상수가 아닌 주기해가 존재하지 않음을 보여라.

10. $\dfrac{dx}{dt} = x - y = x^3 - y^3, \quad \dfrac{dy}{dt} = x + 2y - x^2y + y^3$

11. $\dfrac{dx}{dt} = 2x + y + x^3 - y^2, \quad \dfrac{dy}{dt} = -x + y + x^2y + y^3/3$

12. 예제 9.7.2에서 방정식 (21)을 도출하라.

13. 다음 과정을 따라 정리 9.7.2를 증명하라. 평면에서의 Green 정리에 따라 C가 충분히 매끄러운 단순 폐곡선이고 F와 G는 연속인 1계 편도함수를 갖는 연속함수들이라면

$$\int_C (F(x, y)\,dy - G(x, y)\,dx) = \iint_R (F_x(x, y) + G_y(x, y))\,dA$$

이다. 이때, C는 반시계방향이고 R은 C에 의해 둘러싸인 영역이다. $x = \phi(t), y = \psi(t)$가 주기 T인 연립방정식 (15)의 주기해라고 가정하고 이때 C는 $0 \leq t \leq T$에서 $x = \phi(t), y = \psi(t)$에 의해 주어진 폐곡선이라 하자. 이 곡선에 대한 위 식에서의 선적분이 영이고, 따라서 정리 9.7.2가 증명됨을 보여라.

14. a. Ⓖ 그림 9.7.3, 9.7.5, 9.7.7에서 t에 따른 u의 그래프들을 살펴보고 각 경우에 해당되는 van der Pol 발진기의 주기 T를 추정하라.

b. Ⓖ 매개변수 μ의 다른 값들에 대해 van der Pol 방정식의 해를 계산하고 그 그래프를 그려라. 이 경우들에 대한 주기 T를 추정하라.

c. Ⓖ μ에 따른 T의 추정 값들을 그려라. T가 μ에 따라 어떻게 달라지는지 설명하라.

15. 다음과 같은 Rayleigh[13] 방정식을 살펴보자.

$$u'' - \mu\left(1 - \frac{1}{3}u'^2\right)u' + u = 0$$

a. 이 Rayleigh 방정식을 두 식으로 된 연립 1계 미분방정식으로 바꿔라.

b. 원점이 이 연립방정식의 유일한 임계점임을 보여라. 이 임계점의 유형을 결정하고, 이 임계점이 점근적으로 안정적인지, 안정적인지 또는 불안정한지를 판별하라.

c. **G** $\mu = 1$이라 두자. 초기조건들을 선택하고 $0 \le t \le 20$ 같은 또는 그보다 긴 구간에서의 이 연립방정식에 대한 해를 계산하라. t에 따른 u를 그리고 위상 평면상에 이 해에 대응되는 궤적을 그려라. 이 궤적이 닫힌 곡선(극한 순환 궤적)으로 다가감을 알 수 있다. 이 극한 순환 궤적의 진폭 A와 주기 T를 추정하라.

d. **G** $\mu = 0.2, 0.5, 2, 5$에 대해 **c**를 반복하라. 각 경우에 대한 진폭 A와 주기 T를 추정하라.

e. μ가 증가함에 따라 극한 순환 궤적이 어떻게 변하는지 묘사하라. 예를 들어, μ의 함수로서의 A와 T의 값을 표로 작성하거나 그림으로 그려라.

16. 매개변수 μ에 대한 연립방정식

$$x' = \mu x + y - x\left(x^2 + y^2\right), \quad y' = -x + \mu y - y\left(x^2 + y^2\right) \tag{22}$$

을 고려하자. 이 연립방정식은 μ가 있는 것만 빼고는 예제 9.7.1의 연립방정식과 같다.

a. 원점이 유일한 임계점임을 보여라.

b. 원점 근처에서 식 (22)를 근사하는 선형 연립방정식을 찾고 이것의 고윳값들을 찾아라. 원점에서 임계점의 유형과 안정성을 결정하라. 임계점의 유형과 안정성의 종류가 μ에 따라 어떻게 달라지는가?

c. 필요하다면 예제 9.7.1에서 했듯이 식 (22)를 극좌표로 다시 써라.

d. **G** $\mu > 0$일 때, 주기해 $r = \sqrt{\mu}$가 존재함을 보여라. **c**에서 구한 연립방정식을 풀거나 수치적으로 계산된 근사해들을 그려서 이 주기해가 영이 아닌 모든 해들을 끌어당긴다는 사실을 보여라.

비고: μ가 영을 지나서 증가함에 따라 원점에서 점근적으로 안정적이었던 임계점이 안정성을 잃고, 동시에 새로운 점근적으로 안정적인 해(극한 순환 궤적)가 나타난다. 따라서 점 $\mu = 0$은 분기점이다; 이런 유형의 분기점을 **Hopf**[14] **분기점**이라 부른다.

17. **C** 매개변수 μ를 임의의 실수로 두고 다음의 연립방정식을 고려하자.

$$x' = -y, \qquad y' = x + \mu\left(1 - x^2\right)y$$

a. 원점이 유일한 임계점임을 보여라. 이 임계점의 유형과 안정성을 결정하고 이 유형과 안정성이 μ에 따라 어떻게 달라지는지 설명하라.

b. **G** $\mu = -1$이라 두자; 위상 궤적을 하나 그리고 원점을 둘러싸고 있는 주기해가 있다고 결론내려라. 이 주기해는 불안정함을 알 수 있다.

---

[13] 세 번째 Rayleigh 경인 John William Strutt (1841~1919)는 수리 물리학의 여러 분야에서 뛰어난 공헌을 하였다. 그의 산란 이론(1871)에 의해 하늘이 파란 이유를 최초로 정확하게 설명할 수 있었고 1877과 1878년에 발표한 그의 두 권짜리 학술 논문 *The Theory of Sound*는 응용수학 분야의 고전 중 하나가 되었다. 캠브리지 대학 물리학과의 Cavendish 교수로 재직했던 5년을 제외하고는 주로 그의 집에 있는 개인 실험실에서 연구하였으며 1904년 아르곤의 발견으로 노벨 물리상을 수상했다.

[14] Eberhard Hopf (1902~1983)는 오스트리아에서 태어나서 베를린 대학에 다녔으나 대부분의 일생을 미국에 있는 인디애나 대학에서 보냈다. 그는 ergodic 이론의 창시자 중 한 명이다. Hopf 분기점이라는 이름은 이 분기점에 대해 철저히 분석한 그의 1942년도 논문을 기리기 위해 지었다.

c. G 다른 몇 개의 음수 μ에 대한 위상 궤적을 그려라.

▶ 문제 **18**과 **19**에서는 9.5절의 연습문제 **13**에서 소개했던 Rosenzweig-MacArthur 포식자-먹이 모델을 좀 더 살펴보자.

18. C 연립방정식을 고려하라.

$$x' = x\left(4 - 2x - \frac{2y}{x+4}\right), \qquad y' = y\left(0.25 + \frac{x}{x+4}\right)$$

a. 모든 임계점을 구하라.

b. 각 임계점의 유형과 안정성을 결정하라.

c. G 1사분면에 위상 궤적을 그리고, 점근적으로 안정적인 한계 주기가 있다는 결론을 내려라.

19. C 연립방정식

$$x' = x\left(a + 0.2x - \frac{2y}{x+6}\right), \qquad y'' = y\left(0.25 + \frac{x}{x+6}\right)$$

a는 양의 매개변수이다.

a. 임계점들을 모두 구하라.

b. 1사분면 내부의 임계점을 고려하라. 근사 선형 연립방정식의 고윳값을 구하라.

c. G a_0보다 약간 큰 값에 대한 위상 궤적을 그려라. 한계 주기가 나타났음을 관찰하라. a가 더 증가함에 따라 한계 주기는 어떻게 변하는가?

20. 성분들의 농도가 시간에 따라 주기적으로 진동하는 화학 반응들이 있다.

$$x' = 1 + (b+1)x + x^2y, \qquad y' = bx - x^2y$$

b를 양의 매개변수라고 가정하고 xy평면의 제1사분면에 있는 해들을 살펴보자.

a. 임계점을 구하라.

b. 이 임계점에서의 근사 선형 연립방정식의 고윳값들을 구하라.

c. 이 임계점의 유형과 안정성을 분류하라. 이 유형과 안정성은 b에 따라 어떻게 달라지는가?

d. b가 어떤 b_0를 지나 증가함에 따라 이 임계점은 점근 안정에서 불안정으로 바뀐다. 이 b_0값은 무엇인가?

21. C 연립방정식

$$x' = 3\left(x + y - \frac{1}{3}x^2 + k\right), \qquad y'' = \frac{1}{3}(-x + 0.8y - 0.7)$$

a. 이 연립방정식이 임계점을 하나만 가짐을 보여라.

b. $k = 0$에 대한 임계점을 구하고

c. G 임계점이 점근 안정에서 불안정으로 바뀌는 값 k_0를 구하라. 이때의 임계점을 찾고 각 경우에 대한 연립방정식의 위상 궤적을 그려라.

9.8 카오스와 이상한 끌개: 로렌츠 방정식

이론적으로는 이 장에서 2차 자율 연립방정식에 적용했던 모든 방법들은 고차 연립방정식에도 적용할 수 있다. 그러나 실제로는 고차 연립방정식에 적용할 경우 몇 가지 어려움이 발생한다. 한 가지 문제는 경우의 수들이 더 많아진다는 것인데, 연립방정식을 이루는 식들(과 위상 공간의 차원)이 늘어날수록 이 경우의 수들도 같이 늘어난다. 또 다른 문제는 2차원 이상의 위상 공간상에서 궤적들을 정확하게 그리기가 어렵다는 것이다; 심지어 3차원 공간에서도 궤적들을 명확하고 이해하기 쉽게 그리기가 쉽지 않고 변수들의 개수가 늘어날수록 점점 더 어려워진다. 마침내—그리고 1970년대 이후가 되서야 널리 알려진—3차 또는 그 이상의 차수를 갖는 연립방정식에서 2차 연립방정식에서는 발생하지 않았던 특이하면서도 매우 복잡한 현상들이 자주 발생한다는 사실을 알게 되었다. 이 절에서의 목표는 이런 몇 가지 현상들을 간단히 소개하기 위해 널리 연구되고 있는 특정한 형태의 3차원 자율 연립방정식을 살펴보는 것이다. 어떤 면에서 이 절의 내용은 2.9절의 로지스틱 미분방정식을 다루었던 방식과 유사하다.

기상학과 유체역학의 다른 응용분야에서 중요하게 다루는 문제는 지구의 대기처럼 맨 위보다 바닥이 더 따뜻한 유체층의 움직임과 관련이 있다; **그림 9.8.1**을 보라. 만약 수직 온도차 ΔT가 작다면 온도는 고도에 따라 선형적으로 변할 것이고, 이때 유체층의 움직임에 흥미로운 변화는 없다. 그러나 ΔT가 충분히 크다면 따뜻한 공기는 그 위에 있는 찬 공기를 밀어내면서 위로 올라가 지속적인 대류 운동이 일어난다. 온도차가 더 커지면 지속적인 대류 운동은 깨지고 더욱 복잡한 난류 운동이 발생한다.

그림 9.8.1 아래 면이 가열되는 유체층.

로렌츠(Edward N. Lorenz)[15]는 이런 현상을 연구하면서 (여기서 설명하기에는 너무나 어려운 과정을 거쳐) 다음과 같은 3차원 비선형 자율 연립방정식을 얻었다.

$$\frac{dx}{dt} = \sigma(-x+y), \qquad \frac{dy}{dt} = rx - y - xz, \qquad \frac{dz}{dt} = -bz + xy \tag{1}$$

현재는 식 (1)을 주로 **로렌츠 방정식**[16]이라 부르는데, 이 식의 두 번째와 세 번째 식에 비선형인 이차항이 포함되어 있음을 알 수 있다. 그러나 세 개의 식으로 되어있다는 것만 빼고는 9.4절과 9.5절에서 소개한 서로 경쟁하는 종들이나 포식자-먹이 방정식에 비해 더 복잡해 보이지는 않는다.

[15] 미국 기상학자 Edward N. Lorenz (1917~2008)는 1948년에 MIT에서 박사학위를 취득했고 연구 활동 기간 내내 이곳에서 연구하였다. 연립방정식 (1)에 대한 그의 첫 번째 연구는 대기 중에 있는 유체의 흐름에 대한 안정성을 다룬 유명한 1963년도 논문(이 교재의 참고문헌에 인용되어 있는)에 실려 있다.

[16] 로렌츠 방정식에 대한 상세한 연구는 이 장 끝부분의 참고문헌에 열거되어 있는 Sparrow가 쓴 서적에 나와 있다.

식 (1)의 변수 x는 유체 운동의 강도와 관련이 있고 변수 y와 z는 각각 수평방향과 수직방향으로의 온도 변화와 관련이 있다. 이 로렌츠 방정식은 또한 모두 양의 실수인 세 개의 매개변수 σ, r, b를 포함하고 있다. 매개변수 σ와 b는 유체층에서 유체 본연의 성질과 기하학적인 성질에 따라 달라진다. 지구의 대기에 대한 이 매개변수들의 적절한 값은 $\sigma = 10$이고 $b = \frac{8}{3}$이다; 이 절에서 이 값을 주로 사용하겠다. 한편, 메개변수 r은 온도차 ΔT에 비례하는데 이 r에 따라 식 (1)에 대한 해들의 성질이 어떻게 달라지는지 살펴보고자 한다.

이를 살펴보기 전에 먼저 세 식으로 된 자율 연립 1계 미분방정식

$$\frac{dx}{dt} = F(x,y,z), \quad \frac{dy}{dt} = G(x,y,z), \quad \frac{dz}{dt} = H(x,y,z) \tag{2}$$

에 대한 Jacobian 행렬 $\mathbf{J}$가 다음과 같이 정의됨을 알아야 한다.

$$\mathbf{J} = \mathbf{J}[F,G,H](x,y,z) = \begin{pmatrix} F_x & F_y & F_z \\ G_x & G_y & G_z \\ H_x & H_y & H_z \end{pmatrix} \tag{3}$$

따라서 로렌츠 방정식 (1)에 대한 Jacobian 행렬은

$$\mathbf{J} = \begin{pmatrix} -\sigma & \sigma & 0 \\ r-z & -1 & -x \\ y & x & -b \end{pmatrix} \tag{4}$$

이다.

로렌츠 방정식을 해석하기 위한 첫 번째 단계는 대수 연립방정식

$$\begin{aligned} \sigma x - \sigma y &= 0, \\ rx - y - xz &= 0, \\ -bz + xy &= 0 \end{aligned} \tag{5}$$

을 풀어 임계점들의 위치를 찾는 것이다. 첫 번째 식으로부터 $y = x$를 얻을 수 있고, 이것을 이용하여 두 번째와 세 번째 식에서 y를 소거하면

$$\begin{aligned} x(r-1-z) &= 0, \\ -bz + x^2 &= 0 \end{aligned} \tag{6}$$

을 얻을 수 있다. 식 (6)을 만족하기 위한 한 가지 경우는 $x = 0$을 선택하는 것이다. 그러면 $y = 0$이 되고 식 (6)의 두 번째 식으로부터 $z = 0$이 된다. 식 (6)을 만족하기 위해 $z = r - 1$을 선택하면 식 (6)의 두 번째 식으로부터 $x = \pm\sqrt{b(r-1)}$이 되고, 따라서 $y = \pm\sqrt{b(r-1)}$이 된다. 이때, x와 y는 $r \geq 1$일 때만 실수이다. 따라서 P_0로 놓을 (0, 0, 0)은 모든 r에 대한 임계점이고 r ≤ 1에 대해서는 유일한 임계점이다. 그러나 $r > 1$일 때는 두 개의 또 다른 임계점, $\left(\sqrt{b(r-1)}, \sqrt{b(r-1)}, r-1\right)$과 $\left(-\sqrt{b(r-1)}, -\sqrt{b(r-1)}, r-1\right)$이 존재한다. 이 점들을 각각 P_1과 P_2라 두사. 이 세 개의 임계점들은 $r = 1$일 때 모두 일치한다. r이 1을 지나 증가함에 따라 원점에서의 임계점 P_0가 갈라져서[17] P_0 외에 두 개의 임계점 P_1과 P_2가 생긴다.

---

[17] 이는 $r < 1$에 대한 하나의 임계점에서 $r > 1$에 대한 세 개의 임계점으로 변이된 것이기 때문에 기술적으로는 $r = 1$에서 임계점 P_0가 P_0, P_1, P_2의 **세 갈래로 분기되었다**(trifurcates)고 말할 수 있다. 그러나 문제 내의 임계점들의 개수나 분류가 변할 때는 통상적으로 그냥 분기되었다(trifurcates)고 한다.

다음은 각 임계점 근방에서 해들이 갖는 국소적인 성질을 살펴보자. 앞으로 할 해석 과정의 대부분이 임의의 σ와 b에 대해 유효하나, 편의를 위해 $\sigma = 10$과 $b = \frac{8}{3}$을 사용하겠다. 그러면 원점(임계점 P_0) 근방에서의 근사 선형 연립방정식은

$$\begin{pmatrix} x \\ y \\ z \end{pmatrix}' = \begin{pmatrix} -10 & 10 & 0 \\ r & -1 & 0 \\ 0 & 0 & -8/3 \end{pmatrix} \begin{pmatrix} x \\ y \\ z \end{pmatrix} \tag{7}$$

이 된다. 이 식에 대한 고윳값[18]은 방정식

$$\begin{aligned} \begin{vmatrix} -10-\lambda & 10 & 0 \\ r & -1-\lambda & 0 \\ 0 & 0 & -8/3-\lambda \end{vmatrix} &= -\left(\frac{8}{3}+\lambda\right)((10+\lambda)(1+\lambda)-10r) \\ &= -\left(\frac{8}{3}+\lambda\right)\left(\lambda^2+11\lambda-10(r-1)\right)=0 \end{aligned} \tag{8}$$

으로부터

$$\lambda_1 = -\frac{8}{3}, \quad \lambda_2 = \frac{-11-\sqrt{81+40r}}{2}, \quad \text{그리고} \quad \lambda_3 = \frac{-11+\sqrt{81+40r}}{2} \tag{9}$$

이다. 이 세 개의 고윳값들은 $r < 1$에 대해 모두 음수이다; 예를 들어, $r = 1/2$일 때 고윳값은 $\lambda_1 = -8/3$, $\lambda_2 = -10.52494$, $\lambda_3 = -0.47506$이다. 따라서 원점은 $0 \le r < 1$일 때 선형 근사 (7)과 원래의 연립방정식 (1)에 대해 점근적으로 안정적이다. 그러나 $r = 1$일 때 λ_3의 부호가 바뀌고 $r > 1$일 때 양수가 된다. $r = 1$은 앞서 소개한 물리 문제에서 대류의 흐름이 시작되는 점이다. $r > 1$일 때, 원점은 선형화된 문제와 비선형 로렌츠 방정식 모두에 대해 불안정한 평형 해이다. 원점 근처에서 시작하는 선형화된 연립방정식의 모든 해는 증가하는 경향이 있지만, λ_1과 λ_2와 관련된 고유벡터에 의해 결정되는 평면에 정확히 있는 해는 제외이다. 비선형 연립방정식 (1)의 경우에도 마찬가지인데, 원점에서 λ_1과 λ_2와 연관된 고유벡터에 의해 결정되는 평면에 접하는 특정 표면에 있는 해가 예외적인 해들이다.

$r > 1$에 대한 두 번째 임계점은 $P_1 = \left(\sqrt{8(r-1)/3}, \sqrt{8(r-1)/3}, r-1\right)$이다. 이 임계점 근방을 살펴보기 위해 u, v, w를 각각 이 임계점에 대한 x-, y-, z-방향으로의 작은 섭동이라 두자. 이에 대한 근사 선형 연립방정식은

$$\begin{pmatrix} u \\ v \\ w \end{pmatrix}' = \begin{pmatrix} -10 & 10 & 0 \\ 1 & -1 & -\sqrt{\frac{8}{3}(r-1)} \\ \sqrt{\frac{8}{3}(r-1)} & \sqrt{\frac{8}{3}(r-1)} & -\frac{8}{3} \end{pmatrix} \begin{pmatrix} u \\ v \\ w \end{pmatrix} \tag{10}$$

가 된다. 식 (10)의 계수행렬에 대한 고윳값들은 방정식

$$3\lambda^3 + 41\lambda^2 + 8(r+10)\lambda + 160(r-1) = 0 \tag{11}$$

을 직접 풀어서 구할 수 있는데 계산 과정은 생략하겠다. 식 (11)의 해들은 다음과 같이 r에 따라 달라진다:

[18] r을 로렌츠 방정식의 매개변수로 두었기 때문에 고윳값들은 λ라 놓겠다.

$1 < r < r_1 \cong 1.3456$이면 음의 실수인 세 개의 고윳값이 있다.

$r_1 < r < r_2 \cong 24.737$이면 음의 실수인 하나의 고윳값과 음의 실수부를 갖는 두 개의 복소수 고윳값이 있다.

$r > r_2$이면 음의 실수인 하나의 고윳값과 양의 실수부를 갖는 두 개의 복소수 고윳값이 있다.

임계점 P_2에 대해서도 똑같은 결과를 얻을 수 있기 때문에 서로 다른 상황들이 다양하게 존재한다.

$0 < r < 1$에 대한 유일한 임계점은 P_0이고 이것은 점근적으로 안정적이다. 모든 해들은 $t \to \infty$일 때 이 점(원점)으로 다가간다.

$1 < r < r_1$에 대한 임계점들 중, P_1과 P_2는 점근적으로 안정적이고 P_0는 불안정하다. 근방에 있는 모든 해들은 P_1과 P_2 중 한 점으로 지수적으로 다가간다.

$r_1 < r < r_2$에 대한 임계점들 중, P_1과 P_2는 점근적으로 안정적이고 P_0는 불안정하다. 근방에 있는 모든 해들은 P_1과 P_2 중 한 점으로 다가간다; 해들은 대부분 나선형을 그리며 이 점을 향해 간다.

$r > r_2$에 대한 세 임계점들은 모두 불안정하다. P_1 또는 P_2 근방의 해들은 대부분 이 임계점으로부터 나선형을 그리며 멀어진다.

더 나아가서 r_2보다 약간 큰 r에 대한 해들을 살펴보자. 이 경우 P_0는 양의 고윳값을 하나 갖고 P_1과 P_2는 각각 양의 실수부를 갖는 한 쌍의 복소수 고윳값들을 갖는다. 궤적은 매우 제한적인 경로들을 따라 임계점 중 하나로 다가간다. 이 경로들로부터 약간이라도 벗어나 있는 궤적은 임계점에서 멀어지게 된다. 이때의 임계점들이 모두 불안정하므로 t가 커지면 궤적들이 대부분 무한대로 갈 것이라고 생각할 수 있다. 그러나 $t \to \infty$여도 해들은 모두 유한하다; 연습문제 **5**를 보자. 실제로 모든 해들은 점들로 이루어진 크기 영의 어떤 극한 집합으로 다가간다. 이것은 $r > r_2$일 때뿐 아니라 r의 모든 양수에 대해서도 마찬가지이다.

$r > r_2$일 때, 특정한 해에 대한 t에 따른 x, y, z의 그래프들이 **그림 9.8.2**에 나타나 있다. 이 해

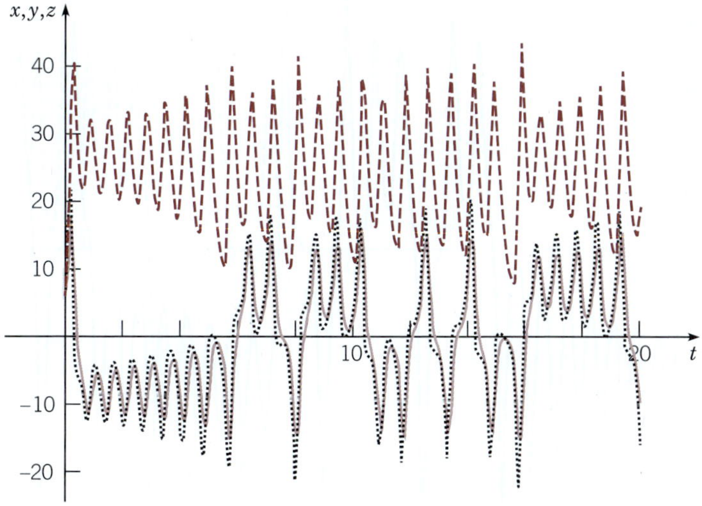

그림 9.8.2 $r = 28$일 때의 로렌츠 방정식 (1)에 대한 t에 따른 x의 그래프(실선), y의 그래프(점선), z의 그래프(줄선); 초깃점은 (5, 5, 5)이다.

는 양수와 음수 사이에서 다소 불규칙하게 앞뒤로 흔들리며 진동하고 있다. 비록 로렌츠 방정식이 결정론적이어서 해가 전적으로 초기조건에 의해 결정되지만 t에 따른 x의 그래프는 불규칙 진동(random vibration)처럼 보인다. 그러나 이 해는 진동수와 진폭이 시간에 따라 일정하다는 나름대로의 규칙성을 갖고 있다.

로렌츠 방정식의 해들은 초기조건에 대한 섭동에 굉장히 민감하다. **그림 9.8.3**은 초깃점이 각각 (5, 5, 5)와 (5.01, 5, 5)인 두 해들에 대한 t에 따른 x의 그래프를 나타낸다. 줄선은 그림 9.8.2의 그래프와 같고 실선은 근처에서 시작하는 그래프이다. 두 해들은 t가 10 정도까지는 서로 가까운데 그 후로는 상당히 달라져서 심지어 서로 관련이 없어 보이기까지 한다. (해의 y와 z 선분은 $t = 10$ 이후에 시작하는 비슷한 차이를 보인다.) 로렌츠는 이 방정식에 대해 처음 연구하면서 이와 같은 특징에 특히 관심을 갖게 되었고, 이를 근거로 날씨를 정확하고 자세하게 장기 예보하는 것은 불가능할 가능성이 높다고 결론지었다.

이 경우 끌어당기는 집합(attracting set)은 비록 크기는 영이지만, 다소 복잡한 구조로 되어 있는데 이를 **이상한 끌개**(strange attractor)라 부른다. **혼돈 상태**(chaotic)라는 용어는 일반적으로 그림 9.8.3에 나타난 것과 같이 비슷한 초기조건을 갖는 해들이 매우 다른 해가 될 수 있는 성질을 갖는 연립 미분방정식을 묘사할 때 쓰는 표현이다.

이상한 끌개가 언제 어떻게 발생하는지는 더 작은 r에 대한 해들을 살펴보면 확실히 알 수 있다. $r = 21$일 때, 서로 다른 세 초깃점에서 시작한 해들이 **그림 9.8.4**에 나타나 있다. 초깃점 (3, 8, 0)에 대한 해는 거의 한 번에 점 $P_2 = (-7.303, -7.303, 20)$로 수렴하기 시작한다; 그림 9.8.4($a$)를 보자. 두 번째 초깃점 (5, 5, 5)에 대한 해는 짧은 과도기를 거쳐 $P_1 = (7.303, 7.303, 20)$로 수렴한다; 그림 9.8.4(b)를 보자. 그러나 9.8.4(c)에 나타나듯이 세 번째 초깃점 (5, 5, 10)에 대한 해는 혼돈 상태의 긴 과도기를 지나 P_2로 수렴한다. r이 증가함에 따라 혼돈 상태의 과도기는 점점 더 길어진다. $r = r_3 \cong 24.06$일 때, 혼돈 상태는 무한히 지속되고 이상한 끌개가 나타난다.

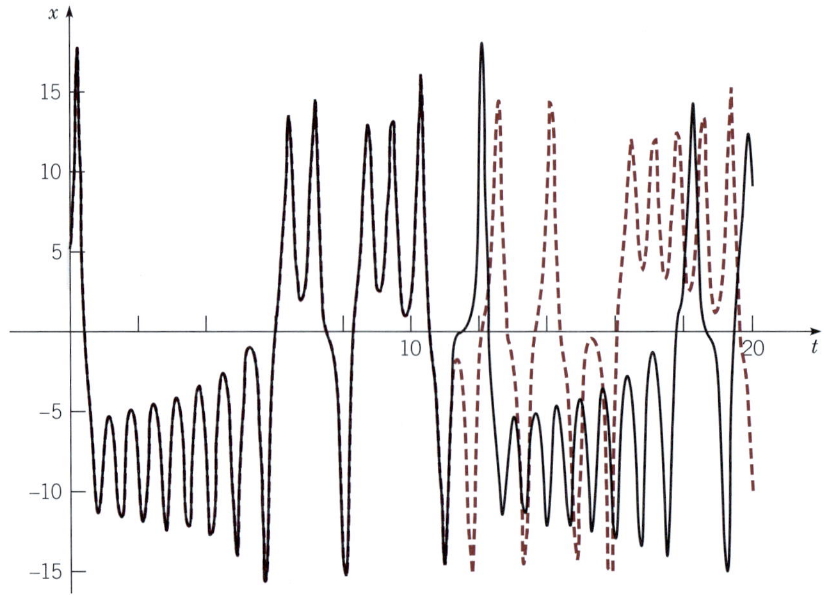

그림 9.8.3 $r = 28$일 때, 로렌츠 방정식의 서로 가까운 곳에서 시작하는 두 해에 대한 t에 따른 x의 그래프들; 줄선에 대한 초깃점은 (5, 5, 5)이고 실선에 대한 초깃점은 (5.01, 5, 5)이다.

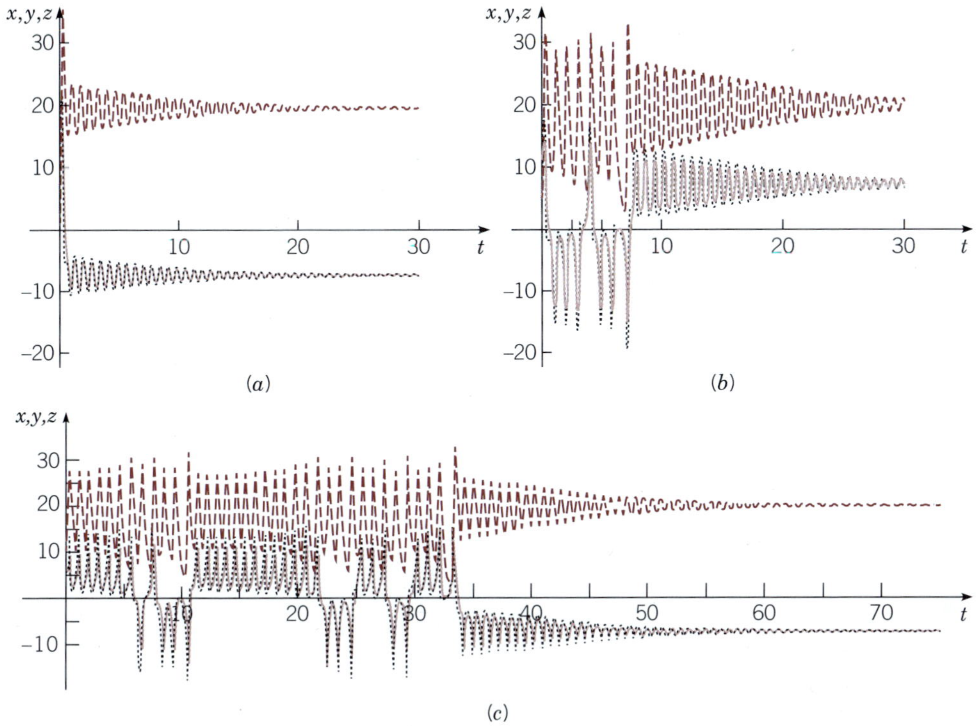

그림 9.8.4 $r = 21$일 때, 로렌츠 방정식의 세 해들에 대한 t에 따른 x의 그래프(실선), y의 그래프(점선), z의 그래프(줄선). (a) 초깃점이 $(3, 8, 0)$이다; 이 해는 P_2로 수렴한다. (b) 초깃점이 $(5, 5, 5)$이다; 이 해는 P_1로 수렴한다. (c) 초깃점이 $(5, 5, 10)$이다; 이 해는 P_2로 수렴한다.

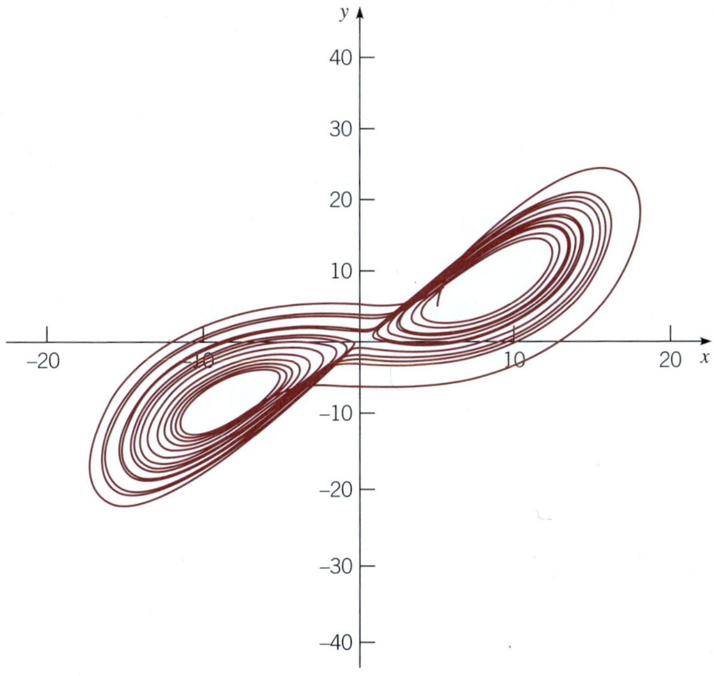

그림 9.8.5 초기조건 $(5, 5, 5)$인 ($r = 28$일 때의) 로렌츠 방정식에 대한 궤적의 xy-평면으로의 사영.

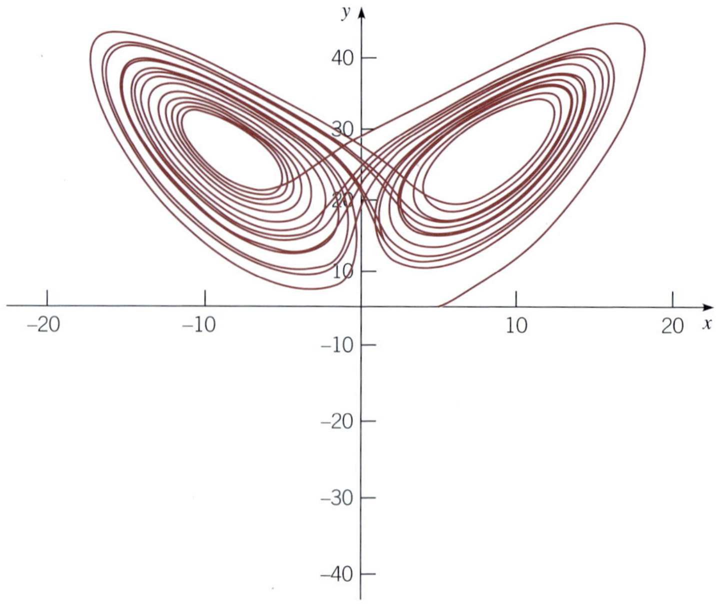

그림 9.8.6 초기조건 (5, 5, 5)인 ($r = 28$일 때의) 로렌츠 방정식에 대한 궤적의 xz-평면으로의 사영.

이제 로렌츠 방정식의 궤적들을 3차원 위상 공간상에서 살펴보거나 적어도 이 궤적들을 다양한 평면에 사영시켜서 살펴보겠다. **그림 9.8.5**와 **9.8.6**은 (5, 5, 5)에서 시작하는 궤적을 각각 xy-와 xz-평면상에 사영시킨 것이다. 이 그래프들은 서로 반복적으로 교차하고 있지만 일반적인 유일성 정리에 의해 이 궤적들이 실제로 3차원 공간상에서 서로 교차하고 있지 않음을 알아야 한다. 교차하는 것처럼 보이는 것은 순전히 그래프를 2차원으로 그렸기 때문이다.

해들이 초깃값에 대한 섭동에 민감하게 반응하는 정도는 앞서 살펴본 것처럼 수치적인 계산의 영향을 받는다. 서로 다른 스텝 사이즈와 서로 다른 수치적 알고리즘, 심지어 똑같은 알고리즘을 서로 다른 컴퓨터에서 수행했을 때 계산된 해들이 조금씩 달라지기 시작하고 결국에는 크게 달라지게 될 것이다. 예를 들어, 계산된 해에서 양수값과 음수값의 순환에 대한 정확한 수열은 초기조건뿐 아니라 수치적인 알고리즘과 이 알고리즘을 어떻게 구현하느냐에 따라 많이 좌우된다. 그러나 해의 일반적인 모양과 끌어당기는 집합의 구조는 이런 요인들에 따라 달라지지 않는다.

로렌츠 방정식의 해에 대한 흥미로운 또 다른 유형은 매개변수 r의 다른 범위들에서 발생한다. 예를 들어 r_2보다 큰 어떤 r값들에 대해 혼돈의 상태가 간헐적으로 발생하여 일정한 주기적 진동의 긴 구간을 분리시킨다. r의 또 다른 범위에서는 해의 주기가 두 배가 되는 성질이 나타나는데 이 성질은 2.9절에서 로지스틱 미분방정식에 대해 보였던 것이다. 연습문제에서 이 중 몇 가지를 다루겠다.

약 1975년 이후부터 로렌츠 방정식과 또 다른 고차 자율 연립방정식에 대한 연구가 폭넓게 이루어져 왔고 현재는 수학계에서 가장 활발하게 연구되고 있는 분야 중 하나이다. 혼돈 상태의 모양을 갖는 해는 처음 생각했던 것보다 훨씬 흔하게 발생하고 있으며 여전히 이에 대해 풀리지 않은 의문들이 많이 남아 있다. 이 중 어떤 것들은 수학적인 의문이고 또 어떤 것들은 해들에 대한 물리적인 응용이나 해석과 관련이 있다.

연습 문제

▶ 문제 **1**부터 **3**까지 주어진 제시문에 답하여 이 절에서 소개한 로렌츠 방정식을 좀 더 자세히 해석해 보자.

1. **a.** 원점에서 유효한 선형 연립방정식 (8)의 고윳값들이 방정식 (9)에 의해 주어짐을 보여라.

b. 대응하는 고유벡터를 정의하라.

c. $r = 28$일 때, 연립방정식 (7)의 고윳값들과 고유벡터들을 구하라.

2. **a.** 임계점 P_1 근처에서 유효한 선형 근사가 식 (10)에 의해 주어짐을 보여라.

b. 연립방정식 (10)의 고윳값들이 식 (11)을 만족함을 보여라.

c. **N** $r = 28$에 대해서, 식 (11)을 풀고 연립방정식 (10)의 고윳값을 결정하라.

3. **a.** **N** 식 (11)을 수치적으로 풀어서 $r \cong 24.737$일 때, 복소수근들의 실수부의 부호가 바뀜을 보여라.

b. $AB = C$일 때만 3차 다항식 $x^3 + Ax^2 + Bx + C$이 영이 되는 하나의 실근과 두 개의 순허근이 존재함을 보여라.

c. 식 (11)에 **b**의 결과를 적용하여 $r = \frac{470}{19}$일 때 복소수근의 실수부의 부호가 바뀜을 보여라.

4. Liapunov 함수 $V(x, y, z) = x^2 + \sigma y^2 + \sigma z^2$을 이용하여 $r < 1$이면, 원점이 로렌츠 방정식 (1)에 대해 전구간에서 점근적으로 안정적인 임계점임을 보여라.

5. 타원면

$$V(x, y, z) = rx^2 + \sigma y^2 + \sigma (z - 2r)^2 = c > 0$$

을 고려하자.

a. 로렌츠 방정식 (1)의 궤적들을 따라 $\frac{dV}{dt}$를 계산하라.

b. $V(x, y, z) = c$를 가로지르는 궤적들이 모두 안쪽을 향하게 되는 c에 대한 충분조건을 결정하라.

c. **b** 부분에서 발견된 조건을 $\sigma = 10$, $b = 8/3$, $r = 28$인 경우에 대해 평가하라.

▶ 문제 **6~10**은 로렌츠 방정식에 대한 추가 조사를 제안한다.

6. **G** $r = 25$일 때, 그림 9.8.2와 그림 9.8.3에 나타난 경우에 해당하는 t에 따른 x를 그려라. 이 그림들에 있는 그래프들과 일치하는가? 본문에서 소개한 수치적인 계산을 떠올려 보자.

7. **G** $r = 25$일 때, 점 (5, 5, 5)에서 시작하는 궤적을 xy-평면과 xz-평면에 사영시켜 그려라. 그림 9.8.5와 9.8.6의 그래프와 일치하는가?

8. **G** $r = 27$일 때, 초깃점 (3, 8, 0), (5, 5, 5), (5, 5, 10)에서 시작하는 해들에 대한 t에 따른 x를 그려라. 적어도 $0 \le t \le 30$의 t-구간을 사용하라.

9. 어떤 r 구간 또는 창(window)에서 로렌츠 방정식은 2.9절에서 소개했던 로지스틱 미분방정식과 비슷하게 주기가 두 배가 되는 성질을 갖는다. 주의 깊게 잘 계산해 보면 이런 현상이 나타날 수 있다.

a. **G** 주기가 두 배가 되는 창(period-doubling window) 하나는 $r = 100$을 포함한다. $r = 100$이라 두고 (5, 5, 5) 또는 원하는 다른 초깃점에서 시작하는 궤적을 그려라. 이 해는 주기적인가? 주기적이라면 이때의 주기는 무엇인가?

b. **G** r보다 약간 작은 값에 대해 **a**의 계산을 반복하라. $r \cong 99.98$일 때 이 해의 주기가 두 배가 됨을 알 수 있다. 가까이에 있는 r 값들에 대해 계산하여 이를 확인하자.

c. **G** r이 더 감소함에 따라 이 해의 주기는 계속 두 배가 된다. 다음으로 주기가 두 배가 될 때는 $r - 99.629$ 근처이다. 가까이에 있는 r 값들에 대한 궤적들을 그려서 이를 확인하자.

10. 이제 문제 **9**의 r보다 약간 큰 값을 고려하자.

a. **G** r이 100과 100.78 사이의 값일 때, 로렌츠 방정식의 궤적들을 그려라. 이 범위 안의 r값에 대해 일정하게 주기적인 해를 찾아보자.

b. Ⓖ r이 100.78과 100.8 사이의 값일 때의 궤적들을 그려라. 주기적인 궤적이 언제 어떻게 깨지는지 최대한 결정하라.

▶ **Rössler[19] 연립방정식.** 양의 매개변수들 a, b, c에 대한 연립방정식

$$x' = -y - z, \quad y' = x + ay, \quad z' = b + z(x - c) \tag{12}$$

은 Rössler 연립방정식[20]으로 알려져 있다. 이것은 선형 연립방정식 두 개와 비선형 항을 하나 갖는 세 번째 미분방정식으로 구성되어 있는 비교적 단순한 연립방정식이다. 문제 **11**부터 **15**까지 주어진 제시문에 답하여 이 연립방정식의 주기가 두 배가 되는 성질을 수치해석적으로 살펴보자. 편의상 $a = 1/4$, $b = 1/2$이라 두고 $c > 0$를 임의의 값으로 두자.

11. a. Ⓖ $c < 1/\sqrt{2}$일 때는 임계점이 존재하지 않고, $c = 1/\sqrt{2}$일 때는 하나의 임계점, $c > 1/\sqrt{2}$일 때는 두 개의 임계점이 존재함을 보여라.

b. $c = 1/\sqrt{2}$이고 $c = 1$일 때 각각 임계점을 구하고 이에 대응되는 Jacobian 행렬의 고윳값들을 결정하라.

c. Ⓖ $c = 1$일 때, 연립방정식의 궤적들이 어떻게 움직일 것 같은가? 원점에서 시작하는 궤적을 그려라. 기대했던 대로 움직였는가?

d. Ⓖ 원점과 다른 초깃점을 하나 또는 두 개 선택하여 이에 대응되는 궤적들을 그려라. 이 그림이 기대했던 것과 같은가?

12. a. $c = 1.3$이라 두자. 임계점들을 찾고 이에 대응되는 고윳값들을 찾아라. 이 정보로부터 얻을 수 있는 결론이 있다면 무엇인가?

b. Ⓖ 원점에서 시작되는 궤적을 그려라. 이 궤적에 대한 극한 특성은 무엇인가? 극한 특성을 분명하게 살펴보기 위해 이 궤적에서 처음 나오는 과도기가 사라지는 t-구간을 선택할 수도 있다.

c. Ⓖ 원점과 다른 초깃점을 하나 또는 두 개 선택하여 이에 대응되는 궤적들을 그려라. 이 극한 특성이 **b**의 경우와 같은가?

d. Ⓖ 상당히 큰 basin of attraction(비록 xyz-공간 전체는 아니지만)을 갖는 극한 순환 궤적이 존재함을 확인할 수 있다. t에 따른 x, y 또는 z의 그래프를 그리고 극한 순환 궤적 주위를 회전하는 주기 T_1을 추정하라.

13. 1과 1.3 사이의 c값인 c_1에서 Hopf 분기점이 생기면서 문제 **12**에서 찾은 극한 순환 궤적이 발생한다. 다음의 과정을 따라 c_1을 찾거나 적어도 최대한 정확하게 추정하라. 이것을 수행하는 방법은 여러 가지 있다.

a. Ⓖ c의 서로 다른 값들에 대한 궤적들을 그려라.

b. c의 서로 다른 값들에 대한 임계점들에서 고윳값을 계산하라.

14. a. $c = 3$이라 두자. 임계점들과 이에 대응되는 고윳값들을 구하라.

b. Ⓖ 점 $(1, 0, -2)$에서 시작하는 궤적을 그려라. 극한 순환 궤적은 닫히기 전에 두 개의 고리로 구성되어 있음을 알 수 있다; 이를 종종 2-순환 궤적(2-cycle)이라 부른다.

c. Ⓖ t에 따른 x, y 또는 z의 그래프를 그리고 2-순환 궤적에서 움직이는 주기 T_2가 문제 **12**의 단일 극한 순환 궤적의 주기 T_1의 두 배 정도임을 보여라. 1.3과 3 사이의 어떤 c값에 대해 순환 궤적들의 주기가 두 배가 되는 분기점이 존재한다.

15. a. Ⓖ c =3이라 두자. 임계점들과 이에 대응되는 고윳값들을 구하라.

b. 점 $(1, 0, 2)$에서 시작하는 궤적을 그려라.

---

[19] 독일 의학 박사이자 생화학자인 Otto E. Rössler (1940~)은 Tübingen 대학에서 수학하였고 후에는 교수가 되었다. 그의 이름을 딴 방정식들이 처음 나온 것은 1976년에 그가 발표한 논문에서였다.

[20] 이에 대하여 좀 더 폭넓게 연구한 참고문헌으로는 Strogatz가 쓴 책이 있다.

개념 질문

C9.1. 2차원 1차 선형 제차 미분방정식 연립방정식 $\frac{dx}{dt} = \mathbf{Ax}$를 고려하라. 여기서 **A**는 2×2 상수 정칙 행렬이다. 가능한 다양한 유형의 정성적 행동을 설명하라. 행렬 **A**는 다양한 정성적 행동을 생성하기 위해 어떤 속성을 가져야 하는가?

C9.2. 선형 미분방정식의 연립방정식 $\mathbf{x}' = \mathbf{Ax}$를 고려하라. 계수행렬 A가 특이행렬이라는 가정의 핵심은 무엇인가?

C9.3. 자율 미분방정식 연립방정식 $\mathbf{x}' = \mathbf{A}(\mathbf{x})$의 궤적을 찾는 방법을 말로 설명하라.

C9.4. 2차원 1차 연립방정식의 경우, $\frac{dx}{dt} = F(x, y), \frac{dy}{dt} = G(x, y)$, (x_0, y_0)을 통과하는 궤적을 어떻게 찾을 수 있는가?

C9.5. $\mathbf{x}' = \mathbf{Ax}$에 대한 작은 섭동의 효과를 가능한 간략하게 설명하라. (특수한 경우는 걱정하지 말 것. 이는 별도로 다룰 것.)

C9.6. 비선형 미분방정식 연립방정식 $x' = F(x, y), y' = G(x, y)$의 임계점의 유형과 안정성을 찾고 분류하는 프로세스는 무엇인가?

C9.7. 근처 연립방정식에 대한 $\mathbf{x} = \mathbf{0}$의 정성적 분류를 예측할 수 없는 두 가지 경우는 무엇인가? 각 경우에 가능한 분류는 무엇인가?

C9.8. Basin attraction을 설명하라. 선형 연립방정식에 대한 basin attraction를 논의하지 않는 이유는 무엇인가? (**A**가 정칙이라고 가정한다.)

C9.9. 경쟁 종을 예를 들어 설명하라.

C9.10. 기본 경쟁 종 모델은 무엇인가?

C9.11. Nullclines를 설명하라. Nullclines은 연립방정식의 임계점을 식별하는 데 어떤 역할을 하는가?

C9.12. 대부분의 경쟁 종 문제에서 제기되는 근본적인 질문은 무엇인가?

C9.13. 경쟁 종 모델은 언제 점근적으로 안정된 공존 임계점을 갖는가?

C9.14. 포식자-먹이 모델과 관련된 모델링 가정을 설명하라.

C9.15. 기본 포식자-먹이 모델을 예를 들어 설명하라.

C9.16. 포식자-먹이 모델과 관련된 다른 이름은 무엇인가?

C9.17. Lyapunov의 두 번째 방법의 목적은 무엇인가?

C9.18. 임계점이 (0, 0)인 시스템 $x' = F(x, y), y' = G(x, y)$에 대한 Lyapunov 함수의 정의 속성은 무엇인가?

C9.19. Lyapunov 함수를 정의하라.

C9.20. 궤도 안정성이란 무엇인가?

C9.21. 평형점과 극한 순환 궤적 간의 어떤 간단한 관계를 사용하여 $x' = F(x, y), y' = G(x, y)$가 닫힌 궤적을 갖지 않는다는 결론을 내릴 수 있는가?

C9.22. 미분방정식 연립방정식을 혼돈 상태라고 할 때 무엇을 의미하는가?

개념 문제 답

C9.1. **A**가 정칙이라는 사실은 $\mathbf{x} = 0$이 유일한 임계점이라는 것을 의미한다. 가능한 세 가지 뚜렷한 행동이 있다.

1. 모든 궤적이 원점에 접근하는 것은 $t \to \infty$이다. 원점은 점근적으로 안정적이다. 이는 **A**의 두 고윳값이 모두 음수(nodal sink)이거나 **A**의 두 고윳값이 모두 음수 실수 부분을 갖는 경우(spiral sink)에 발생한다.

2. 모든 궤적이 유계 상태를 유지하지만 $t \to \infty$로 원점에 접근하지 않는다. 원점은 안정적이다. 이는 **A**의 고윳값이 순수하게 허수(중앙)일 때 발생한다.
3. 일부 또는 모든 궤적이 $t \to \infty$로 무한해진다. 원점은 불안정하다. 이는 **A**의 하나 이상의 고윳값이 양수(nodal source)이거나 고윳값에 양수 실수 부분이 있는 경우(spiral source)에 발생한다.

C9.2. $\mathbf{x} = 0$은 자명한 해이다. 그 외에 이 미분방정식은 무한한 해를 가진다.

C9.3. 행렬 **A**의 고윳값과 고유벡터를 찾은 다음 이러한 값을 기반으로 해당 궤적을 찾아야 한다.

C9.4. 두 미분방정식에서 $\frac{dy}{dx} = \frac{G(x,y)}{F(x,y)}$. 특정 지점 (x_0, y_0)을 통과하면 초기조건이 된다: $y(x_0) = y_0$. 이것은 $y = y(x)$에 대한 1차 초깃값 문제이다. 그 해는 원래 1계 연립방정식의 궤적이다. (미분방정식을 풀 수 없을 수도 있지만, 초깃값 문제에 대한 해가 있다는 것을 보여줄 수는 있어야 한다.)

C9.5. $\mathbf{x}' = \mathbf{Ax}$의 작은 섭동 효과에 대한 여러 가지 가능한 간략한 설명 중에서 두 가지는 다음과 같다.

1. 고윳값은 행렬 **A**의 계수에 지속적으로 의존하기 때문에 임계점 $\mathbf{x} = \mathbf{0}$의 안정성과 유형은 일반적으로 두 시스템에서 동일하다.
2. **A**의 계수가 약간 변경되면 고윳값(및 고유벡터)이 약간 변경되므로 두 미분방정식의 공통 임계점($\mathbf{x} = \mathbf{0}$)은 일반적으로 동일한 질적 분류(안정성 및 유형)를 갖는다.

C9.6. 첫 번째 단계는 두 방정식 $F(x, y) = 0$과 $G(x, y) = 0$의 모든 임계점을 찾는 것이다. 그런 다음 각 임계점 (x_0, y_0)에 대해 다음 세 단계를 완료한다.

1. Jacobian 행렬을 찾는다.

$$\mathbf{J}[F, G](x_0, y_0) = \begin{pmatrix} F_x(x_0, y_0) & F_y(x_0, y_0) \\ G_x(x_0, y_0) & G_y(x_0, y_0). \end{pmatrix}$$

2. $\mathbf{A} = \mathbf{J}[F, G](x_0, y_0)$의 고윳값 $r_{1,2}$를 결정한다.
3. 가능하다면 r_1과 r_2를 사용하여 임계점 (x_0, y_0)의 안정성과 유형을 결정한다.

C9.7. 근처 미분방정식에 대한 $\mathbf{x} = \mathbf{0}$의 정성적 분류를 예측할 수 없는 두 가지 경우는 다음과 같다.

1. $r = \pm i\mu$가 켤레 복소수인 순수 허수 고윳값인 경우 근처 연립방정식의 해당 고윳값은 양의 실수 부분 또는 음의 실수 부분을 가질 수 있다. 실수 부분이 양수가 되면 $\mathbf{x} = 0$은 안정적인 중심에서 불안정한 나선으로 바뀐다. 마찬가지로 실수 부분이 음수가 되면 임계점은 안정적인 중심에서 점근적으로 안정적인 나선으로 바뀐다.
2. r가 반복된 실수 고윳값인 경우 근처 연립방정식의 해당 고윳값은 두 개의(아마도 서로 다른) 실수 고윳값 또는 0이 아닌 허수 부분을 가진 두 개의 복소수 고윳값이 될 수 있다. 이 경우 안정성이나 불안정성은 영향을 받지 않는다(실수 부분은 두 경우 모두 양수 또는 음수이기 때문). 그러나 임계점의 유형은 변경되지 않을 수 있거나(node에서 node로) 변경될 수 있다(node에서 spiral로).

   다른 모든 경우 고윳값은 이동할 공간이 있고(적어도 약간은) $\mathbf{x} = 0$에서 임계점의 안정성이나 유형을 변경하지 않는다.

C9.8. 임계점 (x_0, y_0)에 대한 basin of attraction은 P를 통과하는 궤적이 궁극적으로 (x_0, y_0)에 접근하는 속성을 가진 모든 점 P의 집합이다. (Basin of attraction을 찾는 것은 매우 어려울 수 있다.)

정칙 **A** 선형 연립방정식의 경우 단일 임계점이 있다. 이 임계점이 점근적으로 안정적이면 모든 궤적이 임계점에 접근한다. 즉, basin of attraction은 전체 위상 평면이다. (임계점이 불안정하다면, basin of attraction은 단지 하나의 지점, 즉 임계점 자체일 뿐이다.) 따라서 선형 연립방정식에 대한 basin of attraction에 대해 이야기하는 데는 실제 목적이 없다.

C9.9. 경쟁 종은 폐쇄된 환경에서 먹이 공급원을 공유하는 서로 다른 종이다. 예를 들어, 같은 해산물을 먹이로 삼지만 서로 먹이로 삼지 않는 두 종류의 물고기를 경쟁 종이라고 할 수 있다.

C9.10. 기본적인 경쟁 종 모델은 다음과 같다.

$$\frac{dx}{dt} = x(\epsilon_1 - \sigma_1 x - \alpha_1 y) \quad y(0) = x_0$$
$$\frac{dy}{dt} = x(\epsilon_2 - \sigma_2 y - \alpha_2 x) \quad y(0) = y_0$$

여섯 개의 상수는 모두 양수이고 초기 개체군 x_0과 y_0도 마찬가지이다.

C9.11. x-nullcline은 $\frac{dx}{dt} = 0$인 곡선이고, y-nullcline은 $\frac{dy}{dt} = 0$인 곡선이다. 임계점은 x-nullcline과 y-nullcline의 교차점에서 발생한다.

C9.12. 두 종이 공존하는 (안정된) 평형 상태가 있는가?

C9.13. 즉, 공존 임계점은 각 개체군의 성장이 자체에 미치는 억제 효과에 비해 경쟁이 약할 때 점근적으로 안정적이다. 경쟁이 강할 때 공존 임계점은 불안정하다. 두 종 중 하나는 죽어야 한다. 모델 매개변수 측면에서 공존 임계점은 $(x, y) = \left(\frac{\epsilon_1\sigma_2 - \epsilon_2\alpha_1}{\sigma_1\sigma_2 - \alpha_1\alpha_2}, \frac{\epsilon_2\sigma_1 - \epsilon_1\alpha_2}{\sigma_1\sigma_2 - \alpha_1\alpha_2}\right)$이다. 이 임계점은 $\sigma_1\sigma_2 > \sigma_1\sigma_2$일 때 점근적으로 안정하고 $\sigma_1\sigma_2 < \sigma_1\sigma_2$일 때 불안정하다.

C9.14. 포식자-먹이 모델과 관련된 네 가지 모델링 가정은 다음과 같다.

1. 제한된 식량 공급을 위해 경쟁하는 두 개의 유사한 종
2. 이 종들은 서로를 포식하지 않음.
3. 다른 종이 없는 경우 각 종은 방정식에 의해 지배됨.
4. 두 종이 모두 있는 경우 각 종은 다른 종의 성장률을 줄임.

C9.15. $x(t)$와 $y(t)$를 시간 t에서의 두 개체군 크기로 두자. 이러한 개체군 크기 함수는 연속 함수로 간주된다. X'는 시간에 따른 개체군 크기의 변화를 나타낸다. 상호작용하는 개체군의 기본 모델은

$$x' = x f(x, y) \quad y' = y g(x, y)$$

로 주어지며, 여기서 f와 g는 두 종의 1인당 성장률을 나타낸다.

C9.16. 포식자-먹이 모델은 Lotka-Volterra 방정식이라고도 한다.

C9.17. Lyapunov의 두 번째 방법은 임계점의 안정성을 결정하고 심지어 임계점의 basin of attraction을 추정하는 방법을 제공한다.

C9.18. Lyapunov 함수, $V = V(x, y)$는 연속 1차 편미분을 갖는 연속 함수로, 원점을 포함하는 영역 D에서 양의 정부호이다. 게다가, $\dot{V} = \frac{dV}{dt}(x(t), y(t)) = V_x F + V_y G$는 음의 정부호이다. (양의 정부호는 $V(0, 0) = 0$이고 $V(x, y) > 0$이 D의 다른 모든 (x, y)에 대해 해당한다.)

C9.19. $V(X)$를 원점 근방에서 연속 미분 가능 함수로 둔다. 함수 $V(X)$는 다음 기준을 충족하는 경우 자율 연립방정식 $X' = f(X)$에 대한 Lyapunov 함수로 정의된다.

1. 삭제된 근방 U의 모든 X에 대해 $V(X) > 0$이다.
2. $V(0) = 0$이다.
3. 근방 U의 모든 X에 대해 $dV/dt \leq 0$이다.

C9.20. 자율 연립방정식 $X' = f(X)$의 해의 궤적에 대해 궤도 안정성은 다음 가정을 만족하는 것과 동일하다.

모든 $\epsilon > 0$에 대해 $\delta > 0$이 있으며, 모든 $X^*(t)$가 만족하는

$$\|X^*(t_0) - X(t_0)\| < \delta \, \|X^*(t_0) - X(t_0)\| < \delta$$

는 다음을 의미한다.

$$\|X^*(t) - X(t)\| < \epsilon \text{ 모든 } t > t_0$$

C9.21. 닫힌 궤적에 대한 두 가지 중요한 사실은 다음과 같다.

1. 닫힌 궤적은 최소한 하나의 평형점을 둘러싸야 한다.

2. 닫힌 궤적은 결코 안장점을 둘러싸지 않는다.

연립방정식이 닫힌 궤적을 가질 수 없는 세 가지 상황은 다음과 같다.

1. 영역에 평형점이 없는 연립방정식은 해당 영역에서 닫힌 궤적을 가질 수 없다.

2. 영역에 안장점인 평형점을 갖는 연립방정식은 해당 영역에서 닫힌 궤적을 가질 수 없다.

3. $F_x + G_y$가 xy-평면의 단순 연결 영역 D에서 부호를 변경하지 않으면 D에 닫힌 궤적이 없다.

C9.22. 미분방정식 연립방정식은 같은 연립방정식이지만 근처 초기조건에 대한 궤적의 해가 매우 다를 때 혼돈 상태라고 한다. (많은 경우 해는 잠시 동안 가까이 유지된 후 매우 다른 방향으로 이동할 수 있다.)

참고 문헌

이 장에서 다루고 있는 주제를 더 확장한 다음과 같은 서적들이 있다.

Drazin, P. G., Nonlinear Systems (Cambridge, UK: Cambridge University Press, 1992).

Glendinning, P., Stability, Instability, and Chaos (Cambridge: Cambridge University Press, 1994).

Grimshaw, R., Nonlinear Ordinary Differential Equations (Oxford: Blackwell Scientific Publications, 1990; New York: CRC Press, 1991).

Hirsch, M. W., Smale, S., and Devaney, R. L., Differential Equations, Dynamical Systems, and an Introduction to Chaos (2nd ed.) (San Diego, CA: Academic Press, 2004).

Hubbard, J. H., and West, B. H., Differential Equations: A Dynamical Systems Approach, Higher Dimensional Systems (New York/Berlin: Springer-Verlag, 1995).

응용분야에서 저명한 서적은 다음 두 개이다.

Danby, J. M. A., Computer Applications to Differential Equations (Englewood Cliffs, NJ: Prentice-Hall, 1985).

Strogatz, S. H., Nonlinear Dynamics and Chaos (Reading, MA: Addison-Wesley, 1994).

두 번째 Lapunov법에 대한 참고문헌은 다음과 같다.

LaSalle, J., and Lefschetz, S., Stability by Lyapunov's Direct Method with Applications (New York: Academic Press, 1961).

Lyapunov, A. M., *The general problem of the stability of motion, translated by* A. T. Fuller, (London: Taylor & Francis 1992), ISBN 978-0-7484-0062-1, reviewed in detail by M. C. Smith: Automatica 1995 vol.3(2), pp. 353-356.

미분방정식에 대한 폭넓은 이해를 돕기 위해서는 다음 서적을 참고하자.

Arnol'd, V. I., Ordinary Differential Equations, translated by Roger Cooke (New York/Berlin: Springer-Verlag, 1992). Translation of the third Russian edition.

Brauer, F., and Nohel, J., Qualitative Theory of Ordinary Differential Equations (New York: Benjamin, 1969; New York: Dover, 1989).

Guckenheimer, J. C., and Holmes, P., Nonlinear Oscillations, Dynamical Systems, and Bifurcations of Vector Fields (New York/Berlin: Springer-Verlag, 1983).

생태학에 대한 고전적인 참고문헌은 다음과 같다.

Odum, E. P., and Barrett, G. W., Fundamentals of Ecology (5th ed.) (Belmont, CA: Thompson Brooks/Cole, 2005).

생태학과 개체 역학에 대해 좀 더 수학적으로 다룬 세 개의 서적은 다음과 같다.

Brauer, F., and Castillo-Chávez, C., Mathematical Models in Population Biology and Epidemiology (New York/Berlin: Springer-Verlag, 2001).

May, R. M., Stability and Complexity in Model Ecosystems (Princeton, NJ: Princeton University Press, 1973).

Pielou, E. C., Mathematical Ecology (New York: John Wiley & Sons, 1977).

로렌츠 방정식에 대한 최초의 논문은 다음과 같다.

Lorenz, E. N., "Deterministic Nonperiodic Flow," *Journal of the Atmospheric Sciences* 20 (1963), pp. 130-141.

로렌츠 방정식을 아주 상세하게 다룬 문헌은 다음과 같다.

Sparrow, C., The Lorenz Equations: Bifurcations, Chaos, and Strange Attractors (New York/Berlin: Springer-Verlag, 1982).

처음 발생하는 혼돈 상태에 대해 훌륭하면서도 너무 전문적이지 않은 설명은 다음에서 찾아볼 수 있다.

Gleick, J., Chaos: Making a New Science (New York: Viking Penguin, 1987).

Teschi, G., Ordinary Differential Equations and Dynamical Systems, *American Mathematical Society*, Graduate Studies in Mathematics, Volume 140, 2012, ISBN 978-0-8218-8328-0.

제 10 장

편미분방정식과 푸리에 급수

Partial Differential Equations and Fourier Series

많은 중요한 물리 문제에서는 두 개 이상의 독립변수들이 존재하기 때문에, 이에 대응되는 수학적 모델은 상미분방정식보다는 편미분방정식과 관련이 있다. 이 장에서는 편미분방정식을 푸는 중요한 방법 중 하나인 변수분리법을 소개하고자 한다. 변수분리법의 주요 골자는 편미분방정식을 상미분방정식들의 집합으로 바꾸는 것으로, 이 미분방정식들은 주어진 초기조건 또는 경계조건 하에서 풀어야 한다. 이 장의 첫 번째 절에서는 상미분방정식의 경계값 문제에 대한 몇 가지 기본적인 성질들을 다룰 것이다. 편미분방정식의 해는 이러한 상미분방정식들에 대한 해들의 합, 보통은 무한급수로 표현된다. 이때, 사인함수들과/또는 코사인함수들로 이루어진 급수를 다뤄야 하는 경우가 많이 발생하므로 푸리에 급수라고 알려진 급수에 대한 설명에 지면을 할애할 것이다. 또한 열전도, 파동 전파, 퍼텐셜 이론에서 발생하는 다양한 문제들에 변수분리법을 적용하고 이를 적용하기 위해 필요한 수학적 배경도 함께 제시하겠다.

10.1 두 점 경계값 문제들

지금까지는 미분방정식과 주어진 한 점에서의 적당한 초기조건들로 구성된 초깃값 문제들을 다루었다. 예를 들어, 3장에서 미분방정식

$$y'' + p(t)y' + q(t)y = g(t) \tag{1}$$

와 초기조건들

$$y(t_0) = y_0, \quad y'(t_0) = y_0' \tag{2}$$

에 대해 상세히 소개하였다.

물리 응용을 다루다 보면 이것과는 다른 유형의 문제가 나오곤 하는데, 그중 하나는 종속변수 y 또는 y의 도함수 값이 서로 *다른* 두 점에서 주어진다는 것이다. 이런 조건들을 y와 y'의 값이 *같은* 점에서 주어지는 초기조건과 구분하기 위해 **경계조건**(boundary conditions)이라고 부른다. 미분방정식과 적당한 경계조건이 **두 점 경계값 문제**(two-point boundary value problem)를 이룬다. 이에 대한 대표적인 예 중 하나는 미분방정식

$$y'' + p(x)y' + q(x)y = g(x) \tag{3}$$

과 경계조건

$$y(\alpha) = y_0, \quad y(\beta) = y_1 \tag{4}$$

이다. 경계값 문제는 자연적으로 발생할 때, 보통 공간 좌표를 독립변수로 갖게 되므로 식 (3)과 (4)에서 t가 아닌 x를 사용하였다. 경계값 문제 (3), (4)를 풀기 위해서는 구간 $\alpha < x < \beta$에서 미분방정식 (3)을 만족하고, 이 구간의 양 끝점에서 특정한 값 y_0와 y_1을 갖는 함수 $y = y(x)$를 구해야 한다. 일반적으로 우리는 먼저 미분방정식에 대한 일반해를 구한 다음, 경계조건들을 이용하여 임의 상수들의 값을 결정한다.

경계값 문제는 비선형 미분방정식에서도 발생하나, 여기서는 선형 미분방정식만 다루겠다. 또한, 선형 경계값 문제가 제차인지 비제차인지도 알아야 한다. 만약 함수 g의 값이 모든 x에 대해 0이고 경계값 y_0와 y_1도 모두 0이라면 문제 (3), (4)를 **제차**(homogeneous)라 부르고 제차가 아니면 **비제차**(nonhomogeous)라 부른다.

초깃값 문제 (1), (2)와 경계값 문제 (3), (4)가 겉으로는 꽤 비슷해 보이지만 실제로는 매우 다르다. 계수들에 대한 조건이 약해도 초깃값 문제는 항상 유일한 해를 가진다. 그러나 이와 비슷한 조건에서 경계값 문제는 유일한 해를 가질 수도 있지만 해가 없는 경우도 있고 무수히 많은 해를 갖는 경우도 있다. 이런 면에서 선형 경계값 문제는 선형 대수 연립방정식과 비슷하다.

연립방정식

$$\mathbf{Ax} = \mathbf{b} \tag{5}$$

에 대한 몇 가지 사실들(6.3절을 참조)을 다시 한번 정리해 보자. 여기서 $\mathbf{A}$는 주어진 $n \times n$ 행렬, $\mathbf{b}$는 주어진 $n \times 1$ 벡터, $\mathbf{x}$는 구해야 하는 $n \times 1$ 벡터이다. $\mathbf{A}$가 비특이행렬이면 연립방정식 (5)는 임의의 $\mathbf{b}$에 대해 유일한 해를 가진다. 그러나 $\mathbf{A}$가 특이행렬이면 연립방정식 (5)는 $\mathbf{b}$가 어떤 추가적인 조건을 만족하지 않는 한, 해를 가지지 않는다. $\mathbf{b}$가 부가 조건을 만족하는 경우, 연립방정식은 무수히 많은 해를 가진다. 이제 $\mathbf{b} = 0$일 때 연립방정식 (5)로부터 얻을 수 있는 이에 대응되는 제차 연립방정식

$$\mathbf{Ax} = \mathbf{0} \tag{6}$$

을 살펴보자. 제차 연립방정식 (6)은 항상 $\mathbf{x} = \mathbf{0}$을 갖는데 이것을 *자명한 해*라 부른다. $\mathbf{A}$가 비특이행렬이면 이 해가 유일한 해가 되고, $\mathbf{A}$가 특이행렬이면 영이 아닌, 또는 *자명하지 않은* 해가 무수히 많이 존재한다. 이때 해를 갖지 않는 제차 연립방정식은 있을 수 없음을 알 수 있다. 이 결과들을 다음과 같이 정리할 수 있다: 비제차 연립방정식 (5)가 유일한 해를 갖는 것은 제차 연립방정식 (6)이 유일한 해 $\mathbf{x} = \mathbf{0}$을 갖는 것과 필요충분조건이다. 또한 비제차 연립방정식 (5)가 해를 갖지 않거나 무수히 많은 해를 갖는 것은 제차 연립방정식 (6)이 영이 아닌 해를 갖는 것과 필요충분조건이다.

이제 비슷한 모양의 선형 경계값 문제들에 대한 예를 들어보자. 선형 경계값 문제에 대한 좀 더 일반적인 설명은 11장에 나와 있다.

예제 10.1.1

다음과 같은 경계값 문제를 풀자.

$$y'' + y = 0, \;\; y'(\pi) = 1 \;\; y(0) = 0 \tag{7}$$

풀이

미분방정식 (7)의 일반해는

$$y(x) = c_1 \cos(x) + c_2 \sin(x) \tag{8}$$

이다. 여기서 c_1과 c_2는 임의의 상수이다. 두 번째 경계조건을 고려하면, 우리는

$$0 = y(0) = c_1 \cos(0) + c_2 \sin(0) \ \Rightarrow \ c_1 = 0$$

을 얻는다. 따라서, $y(x) = c_2 \sin(x)$이다. 이를 미분하면, 우리는

$$y'(x) = c_2 \cos(x)$$

을 얻는다. 첫 번째 경계조건에 의해, 우리는

$$c_2 \cos(\pi) = 1 \ \Rightarrow \ c_2 = -1$$

을 얻는다. 따라서 경계값 문제 (7)의 해는

$$y(x) = -\sin(x) \tag{9}$$

이다. 이 예제는 유일한 해를 갖는 비제차 경계값 문제의 경우를 나타내고 있다.

예제 10.1.2

주어진 상수 k에 대한 경계값 문제

$$y'' + y = 0, \ \ y(3\pi) = k, \ \ y(0) = 1 \tag{10}$$

를 풀어라.

풀이

이 미분방정식의 일반해는

$$y = c_1 \cos(x) + c_2 \sin(x) \tag{11}$$

이다. 여기서 c_1과 c_2는 임의의 상수이다. 첫 번째 경계조건을 적용하면, 우리는

$$k = y(3\pi) = c_1 \cos(3\pi) + c_2 \sin(3\pi) \ \Rightarrow \ c_1 = -k$$

을 얻는다. 두 번째 경계조건을 고려하면, 우리는

$$1 = y(0) = c_1 \cos(0) + c_2 \sin(0) \ \Rightarrow \ c_1 = 1$$

을 얻는다. 만약 $k \neq -1$이라면 c_1에 대한 이 두 조건은 양립할 수 없고, 따라서 이 문제는 해를 가질 수 없다. 그러나 $k = -1$이면 c_1에 관한 두 경계조건은 양립하고, c_2값에 상관없이 두 경계조건을 만족한다. 이 경우 임의의 c_2에 대해 다음과 같은 형태의 무수히 많은 해를 가진다.

$$y = \cos(x) + c_2 \sin(x) \tag{12}$$

이 예제는 비제차 경계값 문제가 해를 갖지 않을 수도 있고, 어떤 특정한 조건하에서는 무수히 많은 해를 가질 수도 있음을 나타내고 있다.

비제차 경계값 문제 (3), (4)에 대응되는 제차 경계값 문제는 미분방정식

$$y'' + p(x)y' + q(x)y = 0 \tag{13}$$

과 경계조건들

$$y(\alpha) = 0, \quad y(\beta) = 0 \tag{14}$$

으로 이루어져 있다. 이 문제는 계수 $p(x)$와 $q(x)$에 상관없이 모든 x에 대해 해 $y = 0$을 가진다. 이 (자명한) 해는 큰 의미가 없다. 의미가 있는 것은 이 문제가 0이 아닌 또 다른 해를 가지는가 하는 것이다. 다음 두 개의 예제들을 살펴보자.

예제 10.1.3 경계값 문제

$$y'' + y = 0, \quad y'(\pi) = 0, \; y(0) = 0 \tag{15}$$

을 풀어라.

풀이

이 미분방정식의 일반해는

$$y(x) = c_1 \cos(x) + c_2 \sin(x)$$

이다. 여기서 c_1과 c_2는 임의의 상수이다. 두 번째 경계조건을 고려하면, 우리는

$$0 = y(0) = c_1 \cos(0) + c_2 \sin(0) \;\Rightarrow\; c_1 = 0$$

을 얻는다. 따라서, $y(x) - c_2 \sin(x)$이다. 이를 미분하면, 우리는

$$y'(x) = c_2 \cos(x)$$

을 얻는다. 첫 번째 경계조건에 의해, 우리는

$$c_2 \cos(\pi) = 0 \;\Rightarrow\; c_2 = 0$$

을 얻는다. 따라서, 모든 x에 대해 $y(x) = 0$이 주어진 경계값 문제의 유일한 해이다. 이 예제는 자명한 해 $y = 0$만을 가지는 제차 경계값 문제를 나타낸다.

예제 10.1.4 경계값 문제

$$y'' + y = 0, \quad y(0) = 0, \quad y(\pi) = 0 \tag{16}$$

을 풀어라.

풀이

이 미분방정식의 일반해는 식 (11)에 의해 주어진

$$y = c_1 \cos(x) + c_2 \sin(x)$$

이고 첫 번째 경계조건에 의해 $c_1 = 0$이다. $\sin(\pi) = 0$이므로 c_2에 상관없이 $c_1 = 0$일 때 두 번째 경계조건을 만족한다. 따라서 경계값 문제 (16)의 해는 임의의 c_2에 대해 $y = c_2 \sin(x)$이다. 이 예제는 제차 경계값 문제가 무수히 많은 해를 가질 수 있음을 나타낸다.

예제 10.1.1부터 10.1.4까지는 제차와 비제차 선형 경계값 문제 간에도 제차와 비제차 선형

대수 연립방정식과 똑같은 관계가 있음을 (증명 없이) 나타내고 있다. 비제차 경계값 문제(예제 10.1.1)는 유일한 해를 가지고 이에 대응되는 제차 경계값 문제(예제 10.1.3)는 유일한 자명한 해를 가진다. 더 나아가 비제차 경계값 문제(예제 10.1.2)는 해가 없거나 무수히 많은 해를 가지고 이에 대응되는 제차 경계값 문제(예제 10.1.4)는 자명하지 않은 해를 가진다.

▶**고윳값 문제.** 6.3절에서 소개한 다음과 같은 행렬 방정식을 다시 한번 살펴보자.

$$\mathbf{Ax} = \lambda\mathbf{x} \tag{17}$$

식 (17)은 모든 λ에 대해 $\mathbf{x} = \mathbf{0}$인 해를 갖지만, 고윳값이라 부르는 어떤 λ에 대해서는 고유벡터라 부르는 영이 아닌 해들을 가진다. 경계값 문제에서도 이와 비슷하다.

미분방정식

$$y'' + \lambda y = 0 \tag{18}$$

과 경계조건들

$$y(0) = 0, \quad y(\pi) = 0 \tag{19}$$

으로 이루어져 있는 문제를 고려하자. 문제 (18), (19)는 각각 $\lambda = 2$, $\lambda = 1$일 때 예제 10.1.3, 10.1.4와 일치한다. 이 예제들의 결과로부터 식 (18), (19)는 $\lambda = 2$에 대해 자명한 해 $y = 0$만을 가지고, $\lambda = 1$에 대해서는 자명하지 않은 또 다른 해들을 가짐을 알 수 있다. 식 (17)과 관련된 용어를 확장하여 (18), (19)가 자명하지 않은 해를 갖지 않는 λ값을 **고윳값**(eigenvalue)이라 부르고 이때의 자명하지 않은 해를 **고유함수**(eigenfunction)라 부른다. 예제 10.1.3과 10.1.4의 결과를 다시 말하자면, $\lambda = 1$은 문제 (18), (19)의 고윳값이고 $\lambda = 2$는 고윳값이 아니다. 또한 $\sin(x)$의 영이 아닌 배수는 고윳값 $\lambda = 1$에 대응되는 고유함수이다.

이제 경계값 문제 (18), (19)의 또 다른 고윳값과 고유함수를 찾아보도록 하자. 이때 $\lambda > 0$, $\lambda = 0$, $\lambda < 0$의 경우들로 나눠서 생각해야 하는데, 그 이유는 각각의 경우에 대해 식 (18)의 해의 모양이 달라지기 때문이다.

경우 I $\lambda > 0$ 근호가 자주 나오는 걸 방지하기 위해 $\lambda = \mu^2$으로 두고 식 (18)을 다음과 같이 바꿔 쓰자.

$$y'' + \mu^2 y = 0 \tag{20}$$

식 (20)에 대한 특성 다항 방정식은 $r^2 + \mu^2 = 0$이고 이때의 근은 $r = \pm i\mu$이다. 따라서 일반해는

$$y = c_1 \cos(\mu x) + c_2 \sin(\mu x) \tag{21}$$

이다. μ는 ($\lambda > 0$이기 때문에) 0이 아니므로 일반성을 잃지 않고 μ 역시 양수라 가정할 수 있나. 첫 번째 경계조건에 의해 $c_1 = 0$이므로 두 번째 경계조건에 의해

$$c_2 \sin(\mu\pi) = 0 \tag{22}$$

이 된다. 자명하지 않은 해를 찾기 위해서는 $c_2 \neq 0$이여야 한다. 따라서 $\sin(\mu\pi)$가 영이 되는 μ를 선택해야 하는데, 이때 사인함수는 π의 모든 정수배에서 0이

되기 때문에 μ를 임의의 (양의) 정수로 선택할 수 있다. 따라서 이에 해당되는 λ의 값들은 양의 정수들의 제곱들이다. 즉,

$$\lambda_1 = 1, \quad \lambda_2 = 4, \quad \lambda_3 = 9, \ldots, \quad \lambda_n = n^2, \ldots \tag{23}$$

이 문제 (18), (19)의 고윳값들이다. 이때 고유함수들은 $c_1 = 0$인 식 (21)에 의해 주어지고, 따라서 $n = 1, 2, 3, \ldots$ 에 대한 함수 $\sin(nx)$의 배수들이다. 식 (21)의 상수 c_2를 결정할 수 없기 때문에 고유함수들은 (행렬 문제 (17)의 고유벡터들과 마찬가지로) 임의의 상수 배까지만 결정된다. 보통은 이때 곱해지는 상수를 1로 두고 고유함수들을 주로

$$y_1(x) = \sin(x), \quad y_2(x) = \sin(2x), \ldots, \quad y_n(x) = \sin(nx), \ldots \tag{24}$$

으로 쓰지만 이 함수들의 배수들도 모두 고유함수라는 것을 잊지 말아야 한다.

경우 II $\lambda < 0$ 이 경우 $\lambda = -\mu^2$이라 두면 식 (18)은

$$y'' - \mu^2 y = 0 \tag{25}$$

이 된다. 식 (25)에 대한 특성 방정식은 $r^2 - \mu^2 = 0$이고 이때의 근은 $r = \pm\mu$이다. 따라서 일반해를

$$y = c_1 \cosh(\mu x) + c_2 \sinh(\mu x) \tag{26}$$

라 쓸 수 있다. 경계조건들을 쉽게 적용하기 위해 기본해 집합을 지수함수 $\exp(\mu x)$와 $\exp(-\mu x)$ 대신 쌍곡선 함수 $\cosh(\mu x)$와 $\sinh(\mu x)$로 선택하였다. 첫 번째 경계조건에 의해 $c_1 = 0$이다; 따라서 두 번째 경계조건에 의해 $c_2 \sinh(\mu x) = 0$이 된다. $\sinh(\mu x) = 0$과 $\mu x = 0$은 동치라는 사실로부터 $\mu \neq 0$이므로 $\sinh(\mu x) \neq 0$이고, 따라서 $c_2 = 0$이여야 한다. 결국 $y = 0$이고 $\lambda < 0$에 대해 자명하지 않은 해는 없다. 즉, 문제 (18), (19)는 음의 고윳값을 갖지 않는다.

경우 III $\lambda = 0$ 이 경우 식 (18)은

$$y'' = 0 \tag{27}$$

이 되고 이것의 일반해는

$$y = c_1 x + c_2 \tag{28}$$

이 된다. 경계조건 (19)의 첫 번째 조건에 의해 $c_2 = 0$이다; 두 번째 경계조건은 $c_1\pi = 0$이 되므로 $c_1 = 0$이다. 이 경우에도 역시 자명한 해 $y = 0$만 존재한다. 즉, $\lambda = 0$은 문제 (18), (19)의 고윳값이 아니다.

지금까지의 결과들을 요약하자면: 두 점 경계값 문제 (18), (19)는 무한수열을 이루는 $n = 1, 2, 3, \ldots$에 대한 양의 고윳값 $\lambda_n = n^2$을 가지고 이에 대응되는 고유함수들은 $\sin(nx)$에 비례한다. 또한, 또 다른 실수 고윳값은 없다. 여기서 복소수 고윳값들이 존재할 가능성은 여전히 남아있다; 실수 요소로 되어 있는 행렬이 복소수 고윳값을 갖는 경우가 많이 있었음을 상기하자. 그러나 연습문제 **23**에서

문제 (18), (19)가 복소수 고윳값을 가질 수 없음을 간략하게 보일 것이다. 11.2절에서는 (18), (19)를 포함하는 특정한 종류의 경계값 문제를 소개하겠다. 이런 류의 문제가 유용한 점은 이때의 고윳값이 모두 실수라는 것이다.

이 장의 뒷부분에서 자주 나오는 문제는

$$y'' + \lambda y = 0, \quad y(0) = 0, \quad y(L) = 0 \tag{29}$$

인데 이것은 두 번째 경계조건이 $x = \pi$에서가 아니라 임의의 점 $x = L$에서 주어졌다는 것만 빼고는 문제 (18), (19)와 똑같다. $\lambda > 0$에 대한 해를 찾는 과정은 두 번째 경계조건이 적용되는 단계까지는 (18), (19)의 경우와 같다. 문제 (29)에 대해서는 식 (22) 대신

$$c_2 \sin(\mu L) = 0 \tag{30}$$

이라는 조건이 필요하다. 결국 μL은 π의 정수배여야 하므로 양의 정수 n에 대해 $\mu = n\pi/L$이 된다. 따라서 문제 (29)에 대한 고윳값들과 고유함수들은 다음과 같이 주어진다.

$$\lambda_n = \frac{n^2\pi^2}{L^2}, \quad y_n(x) = \sin\left(\frac{n\pi x}{L}\right), \quad n = 1, 2, 3... \tag{31}$$

보통 고유함수 $y_n(x)$는 임의의 상수 배까지만 결정된다. 문제 (18), (19)와 같은 방법으로 문제 (29)가 식 (31) 이외의 다른 고윳값이나 고유함수를 갖지 않음을 보일 수 있다.

이 절 이후에서는 서로 다른 경계조건들이 고윳값과 고유함수에 어떤 영향을 끼치는지에 대해 알아보겠다. 두 점 경계와 고윳값 문제에 대한 좀 더 체계적인 설명은 11장에서 다루도록 하겠다.

연습 문제

▶ 문제 **1**부터 **13**까지 각각에 대해, 주어진 경계값 문제를 풀거나 또는 해가 존재하지 않음을 보여라. (문제 **11**부터 **13**까지는 오일러 방정식과 관련 있으므로, 5.5절을 참고하라.)

1. $y'' + y = 0, \quad y(0) = 0, \quad y'(\pi) = 2$

2. $y'' + 2y = 0, \quad y'(0) = 2, \quad y'(\pi) = 0$

3. $y'' + 7y = 0, \quad y(\pi) = 0, \quad y(0) = 0$

4. $y'' + y = 0, \quad y'(0) = 1, \quad y(L) = 0$

5. $y'' + 4y = x, \quad y(0) = 0, \quad y(\pi) = 0$

6. $y'' + 3y = x, \quad y(0) = 0, \quad y(\pi) = 0$

7. $y'' + 16y = \cos(x), \quad y(0) = 0, \quad y(\pi) = 0$

8. $y'' + 4y = 3\sin(x), \quad y(0) = 0, \quad y(\pi) = 0$

9. $y'' + 4y = 3\cos(x), \quad y'(0) = 0, \quad y'(\pi) = 0$

10. $y'' + 2y = \cos(x), \quad y'(0) = 0, \quad y'(\pi) = 0$

11. $x^2y'' - 4xy' + 6y = 0, \quad y(1) = -1, \quad y(2) = 1$

12. $x^2y'' + 5xy' + 4y = x^2,\quad y(1) = 0,\quad y(e) = 0$

13. $x^2y'' + 5xy' + (4+\pi^2)y = 2\ln x,\quad y(1) = 0,\quad y(e) = 0$

▶ 문제 **14**부터 **20**까지 주어진 경계값 문제의 고윳값과 고유함수를 구하라. 이때, 모든 고윳값은 실수라고 가정하자.

14. $y'' - \lambda y = 0,\quad y(0) = 0,\quad y'(\pi) = 0$

15. $y'' - \lambda y = 0,\quad y'(0) = 0,\quad y(\pi) = 0$

16. $y'' + 4\lambda y = 0,\quad y'(0) = 0,\quad y'(\pi) = 0$

17. $y'' + 9\lambda y = 0,\quad y'(0) = 0,\quad y(2) = 0$

18. $y'' + \lambda y = 0,\quad y'(0) = 0,\quad y'(2) = 0$

19. $y'' - \lambda y = 0,\quad y(0) = 0,\quad y'(L) = 0$

20. $x^2y'' - xy' + \lambda y = 0,\quad y(1) = 0,\quad y(L) = 0,\quad L > 1$

21. 상수인 축압력 경도를 가지며 단면이 원형인 길고 곧은 관을 통과하는 비압축적 점성 유체의 축대칭 층류는 Poiseuille[1] 흐름이라고 알려져 있다. 축 방향 속도 w는 반지름 변수 r만의 함수이고 다음과 같은 경계값 문제를 만족한다.

$$w'' + \frac{1}{r}w' = -\frac{G}{\mu},\quad w(R) = 0,\quad w(r)\ \text{bounded for}\quad 0 < r < R$$

이때 R은 이 관의 반지름, G는 압력 경도, μ는 유체의 점도 계수이다.

a. 속도 분포형 $w(r)$을 구하라.

b. 한 단면에서 $w(r)$을 적분하여 총 유량 Q가

$$Q = \frac{\pi R^4 G}{8\mu}$$

에 의해 주어짐을 보여라. Q, R, G를 측정할 수 있기 때문에 위의 식을 이용하여 실제로 점도 μ를 구할 수 있다.

c. R을 원래 값의 3/4으로 줄이면 이에 따라 Q는 얼마나 줄어드는가? 이 결과는 플라크에 의해 조여진 동맥을 통과하는 혈류에 적용될 수 있다.

22. 단위 길이당 수직하중 $f(x)$를 받는 길이 L의 수평 금속 기둥을 고려하자. 기둥상의 수직 변위 $y(x)$는 다음의 미분방정식을 만족한다.

$$EI\frac{d^4y}{dx^4} = f(x)$$

이때, E는 Young's modulus(세로 탄성률)이고 I는 xy평면에 수직인 중심을 지나는 축에 대한 단면의 관성 모멘트이다. $f(x)/EI$를 상수 k라고 가정하자. 아래 주어진 각 경계조건들에 대해 변위 $y(x)$를 구하고 $L = -1$이고 $k = 1$일 때의 x에 따른 y를 그려라.

a. 양 끝에 지탱만 하고 있는 경우: $y(0) = y''(0) = y(L) = y''(L) = 0$

b. 양 끝에 단단히 고정되어 있는 경우: $y(0) = y'(0) = y(L) = y'(L) = 0$

c. $x = 0$에서는 단단히 고정되어 있고 $x = L$에서는 고정되어 있지 않은 경우:

$y(0) = y'(0) = y''(L) = y'''(L) = 0$

23. 이 문제에서 경계값 문제 (18), (19)의 고윳값이 모두 실수임을 간략하게 증명하자.

a. 식 (18)의 해를 $\lambda = \mu^2$에 대해 $y = k_1 \exp(i\mu x) + k_2 \exp(-i\mu x)$로 두고 경계조건 (19)를 사용하자. 자명하지 않은 해가 존재하기 위한 필요충분조건은

$$e^{i\mu x} - e^{-i\mu x} = 0 \tag{32}$$

[1] Jean Louis Marie Poiseuille (1797~1869)는 수학과 물리 분야의 소양을 두루 갖춘 프랑스 내과 의사였다. 그는 특히 혈류에 관심이 많았고 1840년에 이 주제와 관련된 첫 논문을 발표하였다.

임을 보여라.

b. $\mu = \nu + i\sigma$라 두고 오일러 관계식 $\exp(i\nu\pi) = \cos(\nu\pi) + i\sin(\nu\pi)$를 이용하여 식 (32)의 실수부와 허수부를 각각 구하라.

c. **b**에서 구한 식을 이용하여 ν는 정수이고 $\sigma = 0$임을 보여라. 따라서 μ는 실수이고 λ도 실수이다.

10.2 푸리에 급수

이 장 뒤에서 주어진 함수를 사인함수 그리고/또는 코사인함수들의 무한 합으로 표현하면 편미분방정식과 관련된 많은 문제들을 풀 수 있음을 알게 될 것이다. 이 절과 다음 두 절에서는 이를 어떻게 하는지에 대해 자세히 설명하겠다. 이런 삼각함수들의 급수를 **푸리에 급수**(Fourier series)[2]라 부른다; 이것은 매우 복잡한 함수를 익숙한 기초함수들을 항으로 하는 급수로 표현했다는 점에서 테일러 급수와 다소 비슷하다.

다음과 같은 형태의 급수로 시작하자.

$$\frac{a_0}{2} + \sum_{m=1}^{\infty}\left(a_m \cos\left(\frac{m\pi x}{L}\right) + b_m \sin\left(\frac{m\pi x}{L}\right)\right) \tag{1}$$

급수 (1)은 수렴하는 점들의 집합에서 함수 f를 정의하는데, 각 점에서의 f의 값은 x값에 대한 이 급수의 합이다. 이때, 급수 (1)을 f에 대한 **푸리에 급수**라고 한다. 가장 먼저 해야 할 일은 어떤 함수가 푸리에 급수의 합으로 표현될 수 있는지를 결정하는 것과 주어진 함수에 대응되는 급수의 계수들을 계산하는 방법을 찾는 것이다. 나중에 유도될 계수들에 대한 공식을 단순화시키기 위해 급수 (1)의 첫 항을 a_0가 아닌 $a_0/2$라 두겠다. 푸리에 급수는 편미분방정식, 변수분리법과 연관 있을 뿐만 아니라, 주기적인 외부 힘이 작용하는 기계 시스템 또는 전기 시스템에 대한 해석 등과 같은 다양한 분야에 이용된다.

▶사인함수와 코사인함수의 주기성. 푸리에 급수를 소개하기 위해 양의 정수 m에 대한 삼각함수 $\sin(m\pi x/L)$와 $\cos(m\pi x/L)$의 특정한 성질들을 자세히 살펴볼 필요가 있다. 그 첫 번째 성질은 주기성이다. 함수 f의 정의역에 포함되는 모든 x에 대해 $x + T$가 이 정의역에 포함되고

$$f(x+T) = f(x) \tag{2}$$

이면 f를 주기 $T>0$를 갖는 **주기**(periodic)함수라 부른다. 주기함수의 예는 **그림 10.2.1**에 나타나 있다. 위의 정의로부터 T가 f의 주기라면 $2T$ 역시 f의 주기이고, 따라서 T의 임의의 정수배가 모두 f의 주기이다. 이때, 식 (2)를 만족하는 가장 작은 T값을 f의 **기본주기**(fundamental period)라 한다. 상수함수는 임의의 주기를 갖지만 기본주기는 없는 주기함수이다.

[2]Jean Baptiste Joseph Fourier (1768~1830)은 프랑스 혁명 기간 동안 두 번 투옥되었다. 그 후, 이집트에서 나폴레옹 부대의 과학고문으로 복무하였고 1801년부터 1815년까지 Isère (Grenoble)지역의 도지사를 지냈다. 그는 1807년과 1811년에 열전도에 관한 그의 논문들에서 비록 엄밀하지는 않으나 삼각급수를 처음으로 체계적으로 사용하였다. 이 논문들은 심사위원들, 주로 라그랑지의 거부로 게재되지 못했다. 비록 이것으로 푸리에의 일반성에 대한 주장이 너무 지나쳤음이 판명되었으나 그 결과들은 아직까지도 계속 쏟아지는 연구의 한 분야를 개척하였다. 푸리에 급수의 역사에 대해 자세히 알고 싶으면 Grattan-Guinness 또는 Carslaw(역사적 서문)의 서적을 보자.

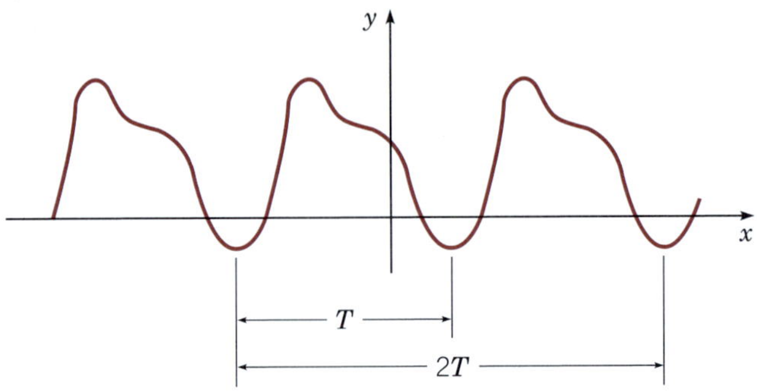

그림 10.2.1 주기 T인 주기함수

f와 g가 같은 주기 T를 갖는 주기함수들이라면 임의의 일차결합 $c_1f + c_2g$도 주기 T를 갖는 주기함수이다. 이 명제를 증명하기 위해 $F(x) = c_1f(x) + c_2g(x)$라 두자; 그러면 임의의 x에 대해

$$F(x+T) = c_1 f(x+T) + c_2 g(x+T) = c_1 f(x) + c_2 g(x) = F(x) \tag{3}$$

이다. 또한 주기 T인 함수들의 유한 합, 심지어 수렴하는 무한 급수의 합도 주기가 T인 주기함수이고 비슷하게 두 함수의 곱 fg도 주기 T인 주기함수임을 보일 수 있다.

특히, $m = 1, 2, 3, \ldots$,에 대한 함수 $\sin(m\pi x/L)$와 $\cos(m\pi x/L)$는 기본주기 $T = 2L/m$을 갖는 주기함수들이다. $\sin(x)$와 $\cos(x)$는 기본주기 2π를 가지고 $\sin(\alpha x)$와 $\cos(\alpha x)$는 기본주기 $2\pi/\alpha$를 갖기 때문에 $\alpha = m\pi/L$를 선택하면 $\sin(m\pi x/L)$와 $\cos(m\pi x/L)$의 주기 T가 $T = 2\pi L/(m\pi) = 2L/m$이 된다.

주기의 모든 양의 정수배도 역시 주기이므로 함수 $\sin(m\pi x/L)$와 $\cos(m\pi x/L)$는 공통 주기 $2L$을 가진다.

▶**사인함수와 코사인함수의 직교성.** 함수 $\sin(m\pi x/L)$와 $\cos(m\pi x/L)$의 중요한 두 번째 성질을 설명하기 위해 벡터들의 직교성에 대한 개념(6.2절을 참조)을 일반화하겠다. 구간 $\alpha \le x \le \beta$에서 두 개의 실함수 u와 v의 표준적인 **내적**(inner product) (u, v)는 다음과 같이 정의된다.

$$(u, v) = \int_\alpha^\beta u(x)v(x)\,dx \tag{4}$$

만약 함수 u와 v의 내적이 0이라면—즉,

$$\int_\alpha^\beta u(x)v(x)\,dx = 0 \tag{5}$$

이라면— u와 v는 $\alpha \le x \le \beta$에서 **직교한다**(orthogonal)고 한다. 함수들의 집합에 있는 각각 서로 다른 한 쌍의 함수들이 모두 직교한다면 이 함수들의 집합은 **상호 직교한다**(mutually orthogonal)고 한다.

$m = 1, 2, \ldots$에 대한 함수 $\sin(m\pi x/L)$와 $\cos(m\pi x/L)$들의 집합은 구간 $-L \le x \le L$에서 상호 직교한다. 실제로 이 함수들은 다음과 같은 직교성에 대한 관계식들을 만족한다:

$$\int_{-L}^{L} \cos\left(\frac{m\pi x}{L}\right) \cos\left(\frac{n\pi x}{L}\right) dx = \begin{cases} 0, & m \ne n, \\ L, & m = n; \end{cases} \tag{6}$$

$$\int_{-L}^{L} \cos\left(\frac{m\pi x}{L}\right)\ \sin\left(\frac{n\pi x}{L}\right) dx = 0, \quad \text{all } m, n; \tag{7}$$

$$\int_{-L}^{L} \sin\left(\frac{m\pi x}{L}\right)\ \sin\left(\frac{n\pi x}{L}\right) dx = \begin{cases} 0, & m \neq n, \\ L, & m = n. \end{cases} \tag{8}$$

이 결과들은 직접 적분하면 구할 수 있다. 예를 들어 식 (8)을 유도하기 위해 $m+n$과 $m-n$이 0이 아닌 한

$$\begin{aligned}\int_{-L}^{L} \sin\left(\frac{m\pi x}{L}\right)\ \sin\left(\frac{n\pi x}{L}\right) dx &= \frac{1}{2}\int_{-L}^{L} \left(\cos\left(\frac{(m-n)\pi x}{L}\right) - \cos\left(\frac{(m+n)\pi x}{L}\right)\right) dx \\ &= \frac{1}{2}\frac{L}{\pi}\left(\frac{\sin((m-n)\pi x/L)}{m-n} - \frac{\sin((m+n)\pi x/L)}{m+n}\right)\Bigg|_{-L}^{L} \\ &= 0\end{aligned}$$

임을 알아야 한다. m과 n이 양수이므로 $m+n \neq 0$이다. 한편, $m-n=0$이면 $m=n$이고 적분 계산을 다른 방법으로 해야 한다. 이 경우

$$\begin{aligned}\int_{-L}^{L} \sin\left(\frac{m\pi x}{L}\right)\ \sin\left(\frac{n\pi x}{L}\right) dx &= \int_{-L}^{L} \left(\sin\left(\frac{m\pi x}{L}\right)\right)^2 dx \\ &= \frac{1}{2}\int_{-L}^{L} \left(1 - \cos\left(\frac{2m\pi x}{L}\right)\right) dx \\ &= \frac{1}{2}\left(x - \frac{L}{2m\pi}\ \sin\left(\frac{2m\pi x}{L}\right)\right)\Bigg|_{-L}^{L} \\ &= L\end{aligned}$$

이 된다. 이것으로 식 (8)이 유도되었다; 식 (6)과 (7)도 비슷한 방법으로 유도할 수 있다(연습문제 **12** 참고).

▶**오일러–푸리에 공식들.** (1) 형태의 급수가 구간 $-L \leq x \leq L$ 안의 모든 실수 x에 대해 수렴한다고 가정하고 이때의 합을 $f(x)$라 두자:

$$f(x) = \frac{a_0}{2} + \sum_{m=1}^{\infty}\left(a_m\ \cos\left(\frac{m\pi x}{L}\right) + b_m\ \sin\left(\frac{m\pi x}{L}\right)\right) \tag{9}$$

계수 a_m과 b_m은 직교성 조건 (6), (7), (8)의 결과를 이용하여 $f(x)$와 연관 지을 수 있다. 먼저, *고정된* 양의 정수 n에 대하여 $\cos(n\pi x/L)$을 식 (9)에 곱한 후 x에 대해 $-L$부터 L까지 적분하자. 항별 적분이 가능하다고 가정하면[3]

$$\begin{aligned}\int_{-L}^{L} f(x)\ \cos\left(\frac{n\pi x}{L}\right) dx &= \frac{a_0}{2}\int_{-L}^{L} \cos\left(\frac{n\pi x}{L}\right) dx \\ &+ \sum_{m=1}^{\infty} a_m \int_{-L}^{L} \cos\left(\frac{m\pi x}{L}\right)\ \cos\left(\frac{n\pi x}{L}\right) dx \\ &+ \sum_{m=1}^{\infty} b_m \int_{-L}^{L} \sin\left(\frac{m\pi x}{L}\right)\ \cos\left(\frac{n\pi x}{L}\right) dx\end{aligned} \tag{10}$$

[3] 이것은 다양한 항들로 이루어진 급수가 수렴한다고 해서 모두 항별 적분 가능하지는 않기 때문에 자명한 가정은 아니다. 그러나 푸리에 급수 같은 특수한 경우에는 항별 적분이 가능하다.

를 얻을 수 있다. n은 고정되어 있고 m은 다양한 양의 정수값을 가진다는 사실을 염두에 두고 직교성의 관계식 (6), (7)을 이용하면 식 (10)의 우변에 유일하게 영이 아닌 항은 첫 번째 무한합에서 $m = n$일 때뿐임을 알 수 있다. 따라서

$$\int_{-L}^{L} f(x)\ \cos\left(\frac{n\pi x}{L}\right) dx = a_n \int_{-L}^{L} \cos^2\left(\frac{n\pi x}{L}\right) dx = a_n L, \quad n = 1, 2, \ldots \tag{11}$$

이다. 식 (11)은 모든 $n = 1, 2, 3, \ldots$에 대해 유효하다. a_0를 결정하기 위해 식 (9)를 $-L$부터 L까지 적분하면 삼각함수가 포함된 적분들은 길이가 $2\,L$인 구간(한 주기)에서 모두 0이 되기 때문에

$$\begin{aligned}\int_{-L}^{L} f(x)\,dx &= \frac{a_0}{2}\int_{-L}^{L} dx + \sum_{m=1}^{\infty} a_m \int_{-L}^{L} \cos\left(\frac{m\pi x}{L}\right) dx + \sum_{m=1}^{\infty} b_m \int_{-L}^{L} \sin\left(\frac{m\pi x}{L}\right) dx \\ &= a_0 L,\end{aligned} \tag{12}$$

이 된다. 따라서

$$a_n = \frac{1}{L}\int_{-L}^{L} f(x)\ \cos\left(\frac{n\pi x}{L}\right) dx, \quad n = 0, 1, 2, \ldots \tag{13}$$

이다. 식 (9)의 상수항을 $a_0/2$라고 두면 식 (13)으로부터 a_n을 모두 계산할 수 있다. 그렇지 않으면 a_0에 대해, 인수 1/2이 덧붙여진 별도의 공식이 필요하다.

비슷하게 식 (9)에 $\sin(n\pi x/L)$을 곱하고 $-L$부터 L까지 항별 적분을 한 후, 직교성의 관계식인 (7)과 (8)을 이용하면 b_n에 대한 다음과 같은 식을 얻을 수 있다;

$$b_n = \frac{1}{L}\int_{-L}^{L} f(x)\ \sin\left(\frac{n\pi x}{L}\right) dx, \quad n = 1, 2, 3, \ldots \tag{14}$$

이때, 식 (13)과 (14)를 푸리에 급수의 계수에 대한 **오일러–푸리에 공식**이라 한다. 만약 급수 (9)가 $f(x)$로 수렴하고 항별 적분이 가능하다면 이 급수의 계수들은 식 (13)과 (14)로 *주어져야 한다*.

식 (13)과 (14)는 a_n과 b_n의 f에 대한 양함수 공식들이고, 임의의 특정한 계수는 그 외 다른 계수들과는 상관없이 결정됨을 알 수 있다. 식 (13)과 (14)의 적분 계산이 얼마나 어려운지는 그 안에 들어있는 특정한 함수 f에 따라 좌우된다.

한편 공식 (13)과 (14)는 구간 $-L \le x \le L$에서 $f(x)$의 값에만 종속됨을 알 수 있다. 푸리에 급수 (9)의 각 항들이 주기 $2L$인 주기함수이기 때문에 이 급수들이 $-L \le x \le L$에서 수렴하면 모든 x에 대해 수렴하게 되고, 이것의 합 역시 주기 $2L$인 주기함수가 된다. 따라서 $-L \le x \le L$에서의 $f(x)$ 값으로 모든 x에 대한 $f(x)$ 값을 구할 수 있다.

g가 주기 T인 주기함수라면 길이 T인 구간에서 g에 대한 적분값은 모두 같음을 알 수 있다(연습문제 **27** 참고). 이 결과를 오일러–푸리에 공식 (13)과 (14)에 적용하면 주어진 적분 구간 $-L \le x \le L$을 좀 더 적분하기 편리한 길이가 $2L$인 다른 구간으로 바꿀 수 있다.

예제 10.2.1 다음과 같이 정의된 함수 f로 수렴하는 푸리에 급수가 존재한다고 가정하자.

$$f(x) = \begin{cases} -x, & -2 \le x < 0, \\ x, & 0 \le x < 2; \end{cases} \tag{15}$$

$$f(x+4) = f(x)$$

이 푸리에 급수의 계수들을 결정하라.

풀이

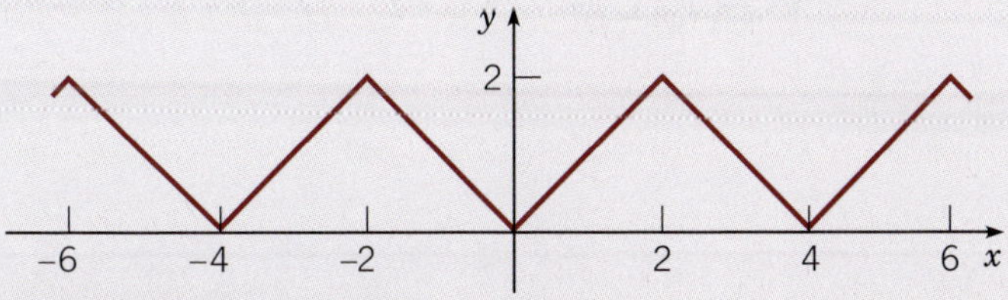

그림 10.2.2 예제 10.2.1에서의 세모파

이 함수는 세모파(**그림 10.2.2** 참고)를 나타내고 있고 주기 4인 주기함수이다. 따라서 이 경우 $L = 2$이고 푸리에 급수는

$$f(x) = \frac{a_0}{2} + \sum_{m=1}^{\infty}\left(a_m \cos\left(\frac{m\pi x}{2}\right) + b_m \sin\left(\frac{m\pi x}{2}\right)\right) \tag{16}$$

형태인데, 이때의 계수들은 식 (13)과 (14)에 $L = 2$를 대입하여 계산하면 구할 수 있다. $m = 0$이라 두고 식 (13)에 $f(x)$를 대입하면

$$a_0 = \frac{1}{2}\int_{-2}^{0}(-x)\,dx + \frac{1}{2}\int_{0}^{2} x\,dx = 1 + 1 = 2 \tag{17}$$

가 된다.

$m > 0$에 대하여, 식 (13)으로부터

$$a_m = \frac{1}{2}\int_{-2}^{0}(-x)\cos\left(\frac{m\pi x}{2}\right)dx + \frac{1}{2}\int_{0}^{2} x\cos\left(\frac{m\pi x}{2}\right)dx$$

가 되고 이것을 부분 적분하면

$$\begin{aligned}
a_m &= \frac{1}{2}\left(-\frac{2}{m\pi}x\sin\left(\frac{m\pi x}{2}\right) - \left(\frac{2}{m\pi}\right)^2\cos\left(\frac{m\pi x}{2}\right)\right)\Bigg|_{-2}^{0} \\
&\quad + \frac{1}{2}\left(\frac{2}{m\pi}x\sin\left(\frac{m\pi x}{2}\right) + \left(\frac{2}{m\pi}\right)^2\cos\left(\frac{m\pi x}{2}\right)\right)\Bigg|_{0}^{2} \\
&= \frac{1}{2}\left(-\left(\frac{2}{m\pi}\right)^2 + \left(\frac{2}{m\pi}\right)^2\cos(m\pi) + \left(\frac{2}{m\pi}\right)^2\cos(m\pi) - \left(\frac{2}{m\pi}\right)^2\right) \\
&= \frac{4}{(m\pi)^2}(\cos m\pi - 1), \quad m = 1, 2, \ldots \\
&= \begin{cases} -\dfrac{8}{(m\pi)^2}, & m \text{ odd}, \\ 0, & m \text{ even}. \end{cases}
\end{aligned} \tag{18}$$

이 된다. 마지막으로 식 (14)로부터 위와 비슷한 방법으로

$$b_m = 0, \quad m = 1, 2, \ldots \tag{19}$$

을 얻을 수 있다. 식 (17), (18), (19)로부터 구한 계수들을 급수 (16)에 대입하면 다음과 같은 f의 푸리에 급수를 얻을 수 있다:

$$
\begin{aligned}
f(x) &= 1 - \frac{8}{\pi^2}\left(\cos\left(\frac{\pi x}{2}\right) + \frac{1}{3^2}\cos\left(\frac{3\pi x}{2}\right) + \frac{1}{5^2}\cos\left(\frac{5\pi x}{2}\right) + \cdots\right) \\
&= 1 - \frac{8}{\pi^2}\sum_{m=1,3,5,\ldots}^{\infty} \frac{1}{m^2}\cos\left(\frac{m\pi x}{2}\right) \\
&= 1 - \frac{8}{\pi^2}\sum_{n=1}^{\infty} \frac{1}{(2n-1)^2}\cos\left(\frac{(2n-1)\pi x}{2}\right) \qquad (20)
\end{aligned}
$$

예제 10.2.2 함수를

$$
f(x) = \begin{cases} 0, & -3 < x < -1, \\ 1, & -1 < x < 1, \\ 0, & 1 < x < 3 \end{cases} \qquad (21)
$$

라 두고 $f(x+6) = f(x)$라 가정하자. $y = f(x)$의 세 주기의 그래프를 그려라. f에 대한 푸리에 급수의 계수를 구하라.

풀이

$y = f(x)$의 그래프는 **그림 10.2.3**에 나와있다.

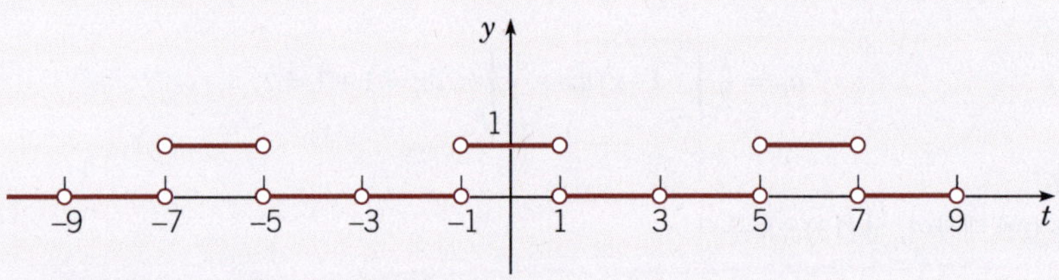

그림 10.2.3 예제 10.2.2에서의 $f(x)$의 그래프

$f(x)$가 $x = -1$과 $x = 1$ 같은 불연속점이나 $x = -9$, $x = -3$, $x = 3$, $x = 9$ 같은 끝 점에서는 값이 정의되어 있지 않다. 그러나 이것은 푸리에 계수의 값에 영향을 주지 않는다. 왜냐하면 이 값은 적분에 의해 결정되는데 이것은 한 점이나 유한개의 점들에서의 피적분함수값에 영향을 받지 않기 때문이다. 따라서 불연속점에서 $f(x)$의 값이 정의되어 있다면, 어떻게 정의되어 있든지 상관없이 푸리에 급수의 계수들은 모두 같다.

f가 주기 6을 갖기 때문에 이 문제에서 $L = 3$이다. 따라서 f에 대한 푸리에 급수는

$$
f(x) = \frac{a_0}{2} + \sum_{n=1}^{\infty}\left(a_n \cos\left(\frac{n\pi x}{3}\right) + b_n \sin\left(\frac{n\pi x}{3}\right)\right) \qquad (22)
$$

의 형태를 가지고, 이때 계수 a_n과 b_n은 식 (13)과 (14)에 $L = 3$을 대입하면 주어진다. 우리는

$$
a_0 = \frac{1}{3}\int_{-3}^{3} f(x)\,dx = \frac{1}{3}\int_{-1}^{1} 1\,dx = \frac{2}{3} \qquad (23)
$$

를 얻는다. 비슷하게

$$
a_n = \frac{1}{3}\int_{-1}^{1} \cos\left(\frac{n\pi x}{3}\right)dx = \frac{1}{n\pi}\sin\left(\frac{n\pi x}{3}\right)\Big|_{-1}^{1} = \frac{2}{n\pi}\sin\left(\frac{n\pi}{3}\right), \quad n = 1, 2, \ldots \qquad (24)
$$

$$
b_n = \frac{1}{3}\int_{-1}^{1} \sin\left(\frac{n\pi x}{3}\right)dx = -\frac{1}{n\pi}\cos\left(\frac{n\pi x}{3}\right)\Big|_{-1}^{1} = 0, \quad n = 1, 2, \ldots \qquad (25)
$$

이다. 따라서 f에 대한 푸리에 급수는

$$f(x) = \frac{1}{3} + \sum_{n=1}^{\infty} \frac{2}{n\pi} \sin\left(\frac{n\pi}{3}\right) \cos\left(\frac{n\pi x}{3}\right)$$

$$= \frac{1}{3} + \frac{\sqrt{3}}{\pi}\left(\cos\left(\frac{\pi x}{3}\right) + \frac{1}{2}\cos\left(\frac{2\pi x}{3}\right) - \frac{1}{4}\cos\left(\frac{4\pi x}{3}\right) - \frac{1}{5}\cos\left(\frac{5\pi x}{3}\right) + \cdots\right) \quad (26)$$

이다.

예제 10.2.3

예제 10.2.1의 함수와 이 함수에 대한 푸리에 급수 (20)으로 다시 돌아가서 이 급수가 얼마나 빨리 수렴하는지 살펴보자. 특히, 모든 x에 대해 오차가 0.01을 넘지 않으려면 얼마나 많은 항이 필요한지 계산하라.

풀이

이 급수에 대한 m번째 부분 합

$$s_m(x) = 1 - \frac{8}{\pi^2} \sum_{n=1}^{m} \frac{1}{(2n-1)^2} \cos\left(\frac{(2n-1)\pi x}{2}\right) \quad (27)$$

를 함수 f를 근사하는 데 사용할 수 있다. 위의 계수들이 $(2n-1)^{-2}$만큼 줄어들기 때문에 이 급수는 상당히 빨리 수렴한다. 이는 $m = 1$(녹색 점선)과 $m = 2$(검은색 파선)일 때의 부분 합이 그려져 있는 **그림 10.2.4**에서 확인할 수 있다. 이 수렴성을 좀 더 자세히 살펴보기 위해 오차를 $e_m(x) = f(x) - s_m(x)$라 두자. **그림 10.2.5**는 $0 \le x \le 2$에서 x에 따른 $|e_6(x)|$의 그래프를 나타내고 있다. $|e_6(x)|$는 $f(x)$의 그래프에 모서리가 있는 점 $x = 0$과 $x = 2$에서 가장 크다. 주어진 m에 대해서 점 $x = 0$과 $x = 2$에서 오차가 더 커지기 때문에 이 점들 근처에서는 $f(x)$를 푸리에 급수로 근사하기가 좀 더 힘들다. 다른 m에 대해도 이와 비슷한 그래프들을 구할 수 있다.

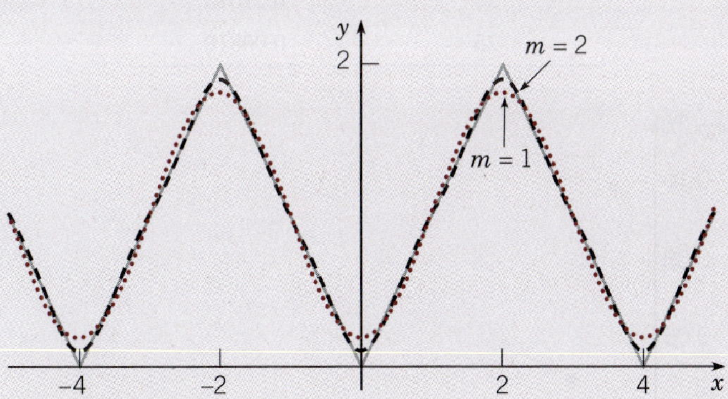

그림 10.2.4 세모파에 대한 $m = 1$(녹색 점선)과 $m = 2$(검은색 파선)일 때의 푸리에 급수, 식 (20)에 대한 부분 합들

일단 $x = 0$ 또는 $x = 2$에서 발생하는 최대 오차를 알게 되면 이 점들 중 한 점에서의 $|e_m(x)|$를 계산하여 쉽게 각 m에 대해 *균일한* 오차의 한계를 구할 수 있다. 예를 들어 $m = 6$일 때 $e_6(2) = 0.03370$이므로 $0 \le x \le 2$에 대해, 따라서 모든 x에 대해 $|e_6(x)| < 0.034$이다. **표 10.2.1**은 다른 m 값들에 대응되는 데이터들이다; 이 데이터들은 **그림 10.2.6**에 그려져 있다. 이 정보로부터 주어진 정도까지 정확한 근사값을 구하기 위해 필요한 항들의 개수를 추정할 수 있다. 표 10.2.1에서 볼 수 있듯이, 최대

오차는 $m = 20$과 $m = 25$ 사이 어딘가에서 0.01 이하로 떨어진다. 실제로는 $|e_m(x)| \le 0.01$을 보장하기 위해 $m = 21$을 선택해야 하고 이때의 오차는 $e_{21}(2) = 0.00965$이다.

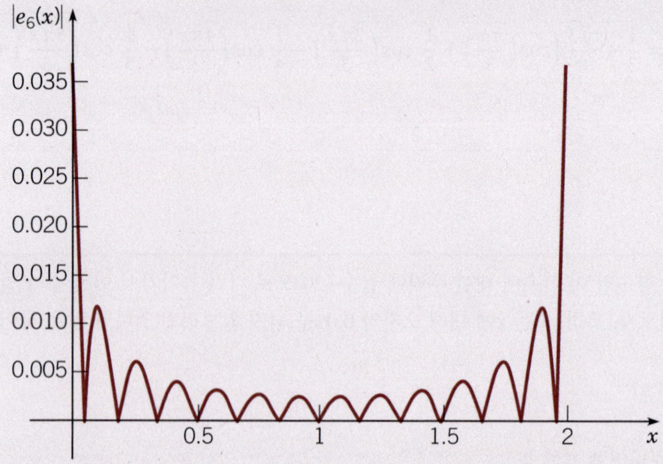

그림 10.2.5 세모파에 대한 x에 따른 $|e_6(x)|$의 그래프

표 10.2.1 세모파에 대한 오차 $e_m(2)$의 값들

m	$e_m(2)$
2	0.09937
4	0.05040
6	0.03370
10	0.02025
15	0.01350
20	0.01013
25	0.00810

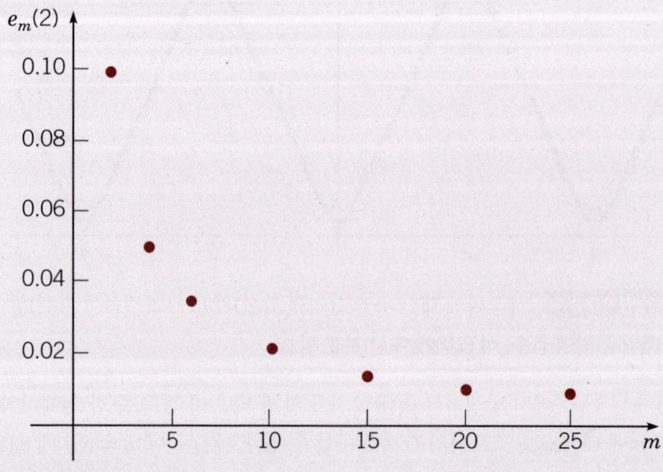

그림 10.2.6 세모파에 대한 m에 따른 $e_m(2)$의 그래프

이 책에서는 푸리에 급수를 편미분방정식이 포함된 문제를 푸는 데 주로 사용한다. 그러나 푸리에 급수는 과학과 공학 분야에서 광범위하게 응용되고 있으며 주기적인 현상을 연구하는 데 있어 꼭 필요한 수단이다. 가장 기본적인 문제는 입력된 신호를 합쳐서 푸리에 급수로 나타낼 수 있는 조화 성분들(harmonic components)로 분해하는 것이다. 어떤 주파수 범위에서는 개별적인 항들이 서로 다른 색이나 서로 다른 음색에 해당되고 계수의 크기는 각 성분의 진폭을 결정한다. 이런 과정을 **스펙트럼 분석**(spectral analysis)이라 한다.

연습 문제

▶ 문제 **1**부터 **8**까지 주어진 함수들이 주기적인지 아닌지 결정하라. 만약 주기적이라면 이것의 기본주기를 찾아라.

1. $\sin(7x)$

2. $\cos(4\pi x)$

3. $\sinh(5x)$

4. $\sin\left(\frac{\pi}{2}x\right)$

5. $\tan(2\pi x)$

6. x^3

7. $f(x) = \begin{cases} 0, & 2n-1 \le x < 2n, \\ -1, & 2n \le x < 2n+1; \end{cases} \quad n = 0, \pm1, \pm2, \ldots$

8. $f(x) = \begin{cases} (-1)^n, & 2n-1 \le x < 2n, \\ 1, & 2n \le x < 2n+1; \end{cases} \quad n = 0, \pm1, \pm2, \ldots$

9. $-L < x < L$에 대해 $f(x) = -2x$이고 $f(x + 2L) = f(x)$일 때, 구간 $L < x < 2L$; 구간 $-3L < x < -2L$에서 $f(x)$에 대한 공식을 각각 구하라.

10. $f(x) = \begin{cases} x+2, & -2 < x < 0, \\ x, & 0 < x < 2, \end{cases}$이고 $f(x + 4) = f(x)$일 때, 구간 $3 < x < 4$; 구간 $9 < x < 10$에서 $f(x)$에 대한 공식을 각각 구하라.

11. $0 < x < 2$에 대해 $f(x) = 1 - x$이고 $f(x + 2) = f(x)$일 때, 구간 $-1 < x < 0$에서 $f(x)$에 대한 공식을 구하라.

12. 이 절의 식 (6)과 (7)을 직접 적분하여 증명하라.

▶ 문제 **13**부터 **18**까지:

a. 주어진 함수의 그래프를 세 주기에 걸쳐 그려라.

b. 주어진 함수에 대한 푸리에 급수를 구하라.

13. $f(x) = x; \quad -1 \le x < 1$

14. $f(x) = \begin{cases} 2, & -L \le x < 0, \\ 0, & 0 \le x < L; \end{cases} \quad f(x+2L) = f(x)$

15. $f(x) = \begin{cases} x, & -\pi \le x < 0, \\ 0, & 0 \le x < \pi; \end{cases} \quad f(x+2\pi) = f(x)$

16. $f(x) = \begin{cases} x+1, & -1 \le x < 0, \\ 1-x, & 0 \le x < 1; \end{cases} \quad f(x+2) = f(x)$

17. $f(x) = \begin{cases} x+1, & -1 \le x \le 0; \\ 1, & 0 < x < 1; \end{cases} \quad f(x+2) = f(x)$

18. $f(x) = \begin{cases} 0, & -2 \le x \le -1; \\ 2x, & -1 < x < 1; \\ 0, & 1 \le x < 2; \end{cases} \quad f(x+4) = f(x)$

▶ 문제 **19**부터 **24**까지:

a. 주어진 함수의 그래프를 세 주기에 걸쳐 그려라.

b. 주어진 함수에 대한 푸리에 급수를 구하라.

c. **G** $m = 5, 10, 20$에 대해 x에 따른 부분 합 $s_m(x)$를 각각 그려라.

d. 이 푸리에 급수가 어떻게 수렴할 것 같은지 설명하라.

19. $f(x) = \begin{cases} -2, & -2 \le x < 0, \\ 2, & 0 \le x < 2; \end{cases} \quad f(x+4) = f(x)$

20. $f(x) = x, \quad -1 \le x < 1; \quad f(x+2) = f(x)$

21. $f(x) = x^2/2, \quad -2 \le x \le 2; \quad f(x+4) = f(x)$

22. $f(x) = \begin{cases} x+2, & -2 \le x < 0, \\ 2-2x, & 0 \le x < 2; \end{cases} \quad f(x+4) = f(x)$

23. $f(x) = \begin{cases} -\frac{1}{2}x, & -2 \le x < 0, \\ 2x - \frac{1}{2}x^2, & 0 \le x < 2; \end{cases} \quad f(x+4) = f(x)$

24. $f(x) = \begin{cases} 0, & -3 \le x \le 0, \\ x^2(3-x), & 0 < x < 3; \end{cases} \quad f(x+6) = f(x)$

25. 문제 **21**에서 정의된 함수 f를 고려하고 $e_m(x) = f(x) - s_m(x)$라 두자.

a. **G** $0 \le x \le 2$에서 몇 개의 m값에 대해 x에 따른 $|e_m(x)|$를 그려라.

b. **N** 모든 x에 대해 $|e_m(x)| \le 0.01$이 되는 가장 작은 m값을 구하라.

26. 문제 **24**에서 정의된 함수 f를 고려하고 $e_m(x) = f(x) - s_m(x)$라 두자.

a. **G** $0 \le x \le 3$에서 몇 개의 m값에 대해 x에 따른 $|e_m(x)|$를 그려라.

b. **N** 모든 x에 대해 $|e_m(x)| \le 0.1$이 되는 가장 작은 m값을 구하라.

27. g를 주기 T인 적분 가능한 주기함수라고 가정하자.

a. $0 \le a \le T$일 때,

$$\int_0^T g(x)\,dx = \int_a^{a+T} g(x)\,dx$$

임을 보여라.

힌트: 먼저 $\int_0^a g(x)\,dx = \int_T^{a+T} g(x)\,dx$임을 보여라. 두 번째 적분에서 변수 변환 $s = x - T$를 사용하라.

b. 임의의 a에 대하여

$$\int_0^T g(x)\,dx = \int_a^{a+T} g(x)\,dx$$

임을 보여라. 이때, $0 \le a \le T$일 필요는 없다.

c. 임의의 a, b에 대해

$$\int_a^{a+T} g(x)\,dx = \int_b^{b+T} g(x)\,dx$$

임을 보여라.

28. g가 미분 가능하고 주기 T인 주기함수이면 g' 역시 주기 T인 주기함수임을 보여라.

$$G(x) = \int_0^x g(t)\,dt$$

가 항상 주기적인지 아닌지 판별하라

29. 이 문제에서 3차원 기하 벡터들과 푸리에 급수 간의 유사성을 소개한다.

a. $\mathbf{v}_1, \mathbf{v}_2, \mathbf{v}_3$를 3차원 공간상의 상호 직교하는 벡터들로 두고 $\mathbf{u}$를 임의의 3차원 벡터라 두자.

$$\mathbf{u} = a_1\mathbf{v}_1 + a_2\mathbf{v}_2 + a_3\mathbf{v}_3 \tag{28}$$

임을 보여라. 이때,

$$a_i = \frac{\mathbf{u}\cdot\mathbf{v}_i}{\mathbf{v}_i\cdot\mathbf{v}_i}, \quad i = 1, 2, 3 \tag{29}$$

이다. a_i를 $\mathbf{u}$의 $\mathbf{v}_i$의 크기로 나눈 $\mathbf{v}_i$ 방향으로의 사영으로 해석할 수 있음을 보여라.

b. 내적 (u, v)를

$$(u, v) = \int_{-L}^{L} u(x)v(x)\,dx \tag{30}$$

로 정의하자. 또한,

$$\phi_n(x) = \cos\left(\frac{n\pi x}{L}\right), \quad n = 0, 1, 2, \ldots$$
$$\psi_n(x) = \sin\left(\frac{n\pi x}{L}\right), \quad n = 1, 2, \ldots \tag{31}$$

라 두자. 식 (10)을 다음과 같은 형태로 쓸 수 있음을 보여라.

$$(f, \phi_n) = \frac{a_0}{2}(\phi_0, \phi_n) + \sum_{m=1}^{\infty} a_m(\phi_m, \phi_n) + \sum_{m=1}^{\infty} b_m(\psi_m, \phi_n) \tag{32}$$

c. 직교성 관계식들과 함께 식 (32)와 (f, ψ_n)에 대응되는 방정식을 사용하여

$$a_n = \frac{(f, \phi_n)}{(\phi_n, \phi_n)}, \quad n = 0, 1, 2, \ldots$$
$$b_n = \frac{(f, \psi_n)}{(\psi_n, \psi_n)}, \quad n = 1, 2, \ldots \tag{33}$$

임을 보여라. 식 (33)과 식 (29)가 유사함을 확인하자. 함수 ϕ_n과 ψ_n은 3차원 공간상의 직교하는 벡터들 $\mathbf{v}_1, \mathbf{v}_2, \mathbf{v}_3$와 비슷한 역할을 한다. 계수 a_n과 b_n은 각각 함수 f의 기반 함수(base function) ϕ_n과 ψ_n으로의 사영으로 해석할 수 있다.

또한 3차원 공간상의 임의의 벡터는 상호 직교하는 세 벡터들의 일차결합으로 표현할 수 있다. 비슷하게 $-L \le x \le L$에서 정의된 충분히 매끄러운 함수를 상호 직교하는 함수 $\cos(n\pi x/L)$와 $\sin(n\pi x/L)$들의 일차결합, 즉 푸리에 급수로 표현할 수 있다.

10.3 푸리에 수렴성 정리

앞 절에서 푸리에 급수

$$\frac{a_0}{2} + \sum_{m=1}^{\infty}\left(a_m \cos\left(\frac{m\pi x}{L}\right) + b_m \sin\left(\frac{m\pi x}{L}\right)\right) \tag{1}$$

가 수렴하고, 따라서 함수 f를 정의하면 f는 주기 $2L$인 주기함수이고 계수 a_m과 b_m은 오일러-푸리에 공식에 의해 $f(x)$와 관련되어 있음을 보였다:

$$a_m = \frac{1}{L}\int_{-L}^{L} f(x)\cos\left(\frac{m\pi x}{L}\right)dx, \quad m = 0, 1, 2, \ldots \tag{2}$$

$$b_m = \frac{1}{L}\int_{-L}^{L} f(x)\sin\left(\frac{m\pi x}{L}\right)dx, \quad m = 1, 2, \ldots \tag{3}$$

이 절에서는 먼저 함수 f가 주어졌다고 가정하자. 만약 이 함수가 주기 $2L$인 주기함수이고 구간 $[-L, L]$에서 적분 가능하다면 계수들의 집합 a_m과 b_m은 식 (2)와 (3)으로부터 얻을 수 있고 (1)과 같은 형태의 급수를 만들 수 있다. 여기서 문제는 이 급수가 각각의 x에 대해 수렴하는지의 여부와 수렴한다면 이 급수의 합이 $f(x)$인가 하는 것이다. 이때, 함수 f에 대응되는 푸리에 급수가 $f(x)$에 수렴할 수도 있고 수렴하지 않을 수도 있음을 다양한 예제를 통해 알아보겠다. 푸리에 급수가 고립된 점들에서 주어진 함수로 수렴하지 않는 경우는 쉽게 찾을 수 있다. 이에 해당하는 예제들은 이 절의 뒷부분에서 소개하겠다. 그러나 한 점이나 그 이상의 점들에서 수렴하지 않는 푸리에 급수를 갖는 함수들은 다루기가 굉장히 어렵기 때문에 이 책에서는 고려하지 않겠다.

푸리에 급수가 계수를 계산할 때 사용했던 함수로 확실히 수렴하기 위해서는 이 함수에 대한 부가적인 조건들이 반드시 필요하다. 실용적인 측면에서 이 조건들은 다루고자 하는 상황에 모두 적용할 수 있을 만큼 포괄적이어야 하지만 동시에 특정한 함수에 대해 쉽게 확인할 수 있을 만큼 간단해야 한다. 수년에 걸쳐 이 목적에 부합하는 일련의 조건들을 만들었다.

푸리에 급수에 대한 수렴성 정리를 소개하기 전에 7.1절에서 라플라스 변환을 소개할 때 언급했던 정의를 상기하자. 구간 $a \le x \le b$를

1. f가 부분 개구간 $x_{i-1} < x < x_i$에서 각각 연속이고
2. f가 부분구간의 양 끝점에서 각각 유한한 극한값을 갖는

유한개의 점 $a = x_0 < x_1 < \cdots < x_n = b$들로 분할할 수 있다면 함수 f는 구간 $a \le x \le b$에서 **조각조각 연속**(piecewise continuous)이라고 한다. 조각조각 연속인 함수의 그래프가 **그림 10.3.1**에 나타나 있다.

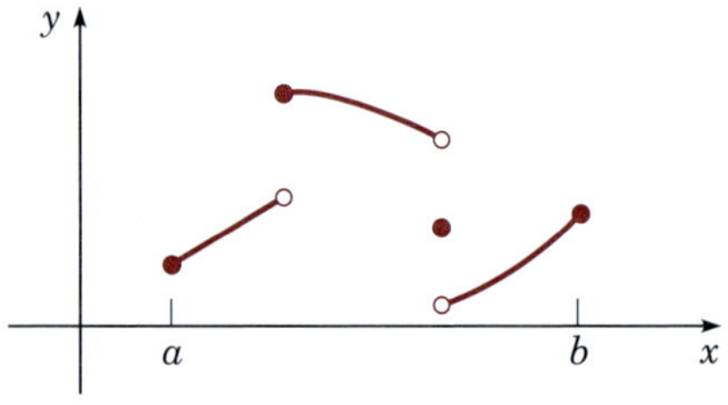

그림 10.3.1 조각조각 연속인 함수

$x \to c$*일 때* $f(x)$*의 우극한을* $f(c^+)$라고 쓰자; 비슷하게 $x \to c$일 때 $f(x)$의 *좌극한을* $f(c^-)$라고 쓰자. 즉, $f(c^+) = \lim_{x\to c^+} f(x)$이고 $f(c^-) = \lim_{x\to c^-} f(x)$이다.

이때 함수 f를 분할점 x_i들에서 꼭 정의해야 할 필요는 없다. 예를 들어 다음에 나올 정리들에서 f'은 조각조각 연속이라고 가정한다; f'은 f 자체가 불연속인 점에서 확실히 존재하지 않는다. 또한 주어진 구간이 닫혀있을 필요도 없다; 열려있을 수도 있고 한 끝에서는 열려있고 다른 끝에서는 닫혀있을 수도 있다.

정리 10.3.1 | 푸리에 수렴 정리

f와 f'이 구간 $-L \le x < L$에서 조각조각 연속이라고 가정하자. 또한, f가 구간 $-L \le x < L$의 외부에서 주기가 $2L$이 되도록 정의된다고 가정하자. 그러면 f는 다음과 같은 푸리에 급수 형태를 가진다.

$$f(x) = \frac{a_0}{2} + \sum_{m=1}^{\infty} \left(a_m \cos\left(\frac{m\pi x}{L}\right) + b_m \sin\left(\frac{m\pi x}{L}\right) \right) \tag{4}$$

여기서 계수들은 식 (2)와 (3)에 의해 주어진다. 푸리에 급수는 f가 연속인 모든 점에 $f(x)$로 수렴하고, f가 불연속인 모든 점에서는 $\frac{1}{2}(f(x^+) + f(x^-))$로 수렴한다.

여기서 $\frac{1}{2}(f(x^+) + f(x^-))$는 점 x에서의 우극한과 좌극한의 평균을 나타낸다. 또한 f가 연속인 임의의 점에서 $f(x^+) = f(x^-) = f(x)$이다. 따라서 푸리에 급수는 모든 점에서 $\frac{1}{2}(f(x^+) + f(x^-))$로 수렴한다고 할 수 있다. 푸리에 급수가 함수 f로 수렴한다는 것은 이와 같은 의미이다.

그러나 정리 10.3.1에서 주어진 조건들은 푸리에 급수의 수렴성에 대한 충분조건임을 강조하고자 한다; 결코 필요조건이 아니다. 게다가 지금까지 알려져 있는 가장 일반적인 충분조건도 아니다. 그럼에도 불구하고 이 정리의 증명은 상당히 어렵기 때문에 여기서 다루지 않겠다.[4] 좀 더 강한 조건하에서는 훨씬 쉽게 수렴성을 증명할 수 있다; 연습문제 **18** 참조.

정리 10.3.1의 내용을 좀 더 잘 이해하기 위해 이 정리에서 가정한 조건들을 만족하지 않는 함수들을 살펴보자. $x \to 0$일 때 $1/x^2$이거나 또는 $x \to L$일 때 $\ln|x - L|$인 함수들처럼 구간 $[-L, L]$에서 무한히 많은 불연속점을 갖는 함수들은 이 정리를 만족하지 않는다. 이 구간 안에서 무한 개의 점프 불연속을 갖는 함수들도 역시 이 정리를 만족하지 않는다; 그러나 이런 함수들은 거의 나오지 않는다.

급수 (4)의 각 항들이 연속이고 심지어 무한 번 미분 가능함에도 불구하고 이 푸리에 급수는 미분 가능하지 않은 합, 심지어는 연속이 아닌 합으로 수렴할 수 있다. 이것을 나타내는 경우가 예제 10.2.2와 다음의 예제이다.

예제 10.3.1

함수를

$$f(x) = \begin{cases} 0, & -L < x < 0, \\ L, & 0 < x < L, \end{cases} \tag{5}$$

이라 두고 이 구간 밖의 모든 x에 대해 $f(x + 2L) = f(x)$가 되도록 정의하자. 일단은 점 $x = 0, \pm L$에서 f의 값을 정의하지 않고 그대로 두자. 이 함수에 대한 푸리에 급수를 구하고 이 급수가 어디서 수렴하는지 알아보자.

[4] 푸리에 급수의 수렴성에 대한 증명은 고급 미적분학 서적에 대부분 나와 있다. 예를 들어 Kaplan (7장)이나 Buck (6장)의 서적을 보자.

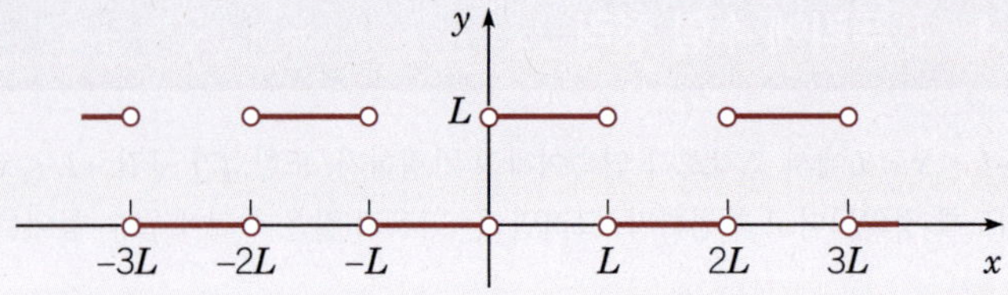

그림 10.3.2 예제 10.3.1의 네모파

풀이

함수 $y = f(x)$의 세 주기에 걸친 그래프가 **그림 10.3.2**에 그려져 있다; 이것은 양방향으로 무한대까지 주기적으로 확장되는데, 네모파를 나타낸다. 구간 $[-L, L]$을 두 개의 부분 개구간 $(-L, 0)$과 $(0, L)$로 분할할 수 있다. 구간 $(0, L)$에서 $f(x) = L$이고 $f'(x) = 0$이다. f와 f'은 확실히 연속이고 $x \to 0$일 때 우극한, $x \to L$일 때 좌극한을 각각 가진다. $(-L, 0)$에서도 이와 비슷하다. 결과적으로 f와 f'은 $[-L, L)$에서 조각조각 연속이므로 f는 정리 10.3.1의 조건들을 만족한다. 따라서 식 (2)와 (3)으로부터 계수 a_m과 b_m을 계산하면, 이를 계수로 갖는 푸리에 급수는 f가 연속인 점에서 모두 $f(x)$로 수렴한다. a_m과 b_m의 값은 f가 불연속점에서 어떻게 정의되든지 상관없이 모두 같은데, 그 이유는 적분 값은 유한개의 점에서의 피적분 함수 값이 달라도 영향을 받지 않기 때문이다. 식 (2)로부터

$$a_0 = \frac{1}{L}\int_{-L}^{L} f(x)\ dx = \int_0^L 1dx = L$$

이고

$$\begin{aligned} a_m &= \frac{1}{L}\int_{-L}^{L} f(x)\ \cos\left(\frac{m\pi x}{L}\right)dx = \int_0^L \cos\left(\frac{m\pi x}{L}\right)dx \\ &= \frac{L}{m\pi}(\sin(m\pi) - 0) = 0, \quad m \neq 0 \end{aligned}$$

이다. 이와 비슷하게 식 (3)으로부터

$$\begin{aligned} b_m &= \frac{1}{L}\int_{-L}^{L} f(x)\ \sin\left(\frac{m\pi x}{L}\right)dx = \int_0^L \sin\left(\frac{m\pi x}{L}\right)dx \\ &= \frac{L}{m\pi}(1 - \cos(m\pi)) = \begin{cases} 0, & m \text{ even;} \\ \dfrac{2L}{mx}, & m \text{ odd.} \end{cases} \end{aligned}$$

이다. 따라서

$$\begin{aligned} f(x) &= \frac{L}{2} + \frac{2L}{\pi}\left(\sin\left(\frac{\pi x}{L}\right) + \frac{1}{3}\ \sin\left(\frac{3\pi x}{L}\right) + \frac{1}{5}\ \sin\left(\frac{5\pi x}{L}\right) + \cdots\right) \\ &= \frac{L}{2} + \frac{2L}{\pi}\sum_{m=1,3,5,\dots}^{\infty} \frac{1}{m}\ \sin\left(\frac{m\pi x}{L}\right) \\ &= \frac{L}{2} + \frac{2L}{\pi}\sum_{n=1}^{\infty} \frac{1}{2n-1}\ \sin\left(\frac{(2n-1)\pi x}{L}\right) \end{aligned} \tag{6}$$

이 된다. 이 예제의 함수 f가 불연속인 점 $x = 0, \pm nL$에서 푸리에 급수의 첫 항 이후의 항들은 모두 사라지고 그 합은 $L/2$이 되는데, 이 값은 당연히 좌극한과 우극한의 평균이다. 따라서 이 불연속점들에서 f의 값을 $L/2$로 정의하는 것이 좋다. f를 다른 값으로 정의해도 위에서 한 계산들이 모두 유효하므로 푸리에 급수는 이러한 점들에서 $L/2$값을 가진다. 따라서 이 급수는 f가 $L/2$로 정의되지 않은 이 점들에서만 f로 수렴하지 않는다. 이는 어떤 함수에 대응되는 푸리에 급수가 이 함수가 정의되지 않은 불연속점들에서는 이 함수로 수렴하지 않을 수도 있음을 나타내고 있다.

푸리에 급수 (6)의 부분 합

$$s_n(x) = \frac{L}{2} + \frac{2L}{\pi}\left(\sin\left(\frac{\pi x}{L}\right) + \cdots + \frac{1}{2n-1}\sin\left(\frac{(2n-1)\pi x}{L}\right)\right), \quad n = 1, 2, \ldots$$

가 $f(x)$에 수렴하는 방식이 **그림 10.3.3**에 나타나 있는데, L을 1로 선택하여 $s_8(x)$의 그래프를 그린 것이다. 이 그림은 f가 연속인 점에서는 부분 합들이 n이 증가함에 따라 $f(x)$로 다가감을 보여주고 있다. 그러나 $x = 0$과 $x = L$과 같은 불연속점의 근방에서는 부분 합들이 평균값으로 부드럽게 수렴하지 않는다. 대신, 점프가 일어나는 각 끝점에서는 이 점에서의 갑작스런 변화에 맞추지 못하고 지나치게 벗어나는 경향이 있다. 이것은 **Gibbs**[5] **현상**이라고 알려져 있는 불연속점에서 흔히 발생하는 푸리에 급수의 특성이다.

오차 $e_n(x) = f(x) - s_n(x)$를 고려하면 이런 현상에 대해 좀 더 자세히 알아볼 수 있다. **그림 10.3.4**는 $n = 8$이고 $L = 1$일 때 x에 따른 $|e_n(x)|$의 그래프를 나타내고 있다. $|e_8(x)|$의 최소상한(the least upper bound)은 0.5인데, $x \to 0$이고 $x \to 1$일 때 $|e_8(x)|$가 이 최소상한으로 다가간다. n이 증가함에 따라 구간의 ($f(x)$가 연속인) 내점에서 오차는 점차 줄어들지만 최소상한은 줄어들지 않는다. 따라서 항의 개수를 늘려도 오차를 구간 전체에서 *균일하게* 줄일 수가 없다.

또한 그림 10.3.3과 10.3.4는 이 예제에 있는 급수들이 예제 10.2.1에 나온 급수들보다 더 천천히 수렴함을 보여준다. 이는 급수 (6)의 계수들이 $1/(2n-1)$에 비례하기 때문이다.

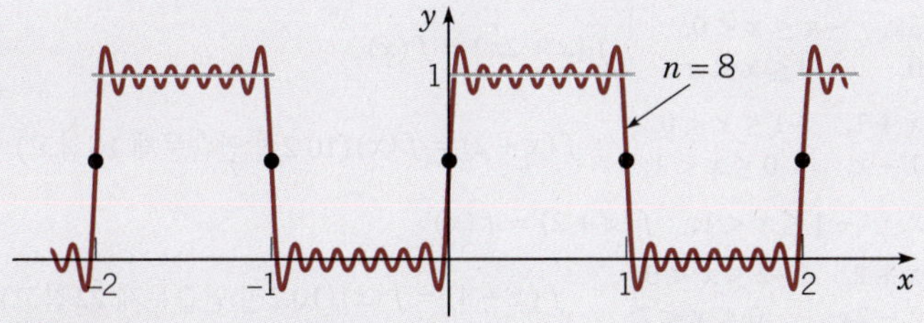

그림 10.3.3 네모파에 대한 푸리에 급수, 식 (6)의 부분 합 $s_8(x)$

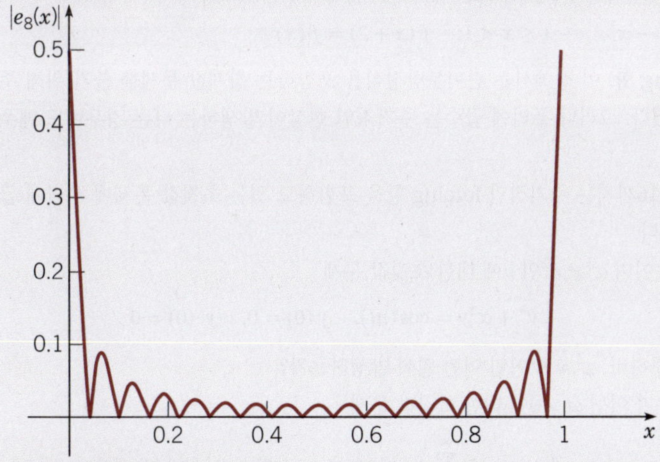

그림 10.3.4 네모파에 대한 x에 따른 $|e_8(x)|$의 그래프

[5] Gibbs 현상은 벡터 해석학과 통계 역학으로 널리 알려져 있는 Josiah Willard Gibbs (1839~1903)의 이름을 따른 것이다. Gibbs는 예일대학의 수리 물리학과 교수이자 세계적인 명성을 얻은 최초의 미국 과학자 중 한 명이다. 이 Gibbs 현상은 Carslaw (9장)의 서적에 자세히 소개되어 있다.

연습 문제

▶ 문제 **1**부터 **6**까지 주어진 함수가 원래의 구간 밖에서 주기적으로 확장된다고 가정하자.

a. 확장된 함수에 대한 푸리에 급수를 구하라.

b. 이 급수가 수렴하는 함수의 그래프를 세 주기에 걸쳐 그려라.

1. $f(x) = \begin{cases} -2, & -1 \le x < 0, \\ 2, & 0 \le x < 1 \end{cases}$

2. $f(x) = \begin{cases} 0, & -\pi \le x < 0, \\ 2x, & 0 \le x < \pi \end{cases}$

3. $f(x) = \begin{cases} 1+x, & -1 \le x < 0, \\ 1-x, & 0 \le x < 1 \end{cases}$

4. $f(x) = 2(1-x^2), \quad -1 \le x < 1$

5. $f(x) = \begin{cases} 0, & -\pi \le x < -\pi/2, \\ 1, & -\pi/2 \le x < \pi/2, \\ 0, & \pi/2 \le x < \pi \end{cases}$

6. $f(x) = \begin{cases} 0, & -1 \le x < 0, \\ x^2, & 0 \le x < 1 \end{cases}$

▶ 문제 **7**부터 **12**까지 주어진 함수가 원래의 구간 밖에서 주기적으로 확장된다고 가정하자.

a. 주어진 함수에 대한 푸리에 급수를 구하라.

b. G $e_n(x) = f(x) - s_n(x)$라 두자. $n = 10, 20, 40$에 대한 $|e_n(x)|$의 최소상한 또는 (존재한다면) 최댓값을 각각 구하라.

c. G 가능하다면 모든 x에 대해 $|e_n(x)| \le 0.01$이 되는 가장 작은 n을 구하라.

7. $f(x) = \begin{cases} 3x, & -\pi \le x < 0, \\ 0, & 0 \le x < \pi; \end{cases} \quad f(x+2\pi) = f(x)$

8. $f(x) = \begin{cases} x+1, & -1 \le x < 0, \\ 1-x, & 0 \le x < 1; \end{cases} \quad f(x+2) = f(x)$ (10.2절 연습문제 **16** 참고)

9. $f(x) = 2x, \quad -1 \le x < 1; \quad f(x+2) = f(x)$

10. $f(x) = \begin{cases} x+2, & -2 \le x < 0, \\ 2-2x, & 0 \le x < 2; \end{cases} \quad f(x+4) = f(x)$ (10.2절 연습문제 **22** 참고)

11. $f(x) = \begin{cases} 0, & -1 \le x < 0, \\ x^2/4, & 0 \le x < 1; \end{cases} \quad f(x+2) = f(x)$

12. $f(x) = x - x^3, \quad -1 \le x < 1; \quad f(x+2) = f(x)$

주기적인 forcing 항. 이 장에서는 편미분방정식을 포함하는 경계값 문제를 풀기 위해 주로 푸리에 급수에 관심을 기울였다. 그러나 푸리에 급수는 주기적인 현상이 발생하는 다른 경우에도 매우 유용하게 사용된다.

문제 **13**부터 **16**까지는 주기적인 forcing 항을 포함하고 있는 초깃값 문제에 푸리에 급수를 어떻게 적용하는지 보여준다.

13. 양의 정수이며 $\alpha^2 \ne n^2$인 n에 대한 초깃값 문제

$$y'' + \alpha^2 y = \cos(nt), \quad y(0) = 0, \quad y'(0) = 0$$

의 해를 구하라. $\alpha^2 = n^2$이면 어떤 일이 발생하는가?

14. 양의 정수가 아닌 $\omega > 0$에 대한 초깃값 문제

$$y'' + \omega^2 y = \sum_{n=1}^{\infty} b_n \sin(nt), \quad y(0) = 0, \quad y'(0) = 0$$

에 대한 해의 형태를 구하라. 양의 정수 m에 대해 $\omega = m$이면 이 해는 어떻게 달라지는가?

15. 초깃값 문제

$$y'' + \omega^2 y = f(t), \quad y(0) = 0, \quad y'(0) = 0$$

이 주기 2π인 다음과 같은 주기함수 f에 대해 주어져 있다.

$$f(t) = \begin{cases} 2, & 0 < t < \pi; \\ 0, & t = 0,\ \pi,\ 2\pi; \\ -2, & \pi < t < 2\pi \end{cases}$$

이 초깃값 문제에 대한 해의 형태를 구하라. 문제 **1** 참조.

16. $f(x) = \begin{cases} 0, & -1 \le x < 0; \\ 10x^2, & 0 \le x < 1 \end{cases}$ 로 두자. 이때, 확장된 함수에 대한 푸리에 급수를 찾아라.

17.

$$f(x) = \frac{a_0}{2} + \sum_{n=1}^{\infty} \left(a_n \cos\left(\frac{n\pi x}{L}\right) + b_n \sin\left(\frac{n\pi x}{L}\right) \right) \tag{7}$$

라 가정하고

$$\frac{1}{L} \int_{-L}^{L} (f(x))^2\, dx = \frac{a_0^2}{2} + \sum_{n=1}^{\infty} (a_n^2 + b_n^2)$$

인 형태가 됨을 보여라. 위와 같은 함수 f와 이것의 푸리에 계수와의 관계식은 Parseval[6]의 방정식이라고 알려져 있다. 이 관계식은 푸리에 급수론에서 매우 중요하다. 11.6절의 연습문제 **9** 참조.

힌트: 식 (7)에 $f(x)$를 곱하고 $-L$부터 L까지 적분한 후, 오일러-푸리에 공식을 사용하라.

18. 이 문제에서는 정리 10.3.1에 있는 조건보다 좀 더 제한적인 조건하에서 푸리에 급수의 수렴성을 증명하고자 한다.

a. f와 f'이 $-L \le x < L$에서 조각조각 연속이고 f는 주기 $2L$인 주기함수라면, $n \to \infty$일 때 na_n과 nb_n이 유한함을 보여라.

힌트: 부분 적분을 이용하자.

b. f가 $-L \le x \le L$에서 연속이고 주기 $2L$인 주기함수이며, f'과 f''이 $-L \le x < L$에서 조각조각 연속이면, $n \to \infty$일 때 $n^2 a_n$과 $n^2 b_n$이 유한함을 보여라. 만약 f가 *폐*구간에서 연속이면 모든 x에 대해 연속이다. 이 사실이 왜 중요한가?

힌트: 다시 한번 부분 적분을 이용하자.

c. **b**의 결과를 이용하여 $\sum_{n=1}^{\infty} |a_n|$과 $\sum_{n=1}^{\infty} |b_n|$이 수렴함을 보여라.

d. **c**의 결과를 이용하여 푸리에 급수 (4)가 모든 x에 대해 절대 수렴[7]함을 보여라.

수렴성의 가속화. 다음 문제에서 푸리에 급수의 수렴성의 속도를 어떻게 높일 수 있는지 살펴보자.

19. 다음과 같은 함수 g의 값을 계산하고자 한다고 가정하자.

$$g(x) = \sum_{n=1}^{\infty} \frac{(2n-1)}{1 + (2n-1)^2} \sin((2n-1)\pi x) \tag{8}$$

다소 느리긴 해도 이 급수는 수렴함을 보일 수 있다. 그러나 적당히 큰 n에 대해 급수 (8)의 항들은 거의 $\sin((2n-1)\pi x)/(2n-1)$와 같고 그 이상의 항들은 본문상의 예제에 있는 항들, 식 (6)과 유사함을 알 수 있다.

a. f가 본문상의 예제에서 $L = 1$인 네모파일 때

$$\sum_{n=1}^{\infty} \frac{1}{2n-1} \sin((2n-1)\pi x) = \frac{\pi}{2}\left(f(x) - \frac{1}{2}\right) \tag{9}$$

---

[6] Marc-Antoine Parseval (1755~1836)은 자신의 이름을 딴 방정식이 있는 사람치고는 거의 알려져 있지 않은 프랑스 수학자이다. 그는 1799년에 처음으로 푸리에 급수의 개념을 사용하지 않은 이 결과를 발표하였다.

[7] 이것 역시 평등 수렴한다; 이것의 의미를 알고 싶으면 고급 미적분학이나 해석학에 관한 서적을 보자.

임을 보여라.

b. 식 (8)에서 식 (9)를 빼고

$$g(x) = \frac{\pi}{2}\left(f(x) - \frac{1}{2}\right) - \sum_{n=1}^{\infty} \frac{\sin((2n-1)\pi x)}{(2n-1)\left(1+(2n-1)^2\right)} \tag{10}$$

임을 보여라. 급수 (10)이 급수 (8)보다 훨씬 빠르게 수렴하므로 g(x)를 계산하기에 더 좋다.

10.4 | 우함수와 기함수

푸리에 급수에 대한 예제들을 좀 더 살펴보기 전에 오일러-푸리에 공식을 간단하게 만들 수 있도록 함수를 두 가지 유형으로 나누자. 즉 우함수와 기함수로 나누는데, 전자는 y축에 대칭이고 후자는 원점에 대칭이라는 기하학적으로 특징지을 수 있다(**그림 10.4.1**을 보자).

해석학적으로 말하자면, f의 영역에 포함되어 있는 모든 x에 대해 $-x$도 이 영역에 포함되어 있고

$$f(-x) = f(x) \tag{1}$$

이면 f는 **우함수**(even function)이다. 비슷하게, f의 영역에 포함되어 있는 모든 x에 대해 $-x$도 이 영역에 포함되어 있고

$$f(-x) = -f(x) \tag{2}$$

이면 f는 **기함수**(odd function)이다. 우함수의 예에는 1, x^2, $\cos(nx)$, $|x|$, $\cosh(nx)$, x^{2n}들이 있고 기함수의 예에는 x, x^3, $\sin(nx)$, $\sinh(nx)$, x^{2n+1}들이 있다. 이때, 식 (2)에 따라 f가 원점을 포함하는 영역을 갖는 기함수이면 $f(0)$은 0이어야 한다. 대부분의 함수는 우함수도 아니고 기함수도 아니다; e^x이 그 예이다. 동시에 우함수이고 기함수인 유일한 함수는 $f = 0$이다.

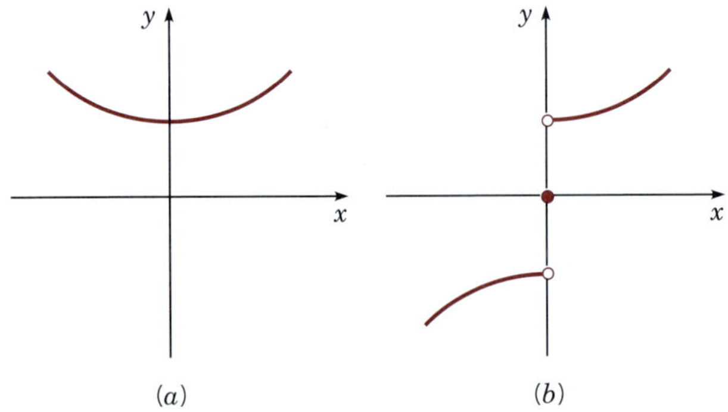

그림 10.4.1 (a) 우함수 (b) 기함수

우함수와 기함수의 기본적인 성질들은 다음과 같다:[8]

1. 두 우함수들의 합(차)과 곱(몫)은 우함수이다.

[8] 함수 중 하나가 영 함수이면 이 명제들을 수정해야 한다.

2. 두 기함수들의 합(차)은 기함수이다; 두 기함수의 곱(몫)은 우함수이다.
3. 기함수와 우함수의 합(차)은 우함수도 아니고 기함수도 아니다; 기함수와 우함수의 곱(몫)은 기함수이다.

이 성질들에 대한 증명은 정의들로부터 직접 간단하게 보일 수 있다. 예를 들어, f_1과 f_2가 둘 다 기함수이고 $g(x) = f_1(x) + f_2(x)$이면

$$\begin{aligned} g(-x) &= f_1(-x) + f_2(-x) = -f_1(x) - f_2(x) \\ &= -(f_1(x) + f_2(x)) = -g(x) \end{aligned} \tag{3}$$

이므로 $f_1 + f_2$도 또한 기함수이다. 비슷하게, $h(x) = f_1(x)f_2(x)$이면

$$h(-x) = f_1(-x)f_2(-x) = (-f_1(x))(-f_2(x)) = f_1(x)f_2(x) = h(x) \tag{4}$$

이므로 f_1f_2는 우함수이다.

우함수와 기함수의 적분과 관련된 중요한 성질들은 다음과 같다:

4. f가 우함수이면

$$\int_{-L}^{L} f(x)\,dx = 2\int_{0}^{L} f(x)\,dx \tag{5}$$

이다.

5. f가 기함수이면

$$\int_{-L}^{L} f(x)\,dx = 0 \tag{6}$$

이다.

성질 **4**와 **5**는 적분을 곡선 아래 영역의 면적으로 해석하여 직관적으로 확인할 수도 있고 정의로부터 바로 보일 수도 있다. 예를 들면, f가 우함수이면

$$\int_{-L}^{L} f(x)\,dx = \int_{-L}^{0} f(x)\,dx + \int_{0}^{L} f(x)\,dx$$

이다. 우변의 첫 항에서 $x = -s$라 두고 식 (1)을 사용하면

$$\begin{aligned} \int_{-L}^{L} f(x)\,dx &= -\int_{L}^{0} f(-s)\,ds + \int_{0}^{L} f(x)\,dx \\ &= -\int_{L}^{0} f(s)\,ds + \int_{0}^{L} f(x)\,dx = 2\int_{0}^{L} f(x)\,dx \end{aligned}$$

를 얻을 수 있다. 기함수에 해당하는 성질도 비슷하게 증명할 수 있다. (연습 문제 **31** 참고.)

우함수와 기함수의 푸리에 급수들은 물리 문제에서 자주 발생하는 특수한 형태이기 때문에 푸리에 급수의 응용에서 이 우함수와 기함수는 특히 중요하다.

▶**코사인 급수.** f와 f'이 $-L \le x < L$에서 조각조각 연속이고 f가 주기 $2L$인 주기적인 우함수라 가정하자. 그러면 성질 **1**과 **3**으로부터 $f(x)\cos(n\pi x/L)$은 우함수이고 $f(x)\sin(n\pi x/L)$은 기함수이다. 따라서 식 (5)와 (6)에 의해 f의 푸리에 계수들이

$$a_n = \frac{1}{L}\int_{-L}^{L} f(x)\cos\left(\frac{n\pi x}{L}\right)dx = \frac{2}{L}\int_{0}^{L} f(x)\cos\left(\frac{n\pi x}{L}\right)dx, \quad n = 0, 1, 2, \ldots; \qquad (7)$$
$$b_n = 0, \quad n = 1, 2, \ldots$$

이므로 f는 푸리에 급수

$$f(x) = \frac{a_0}{2} + \sum_{n=1}^{\infty} a_n \cos\left(\frac{n\pi x}{L}\right)$$

를 가진다. 다시 말해 임의의 우함수에 대한 푸리에 급수는 우함수인 삼각함수 $\cos(n\pi x/L)$들과 상수항으로만 이루어져 있다; 자연스럽게 이런 급수를 **푸리에 코사인 급수**라 부른다. 계산상으로는 단지 $n = 0, 1, 2, \ldots$,에 대한 계수 a_n만 적분 공식 (7)로부터 계산하면 된다. $n = 1, 2, \ldots$, 에 대한 b_n은 임의의 우함수에 대해 모두 자동적으로 0이 되므로 적분 계산을 할 필요가 없다.

▶**사인 급수.** f와 f'이 $-L \le x < L$에서 조각조각 연속이고 f가 주기 $2L$인 주기적인 기함수라 가정하자. 그러면 성질 **2**와 **3**으로부터 $f(x)\cos(n\pi x/L)$은 기함수이고 $f(x)\sin(n\pi x/L)$은 우함수임을 알 수 있다. 따라서 식 (5)와 (6)에 의해 f의 푸리에 계수들은

$$a_n = 0, \quad n = 0, 1, 2, \ldots,$$
$$b_n = \frac{1}{L}\int_{-L}^{L} f(x)\sin\left(\frac{n\pi x}{L}\right)dx = \frac{2}{L}\int_{0}^{L} f(x)\sin\left(\frac{n\pi x}{L}\right)dx, \quad n = 1, 2, \ldots \qquad (8)$$

이고 f에 대한 푸리에 급수는

$$f(x) = \sum_{n=1}^{\infty} b_n \sin\left(\frac{n\pi x}{L}\right)$$

이다.

따라서 임의의 기함수에 대한 푸리에 급수는 기함수인 삼각함수 $\sin(n\pi x/L)$들로만 이루어져 있다; 이런 급수를 **푸리에 사인 급수**라 부른다. 역시 $n = 0, 1, 2, \ldots$,에 대한 a_n은 임의의 기함수에 대해 모두 0이 되므로 계수의 반만 적분하여 계산하면 된다.

예제 10.4.1 $f(x) = x$, $-L < x < L$이고 $f(-L) = f(L) = 0$이라 두고 그 외의 점에서는 f를 주기 $2L$인 주기함수가 되도록 정의하자. 이런 식으로 정의된 함수는 *톱니파*(sawtooth wave)라고 알려져 있다. $y = f(x)$의 세 주기의 그래프를 그리고 이 함수에 대한 푸리에 급수를 구하라.

풀이

$[-L, L]$에서의 $y = f(x)$의 그래프와 왼쪽으로의 한 주기와 오른쪽으로의 한 주기가 **그림 10.4.2**에 나와있다.

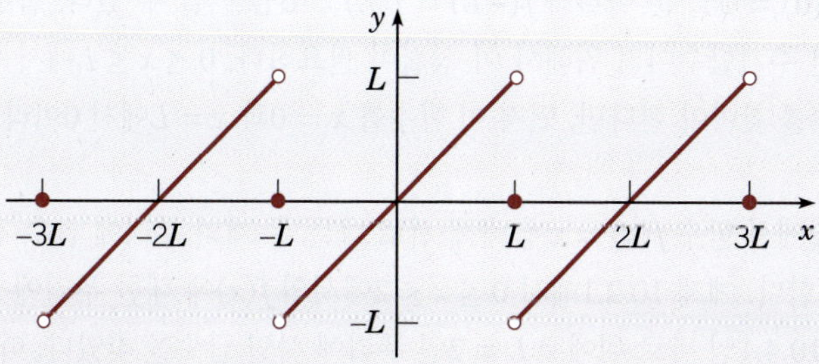

그림 10.4.2 예제 10.4.1의 톱니파

f가 기함수이기 때문에 식 (8)에 따라 이것의 푸리에 급수는

$$a_n = 0, \quad n = 0, 1, 2, \ldots;$$

$$\begin{aligned} b_n &= \frac{2}{L}\int_0^L x \sin\left(\frac{n\pi x}{L}\right) dx \\ &= \frac{2}{L}\left(\frac{L}{n\pi}\right)^2 \left(\sin\left(\frac{n\pi x}{L}\right) - \frac{n\pi x}{L}\cos\left(\frac{n\pi x}{L}\right)\right)\Bigg|_0^L \\ &= \frac{2L}{n\pi}(-1)^{n+1}, \quad n = 1, 2, \ldots \end{aligned}$$

이다. 따라서, 톱니파 f의 푸리에 급수는

$$\begin{aligned} f(x) &= \frac{2L}{\pi}\sum_{n=1}^{\infty}\frac{(-1)^{n+1}}{n}\sin\left(\frac{n\pi x}{L}\right) \\ &= \frac{2L}{\pi}\left(\sin\left(\frac{\pi x}{L}\right) - \frac{1}{2}\sin\left(\frac{2\pi x}{L}\right) + \frac{1}{3}\sin\left(\frac{3\pi x}{L}\right) - \cdots\right) \end{aligned} \tag{9}$$

이다. 그림 10.4.2에 나타났듯이 주기함수 f는 점 $\pm L, \pm 3L, \ldots$,들에서 불연속이고 이 점들에서 급수 (9)는 우극한과 좌극한의 평균, 즉 0으로 수렴한다. **그림 10.4.3**은 $n = 9$에 대한 급수 (9)의 부분 합을 나타내고 있는데 (10.3절에서 소개한) Gibbs 현상이 불연속점 근처에서 다시 발생함을 알 수 있다.

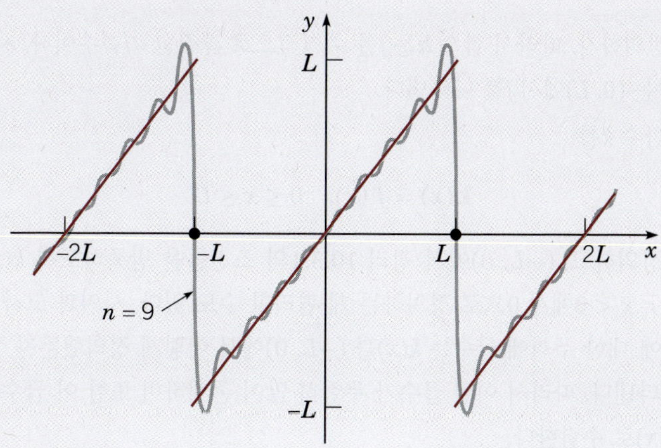

그림 10.4.3 톱니파(푸른색)에 대한 푸리에 급수, 식 (9)의 부분 합(회색)

이 예제에서 $f(0) = 0$일 뿐 아니라 $f(-L) = f(L) = 0$임을 알 수 있다. 함수 f가 기함수이고 동시에 주기 $2L$인 주기함수이기 위해서 이 성질이 필요하다. $0 \le x \le L$에서 정의된 어떤 함수에 대한 사인 급수를 찾아야 한다면, 먼저 이 함수를 $x = 0$과 $x = L$에서 0이라고 다시 정의해야 한다.

구간 $0 \le x \le 2$에서 함수 $f(x) = x$에 대해 서로 다른 두 개의 푸리에 급수 전개를 찾을 수 있음을 지적하고자 한다. 예제 10.2.1에서 $0 \le x \le 2$에서의 $f(x)$에 대한 푸리에 코사인 급수를 찾았다. 한편, 예제 10.4.1인 바로 위에서 $L = 2$인 푸리에 사인 급수를 찾았다. 따라서 함수 $f(x) = x$를 $0 \le x < 2$에서 푸리에 급수로 표현하고자 한다면 *코사인 급수나 사인 급수 둘 다* 가능하다. 전자의 경우, f는 구간 $-2 < x < 0$에서는 우함수로, 그 외에서는 주기함수로 확장할 수 있다(세모파). 후자의 경우, f는 구간 $-2 < x < 0$에서는 *기*함수로, 그 외에서는 주기함수로 확장할 수 있다(톱니파). f를 둘 중 어느 하나로 확장하면 그때 생기는 푸리에 급수는 여전히 $0 \le x < 2$에서 x로 수렴하지만 사인과 코사인 항을 동시에 포함하지는 않는다.

미분방정식에 대한 문제를 풀 때 원래는 구간 $[0, L]$에서만 정의되었던 함수 f를 주기 $2L$인 푸리에 급수로 확장하는 방법이 자주 사용된다. 앞에서 $L = 2$인 함수 $f(x) = x$에 대해 보였듯이 몇 가지 가능한 안들이 있다.

1. 주기 $2L$인 함수 g를

$$g(x) = \begin{cases} f(x), & 0 \le x \le L, \\ f(-x), & -L < x < 0 \end{cases} \tag{10}$$

이 되도록 정의하자. 따라서 함수 g는 f를 *주기적으로 확장한 우함수*이다. 코사인 급수인 g의 푸리에 급수는 $[0, L]$에서 f를 나타낸다.

2. 주기 $2L$인 함수 h를

$$h(x) = \begin{cases} f(x), & 0 < x < L, \\ 0, & x = 0,\ L, \\ -f(-x), & -L < x < 0 \end{cases} \tag{11}$$

가 되도록 정의하자. 따라서 함수 h는 f를 *주기적으로 확장한 기함수*이다. 사인 급수인 h의 푸리에 급수는 $(0, L)$에서 f를 나타낸다.

3. 주기 $2L$인 함수 k를

$$k(x) = f(x), \quad 0 \le x \le L \tag{12}$$

가 되도록 정의하고, $(-L, 0)$에서 정리 10.3.1의 조건들을 만족하도록 $k(x)$를 정의하자. $k(x)$를 $-L < x < 0$에서 0으로 정의하는 게 편리할 수도 있다. 사인과 코사인 항들을 모두 포함하는 k에 대한 푸리에 급수는 $k(x)$를 $(-L, 0)$에서 어떻게 정의했든지 상관없이 $[0, L]$에서 f를 나타낸다. 따라서 이런 급수가 무한히 많이 존재하며 또한 이 급수는 모두 원래의 구간에서 $f(x)$로 수렴한다.

보통 필요한 목적에 따라 어떤 형태로 확장할지가 결정된다(또는 적어도 제안할 수 있다). 그러나 어떤 푸리에 급수를 사용할지 선택할 수 있다면 얼마나 빨리 수렴하는지에 따라 선택할 수도 있다. 예를 들어 세모파(10.2절의 식 (20))에 대한 코사인 급수는 톱니파(이 절에서의 식 (9))

에 대한 사인 급수보다 훨씬 빨리 수렴한다. 물론 이 두 급수는 $0 \le x < L$에서 같은 함수로 수렴하지만 세모파가 톱니파보다 더 매끄러운 함수이고, 따라서 근사하기가 더 쉽다. 일반적으로 함수가 전 구간 $-\infty < x < \infty$에서 연속인 도함수를 더 많이 가지고 있을수록 이 함수에 대한 푸리에 급수는 더 빨리 수렴할 것이다. 10.3절의 연습문제 **18**을 참조하자.

예제 10.4.2

함수를 다음과 같이 가정하자.

$$f(x) = \begin{cases} 1 - x, & 0 < x \le 1, \\ 0, & 1 < x \le 2 \end{cases} \tag{13}$$

앞에서 보인 것처럼 f는 코사인 급수 또는 사인 급수 둘 다로 나타낼 수 있다. $-6 \le x \le 6$에서 이 급수들의 합에 대한 그래프를 각각 그려라.

풀이

이 예제에서 $L = 2$이므로 f에 대한 코사인 급수는 f를 우함수이면서 주기 4인 주기함수로 확장한 함수로 수렴되는데, 이에 해당하는 그래프는 **그림 10.4.4**에 나타나 있다.

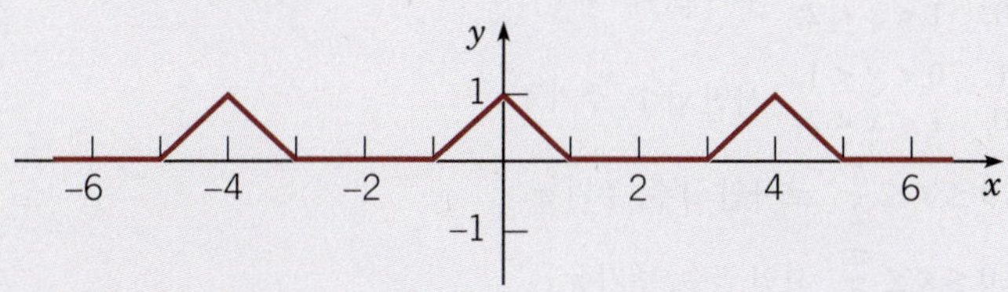

그림 10.4.4 식 (13)에 의해 주어진 $f(x)$의 주기적인 우함수 확장

비슷하게 f에 대한 사인 급수는 f를 기함수이면서 주기 4인 주기함수로 확장한 함수로 수렴된다. 이 함수에 대한 그래프는 **그림 10.4.5**에 나타나 있다.

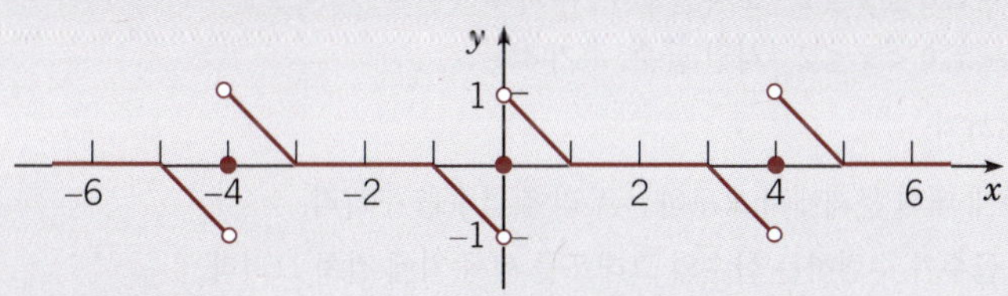

그림 10.4.5 식 (13)에 의해 주어진 $f(x)$의 주기적인 기함수 확장

연습 문제

▶ 문제 **1**부터 **6**까지 주어진 함수들이 우함수인지 기함수인지 아니면 둘 다 아닌지 결정하라.

1. $x^3 - 4x$

2. $x^4 - x^3 - x - 1$

3. $\tan(4x)$

4. $\sec(3x)$

5. $|x|^7$

6. e^{2x}

▶ 문제 **7**부터 **12**까지 함수 f가 길이 L인 구간에서 주어진다. 주어진 함수를 주기 $2L$인 우함수와 기함수로 확장한 함수의 그래프를 각각 그려라.

7. $f(x) = \begin{cases} x/2, & 0 \le x < 2, \\ 1, & 2 \le x < 3 \end{cases}$

8. $f(x) = \begin{cases} 0, & 0 \le x < 1, \\ x^2 - 1, & 1 \le x < 2 \end{cases}$

9. $f(x) = 5 - x, \quad 0 < x < 5$

10. $f(x) = x - 2, \quad 0 < x < 4$

11. $f(x) = \begin{cases} 0, & 0 \le x < 2, \\ 2, & 2 \le x < 4 \end{cases}$

12. $f(x) = 2 - x^2, \quad 0 < x < 1$

13. 임의의 함수를 우함수와 기함수의 합으로 표현할 수 있음을 증명하자. 즉, x를 포함하면 $-x$도 포함하는 영역을 갖는 임의의 함수 f에 대해 $f(x) = g(x) + h(x)$인 우함수 g와 기함수 h가 존재함을 보여라. *힌트*: $f(x) + f(-x)$에 대해 어떻게 말할 수 있는가?

2. 다음 함수의 코사인 급수와 사인 급수에 대한 계수들을 구하라.

$$f(x) = \begin{cases} 2 - x, & 0 < x \le 2, \\ 0, & 2 < x \le 4 \end{cases}$$

▶ 문제 **15**부터 **22**까지:

a. 주어진 함수에 대해 문제에서 요구하는 푸리에 급수를 구하라.

b. **a**에서 구한 급수가 수렴하는 함수의 그래프를 세 주기에 걸쳐 그려라.

15. $f(x) = \begin{cases} 2, & 0 < x < 1, \\ 0, & 1 < x < 2; \end{cases}$ 코사인 급수, 주기 4

16. $f(x) = \begin{cases} 1, & 0 < x < 1, \\ 0, & 1 < x < 2; \end{cases}$ 사인 급수, 주기 4

17. $f(x) = 2, 0 \le x \le \dfrac{\pi}{2}$ 코사인 급수, 주기 π

18. $f(x) = 2, 0 \le x \le \dfrac{\pi}{2}$ 사인 급수, 주기 π

19. $f(x) = \begin{cases} 0, & 0 < x < \pi, \\ 1, & \pi < x < 2\pi, \\ 2, & 2\pi < x < 3\pi; \end{cases}$ 사인 급수, 주기 6π

20. $f(x) = 2x, \quad 0 \le x \le 1$ 주기 1인 급수

21. $f(x) = 2 - x, 0 \le x \le 2$ 코사인 급수, 주기 4

22. $f(x) = 2 - x, 0 < x \le 2$ 사인 급수, 주기 4

▶ 문제 **23**부터 **26**까지:

a. 주어진 함수에 대해 문제에서 요구하는 푸리에 급수를 구하라.

b. **a**에서 찾은 급수가 수렴하는 함수의 그래프를 세 주기에 걸쳐 그려라.

c. G 급수의 부분 합을 하나 또는 그 이상 그려라.

23. $f(x) = \begin{cases} 2x, & 0 < x < \pi, \\ 0, & \pi < x < 2\pi; \end{cases}$ 코사인 급수, 주기 4π

24. $f(x) = -3x, \quad -\pi < x < 0;$ 사인 급수, 주기 2π

25. $f(x) = 4 - x^2, \quad 0 < x < 2;$ 사인 급수, 주기 4

26. $f(x) = x^2 - 2x, \quad 0 < x < 4;$ 코사인 급수, 주기 8

▶ 문제 **27**부터 **30**까지 함수가 구간 $0 < x < L$에서 주어진다.

a. 주어진 함수에 대해 주기 $2L$인 우함수 확장 $g(x)$와 기함수 확장 $h(x)$의 그래프를 세 주기에 걸쳐 그려라.

b. 주어진 함수에 대한 푸리에 코사인 급수와 푸리에 사인 급수를 구하라.

c. G 각 급수의 몇 개의 부분 합을 그려라.

d. G $[0, L]$에서 각 급수에 대한 최대 오차가 n에 따라 어떻게 달라지는지 조사하라.

27. $f(x) = 3 - x, \quad 0 < x < 3$

28. $f(x)=\begin{cases}2x, & 0<x<1,\\ 0, & 1<x<2\end{cases}$

29. $f(x)=\left(4x^2-4x-3\right)/4,\quad 0<x<2$

30. $f(x)=x^3-5x^2+5x+1,\quad 0<x<3$

31. f가 기함수이면

$$\int_{-L}^{L} f(x)\,dx=0$$

임을 증명하라.

32. 본문에서 나온 우함수와 기함수에 대한 성질 2와 3을 증명하라.

33. 우함수의 도함수는 기함수이고 기함수의 도함수는 우함수임을 증명하라.

34. $f(x)=\int_0^x f(t)\,dt$라 두자. f가 우함수이면 F는 기함수이고, f가 기함수이면 F는 우함수임을 보여라.

35. Parseval 방정식이 다음과 같이 주어진다.

$$\frac{1}{L}\int_{-L}^{L}\{f(x)\}^2dx=\frac{a_0^2}{2}+\sum_{n=1}^{\infty}\left(a_n^2+b_n^2\right)$$

이를 사용하여 다음을 증명하라.

$$\frac{1}{1^4}+\frac{1}{3^4}+\frac{1}{5^4}+\cdots=\frac{\pi^4}{96}$$

36. Parseval 방정식이 다음과 같이 주어진다.

$$\frac{1}{L}\int_{-L}^{L}\{f(x)\}^2dx=\frac{a_0^2}{2}+\sum_{n=1}^{\infty}\left(a_n^2+b_n^2\right)$$

이를 사용하여 다음의 값을 구하라.

$$\frac{1}{1^4}+\frac{1}{2^4}+\frac{1}{3^4}+\cdots$$

37. f가 다음과 같은 푸리에 사인 급수를 가진다고 가정하자.

$$f(x)=\sum_{n=1}^{\infty}b_n\sin\left(\frac{n\pi x}{L}\right),\quad 0\le x\le L$$

a.

$$\frac{2}{L}\int_0^L (f(x))^2\,dx=\sum_{n=1}^{\infty}b_n^2$$

인 형태가 됨을 보여라. 이 결과(Parseval 방정식)를 10.3절의 연습문제 **17**의 결과와 비교하라. f가 코사인 급수를 가진다면 이에 해당되는 결과는 무엇인가?

b. **a**의 결과를 식 (9)에서 주어진 톱니파에 대한 급수에 적용하고, 따라서

$$\frac{\pi^2}{6}=1+\frac{1}{2^2}+\frac{1}{3^2}+\cdots=\sum_{n=1}^{\infty}\frac{1}{n^2}$$

임을 보여라. 이 관계식은 약 1735년에 오일러가 찾은 것이다.

좀 더 특수한 푸리에 급수들. f가 원래는 $0\le x\le L$에서 정의되었고 정리 10.3.1의 연속 조건을 만족한다고 하자. 이 절에서 f를 주기적인 기함수 또는 우함수로 확장하여 사인 급수 또는 코사인 급수로 나타낼 수 있었다. 문제 **38**부터 **39**까지는 $(0, L)$에서 주어진 함수 f로 수렴하는 좀 더 특수한 푸리에 급수에 관한 것이다.

38. 정리 10.3.1의 연속 조건들과 관련된 임의의 방법으로 f를 $(0, 2L]$로 확장하자. 그런 후 이 확장된 함수를 $(-2L, 0)$에서는 기함수가 되고 그 외에서는 주기 $4L$인 주기함수가 되도록 다시 확장하자(**그림 10.4.6** 참고). 이 함수가 $n = 1, 2, 3, \ldots$,에 대한 함수 $\sin\left(\frac{n\pi x}{2L}\right)$를 항으로 하는 푸리에 사인 급수를 가짐을 보여라; 즉,

$$f(x) = \sum_{n=1}^{\infty} b_n \sin\left(\frac{n\pi x}{2L}\right)$$

이고 이때,

$$b_n = \frac{1}{L}\int_0^{2L} f(x)\sin\left(\frac{n\pi x}{2L}\right)dx$$

임을 보여라. 이 급수는 $(0, L)$에서 원래의 함수로 수렴한다.

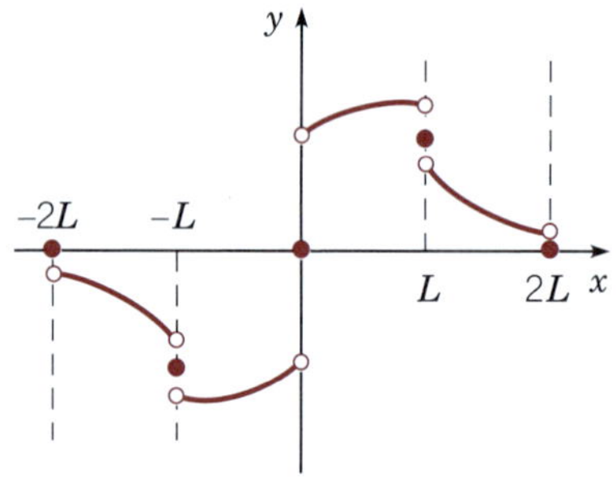

그림 10.4.6 문제 **38**에서 주어진 함수의 그래프

39. 먼저 f를 $x = L$에 대해 대칭이 되도록 $(L, 2L)$로 확장하자. 그러면 f는 $0 \le x < L$에 대해 $f(2L - x) = f(x)$를 만족한다. 이 확장된 함수를 $(-2L, 0)$에서 기함수가 되고 그 외에서는 주기 $4L$인 주기함수가 되도록 다시 확장하자(**그림 10.4.7** 참고). 이 함수가 함수 $\sin\left(\frac{\pi x}{2L}\right)$, $\sin\left(\frac{3\pi x}{2L}\right)$, $\sin\left(\frac{5\pi x}{2L}\right)\ldots$, 들을 항으로 하는 푸리에 급수를 가짐을 보여라; 즉,

$$f(x) = \sum_{n=1}^{\infty} b_n \sin\left(\frac{(2n-1)\pi x}{2L}\right)$$

이고 이때

$$b_n = \frac{2}{L}\int_0^{L} f(x)\sin\left(\frac{(2n-1)\pi x}{2L}\right)dx$$

임을 보여라. 이 급수는 $(0, L]$에서 원래의 함수로 수렴한다.

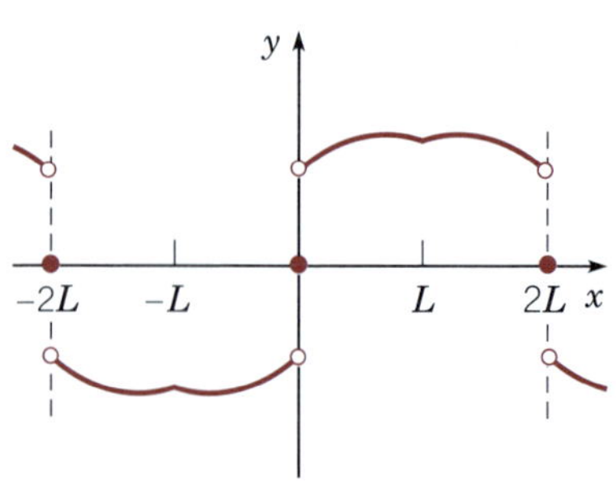

그림 10.4.7 문제 **39**에서 주어진 함수의 그래프

40. $(-L, L)$에서 $f(x)$로 해당하는 푸리에 급수가 있다면, 다음 따라오는 식을 증명하라.

$$\frac{1}{L}\int_{-L}^{L}\{f(x)\}^2 dx = \frac{a_0^2}{2} + \sum_{n=1}^{\infty}(a_n^2 + b_n^2)$$

위 등식은 Parseval 방정식으로 알려져 있다.

10.5 변수분리법: 막대에서의 열전도

이 장에서 소개할 열전도, 파장 전파, 퍼텐셜 이론에 대한 기본적인 편미분방정식들은 서로 다른 세 유형의 물리적 현상과 관련이 있다: 확산 과정, 진동 과정, 시간에 독립적인 또는 정상적인 과정이 그것이다. 이런 과정들은 많은 물리학 분야에서 중요하고도 핵심적인 개념이며 수학적으로도 큰 의미가 있다. 이론적으로 가장 잘 발달되어 있으며 가장 의미 있고 다양하게 응용되는 편미분방정식은 2계 선형 편미분방정식이다. 이런 편미분방정식들은 모두 세 가지 범주 중 하나로 분류될 수 있다: 열전도 방정식, 파동방정식, 퍼텐셜 방정식이 각각 이 세 가지 범주들의 기본형이다. 따라서 이 세 가지 방정식에 대해 연구함으로써 더 일반적인 2계 선형 편미분방정식들에 대한 많은 정보를 얻을 수 있다.

최근 2세기 동안 편미분방정식들을 풀기 위해 여러 가지 방법들이 개발되었다. 이 중 변수분리법은 가장 오래된 체계적인 방법인데, 1750년 즈음에 달랑베르(D'Alembert), 다니엘 베르누이, 오일러가 파동과 진동에 대한 연구를 하는 데 사용하였다. 그 후 변수분리법은 훨씬 개선되어 일반화되었고 오늘날 가장 요긴하게 사용하는 방법이 되었다. 이 변수분리법을 어떻게 사용하는지 살펴보기 위해 먼저 고체의 열전도에 대한 기본 문제를 고려하자. 열전도에 대한 수학적인 연구는 대략 1800년대로 거슬러 올라가는데[9] 아직까지도 현대의 과학자들이 관심을 기울이고 있는 분야이다. 예를 들어, 고속 기계 안의 열원으로부터 멀어지면서 열이 소멸되고 전달되는 과정을 해석하는 것은 공업 분야에서 자주 발생하는 주요 문제이다.

이제 일정한 단면을 갖고 균일한 물질로 되어 있는 곧은 막대에 대한 열전도 문제를 고려하자. x축을 막대의 축을 따라 놓고 $x = 0$과 $x = L$을 막대의 양 끝으로 두자(**그림 10.5.1** 참조). 또한 막대의 옆면을 완전히 단열하여 열이 드나들지 못하고, 온도 u를 임의의 단면에서 일정하다고 놓을 수 있을 만큼 단면의 크기가 충분히 작다고 가정하자. 그러면 u는 축 좌표 x와 시간 t만의 함수가 된다.

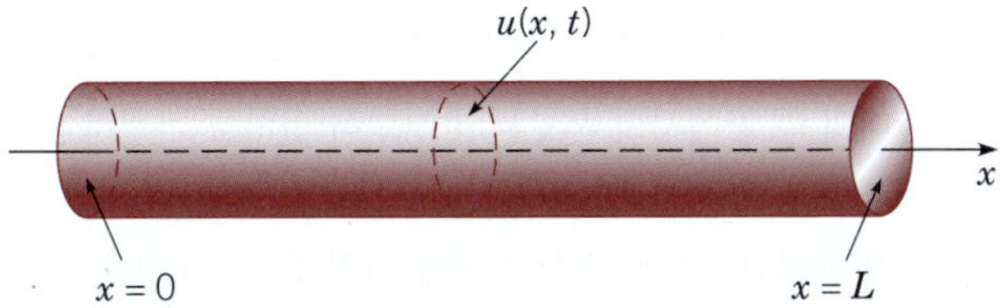

그림 10.5.1 열이 전도되는 고체 막대

[9] 열 전달에 대한 최초의 중대한 연구는 푸리에(Joseph Fourier)가 한 것이다. 그는 1807년과 1811년에 파리의 과학 아카데미에서 이에 관련된 기초적인 논문을 발표하였다. 비록 이 논문들이 논쟁의 여지가 있었고 그 당시에 출판되지는 않았지만 푸리에는 그의 연구를 계속 발전시켜 드디어 1822년에 응용수학계의 고전 중 하나, *Théorie analytique de la chaleur*를 출판하게 되었다.

이 막대에서의 온도 변화에 대한 지배 방정식은 편미분방정식을 이루는데, 그 유도 과정은 이 장 끝부분의 부록 A에 나와 있다. 이것은 **열전도 방정식**이라 부르고, **열확산율**이라고 알려진 상수 α^2에 대해 다음과 같은 형태를 갖는다.

$$\alpha^2 u_{xx} = u_t, \quad 0 < x < L, \quad t > 0 \tag{1}$$

매개변수 α^2은 막대를 구성하고 있는 물질에만 종속되고

$$\alpha^2 = \frac{\kappa}{\rho s} \tag{2}$$

로 정의된다. 이때 κ는 열전도율, ρ는 밀도, s는 막대를 구성하고 있는 물질의 비열이다. α^2의 단위는 (길이)^2/시간이고 α^2의 특정한 값들은 **표 10.5.1**에 나와 있다.

표 10.5.1 주변에서 흔히 볼 수 있는 물질에 대한 열확산율 값

물질	α^2(cm^2/s)
은(순도 99.9%)	1.6563
금	1.27
구리(25°C 조건에서)	1.11
실리콘	0.88
알루미늄	0.8418
철	0.23
공기(300K 조건에서)	0.19
주철	0.12
철(탄소 함유량 1%)	0.1172
철(25°C 조건에서 스테인리스강 310)	0.03352
석영	0.014
화강암	0.011
벽돌	0.0038
물	0.00144
나무(옐로 파인)	0.00082

또한, 이 막대에 초기 온도 분포가 주어져 있다고 가정하자; 즉, 주어진 함수 f에 대해

$$u(x,0) = f(x), \quad 0 \le x \le L \tag{3}$$

이다. 마지막으로 이 막대의 양 끝에서의 온도는 고정되어 있다고 가정하자: $x=0$에서의 온도는 T_1이고 $x=L$에서의 온도는 T_2이다. 그러나 실제로는 $T_1 = T_2 = 0$인 경우만 다루어도 충분하다. 10.6절에서 좀 더 일반적인 온도를 갖는 문제를 어떻게 모두 0인 특수한 경우로 바꾸는지 설명하겠다. 일단 이 절에서는 $x=0$과 $x=L$에서 u가 항상 0이라고 가정하자:

$$u(0,t) = 0, \quad u(L,t) = 0, \quad t > 0 \tag{4}$$

열전도에 대한 기본 문제는 $0 < x < L$이고 $t > 0$일 때 미분방정식 (1)을 만족하고, $t = 0$일 때 초기조건 (3)과 $x = 0$, $x = L$에서 경계조건 (4)를 만족하는 $u(x, t)$를 구하는 것이다.

식 (1), (3), (4)에 의해 묘사되는 문제는 시간 변수 t에 대한 초깃값 문제이다; 초기조건이 주어져 있고 이후에 어떤 일이 발생하는지는 이 미분방정식이 결정한다. 그러나 이 문제는 공간 변수 x에 대한 경계값 문제이기도 하다; 경계조건들이 막대의 양 끝에서 주어져 있고 그 사이 구간에서의 온도 변화는 미분방정식이 나타낸다. 또는 이 문제를 xt-평면상의 경계값 문제로 생각할 수도 있다(그림 10.5.2 참고). 식 (1)의 해 $u(x, t)$는 한쪽 방향으로 무한히 길게 뻗어 있는 좁고 긴 영역 $0 < x < L, t > 0$에서 찾을 수 있다. 이때 이 좁고 긴 영역의 경계 위에서 $u(x, t)$ 값들이 미리 모두 정해져 있어야 한다.

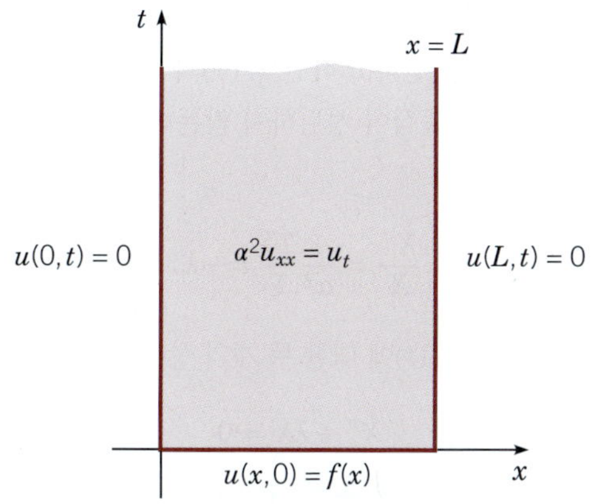

그림 10.5.2 열전도 방정식에 대한 경계값 문제

u가 모두 1승이기 때문에 열전도 문제 (1), (3), (4)는 *선형*이다. 또한 이 미분방정식과 경계조건들은 *제차*이므로 먼저 이 미분방정식과 경계조건들에 해당하는 해들을 찾은 후, 이 해들을 중첩하여 초기조건을 만족하도록 하는 방식으로 해에 접근해 갈 수 있다. 다음은 이 구상을 어떻게 구현하는지에 대해 설명하겠다.

▶**변수분리법.** 함수 $u(x, t) = 0$은 경계조건 (4)를 만족하는 미분방정식 (1)의 해 중 하나이지만 $f(x)$ 역시 0인 자명한 경우가 아니라면 초기조건 (3)을 만족할 수 없다. 따라서 주어진 미분방정식과 경계조건들을 만족하는 영이 아닌 또 다른 해를 찾아야 한다. 이런 해를 찾기 위해서 해의 형태에 대한 기본 가정으로부터 시작하는데 이 가정은 예기치 못한 엄청난 결과를 가져올 수도 있다. 그 가정은 $u(x, t)$가 하나는 x에만 종속되고 또 다른 하나는 t에만 종속되는 두 함수의 곱이라는 것이다; 즉,

$$u(x,t) = X(x)T(t) \tag{5}$$

라고 가정한다. 식 (5)의 u를 미분방정식 (1)에 대입하면

$$\alpha^2 X''(x)T(t) = X(x)T'(t)$$

를 얻는다. 편의상 다음 유도과정 중 독립변수 x와 t를 생략하겠다; X와 T라는 기호를 사용한 이유는 이 함수들이 각각 변수 x와 t에 종속된다는 것을 나타내기 위해서이다. 따라서 바로 위의 식을

$$\alpha^2 X''T = XT' \tag{6}$$

으로 쓸 수 있다. 이때, 프라임 기호는 독립변수 x 또는 t에 대한 상미분을 의미한다. 식 (6)의 양변을 α^2XT로 나누면 이와 동치인 식

$$\frac{X''}{X} = \frac{1}{\alpha^2}\frac{T'}{T} \tag{7}$$

을 얻을 수 있다. 이 식은 변수가 분리되어 있다; 즉, 좌변은 x에만 종속되고 우변은 t에만 종속된다.

식 (7)이 $0 < x < L, t > 0$에 대해 유효해야 하므로 식 (7)의 양변이 모두 똑같은 상수여야 한다는 것이 이 방법에서 가장 결정적인 부분이다. 그렇지 않고 만약 하나의 독립변수(이를테면 x 같은)를 고정시키고 다른 독립변수가 변한다고 하면 식 (7)의 한쪽 변(이 경우에는 좌변)은 다른 변이 바뀌어도 변하지 않아야 하므로 등식이 성립하지 않는다. 이 똑같은 상수를 분리상수 $-\lambda$라 놓으면 식 (7)은

$$\frac{X''}{X} = \frac{1}{\alpha^2}\frac{T'}{T} = -\lambda \tag{8}$$

가 된다. 따라서 다음과 같은 $X(t)$와 $T(t)$에 대한 두 개의 상미분방정식을 얻을 수 있다:

$$X'' + \lambda X = 0 \tag{9}$$

$$T' + \alpha^2\lambda T = 0 \tag{10}$$

이 분리상수를 (λ가 아닌) $-\lambda$라 놓은 이유는 이 문제에서 이 상수가 음수여야 하기 때문에 편의상 마이너스 부호를 명시하고 있는 것이다.

가정 (5)에 의해 편미분방정식 (1)이 두 개의 상미분방정식 (9)와 (10)으로 바뀌었는데 둘 다 상수계수들을 갖는 제차 선형 미분방정식이므로 *임의의* λ에 대해 쉽게 풀 수 있다. 이때, 식 (9)와 (10)의 두 해들을 곱하면 편미분방정식 (1)의 해를 구할 수 있다. 그러나 식 (1)의 해들 중에서 경계조건 (4)를 만족하는 해들만 의미가 있으므로 λ가 가질 수 있는 값은 매우 제한적이다.

$x = 0$에서의 경계조건에 식 (5)의 $u(x, t)$를 대입하면

$$u(0, t) = X(0)\,T(t) = 0 \tag{11}$$

을 얻을 수 있다. 식 (11)을 만족하도록 모든 t에 대해 $T(t)$를 0으로 선택하면 모든 x, t에 대해 $u(x, t)$는 0이 되는데, 이것은 앞에서 이미 배제하였다. 따라서 식 (11)을 만족하기 위해서

$$X(0) = 0 \tag{12}$$

이어야 한다. 비슷하게 $x = L$에서의 경계조건을 만족하기 위해서

$$X(L) = 0 \tag{13}$$

이어야 한다.

이제 경계조건 (12)와 (13)을 갖는 식 (9)를 고려하자. 이것은 10.1절의 끝부분에 상세히 설명한 것과 똑같은 고윳값 문제이다; 특히 10.1절의 식 (29) 다음 문단을 보자. 유일한 차이는 10.1절에서는 종속변수를 X가 아니라 y로 놓은 것뿐이다. 앞서 얻었던 결과를 참고하면[10.1절의 식 (31)] 식 (9), (12), (13)의 유일하게 자명하지 않은 해는 고유함수

$$X_n(x) = \sin\left(\frac{n\pi x}{L}\right), \quad n = 1, 2, 3, \ldots \tag{14}$$

인데 이것은 고윳값

$$\lambda_n = \frac{n^2\pi^2}{L^2}, \quad n = 1, 2, 3, \ldots \tag{15}$$

에 대응되는 것이다.

이제 $T(t)$에 대한 식 (10)으로 돌아가서 λ에 $n^2\pi^2/L^2$을 대입하면

$$T' + \frac{n^2\pi^2\alpha^2}{L^2}T = 0 \tag{16}$$

이 되므로 $T(t)$는 $\exp(n^2\pi^2\alpha^2 t/L^2)$에 비례한다. 따라서 식 (9)와 (10)의 해들을 곱하고 임의의 비례상수를 생략해서 얻은 함수

$$u_n(x,t) = e^{-n^2\pi^2\alpha^2 t/L^2}\sin\left(\frac{n\pi x}{L}\right), \quad n = 1, 2, 3, \ldots \tag{17}$$

가 모든 양의 정수 n에 대해 편미분방정식 (1)과 경계조건 (4)를 만족한다고 결론지을 수 있다. 이 함수 u_n을 열전도 문제 (1), (3), (4)의 **기본해**(fundamental solution)라고 부른다.

이제 초기조건 (3):

$$u(x,0) = f(x), \quad 0 \le x \le L \tag{18}$$

만 만족하면 된다. 초깃값 문제를 풀 때 주로 **중첩의 원리**(principle of superposition)를 사용하였다; 즉, 미분방정식의 기본해 집합으로 일차결합을 만들어 주어진 초기조건을 만족하는 계수들을 선택하였다. 여기서 다루는 문제에서도 이와 비슷하게 함수 (17)의 일차결합을 만들어 식 (18)을 만족하는 계수들을 선택하고자 한다. 앞에서의 문제와 크게 다른 점은 (17)의 함수가 무수히 많아서 이것에 대한 일반적인 일차결합은 무한급수라는 것이다. 따라서 미정 계수 c_n에 대해

$$u(x,t) = \sum_{n=1}^{\infty} c_n u_n(x,t) = \sum_{n=1}^{\infty} c_n e^{-n^2\pi^2\alpha^2 t/L^2}\sin\left(\frac{n\pi x}{L}\right) \tag{19}$$

라고 가정하자. 급수 (19)의 각 항들은 미분방정식 (1)과 경계조건 (4)를 만족한다. 여기서 식 (19)의 무한급수가 수렴하고 식 (1), (4)를 만족한다고 가정하자. 초기조건 (3)을 만족하기 위해서

$$u(x,0) = \sum_{n=1}^{\infty} c_n \sin\left(\frac{n\pi x}{L}\right) = f(x) \tag{20}$$

여야 한다. 즉, 식 (20)의 사인함수들로 이루어진 급수가 $0 \le x \le L$에 대해 초기 온도 분포 $f(x)$로 수렴하도록 하는 계수 c_n을 선택해야 한다. 식 (20)의 급수는 정확히 f에 대한 푸리에 사인 급수이다; 10.4절의 식 (8)에 따라 이 급수의 계수는

$$c_n = \frac{2}{L}\int_0^L f(x)\sin\left(\frac{n\pi x}{L}\right)dx \tag{21}$$

로 주어진다. 따라서 식 (1), (3), (4)의 열전도 문제에 대한 해는 식 (21)을 계산하여 나온 계수들을 갖는 식 (19)의 급수로 주어진다.

예제 10.5.1 길이가 50 cm이고 옆면을 단열한 금속 막대의 임의의 시간에 대한 온도 $u(x, t)$를 구하라. 이때, 금속 막대 전체의 온도는 처음에는 모두 일정하게 20°C로 주어지고 양 끝에서의 온도는 모든 $t > 0$에 대해 0°C를 유지한다.

풀이

이 막대의 온도는 $L = 50$이고 $0 < x < 50$에 대해 $f(x) = 20$인 열전도 문제 (1), (3), (4)를 만족한다. 따라서 식 (19)로부터 해는

$$u(x,t) = \sum_{n=1}^{\infty} c_n e^{-n^2\pi^2\alpha^2 t/2500} \sin\left(\frac{n\pi x}{50}\right) \tag{22}$$

이고 이때의 계수는 식 (21)로부터

$$c_n = \frac{4}{5}\int_0^{50} \sin\left(\frac{n\pi x}{50}\right) dx = \frac{40}{n\pi}(1 - \cos(n\pi)) = \begin{cases} \dfrac{80}{n\pi}, & n \text{ odd;} \\ 0, & n \text{ even} \end{cases} \tag{23}$$

이다. 마지막으로 식 (22)에 c_n을 대입하면

$$u(x,t) = \frac{80}{\pi} \sum_{n=1,3,5,\ldots}^{\infty} \frac{1}{n} e^{-n^2\pi^2\alpha^2 t/2500} \sin\left(\frac{n\pi x}{50}\right) \tag{24}$$

이 된다.

온도에 대한 식 (24)는 상당히 복잡하지만 급수의 각 항들에 있는 음의 지수 인수는 작은 t나 α^2값을 제외하고는 이 급수가 매우 빨리 수렴하도록 해준다. 따라서 이 급수의 처음 몇 항들만 사용해도 비교적 정확한 결과를 얻을 수 있다.

정량적 결과를 알기 위해 t의 단위를 초로 두자; 그러면 α^2의 단위는 cm^2/s가 된다. 편의상 $\alpha^2 = 1$을 선택하면 이는 구리와 알루미늄 중간 정도의 열 특성을 갖는 물질로 이루어진 막대에 해당한다. 이 해에 대한 그래프는 **그림 10.5.3**부터 **10.5.5**에 걸쳐 나타나 있다. 그림 10.5.3에서 몇몇 서로 다른 시간에서의 이 막대의 온도 분포를 볼 수 있다. 이때의 온도는 막대의 열이 양 끝을 통해 빠져나감에 따라 일정하게 감소한다. 막대의 주어진 한 점에서 온도가 감소하는 모습은 **그림 10.5.4**에 나와 있는데, 이 그림은 막대의 몇몇 선택된 지점에서 시간에 따른 온도를 나타낸 것이다. 마지막으로 그림 10.5.5는 x와 t에 따른 u의 3차원 그래프이다. 그림 10.5.5의 곡면을 t 또는 x가 상수인 평면들과 교차시키면

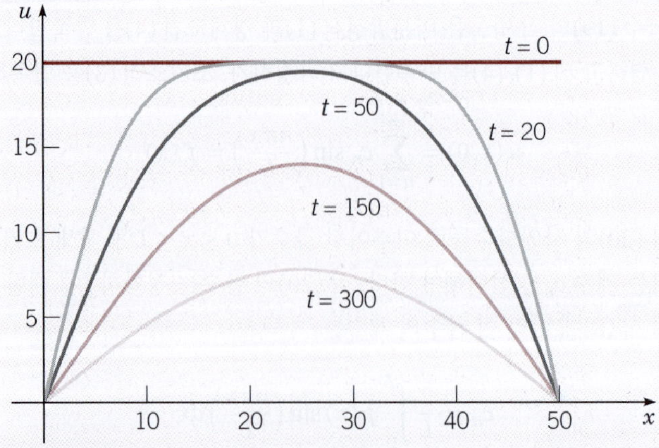

그림 10.5.3 예제 10.5.1의 열전도 문제에 대해 급수해 (24)의 처음 다섯 항들을 이용한 몇몇 시간에서의 온도 분포

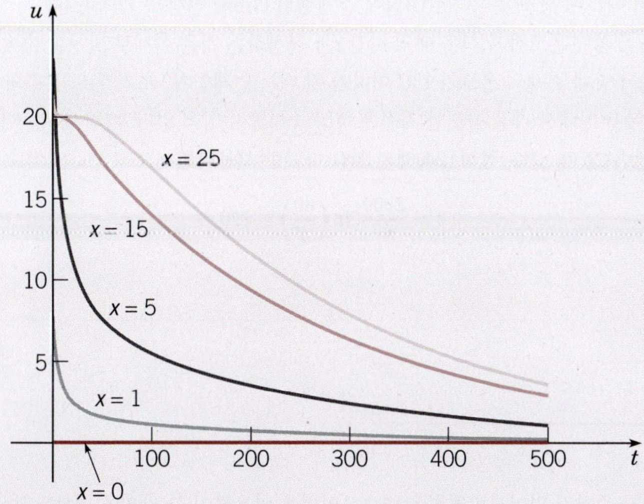

그림 10.5.4 예제 10.5.1의 열전도 문제에 대해 급수해 (24)의 처음 다섯 항들을 이용한 몇몇 위치에서의 시간에 따른 온도

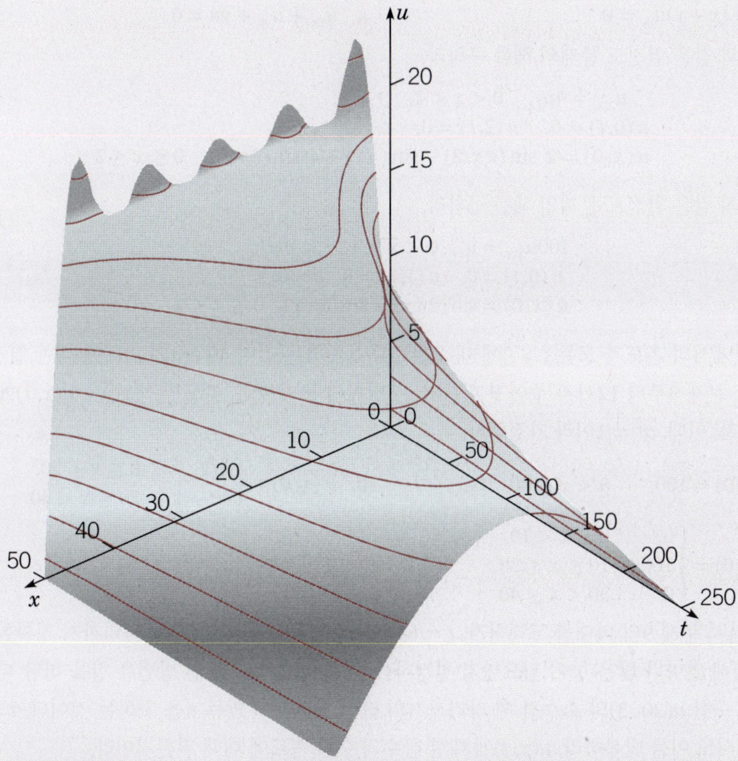

그림 10.5.5 예제 10.5.1의 열전도 문제에 대해 급수해 (24)의 처음 10항들을 이용한 x와 t에 따른 온도 u의 그래프

그림 10.5.3과 10.5.4의 그래프를 얻을 수 있다. 이 온도는 그림 10.5.5의 곡면 위에 그려진 각각의 곡선을 따라 일정하다; 이 경우, 이 레벨 곡선은 **등온선**(isotherm)으로 알려져 있다. 그림 10.5.5에서 $t = 0$일 때 나타나는 약간의 파형은 $u(x, t)$에 대한 급수 중 유한개의 항만을 사용하고 이 급수가 $t = 0$에서

느리게 수렴하기 때문에 생긴 것이다(10.3절에 소개했던 Gibbs 현상을 기억하자).

막대 전체가 특정한 온도까지 식을 때의 시간 τ를 결정하는 것은 실제로 발생할 수 있는 문제 중 하나이다. 예를 들어 막대 전체의 온도가 1°C 이하가 될 때는 언제인가? 초기 온도 분포와 경계조건들의 대칭성 때문에 이 막대에서 가장 따뜻한 지점은 항상 중심일 수밖에 없다. 따라서 τ는 t에 대해 $u(25, t) = 1$을 풀면 구할 수 있다. 급수 전개 (24)에서 항을 하나만 사용하면

$$\tau = \frac{2500}{\pi^2} \ln\left(\frac{80}{\pi}\right) \cong 820 \text{ s}$$

를 얻을 수 있다.

연습 문제

▶ 문제 **1**부터 **6**까지 주어진 편미분방정식을 변수분리법을 이용하여 한 쌍의 상미분방정식으로 바꿀 수 있는지 결정하라. 바꿀 수 있다면 그때의 상미분방정식들을 구하라.

1. $xu_{xx} + 2u_t = 0$

2. $tu_{xx} + 3xu_t = 0$

3. $u_{xx} + u_{xt} + u_t = 0$

4. $(p(x)u_x)_x - r(x)u_{tt} = 0$

5. $u_{xx} + (x+y)u_{yy} = 0$

6. $u_{xx} + u_{yy} + yu = 0$

7. 다음과 같은 열전도 문제의 해를 구하라.

$$\begin{aligned} &u_{xx} = 4u_t, \quad 0 < x < 2, \quad t > 0; \\ &u(0,t) = 0, \quad u(2,t) = 0, \quad t > 0; \\ &u(x,0) = 2\sin(\pi x/2) - \sin(\pi x) + 4\sin(3\pi x), \quad 0 \le x \le 2 \end{aligned}$$

8. 다음과 같은 열전도 문제의 해를 구하라.

$$\begin{aligned} &100u_{xx} = u_t, \quad 0 < x < 1, \quad t > 0; \\ &u(0,t) = 0, \quad u(1,t) = 0, \quad t > 0; \\ &u(x,0) = \sin(2\pi x) - \sin(3\pi x), \quad 0 \le x \le 1 \end{aligned}$$

양 끝에서의 온도가 모든 $t > 0$에 대해 0°C를 유지하는 길이 40 cm의 막대에 대한 열전도를 고려하자. 문제 **9**부터 **12**까지 주어진 함수가 이 막대의 초기 온도 분포일 때, 온도 $u(x, t)$에 대한 식을 구하라. 이때, $\alpha^2 = 1$이라 가정하자.

9. $u(x,0) = 100, \quad 0 < x < 40$

10. $u(x,0) = \begin{cases} x/2, & 0 \le x < 20, \\ 40 - x, & 20 \le x < 40 \end{cases}$

11. $u(x,0) = \begin{cases} 0, & 0 \le x < 10, \\ 100, & 10 \le x \le 30, \\ 0, & 30 < x \le 40 \end{cases}$

12. $u(x,0) = 10x, \quad 0 \le x \le 40$

13. **N** 다시 문제 **9**의 막대를 고려하자. $t = 6$이고 $x = 20$일 때, 소수점 세 자리까지 정확한 해를 구하기 위해 얼마나 많은 항이 필요한지 결정하라. 이를 위한 합리적인 방법은 항을 하나 더 늘려도 처음에 구한 $u(20, 5)$의 소수점 세 자리까지의 값이 달라지지 않는 n을 구하는 것이다. $t = 21$과 $t = 81$에서도 이를 반복하라. $u(x, t)$에 대한 급수의 수렴 속도에 대해 결론지어라.

14. **N** 문제 10의 막대에 대해 문제 13의 지시들을 따라라.

15. **N** 문제 11의 막대에 대해 문제 13의 지시들을 따라라.

16. **N** 문제 12의 막대에 대해 문제 13의 지시들을 따라라.

17. 다음과 같은 1차 확산 방정식을 고려하자.

$$\frac{\partial T}{\partial t} = \alpha \frac{\partial^2 T}{\partial x^2}$$

열전도 방정식의 가능한 해를 설명하라.

18. 영역 $0 \le x \le \pi$, $t \ge 0$ 안에서 다음 주어진 조건들을 만족하는 1차 확산 방정식의 해를 구하라.

$$\frac{\partial T}{\partial t} = \alpha \frac{\partial^2 T}{\partial x^2}$$

a. $x = 0$일 땐 $T = 0$이고, 모든 t에 대해서는 $x = \pi$이다.

b. $t \to \infty$일 때 T는 유한하다.

c. $t = 0$에서 $0 \le x \le \pi/2$일 때 $T = x$이고 $\pi/2 \le x \le \pi$일 때 $T = \pi - x$이다.

19. 초기 온도가 $\theta = \theta_0$인 길이 L의 균일한 막대가 열적으로 단열되어 있다. 한쪽 끝은 시간 $t = 0$에서 $\theta = 0$으로 냉각되고 이 온도로 유지되며, 반대쪽 끝은 열적으로 단열 상태를 유지한다. 이때 온도 분포 $\theta(x, t)$를 구하라.

20. x축을 따라, 균일한 도체 막대가 끝이 $x = L$과 $x = 0$에 놓여 있다. 처음에는 측면이 단열된 상태에서 0°C 온도로 유지된다. $x = L$ 끝에 갑자기 열이 가해지고, $x = 0$ 끝은 0°C로 유지된다. 그 결과, $x = L$에서 열 q_0가 발생한다. 이때 온도 분포를 구하라.

21. 길이가 20 cm인 금속 막대를 50°C의 일정한 온도가 될 때까지 가열하자. $t = 0$일 때, 이 막대의 양 끝을 0°C인 얼음 통에 집어넣고 이 온도를 계속 유지하자. 그러나 열이 옆면을 통해 빠져나가지는 않는다고 가정하자. 임의의 시간, 임의의 점에서 이 막대의 온도에 대한 식을 구하라. 시간 $t = 30$ s에서 이 막대가 **a.** 은일 때, **b.** 알루미늄일 때, **c.** 주철일 때, 이 막대의 중심에서의 온도를 구하라.

22. 길이가 10 cm인 균일한 도체 막대 AB가 있다. 한쪽 끝 A는 0°C 온도로 유지되고, 다른 쪽 끝 B는 정상 상태에 도달할 때까지 100°C 온도로 유지된다. A 끝의 온도가 갑자기 20°C로 증가하고, B 끝의 온도가 갑자기 60°C로 감소한다. 이때, 온도 분포를 구하라.

23. 문제 **21**의 막대에 대해 이 막대가 **a.** 은일 때, **b.** 알루미늄일 때, **c.** 주철일 때, 이 막대의 중심에서의 온도가 10°C까지 식기 전까지 걸리는 시간을 구하라.

24. 미분방정식을 풀 때, 단위가 없는 변수들을 사용하면 계산을 단순화시킬 수 있다.

a. 단위가 없는 변수 $\xi = x/L$를 사용하면 열전도 방정식이

$$\frac{\partial^2 u}{\partial \xi^2} = \frac{L^2}{\alpha^2}\frac{\partial u}{\partial t}, \quad 0 < \xi < 1, \quad t > 0$$

가 됨을 보여라.

b. L^2/α^2은 시간단위를 갖기 때문에 이 값을 사용하여 단위가 없는 시간 변수 $\tau = (\alpha^2/L^2)t$를 정의하면 편하다. 그러면 열전도 방정식이

$$\frac{\partial^2 u}{\partial \xi^2} = \frac{\partial u}{\partial \tau}, \quad 0 < \xi < 1, \quad \tau > 0$$

이 됨을 보여라.

25. 상수 a, b, c에 대한 편미분방정식

$$au_{xx} - bu_t + cu = 0 \tag{25}$$

을 고려하자.

a. 상수 δ에 대해 $u(x, t) = e^{\delta t}w(x, t)$라 두고 이에 대응되는 w에 대한 편미분방정식을 구하라.

b. $b \ne 0$이면 **a**에서 찾은 편미분방정식이 w에 대한 항을 갖지 않도록 δ를 선택할 수 있음을 보여라. 따라서 종속변수를 변화시키면 식 (25)를 열전도 방정식으로 간략하게 바꿀 수 있다.

26. 2차원 공간에서 열전도 방정식은

$$\alpha^2\left(u_{xx} + u_{yy}\right) = u_t$$

이다. $u(x, y, t) = X(x)Y(y)T(t)$라 가정하고 $X(x)$, $Y(y)$, $T(t)$가 만족하는 상미분방정식들을 구하라.

27. 2차원 공간에서 열전도 방정식은 극좌표를 이용하면

$$\alpha^2\left(u_{rr} + \frac{1}{r}u_r + \frac{1}{r^2}u_{\theta\theta}\right) = u_t$$

로 쓸 수 있다. $u(r, \theta, t) = R(r)\Theta(\theta)T(t)$라 가정하고 $R(r)$, $\Theta(\theta)$, $T(t)$가 만족하는 상미분방정식들을 구하라.

10.6 또 다른 열전도 문제들

10.5절에서 열전도 방정식

$$\alpha^2 u_{xx} = u_t, \quad 0 < x < L, \quad t > 0 \tag{1}$$

경계조건

$$u(0,t) = 0, \quad u(L,t) = 0, \quad t > 0 \tag{2}$$

초기조건

$$u(x,0) = f(x), \quad 0 \le x \le L \tag{3}$$

로 이루어진 문제를 다루었다. 이 문제의 해는

$$u(x,t) = \sum_{n=1}^{\infty} c_n e^{-n^2\pi^2\alpha^2 t/L^2} \sin\left(\frac{n\pi x}{L}\right) \tag{4}$$

이고 이때의 계수 c_n들은 급수

$$f(x) = \sum_{n=1}^{\infty} c_n \sin\left(\frac{n\pi x}{L}\right) \tag{5}$$

에서와 같다. 식 (5)의 급수는 정확히 f에 대한 푸리에 사인 급수이다; 10.4절에 따르면 이 급수의 계수들은 다음과 같이 주어진다.

$$c_n = \frac{2}{L}\int_0^L f(x) \sin\left(\frac{n\pi x}{L}\right) dx \tag{6}$$

따라서 열전도 문제, 식 (1)부터 (3)까지의 해는 식 (6)에서 계산된 계수들을 갖는 식 (4)의 급수로 주어진다.

이 시점에서 해 (4)는 해의 *형태*일 뿐임을 강조하고자 한다; 즉, 극한 과정을 이용하여 이것이 진정한 해임을 엄밀하게 보이지 않고 쓴 해라는 것이다. 이를 엄밀하게 보이는 것은 이 책의 범위를 벗어나나 일단 급수 (4)를 얻으면 이 급수가 $0 < x < L$, $t > 0$에서 어떤 연속함수로 수렴함을 보일 수 있다; 급수 (4)를 항별 미분하여 도함수 u_{xx}와 u_t를 구할 수 있다; 이 급수는 열전도 방정식 (1)을 만족한다. 실제로는 급수 (4)의 각 항들이 음의 지수 인수를 가지고 있기 때문에 이런 주장이 가능한 것인데, 급수 (4)가 비교적 빨리 수렴하는 것도 역시 이 인수 때문이다. 또한, 식 (4)에 의해 주어진 함수 u는 경계조건과 초기조건을 만족한다; 이것으로 해의 형태가 진정한 해

라고 결론내릴 수 있다.

비록 f가 푸리에 수렴성 정리(정리 10.3.1)의 조건들을 만족하긴 하나 불연속점을 가질 수도 있다는 것은 흥미로운 사실이다. 이 경우, 초기 온도 분포 $u(x, t) = f(x)$는 하나 또는 그 이상의 점들에서 불연속이다. 그럼에도 불구하고 해 $u(x, t)$는 임의의 작은 $t > 0$에 대해 연속이다. 이는 열전도가 초기 온도 분포에 존재할 수도 있는 불연속성이 바로 없어지는 확산 과정이라는 것을 나타낸다. 마지막으로 살펴볼 것은 f가 유한하므로 식 (6)으로부터 얻은 계수 c_n들 역시 유한하다는 것이다. 따라서 급수 (4)의 각 항에 음의 지수 인수가 있기 때문에 초기조건에 상관없이 모든 x에 대해

$$\lim_{t\to\infty} u(x,t) = 0 \tag{7}$$

이 된다. 이것은 물리적 직관으로 예측할 수 있는 결과와 일치한다.

이제 또 다른 1차원 열전도 문제 두 가지를 10.5절에서 전개한 방법으로 살펴보자.

▶비제차 경계조건들. 막대의 한 끝은 일정한 온도 T_1으로 고정되어 있고 다른 한 끝은 일정한 온도 T_2를 유지한다고 가정하자. 그러면 경계조건은

$$u(0,t) = T_1, \quad u(L,t) = T_2, \quad t > 0 \tag{8}$$

가 되고 미분방정식 (1)과 초기조건 (3)은 바뀌지 않는다.

이 문제는 비제차 경계조건 때문에 10.5절의 문제보다 약간 더 어렵지만, 제차 경계조건을 갖는 문제로 바꿔서 10.5절에서와 똑같은 방법으로 풀 수 있다. 비제차 경계조건을 제차 경계조건으로 바꾸는 방법은 다음과 같은 물리적 근거가 있다.

긴 시간이 지난 후에는—즉, $t \to \infty$일 때는—시간 t와 초기조건에 독립적인 일정한 온도 분포 $v(x)$에 도달할 것이다. $v(x)$는 t에 종속되지 않기 때문에 시간에 대한 도함수 v_t는 0이고, 공간에 대한 도함수는 일반적인 도함수이다: $v_x = v'$. 즉, v에 대한 열전도 방정식 (1)은

$$v''(x) = 0, \quad 0 < x < L \tag{9}$$

이 된다. 따라서 정상상태(steady state)의 온도 분포는 x에 대한 선형함수이다. 또한 $v(x)$는 경계조건

$$v(0) = T_1, \quad v(L) = T_2 \tag{10}$$

를 만족해야 하고 이것은 심지어 $t \to \infty$일 때도 유효하다. 따라서 식 (10)을 만족하는 식 (9)의 해는

$$v(x) = (T_2 - T_1)\frac{x}{L} + T_1 \tag{11}$$

이다.

원래의 문제, 식 (1), (3), (8)로 되돌아가서 $u(x, t)$를 정상상태의 온도 분포 $v(x)$와 또 다른 (과도기 상태의) 온도 분포 $w(x, t)$의 합으로 표현해 보자; 즉,

$$u(x,t) = v(x) + w(x,t) \tag{12}$$

라 쓰자. $v(x)$는 식 (11)에 의해 주어지기 때문에 $w(x, t)$만 결정할 수 있다면 이 문제를 풀 수

있다. $w(x, t)$에 대한 경계값 문제는 식 (1), (3), (8)에 $u(x, t)$에 대한 식 (12)를 대입하면 찾을 수 있다.

식 (1)로부터

$$\alpha^2 (v + w)_{xx} = (v + w)_t$$

이고 $v_{xx} = 0$, $v_t = 0$이므로

$$\alpha^2 w_{xx} = w_t \tag{13}$$

가 된다. 비슷하게 식 (12), (8), (10)으로부터

$$\begin{aligned} w(0,t) &= u(0,t) - v(0) = T_1 - T_1 = 0, \\ w(L,t) &= u(L,t) - v(L) = T_2 - T_2 = 0 \end{aligned} \tag{14}$$

이 된다. 끝으로 식 (12)와 (3)으로부터 식 (11)에 의해 주어진 $v(x)$에 대해

$$w(x,0) = u(x,0) - v(x) = f(x) - v(x) \tag{15}$$

이다. 따라서 원래의 문제에서 과도기 부분에 해당하는 해는 식 (13), (14), (15)로 이루어진 문제를 풀면 찾을 수 있는데, 이 문제는 만약 $f(x) - v(x)$를 초기 온도 분포로 놓으면 10.5절과 같은 방법으로 풀 수 있다. 따라서

$$u(x,t) = (T_2 - T_1)\frac{x}{L} + T_1 + \sum_{n=1}^{\infty} c_n e^{-n^2\pi^2\alpha^2 t/L^2} \sin\left(\frac{n\pi x}{L}\right) \tag{16}$$

이고, 이때

$$c_n = \frac{2}{L}\int_0^L \left(f(x) - (T_2 - T_1)\frac{x}{L} - T_1\right) \sin\left(\frac{n\pi x}{L}\right) dx \tag{17}$$

이다.

이는 좀 더 어려운 문제를 이미 해를 알고 있는 문제로 바꾸어 푸는 경우이다. 비제차 경계조건을 갖는 문제를 정상상태의 해를 빼서 제차 경계조건을 갖는 문제로 바꾸는 방법은 널리 활용된다.

예제 10.6.1 열전도 문제

$$u_{xx} = u_t, \quad 0 < x < 30, \quad t > 0, \tag{18}$$

$$u(0,t) = 20, \quad u(30,t) = 50, \quad t > 0, \tag{19}$$

$$u(x,0) = 60 - 2x, \quad 0 < x < 30 \tag{20}$$

을 고려하자. 정상상태의 온도 분포를 구하고 과도기 상태의 온도 분포를 결정하는 경계값 문제를 구하라.

풀이

$u(x, t) = v(x) + w(x, t)$ 형태의 해를 구하자. 정상상태의 온도 $v(x)$는 $v''(x) = 0$과 경계조건 $v(0) = 20$와 $v(30) = 50$을 만족한다. 따라서, $v(x) + 20 + x$이다. 과도기 상태의 분포 $w(x, t)$는 열전도 방정

식

$$w_{xx} = w_t, \quad 0 < x < L, \quad t > 0 \tag{21}$$

와 제차 경계조건

$$w(0,t) = 0, \quad w(30,t) = 0, \quad t > 0 \tag{22}$$

과 수정된 초기조건

$$w(x,0) = 60 - 2x - (20 + x) = 40 - 3x, \quad 0 < x < L \tag{23}$$

를 만족한다. 이것은 $f(x) = 40 - 3x$, $\alpha^2 = 1$, $L = 30$인 (1), (2), (3) 형태의 문제이다. 따라서 이 문제의 해를 식 (4)와 (6)으로부터 얻을 수 있다.

그림 10.6.1은 초기 온도 분포 $60 - 2x$, 최종 온도 분포 $20 + x$, 식 (21)부터 (23)까지 풀어서 나온 세 개의 중간 시간에서의 온도에 대한 그래프들이다. 초기조건은 경계조건을 만족하지 않지만, 이 중간 온도는 임의의 $t > 0$에 대해 경계조건 (19)를 만족함을 알 수 있다. t가 증가함에 따라 경계조건들의 효과는 막대의 양 끝에서 중심을 향해 점점 옮겨간다.

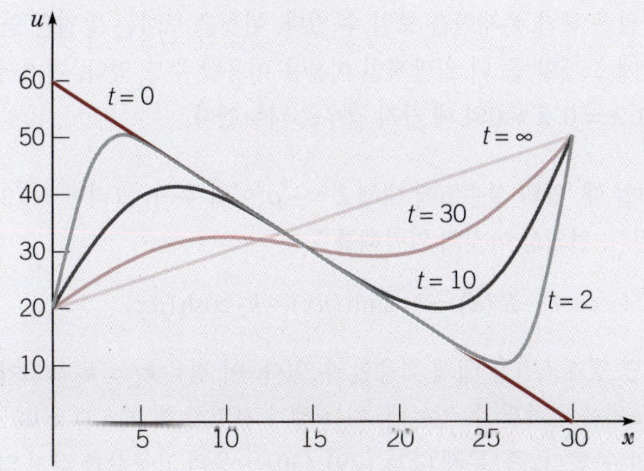

그림 10.6.1 예제 10.6.1의 열전도 문제에 대해 급수해의 처음 10 항들을 이용한 몇몇 시간에서의 온도 분포들

▶양 끝을 단열한 막대. 만약 막대의 양 끝을 단열하여 이 양 끝을 통해 열이 드나들지 못하게 한다면 조금은 다른 문제가 발생한다. 부록 A의 식 (2)에 따르면 열이 단면을 통과하는 비율은 x 방향으로의 온도의 변화율에 비례한다. 따라서 열이 흐르지 않는 경우에 경계조건은

$$u_x(0,t) = 0, \quad u_x(L,t) = 0, \quad t > 0 \tag{24}$$

이다. 식 (1), (3), (24)에 의해 주어지는 문제 역시 변수분리법으로 풀 수 있다. 만약

$$u(x,t) = X(x)T(t) \tag{25}$$

라 두고 식 (1)의 u에 이를 대입하면 10.5절과 같이 상수 λ에 대해

$$\frac{X''}{X} = \frac{1}{\alpha^2}\frac{T'}{T} = -\lambda \tag{26}$$

가 된다. 따라서 다시 두 개의 상미분방정식

$$X'' + \lambda X = 0, \quad 0 < x < L \tag{27}$$

$$T' + \alpha^2 \lambda T = 0, \quad t > 0 \tag{28}$$

을 얻을 수 있다. 임의의 λ에 대해 식 (27)과 (28)의 해들의 곱은 편미분방정식 (1)의 해이다. 그러나 이 중에서 경계조건 (24)를 만족하는 해들만 의미가 있다.

$x = 0$에서의 경계조건에 식 (25)의 $u(x, t)$를 대입하면 $X'(0)T(t) = 0$을 얻을 수 있다. $T(t)$를 모든 t에 대해 0이라 놓으면 $u(x, t)$도 모든 t에 대해 0이 되기 때문에

$$X'(0) = 0 \tag{29}$$

이어야 한다. 비슷하게 $x = L$에서의 경계조건으로부터

$$X'(L) = 0 \tag{30}$$

을 구할 수 있다. 따라서 경계조건 (29), (30)과 함께 식 (27)을 풀어야 하는데, 이때 λ가 실수일 때만 자명하지 않은 해가 존재함을 보일 수 있다. 이것을 보이는 방법은 연습문제 **18**에 나와 있다; 또는 11.2절에 소개할 좀 더 일반적인 이론을 이용할 수도 있다. 여기서는 λ를 실수로 가정하고 이를 $\lambda < 0$, $\lambda = 0$, $\lambda > 0$의 세 가지 경우로 나누겠다.

경우 I: $\lambda < 0$일 때, 양의 실수 μ에 대해 $\lambda = -\mu^2$이라 두자. 그러면 식 (27)은 $X'' - \mu^2 X = 0$이 된다. 편의상 이것의 일반해를

$$X(x) = k_1 \sinh(\mu x) + k_2 \cosh(\mu x) \tag{31}$$

라 두면 경계조건을 쉽게 적용할 수 있다. 이 경우 $k_1 = k_2 = 0$이라고 선택할 때만 경계조건을 만족할 수 있는데, 이는 해가 자명한 해 $u(x, t) = 0$이 되게 하므로, λ는 음수일 수 없다; 즉, 문제 (27), (29), (30)은 음의 고윳값을 갖지 않는다.

경우 II: $\lambda = 0$일 때, 식 (27)은 $X'' = 0$이 되므로

$$X(x) = k_1 x + k_2 \tag{32}$$

이다. 경계조건 (29), (30)으로부터 $k_1 = 0$이지만 k_2를 결정할 수는 없다. 따라서 $\lambda = 0$은 고윳값이고 이에 대응되는 고유함수는 $X(x) = 1$이다. $\lambda = 0$일 때, 식 (28)에 의해 $T(t)$ 역시 상수이므로 k_2를 결합시킬 수 있다. 따라서 $\lambda = 0$에 대해 상수해 $u_0(x, t) = 1$를 얻는다.

경우 III: 마지막으로 $\lambda > 0$일 때, 양의 실수 μ에 대해 $\lambda = \mu^2$이라 두자. 그러면 식 (27)은 $X'' + \mu^2 X = 0$이 되고 결국

$$X(x) = k_1 \sin(\mu x) + k_2 \cos(\mu x) \tag{33}$$

가 된다. 경계조건 (29)로부터 $k_1 = 0$이고 경계조건 (30)으로부터 $n = 1, 2, 3, \ldots$에 대해 $\mu = n\pi/L$이지만 k_2는 임의의 값으로 남는다. 따라서 문제 (27), (29), (30)은 무한 수열을 이루는 양의 고윳값 $\lambda_n = n^2\pi^2/L^2$과 이에 대응되는 고유함수 $X_n(x) =$

$\cos(n\pi x/L)$를 갖는다. 이런 λ_n에 대한 식 (28)의 해 $T_n(t)$는 $\exp(-n^2\pi^2\alpha^2 t/L^2)$에 비례한다.

이 결과들을 모두 합치면 문제 (1), (3), (24)에 대한 기본해들을 다음과 같이 구할 수 있다:

$$\begin{aligned} u_0(x,t) &= 1, \\ u_n(x,t) &= e^{-n^2\pi^2\alpha^2 t/L^2} \cos\left(\frac{n\pi x}{L}\right), \quad n = 1, 2, \dots, \end{aligned} \tag{34}$$

여기서 임의의 비례상수들은 생략하였다. 이 함수들은 각각 미분방정식 (1)과 경계조건 (24)를 만족한다. 미분방정식과 경계조건이 모두 선형이고 제차이기 때문에 기본해들의 유한한 임의의 일차결합들도 이 미분방정식과 경계조건을 만족한다. 이때, 기본해들의 수렴하는 무한한 일차결합들도 이 미분방정식과 경계조건을 만족한다고 가정하자. 즉, 초기조건 (3)을 만족하기 위해 $u(x, t)$가 다음과 같은 형태를 갖는다고 가정하자.

$$\begin{aligned} u(x,t) &= \frac{c_0}{2} u_0(x,t) + \sum_{n=1}^{\infty} c_n u_n(x,t) \\ &= \frac{c_0}{2} + \sum_{n=1}^{\infty} c_n e^{-n^2\pi^2\alpha^2 t/L^2} \cos\left(\frac{n\pi x}{L}\right) \end{aligned} \tag{35}$$

이때의 계수 c_n은 조건

$$u(x,0) = \frac{c_0}{2} + \sum_{n=1}^{\infty} c_n \cos\left(\frac{n\pi x}{L}\right) = f(x) \tag{36}$$

에 의해 결정된다. 따라서 식 (35)의 미지 계수는 f에 대한 주기 $2L$인 푸리에 코사인 급수의 계수여야 하므로

$$c_n = \frac{2}{L}\int_0^L f(x)\cos\left(\frac{n\pi x}{L}\right)dx, \quad n = 0, 1, 2, \dots \tag{37}$$

이다. 계수 $c_0, c_1, c_2, \dots$,을 위와 같이 선택하면 급수 (35)는 양 끝을 단열한 막대에 대한 열전도 문제, 식 (1), (3), (24)의 해가 된다.

또한 해 (35)는 시간 t에 독립적인 (상수 $c_0/2$로 주어진) 정상상태의 온도 분포와 t가 무한대로 다가감에 따라 0으로 다가가는 (무한급수의 나머지들로 주어진) 과도기 상태의 온도 분포의 합으로 생각할 수 있다. 정상상태의 해가 상수라는 것은 열이 안으로 들어오거나 밖으로 빠져나가지 않는 한, 열전도 과정에 점차 막대의 초기 온도 분포가 고르게 퍼질 것이라는 예상과 일치한다.

$$\frac{c_0}{2} = \frac{1}{L}\int_0^L f(x)\,dx \tag{38}$$

인 항은 물리적으로는 처음 주어진 온도 분포의 평균이라고 해석할 수 있다.

예제 10.6.2

옆면뿐 아니라 양 끝을 단열하고 $0 < x < 100$에 대한 초기 온도 분포가 $u(x, 0) = x$인 길이 100 cm의 금속 막대의 온도 $u(x, t)$를 구하라.

풀이

이 막대의 온도는 $L = 100$인 열전도 문제 (1), (3), (24)를 만족한다. 따라서 식 (35)로부터 해가

$$u(x,t) = \frac{c_0}{2} + \sum_{n=1}^{\infty} c_n e^{-n^2\pi^2\alpha^2 t/10000} \cos\left(\frac{n\pi x}{100}\right) \tag{39}$$

이다. 이때의 계수들은 식 (37)에 의해 결정되므로

$$c_0 = \frac{2}{100}\int_0^{100} x\,dx = 100 \tag{40}$$

이고 $n \geq 1$에 대해

$$\begin{aligned} c_n &= \frac{2}{100}\int_0^{100} x\cos\left(\frac{n\pi}{100}\right)dx \\ &= \frac{200\,(\cos(n\pi) - 1)}{n^2\pi^2} = \begin{cases} -\dfrac{400}{n^2\pi^2}, & n \text{ odd;} \\ 0, & n \text{ even} \end{cases} \end{aligned} \tag{41}$$

이다. 따라서

$$u(x,t) = 50 - \frac{400}{\pi^2}\sum_{n=1,3,5,\ldots}^{\infty} \frac{1}{n^2} e^{-n^2\pi^2\alpha^2 t/10000} \cos\left(\frac{n\pi x}{100}\right) \tag{42}$$

이 주어진 문제에 대한 해이다.

▶**더 일반적인 문제.** 변수분리법은 식 (8)과 식 (24)에 의해 주어진 문제와는 다른 경계조건이 주어진 열전도 문제를 푸는 데 이용될 수 있다. 예를 들어, 막대의 왼쪽 끝을 온도 T로 고정하고 다른 한 끝을 단열할 수도 있다. 이 경우에 해당하는 경계조건은

$$u(0,t) = T, \quad u_x(L,t) = 0, \quad t > 0 \tag{43}$$

이다. 이 문제를 푸는 첫 단계는 주어진 경계조건들을 정상상태의 해를 빼서 제차 경계조건으로 바꾸는 것이다. 이렇게 해서 나온 문제는 앞에서 다루었던 문제들과 똑같은 과정을 거쳐 풀 수 있다. 그러나 초기 함수 f를 구간 $[0, L]$ 밖으로 확장하는 것은 지금까지 다뤘던 경우들보다 다소 어렵다(연습문제 **15** 참고).

좀 더 일반적인 유형의 경계조건은 열이 막대 끝을 통과해서 흐르는 비율이 온도에 비례할 때 발생한다. 부록 A에서 이 경우에 해당하는 경계조건을 다음과 같이 음수가 아닌 상수 h_1, h_2에 대해 나타내고 있다.

$$u_x(0,t) - h_1 u(0,t) = 0, \quad u_x(L,t) + h_2 u(L,t) = 0, \quad t > 0 \tag{44}$$

변수분리법을 식 (1), (3), (44)로 이루어져 있는 문제에 적용하면 $X(t)$가 분리상수 λ에 대해

$$X'' + \lambda X = 0, \quad X'(0) - h_1 X(0) = 0, \quad X'(L) + h_2 X(L) = 0 \tag{45}$$

의 해여야 함을 알 수 있다. 이 경우에도 자명하지 않은 해는 고윳값 λ가 음수가 아닌 실수 값일 때만 존재함을 알 수 있지만, 이때의 λ값은 간단한 공식으로는 구할 수가 없다(연습문제 **20** 참고). 또

한 이 고윳값에 대응되는 식 (45)의 해, 고유함수가 직교성의 관계식을 만족하고, 식 (45)의 중첩된 해는 초기조건 (3)을 만족함을 보일 수 있다. 그러나 이때 나오는 급수는 이 장에서 소개한 급수에 포함되지 않는다. 이런 문제를 다루는 좀 더 일반적인 이론은 11장에서 간략하게 살펴보겠다.

연습 문제

▶ 문제 **1**부터 **8**까지 주어진 경계조건을 만족하는 열전도 방정식 $\alpha^2 u_{xx} = u_t$에 대한 정상상태의 해를 구하라.

1. $u(0,t) = 10, \; u(50,t) = 60$

2. $u(0,t) = 30, \; u(40,t) = -10$

3. $u_x(0,t) = 0, \quad u(2,t) = 0$

4. $u_x(0,t) = 0, \quad u(10,t) = T$

5. $u(0,t) = 0, \quad u_x(20,t) = 0$

6. $u(0,t) = T, \quad u_x(10,t) = 0$

7. $u_x(0,t) - u(0,t) = 0, \; u(15,t) = T$

8. $u(0,t) = T, \quad u_x(30,t) + u(30,t) = 0$

9. 초기 온도가

$$u(x,0) = \frac{x(40-x)}{20}$$

로 주어진 길이가 20 cm의 막대에 대해 $\alpha^2 = 1/3$, cm^2/s이고 두 끝이 단열된 상태라고 가정하자. 그러면 온도 $u(x, t)$를 구하라.

10. **a.** 길이가 100 cm인 구리 막대의 양 끝을 0°C로 유지하자. 이 막대의 중심을 외부 열원에 의해 80°C까지 가열하고 이 상황이 정상상태가 될 때까지 유지된다고 가정하자. 이 정상상태의 온도 분포를 구하라.

b. 시간 $t = 0$에서 (**a**의 정상상태에 도달한 후에) 이 열원을 제거하자. 동시에 한 끝 $x = 0$를 20°C인 물체에 열 접촉 상태로 놓고 다른 끝은 0°C로 유지시키자. 온도를 위치와 시간에 대한 함수로 나타내라.

c. 몇몇 t에서의 x에 따른 u를 그려라. 몇몇 x에서의 t에 따른 u를 그려라.

d. 긴 시간이 흐른 후 막대 중심에서의 온도는 어떤 극한값으로 다가가는가? 막대의 중심이 이 극한값의 1°C 이내로 식을 때까지 시간이 얼마나 걸리는가?

11. 길이가 10 cm인 균일한 막대가 처음에 15°C 온도로 유지되고 있다고 가정한다. 시간 $t = 0$에서 끝 $x = 0$는 냉각되고 끝 $x = 10$은 40°C로 가열된다. 그 후 두 끝은 해당 온도로 유지된다. 그러면 막대의 임의의 시간 t에서 온도 분포를 구하라.

12. 초기 온도가 $u(x, 0) = 2\sin(\pi x/L)$, $0 \le x \le L$로 주어져 있는 길이 L의 균일한 막대를 고려하자. 이때 막대의 양 끝을 단열했다고 가정하자.

a. 온도 $u(x, t)$를 구하라.

b. $t \to \infty$일 때 정상상태의 온도는 무엇인가?

c. **G** $\alpha^2 = 1$이고 $L = 40$이라 두자. 몇몇 t에서의 x에 따른 u를 그려라. 몇몇 x에서의 t에 따른 u를 그려라.

d. 시간이 지남에 따라 막대의 온도가 어떻게 바뀌는지 간략하게 묘사하라.

13. 길이가 20이고 $\alpha^2 = 1$인 막대를 가정하자. 초기 온도 분포가 $u(x, 0) = x(40 - x)/20$이고 경계조건은 $u(0, t) = 20$과 $u(20, t) = 0$일 때, 막대의 위치와 시간의 함수로써 온도를 구하라.

14. $\alpha^2 = 1$인 물질로 이루어져 있으며 양 끝은 단열되어 있는 길이 30 cm의 막대를 고려하자. 초기 온도는 구간 $5 < x < 10$을 제외하고는 모두 0이고, 이 구간 내에서는 초기 온도가 20°C이다.

a. 온도 $u(x, t)$를 구하라.

b. **G** 몇몇 t에서의 x에 따른 u를 그려라. 또한, 몇몇 x에서의 t에 따른 u를 그려라.

c. Ⓖ $u(4, t)$와 $u(11, t)$를 시간 t에 대해 각각 그려라. $x = 4$와 $x = 11$은 초기 온도 구간에 대해 대칭적인 위치에 있음에도 불구하고, 온도 변화 양상은 매우 다름을 관찰할 수 있다. 이러한 차이가 발생하는 물리적인 이유를 설명하라.

15. $f(x)$, $0 \le x \le L$로 주어진 초기 온도 분포를 갖는 길이 L의 일정한 막대를 고려하자. 한 끝 $x = 0$에서의 온도를 0°C로 고정하고 다른 끝 $x = L$에서는 단열되어 이 끝을 통해 열이 지나가지 않는다고 가정하자.

a. 이 문제에 대한 편미분방정식과 경계조건의 기본해들이

$$u_n(x,t) = e^{-(2n-1)^2\pi^2\alpha^2 t/4L^2} \sin\left(\frac{(2n-1)\pi x}{2L}\right), \quad n = 1, 2, 3, \ldots$$

임을 보여라.

b. 초기조건 $u(x, 0) = f(x)$를 만족하는 온도 $u(x, t)$에 대한 급수 전개 형태

$$u(x,t) = \sum_{n=1}^{\infty} c_n u_n(x,t)$$

를 구하라.

힌트: 기본해들은 기함수인 사인함수들만 포함하나 이 사인함수들로만 이루어진 푸리에 급수로 f를 충분히 표현할 수 있다.

16. 문제 **15**의 막대에서 $L = 30$, $\alpha^2 = 1$이고 초기 온도 분포는 $0 < x < 30$에 대해 $f(x) = 60 - 2x$이라고 가정하자.

a. 온도 $u(x, t)$를 구하라.

b. Ⓖ 몇몇 t에서의 x에 따른 u를 그려라. 몇몇 x에서의 t에 따른 u를 그려라.

c. t가 증가함에 따라 이 막대에서 가장 따뜻한 위치 x_m은 어떻게 변하는가? t에 따른 x_m의 그래프를 그려라.

d. Ⓖ t에 따른 이 막대의 최대 온도를 그려라.

17. $x = 0$에서의 경계조건이 $u(0, t) = 50$인 것만 빼고 문제 **15, 16**과 모든 조건이 다 같다고 가정하자.

a. 온도 $u(x, t)$를 구하라.

b. Ⓖ 몇몇 t에서의 x에 따른 u를 그려라. 몇몇 x에서의 t에 따른 u를 그려라.

c. 이 문제에서 찾은 그래프들과 문제 **16**에서 찾은 그래프를 비교하라. $x = 0$에서의 경계조건이 변하면 이 막대의 온도가 어떻게 변하는지 설명하라.

18. 다음과 같은 문제를 고려하자.

$$X'' + \lambda X = 0, \quad X'(0) = 0, \quad X'(L) = 0 \tag{46}$$

실수 ν와 σ에 대해 $\mu = \nu + i\sigma$일 때 $\lambda = \mu^2$이라 두자. $\sigma \neq 0$이면 식 (46)의 유일한 해는 자명한 해인 $X(x) = 0$뿐임을 보여라.

힌트: 10.1절의 연습문제 **23**의 결과를 이용하라.

19. 열전도율 κ_1과 단면적 A_1인 길이 a의 막대의 오른쪽 끝은 열전도율 κ_2와 단면적 A_2인 막대의 왼쪽 끝과 맞닿아 있다. 이 합성 막대는 총 길이가 L이다. 한 끝 $x = 0$에서의 온도는 0으로 고정되어 있고 다른 끝 $x = L$의 온도는 T로 고정되어 있다고 가정하자. 온도와 열이 흐르는 비율이 $x = a$에서 연속이라고 가정하고 이 합성 막대의 정상상태 온도를 구하라.

힌트: 부록 A의 식 (2)를 보자.

20. 다음과 같은 문제를 고려하자.

$$\alpha^2 u_{xx} = u_t, \quad 0 < x < L, t > 0; \tag{47}$$
$$u(0,t) = 0, \quad u_x(L,t) + \gamma u(L,t) = 0, \quad t > 0;$$
$$u(x,0) = f(x), \quad 0 \le x \le L$$

a. $u(x, t) = X(x)T(t)$라 두자. 그러면

$$X'' + \lambda X = 0, \quad X(0) = 0, \quad X'(L) + \gamma X(L) = 0 \tag{48}$$

이 되고 분리상수 λ에 대해

$$T' + \lambda\alpha^2 T = 0$$

이 됨을 보여라.

b. λ가 실수라고 가정하면 $\lambda \le 0$일 때, 식 (48)은 자명하지 않은 해를 갖지 않음을 보여라.

c. $\lambda > 0$일 때, $\mu > 0$에 대해 $\lambda = \mu^2$이라 두자. μ가

$$\mu\cos(\mu L) + \gamma\sin(\mu L) = 0 \tag{49}$$

의 해일 때만 식 (48)이 자명하지 않은 해를 가짐을 보여라.

d. 식 (49)를 $\tan(\mu L) = -\mu/\gamma$로 다시 쓰자. 그런 후 $\mu > 0$에 대한 $y = \tan(\mu L)$과 $y = -\mu/\gamma$의 그래프를 같은 좌표축에 그려 무수히 많은 양수 μ가 식 (49)를 만족함을 확인하라; 이때의 μ들을 증가하는 크기순으로 $\mu_1, \mu_2, \dots, \mu_n, \dots$,라 두자.

e. **d**에서 찾은 μ_n값에 대응되는 기본해 $\mu_n(x, t)$의 집합을 구하라.

외부 열원. 외부 열원(heat source) 또는 열이 빠져나가는 곳(heat sink)과 열 접촉(thermal contact)되어 있는 막대에서의 열전도 문제를 고려하자. 그러면 수정된 열전도 방정식

$$u_t = \alpha^2 u_{xx} + s(x) \tag{50}$$

를 얻을 수 있는데 이때 항 $s(x)$는 외부 기관의 영향을 나타낸다; $s(x)$는 열원에 대해서는 양수이고 열이 빠져나가는 곳에서는 음수이다. 경계조건은

$$u(0,t) = T_1, \quad u(L,t) = T_2 \tag{51}$$

이고 초기조건은

$$u(x,0) = f(x) \tag{52}$$

라고 가정하자.

▶ 문제 **21**부터 **23**까지 이런 류의 문제를 다룬다.

21. v와 w가 각각 해의 정상상태인 부분과 과도기 상태인 부분일 때, $u(x, t) = v(x) + w(x, t)$라 놓고 $v(x)$와 $w(x, t)$가 만족하는 경계값 문제들을 각각 구하라. w에 대한 경계값 문제는 10.5절에서 소개한 기본적인 열전도 문제임을 확인하라. 이때, 수정된 초기 온도 분포를 갖는다.

22. **a.** 식 (50)에서 $\alpha^2 = 1$이고 $s(x) = k$, 상수라고 가정하자. 이때, $v(x)$를 구하라.

b. $f(x) = 0$, $0 < x < L$이고 $T_1 = 0$, $T_2 = 0$, $L = 20$, $k = 1/5$이라고 가정하자. 이때, $w(x, t)$를 결정하라.

c. **G** 몇몇 t에서의 x에 따른 $u(x, t)$를 그려라; 같은 좌표축 위에

d. **G** 해 $v(x)$의 정상상태인 부분을 그려라.

23. **a.** 식 (50)에서 $\alpha^2 = 1$이고, 상수 k에 대해 $s(x) = kx/L$이라고 가정하자. 이때, $v(x)$를 구하라.

b. $f(x) = 0$, $0 < x < L$이고 $T_1 = 10$, $T_2 = 30$, $L = 10$, $k = 1/2$이라고 가정하자. 이때, $w(x, t)$를 결정하라.

c. **G** 몇몇 t에서의 x에 따른 $u(x, t)$를 그려라; 같은 좌표축 위에

d. **G** 해 $v(x)$의 정상상태인 부분을 그려라.

10.7 파동방정식: 탄성 줄의 진동

응용 수학에서 자주 발생하는 두 번째 편미분방정식은 파동방정식이다. 이런 방정식 중 몇 가지 형태는, 또는 이 방정식의 일반화는, 거의 필연적으로 연속인 매질 안에서의 파동 전파를 포함하는 현상을 수학적으로 해석하는 과정에서 발생할 수밖에 없다. 예를 들어, 음파, 물결파(water wave), 전자파, 지진파에 대한 연구들이 모두 이 방정식을 토대로 하고 있다.

이 방정식을 가장 쉽게 눈으로 확인할 수 있는 경우는 역학적인 진동을 연구할 때이다. 길이 L인 탄성 줄을 x축을 이 줄을 따라 놓을 수 있게 두 지지대 사이에서 수평을 맞추어 팽팽하게 잡아당겼다고 가정하자(**그림 10.7.1** 참고).

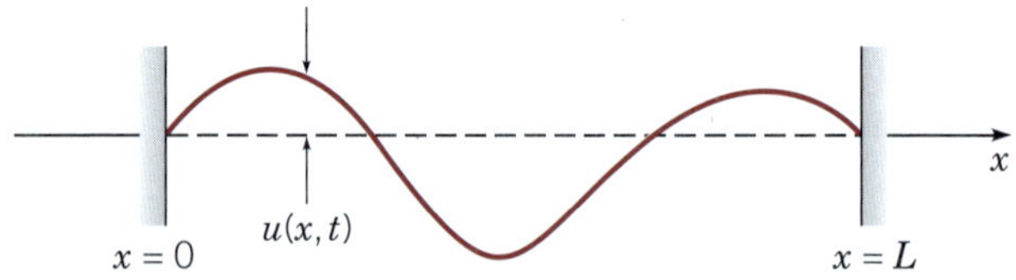

그림 10.7.1 진동하는 줄

탄성 줄에는 기타 줄, 지선(guy wire) 또는 전력선 등이 있다. 이 줄이 (예를 들어 줄을 튕겨서) 움직이기 시작해 수직 평면에서 진동한다고 가정하고 $u(x, t)$를 이 줄이 시간 t에서 위치 x를 지날 때의 수직 변위라 놓자. 공기 저항 같은 감쇠효과를 무시한다면, 또 이 줄의 운동 진폭이 지나치게 크지 않다면 $u(x, t)$는 정의역 $0 < x < L$, $t > 0$에서 편미분방정식

$$a^2 u_{xx} = u_{tt} \tag{1}$$

를 만족한다. 식 (1)은 1차원 **파동방정식**[10]으로 알려져 있는데 이 장 끝의 부록 B에 그 유도과정이 나와 있다. 식 (1)에 나와 있는 상수계수 a^2은

$$a^2 = \frac{T}{\rho} \tag{2}$$

로 주어지는데 이때 T는 줄의 장력이고 ρ는 줄을 이루는 물질의 단위 길이당 질량이다. 따라서 a는 길이/시간의 단위—즉, 속도 단위—를 갖는다. 연습문제 **14**에서 a가 이 줄을 따라 전파되는 파동의 속도임을 보이고 있다.

이 줄의 운동을 완전히 묘사하기 위해서는 변위 $u(x, t)$에 대한 적당한 초기조건과 경계조건이 구체적으로 주어져야 한다. 양 끝이 고정되었다고 가정하면 경계조건은

$$u(0, t) = 0, \quad u(L, t) = 0, \quad t \geq 0 \tag{3}$$

이 된다. 미분방정식 (1)이 t에 대한 2계 미분방정식이므로 두 개의 초기조건이 주어져야 할 것

[10] 이 파동방정식의 해는 18세기 중반 주요한 수학 문제 중 하나였다. 이 파동방정식은 달랑베르가 1746년에 처음 유도하고 연구하였는데 이후 오일러(1748), 다니엘 베르누이(1753), 라그랑지(1759)의 관심을 끌게 된다. 25년 이상 동안 이어진 일련의 논문들에서 다양한 여러 형태의 해들이 나왔으며, 각 해들의 장점과 해들 간의 관계에 대해 때로는 과열된 논쟁이 이뤄졌다. 주된 문제는 삼각급수에 의해 표현될 수 있는 함수들의 성질과 종류에 관한 것이었는데, 이에 대한 해답은 19세기에 들어서야 풀리기 시작하였다.

이다. 이때의 초기조건은 주어진 함수 f와 g에 대해 줄의 초기 위치

$$u(x,0) = f(x), \quad 0 \le x \le L \tag{4}$$

와 줄의 초기 속도

$$u_t(x,0) = g(x), \quad 0 \le x \le L \tag{5}$$

이다. 식 (3), (4), (5)가 일치하기 위해서는

$$f(0) = f(L) = 0, \quad g(0) = g(L) = 0 \tag{6}$$

이라는 조건이 필요하다.

따라서 수학 문제는 경계조건 (3)과 초기조건 (4), (5)를 만족하는 파동방정식 (1)의 해를 찾는 것이 된다. 10.5절과 10.6절의 열전도 문제와 마찬가지로 이 문제도 시간 변수 t에 대한 초깃값 문제이자 공간 변수 x에 대한 경계값 문제이다. 또는 xt-평면의 한쪽 방향으로 무한히 뻗어 있는 길고 좁은 영역 $0 < x < L$, $t > 0$에서의 경계값 문제로 생각할 수도 있다(**그림 10.7.2** 참고). 한쪽 방향으로 무한한 변 위의 각 점에서 한 개의 조건이 주어지고 유한한 밑변 위의 각 점에서는 두 개의 조건이 주어진다.

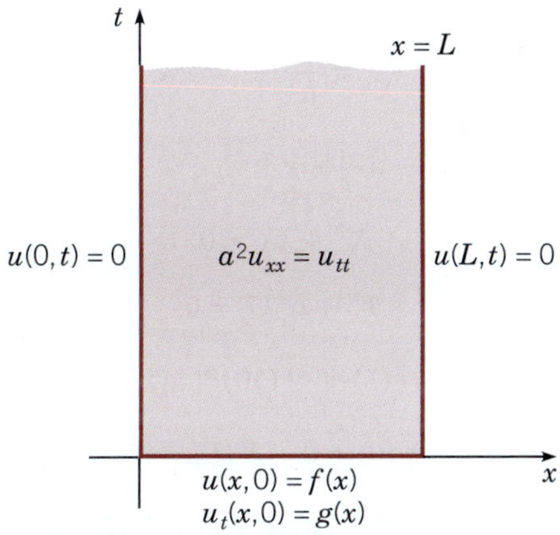

그림 10.7.2 파동방정식에 대한 경계값 문제

식 (1)이 탄성 줄의 가로 진동뿐 아니라 그 외 많은 파동 문제에 대한 지배 방정식이기도 함을 알아야 한다. 예를 들어 해양의 물결파, 대기 중의 음파나 전자파 또는 고체의 탄성파 등을 다루는 문제를 나타내도록 함수 u와 상수 a를 적절하게 해석하기만 하면 된다. 만약 공간이 1차원 이상이어야 의미가 있다면 식 (1)을 약간 일반화시켜야 하는데, 2차원 파동방정식은

$$a^2(u_{xx} + u_{yy}) = u_{tt} \tag{7}$$

가 된다. 이 파동방정식은 예를 들어, 북의 가죽 같은 얇은 탄성 천의 운동을 고려할 때 발생한다. 비슷하게 3차원(공간의) 파동방정식은

$$a^2(u_{xx} + u_{yy} + u_{zz}) = u_{tt} \tag{8}$$

이고 경계조건과 초기조건도 이 두 파동방정식에 맞게 각각 일반화되어야 한다.

이제 1차원 파동방정식을 포함하는 세 개의 경계값 문제를 풀어보자.

▶**초기 변위가 영이 아닌 탄성 줄.** 먼저 줄을 평형 상태에서 잡아당겼다가 자유롭게 진동하도록 시간 $t = 0$에서 속도 0으로 놓았다고 가정하자. 그러면 수직 변위 $u(x, t)$는 파동방정식 (1)

$$a^2 u_{xx} = u_{tt}, \quad 0 < x < L, \quad t > 0$$

경계조건 (3)

$$u(0, t) = 0, \quad u(L, t) = 0, \quad t \geq 0$$

$t = 0$에서의 줄의 모양을 표현하는 함수 f에 대한 초기조건

$$u(x, 0) = f(x), \quad u_t(x, 0) = 0, \quad 0 \leq x \leq L \tag{9}$$

을 만족해야 한다.

변수분리법을 사용하면 식 (1), (3), (9)의 해를 구할 수 있다.

$$u(x, t) = X(x) T(t) \tag{10}$$

라 가정하고 식 (1)에 이 u를 대입하면 분리상수 λ에 대해

$$\frac{X''}{X} = \frac{1}{a^2} \frac{T''}{T} = -\lambda \tag{11}$$

를 구할 수 있다. 따라서 $X(x)$와 $T(t)$는 상미분방정식

$$X'' + \lambda X = 0, \tag{12}$$

$$T'' + a^2 \lambda T = 0 \tag{13}$$

을 만족함을 알 수 있다. 또한 경계조건 (3)에 식 (10)의 $u(x, t)$를 대입하면 $X(x)$는 경계조건

$$X(0) = 0, \quad X(L) = 0 \tag{14}$$

을 만족해야 한다. 끝으로 두 번째 초기조건 (9)에 식 (10)을 대입하면 $T(t)$는 초기조건

$$T'(0) = 0 \tag{15}$$

을 만족해야 한다. 다음에 할 일은 경계조건 (14)와 함께 식 (12)를 풀고, 초기조건 (15)와 함께 식 (13)을 풀어 $X(x)$, $T(t)$, λ를 구하는 것이다.

경계조건 (14)와 함께 미분방정식 (12)를 푸는 문제는 10.5절에서 열전도 방정식과 관련된 *문제와 정확하게 일치한다*. 따라서 10.1절에서 마지막으로 얻었던 결과들을 이용할 수 있다: 문제 (12), (14)가 자명하지 않은 해를 가질 필요충분조건은 λ가 고윳값

$$\lambda = \frac{n^2 \pi^2}{L^2}, \quad n = 1, 2, \ldots, \tag{16}$$

이고 $X(x)$가 이에 대응되는 고유함수 $\sin(n\pi x/L)$에 비례하는 것이다.

식 (13)에 식 (16)으로 주어진 λ를 대입하면

$$T'' + \frac{n^2\pi^2a^2}{L^2}T = 0 \tag{17}$$

을 얻을 수 있다. 따라서 임의의 상수 k_1, k_2에 대해

$$T(t) = k_1 \cos\left(\frac{n\pi at}{L}\right) + k_2 \sin\left(\frac{n\pi at}{L}\right) \tag{18}$$

가 된다. 초기조건 (15)에 의해 $k_2 = 0$이여야 하므로 $T(t)$는 $\cos(n\pi at/L)$에 비례한다.

따라서 함수

$$u_n(x,t) = \sin\left(\frac{n\pi x}{L}\right)\cos\left(\frac{n\pi at}{L}\right), \quad n = 1, 2, \ldots \tag{19}$$

는 편미분방정식 (1), 경계조건 (3), 두 번째 초기조건 (9)를 만족한다. 이 함수가 주어진 문제에 대한 기본해들이다.

남아있는 (비제차) 초기조건 (9)를 만족시키기 위해 적당하게 선택된 계수들을 갖는 기본해들 (19)의 중첩을 고려하자. 즉, $u(x, t)$를 미정 상수 c_n에 대해 다음과 같은 형태를 갖는다고 가정하자.

$$u(x,t) = \sum_{n=1}^{\infty} c_n u_n(x,t) = \sum_{n=1}^{\infty} c_n \sin\left(\frac{n\pi x}{L}\right)\cos\left(\frac{n\pi at}{L}\right) \tag{20}$$

이때, 초기조건 $u(x, 0) = f(x)$에 의해

$$u(x,0) = \sum_{n=1}^{\infty} c_n \sin\left(\frac{n\pi x}{L}\right) = f(x) \tag{21}$$

여야 한다. 결국 계수 c_n은 f에 대한 주기 $2L$인 푸리에 사인 급수의 계수여야 한다; 따라서

$$c_n = \frac{2}{L}\int_0^L f(x)\sin\left(\frac{n\pi x}{L}\right)dx, \quad n = 1, 2, \ldots . \tag{22}$$

이고 식 (1), (3), (9)의 문제에 대한 해의 형태는 식 (22)로부터 계산된 계수를 갖는 식 (20)에 의해 주어진다.

고정된 n에 대한 식 (19) 안의 식 $\sin(n\pi x/L)\cos(n\pi at/L)$는 주기 $2L/na$인 시간 t에 대한 주기함수이다; 따라서 이 함수는 주기, 또는 진동수 $n\pi x/L$을 갖는, 줄의 진동운동을 나타내고 있다. 이때, $n = 1, 2, \ldots$에 대한 $n\pi a/L$는 이 줄에 대한 **고유 진동수**이다—즉, 이 줄이 자유롭게 진동할 때의 진동수이다. 인수 $\sin(n\pi x/L)$는 주어진 진동수에 따라 진동할 때 발생하는 줄의 변위의 유형을 나타낸다. 각 변위의 유형을 진동의 **고유 모드**라고 부르는데 공간 변수 x에 대해 주기적이다; 공간에 대한 주기 $2L/n$을 진동수 $n\pi a/L$의 모드에 대한 **파장**이라 부른다. 따라서 문제 (12), (14)의 고윳값 $n^2\pi^2/L^2$은 고유 진동수의 제곱에 비례하고 고유함수 $\sin(n\pi x/L)$는 고유 모드를 나타낸다. 처음 세 개의 고유 모드가 **그림 10.7.3**에 그려져 있다. 따라서 식 (20)의 함수 $u(x, t)$에 의해 주어진 줄의 모든 운동은 진동에 대한 고유 모드들의 결합이고 시간에 대해 주기 $2L/a$인 주기함수이다.

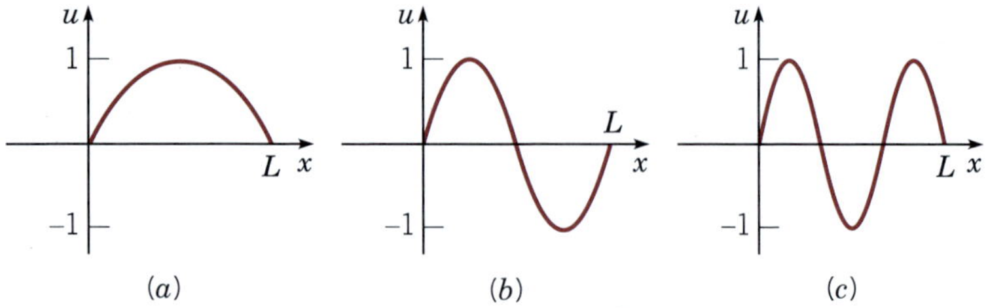

그림 10.7.3 탄성 줄의 진동에 대한 처음 세 개의 기본 모드. (a) 진동수 = $\pi a/L$, 파장 = $2L$; (b) 진동수 = $2\pi a/L$, 파장 = L; (c) 진동수 = $3\pi a/L$, 파장 = $2L/3$.

예제 10.7.1 다음과 같은 파동방정식을 만족하는 길이 $L = 90$의 진동하는 줄을 고려하자.

$$u_{xx} = u_{tt}, \quad 0 < x < 90, \quad t > 0 \tag{23}$$

이 줄의 양 끝을 고정하고 이 줄이 초기 위치

$$u(x, 0) = \begin{cases} x/10, & 0 \le x \le 10, \\ (90 - x)/20, & 10 < x \le 90 \end{cases} \tag{24}$$

에서부터 초기 속도 없이 움직이기 시작했다고 가정하자. 이 줄의 변위 $u(x, t)$를 구하라.

풀이

이때의 해는 $a = 1$와 $L = 90$인 식 (20)에 의해 주어진다; 즉, 식 (22)로부터 계산된 c_n에 대한

$$u(x, t) = \sum_{n=1}^{\infty} c_n \sin\left(\frac{n\pi x}{90}\right)\cos\left(\frac{n\pi x}{90}\right) \tag{25}$$

이다. 식 (22)에 식 (24)를 대입하면

$$c_n = \frac{2}{90}\int_0^{10} \frac{x}{10}\sin\left(\frac{n\pi x}{90}\right)dx + \frac{2}{90}\int_{10}^{90} \frac{90 - x}{20}\sin\left(\frac{n\pi x}{90}\right)dx \tag{26}$$

를 얻는다. 식 (26)의 적분들을 계산하면

$$c_n = \frac{9}{n^2\pi^2}\sin\left(\frac{n\pi}{3}\right), \quad n = 1, 2, \ldots \tag{27}$$

를 구할 수 있다. 해 (25), (27)은 임의의 시간 t, 임의의 점 x에서의 줄의 변위를 나타낸다. 이 줄의 운동은 시간에 대해 주기 90으로 주기적이므로 $0 \le t \le 90$에서의 해만 분석하면 된다.

▶**해의 증명.** 앞서 고려한 열전도 문제에서처럼 식 (22)에 의해 주어진 계수 c_n을 갖는 식 (20)은 단지 식 (1), (3), (9)의 해의 *형태*일 뿐이다. 따라서 식 (20)이 *실제로* 주어진 문제의 해인지 아닌지 좀 더 살펴볼 필요가 있다. 열전도 문제에서처럼 식 (1), (3), (9)에 $u(x, t)$에 대한 식 (20)을 직접 대입하여 이것이 진짜 해임을 보이고 싶을 것이다. 그러나 예를 들어, u_{xx}의 형태를 나타내면

$$u_{xx}(x, t) = -\sum_{n=1}^{\infty} c_n \left(\frac{n\pi}{L}\right)^2 \sin\left(\frac{n\pi x}{L}\right)\cos\left(\frac{n\pi at}{L}\right)$$

를 얻는데, 분자에 인수 n^2이 있기 때문에 이 급수는 수렴하지 않는다. 그러나 이것이 $u(x, t)$에

대한 급수 (20)이 틀렸다는 의미도, 그렇다고 급수 (20)이 u_{xx}와 u_{tt}를 계산하는 데 사용될 수 없다는 의미도 아니다. 파동방정식의 해와 열전도 방정식의 해 간의 기본적인 차이는 열전도 방정식이 n이 증가함에 따라 매우 빨리 0으로 다가가는 음의 지수항을 포함한다는 것인데, 이 항이 있어서 열전도 방정식의 급수해와 그 미분이 수렴하였다. 반면, 파동방정식의 급수해는 n이 증가함에 따라 감소하지 않고 진동하는 항들로만 되어 있다.

그러나 식 (20)의 타당성을 간접적으로 보일 수 있고, 동시에 이 파동방정식의 해의 구조에 대한 부가적인 정보도 얻을 수 있는 방법이 있다. 먼저, 식 (20)이

$$u(x,t) = \frac{1}{2}(h(x-at) + h(x+at)) \tag{28}$$

와 동치임을 보일 것이다. 이때, h는 초기 데이터 f를 $(-L, 0)$에서는 기함수로 확장하고 그 외 다른 x에 대해서는 주기 $2L$인 주기함수로 확장한 함수이다. 즉,

$$h(x) = \begin{cases} f(x), & 0 \le x \le L, \\ -f(-x), & -L < x < 0; \end{cases} \tag{29}$$

$$h(x+2L) = h(x)$$

이다.

식 (28)을 완성하기 위해서 h가 식 (22)에 의해 주어진 c_n에 대한 푸리에 급수

$$h(x) = \sum_{n=1}^{\infty} c_n \sin\left(\frac{n\pi x}{L}\right) \tag{30}$$

를 가짐을 알아야 한다. 그러면 삼각함수에 대한 사인의 덧셈 또는 뺄셈 공식을 사용하여

$$h(x-at) = \sum_{n=1}^{\infty} c_n \left(\sin\left(\frac{n\pi x}{L}\right)\cos\left(\frac{n\pi at}{L}\right) - \cos\left(\frac{n\pi x}{L}\right)\sin\left(\frac{n\pi at}{L}\right)\right),$$

$$h(x+at) = \sum_{n=1}^{\infty} c_n \left(\sin\left(\frac{n\pi x}{L}\right)\cos\left(\frac{n\pi at}{L}\right) + \cos\left(\frac{n\pi x}{L}\right)\sin\left(\frac{n\pi at}{L}\right)\right)$$

를 얻을 수 있고 이 두 식을 더하면 식 (28)을 완성할 수 있다. 식 (28)로부터 h가 구간 $(-\infty, \infty)$에서 연속이면 $u(x, t)$도 $0 < x < L$, $t > 0$에서 연속임을 알 수 있다. 이를 위해서는 f가 원래 구간 $[0, L]$에서 연속이어야 한다. 비슷하게 h가 구간 $(-\infty, \infty)$에서 각각의 변수에 대해 연속적으로 두 번 미분 가능하면 u도 $0 < x < L$, $t > 0$에서 각각의 변수에 대해 연속적으로 두 번 미분 가능하다. 이를 위해서는 f'과 f''이 $[0, L]$에서 연속이어야 한다. 또한 h''이 f''의 기함수 확장이므로 $f''(0) = f''(0) = 0$이어야 한다(10.4절 연습문제 **33** 참고). 그러나 h'은 f'의 우함수 확장이므로 f'에 대한 더 이상의 조건은 필요 없다. 이 조건을 만족하면 u_{xx}와 u_{tt}를 식 (28)로부터 계산할 수 있는데, 이 도함수들이 파동방정식을 만족함은 아주 쉽게 보일 수 있다. 이에 대한 자세한 증명은 연습문제 **19**과 **20**에 나와 있다.

만약 위에서 언급한 연속성 조건들을 모두 만족하지 못한다면 한쪽 방향으로 무한히 길게 뻗어 있는 영역 $0 < x < L$, $t > 0$ 안에 u가 미분 가능하지 않은 점을 포함하게 되고, 따라서 이때의 u는 파동방정식에 대해 다소 제한된 의미로의 해일뿐이다. 이것으로부터 알 수 있는 물리적으로 중요한 결과는 초기 데이터 f 안에 불연속성이 존재한다면 이 불연속성은 해 $u(x, t)$에 항상 남아 있게 된다는 것이다. 이에 반해 열전도 문제에서는 초기에 주어진 불연속성이 바로 없어

졌다(10.6절). 초기 변위 f가 $0 \le x_0 \le L$인 $x = x_n$에서 점프 불연속성을 가진다고 가정해 보자. h는 f의 주기적 확장이므로 똑같은 불연속성이 임의의 정수 n에 대한 $\xi = x_0 + 2nL$과 $\xi = -x_0 + 2nL$에서 $h(\xi)$에 존재한다. 즉, $x - at = x_0 + 2nL$ 또는 $x - at = -x_0 + 2nL$인 점 (x, t)에서 $h(x + at)$는 불연속이다. $[0, L]$ 안의 고정된 x에 대해 원래 x_0에서 있었던 불연속성이 $t = (x \pm x_0 - 2nL)/a$에서 $h(x + at)$에 다시 나타난다. 비슷하게 $h(x + at)$는 임의의 정수 m에 대해 $t = (-x \pm x_0 + 2nL)/a$에서의 점 x에서 불연속이다. 식 (28)로 다시 돌아가면 해 $u(x, t)$ 역시 이와 같은 t값에서 주어진 점 x에서 불연속이다. 이때, 물리적인 문제는 $t > 0$에서 주어지기 때문에 t가 양수가 되는 m과 n값만 의미가 있다.

▶**초기 속도가 영이 아닌 탄성 줄.** 위에서 다룬 문제를 평형 상태에서 주어진 속도로 움직이기 시작하는 문제로 수정하자. 그러면 수직 변위 $u(x, t)$는 파동방정식

$$a^2 u_{xx} = u_{tt}, \quad 0 < x < L, \quad t > 0;$$

경계조건

$$u(0,t) = 0, \quad u(L,t) = 0, \quad t \ge 0;$$

그리고 이 줄의 점 x에서의 초기 속도 $g(x)$에 대한 초기조건

$$u(x,0) = 0, \quad u_t(x,0) = g(x), \quad 0 \le x \le L \tag{31}$$

를 만족해야 한다.

이 새로운 문제의 해는 문제 (1), (3), (9)에 대해 위에서 설명한 과정을 따라 얻을 수 있다. 변수를 분리하면 앞서 했던 것과 똑같이 $X(x)$에 대한 문제를 찾을 수 있으므로 다시 $\lambda = n^2\pi^2/L^2$이고 $X(x)$는 $\sin(n\pi x/L)$에 비례한다. 또한 $T(t)$에 대한 미분방정식은 다시(식 (17) 참조)

$$T'' + \frac{n^2\pi^2 a^2}{L^2} T = 0 \tag{32}$$

이다. 단, 이 경우의 초기조건은 초기조건 (31)의 첫 번째 조건에 해당하는

$$T(0) = 0 \tag{33}$$

이다. 식 (32)의 일반해는 다시

$$T(t) = k_1 \cos\left(\frac{n\pi at}{L}\right) + k_2 \sin\left(\frac{n\pi at}{L}\right) \tag{34}$$

이지만 초기조건 (33)에 의해 $k_1 = 0$이다. 따라서 이제 $T(t)$는 $\sin(n\pi at/L)$에 비례하고 문제 (1), (3), (31)에 대한 기본해들은

$$u_n(x,t) = \sin\left(\frac{n\pi x}{L}\right) \sin\left(\frac{n\pi at}{L}\right), \quad n = 1, 2, 3, \ldots . \tag{35}$$

이 된다. 이 함수 $u_n(x, t)$는 각각 파동방정식 (1), 경계조건 (3), 초기조건 (31)의 첫 번째 조건을 만족한다. 초기조건 (9)가 아닌 (31)을 사용했을 때의 주된 결과는 $u_n(x, t)$의 시간에 종속적인 인수에 코사인이 아닌 사인이 포함된다는 것이다.

남아 있는 (비제차) 초기조건을 만족하기 위해서 $u(x, t)$를 기본해 (35)의 일차결합으로 표현

하자; 즉,

$$u(x,t) = \sum_{n=1}^{\infty} k_n u_n(x,t) = \sum_{n=1}^{\infty} k_n \sin\left(\frac{n\pi x}{L}\right) \sin\left(\frac{n\pi at}{L}\right) \tag{36}$$

라 두자. 계수 k_n의 값을 결정하기 위해서 식 (36)을 t에 내해 미분하고 $t = 0$으로 둔 후, 두 번째 초기조건 (31)을 사용하자; 그러면

$$u_t(x,0) = \sum_{n=1}^{\infty} \frac{n\pi a}{L} k_n \sin\left(\frac{n\pi x}{L}\right) = g(x) \tag{37}$$

를 얻을 수 있다. 따라서 $\frac{n\pi a}{L}k_n$은 g에 대한 주기 $2L$인 푸리에 사인 급수의 계수이고

$$\frac{n\pi a}{L} k_n = \frac{2}{L} \int_0^L g(x) \sin\left(\frac{n\pi x}{L}\right) dx, \quad n = 1, 2, \ldots . \tag{38}$$

가 된다. 또한 식 (38)에 의해 주어진 계수를 갖는 식 (36)은 식 (1), (3), (31)의 문제에 대한 해의 형태를 이룬다. 이 해의 형태에 대한 타당성은 앞서 식 (1), (3), (9)의 해에 대한 타당성을 간략하게 보인 것과 비슷한 방법으로 보일 수 있다.

▶**일반적인 탄성 줄 문제.** 마지막으로 파동방정식 (1), 경계조건 (3), 일반적인 초기조건 (4), (5)로 이루어진 문제로 돌아가자:

$$u(x,0) = f(x), \quad u_t(x,0) = g(x), \quad 0 < x < L \tag{39}$$

이때, $f(x)$와 $g(x)$는 각각 이 줄에 대해 주어진 초기 위치와 초기 속도이다. 이 문제를 앞에서 소개한 경우들처럼 변수분리법을 이용해서 풀 수 있긴 하나, 앞서 얻은 두 개의 해를 더해서 간단하게 풀 수도 있다. 이것이 참임을 보이기 위해 $v(x, t)$를 문제 (1), (3), (9)의 해라 두고 $w(x, t)$를 문제 (1), (3), (31)의 해라 두자. 그러면 $v(x, t)$는 식 (20)과 (22)에 의해 주어지고, $w(x, t)$는 식 (36)과 (38)에 의해 주어진다. 이제 $u(x, t) = v(x, t) + w(x, t)$라 두자; $u(x, t)$가 만족하는 문제는 무엇인가? 먼저

$$a^2 u_{xx} - u_{tt} = \left(a^2 v_{xx} - v_{tt}\right) + \left(a^2 w_{xx} - w_{tt}\right) = 0 + 0 = 0 \tag{40}$$

이므로 $u(x, t)$는 파동방정식 (1)을 만족한다. 이때,

$$u(0,t) = v(0,t) + w(0,t) = 0 + 0 = 0, \quad u(L,t) = v(L,t) + w(L,t) = 0 + 0 = 0 \tag{41}$$

이므로 $u(x, t)$는 경계조건 (3)을 만족한다. 마지막으로

$$u(x,0) = v(x,0) + w(x,0) = f(x) + 0 = f(x) \tag{42}$$

이고

$$u_t(x,0) = v_t(x,0) + w_t(x,0) = 0 + g(x) = g(x) \tag{43}$$

이므로 $u(x, t)$는 일반적인 초기조건 (39)를 만족한다.

방금 구한 결과를 다음과 같이 다시 정리하겠다. 일반적인 초기조건 (39)를 갖는 파동방정식을 풀기 위해 초기조건 (9)와 (31)을 각각 갖는 좀 더 간단한 문제들을 대신 푼 후 이 두 해를 더한다. 이는 **중첩의 원리**를 이용한 또 다른 경우이다.

연습 문제

1. 양 끝이 고정된 길이 10의 탄성 줄을 고려하자. 이 줄이 초기 위치

$$u(x,0) = f(x), \quad \text{where } f(x) = \begin{cases} x/5, & 0 \le x \le 5; \\ (10-x)/5, & 5 < x \le 10; \end{cases}$$

에서 초기 속도 없이 움직이기 시작한다고 가정하자. 그러면 주어진 초기 위치 함수 $f(x)$에 대해 변위 $u(x, t)$을 구하라.

2. 양 끝이 고정된 길이 10의 탄성 줄을 고려하자. 이 줄이 초기 위치

$$u(x,0) = f(x), \quad \text{where } f(x) = \begin{cases} \frac{2}{5}x, & 0 \le x \le 5/2; \\ 1, & 5/2 < x < 15/2; \\ \frac{2}{5}(10-x), & 15/2 \le x \le 10; \end{cases}$$

에서 초기 속도 없이 움직이기 시작한다고 가정하자. 그러면 주어진 초기 위치 함수 $f(x)$에 대해 변위 $u(x, t)$을 구하라.

3. 양 끝이 고정된 길이 10의 탄성 줄을 고려하자. 이 줄이 초기 위치

$$u(x,0) = f(x), \quad \text{where } f(x) = \frac{x}{125}(10-x)^2$$

에서 초기 속도 없이 움직이기 시작한다고 가정하자. 그러면 주어진 $f(x)$에 대해 변위 $u(x, t)$을 구하라.

4. 양 끝이 고정된 길이 L의 탄성 줄을 고려하자. 이 줄이 초기 위치

$$u(x,0) = f(x), \text{ where } f(x) = \begin{cases} 0 & 0 \le x \le L/2-1, \\ 1, & L/2-1 < x < L/2+1 \\ 0, & L/2+1 \le x \le L \end{cases}$$

에서 초기 속도 없이 움직이기 시작한다고 가정하자. (b)부터 (d)까지 $L = 20$, $a = 1$이라 두자.

- **a.** 주어진 초기 위치 $f(x)$에 대한 변위 $u(x, t)$를 구하라.
- **b.** G $t = 0$과 $t = 40$ 사이의 몇몇 t에서 $0 \le x \le 20$인 x에 따른 $u(x, t)$를 그려라.
- **c.** G 몇몇 x에서의 $0 \le t \le 40$인 t에 따른 $u(x, t)$를 그려라.
- **d.** G 시간에 대한 해를 적어도 한 주기에 걸쳐 동영상으로 만들어라.
- **e.** 이 줄에 대한 운동을 몇 문장 이내로 짧게 묘사하라.

5. 양 끝이 고정된 길이 10의 탄성 줄을 고려하자. 이 줄이 평형 상태의 위치에서 초기 속도

$$u_t(x,0) = g(x), \quad \text{where } g(x) = \begin{cases} x/5, & 0 \le x \le 5; \\ (10-x)/5, & 5 < x \le 10; \end{cases}$$

로 움직이기 시작했다고 가정하자. 그러면 주어진 $g(x)$에 대해 변위 $u(x, t)$을 구하라.

6. 양 끝이 고정된 길이 10의 탄성 줄을 고려하자. 이 줄이 평형 상태의 위치에서 초기 속도

$$u_t(x,0) = g(x), \quad \text{where } g(x) = \begin{cases} \frac{2}{5}x, & 0 \le x \le 5/2; \\ 1, & 5/2 < x < 15/2; \\ \frac{2}{5}(10-x), & 15/2 \le x \le 10; \end{cases}$$

로 움직이기 시작했다고 가정하자. 그러면 주어진 $g(x)$에 대해 변위 $u(x, t)$을 구하라.

7. 양 끝이 고정된 길이 10의 탄성 줄을 고려하자. 이 줄이 평형 상태의 위치에서 초기속도

$$u_t(x, 0) = g(x), \quad \text{where } g(x) = \frac{x}{125}(10 - x)^2$$

로 움직이기 시작했다고 가정하자. 그러면 주어진 $g(x)$에 대해 변위 $u(x, t)$을 구하라.

8. 양 끝이 고정된 길이 L의 탄성 줄을 고려하자. 이 줄이 평형 상태의 위치에서 초기 속도 $u_t(x, 0) = g(x)$로 움직이기 시작했다고 가정하자. 여기서 $g(x)$는 다음과 같이 정의된다.

$$g(x) = \begin{cases} 0 & 0 \le x \le L/2 - 1, \\ 1, & L/2 - 1 < x < L/2 + 1 \\ 0, & L/2 + 1 \le x \le L \end{cases} \qquad (\text{assume } L > 2)$$

(b)부터 (d)까지 $L = 20$, $a = 1$이라 두자.

a. 주어진 $g(x)$에 대한 변위 $u(x, t)$를 구하라.

b. G $t = 0$과 $t = 40$ 사이의 몇몇 t에서 $0 \le x \le 20$인 x에 따른 $u(x, t)$를 그려라.

c. G 몇몇 x에서의 $0 \le t \le 40$인 t에 따른 $u(x, t)$를 그려라.

d. G 시간에 대한 해를 적어도 한 주기에 걸쳐 동영상으로 만들어라.

e. 이 줄에 대한 운동을 몇 문장 이내로 짧게 묘사하라.

9. 탄성 줄이 한 끝에서 고정되어 있지 않으면 그 끝에서 만족하는 경계조건은 $u_x = 0$이다. $x = 0$에서 고정되어 있고 $x = L$에서는 고정되어 있지 않은 길이 L의 탄성 줄에 대한 변위 $u(x, t)$를 구하라. 이때, 이 줄이 주어진 함수 f에 대한 초기 위치 $u(x, 0) = f(x)$에서 초기 속도 없이 움직이기 시작했다고 가정하자.
힌트: 비제차 초기조건을 제외한 모든 조건들을 만족하는 이 문제에 대한 기본해들이

$$u_n(x, t) = \sin(\lambda_n x)\cos(\lambda_n at)$$

임을 보여라. 이때, $\lambda_n = (2n - 1)\pi/(2L)$, $n = 1, 2, \ldots$ 이다. 이 문제를 10.6절의 연습문제 **15**와 비교하라; 특히 초기 데이터를 원래의 구간 $[0, L]$ 밖으로 확장하는 데 주의를 기울이자.

10. 길이 L의 탄성 줄을 고려하자. 한 끝 $x = 0$은 고정하고 다른 한 끝 $x = L$은 자유롭게 두자; 따라서 경계조건은 $u(0, t) = 0$과 $u_x(L, t) = 0$이다. 이 줄이 함수

$$f(x) = \begin{cases} 0 & 0 \le x \le L/2 - 1 \\ 1, & L/2 - 1 < x < L/2 + 1 \\ 0, & L/2 + 1 \le x \le L \end{cases} \quad (\text{assume } L > 2)$$

로 주어질 때, 초기 위치 $u(x, 0) = f(x)$에서 초기 속도 없이 움직이기 시작했다고 가정하자.

a. 이때의 변위 $u(x, t)$를 구하라.

b. G $L = 10$, $a = 1$일 때, 몇몇 t에서 $0 \le x \le 10$인 x에 따른 u를 그려라. 특히 3과 7 사이의 t 값들에 주목하자. 초기 교란(disturbance)이 양 끝에 각각 어떻게 반영되는지 확인하라.

c. G $L = 10$, $a = 1$일 때, 몇몇 x에서 t에 따른 u를 그려라.

d. G 시간에 대한 해를 적어도 한 주기에 걸쳐 동영상으로 만들어라.

e. 이 줄에 대한 운동을 몇 문장 이내로 짧게 묘사하라.

11. 문제 **10**에서 줄이 초기조건 $f(x) = 8x(L - x)^2/L^3$에서 시작된다고 가정하자. 이 새로운 문제에 대해 문제 **10**의 지침을 따르라.

12. 파동방정식 $a^2u_{xx} = u_{tt}$에 다음과 같이 단위가 없는 변수를 적용하자:

a. $s = x/L$라 두면 이 파동방정식이

$$a^2u_{ss} = L^2u_{tt}$$

가 됨을 보여라.

b. L/a이 시간 차원을 갖기 때문에 시간을 잴 때의 단위로 사용할 수 있으므로 $\tau = at/L$라 두고 파동방정식이

$$u_{ss} = u_{\tau\tau}$$

가 됨을 보여라.

▶ 문제 **13**와 **14**는 파동방정식의 일반해의 형태와 상수 a의 물리적 의미를 나타낸다.

13. **a.** 파동방정식

$$a^2 u_{xx} = u_{tt}$$

를 변수 변환 $\xi = x - at$와 $\eta = x + at$를 이용하여 $u_{\xi\eta} = 0$으로 바꿀 수 있음을 보여라.

b. $u(x, t)$를 임의의 함수 ϕ와 ψ에 대해

$$u(x, t) = \phi(x - at) + \psi(x + at)$$

로 쓸 수 있음을 보여라.

14. **a.** **G** $\phi(s) = \sin(s)$일 때, $t = 0, 1/a, 2/a, t_0/a$에 대한 $\phi(x - at)$의 값을 그려라. 여기서 t_0는 $\phi(x)$의 기본 주기이다. 임의의 $t \neq 0$에 대해 $y = \phi(x - at)$의 그래프는 $t = 0$일 때의 $y = \phi(x)$의 그래프와 똑같으나 양의 x축으로 거리 at만큼 이동되어 있음을 확인하라. 따라서 a는 교란(disturbance)이 이 줄을 따라 이동하는 속도를 나타낸다.

b. $\phi(x + at)$는 어떻게 해석할 수 있는가?

15. 길이 5 m인 철사를 900 N의 힘으로 잡아당겨서 폈다. 이때 이 철사는 0.04 kg/m의 단위 길이당 무게를 가지고 있다고 하자.

a. 이 철사에서 횡파가 전파되는 속도를 구하라.

b. 진동의 고유 진동수를 찾아라.

c. 이 철사의 장력이 증가하면 고유 진동수는 어떻게 바뀌는가? 고유 모드도 바뀌는가?

16. 무한한 1차원 매질에서의 파동방정식

$$a^2 u_{xx} = u_{tt}$$

와 초기조건

$$u(x, 0) = f(x), \quad u_t(x, 0) = 0, \quad -\infty < x < \infty$$

을 고려하자.

a. 문제 **13**에서 구한 해의 형태를 이용하여 ϕ와 ψ가

$$\phi(x) + \psi(x) = f(x),$$
$$-\phi'(x) + \psi'(x) = 0$$

을 만족함을 보여라.

b. ϕ와 ψ에 대해 **a**의 방정식들을 풀고

$$u(x, t) = \frac{1}{2}(f(x - at) + f(x + at))$$

임을 보여라. 이와 같은 형태의 해는 1746년에 달랑베르가 찾은 것이다.

힌트: $\psi(x) = \phi(x) + c$를 선택하면 미분방정식 $\psi'(x) = \phi'(x)$를 풀 수 있다.

c.
$$f(x) = \begin{cases} 2, & -1 < x < 1, \\ 0, & \text{otherwise.} \end{cases}$$

라 두고

$$f(x-at) = \begin{cases} 2, & -1+at < x < 1+at, \\ 0, & \text{otherwise.} \end{cases}$$

임을 보여라. 또한, $f(x+at)$를 구하라.

d. **그림 10.7.4**에 나와 있는 결과들을 이용하여 **b**에서 찾은 해를 $t=0$, $t=1/2a$, $t=1/a$, $t=2/a$에서 그려라. 초기 변위로부터 원래 위치에서 서로 반대 방향으로 멀어지는 두 개의 파동이 발생됨을 확인하라; 이 파동은 각각 초기 변위의 반을 이룬다.

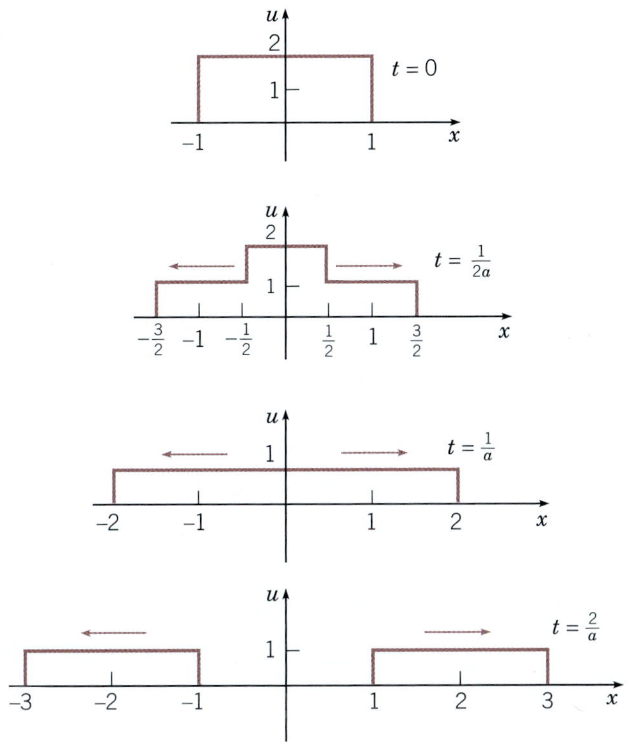

그림 10.7.4 무한한 1차원 매질에서 초기 교란의 전파

17. 무한한 1차원 매질에서의 파동방정식

$$a^2 u_{xx} = u_{tt}$$

와 초기조건

$$u(x,0) = 0, \quad u_t(x,0) = g(x), \quad -\infty < x < \infty$$

를 고려하자.

a. 문제 **13**에서 구한 해의 형태를 이용하여 ϕ와 ψ가

$$\phi(x) + \psi(x) = 0,$$
$$-a\phi'(x) + a\psi'(x) = g(x)$$

를 만족함을 보여라.

b. $\psi'(x) = -\phi'(x)$임을 보이기 위해 **a**의 첫 번째 식을 사용하라. 그 후, 두 번째 식을 사용하여 $-2a\phi'(x) = g(x)$와 임의의 x_0에 대해

$$\phi(x) = -\frac{1}{2a}\int_{x_0}^{x} g(\xi)\,d\xi + \phi(x_0)$$

임을 보여라. 마지막으로 $\psi(x)$를 결정하라.

c.
$$u(x,t) = \frac{1}{2a}\int_{x-at}^{x+at} g(\xi)\,d\xi$$

임을 보여라.

18. 문제 **16**과 **17**의 결과들을 결합하여 문제

$$a^2 u_{xx} = u_{tt}$$
$$u(x,0) = f(x), \quad u_t(x,0) = g(x), \quad -\infty < x < \infty$$

의 해가

$$u(x,t) = \frac{1}{2}(f(x-at) + f(x+at)) + \frac{1}{2a}\int_{x-at}^{x+at} g(\xi)\,d\xi$$

에 의해 주어짐을 보여라.

▶ 문제 **19**와 **20**는 식 (1), (3), (9)의 해의 형태 (20), (22)가 이 문제의 실제 해임을 보이는 방법을 나타낸다.

19. 삼각함수의 곱을 합으로 바꾸는 공식 $\sin(A)\cos(B) = \frac{1}{2}(\sin(A+B) + \sin(A-B))$를 이용하여 식 (1), (3), (9)의 문제에 대한 해 (20)을 (28)의 형태로 쓸 수 있음을 보여라.

20. $h(\xi)$를 $(-L, 0)$에서는 기함수로, 그 외에는 주기 $2L$인 주기함수로 확장된 $[0, L]$에서 주어진 초기 변위를 나타낸다고 하자. h, h', h''이 연속이라 가정하고 식 (28)에 의해 주어진 $u(x, t)$가 파동방정식 (1)과 초기조건 (9)를 만족함을 직접 미분하여 보여라. 또한 식 (20)이 확실히 경계조건 (3)을 만족하기 때문에 식 (28) 역시 (3)을 만족함을 확인하자. 원래 구간 $0 \le x \le L$에서만 정의되었던 유한한 줄의 초기 데이터를 주어진 방법을 이용하여 x축 전체로 확장하고, 식 (28)을 무한한 줄에 해당하는 문제의 해(문제 **16**)와 비교하면 둘 다 똑같은 형태를 가짐을 알 수 있다. 이를 보이고 나면, 무한한 줄에 대한 해를 유한한 줄에도 적용할 수 있다.

21. 북의 가죽 같은 원형 탄성 막의 운동은 극좌표상에서 다음과 같은 2차원 파동방정식을 지배 방정식으로 갖는다.

$$u_{rr} + \frac{1}{r}u_r + \frac{1}{r^2}u_{\theta\theta} = a^{-2}u_{tt}$$

$u(r, \theta, t) = R(r)\Theta(\theta)T(t)$라 가정하고 $R(r)$, $\Theta(\theta)$, $T(t)$가 만족하는 상미분방정식을 각각 구하라.

22. 진동 줄의 총 에너지 $E(t)$는 다음과 같이 시간에 대한 함수로 주어진다.

$$E(t) = \int_0^L \left(\frac{1}{2}\rho u_t^2(x,t) + \frac{1}{2}Tu_x^2(x,t)\right)dx; \tag{44}$$

첫 항은 줄의 운동에 기인하는 운동 에너지이고 둘째 항은 평형 상태의 위치에서 멀어지는 줄의 변위에 의해 발생하는 퍼텐셜 에너지이다.

식 (20)에 의해 주어진 변위 $u(x, t)$에 대해—즉, 초기 속도가 영인 줄 문제의 해에 대해—

$$E(t) = \frac{\pi^2 T}{4L}\sum_{n=1}^{\infty} n^2 c_n^2 \tag{45}$$

임을 보여라. 식 (45)의 우변은 t에 종속되어 있지 않음을 알 수 있다. 따라서 총 에너지 E는 상수이므로 줄은 운동하는 동안 *보존된다*.

힌트: Parseval 방정식(10.4절의 연습문제 **37**과 10.3절의 연습문제 **17**)을 사용하고 $a^2 = T/\rho$임을 떠올리자.

23. **분산파들.** 수정된 파동방정식

$$a^{-2}u_{tt} + \gamma^2 u = u_{xx}, \quad 0 < x < L, \quad t > 0 \tag{46}$$

경계조건

$$u(0,t)=0, \quad u(L,t)=0, \quad t>0 \tag{47}$$

초기조건

$$u(x,0)=f(x), \quad u_t(x,0)=0, \quad 0<x<L \tag{48}$$

을 고려하자.

a. 이 문제의 해를

$$u(x,t)=\sum_{n=1}^{\infty} c_n \cos\left(\sqrt{\frac{n^2\pi^2}{L^2}+\gamma^2}\,at\right)\sin\left(\frac{n\pi x}{L}\right)$$

로 쓸 수 있고, 이때

$$c_n=\frac{2}{L}\int_0^L f(x)\sin\left(\frac{n\pi x}{L}\right)dx$$

임을 보여라.

b. 삼각함수의 공식들을 이용하여 이 해를 다시

$$u(x,t)=\frac{1}{2}\sum_{n=1}^{\infty} c_n\left(\sin\left(\frac{n\pi}{L}(x+a_nt)\right)+\sin\left(\frac{n\pi}{L}(x-a_nt)\right)\right)$$

로 쓰고 파동의 전파속도인 a_n를 구하라.

c. **b**에서 찾은 a_n이 n에 종속됨을 확인하라. 이것은 서로 다른 파장의 길이(또는 진동수)를 갖는 성분들이 서로 다른 속도로 전파되어서 시간에 따라 원래의 파장 모양이 찌그러짐을 의미한다. 이런 현상을 **분산**(dispersion)이라고 부른다. a_n이 n에 독립될—즉, 분산이 일어나지 않을—조건을 구하라.

24. $a^2=1, L=10$이고

$$f(x)=\begin{cases} x-4, & 4\le x\le 5, \\ 6-x, & 5\le x\le 6, \\ 0, & \text{otherwise.}\end{cases}$$

일 때의 문제 **23**의 상황을 다시 고려하자.

a. 문제 **23a**의 해에 대한 계수 c_n을 구하라.

b. G $f(x)$의 그래프를 정확하게 그릴 수 있도록 충분히 큰 N을 선택하여

$$\sum_{n=1}^{N} c_n \sin\left(\frac{n\pi x}{10}\right) \quad \text{for} \quad 0\le x\le 10$$

를 그려라. 이 N값을 이용하여 아래에서 제시하는 나머지 그림들을 그려라.

c. G $\gamma=0$이라 두자. $t=60$일 때, x에 따른 $u(x,t)$를 그려라.

d. G $\gamma=1/4$이라 두자. $t=20, 60$일 때, x에 따른 $u(x,t)$를 각각 그려라.

e. G $\gamma=1/8$이라 두자. $t=20, 40$일 때, x에 따른 $u(x,t)$를 각각 그려라.

10.8 라플라스 방정식

응용 수학분야에서 발생하는 모든 편미분방정식 중 가장 중요한 방정식 하나는 라플라스(Laplace)[11]의 이름과 관련이 있다; 2차원에서는

$$u_{xx} + u_{yy} = 0 \tag{1}$$

이고 3차원에서는

$$u_{xx} + u_{yy} + u_{zz} = 0 \tag{2}$$

이다. 예를 들어, 2차원 열전도 문제에서 온도 $u(x, y, t)$는 열확산율 α^2에 대한 미분방정식

$$\alpha^2 (u_{xx} + u_{yy}) = u_t \tag{3}$$

를 만족해야 한다. 만약 정상상태가 존재한다면 u는 x와 y만의 함수이고 시간에 대한 미분은 사라진다; 이 경우 식 (3)은 식 (1)이 된다. 비슷하게 정상상태인 3차원 열전도 문제에 대한 온도는 3차원 라플라스 방정식의 형태를 만족해야 한다. 식 (1), (2)는 수리 물리학의 여러 분야에서도 발생한다. 정전기 분야를 고려할 경우, 전하를 포함하지 않는 유전체에서의 전기적 퍼텐셜 함수는 속해 있는 공간의 차원에 따라 식 (1) 또는 식 (2)를 만족해야 한다. 비슷하게, 중력만 작용하는 자유 공간에 있는 입자의 퍼텐셜 함수도 똑같은 방정식들을 만족한다. 따라서 라플라스 방정식을 **퍼텐셜 방정식**이라고 부르기도 한다. 또 다른 예는 압축되지 않는 유체의 안정적(시간에 독립적)이고 점성이 없으며 회전하지 않는 2차원 운동을 연구할 때 발생한다. 이 연구는 식 (1)을 만족하는 **속도 퍼텐셜 함수**와 **유선(stream) 함수**라고 알려진 두 함수에 중점을 두고 있다. 탄성의 경우, 완전 탄성 막대를 구부렸을 때 발생하는 변위 역시 식 (1)을 만족하는 소위 **뒤틀림 (warping) 함수**를 이용하여 묘사된다.

위에서 언급한 문제들은 모두 시간에 종속되지 않기 때문에 식 (1) 또는 (2)의 해들이 만족하는 초기조건은 없다. 그러나 이 미분방정식을 풀어야 하는 영역의 경계를 이루는 곡선 또는 곡면 위에서의 경계조건들은 만족해야 한다. 라플라스 방정식은 2계이기 때문에 해를 완전히 결정하기 위해서는 두 개의 경계조건이 필요하다고 생각할 수 있으나 이 문제의 경우에는 그렇지 않다. 유한한 막대에 대한 열전도 문제에서는(10.5절과 10.6절) 이 막대의 양 끝에 각각 하나의 조건—즉, 막대는 (1차원) 구간으로 표현되며, 이 구간의 양 끝점인 경계점에서 각각 하나의 조건—이 주어져야 했다. 이 관찰결과를 다차원 문제로 일반화시키면 식 (1) 또는 (2)의 해를 찾아야 하는 영역의 경계 위의 점들에서 함수 u에 대한 조건이 하나 주어지는 게 자연스러울 것이다. 이 영역이 (2차원) 평면의 부분집합이면 그 경계는 (1차원) 곡선이다; 이 영역이 (3차원) 공간의 부분집합이면 그 경계는 (2차원) 곡면이다.

가장 흔한 경계조건은 u의 값이 각 경계점에서 구체적으로 주어질 때 발생한다; 이것은 열전도 문제의 경우, 경계에서의 온도가 주어지는 것에 해당한다. 어떤 문제에서는 경계에 수직인 방향으로의 u에 대한 미분값 또는 변화율이 대신 주어지기도 한다; 예를 들어 단열한 물체의 경계조건이 이런 유형에 속한다. 이보다 좀 더 복잡한 경계조건들이 발생할 가능성도 있다; 예

[11] 라플라스 방정식은 1782년 초반에 이 방정식의 해를 이용하여 공간상의 임의의 물체들 간의 중력 인력에 대해 폭넓게 연구했던 Pierre-Simon de Laplace의 이름을 딴 것이다. 그러나 이 방정식이 처음으로 등장한 것은 1752년 오일러가 쓴 수력학(hydrodynamics)에 대한 논문이다.

를 들어, u가 경계의 한 부분에서 주어져 있고 경계의 나머지 부분에서는 u에 대한 수직 방향으로의 미분이 주어질 수도 있다. 주어진 경계값들에 대한 라플라스 방정식의 해를 찾는 문제를 P. G. L. Dirichlet[12]을 기리기 위해 **Dirichlet 문제**라고 부른다. 또한 경계에 수직방향으로의 미분 값들이 주어진 문제를 C. G. Neumann[13]을 기리기 위해 **Neumann 문제**라고 부른다. 이 Dirichlet 문제와 Neumann 문제를 각각 퍼텐셜 이론의 제1 경계값 문제와 제2 경계값 문제라고 부르기도 한다.

물리적으로 봤을 때 위에서 언급한 류의 경계조건들이 해를 완전히 결정하기에 충분할 것이라고 생각하는 것은 꽤 그럴듯해 보인다. 실제로 만약 경계의 모양과 경계조건들에 나타나는 함수들이 매우 약한 어떤 조건을 만족하면, 위에서 언급한 경계조건들을 만족하는 라플라스 방정식의 해에 대한 존재성과 유일성을 보일 수 있다. 그러나 이 정리들의 증명은, 심지어 정리들에 대한 정확한 서술도 이 책의 범위를 넘어서므로 다루지 않겠다. 이 책에서 관심 있게 다루고자 하는 것은 변수분리법과 푸리에 급수를 이용하여 몇몇 특정한 문제를 푸는 것이다.

흥미로운 물리적 해석(예를 들어, 정전기 퍼텐셜 또는 정상상태의 온도 분포 같은)을 갖고 있는 문제를 예제로 선택하여 이 문제를 수학적으로 푸는 동안 발생하는 몇 가지 성질을 밝히는 것이 이 절의 주 목표이다. 때로는 앞에서처럼 복잡한 문제를 몇 개의 좀 더 간단한 문제의 해들을 합하여 풀기도 할 것이다(연습문제 **3**과 **4**를 보자).

▶직사각형에서의 Dirichlet 문제. 직사각형 영역 $0 < x < a$, $0 < y < b$에서 라플라스 방정식

$$u_{xx} + u_{yy} = 0 \tag{4}$$

과 $0 < y < b$에서 주어진 함수 f에 대한 경계조건

$$\begin{aligned} &u(x,0) = 0, \quad u(x,b) = 0, \qquad 0 < x < a, \\ &u(0,y) = 0, \quad u(a,y) = f(y) \quad\ 0 < y < b \end{aligned} \tag{5}$$

를 만족하는 함수 u를 찾는 수학 문제를 고려하자(**그림 10.8.1** 참고).

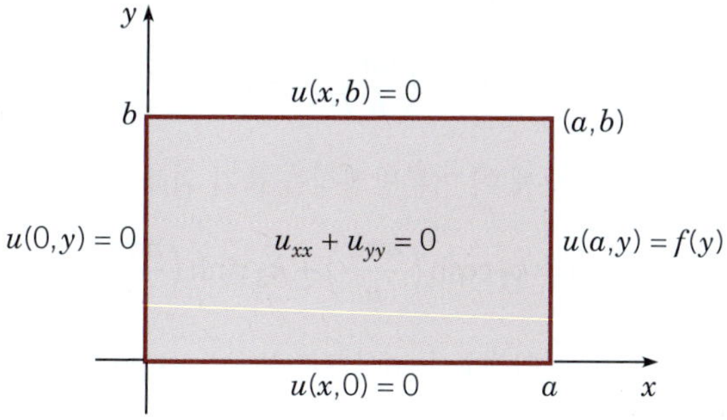

그림 10.8.1 직사각형에서의 Dirichlet 문제

[12] Peter Gustav Lejeune Dirichlet (1805~1859)는 벨기에 혈통의 독일인이다. 그는 베를린 대학에서, 가우스의 사후에는 괴팅겐 대학에서 교수로 재직하였다. Dirichlet은 1829년에 푸리에 급수의 수렴성을 보장하기에 충분한 일련의 조건들을 최초로 제시하였고, 1837년에 오늘날 기초 미적분학에서 주로 사용하는 *함수*라는 개념을 정의하였다. 그는 해석학과 미분방정식론의 연구로 잘 알려져 있긴 하나 19세기의 선구적인 정수론자이기도 하다.

[13] 독일 수학자이자 40년 이상 라이프치히 대학의 교수였던 Carl Gottfried Neumann (1832~1925)은 미분방정식론, 적분방정식론, 복소수론에 크게 기여하였다.

이 문제를 풀기 위해 편미분방정식과 제차 경계조건을 만족하는 기본해 집합을 찾고자 한다; 그런 후, 이 해들을 중첩하여 남아있는 경계조건을 만족하도록 할 것이다.

$$u(x, y) = X(x)Y(y) \tag{6}$$

라고 가정하고 식 (4)의 u에 이를 대입하자. 그러면 분리상수 λ에 대해

$$\frac{X''}{X} = -\frac{Y''}{Y} = \lambda$$

가 된다. 따라서 두 개의 상미분방정식

$$X'' - \lambda X = 0, \quad 0 < x < a \tag{7}$$

$$Y'' + \lambda Y = 0, \quad 0 < y < b \tag{8}$$

을 얻을 수 있다. 이제 식 (6)의 u를 제차 경계조건 (5)에 각각 대입하면

$$X(0) = 0 \tag{9}$$

과

$$Y(0) = 0, \quad Y(b) = 0 \tag{10}$$

을 구할 수 있다.

먼저 경계조건 (10)을 갖는 미분방정식 (8)의 해를 구하겠다. 이 문제는 본질적으로 10.1절, 10.5절, 10.7절에서 앞서 나왔던 문제들과 동일하다. 따라서 자명하지 않은 해를 갖기 위한 필요 충분조건은 λ가 고윳값, 즉

$$\lambda = \left(\frac{n\pi}{b}\right)^2, \quad n = 1, 2, \ldots, \tag{11}$$

이고 $Y(y)$가 이 고윳값에 대응되는 고유함수 $\sin(n\pi y/b)$에 비례하는 것이라고 결론지을 수 있다. 다음은 식 (7)에 λ에 대한 식 (11)을 대입하면

$$X'' - \left(\frac{n\pi}{b}\right)^2 X = 0$$

을 얻을 수 있다. 경계조건 (9)와 함께 이 미분방정식을 풀기 위해 편의상 일반해를

$$X(x) = k_1 \cosh\left(\frac{n\pi x}{b}\right) + k_2 \sinh\left(\frac{n\pi x}{b}\right) \tag{12}$$

로 놓겠다. 그러면 경계조건 (9)에 의해 $k_1 = 0$이므로 $X(x)$는 $\sinh(n\pi x/b)$에 비례해야 한다. 따라서 기본해

$$u_n(x, y) = \sinh\left(\frac{n\pi x}{b}\right)\sin\left(\frac{n\pi y}{b}\right), \quad n = 1, 2, \ldots. \tag{13}$$

를 얻을 수 있다. 이 함수들은 미분방정식 (4)와 각각의 n에 대한 제차 경계조건을 모두 만족한다.

남아 있는 $x = a$에서의 비제차 경계조건을 만족하기 위해 종전과 같이 해 $u(x, y)$를 다음과 같은 형태로 표현할 수 있다고 가정하자.

$$u(x,y)=\sum_{n=1}^{\infty}c_n u_n(x,y)=\sum_{n=1}^{\infty}c_n \sinh\left(\frac{n\pi x}{b}\right)\sin\left(\frac{n\pi y}{b}\right) \tag{14}$$

이때의 계수 c_n은 경계조건

$$u(a,y)=\sum_{n=1}^{\infty}c_n \sinh\left(\frac{n\pi a}{b}\right)\sin\left(\frac{n\pi y}{b}\right)=f(y) \tag{15}$$

에 의해 결정된다. 이때, $c_n \sinh(n\pi a/b)$는 f에 대한 주기 $2b$인 푸리에 사인 급수의 계수여야 하고

$$c_n \sinh\left(\frac{n\pi a}{b}\right)=\frac{2}{b}\int_0^b f(y)\sin\left(\frac{n\pi y}{b}\right)dy \tag{16}$$

로 주어져야 한다. 따라서 경계조건 (5)를 만족하는 편미분방정식 (1)의 해는 식 (16)으로부터 계산된 계수 c_n을 갖는 식 (14)에 의해 주어진다.

식 (14)와 (16)으로부터 이 해의 n번째 항이 인수 $\sinh(n\pi x/b)/\sinh(n\pi a/b)$를 포함함을 알 수 있다. 큰 n에 대해 근사식 $\sinh(\xi)\cong\frac{1}{2}e^{\xi}$을 사용하여 이 인수 값을 추정하면

$$\frac{\sinh\left(\frac{n\pi x}{b}\right)}{\sinh\left(\frac{n\pi a}{b}\right)}\cong\frac{\frac{1}{2}\exp\left(\frac{n\pi x}{b}\right)}{\frac{1}{2}\exp\left(\frac{n\pi a}{b}\right)}=\exp\left(-\frac{n\pi(a-x)}{b}\right)$$

를 얻을 수 있다. 따라서 이 인수는 음의 지수로서의 성질을 갖는다; 즉, 급수 (14)는 $a-x$가 너무 작지 않다면 아주 빨리 수렴한다.

예제 10.8.1

라플라스 방정식

$$\nabla^2 u=u_{xx}+u_{yy}=0,\quad 0\le x\le a,\quad 0\le y\le b \tag{17}$$

과 경계조건

$$u(x,0)=0,\quad u(0,y)=0,\quad u(x,b)=0,\quad \frac{\partial u}{\partial x}(a,y)=T\sin^3\left(\frac{\pi y}{a}\right) \tag{18}$$

의 해를 구하라.

풀이

$\nabla^2 u=u_{xx}+u_{yy}=0$의 해를 $u(x,y)=X(x)Y(y)$로 두자. 그것을 식에 대입하면,

$$\begin{aligned}
X''Y+Y''X&=0\\
\Rightarrow \frac{X''}{X}&=-\frac{Y''}{Y}=p^2\ (\text{say})\\
\Rightarrow \frac{d^2X}{dx^2}-p^2X=0 &\ \text{ and }\ \frac{d^2Y}{dy^2}+p^2Y=0\\
\Rightarrow X=c_1e^{px}+c_2e^{-px} &\ \text{ and }\ Y=c_3\cos(py)+c_4\sin(py)
\end{aligned}$$

을 얻는다. 그러므로, $\nabla^2 u=u_{xx}+u_{yy}=0$의 해는

$$u(x,y)=(c_1e^{px}+c_2e^{-px})(c_3\cos(py)+c_4\sin(py))$$

이다. 이제 경계조건 $u(x,0)=0$을 사용하면,

$$0=c_3(c_1e^{px}+c_2e^{-px})$$

을 얻는다. 이것은 $c_3 = 0$일을 의미한다. 따라서,

$$u(x, y) = c_4 \sin(py)(c_1 e^{px} + c_2 e^{-px})$$

이다. 주어진 경계조건 $u(x, b) = 0$을 사용하면,

$$0 = c_4 \sin(pb)(c_1 e^{px} + c_2 e^{-px})$$

을 얻는다. 여기서 $c_4 \neq 0$이다. (만약 $c_4 = 0$이면 자명한 해가 된다.) 이는 $\sin(pb) = 0$을 의미한다.

$$pb = n\pi \;\Rightarrow\; p = \frac{n\pi}{b}, \quad \text{where } n = 1, 2, 3, \ldots$$

따라서,

$$u(x, y) = c_4 \sin\left(\frac{n\pi}{b} y\right)(c_1 e^{px} + c_2 e^{-px})$$

을 얻는다. 상수 $c_1c_4 = C$와 $c_2c_4 = D$로 이름을 바꾼 후 우리는

$$u(x, y) = \sin\left(\frac{n\pi}{b} y\right)\left[C \exp\left(\frac{n\pi}{b} x\right) + D \exp\left(-\frac{n\pi}{b} x\right)\right], \quad n = 1, 2, 3, \ldots$$

을 얻은 뒤, 경계조건 $u(0, y) = 0$를 사용하여

$$0 = \sin\left(\frac{n\pi}{n} y\right)(C + D)$$

과 함께 $C + D = 0$, 즉 $C = -D$를 얻는다.

$$\begin{aligned} u(x, y) &= C \sin\left(\frac{n\pi}{b} y\right)\left[\exp\left(\frac{n\pi}{b} x\right) - \exp\left(-\frac{n\pi}{b} x\right)\right] \\ &= 2C \sin\left(\frac{n\pi}{b} y\right) \sinh\left(\frac{n\pi}{b} x\right), \quad n = 1, 2, 3, \ldots \end{aligned}$$

x에 대해 위 식을 미분하면,

$$\frac{\partial u}{\partial x} = 2C \frac{n\pi}{b} \sin\left(\frac{n\pi}{b} y\right) \cosh\left(\frac{n\pi}{b} x\right)$$

이고, 마지막 경계조건으로부터

$$T \sin^3 \frac{\pi y}{a} = 2C \frac{n\pi}{b} \sin\left(\frac{n\pi}{b} y\right) \cosh\left(\frac{n\pi}{b} a\right)$$

가 나온다. 따라서 해는

$$u(x, y) = \frac{bT}{n\pi} \sin^3 \frac{\pi y}{a} \operatorname{sech}\left(\frac{n\pi}{b} a\right) \sinh\left(\frac{n\pi}{b} x\right)$$

로써 얻어지고, 중첩 원리를 적용하면, 다음과 같이 필요한 해를 얻는다.

$$u(x, y) = \sum_{n=1}^{\infty} \frac{bT}{n\pi} \sin^3\left(\frac{\pi y}{a}\right) \operatorname{sech}\left(\frac{n\pi}{b} a\right) \sinh\left(\frac{n\pi}{b} x\right)$$

▶**원에서의 Dirichlet 문제.** $f(0) = f(2\pi)$를 만족하며 $0 \leq \theta < 2\pi$에서 주어진 함수 f에 대하여 경계조건

$$u(a, \theta) = f(\theta), \quad 0 < \theta < 2\pi \tag{19}$$

가 주어져 있을 때, 원형 영역 $r < a$에서 라플라스 방정식을 푸는 문제를 고려하자(**그림 10.8.2**

참고). 극좌표 $u(r, \theta)$에서 라플라스 방정식은 다음과 같은 형태를 갖는다(연습문제 **15c** 참고).

$$u_{rr} + \frac{1}{r}u_r + \frac{1}{r^2}u_{\theta\theta} = 0, \quad 0 < r < a, \quad 0 < \theta < 2\pi \tag{20}$$

이 문제에 대한 설명을 완성하기 위해 $f(0) = f(2\pi)$라는 가정에 의한 f의 전체 실직선으로의 주기적 확장은 적어도 연속임을 알아야 한다. 따라서 $u(r, \theta)$도 θ에 대해 주기 2π인 주기함수이다. 또한, $u(r, \theta)$는 $r \le a$에서 유한해야 하는데 이는 나중에 중요하게 쓰일 것이다.

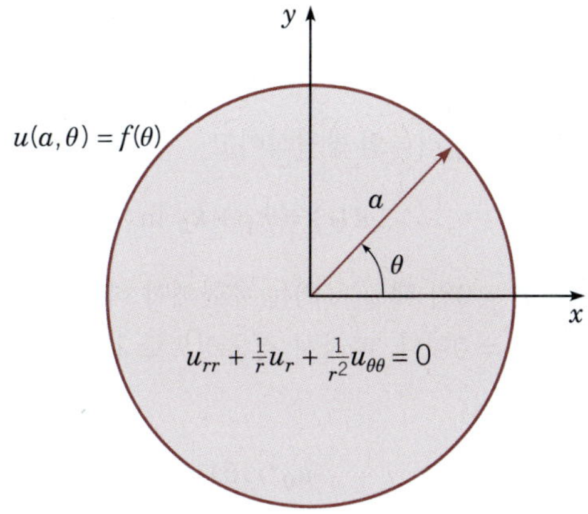

그림 10.8.2 원형 영역에서의 라플라스 방정식에 대한 Dirichlet 문제

이 문제에 변수분리법을 적용하기 위해

$$u(r, \theta) = R(r)\Theta(\theta) \tag{21}$$

라고 가정하고 미분방정식 (20)에서 u를 이것으로 치환하자. 그러면

$$R''\Theta + \frac{1}{r}R'\Theta + \frac{1}{r^2}R\Theta'' = 0$$

또는 분리상수 λ에 대해

$$r^2\frac{R''}{R} + r\frac{R'}{R} = -\frac{\Theta''}{\Theta} = \lambda \tag{22}$$

가 된다. 따라서 다음과 같은 두 개의 상미분방정식을 얻을 수 있다.

$$r^2R'' + rR' - \lambda R = 0 \tag{23}$$

$$\Theta'' + \lambda\Theta = 0 \tag{24}$$

이 문제에는 제차 경계조건이 없다; 그러나 위에서 언급했듯이 해는 유한해야 하고 θ에 대해 주기 2π인 주기함수여야 한다. 이 주기성 조건에 의해 λ가 실수임을 보일 수 있다(연습문제 9 참고). 이때, λ가 음수, 영, 양수인 경우를 번갈아 고려하겠다.

경우 I: $\lambda < 0$일 때, $\mu > 0$에 대해 $\lambda = -\mu^2$이라 두자. 그러면 식 (24)는 $\Theta'' - \mu^2\Theta = 0$이 되고 결국

$$\Theta(\theta) = c_1e^{\mu\theta} + c_2e^{-\mu\theta} \tag{25}$$

이 된다. 여기서 $\Theta(\theta)$는 $c_1 = c_2 = 0$일 때만 주기함수이기 때문에 결론적으로 λ는 음수일 수 없다.

경우 II: $\lambda = 0$일 때 식 (24)는 $\Theta'' = 0$이 되고, 따라서

$$\Theta(\theta) = c_1 + c_2\theta \tag{26}$$

가 된다. $\Theta(\theta)$가 주기함수여야 하므로 $c_2 = 0$이어야 하고, 따라서 $\Theta(\theta)$는 상수가 된다. 또한 $\lambda = 0$에 대해 식 (23)은

$$r^2R'' + rR' = 0 \tag{27}$$

이 되는데, 이 식은 오일러류의 방정식이고

$$R(r) = k_1 + k_2 \ln(r) \tag{28}$$

인 해를 가진다. $r \to 0$일 때 $u(r, \theta)$는 유한해야 하므로 이 해 안에 로그 항은 포함될 수 없다; 즉, $k_2 = 0$이다. 따라서 결론적으로 $\lambda = 0$에 대해 $u(r, \theta)$는 상수여야 한다—즉, 해

$$u_0(r, \theta) = 1 \tag{29}$$

에 비례한다.

경우 III: 마지막으로 $\lambda > 0$일 때, $\mu > 0$에 대해 $\lambda = \mu^2$이라 두자. 그러면 식 (23)과 (24)는 각각

$$r^2R'' + rR' - \mu^2R = 0 \tag{30}$$

과

$$\Theta'' + \mu^2\Theta = 0 \tag{31}$$

이 된다. 식 (30)은 오일러 방정식이고

$$R(r) = k_1r^{\mu} + k_2r^{-\mu} \tag{32}$$

인 해를 갖는 반면, 식 (31)은

$$\Theta(\theta) = c_1 \sin(\mu\theta) + c_2 \cos(\mu\theta) \tag{33}$$

인 해를 가진다. Θ가 주기 2π인 주기함수이기 위해서 μ는 양의 정수 n이어야 한다. $\mu = n$일 때, 식 (32)의 해 $r^{-\mu}$은 $r \to 0$일 때 무한하기 때문에 없애야 한다. 결국 $k_2 = 0$이고 식 (20)에 적합한 해는

$$u_n(r, \theta) = r^n \cos(n\theta), \quad v_n(r, \theta) = r^n \sin(n\theta), \quad n = 1, 2, \dots. \tag{34}$$

이다. 이 함수들은 $u_0(r, \theta) = 1$과 함께 위의 문제에 대한 기본해 집합을 이룬다.

종전과 같이 u를 이 기본해들의 일차결합으로 표현할 수 있다고 가정하자; 즉,

$$u(r,\theta) = \frac{c_0}{2} + \sum_{n=1}^{\infty} r^n \left(c_n \cos(n\theta) + k_n \sin(n\theta)\right) \tag{35}$$

라고 가정하자. 그러면 경계조건 (19)에 의해 $0 \le \theta < 2\pi$에 대해

$$u(a,\theta) = \frac{c_0}{2} + \sum_{n=1}^{\infty} a^n \left(c_n \cos(n\theta) + k_n \sin(n\theta)\right) = f(\theta) \tag{36}$$

여야 한다. 이때, 함수 f를 주기 2π인 주기함수가 되고 따라서 (36)의 푸리에 급수를 갖도록 구간 밖으로 확장할 수 있다. 이 확장된 함수는 주기가 2π이므로 임의의 주기에서 적분하면 이 함수에 대한 푸리에 급수의 계수들을 계산할 수 있다. 편의상 원래의 구간 $(0, 2\pi)$를 사용하자; 그러면

$$a^n c_n = \frac{1}{\pi} \int_0^{2\pi} f(\theta)\ \cos(n\theta)\, d\theta, \quad n = 0, 1, 2, \ldots; \tag{37}$$

$$a^n k_n = \frac{1}{\pi} \int_0^{2\pi} f(\theta)\ \sin(n\theta)\, d\theta, \quad n = 1, 2, \ldots. \tag{38}$$

가 된다. 이 계수들을 선택하면 식 (35)는 식 (19)와 (20)의 경계값 문제에 대한 해를 나타낸다. 이 문제에 대한 해는 사인 항과 코사인 항들을 포함해야 하는데, 그 이유는 경계에서의 데이터가 $0 \le \theta < 2\pi$에서 주어졌고 주기 2π를 갖기 때문이다. 결과적으로 사인이나 코사인 항들뿐만 아니라 푸리에 급수 전체가 다 필요하다.

연습 문제

1. **a.** 직사각형 $0 < x < a$, $0 < y < b$에서 경계조건

$$\begin{aligned} &u(0,y) = 0, \quad u(a,y) = 0, \qquad 0 < y < b, \\ &u(x,0) = 0, \quad u(x,b) = g(x), \quad 0 < x < a \end{aligned}$$

를 만족하는 라플라스 방정식의 해 $u(x, y)$를 구하라.

b.
$$g(x) = \begin{cases} x, & 0 \le x \le a/2, \\ a - x, & a/2 \le x \le a \end{cases}$$

일 때의 해를 구하라.

c. Ⓖ $a = 3$, $b = 1$일 때, 몇몇 y값에 대한 x에 따른 u를 그리고 몇몇 x값에 대한 y에 따른 u를 그려라. (비제차 경계조건을 정확하게 근사하기 위해 푸리에 급수에서 충분히 많은 항을 사용하라.)

d. Ⓖ 3차원 공간상의 x와 y에 따른 u를 그려라. 또한 xy-평면상에 $u(x, y)$의 레벨 곡선 몇 개를 나타내는 contour를 그려라.

2. 직사각형 $0 < x < 3$, $0 < y < 2$에서 경계조건

$$u(x,0) = 0, \quad u(x,2) = 0, \quad 0 < x < 3$$

$$u(0,y) = 0, \quad u(3,y) = f(y), \quad 0 < y < 2$$

들을 만족하는 라플라스 방정식의 해 $u(x, y)$를 구하라. 여기서 $f(y)$는 다음과 같이 정의한다.

$$f(y) = \begin{cases} y, & 0 \le y \le 1, \\ 2 - y, & 1 \le y \le 2 \end{cases}$$

3. a. 직사각형 $0 < x < a,\ 0 < y < b$에서 경계조건

$$\begin{aligned} &u(0,y)=0, && u(a,y)=f(y), && 0<y<b, \\ &u(x,0)=h(x), && u(x,b)=0, && 0<x<a \end{aligned}$$

을 만족하는 라플라스 방정식의 해 $u(x, y)$를 구하라.

힌트: 한 문제는 $u(a, y) = f(y)$를 제외한 제차 경계조건을 가지고 또 다른 문제는 $u(x, 0) = h(x)$를 제외한 제차 경계조건을 가진다고 하고, 이 두 문제에 대한 해들을 더할 수 있는지 생각해보자.

b. $h(x) = (x/a)^2$이고 $f(y) = 1 - y/b$일 때의 해를 구하라.

c. **G** $a = 2,\ b = 2$이라 두자. 몇 가지 방법으로 해를 그려라: x에 따른 u, y에 따른 u, x와 y에 따른 u, contour.

4. 직사각형 $0 < x < a,\ 0 < y < b$에서 경계조건

$$\begin{aligned} &u(0,y)=k(y), && u(a,y)=f(y), && 0<y<b, \\ &u(x,0)=h(x), && u(x,b)=g(x), && 0<x<a \end{aligned}$$

를 만족하는 라플라스 방정식의 해 $u(x, y)$를 구하라.

힌트: 문제 3을 보자.

5. 원 $r = a$ *밖에서* 라플라스 방정식

$$u_{rr} + \frac{1}{r}u_r + \frac{1}{r^2}u_{\theta\theta} = 0, \quad r > a, \quad 0 < \theta < 2\pi$$

의 해 $u(r, \theta)$를 구하라. 이때, 이 원 위에서는 경계조건

$$u(a,\theta) = f(\theta), \quad 0 \le \theta < 2\pi$$

를 만족한다. $u(r, \theta)$가 하나의 값을 갖고 $r > a$에서 유한하다고 가정하자.

6. a. 반원 영역 $r < a,\ 0 < \theta < \pi$에서 경계조건

$$\begin{aligned} &u(r,0)=0, && u(r,\pi)=0, \quad 0 \le r < a, \\ &u(a,\theta)=f(\theta), && 0 \le \theta < \pi \end{aligned}$$

를 만족하는 라플라스 방정식의 해 $u(r, \theta)$를 구하라. u가 하나의 값을 갖고 주어진 영역에서 유한하다고 가정하자.

b. $f(\theta) = \theta(\pi - \theta)$일 때의 해를 구하라.

c. **G** $a = 3$이라 두고 몇 가지 방법으로 해를 그려라: r에 따른 u, θ에 따른 u, r과 θ에 따른 u, contour.

7. a. 한쪽 방향으로 무한히 길게 뻗어 있는 좁고 긴 영역 $0 < x < a,\ y > 0$에서 경계조건

$$\begin{aligned} &u(0,y)=0, \ \ u(a,y)=0, \ \ y>0, \\ &u(x,0)=f(x), \ \ 0 \le x \le a \end{aligned}$$

들과 $y \to \infty$일 때, $u(x, y) \to 0$인 부가 조건을 만족하는 라플라스 방정식의 해 $u(x, y)$를 구하라.

b. $f(x) = x(a - x)$일 때의 해를 구하라.

c. **G** $a = 4$라 두자. 모든 $y \ge y_0$에 대해 $u(x, y) \le 0.1$인 가장 작은 y_0값을 구하라.

8. a. 한쪽 방향으로 무한히 길게 뻗어 있는 좁고 긴 영역 $0 < x < 2,\ y > 0$에서 경계조건

$$u(0,y)=0, \ \ u(2,y)=0, \ \ y>0,$$

$$u(x,0)=x(2-x), \ \ 0<x<2$$

들과 $y \to \infty$일 때, $u(x, y) \to 0$인 부가 조건을 만족하는 라플라스 방정식의 해 $u(x, y)$를 구하라.

b. $f(x) = x(a - x)$일 때의 해를 구하라.

c. **G** $a = 5$라 두자. 모든 $y \geq y_0$에 대해 $u(x, y) \leq 0.1$인 가장 작은 y_0값을 구하라.

9. λ가 실수일 때만 식 (24)가 주기해를 가짐을 보여라.
힌트: 실수 ν, σ에 대한 $\mu = \nu + i\sigma$에 대해 $\lambda = -\mu^2$이라 두자.

10. 직사각형 $0 < x < a, 0 < y < b$에서 경계조건

$$u_x(0, y) = 0, \quad u_x(a, y) = f(y), \quad 0 < y < b,$$
$$u_y(x, 0) = 0, \quad u_y(x, b) = 0, \quad 0 < x < a$$

을 만족하는 라플라스 방정식의 해 $u(x, y)$를 찾는 문제를 고려하자. 이것은 Neumann 문제의 한 예이다.

a. 라플라스 방정식과 제차 경계조건이

$$u_0(x, y) = c_0,$$
$$u_n(x, y) = c_n \cosh\left(\frac{n\pi x}{b}\right) \cos\left(\frac{n\pi y}{b}\right), \quad n = 1, 2, 3, \ldots .$$

인 기본해 집합을 결정함을 보여라.

b. **a**의 기본해들을 중첩하여 비제차 경계조건 $u_x(a, y) = f(y)$를 만족하는 함수 u의 형태를 구하라. $u_x(a, y)$를 계산할 때 $u(x, y)$의 상수항이 없어져 c_0에 대한 조건을 찾을 수 없음을 알 수 있다. 따라서 f를 상수항이 없는 주기 $2b$인 푸리에 코사인 급수로 표현할 수 있어야 한다. 이는

$$\int_0^b f(y)\, dx = 0$$

이 주어진 문제를 풀기 위한 필요조건임을 의미한다. 따라서 c_0는 임의의 값이고 해는 이 임의의 상수가 더해지는 형태까지만 결정된다. 이것이 모든 Neumann 문제들이 갖고 있는 성질이다.

11. 원 $r = a$ 위에서는 경계조건

$$u_r(a, \theta) = g(\theta), \quad 0 < \theta < 2\pi$$

를 만족하고 이 원 안에서는 라플라스 방정식을 만족하는 해 $u(r, \theta)$를 구하라. 이것은 Neumann 문제이고, 따라서 임의의 상수가 더해지는 해까지만 결정된다. 이 문제를 변수분리법을 이용하여 풀 수 있기 위한 $g(\theta)$의 필요조건을 말하라(문제 **10** 참조).

12. **a.** 직사각형 $0 < x < a, 0 < y < b$에서 경계조건

$$u(0, y) = 0, \quad u(a, y) = 0, \quad 0 < y < b,$$
$$u_y(x, 0) = 0, \quad u(x, b) = g(x), \quad 0 \leq x \leq a$$

를 만족하는 라플라스 방정식의 해 $u(x, y)$를 구하라. 이것은 Dirichlet 문제도 아니고 Neumann 문제도 아니다. 경계의 한 부분에서는 u가 주어져 있고 경계의 나머지 부분에서는 u의 수직 방향 미분이 주어진 혼합 문제이다.

b.
$$g(x) = \begin{cases} x, & 0 \leq x \leq a/2, \\ a - x, & a/2 \leq x \leq a \end{cases}$$

일 때의 해를 구하라.

c. **G** $a = 4, b = 1$이라 두자. 이에 알맞은 그래프를 그려서 이때의 해를 문제 **1**의 해와 비교하라.

13. **a.** 직사각형 $0 < x < a, 0 < y < b$에서 경계조건

$$u(0, y) = 0, \quad u(a, y) = f(y), \quad 0 < y < b,$$
$$u(x, 0) = 0, \quad u_y(x, b) = 0, \quad 0 \leq x \leq a$$

을 만족하는 라플라스 방정식의 해 $u(x, y)$를 구하라.

힌트: $f(y)$를 함수 $\sin(\pi y/2b)$, $\sin(3\pi y/2b)$, $\sin(5\pi y/2b)$들을 이용하여 만든 급수로 확장해야 한다.

b. $f(y) = y(2b - y)$일 때의 해를 구하라.

c. Ⓖ $a = 6, b = 4$라 두자; 몇 가지 방법으로 해를 그려라.

14. **a.** 직사각형 $0 < x < 3, 0 < y < 2$에서 경계조건

$$u_x(0, y) = 0, \quad u_x(3, y) = 0, \quad 0 < y < 2,$$

$$u(x, 0) = 0, \quad u(x, 2) = 1 + x^2(x-3)^2, \quad 0 < x < 3$$

를 만족하는 라플라스 방정식의 해 $u(x, y)$를 구하라.

b. $g(x) = 1 + x^2(x - a)^2$일 때의 해를 찾아라.

c. Ⓖ $a = 3, b = 2$라 두자; 몇 가지 방법으로 해를 그려라.

15. 극좌표에서 라플라스 방정식이

$$u_{rr} + \frac{1}{r}u_r + \frac{1}{r^2}u_{\theta\theta} = 0$$

임을 보여라.

힌트: $x = r\cos(\theta)$, $y = r\sin(\theta)$와 연쇄 법칙을 사용하라.

16. 원기둥 좌표계에서 라플라스 방정식이

$$u_{rr} + \frac{1}{r}u_r + \frac{1}{r^2}u_{\theta\theta} + u_{zz} = 0$$

임을 보여라.

힌트: $x = r\cos(\theta)$, $y = r\sin(\theta)$, $z = z$와 연쇄 법칙을 사용하라.

17. 구면 좌표에서 라플라스 방정식이

$$u_{\rho\rho} + \frac{2}{\rho}u_\rho + \frac{1}{r^2}u_{\theta\theta} + \frac{1}{\rho^2\sin^2\phi} + u_{\theta\theta} + \frac{\cot(\phi)}{r^2}u_\phi = 0$$

임을 보여라.

힌트: $x = \rho\sin(\phi)\cos(\theta)$, $y = \rho\sin(\phi)\sin(\theta)$, $z = \rho\cos(\phi)$와 연쇄 법칙을 사용하라.

18. **a.** 문제 **15**에서 찾은 원기둥 좌표에서 라플라스 방정식이 축 대칭해(θ에 종속되지 않는)가 미분방정식

$$u_{rr} + \frac{1}{r}u_r + u_{zz} = 0$$

을 만족함을 보여라.

b. $u(r, z) = R(r)Z(z)$라고 가정하여 R과 Z가 다음과 같은 미분방정식을 만족함을 보여라.

$$rR'' + R' + \lambda^2 rR = 0, \quad Z'' - \lambda^2 Z = 0$$

비고: R에 대한 이 방정식은 독립변수 λr을 갖는 0차 베셀 방정식이다.

19. **대수층에서의 물의 흐름**. 대수층에서 모래같이 구멍이 많은 매질 안에서의 물의 흐름을 고려하자. 이 물의 흐름은 대수층 위에 있는 물의 퍼텐셜 에너지를 측정하는 수두(hydraulic head)에 의해 생겨난다. R: $0 < x < 3$, $0 < z < 2$를 대수층의 종단면이라 두자. 일정하고 균질한 매질 안에서 이 수두(hydraulic head) $u(x, z)$는 라플라스 방정식

$$u_{xx} + u_{zz} = 0 \text{ in } R \tag{39}$$

을 만족한다. 물이 R의 옆면과 바닥을 통과하지 않는다면 그곳에서의 경계조건은

$$u_x(0, z) = 0, \quad u_x(3, z) = 0, \quad 0 < z < 2 \tag{40}$$

$$u_z(x, 0) = 0, \quad 0 < x < 3 \tag{41}$$

이 된다. 마지막으로 $z = 2$에서의 경계조건을 지하수면(water table)의 기울기 α에 대해

$$u(x, 2) = 2 + \alpha x, \quad 0 < x < 3 \tag{42}$$

라고 가정하자.

a. 주어진 경계값 문제를 만족하는 $u(x, z)$를 구하라.

b. G $a = 1000$, $b = 500$, $\alpha = 0.1$이라 두자. R에서의 이 해의 contour를 그려라; 즉, $u(x, z)$의 레벨 곡선들을 그려라.

c. G 물은 R에서 u가 감소하는 방향으로 $u(x, z)$의 등위선에 수직인 경로를 따라 흐른다. 이때, 물이 흐르는 경로를 몇 개 그려라.

개념 질문

C10.1. 2계 선형 미분방정식에 대한 제차 초깃값 문제와 2계 선형 미분방정식에 대한 제차 경계값 문제 사이의 근본적인 차이점은 무엇인가? (계수는 연속 함수 또는 상수라고 가정한다.)

C10.2. 주어진 경계값 문제(2계 선형 미분방정식에 대한)의 고윳값과 고유함수를 찾는 방법을 설명하라.

C10.3. 세 가지 경우, 즉 $\lambda > 0$, $\lambda = 0$, $\lambda < 0$를 고려하기 위해 어떤 가정을 하는가?

C10.4. 테일러 급수와 푸리에 급수 사이의 근본적인 차이점은 무엇인가?

C10.5. 두 함수가 구간에서 직교하다는 것은 무엇을 의미하는가? (단어와 완전한 문장으로 답하고 기호는 사용하지 말 것.)

C10.6. 우함수와 기함수가 무엇인가?

C10.7. 오일러-푸리에 공식을 단순화하기 위해 허용되는 우함수와 기함수의 적분 성질은 무엇인가?

C10.8. Parseval 방정식을 정의하라.

C10.9. 푸리에 수렴 정리(정리 10.3.1)의 가정은 무엇인가?

C10.10. $f(x)$의 푸리에 급수는 언제 $f(x)$로 수렴하는가?

C10.11. 함수 $f(x)$의 푸리에 급수는 언제 $f(x)$로 수렴하지 않는가? 이러한 경우에는 무엇에 수렴하는가?

C10.12. 원기둥 좌표계에서 확산 방정식을 적어라.

C10.13. 구면 좌표계에서 확산 방정식을 적어라.

C10.14. 원기둥 좌표계에서 라플라스 방정식은 무엇인가?

C10.15. 구면 좌표계에서 라플라스 방정식을 나타내라.

C10.16. $f(x)$의 주기적인 우함수로 확장이 무엇인가?

C10.17. $f(x)$의 주기적인 기함수로 확장이 무엇인가?

C10.18. 함수의 기본 주기란 무엇을 의미하는가?

C10.19. 구간에서 정의된 두 함수들에 대한 직교성 조건을 적어라.

C10.20. 함수 f의 푸리에 급수 수렴성에 대해 무엇을 말할 수 있는가?

C10.21. 열전도 문제에 대해 변수분리법을 사용할 때, 해의 가정된 형태는 무엇인가?

C10.22. 변수분리법이 막대의 양 끝에서 고정된 온도로 열전도 문제에 적용될 때, 각 변수에 대해 얻어지는 문제의 유형을 (단어로) 설명하라.

C10.23. 분리된 후, 가장 먼저 해결해야 할 문제는 무엇인가? 그 이유는 무엇인가? 열전도 문제에 대한 일반적인 해는 어떻게 얻어지는가?

C10.24. 초기 온도는 해를 구하는 과정에서 어떻게 활용되는가?

C10.25. 원래의 열전도 문제를 쉽게 해결할 수 있게 하지만, 실용적인 관점에서 지나치게 제한적인 기본 가정은 무엇인가?

C10.26. 어떤 "다른" 유형의 열전도 문제가 고려되는가? 이들은 어떻게 다르지만 이전에 논의한 방법으로 여전히 해결할 수 있을까?

C10.27. 파동방정식은 열 방정식과 어떻게 다르며, 어떻게 유사한가?

C10.28. 파동방정식의 맥락에서 중첩 원리를 설명하라.

C10.29. 라플라스 방정식은 두 개의 독립변수를 포함하고 있다는 점에서 열 방정식과 파동방정식과 유사하다. 그러나 라플라스 방정식은 시간(t)을 변수로 고려하지 않는 첫 번째 편미분방정식이다. 열 방정식과 파동방정식에서 초기조건을 무엇으로 대체하는가?

C10.30. 라플라스 방정식에 대한 경계값 문제에서 사용되는 가장 일반적인 유형의 경계조건은 무엇인가?

C10.31. 극 좌표계에서 라플라스 방정식은 무엇인가?

C10.32. 원형 영역의 경계에서 Dirichlet 조건이 나타날 때, 연속인 해를 보장하기 위해 어떤 추가 조건이 필요한가?

C10.33. 극 좌표에서 라플라스 방정식의 고윳값과 고유함수를 찾기 위해 $u(r, \theta)$ 해에 대한 가정은 무엇인가?

C10.34. 사각형에서 라플라스 방정식의 Dirichlet 문제를 해결하기 위해 중첩 원리를 어떻게 사용하는지 설명하라.

개념 문제 답

C10.1. 초깃값 문제는 오직 자명한 해($y = 0$)만 가질 수 있는 반면, 경계값 문제는 자명하지 않은 해를 무한하게 가질 수 있다.

C10.2. 일반적으로 세 가지 경우를 고려한다: $\lambda > 0, \lambda = 0, \lambda < 0$. 각각의 경우 우리는 자명하지 않은 해를 찾는다. 대부분의 λ는 아마도 자명한 해만을 가질 것이다. 고윳값은 자명하지 않은 해를 갖는 λ값이고 이러한 λ값에 대한 해가 해당하는 고유함수이다.

C10.3. 양의 값에 관해서는 $\mu > 0$에 대해 $\lambda = \mu^2$를 고려하고, 음의 값에 관해서는 $\mu = 0$에 대해 $\lambda = -\mu^2$을 고려한다. $\lambda = 0$인 경우는 간단하다: 단지 $\lambda = 0$을 대입하면 된다.

C10.4. 테일러(또는 매클로린) 급수의 항은 $(x - a)$ (또는 x)의 서로 다른 거듭제곱을 포함하고, 푸리에 급수는 서로 다른 주기를 가지는 사인과 코사인을 구성된다.

C10.5. 두 함수의 구간에서의 내적이 0일 때 두 함수가 그 구간에서 직교한다고 말한다. 이때, 함수들에 대한 내적은 구간에서 두 함수의 곱의 정적분이다.

C10.6. 만약 f의 영역에 포함되어 있는 모든 x에 대해 $-x$도 이 영역에 포함되어 있고 모든 정의역 안 x에 대해 $f(-x) = f(x)$을 만족한다면, f는 우함수라고 부른다. 만약 f의 영역에 포함되어 있는 모든 x에 대해 $-x$도 이 영역에 포함되어 있고 모든 정의역 안 x에 대해 $f(-x) = -f(x)$을 만족한다면, f는 기함수라고 부른다.

C10.7. 적분 성질은

$$\int_{-L}^{L} f(x)\,dx = \begin{cases} 2\displaystyle\int_{0}^{L} f(x)\,dx, & f\text{가 우함수일 때,} \\ 0, & f\text{가 기함수일 때.} \end{cases}$$

이다.

C10.8. 함수 f와 푸리에 계수 사이의 관계인

$$\frac{1}{L}\int_0^L (f(x))^2 dx = \frac{a_0}{2} + \sum_{n=1}^{\infty}(a_n^2 + b_n^2)$$

이 Parseval 방정식으로써 알려져 있다.

C10.9. 함수 $f(x)$와 그것의 도함수 $f'(x)$는 $[-L, L]$에서 조각소삭 연속이라고 가정된다. 또한 $f(x)$는 주기가 $2L$인 주기함수로 정의된다.

C10.10. 함수 $f(x)$의 푸리에 급수는 $f(x)$가 연속인 모든 x점에서 $f(x)$로 수렴한다.

C10.11. 함수 $f(x)$가 한 점에서 연속하지 않을 때 그것의 푸리에 급수는 $f(x)$로 수렴하지 않는다. 대신에, 그것은 $\frac{1}{2}(f(x^+) + f(x^-))$인 $f(x)$의 우극한과 좌극한의 평균으로 수렴한다. (사실, 그 푸리에 급수는 항상 우극한과 좌극한의 평균으로 수렴한다; 그 함수가 연속일 때 우극한과 좌극한은 같고 따라서 그 평균은 단지 $f(x)$이다.)

C10.12. 원기둥 좌표계 (r, θ, z)에서 확산 방정식은

$$\frac{1}{\alpha}\frac{\partial T}{\partial t} = \frac{\partial^2 T}{\partial r^2} + \frac{1}{r}\frac{\partial T}{\partial r} + \frac{1}{r^2}\frac{\partial^2 T}{\partial \theta^2} + \frac{\partial^2 T}{\partial z^2}$$

이다. 여기서 $T = T(r, \theta, z, t)$이다.

C10.13. 구면 좌표계 (r, θ, ϕ)에서 확산 방정식은

$$\frac{\partial^2 T}{\partial r^2} + \frac{2}{r}\frac{\partial T}{\partial r} + \frac{1}{r^2 \sin\theta}\frac{\partial}{\partial \theta}\left(\sin\theta\frac{\partial T}{\partial \theta}\right) + \frac{1}{r^2\sin^2\theta}\frac{\partial^2 T}{\partial \phi^2} = \frac{1}{\alpha}\frac{\partial T}{\partial t}$$

이다. 여기서 $T = T(r, \theta, \phi, t)$이다.

C10.14. 원기둥 좌표계 (r, θ, z)에서 라플라스 방정식은

$$\nabla^2 u = u_{rr} + \frac{1}{r}u_r + \frac{1}{r^2}u_{\theta\theta} + u_{zz} = 0$$

이다. 여기서 $u = u(r, \theta, z)$이다.

C10.15. 구면 좌표계 (r, θ, ϕ)에서 라플라스 방정식은

$$\nabla^2 u = \frac{\partial}{\partial r}\left(r^2\frac{\partial u}{\partial r}\right) + \frac{1}{\sin\theta}\frac{\partial}{\partial \theta}\left(\sin\theta\frac{\partial u}{\partial \theta}\right) + \frac{1}{\sin^2\theta}\frac{\partial^2 u}{\partial \phi^2} = 0$$

이다. 여기서 $u = u(r, \theta, \phi)$이다.

C10.16. $f(x)$의 주기적인 우함수로 확장은 $[0, L]$에서는 $f(x)$로 정의하고 $[-L, L]$에서는 $f(-x)$로 정의한다. 그러고 나서 그것을 주기 $2L$를 갖는 주기함수로 정의한다: $f(x + 2L) = f(x)$.

C10.17. $f(x)$의 주기적인 기함수로 확장은 $[0, L]$에서는 $f(x)$로 정의하고, $[-L, L]$에서는 $-f(-x)$로 정의한다. 그러고 나서 그것을 주기 $2L$를 갖는 주기함수로 정의한다: $f(x + 2L) = f(x)$. 또한 관례적으로 $x = 0$일 때와 $x = L$일때는 $f(x) = 0$로 정의한다.

C10.18. 만약 f의 영역에 포함되어 있는 모든 x에 대해 $x + T$도 이 영역에 포함되어 있고 모든 정의역 안 x에 대해 $f(x + T) = f(x)$을 만족한다면 함수 f는 주기 $T > 0$을 갖는 주기함수라고 한다. 이때, 이 식을 만족하는 가장 작은 T값을 함수 f의 기본 주기라고 한다.

C10.19. 두 함수 f와 g에 대해 그들의 내석이 0일 때, 즉 $\int_\alpha^\beta f(x)\, g(x)\, dx = 0$일 때, $\alpha \le x \le \beta$에서 직교한다고 한다.

C10.20. $f(x)$가 연속인 모든 점에서 푸리에 급수는 $f(x)$로 수렴하고, f가 불연속인 모든 점에서는 푸리에 급수는 $\frac{1}{2}(f(x^+) + f(x^-))$로 수렴한다.

C10.21. 해가 $u(x, t) = X(x)T(t)$ 형태를 가진다고 가정한다.

C10.22. 공간 변수 (x)에 대한 문제는 2계 선형 미분방정식에 대한 두 점 경계값 문제이다. 시간 변수 (t)에 대한 문제는 1계 선형 미분방정식에 대한 초깃값 문제이다.

C10.23. $X(x)$에 대한 2계 두 점 경계값 문제를 먼저 해결해야 한다. 이 문제에 대한 자명하지 않은 해를 찾으면 무한한 수의 (양의) 고윳값과 이에 해당하는 고유함수를 얻는다. 그러면, $T(t)$에 대한 1계 초깃값 문제를 각각의 고윳값에 대해 해결할 수 있다. 해당하는 $X_n(x)$과 $T_n(t)$를 곱함으로써, 우리는 $n = 1, 2, \ldots$에 대해 기본해 $u_n(x, t) = X_n(x)T_n(t)$을 얻고, 일반해는 기본해들의 선형조합으로 나타낼 수 있다: $u(x, t) = \sum_{n=1}^{\infty} c_n u_n(x, t)$

C10.24. 초기 온도는 마지막으로 사용되는 정보이다. 일반해를 $t = 0$에서 평가할 때, 결과는 $[0, L]$에서 초기 온도와 일치해야 하는 푸리에 사인 급수가 된다. 따라서 일반해의 계수는 초기 온도에 대한 푸리에 사인 급수의 계수여야 한다.

C10.25. 원래 열전도 문제는 막대의 양쪽 끝 온도가 0(적절한 단위 시스템)으로 고정되어 있다고 가정했다. 이는 그다지 현실적이거나 실용적인 가정이 아니다. 수학적으로 균질한 경계조건을 가진 두 점 경계값 문제를 생성한다는 점에서 편리했다.

C10.26. 양쪽 끝의 온도가 일정하지만, 반드시 0은 아닌 경우 정상 상태 해를 식별하는 것이 필요하다. 그러면 과도기 상태의 해는 제차 경계조건과 함께 초기-경계값 문제를 만족하게 된다.

만약 끝에서 다른 경계조건이 적용된다면, 예를 들어 단열 끝이나 끝점에서 온도와 열과 관련된 보다 일반적인 경계조건이 있을 경우, 고윳값과 고유함수는 다르게 되겠지만 전체적인 해를 구하는 방식은 변하지 않는다. (만약 이러한 경계조건이 비제차라면, 여전히 정상 상태 해를 찾아야 하며, 그 다음 과도기 상태의 해가 만족하는 적절한 문제를 찾아야 한다.)

C10.27. 파동방정식과 열 방정식은 모두 2계 편미분방정식이다. 열 방정식은 시간에 대해 1계인 반면, 파동방정식은 2계이다. 이런 이유로, 파동방정식에는 초기 변위와 초기 속도를 모두 제공해야 하지만, 열 방정식은 초기 온도만 제공하면 된다.

변수분리법을 적용할 때 두 방정식은 정확히 동일한 2계 두 점 경계값 문제를 포함하므로, 두 방정식 모두 동일한 고윳값과 고유함수를 가진다. 그러나 시간 변수에 대한 초깃값 문제는 다르다. 열 방정식에 대한 문제는 1계이며, 파동방정식은 2계이다.

기본해를 결합하여 일반해를 형성한 후, 초기조건을 적용하는 과정은 두 방정식 모두에서 동일하게 진행된다. 여기서 주요 차이점은 초기 변위가 푸리에 코사인 급수로 표현되어야 하고 초기 속도가 푸리에 사인 급수로 표현되어야 한다는 점이다.

C10.28. 파동방정식에 대한 경계값 문제의 선형성은 문제를 두 개의 (더 간단한) 조각으로 나누어 해결할 수 있게 한다. 이 문제들은 각각의 하나의 비제차 항만 가지고 있기 때문에 더 간단한 문제들이다. 초기조건 $u(x, 0) = f(x)$와 $u_t(x, 0) = g(x)$를 동시에 다루는 대신, 초기조건 $u(x, 0) = f(x)$와 $u_t(x, 0) = 0$인 문제를 해결한 다음, 초기조건 $u(x, 0) = 0$와 $u_t(x, 0) = g(x)$인 문제를 해결하고 두 해를 더한다.

이 경우, 두 개의 초기조건만 있더라도 중첩 원리에 대해 너무 많은 비중을 두고 있는 것처럼 보일 수 있다. 그러나 이는 비제차 항이 더 많은 문제에서 더 중요해진다. (라플라스 방정식을 고려할 때 볼 수 있다.)

C10.29. 초기조건과 경계조건의 조합 대신, 라플라스 방정식에 대한 문제는 오직 경계조건만 포함된다 (경계의 각 부분에 하나씩). 영역이 직사각형일 때, 직사각형의 네 변 각각에 대해 하나의 조건이 지정된다. (이러한 경계조건의 구체적인 형태는 다양한 유형의 문제에 따라 달라질 수 있다.)

C10.30. 해의 값을 경계의 일부에서 지정하는 경계조건은 Dirichlet 조건이라고 한다. 경계에 수직방향으로의 미분 값을 경계의 일부에서 지정하는 경계조건은 Neumann 조건이라고 부른다. 일부 환경에서는 두 가지 유형의 조건이 모두 나타날 수 있다. (라플라스 방정식에 대한 해의 존재성과 유일성 이론은 영역의 형태와 적용된 경계조건에 크게 의존한다. 세부 사항은 이 과정의 범위

를 넘어가지만, 기억해야만 한다.)

C10.31. 좌표 변환 $x = r\cos(\theta)$, $y = r\sin(\theta)$는 원 $x^2 + y^2 < a^2$ 위의 라플라스 방정식 $u_{xx} + u_{yy} = 0$를 극 직사각형 $0 < r < a$, $0 < \theta < 2\pi$에서 $u_{rr} + \frac{1}{r}u_r + \frac{1}{r^2}u_{\theta\theta}$으로 변환된다.

C10.32. 극 좌표에서 Dirichlet 경계조건은 $0 \le \theta \le 2\pi$에 대해 $u(a, \theta) = f(\theta)$로 나타난다. 여기서 f는 $f(0) = f(2\pi)$를 만족한다.

C10.33. u_r과 u_{00}의 계수에서 특이점이 나타나면 $r = 0$에서 무한대로 발산하는 해가 존재할 수 있다. 이러한 해를 고려하지 않기 위해, 우리는 모든 해가 $r \le a$에 대해 유한하게 유지되도록 요구한다.

C10.34. 말로 표현하자면, 네 변 중 정확히 한 변이 0이 아닌 경계조건을 갖는 네 가지 문제를 고려하는 것이 아이디어이다. 이렇게 하면 대부분의 계수가 0이 되어 각 문제의 해가 간단해진다. 그런 다음 이 네 가지 해를 더하면 전체 Dirichlet 문제의 일반해가 된다.

방정식으로 표현하면 $0 < x < a$, $0 < y < b$에서 $u_{xx} + u_{yy} = 0$이고, 경계조건은 $0 < x < a$에 대해서는 $u(x, 0) = f(x)$이면서 $u(x, b) = g(x)$이고, $0 < y < b$에 대해서는 $u(0, y) = h(y)$이면서 $u(a, y) = k(y)$이라고 가정하자. 중첩 원리는 다음 네 가지 집합의 Dirichlet 조건으로 해결하라고 말한다:

(i) $0 < x < a$에서는 $u(x, 0) = f(x)$, $u(x, b) = 0$이고,
$0 < y < b$에서는 $u(0, y) = 0$, $u(a, y) = 0$

(ii) $0 < x < a$에서는 $u(x, 0) = 0$, $u(x, b) = g(x)$이고,
$0 < y < b$에서는 $u(0, y) = 0$, $u(a, y) = 0$

(iii) $0 < x < a$에서는 $u(x, 0) = 0$, $u(x, b) = 0$이고,
$0 < y < b$에서는 $u(0, y) = h(y)$, $u(a, y) = 0$

(iv) $0 < x < a$에서는 $u(x, 0) = 0$, $u(x, b) = 0$이고,
$0 < y < b$에서는 $u(0, y) = 0$, $u(a, y) = k(y)$.

그러면, 4가지의 해들의 합은 전체 문제의 일반해가 된다. (여기서 $f(x)$, $g(x)$, $h(y)$, $k(y)$ 중 하나가 0이라면 해당 문제의 해는 $u(x, y) = 0$이므로 그 문제를 해결하는 데 추가적인 노력을 기울일 필요는 없다.)

부록 | A

열전도 방정식의 유도. 이 부록에서 고체의 열전도를 지배하는 미분방정식을 유도하겠다. 궁극적으로 물리 상황이나 과정에 대한 수학적 해석은 다루고자 하는 현상에 대한 경험적인 지식에 기반을 두고 있다. 수학자에게는 소위 말하자면 시작점이 있어야 하고 이 시작점은 경험에 의해 주어지는 것이다.

열이 축 방향으로만 흐를 수 있게 옆면을 단열한 일정한 막대를 고려하자. 여러 번 설명했던 것처럼 같은 면적 A와 서로 다른 온도 T_1, T_2를 갖는 두 개의 평행한 단면들이 거리 d만큼 약간 떨어져 있다면, 단위시간당 열량은 따뜻한 지점에서 찬 지점으로 흐를 것이다. 또한 이 열량은 면적 A와 온도차 $|T_1 - T_2|$에 비례하고 떨어져 있는 거리 d에 반비례한다. 따라서

$$\text{단위시간당 열량} = \frac{\kappa A\,|T_2 - T_1|}{d} \tag{1}$$

이다. 이때, 양의 비례 인수 κ를 열전도율이라 부르는데 주로 막대를 이루는 물질[14]에 따라 결정된다. 관계식 (1)을 **푸리에의 열전도 법칙**이라 부르기도 한다. 식 (1)은 경험적이며 이론적이지 않은 결과이므로 실험에 의해 증명할 수 있다. 이것이 열전도에 대한 수학적 이론의 바탕이다.

이제 일정한 단면과 균질한 물질을 갖고 있고 이 막대의 축이 x축으로 향하고 있는 곧은 막대를 고려하자(**그림 10.A.1** 참조). 이때, $x = 0$과 $x = L$을 이 막대의 양 끝이라고 두자.

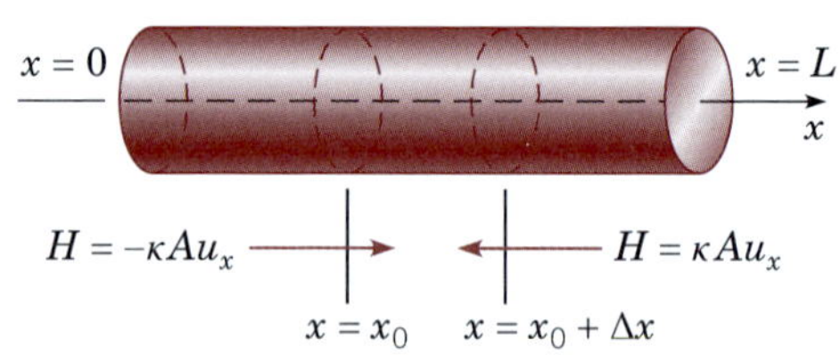

그림 10.A.1 막대의 한 원소에서의 열전도

이 막대의 옆면을 통해 열이 드나들지 못하도록 완전히 단열하고, 온도 u는 축의 위치 x와 시간 t에만 종속되고 가로 좌표들인 y, z에는 종속되지 않는다고 가정할 것이다. 다시 말해 이 막대의 임의의 단면에서는 온도가 일정하다고 가정한다. 이것은 막대의 가로의 규모가 막대의 길이에 비해 작을 때 적합한 가정이다.

막대의 온도를 지배하는 미분방정식은 기본적인 물리 균형을 나타내는 식이다; 열이 막대의 임의의 한 부분으로 흘러들어가는 비율은 그 부분에 열이 흡수되는 비율과 같다. 미분방정식에서의 이런 항들을 각각 유량(flux, flow)항과 흡수항이라고 부른다.

먼저 유량항을 계산하자. 임의의 x_0와 작은 Δx에 대해 단면 $x = x_0$와 $x = x_0 + \Delta x$ 사이에 놓여 있는 막대의 한 원소를 고려하자. 단면 $x = x_0$를 왼쪽에서 오른쪽으로 통과하는 열의 순간 전달률 $H(x_0, t)$는

$$\begin{aligned} H(x_0, t) &= -\lim_{d \to 0} \kappa A \frac{u(x_0 + d/2, t) - u(x_0 - d/2, t)}{d} \\ &= -\kappa A u_x(x_0, t) \end{aligned} \tag{2}$$

[14] 실제로 κ는 온도에도 종속된다. 그러나 온도의 범위가 너무 크지 않다면 κ를 온도에 독립적이라고 가정해도 무방하다.

로 주어진다. 이 식에 음수 부호가 나와 있는 이유는 $x = x_0$의 오른쪽보다 왼쪽의 온도가 더 높아야 양수인 열이 왼쪽에서 오른쪽으로 흐를 것이기 때문이다; 이 경우에 $u_x(x_0, t)$는 음수이다. 비슷하게 단면 $x = x_0 + \Delta x$를 왼쪽에서 오른쪽으로 통과하는 열의 순간 전달률은

$$H(x_0 + \Delta x, t) = -\kappa A u_x(x_0 + \Delta x, t) \tag{3}$$

로 주어진다. 따라서 $x = x_0$와 $x = x_0 + \Delta x$ 사이의 막대의 일부분으로 열이 흘러 들어가는 총 비율은

$$Q = H(x_0, t) - H(x_0 + \Delta x, t) = \kappa A(u_x(x_0 + \Delta x, t) - u_x(x_0, t)) \tag{4}$$

로 주어지고 시간 Δt 동안 이 막대 원소로 들어가는 열량은

$$Q\Delta t = \kappa A(u_x(x_0 + \Delta x, t) - u_x(x_0, t))\Delta t \tag{5}$$

이다.

이제 흡수항을 계산해 보자. 시간 구간 Δt에서 온도의 평균 변화량 Δu는 위에서 소개한 열량 $Q\Delta t$에 비례하고 이 막대 원소의 질량은 Δm에 반비례한다. 막대가 균일하다고 가정하므로, 밀도 ρ와 단면적 A를 가진다고 할 때, x_0와 $x_0 + \Delta x$ 사이 구간의 질량은 $\Delta m = \rho A \Delta x$이다. 따라서

$$\Delta u = \frac{1}{s}\frac{Q\Delta t}{\Delta m} = \frac{Q\Delta t}{s\rho A\Delta x} \tag{6}$$

가 된다. 이때, 비례상수 s는 이 막대를 이루는 물질의 비열[15]이다. 여기서 고려하고 있는 막대 원소에서의 평균 온도 변화량 Δu는 $0 < \theta < 1$인 어떤 중간 점 $x = x_0 + \theta\Delta x$에서의 실제 온도 변화량이다. 따라서 식 (6)을

$$u(x_0 + \theta\Delta x, t + \Delta t) - u(x_0 + \theta\Delta x, t) = \frac{Q\Delta t}{s\rho A\Delta x} \tag{7}$$

또는

$$Q\Delta t = (u(x_0 + \theta\Delta x, t + \Delta t) - u(x_0 + \theta\Delta x, t))\, s\rho A\Delta x \tag{8}$$

로 쓸 수 있다. 유량항과 흡수항이 균형을 이루려면 $Q\Delta t$에 대한 이 두 식을 같다고 놓아야 한다:

$$\kappa A(u_x(x_0 + \Delta x, t) - u_x(x_0, t))\Delta t = s\rho A(u(x_0 + \theta\Delta x, t + \Delta t) - u(x_0 + \theta\Delta x, t))\Delta x \tag{9}$$

식 (9)를 $s\rho A\Delta x\Delta t$로 나누고 나서

$$\frac{\kappa}{s\rho}\frac{u_x(x_0 + \Delta x, t) - u_x(x_0, t)}{\Delta x} = \frac{u(x_0 + \theta\Delta x, t + \Delta t) - u(x_0 + \theta\Delta x, t)}{\Delta t}$$

를 얻는다. 이때, $\Delta x \to 0$과 $\Delta t \to 0$이라 놓으면 **열전도 방정식** 또는 **열확산 방정식**

$$\alpha^2 u_{xx} = u_t \tag{10}$$

를 얻을 수 있다.

[15] 밀도와 비열의 온도에 대한 의존도는 상대적으로 작아서 무시해도 좋다. 따라서 ρ와 s를 상수로 취급할 것이다.

$$\alpha^2 = \frac{\kappa}{\rho s} \tag{11}$$

로 정의된 α^2을 **열확산율**이라고 부르는데, 막대를 이루는 물질에만 종속되는 매개변수이다. α^2의 단위는 (길이)^2/시간이고 이에 대한 특정한 몇몇 값들이 표 10.5.1에 주어져 있다.

이 막대의 양 끝에 상대적으로 간단한 몇 가지 조건들이 주어질 수 있다. 예를 들어, 막대의 한 끝에서의 온도가 상수 T를 유지한다고 놓을 수 있는데, 이 막대 끝을 열이 축적되어 있는 물체에 열 접촉상태로 놓으면 가능하다. 단, 이 물체는 열 접촉되어 있는 막대와의 열 교류로 인해 온도가 눈에 띄게 바꾸지 않을 정도로 충분한 양의 열을 갖고 있어야 한다. 그러고 나면 이 막대 끝에서의 경계조건은

$$u = T \tag{12}$$

가 된다.

간단한 또 다른 경계조건은 막대 끝을 통해 열이 드나들지 못하도록 단열할 때 발생한다. $x = x_0$에서의 이 막대의 단면을 통과하는 열량에 대한 식 (2), $-\kappa A u_x(x_0, t)$를 이용하면 이 단열 조건에 의해 열량이 영이 된다. 따라서 단열한 막대 끝에서의 경계조건은

$$u_x = 0 \tag{13}$$

이다.

좀 더 일반적인 유형의 경계조건은 열이 막대 끝을 통과하는 비율이 그 끝에서의 온도에 비례할 때 나온다. 열이 막대 끝 $x = 0$의 왼쪽에서 오른쪽으로 흐르는 비율을 $-\kappa A u_x(0, t)$라고 두자; 식 (2) 참조. 따라서 열이 $x = 0$에서 (오른쪽에서 왼쪽으로) 이 막대 밖으로 빠져나가는 비율은 $\kappa A u_x(0, t)$이다. 이 양이 온도 $u(0, t)$에 비례한다면 음이 아닌 비례상수 h_1에 대한 경계조건

$$u_x(0,t) - h_1 u(0,t) = 0, \quad t > 0 \tag{14}$$

을 얻게 된다. 이때, $h_1 = 0$은 막대 끝을 단열한 경우에 해당하고 $h_1 \to \infty$는 막대 끝의 온도를 0으로 고정한 경우에 해당하는 것을 알 수 있다.

열이 막대의 오른쪽 끝($x = L$)을 통과한다면 비슷한 방법으로 음이 아닌 비례상수 h_2에 대한 경계조건

$$u_x(L,t) + h_2 u(L,t) = 0, \quad t > 0 \tag{15}$$

을 얻게 된다.

마지막으로 이 막대에서의 열의 흐름을 완전히 결정하기 위해서는 고정된 순간—보통 초기 시간 $t = 0$—에서의 온도 분포가 주어져야 한다. 이 초기조건은

$$u(x,0) = f(x), \quad 0 < x < L \tag{16}$$

의 형태이다.

그러면 양 끝에서 경계조건 (12)부터 (15)까지 중 하나가 각각 주어지고 $t = 0$에서의 초기조건이 주어지는 미분방정식 (10)의 해를 구하는 문제가 된다.

실제로는 열 방정식 (10)에 대한 몇 가지 일반화도 발생한다. 첫 번째는 막대의 물질이 일정하지 않은, 즉 단면이 이 막대의 길이에 따라 일정하지 않은 경우에 발생한다. 이 경우 매개변수

κ, ρ, s, A가 축 변수 x에 종속될 수 있다. 식 (2)로 돌아가 왼쪽에서 오른쪽으로 $x = x_0$인 단면을 통과하는 열의 전달률은 이제

$$H(x_0, t) = -\kappa(x_0) A(x_0) u_x(x_0, t) \tag{17}$$

로 주어지고 $H(x_0 + \Delta x, t)$에 대해서도 비슷하게 주어진다. 이 값들을 식 (4)에, 결국 식 (9)에 적용하면 앞서 했던 과정처럼 편미분방정식

$$(\kappa A u_x)_x = s\rho A u_t \tag{18}$$

를 얻는다. 일반적으로 식 (18)을 $p(x) = \kappa(x)A(x)$와 $r(x) = s(x)\rho(x)A(x)$에 대해

$$r(x) u_t = (p(x) u_x)_x \tag{19}$$

의 형태로 쓴다. 이 값들은 본질적으로 양수이다.

두 번째 일반화는 열이 이 막대로 들어가거나 나오는 다른 방법이 있을 때 발생한다. 단위길이당, 단위시간당 $G(x, t, u)$의 비율로 막대에 열이 가해지는 *열원*이 있다고 가정하자. 이때, $G(x, t, u) > 0$이다. 이 경우 식 (9)의 좌변에 항 $G(x, t, u)\Delta x \Delta t$를 더하여 미분방정식

$$r(x) u_t = (p(x) u_x)_x + g(x, t, u) \tag{20}$$

가 되도록 한다. $G(x, t, u) < 0$이면 단위길이당, 단위시간당 $G(x, t, u)$의 비율로 막대에서 열이 *빠져나가는 곳*(sink)이 있다고 한다. 이 문제를 다루기 쉽게 하려면 함수 G의 형태를 제한해야 한다. 특히, G가 u에 대해 선형이고 u의 계수가 t에 종속되지 않는다고 가정하자. 즉,

$$g(x, t, u) = f(x, t) - q(x) u \tag{21}$$

라고 쓰자. 식 (12)의 음수 부호는 뒤에 나올 어떤 방정식들이 일반적인 형태를 갖도록 하기 위해 쓴 것이다. 식 (20)에 식 (21)을 대입하면

$$r(x) u_t = (p(x) u_x)_x - q(x) u + f(x, t) \tag{22}$$

를 얻을 수 있다. 이 미분방정식을 간혹 **일반화된 열전도 방정식**이라고 부르기도 한다. 식 (22)에 대한 경계값 문제들은 11장에서 소개하겠다.

마지막으로 1차원 막대 대신 하나 이상의 의미 있는 공간 차원을 갖는 고체를 고려하면 온도는 x뿐 아니라 두 개 또는 세 개의 공간 좌표에 대한 함수가 된다. 식 (10)을 유도했던 비슷한 과정들을 거쳐 2차원 열전도 방정식

$$\alpha^2 (u_{xx} + u_{yy}) = u_t \tag{23}$$

또는 3차원 열전도 방정식

$$\alpha^2 (u_{xx} + u_{yy} + u_{zz}) = u_t \tag{24}$$

를 유도할 수 있다. 다차원 문제에 대한 식 (12)와 (13)에 해당하는 경계조건들은 각각 경계에서 온도 분포가 주어진 경우와 경계를 단열한 경우이다. 비슷하게 일반적인 초기 온도 분포는 식 (23)에 대해서는 x, y의 함수, 식 (24)에 대해서는 x, y, z의 함수가 될 것이다.

부록 | B

파동방정식의 유도. 이 부록에서 탄성 줄이나 탄성 케이블의 가로 진동에 적용하는 것처럼 1차원 공간에서의 파동방정식을 유도하겠다; 탄성 줄은 기타 줄, 지선(guy wire) 또는 전력선 등으로 생각할 수 있다. 그러나 변수들을 적절하게 해석하기만 한다면 의미 있는 공간 변수를 하나만 갖는 많은 파동 문제들에서 이와 똑같은 방정식이 유도될 수 있다.

완전히 신축적인 탄성 줄을 고정된 지지대들 사이에서 수평을 맞추어 팽팽하게 잡아당겼다고 하자(**그림 10.B.1(a)** 참고). x축을 양 끝이 $x = 0$이고 $x = L$인 이 줄을 따라 놓자. 만약 이 줄이 초기 시간 $t = 0$에서(예를 들어 줄을 튕겨서) 움직이기 시작하고 어떤 외부적인 요인에 의해 방해받지 않는 상태를 유지한다면 공기저항 같은 감쇠효과를 무시하는 한 수직 평면에서 자유롭게 진동할 것이다. 이 운동을 지배하는 미분방정식을 결정하려면 이 줄 위의 점 x와 $x + \Delta x$ 사이에 놓여있는 길이 Δx인 작은 원소에 작용하는 힘들을 고려해야 한다(**그림 10.B.1(b)** 참고). 이 줄의 운동이 크기 않고, 따라서 이 줄 위의 각 점이 수직선에서만 움직인다고 가정하자. 이때, 시간 t에서의 점 x에 대한 수직 변위를 $u(x, t)$라 놓자. 또한, 항상 접선 방향으로만 작용하는 이 줄의 장력을 $T(x, t)$로, 이 줄의 단위길이당 질량을 ρ로 두자.

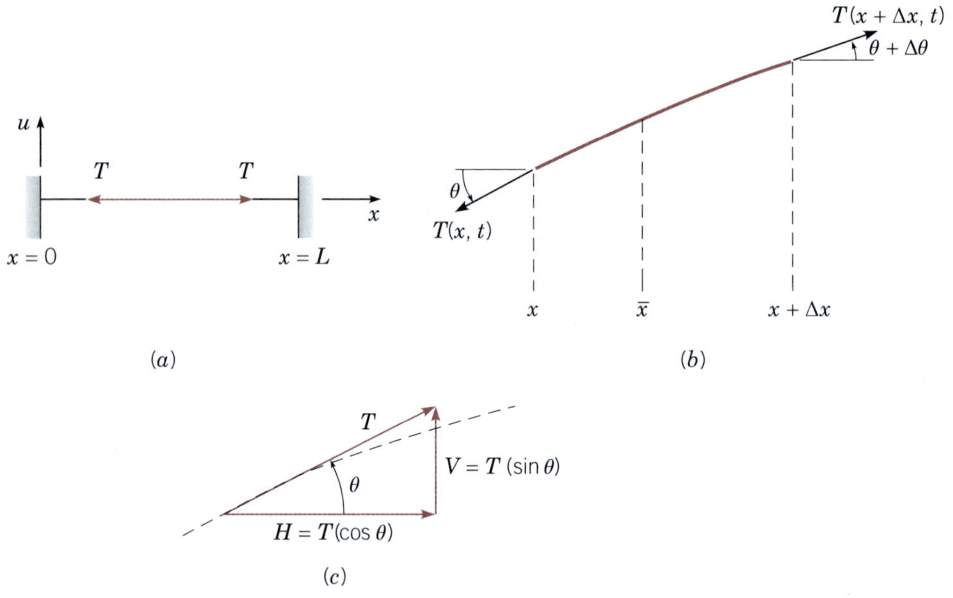

그림 10.B.1 (a) 장력이 작용하는 탄성 줄, (b) 재배치된 줄의 원소, (c) 성분별로 분석한 장력 T

줄의 성분 Δx에 적용되는 뉴턴의 법칙에 의하면 이 원소의 양 끝에서의 장력에 기인하는 총 외력이 이 원소의 질량과 이 원소의 질량중심에서의 가속도를 서로 곱한 것과 같다. 수평 가속도는 없기 때문에 수평 성분들은

$$T(x + \Delta x, t)\cos(\theta + \Delta\theta) - T(x, t)\cos(\theta) = 0 \tag{1}$$

을 만족해야 한다. 장력의 수평 성분을 H라고 두면(그림 10.B.1(c) 참고) 식 (1)은 H가 x에 독립적임을 의미하는 것이다.

한편, 수직 성분들은 여기서 다루고 있는 줄의 원소에 대한 질량중심 좌표 $\overline{x}$에 대해

$$T(x+\Delta x, t)\ \sin(\theta+\Delta\theta) - T(x,t)\ \sin(\theta) = \rho\Delta x u_{tt}\left(\overline{x}, t\right) \tag{2}$$

를 만족한다. 확실히 $\overline{x}$는 구간 $x < \overline{x} < x + \Delta x$ 안에 있다. 이때, 수직 아래방향으로 작용하는 이 줄의 무게는 식 (2)에서처럼 무시하겠다.

T의 수직 성분을 V라고 두면 식 (2)는

$$\frac{V(x+\Delta x, t) - V(x,t)}{\Delta x} = \rho u_{tt}\left(\overline{x}, t\right)$$

라고 쓸 수 있다. $\Delta x \to 0$이라 두고 극한을 구하면

$$V_x(x,t) = \rho u_{tt}(x,t) \tag{3}$$

가 된다. 식 (3)을 완전히 u로 표현하기 위해

$$V(x,t) = H(t)\tan(\theta) = H(t)\,u_x(x,t)$$

임에 주목하자. 따라서 식 (3)은

$$(Hu_x)_x = \rho u_{tt}$$

또는 H가 x에 독립적이므로

$$Hu_{xx} = \rho u_{tt} \tag{4}$$

가 된다.

이 줄이 작게 운동하기 때문에 $H = T\cos(\theta)$를 T로 바꾸어도 된다. 그러면 식 (4)는 일반적인 형태인

$$a^2 u_{xx} = u_{tt} \tag{5}$$

가 된다. 이때,

$$a^2 = \frac{T}{\rho} \tag{6}$$

이다. 비록 α^2을 유도 과정 중에서, 심지어 작은 운동일 때조차도 상수로 놓을 필요는 없지만 편의상 상수라고 가정하겠다. 이때, 식 (5)를 **1차원 공간에 대한 파동방정식**이라고 부른다. T는 힘의 단위를 갖고 ρ는 질량/길이의 단위를 갖기 때문에 상수 a는 속도의 단위를 갖는다. 따라서 a를 작은 교란(파)이 줄을 따라 이동하는 속도와 같다고 할 수 있다. 식 (6)에 따라 **파동속도** a는 이 줄의 장력에 비례하여 변하지만 줄을 이루는 물질의 밀도에는 반비례하는데, 이것은 경험상의 결과와 일치한다.

열전도 방정식의 경우처럼 파동방정식 (5)에도 다양한 일반형들이 있다. 중요한 일반형 중 하나는 **전신 방정식**(telegraph equation)이라고 알려진 것인데 음이 아닌 상수 c, k에 대해

$$u_{tt} + cu_t + ku = a^2 u_{xx} + f(x,t) \tag{7}$$

인 형태를 갖는다. 항 cu_t, ku, $F(x, t)$는 각각 **점성 감쇠력**, **탄성 복원력**, 외력에 의해 발생한다.

3.7절에서 유도한 스프링-질량 계에 대한 식과 식 (7)의 항 a^2u_{xx}를 제외하고는 같음을 알 수 있다; 추가된 항 a^2u_{xx}는 내부 탄성력을 고려하여 발생한 것이다.

전신 방정식은 또한 송전선(이 방정식의 이름이 여기서 나온 것이다)에서의 전압 또는 전류의 흐름에 대한 지배 방정식이기도 한다; 이 경우에 계수들은 이 송전선에서의 전기적인 매개변수들과 관계가 있다.

의미 있는 공간 좌표를 하나 이상 갖는 진동계에 대해서는 2차원 파동방정식

$$a^2\left(u_{xx}+u_{yy}\right)=u_{tt} \tag{8}$$

나 3차원 파동방정식

$$a^2\left(u_{xx}+u_{yy}+u_{zz}\right)=u_{tt} \tag{9}$$

를 고려해야 한다.

참고 문헌

다음 문헌들은 푸리에 급수에 대한 부가적인 정보들을 담고 있다.

Buck, R. C., and Buck, E. F., Advanced Calculus (3rd ed.) (New York: McGraw-Hill, 1978).

Carslaw, H. S., Introduction to the Theory of Fourier's Series and Integrals (3rd ed.) (Cambridge $UK: Cambridge University Press, 1930; New York: Dover, 1952).

Courant, R., and John, F., Introduction to Calculus and Analysis (2 vols.) (Berlin/NewYork: Springer-Verlag, 1999).

Kaplan, W., Advanced Calculus (5th ed.) (Boston: Addison-Wesley, 2003).

푸리에의 간단한 전기와 그의 1807년 논문의 주석을 단 복사본은 다음 문헌에 나와 있다.

Grattan-Guinness, I., Joseph Fourier 1768 – 1830: A Survey of his Life and Work (Cambridge, MA: MIT Press, 1972).

편미분방정식과 변수분리법에 대해 유용한 참고문헌들은 다음과 같다:

Churchill, R. V., and Brown, J. W., Fourier Series and Boundary Value Problems (8th ed.) (New York: McGraw-Hill, 2012).

Haberman, R., Elementary Applied Partial Differential Equations: With Fourier Series and Boundary Value Problems (4th ed.) (Upper Saddle River, NJ: Pearson Prentice-Hall, 2004).

Pinsky, M. A., Partial Differential Equations and Boundary Value Problems with Applications (3rd ed.) Boston: WCB/McGraw-Hill, 1998; Providence, RI: American Mathematical Society, 2011).

Powers, D. L., Boundary Value Problems and Partial Differential Equations (6th ed.) (Boston: Academic Press, 2010).

Strauss, W. A., Partial Differential Equations, an Introduction (2nd ed.) (New York: Wiley, 2009).

Weinberger, H. F.,A First Course in Partial Differential Equations with Complex Variables and Transform Methods (New York: Blaisdell, 1965; New York: Dover, 1995).

경계값 문제와 Sturm-Liouville 이론

Boundary Value Problems and Sturm-Liouville Theory

10장에서 편미분방정식에 변수분리법을 적용한 결과로써, 미분방정식

$$X'' + \lambda X = 0, \quad 0 < x < L$$

과 경계조건

$$X(0) = 0, \quad X(L) = 0$$

이 여러 번 등장했다. 이 경계값 문제는 응용수학 분야에서 중요하게 다루는 많은 종류의 문제에 대한 원형인데 Sturm-Liouville 경계값 문제라고 알려져 있다. 이 장에서 Sturm-Liouville 문제와 이것의 해들이 갖는 주요 성질들을 소개한다; 이 과정 중에서 편미분방정식에 대한 변수분리법을 좀 더 일반화할 수 있다.

11.1 두 점 경계값 문제의 발생

10장에서 편미분방정식을 포함하는 적절한 문제를 풀기 위한 수단으로 변수분리법을 소개하였다. 편미분방정식

$$\alpha^2 u_{xx} = u_t, \quad 0 < x < L, \quad t > 0 \tag{1}$$

경계조건

$$u(0,t) = 0, \quad u(L,t) = 0, \quad t > 0 \tag{2}$$

그리고 초기조건

$$u(x,0) = f(x), \quad 0 \le x \le L \tag{3}$$

로 이루어져 있는 열전도 문제가 10장에서 다루었던 대표적인 문제였다. 이런 류의 문제를 푸는 데 있어서 결정적인 부분은 미분방정식

$$X'' + \lambda X = 0, \quad 0 < x < L \tag{4}$$

과

$$X(0) = 0, \quad X(L) = 0 \tag{5}$$

또는

$$X'(0) = 0, \quad X'(L) = 0 \tag{6}$$

인 경계조건을 갖는 문제의 고윳값과 고유함수를 찾는 것이다. 경계조건 (5) 또는 (6)과 함께 식 (4)를 풀어서 나온 사인 또는 코사인함수는 초기 온도 분포 $f(x)$를 푸리에 급수로 확장하는 데 사용된다.

이 장에서 10장의 결과를 확장하고 일반화시키려고 한다. 특히 이 장에서의 주요 목표는 변수분리법을 사용하여 식 (1), (2), (3)보다 좀 더 일반적인 문제를 어떻게 푸는지 알아보는 것이다. 우리는 다음과 같은 세 가지 유형의 일반화에 대해 관심이 있다.

첫 번째는 편미분방정식을 좀 더 일반화시키는 것이다—예를 들면, 다음과 같은 편미분방정식을 고려하자.

$$r(x)u_t = (p(x)u_x)_x - q(x)u + F(x,t) \tag{7}$$

이 미분방정식은 10장의 부록 A에서 소개했던 것처럼, 열원이 있는 다양한 성질의 물질로 이루어진 막대에서의 열전도를 연구할 때 발생할 수 있다. 만약 $p(x)$와 $r(x)$가 상수이고 열원 항 $q(x)u$와 $F(x, t)$가 0이면 식 (7)은 식 (1)이 된다. 또한 편미분방정식 (7)은 확산성 같은 다른 현상들을 연구할 때 발생하기도 한다.

두 번째는 경계조건을 좀 더 일반화시키는 것이다. 특히 다음과 같은 형태의 경계조건을 고려하고자 한다.

$$u_x(0,t) - h_1 u(0,t) = 0, \quad u_x(L,t) + h_2 u(L,t) = 0 \tag{8}$$

이 조건은 열이 막대의 한 끝을 통과하여 흘러가는 비율이 그곳에서의 온도에 비례할 때 발생한다. 대체로 h_1과 h_2는 음이 아닌 상수이지만 어떤 경우에는 음수일 수도 있고 t에 종속될 수도 있다. 경계조건 (2)는 $h_1 \to \infty$이고 $h_2 \to \infty$일 때의 극한에서 나올 수 있다. 또 다른 중요한 극한의 경우, $h_1 = h_2 = 0$에는 양 끝을 단열할 때 발생하는 경계조건이 나온다.

이 장에서 소개하는 마지막 일반화는 문제가 주어지는 영역의 기하학적 구조와 관련이 있다. 10장의 결과들은 주로 직사각형 영역이나, 많이 다루지는 않았으나 원형 영역을 갖는 다소 제한된 유형의 문제에만 해당된다. 이 장의 뒷부분에서는 그 외 다른 기하학적 영역에서 주어지는 몇 가지 문제를 살펴보겠다.

식 (7)에서 항 $F(x, t)$를 0으로 둔 미분방정식

$$r(x)u_t = (p(x)u_x)_x - q(x)u \tag{9}$$

를 고려하자. 변수들을 분리하기 위해서

$$u(x,t) = X(x)T(t) \tag{10}$$

라고 가정하고 (9)에서 u를 이것으로 치환하자. 그러면

$$r(x)XT' = (p(x)X')'T - q(x)XT \tag{11}$$

또는 이 식을 $r(x)XT$로 나눠서,

$$\frac{T'}{T} = \frac{(p(x)X')'}{r(x)X} - \frac{q(x)}{r(x)} = -\lambda \tag{12}$$

를 얻을 수 있다. 보통 이 값이 음의 실수가 될 것이라는 사실을 예상하고 있기 때문에 우리는 분리상수를 $-\lambda$로 표기한다. 식 (12)로부터 우리는 다음과 같은 X와 T에 대한 두 개의 상미분방정식을 얻을 수 있다:

$$(p(x)X')' - q(x)X + \lambda r(x)X = 0, \tag{13}$$

$$T' + \lambda T = 0 \tag{14}$$

식 (8)에 u에 대한 식 (10)을 대입하고 h_1과 h_2를 상수라고 가정하면 경계조건

$$X'(0) - h_1 X(0) = 0, \quad X'(L) + h_2 X(L) = 0 \tag{15}$$

을 얻을 수 있다.

계속 진행하기 위해 경계조건 (15)하에서 주어진 식 (13)을 풀어야 한다. 비록 이것이 미분방정식 (4)와 경계조건들 (5) 또는 (6)으로 이루어진 문제보다 좀 더 일반적인 선형 제차 두 점 경계값 문제이긴 하나, 매우 비슷한 모양의 해를 갖는다. 모든 λ에 대해 두 점 경계값 문제 (13), (15)는 식 $X(x) = 0$의 자명한 해를 가진다. **고윳값**이라 부르는 어떤 λ에 대해서는 **고유함수**라 부르는 자명하지 않은 해가 존재한다. 이 고유함수들은 경계조건 (8)과 초기조건 (3)하에서의 일반적인 열전도 방정식 (9)와 같은 편미분방정식의 다양한 문제에 대한 급수해의 기저(basis)를 이룬다.

이 장에서 2계 선형 미분방정식에 대한 두 점 경계값 문제의 해가 갖는 몇 가지 성질을 소개하겠다. 때때로 우리는 3장에서 다루었던 일반적인 선형 제차 미분방정식

$$P(x)y'' + Q(x)y' + R(x)y = 0 \tag{16}$$

을 고려하기도 한다. 하지만, 대부분은 1계와 2계 미분 항이 식 (13)에서와 같은 관계를 갖는 미분방정식을 고려하겠다. 미분 항이 식 (13)과 같이 되도록 일반적인 미분방정식 (16)을 변형시킬 수 있다(연습문제 **11** 참고).

더 높은 계수의 미분방정식을 갖는 경계값 문제가 발생할 수도 있다; 이 문제에서 경계조건의 개수는 미분방정식의 계수와 같아야 한다. 대체로 미분방정식의 계수는 짝수이고 경계조건의 반이 구간의 양 끝에서 각각 주어진다. 또한 하나의 경계조건에 양쪽 경계값에서의 해의 값과/또는 해의 미분 값을 포함할 수도 있다; 예를 들어

$$y(0) - y(L) = 0 \tag{17}$$

일 수 있다.

다음 예제는 (15) 형태의 경계조건을 하나 포함하기 때문에 10.1절에서의 문제들보다 더 복잡하다.

예제 11.1.1

다음과 같이 주어진 경계값 문제의 고윳값과 이에 대응되는 고유함수를 구하라.

$$y'' + \lambda y = 0, \tag{18}$$

$$y(0) = 0, \quad y'(1) + y(1) = 0 \tag{19}$$

이 문제는 단위 길이를 갖는 막대의 열전도 문제에서 발생할 수 있다. $x = 0$에서의 경계조건은 이 점에서의 온도가 0인 것에 해당한다. $x = 1$에서의 경계조건은 열이 이 점을 통과하는 비율이 이 점에서의 온도에 비례하는 것에 해당하고 단위들은 비례상수가 1이 되도록 선택하였다(10장의 부록 A를 보자).

풀이

이 미분방정식의 해는 λ에 따라 여러 형태 중 하나를 가질 수 있다. 따라서 λ에 따른 여러 가지 경우들을 살펴보아야 한다.

경우 I: 먼저 $\lambda = 0$이면 미분방정식의 일반해는

$$y = c_1 x + c_2 \tag{20}$$

이고 두 개의 경계조건 (19)에 의해 c_1과 c_2는

$$c_2 = 0, \quad 2c_1 + c_2 = 0 \tag{21}$$

을 만족해야만 한다. 식 (21)의 유일한 해는 $c_1 = c_2 = 0$이므로 이 경우의 경계값 문제는 자명하지 않은 해를 갖지 않는다. 따라서 $\lambda = 0$은 고윳값이 아니다.

경우 II: $\lambda > 0$이면 미분방정식 (18)의 일반해는 $\sqrt{\lambda} > 0$에 대해

$$y = c_1 \sin\left(\sqrt{\lambda} x\right) + c_2 \cos\left(\sqrt{\lambda} x\right) \tag{22}$$

이고 $x = 0$에서의 경계조건에 의해 $c_2 = 0$이다. 그러면 $x = 1$에서의 경계조건에 의해 다음과 같은 식을 얻을 수 있다.

$$c_1\left(\sin\left(\sqrt{\lambda}\right) + \sqrt{\lambda}\cos\left(\sqrt{\lambda}\right)\right) = 0$$

자명하지 않은 해 y에 대해 $c_1 \neq 0$이여야 하므로 λ는

$$\sin\left(\sqrt{\lambda}\right) + \sqrt{\lambda}\cos\left(\sqrt{\lambda}\right) = 0 \tag{23}$$

를 만족해야 한다. λ가 $\cos\left(\sqrt{\lambda}\right) = 0$을 만족한다면 $\sin\left(\sqrt{\lambda}\right) \neq 0$이 되므로 식 (23)을 만족하지 않게 된다. 따라서 $\cos\left(\sqrt{\lambda}\right) \neq 0$이라고 가정해야 할 것이다; 식 (23)을 $\cos\left(\sqrt{\lambda}\right)$로 나누면

$$\sqrt{\lambda} = -\tan\left(\sqrt{\lambda}\right) \tag{24}$$

가 된다. 식 (24)의 해들을 정확하게 구할 수는 없다; 수치적으로 근사해야만 한다. 같은 좌표축 위에 $\sqrt{\lambda} > 0$에 대한 $f\left(\sqrt{\lambda}\right) = \sqrt{\lambda}$와 $g\left(\sqrt{\lambda}\right) = -\tan\left(\sqrt{\lambda}\right)$의 그래프를 그려서 이 두 곡선의 교점을 찾아 근사할 수도 있다(**그림 11.1.1** 참고). 해 (22)는 $\sqrt{\lambda} = 0$일 때만 유효하기 때문에 점 $\sqrt{\lambda} = 0$은 여기서 제외되어야 한다. 두 곡선이 $\lambda = 0$에서 교차함에도 불구하고 이미 보였듯이 $\lambda = 0$은 고윳값이 아니다. 식 (24)에 대해 처음 네 개의 양수 해는 $\sqrt{\lambda_1} \cong 2.02876$, $\sqrt{\lambda_2} \cong 4.91318$, $\sqrt{\lambda_3} \cong 7.97867$와 $\sqrt{\lambda_4} \cong 11.08554$이다. 그림 11.1.1은 근이 $n = 5,\ 6, \ldots$에 대해 $\sqrt{\lambda_n} \cong (2n-1)\pi/2$로 합리적인 정확도로 근사될 수 있음을 보일 수 있는데, 이 추정치의 정확도는 n이 증가함에 따라 향상된다. 따라서 고윳값은

$$\begin{gathered}\lambda_1 \cong 4.11586, \quad \lambda_2 \cong 24.13934, \quad \lambda_3 \cong 63.65911, \quad \lambda_4 \cong 122.88916, \\ \lambda_n \cong \frac{(2n-1)^2\pi^2}{4}, \quad \text{for } n = 5, 6, \ldots\end{gathered} \tag{25}$$

이다. 마지막으로 $c_2 = 0$이므로 고윳값 λ_n에 대응되는 고유함수는 임의의 상수 k_n에 대해

$$\phi_n(x, \lambda_n) = k_n \sin\left(\sqrt{\lambda_n} x\right); \quad n = 1, 2, \ldots \tag{26}$$

이다.

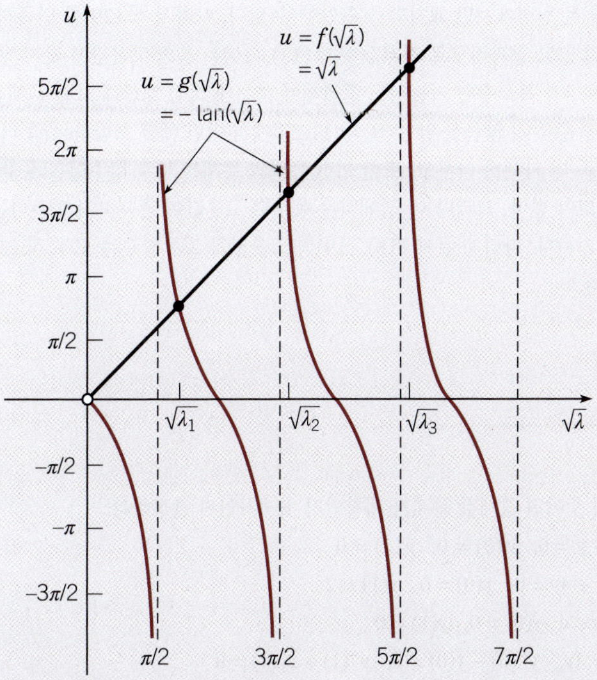

그림 11.1.1 $\sqrt{\lambda} = -\tan\left(\sqrt{\lambda}\right)$의 그래프로 주어진 해.

경우 III: 다음은 $\lambda < 0$을 고려하자. 이 경우 $\lambda = -\mu$라 두어 $\mu > 0$이 되게 하자. 그러면 식 (14)는

$$y'' - \mu y = 0 \tag{27}$$

이 되고 이것의 일반해는 $\sqrt{\mu} > 0$에 내해

$$y = c_1 \sinh\left(\sqrt{\mu}x\right) + c_2 \cosh\left(\sqrt{\mu}x\right) \tag{28}$$

가 된다. 앞선 경우와 같은 과정을 따라 방정식

$$\sqrt{\mu} = -\tanh\left(\sqrt{\mu}\right) \tag{29}$$

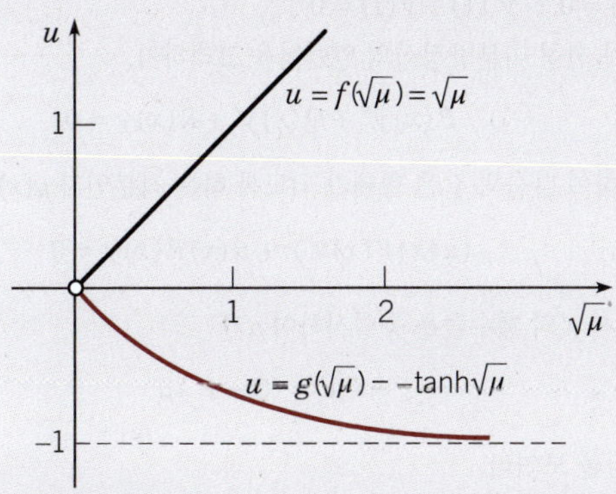

그림 11.1.2 $\sqrt{\mu} = -\tanh\left(\sqrt{\mu}\right)$의 그래프로 주어진 해.

를 만족하는 μ를 구해야 한다. **그림 11.1.2**로부터 $f(\sqrt{\mu}) = \sqrt{\mu}$와 $g(\sqrt{\mu}) = -\tanh(\sqrt{\mu})$의 그래프들은 원점에서만 교차함을 확인할 수 있다. 따라서 식 (29)를 만족하는 양수 값 $\sqrt{\mu}$는 존재하지 않고 결과적으로 경계값 문제 (18), (19)는 음의 고윳값을 갖지 않는다.

끝으로 λ가 복소수일 가능성도 고려해야 하는데 직접 계산해 보면 문제 (18), (19)는 복소수 고윳값을 갖지 않음을 알 수 있다. 11.2절에서 이런 예를 포함하는 좀 더 포괄적인 유형의 문제를 좀 더 자세히 다루고, 또한 이런 유형의 문제는 모두 실수인 고윳값만 갖는다는 사실도 보이고자 한다. 그러나 이 절에서는 복소수 고윳값이 존재하지 않는다는 내용을 따로 다루지는 않는다. 따라서 문제 (18), (19)의 고윳값과 고유함수는 모두 식 (25)와 (26)에 의해 주어진다.

연습 문제

▶ 문제 **1**부터 **6**까지 주어진 경계값 문제가 제차인지 비제차인지 결정하라.

1. $y'' - 2xy' + y = 0, \quad y(0) = 0, \quad y(1) = 0$

2. $[(1 + x^2)y']' + 4y = 0, \quad y(0) = 0, \quad y(1) = 2$

3. $y'' + 4y = \cos x, \quad y(0) = 0, \quad y(1) = 0$

4. $-y'' + x^2y = \lambda y, \quad y'(0) - y(0) = 0, \quad y'(1) + 2y(1) = 0$

5. $-[(1 + x^2y']' = \lambda y + 2, \quad y(-1) = 0, \quad y(1) = 0$

6. $-y'' = \lambda(1 + x^2)y, \quad y(0) = 0, \quad y'(1) + 4y(1) = 0$

▶ 문제 **7**부터 **10**까지 고윳값이 모두 실수라고 가정하자.

a. 고유함수의 형태와 0이 아닌 고윳값을 결정하는 식을 결정하라.

b. $\lambda = 0$이 고윳값인지 아닌지 결정하라.

c. 가장 작은 절댓값을 갖는 0이 아닌 고윳값 λ_1과 λ_2의 근사값을 구하라.

d. 큰 n값에 대한 λ_n을 추정하라.

7. $y'' + \lambda y = 0, \quad y(0) = 0, \quad y'(1) = 0$

8. $y'' + \lambda y = 0, \quad y'(0) = 0, \quad y'(1) = 0$

9. $y'' + \lambda y = 0, \quad y(0) + y'(0) = 0 \text{ and } y(1) + y'(1) = 0$

10. $y'' + \lambda y = 0, \quad y(0) = 0, \quad y'(1) + y(1) = 0$

11. 다음과 같이 2계 제차 선형 미분방정식의 일반형을 고려하자.

$$P(x)y'' + Q(x)y' + R(x)y = 0 \tag{30}$$

식 (30)에 $\mu(x)$를 곱하여 다음과 같은 형태가 되도록 하는 적분인자 $\mu(x)$를 찾자.

$$(\mu(x)P(x)y')' + \mu(x)R(x)y = 0 \tag{31}$$

a. 식 (30)과 (31)에서 y'의 계수들을 동일시하여 μ가

$$P\mu' = (Q - P')\mu \tag{32}$$

의 해가 되어야 함을 보여라.

b. 식 (32)를 풀어서

$$\mu(x) = \frac{1}{P(x)} \exp\left(\int_{x_0}^{x} \frac{Q(s)}{P(s)} ds\right) \tag{33}$$

임을 보여라. 이 결과를 3.2절의 연습문제 **31**과 비교하라.

▶ 문제 **12**부터 **15**까지 문제 **11**의 방법을 사용하여 주어진 미분방정식을 각각 $(p(x)y')' + q(x)y = 0$ 형태로 바꿔라.

12. $y'' + xy' + \lambda y = 0$ (Hermite 방정식)

13. $x^2y'' + xy' + (\lambda^2x^2 + n^2)y = 0$ (베셀 방정식)

14. $xy'' + (1 - x)y' + \lambda y = 0$ (라게르 방정식)

15. $x^2y'' + xy' + \lambda y = 0$ (오일러 방정식)

16. 상수 $a^2 > 0$, $c \geq 0$와 $k \geq 0$에 대한 미분방정식

$$u_{tt} + cu_t + ku = a^2u_{xx} + F(x, t) \tag{34}$$

는 **전신 방정식**(telegraph equation)이라고 알려져 있는데 장력이 있는 탄성 줄을 연구할 때 발생한다(10장의 부록 B 참고). 식 (34)는 다른 응용분야에서도 발생한다. $F(x, t) = 0$이라 가정하고 $u(x, t) = X(x)T(t)$라고 놓아서 식 (34)를 변수분리한 후, X와 T에 대한 상미분방정식들을 유도하라.

17. 다음과 같은 경계값 문제를 고려하자.

$$y'' - 4y' + (4 + \lambda)y = 0, \quad y(0) = 0, \quad y(1) = 0$$

a. 관계식 $y = s(x)u$를 만족하는 새로운 종속변수 u를 도입하라. 이때, u에 대한 미분방정식이 u'항을 갖지 않도록 하는 $s(x)$를 결정하자.

b. u에 대한 경계값 문제를 풀고 원래의 문제에 대한 고윳값과 고유함수를 결정하라. 이때 고윳값이 모두 실수라고 가정하자.

c. 또한 주어진 문제를 (u를 도입하지 말고) 직접 풀어라.

18. 다음과 같은 경계값 문제를 고려하자.

$$y'' + 2y' + (1 + 9\lambda)y = 0, \quad y(0) = 0, \quad y'(L) = 0$$

a. 문제 **17 a**와 **b** 같은 과정을 따라 실수인 근사 고윳값과 이에 대응되는 고유함수를 구하라.

b. 또한 주어진 문제를 (새로운 변수를 도입하지 말고) 직접 풀어라.

힌트: **a**에서 미분방정식뿐 아니라 경계조건들에도 관심을 기울여야 한다.

▶ 문제 **19**와 **20**에 주어진 미분방정식들은 매개변수 λ가 y항뿐 아니라 y'항에도 곱해져 있다는 점에서 앞의 문제와는 다르다. 주어진 문제에서 실수인 고윳값과 이에 대응되는 고유함수를 각각 구하라.

19. $y'' + (1 - \lambda)y' - \lambda y = 0, \quad y(0) = 0, \quad y'(1) + y(1) = 0$

20. $x^2y'' - \lambda(xy' - y) = 0, \quad y(1) = 0, \quad y(2) - y'(2) = 0$

21. 다음과 같은 문제를 고려하자.

$$y'' + \lambda y = 0, \quad y(0) = 0, \quad 2y'(1) + y(1) = 0$$

a. 양의 고윳값을 결정하는 식을 구하라.

b. 이런 고윳값의 무한 수열이 존재함을 보여라.

c. λ_1과 λ_2를 구하고 큰 n에 대해 $\lambda_n \cong ((2n + 1)\pi/2)^2$임을 보여라.

d. 음의 고윳값을 결정하는 식을 구하라.

e. 음의 고윳값이 존재하지 않음을 보여라.

22. 주어진 상수 α에 대한 다음과 같은 문제를 고려하자.

$$y'' + \lambda y = 0, \quad y(0) = 0, \quad \alpha y'(1) + y(1) = 0$$

a. 모든 α에 대해 양의 고윳값들의 무한 수열이 존재함을 보여라.

b. $\alpha < 1$일 때, 모든 (실수인) 고윳값이 양수임을 보여라. α가 1보다 작은 데서 0으로 다가갈 때 가장 작은 고윳값은 0으로 다가감을 보여라.

c. $\alpha = -1$일 때만 $\lambda = 0$이 고윳값임을 보여라.

d. $\alpha > 1$일 때, 음의 고윳값은 단 하나뿐임을 보이고 α가 증가함에 따라 이 고윳값이 감소함을 보여라.

23. 다음과 같은 문제를 고려하자.

$$y'' + \lambda y = 0, \quad y(0) = 0, \quad y(\pi) = 0$$

ϕ_m과 ϕ_n이 각각 $\lambda_m \neq \lambda_n$인 고윳값 λ_m과 λ_n에 대응되는 고유함수라면

$$\int_0^{\pi} \phi_m(x)\phi_n(x)\,dx = 0$$

임을 보여라.

힌트:

$$\phi_m'' + \lambda_m\phi_m = 0, \quad \phi_n'' + \lambda_n\phi_n = 0$$

임에 유의하자. 첫 번째 식에는 ϕ_n을, 두 번째 식에는 ϕ_m을 곱하고 부분 적분을 이용하여 0부터 π까지 적분하자. 끝으로 한 식을 다른 식에서 빼자.

24. 이 문제에서는 더 높은 계수의 고윳값 문제를 고려한다. 일정한 탄성 막대의 가로 진동에 대한 해석은 다음과 같은 미분방정식을 바탕으로 이루어진다.

$$y^{(4)} - \lambda y = 0$$

이때, y는 가로 변위이고 $\lambda = (m\omega^2)/EI$이다; m은 이 막대의 단위 길이당 질량, E는 영률(세로 탄성률, Young's modulus), I는 진동 평면에 수직인 중심을 지나는 축에 대한 단면의 관성 모멘트, ω는 진동의 진동수이다. 따라서 막대를 이루는 물질과 기하학적 성질이 주어지면 이 고윳값은 진동의 고유 진동수를 결정한다. 보통 양 끝에서의 경계조건은 다음 유형 중 하나이다:

$y = y' = 0$, 고정되어 있는 막대 끝,

$y = y'' = 0$, 단순히 지탱하고 있거나 경첩이 달린 막대 끝,

$y'' = y''' = 0$, 자유롭게 풀려 있는 막대 끝.

각각 다음의 세 가지 경우에 대한 고유함수의 형태와 이 4계 경계값 문제의 고윳값을 결정하는 식을 구하라. 가장 작은 크기를 갖는 두 개의 고윳값 λ_1과 λ_2를 구하라. 이때, 고윳값을 양의 실수라고 가정하자.

a. $y(0) = y''(0) = 0, \quad y(L) = y''(L) = 0$

b. $y(0) = y''(0) = 0, \quad y(L) = y'(L) = 0$

c. $y(0) = y'(0) = 0, \quad y''(L) = y'''(L) = 0$ (캔틸레버 막대).

25. 이 문제는 미분방정식뿐 아니라 경계조건에도 고윳값 매개변수가 있을 수 있음을 나타내고 있다. 길이가 L이고 단면적이 A인 일정하고 곧은 탄성 막대의 세로 진동을 고려하자. 축 변위 $u(x, t)$가 영률 E와 단위 부피당 질량 ρ에 대한 편미분방정식

$$\frac{E}{\rho}u_{xx} = u_{tt}; \quad 0 < x < L, \quad t > 0 \tag{35}$$

를 만족함을 보일 수 있다. 한 끝 $x = 0$이 고정되어 있으면 $x = 0$에서의 경계조건은

$$u(0, t) = 0, \quad t > 0 \tag{36}$$

이다. 다른 한 끝 $x = L$에 질량 m이 단단히 붙어 있고 그 외 제약 조건은 없다고 가정하자. 이 질량

에 대한 뉴턴의 법칙을 사용하면 $x = L$에서의 경계조건을 찾을 수 있다. 탄성 이론에 의하면 막대가 이 질량에 미치는 힘은 $-EAu_x(L, t)$로 주어진다. 따라서 경계조건은

$$EAu_x(L,t) + mu_{tt}(L,t) = 0, \quad t > 0 \tag{37}$$

이 된다.

a. $u(x, t) = X(x)T(t)$라고 가정하고 $X(x)$와 $T(t)$가 다음과 같은 미분방정식을 만족함을 보여라.

$$X'' + \lambda X = 0 \tag{38}$$

$$T'' + \lambda \frac{E}{\rho} T = 0 \tag{39}$$

b. 이때의 경계조건이

$$X(0) = 0, \quad X'(L) - \gamma\lambda L X(L) = 0 \tag{40}$$

임을 보여라. 이때, $\gamma = \dfrac{m}{\rho AL}$은 막대의 질량에 대한 막대 끝의 질량의 비를 나타내는 단위가 없는 매개변수이다.

힌트: $T(t)$에 대한 미분방정식을 사용하여 $x = L$에서의 경계조건을 간단하게 써라.

c. 고유함수의 형태와 식 (38)과 (40)의 실수인 고윳값을 결정하는 식을 구하라.

d. $\gamma = 0.5$일 때, 처음 두 개의 고윳값 λ_1과 λ_2를 구하라.

11.2 | Sturm-Liouville 경계값 문제

이제 11.1절에서 막대의 온도에 비례하는 열원 항과 함께 다양한 성질을 갖는 물질로 이루어진 막대의 열전도 문제에서 변수를 분리하여 얻었던 두 점 경계값 문제를 고려하자. 이런 류의 문제는 다른 많은 응용분야에서도 발생한다.

이 경계값 문제를 흔히 **Sturm-Liouville**[1] 경계값 문제라고 부른다. 구간 $0 < x < 1$에서

$$(p(x)y')' - q(x)y + \lambda r(x)y = 0 \tag{1}$$

인 형태의 미분방정식과 양 끝점에서

$$\alpha_1 y(0) + \alpha_2 y'(0) = 0, \quad \beta_1 y(1) + \beta_2 y'(1) = 0 \tag{2}$$

인 경계조건으로 이루어져 있다. 편의상 다음과 같이 정의된 선형 제차 미분 연산자 L을 사용하기도 한다.

$$L[y] = -(p(x)y')' + q(x)y \tag{3}$$

그러면 미분방정식 (1)을

[1] Charles-François Sturm (1803~1855)과 Joseph Liouville (1809~1882)은 1836년과 1837년의 일련의 논문에서, 그들의 이름과 관련된 경계값 문제 류에 대해 정리 11.2.1부터 11.2.4에 서술되어 있는 결과를 포함한 많은 성질들을 발표하였다. Sturm은 스위스 제네바에서 태어났지만 성장기 이후의 생애 대부분을 파리에서 지냈다. 그는 또한 다항식의 실수근의 개수에 대한 정리로 유명하고, 물리학 및 역학 분야에서도 광범위한 연구를 진행했다. Liouville은 해석학, 대수학, 정수론 분야에서 뛰어난 연구를 한 프랑스 수학자이다. 그의 가장 중요한 결과 중 하나는 1844년에 초월수들의 존재성을 증명한 것이다. 그는 또한 영향력 있는 '*Journal de mathématiques pures et appliquées*'의 설립자이자 39년간 편집자였다.

$$L[y] = \lambda r(x) y \tag{4}$$

로 쓸 수 있다.

함수 p, p', q와 r이 구간 $0 \le x \le 1$에서 연속이고, $0 \le x \le 1$ 안의 모든 점에서 $p(x) > 0$이고 $r(x) > 0$라고 가정하자. 이 경우의 경계값 문제를 **정칙**(regular)이라고 부른다. 이와 같은 가정은 일반성을 최대한 유지하면서 이론을 가능한 쉽게 펼치기 위해서 필요하다. 수리 물리학의 중요한 많은 문제들이 이 조건을 만족하는 것으로 알려져 있다. 예를 들어, 앞 장에서 여러 번 나왔던 미분방정식 $y'' + \lambda y = 0$은 $p(x) = 1$, $q(x) = 0$, 그리고 $r(x) = 1$일 때의 형태 (1)이다.

경계조건 (2)는 **분리되어 있다**(separated)고 말한다; 즉, 각각의 경계조건은 경계점 중 단 한 점만을 포함한다. 이것은 2계 미분방정식에서 나올 수 있는 가장 일반적인 분리 경계조건이다. 첫 번째 경계조건이 y에 대한 임의의 제한 조건이 되기 위해 α_1과 α_2중 적어도 하나는 0이 아니어야 한다. 비슷하게 β_1과 β_2 중 적어도 하나는 0이 아니어야 한다.

Sturm-Liouville 문제 (1), (2)에 대한 몇 가지 성질을 알아보기 전에, 라그랑지의 항등식이라고 알려져 있는 선형 경계값 문제를 연구하는 데 있어서 기본이 되는 항등식을 유도해야 한다. u와 v를 구간 $0 \le x \le 1$에서 연속인 2계 도함수를 갖는 함수라고 두자. 그러면[2]

$$\int_0^1 L[u]\, v dx = \int_0^1 \left(-(pu')'\, v + quv\right) dx$$

가 된다. 우변의 첫 항을 두 번 부분 적분하면 다음 식을 얻는다.

$$\begin{aligned}\int_0^1 L[u]\, v dx &= -p(x) u'(x) v(x)\Big|_0^1 + p(x) u(x) v'(x)\Big|_0^1 + \int_0^1 \left(-u(pv')' + uqv\right) dx \\ &= -p(x)(u'(x) v(x) - u(x) v'(x))\Big|_0^1 + \int_0^1 uL[v]\, dx\end{aligned}$$

이 식에서 우변의 적분 식을 좌변으로 이항하면

$$\int_0^1 (L(u) v - uL(v))\, dx = -p(x)(u'(x) v(x) - u(x) v'(x))\Big|_0^1 \tag{5}$$

이 되는데, 이것이 **라그랑지 항등식**이다.

이제 식 (5)의 함수 u와 v도 경계조건 (2)를 만족한다고 가정하자. 그러면 $\alpha_2 \neq 0$이고 $\beta_2 \neq 0$이라고 가정할 때, 식 (5)의 우변은 다음과 같이 된다.

$$\begin{aligned}&-p(x)(u'(x) v(x) - u(x) v'(x))\Big|_0^1 \\ &= -p(1)(u'(1) v(1) - u(1) v'(1)) + p(0)(u'(0) v(0) - u(0) v'(0)) \\ &= -p(1)\left(-\frac{\beta_1}{\beta_2} u(1) v(1) + \frac{\beta_1}{\beta_2} u(1) v(1)\right) + p(0)\left(-\frac{\alpha_1}{\alpha_2} u(0) v(0) + \frac{\alpha_1}{\alpha_2} u(0) v(0)\right) \\ &= 0.\end{aligned}$$

α_2 또는 β_2가 0이어도 같은 결과를 만족한다; 이 경우에 대한 증명은 더 간단하므로 독자에게

[2] 이 장에서는 $\int_0^1 f(x)\, dx$를 줄여서 $\int_0^1 f\, dx$로 쓰기도 한다.

맡기겠다. 따라서 미분 연산자 L을 식 (3)으로 정의하고 함수 u와 v가 경계조건 (2)를 만족한다고 하면 라그랑지 항등식은 다음과 같이 된다.

$$\int_0^1 (L[u]v - uL[v])\,dx = 0 \tag{6}$$

이제 식 (6)을 조금 다르게 써보자. 10.2절의 식 (4)에서 주어진 구간 안의 두 실함수 u와 v의 내적 (u, v)을 소개하였다; 이때, 구간 $0 \le v \le 1$을 사용하면

$$(u, v) = \int_0^1 u(x)v(x)\,dx \tag{7}$$

가 된다. 이 기호를 사용하면 식 (6)은

$$(L[u], v) - (u, L[v]) = 0 \tag{8}$$

으로 쓸 수 있다.

아래 나올 정리 11.2.1을 증명하기 위해서는 복소함수를 다루어야 한다. 벡터에 대한 6.2절의 정의와 비슷하게 $0 \le x \le 1$에서 주어진 두 복소함수의 내적을 v의 켤레 복소수 $\bar{v}$에 대해

$$(u, v) = \int_0^1 u(x)\bar{v}(x)\,dx \tag{9}$$

로 정의한다. 여기서 $u(x)$와 $v(x)$가 실함수이면 식 (9)는 식 (7)과 일치한다. u와 v가 복소함수이고 내적이 식 (9)와 같이 정의되어 있어도 식 (8)은 위에 언급된 조건하에서 여전히 유효하다는 사실을 알아야 한다. 이 사실을 확인하기 위해서는 $\int_0^1 L[u]\bar{v}dx$에서부터 시작하여 식 (6)을 보이기 위해 진행했던 단계들을 다시 밟아가면 된다. 이때 $p(x)$, $q(x)$, α_1, α_2, β_1, β_2가 모두 실수임을 이용한다(연습문제 **22**를 참고).

이제, Sturm-Liouville 경계값 문제 (1), (2)에 대해 식 (8)이 의미하는 바를 몇 가지 살펴보자. 증명 없이[3] 이 문제가 실제로 고윳값과 고유함수를 갖는다고 가정하자. 아래 나올 정리 11.2.1부터 11.2.4까지에서 고윳값과 고유함수의 중요하지만 다소 기초적인 성질을 소개하겠다. 또한 이 성질에 대해 다음과 같이 기본적인 Sturm-Liouville 문제를 예로 들어 설명하겠다.

$$y'' + \lambda y = 0, \quad y(0) = 0, \quad y(1) = 0 \tag{10}$$

이때의 고윳값은 $\lambda_n = n^2\pi^2$들이고 이에 대응되는 고유함수는 $\phi_n(x) = \sin(n\pi x)$이다.

정리 11.2.1

Sturm-Liouville 문제 (1), (2)의 모든 고윳값은 실수이다.

[3] 이 명제에 대한 증명은 이 장의 끝에 열거되어 있는 참고 문헌 중 Sagan의 책(5장) 또는 Birkhoff와 Rota의 책(10장)을 참고하자.

이 정리를 증명하기 위해서 λ는 문제 (1), (2)의 (복소수일 수도 있는) 고윳값이고 ϕ는 이에 대응되는 (역시 복소함수일 수도 있는) 고유함수라고 가정하자. 실수 μ, ν와 실함수 $U(x)$, $V(x)$에 대해 $\lambda = \mu + i\nu$이고 $\phi(x) = U(x) + iV(x)$라 두자. 식 (8)에서 $u = \phi$라 두고 또한 $v = \phi$라 두면

$$(L[\phi], \phi) = (\phi, L[\phi]) \tag{11}$$

가 된다. 그러나 $L[\phi] = \lambda r\phi$이므로 식 (11)은

$$(\lambda r\phi, \phi) = (\phi, \lambda r\phi) \tag{12}$$

가 된다. 내적에 대한 정의 (9)를 이용하여 식 (12)를 모두 자세히 쓰면

$$\int_0^1 \lambda r(x)\phi(x)\overline{\phi}(x)\,dx = \int_0^1 \phi(x)\overline{\lambda}\overline{r}(x)\overline{\phi}(x)\,dx \tag{13}$$

를 얻는다. 이때, $r(x)$가 실함수이므로 $\bar{r}(x) = r(x)$이고 식 (13)은

$$\left(\lambda - \overline{\lambda}\right)\int_0^1 r(x)\phi(x)\overline{\phi}(x)\,dx = 0$$

이 된다. 그러나 $\phi(x)\,\overline{\phi}(x) = U^2(x) + V^2(x)$므로

$$\left(\lambda - \overline{\lambda}\right)\int_0^1 r(x)\left(U^2(x) + V^2(x)\right)dx = 0 \tag{14}$$

이다. 식 (14)의 피적분 함수는 음이 아니고 영함수도 아니다. 또한 이 피적분 함수는 연속이므로 이것의 적분값은 양수이고 인수 $\lambda - \overline{\lambda} = 2i\nu$는 0이 되어야 한다. 따라서 $\nu = 0$이고 λ는 실수이므로 이 정리가 증명되었다.

정리 11.2.1의 결과는 Sturm-Liouville 경계값 문제의 고윳값과 고유함수를 구하는 데 있어 실수인 고윳값만 찾으면 된다는 것을 의미하는데 이런 경우는 이미 10장에서 다루었다. 덧붙여 경계값 문제 (1), (2)의 고유함수도 실함수임을 보일 수 있다. 이에 대한 증명은 연습문제 **23**에 간략하게 나와 있다.

정리 11.2.2 | Sturm-Liouville 고유함수들의 직교성

Sturm-Liouville 경계값 문제 (1), (2)의 서로 다른 고윳값에 대한 고유함수는 가중 함수 r에 대해 직교한다. 즉, ϕ_m과 ϕ_n이 각각 서로 다른 고윳값 λ_m과 λ_n에 해당하는 Sturm-Liouville 문제 (1), (2)의 고유함수이고 $\lambda_m \neq \lambda_n$라면,

$$\int_0^1 r(x)\phi_m(x)\phi_n(x)\,dx = 0 \tag{15}$$

정리 11.2.2를 증명하기 위해 ϕ_m과 ϕ_n이 각각 미분방정식

$$L[\phi_m] = \lambda_m r\phi_m \tag{16}$$

과

$$L[\phi_n] = \lambda_n r\phi_n \tag{17}$$

을 만족함을 알아야 한다. $u = \phi_m$과 $v = \phi_n$이라 두고 식 (8)의 $L[u]$와 $L[v]$에 이를 대입하면

$$(\lambda_m r\phi_m, \phi_n) - (\phi_m, \lambda_n r\phi_n) = 0$$

을 얻거나 또는 식 (9)를 이용하여

$$\lambda_m \int_0^1 r(x)\phi_m(x)\overline{\phi}_n(x)\,dx - \overline{\lambda}_n \int_0^1 \phi_m(x)\overline{r}(x)\overline{\phi}_n(x)\,dx = 0$$

을 얻을 수 있다. 이때 λ_n은 실수이고 $r(x)$와 $\phi_n(x)$는 실함수이므로 이 식은

$$(\lambda_m - \lambda_n)\int_0^1 r(x)\phi_m(x)\phi_n(x)\,dx = 0 \tag{18}$$

이 된다. $\lambda_m \neq \lambda_n$이라고 가정했기 때문에 ϕ_m과 ϕ_n은 식 (15)를 만족하고, 따라서 이 정리가 증명되었다.

정리 11.2.3

Sturm-Liouville 문제 (1), (2)의 고윳값은 모두 단순하다. 즉, 각각의 고윳값에 대해 선형 독립인 고유함수는 오직 하나만 대응한다. 또한, 고윳값은 무한 수열을 형성하고, 증가하는 크기에 따라 다음과 같이 정렬할 수 있다.

$$\lambda_1 < \lambda_2 < \lambda_3 < \cdots < \lambda_n < \cdots$$

게다가, $n \to \infty$일 때 $\lambda_n \to \infty$이다.

이 정리의 증명은 앞선 두 정리의 증명에 비해 어렵기 때문에 생략하겠다. 그러나 Sturm-Liouville 문제 (1), (2)의 고윳값이 단순하다는 것에 대한 증명은 연습문제 **20**에 간략하게 나와 있다.

정리 11.2.1부터 11.2.3까지에 서술되어 있는 성질을 문제 (10)의 고윳값 $\lambda_n = n^2\pi^2$과 고유함수 $\phi_n(x) = \sin(n\pi x)$를 예로 들어 설명하겠다. 확실히 이 고윳값은 실수이고 고유함수는 10.2절에서 직접 적분하여 구한 직교성의 관계식

$$\int_0^1 r(x)\phi_m(x)\phi_n(x)\,dx = \int_0^1 \sin(m\pi x)\sin(n\pi x)\,dx = 0, \quad m \neq n \tag{19}$$

을 만족한다. 또한 이 고윳값은 $\lambda_1 < \lambda_2 < \cdots$ 이 되도록 배열할 수 있고 $n \to \infty$일 때 $\lambda \to \infty$가 된다. 끝으로 각각의 고윳값에 일차독립인 고유함수가 하나씩 대응된다.

이제 Sturm-Liouville 문제 (1), (2)의 고윳값이 정리 11.2.3에 나타난 것과 같은 순서대로 배열되었다고 가정하자. 상수 배까지만 결정되는 고유함수 ϕ_n이 고윳값 λ_n에 대응된다. 편의상

각각의 고유함수에 곱해진 임의의 상수를 고유함수가 다음 조건을 만족할 수 있도록 선택하자.

$$\int_0^1 r(x)\phi_n^2(x)\,dx = 1, \quad n = 1, 2, \ldots \tag{20}$$

이때, 식 (20)을 **정규 조건**(normalization condition)이라고 하고 이 조건을 만족하는 고유함수를 (가중 함수 r에 대한) **정규**(normalized) 고유함수라고 부른다. 이 경우 고유함수들은 이미 직교성의 관계식 (15)를 만족하므로 (가중 함수 r에 대한) **정규 직교**(orthonormal) **집합**을 이룬다고 한다. 주로 식 (15)와 (20)을 합쳐서 하나의 방정식으로 사용한다. 이를 위해

$$\delta_{mn} = \begin{cases} 0, & \text{if } m \neq n, \\ 1, & \text{if } m = n \end{cases} \tag{21}$$

로 정의되고 **Kronecker**[4] **델타**라고 알려진 기호 δ_{mn}을 소개한다. Kronecker 델타를 사용하면 식 (15)와 (20)을 합쳐서

$$\int_0^1 r(x)\phi_m(x)\phi_n(x)\,dx = \delta_{mn} \tag{22}$$

이라고 쓸 수 있다.

예제 11.2.1

11.1절의 문제 **7**에 대한 정규 고유함수를 결정하라:

$$y'' + \lambda y = 0, \quad y(0) = 0, \quad y'(1) = 0$$

풀이

이 문제의 고윳값은

$$\lambda_1 = \frac{\pi^2}{4}, \quad \lambda_2 = \frac{9\pi^2}{4} \cdots \lambda_n = \frac{(2n-1)^2\pi^2}{4} \cdots$$

이고 이에 대응되는 고유함수는 각각

$$k_1 \sin\frac{\pi}{2}x, \quad k_2 \sin\frac{3\pi}{2}x \cdots . \ k_n \sin(2n-1)\frac{\pi}{2}x$$

이다. 이때 가중 함수는 $r(x) = 1$이다. 식 (20)을 만족하기 위해 각각의 n에 대해

$$\int_0^1 \left[k_n \sin(2n-1)\frac{\pi}{2}x\right]^2 dx = 1 \tag{23}$$

을 만족하는 k_n을 선택해야 한다. k_n을 각각의 n에 대해 $\sqrt{2}$로 선택하면

$${k_n}^2 \int_0^1 \left[\sin(2n-1)\frac{\pi}{2}x\right]^2 dx = {k_n}^2 \int_0^1 \left[\frac{1}{2} - \frac{1}{2}\cos(2n-1)\pi x\right] dx = 1/2{k_n}^2$$

이 되기 때문에 식 (23)을 만족한다. 따라서 주어진 경계값 문제의 정규 고유함수는

[4] Dirichlet의 제자였던 독일의 수학자 Leopold Kronecker (1823~1891)는 비록 (그가 개인적으로 부유했기 때문에) 교수진에 합류한 것은 1883년 이후였지만 그의 생애 대부분을 베를린 대학교와 관계를 맺으며 살았다. 그는 정수론, 쌍곡선 함수론, 대수학을 연구하였고, 이 분야들을 서로 연계하였다.

$$\phi_n(x) = \sqrt{2}\sin\left\{(2n-1)\frac{\pi}{2}x\right\}; \quad n = 1, 2, 3 \ldots \tag{24}$$

이다.

예제 11.2.2

다음에 주어진 문제의 정규 고유함수를 결정하라.

$$y'' + \lambda y = 0, \quad y(0) = 0, \quad y'(1) + y(1) = 0 \tag{25}$$

풀이

예제 11.1.1에서 고윳값 λ_n이 식

$$\sin\left(\sqrt{\lambda_n}\right) + \sqrt{\lambda_n}\cos\left(\sqrt{\lambda_n}\right) = 0 \tag{26}$$

을 만족하고 이 고윳값에 대응되는 고유함수가 임의의 k_n에 대한

$$\phi_n(x) = k_n \sin\left(\sqrt{\lambda_n}x\right) \tag{27}$$

임을 보였다. 이때, 정규 조건 (20)으로부터 k_n을 결정할 수 있다. 이 문제에서 $r(x) = 1$이므로

$$\begin{aligned}
\int_0^1 r(x)\,\phi_n^2(x)\,dx &= k_n^2 \int_0^1 \sin^2\left(\sqrt{\lambda_n}x\right)dx \\
&= k_n^2 \int_0^1 \left(\frac{1}{2} - \frac{1}{2}\cos\left(2\sqrt{\lambda_n}x\right)\right)dx = k_n^2 \left(\frac{x}{2} - \frac{\sin\left(2\sqrt{\lambda_n}x\right)}{4\sqrt{\lambda_n}}\right)\Bigg|_0^1 \\
&= k_n^2 \left(\frac{1}{2} - \frac{\sin\left(2\sqrt{\lambda_n}\right)}{4\sqrt{\lambda_n}}\right) = k_n^2 \left(\frac{1}{2} - \frac{\sin\left(\sqrt{\lambda_n}\right)\cos\left(\sqrt{\lambda_n}\right)}{2\sqrt{\lambda_n}}\right) \\
&= k_n^2 \frac{1 + \cos^2\left(\sqrt{\lambda_n}\right)}{2}
\end{aligned}$$

인데 마지막 단계에서 식 (26)을 사용하였다. 따라서 고유함수 ϕ_n을 정규화하기 위해

$$k_n = \left(\frac{2}{1 + \cos^2\left(\sqrt{\lambda_n}\right)}\right)^{1/2} \tag{28}$$

을 선택해야 하고 주어진 문제의 정규 고유함수는

$$\phi_n(x) = \frac{\sqrt{2}\sin\left(\sqrt{\lambda_n}\right)x}{\left(1 + \cos^2\left(\sqrt{\lambda_n}\right)\right)^{1/2}}; \quad n = 1, 2, \ldots \tag{29}$$

이 된다.

이제 주어진 함수 f를 Sturm-Liouville 문제 (1), (2)의 고유함수의 급수로 표현하는 문제로 돌아가 보자. 10.2절부터 10.4절까지에서 이런 확장에 대한 예제를 살펴본 바 있다. 예를 들어, 만약 f가 $0 \le x \le 1$에서 연속이고 조각마다 연속인 도함수를 가지며 경계조건 $f(0) = f(1) = 0$을 만족한다면 f는 다음과 같은 형태의 푸리에 사인 급수로 확장될 수 있었다.

$$f(x) = \sum_{n=1}^{\infty} b_n \sin(n\pi x) \tag{30}$$

이때의 함수 $\sin(n\pi x)$, $n = 1, 2, \ldots$ 은 정확하게 경계값 문제 (10)의 고유함수이다. 계수 b_n은

$$b_n = 2\int_0^1 f(x)\sin(n\pi x)\,dx \tag{31}$$

에 의해 주어지고 급수 (30)은 $0 \le x \le 1$인 각각의 x에 대해 수렴한다. 비슷한 방법으로 f는 경계값 문제 $y'' + \lambda y = 0$, $y'(0) = 0$, $y'(1) = 0$의 고유함수 $\cos(n\pi x)$, $n = 0, 1, 2, \ldots$ 들을 이용한 푸리에 코사인 급수로 확장될 수 있다.

이제 적절한 조건을 만족하는 주어진 함수 f를 좀 더 일반적인 Sturm-Liouville 문제 (1), (2)의 고유함수의 무한급수로 확장할 수 있다고 가정하자. 이렇게 확장할 수 있다면 식 (1), (2)와 정규 직교성 조건 (22)를 만족하는 함수 $\phi_n(x)$에 대해

$$f(x) = \sum_{n=1}^{\infty} c_n\phi_n(x) \tag{32}$$

이다. 급수 (32)의 계수를 계산하기 위해 식 (32)에 고정된 양의 정수 m에 대한 $r(x)\,\phi_m(x)$를 곱하고 $x = 0$부터 $x = 1$까지 적분하자. 이 급수를 항별 적분할 수 있다고 가정하면

$$\int_0^1 r(x)f(x)\phi_m(x)\,dx = \sum_{n=1}^{\infty} c_n\int_0^1 r(x)\phi_m(x)\phi_n(x)\,dx = \sum_{n=1}^{\infty} c_n\delta_{mn} \tag{33}$$

을 얻는다. δ_{mn}의 정의에 의해 식 (33)의 마지막 합은 하나의 항 c_m이 되므로 내적의 정의를 사용하면

$$c_m = \int_0^1 r(x)f(x)\phi_m(x)\,dx = (f, r\phi_m), \quad m = 1, 2, \ldots \tag{34}$$

이 된다. 따라서 급수 (32)의 계수는 그 형태만 결정된다. 식 (34)는 푸리에 급수의 계수들에 대한 오일러-푸리에 공식들과 똑같은 구조[5]로 되어 있고 고유함수의 급수 (32) 또한 푸리에 급수와 비슷한 수렴성의 성질을 갖는다.

다음 정리는 푸리에 수렴성 정리(정리 10.3.1)와 비슷하다.

정리 11.2.4

$\phi_1, \phi_2, \ldots, \phi_n, \ldots$ 을 Sturm-Liouville 문제 (1), (2)의 고유함수로 두자:

$$(p(x)y')' - q(x)y + \lambda r(x)y = 0,$$

$$\alpha_1 y(0) + \alpha_2 y'(0) = 0, \quad \beta_1 y(1) + \beta_2 y'(1) = 0.$$

[5] 식 (34)가 $\phi_m = \sin(m\pi x)$일 때는 식 (31)이 되지 않음을 알아야 한다. 2라는 인수가 더 있기 때문에 이 고유함수들은 직교이긴 하지만 정규 직교는 아니다.

f와 f'는 $0 \le x \le 1$에서 조각마다 연속인 함수라고 가정하자. 그러면 계수 c_m이 식 (34)에 의해 주어지는 급수 (32)는 열린 구간 $0 \le x \le 1$ 안에 각 점에서 $\frac{1}{2}(f(x^+) + f(x^-))$로 수렴한다.

게다가, 함수 f가 구간 $0 \le x \le 1$에서 연속이고 (f'가 조각마다 연속인 함수이고) f가 다음 따라오는 경계조건을 만족한다고 가정하자.

(i) 모든 n에 대해 $\phi_n(0) = 0$이라면, 즉 경계조건 (2)의 첫 번째 조건에서 $\alpha_2 = 0$이라면 $f(0) = 0$라고 가정한다.

(ii) 모든 n에 대해 $\phi_n(1) = 0$이라면, 즉 경계조건 (2)의 두 번째 조건에서 $\beta_2 = 0$이라면 $f(1) = 0$라고 가정한다.

그러면 급수 (32)는 닫힌 구간 $0 \le x \le 1$ 안에 각 점에서 수렴한다.

예제 11.2.3

함수

$$f(x) = x, \quad 0 \le x \le 1 \tag{35}$$

를 문제 (25)의 정규 고유함수 $\phi_n(x)$를 항으로 하는 급수로 확장하라.

풀이

$r(x) = 1$인 예제 11.2.2에서 정규 고유함수는 식 (28)에 의해 주어진 k_n과 식 (26)을 만족하는 λ_n에 대해

$$\phi_n(x) = k_n \sin\left(\sqrt{\lambda_n} x\right) \tag{36}$$

가 됨을 알 수 있었다. f를 고유함수 ϕ_n을 항으로 하는 급수로 확장하기 위해

$$f(x) = \sum_{n=1}^{\infty} c_n \phi_n(x) \tag{37}$$

라고 쓰자. 이때 계수들은 식 (34)에 의해 주어지므로

$$c_n = \int_0^1 r(x) f(x) \phi_n(x)\, dx = k_n \int_0^1 x \sin\left(\sqrt{\lambda_n} x\right) dx$$

이다. 이것을 부분 적분하면

$$c_n = k_n \left(\frac{\sin\left(\sqrt{\lambda_n}\right)}{\lambda_n} - \frac{\cos\left(\sqrt{\lambda_n}\right)}{\sqrt{\lambda_n}} \right) = k_n \frac{2 \sin\left(\sqrt{\lambda_n}\right)}{\lambda_n}$$

을 얻을 수 있는데 마지막 단계에 식 (26)을 사용하였다. 이 식에 식 (28)의 k_n를 대입하면

$$c_n = \frac{2\sqrt{2} \sin\left(\sqrt{\lambda_n}\right)}{\lambda_n \left(1 + \cos^2\left(\sqrt{\lambda_n}\right)\right)^{1/2}} \tag{38}$$

이 된다. 따라서

$$f(x) = 4 \sum_{n=1}^{\infty} \frac{\sin\left(\sqrt{\lambda_n}\right)}{\lambda_n \left(1 + \cos^2\left(\sqrt{\lambda_n}\right)\right)} \sin\left(\sqrt{\lambda_n} x\right) \tag{39}$$

이다. 예제 10.4.1에서 ($L = 1$과 함께) $f(x) = x$에 대한 푸리에 급수가

$$f(x) = \frac{2}{\pi}\sum_{n=1}^{\infty}\frac{(-1)^{n+1}}{n}\sin(n\pi x)$$

가 됨을 알았다. 식 (39)는 사인함수의 급수이긴 하나 푸리에 사인 급수는 아니다. 이는 이 급수의 수렴성이 푸리에 수렴성 정리(정리 10.3.1)로 주어지지 않음을 의미한다. 그러나 정리 11.2.4에 의해 급수 (39)가 $0 \le x \le 1$에 대해 $f(x) = x$로 점별 수렴한다고 결론 내릴 수 있다.

▶ **자기수반(Self-Adjoint) 문제.** Sturm-Liouville 경계값 문제는 그 자체로도 중요하지만 같은 성질을 갖는 더욱 확장된 종류의 문제에 포함시킬 수도 있다. 예를 들어 Sturm-Liouville 문제와 $n \times n$ 실수 대칭 행렬 또는 Hermitian 행렬인 $\mathbf{A}$에 대한 대수 연립방정식

$$\mathbf{Ax} = \lambda\mathbf{x} \tag{40}$$

사이에 많은 유사성이 있다. 6.3절에서 언급한 결과와 이 절의 결과를 비교하면 두 경우 다 고윳값이 실수이고 고유함수 또는 고유벡터가 직교하는 집합을 이룬다. 또한 고유함수 또는 고유벡터가 본질적으로 각각 임의적인 함수 또는 벡터를 합으로 표현하기 위한 기저(basis)로 사용될 수 있다. 가장 결정적인 차이는 Sturm-Liouville 문제는 무한히 많은 고윳값과 고유함수를 갖는 반면, 행렬은 유한개의 고윳값과 고유벡터를 갖는다는 것이다. 서로 다른 방법으로 나오고 서로 다르게 생긴 두 문제—행렬 문제 (40)과 Sturm-Liouville 문제 (1), (2)—가 실제로는 근본적으로 하나의 이론을 이룬다는 것은 수학적으로 흥미롭고도 중요한 사실이다. 이 이론을 **선형 연산자 이론**이라고 부르기도 하는데 함수해석학의 한 가지 주제를 이룬다.

이제 정리 11.2.1부터 11.2.4까지의 주요 결과를 이용하여 Sturm-Liouville 문제를 일반화시킬 수 있는 몇 가지 방법을 살펴보겠다—무한대로 다가가는 실수 고윳값의 수열의 존재성, 고유함수의 직교성, 임의의 함수를 고유함수의 급수로 표현할 수 있는지의 여부. 이 일반화들은 결정적인 관계식 (8)이 계속 유효한지에 달려있다.

미분방정식

$$L[y] = \lambda r(x)y, \quad 0 < x < 1 \tag{41}$$

과 끝점에서의 n개의 선형 제차 경계조건으로 이루어진 경계값 문제를 고려하자. 이때,

$$L[y] = P_n(x)\frac{d^n y}{dx^n} + \cdots + P_1(x)\frac{dy}{dx} + P_0(x)y \tag{42}$$

이다. 만약 식 (8)이 경계조건을 만족하는 충분히 미분 가능한 모든 한 쌍의 함수에 대해 유효하다면 주어진 문제를 **자기수반**(self-adjoint) 문제라고 부른다. 이때, 식 (8)이 미분방정식과 경계조건에 대한 제약조건을 포함함을 알 수 있다. 미분 연산자 L은 식 (8)의 두 항에 모두 있어야 하므로 짝수인 계수를 가져야 한다. 또한 2계 연산자는 (3)의 형태를, 4계 연산자는

$$L[y] = (p(x)y'')'' - (q(x)y')' + s(x)y \tag{43}$$

인 형태를 가져야 하며 고계 연산자 역시 이와 비슷한 구조로 되어 있어야 한다. 또한 이 경계조건들에 의해 식 (8)을 유도하는 과정에서 부분 적분을 할 때 발생했던 경계 항들이 없어져야 한다. 예를 들어 2계 문제에서 분리 경계조건 (2)에 의해 경계 항이 없어진다. 그 외 또 다른 경우

가 아래의 예제 11.2.4에 주어져 있다.

식 (43)에 의해 주어진 $L[y]$에 대해 식 (41)의 자기수반 경계값 문제가 있다고 가정하자. p, q, r, s가 $0 \le x \le 1$에서 연속이고 식 (43)에 나타난 p와 q의 도함수도 역시 연속이라고 가정하자. 또한 $0 \le x \le 1$에서 $p(x) > 0$이고 $r(x) > 0$이면 $+\infty$로 다가가는 실수 고윳값들의 무한수열이 존재하고, 이에 대응되는 고유함수는 가중 함수 r에 관해 직교하며, 임의의 함수는 고유함수의 급수로 표현될 수 있다. 그러나 고윳값은 일반화된 문제에 대해 단순하지 않을 수도 있다.

이제 Sturm-Liouville 문제와 푸리에 급수 간의 관계로 돌아가 보자. 경계조건 $y(0) = y(1) = 0$과 $y'(0) = y'(1) = 0$과 함께 미분방정식 $y'' + \lambda y = 0$을 포함하는 어떤 Sturm-Liouville 문제의 고유함수를 사용하여 푸리에 사인 급수와 코사인 급수를 찾을 수 있었음을 앞서 확인하였다. 이때, 적절한 일련의 경계조건을 선택하여 사인과 코사인 항을 모두 포함하는 푸리에 급수를 찾을 수 있을까 하는 의문이 생긴다. 이에 대한 해답은 다음 예제에 의해 주어지는데, 이 예제는 분리되지 않은 경계조건이 발생하는 경우에 대한 예이기도 한다.

예제 11.2.4

다음과 같이 주어진 경계값 문제의 고윳값과 고유함수를 구하라.

$$y'' + \lambda y = 0 \tag{44}$$

$$y(0) - y(\pi) = 0, \quad y'(0) - y'(\pi) = 0 \tag{45}$$

풀이

$\lambda_0 = 0$이 고윳값이고 이에 대응되는 고유함수는 영이 아닌 상수이다. 이를 $\phi_0(x) = 1$로 둔다. 또한 그 외 고윳값은 $\lambda_1 = 4$, $\lambda_2 = 16$, $\cdots$, $\lambda_n = 4n^2$, $\cdots$이다. 이런 0이 아닌 고윳값들에 일차독립인 두 개의 고유함수가 각각 대응한다; 예를 들어 λ_n에 대응되는 두 개의 고유함수는 $\phi_n(x) = \cos(2nx)$와 $\psi_n(x) = \sin(2nx)$이다. 이는 경계조건들이 분리되지 않을 때, 고윳값이 단순하지 않을 수 있음을 나타내고 있다. 주어진 주기 π의 함수 f를 문제 (44), (45)의 고유함수의 급수로 확장해 보면 급수

$$f(x) = \frac{a_0}{2} + \sum_{n=1}^{\infty} a_n \cos(2nx) + b_n \sin(2nx)$$

을 얻을 수 있는데 이것은 바로 구간 $0 \le x \le 1$에서 f에 대한 푸리에 급수이다.

앞으로 몇몇 문제를 제외하고는 분리되지 않은 경계조건이나 2계보다 큰 고계 문제는 다루지 않겠다. 대신 다른 종류의 일반화를 다루고자 하는데 이는 식 (1)의 계수 p, q, r이 이 절의 앞부분에서 제시한 다소 엄격한 연속성과 양수 조건을 만족하지 않는 경우에 해당한다. 이런 문제를 **특이 Sturm-Liouville 문제**라고 부르며 11.4절에서 다루고자 한다.

연습 문제

▶ 문제 **1**부터 **5**까지 주어진 문제에 대한 정규 고유함수를 구하라.

1. $y'' + \lambda y = 0, \quad y(0) = 0, \quad y(\pi) = 0$

2. $y'' + \lambda y = 0, \quad y(0) = 0, \quad y(1) = 0$

3. $y'' + \lambda y = 0, \quad y'(0) = 0, \quad y'(1) + y(1) = 0$

4. $y'' + \lambda y = 0, \quad y'(0) = 0, \quad y'(1) = 0$

5. $y'' - 4y' + (4 + \lambda)y = 0, \quad y(0) = 0, \quad y(1) = 0$

▶ 문제 **6**부터 **9**까지 문제 **1**의 정규 고유함수를 이용하여 주어진 함수의 고유함수 확장 $\sum_{n=1}^{\infty} a_n \phi_n(x)$의 계수를 구하라.

6. $f(x) = 1, \quad 0 \le x \le \pi$

7. $f(x) = x, \quad 0 \le x \le \pi$

8. $f(x) = \pi x - x^2, \quad 0 \le x \le \pi$

9. $f(x) = \begin{cases} 2x, & 0 \le x < \dfrac{\pi}{2} \\ 1, & \dfrac{\pi}{2} \le x \le \pi \end{cases}$

▶ 문제 **10**부터 **13**까지 문제 **4**의 정규 고유함수를 이용하여 주어진 함수의 고유함수 확장 $\sum_{n=1}^{\infty} a_n \phi_n(x)$의 계수를 구하라.

10. $f(x) = 1, \quad 0 \le x \le 1$

11. $f(x) = 2x, \quad 0 \le x \le 1$

12. $f(x) = 2 - 2x, \quad 0 \le x \le 1$

13. $f(x) = \begin{cases} x, & 0 \le x < \dfrac{1}{2} \\ 0, & \dfrac{1}{2} \le x \le 1 \end{cases}$

▶ 문제 **14**부터 **18**까지 주어진 경계값 문제가 자기수반 문제인지를 결정하라.

14. $y'' + y' + 4y = 0, \quad y(0) = 0, \quad y(1) = 0$

15. $y'' + xy' + \lambda y = 0, \quad y(0) = 0, \quad y(1) = 0$

16. $y'' - \lambda y = 0, \quad y(0) = 0, \quad y(1) + y'(0) = 0$

17. $x^2y'' + 2xy' + y = \lambda x^2 y, \quad y(0) - y'(1) = 0, \quad y'(0) + y(1) = 0$

18. $y'' + \lambda y = 0, \quad y(0) = 0, \quad y(1) + y'(1) = 0$

19. 함수 u와 v가 식 (2)를 만족하고 $\alpha_2 = 0$이거나 $\beta_2 = 0$ 또는 둘 다일 때

$$p(x)(u'(x)v(x) - u(x)v'(x))\Big|_0^1 = 0$$

임을 보여라.

20. 이 문제에서 정리 11.2.3의 첫 번째 부분에 대한 증명을 요약하고자 한다: Sturm-Liouville 문제 (1), (2)의 고윳값은 단순하다. 모순(귀류법)을 이용하여 증명하자.

a. 주어진 고윳값 λ가 단순하지 않다고 가정하자. 즉, 이에 대응되는 일차독립인—하나가 다른 것의 상수 배가 아닌—두 개의 고유함수 ϕ_1과 ϕ_2가 존재한다고 가정하자.

b. 론스키안 $W[\phi_1, \phi_2](x)$를 계산하고 경계조건 (2)를 이용하여 $W[\phi_1, \phi_2](0) = 0$임을 보여라.

c. 정리 3.2.7을 이용하여 모순을 끌어내라. 따라서 정리 11.2.3에서 주장한 것처럼 고윳값은 단순하다.

21. 본문 상에서 언급한 조건을 만족하는 p, q, r에 대한 Sturm-Liouville 문제

$$-(p(x)y')' + q(x)y = \lambda r(x)y, \quad 0 < x < 1$$
$$\alpha_1 y(0) + \alpha_2 y'(0) = 0, \quad \beta_1 y(1) + \beta_2 y'(1) = 0$$

을 고려하자.

a. λ는 고윳값이고 ϕ는 이에 대응되는 고유함수일 때 $\alpha_2 \ne 0$이고 $\beta_2 \ne 0$이면

$$\lambda \int_0^1 r\phi^2 dx = \int_0^1 (p\phi'^2 + q\phi^2)\, dx + \frac{\beta_1}{\beta_2} p(1)\phi^2(1) - \frac{\alpha_1}{\alpha_2} p(0)\phi^2(0)$$

임을 보여라. 만약 $\alpha_2 = 0$ 또는 $\beta_2 = 0$이면 이 결과를 어떻게 수정해야 하는가?

b. $q(x) \ge 0$이고 β_1/β_2와 $-\alpha_1/\alpha_2$가 음수가 아니라면 고윳값 λ도 음수가 아님을 보여라.

c. **b**의 조건하에서 $0 \le x \le 1$의 각각의 점 x에 대해 $q(x) = 0$과 $\alpha_1 = \beta_1 = 0$가 아닌 한 고윳값 λ는

0이 아닌 양수임을 보여라.

22. 내적 (9)를 사용하고 u와 v를 복소함수라고 가정하여 식 (8)을 유도하라.

힌트: $\int_0^1 L[u]\bar{v}dx$를 고려하여 u와 v를 실수부와 허수부로 분리한 후 본문과 같은 과정을 따라가자.

23. 이 문제에서 Sturm-Liouville 문제 (1), (2)의 고유함수가 모두 실함수임을 간략하게 증명한다.

a. λ를 고윳값이라 하고 $\phi(x) = U(x) + iV(x)$를 이 고윳값에 대응되는 고유함수라고 두자. U와 V도 역시 λ에 대응되는 고유함수임을 보여라.

b. 정리 11.2.3 또는 문제 **20**의 결과를 이용하여 U와 V가 일차종속임을 보여라.

c. 임의로 곱해진 상수가 복소수일 수도 있음을 제외하고 ϕ가 실함수여야 함을 보여라.

24.
$$x^2y'' = \lambda(xy' - y), \quad y(1) = 0, \quad y(2) = 0$$

인 문제를 고려하자. λ가 y뿐 아니라 y'의 계수에도 포함됨에 유의하자. 자기수반성의 정의를 이용하면 이 특정한 형태의 문제가 자기수반 문제가 아님을 보일 수 있다. 이 문제는 고윳값을 가지나, 이 고윳값은 실수가 아님을 보여라. 이것은 일반적으로 자기수반이 아닌 문제는 실수가 아닌 고윳값을 가질 수 있음을 나타낸다.

▶ **탄성 기둥의 좌굴**(buckling). 축 방향으로 하중 P를 가해서 생기는 길이 L의 일정한 탄성 기둥의 좌굴(**그림 11.2.1(a)**)을 연구하면 미분방정식

$$y^{(4)} + \lambda y'' = 0, \quad 0 < x < L \tag{46}$$

이 나온다.

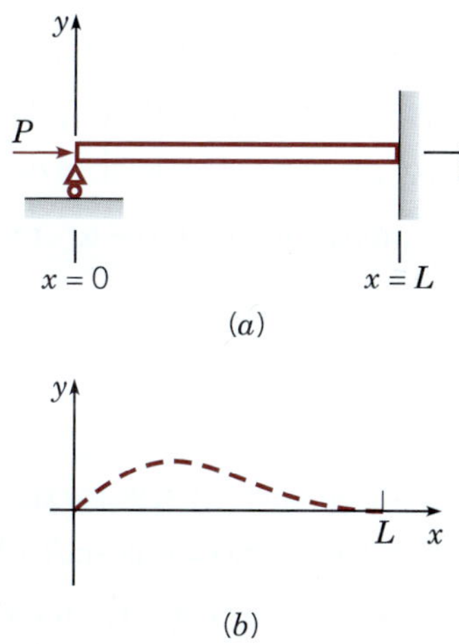

그림 11.2.1 (a) 압축되는 기둥 (b) 휜 기둥의 모양.

영률(Young's modulus) E와 xy평면에 수직인 중심을 지나는 축에 대한 단면의 관성 모멘트 I에 대해 매개변수 λ는 P/EI와 같다. $x = 0$과 $x = L$에서의 경계조건은 이 기둥의 양 끝이 어떻게 지탱하고 있는지에 따라 다르다. 특정한 경계조건은

$y = y' = 0$, 고정되어 있는 기둥 끝,

$y = y'' = 0$, 단순히 지탱하고 있는 (경첩이 달린) 기둥 끝

이다.

그림 11.2.1(a)에 나와 있는 막대는 $x = 0$에서는 단순히 지탱하고 있고 $x = L$에서는 고정되어 있다. 적절한 경계조건이 주어졌을 때 식 (46)의 고윳값과 고유함수를 결정하고자 한다. 특히 가장 작은 고윳

값 λ_1에 의해 **그림 11.2.1(b)**에 나타난 것처럼 기둥이 휘어지는 하중이 주어지거나 또는 휘어 있는 안정 위치를 가정할 수 있다. 이 고윳값에 대응되는 고유함수는 휜 기둥의 형태를 나타낸다. 이때 미분방정식 (46)은 이 절에서 설명한 이론이 적용되지 않는 경우이다. 그러나 여기에 주어진 각각의 경우들이 양의 실수인 고윳값을 갖는 것은 보일 수 있다. 문제 **25**와 **26**은 기둥의 좌굴 문제를 다루고 있다.

25. 다음의 경계조건들에 대해 각각 $y^{(4)} + \lambda y'' = 0$의 가장 작은 고윳값(좌굴 하중)과 이에 대응되는 고유함수(휜 기둥의 모양)를 구하라.

a. $y(0) = y''(0) = 0, \quad y(L) = y''(L) = 0$

b. $y(0) = y''(0) = 0, \quad y(L) = y'(L) = 0$

c. $y(0) = y'(0) = 0, \quad y(L) = y'(L) = 0$

26. 몇몇 좌굴 문제에서 고윳값 매개변수는 미분방정식뿐 아니라 경계조건에서도 나타난다. 그런 경우 중 하나가 기둥의 한 끝은 고정되어 있고 다른 한 끝은 자유롭게 풀려있을 때이다. 이 경우 미분방정식 $y^{(4)} + \lambda y'' = 0$을 다음과 같은 경계조건하에서 풀어야 한다.

$$y(0) = 0, \quad y'(0) = 0, \quad y''(L) = 0, \quad y'''(L) + \lambda y'(L) = 0$$

가장 작은 고윳값과 이에 대응되는 고유함수를 구하라.

27. 대수층 안의 용해질은 두 개의 개별적인 메커니즘에 따라 수송된다. 용해질이 대규모로 흐르는 지하수의 운동에 의해 수송되는 과정을 **이류**(advection)라고 부른다. 또한 이 용해질은 속도의 소규모의 변동에 의해 **기계적 확산**(mechanical dispersion)이라 불리는 과정인, 각각의 기공 안으로 들어가는 난류를 따라 확산된다. 안정적이고 일정하게 흐르는 포화상태인 균질의 매질에 녹아 있는 비활성 용해질에 대한 이류-확산 방정식의 1차원 형태는

$$c_t + vc_x = Dc_{xx}, \quad 0 < x < L, \quad t > 0 \tag{47}$$

이다. 이때 이 매질은 등방성의 구멍이 많은 매질이고 $c(x, t)$는 이 용해질의 농도, v는 지하수의 평균 선속도, D는 수역학 확산 계수, L은 대수층의 길이이다. 여기서 경계조건은

$$c(0, t) = 0, \quad c_x(L, t) = 0, \quad t > 0 \tag{48}$$

이고 초기조건은 주어진 용해질의 초기 농도인 $f(x)$에 대해

$$c(x, 0) = f(x), \quad 0 < x < L \tag{49}$$

이라고 가정하자.

a. $c(x, t) = X(x)T(t)$라고 가정하고 변수분리법을 사용하여 $X(x)$와 $T(t)$가 만족하는 미분방정식을 각각 찾아라. $X(x)$에 대한 문제를 $p(x) = r(x) = \exp(-vx/D)$에 대한 Sturm-Liouville 형태인

$$(p(x)X')' + \lambda r(x)X = 0, \quad 0 < x < L \tag{50}$$

$$X(0) = 0, \quad X'(L) = 0 \tag{51}$$

으로 쓸 수 있음을 보여라. 따라서 고윳값은 실수이고 이에 대응되는 고유함수는 가중 함수 $r(x)$에 대해 직교한다.

b. $\mu^2 = \lambda - v^2/(4D^2)$이라 두자. 그러면 고유함수는

$$X_n(x) = e^{vx/(2D)} \sin(\mu_n x) \tag{52}$$

이고, 이때 μ_n은 방정식

$$\tan(\mu L) = -\frac{2D\mu}{v} \tag{53}$$

를 만족함을 보여라.

c. **G** 식 (53)이 무한수열을 이루는 양의 근들을 갖고 큰 n에 대해 $\mu_n \cong (2n - 1)\pi/2L$임을 그래프

로 보여라.

d.
$$\int_0^L r(x)X_n^2(x)\,dx = \frac{L}{2} + \frac{v}{4D\mu_n^2}\sin^2(\mu_n L)$$

임을 보여라.

e. 문제 (47), (48), (49)에 대해 고유함수 $X_n(x)$의 급수 형태인 해를 찾아라.

f. G 디렉 델타[6] 함수(Dirac delta funciton) δ에 대해서 $v = 1, D = 0.5, L = 10, f(x) = \delta(x-3)$로 두자. (**e**) 부분에서 찾은 해를 사용하여 여러 값의 t(예, $t = 0.5, 1, 3, 6, 10$)에 대해 t에 대한 $c(x, t)$를 그래프를 그려라. 정확한 그림을 얻기 위해 필요한 항의 수는 t와 x의 값에 강하게 의존한다.

g. 시간이 진행됨에 따라 해가 어떻게 진화하는지 몇 마디로 설명하라.

28. 농도 c_0인 비반응성 트레이서는 길이가 L인 균일한 과립 매질이 채워진 기둥의 상류 끝에서 지속적으로 주입된다. 기둥 내의 트레이서 농도가 처음에는 0이라고 가정할 때, 이 과정을 모델링하는 경계값 문제는 다음과 같다.

$$c_t + vc_x = Dc_{xx}, \quad 0 < x < L, \quad t > 0,$$
$$c(0,t) = c_0, \quad t > 0,$$
$$c_x(L,t) = 0, \quad t > 0,$$
$$c(x,0) = 0, \quad 0 < x < L$$

여기서, $c(x, t), v, D$는 문제 **27**에서와 같다.

a. $c(x, t) = c_0 + u(x, t)$라고 가정할 때, $u(x, t)$에 의해 만족되는 경계값 문제를 찾아라.

b. 문제 **27**에서와 같이 진행하여, $u(x, t)$를 고유함수 확장을 사용하여 구하라.

c. $v = 1, D = 0.5, c_0 = 1, L = 10$으로 둘 때, $c(x, t)$을 t의 여러 값에 대해 x에 대한 그래프를 그리고, 또한 x의 여러 값에 대해 t에 대한 $c(x, t)$의 그래프를 그려라.

d. 시간이 진행됨에 따라 해가 어떻게 진화하는지 몇 마디로 설명하라. 예를 들어, 정상 상태의 해에 대해 본질적으로 달성되는 데 대체로 얼마나 걸리는가?

11.3 | 비제차 경계값 문제

이 절에서 상미분방정식과 편미분방정식에 대한 비제차 경계값 문제를 어떻게 푸는지 살펴보겠다. 주로 다루고자 하는 문제는 미분방정식만 비제차이고 경계조건은 제차인 경우이다. 해를 이와 관련된 제차 문제에 대한 고유함수의 급수로 확장할 수 있다고 가정한 후 원래 주어진 비제차 문제를 만족하는 이 급수의 계수를 결정하겠다. 이 방법을 먼저 2계 선형 상미분방정식의 경계값 문제에 적용하여 설명한 후, 열원이 있는 다양한 성질을 갖는 물질로 되어있는 막대에 대한 열전도 방정식을 풀어 편미분방정식에 적용하겠다.

▶비제차 Sturm-Liouville 문제. 주어진 상수 μ와 $0 \le x \le 1$에서 주어진 함수 f에 대한 비제차 미분방정식

$$L[y] = -(p(x)y')' + q(x)y = \mu r(x)y + f(x) \tag{1}$$

[6] 7.5절에 식 (16)을 봐라.

와 경계조건

$$\alpha_1 y(0) + \alpha_2 y'(0) = 0, \quad \beta_1 y(1) + \beta_2 y'(1) = 0 \tag{2}$$

로 이루어져 있는 경계값 문제를 고려하자. 11.2절에서처럼 $0 \le x \le 1$에서 p, p', q, r은 연속이고 $p(x) > 0$이고 $r(x) > 0$이라고 가정하자. 위에 주어진 문제에 대응되는, 미분방정식

$$L[y] = \lambda r(x) y \tag{3}$$

와 경계조건 (2)로 이루어져 있는 제차 문제의 고유함수를 이용하여 문제 (1), (2)를 풀겠다. 이때 $\lambda_1 < \lambda_2 < \cdots < \lambda_n < \cdots$을 이 문제의 고윳값이라 두고 $\phi_1, \phi_2, \cdots, \phi_n, \cdots$을 이에 대응되는 정규 고유함수라 두자.

이제 비제차 문제 (1), (2)의 해 $y = \phi(x)$를 다음과 같은 급수 형태로 쓸 수 있다고 가정하자.

$$\phi(x) = \sum_{n=1}^{\infty} b_n \phi_n(x) \tag{4}$$

이때 11.2절의 식 (34)로부터

$$b_n = \int_0^1 r(x)\phi(x)\phi_n(x)\,dx, \quad n = 1, 2, \ldots \tag{5}$$

임을 알 수 있다. 그러나 $\phi(x)$를 모르기 때문에 식 (5)를 사용하여 b_n을 계산할 수가 없다. 대신 문제 (1), (2)를 만족하도록 b_n을 결정하고 나서 식 (4)를 이용하여 $\phi(x)$를 구할 것이다. 각각의 ϕ_n이 경계조건 (2)를 만족하므로 식 (4)에 의해 주어진 ϕ도 경계조건 (2)를 만족한다.

이제 ϕ가 만족하는 미분방정식에 대해 알아보자. 이 미분방정식은 식 (1)에서 단지 y를 ϕ로 바꾼 것이다:

$$L[\phi](x) = \mu r(x)\phi(x) + f(x) \tag{6}$$

급수 (4)를 미분방정식 (6)에 대입하고 이 미분방정식을 만족하도록 b_n을 결정하자. 식 (6)의 좌변은 합과 미분 연산을 서로 바꿀 수 있다고 가정하면

$$L[\phi](x) = L\left[\sum_{n=1}^{\infty} b_n\phi_n\right](x) = \sum_{n=1}^{\infty} b_n L[\phi_n](x) = \sum_{n=1}^{\infty} b_n \lambda_n r(x)\phi_n(x) \tag{7}$$

가 된다.

이때, 함수 r이 식 (7)에도 있고 식 (6)의 항 $\mu r(x)\phi(x)$에도 있음을 알 수 있다. 식 (6)의 비제차 항을 $r(x)(f(x)/(r(x))$로 다시 쓰면 $r(x)$를 이 식의 배수가 되도록 할 수 있다. 만약 함수 f/r이 정리 11.2.4의 조건을 만족한다면

$$\frac{f(x)}{r(x)} = \sum_{n=1}^{\infty} c_n\phi_n(x) \tag{8}$$

가 되고 이때 식 (5)에서 ϕ를 f/r로 치환하면

$$c_n = \int_0^1 r(x)\frac{f(x)}{r(x)}\phi_n(x)\,dx = \int_0^1 f(x)\phi_n(x)\,dx, \quad n = 1, 2, \ldots \tag{9}$$

가 된다. 식 (6)의 $\phi(x)$, $L[\phi](x)$, $f(x)$에 식 (4), (7), (8)을 각각 대입하면

$$\sum_{n=1}^{\infty} b_n \lambda_n r(x) \phi_n(x) = \mu r(x) \sum_{n=1}^{\infty} b_n \phi_n(x) + r(x) \sum_{n=1}^{\infty} c_n \phi_n(x)$$

가 된다. 항을 모이서 정리하고 영이 아닌 공통 인수 $r(x)$를 소거하면

$$\sum_{n=1}^{\infty} ((\lambda_n - \mu) b_n - c_n) \phi_n(x) = 0 \tag{10}$$

이 된다. 구간 $0 \le x \le 1$의 각각의 x에 대해 식 (10)을 만족하게 하려면 $\phi_n(x)$의 계수들이 각각의 n에 대해 모두 0이어야 한다; 이것에 대한 증명은 연습문제 **14**번에 있다. 따라서

$$(\lambda_n - \mu) b_n - c_n = 0, \quad n = 1, 2, \ldots \tag{11}$$

이다. 이제 이를 두 가지 경우로 분류할 것인데, 이 중 하나는 두 가지 경우로 다시 나뉘게 된다.

경우 I: 먼저 $n = 1, 2, 3, \ldots$에 대해 $\mu \neq \lambda$이라고 가정하자; 즉, μ가 주어진 비제차 문제에 대응되는 제차 문제의 어떤 고윳값과도 같지 않다고 가정하자. 그러면

$$b_n = \frac{c_n}{\lambda_n - \mu}, \quad n = 1, 2, 3, \ldots \tag{12}$$

이고

$$y = \phi(x) = \sum_{n=1}^{\infty} \frac{c_n}{\lambda_n - \mu} \phi_n(x) \tag{13}$$

이다. 식 (9)에 의해 주어진 c_n을 갖는 식 (13)은 비제차 경계값 문제 (1), (2)의 해의 형태이다. 이것이 급수 (13)의 수렴성을 의미하는 것은 아니지만 경계값 문제 (1), (2)의 임의의 해는 정리 11.2.4의 조건을 확실히 만족한다; 이 임의의 해는 정리 11.2.4 다음 단락에서 주어진 좀 더 강한 조건들도 만족한다. 따라서 급수 (13)이 각 점에서 수렴할 것으로 여겨질 수 있으며, 이 사실은 예를 들어 f가 연속이면 확실히 보일 수 있다.

경우 II: 두 번째 경우는 μ가 주어진 비제차 문제에 대응되는 제차 문제의 고윳값 중 하나와 같다고 가정할 때이다. 말하자면 $\mu = \lambda_m$이라 가정하자; 그러면 상황이 위의 경우와는 상당히 달라진다. 이 경우 $n = m$에 대한 식 (11)은 $0 \cdot b_m - c_m = 0$의 형태가 되므로 이는 다시 두 가지 경우로 나뉠 수 있다.

경우 IIa: $\mu = \lambda_m$이고 $c_m \neq 0$이면 식 (11)을 만족하는 b_m값은 존재하지 않는다. 따라서 비제차 문제 (1), (2)는 해를 갖지 않는다.

경우 IIb: $\mu = \lambda_m$이고 $c_m = 0$이면 b_m값에 상관없이 식 (11)을 만족한다; 즉, b_m은 여전히 임의의 값이다. 이 경우 경계값 문제 (1), (2)는 해를 갖지만 고유함수 ϕ_m의 임의의 상수 배를 포함하기 때문에 유일하지 않다.

c_m이 식 (9)에 의해 주어지므로 $c_m = 0$이라는 조건은

$$\int_0^1 f(x) \phi_m(x)\, dx = 0 \tag{14}$$

임을 의미한다. 따라서 $\mu = \lambda_m$이면 f가 고윳값 λ_m에 대응되는 고유함수와 직교하는 경우에만 비제차 경계값 문제 (1), (2)를 풀 수 있다.

지금까지 얻은 결과를 요약하면 다음 정리와 같다.

정리 11.3.1

비제차 경계값 문제 (1), (2)는 μ가 대응하는 제차 문제의 모든 고윳값과 다를 때 연속 함수 f에 대해 유일한 해를 가진다; 그러한 해는 식 (13)에 의해 주어지고, 수열은 $0 \le x \le 1$의 각 x에 대해 수렴한다. μ가 대응하는 제차 문제의 고윳값 λ_m과 같다면, 비제차 경계값 문제는 조건 (14)를 만족하지 않는 한 해가 존재하지 않는다. 즉, f가 ϕ_m과 직교하지 않는 한 해가 존재하지 않는다. f가 ϕ_m과 직교할 경우 해는 유일하지 않고, $\phi_m(x)$의 임의의 배수를 포함한다.

정리 11.3.1의 주요 내용을 다음과 같이 요약할 수도 있다:

정리 11.3.2

주어진 값 μ에 대해 비제차 경계값 문제 (1), (2)는 연속 함수 f에 대해 유일한 해를 가진다(만약 μ가 대응하는 제차 문제의 임의의 고윳값 λ_m과 같지 않을 경우). 그렇지 않으면, 제차 문제 (3), (2)는 비자명한 해(고윳값 λ_m에 대응하는 고유함수)를 갖는다.

이 정리는 **Fredholm**[7] **대체 정리**라고 알려져 있는데 해석학의 기본 정리 중 하나이며 위와는 다른 용어로 표현되기도 한다. 독자들은 이 정리에서의 μ와 λ_m에 대한 명제를 계수행렬의 행렬식이 없어지거나 없어지지 않는 것으로 대체한 선형대수 방정식들의 집합과 관련된 내용에 익숙할 것이다. 6.3절을 보자.

예제 11.3.1 경계값 문제

$$y'' + 2y = -x, \quad y(0) = 0, \quad y(1) + y'(1) = 0$$

을 풀어라.

풀이

이 특정한 문제를 직접 계산하여 풀면 해

$$y = \frac{\sin\left(\sqrt{2}x\right)}{\sin\left(\sqrt{2}\right) + \sqrt{2}\cos\left(\sqrt{2}\right)} - \frac{x}{2} \tag{15}$$

[7] 스톡홀름 대학의 교수였던 스웨덴 수학자 Erik Ivar Fredholm (1866~1927)은 1903년의 핵심 논문에서 적분방정식에 대한 현대 이론을 수립하였다. Fredholm의 연구는 적분방정식과 선형대수 방정식 간의 유사성을 강조한 것이다. 또한 미분과 적분방정식 간의 상호 관계에 대해서도 많은 연구를 하였다; 예를 들어, 2.8절 및 7.6절의 문제 22를 참고하라.

를 얻을 수 있다. 다음에 설명할 풀이법은 고유함수 확장을 이용한 것인데 직접 계산하여 풀 수 없는 많은 문제에 적용 가능하다.

먼저 주어진 미분방정식을

$$-y'' = 2y + x \tag{16}$$

로 다시 써서 식 (1)과 같은 형태를 갖도록 한다. 다음은 주어진 문제에 대해 이에 대응되는 제차 문제

$$y'' + \lambda y = 0, \quad y(0) = 0, \quad y(1) + y'(1) = 0 \tag{17}$$

의 정규 고유함수 ϕ_n를 갖는 해를 찾는다. 이 고유함수는 예제 11.2.2에서 구한

$$\phi_n(x) = k_n \sin\left(\sqrt{\lambda_n} x\right) \tag{18}$$

인데, 이때

$$k_n = \left(\frac{2}{1 + \cos^2\left(\sqrt{\lambda_n}\right)}\right)^{1/2} \tag{19}$$

이고 λ_n은

$$\sin\left(\sqrt{\lambda_n}\right) + \sqrt{\lambda_n}\cos\left(\sqrt{\lambda_n}\right) = 0 \tag{20}$$

을 만족한다. 따라서 예제 11.1.1에서 구했듯이

$$\lambda_1 \cong 4.11586, \quad \lambda_2 \cong 24.13934, \quad \lambda_3 \cong 63.65911, \quad \lambda_4 \cong 122.88916,$$
$$\lambda_n \cong \frac{(2n-1)^2\pi^2}{4}, \quad \text{for } n = 5, 6, \ldots$$

이다.

y를 식 (4)에서 주어진

$$y = \sum_{n=1}^{\infty} b_n \phi_n(x)$$

라 가정하면 계수 b_n은 식 (12)로부터 구한

$$b_n = \frac{c_n}{\lambda_n - 2}$$

이 된다. 이때 c_n은 식 (16)의 비제차 항 $f(x) = x$를 고유함수 ϕ_n으로 확장한 계수이다. 이 계수는 예제 11.2.3에서 구한

$$c_n = \frac{2\sqrt{2}\sin\left(\sqrt{\lambda_n}\right)}{\lambda_n\left(1 + \cos^2\sqrt{\lambda_n}\right)^{1/2}} \tag{21}$$

이다. 이것을 모두 합치면 결국 해

$$y = 4\sum_{n=1}^{\infty} \frac{\sin\left(\sqrt{\lambda_n}\right)}{\lambda_n(\lambda_n - 2)\left(1 + \cos^2\left(\sqrt{\lambda_n}\right)\right)} \sin\left(\sqrt{\lambda_n} x\right) \tag{22}$$

를 얻을 수 있다.

식 (15)와 (22)가 상당히 달라보이긴 하나 사실 이 둘은 똑같은 함수에 대한 서로 다른 표현일 뿐이다. 이는 $\lambda = 2$가 제차 문제 (17)의 고윳값이 아니기 때문에 정리 11.3.1 또는 11.3.2의 유일한 해를 갖는 경우에 해당한다. 또는 식 (15)의 우변을 고유함수 $\phi_n(x)$들로 확장하여 식 (15)와 (22)가 동치임을 보일 수도 있다.

급수 (22)는 실제 해로 빠르게 수렴한다. **그림 11.3.1(a)**는 실제 해와 급수 (22)의 첫 항을 나타낸다. (이 급수의 두 개 이상의 항들을 갖는 두 해 곡선들은 구분이 안 된다.) **그림 11.3.1(b)**와 **(c)**는 실제 해 (15)와 급수해 (22)의 처음 세 항과 15항들 간의 차이를 나타낸다.

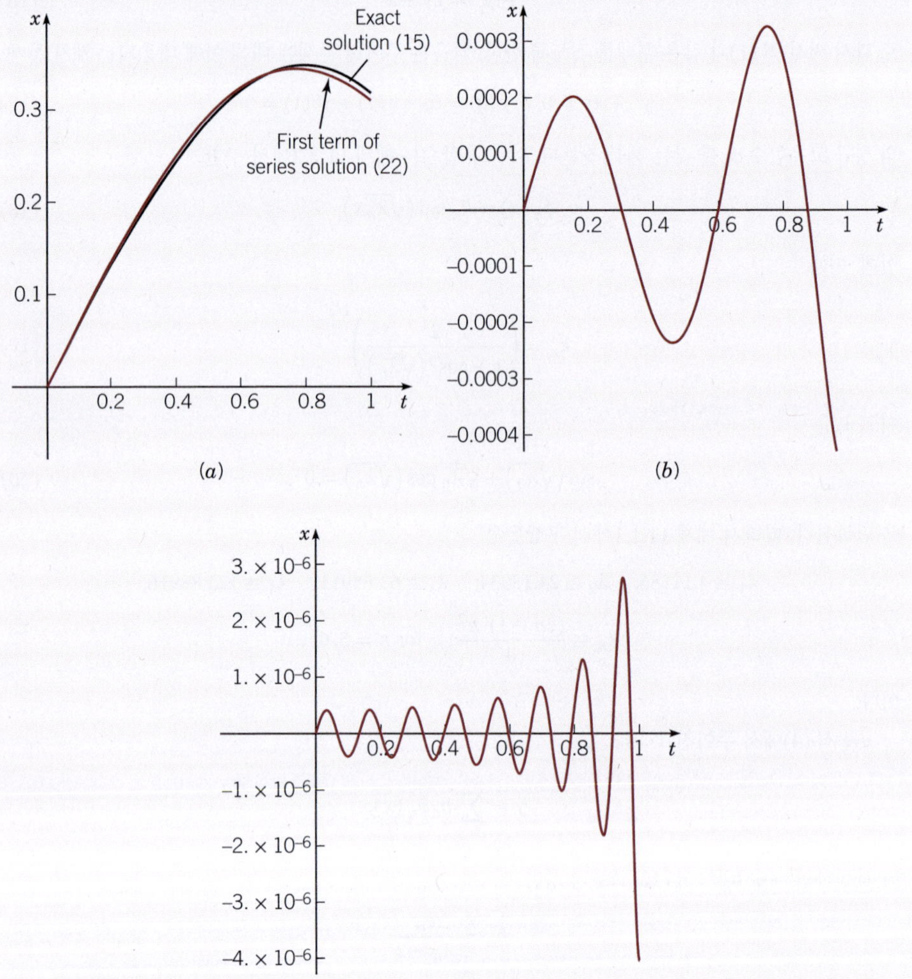

그림 11.3.1 실제 해 (15)와 급수 (22)의 부분합에 대한 그래프 비교. (*a*) 실제 해(검은색)와 급수해의 첫 항(청록색). 실제 해와 급수해의 처음 세 항 (*b*)와 15항 (*c*)의 차이

이 문제의 경우 식 (22)보다는 식 (15)가 해를 훨씬 더 간단하게 표현한 것이긴 하나, 급수(또는 수치근사)를 이용한 방법 외에는 해를 구할 수 없는 문제에 적용하기 위해 식 (22)를 강조하고자 한다.

▶비제차 열전도 문제. 고유함수 확장을 이용하여 편미분방정식에 대한 비제차 문제를 푸는 방법을 설명하기 위해 일반적인 열전도 방정식

$$r(x)u_t = (p(x)u_x)_x - q(x)u + F(x,t) \tag{23}$$

경계조건

$$u_x(0,t) - h_1 u(0,t) = 0, \quad u_x(1,t) + h_2 u(1,t) = 0, \quad t > 0 \tag{24}$$

초기조건

$$u(x,0) = f(x), \quad 0 < x < 1 \tag{25}$$

로 이루어진 문제를 고려하자. 이 문제는 10장의 부록 A와 11.1절에서 이미 소개하였다. 11.1절에서 $u(x, t) = X(x)T(t)$이라고 놓은 제차 미분방정식에서 $F(x, t) = 0$라 두고 $X(x)$가 경계값 문제

$$-(p(x)X')' + q(x)X = \lambda r(x)X \tag{26}$$

$$X'(0) - h_1 X(0) = 0, \quad X'(1) + h_2 X(1) = 0 \tag{27}$$

의 해이여야 함을 보였다. p, q, r이 적당한 연속성 조건을 만족하고 $p(x)$와 $r(x)$가 항상 양수라고 가정하면 문제 (26), (27)은 11.2절에서 소개한 Sturm-Liouville 문제라고 할 수 있다. 따라서 고윳값 $\lambda_1 < \lambda_2 < \cdots < \lambda_n < \cdots$의 수열과 이에 대응되는 정규 고유함수 $\phi_1(x)$, $\phi_2(\phi)$, ... , $\phi_n(x)$, ...을 얻을 수 있다.

주어진 비제차 경계값 문제 (23), (24), (25)까지를 풀기 위해 $u(x, t)$를 고유함수의 급수

$$u(x,t) = \sum_{n=1}^{\infty} b_n(t)\phi_n(x) \tag{28}$$

로 쓸 수 있다고 가정하여 계수 $b_n(t)$를 결정하는 방법을 보이고자 한다. 이 과정은 어떤 면에서는 좀 더 복잡하긴 하나 기본적으로는 이미 앞서 다루었던 비제차 Sturm-Liouville 문제 (1), (2)와 똑같다. 예를 들어 이 문제가 더 복잡한 것은 계수 b_n이 t에 종속되어야 하다는 것인데 이는 b_n이 t에 종속되어 있지 않으면 u가 x만의 함수가 되기 때문이다. 각각의 $\phi_n(x)$가 경계조건 (27)을 만족하기 때문에 (28) 형태의 식은 자동적으로 경계조건 (24)를 만족한다.

이제 식 (23)의 u를 식 (28)로 치환하자. 그러면 식 (23)의 우변에 있는 처음 두 항으로부터 다음과 같은 형태를 얻는다.

$$\begin{aligned}(p(x)u_x)_x - q(x)u &= \frac{\partial}{\partial x}\left(p(x)\sum_{n=1}^{\infty} b_n(t)\phi_n'(x)\right) - q(x)\sum_{n=1}^{\infty} b_n(t)\phi_n(x) \\ &= \sum_{n=1}^{\infty} b_n(t)\left(\left(p(x)\phi_n'(x)\right)' - q(x)\phi_n(x)\right)\end{aligned} \tag{29}$$

끝으로 $(p(x)\phi_n'(x))' - q(x)\phi_n(x) = -\lambda_n r(x)\phi_n(x)$이기 때문에

$$(p(x)u_x)_x - q(x)u = -r(x)\sum_{n=1}^{\infty} b_n(t)\lambda_n\phi_n(x) \tag{30}$$

가 된다. 이제 식 (23)의 좌변을 살펴보면

$$r(x)u_t = r(x)\frac{\partial}{\partial t}\sum_{n=1}^{\infty} b_n(t)\phi_n(x) = r(x)\sum_{n=1}^{\infty} b_n'(t)\phi_n(x) \tag{31}$$

가 된다.

또한 식 (23)의 비제차 항을 고유함수의 급수로 표현해야 한다. 다시 한번, $F(x, t)/r(x)$의 비율을 살펴보고 다음과 같이

$$\frac{F(x,t)}{r(x)} = \sum_{n=1}^{\infty} \gamma_n(t)\phi_n(x) \tag{32}$$

쓰는 것이 편리하고 이때의 계수들은

$$\gamma_n(t) = \int_0^1 r(x)\frac{F(x,t)}{r(x)}\phi_n(x)\,dx = \int_0^1 F(x,t)\phi_n(x)\,dx, \quad n = 1, 2, \ldots \tag{33}$$

에 의해 주어진다. $F(x, t)$가 주어지므로 함수 $\gamma_n(t)$를 알 수 있다.

위의 결과를 모두 합쳐서 식 (23)에 식 (30), (31), (32)를 대입하면

$$r(x)\sum_{n=1}^{\infty} b_n'(t)\phi_n(x) = -r(x)\sum_{n=1}^{\infty} b_n(t)\lambda_n\phi_n(x) + r(x)\sum_{n=1}^{\infty}\gamma_n(t)\phi_n(x) \tag{34}$$

를 얻는다. 식 (34)를 간단하게 하기 위해 모든 항들에서 0이 아닌 공통 인수 $r(x)$를 소거하고 하나의 합으로 모아서 정리하자:

$$\sum_{n=1}^{\infty}\left(b_n'(t) + \lambda_n b_n(t) - \gamma_n(t)\right)\phi_n(x) = 0 \tag{35}$$

다시 한번 $0 < x < 1$인 모든 x에 대해 식 (35)를 만족하기 위해 대괄호 안의 값은 각각의 n에 대해 0이 되어야 한다(연습문제 **14** 참고). 따라서 $b_n(t)$는 식 (33)에 의해 주어진 $\gamma_n(t)$에 대해 1계 선형 상미분방정식

$$b_n'(t) + \lambda_n b_n(t) = \gamma_n(t), \quad n = 1, 2, \ldots \tag{36}$$

의 해이다.

$b_n(t)$를 완전히 결정하려면 식 (36)에 대한 초기조건

$$b_n(0) = B_n, \quad n = 1, 2, \ldots \tag{37}$$

을 만족해야 하는데 이것은 초기조건 (25)로부터 얻을 수 있다. 식 (28)에서 $t = 0$이라 두고 식 (25)를 사용하면

$$u(x,0) = \sum_{n=1}^{\infty} b_n(0)\phi_n(x) = \sum_{n=1}^{\infty} B_n\phi_n(x) = f(x) \tag{38}$$

가 된다. 따라서 각각의 n에 대해 초깃값 B_n은 $f(x)$에 대한 (가중) 고윳값 확장에서 $\phi_n(x)$의 계수이다. 즉,

$$B_n = \int_0^1 r(x)f(x)\phi_n(x)\,dx, \quad n = 1, 2, \ldots \tag{39}$$

가 된다. 이때 식 (39)의 우변에 있는 함수를 모두 알고 있기 때문에 B_n을 안다고 할 수 있다.

2.1절의 방법을 이용하면 초깃값 문제 (36), (37)을 풀 수 있는데 이때의 적분인자는 $\mu(t) = \exp(\lambda_n t)$이므로

$$b_n(t) = B_n e^{-\lambda_n t} + \int_0^t e^{-\lambda_n(t-s)}\gamma_n(s)\,ds, \quad n = 1, 2, \ldots \tag{40}$$

가 된다. 이에 대한 자세한 계산은 독자에게 맡기겠다. 식 (40)의 우변의 첫 항은 계수 B_n에 의해 함수 f에 종속되고 두 번째 항은 계수 $\gamma_n(s)$에 의해 비제차 항 F에 종속된다.

따라서 경계값 문제 (23), (24) (25)의 양함수 형태의 해는 식 (28)인

$$u(x,t) = \sum_{n=1}^{\infty} b_n(t)\phi_n(x)$$

에 의해 주어지고 이때의 계수 $b_n(t)$는 식 (40)으로부터 결정된다. 식 (40)의 B_n과 $\gamma_n(s)$는 각각 식 (39)와 (33)으로부터 얻을 수 있다.

지금까지 설명한 식 (23), (24) (25)와 같은 경계값 문제를 푸는 방법을 다음과 같이 요약할 수 있다.

1. 제차 문제 (26), (27)의 고윳값 λ_n과 이에 대응되는 정규 고유함수 ϕ_n을 찾는다.
2. 계수 B_n과 $\gamma_n(t)$를 각각 식 (39)와 (33)으로부터 계산한다.
3. $b_n(t)$를 결정하기 위해 식 (40)의 적분을 계산한다.
4. 무한급수 (28)의 합을 구한다.

위의 방법에서 어떤 단계 또는 모든 단계가 어려울 수 있기 때문에 이 모든 과정을 다 따라가는 것은 만만치 않을 것이다. 이런 결점을 보완하는 장점 하나는 급수 (28)이 대체로 빨리 수렴하여 매우 적은 개수의 항만으로도 해를 충분히 근사할 수 있다는 것이다.

예제 11.3.2

다음과 같은 열전도 문제의 해를 구하라.

$$u_t = u_{xx} + x, \quad 0 < x < 1, \quad t > 0 \tag{41}$$

$$u(0,t) = 0, \quad u_x(1,t) + u(1,t) = 0, \quad t > 0 \tag{42}$$

$$u(x,0) = 0, \quad 0 < x < 1 \tag{43}$$

풀이

문제 (17)의 고윳값 λ_n과 정규 고유함수 ϕ_n을 다시 사용하고 u가 식 (28)

$$u(x,t) = \sum_{n=1}^{\infty} b_n(t)\phi_n(x)$$

에 의해 주어진다고 가정하자. 계수 b_n은 미분방정식

$$b_n' + \lambda_n b_n = \gamma_n(t) \tag{44}$$

로부터 결정되는데 이때 $\gamma_n(t)$는 비제차 항 xe^{-t}을 고유함수 확장했을 때의 n항의 계수이다. 따라서 식 (21)에 의해 주어진 c_n에 대해

$$\gamma_n(t) = \int_0^1 x\phi_n(x)\,dx = c_n \tag{45}$$

이다. 초기 온도 분포 (43)이 모든 점에서 0이기 때문에 식 (44)에 대한 초기조건은

$$b_n(0) = 0 \tag{46}$$

이고 이때의 초깃값 문제 (44), (46)의 해는

$$b_n(t) = e^{-\lambda_n t}\int_0^t e^{\lambda_n s} c_n ds = c_n e^{-\lambda_n t}\int_0^t e^{\lambda_n s} ds$$

$$= \frac{c_n e^{-\lambda_n t}}{\lambda_n}\{e^{\lambda_n t} - 1\} = \frac{c_n}{\lambda_n}\{1 - e^{-\lambda_n t}\} \tag{47}$$

이 된다. 따라서 열전도 문제 (41)부터 (43)까지의 해는

$$u(x,t) = 4\sum_{n=1}^{\infty}\frac{(\sin(\sqrt{\lambda_n}))(1-e^{-\lambda_n t})\sin(\sqrt{\lambda_n}x)}{{\lambda_n}^2(1+\cos^2(\sqrt{\lambda_n}))} \tag{48}$$

에 의해 주어진다.

이때 식 (48)에 의해 주어진 해는 정확하긴 하나 다소 복잡하다. 이 급수의 항을 몇 개만 이용하여 해를 원하는 만큼 정확하게 근사할 수 있을지 판단하기 위해서는 이 급수의 수렴하는 속도를 추정해야 한다. 먼저 식 (48)의 우변을 다음과 같이 두 부분으로 나누자:

$$u(x,t) = 4\sum_{n=1}^{\infty}\frac{(\sin(\sqrt{\lambda_n}))\sin(\sqrt{\lambda_n}x)}{{\lambda_n}^2(1+\cos^2(\sqrt{\lambda_n}))} - 4\sum_{n=1}^{\infty}\frac{e^{-\lambda_n t}(\sin(\sqrt{\lambda_n}))\sin(\sqrt{\lambda_n}x)}{{\lambda_n}^2(1+\cos^2(\sqrt{\lambda_n}))} \tag{49}$$

예제 11.1.1에서 고윳값 λ_n이 n^2에 거의 비례함을 보였으므로 식 (49)의 우변의 첫 번째 급수에서 삼각함수 인수들은 $n \to \infty$일 때 모두 유한하다; 따라서 이 급수는 급수 $\sum_{n=1}^{\infty}\lambda_n^{-2}$ 또는 $\sum_{n=1}^{\infty}n^{-4}$과 비슷하게 수렴한다. 그렇기 때문에 많아봤자 두 개 또는 세 개의 항만으로도 이 부분에 해당하는 해를 잘 근사할 수 있다. 두 번째 급수는 인수 $e^{-\lambda_n t}$이 더 있으므로 $t > 0$에 대해 첫 번째 급수보다 더 빠르게 수렴한다; 첫 항 이후의 항들은 거의 무시해도 좋다.

▶**추가 설명.** 지금까지의 내용과 예제에 나타났던 문제보다 훨씬 다양한 문제에 고유함수 확장을 사용할 수 있다. 예를 들어 시간에 독립적인 비제차 경계조건을 10.6절에서처럼 다룰 수 있다. 이 문제를 제차 경계조건을 갖는 문제로 만들기 위해서는 주어진 경계조건을 만족하도록 선택된 함수 v를 u에서 빼면 된다. 그러면 두 함수의 차 $w = u - v$는 제차 경계조건을 갖지만 수정된 forcing 항과 초기조건을 갖는 문제를 만족하게 되고 이 문제는 이 절에서 소개한 과정을 거쳐 풀 수 있게 된다.

고유함수 확장을 이용하는 데 있어서 발생할 수 있는 어려움 중 하나는 주어진 문제에 대응되는 제차 문제의 정규 고유함수를 찾아야 한다는 것이다. 변하는 계수를 갖는 미분방정식의 경우, 불가능하지는 않더라도 특히 더 어려울 수 있다. 이런 경우 똑같은 경계조건을 만족하는, 좀 더 간단한 문제의 고유함수를 사용할 수도 있다. 예를 들어 경계조건이

$$u(0,t) = 0, \quad u(1,t) = 0 \tag{50}$$

이라면 편의상 식 (28)의 함수 $\phi_n(x)$를 $\sin(n\pi x)$로 바꿀 수도 있다. 비록 일반적으로 이 함수가 주어진 문제에 대응되는 제차 미분방정식의 해는 아니더라도 적어도 주어진 경계조건만큼은 확실히 만족하고 있다. $\sin(n\pi x)$로 치환한 $\phi_n(x)$를 갖는 (32) 형태의 급수로 비제차 항 $F(x, t)$를 확장하고 나서 이를 식 (23)의 u와 F 둘 다에 대입한다. 이때 각각의 n에 대한 $\sin(n\pi x)$의 계수를 모으면 $b_1(t), b_2(t), \ldots$을 결정할 수 있는 1계 선형 미분방정식의 무한 집합을 얻을 수 있다. 이 경우와 앞서 고려했던 경우와의 본질적인 차이는 여기서는 함수 $b_n(t)$에 대한 식이 모두 *연결*되

어 있다는 것이다. 따라서 이 함수를 앞에서처럼 하나씩 번갈아 풀 수 없고 한꺼번에 같이 다루어야 한다. 실제로는 이 무한 연립방정식을 유한개의 계수들로 근사하여 근사 유한 연립방정식으로 바꿀 수 있다.

2계보다 계수가 높은 경계값 문제 역시 고유함수 확장으로 풀기도 한다. 어떤 경우에는 2계 문제와 거의 비슷한 과정으로 이루어져 있기도 하지만 때로는 여러 복잡한 문제가 발생하기도 한다.

마지막으로 이 절의 내용들이 순전히 형태만 갖춘 것이라는 사실을 강조하고자 한다. 고유함수 확장의 수렴성을 밝히거나, 고유함수 급수의 항별 미분 같은 어떤 단계들을 사용한 근거를 제시하기 위해서는 각각 상세하게 설명하여야 한다.

그 외 전혀 다른 방법으로 비제차 경계값 문제를 풀 수도 있는데 그중 한 가지 방법은 해를 무한급수가 아닌 정적분으로 표현하는 것이다. 이 접근법은 Green 함수라고 알려진 함수와 관계가 있으며 연습문제 **28**부터 **36**까지 상미분방정식에 대한 Green 함수를 다루고 있다.

연습 문제

▶ 문제 **1**부터 **5**까지 주어진 문제를 고유함수 확장을 이용하여 풀어라.

1. $y'' + 2y = -x, \quad y(0) = 0, \quad y'(1) = 0$

2. $y'' + 2y = -2x, \quad y(0) = 0, \quad y'(1) = 0$

3. $y'' + 2y = -2x, \quad y'(0) = 0, \quad y'(1) = 0$

4. $y'' + 2y = -2x, \quad y'(0) = 0, \quad y'(1) + y(1) = 0$

5. $y'' + 2y = -2 + |2 - 3x|, \quad y(0) = 0, \quad y'(1) = 0$

▶ 문제 **6**부터 **9**까지 주어진 문제의 해를 고유함수의 급수로 확장한 형태를 결정하라. f가 정리 11.3.1의 조건을 만족한다고 가정할 때, 해가 존재하는 μ값을 말하라.

6. $y'' + \mu y = -f(x), \quad y(0) = 0, \quad y(\pi) = 0$

7. $y'' + \mu y = -f(x), \quad y(0) = 0, \quad y(1) = 0$

8. $y'' + \mu y = -f(x), \quad y(0) + y'(0) = 0 \; and \; y(1) + y'(1) = 0$

9. $y'' + \mu y = -f(x), \quad y(0) = 0, \quad y'(1) + y(1) = 0$

▶ 문제 **10**부터 **13**까지 주어진 문제가 해를 갖는 임의의 상수 a값이 존재하는지 결정하고 이런 값 각각에 대한 해를 구하라.

10. $y'' + \pi^2 y = \alpha + x, \quad y(0) = 0, \quad y'(1) = 0$

11. $y'' + 16\pi^2 y = a + x, \quad y(0) = 0, \quad y(1) = 0$

12. $y'' + \pi^2 y = \alpha, \quad y(0) = 0, \quad y(\pi) = 0$

13. $y'' + \pi^2 y = a - 2\cos(\pi x), \quad y(0) = 0, \quad y(1) = 0$

14. $\phi_1, \phi_2, \dots, \phi_n, \dots$을 경계조건 (2)를 만족하는 미분방정식 (3)의 정규 고유함수라 두자. $0 \le x \le 1$인 각각의 x에 대해 $f(x) = 0$일 때, $\sum_{n=1}^{\infty} c_n \phi_n(x)$가 $f(x)$에 수렴하면 각각의 n에 대해 $c_n = 0$임을 보여라.

힌트 : $r(x)\phi_m(x)$을 곱하여 적분하고 고유함수의 직교성을 이용하자.

15. L을 2계 선형 미분 연산자라 두자. 문제

$$L[y] = f(x), \alpha_1 y(0) + \alpha_2 y'(0) = a, \beta_1 y(1) + \beta_2 y'(1) = b$$

의 해 $y = \phi(x)$를 $y = u + v$로 쓸 수 있음을 보여라. 이때, $u = \phi_1(x)$와 $v = \phi_2(x)$는 각각 문제

$$L[u] = 0, \quad \alpha_1 u(0) + \alpha_2 u'(0) = a, \quad \beta_1 u(1) + \beta_2 u'(1) = b$$

와

$$L[v] = f(x), \quad \alpha_1 v(0) + \alpha_2 v'(0) = 0, \quad \beta_1 v(1) + \beta_2 v'(1) = 0$$

의 해이다.

16. 문제

$$y'' + \pi^2 y = \pi^2 x, \quad y(0) = 1, \quad y(1) = 0$$

이 해

$$y = c_1 \sin(\pi x) + \cos(\pi x) + x$$

를 가짐을 보여라. 또한 문제 **15**처럼 이 문제를 둘로 나누었을 때 생기는 문제가 모두 풀리지 않기 때문에 이 방법으로는 해를 구할 수 없음을 보여라.

17. 다음과 같은 문제를 고려하자.

$$y'' + p(x)y' + q(x)y = 0, \quad y(0) = a, \quad y(1) = b$$

주어진 경계조건을 만족하는 (그러나 주어진 미분방정식을 만족할 필요는 없는) 임의의 두 번 미분 가능한 함수 v에 대해 $y = u + v$라 두자. 이때 $g(x) = -(v'' + p(x)v' + q(x)v)$이고 v가 주어지면 바로 알 수 있다면 u가 다음과 같은 문제의 해가 됨을 보여라.

$$u'' + p(x)u' + q(x)u = g(x), \quad u(0) = 0, \quad u(1) = 0$$

따라서 비제차 경계조건이 비제차 미분방정식으로 바뀔 수 있다. 이 문제에 대한 함수 v를 구하라.

18. 문제 **17**의 방법을 사용하여 문제

$$y'' + 2y = 2 - 4x, \quad y(0) = 1, \quad y(1) + y'(1) = -2$$

를 제차 경계조건을 갖는 새로운 문제로 바꾸고 이 새로운 문제를 본문상의 예제 11.3.1을 참고하여 풀어라.

▶ 문제 **19**부터 **22**까지 고유함수 확장을 이용하여 주어진 경계값 문제를 풀어라. *비고*: 각각의 미분방정식은 $0 < x < 1$, $t > 0$에 대해 만족되어야 한다; 한 쌍의 경계조건은 $t > 0$에서, 초기조건은 $0 < x < 1$에서 만족한다.

19. $u_t = u_{xx} - x$, $u(0,t) = 0$, $u_x(1,t) = 0$, $u(x,0) = \sin(\pi x/2)$

20. $u_t = u_{xx} + x$, $u(0,t) = 0$, $u_x(1,t) = 0$, $u(x,0) = \cos(\pi x/2)$

21. $u_t = u_{xx} + 3 - 3|1 - 2x|$, $u(0,t) = 0$, $u(1,t) = 0$, $u(x,0) = 0$

22. $u_t = u_{xx} + (1 - x)$, $u(0,t) = 0$, $u(x,0) = 0$

23. 다음과 같은 경계값 문제를 고려하자.

$$\begin{aligned} &r(x)u_t = (p(x)u_x)_x - q(x)u + F(x), \quad 0 < x < 1, \quad t > 0, \\ &u(0,t) = T_1, \quad u(1,t) = T_2, \quad t > 0, \\ &u(x,0) = f(x), \quad 0 < x < 1 \end{aligned}$$

a. $v(x)$를 문제

$$(p(x)v')' - q(x)v = -F(x), \quad v(0) = T_1, \quad v(1) = T_2$$

의 해라고 두자. $w(x, t) = u(x, t) - v(x)$일 때, w가 만족하는 경계값 문제를 구하라. 이 문제를 이 절에서 소개한 방법으로 풀 수 있음을 확인하자.

b. (a)의 과정을 u가 경계조건

$$u_x(0,t) - h_1 u(0,t) = T_1, \quad u_x(1,t) + h_2 u(1,t) = T_2$$

를 만족하는 경우로 일반화시켜라.

▶ 문제 **24**와 **25**에 주어진 경계값 문제를 문제 **23**에서 소개한 방법으로 풀어라.

24. $u_t = u_{xx} - 2, \quad 0 < x < 1, \quad t > 0,$
$u(0,t) = 2, \quad u(1,t) = 0, \quad t > 0,$
$u(x,0) = x^2 - 3x + 3 \quad 0 < x < 1$

25. $u_t = u_{xx} - \pi^2 \sin\left(\frac{\pi}{2}x\right), \quad 0 < x < 1, \quad t > 0$
$u_x(0,t) = -2\pi, \quad u(1,t) = -4,$
$u(x,0) = \cos\left(\frac{\pi}{2}x\right) - 4\sin\left(\frac{\pi}{2}x\right)$

26. 파동방정식 또는 파동방정식의 일반형과 관련된 비제차 문제에 고유함수 확장법을 사용하기도 한다. 다음과 같은 문제를 고려하자.

$$r(x)u_{tt} = (p(x)u_x)_x - q(x)u + F(x,t), \ 0 < x < 1, \ t > 0 \tag{51}$$

$$u_x(0,t) - h_1 u(0,t) = 0, \quad u_x(1,t) + h_2 u(1,t) = 0, \quad t > 0 \tag{52}$$

$$u(x,0) = f(x), \quad u_t(x,0) = g(x), \quad 0 < x < 1 \tag{53}$$

이 문제는 전신 방정식(11.1절의 연습문제 **16**) 또는 탄성막대의 세로진동(11.1절의 연습문제 **25**)의 일반화와 관련하여 발생할 수 있다.

a. 식 (51)에 대응되는 제차 미분방정식에 대해 $u(x, t) = X(x)T(t)$라 두고 $X(x)$가 본문상의 식 (26)과 (27)을 만족함을 보여라. λ_n과 $\phi_n(x)$를 각각 이 문제에 대한 고윳값과 정규 고유함수라고 두자.

b. $u(x,t) = \sum_{n=1}^{\infty} b_n(t)\phi_n(x)$라 가정하고 $b_n(t)$가 다음과 같은 초깃값 문제를 만족함을 보여라.

$$b_n''(t) + \lambda_n b_n(t) = \gamma_n(t), \ b_n(0) = \alpha_n, \ b_n'(0) = \beta_n$$

이때, $\alpha_n, \beta_n, \gamma_n$는 각각 $f(x), g(x), F(x, t)/r(x)$를 고유함수 $\phi_1(x), \dots, \phi_n(x), \dots$에 대해 확장한 (가중) 계수들이다.

27. 이 문제에서 Sturm-Liouville 경계값 문제와 Hermitian 행렬들 간의 유사성을 좀 더 살펴보자. $\mathbf{A}$를 고윳값 $\lambda_1, \dots, \lambda_n$과 이에 대응되는 직교 고유벡터 $\xi^{(1)}, \dots, \xi^{(n)}$을 갖는 $n \times n$ Hermitian 행렬로 두자.

주어진 실수 μ와 벡터 $\mathbf{b}$에 대한 다음과 같은 비제차 연립방정식을 고려하자.

$$\mathbf{Ax} - \mu\mathbf{x} = \mathbf{b} \tag{54}$$

본문상에서 식 (1)과 (2)를 푼 것과 비슷하게 식 (54)를 푸는 방법을 제시할 것이다.

a. $b_i = (\mathbf{b}, \xi^{(1)})$일 때 $\mathbf{b} = \sum_{i=1}^{n} b_i \xi^{(i)}$임을 보여라.

b. $\mathbf{x} = \sum_{i=1}^{n} a_i \xi^{(i)}$라 가정하고 식 (54)를 만족하기 위해 $a_i = b_i/(\lambda_i - \mu)$여야 함을 보여라. 따라서 μ가 $\mathbf{A}$의 고윳값이 아니라면, 즉 $i = 1, \dots, n$에 대해 $\mu \neq \lambda_i$라면,

$$\mathbf{x} = \sum_{i=1}^{n} \frac{(\mathbf{b}, \xi^{(i)})}{\lambda_i - \mu} \xi^{(i)} \tag{55}$$

이다.

c. 이 결과를 식 (13)과 비교하라.

▶ **Green[8] 함수.** $n \times n$ Hermitian 행렬 $\mathbf{A}$, 주어진 실수 μ와 벡터 $\mathbf{b}$에 대한 비제차 대수 연립방정식

$$\mathbf{Ax} - \mu\mathbf{x} = \mathbf{b} \tag{56}$$

를 고려하자. 문제 **27**처럼 고유벡터 확장을 사용하는 대신 μ가 $\mathbf{A}$의 고윳값이 아니면 존재하게 되는 역행렬 $(\mathbf{A} - \mu\mathbf{I})^{-1}$를 계산하여 식 (56)을 풀 수 있다. 즉,

$$\mathbf{x} = (\mathbf{A} - \mu\mathbf{I})^{-1}\,\mathbf{b} \tag{57}$$

가 된다.

▶ 문제 **28**부터 **36**까지 주어진 비제차 경계값 문제를 풀기 위해 역행렬을 사용하여 선형대수 연립방정식을 푸는 것과 비슷한 방법을 제시하고 있다. 이때 Green 함수가 계수행렬의 역행렬과 비슷한 역할을 하게 되고 해는 무한급수가 아닌 정적분들로 표현된다. 문제 **35**를 제외하고는 간단하게 $\mu = 0$이라고 가정하자.

28. **a.** 변수분리법을 이용하여 미분방정식

$$-y'' = f(x)$$

의 일반해를 임의의 상수 c_1과 c_2에 대한

$$y = \phi(x) = c_1 + c_2 x - \int_0^x (x - s) f(s)\, ds$$

의 형태로 쓸 수 있음을 보여라.

b. $y = \phi(x)$가 경계조건 $y(0) = 0$, $y(1) = 0$을 만족하면

$$c_1 = 0, \quad c_2 = \int_0^1 (1 - s) f(s)\, ds$$

가 됨을 보여라.

c. **a**와 **b**의 조건들 하에서 $\phi(x)$를

$$\phi(x) = \int_0^x s(1 - x) f(s)\, ds + \int_x^1 x(1 - s) f(s)\, ds$$

의 형태로 쓸 수 있음을 보여라.

d.
$$G(x, s) = \begin{cases} s(1 - x), & 0 \le s \le x, \\ x(1 - s), & x \le s \le 1 \end{cases}$$

이라 정의하면 해를

$$\phi(x) = \int_0^1 G(x, s) f(s)\, ds$$

로 쓸 수 있음을 보여라. 적분 안에 있는 함수 $G(x, s)$는 **Green 함수**이다. Green 함수가 주어진 미분방정식의 비제차 항에 독립적이기 때문에 이 Green 함수 해를 유용하게 사용할 수 있다. 일단 Green 함수가 결정되면 한 번의 적분계산으로 임의의 비제차 항 $f(x)$를 갖는 경계값 문제의 해를 구할 수 있다. 이때 Green 함수를 포함하는 적분 공식에 의해 주어진 $\phi(x)$는 자동으로 경

---

[8] Green 함수는 영국의 George Green (1793~1841)의 이름을 따서 지어졌다. 그는 수학을 거의 독학하였으며 전기학과 자기학, 유체역학, 편미분방정식론에 대해 지대한 공헌을 하였다. 그의 가장 중요한 연구는 1828년에 개인적으로 출판된 전기 및 자기학에 관한 에세이이다. 이 논문에서 Green은 잠재 함수의 중요성을 처음으로 인식했다. 그는 경계값 문제를 풀고, 평면상에서의 Green의 정리가 특수한 경우에 해당하는, 적분 변환 정리들을 발전시키는 데 있어서 지금은 Green 함수라고 알려져 있는 함수를 이용하였다. 그러나 이러한 결과는 Green의 소논문이 William Thomson (Kelvin 경)의 노력으로 1850년대에 재발표되어서야 비로소 널리 알려지게 되었다.

계조건을 만족하기 때문에 임의의 상수를 결정할 필요가 없다.

29. 경계값 문제

$$y'' + y = f(x), \quad y(0) = 0, \quad y'(1) = 0$$

의 해가

$$y = \phi(x) = \int_0^1 G(x,s) f(s)\, ds$$

임을 보여라. 이때,

$$G(x,s) = \begin{cases} \dfrac{\cos(1-x)\sin(s)}{\cos(1)}, & 0 \le s < x \\ \dfrac{\sin(x)\cos(1-s)}{\cos(1)}, & x \le s \le 1 \end{cases}$$

이다.

30. Sturm-Liouville 문제

$$L[y] = -(p(x)y')' + q(x)y = f(x) \tag{58}$$

$$\alpha_1 y(0) + \alpha_2 y'(0) = 0, \quad \beta_1 y(1) + \beta_2 y'(1) = 0 \tag{59}$$

에 대해 $\lambda = 0$이 주어진 경계조건 (59)를 만족하는 $L[y] = \lambda y$의 고윳값이 아니라면 Green 함수 해

$$y = \phi(x) = \int_0^1 G(x,s) f(s)\, ds \tag{60}$$

가 존재함을 보여라. 또한 y_1이 $\alpha_1 y(0) + \alpha_1 y'(0) = 0$에서의 경계조건을 만족하는 $L[y] = 0$의 해이고 y_2는 $\beta_1 y(1) + \beta_2 y'(1) = 0$에서의 경계조건을 만족하는 $L[y] = 0$의 해이며 $W[y_1, y_2]$는 y_1, y_2의 론스키안이면 $G(x, s)$가 다음과 같이 주어진다.

$$G(x,s) = \begin{cases} -\dfrac{y_1(s)y_2(x)}{p(x)W[y_1,y_2](x)}, & 0 \le s \le x, \\ -\dfrac{y_1(x)y_2(s)}{p(x)W[y_1,y_2](x)}, & x \le s \le 1 \end{cases} \tag{61}$$

a. 문제 **28**에서 얻었던 Green 함수가 공식 (61)에 의해 주어짐을 증명하라.

b. 문제 **29**에서 얻었던 Green 함수가 공식 (61)에 의해 주어짐을 증명하라.

c. $p(x)W[y_1, y_2](x)$가 상수임을 보이기 위해 이것의 도함수가 0임을 보여라.

d. 식 (61)과 **c**의 결과를 이용하여 $G(x, s) = G(s, x)$임을 보여라.

e. 식 (61)에 의해 주어진 $G(x, s)$와 함께 식 (60)으로부터 $y = \phi(x)$가 미분방정식 (58)과 경계조건 (59)를 만족함을 증명하라.

▶ 문제 **31**부터 **34**까지 주어진 경계값 문제를 풀기 위해 적당한 Green 함수를 찾고 해를 정적분으로 표현하라. 문제 **30**의 식 (58)부터 (61)까지를 이용하자.

31. $y'' = f(x), \quad y(0) = 0, \quad y(1) = 0$

32. $y'' + \dfrac{1}{4}y = f(x), \quad y(0) = 0, \quad y(\pi) = 0$

33. $y'' + y = f(x), \quad y(0) = 0, \quad y\left(\dfrac{\pi}{2}\right) = 0$

34. $y'' + y = f(x); \quad y(0) = 0, \quad y'(1) = 0$

35. 다음과 같은 경계값 문제를 고려하자.

$$L[y] = -(p(x)y')' + q(x)y = \mu r(x)y + f(x) \tag{62}$$

$$\alpha_1 y(0) + \alpha_2 y'(0) = 0, \quad \beta_1 y(1) + \beta_2 y'(1) = 0 \tag{63}$$

분문에 따르면 μ가 주어진 문제에 대응되는 제차 문제의 고윳값이 아니면 식 (9)로 정의되는 c_n을 갖는 식 (13)에 의해 Sturm-Liouville 경계값 문제 (62), (63)의 해 $y = \phi(x)$가 주어진다. 이 경우의 해를 다음과 같은 Green 함수의 적분 형태로 쓸 수 있다.

$$y = \phi(x) = \int_0^1 G(x, s, \mu) f(s)\, ds \tag{64}$$

이 문제에서는 Green 함수가 매개변수 μ에도 종속된다.

a. 만약 $\phi(x)$에 대한 이 두 가지 표현이 서로 일치한다면 본문상의 식 (3), (2)의 고윳값 λ_i와 고유함수 ϕ_i에 대해

$$G(x, s, \mu) = \sum_{i=1}^{\infty} \frac{\phi_i(x)\phi_i(s)}{\lambda_i - \mu} \tag{65}$$

임을 보여라. 식 (65)로부터 μ는 임의의 어떤 고윳값 λ_i와도 같지 않음을 알 수 있다.

b. $G(x, s, \mu)$가 고유함수 확장

$$G(x, s, \mu) = \sum_{i=1}^{\infty} a_i(x, \mu)\phi_i(s) \tag{66}$$

를 갖는다고 가정하여 식 (65)를 직접 유도하라. 식 (66)에 $r(s)\ \phi_j(s)$를 곱하고 s에 대해 $s = 0$부터 $s = 1$까지 적분하여 $a_i(x, \mu)$를 결정하라.

힌트: 먼저 λ_i와 ϕ_i가 식

$$\phi_i(x) = (\lambda_i - \mu)\int_0^1 G(x, s, \mu) r(s)\phi_i(s)\, ds \tag{67}$$

를 만족함을 보여라.

36. 경계값 문제

$$-\frac{d^2y}{ds^2} = \delta(s - x), \quad y(0) = 0, \quad y(1) = 0$$

을 고려하자. 이때, s는 독립변수이고 $s = x$는 구간 $0 < s < 1$에서 정의된 점이며 δ는 Dirac 델타 함수(7.5절 참고)이다. 이 문제의 해가 문제 **28**에서 얻었던 Green 함수 $G(x, s)$임을 보여라.

주어진 문제를 푸는 데 있어서 구간 $0 \le s < x$와 $x < s \le 1$에 대해 $\delta(s - x) = 0$임을 알아야 한다. 또한 s가 x값을 지날 때 $-dy/ds$에 대해 크기 1인 점프가 생긴다.

이 문제는, Green 함수 $G(x, s)$가 점 x에서의 크기가 1인 임펄스에 대한 점 s에서의 반응에 해당할 수 있다는, 일반적인 성질을 설명하고 있다. $0 \le x \le 1$에서의 좀 더 일반적인 비제차 항 f는 점 x에서의 크기가 $f(x)$인 임펄스의 연속적인 분포로 생각할 수 있다. 따라서 Green 함수 적분으로 표현된 비제차 경계값 문제의 해를 비제차 항 $f(x)$로 표현된 일련의 임펄스들에 대한 반응들이 중첩된 결과로 해석할 수 있다.

11.4 특이 Sturm-Liouville 문제

이 장의 앞 절들에서 Sturm-Liouville 경계값 문제를 살펴보았다: 이 문제는 미분방정식

$$L[y] = -(p(x)y')' + q(x)y = \lambda r(x)y, \quad 0 < x < 1 \tag{1}$$

과

$$\alpha_1 y(0) + \alpha_2 y'(0) = 0, \quad \beta_1 y(1) + \beta_2 y'(1) = 0 \tag{2}$$

인 형태의 경계조건으로 이루어져 있다. 지금까지 이 문제를 정칙이라고 가정하였다. 즉, p가 미분 가능하고 p', q, r은 연속이며 *폐*구간 $0 \leq x \leq 1$ 안의 모든 점에서 $p(x) > 0$이고 $r(x) > 0$라고 가정하였다. 그러나 물리적으로 관심있는 식들 중에는 이런 조건을 다 만족하지 못하는 경우도 있다.

예를 들어 구간 $0 < x < 1$에서 ν차 베셀 방정식을 살펴보자. 이 방정식은 때로는 $p(x) = x$, $q(x) = \nu^2/x$, $r(x) = x$인 형태[9]의 식

$$-(xy')' + \frac{\nu^2}{x}y = \lambda xy \tag{3}$$

로 쓰기도 한다. 따라서 $p(0) = 0$, $r(0) = 0$이고 $q(x)$는 무한하므로 $x \to 0$일 때 불연속이다. 그러나 정칙 Sturm-Liouville 문제는 이 구간 외의 다른 곳에서도 주어진 조건을 만족한다.

비슷하게 르장드르 방정식에 대해서 $\lambda = \alpha(\alpha + 1)$, $p(x) = 1 - x^2$, $q(x) = 0$, $r(x) = 1$인

$$-\left((1 - x^2)\,y'\right)' = \lambda y, \quad -1 < x < 1 \tag{4}$$

을 얻을 수 있다. 이때 p, q, r은 $p(1) = 0$을 제외한 구간 $0 \leq x \leq 1$의 모든 점에서 필요한 조건을 모두 만족한다.

미분방정식 (1)에 포함되어 있는 함수 p, q, r이 개구간 $0 < x < 1$에서는 앞서 언급했던 조건을 모두 만족하나 이 중 적어도 한 함수라도 하나 또는 두 개의 경계점에서 이 조건을 만족하지 않으면 이때의 경계값 문제를 **특이 Sturm-Liouville 문제**라고 부른다. 이 절의 뒷부분에서 이런 류의 문제에 대해 좀 더 자세히 다루어 적당한 분리 경계조건을 부여할 것이다. 특이 문제는 구간이 무한한 경우, 예를 들어 $0 \leq x < \infty$에서도 발생하지만 이 책에서 이런 경우는 다루지 않겠다.

유한한 구간에서의 특이 문제의 예로써 구간 $0 < x < 1$와 $\lambda > 0$에 대한 미분방정식

$$xy'' + y' + \lambda xy = 0 \tag{5}$$

또는

$$-(xy')' = \lambda xy \tag{6}$$

를 고려하자. 이 미분방정식은 원형의 탄성막에 대한 자유진동을 연구할 때 발생하는데 11.5절에서 좀 더 살펴보겠다. 여기서 $t = \sqrt{\lambda}x$로 정의된 새로운 독립변수 t를 사용하면

$$\frac{dy}{dx} = \sqrt{\lambda}\frac{dy}{dt}, \quad \frac{d^2y}{dx^2} = \lambda\frac{d^2y}{dt^2}$$

가 된다. 따라서 식 (5)는

$$\frac{t}{\sqrt{\lambda}}\lambda\frac{d^2y}{dt^2} + \sqrt{\lambda}\frac{dy}{dt} + \lambda\frac{t}{\sqrt{\lambda}}y = 0$$

이 되거나 또는 이것의 각 항에서 공통 인수 $\sqrt{\lambda}$를 소거하면

[9] 치환 $t = \sqrt{\lambda}x$를 사용하면 식 (3)은 표준형인 $t^2y'' + ty' + (t^2 - \nu^2)y = 0$이 된다.

$$t\frac{d^2y}{dt^2}+\frac{dy}{dt}+ty=0 \tag{7}$$

이 된다. 식 (7)은 0차 베셀 방정식(5.8절을 참조)이며 $t>0$에 대한 식 (7)의 일반해는 다음과 같다.

$$y=c_1J_0(t)+c_2Y_0(t);$$

따라서 식 (6)의 일반해는 $x>0$에 대해

$$y=c_1J_0\left(\sqrt{\lambda}x\right)+c_2Y_0\left(\sqrt{\lambda}x\right) \tag{8}$$

이다. 이때 J_0, Y_0는 각각 제1종, 제2종 0차 베셀 방정식이다. 5.8절의 식 (6)과 (12)로부터

$$J_0\left(\sqrt{\lambda}x\right)=1+\sum_{m=1}^{\infty}\frac{(-1)^m\lambda^m x^{2m}}{2^{2m}(m!)^2},\quad x>0 \tag{9}$$

$$Y_0\left(\sqrt{\lambda}x\right)=\frac{2}{\pi}\left(\left(\gamma+\ln\left(\frac{\sqrt{\lambda}x}{2}\right)\right)J_0\left(\sqrt{\lambda}x\right)+\sum_{m=1}^{\infty}\frac{(-1)^{m+1}H_m\lambda^m x^{2m}}{2^{2m}(m!)^2}\right),\quad x>0 \tag{10}$$

이며, 이때 $H_m=1+1/2+\cdots+1/m$이고 $\gamma=\lim_{m\to\infty}(Hm-\ln m)$이다. **그림 5.7.2**에 $y=J_0(x)$와 $y=Y_0(x)$의 그래프가 나와 있다.

또한 경계조건

$$y(0)=0,\quad y(1)=0 \tag{11}$$

을 만족하는 식 (6)의 해를 구하고자 하는데 이 경계조건은 이 장의 다른 문제에서도 찾아볼 수 있다. $J_0(0)=1$이고 $x\to\infty$일 때 $Y_0(0)\to-\infty$이므로 식 (8)에서 $c_1=c_2=0$일 때만 조건 $y(0)=0$을 만족한다. 따라서 경계값 문제 (6), (11)은 자명한 해만 갖는다.

이 결과에 대한 한 가지 해석은 경계조건 $y(0)=0$가 미분방정식 (6)을 지나치게 제한한다는 것이다. 이것은 특이 경계점에서는 경계조건을 수정해야 함을 나타내고 있다. 이 문제의 경우, 해 (8)과 이 해의 도함수가 유한하기만 하면 된다고 가정하자. 즉, $x=0$에서의 경계조건을 다음과 같이 놓자.

$$x\to 0^+\text{일 때 } y\text{와 } y'\text{는 계속 유계이다.} \tag{12}$$

식 (8)에서 $c_2=0$를 선택하여 무한한 해 Y_0를 없애면 이 조건을 만족할 수 있다. 그리고 두 번째 경계조건, $y(1)=0$에 의해

$$J_0\left(\sqrt{\lambda}\right)=0 \tag{13}$$

이 된다. 이때, 식 (13)이 주어진 문제의 고윳값 $0<\lambda_1<\lambda_2<\ldots<\lambda_n<\ldots$을 이루는 이산(discrete)된 양근들의 무한 집합을 갖는다는 것을 보일 수 있다.[10] 이 고윳값에 대응되는 고유함수는

$$\phi_n(x)=J_0\left(\sqrt{\lambda_n}x\right) \tag{14}$$

[10] 함수 J_0는 표로 잘 정리되어 있다; 식 (13)의 근이 Abramowitz와 Stegun이 쓴 서적 등에 표로 나와 있다. 또한, 컴퓨터 대수 체계를 이용하여 이 해를 빨리 계산할 수도 있다. 식 (13)의 처음 세 근을 각각 네 자리 유효 숫자로 나타내면 $\sqrt{\lambda}=2.405, 5.520, 8.654$이다; 큰 n에 대해서 $\sqrt{\lambda_n}\cong(n-1/4)\pi$이다.

인데 상수 배까지만 결정된다.

미분방정식 (6)과 경계조건 $y(1) = 0$과 (12)를 갖는 경계값 문제는 특이 Sturm-Liouville 문제의 한 예이다. 이 예는 경계조건이 적절하게 완화된다면 정칙 Sturm-Liouville 문제가 그랬던 것처럼 특이 Sturm-Liouville 문제도 고윳값과 고유함수의 무한수열을 가질 수 있음을 나타내고 있다.

특이 경계값 문제는 응용분야에서 매우 중요하기 때문에 이를 좀 더 살펴보도록 하자. 이와 관련해서 두 가지 주요 질문이 있다:

1. 정확하게 어떤 종류의 경계조건들이 특이 Sturm-Liouville 문제에서 허용되는가?
2. 특이 문제의 고윳값과 고유함수는 정칙 Sturm-Liouville 문제의 고윳값과 고유함수가 갖는 성질들을 어느 정도까지 만족하는가? 특히, 고윳값이 실수인가, 고유함수가 직교하는가, 주어진 함수를 고유함수의 급수로 확장할 수 있는가?

이 두 가지 질문에 대한 답은 항등식

$$\int_0^1 (L[u]v - uL[v])\,dx = 0 \tag{15}$$

을 연구하면 알 수 있는데, 이 항등식은 정칙 Sturm-Liouville 문제에 대한 이론을 발전시키는 데 있어서 필수적인 역할을 하였다. 따라서 식 (15)의 적분을 이상 적분으로 계산해야 하는 특이 문제의 경우, 어떤 조건 하에서 위의 관계식을 만족하는지 알아보아야 한다. 이를 위해 미분방정식 (1)을 다시 고려하고 $x = 0$은 특이 경계점이지만 $x = 1$은 특이 경계점이 아니라고 가정하자. 특이 경계점이 아닌 점 $x = 1$에 경계조건 $\beta_1 y(1) + \beta_2 y'(1) = 0$을 놓고 $x = 0$에서의 경계조건은 아직은 정하지 않고 놔두겠다. 여기서의 주 목적은 어떤 종류의 경계조건을 특이 경계점에 부여해야 식 (15)를 만족할 수 있을지를 결정하는 것이다.

여기서 다루고 있는 경계값 문제는 $x = 0$이 특이 경계점이기 때문에 11.2절에서의 적분 $\int_0^1 L[u]v\,dx$ 대신 양수 ϵ을 선택하여 $\int_\epsilon^1 L[u]v\,dx$를 먼저 고려한 후, ϵ을 0으로 다가가게 해야 한다. u와 v가 $\epsilon \le x \le 1$에서 적어도 연속인 2계 도함수를 갖는다고 가정하고 부분 적분을 두 번 하면

$$\int_\epsilon^1 (L[u]v - uL[v])\,dx = -p(x)(u'(x)v(x) - u(x)v'(x))\Big|_\epsilon^1 \tag{16}$$

을 얻을 수 있다. 또한 u와 v가 (2)에서 두 번째 경계조건을 만족한다면 $x = 1$에서의 경계 항은 사라지고

$$\int_\epsilon^1 (L[u]v - uL[v])\,dx = p(\epsilon)(u'(\epsilon)v(\epsilon) - u(\epsilon)v'(\epsilon)) \tag{17}$$

이 된다. 여기에 극한 $\epsilon \to 0$을 취하면

$$\int_0^1 (L[u]v - uL[v])\,dx = \lim_{\epsilon \to 0^+} p(\epsilon)(u'(\epsilon)v(\epsilon) - u(\epsilon)v'(\epsilon)) \tag{18}$$

이 되므로, 식 (15)를 만족할 필요충분조건은 앞에서 언급했던 가정들과 더불어 한 쌍의 함수 u, v에 대해

$$\lim_{\epsilon\to 0^+} p(\epsilon)(u'(\epsilon)v(\epsilon) - u(\epsilon)v'(\epsilon)) = 0 \tag{19}$$

이 되는 것이다. $x = 0$이 $L[y] = \lambda r(x)y$에 대한 특이 경계점일 때, 식 (19)는 $x = 0$에서 허용되는 경계조건이 무엇인지 결정하는 기준이 된다. 이 점이 특이 경계점이면 비슷한 조건이 $x = 1$에 부여된다. 즉,

$$\lim_{\epsilon\to 1^-} p(\epsilon)(u'(\epsilon)v(\epsilon) - u(\epsilon)v'(\epsilon)) = 0 \tag{20}$$

이다.

요약하면 11.2절에서처럼 다음과 같은 성질을 갖는 한 쌍의 함수 u, v에 대해, 이상 적분일 수도 있는 식 (15)가 유효하다면 식 (1)에 대한 특이 경계값 문제를 **자기수반** 문제라고 부른다: u와 v는 개구간 $0 < x < 1$에서 연속적으로 두 번 미분 가능하고 각각의 정칙 경계점에서 (2)와 같은 형태의 경계조건을 만족하며, $x = 0$이 특이 경계점이면 식 (19)를, $x = 1$이 특이 경계점이면 식 (20)을 보장할 수 있는 경계조건을 만족해야 한다. 적어도 하나의 경계점이 특이 경계점이면 바로 위에서 언급한 두 개의 경계조건들과 함께 미분방정식 (1)이 **특이 Sturm-Liouville 문제**를 이룬다고 할 수 있다.

예제 11.4.1

x가 오른쪽에서 -1로 다가갈 때와 x가 왼쪽에서 1로 다가갈 때 y와 y'이 유한한 경계조건과 함께 미분방정식

$$(1 - x^2)y'' - 2xy' + \alpha(\alpha + 1)y = 0$$

으로 이루어진 특이 Sturm-Liouville 경계값 문제가 자기수반 문제임을 보여라.

풀이

주어진 미분방정식으로부터 $p(x) = 1 - x^2$임을 알 수 있다. $x \to -1^+$일 때 u, v와 이것의 1계 도함수들이 유한하다면 확실히 식 (19)를 만족한다. 따라서 이러한 특이 경계값 문제는 $y(-1)$과 $y'(-1)$가 유한하고, $y(1)$과 $y'(1)$이 유한한 이러한 형태의 경계조건을 갖는 경우 자기수반 문제이다.

정칙 Sturm-Liouville 문제와 특이 Sturm-Liouville 문제 간의 가장 두드러진 차이는 특이 문제의 경우 고윳값이 서로 떨어져 있지 않을 수도 있다는 것이다. 즉, 특이 문제는 모든 λ값이나 적당한 구간 안의 모든 λ값에 대해 자명하지 않은 해를 가질 수도 있다. 이때 이 문제는 **연속 스펙트럼**을 갖는다고 한다. 특이 문제에 대해 이산 고윳값과 연속 스펙트럼이 섞여서 나타날 수 있다. 연속 스펙트럼을 갖는 문제의 경우, 이에 해당하는 고유함수들의 집합은 가산 집합도 아니고 정리 11.2.4에 나오는 것 같은 유형의 급수 전개도 존재하지 않는다; 무한합이 적당한 적분식으로 대체된다.

11.2절에서 소개한 정칙 문제의 경우처럼 고윳값들의 이산 집합만 나타날 수도 있다. 예를 들어 식 (6), $y(1) = 0$, (12)로 이루어진 문제는 고윳값들의 이산 집합만 나타난다. 그러나 일반적으로 주어진 문제에서 어떤 경우가 발생하는지를 결정하는 것은 쉽지 않다.

특이 Sturm-Liouville 문제에 대한 체계적인 설명은 이 책에 나와 있는 방법을 폭넓게 확장

해야 하는 고도의 작업을 포함한다.[11] 여기서는 물리 응용들과 관련 있는 몇 가지 예제만 다루겠다; 모두 이산 고윳값들의 무한 집합이 존재하는 예제이다.

특이 Sturm-Liouville 문제가 고윳값과 고유함수의 이산 집합만을 갖는다면 11.2절에서처럼 식 (15)를 이용하여 고윳값이 모두 실수이고 이에 대응되는 고유함수가 가중 함수 r에 관해 직교함을 보일 수 있다. 주어진 함수를 고유함수의 급수로 확장하는 것 역시 11.2절에서와 같다.

정칙 경계값 문제의 경우처럼 비제차 경계값 문제를 풀 때도 고유함수로의 확장을 이용할 수 있는데 그 과정이 11.3절에서 설명한 과정과 매우 유사한다. 상미분방정식에 대한 예제는 연습문제 **1**부터 **4**까지에, 편미분방정식에 대한 문제는 11.5절에 각각 나와 있다.

예제 11.4.2

$x \to 0$일 때 y와 y'은 유한하고, $y(L) = 0$인 특이 Sturm-Liouville 경계값 문제

$$(-xy')' + \frac{\alpha^2}{x}y = \lambda^2 xy, \quad 0 < x < L$$

가 고유함수 $\phi_n = J_\alpha(\lambda_n x)$를 갖는다.

(a) 가중 함수 $r(x) = x$에 대해 ϕ_n은 직교성 관계식

$$\int_0^L x\phi_n(x)\phi_m(x)\,dx = 0, \quad m \neq n \tag{21}$$

을 만족함을 보여라.

(b) $0 \leq x \leq L$에서 f와 f'이 조각마다 연속인 함수 f에 대해

$$f(x) = \sum_{n=1}^{\infty} c_n J_\alpha(\lambda_n x) \tag{22}$$

인 계수 c_n 을 구하라.

풀이

(a) 주어진 미분방정식으로부터 $p(x) = x$, $q(x) = -\frac{\alpha^2}{x}$, $r(x) = x$임을 알 수 있다. 따라서 가중 함수 $r(x) = x$에 대한 고유함수들의 직교성은 정리 11.2.2로부터 직접 보일 수 있다.

(b) 정리 11.2.4는 정규 고유함수들에만 적용되기 때문에 식 (22)에 $xJ_\alpha(\lambda_m x)$를 곱한 후 $x = 0$부터 $x = L$까지 항별 적분하면

$$\int_0^L xf(x)J_\alpha(\lambda_m x)\,dx = \sum_{n=1}^{\infty} c_n \int_0^L xJ_\alpha(\lambda_m x)J_\alpha(\lambda_n x)\,dx \tag{23}$$

를 얻을 수 있다. 이때 직교성 조건 (21)에 의해 식 (23)의 우변은 하나의 항만 남는다; 즉,

$$c_m = \frac{2\int_0^L xf(x)J_\alpha(\lambda_m x)\,dx}{L^2 J_{\alpha+1}(\lambda_m L)}$$

가 된다. 여기서

$$\int_0^L xJ_\alpha{}^2(\lambda_m x)\,dx = \frac{L^2}{2}J_{\alpha+1}(\lambda_m L)$$

는 급수 (22)의 계수를 결정할 수 있다.

[11] 예를 들어, 이 장 끝에 열거되어 있는 참고문헌 중 Yosida가 쓴 서적의 5장을 참고하라.

이때 위의 경우를 포함하도록 정리 11.2.4를 확장하면 급수 (22)의 수렴성을 보일 수 있다. 르장드르 다항식에 대한, 또는 상당히 흥미로운 다른 몇몇 특이 Sturm-Liouville 문제에 대한 경계값 문제의 해인 다른 종류의 베셀 함수들도 이 정리를 만족함을 보일 수 있다.

여기서 소개한 특이 문제는 특정한 문제일 필요는 없다. 고윳값들의 이산 집합이 아닌 연속 스펙트럼을 갖는 것은 특이 경계값 문제에 대한 일반적인 특징이라고 말할 수 있다.

연습 문제

1. 다음과 같은 비제차 경계값 문제에 대한 해의 형태를 구하라.

$$(-xy')' + \frac{1}{x}y = \mu xy + f(x), \quad 0 < x < L$$

$$x \to 0^+\text{일 때 } y\text{와 } y'\text{은 유한함}, \ y(L) = 0.$$

이때, f는 $0 < x < L$에서 주어진 연속 함수이고 μ는 이 문제에 대응되는 제차 문제의 고윳값이 아니다.

힌트: 11.3절의 비제차 경계값 문제와 비슷한 급수 확장을 사용하자.

2. 다음과 같은 경계값 문제를 고려하자.

$$-(xy')' = \lambda xy,$$

$$x \to 0^+\text{일 때 } y\text{와 } y'\text{은 유한함}, \ y'(1) = 0.$$

a. $\lambda_0 = 0$이 고유함수 $\phi_0(x) = 1$에 대응되는 이 문제에 대한 고윳값임을 보여라. $\lambda > 0$에 대해 $\sqrt{\lambda_n}$이 식 $J_0'(\sqrt{\lambda}) = 0$의 (증가하는 순서로) n번째 양근이면 이에 대응되는 고유함수가 베셀 함수 $\phi_n(x) = J_0(\sqrt{\lambda_n}x)$의 형태를 가짐을 보여라. 이런 근들의 무한수열이 존재함을 보일 수 있다.

b. **G** $J_0'(\sqrt{\lambda}) = 0$이 무한 수열을 이루는 양근을 가짐을 보여주는 그래프를 그려라.

c. $m, n = 0, 1, 2, \ldots$이면

$$\int_0^1 x\phi_m(x)\phi_n(x)\,dx = 0, \quad m \neq n$$

임을 보여라.

d. 비제차 문제

$$-(xy')' = \mu xy + f(x),$$

$$x \to 0^+\text{일 때 } y\text{와 } y'\text{은 유한함}, \ y'(1) = 0$$

에 대한 해의 형태를 구하라. 이때, f는 $0 \le x \le 1$에서 주어진 연속 함수이고 μ는 이 문제에 대응되는 제차 문제에 대한 고윳값이 아니다.

3. 양의 정수 k에 대해

$$-(xy')' + \frac{k^2}{x}y = \lambda xy,$$

$$x \to 0^+ \text{ 일 때 } y\text{와 } y'\text{은 유한함}, \ y'(1) = 0$$

인 문제를 고려하자.

a. 치환 $t = \sqrt{\lambda}x$를 사용하면 주어진 미분방정식이 k차 베셀 방정식(5.8절의 연습문제 **9** 참조)이 됨을 보여라. 이에 대한 해 중 하나는 $J_k(t)$이다; $Yk(t)$라 놓는 일차 독립인 두 번째 해는 $t \to 0$일

때 무한하다.

b. 주어진 문제의 고윳값 $\lambda_1, \lambda_2, \ldots$들은 $J_k\left(\sqrt{\lambda}\right)$이 0이 되는 양근의 제곱이고 이 고윳값에 대응되는 고유함수는 $\phi_n(x) = J_k\left(\sqrt{\lambda_n}x\right)$의 형태를 가짐을 보여라. 이런 근들의 무한수열이 존재함을 보일 수 있다.

c. 고유함수 $\phi_n(x)$가 직교성 관계식

$$\int_0^1 x\phi_m(x)\phi_n(x)\,dx = 0, \quad m \neq n$$

을 만족함을 보여라.

d. 다음과 같은 형태의 급수 확장에 대한 계수를 결정하라.

$$f(x) = \sum_{n=1}^{\infty} a_n\phi_n(x)$$

e. 비제차 문제

$$-(xy')' + \frac{k^2}{x}y = \mu xy + f(x),$$

$$x \to 0^+\text{일 때 } y\text{와 } y'\text{은 유한함}, \; y'(1) = 0$$

에 대한 해의 형태를 구하라. 이때, f는 $0 \le x \le 1$에서 주어진 연속 함수이고 μ는 이 문제에 대응되는 제차 문제에 대한 고윳값이 아니다.

4. x가 오른쪽에서 -1으로 다가갈 때와 x가 왼쪽에서 1로 다가갈 때 y와 y'이 유한한 경계조건과 함께 르장드르 방정식

$$(1 - x^2)y'' - 2xy' + \lambda y = 0$$

을 고려하자. 이 문제에 대한 고윳값은 $\lambda_1 = 2, \lambda_2 = 2 \cdot 3, \ldots, \lambda_n = n(n+1)$이고 이에 대응되는 고유함수는 다음과 같이 르장드르 다항식이다.

$$\phi_1(x) = P_1(x), \quad \phi_2(x) = P_2(x), \ldots, \phi_n(x) = P_n(x)$$

a.

$$\int_{-1}^{1} \phi_m(x)\phi_n(x)\,dx = 0, \quad m \neq n.$$

임을 보여라.

b. x가 오른쪽에서 -1으로 다가갈 때와 x가 왼쪽에서 1로 다가갈 때 y와 y'이 유한한 경계조건과 함께 비제차 문제

$$-\left((1 - x^2)y'\right)' = \mu y + f(x)$$

에 대한 해의 형태를 구하라. 이때, f는 $-1 \le x \le 1$에서 주어진 연속 함수이고 μ는 이 문제에 대응되는 제차 문제에 대한 고윳값이 아니다.

5.

$$(1 - x^2)y'' - xy' + \lambda y = 0 \tag{25}$$

은 체비셰프 방정식이다; 5.4절의 연습문제 **10**을 보자.

a. 식 (25)를 다음과 같은 형태로 쓸 수 있음을 보여라.

$$-\left((1 - x^2)^{1/2}y'\right)' = \lambda(1 - x^2)^{-1/2}y, \quad -1 < x < 1 \tag{26}$$

b. 다음과 같은 경계조건을 고려하자.

$$\begin{aligned} &y \text{ and } y' \text{ remain bounded as } x \to -1^+, \\ &y \text{ and } y' \text{ remain bounded as } x \to 1^- \end{aligned} \tag{27}$$

경계값 문제 (26), (27)이 자기수반 문제임을 보여라.

c. 경계값 문제 (26), (27)의 고윳값이 $\lambda_0 = 0, \lambda_1 = 1, \lambda_2 = 4, \ldots, \ \lambda_n = n^2, \ldots$임을 보일 수 있다. 이 고윳값에 대응되는 고유함수는 체비셰프 다항식 $T_n(x)$이다: $T_0(x) = 1$, $T_1(x) = x$, $T_2(x) = 1 - 2x^2$, ... 이때,

$$\int_{-1}^{1} \frac{T_m(x)\,T_n(x)}{(1-x^2)^{1/2}}\,dx = 0, \quad m \neq n \tag{28}$$

임을 보여라. 이것이 수렴하는 이상 적분임에 유의하자.

11.5 | 변수분리법에 대한 부연설명: 베셀 급수 확장

이 장에서는 10장에서 전개했던 변수분리법을—더 일반적인 미분방정식이나 더 일반적인 경계조건 또는 다른 모양의 기하학적 영역을 포함하는—더 다양한 문제로 확장하는 데 주력하고 있다. 좀 더 일반적인 미분방정식 또는 경계조건을 다루는 방법은 11.3절에서 소개하였고 이 절에서는 변수를 분리하면 특이 Sturm-Liouville 문제가 되는 다양한 기하학적 영역에서 주어진 문제를 주로 다루고자 한다.

변수분리법은 상대적으로 간단하기 때문에, 물리적으로 중요한 문제에 적용될 뿐 아니라 편미분방정식에 대한 이론과 응용분야에서 중요한 역할을 한다. 그러나 이 방법에는 간과해서는 안 되는 한계가 있다. 적절한 제차 문제에 대한 기본해의 일차결합을 이용하여 또 다른 해를 찾으려면 중첩의 원리를 사용할 수 있어야 하는데 이를 위해서는 주어진 문제가 선형이어야 한다.

실질적인 측면에서는 변수를 분리한 후에 나오는 상미분방정식들이 비교적 쉽게 풀려야 한다. 이론적으로는 변수분리법을 적용할 수 있는 문제가, 실제로는 변수를 분리한 후에 나오는 상미분방정식의 해를 찾기 힘들어서 사용하기 어려운 경우도 있다.

또한 변수분리법을 사용하는 데 있어서 주어진 문제에 포함되어 있는 영역의 기하학적 구조는 매우 제한적이다. 변수가 잘 분리되고 편미분방정식이 일련의 상미분방정식으로 바뀔 수 있는 좌표계를 사용해야 한다. 라플라스 방정식의 경우, 이런 좌표계가 대략 12개 정도가 있다; 독자들 대부분은 이 중에서 직사각형 좌표, 원기둥 좌표, 구면 좌표에만 익숙할 것이다. 다른 한편으로는 다루고자 하는 영역의 경계가 좌표 곡선이나 곡면들—즉, 변수 하나는 상수인 곡선이나 곡면—로 이루어져 있어야 한다. 따라서 여기서 다루고자 하는 영역을 2차원상의 직선 또는 원호로 둘러싸인 영역이나 3차원상의 평면이나 원기둥, 원뿔 또는 구로 둘러싸인 기초적인 영역으로 제한하겠다.

3차원 문제 중 라플라스 연산자 $u_{xx} + u_{yy} + u_{zz}$는 변수분리법을 사용하면 직사각형 좌표에서는 방정식 $X'' + \lambda X = 0$이, 원기둥 좌표에서는 베셀 방정식이, 구면좌표에서는 르장드르 방정식이 나온다. 이런 까닭에 이런 방정식과 이 방정식에 의해 정의된 함수에 대해 광범위하고 심도 있는 연구가 이루어져 왔다. 이 세 방정식 중 둘은 정칙이 아닌 특이 Sturm-Liouville 문제가 된다. 따라서 특이 문제는 전혀 이례적인 게 아니며 심지어는 정칙 문제보다 더 관심을 기울여야 할지도 모른다. 다음은 주어진 함수를 베셀 함수의 급수로 확장하는 예제를 소개하고자 한다.

▶**원형 탄성막의 진동.** 10.7절(식 (7))에서 얇은 탄성막의 가로진동에 대한 지배 방정식이 다음과 같은 2차원 파동방정식임을 알 수 있었다.

$$a^2\left(u_{xx}+u_{yy}\right)=u_{tt} \tag{1}$$

원형 막의 운동을 살펴보기 위해 편의상 식 (1)을 극좌표로 쓰자:

$$a^2\left(u_{rr}+\frac{1}{r}u_r+\frac{1}{r^2}u_{\theta\theta}\right)=u_{tt} \tag{2}$$

이 탄성막은 반지름 1을 갖고 원주로 단단히 둘러싸여 있으며, 시간 $t=0$에서 풀어지기 직전인 처음 위치를 각 변수 θ에 독립적이라고 가정할 것이다. 초기조건과 경계조건이 원형으로 대칭이기 때문에 자연스럽게 u도 θ에 독립적이라고 가정할 수 있다; 따라서 u는 r과 t만의 함수이다. 이 경우 미분방정식 (2)는

$$a^2\left(u_{rr}+\frac{1}{r}u_r\right)=u_{tt},\quad 0<r<1,\quad t>0 \tag{3}$$

가 된다. $r=1$에서의 경계조건은

$$u(1,t)=0,\quad t\geq 0 \tag{4}$$

이고 초기조건은

$$u(r,0)=f(r),\quad u_t(r,0)=0,\quad 0\leq r\leq 1 \tag{5}$$

이다. 이때, $f(r)$은 탄성막의 초기 모양을 나타내며 경계조건과 일치해야 하므로 $f(1)=0$이어야 한다. 끝으로 $u(r,t)$는 반드시 $0<r<1$에서 유한해야 한다.

예제 11.5.1

경계조건 (4)와 초기조건 (5)를 갖는 단위원에서의 2차원 파동방정식 (3)의 해를 구하라.

풀이

$u(r,t)=R(r)T(t)$라고 가정하고 식 (3)의 $u(r,t)$에 대입하면

$$\frac{R''+(1/r)R'}{R}=\frac{1}{a^2}\frac{T''}{T}=-\lambda^2 \tag{6}$$

을 얻을 수 있다. 이 분리상수가 음수여야 함을 나타내기 위해 $\lambda>0$에 대해 $-\lambda^2$으로 놓았다.[12] 그러면 식 (6)은 다음과 같은 두 개의 상미분방정식으로 나뉜다:

$$r^2R''+rR'+\lambda^2r^2R=0 \tag{7}$$

$$T''+\lambda^2a^2T=0 \tag{8}$$

따라서 식 (8)에 의해

$$T(t)=k_1\sin(\lambda at)+k_2\cos(\lambda at) \tag{9}$$

이다. 식 (7)에 새로운 독립변수 $\xi=\lambda r$을 도입하면

[12] 이 분리상수를 간단하게 $-\lambda$로 놓는 대신 $-\lambda^2$이라고 놓으면 이후의 내용 중에서 근호가 여러 번 나오는 것을 방지할 수 있다.

$$\xi^2 \frac{d^2R}{d\xi^2} + \xi \frac{dR}{d\xi} + \xi^2 R = 0 \tag{10}$$

을 얻을 수 있는데 이것은 0차 베셀 방정식이다. 따라서 각각 제1종, 제2종인 0차 베셀 함수 J_0, Y_0에 대해(11.4절 참조)

$$R\left(\frac{\xi}{\lambda}\right) = c_1 J_0(\xi) + c_2 Y_0(\xi) \tag{11}$$

로 쓸 수 있고 r에 대해서는

$$R(r) = c_1 J_0(\lambda r) + c_2 Y_0(\lambda r) \tag{12}$$

이 된다.

$u(r, t)$가 유한하다는 조건에 의해 $r \to 0^+$일 때도 R은 유한해야 한다. 따라서 $r \to 0^+$일 때 $Y_0(\lambda r) \to -\infty$이므로 $c_2 = 0$이어야 한다. 또한 경계조건 (4)에 의해

$$J_0(\lambda) = 0 \tag{13}$$

이여야 한다.

결국 분리상수가 될 수 있는 값은 초월 방정식 (13)의 근들로부터 나온다. 11.4절에서 $J_0(\lambda)$는 이산 양근들의 무한집합을 갖는데, 증가하는 크기순인 $\lambda_1, \lambda_2, \lambda_3, \ldots, \lambda_n, \ldots$ 으로 쓸 수 있었다. 또한 함수 $J_0(\lambda_n r)$은 특이 Sturm-Liouville 문제의 고유함수이고 주어진 함수 f에 대한 급수 확장의 기저로 사용할 수 있다. 편미분방정식 (3), 경계조건 (4)와 유한성 조건을 만족하는 이 문제에 대한 기본해들은

$$u_n(r,t) = J_0(\lambda_n r)\sin(\lambda_n a t), \quad n = 1, 2, \ldots \tag{14}$$

$$v_n(r,t) = J_0(\lambda_n r)\cos(\lambda_n a t), \quad n = 1, 2, \ldots \tag{15}$$

이다.

다음으로 $u(r, t)$를 기본해인 (14), (15)의 무한 일차결합으로 표현할 수 있다고 가정하자:

$$\begin{aligned} u(r,t) &= \sum_{n=1}^{\infty} \left(k_n u_n(r,t) + c_n v_n(r,t)\right) \\ &= \sum_{n=1}^{\infty} \left(k_n J_0(\lambda_n r)\sin(\lambda_n a t) + c_n J_0(\lambda_n r)\cos(\lambda_n a t)\right) \end{aligned} \tag{16}$$

그러면 초기조건에 의해 다음과 같이 된다.

$$u(r,0) = \sum_{n=1}^{\infty} c_n J_0(\lambda_n r) = f(r) \tag{17}$$

$$u_t(r,0) = \sum_{n=1}^{\infty} \lambda_n a k_n J_0(\lambda_n r) = 0 \tag{18}$$

또한 11.4절의 식 (24)로부터

$$k_n = 0, \quad c_n = \frac{\displaystyle\int_0^1 r f(r) J_0(\lambda_n r)\,dr}{\displaystyle\int_0^1 r\left(J_0(\lambda_n r)\right)^2 dr}, \quad n = 1, 2, \ldots \tag{19}$$

을 얻을 수 있으므로 경계조건 (4)와 초기조건 (5)를 만족하는 편미분방정식 (3)의 해는

$$u(r,t) = \sum_{n=1}^{\infty} c_n J_0(\lambda_n r)\cos(\lambda_n a t) \tag{20}$$

에 의해 주어지고 이때의 계수 c_n은 식 (19)에 의해 정의된다.

연습 문제

1. 꼭짓점 (0, 0), (1, 0), (2, 1), (1, 1)들을 갖는 평행사변형에서의 라플라스 방정식 $u_{xx} + u_{yy} = 0$을 고려하자. $1 \le x \le 2$일 때의 변 $y = 1$의 경계조건으로 $u(x, 1) = f(x)$가 주어지고 다른 세 변의 경계조건으로는 $u = 0$이 주어졌다고 가정하자(**그림 11.5.1**을 참고).

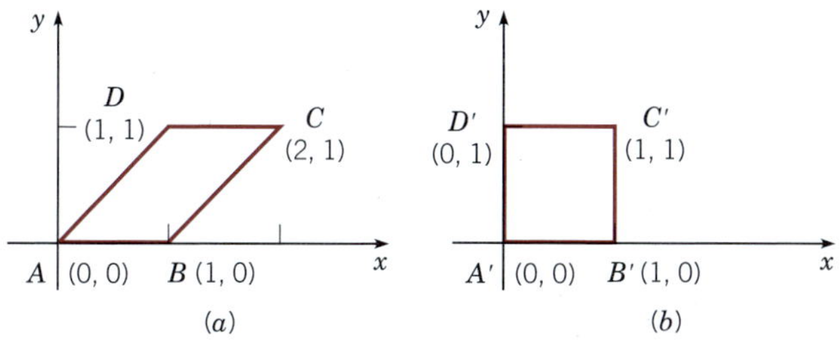

그림 11.5.1 문제 1의 영역

a. 이 편미분방정식의 해 중, 제차 경계조건을 만족하는 $u(x, y) = X(x)Y(y)$ 형태의 자명하지 않은 해는 없음을 보여라.

b. $\xi = x - y, \eta = y$라 두자. xy-평면상의 평행사변형 영역이 $\xi\eta$-평면상의 직사각형 영역 $0 \le \xi \le 1$, $0 \le \eta \le 1$로 변환됨을 보여라. 또한 주어진 미분방정식은

$$2u_{\xi\xi} + u_{\eta\eta} - 2u_{\xi\eta} = 0 \tag{21}$$

으로 변환됨을 보여라. 경계조건은 어떻게 변환되는가?

c. b에 나온 미분방정식 (21)에 대해 $\xi\eta$-평면상에서 다음과 같은 형태의 해가 없음을 보여라.

$$u(\xi, \eta) = U(\xi)V(\eta)$$

따라서 xy-평면상에서는 영역이 갖는 경계의 모양 때문에 변수분리법을 이용하여 해를 구할 수가 없고, $\xi\eta$-평면상에서는 영역은 다루기 쉬워진 대신 미분방정식 안의 변수가 더 이상 분리되지 않는다.

2. 경계조건

$$u(2, t) = 0, \quad t \ge 0$$

과 초기조건

$$u(r, 0) = f(r), \quad u(r, 0) = g(r), \quad 0 \le r \le 2$$

을 만족하는 반지름 2인 진동하는 원형 탄성막의 변위 $u(r, t)$를 구하라. 이때, $f(2) = g(2) = 0$이다.
힌트: 이 문제는 본문상의 미분방정식 (3)을 만족한다.

3. 경계조건

$$u(2, t) = 0, \quad t \ge 0$$

과 초기조건

$$u(r, 0) = 0, \quad u_t(r, 0) = g(r), \quad 0 \le r \le 2$$

들을 만족하는 반지름 2인 진동하는 원형 탄성막의 변위 $u(x, t)$를 구하라. 이때, $g(2) = 0$이다.
힌트: 이 문제는 본문상의 미분방정식 (3)을 만족한다.

4. 극좌표상의 파동방정식은

$$u_{rr} + \frac{1}{r}u_r + \frac{1}{r^2}u_{\theta\theta} = \frac{1}{a^2}u_{tt}$$

이다. $u(r, \theta, t) = R(r)\Theta(\theta)T(t)$이면 R, Θ, T가 상미분방정식

$$r^2R'' + rR' + \left(\lambda^2r^2 - n^2\right)R = 0,$$
$$\Theta'' + n^2\Theta = 0,$$
$$T'' + \lambda^2a^2T = 0$$

을 만족함을 보여라.

5.
$$x = r\cos(\theta),\ y = r\sin(\theta),\ z = z$$

로 정의되는 원기둥 좌표 r, θ, z에서의 라플라스 방정식은(10.8절에 연습문제 **16**을 참고)

$$u_{rr} + \frac{1}{r}u_r + \frac{1}{r^2}u_{\theta\theta} + u_{zz} = 0$$

이다.

a. $u(r, \theta, z) = R(r)\Theta(\theta)Z(z)$이면 R, Θ, Z가 상미분방정식

$$r^2R'' + rR' + \left(\lambda^2r^2 - n^2\right)R = 0,$$
$$\Theta'' + n^2\Theta = 0,$$
$$Z'' - \lambda^2Z = 0$$

을 만족함을 보여라.

b. $u(r, \theta, z)$가 θ에 대해 독립이면 **a**의 첫 번째 식은

$$r^2R'' + rR' + \lambda^2r^2R = 0$$

이 되고 두 번째 식은 모두 없어지며 세 번째 식은 변하지 않음을 보여라.

6. 경계가 고정되어 있고 다음과 같은 경계조건을 만족하는 단위 정사각형 막의 변위를 구하라.

$$u(x, y, t) = 0, \quad t > 0$$
$$u(x, y, 0) = f(x, y)$$
$$u_t(x, y, 0) = 0$$

7. 미분방정식

$$v_{xx} + v_{yy} + k^2v = 0$$

은 라플라스 방정식의 일반형인데 **Helmholtz**[13] **방정식**이라 부르기도 한다.

a. 극좌표상의 Helmholtz 방정식은

$$v_{rr} + \frac{1}{r}v_r + \frac{1}{r^2}v_{\theta\theta} + k^2v = 0$$

이다. $v(r, \theta) = R(r)\Theta(\theta)$이면 R과 Θ가 상미분방정식

$$r^2R'' + rR' + \left(k^2r^2 - \lambda^2\right)R = 0, \quad \Theta'' + \lambda^2\Theta = 0$$

을 만족함을 보여라.

b. 원판 $r < c$에서의 Helmholtz 방정식을 고려하자. 이 원판의 모든 점에서 유한하고, θ에 대해 주기 2π인 주기함수이며, $0 \le \theta < 2\pi$에서 주어진 함수 f에 대한 경계조건 $v(c, \theta) = f(\theta)$를 만족하는 해를 구하라.

힌트: R에 대한 방정식은 베셀 방정식이다. 11.4절의 연습문제 **3**을 보자.

---

[13] 독일의 과학자 Hermann von Helmholtz (1821~1894)는 의학과 생리학을 전공하였으며, 처음에는 1851년 검안경의 발명을 포함하여 생리광학 및 음향학에 종사하였고 나중에는 물리학, 특히 유체역학과 전기역학으로 관심을 돌렸다. 그의 생애 대부분을 독일의 몇몇 대학에서 생리학이나 물리학과의 학장을 역임하였다.

8. 한 방향으로 무한한 막대 $0 < z < \infty$, $0 \le r < 1$에서의 열류를 고려하자. 이때의 온도는 θ에 대해 독립적이고 $z \to \infty$일 때 0으로 다가간다. 초기 온도 분포를 반지름 변수 r만의 함수로 두자. 그러면 온도 u는 r과 z만의 함수이고 열전도 방정식

$$\alpha^2\left(u_{rr} + \frac{1}{r}u_r\right) = u_t,\ \ 0 < r < 1,\ \ t > 0$$

와 다음과 같은 초기조건, 경계조건을 만족한다:

$$\begin{aligned} &u(r,0) - f(r), && 0 \le r \le 1, \\ &u(1,z) = 0, && z > 0 \end{aligned}$$

$J_0(\lambda_n) = 0$일 때

$$u(r,z) = \sum_{n=1}^{\infty} c_n J_0(\lambda_n r)\, e^{-\lambda_n z}$$

임을 보이고, c_n에 대한 공식을 구하라.

9. 방정식

$$x = \rho\cos(\theta)\sin(\phi),\ y = \rho\sin(\theta)\sin(\phi),\ z = \rho\cos(\phi)$$

로 정의된 구면 좌표 ρ, θ, ϕ $(\rho > 0, 0 < \theta < 2\pi, 0 < \phi < \pi)$에서의 라플라스 방정식은

$$\rho^2 u_{\rho\rho} + 2\rho u_\rho + \left(\csc^2(\phi)\right) u_{\theta\theta} + u_{\phi\phi} + (\cot(\phi))\, u_\phi = 0$$

이다(10.8절의 연습문제 **17** 참조).

a. $u(\rho, \theta, \phi) = P(\rho)\Theta(\theta)\Phi(\phi)$이면 P, Θ, Φ가 다음과 같은 형태의 상미분방정식을 만족함을 보여라.

$$\begin{aligned} \rho^2 P'' + 2\rho P' - \mu^2 P = 0, &\quad \rho > 0, \\ \Theta'' + \lambda^2\Theta = 0, &\quad 0 < \theta < 2\pi, \\ \left(\sin^2(\phi)\right)\Phi'' + (\sin(\phi)\cos(\phi))\,\Phi' & \\ + \left(\mu^2\sin^2(\phi) - \lambda^2\right)\Phi = 0, &\quad 0 < \phi < \pi \end{aligned}$$

이 미분방정식 중 P는 오일러 유형이고 Φ은 르장드르 방정식과 관련이 있다.

b. $u(\rho, \theta, \phi)$가 θ에 대해 독립이면 a의 첫 번째 식은 변하지 않고 두 번째 식은 없어지며 세 번째 식은

$$\left(\sin^2(\phi)\right)\Phi'' + (\sin(\phi)\cos(\phi))\,\Phi' + \left(\mu^2\sin^2(\phi)\right)\Phi = 0$$

이 됨을 보여라.

c. 새로운 독립변수를 $s = \cos(\phi)$로 정의하면 **b**에서의 Φ에 대한 미분방정식은

$$\left(1 - s^2\right)\frac{d^2\Phi}{ds^2} - 2s\frac{d\Phi}{ds} + \mu^2\Phi = 0, \quad -1 \le s \le 1$$

이 됨을 보여라. 이것이 르장드르 방정식임을 확인하자.

10. 반지름이 1인 구에서의 정상 상태 온도 $u(\rho, \phi)$를 구하라. 이때 이 온도는 θ에 대해 독립적이고 경계조건

$$u(1,\phi) = f(\phi), \quad 0 \le \phi \le \pi$$

를 만족한다.

힌트: 문제 **9** 및 5.4절의 문제 **17**부터 **23**까지를 참고하라. ±1에서 모두 유한한 르장드르 방정식의 해는 르장드르 다항식만 있다는 사실을 사용하라.

11.6 직교함수 급수: 평균 수렴

11.2절에서 어떤 제약 조건하에서 주어진 함수 f를 Sturm-Liouville 경계값 문제에 대한 고유함수의 급수로 확장할 수 있음을 보였고 이때의 급수는 개구간 안의 각 점에서 $\frac{1}{2}(f(x^+)+f(x^-))$로 수렴하였다. 좀 더 강한 조건하에서는 이 급수가 폐구간 안의 각 점에서 $f(x)$로 수렴한다. 이런 수렴을 **점별 수렴**(pointwise convergence)이라고 부른다. 이 절에서는 특히 고유함수 같은 직교함수들의 급수에 사용되는 다른 종류의 수렴에 대해 알아보겠다.

구간 $0 \le x \le 1$에서 음이 아닌 가중 함수 r과 Kronecker 델타 δ_{ij}에 대한 정규 직교성 조건

$$\int_0^1 r(x)\phi_i(x)\phi_j(x)\,dx = \delta_{ij} \tag{1}$$

를 만족하는 연속 함수 $\phi_1, \phi_2, \dots, \phi_n$의 집합이 주어졌다고 가정하자. 이때 $0 \le x \le 1$에서 주어진 함수 f를 $\phi_1, \dots, \phi_n$의 일차결합으로 근사해 보자. 즉

$$S_n(x) = \sum_{i=1}^{n} a_i\phi_i(x) \tag{2}$$

일 때 함수 S_n이 $0 \le x \le 1$에서 f를 가장 잘 근사할 수 있도록 하는 계수 $a_1, \dots, a_n$을 선택하자. 이때 맞닥뜨리게 되는 첫 번째 문제는 "$0 \le x \le 1$에서 f를 가장 잘 근사한다"는 것이 어떤 의미인가 하는 것이다. 이것에 적합한 몇 가지 의미를 다음과 같이 정리할 수 있다.

1. $S_n(x)$가 구간 $0 \le x \le 1$에서 선택된 n개의 점 $x_1, \dots, x_n$들에서 각각 $f(x)$와 같은 값을 갖게 한다. 이때 계수 $a_1, \dots, a_n$은 다음과 같은 선형대수 방정식들의 집합을 풀면 찾을 수 있다.

$$\sum_{i=1}^{n} a_i\phi_i(x_j) = f(x_j), \quad j = 1, \dots, n \tag{3}$$

이런 과정은 **collocation 근사법**이라고 알려져 있다. 이 근사법은 식 (3)을 손쉽게 적을 수 있다는 이점이 있다; 점 $x_1, \dots, x_n$에서 식 안에 포함되어 있는 함수를 계산하기만 하면 된다. 잘 선택된 점과 충분히 큰 n에 대해 $S_n(x)$는 이 선택된 점에서 $f(x)$와 값이 같을 뿐 아니라 다른 점에서도 $f(x)$에 상당히 가까울 것이다. 그러나 collocation 근사법에는 몇 가지 결점이 있다. 기저 함수 ϕ_{n+1}이 하나 더 추가되면 점 x_{n+1}이 하나 더 필요하기 때문에 모든 계수를 다시 계산해야만 한다. Collocation 근사법의 정확도를 올리기 위해 항을 더 추가하는 것은 귀찮은 일이다. 또한 계수 a_i는 점 $x_1, \dots, x_n$의 위치에 따라 달라지며 이 점을 선택하는 최선의 방법이 무엇인지도 명확하지 않다.

2. 다른 방법은 주어진 함수 f와 이를 근사하고자 하는 급수 $S_n(x)$의 차 $|f(x) - S_n(x)|$를 가능한 작게 만드는 것이다. 이 경우의 문제는 $|f(x) - S_n(x)|$가 계수 $a_1, \dots, a_n$뿐 아니라 x에 대한 함수이고 a_i를 어떻게 계산해야 하는지 분명하지 않다는 것이다. 한 점에서 $|f(x) - S_n(x)|$가 작아지도록 a_i를 선택했더라도 다른 점에서는 커질 수 있다. 이를 해결하기 위한 한 가지 방법은 $0 \le x \le 1$인 x에 대해 $|f(x) - S_n(x)|$의 최소 상한(the least upper bound)[14]의 값이 가능

[14] **최소 상한**(least upper bound, lub)은 임의의 어떤 상한보다 더 작은 상한을 의미한다. 유한한 함수의 lub는 항상 존재하며, 이 lub가 하나뿐이라면 이것은 함수의 최대값에 해당한다.

한 작아지도록 $a_1, \ldots, a_n$을 선택하는 것이다. 즉,

$$E_n(a_1, \ldots, a_n) = \underset{0 \le x \le 1}{\text{lub}} |f(x) - S_n(x)| \tag{4}$$

일 때 E_n을 최소화하도록 $a_1, \ldots, a_n$을 선택한다. 이 접근법은 직관적으로 그럴듯하기 때문에 이론적인 계산에서 자주 사용된다. 그러나 실제로는 $E_n(a_1, \ldots, a_n)$을 양함수 형태의 공식으로 쓰는 것이 불가능하지는 않아도 매우 어렵다. 또한 이 과정은 collocation 근사법과 같은 약점을 갖고 있다: $S_n(x)$에 항을 하나 더 추가하면 모든 계수를 다시 계산해야 한다. 따라서 실제 문제에서는 유용하지 않을 수 있다.

3. 또 다른 방법은

$$I_n(a_1, \ldots, a_n) = \int_0^1 r(x) |(f(x) - S_n(x))| \, dx \tag{5}$$

를 고려하는 것이다. $r(x) = 1$이면 I_n은 $y = f(x)$와 $y = S_n(x)$의 그래프들 간의 영역에 해당한다(**그림 11.6.1**을 참고). 이때 I_n을 최소화하도록 계수 a_i들을 결정한다. 절댓값이 포함되어 있으면 계산이 복잡해지므로 $f(x)$에 대한 일차결합 $S_n(x)$의 근사가 얼마나 정확한지 확인하기 위해 편의상 다음을 고려하자.

$$R_n(a_1, \ldots, a_n) = \int_0^1 r(x) (f(x) - S_n(x))^2 \, dx \tag{6}$$

R_n은 어떤 면에서 I_n에 거의 비슷하긴 하나 I_n처럼 기하학적으로 해석하기가 쉽지는 않다. 그러나 수학적으로는 I_n보다는 R_n을 다루는 게 더 쉽다. 이때 R_n의 값을 f에 대한 근사 S_n의 **평균 제곱 오차**(mean square error)라 부른다. R_n이 최소가 되도록 $a_1, \ldots, a_n$을 선택했다면 S_n은 **평균 제곱의 의미**로 f를 근사한다고 한다.

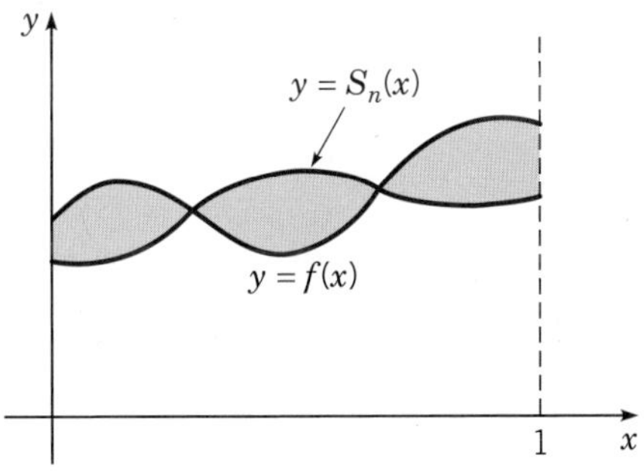

그림 11.6.1 $I - n$은 $y = f(x)$(회색)와 $y = S_n(x)$(청록색)의 그래프들 간의 면적

R_n을 최소화하도록 $a_1, \ldots, a_n$을 선택하기 위해서는 필수조건

$$\frac{\partial R_n}{\partial a_i} = 0, \quad i = 1, \ldots, n \tag{7}$$

을 만족해야 한다. 식 (7)을 자세히 적어서 $\partial S_n(x; a_1, \ldots, a_n)/\partial a_i$이 $\phi_i(x)$와 같음을 확인하고 나면

$$-\frac{\partial R_n}{\partial a_i} = 2\int_0^1 r(x)(f(x) - S_n(x))\phi_i(x)\,dx = 0 \tag{8}$$

임을 알 수 있다. $S_n(x)$를 식 (2)로 치환하고 직교성 관계식 (1)을 사용하면

$$a_i = \int_0^1 r(x) f(x) \phi_i(x)\,dx, \quad i = 1, \ldots, n \tag{9}$$

를 구할 수 있다. 식 (9)에 의해 정의되는 계수들을 **f의 정규 직교 집합 $\phi_1, \phi_2, \ldots, \phi_n$과 가중 함수 r에 대한 푸리에 계수들**이라고 부른다. 그러나 이 조건 (7)은 R_n을 최소화하기 위한 필요조건이지 충분조건이 아니기 때문에, 실제로 a_i를 식 (9)와 같이 선택했을 때 R_n이 최소화되는지를 보여야 한다. 이에 대해서는 연습문제 **5**에 간략하게 나와 있다.

이때 계수 (9)가 적절한 조건 하에서 정리 11.2.4에 언급되어 있는 수렴성을 갖는 고유함수 급수의 계수와 같다는 사실을 알 수 있다. 따라서 $S_n(x)$는 이 급수의 n번째 부분합이며 함수 $\phi_1, \ldots, \phi_n$과 더불어 $f(x)$에 가장 가까운 평균 제곱 근사를 이룬다. 이제부터는 $S_n(x)$의 계수 a_i가 식 (9)에 의해 주어진다고 가정하겠다.

식 (9)는 두 가지 주목할 만한 점이 있다. 첫 번째는 이 식이 collocation 근사법에서처럼 $a_1, \ldots, a_n$에 대한 선형대수 방정식들의 집합이 아닌 각 a_i에 대해 *따로따로* 주어진 공식이라는 점인데, 이는 기저 함수 $\phi_1, \ldots, \phi_n$의 직교성에 기인한다. 두 번째는 a_i에 대한 공식이 $S_n(x)$의 항의 개수인 n에 대해 *독립적*이라는 것이다. 이것이 실질적으로 중요한 이유는 다음과 같다. f에 가장 가까운 근사를 찾기 위해 좀 더 많은 항—이를 $k > n$인 k항이라 두자—을 이용하여 근사해 보자. 이때 $S_k(x)$의 처음 n개의 계수들은 다시 계산할 필요가 없다. 추가되는 기저 함수 $\phi_{n+1}, \ldots, \phi_k$로부터 발생하는 계수 $a_{n+1}, \ldots, a_k$만 식 (9)를 이용하여 계산하면 된다. f, r, ϕ_n이 복잡한 함수라면 수치적분을 이용할 수도 있다.

이제 구간 $0 \le x \le 1$에서 연속이고 정규 직교인 함수 $\phi_1, \ldots, \phi_n, \ldots$의 무한수열이 존재하고 n이 무한히 증가함에 따라 평균 제곱 오차 R_n이 0으로 다가간다고 가정하자. 이 경우 무한급수

$$\sum_{i=1}^{\infty} a_i \phi_i(x)$$

가 평균 제곱의 의미(mean square sense)로 (또는 간단하게 평균적으로) $f(x)$에 수렴한다고 한다. 평균 수렴은 지금까지 고려했던 점별 수렴과는 본질적으로 다른 유형의 수렴이다. 각 점에서는 수렴하지 않지만 평균적으로는 수렴하는 급수가 있을 수 있다. 기하학적으로 그럴듯한 것이 함수 값이 모든 점에서 같지 않은 두 함수의 곡선 사이의 면적이—평균 제곱 오차와 똑같이—영이 될 수도 있다. 또는 두 함수가, 예를 들어 점의 유한집합에서 서로 다른 값을 가질 수도 있는데, 이것은 평균 제곱 오차에 영향을 끼치지 않는다. 또는 모든 점에서는 수렴하지만 평균적으로는 수렴하지 않는 무한급수도 있을 수 있다. 심지어는 평균 제곱 오차가 발산하는 경우도 있다. 이런 현상들에 대한 예가 연습문제 **4**에 나와 있다.

이제 $0 \le x \le 1$에서 정의된 어떤 종류의 함수가 정규 직교 집합 $\phi_i, i = 1, 2, \ldots$의 무한급수로 표현될 수 있는지 살펴보자. 그 해답은 어떤 종류의 수렴이 필요한지에 따라 다르다. 함수들의 집합 $\mathcal{F}$의 각각의 함수 f에 대해 식 (9)에 의해 주어진 계수들을 갖는 급수

$$f(x) = \sum_{i=1}^{\infty} a_i \phi_i(x) \tag{10}$$

가 평균적으로 수렴하면, 집합 $\phi_1, \ldots, \phi_n, \ldots$을 $\mathcal{F}$의 평균 제곱 수렴에 대한 **완전**(complete) 집합이라고 부른다. 점별 수렴에 대해서도 이와 비슷한 완전성 정의가 있다.

식 (10)과 같은 급수의 수렴성에 대한 정리들을 완전성의 개념을 이용해 다시 쓸 수 있다. 예를 들어 정리 11.2.4를 다음과 같이 바꿔 쓸 수 있다: Sturm-Liouville 문제

$$-(p(x)y')' + q(x)y = \lambda r(x)y, \quad 0 < x < 1 \tag{11}$$

$$\alpha_1 y(0) + \alpha_2 y'(0) = 0, \quad \beta_1 y(1) + \beta_2 y'(1) = 0 \tag{12}$$

의 고유함수들은 $0 \le x \le 1$에서 연속이고 조각조각 연속인 도함수를 갖는 함수들의 집합의 점별 수렴에 대해 완전집합을 이룬다.

점별 수렴을 평균 수렴으로 바꾸면 정리 11.2.4를 일반화시킬 수 있는데, 이 일반화된 정리를 소개하기 전에 먼저 제곱 적분 가능 함수가 무엇인지 정의하고자 한다. 함수 f와 f^2이 구간 $0 \le x \le 1$에서 모두 적분 가능[15]하면 이때의 함수 f를 이 구간에서 **제곱 적분 가능**(square integrable)하다고 한다. 다음 정리는 평균 수렴을 포함한다는 것만 빼고는 정리 11.2.4와 똑같다.

정리 11.6.1

정칙 Sturm-Liouville 문제 (11), (12)의 고유함수 ϕ_i는 $0 \le x \le 1$에서 제곱 적분 가능한 함수 집합에 대해 평균 수렴에 대해 완전 집합이다. 즉, 제곱 적분 가능한 임의의 함수 f가 주어지면, 계수가 식 (9)로 주어진 급수 (10)은 평균 제곱 의미에서 $f(x)$로 수렴한다.

참으로 중요한 사실은 정리 11.6.1을 만족하는 함수의 종류가 굉장히 많다는 것이다. 제곱 적분 가능 함수에는 임의의 점에서 미분 가능하지 않은 함수뿐 아니라 무한 불연속성을 포함하는 불연속성을 갖는 함수들도 다수 포함되어 있다. 이런 함수는 모두 경계값 문제 (11), (12)의 고유함수들의 급수로 확장 가능한데, 이때 이 급수는 평균 수렴한다. 그러나 이런 급수 중 적어도 모든 점에서, 점별 수렴하지 않는 경우가 많이 있다. 따라서 고유함수 같은 직교함수들의 급수는 점별 수렴보다는 평균 수렴과 관련되어 있다.

10장에서 소개했던 푸리에 급수의 이론은 Sturm-Liouville 문제의 일반적인 이론에 대한 특수한 경우이다. 예를 들어 함수

$$\phi_n(x) = \sqrt{2}\sin(n\pi x), \quad n = 1, 2, \ldots \tag{13}$$

는 Sturm-Liouville 문제

$$y'' + \lambda y = 0, y(0) = 0, y(1) = 0 \tag{14}$$

[15] 기초 미적분학에서 사용되는 리만 적분의 경우, 함수 f와 f^2이 적분 가능하다는 가정은 서로 독립적이다; 즉, f가 적분 가능하지만 f^2은 적분 불가능한 함수가 존재하고, 그 반대도 마찬가지이다(문제 **6** 참고). Lebesgue 적분이라고 불리는 일반화된 적분은 'f^2이 적분 가능하면 f도 반드시 적분 가능해야 한다.'라는 성질을 가진다. *제곱 적분 가능*이라는 용어는 이러한 유형의 적분과 관련하여 통용된다.

의 정규 고유함수이다. 따라서 f가 $0 \le x \le 1$에서 주어진 제곱 적분 가능 함수라면 정리 11.6.1에 의해 급수

$$f(x) = \sum_{m=1}^{\infty} b_m \phi_m(x) = \sqrt{2} \sum_{m=1}^{\infty} b_m \sin(m\pi x) \tag{15}$$

는 평균적으로 수렴한다. 이때,

$$b_m = \int_0^1 f(x)\phi_m(x)\,dx = \sqrt{2}\int_0^1 f(x)\sin(m\pi x)\,dx \tag{16}$$

이다. 정확하게 말하자면 급수 (15)는 10.4절에서 소개했던 푸리에 사인 급수이다. f가 정리 11.2.4에 대한 조건도 만족한다면 이 급수는 평균 수렴할 뿐 아니라 점별 수렴한다.

비슷하게 Sturm-Liouville 문제

$$y'' + \lambda y = 0, \quad y'(0) = 0, \quad y'(1) = 0 \tag{17}$$

은 정규 고유함수 $\phi_0(x) = 1$, $\phi_n(x) = \sqrt{2}\cos(n\pi x)$, $n = 1, 2, \ldots$ 를 갖는다. 따라서 이 문제는 자연스럽게 푸리에 코사인 급수와 관련이 있다.

예제 11.6.1 $0 < x < 1$에 대해 $f(x) = 1$이라 두자. $f(x)$를 고유함수 (13)을 이용하여 확장하고 이때 나오는 급수에 대한 점별 수렴성과 평균 제곱 수렴성을 설명하라.

풀이

이때의 급수는 (15)의 형태를 갖고 이 급수의 계수 b_m은 식 (16)에 의해 주어진다. 따라서

$$\begin{aligned} b_m &= \int_0^1 f(x)\phi_m(x)\,dx = \sqrt{2}\int_0^1 \sin(m\pi x)\,dx = \frac{\sqrt{2}}{m\pi}(1-\cos(m\pi)), \\ &= \frac{\sqrt{2}}{m\pi}\left(1-(-1)^m\right) = \begin{cases} \dfrac{2\sqrt{2}}{m\pi} & m \text{ odd} \\ 0 & m \text{ even} \end{cases} \end{aligned} \tag{18}$$

이고 이 급수의 n번째 부분합은

$$S_n(x) = \sqrt{2}\sum_{m=1}^{n} b_m \sin(m\pi x) = 2\sum_{m=1}^{n} \frac{1-\cos(m\pi)}{m\pi}\sin(m\pi x) = \frac{4}{\pi}\sum_{m=1,3,\ldots,n} \frac{1}{m}\sin(m\pi x) \tag{19}$$

이므로 이 급수의 n번째 부분합과 관련된 평균 제곱 오차는

$$R_n = \int_0^1 (f(x) - S_n(x))^2\,dx \tag{20}$$

가 된다.

몇몇 n에 대한 R_n을 계산하여 그리면 **그림 11.6.2**를 얻을 수 있는데 이 그림은 n이 증가함에 따라 R_n이 꾸준히 감소함을 나타내고 있다. 물론 정리 11.6.1에 의하면 $n \to \infty$일 때 $R_n \to 0$이다. $0 < x < 1$의 각 점에서는 $n \to \infty$일 때 $S_n(x) \to f(x) = 1$임을 알 수 있다; 또한 모든 n에 대해 $x = 0$ 또는 $x = 1$에서 $S_n(x)$의 값은 0이다. 비록 이 급수가 각각의 x에 대해 점별 수렴하긴 하나 오차의 최소 상한은 n이 커짐에 따라 줄어들지 않는다. 오차가 어떤 식으로든 1로 다가가는 점인 $x = 0$과 $x = 1$에 가까운 점이 각 n에 대해 항상 존재하는데, 이런 상황은 예제 10.3.1과 비슷하다; 그림 10.3.3과 10.3.4를 참고.

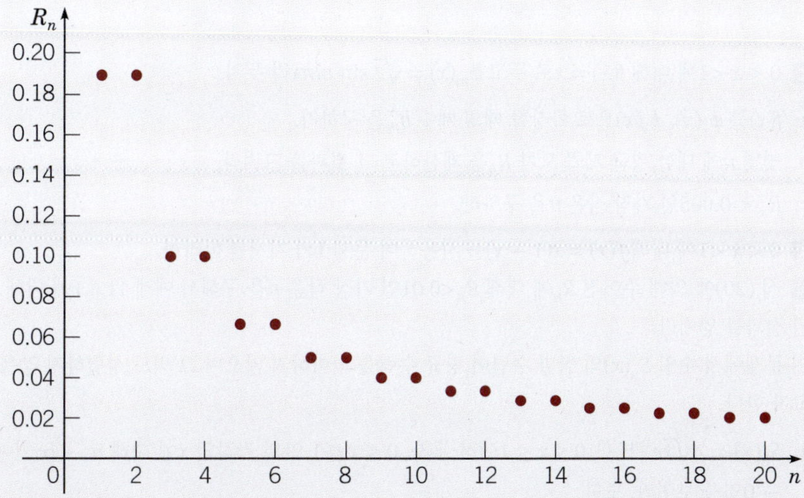

그림 11.6.2 예제 11.6.1에서 평균 제곱 오차 R_n의 n에 대한 종속성. $b_{2k} = 0$이기 때문에 $R_{2k} = R_{2k-1}$임에 유의하자.

정리 11.6.1을 확장하여 예제 11.2.4에서 고려했던 문제

$$\begin{gathered} y'' + \lambda y = 0, \\ y(0) - y(\pi) = 0, \quad y'(0) - y'(\pi) = 0 \end{gathered} \tag{21}$$

과 같은 주기적 경계조건을 갖는 자기수반 경계값 문제를 다룰 수도 있다. 문제 (21)의 고유함수에는 $n = 1, 2, \ldots$에 대한 $\phi_0(x) = 1$, $\phi_n(x) = \cos(2nx)$와 $\psi_n(x) = \sin(2nx)$가 있다. 만약 f가 $0 \le x \le \pi$에서 주어진 제곱 적분 가능한 함수라면 f의 고유함수 ϕ_n과 ψ_n에 대한 확장은 다음과 같은 형태가 된다.

$$f(x) = \frac{a_0}{2} + \sum_{n=1}^{\infty} (a_n \cos(2nx) + b_n \sin(2nx)) \tag{22}$$

이때,

$$a_n = \int_0^{\pi} f(x) \cos(2nx)\, dx, \quad n = 0, 1, 2, \ldots \tag{23}$$

$$b_n = \int_{-1}^{1} f(x) \sin(2nx)\, dx, \quad n = 0, 1, 2, \ldots \tag{24}$$

이다. 이 확장은 10.2절과 10.3절에서 소개했던 f에 대한 푸리에 급수와 일치한다. 심지어 임의의 제곱 적분 가능 함수 f가 정리 10.3.1의 조건을 만족하지 않아 점별 수렴함을 보장할 수 없더라도 정리 11.6.1의 일반화에 의해 f에 대한 급수 (22)는 평균적으로 수렴한다.

연습 문제

1. **C** $0 < x < 1$에 대해 $f(x) = x$로 두고 $\phi_m(x) = \sqrt{2}\sin m\pi x$라 두자.

   a. $f(x)$를 $\phi_1(x)$, $\phi_2(x)$으로 확장할 때의 계수 b_m을 구하라.

   b. 몇몇 n에 대한 평균 제곱 오차 R_n을 계산하고 그 결과를 그려라.

   c. $R_n < 0.005$인 가장 작은 n을 구하라.

2. **C** $0 < x < 1$에 대해 $f(x) = x(1 - x)$를 사용하여 문제 **1**의 지시를 따라라.

3. **C** 식 (20)에 의해 주어진 R_n에 대해 $R_n<0.01$인 가장 작은 n을 구해서 예제 11.6.1에 대해 더 확장된 결과를 얻어라.

4. 이 문제에서 수열 $S_n(x)$의 점별 수렴이 평균 수렴을 의미하지 않으며 그 역도 성립하지 않음을 보이고자 한다.

   a. $S_n(x) = n\sqrt{x}e^{-nx^2/2}$, $0 \le x \le 1$이라 두자. $0 \le x \le 1$ 안의 각각의 x에 대해 $n \to \infty$일 때 $S_n(x) \to 0$임을 보여라. 또한

$$R_n = \int_0^1 (0 - S_n(x))^2\, dx = \frac{n}{2}(1 - e^{-n})$$

   임을 보여라. 따라서 $n \to \infty$일 때 $R_n \to \infty$이다. 즉, 점별 수렴은 평균 수렴을 의미하지 않는다.

   b. $0 \le x \le 1$에 대해 $S_n(x) = x^n$이라 두고 $f(x) = 0$이라 두자.

$$R_n = \int_0^1 (f(x) - S_n(x))^2\, dx = \frac{1}{2n+1}$$

   임을 보여라. 따라서 $S_n(x)$는 $f(x)$로 평균적 수렴한다. 또한 $0 \le x \le 1$ 전체에서 $S_n(x)$가 $f(x)$로 점별 수렴하지 않음을 보여라. 즉, 평균 수렴은 점별 수렴을 의미하지 않는다.

5. 함수 $\phi_1, \ldots, \phi_n$들이 정규 직교성 관계식 (1)을 만족한다고 가정하고 주어진 함수 f를 $S_n(x) = c_1\phi_1(x) + \cdots + c_n\phi_n(x)$로 근사한다고 가정하자. 이때 계수 c_i는 식 (9)의 계수일 필요는 없다. 식 (6)에 의해 주어진 평균 제곱 오차 R_n을 식 (9)에 의해 주어진 푸리에 계수들인 a_i에 대해

$$R_n = \int_0^1 r(x) f^2(x)\, dx - \sum_{i=1}^{n} a_i^2 + \sum_{i=1}^{n} (c_i - a_i)^2$$

   의 형태로 쓸 수 있음을 보여라. 또한 각각의 i에 대해 $c_i = a_i$이면 R_n이 최소화됨을 보여라.

6. 이 문제에서 f와 f^2의 (리만) 적분 가능성이 서로 독립임을 예를 통해 보이고자 한다.

   a. $f(x) = \begin{cases} x^{-1/2}, & 0 < x \le 1, \\ 0, & x = 0 \end{cases}$ 라 두자.

   $\int_0^1 f^2(x)\, dx$는 이상 적분으로써 존재하지만 $\int_0^1 f(x)\, dx$는 존재하지 않음을 보여라.

   b. $f(x) = \begin{cases} 1, & x \text{ rational}, \\ -1, & x \text{ irrational} \end{cases}$ 라 두자.

   $\int_0^1 f^2(x)\, dx$는 존재하지만 $\int_0^1 f(x)\, dx$는 존재하지 않음을 보여라.

   힌트: (리만) 적분이 존재하면 $0 \le x \le 1$의 한 구분(partition)에서의 상한 리만합과 하한 리만합은 구분의 가장 긴 부분구간의 길이가 0으로 다가갈 때, 적분값으로 수렴함을 상기하자.

7. k차 다항식 $f_k(x)$에 대해 구간 $0 \le x \le 1$에서 정규 직교하는 다항식 $f_0(x), f_1(x), \ldots, f_k(x), \ldots$의 집합을 만들어보자. 즉, 다항식들의 집합은

$$(f_j, f_k) = \int_0^1 f_j(x) f_k(x)\, dx = \delta_{jk}$$

를 만족해야 한다.

a. $(f_0, f_0) = 1$인 0차 다항식을 선택하여 $f_0(x)$를 구하라.

b. $(f_0, f_1) = 0$이고 $(f_1, f_1) = 1$인 1차 다항식을 결정하여 $f_1(x)$를 구하라.

c. $f_2(x)$를 구하라.

d. 정규화 조건 $(f_k, f_k) = 1$을 적용하는 것은 주의를 요한다. $g_0(x), g_1(x), \dots, g_k(x), \dots$을 $0 \le x \le 1$에서 직교하고 $g_k(1) = 1$인 조건에 의해 정규화되는 다항식들의 집합이라 두자. 이때 $g_0(x), g_1(x), g_2(x)$를 구하여 $f_0(x), f_1(x), f_2(x)$와 비교하라.

8. k차 다항식 $P_k(x)$에 대해 구간 $-1 \le x \le 1$에서 직교하는 다항식 $P_0(x), P_1(x), \dots, P_k(x), \dots$의 집합을 만들어보자; 문제 **7**을 보자. 또한, $P_k(x)$가 $P_k(1) = 1$인 조건에 의해 정규화된다고 가정하자. 이때 $P_0(x), P_1(x), P_2(x), P_3(x)$를 구하라. 이는 처음 네 개의 르장드르 다항식임을 알 수 있다. (**5.4**절 연습문제 **19** 참조)

9. 이 문제에서 평균 수렴과 관련된 또 다른 결과를 소개하고자 한다. $R_n(a_1, \dots, a_n)$, $S_n(x)$, a_i를 각각 식 (2), (6), (9)에 의해 정의하자.

a.
$$R_n = \int_0^1 r(x) f^2(x)\, dx - \sum_{i=1}^{n} a_i^2$$

임을 보여라. *힌트*: 식 (6)의 $S_n(x)$에 대입하고 직교성 관계식 (1)을 이용하여 적분하자.

b. $\sum_{i=1}^{n} a_i^2 \le \int_0^1 r(x) f^2(x)\, dx$임을 보여라. 이 결과는 **베셀 부등식**이라고 알려져 있다.

c. $\sum_{i=1}^{\infty} a_i^2$이 수렴함을 보여라.

d. $\lim_{n\to\infty} R_n = \int_0^1 r(x) f^2(x)\, dx - \sum_{i=1}^{\infty} a_i^2$임을 보여라.

e. $\sum_{i=1}^{\infty} a_i \phi_i(x)$가 $f(x)$로 평균 수렴하는 것은

$$\int_0^1 r(x) f^2(x)\, dx = \sum_{i=1}^{\infty} a_i^2$$

과 필요충분조건임을 보여라. 이 결과는 **Parseval 방정식**이라고 알려져 있다.

▶ 문제 **10**부터 **12**까지 $\phi_1, \phi_2, \dots, \phi_n, \dots$을 Sturm-Liouville 문제 (**11**), (**12**)의 정규 고유함수라고 두자.

10. a_n이 제곱 적분 가능 함수 f의 n번째 푸리에 계수라면 $\lim_{n\to\infty} a_n = 0$임을 보여라.
힌트: 베셀 부등식, 문제 **9b**를 사용하자.

11. 급수

$$\phi_1(x) + \phi_2(x) + \cdots + \phi_n(x) + \cdots$$

이 임의의 제곱 적분 가능 함수에 대한 고유함수가 될 수 없음을 보여라.
힌트: 문제 **10**을 보라.

12. 급수

$$\phi_1(x) + \frac{\phi_2(x)}{\sqrt{2}} + \cdots + \frac{\phi_n(x)}{\sqrt{n}} + \cdots$$

이 임의의 제곱 적분 가능 함수에 대한 고유함수가 될 수 없음을 보여라.

힌트: 베셀 부등식, 문제 **9b**를 사용하자.

13. f에 대응되는 급수 (10)을 제곱하고 가중 함수 r을 곱하여 항별 적분하면 문제 **9e**의 Parseval 방정식의 형태를 얻을 수 있음을 보여라.

개념 질문

C11.1. Sturm-Liouville 문제의 서로 다른 고윳값에 해당하는 고유함수들이 서로 직교함을 보여라.

C11.2. 열 방정식, 파동방정식 및 라플라스 방정식은 모두 고윳값과 고유함수로 이어지는 동일한 경계값 문제와 관련이 있다. 이러한 경계값 문제를 일반화할 수 있는 두 가지 방법을 설명하라.

C11.3. $0 < x < 1$에서 Sturm-Liouville 경계값 문제의 형식인 $L[y] = -\lambda r(x)y$는 이전 경험으로부터 전혀 명백하지도 직관적이지도 않다. 여기서 $L[y] = -(p(x)y')' - q(x)y$이고 경계조건이 $\alpha_1 y(0) + \alpha_2 y'(0) = 0$와 $\beta_1 y(1) + \beta_2 y'(1) = 0$이다. 선형 경계값 문제를 공부하는 데에 핵심이 되는 항등식은 무엇인가?

C11.4. 라그랑지의 항등식으로부터 얻어지는 기본적인 성질들은 무엇인가?

C11.5. 르장드르 푸리에 급수를 정의하고 르장드르 푸리에 변환을 얻어라.

C11.6. 비제차 경계값 문제가 제차 경계값 문제보다 이렇게 복잡한 이유는 무엇인가? ($0 < x < 1$에서 p는 미분 가능하고, p', q, r은 연속이며, 그 구간에서 $p(x) > 0$이고 $r(x) > 0$이라고 가정하자.)

C11.7. 비제차 열전도 문제를 해결하는 네 가지 단계는 무엇인가?

$$
\begin{aligned}
r(x)u_t &= (p(x)u_x)_x - q(x)u + F(x,t), \; 0 < x < 1, \quad t > 0 \\
u_x(0,t) - h_1 u(0,t) &= 0 \qquad\qquad t > 0 \\
u_x(1,t) - h_1 u(1,t) &= 0 \qquad\qquad t > 0 \\
u(x,0) &= f(x) \qquad\qquad 0 < x < 1
\end{aligned}
$$

C11.8. 경계조건을 사용하여 정칙 Sturm-Liouville 문제와 특이 Sturm-Liouville 문제를 정의하라.

C11.9. 정칙와 특이 Sturm-Liouville 문제의 가장 큰 차이점은 무엇인가?

C11.10. 편미분방정식이 변수분리법을 사용할 때 선형인 것이 중요한 이유는 무엇인가?

C11.11. 편미분방정식이 만족되어야 하는 영역의 기하학에 대해 무엇이 가정되는가?

C11.12. 3차원 라플라스 방정식은 직사각형, 원기둥 또는 구면 좌표에서 고려될 수 있다. 각 경우에 어떤 두 점 경계값 문제가 얻어지는가?

C11.13. 점별 수렴과 제곱 적분 수렴을 정의하고 두 유형의 수렴의 예시를 제시하라.

C11.14. $f(x)$가 제곱 적분 가능한 함수라면, 르장드르 푸리에 급수에 대한 수렴이 점별 수렴이 아니라 제곱 적분 수렴임을 보여라.

개념 문제 답

C11.1. ϕ_m와 ϕ_n을 Sturm-Liouville 문제의 서로 다른 고윳값에 해당하는 고유함수로 두자. 그들은 11.2절에 식 (4)를 만족해야만 하고, 따라서 $L[\phi_m] = \lambda_m r\phi_m$과 $L[\phi_n] = \lambda_n r\phi_n$이 성립한다. 여기서 11.2절에 식 (8)을 $u = \phi_m$과 $v = \phi_n$을 대입하여 사용하면 $(\lambda_m r\phi_m, \phi_n) - (\phi_m, \lambda_n r\phi_n) = 0$을 얻는다. λ_n은 실수이고, r, ϕ_n은 모두 실함수이기 때문에 내적의 정의인 11.2절 식 (9)에 따라 $(\lambda_m - \lambda_n)\int_0^1 r(x)\phi_m(x)\,\phi_n(x)\,dx = 0$을 얻을 수 있고, 고윳값들이 서로 다르기 때문에 $\int_0^1 r(x)\phi_m(x)\,\phi_n(x)\,dx = 0$이다. 따라서 고유함수들은 직교한다.

C11.2. 고윳값/고유함수 문제를 일반화하는 두 가지 방법은 (i) 미분방정식을 일반화하는 것과 (ii) 경계 조건을 일반화하는 것이다. 이러한 일반화는 일반적으로 매우 조화롭다(앞에서 보았듯이).

C11.3. 라그랑지 항등식:

$$\int_0^1 L[u](x)v(x) - u(x)L[v](x)\ dx = 0$$

C11.4. Sturm-Liouville 문제의 핵심 성질들이 세 가지 존재한다.

1. 모든 고윳값은 실수이다.
2. 서로 다른 고윳값에 해당하는 고유함수들은 가중 함수 $r(x)$에 대해 직교한다. 즉, ϕ_m과 ϕ_n이 고윳값 $\lambda_m \neq \lambda_n$에 해당하는 고유함수라면,

$$(\phi_m, \phi_n) = \int_0^1 r(x)\phi_m(x)\overline{\phi_n(x)}dx = 0$$

3. Sturm-Liouville 문제에는 무한 개의 단순 고윳값이 존재한다. 즉, Sturm-Liouville 문제의 고윳값의 대수적 중복도와 기하학적 중복도는 항상 1이다. 또한, 고윳값은 증가하는 수열로 정렬될 수 있고, 이는 무한대로 발산한다.

C11.5. $-1 \le x \le 1$에서 $(1 - x^2)y'' - 2xy' + \alpha(\alpha + 1)y = 0$인 르장드르 방정식을 고려하자. 이 문제에 대한 고윳값은 $\lambda_n = n(n + 1)$로써 얻어지고, 해당하는 고유함수는 $n = 0, 1, 2, 3, \ldots$에 대해 $\phi_n(x) = P_n(x)$이다. 임의의 조각마다 연속인 함수는 다음과 같이 적을 수 있다.

$$f(x) = \sum_{n=0}^{\infty} c_n P_n(x)$$

이는 르장드르 푸리에 급수로 정의되며, 계수

$$c_n = \frac{\int_{-1}^{1} f(x)P_n(x)\,dx}{\int_{-1}^{1} P_n{}^2(x)\,dx}$$

는 르장드르 푸리에 변환으로 정의된다.

C11.6. 먼저, 해를 구하는 과정이 길고 각 단계를 완료하기 어려울 수 있지만 이것이 이러한 문제를 복잡하게 만드는 주된 이유는 아니다.

복잡성은 문제에 해가 존재하는지 여부가 상수 $\mu = \lambda_m$, 문제의 고윳값 중 하나에 따라 달라지기 때문에 발생한다. 세 가지 가능성이 있다:

1. 모든 m에 대해 $\mu \neq \lambda_m$면 그 문제는 유일한 해를 가진다.
2. $\mu = \lambda_m$이고 $\int_0^1 f(x)\phi_m(x)\ dx \neq 0$이면 그 문제는 해가 없다.
3. $\mu = \lambda_m$이고 $\int_0^1 f(x)\phi_m(x)\ dx \neq 0$이면 그 문제는 무한한 개수의 해를 갖는다.

C11.7. 다음은 비제차 열전도 문제에 대한 해를 구하는 과정이다.

1. 대응하는 제차 열전도 문제의 고윳값 λ_n과 정규화된 고유함수 $\phi_n(x)$을 찾아라.
2. $B_n = \int_0^1 r(x)f(x)\phi_n(x)dx,\quad n = 1, 2, \ldots$과 $\gamma_n(t) = \int_0^1 F(x, t)\phi_n(x)dx,\quad n = 1, 2, \ldots$.을 계산하라.
3. $b_n = B_n e^{-\lambda_n t} + \int_0^1 e^{-\lambda_n(t-s)}\gamma_n(s)\,ds, s = 1, 2, \ldots$을 계산하라.

4. $u(x,t) = \sum_{n=1}^{\infty} b_n(t)\phi_n(x)$와 같은 무한급수로 해를 구성하라.

C11.8. Sturm-Liouvillle 경계값 문제가 $0 < x < 1$에서 경계조건 $\alpha_1 y(0) + \alpha_2 y'(0) = 0$, $\beta_1 y(1) + \beta_2 y'(1) = 0$과 함께 $(p(x)y')' - q(x)y + \lambda r(x)y = 0$와 같은 표준 형태로 표현된다면 그 문제는 정칙 Sturm-Liouville 문제라고 불린다. 이때 $p(x)$, $p'(x)$, $q(x)$, $r(x)$는 $0 \le x \le 1$에서 연속이다. 게다가, $p(x)$와 $q(x)$는 $0 \le x \le 1$ 안에 모든 점에서 0보다 커야 한다.

Sturm-Liouville 방정식은 반무한 또는 무한 구간에서 주어지거나, 계수 $p(x)$ 또는 $r(x)$가 사라지거나, 유한 구간의 한쪽 끝 또는 양쪽 끝에서 하나의 계수가 무한해질 때 특이하다고 한다.

C11.9. 특이 Sturm-Liouville 문제는 연속 스펙트럼을 가질 수 있다. 즉, 정칙 Sturm-Liouville 문제에 대한 경우처럼 단순하고 이산적인 고윳값을 가지는 것이 아니라 특이 Sturm-Liouville 문제는 고윳값의 구간을 가질 수 있다.

C11.10. 중첩 원리는 오직 선형 문제에서만 적용된다. 일반해를 (유한하거나 무한한) 해의 일차결합으로 구성할 수 있는 것은 선형성을 필요로 한다.

C11.11. 두 가지 주요 고려사항은 (i) 편미분방정식의 변수를 분리할 수 있는 좌표계에서 표현되어야 하고, (ii) 영역의 경계가 좌표 곡선(또는 표면)으로 구성되어야 한다는 것이다. 이 두 가지 제한 사항은 변수가 분리될 때 결과 문제들이 두 점 경계값 문제가 되도록 보장한다. (문제가 자기수반 Sturm-Liouville 문제인지, 아니면 정칙인지 특이인지를 결정하는 것은 여전히 남아 있다.)

C11.12. **직사각형**: $X(x)$에 대한 두 점 경계값 문제는 구간의 끝점에서 적절한 경계조건을 갖는 $X'' + \lambda X = 0$이다. 이것은 정칙 Sturm-Liouville 문제이다.

원기둥: $R(r)$에 대한 두 점 경계값 문제는 외부 실린더에서 적절한 경계조건(그리고 원점에서 유한 조건)을 갖는 $r^2R'' + rR' + \lambda^2 r^2 R = 0$이다. 치환 $\xi = \lambda r$은 이것을 베셀 방정식(0차)으로 변환하며, 이는 특이 Sturm-Liouville 문제이다.

구형: $R(\rho)$에 대한 두 점 경계값 문제는 외부 실린더에서 적절한 경계조건(그리고 원점에서 유한 조건)을 갖는 $\rho^2R'' + 2\rho R' = \lambda R$이다. $\lambda = \alpha(\alpha + 1)$와 함께 이 르장드르 방정식은 특이 Sturm-Liouville 문제로 이어진다.

C11.13. 조각마다 연속 함수인 $f(x)$는 다음과 같이 고정된 x에 대해 고유함수들의 급수 전개로 표현될 수 있다.

$$f(x) = f(x) = \sum_{n=1}^{\infty} c_n\phi_n(x), \text{ fix } x$$

그 급수가 고정된 x에서 $f(x)$의 값으로 수렴하면, 이를 점별 수렴이라고 한다. 만약 $f(x)$가 제곱 적분 가능 함수이고

$$\lim_{m\to\infty}\int_a^b \left|\sum_{n=1}^{m} c_n\varphi_n(x) - f(x)\right|^2 dx = 0$$

이라면, 그 수렴은 제곱 적분 수렴이라고 부른다. 르장드르 푸리에 급수가 이 유형의 수렴에 대한 예시이다.

C11.14. 우리는 쉽게 만약 $-1 \le x \le 1$에서 $f(x)$가 제곱 적분 가능 함수라면, 즉 $\int_{-1}^{1} |f(x)|^2\,dx < \infty$, 르장드르 푸리에 급수에 대해 그 수렴이 점별 수렴이 아니라 제곱 적분 가능 수렴임을 확인할 수 있다.

참고 문헌

다음은 Sturm-Liouville 문제에 대한 정리와 관련하여 본문 중에 언급되었던 문헌이다:

Birkhoff, G., and Rota, G.-C., Ordinary Differential Equations (4th ed.) (New York: John Wiley & Sons, 1989).

Sagan, H., Boundary and Eigenvalue Problems in Mathematical Physics (New York: John Wiley & Sons, 1961; New York: Dover, 1989).

Weinberger, H. F.,A First Course in Partial Differential Equations with Complex Variables and Transform Methods (New York: Blaisdell, 1965; New York: Dover, 1995).

Yosida, K., Lectures on Differential and Integral Equations (NewYork: Interscience Publishers, 1960; New York: Dover, 1991).

다음은 베셀 함수와 르장드르 함수들에 대한 수치 데이터와 그래프를 편리하게 찾아볼 수 있는 문헌이다:

Abramowitz, M., and Stegun, I. A. (eds.), Handbook of Mathematical Functions with Formulas, Graphs, and Mathematical Tables (New York: Dover, 1965); originally published by the National Bureau of Standards, Washington, DC, 1964.

Abramowitz와 Stegun의 문헌에 대한 디지털 자료는 다음을 참고하자:

Digital Library of Mathematical Functions. Release date 2011-08-29. National Institute of Standards and Technology from http://dlmf.nist.gov/.

다음 문헌은 Sturm-Liouville 문제에 대한 많은 정보를 포함하고 있다:

Cole, R. H., Theory of Ordinary Differential Equations (New York: Appleton-Century-Crofts, 1968).

Hochstadt, H., Differential Equations: A Modern Approach (NewYork: Holt, Rinehart, and Winston, 1964; New York: Dover, 1975).

Miller,R. K.,and Michel,A.N.,Ordinary Differential Equations(NewYork: Academic Press,1982;Mineola, NY: Dover, 2007).

Tricomi, F. G., Differential Equations (translated by Elizabeth A. McHarg) (New York: Hafner, 1961; Mineola, NY: Dover, 2012).

연습문제 해답

Answers to Problems

제 1 장

■ 1.1절, 8쪽

1. $y \to 3$ as $t \to \infty$

2. $t \to \infty$일 때, y는 2에서 발산한다.

3. $y \to -1/4$ as $t \to \infty$

4. $y \to y_2$ as $t \to \infty$

5. $y' = 2 - 3y$

6. $y' = y - 3$

7. $y = 0$과 $y = 4$는 평형 상태의 해이다. 초깃값이 양수이면 $y \to 4$로 수렴한다. 초깃값이 음수이면 y는 0에서 멀어진다.

8. $y = 0$과 $y = 4$는 평형 상태의 해이다. 초깃값이 4보다 크면 y는 4에서 멀어진다. 초깃값이 4보다 작으면 $y \to 0$으로 수렴한다.

9. $y = 0$은 평형 상태의 해이다. 초깃값이 음수이면 $y \to 0$으로 수렴한다. 초깃값이 양수이면 y는 0에서 멀어진다.

10. $y = 0$과 $y = 1$은 평형점이다. 초깃값이 0과 1 사이에 있으면 $y \to 1$로 수렴한다. 초깃값이 음수이면 y는 0에서 멀어진다. 초깃값이 1보다 크면 y는 1에서 멀어진다.

11. (j)

12. $y' = y - 2$

13. (g)

14. (b)

15. (h)

16. (e)

17. **a.** $da/dt = 3 - 3 \times 10^{-4}\, a$; a in g, t in h

b. $a \to 10^4$ g; 그렇지 않다.

c. $dc/dt = 3 \times 10^{-6} - 3 \times 10^{-4}c$이고, 초기조건은 $c(10) = a(0)/10^6 = a_0/10^6$

18. $dV/dt = -kV^{2/3}$ for some $k > 0$.

19. $du/dt = -0.05(u - 70)$; u in °F, t in min

20. **a.** $dq/dt = 500 - 0.4q$; q in mg, t in h

b. $q \to 1250$ mg

21. **a.** $mv' = mg - kv^2$

b. $v \to \sqrt{mg/k}$

c. $k = 2/49$

22. y는 $t \to \infty$일 때 $t - 3$에 접근한다.

23. y는 초깃값에 따라 무한대로 발산하거나 0으로 수렴하거나 또는 음의 무한대로 발산한다.

24. y는 초깃값에 따라 양의 무한대 또는 음의 무한대로 발산하거나 진동한다.

25. y는 초깃값에 따라 양의 무한대 또는 음의 무한대로 발산한다.

■ 1.2절, 18쪽

1. **a.** $y = 5 + (y_0 - 5)e^{-t}$

b. $y = (5/2) + (y_0 - 5/2)e^{-2t}$

c. $y = 5 + (y_0 - 5)e^{-2t}$

평형 상태의 해는 (a)와 (c)에서는 $y = 5$, (b)에서는 $y = 5/2$이다. (b)와 (c)에서는 (a)보다 평형 상태에 더 빠르게 접근한다.

2. **a.** $y = 5 + (y_0 - 5)e^{t}$

b. $y = 5/2 + (y_0 - 5/2)e^{2t}$

c. $y = 5 + (y_0 - 5)e^{2t}$

평형 상태의 해는 (a)와 (c)에서는 $y = 5$, (b)에서는 $y = 5/2$이다. (b)와 (c)에서는 (a)보다 평형 상태로부터 더 빠르게 멀어진다.

3. **a.** $y = ce^{-at} + b/a$

b. (i) 평형 상태는 더 낮으며, 더 빠르게 접근한다.

(ii) 평형 상태는 더 높다.

(iii) 평형 상태는 같지만, 더 빠르게 접근한다.

4. **a.** $y_e = (b/a)$

b. $Y' = aY$

5. **a.** $y_1(t) = ce^{at}$

b. $y = ce^{at} + b/a$

6. $y = ce^{-at} + b/a$

7. **a.** $T = 2\ln 9 \approx 4.39$ months

b. $T = 2\ln[900/(900 - p_0)]$ months

c. $p_0 = 900(1 - e^{-6}) \cong 897.8$

8. **a.** $r = (\ln 2)/20\ \text{day}^{-1}$

b. $r = (\ln 2)/N\ \text{day}^{-1}$

9. **a.** $v = 49\tanh(t/5)$ m/s

b. $x = 245\ln\cosh(t/5)$ m

c. $T \cong 9.48$ s

10. $1620\ln(3/2)/\ln 2 \cong 947.6$ yr

12. **a.** $u = T + (u_0 - T)e^{-kt}$

b. $k\tau = \ln(2)$

13. **a.** $Q(t) = CV(1 - e^{-t/RC})$

b. $Q(t) \to CV = Q_L$

c. $Q(t) = CV\exp(-(t - t_1)/(RC))$

14. **a.** $Q' = 3(1 - 10^{-4}Q),\ Q(0) = 0$

b. $Q(t) = 10^4(1 - e^{-3t/10^4})$, t in h; 1년 후 $Q \cong 9277.77$ g

c. $Q' = -3Q/10^4,\quad Q(0) = 9277.77$

d. $Q'(t) = 9277.77e^{-3t/10^4}$, t in h; 1년 후 $Q \cong 670.07$ g

e. $T \cong 2.60$ yr

■ 1.3절, 27쪽

1. 2계 선형방정식

2. 1계 비선형방정식

3. 3계 선형방정식

4. 4계 비선형방정식

11. $r = -3$

12. $r = 1, -4$

13. $r = -1, 1, 3$

14. $r = -1, -3$

15. $r = -1, -4$

16. 2계 편미분방정식

17. 4계 선형방정식

18. 1계 비선형 방정식

제 2 장

■ 2.1절, 40쪽

1. **c.** $y = ce^{-4t} + (t/4) - (1/16) + e^{-2t}/2$; $t \to \infty$일 때, y는 $t/4 - 1/16$에 접근한다.

2. **c.** $y = ce^{4t} + t^3e^{4t}/3$; $y \to \infty$ as $t \to \infty$

3. **c.** $y = ce^{-t} + 2 + t^2e^{-t}/2$; $y \to 2$ as $t \to \infty$

4. **c.** $y = \dfrac{c}{t^2} - \dfrac{8\sin(3t)}{27t^2} + \dfrac{4}{3}\sin(3t) + \dfrac{8\cos(3t)}{9t}$

5. **c.** $y = ce^{3t} - 2e^t$

6. **c.** $y = -(1/2)te^{-2t} + ct$; $y \to \infty, 0$, or $-\infty$ as $t \to \infty$

7. **c.** $y = ce^{-t} + \dfrac{3}{5}\sin(3t) - \dfrac{9}{5}\sin(3t)$

8. **c.** $y = ce^{-t/3} + 4t^3 - 36t^2 + 216t - 648$

9. $y = 5e^t + 4(t - 1)e^{2t}$

10. $y = \dfrac{1}{2}e^{-3t}(t^2 - 1)$

11. $y = (\sin t)/t^3$

12. $y = \dfrac{e^{-2t}\left(e^{2t}(2t - 1) + 4 + \ln(256)\right)}{4t}$

13. **b.** $y = -\dfrac{4}{5}\cos t + \dfrac{2}{5}\sin t + \left(a + \dfrac{4}{5}\right)e^{2t}$; $a_0 = -\dfrac{4}{5}$

c. $a = a_0$일 때, y는 진동한다.

14. **b.** $y = -2e^{t/4} + (a + 2)e^{t/2}$; $a_0 = -2$

c. $y \to -\infty$ for $a = a_0$

15. **b.** $y = te^{-t} + (ea - 1)e^{-t}/t$; $a_0 = 1/e$

c. $y \to 0$ as $t \to 0$ for $a = a_0$

16. $y = \dfrac{e^t - e + a\cos(1)}{\cos(t)}$; $a_0 = \dfrac{e - 1}{\cos(1)}$; $y \to 0$ for $a = a_0$

17. $(t, y) = (1.364312, 0.820082)$

18. $y_0 = -1.642876$

19. **a.** $y(t) = 10 + \dfrac{24}{17}\sin 2t + \dfrac{6}{17}\cos 2t - 10.35294e^{-\frac{t}{2}}$

b. $t \approx 9$

20. $y_0 = -5/2$

21. $y_0 = -11/4$; $y \to -\infty$ as $t \to \infty$ for $y_0 = -11/4$

29. 문제 2번을 참조하시오.

30. **c.** $y = (c/t) - \cos(2t) + \sin(2t)/2t$ $t \to \infty$일 때, y는 $-\cos(2t)$에 접근한다.

■ 2.2절, 48쪽

1. $y^2 - 2x^3 = c$; $y \neq 0$

2. $y^{-1} - \sin x = c$ if $y \neq 0$; also $y = 0$; 모든 곳에서

3. $y = \dfrac{1}{2}\cot^{-1}\left(\dfrac{1}{4}(c - 4x + 2\sin(2x))\right)$

4. $y^2 - 2\ln|1 + x^3| = c$; $x \neq -1, y \neq 0$

5. $e^y + \frac{y^2}{2} = \frac{1}{e^{2x}} + \frac{x^2}{2} + c$
6. $24y + 4y^3 - 3x^4 = c$; 모든 곳에서
7. $y = cx^{2/3}$
8. $y = \sqrt{2}\sqrt{c - 3x^2}$
9. **a.** $y = 1/(x^2 - x - 12)$
   c. $-3 < x < 4$
10. **a.** $y = -\sqrt{2x - 2x^2 + 1}$
   c. $(1/2)\left(1 - \sqrt{3}\right) < x < (1/2)\left(1 + \sqrt{3}\right)$
11. **a.** $y = (1/2)[4(1 - x)e^x - 3]^{1/2}$
   c. $-0.96 < x < 0.58$ 대략
12. $r = \frac{1}{\sqrt{\frac{1}{4} - \ln(\theta)}}$
13. $y = \frac{1}{\sqrt{5 - 4\sqrt{1 + x^2}}}$
14. **a.** $y = -\frac{1}{2} + \frac{1}{2}\sqrt{4x^2 - 3}$
   c. $x > \frac{1}{2}\sqrt{3}$
15. $y = \phi(x) = \frac{1}{3}\left(7 - \sqrt{10x^3 - 6e^x + 22}\right)$
16. $y = \sin^{-1}\left(\frac{1}{4}\left(-1 + 2\sqrt{3} + \cos(4x)\right)\right)$ 해는 $0.3660 < x < 0.8660$일 때 존재한다.
17. $y^3 - 6y^2 - x - x^3 + 5 = 0, -2.889 < x < 1.516$
18. $y^3 - 6y - x^3 = -1, -1.67 < x < 1.88$
19. $y = \frac{1}{\sqrt{1 - 6x - x^2}}, x = -3$
20. $y = \tan(x^2 + 2x); x = -1$
21. **a.** $y \to 4$ if $y_0 > 0$; $y = 0$ if $y_0 = 0$; $y \to -\infty$ if $y_0 < 0$
   b. $T = 3.29527$
22. **a.** $y \to 4$ as $t \to \infty$
   b. $T = 2.99724$
   c. $3.8607 \le y_0 \le 4.1489$
23. $x = \frac{c}{a}y + \frac{ad - bc}{a^2}\ln|ay + b| + k; \quad a \neq 0, ay + b \neq 0$
25. **c.** $|y + 2x|^3|y - 2x| = c$
26. **b.** $\left(1/\sqrt{2}\right)\arctan\left(y/\sqrt{2}x\right) - \text{In}|x| = c$
27. **b.** $2x^2 + y^2 - cx^3 = 0$
28. **b.** $2x/(x + y) + \ln|x + y| = c$; also $y = -x$
29. **b.** $\arctan((2y + x)/x) - \ln|x| = c$
30. **b.** $x^4 = c(81x^9y^4 - 18x^{11}y^2 + x^{13}), x = 3y, x = -3y$
31. **b.** $\frac{y^4}{x^4} - \frac{2y^2}{x^2} = cx - 1$

■ 2.3절, 60쪽

2. $Q(t) = 150\gamma(1 - \exp(-t/75))$; 150γ
3. **a.** $Q(t) = 100e^{\frac{1}{1800}\left(\frac{\cos(t)}{3} - t\right)}$
4. **c.** 602.34 s
5. **a.** $(\ln 2)/r$ yr
   b. 8.66 yr
   c. 8.66%
6. **a.** $k(e^{rt} - 1)/r$
   b. $k \cong \$5986$
   c. 9.77%
7. $k \cong \$3969.26/yr$; \$1097.78
8. **a.** \$1431.01 (20년); \$1198.03 (30년)
   b. \$143,442.40 (20년); \$231,290.80 (30년)
9. **a.** $0.00012097 \text{ yr}^{-1}$
   b. $Q_0 \exp(-0.00012097t)$, t in yr
   c. 13,305 yr
10. **a.** $\tau \cong 2.9632$; 그렇지 않다.
   b. $\tau = 10 \ln 2 \cong 6.9315$
   c. $\tau = 6.3805$
11. **b.** $y_c \cong 0.83$
12. $t = \frac{\ln(13/8)}{\ln(13/12)} \text{ min} \cong 6.07 \text{ min}$
13. **a.** $u(t) = \frac{15\,000 \times 2^{\frac{1}{3}}}{(500 + 81t)^{\frac{1}{3}}}$
14. **a.** $u(t) = ce^{-kt} + T_0 + kT_1(k\cos\omega t + \omega\sin\omega t)/(k^2 + \omega^2)$
   b. $R \cong 9.11°\text{F}; \tau \cong 3.51 \text{ h}$
   c. $R = kT_1/\sqrt{k^2 + \omega^2}; \quad \tau = (1/\omega)\arctan(\omega/k)$
15. **a.** 56.62 m/s
   b. 339.4 m
   c. 4.9 m/s
   d. 231.344 s
16. **a.** $dv/dx = -\mu v$
   b. $\mu = \ln(10)/600\, m^{-1} \cong 3.8376 \text{ km}^{-1}$
   c. $\tau = 81/\ln(10) \text{ s} \cong 35.18 \text{ s}$
17. **a.** 45.783 m
   b. 5.129 s
18. **a.** 48.562 m
   b. 5.194 s
19. **a.** $x_m = -\frac{m^2g}{k^2}\ln\left(1 + \frac{kv_0}{mg}\right) + \frac{mv_0}{k}$;

$$t_m = \frac{m}{k}\ \ln\left(1 + \frac{kv_0}{mg}\right)$$

20. a. $v = -(mg/k) + (v_0 + (mg/k))\exp(-kt/m)$

b. $v = v_0 - gt$; yes

c. $v = 0$ for $t > 0$

21. a. $v_L = 2a^2g(\rho - \rho')/9\mu$

b. $e = 4\pi a^3 g(\rho - \rho')/3E$

22. b. $x = ut\cos(A), y = -gt^2/2 + ut\sin(A) + h$

d. $-16L^2/(u^2\cos^2(A)) + L\tan(A) + 3 \geq H$

e. 0.63 rad $\leq A \leq 0.96$ rad

f. $u = 106.89$ ft/s, $A = 0.7954$ rad

23. a. 11.30 m/s

b. 13.45 m

d. $k \geq 0.2353$ kg/s

24. a. $v = R\sqrt{2g/(R+x)}$

b. 51.6 h

■ 2.4절, 73쪽

1. $0 < t < 5$

2. $3\pi/2 < t < 5\pi/2$

3. $-4 < t < 4$

4. $(2, \pi)$

5. $t^2 + y^2 < 4$

6. $t \neq n\pi$ for $n = 0, \pm1, \pm2 \cdots; y \neq -1$

7. 모든 구간에서 정의됨.

8. $y \neq 0, y \neq 2$

9. $y = \pm\sqrt{y_0^2 - 2t^2}$ if $y_0 \neq 0$; $|t| < |y_0|/\sqrt{2}$

10. $y = [(1/y_0) - 2t^2]^{-1}$ if $y_0 \neq 0$; $y = 0$ if $y_0 = 0$; interval is $|t| < 1/\sqrt{2y_0}$ if $y_0 > 0$; $-\infty < t < \infty$ if $y_0 \leq 0$

11. $y = \pm\sqrt{\frac{2}{3}\ln(1 + t_3) + y_0^2}$; $-[1 - \exp(-3y_0^2/2)]^{1/3} < t < \infty$

12. $y = \pm\sqrt{\frac{\ln(1+t^4)}{2} + y_0^2}$, $\sqrt[4]{e^{-2y_0^2} - 1} < t < \infty$

13. $y \to 4$ if $y_0 > 0$; $y = 0$ if $y_0 = 0$; $y \to -\infty$ if $y_0 < 0$

14. $y \to -\infty$ if $y_0 < 0$; $y \to 0$ if $y_0 \geq 0$

15. $y \to -\infty$ if $y_0 < y_c \approx -0.019$; 그 외에는 y가 $\sqrt{t-1}$에 점근한다.

16. $y(0) <\approx 2.58$이면 t가 증가함에 따라 해 $y(t)$는 $\to -\infty$로 발산한다.

$y(0) \geq\approx 2.58$이면 t가 증가함에 따라 해 $y(t)$는 $\to \infty$로 발산한다.

17. a. No

b. 그렇다; 본문의 식 (19)에서 $t_0 = 1/2$로 설정하라.

c. $|y| \leq (4/3)^{3/2} \cong 1.5396$

18. a. $y_1(t)$는 $t \geq 2$에서의 해이다; $y_2(t)$는 모든 t에 대하여 해이다.

b. f_y는 $(2, -1)$에서 연속이 아니다.

22. a. $y = c\dfrac{1}{\mu(t)} + \dfrac{1}{\mu(t)}\displaystyle\int_{t_0}^{t}\mu(s)\,g(s)\,ds$

23. a. $n = 0$: $y = \dfrac{1}{\mu(t)}\displaystyle\int_{t_0}^{t}\mu(s)q(s)\,ds$ 여기서

$$\mu(t) = \exp\left(\int_{t_0}^{t} p(s)\,dt\right)$$

$$n = 1: y = c\exp\left(\int_{t_0}^{t} q(s) - p(s)\,ds\right)$$

24. $y = \pm[5t/(2 + 5ct^5)]^{1/2}$

25. $y = \pm\left\{\mu(t)\Big/\left[2\displaystyle\int_{t_0}^{t}\mu(s)\,ds + c\right]\right\}^{1/2}$,

여기서 $\mu(t) = \exp(2\Gamma\sin t + 2Tt)$

26. $y = \frac{1}{2}(1 - e^{-2t})$ for $0 \leq t \leq 1$; $y = \frac{1}{2}(e^2 - 1)e^{-2t}$ for $t > 1$

27. $y = e^{-4t}$ for $0 \leq t \leq 1$; $y = e^{-(t+3)}$ for $t > 1$

■ 2.5절, 85쪽

1. $y = 0$은 불안정

2. $y = 0$과 $y = 3$은 불안정, $y = 2$는 안정

3. $y = 0$은 불안정

4. $y = 0$은 불안정한 평형 상태

5. c. $y = (y_0 + (1 - y_0)kt)/(1 + (1 - y_0)kt)$

6. $y = -2$는 점근적으로 안정적, $y = 0$은 준안정적, $y = 2$는 불안정

7. $y = -2$와 $y = 2$는 점근적으로 안정적, $y = 0$은 불안정

8. $y = 0$은 점근적으로 안정적, $y = b^2/a^2$ 불안정

9. $y = 0$과 $y = 2$는 준안정적

10. a. $y = 0$은 불안정, $y = K$는 점근적으로 안정적

b. $0 < y \leq K/e$ 구간에서는 위로 볼록이고, $K/e < y < K$ 구간에서는 아래로 볼록이다.

11. a. $y = K\exp\{[\ln(y_0/K)]e^{-rt}\}$

b. $y(2) \cong 0.8481K \cong 68.3 \times 10^6$ kg

c. $\tau \cong 2.215$ yr

12. a. $V^* = (k/(\alpha\pi))^{3/2}\pi h/(3a)$; 그렇다.

b. $k < \alpha\pi a^2$

13. a. $Y = Ey_2 = KE(1 - (E/r))$

b. $Y_m = Kr/4$ for $E = r/2$

14. a. $k^2/2g(\alpha a)^2$

15. a. $y = 0$은 불안정, $y = 1$은 점근적으로 안정적

b. $y = y_0/(y_0 + (1 - y_0)e^{-\alpha t})$

16. a. $y = y_0 e^{-\beta t}$

b. $x = x_0 \exp(-\alpha y_0(1 - e^{-\beta t})/\beta)$

c. $x_0 \exp(-\alpha y_0/\beta)$

17. b. $z = 1/\left(v + (1 - v)e^{\beta t}\right)$

c. 0.0927

18. a, b. $a = 0$일 때, $y = 0$은 준안정적: $a > 0$일 때, $y = \sqrt{a}$는 점근적으로 안정적, $y = -\sqrt{a}$는 불안정

19. a. $a \le 0$일 때, $y = 0$은 점근적으로 안정적: $a > 0$일 때, $y = 0$은 불안정, $y = \sqrt{a}$ 및 $y = -\sqrt{a}$는 점근적으로 안정적

20. a. $a < 0$일 때, $y = 0$은 점근적으로 안정적, $y = a$는 불안정

$a = 0$일 때, $y = 0$은 준안정적

$a > 0$일 때, $y = 0$은 불안정, $y = a$는 점근적으로 안정적

21. a. $\lim_{t\to\infty} x(t) = \min(p, q);\quad x(t) = \dfrac{pq\left(e^{\alpha(q-p)t} - 1\right)}{qe^{\alpha(q-p)t} - p}$

b. $\lim_{t\to\infty} x(t) = p;\quad x(t) = \dfrac{p^2\alpha t}{p\alpha t + 1}$

■ 2.6절, 97쪽

1. $2x^2 + 3x + 3y^2 - y = c$

2. 완전 미분방정식이 아니다.

3. $x^3 - 2x^2y + 2x + 2y^3 + 3y = c$

4. 완전 미분방정식이 아니다.

5. $ax^2 + 2bxy + cy^2 = k$

6. $e^x \sin y + 3y \cos x = c;\quad$ also $y = 0$

7. 완전 미분방정식이 아니다.

8. $x^2 + y^2 = c$

9. $y = \left[x + \sqrt{52 - 3x^2}\right]/2,\ |x| < \sqrt{52/3}$

10. $y = [x - (24x^3 + x^2 - 8x - 8)^{1/2}]/4, x > 0.8352$

11. $b = 6;\quad x^2y^2 + 4x^3y = c$

12. $b = 1;\quad e^{2xy} + 3x^2 = c$

15. $x^2 + 2\ln|y| - y^{-2} = c;\quad$ also $y = 0$

16. $2x^2 + 2\ln|y| - y^{-2} = c;\quad$ also $y = 0$

18. $\mu(x) - e^{3x};\quad (3x^2y + y^3)e^{3x} = c$

19. $\mu(y) = y^2;\quad x^4 + 3xy + y^4/2 = c$

20. $\mu(y) = y;\quad xy + y\cos(y) - \sin(y) = c$

21. $\mu(y) = y;\quad xy - y\sin y - \cos y = c$

■ 2.7절, 106쪽

1. a. 1.1, 1.2, 1.3, 1.4

b. 1.1, 1.2, 1.3, 1.4

c. 1.1, 1.2, 1.3, 1.4

d. 1.1, 1.2, 1.3, 1.4

2. a. 1.2, 1.46, 1.798, 2.2374

b. 1.215, 1.49934, 1.87537, 2.37268

c. 1.22365, 1.52232, 1.92119, 2.45386

d. 1.23324, 1.54808, 1.97307, 2.54674

5. $y \ge 0$일 때는 수렴하고, $y < 0$일 때는 정의되지 않는다.

6. $y \ge 0$일 때는 수렴하고, $y < 0$일 때는 발산한다.

7. $|y(0)| < 4.78$(근사값)일 때는 수렴하고, 그 외에는 발산한다.

8. 모든 해가 발산한다.

9. a. 2.95148, 3.65042, 4.18248, 4.59561, 4.92048, 5.17816

b. 2.93808, 3.63167, 4.16190, 4.57499, 4.90074, 5.15979

c. 2.93159, 3.62253, 4.15183, 4.56486, 4.89102, 5.15072

d. 2.92776, 3.73397, 4.14586, 4.55884, 4.88523, 5.14531

10. a. 2.42831, 4.49378, 3.13540, 2.26560, 1.76850, 1.44951

b. 2.65748, 4.46004, 3.14322, 2.27392, 1.77288, 1.45195

c. 2.78710, 4.44811, 3.14607, 2.27804, 1.77516, 1.45322

d. 2.86988, 4.44232, 3.14756, 2.28049, 1.77655, 1.45399

11. b. $0.67 < \alpha_0 < 0.68$

12. $t = 0.8$에서 y의 합리적인 추정값은 5.5에서 6 사이이다. $t = 1$에서는 주어진 데이터만으로는 신뢰할 수 있는 추정이 불가능하다.

13. b. $2.37 < \alpha_0 < 2.38$

14. b. $0.66 < \alpha_0 < 0.67$

■ 2.8절, 116쪽

1. $dw/ds = (s + 1)^2 + (w + 2)^2,\quad w(0) = 0$

2. $dw/ds = 4 - (w + 2)^3, w(0) = 0$

3. a. $\phi_n(t) = \sum_{k=1}^{n} \dfrac{2^k t^k}{k!}$

c. $\lim_{n\to\infty} \phi_n(t) = e^{2t} - 1$

4. a. $\phi_n(t) = \sum_{k=1}^{n} (-1)^{k+1} t^{k+1}/(k+1)!3^{k-1}$

c. $\lim_{n\to\infty} \phi_n(t) = 9^{e-t/3} + 3t - 9$

5. a. $\phi_n(t) = \sum_{k=1}^{n} \frac{t^{2k-1}}{1\cdot 3\cdot 5\cdots(2k-1)}$

6. a. $\phi_n(t) = -\sum_{k=1}^{n} \frac{t^{3k-1}}{2\cdot 5\cdot 8\cdots(3k-1)}$

7. a. $\phi_1(t) = \frac{t^3}{3}$; $\phi_2(t) = \frac{t^3}{3} + \frac{t^7}{7\cdot 9}$;

$\phi_3(t) = \frac{t^3}{3} + \frac{t^7}{7\cdot 9} + \frac{2t^{11}}{3\cdot 7\cdot 9\cdot 11} + \frac{t^{15}}{(7\cdot 9)^2\cdot 15}$

8. a. $\phi_1(t) = 4t$; $\phi_2(t) = 4t - 16t^4$;

$\phi_3(t) = 4t - 16t^4 + \frac{768t^7}{7} - \frac{1536t^{10}}{5} + \frac{4096t^{13}}{13}$

9. a. $\phi_1(t) = t$, $\phi_2(t) = t - \frac{t^2}{2!} + \frac{t^4}{4!} - \frac{t^6}{6!} + O(t^8)$,

$\phi_3(t) = t - \frac{t^2}{2!} + \frac{t^3}{3!} + \frac{t^4}{4!} - \frac{7t^5}{5!} + \frac{14t^6}{6!} + O(t^7)$,

$\phi_4(t) = t - \frac{t^2}{2!} + \frac{t^3}{3!} - \frac{7t^5}{5!} + \frac{31t^6}{6!} + O(t^7)$

10. a. $\phi_1(t) = -t - t^2 - \frac{t^3}{2}$,

$\phi_2(t) = -t - \frac{t^2}{2} + \frac{t^3}{6} + \frac{t^4}{4} - \frac{t^5}{5} - \frac{t^6}{24} + O(t^7)$,

$\phi_3(t) = -t - \frac{t^2}{2} + \frac{t^4}{12} - \frac{3t^5}{20} + \frac{4t^6}{45} + O(t^7)$,

$\phi_4(t) = -t - \frac{t^2}{2} + \frac{t^4}{8} - \frac{7t^5}{60} + \frac{t^6}{15} + O(t^7)$

■ 2.9절, 128쪽

1. $y_n = (-1)^n (0.9)^n y_0$; $y_n \to 0$ as $n \to \infty$
2. $y_n = y_0\sqrt{n+1}$; $y_n \to \infty$ as $n \to \infty$
3. $y_n = (-1)^{\frac{n(n+1)}{2}} 2^n y_0$ as $n \to \infty$, y_n은 극한이 없다.
4. $y_n = (0.5)^n(y_0 - 8) + 8$; $y_n \to 8$ as $n \to \infty$
5. $5015.38
6. $282.03
7. $3752.17, $1, 350, 782.65

   $3793.33, $1, 365, 599.54
8. $119,554.29
9. 12.024%
10. $u_n \to -\infty$ as $n \to \infty$
15. a. 4.7263

    b. 1.223%

    c. 3.5643

    d. 3.5699

■ 2장 복습 문제, 132쪽

1. $y = c/x^2 + x^3/5$
2. $2y + \cos(y) - x - \sin(x) = c$
3. $x^2 + xy - 3y - y^3 = 0$
4. $y = -3 + ce^{x-x^2}$
5. $x^2y + xy^2 + x = c$
6. $y = 3x^{-2}(x-1)$
7. $y = (4 + \cos(2) - \cos(x))/x^2$
8. $x^2y + x + y^2 = c$
9. $2x^2 + 3x^2y - x^2 + y^3 = c$
10. $y = -x^2/5 + c/x^3$
11. $4y = \left(-x + \sqrt{208 - 3x^2}\right)$
12. $e^x + e^{-y} = c$
13. $y = \ln(\sin(x)) + c$
14. $y = ce^{3x} - e^{2x}$
15. $y = e^{-2x}\int_0^x e^{-s^2}ds + 3e^{-2x}$
16. $2xy + xy^4 - x^3 = c$
17. $y = ce^{-x} + e^{-x}\ln(2 + e^x)$
18. $2y^3/3 + 3x^2y + 2xy^2 + 4x = c$
19. $x^3 + x^2y = c$
20. $y = -x\ln(-x - c_1)$
21. $(-y^2 - 2 - x^2)e^{-y^2/2} = c$
22. $\arctan(y/x) - \ln\sqrt{x^2 + y^2} = c$
23. $y = cx$
24. $y^3 + 6y - x^3 + 3x = 5$
26. a. $y = t + (c - t)^{-1}$

    b. $y = t^{-1} + 2t\left(c - t^2\right)^{-1}$

    c. $y = \sin(t) + \left(c\cos(t) - \frac{1}{2}\sin(t)\right)^{-1}$
27. a. $v' - (x(t) + b)v = b$

    b. $v = \left(b\int \mu(t)\,dt + c\right)/\mu(t)$,

    $\mu(t) = \exp(-(at^2/2) - bt)$
28. $y = c_1t^{-1} + c_2 + \ln t$
29. $y = t - 2C_1$ arctan arctan $(C_1t) + C_2$
30. $y = \pm\frac{2}{3}(t - 2c_1)\sqrt{t + c_1} + c_2 = 0$; also $y = c$

    힌트: $\mu(v) = v^{-3}$은 적분인자이다.
31. $y = (1/2k)\ln|(k-t)/(k+t)| + c_2$ if $c_1 = k^2 > 0$;

    $y = (1/k)\arctan(t/k) + c_2$ if $c_1 = -k^2 < 0$;

$y=-t^{-1}+c_2$ if $c_1=0$; also $y=c$

32. $y^2=c_1t+c_2$

33. $\frac{1}{3}y^3-2c_1y+c_2=2t$; also $y=c$

34. $y\ln|y|-y+c_1y+t=c_2$; also $y=c$

35. $e^y=(t+c_2)^2+c_1$

36. $y=\frac{4}{3}(t+1)^{3/2}-\frac{1}{3}$

37. $y=\frac{1}{2(1+t^2)}(12+\pi-4t+\pi t^2-4(1+t^2)\arctan(t)$
$+(1+t^2)(\log\log(64)+12\log\log(t)-6\log\log(1$
$+t^2)))$

제 3 장

■ 3.1절, 143쪽

1. $y=c_1e^t+c_2e^{-3t}$
2. $y=c_1e^{-3t}+c_2e^{-2t}$
3. $y=c_1e^{t/3}+c_2e^{-t/4}$
4. $y=c_1+c_2e^{-4x}$
5. $y=c_1e^{4t/3}+c_2e^{-4t/3}$
6. $y=c_1e^{2(1+\sqrt{2})t}+c_2e^{2(1-\sqrt{2})t}$
7. $y=e^t$; $y\to\infty$ as $t\to\infty$
8. $y=4e^{-t}-e^{-3t}$; $y\to 0$ as $t\to\infty$
9. $y=-\frac{1}{2}-\frac{3}{2}e^{-2x}$
10. $y=\left(4/\sqrt{33}\right)\exp\left[\left(-1+\sqrt{33}\right)t/4\right]-\left(4/\sqrt{33}\right)$
$\exp\left[\left(-1-\sqrt{33}\right)t/4\right]$; $y\to\infty$ as $t\to\infty$
11. $y=\frac{1}{10}e^{-9(t-2)}+\frac{9}{10}e^{t-2}$; $y\to\infty$ as $t\to\infty$
12. $y=2e^{x-1}$
13. $y''-y'-12y=0$
14. $y=-\frac{1}{8}e^{2x}+\frac{5}{8}e^{-2x}$
15. $y=3e^{2x}-2e^{2x}$
16. $\beta=-1$
17. 모든 해는 $\alpha<1$일 때 발산한다.
18. 모든 해는 $\alpha<1$일 때 발산한다.
19. **a.** $y=(6+\beta)e^{-2t}-(4+\beta)e^{-3t}$
    b. $t_m=\ln((12+3\beta)/(12+2\beta))$,
    $y_m=\frac{4}{27}(6+\beta)^3/(4+\beta)^2$
    c. $\beta=6\left(1+\sqrt{3}\right)\cong 16.3923$
    d. $t_m\to\ln(3/2), y_m\to\infty$
20. **a.** $y=d/c$
    b. $aY''+bY'+cY=0$
21. **a.** $b>0$ and $0<c<b^2/(4a)$
    b. $c<0$
    c. $b<0$ and $0<c<b^2/(4a)$

■ 3.2절, 155쪽

1. $-e^{-5t}$
2. $2x^2e^{2x}$
3. e^{-6t}
4. $-e^{4t}$
5. 0
6. $t>0$
7. $0<t<4$
8. $0<t<\infty$
9. $2<x<3\pi/2$
11. 비선형 방정식
12. 비제차 방정식
13. 그렇지 않다.
14. $2te^{3t}+ce^{3t}$
15. $-4\cos t+4\sin t$
16. y_3와 y_4가 기본해 집합을 이루는 것은 $a_1b_2-a_2b_1\neq 0$과 동치이다.
17. $y_1=e^{-2t}+2te^{-2t}, y_2=0$
18. $y_1=\frac{2}{e^3}e^{3t}+\left(\frac{-3}{e^2}e^{2t}\right)=2e^{3(t-1)}-3e^{2(t-1)}$,
    $y_2=\frac{1}{e^3}e^{3t}-\frac{1}{e^2}e^{2t}=e^{3t+3}-e^{2(t-1)}$
19. 그렇다.
20. 그렇다.
21. 그렇다.
22. **b.** 그렇다.
    c. $\{y_1,y_3\}$ 및 $\{y_1,y_4\}$는 기본해 집합을 이루며, $\{y_2,y_3\}$ 및 $\{y_4,y_5\}$는 그렇지 않다.
23. cte^t
24. $c\cos(t)$
25. $(1+x^2)^{-1}c$
27. 50
28. 만약 $W(y_1,y_2)\neq 0$이면, y_1과 y_2는 일차독립 해이다.
30. 만약 t_0가 변곡점이고 $y=\phi(t)$가 해라면, 미분방정식으로부터 $p(t_0)\phi'(t_0)+q(t_0)\phi(t_0)=0$이다.

32. 그렇다. $y = c_1 e^{-2x^2} \int_{x_0}^{x} e^{2u^2} du + c_2 e^{-2x^2}$

33. 그렇다. $y = [\mu(x)]' \left[c_1 \int_{x_0}^{x} \frac{t^{-1}}{4} \mu(t)\, dt + c_2 \right]$

34. 그렇다. $y = e^{\frac{-x^2}{2}} \left[c_1 \int_{x_0}^{x} e^{\frac{t^2}{2}} dt + c_2 \right]$

36. $x^2\mu'' + x\mu' + 4\mu = 0$

37. $\mu'' + x\mu = 0$

38. 문제 37번의 Airy 방정식은 자기수반이다.

■ 3.3절, 163쪽

1. $e^4(\cos 5 - i \sin 5)$
2. -1
3. $e^2 \cos(3\pi/2) - ie^2 \sin(3\pi/2) = e^2 i \cong 7.3891i$
4. $\pi^{-1} \cos(4 \ln \pi) + i\pi^{-1} \sin(4 \ln \pi) \cong -0.0424 + 0.3155i$
5. $y = c_1 e^{-2t} + c_2 e^{-t}$
6. $y = c_1 e^t \cos\left(\sqrt{7}t\right) + c_2 e^t \sin\left(\sqrt{7}t\right)$
7. $y = c_1 e^{-2t} \cos t + c_2 e^{-2t} \sin t$
8. $y = c_1 e^{3t} + c_2 e^{4t}$
9. $y = c_1 e^{-3t} \cos(t/2) + c_2 e^{-3t} \sin(t/2)$
10. $y = c_1 e^{t/3} + c_2 e^{-2t/3}$
11. $y = c_1 e^{-3t} \cos(3t/2) + c_2 e^{-3t} \sin(3t/2)$
12. $y = \frac{\sin 3t}{3}$, 주기적
13. $y = -2e^{t-\pi/2} \sin(2t)$; 증가하는 진동
14. $y = \left(1 + \sqrt{3}\right) \cos t + \left(-1 + \sqrt{3}\right) \sin t$; 일정한 진동
15. $y = 2\sqrt{2} e^{-(t-\pi/4)} \sin t$; 감쇠하는 진동
16. **a.** $u = e^{-\frac{t}{6}} \left(2 \cos \frac{\sqrt{23}}{6} t + \frac{2}{\sqrt{23}} \sin \frac{\sqrt{23}}{6} t \right)$
    b. $t = -10.5001$
17. **a.** $u = 2e^{-t/5} \cos\left(\sqrt{34}t/5\right) + \left(12/\sqrt{34}\right) e^{-t/5} \sin\left(\sqrt{34}t/5\right)$
    b. $T = 16.7516$
18. **a.** $y = e^{-3t}[2 + (\alpha + 2)t]$
    b. $y(1) = e^{-3t}[2 + t(\alpha + 2)] = 0$
    c. $t = -\frac{2}{\alpha + 2}$
    d. As $\alpha \to \infty, t \to 0$
26. $y = c_1 \cos(2 \ln t) + c_2 \sin(2 \ln t)$
27. $y = c_1 t^{-1} + c_2 t^{-3}$
28. $y = c_1 t^3 + c_2 t^2$
29. $y = c_1 t^4 + c_2 t$
30. $y = c_1 t^2 + c_2 t^3$
31. $y = c_1 t^{-2} \cos\left(\frac{1}{2} \ln t\right) + c_2 t^{-2} \sin\left(\frac{1}{2} \ln t\right)$
32. **e.** $\frac{q'(t) + 2p(t)q(t)}{2(-q(t))^{3/2}}$ 는 상수여야 한다.
33. 비율이 일정하지 않으므로, 이 방정식은 변형될 수 없다.
34. 비율이 일정하지 않으므로, 이 방정식은 변형될 수 없다.
35. 비율이 일정하지 않으므로, 이 방정식은 변형될 수 없다.
36. 비율이 일정하지 않으므로, 이 방정식은 변형될 수 없다.

■ 3.4절, 171쪽

1. $y = c_1 e^{-t} + c_2^{te-t}$
2. $y = c_1 e^{-2t/3} + c_2 te^{-2t/3}$
3. $y = c_1 e^{-4t} + c_2 te^{-4t}$
4. $y = c_1 e^{3t/2} + c_2 te^{3t/2}$
5. $y = c_1 e^{5t} + c_2 te^{5t}$
6. $y = c_1 e^{-2t} + c_2 te^{\frac{-1}{2}t}$
7. $y = c_1 e^{3t/4} + c_2 te^{3t/4}$
8. $y = c_1 e^{3t/5} + c_2 te^{3t/5}$
9. $y = 2e^{2t/3} - \left(\frac{10}{3}\right) te^{2t/3}$, $y \to -\infty$ as $t \to \infty$
10. $y = \frac{7}{4} e^{-t} - \frac{3}{4} e^{-5t}$, $y \to 0$ as $t \to \infty$
11. $y = 9e^{-2(t+1)} + 7te^{-2(t+1)}$, $y \to 0$ as $t \to \infty$
12. $y = 2e^{t/2} + (b - 1)te^{t/2}$; $b = 1$
13. **a.** $y = e^{-3t/2} - \frac{5}{2} te^{-3t/2}$
    b. $t = \frac{2}{5}$
    c. $t_0 = 16/15, y_0 = -\frac{5}{3} e^{-8/5} \cong -0.33649$
    d. $y = e^{-3t/2} + \left(b + \frac{3}{2}\right) te^{-3t/2}; b = -\frac{3}{2}$
18. $y_2(t) = t^2$
19. $y_2(t) = At + B$
20. $y_2(t) = te^t$
21. $y_2(x) = x$
22. $y_2(x) = x^{1/4} e^{-2\sqrt{x}}$
23. $y = c_1 e^{-\delta x^2/2} \int_0^x e^{\delta s^2/2} ds + c_2 e^{-\delta x^2/2}$
24. $y_2(t) = y_1(t) \int_{t_0}^{t} y_1^{-2}(s) \exp\left(-\int_{s_0}^{s} p(r)\, dr\right) ds$

25. $y_2(t) = \frac{c_1}{2}t + \frac{c_2}{t}$

26. $y_2(t) = \sin t \int \frac{c_1}{t^3 \sin^2 t} dt$

27. $y_2(x) = x^{-\frac{1}{2}}(-c_1 \cos x + c_2 \sin x)$

29. **b.** $y_0 + \frac{a}{b} y_0'$

31. $y = c_1 (t+6)^2 + c_2 (t+6)^2 \log (t+6)$

32. $y = c_1 t^{-3/2} + c_2 t^{-3/2} \ln t$

33. $y = c_1 t{-}^{2} + c_2 t^{-2} \ln t$

34. $y = c_1 t{-}^{2} \cos (5 \ln t) + c_2 t^{-2} \sin (5 \ln t)$

■ 3.5절, 183쪽

1. $y = c_1 e^{-2t} + c_2 e^{-t} + \frac{1}{3} e^{2t}$

2. $y = c_1 e^{-t} + c_2 e^{2t} - \frac{3}{2} + 2t - 2t^2$

3. $y = c_1 e^{2t} + c_2 e^{-3t} + 3e^{3t} - 3e^{-2t}$

4. $y = c_1 e^{3t} + c_2 e^{-t} + \frac{3}{8} te^{-t} + \frac{3}{4} t^2 e^{-t}$

5. $y = c_1 + c_2 e^{-t} + 6t - 2\cos t - 2\sin t$

6. $y = c_1 e^{-t} + c_2 te^{-t} + 2t^2 e^{-t}$

7. $y = c_1 \cos t + c_2 \sin t - 1/3t \cos (2t) - \left(\frac{8}{9}\right) \sin (2t)$

8. $u = c_1 \cos (\omega_0 t) + c_2 \sin (\omega_0 t) + \left(\omega_0^2 - \omega^2\right)^{-1} \cos (\omega t)$

9. $u = c_1 \cos (\omega_0 t) + c_2 \sin (\omega_0 t) + (1/2\omega_0)\, t \sin (\omega_0 t)$

10. $y = c_1 e^{-t} + c_2 e^{2t} + \left(\frac{1}{2}\right) te^{2t} + \left(\frac{3}{8}\right) e^{-2t}$

11. $y = \left(\frac{4}{3}\right) e^t - \left(\frac{5}{6}\right) e^{-2t} - t - \left(\frac{1}{2}\right)$

12. $y = \frac{7}{10} \sin (2t) - \frac{19}{40} \cos (2t) + \frac{1}{4} t^2 - \frac{1}{8} + \frac{3}{5} e^t$

13. $y = 3te^t - 2e^t + \frac{1}{6} t^3 e^t + 4$

14. $y = \frac{60}{169} \sin 2t + \frac{25}{169} \cos 2t + c_1 e^{-3t} + c_2 te^{-3t}$

15. $y = te^{-t} \sin (2t)$

16. **a.** $Y(t) = \left(A_0 t^4 + A_1 t^3 + A_2 t^2 + A_3 t + A_4\right)$
 $+t\left(B_0 t^2 + B_1 t + B_2\right) e^{-3t} + D \sin (3t) + E \cos (3t)$
 b. $A_0 = 2/15, A_1 = -2/9, A_2 = 8/27, A_3 = -8/27,$
 $A_4 = 16/81, B_0 = -1/9, B_1 = -1/9, B_2 = -2/27,$
 $D = -1/9, E = -1/9$

17. **a.** $Y(t) = e^t (A \cos (2t) + B \sin (2t)) + (D_0 t + D_1)$
 $e^{2t} \sin t + (E_0{}^t + E_1)\, e^{2t} \cos t$
 b. $A = 3/20, B = -1/20, D_0 = -3/2, D_1 = -5,$
 $E_0 = 3/2, E_1 = 1/2$

18. **a.** $Y(t) = Ae^{-t} + t\left(B_0 t^2 + B_1 t + B_2\right) e^{-t} \cos t$
 $+t\left(D_0 t^2 + D_1 t + D_2\right) e^{-t} \sin t$
 b. $A = 2, B_0 = -2/3, B_1 = 0, B_2 = 1, D_0 = 0, D_1 = 1,$
 $D_2 = 1$

19. **a.** $Y(t) = t(A_0 t^2 + A_1 t + A_2) \sin (2t) + t(B_0 t^2 + B_1 t$
 $+ B_2) \cos (2t)$
 b. $A_0 = 0, A_1 = 7/16, A_2 = 1/2, B_0 = -1/12, B_1 = 0,$
 $B2 = 7/32$

20. **a.** $y(t) = e^{2t}(c_1 \cos t + c_2 \sin t) + De^t$
 b. $D = -\frac{1}{2} c_1 = c_2 = -\frac{1}{6}$

21. **a.** $Y(t) = A_0 t^2 + A_1 t + A_2 + t^2 (B_0 t^2 + B_1) e^{2t} + (D_0 t$
 $+ D_1) \sin (2t) + (E_0 t + E_1) \cos (2t)$
 b. $A_0 = 1, A_1 = 2, A_2 = 3/2, B_0 = 2/3, B_1 = 0, D_0 = 0,$
 $D_1 = -1/16, E_0 = 1/8, E_1 = 1/16$

22. **a.** $w = -\frac{2}{5} + c_1 e^{5t}$

23. $y = c_1 \cos (\lambda t) + c_2 \sin (\lambda t) + \sum_{m=1}^{N} (a_m/\lambda^2 - m^2\pi^2))$
 $\sin (m\pi t)$

24. $y = \begin{cases} t, & 0 \le t \le \pi \\ -(1+\pi/2)\sin(t) - (\pi/2)\cos(t) + (\pi/2)e^{\pi - t}, & t > \pi \end{cases}$

25. 그렇지 않다.

28. $y = \frac{e^{3t}}{4} - c_1 e^{-2t} + c_2 e^{-t}$

29. $y = \frac{e^{5t} e^{-6t}}{6} - \frac{c_1}{5} + c_2 e^{5t}$

30. $y = \frac{1}{5}\left\{\frac{1}{5}(\sin 4t + 4\cos 4t) + \right.$
 $\left.\frac{4}{5}(\cos 4t - 4\sin 4t)\right\} + \left\{c_1 te^{-t}\right\} + c_2$

■ 3.6절, 189쪽

1. $Y(t) = e^t$

2. $Y(t) = \frac{e^{-2t}}{2} - \frac{e^{-3t}}{3}$

3. $Y(t) = t^2 e^{t/2}$

4. $y = c_1 \cos t + c_2 \sin t - 2(\cos t) \ln (\tan t + \sec t)$

5. $y = c_1 \cos(3t) + c_2 \sin(3t) + \sin(3t) \ln(\tan(3t) +$
 $\sec(3t) - 1$

6. $y = c_1 e^{-2t} + c_2 te^{-2t} - e^{-2t} \ln(t)$

7. $y = c_1 \cos t + c_2 \cos t - t \cos t + [\log (\sec t)] \sin t$

8. $y = c_1 \cos (3t) + c_2 \sin (3t) + 1/3 \int [\sin 3(t-s)]\, g(s)\, ds$

9. $y = c_1 e^{2t} + c_2 e^{5t} + \int \left[e^{5(t-s)} - e^{2(t-s)}\right] g(s)\, ds$

10. $Y(t) = \frac{3}{2} + \left(\frac{4}{3}\right) t^2 \ln t$

11. $Y(t) = -2t^2$

12. $Y(t) = \frac{1}{2}(t-1)e^{2t}$

13. $Y(x) = -\frac{3}{2}x^{1/2}\cos x$

14. $Y(x) = \int \frac{xe^t - te^x}{(1-t)^2 e^t} g(t)\,dt$

15. $Y(x) = \frac{1}{\sqrt{x}} \int_{x_0}^{x} \frac{\sin(x-\tau) g(\tau)}{\tau\left(\sqrt{\tau}\right)} d\tau$

18. b. $y = y_0 \cos(t) + y_0' \sin(t) + \int_0^t \sin(t-s) g(s)\,ds$

19. $y = (b-a)^{-1} \int_{t_0}^{t} \left(e^{b(t-s)} - e^{a(t-s)}\right) g(s)\,ds$

20. $y = \mu^{-1} \int_{t_0}^{t} e^{\lambda(t-s)} \sin(\mu(t-s)) g(s)\,ds$

21. $y = \int_{t_0}^{t} (t-s) e^{a(t-s)} g(s)\,ds$

24. $y = t^2 \log t - t^2 + c_2 t^2 + c_1 t$

25. $y = c_1 t^{-1} + c_2 t^{-5} + \frac{t}{4}$

26. $y = c_1 e^t + c_2 t - \frac{1}{2}(2t-1)e^{-t}$

■ 3.7절, 202쪽

1. $u = \sqrt{29}\cos\left(t - \tan^{-1}\left(\frac{4}{3}\right)\right), \delta = \tan^{-1}\frac{4}{3}$

2. $u = \sqrt{13}\ \cos(\pi t - \delta),\ \delta = \pi + \arctan(2/3) \cong 3.7296$

3. $u = \left(\frac{10}{7}\right)\sin(14t)$ cm, t in s; $t = \pi/14$ s

4. $u = -\frac{1}{8}\cos 8\sqrt{2}t + \frac{1}{4\sqrt{2}}\sin 8\sqrt{2}$

5. $u = e^{-10t}\left(2\cos\left(4\sqrt{6}t\right) + \left(5/\sqrt{6}\right)\sin\left(4\sqrt{6}t\right)\right)$ cm,

t in s; $\mu = 4\sqrt{6}$ rad/s, $T_d = \pi/2\sqrt{6}$ s,

$T_d/T = 7/\left(2\sqrt{6}\right) \cong 1.4289,\quad \tau \cong 0.4045$ s

6. $u \cong 0.057198e^{-0.15t}\cos(3.87008t - 0.50709)$ m, t in s;

$\mu = 3.87008$ rad/s, $\mu/\omega_0 = 3.87008/\sqrt{15} \cong 0.99925$

7. $Q = 2 \times 10^{-6}\cos(2000t)$ C, t in s

8. $\gamma = \sqrt{20/9} \cong 1.4907$

11. a. $r = \sqrt{A^2 + B^2}, r\cos(\theta) = B, r\sin(\theta) = -A$

b. $R = r; \delta = \theta + (1 \pm 4n)\pi/2, n = 0, 1, 2, \ldots$

12. $R = 10^3\ \Omega$

14. $v_0 < -\gamma u_0/(2m)$

16. $5\pi/\sqrt{6}$

17. $k = 6, v = \pm 2\sqrt{5}$

18. a. $u(t) = e^{-\gamma t/2m}$

$\times\left(u_0\sqrt{4km - \gamma^2}\cos(\mu t) + (2mv_0 + \gamma u_0)\sin(\mu t)\right)/$

b. $R^2 = 4m\left(ku_0^2 + \gamma u_0 v_0 + mv_0^2\right)/\left(4\,km - \gamma^2\right)$

19. $\rho l u'' + \rho_0 g u = 0, T = 2\pi\sqrt{\rho l/\rho_0 g}$

20. a. $u = \sqrt{2}\sin\left(\sqrt{2}t\right)$

c. 시계방향

21. a. $u = \left(16/\sqrt{127}\right)e^{-t/8}\sin\left(\sqrt{127}t/8\right)$

c. 시계방향

22. b. $u = a\cos\left(\sqrt{k/m}t\right) + b\sqrt{m/k}\sin\left(\sqrt{k/m}t\right)$

24. b. $u = \sin(t), A = 1, T = 2\pi$

c. $A = 0.98, T = 6.07$

d. $\epsilon = 0.2, A = 0.96, T = 5.90; \epsilon = 0.3, A = 0.94,$

$T = 5.74$

f. $\epsilon = -0.1, A = 1.03, T = 6.55; \epsilon = -0.2, A = 1.06,$

$T = 6.90;\ \epsilon = -0.3,\quad A = 1.11,\ T = 7.41$

■ 3.8절, 214쪽

1. $2\sin(3t/2)\cos(15t/2)$

2. $2\cos\frac{5\pi t}{2}\cos\frac{\pi t}{2}$

3. $2\sin(9t/2)\cos(t/2)$

4. $u'' + 10u' + 98u = 2\sin(t/2), u(0) = 0, u'(0) =$ 0.03, u in m, t in s

5. a. $u = \frac{1}{153,281}(160e^{-5t}\cos\left(\sqrt{73}t\right)$

$+\frac{383,443\sqrt{73}}{7300}e^{-5t}\sin\left(\sqrt{73}t\right) - 160\cos(t/2) +$

$3128\sin(t/2))$

b. e^{-5t}를 포함한 처음 두 항은 과도기적인 해이고, 지수함수가 포함되지 않은 나머지 두 항은 정상 상태의 해이다.

c. $\omega = 4\sqrt{3}$ rad/s

6. $u = \frac{128}{45}(\cos(7t) - \cos(8t)) = \frac{256}{45}\sin(t/2)$

$\sin(15t/2)$ ft, t in s

7. $u = \sqrt{(13/45)}\cos(3t - \pi + \arctan(7/4))$ m, t in s

8. $u = (2\cos(8t) + \sin(8t) - 8t\cos(8t))/4$ ft, t in sec;

$1/4, \pi/8, \pi/4, 3\pi/8$ s

11. $u = \begin{cases} F_0(t - \sin(t)), & 0 \le t \le \pi \\ F_0((2\pi - t) - 3\sin(t)), & \pi < t \le 2\pi \\ -4F_0\sin(t), & 2\pi < t < \infty \end{cases}$

13. a. $u = \frac{2}{1 - w^2}[\cos wt - \cos t]$

14. a. $u = \frac{1}{1 - w^2}\left[2\cos wt - \left(w^2 + 2\right)\cos t\right] + \sin t$

제4장

■ 4.1절, 224쪽

1. $(-\infty, \infty)$
2. $t > 1$, or $0 < t < 1$, or $t < 0$
3. $\ldots, -3\pi/2 < x < -\pi/2, \quad -\pi/2 < x < 1,$
   $1 < x < \pi/2, \quad \pi/2 < x < 3\pi/2, \ldots$
4. $(-\infty, -3) \cup (-3, 3) \cup (3, \infty)$
5. 일차종속; $f_1(t) = 4f_2(t) - 2f_3(t)$
6. 일차종속; $2f_1(t) + 3f_2(t) - 4f_3(t) = 0$
7. 일차종속; $5f_1(t) + 13f_2(t) - f_3(t) - 11f_4(t) = 0$
8. a^5
9. $-16e^{3t}$
10. $2t$
11. 243
12. **b.** $\cos^2 t = \frac{1}{10}(5) + \frac{1}{2}\cos(2t)$
14. **a.** $a_0(n(n-1)(n-2)\cdots 1) + a_1(n(n-1)\cdots 2)t + \cdots + a_n t^n$
    b. $(a_0 r^n + a_1 r^{n-1} + \cdots + a_n)e^{rt}$
    c. $e^t, e^{-t}, e^{2t}, e^{-2t}$; yes, $W(e^t, e^{-t}, e^{2t}, e^{-2t}) \neq 0, -\infty < t < \infty$
16. $W(t) = t$
17. $W(t) = c/t^2$
20. $y = c_1 e^t + c_2 t + c_3 te^t$
21. $y = c_1 t^2 + c_2 t^3 + c_3(t+1)$

■ 4.2절, 232쪽

1. $\sqrt{2}\left(\cos\left(\frac{7\pi}{4}\right) + i\sin\left(\frac{7\pi}{4}\right)\right)$
2. $4e^{i}[(2\pi/3) + 2m\pi]$
3. $2\left(\cos\left(\frac{\pi}{2}\right) + i\sin\left(\frac{\pi}{2}\right)\right)$
4. $2e^{i}[(7\pi/6) + 2m\pi]$
5. $\frac{1+i}{\sqrt{2}}, \frac{-1-i}{\sqrt{2}}$
6. $2^{1/4}e^{\pi i/8}, 2^{1/4}e^{9\pi i/8}$
7. $\sqrt{2}(1+i), \sqrt{2}(-1-i)$
8. $y = Ae^x + Be^{4x}$
9. $y = c_1 e^t + c_2 e^{t/2} + c_3 e^{-t}$
10. $y = A_1 e^x + A_2 xe^x + A_3\cos(x) + A_4\sin(x)$
11. $y = A_1 + A_2 e^x + A_3 e^{-x}$
12. $y = c_1 e^{2t} + c_2 te^{2t} + c_3 t^2 e^{2t} + c_4 e^{-2t} + c_5 te^{-21} + c_6 t^2 e^{-2t}$
13. $y = A_1 e + A_2 x + A_3\cos(x) + A_4\sin(x)$
14. $y = c_1 + c_2 t + c_3 e^{2t} + e^{-t}\left(c_4\cos\left(\sqrt{3}t\right) + c_5\sin\left(\sqrt{3}t\right)\right)$
15. $y = e^t((c_1 + c_2 t)\cos(t) + (c_3 + c_4 t)\sin(t))$
    $+ e^{-t}((c_5 + c_6 t)\cos(t) + (c_7 + c_8 t)\sin(t))$
16. $y = (c_1 + c_2 t)\cos(t) + (c_3 + c_4 t)\sin(t)$
17. $y = c_1 e^{-t/2} + c_2 e^{-t/3}\cos\left(t/\sqrt{3}\right) + c_3 e^{-t/3}\sin\left(t/\sqrt{3}\right)$
18. $y = c_1 e^{-t}\cos t + c_2 e^{-t}\sin t + c_3 e^{-2t}\cos\left(\sqrt{3}t\right) + c_4 e^{-2t}\sin\left(\sqrt{3}t\right)$
19. $y = c_1 e^{-t/3} + c_2 e^{-t/4} + c_3 e^{-t}\cos(2t) + c_4 e^{-t}\sin(2t)$
20. $y = 3 - 2\cos t + \sin t$
21. $y = \frac{1}{2}e^{-t/\sqrt{2}}\sin\left(t/\sqrt{2}\right) - \frac{1}{2}e^{t/\sqrt{2}}\sin\left(t/\sqrt{2}\right)$
22. $y = 2t - 5$
23. $y = -\frac{2}{3}e^t - \frac{1}{10}e^{2t} - \frac{1}{6}e^{-2t} - \frac{16}{15}e^{-t/2}$
24. $y = \frac{21}{13}e^{-t}\cos t - \frac{38}{13}e^{-t}\sin t - \frac{8}{13}e^{-2t}\cos\left(\sqrt{3}t\right) + \frac{17\sqrt{3}}{39}e^{-2t}\sin\left(\sqrt{3}t\right)$
25. $y = \frac{2}{13}e^{-t} + \frac{24}{13}e^{t/2}\cos t + \frac{3}{13}e^{t/2}\sin t$
26. $y = \frac{95}{32}e^{-t} + \frac{1}{32}e^t + \frac{1}{2}\cos(t) - \frac{17}{16}\sin(t)$
27. $y = \frac{1}{2}(\cosh t - \cos t) + \frac{1}{2}(\sinh t - \sin t)$
28. **a.** $W(t) = c$, 상수
    b. $W(t) = -8$
    c. $W(t) = 4$
29. **b.** $u_1 = c_1\cos(t) + c_2\sin(t) + c_3\cos\left(\sqrt{6}t\right) + c_4\sin\left(\sqrt{6}\right)t$

■ 4.3절, 237쪽

1. $y = c_1 e^t + c_2 te^t + c_3 e^{-t} + te^{-t} + 3$
2. $y = c_1\cos(t) + c_2\sin(t) + 3t$
3. $y = c_1 e^{-t} + c_2\cos t + c_3\sin t + te^{-t} + 4(t-1)$
4. $y = c_1 + c_2 t + c_3 e^{-2t} + c_4 e^{2t} - \frac{1}{3}e^t - \frac{1}{48}t^4 - \frac{1}{16}t^2$
5. $y = c_1\cos(t) + c_2\sin(t) + c_3 t\cos(t) + c_4 t\sin(t) + 3 + \frac{1}{9}\cos(2t)$
6. $y = A_1 e^{2t} + A_2 e^{-2t} + A_3\cos(2t) + A_4\sin(2t) - \frac{t^2}{16}$
7. $y = \frac{3}{16}(1 - \cos(2t)) + \frac{1}{8}t^2$

8. $y = 1 + \frac{1}{4}(t^2 + 3t) - te^t$

9. $y = (t-4)\cos t - \left(\frac{3}{2}t + 4\right)\sin t + 3t + 4$

10. $y = A_1e^{2t} + A_2e^{-2t} + A_3e^t + A_4e^{-t} + \frac{1}{10}\sin(t)$

11. $Y(t) = t(A_0t + A_1)e^{-t} + B\cos(t) + C\sin(t)$

12. $Y(t) = t(A_0t^2 + A_1t + A_2) + (B_0t + B_1)\cos t + (C_0t + C_1)\sin t$

13. $Y(t) = At^2 + (B_0t + B_1)e^t + t(C\cos(2t) + D\sin(2t))$

14. $k_0 = a_0, k_n = a_0\alpha^n + a_1\alpha^{n-1} + \cdots + a_{n-1}\alpha + a_n$

■ 4.4절, 242쪽

1. $y = A_1 + A_2\cos(t) + A_3\sin(t) + \log(\sec(t) + \tan(t)) - t\cos(t) + \sin(t)\log(\cos(t))$

2. $y = c_1e^t + c_2e^{2t} + c_3e^{3t} - te^{2t}$

3. $y = c_1e^t + c_2e^{-t} + c_3e^{2t} + \frac{1}{72}e^{5t}$

4. $y = c_1e^t + c_2\cos t + c_3\sin t - \frac{2}{5}e^{-t}\cos t$

5. $y = c_1e^t + c_2\cos(t) + c_3\sin(t) - \frac{1}{2}(\cos(t))\ln(\cos(t)) + \frac{1}{2}(\sin(t))\ln(\cos(t))\frac{1}{2}t\cos(t) - \frac{1}{2}t\sin(t) + \frac{1}{2}e^t\int_{t_0}^t (e^{-s}/\cos(s))\,ds$

6. $y = \frac{1}{2}\int_{t_0}^{t}(-2 + e^{t-s} + e^{s-t})\tan(s)\,ds$

7. $c_1 = 0, c_2 = 2, c_3 = 1$ in $y = c_1 + c_2\cos t + c_3\sin t + \ln(\sec t + \tan t) - t\cos t + (\sin t)\ln\cos t$

8. $y = 3 + \ln(2)/2 - e^{-(t-\pi/4)} - \ln|\sec(t)| + \frac{e^t}{2}\int_{\pi/4}^t e^{-s}\tan(s)\,ds + \frac{e^{-t}}{2}\int_{\pi/4}^t e^s\tan(s)\,ds$

9. $Y(x) = x^4/15$

10. $Y(t) = \frac{1}{2}\int_{t_0}^{t}(e^{t-s} - \sin(t-s) - \cos(t-s))\,g(s)\,ds$

11. $Y(t) = \frac{1}{2}\int_{t_0}^{t}(\sinh(t-s) - \sin(t-s))\,g(s)\,ds$

12. $Y(x) = \frac{1}{2}\int_{x_0}^{x}\left[(x/t^2) - 2(x^2/t^3) + (x^3/t^4)\right]g(t)\,dt$

제 5 장

■ 5.1절, 251쪽

1. $\rho = 1$

2. $\rho = 3$

3. $\rho = \infty$

4. $\rho = \frac{1}{8}$

5. $\rho = 1$

6. $\rho = 5$

7. $\sum_{n=0}^{\infty}\frac{(-1)^n 3^n x^{2n+1}}{(2n+1)!}, \quad \rho = \infty$

8. $\sum_{n=0}^{\infty}\frac{2^n x^n}{n!}, \quad \rho = \infty$

9. $1 + (x-1), \quad \rho = \infty$

10. $4 - 4(x+2) + (x+2)^2, \quad \rho = \infty$

11. $\sum^{\infty}\frac{(-1)^{n+1}}{n}(x-1)^n, \quad \rho = 1$

12. $\sum_{n=0}^{\infty}x^n, \quad \rho = 1$

13. $\sum_{n=0}^{\infty}(-1)^n(n+1)(x-2)^n, \quad \rho = 1$

14. **a.** $y' = 1 + 2^3x + 3^3x^2 + 4^3x^3 + \cdots + (n+1)^3x^n + \cdots$
b. $y'' = 8 + 3^3\cdot 2x + 4^3\cdot 3x^2 + 5^3\cdot 4x^3 + \cdots + (n+2)^3\cdot(n+1)x^n + \cdots$

15. **a.** $y' = a_1 + 2a_2x + 3a_3x^2 + 4a_4x^3 + \cdots + (n+1)a_{n+1}x^n + \cdots = \sum_{n=1}^{\infty}na_nx^{n-1} = \sum_{n=0}^{\infty}(n+1)a_{n+1}x^n,$
$y'' = 2a_2 + 6a_3x + 12a_4x^2 + 20a_5x^3 + \cdots + n(n-1)a_nx^{n-2} + \cdots = \sum_{n=2}^{\infty}n(n-1)a_nx^{n-2} = \sum_{n=0}^{\infty}(n+2)(n+1)a_{n+2}x^n$

18. $\sum_{n=0}^{\infty}(n+2)na_{n+2}x^n$

19. $a_0 + \sum_{n=1}^{\infty}[(n-1)a_{n-1} + a_n]x^n$

20. $2a_2 + 6a_3x + \sum_{n=3}^{\infty}[(n+2)(n+1)a_{n+2} + (n-2)a_{n-2}]x^n$

21. $a_1 + 2a_2x + \sum_{n=2}^{\infty}((n+1)a_{n+1} + a_{n-2})x^n$

22. $a_1x + \sum_{n=2}^{\infty}[na_n + a_{n-2}]x^n$

23. $a_n = (-2)^n a_0/n!, \quad n = 1, 2, \dots; \quad a_0 e^{-2x}$

■ 5.2절, 256쪽

1. $y(x) = a_0 \sum_{n=0}^{\infty} \frac{(-1)^n}{n!} x^{2n}$

2. $y(x) = a_0 \sum_{n=0}^{\infty} \frac{1}{n! 2^n} x^{2n}$

3. $y(x) = a_0 + a_0 x + (1 + a_0) \sum_{n=2}^{\infty} \frac{1}{n!} x^n$

4. $y(x) = a_0 + a_0 x + \frac{a_0}{2!} x^2 + \sum_{n=3}^{\infty} \frac{a_0 + 2}{n!} x^n$

5. $y(x) = a_0 \sum_{n=1}^{\infty} \frac{(-1)^n}{n!} x^n$

6. $y(x) = a_0 + (a_0 + b) \sum_{n=1}^{\infty} \frac{x^n}{n!}$

7. $y(x) = a_1 x + x^2$

8. $y(x) = a_1 x + \frac{x^3}{2}$

9. $y(x) = 1 + \sum_{n=1}^{\infty} \frac{(-1)^{n-1}}{n!} (x-1)^n$

10. $y(x) = 1 + x + \sum_{n=2}^{\infty} \frac{2}{n!} x^n$

11. $y(x) = 3 + \frac{x^3}{3} + \frac{x^4}{12} + \cdots + \frac{2}{n!} x^n + \cdots$

12. $y(x) = 1 + \frac{1}{2} x - \frac{3}{16} x^2 + \frac{7}{64} x^3 - \frac{79}{1024} x^4 + \cdots$

13. $y(x) = \frac{1}{4} \cdot \left(\frac{3}{x} + x^3 \right)$

14. $y(x) = e^{kx}$

15. **a.** $\sum_{n=2}^{\infty} \frac{(-1)^n x^n}{n!}$

b. $x - 1 + e^{-x}$

c. $e^{-x} = \sum_{n=0}^{\infty} \frac{(-1)^n x^n}{n!}$

■ 5.3절, 266쪽

1. **a.** $(n+2) a_{n+2} - a_{n+1} - a_{n=0}$

b. $y_1(x) = 1 + \frac{1}{2}(x-1)^2 + \frac{1}{6}(x-1)^3 + \frac{1}{6}(x-1)^4 + \cdots$

$y_2(x) = (x-1) + \frac{1}{2}(x-1)^2 + \frac{1}{2}(x-1)^3 + \frac{1}{4}(x-1)^4 + \cdots$

2. **a.** $a_{n+2} = -\frac{k}{(n+1)(n+2)} a_n, \quad n = 0, 1, 2, \cdots,$

b. $y_1(x) = 1 - \frac{k}{2!} x^2 + \frac{k^2}{4!} x^4 - \frac{k^3}{6!} x^6$

$+ \cdots = \sum_{n=0}^{\infty} \frac{(-1)^n k^n}{(2n)!} x^{2n}$

$y_2(x) = x - \frac{k}{3!} x^3 + \frac{k^2}{5!} x^5 - \frac{k^3}{7!} x^7$

$+ \cdots = \sum_{n=0}^{\infty} \frac{(-1)^n k^n}{(2n+1)!} x^{2n+1}$

3. **a.** $a_{n+2} = a_n/(n+2)(n+1)$

b, d. $y_1(x) = 1 + \frac{x^2}{2!} + \frac{x^4}{4!} + \frac{x^6}{6!}$

$+ \cdots = \sum_{n=0}^{\infty} \frac{x^{2n}}{(2n)!} = \cosh x$

$y_2(x) = x + \frac{x^3}{3!} + \frac{x^5}{5!} + \frac{x^7}{7!}$

$+ \cdots = \sum_{n=0}^{\infty} \frac{x^{2n+1}}{(2n+1)!} = \sinh x$

4. **a.** $a_{n+4} = -k^2 a_n / ((n+4)(n+3))$; $a_2 = a_3 = 0$

b, d. $y_1(x) = 1 - \frac{k^2 x^4}{3 \cdot 4} + \frac{k^4 x^8}{3 \cdot 4 \cdot 7 \cdot 8} - \frac{k^6 x^{12}}{3 \cdot 4 \cdot 7 \cdot 8 \cdot 11 \cdot 12} + \cdots$

$= 1 + \sum_{m=0}^{\infty} \frac{(-1)^{m+1} (k^2 x^4)^{m+1}}{3 \cdot 4 \cdot 7 \cdot 8 \cdots (4m+3)(4m+4)}$

$y_2(x) = x - \frac{k^2 x^5}{4 \cdot 5} + \frac{k^4 x^9}{4 \cdot 5 \cdot 8 \cdot 9} - \frac{k^6 x^{13}}{4 \cdot 5 \cdot 8 \cdot 9 \cdot 12 \cdot 13} + \cdots$

$= x \left(1 + \sum_{m=0}^{\infty} \frac{(-1)^{m+1} (k^2 x^4)^{m+1}}{4 \cdot 5 \cdot 8 \cdot 9 \cdots (4m+4)(4m+5)} \right)$

힌트: 점화식에서 $n = 4m$ (단, $m = 1, 2, 3, \cdots$.) 으로 두어라.

5. **a.** $(n+2)(n+1) a_{n+2} - n(n+1) a_{n+1} + a_n = 0,$

$n \geq 1; \quad a_2 = -\frac{1}{2} a_0$

b. $y_1(x) = 1 - \frac{1}{2} x^2 - \frac{1}{6} x^3 - \frac{1}{24} x^4 + \cdots$

$y_2(x) = x - \frac{1}{6} x^3 - \frac{1}{12} x^4 - \frac{1}{24} x^5 + \cdots$

6. **a.** $a_{n+2} = -(n^2 - 2n + 4) a_n / [2(n+1)(n+2), \quad n \geq 2;$

$a_2 = -a_0, \quad a_3 = -\frac{1}{4} a_1$

b. $y_1(x) = 1 - x^2 + \frac{1}{6} x^4 - \frac{1}{30} x^6 + \cdots,$

$y_2(x) = x - \frac{1}{4} x^3 + \frac{7}{160} x^5 - \frac{19}{1920} x^7 + \cdots$

7. **a.** $a_{n+2} = -[(n+1)^2 a_{n+1} + a_n + a_{n-1}]/(n+1)(n+2),$

$n = 1, 2, \dots\ a_2 = -(a_0 + a_1)/2$

b. $y_1(x) = 1 - \frac{1}{2}(x-1)^2 + \frac{1}{6}(x-1)^3 - \frac{1}{12}(x-1)^4 + \cdots$

$y_2(x) = (x-1) - \frac{1}{2}(x-1)^2 + \frac{1}{6}(x-1)^3 - \frac{1}{6}(x-1)^4 \cdots$

8. a. $a_{n+2} = -\dfrac{(n+1)(n+\pi)a_{n+1} + a_n + a_{n-1}}{(n+1)(n+2)}, \quad n = 1, 2, \ldots,$

$a_2 = -\dfrac{(a_0 + \pi a_1)}{2}$

b. $y_1(x) = 1 - \dfrac{1}{2}(x-1)^2 + \dfrac{\pi}{6}(x-1)^3 - \dfrac{(2+\pi)\pi - 1}{24}(x-1)^4 + \cdots$

$y_2(x) = (x-1) - \dfrac{\pi}{2}(x-1)^2 + \dfrac{(1+\pi)\pi - 1}{6}(x-1)^3 - \dfrac{(2+\pi)(\pi(\pi+1)-1) - \pi + 2}{24}(x-1)^4 + \cdots$

9. a. $4(n+2)a_{n+2} - (n-2)a_n = 0; \quad n = 0, 1, 2, \ldots$

b, d. $y_1(x) = 1 - \dfrac{x^2}{4},$

$y_2(x) = x - \dfrac{x^3}{12} - \dfrac{x^5}{240} - \dfrac{x^7}{2240} - \cdots - \dfrac{x^{2n+1}}{4^n(2n-1)(2n+1)} - \cdots$

10. a. $a_{n+2} = -\dfrac{na_{n+1} + a_n}{(n+2)}, \quad n = 1, 2, \ldots, \quad a_2 = -\dfrac{a_0}{2}$

b. $y_1(x) = 1 - \dfrac{1}{2}x^2 + \dfrac{1}{2}x^3 + \dfrac{1}{24}x^4 + \cdots$

$y_2(x) = x - \dfrac{1}{3}x^3 + \dfrac{1}{6}x^4 + \cdots$

11. a. $2(n+2)(n+1)a_{n+2} + 3(n+1)a_{n+1} + (n+3)a_n = 0;$

$n = 0, 1, 2, \ldots$

b, d. $y_1(x) = 1 - \dfrac{3}{4}x^2 + \dfrac{5}{32}x^4 - \dfrac{7}{384}x^6 + \cdots + (-1)^n \dfrac{3.5\cdots(2n+1)}{2^n(2n)!}x^{2n} + \cdots$

$y_2(x) = x - \dfrac{x^3}{3} + \dfrac{x^5}{20} - \dfrac{x^7}{210} + \cdots + (-1)^n \dfrac{4.6\cdots(2n+2)}{2^n(2n+1)!}x^{2n+1} + \cdots$

12. a. $y = 2 + x + x^2 + \dfrac{1}{3}x^3 + \dfrac{1}{4}x^4 + \cdots$

c. about $|x| < 0.7$

13. a. $y = 1 - x - x^2 + \dfrac{1}{2}x^3 + \left(\dfrac{1}{3}\right)x^4 + \cdots$

c. about $|x| < 0.5$

14. a. $y = -3 + 3x - \dfrac{3}{2}x^2 - \dfrac{1}{2}x^3 - \dfrac{1}{8}x^4 + \cdots$

c. about $|x| < 0.9$

15. a. $y_1(x) = 1 - \dfrac{1}{3}(x-1)^3 - \dfrac{1}{12}(x-1)^4 + \dfrac{1}{18}(x-1)^6 + \cdots,$

$y_2(x) = (x-1) - \dfrac{1}{4}(x-1)^4 - \dfrac{1}{20}(x-1)^5 + \dfrac{1}{28}(x-1)^7 + \cdots$

16. 힌트: 수학적 귀납법을 사용하는 것을 고려해 보라.

18. a. $y_1(x) = 1 - \dfrac{\lambda}{2!}x^2 + \dfrac{\lambda(\lambda-4)}{4!}x^4 - \dfrac{\lambda(\lambda-4)(\lambda-8)}{6!}x^6 + \cdots,$

$y_2(x) = x - \dfrac{\lambda-2}{3!}x^3 + \dfrac{(\lambda-2)(\lambda-6)}{5!}x^5 - \dfrac{(\lambda-2)(\lambda-6)(\lambda-10)}{7!}x^7 + \cdots$

b. $1, x, 1-2x^2, x-\dfrac{2}{3}x^3, 1-4x^2+\dfrac{4}{3}x^4, x-\dfrac{4}{3}x^3+\dfrac{4}{15}x^5$

c. $1, 2x, 4x^2-2, 8x^3-12x, 16x^4-48x^2+12,$

$32x^5 - 160x^3 + 120x$

19. b. $y = x - x^3/6 + \cdots$

■ 5.4절, 272쪽

1. $\phi''(0) = -2, \quad \phi'''(0) = 0, \quad \phi^{(4)}(0) = 6$

2. $\phi''(1) = 0, \quad \phi'''(1) = -9, \quad \phi^{(4)}(1) = 63$

3. $\phi''(0) = -a_0, \quad \phi'''(0) = -a_1, \quad \phi^{(4)}(0) = 5a_0 - 2a_1$

4. $\rho = \infty, \quad \rho = \infty$

5. $\rho = 2, \quad \rho = 4, \quad \rho = 1$

6. $\rho = \sqrt{2}, \quad \rho = \sqrt{6}$

7. a. $\rho = \infty$ **b.** $\rho = \infty$
c. $\rho = \infty$ **d.** $\rho = \infty$
e. $\rho = \infty$ **f.** $\rho = 1$
g. $\rho = \infty$ **h.** $\rho = 1$
i. $\rho = 1$ **j.** $\rho = \infty$
k. $\rho = \infty$

8. $y_1(x) = 1 - \dfrac{\alpha^2}{2!}x^2 - \dfrac{(2^2-\alpha^2)\alpha^2}{4!}x^4 - \dfrac{(4^2-\alpha^2)(2^2-\alpha^2)\alpha^2}{6!}x^6 - \cdots - \dfrac{((2m-2)^2-\alpha^2)\cdots(2^2-\alpha^2)\alpha^2}{(2m)!}x^{2m} - \cdots,$

$y_2(x) = x + \dfrac{1-\alpha^2}{3!}x^3 + \dfrac{(3^2-\alpha^2)(1-\alpha^2)}{5!}x^5 + \cdots + \dfrac{[(2m-1)^2-\alpha^2]\cdots(1-\alpha^2)}{(2m+1)!}x^{2m+1} + \cdots$

b. $\alpha = n$이 짝수인지 홀수인지에 따라 $y_1(x)$ 또는 $y_2(x)$가 x^n에서 끝난다.

c. $n = 0,\ y = 1; \quad n = 1,\ y = x; \quad n = 2,\ y = 1 - 2x^2;$

$n = 3,\ y = x - \dfrac{4}{3}x^3$

9. $y_1(x) = 1 - \dfrac{1}{6}x^3 + \dfrac{1}{120}x^5 + \dfrac{1}{180}x^6 + \cdots,$

$y_2(x) = x - \dfrac{1}{12}x^4 + \dfrac{1}{180}x^6 + \dfrac{1}{504}x^7 + \cdots, \quad \rho = \infty$

10. $y_1(x) = 1 - \dfrac{1}{6}x^3 + \dfrac{1}{12}x^4 - \dfrac{1}{40}x^5 + \cdots,$

$y_2(x) = x - \dfrac{1}{12}x^4 + \dfrac{1}{20}x^5 - \dfrac{1}{60}x^6 + \cdots, \quad \rho = \infty$

11. $y_1(x) = 1 + \dfrac{1}{6}x^3 + \dfrac{1}{12}x^4 - \dfrac{1}{120}x^6 + \cdots,$

$y_2(x) = x - \dfrac{1}{6}x^3 + \dfrac{1}{24}x^4 + \dfrac{7}{120}x^5 + \cdots, \quad \rho = 1$

12. $x = 0$에서 임의의 초기조건을 지정할 수 없으므로, $x = 0$은 특이점이다.

13. $y = 1 + 2x + \dfrac{2^2x^2}{2!} + \cdots + \dfrac{2^nx^n}{n!} + \cdots = e^{2x}$

14. $y = 1 + x^2 + \dfrac{x^4}{2!} + \dfrac{x^6}{3!} + \cdots + \dfrac{x^{2n}}{n!} + \cdots$

15. $y = 1 + x + x^2 + \cdots + x^n + \cdots = \dfrac{1}{1-x}$

16. $y = a_0\left(1 - \dfrac{x^2}{2} + \dfrac{x^4}{2^2 2!} - \dfrac{x^6}{2^3 3!} + \cdots + \dfrac{(-1)^n x^{2n}}{2^n n!} + \cdots\right)$
$+\left(x + \dfrac{x^2}{2} - \dfrac{x^3}{3} - \dfrac{x^4}{2.4} + \dfrac{x^5}{3.5} + \cdots\right)$
$= a_0 e^{-x^2/2} + \left(x + \dfrac{x^2}{2} - \dfrac{x^3}{3} - \dfrac{x^4}{2.4} + \dfrac{x^5}{3.5} + \cdots\right)$

18. $1, 1 - 3x^2, 1 - 10x^2 + \dfrac{35}{3}x^4;$
$x, x - \dfrac{5}{3}x^3, x - \dfrac{14}{3}x^3 + \dfrac{21}{5}x^5$

19. **a.** $1, x, (3x^2 - 1)/2,\quad (5x^3 - 3x)/2,\quad (35x^4 - 30x^2 + 3)/8,\quad (63x^5 - 70x^3 + 15x)/8$
c. $P_1, 0; P_2, \pm 0.57735; P_3, 0, \pm 0.77460;$
$P_4, \pm 0.33998, \pm 0.86114; P_5, 0, \pm 0.53847, \pm 0.90618$

■ 5.5절, 283쪽

1. $y = c_1 x^{-1} + c_2 x^{-3}$
2. $y = c_1 \cos(\ln|1+x| + c_2)$
3. $y = c_1 x^3 + c_3 x^3 \ln|x|$
4. $y = (c_1 + c_2 \ln|x|)\, x^5$
5. $y = c_1|x|^{-3+\sqrt{10}} + c_2|x|^{-3-\sqrt{10}}$
6. $y = c_1 x^2 + c_2 x^4$
7. $y = c_1 x^2 + c_2 x^2 \ln|x|$
8. $y = c_1(x-1)^{-3} + c_2(x-1)^{-4}$
9. $y = \left(\dfrac{6}{5}\right)x^{3/2} - \left(\dfrac{1}{5}\right)x^{-1}$
10. $y = 2x^{-1/2}\cos(2\ln x)$
11. $y = 3x^3 + x^5$
12. $x = 0$, 정칙
13. $x = 0$, 정칙; $x = 1$, 비정칙
14. $x = 0$, 비정칙; $x = 1$, 정칙
15. $x = 1, -2$, 정칙
16. $x = 0$, 정칙; $x = -1$, 정칙
17. $x = 0$, 정칙
18. $x = 1$, 정칙; $x = -2$, 비정칙
19. $x = 0$, 정칙
20. $x = 0$, 정칙
21. $x = 0$, 비정칙
22. $x = 0, \pm n\pi$, 정칙
23. $x = 0$, 비정칙; $x = \pm n\pi$, 정칙
24. $\alpha < 1$
25. $\beta > 0$
26. $\gamma = 2$
27. **a.** $\alpha < 1$ and $\beta > 0$
b. $\alpha < 1$ and $\beta \ge 0$, or $\alpha = 1$ and $\beta > 0$
c. $\alpha > 1$ and $\beta > 0$
d. $\alpha > 1$ and $\beta \ge 0$, or $\alpha = 1$ and $\beta > 0$
e. $\alpha = 1$ and $\beta > 0$
30. $y = a_0\left(1 - \dfrac{x^2}{2\cdot 5} + \dfrac{x^4}{2\cdot 4\cdot 5\cdot 9} - \cdots\right)$
33. 비정칙 특이점
34. 정칙 특이점
35. 정칙 특이점
36. 비정칙 특이점
37. 비정칙 특이점

■ 5.6절, 289쪽

1. **b.** $r(2r-1) = 0;\quad a_n = \dfrac{-1}{2(n+r)(2r+2n-1)}a_{n-1};$
$r_1 = 0, r_2 = 1/2$
c. $y_1(x) = 1 - \dfrac{1}{2!}x + \dfrac{1}{4!}x^2 - \dfrac{1}{6!}x^3 + \cdots \dfrac{(-1)^n}{(2n)!}x^n + \cdots$
d. $y_2(x) = x^{1/2}\left(1 - \dfrac{1}{3!}x + \dfrac{1}{5!}x^2 - \dfrac{1}{7!}x^3 + \cdots \dfrac{(-1)^n}{(2n+1)!}x^n + \cdots\right)$

2. **b.** $r^2 - 25 = 0; a_n = \dfrac{-1}{(n+r)^2 - 25}a_{n-2};$
$r_1 = +5, r_2 = -5$
c. $y_1(x) = x^5\left(1 - \dfrac{1}{1!\,2^2\,(1+5)}x^2 + \dfrac{1}{2!\,2^4\,(1+5)\,(2+5)}x^4 + \ldots + \dfrac{(-1)^n}{n!\,2^{2n}\,(1+5)\,(2+5)\ldots(n+5)}x^{2n}\right)$

3. **b.** $r^2 = 0; a_n = \dfrac{-1}{(n+r)^2}a_{n-3};\quad r_1 = 0, r_2 = 0$
c. $y_1(x) = 1 - \dfrac{1}{3^2}x^3 + \dfrac{1}{3^4(2!)^2}x^6 - \dfrac{1}{3^6(3!)^2}x^9 + \cdots \dfrac{(-1)^m}{3^{2m}(m!)^2}x^{3m} + \cdots$

4. **b.** $2r^2 = 0;\quad a_n = \dfrac{a_{n-1}}{2(n+r)^2};\quad r_1 = r_2 = 0$
c. $y_1(x) = 1 + \dfrac{x}{2(1!)^2} + \dfrac{x^2}{2^2(2!)^2} + \cdots + \dfrac{x^n}{2^n(n!)^2} + \cdots$

5. **b.** $2r^2 + r - 1 = 0; (2n + 2r - 1)(n + r + 1)a_n + 2a_{n-2} = 0; r_1 = \dfrac{1}{2},\quad r_2 = -1$
c. $y_1(x) =$
$x^{1/2}\left(1 - \dfrac{x^2}{7} + \dfrac{x^4}{2!7\cdot 11} - \cdots + \dfrac{(-1)^m x^{2m}}{m!7\cdot 11\cdots(4m+3)} + \cdots\right)$
d. $y_2(x) = x^{-1}\left(1 - x^2 + \dfrac{x^4}{2!5} - \cdots + \dfrac{(-1)^m x^{2m}}{m!5\cdot 9\cdots(4m-3)} + \cdots\right)$

6. b. $r^2 - 4r + 3 = 0;\quad (n+r-3)(n+r-1)a_n - (n+r-2)a_{n-1} = 0;\quad r_1 = 3, r_2 = 1$

c. $y_1(x) = x^3\left(1 + \frac{2}{3}x + \frac{x^2}{4} + \cdots + \frac{2x^n}{n!\,(n+2)} + \cdots\right)$

7. a. $r^2 = 0;\quad r_1 = 0, r_2 = 0$

b. $y_1(x) = 1 + \frac{\alpha(\alpha+1)}{2.1^2}(x-1) + \frac{\alpha(\alpha+1)(\alpha(\alpha+1)-1.2)}{(2.1^2)(2.2^2)}(x-1)^2 + \frac{\alpha(\alpha+1)(\alpha(\alpha+1)-1.2)\ldots(\alpha(\alpha+1)-(n-1)n)}{2^n(n!^2)} \times (x-1)^n + \ldots$

8. a. $r_1 = 1/2, r_2 = 0$ at both $x = +1$ and $x = -1$

b. $y_1(x) = |x-1|^{1/2}\left(1 + \sum_{n=1}^{\infty} \frac{2^n P_n}{(2n+1)!}(x-1)^n\right)$ 여기서

$P_n = \left(4\beta^2 - \left(\frac{1}{2}\right)^2\right)\left(4\beta^2 - \left(\frac{3}{2}\right)^2\right)\cdots\left(4\beta^2 - \left(n - \frac{1}{2}\right)^2\right)$,

$y_2(x) = \left(1 + \sum_{n=1}^{\infty} \frac{2^n Q_n}{(2n)!}(x-1)^n\right)$ 여기서

$Q_n = 4\beta^2(4\beta^2 - 1)(4\beta^2 - (2)^2)\ldots(4\beta^2 - (n-1)^2)$

9. b. $r(r-1) - 4r = 0;\quad a_n = \frac{(r+n-3)}{(r+n)(r+n-5)}a_{n-1};$

$r_1 = 0, r_2 = 5;$

c. $y_1(x) = 1 + \frac{1}{2}x + \frac{1}{12}x^2 + x^5\left(1 + \sum_{n=6}^{\infty} \frac{(n-3)!60}{n!\,(n-5)!}x^{n-5}\right)$

9. b. $r_1 = 0, r_2 = \frac{1}{2}$

c. $y_1(x) = 1 + 2x + \frac{1}{3}x^2$

$y_2(x) = x^{1/2}\left(1 + \frac{1}{2}x + \frac{1}{40}x^2 - \frac{1}{1680}x^3 \ldots\right)$

10. b. $r_1 = 0, r_2 = \frac{3}{2}$

c. $y_1(x) = 1 + 3x^2 + \frac{3}{5}x^4 - \frac{1}{15}x^6 + \ldots$

$y_2(x) = x^{3/2}\left(1 + \frac{3}{8}x^2 - \frac{1.3}{8.16}x^4 + \frac{1.3.5}{8.16.24}x^6 - \ldots\right)$

11. b. $r_1 = 0, r_2 = \frac{1}{2}$

c. $y_1(x) = 1 - 3x + \frac{3}{1.3}x^2 + \frac{3}{1.3.5}x^3 + \ldots$

$y_2(x) = x^{1/2}(1 - x)$

12. b. $r_1 = 0, r_2 = 1$

c. $y_1(x) = x + 2x^2 + 3x^3 + \ldots$

$y_2(x) = (\ln|x|)\,y_1(x) + (1 + x + x^2 + \cdots)$

13. b. $r_1 = \frac{1}{2}, r_2 = 0$

c. $y_1(x) = (x-1)^{1/2}\left(1 - \frac{3}{4}(x-1) + \frac{53}{480}(x-1)^2 + \cdots\right)$,

d. $\rho = 1$

14. c. $(n-1)(n-2) + (1+\alpha+\beta)(n-1) + \alpha\beta = (n-1+\alpha)(n-1+\beta)$

d. $(n-\gamma)(n-1-\gamma) + (1+\alpha+\beta)(n-\gamma) + \alpha\beta = (n-\gamma+\alpha)(n-\gamma+\beta)$

■ 5.7절, 297쪽

1. a. $x = 1$

b. $r(r-1) = 0;\quad r_1 = 0, r_2 = 1$

2. a. $x = 0$

b. $r(2r-1) = 0;\quad r_1 = 0, r_2 = \frac{1}{2}$

3. a. $x = 0;$

b. $r(r-1) = 0;\quad r_1 = 1, r_2 = 0$

4. a. $x = 0;$

b. $r\left(r - \frac{5}{6}\right) = 0;\quad r_1 = \frac{5}{6}, r_2 = 0$

c. $x = -2;$

d. $r\left(r - \frac{7}{6}\right) = 0;\quad r_1 = \frac{7}{6}, r_2 = 0$

5. a. $x = 0$

b. $r^2 = 0;\quad r_1 = 0, r_2 = 0$

6. a. $x = 0;$

b. $r(r-1) = 0;\quad r_1 = 0, r_2 = 1$

7. a. $x = -2;$

b. $r^2 - (3/2)r = 0;\quad r_1 = 3/2, r_2 = 0$

8. a. $x = 2;$

b. $r^2 - 3r = 0;\quad r_1 = 3, r_2 = 0$

■ 5.8절, 318쪽

1. b. $r_1 = \frac{1}{2}, r_2 = 0$

c. $y_1(x) = (x-1)^{1/2}\left[1 - \frac{3}{4}(x-1) + \frac{53}{480}(x-1)^2 + \cdots\right]$,

d. $\rho = 1$

2. $y_1(x) = \frac{1}{x}\sum_{n=0}^{\infty} \frac{(-1)^n x^n}{(n!)^2}$,

$y_2(x) = y_1(x)\ \ln(x) - \frac{2}{x}\sum_{n=1}^{\infty} \frac{(-1)^n H_n}{(n!)^2}x^n$

3. $y_1(x) = \sum_{n=0}^{\infty} \frac{(-1)^n a^n}{(n!)^2}x^n$,

$y_2(x) = y_1(x)\ln(x) - 2\sum_{n=1}^{\infty} \frac{(-1)^n a^n H_n}{(n!)^2}x^n$

4. $y_1(x) = x^{3/2} \times \left(1 + \sum_{m=1}^{\infty} \frac{(-1)^m}{m!\left(1+\frac{3}{2}\right)\left(2+\frac{3}{2}\right)\cdots\left(m+\frac{3}{2}\right)}\left(\frac{x}{2}\right)^{2m}\right)$

$y_2(x) = x^{-3/2}\left(1 + \sum_{m=1}^{\infty} \frac{(-1)^m}{m!\left(1-\frac{3}{2}\right)\left(2-\frac{3}{2}\right)\cdots\left(m-\frac{3}{2}\right)}\left(\frac{x}{2}\right)^{2m}\right)$

힌트: 점화식에서 $n = 2m$ (단, $m = 1, 2, 3, \cdots$.)으로 두어라.

$r=-\frac{3}{2}$, $a_1=0$이고 a_3는 임의의 값이다.

25. $x=2\sum_{i=1}^{\infty}\frac{J_1(\lambda_i x)}{\lambda_i J_2(\lambda_i)}$

제 6 장

■ 6.1절, 331쪽

1. $x_1'=x_2,\quad x_2'=-t^{-1}(x_1+x_2)$

2. $x_1'=x_2,\quad x_2'=-\left(t^{-1}-0.25t^{-3}\right)x_1-t^{-2}x_2$

3. $x_1'=x_2,\quad x_2'=x_3,\quad x_3'=x_4,\quad x_4'=3x_1$

4. $x_1'=x_2,\quad x_2'=-4x_1-2x_2+2\cos(3t),\quad x_1(0)=1,$ $x_2(0)=-2$

5. $x_1'=x_2,\quad x_2'=t+t^2-tx_2-t^2x_1,\quad x_1(0)=a,$ $x_2(0)=b$

6. **a.** $x_1=c_1e^{-t}+c_2e^{-3t},\quad x_2=c_1e^{-t}-c_2e^{-3t}$

b. 문제 **a**의 해에서 $c_1=3, c_2=-1$

c. 그래프는 제1사분면에서 직선 $x_1=x_2$에 접하면서 원점에 접근한다.

7. **a.** $x_2''+2x_2'-2x_2=0$

b. $x_1=\frac{-\sqrt{3}}{2}e^{\left(-1+\sqrt{3}\right)t}+\frac{\sqrt{3}}{2}e^{-\left(1+\sqrt{3}\right)t},$

$x_2=\frac{-1}{2}e^{\left(-1+\sqrt{3}\right)t}-\frac{1}{2}e^{-\left(1+\sqrt{3}\right)t}$

c. 그래프는 직선 $x_2=\frac{x_1}{\sqrt{3}}-e^{-\left(1+\sqrt{3}\right)t}$를 점근선으로 가진다.

8. **a.** $x_1''+3x_1'+2x_1=0$

b. $x_1=10e^{-2t}-13e^{-t},\quad x_2=15e^{-2t}-13e^{-t}$

c. 그래프는 제3사분면에서 직선 $x_1=x_2$에 접하면서 원점에 접근한다.

9. **a.** $x_1''+x_1'+4.25x_1=0$

b. $x_1=-e^{-t/2}\cos 2t+2e^{-t/2}\sin 2t,$

$x_2=2e^{-t/2}\cos 2t+e^{-t/2}\sin 2t$

c. 그래프는 시계방향 나선 형태로 원점에 접근한다.

10. $LRCI''+LI'+RI=0$

15. $y_1'=y_3,\quad y_2'=y_4,\quad m_1y_3'=-(k_1+k_2)y_1+k_2y_2+F_1(t),\quad m_2y_4'=k_2y_1-(k_2+k_3)y_2+F_2(t)$

19. **a.** $Q_1'=\frac{3}{2}-\frac{1}{10}Q_1+\frac{3}{40}Q_2,\quad Q_1(0)=25,$

$Q_2'=3+\frac{1}{10}Q_1-\frac{1}{5}Q_2,\quad Q_2(0)=15$

b. $Q_1^E=42,\quad Q_2^E=36$

c. $x_1'=-\frac{1}{10}x_1+\frac{3}{40}x_2,\quad x_1(0)=-17,$

$x_2'=\frac{1}{10}x_1-\frac{1}{5}x_2,\quad x_2(0)=-21$

20. **a.** $Q_1'=3q_1-\frac{1}{15}Q_1+\frac{1}{100}Q_2,\quad Q_1(0)=Q_1^0,$

$Q_2'=q_2+\frac{1}{30}Q_1-\frac{3}{100}Q_2,\quad Q_2(0)=Q_2^0$

b. $Q_1^E=6(9q_1+q_2),\quad Q_2^E=20(3q_1+2q_2)$

c. 그렇지 않다.

d. $\frac{10}{9}\le Q_2^E/Q_1^E\le\frac{20}{3}$

■ 6.2절, 342쪽

1. **a.** $\begin{bmatrix}3&4&0\\4&2&5\\3&0&3\end{bmatrix}$

b. $\begin{bmatrix}2&-2&7\\-2&6&-6\\2&7&9\end{bmatrix}$

c. $\begin{bmatrix}3&0&-1\\3&1&6\\8&-1&5\end{bmatrix}$

d. $\begin{bmatrix}0&2&-3\\5&6&13\\1&-2&3\end{bmatrix}$

2. **a.** $\begin{bmatrix}1-3i&5-2i\\9-2i&2+3i\end{bmatrix}$

b. $\begin{bmatrix}2-i&-4i\\3-4i&4+i\end{bmatrix}$

c. $\begin{bmatrix}2-7i&4-i\\4&5-2i\end{bmatrix}$

d. $\begin{bmatrix}5-5i&2+i\\5&2-4i\end{bmatrix}$

3. **a.** $\begin{pmatrix}-2&3&2\\1&0&-1\\3&-3&1\end{pmatrix}$

b. $\begin{pmatrix}1&1&-2\\2&-1&1\\2&-1&0\end{pmatrix}$

c, d. $\begin{pmatrix}-1&4&0\\3&-1&0\\5&-4&1\end{pmatrix}$

4. **a.** $\begin{pmatrix}3-2i&2-i\\1+2i&-2+3i\end{pmatrix}$

b. $\begin{pmatrix}3+2i&1-2i\\2+i&-2-3i\end{pmatrix}$

c. $\begin{pmatrix}3+2i&2+i\\1-2i&-2-3i\end{pmatrix}$

5. **a.** $\begin{pmatrix}15&33&13\\-2&-7&-2\\-9&-42&-17\end{pmatrix}$

b. $\begin{pmatrix} 5 & 0 & -1 \\ 1 & 3 & 4 \\ -1 & -2 & 4 \end{pmatrix}$

c. $\begin{pmatrix} 6 & 0 & -11 \\ 5 & 9 & 7 \\ -6 & -12 & 10 \end{pmatrix}$

7. a. $4-2i$

b. $12-2i$

c. $4-4i$

d. 16

8. $\begin{bmatrix} 3 & 2 \\ -7 & -5 \end{bmatrix}$

9. $\begin{pmatrix} \frac{2}{7} & \frac{1}{7} \\ -\frac{1}{7} & \frac{3}{7} \end{pmatrix}$

10. $\begin{bmatrix} 2 & -1 & 0 \\ -1 & 2 & -1 \\ 0 & -1 & 1 \end{bmatrix}$

11. 특이행렬

12. $\begin{pmatrix} \frac{1}{3} & -\frac{1}{9} & \frac{1}{27} \\ 0 & \frac{1}{3} & -\frac{1}{9} \\ 0 & 0 & \frac{1}{3} \end{pmatrix}$

13. $\begin{pmatrix} \frac{1}{10} & \frac{3}{10} & \frac{1}{10} \\ -\frac{2}{10} & \frac{4}{10} & -\frac{2}{10} \\ -\frac{7}{10} & -\frac{1}{10} & \frac{3}{10} \end{pmatrix}$

14. $\begin{pmatrix} 6 & \frac{13}{5} & -\frac{8}{5} & \frac{2}{5} \\ 5 & \frac{11}{5} & -\frac{6}{5} & \frac{4}{5} \\ 0 & -\frac{1}{5} & \frac{1}{5} & \frac{1}{5} \\ -2 & -\frac{4}{5} & \frac{4}{5} & -\frac{1}{5} \end{pmatrix}$

16. a. $\begin{pmatrix} 5e^t & 4e^{-t} & 7e^{2t} \\ 0 & 5e^{-t} & e^{2t} \\ 5e^t & e^{-t} & 0 \end{pmatrix}$

b. $\begin{pmatrix} 2e^{2t}-2+3e^{3t} & 1+4e^{-2t}-e^t & 3e^{3t}+2e^t-e^{4t} \\ 4e^{2t}-1-3e^{3t} & 2+2e^{-2t}+e^t & 6e^{3t}+e^t+e^{4t} \\ -2e^{2t}-3+6e^{3t} & -1+6e^{-2t}-2e^t & -3e^{3t}+3e^t-2e^{4t} \end{pmatrix}$

c. $\begin{pmatrix} e^t & -2e^{-t} & 2e^{2t} \\ 2e^t & -e^{-t} & -2e^{2t} \\ -e^t & -3e^{-t} & 4e^{2t} \end{pmatrix}$

d. $(e-1)\begin{pmatrix} 1 & 2e^{-1} & \frac{1}{2}(e+1) \\ 2 & e^{-1} & -\frac{1}{2}(e+1) \\ -1 & 3e^{-1} & e+1 \end{pmatrix}$

■ 6.3절, 354쪽

1. $x_1 = 2/3, \quad x_2 = -5/3, \quad x_3 = 2/3$

2. 해가 없다.

3. $x_1 = 1/3 - c,\ x_2 = 1/3 + c,\ x_3 = c$, 여기서 c는 임의의 값이다.

4. $x_1 = -\alpha,\ x_2 = -\alpha,\ x_3 = \alpha$, 여기서 α는 임의의 매개변수이다.

5. $x_1 = x_2 = x_3 = 0$

6. 일차독립

7. $-\mathbf{x}^{(1)} + \mathbf{x}^{(2)} - 1/3\mathbf{x}^{(3)} = 0$

8. $2\mathbf{x}^{(1)} - 3\mathbf{x}^{(2)} + 4\mathbf{x}^{(3)} - \mathbf{x}^{(4)} = \mathbf{0}$

9. 일차독립

11. 일차독립

12. $4\mathbf{x}^{(1)}(t) - 8\mathbf{x}^{(2)}(t) + \mathbf{x}^{(3)}(t) = \mathbf{0}$

14. $\lambda_1 = -2,\ \mathbf{x}^{(1)} = \begin{pmatrix} 1 \\ -3 \end{pmatrix};\quad \lambda_2 = 8,\ \mathbf{x}^{(2)} = \begin{pmatrix} 3 \\ 1 \end{pmatrix}$

또는 이 벡터들의 임의의 상수 배.

15. $\lambda_1 = 2+i,\ \mathbf{x}^{(1)} = \begin{pmatrix} i \\ 1 \end{pmatrix}$

또는 이 벡터의 임의의 상수 배.

$\lambda_2 = 2-i,\ \mathbf{x}^{(2)} = \begin{pmatrix} -i \\ 1 \end{pmatrix}$ 또는 이 벡터의 상수 배.

16. $\lambda_1 = 1+2i, \quad \mathbf{x}^{(1)} = \begin{pmatrix} -1-i \\ 1 \end{pmatrix};\quad \lambda_2 = 1-2i,$

$\mathbf{x}^{(2)} = \begin{pmatrix} -1+i \\ 1 \end{pmatrix}$

17. $\lambda_1 = 2, \mathbf{x}^{(1)} = \begin{pmatrix} -1 \\ 1 \end{pmatrix};\quad \lambda_2 = 4, \mathbf{x}^{(2)} = \begin{pmatrix} -3 \\ 1 \end{pmatrix}$

18. $\lambda_1 = 2,\ \ \mathbf{x}^{(1)} = (1\ 1\ 1)^T;\quad \lambda_2 = -1, \mathbf{x}^{(2)} = \begin{pmatrix} 1 \\ 0 \\ -1 \end{pmatrix};$

$\lambda_3 = -1,\ \ \mathbf{x}^{(3)} = \begin{pmatrix} 0 \\ 1 \\ -1 \end{pmatrix}$

19. $\lambda_1 = -1, \mathbf{x}^{(1)} = \begin{pmatrix} 1 \\ -4 \\ 2 \end{pmatrix};\quad \lambda_2 = -1, \mathbf{x}^{(2)} = \begin{pmatrix} 1 \\ 0 \\ -1 \end{pmatrix};$

$\lambda_3 = 8, \mathbf{x}^{(3)} = \begin{pmatrix} 2 \\ 1 \\ 2 \end{pmatrix}$

20. $\lambda_1 = 0,\ \mathbf{x}^{(1)} = (10-1);\ \lambda_2 = -\frac{2}{3},\ \mathbf{x}^{(2)} = (1-21);$

$\lambda_3 = \frac{1}{3},\ \mathbf{x}^{(3)} = (111)$

■ 6.4절, 360쪽

1. d. $\mathbf{x}(t)=\begin{bmatrix} e^{t} \\ 2e^{-2t} \end{bmatrix}$

e. e^{-t}

2. d. $\mathbf{x}(t)=\frac{2}{3}\mathbf{x}^1+3\mathbf{x}^2=\begin{bmatrix} 1-9t \\ 2+9t \end{bmatrix}e^{5t}$

e. $-3e^{10t}$

3. d. $\mathbf{x}(t)=\begin{bmatrix} \frac{7}{8}e^{t}+\frac{1}{8}e^{9t} \\ \frac{7}{8}e^{t}+\frac{9}{8}e^{9t} \end{bmatrix}$

e. $8e^{10t}$

4. d. $\mathbf{x}(t)=\begin{bmatrix} \cos t+2\sin t \\ -\sin t+2\cos t \end{bmatrix}e^{\frac{-t}{2}}$

e. e^{-t}

5. d. $\mathbf{x}(t)=\begin{bmatrix} \frac{t^3}{8}+2t^{-1} \\ \frac{3t^2}{8}-2t^{-2} \end{bmatrix}$

e. $-4t$

6. a. $\mathbf{x}(t)=2\mathbf{x}^{(1)}+0\mathbf{x}^{(2)}=\begin{pmatrix} 2t^{-1} \\ 4t^{-1} \end{pmatrix}$

e. $-3t$

8. c. $W(t)=c\,\exp\left(\int (p_{11}(t)+p_{22}(t))\,dt\right)$

12. a. $W(t)=t^2$

b. $\mathbf{x}^{(1)}$과 $\mathbf{x}^{(2)}$는 $t=0$을 제외한 모든 점에서 일차독립이며, 모든 구간에서 일차독립이다.

c. $t=0$에서 최소한 하나의 계수가 불연속이어야 한다.

d. $\mathbf{x}'=\begin{pmatrix} 0 & 1 \\ -2t^{-2} & 2t^{-1} \end{pmatrix}\mathbf{x}$

13. a. $W(t)=t(t-2)e^t$

b. $\mathbf{x}^{(1)}$과 $\mathbf{x}^{(2)}$는 $t=0$과 $t=2$를 제외한 모든 점에서 일차독립이며, 모든 구간에서 일차독립이다.

c. $t=0$과 $t=2$에서는 최소한 하나의 계수가 불연속이어야 한다.

d. $\mathbf{x}'=\begin{pmatrix} 0 & 1 \\ \frac{2-2t}{t^2-2t} & \frac{t^2-2}{t^2-2t} \end{pmatrix}\mathbf{x}$

■ 6.5절, 371쪽

1. b. $\mathbf{x}=c_1\begin{pmatrix} -1 \\ 2 \end{pmatrix}e^{-t}+c_2\begin{pmatrix} -2 \\ 1 \end{pmatrix}e^{2t}$

2. a. $\mathbf{x}=c_1\begin{pmatrix} 1 \\ 2 \end{pmatrix}e^{3t}+c_2\begin{pmatrix} 1 \\ -2 \end{pmatrix}e^{-t}$

b.

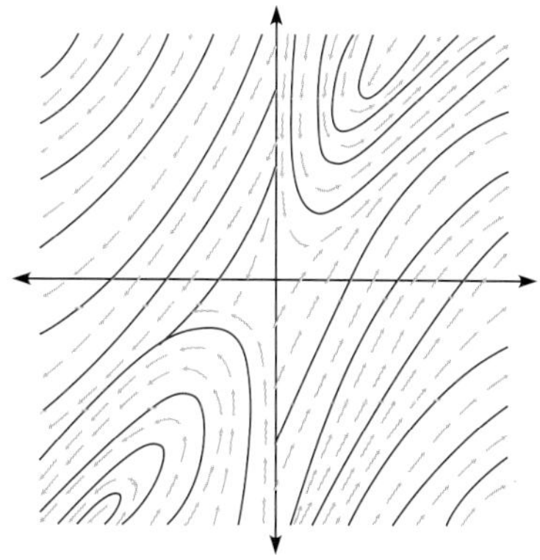

3. b. $\mathbf{x}=c_1\begin{pmatrix} -1 \\ 1 \end{pmatrix}e^{-3t}+c_2\begin{pmatrix} 4 \\ 1 \end{pmatrix}e^{2t}$

4. a. $\mathbf{X}=C_1\begin{pmatrix} -1 \\ 0 \end{pmatrix}e^{-2t}+C_2\begin{pmatrix} 1 \\ 1 \end{pmatrix}e^{5t}$

b.

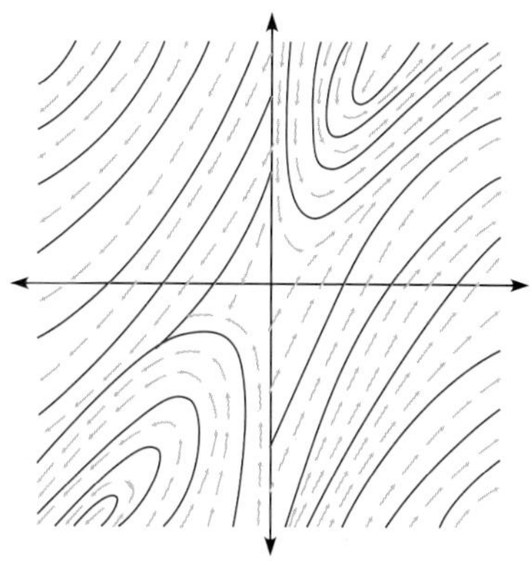

5. b. $\mathbf{x}=c_1\begin{pmatrix} 3 \\ 4 \end{pmatrix}+c_2\begin{pmatrix} 1 \\ 2 \end{pmatrix}e^{-2t}$

6. b. $\mathbf{x}=c_1\begin{pmatrix} -2 \\ 1 \end{pmatrix}+c_2\begin{pmatrix} -3 \\ 1 \end{pmatrix}e^{t}$

7. $\mathbf{x}=c_1\begin{pmatrix} 1 \\ -1 \\ 2 \end{pmatrix}e^{2t}+c_2\begin{pmatrix} 3 \\ -1 \\ 7 \end{pmatrix}e^{t}+c_2\begin{pmatrix} 1 \\ 2 \\ 2 \end{pmatrix}e^{-t}$

8. $\mathbf{x}=c_1\begin{pmatrix} 4 \\ -5 \\ -7 \end{pmatrix}e^{-2t}+c_2\begin{pmatrix} 3 \\ -4 \\ -2 \end{pmatrix}e^{-t}+c_3\begin{pmatrix} 0 \\ 1 \\ -1 \end{pmatrix}e^{2t}$

9. $\mathbf{x}=c_1\begin{pmatrix} 1 \\ -2 \\ 3 \end{pmatrix}e^{t}+c_2\begin{pmatrix} -1 \\ -1 \\ 3 \end{pmatrix}e^{-2t}+c_3\begin{pmatrix} 1 \\ 0 \\ 1 \end{pmatrix}e^{3t}$

10. $\mathbf{x}=-3\begin{pmatrix} 1 \\ 2 \end{pmatrix}e^{4t}+5\begin{pmatrix} 1 \\ 1 \end{pmatrix}e^{5t}$

11. $\mathbf{x}=-2\begin{pmatrix} 1 \\ 3 \end{pmatrix}e^{2t}+5\begin{pmatrix} 1 \\ 1 \end{pmatrix}e^{4t}$

12. $\mathbf{x}=\begin{pmatrix} 0 \\ -2 \\ 1 \end{pmatrix}e^{t}-2\begin{pmatrix} 1 \\ 1 \\ 0 \end{pmatrix}e^{2t}+2\begin{pmatrix} 2 \\ 2 \\ 1 \end{pmatrix}e^{3t}$

14. $\mathbf{x}=c_1\begin{pmatrix} 1 \\ 2 \end{pmatrix}t+c_2\begin{pmatrix} 1 \\ 4 \end{pmatrix}t^{-1}$

15. $\mathbf{x} = c_1 \begin{pmatrix} 1 \\ 1 \end{pmatrix} t + c_2 \begin{pmatrix} 1 \\ 9 \end{pmatrix} t^9$

16. $\mathbf{x} = c_1 \begin{pmatrix} -3 \\ 1 \end{pmatrix} t + c_2 \begin{pmatrix} -1 \\ 1 \end{pmatrix} t^{-1}$

21. a. $x_1' = x_2, \quad x_2' = -(c/a)x_1 - (b/a)x_2$

22. a. $\mathbf{x} = -\frac{55}{8}\begin{pmatrix} 3 \\ 2 \end{pmatrix} e^{-t/20} + \frac{29}{8}\begin{pmatrix} 1 \\ -2 \end{pmatrix} e^{-t/4}$

c. $T \cong 74.39$

23. a. $\mathbf{x} = c_1 \begin{pmatrix} -\sqrt{2} \\ 1 \end{pmatrix} e^{(-2+\sqrt{2})t/2} + c_2 \begin{pmatrix} \sqrt{2} \\ 1 \end{pmatrix} e^{(-2-\sqrt{2})t/2};$

$r_{1,2} = \left(-2 \pm \sqrt{2}\right)/2;$ node

b. $\mathbf{x} = c_1 \begin{pmatrix} -1 \\ \sqrt{2} \end{pmatrix} e^{(-1+\sqrt{2})t} + c_2 \begin{pmatrix} 1 \\ \sqrt{2} \end{pmatrix} e^{(-1-\sqrt{2})t};$

$r_{1,2} = -1 \pm \sqrt{2};$ 안장점

c. $r_{1,2} = -1 \pm \sqrt{\alpha}; \quad \alpha = 1$

24. a. $\begin{pmatrix} I \\ V \end{pmatrix} = c_1 \begin{pmatrix} 1 \\ 1 \end{pmatrix} e^{-2t} + c_2 \begin{pmatrix} 1 \\ 3 \end{pmatrix} e^{-4t}$

25. a. $\left(\frac{1}{CR_2} - \frac{R_1}{L}\right)^2 - \frac{4}{CL} > 0$

■ 6.6절, 382쪽

1. a. $\mathbf{x} = c_1 \begin{pmatrix} -\cos 4t - \sin 4t \\ \cos 4t \end{pmatrix} + c_2 \begin{pmatrix} \cos 4t - \sin 4t \\ \sin 4t \end{pmatrix}$

2. a. $\mathbf{x} = c_1 \begin{pmatrix} 1 \\ i \end{pmatrix} e^{\left(-\frac{1}{2}+i\right)t} + c_2 \begin{pmatrix} 1 \\ -i \end{pmatrix} e^{\left(-\frac{1}{2}-i\right)t}$

3. a. $\mathbf{x} = c_1 \begin{pmatrix} \cos(3t) - 3\sin(3t) \\ 2\cos(3t) \end{pmatrix} + c_2 \begin{pmatrix} \sin(3t) + 3\cos(3t) \\ 2\sin(3t) \end{pmatrix}$

4. a. $\mathbf{x} = c_1 e^t \begin{pmatrix} \sin(2t) - \cos(2t) \\ \cos(2t) \end{pmatrix} + c_2 e^t \begin{pmatrix} -\sin(2t) - \cos(2t) \\ \sin(2t) \end{pmatrix}$

5. $\mathbf{x} = c_1 \begin{pmatrix} 0 \\ 0 \\ 1 \end{pmatrix} e^t + c_2 \begin{pmatrix} \cos 5t \\ -\frac{1}{2}(\cos 5t + \sin 5t) \\ 0 \end{pmatrix} e^{-t} + c_3 \begin{pmatrix} \sin 5t \\ -\frac{1}{2}(\sin 5t - \cos 5t) \\ 0 \end{pmatrix} e^{-t}$

6. $\mathbf{x} = c_1 \begin{pmatrix} 1 \\ 0 \\ 0 \end{pmatrix} e^{2t} + c_2 \begin{pmatrix} 0 \\ \cos 3t \\ -\sin 3t \end{pmatrix} e^{2t} + c_3 \begin{pmatrix} 0 \\ \sin 3t \\ \cos 3t \end{pmatrix} e^{2t}$

7. $x = \frac{1}{2}\begin{pmatrix} 3\cos 10t - 5\sin 10t \\ 4\cos 10t \end{pmatrix} + \frac{1}{2}\begin{pmatrix} 3\sin 10t + 5\cos 10t \\ 4\sin 10t \end{pmatrix},$

$t \to \infty$, 극한이 존재하지 않는다.

8. $\mathbf{x} = e^{-t}\begin{pmatrix} 2\cos t - \sin t \\ \cos t \end{pmatrix}$

9. a. $r = -\frac{1}{4} \pm i$

10. a. $r = \frac{1}{5} \pm i$

11. a. $r = \left(\alpha \pm \sqrt{\alpha^2 - 16}\right)/2$

b. $\alpha = \pm 4$

12. a. $r = -\frac{1}{2} \pm \frac{1}{2}\sqrt{49 - 24\alpha}$

b. $\alpha = 2, 49/24$

13. a. $r = \frac{1}{2}\alpha - 2 \pm \sqrt{\alpha^2 + 8\alpha - 24}$

b. $\alpha = -4 - 2\sqrt{10}, -4 + 2\sqrt{10}, 5/2$

14. a. $r_{1,2} = \frac{-1}{2} \pm \sqrt{\frac{25}{4} + 4\alpha}$

b. $\alpha < -\frac{25}{16}$

15. a. $r = \alpha \pm 10i$

b. $\alpha = 0$

16. $\mathbf{x} = c_1 t^{-1}\begin{pmatrix} \sqrt{2}\sin\left(\sqrt{2}\ln t\right) \\ \cos\left(\sqrt{2}\ln t\right) \end{pmatrix} + c_2 t^{-1}\begin{pmatrix} -\sqrt{2}\cos\left(\sqrt{2}\ln t\right) \\ \sin\left(\sqrt{2}\ln t\right) \end{pmatrix}$

17. $x = c_1 \begin{pmatrix} \sin(\ln t) \\ \cos(\ln t) \end{pmatrix} + c_2 \begin{pmatrix} -\cos(\ln t) \\ \sin(\ln t) \end{pmatrix},$

다른 조합들 또한 가능하다.

18. a. $r = -\frac{1}{4} \pm i, -\frac{1}{4}$

19. a. $r = -\frac{1}{4} \pm i, \frac{1}{10}$

20. b. $\begin{pmatrix} I \\ V \end{pmatrix} = c_1 e^{-t/2}\begin{pmatrix} \cos(t/2) \\ 4\sin(t/2) \end{pmatrix} + c_2 e^{-t/2}\begin{pmatrix} \sin(t/2) \\ -4\cos(t/2) \end{pmatrix}$

c. 문제 (b)의 해에서 $c_1 = 2, c_2 = -\frac{3}{4}$

d. $\lim_{t\to\infty} I(t) = \lim_{t\to\infty} V(t) = 0;$ 그렇지 않다.

21. b. $\begin{pmatrix} I \\ V \end{pmatrix} = c_1 e^{-t}\begin{pmatrix} \cos(t) \\ -\cos(t) - \sin t \end{pmatrix} + c_2 e^{-t}\begin{pmatrix} \sin(t) \\ -\sin(t) + \cos(t) \end{pmatrix}$

c. 문제 (b)의 해에서 $c_1 = 2, c_2 = 3$

d. $\lim_{t\to\infty} I(t) = \lim_{t\to\infty} V(t) = 0;$ 그렇지 않다.

23. b. $r = \pm i\sqrt{k/m}$

d. $|r|$이 고유 진동수이다.

24. c. $r_1^2 = -1, \quad \xi^{(1)} = \begin{pmatrix} 3 \\ 2 \end{pmatrix}; \quad r_2^2 = -4, \quad \xi^{(2)} = \begin{pmatrix} 3 \\ -4 \end{pmatrix}$

d. $x_1 = 3c_1\cos(t) + 3c_2\sin(t) + 3c_3\cos(2t) + 3c_4\sin(2t), x_2 = 2c_1\cos(t) + 2c_2\sin(t) - 4c_3\cos(2t) - 4c_4\sin(2t)$

e. $x_1' = -3c_1\sin(t) + 3c_2\cos(t) - 6c_3\sin(2t) + 6c_4\cos(2t), x_2' = -2c_1\sin(t) + 2c_2\cos(t) + 8c_3\sin(2t) - 8c_4\cos(2t)$

25. a. $\mathbf{A} = \begin{pmatrix} 0 & 0 & 1 & 0 \\ 0 & 0 & 0 & 1 \\ -4 & 3 & 0 & 0 \\ 9/4 & -13/4 & 0 & 0 \end{pmatrix}$

b. $r_1 = i,\ \xi^{(1)} = \begin{pmatrix} 1 \\ 1 \\ i \\ i \end{pmatrix};\quad r_2 = -i,\ \xi^{(2)} = \begin{pmatrix} 1 \\ 1 \\ -i \\ -i \end{pmatrix};$

$r_3 = \frac{5}{2}i,\ \xi^{(3)} = \begin{pmatrix} 4 \\ -3 \\ 10i \\ -\frac{15}{2}i \end{pmatrix};\quad r_4 = -\frac{5}{2}i,\ \xi^{(4)} = \begin{pmatrix} 4 \\ -3 \\ -10i \\ \frac{15}{2}i \end{pmatrix}$

c. $\mathbf{y} = c_1 \begin{pmatrix} \cos(t) \\ \cos(t) \\ -\sin(t) \\ -\sin(t) \end{pmatrix} + c_2 \begin{pmatrix} \sin(t) \\ \sin(t) \\ \cos(t) \\ \cos(t) \end{pmatrix} + c_3 \begin{pmatrix} 4\cos\frac{5}{2}t \\ -3\cos\frac{5}{2}t \\ -10\sin\frac{5}{2}t \\ \frac{15}{2}\sin\frac{5}{2}t \end{pmatrix}$

$+ c_4 \begin{pmatrix} 4\sin\frac{5}{2}t \\ -3\sin\frac{5}{2}t \\ 10\cos\frac{5}{2}t \\ -\frac{15}{2}\cos\frac{5}{2}t \end{pmatrix}$

d. $c_1 = \frac{10}{7}, c_2 = 0, c_3 = \frac{1}{7}, c_4 = 0.$ 주기 $= 4\pi.$

■ 6.7절, 393쪽

1. b. $\Phi(t) = \begin{pmatrix} -\frac{e^{-t}}{2} + \frac{3e^t}{2} & -\frac{3e^{-t}}{2} + \frac{3e^t}{2} \\ \frac{e^{-t}}{2} + \frac{e^t}{2} & \frac{3e^{-t}}{2} - \frac{e^t}{2} \end{pmatrix}$

2. b. $\Phi(t) = \begin{pmatrix} \cos t + 2\sin t & \sin t \\ -5\sin t & \cos t - 2\sin t \end{pmatrix}$

3. a. $\Psi(t) = \begin{bmatrix} e^{3t} & e^{-t} \\ 2e^{3t} & -2e^{-t} \end{bmatrix}$

b. $\Phi(t) = \frac{1}{2}\begin{bmatrix} e^{3t} + e^{-t} \\ 2e^{3t} - 2e^{-t} \end{bmatrix} + \frac{1}{4}\begin{bmatrix} e^{3t} - e^{-t} \\ 2e^{3t} + 2e^{-t} \end{bmatrix}$

4. a. $\Psi(t) = \begin{bmatrix} 3\cos 10t - 5\sin 10t & 3\sin 10t + 5\cos 10t \\ 4\cos 10t & 4\sin 10t \end{bmatrix}$

b. $\Phi(t) = \begin{bmatrix} \frac{3}{5}\sin 10t + \cos 10t & \frac{-17}{10}\sin 10t \\ \frac{4}{5}\sin 10t & \cos 10t - \frac{3}{5}\sin 10t \end{bmatrix}$

5. b. $\Phi(t) = \begin{pmatrix} \frac{e^{-3t}}{5} + \frac{4e^{2t}}{5} & -\frac{4}{5}e^{-3t} + \frac{4e^{2t}}{5} \\ -\frac{e^{-3t}}{5} + \frac{e^{2t}}{5} & \frac{4e^{-3t}}{5} + \frac{e^{2t}}{5} \end{pmatrix}$

6. a. $\Psi(t) = \begin{bmatrix} e^{4t} & e^{5t} \\ 2e^{4t} & e^{5t} \end{bmatrix}$

b. $\Phi(t) = \begin{bmatrix} -e^{4t} + 2e^{5t} & e^{4t} - e^{5t} \\ -2e^{4t} + 2e^{5t} & 2e^{4t} - e^{5t} \end{bmatrix}$

7. b. $\Phi(t) = \begin{pmatrix} -\frac{e^{2t}}{2} + \frac{3e^{4t}}{2} & -\frac{3e^{2t}}{2} + \frac{3e^{4t}}{2} \\ \frac{e^{2t}}{2} - \frac{e^{4t}}{2} & \frac{3e^{2t}}{2} - \frac{e^{4t}}{2} \end{pmatrix}$

8. a. $\Psi(t) = \begin{bmatrix} e^{2t} & 3e^t & e^{-t} \\ -e^{2t} & -e^t & 2e^{-t} \\ 2e^{2t} & 7e^t & 2e^{-t} \end{bmatrix}$

b. $\Phi(t) = \begin{bmatrix} \frac{4}{3}e^{2t} - 6e^t + \frac{5}{3}e^{-t} & \frac{-1}{3}e^{2t} + \frac{1}{3}e^{-t} & \frac{-7}{3}e^{2t} + 3e^t - \frac{2}{3}e^{-t} \\ \frac{-4}{3}e^{2t} + 2e^t + \frac{10}{3}e^{-t} & \frac{1}{3}e^{2t} + \frac{2}{3}e^{-t} & \frac{7}{3}e^{2t} - e^t - \frac{4}{3}e^{-t} \\ \frac{8}{3}e^{2t} - 14e^t + \frac{10}{3}e^{-t} & \frac{-2}{3}e^{2t} + \frac{2}{3}e^{-t} & \frac{-14}{3}e^{2t} + 7e^t - \frac{4}{3}e^{-t} \end{bmatrix}$

9. $\mathbf{x} = \begin{pmatrix} \frac{e^{-t}}{2} + \frac{3e^t}{2} \\ \frac{3e^{-t}}{2} + \frac{3e^t}{2} \end{pmatrix}$

14. c. $\mathbf{x} = \begin{pmatrix} u_0 \\ v_0 \end{pmatrix}\cos\omega t + \begin{pmatrix} v_0 \\ -\omega^2 u_0 \end{pmatrix}\frac{\sin(\omega t)}{\omega}$

■ 6.8절, 402쪽

1. a. $\mathbf{x} = C_1\begin{bmatrix} -1 \\ 1 \end{bmatrix}e^{4t} + C_2\left(\begin{bmatrix} -1 \\ 1 \end{bmatrix}te^{4t} + \begin{bmatrix} 1 \\ 0 \end{bmatrix}e^{4t}\right)$

2. c. $\mathbf{x} = c_1\begin{pmatrix} -1 \\ 2 \end{pmatrix}e^t + c_2\left[\begin{pmatrix} -1 \\ 2 \end{pmatrix}te^t + \begin{pmatrix} -1/2 \\ 0 \end{pmatrix}e^t\right]$

3. c. $\mathbf{x} = c_1\begin{pmatrix} -1 \\ 1 \end{pmatrix}e^{-t/2} + c_2\left[\begin{pmatrix} -1 \\ 1 \end{pmatrix}te^{-t/2} + \begin{pmatrix} 2/5 \\ 0 \end{pmatrix}e^{-t/2}\right]$

4. $\mathbf{x} = C_1\begin{bmatrix} -4 \\ -5 \\ 2 \end{bmatrix} + C_2\begin{bmatrix} -2 \\ 0 \\ 1 \end{bmatrix}e^{5t} + C_3\left(\begin{bmatrix} -2 \\ 0 \\ 1 \end{bmatrix}te^{5t} + \begin{bmatrix} \frac{1}{2} \\ \frac{1}{2} \\ 1 \end{bmatrix}e^{5t}\right)$

5. $\mathbf{x} = C_1\begin{bmatrix} 1 \\ 0 \\ -1 \end{bmatrix} + C_2\begin{bmatrix} 0 \\ 1 \\ -1 \end{bmatrix} + C_3\begin{bmatrix} 1 \\ 1 \\ 1 \end{bmatrix}e^{6t}$

6. a. $\mathbf{x} = \begin{pmatrix} 3 + 3t \\ -1 + 3t \end{pmatrix}e^{t/2}$

7. a. $\mathbf{x} = \frac{4}{3}\begin{pmatrix} 1 \\ 1 \\ 1 \end{pmatrix}e^{-t/2} + \frac{1}{3}\begin{pmatrix} 2 \\ 5 \\ -7 \end{pmatrix}e^{-7t/2}$

8. $\mathbf{x} = \begin{pmatrix} 2 \\ -5 \end{pmatrix} - \begin{pmatrix} 1 \\ -2 \end{pmatrix}te^{5t}$

9. $\mathbf{x} = \begin{pmatrix} 0 \\ 0 \\ -2 \end{pmatrix}e^t + \begin{pmatrix} 1 \\ 1 \\ -1 \end{pmatrix}e^{2t} + \begin{pmatrix} -5 \\ 0 \\ 5 \end{pmatrix}te^{2t}$

10. $\mathbf{x} = \begin{pmatrix} \frac{2}{3} \\ \frac{1}{3} \\ \frac{-2}{3} \end{pmatrix}e^{-t} + \begin{pmatrix} \frac{1}{3} \\ \frac{-2}{3} \\ \frac{1}{3} \end{pmatrix}e^{2t}$

11. $\mathbf{x} = c_1\begin{pmatrix} -1 \\ 1 \end{pmatrix}t^{-3} + c_2\left[\begin{pmatrix} -1 \\ 1 \end{pmatrix}t^{-3}\ln t + \begin{pmatrix} -1/4 \\ 0 \end{pmatrix}t^{-3}\right]$

12. $\mathbf{x} = c_1\begin{pmatrix}-1\\2\end{pmatrix}t + c_2\left[\begin{pmatrix}-1\\2\end{pmatrix}t\ \ln t + \begin{pmatrix}-1/2\\0\end{pmatrix}t\right]$

14. b. $\begin{pmatrix}I\\V\end{pmatrix} = -\begin{pmatrix}1\\-2\end{pmatrix}e^{-t/2} + \left(\begin{pmatrix}1\\-2\end{pmatrix}te^{-t/2} + \begin{pmatrix}2\\0\end{pmatrix}e^{-t/2}\right)$

15. d. $\xi = -\xi^{(1)}$

e. $\xi = -(k_1 + k_2)\,\xi^{(1)}, \quad k_1 + k_2 \neq 0$

17. a. $\mathbf{x}^{(1)}(t) = \begin{pmatrix}0\\1\\-1\end{pmatrix}e^{2t}$

c. $\mathbf{x}^{(2)}(t) = \begin{pmatrix}0\\1\\-1\end{pmatrix}te^{2t} + \begin{pmatrix}1\\1\\0\end{pmatrix}e^{2t}$

d. $\mathbf{x}^{(3)}(t) = \begin{pmatrix}0\\1\\-1\end{pmatrix}\dfrac{t^2}{2}e^{2t} + \begin{pmatrix}1\\1\\0\end{pmatrix}te^{2t} + \begin{pmatrix}2\\0\\3\end{pmatrix}e^{2t}$

e. $\Psi(t) = e^{2t}\begin{pmatrix}0 & 1 & t+2\\ 1 & t+1 & (t^2/2)+t\\ -1 & -t & -(t^2/2)+3\end{pmatrix}$

f. $\mathbf{T} = \begin{pmatrix}0 & 1 & 2\\ 1 & 1 & 0\\ -1 & 0 & 3\end{pmatrix}, \quad \mathbf{T}^{-1} = \begin{pmatrix}-3 & 3 & 2\\ 3 & -2 & -2\\ -1 & 1 & 1\end{pmatrix},$

$\mathbf{J} = \begin{pmatrix}2 & 1 & 0\\ 0 & 2 & 1\\ 0 & 0 & 2\end{pmatrix}$

18. a. $\mathbf{x}^{(1)}(t) = \begin{pmatrix}1\\0\\2\end{pmatrix}e^t, \quad \mathbf{x}^{(2)}(t) = \begin{pmatrix}0\\2\\-3\end{pmatrix}e^t$

b. $\mathbf{x}^{(3)}(t) = \begin{pmatrix}-2\\-4\\2\end{pmatrix}te^t + \begin{pmatrix}0\\0\\-1\end{pmatrix}e^t$

e. $\Psi(t) = e^t\begin{pmatrix}1 & 0 & -2t\\ 0 & 2 & -4t\\ 2 & -3 & 2t+1\end{pmatrix}$ or $e^t\begin{pmatrix}1 & -2 & -2t\\ 0 & -4 & -4t\\ 2 & 2 & 2t+1\end{pmatrix}$

f. $\mathbf{T} = \begin{pmatrix}1 & -2 & 0\\ 0 & -4 & 0\\ 2 & 2 & 1\end{pmatrix}, \quad \mathbf{T}^{-1} = \begin{pmatrix}1 & -1/2 & 0\\ 0 & -1/4 & 0\\ -2 & 3/2 & 1\end{pmatrix},$

$\mathbf{J} = \begin{pmatrix}1 & 0 & 0\\ 0 & 1 & 1\\ 0 & 0 & 1\end{pmatrix}$

19. a. $\mathbf{J}^2 = \begin{pmatrix}\lambda^2 & 2\lambda\\ 0 & \lambda^2\end{pmatrix}, \quad \mathbf{J}^3 = \begin{pmatrix}\lambda^3 & 3\lambda^2\\ 0 & \lambda^3\end{pmatrix},$

$\mathbf{J}^4 = \begin{pmatrix}\lambda^4 & 4\lambda^3\\ 0 & \lambda^4\end{pmatrix}$

c. $\exp(\mathbf{J}t) = e^{\lambda t}\begin{pmatrix}1 & t\\ 0 & 1\end{pmatrix}$

d. $\mathbf{x} = \exp(\mathbf{J}t)\mathbf{x}^0$

20. c. $\exp(\mathbf{J}t) = e^{\lambda t}\begin{pmatrix}1 & 0 & 0\\ 0 & 1 & t\\ 0 & 0 & 1\end{pmatrix}$

21. c. $\exp(\mathbf{J}t) = e^{\lambda t}\begin{pmatrix}1 & t & t^2/2\\ 0 & 1 & t\\ 0 & 0 & 1\end{pmatrix}$

■ 6.9절, 414쪽

1. $\mathbf{x}(t) = C_1e^{-t}\begin{pmatrix}1\\4\end{pmatrix} + C_2e^{-6t}\begin{pmatrix}-1\\1\end{pmatrix} + e^{2t}\begin{pmatrix}\frac{23}{24}\\ \frac{17}{24}\end{pmatrix}$

2. $\mathbf{x}(t) = C_1\begin{pmatrix}\text{cos}t\\ -\text{sin}t\end{pmatrix} + C_2\begin{pmatrix}\text{sin}t\\ \text{cos}t\end{pmatrix} + \begin{pmatrix}t\,\text{cos}t - \text{sin}t\ \ln|\text{cos}t|\\ -t\,\text{sin}t - \text{cos}t\ \ln|\text{cos}t|\end{pmatrix}$

3. $\mathbf{x} = c_1\begin{pmatrix}-1\\1\end{pmatrix}e^{-3t} + c_2\begin{pmatrix}4\\1\end{pmatrix}e^{2t} + \begin{pmatrix}2\\0\end{pmatrix}e^t + \begin{pmatrix}0\\-1/4\end{pmatrix}e^{-2t}$

4. $\mathbf{x} = c_1\begin{pmatrix}1\\2\end{pmatrix} + c_2\begin{pmatrix}-2\\1\end{pmatrix}e^{-5t} + \begin{pmatrix}1\\2\end{pmatrix}\ln t + \begin{pmatrix}4/5\\8/5\end{pmatrix}t + \begin{pmatrix}-4/25\\2/25\end{pmatrix}$

5. $\mathbf{x}(t) = C_1e^{2t}\begin{pmatrix}1\\0\end{pmatrix} + C_2e^{3t}\begin{pmatrix}1\\1\end{pmatrix} + \dfrac{1}{4}\begin{pmatrix}3+2t\\-1-2t\end{pmatrix}e^t$

6. $\mathbf{x} = c_1\begin{pmatrix}2\\1\end{pmatrix}e^{3t} + c_2\begin{pmatrix}-2\\1\end{pmatrix}e^{-t} + \begin{pmatrix}1\\-1/2\end{pmatrix}e^t$

7. $\mathbf{x} = c_1\begin{pmatrix}-1\\1\end{pmatrix}e^{-2t} + c_2\begin{pmatrix}1\\1\end{pmatrix}e^{-t/2} + \begin{pmatrix}1/6\\-1/2\end{pmatrix}e^t + \begin{pmatrix}5\\3\end{pmatrix}t$

$+\begin{pmatrix}-17/2\\-15/2\end{pmatrix}$

8. $\mathbf{x} = \begin{pmatrix}(-2t + \ln(\cos\ t) + \ln(\sin\ t) + c_1)\cos\ t + (2t + 2c_1 + \\ c_2 + 2\ln(\sin\ t))\,sin\,t\\ (6t - 2\ln(\cos\ t) + c_2)\cos\ t - (2t + 5c_1 + 2c_2 + \ln(\cos\ t) + \\ 5\ln(\sin\ t))\,sin\,t\end{pmatrix}$

9. a. $\psi(t) = \begin{bmatrix}e^{-2t} & e^{-4t}\\ e^{-2t} & 3e^{-4t}\end{bmatrix}$

b. $\begin{pmatrix}I\\V\end{pmatrix} = \begin{pmatrix}1/2\\1/2\end{pmatrix}e^{-2t} + \begin{pmatrix}1/6\\1/2\end{pmatrix}e^{-4t} + \begin{pmatrix}\frac{4}{3}e^{-t}\\ e^{-t}\end{pmatrix}$

10. $\mathbf{x} = c_1\begin{pmatrix}1\\2\end{pmatrix}t + c_2\begin{pmatrix}1\\4\end{pmatrix}t^{-1} + \begin{pmatrix}2t\text{ln}t - \frac{3}{4}t^3 - \frac{2}{3}t^2 - \frac{t}{2}\\ 4t\text{ln}t - t^3 - \frac{2}{3}t^2 - 2t\end{pmatrix}$

11. a. $\mathbf{x} = c_1\begin{pmatrix}2\\1\end{pmatrix}t^2 + c_2\begin{pmatrix}1\\2\end{pmatrix}t^{-1} + \begin{pmatrix}3\\2\end{pmatrix}t + \dfrac{1}{10}\begin{pmatrix}-2\\1\end{pmatrix}t^4 -$

$\dfrac{1}{2}\begin{pmatrix}2\\3\end{pmatrix}$

13. a. $\mathbf{x}(t) = \begin{pmatrix}0 & 1\\ -6 & 5\end{pmatrix}\mathbf{x} + \begin{pmatrix}0\\2e^t\end{pmatrix}$

14. a. $\mathbf{x}(t) = \begin{pmatrix}0 & 1\\ -\dfrac{t+2}{t^2} & \dfrac{t+2}{t}\end{pmatrix}\mathbf{x} + \begin{pmatrix}0\\2t\end{pmatrix}$

15. a. $\mathbf{x}(t) = \begin{pmatrix}0 & 1\\ -q(t) & -p(t)\end{pmatrix}\mathbf{x} + \begin{pmatrix}0\\g(t)\end{pmatrix}$

17. $(3\alpha_1 - \alpha_2) - 4/6 = c_1, \quad (\alpha_1 + \alpha_2 + 3)/2 = c_2$

제 7 장

■ 7.1절, 429쪽

1. $0 \le t \le 3$ 구간에서 조각마다 연속
2. 연속
3. 조각마다 연속
4. (a) $F(s) = as - \frac{3}{2}\Gamma\left(\frac{1}{2}+1\right), \quad s > 0$

   (b) $F(s) = \dfrac{b^{\frac{3}{2}}}{s^{\frac{5}{2}}}\Gamma\left(\frac{3}{2}+1\right), \quad s > 0$

   (c) $F(s) = \dfrac{\Gamma\left(\frac{n}{2}+1\right)}{s^{\frac{n}{2}+3}}, \quad s > 0$
5. $F(s) = \dfrac{s}{s^2+a^2}, \quad s > 0$
6. $F(s) = \dfrac{s-a}{(s-a)^2-b^2}, \quad s-a > |b|$
7. $F(s) = \dfrac{b}{(s-a)^2-b^2}, \quad s-a > |b|$
8. $F(s) = \dfrac{5b}{s^2+b^2}, \quad s > 0$
9. $F(s) = \dfrac{ps}{s^2+b^2}, \quad s > 0$
10. $F(s) = \dfrac{b}{(s+a)^2+b^2}$
11. $F(s) = \dfrac{s+a}{(s+a)^2+b^2}$
12. $F(s) = \dfrac{1}{(s+a)^2}$
13. $F(s) = \dfrac{s^2-a^2}{(s^2+a^2)^2}, \quad s > 0$
14. $F(s) = \dfrac{n!}{(s-a)^{n+1}}, \quad s > a$
15. $F(s) = \dfrac{2s(3a^2+s^2)}{(s^2-a^2)^3}, \quad s > |a|$
16. $F(s) = \dfrac{c}{s}\left[1-e^{-\frac{s\pi}{2}}\right]$
17. $F(s) = \dfrac{1-(3s+1)e^{-3s}}{s^2}$
18. $F(s) = \dfrac{1-2e^{-2s}+e^{-4s}}{s^2}$
19. 수렴한다.
20. 발산한다.
21. 수렴한다.
23. d. $\Gamma(3/2) = \sqrt{\pi}/2; \quad \Gamma(11/2) = 945\sqrt{\pi}/32$

■ 7.2절, 440쪽

1. $f(t) = \dfrac{12}{5}\sin 5t$
2. $f(t) = \dfrac{1}{b^2-a^2}\left(\dfrac{\sin at}{a} - \dfrac{\sin bt}{b}\right)$
3. $f(t) = \frac{3}{5}e^t - \frac{3}{5}e^{-4t}$
4. $f(t) = 3e^{-t}\cos(2t)$
5. $f(t) = e^{-t}(\cos 2t + 3\sin 2t)$
6. $f(t) = 3 - 3\sin(2t) + 5\cos(2t)$
7. $f(t) = -2e^{-2t}\cos t + 7e^{-2t}\sin t$
8. $y - e^t + \frac{1}{3}\sinh(2t) - \frac{2}{3}\sin t$
9. $y(t) = e^{-t}\cos t$
10. $y = e^t\cos t$
11. $y = e^{2t} + te^{2t}$
12. $y(t) = e^{3t}$
13. $y = \cos\left(\sqrt{2}t\right)$
14. $y(t) = \cos(\sqrt{2t})$
15. $y = \frac{1}{5}(\cos t - 2\sin t + 4e^t\cos t + 3e^t\sin t)$
16. $y = 2e^{-t} + te^{-t} + 2t^2e^{-t}$
17. $Y(s) = \dfrac{s}{s^2+4} + \dfrac{1-e^{-2\pi s}}{s(s^2+4)}$
18. $Y(s) = \dfrac{1-e^{-s}}{s^2(s^2+4)}$
19. $Y(s) = \dfrac{1-e^{-3s}-2se^{-3s}}{s^2(s^2+4)}$
22. $F(s) = \dfrac{1}{(s+a)^2}$
23. $F(s) = \dfrac{2s(s^2-3a^2)}{(s^2+a^2)^2}$
24. $F(s) = \dfrac{n!}{(s+a)^{n+1}}$
25. $F(s) = [(s-a)^2-b^2]/[(s-a)^2+b^2]^2$
27. a. $Y' + s^2Y = s$

    b. $s^2Y'' + 2sY' - [s^2 + \alpha(\alpha+1)]Y = -1$

■ 7.3절, 450쪽

5. $f(t) = 1 - 2u_2(t) + 3u_4(t) - u_6(t)$
6. $f(t) = 2 + 2u_1(t) - 4u_3(t) - 2u_5(t) - 2u_7(t)$
7. b. $f(t) = t - u_1(t) - u_2(t) - u_3(t)(t-2)$
8. b. $f(t) = 1 - 2u_1(t) + 2u_2(t) - 2u_3(t) + u_4(t)$
9. $F(s) = \dfrac{e^{-3s}}{s}$
10. $F(s) = 2e^{-s}(s^2+1)/s^3$

11. $F(s) = (2 - se^{-s})/s^3$

12. $F(s) = s^{-2}[(1-2s)e^{-2s} - (1+s)e^{-3s}]$

13. $f(t) = \frac{1}{2}\left(e^{-2t} + e^{2t}\right)$

14. $f(t) = u_4(t), e^{2(t-4)} - u_4(t), e^{t-4}$

15. $f(t) = u_2(t)e^{2(t-2)}\cosh(t-2)$

16. $f(t) = u_4(t)\sinh 2(t-4)$

18. $f(t) = \frac{1}{2}e^{t/2}u_2(t/2)$

19. $f(t) = \frac{1}{2}e^{-t/2}\cos(t)$

20. $f(t) = \frac{1}{6}e^{t/3}\left(e^{2t/3} - 1\right)$

21. $F(s) = s^{-1}(1-e^{-s}), \quad s > 0$

22. $F(s) = \frac{2}{s}\left[1 - e^{-s} + e^{-2s} - e^{-3s}\right]$

23. $F(s) = \frac{1}{s}\sum_{n=0}^{\infty}(-1)^n e^{-ns} = \frac{1/s}{1+e^{-s}}, \quad s > 0$

25. $\mathcal{L}\{f(t)\} = \frac{1-e^{-2s}}{s(1-e^{-4s})}$

26. $\mathcal{L}\{f(t)\} = \frac{1-e^{-s}}{s(1+e^{-s})}, \quad s > 0$

27. $\mathcal{L}\{f(t)\} = \frac{1-(1+s)e^{-s}}{s^2(1-e^{-s})}, \quad s > 0$

28. $\mathcal{L}\{f(t)\} = \frac{a}{s^2+a^2}.\coth\left(\frac{\pi s}{2a}\right)$

29. a. $\mathcal{L}\{f(t)\} = s^{-1}(1-e^{-s}), \quad s > 0$
 b. $\mathcal{L}\{g(t)\} = s^{-2}(1-e^{-s}), \quad s > 0$
 c. $\mathcal{L}\{h(t)\} = s^{-2}(1-e^{-s})^2, \quad s > 0$

30. b. $\mathcal{L}\{p(t)\} = \frac{1-e^{-s}}{s^2(1+e^{-s})}, \quad s > 0$

■ 7.4절, 457쪽

1. b. $y = 1 - \cos(t) + \sin(t) - u_{3\pi}(t)(1+\cos(t))$

2. b. $y = e^{-t}\sin(t) + \frac{1}{2}u_\pi(t)\left(1 + e^{-(t-\pi)}\cos(t) + e^{-(t-\pi)}\sin(t)\right)$
 $-\frac{1}{2}u_{2\pi}(t)\left(1 - e^{-(t-2\pi)}\cos(t) - e^{-(t-2\pi)}\sin(t)\right)$

3. a. $y = \cos(2t) + (2/3)\sin(2t) + (1/3)\sin t$
 $-(1/6)u_\pi(t)(2\sin t + \sin(2t))$

4. a. $y = 1/2 + e^{-t} - (1/2)e^{-2t} - (1/2)u_{10}(t)$
 $(1 - 2e^{-(t-10)} + e^{-2(t-10)})$

5. b. $y = -\frac{16}{25} + \frac{4}{5}t + \frac{1}{25}e^{-t/2}(16\cos(t) - 12\sin(t))$
 $+u_{\pi/2}(t)$
 $\times\left(\frac{16}{25} + \frac{2\pi}{5} - \frac{4}{5}t - \frac{1}{25}e^{\pi/4-t/2}\right.$
 $\left.(12\cos(t) + 16\sin(t))\right)$

6. a. $y = h(t) + e^{-t/2}\cos t + (1/2)e^{-t/2}\sin t + u\pi(t)h(t-\pi)$,
 $h(t) = (4/17)(-4\cos t + \sin t + 4e^{-t/2}\cos t + e^{-t/2}$
 $\sin t)$

7. a. $y = 2\cos t + 2u_{3\pi}(t)[1 - cos(t-3\pi)]$

8. a. $y = u_1(t)h(t-1) - u_3(t)h(t-3)$,
 $h(t) = -1 + (\cos t + \cosh t)/2$

9. $f(t) = \frac{h}{k}(t-t_0)\left(u_0(t) - u_{t_0+k}(t)\right) + hu_{t_0+k}(t)$

10. $g(t) = \frac{h}{k}(t-t_0)\left(u_{t_0}(t) - u_{t_0+k}(t)\right)$
 $-\frac{h}{k}(t - t_0 - 2k)\left(u_{to+k}(t) - u_{to+2k}(t)\right)$

11. b. $u(t) = ku_{3/2}(t)h\left(t - \frac{3}{2}\right) - ku_{5/2}(t)h\left(t - \frac{5}{2}\right)$,
 $h(t) = 1 - \frac{\sqrt{7}}{21}e^{-t/8}\sin\left(\frac{3\sqrt{7}}{8}t\right) - e^{-t/8}\cos\left(\frac{3\sqrt{7}}{8}t\right)$
 d. $k = 2.51$
 e. $\tau = 25.6773$

12. a. $k = 5$
 b. $y = (u_5(t)h(t-5) - u_{5+k}(t)h(t-5-k))/k$,
 $h(t) = \frac{1}{4}t - \frac{1}{8}\sin(2t)$

13. b. $y = 1 - \cos(t) + 2\sum_{k=1}^{n}(-1)^k u_{k\pi}(t)(1 - \cos(t-k\pi))$

15. b. $y = 1 - \cos(t) + \sum_{k=1}^{n}(-1)^k u_{k\pi}(t)(1 - \cos(t-k\pi))$

17. a. $f_k(t) = [u_{4-k}(t) - u_{4+k}(t)]/2k$;
 $y = [u_{4-k}(t)h(t-4+k) - u_{4+k}(t)h(t-4-k)]/2k$,
 $h(t) = \frac{1}{4} - \frac{1}{4}e^{-t/6}\cos\left(\sqrt{143}t/6\right) - \left(\sqrt{143}/572\right)e^{-t/6}$
 $\times\sin\left(\sqrt{143}t/6\right)$

■ 7.5절, 464쪽

1. a. $y(t) = e^{-2t}\cos(2t) + \frac{1}{2}e^{-2(t-\pi/2)}\sin 2(t-\pi/2)$
 $u_{\frac{\pi}{2}}(t)$

2. a. $y = \frac{1}{2}u_\pi(t)\sin(2(t-\pi)) - \frac{1}{2}u_{2\pi}(t)\sin$
 $(2(t-2\pi))$

3. a. $y = -\frac{1}{2}e^{-2t} + \frac{1}{2}e^{-t} + u_4(t)\left[-e^{-2(t-4)} + e^{-(t-4)}\right]$
 $+u_8(t)\left[\frac{1}{2} + \frac{1}{2}e^{-2(t-8)} - e^{-(t-8)}\right]$

4. a. $y = \frac{1}{4}\sin t - \frac{1}{4}\cos t + \frac{1}{4}e^{-t}\cos\sqrt{2}t$
 $+\left(1/\sqrt{2}\right)u_{2\pi}(t)e^{-(t-2\pi)}\sin\sqrt{2}(t-2\pi)$

5. a. $y = \sin(t) + u_{2\pi}(t)\sin(t-2\pi)$

6. a. $y = 2u_{\pi/4}(t)\sin 2(t - \pi/4)$

7. a. $y = \frac{1}{5}\cos t + \frac{2}{5}\sin t - \frac{1}{5}e^{-t}\cos t - \frac{3}{5}e^{-t}\sin t + u_\pi(t)e^{(t-\pi)}\sin(t-\pi)$

8. a. $y = u_2(t)[\sin(t-2) - \sin(t-2)]/2$

9. a. $-e^{-T/4}\delta(t - 5 - T), \quad T = 8\pi/\sqrt{15}$

10. a. $y = \frac{4}{\sqrt{15}}u_1(t)e^{-(t-1)/4}\sin\left(\frac{\sqrt{15}}{4}(t-1)\right)$

b. $t_1 \cong 2.3613, \quad y_1 \cong 0.71153$

c. $y = \frac{8\sqrt{7}}{21}u_1(t)e^{-(t-1)/8}\sin\left(\frac{3\sqrt{7}}{8}(t-1)\right)$; $t_1 \cong 2.4569, \quad y_1 \cong 0.83351$

d. $t_1 = 1 + \pi/2 \cong 2.5708, \quad y_1 = 1$

11. a. $k_1 \cong 2.8108$

b. $k_1 \cong 2.3995$

c. $k_1 = 2$

12. a. $\varphi(t,k) = \frac{1}{2k}(u_{4-k}(t)h(t-4+k) - u_{4+k}(t)h(t-4-k)), h(t) = 1-\cos(t)$

b. $\phi_0(t) = u_4(t)\sin(t-4)$

c. 그렇다.

13. a. $y = \sum_{k=1}^{10} u_{k\pi}(t)\sin(t - k\pi)$

14. a. $y = \sum_{k=1}^{20}(-1)^{k+1}u_{k\pi}(t)\sin(t-k\pi)$

15. a. $y = \sum_{k=1}^{15} u_{(2k-1)\pi}(t)\sin(t-(2k-1)\pi)$

16. a. $y = \sum_{k=1}^{20}(-1)^{k+1}u_{k\pi/2}(t)\sin(t-k\pi/2)$

17. b. $y = \frac{20}{\sqrt{399}}\sum_{k=1}^{20}(-1)^{k+1}u_{k\pi}(t)e^{-(t-k\pi)/20} \times \sin\left(\frac{\sqrt{399}}{20}(t-k\pi)\right)$

18. b. $y = \frac{20}{\sqrt{399}}\sum_{k=1}^{15}u_{(2k-1)\pi}(t)e^{-(t-(2k-1)\pi)/20} \times \sin\left(\frac{\sqrt{399}}{20}(t-(2k-1)\pi)\right)$

■ 7.6절, 470쪽

3. $\sin(t) * \sin(t) = \frac{1}{2}(\sin(t) - t\cos(t))$는 예를 들어 $t = 2\pi$일 때 음수이다.

4. $F(s) = 2/s^2(s^2+9)$

5. $F(s) = 2/(s+1)(s^2+4)$

6. $F(s) = s/(s^2+1)(s^2+4)$

7. $f(t) = \int_0^t (t-\tau)^2 \sin 2\tau d\tau$

8. $f(t) = \int_0^t e^{(t-\tau)}\cos(3\tau)d\tau$

9. $f(t) = \frac{1}{4}\int_0^t (t-\tau)^2 e^{-(t-\tau)}\sin(2\tau)d\tau$

10. a. $\int_0^1 u^m(1-u)^n du = \frac{\Gamma(m+1)\Gamma(n+1)}{\Gamma(m+n+2)}$

11. $x(t) = 5e^{-3t} + \int_0^t e^{-3(t-\tau)}f(\tau)d\tau$

12. $x(t) = a\cos wt + \frac{U}{w}\sin wt + \frac{1}{w}\int_0^t f(t-\tau)\sin w\tau d\tau$

13. $y = e^{-t}\sin t + \int_0^t e^{-(t-\tau)}\sin(t-\tau)\sin\alpha\tau d\tau$

14. $y = 3e^{-t} - e^{-2t} + \int_0^t \left[e^{-(t-\tau)} - e^{-2(t-\tau)}\right]\cos\alpha\tau\, d\tau$

15. $y = \frac{1}{2}\int_0^t [\sinh(t-\tau) - \sin(t-\tau)]g(\tau)\, d\tau$

16. $\Phi(s) = \frac{F(s)}{1+K(s)}$

17. a. $\phi(t) = \frac{1}{3}(4\sin(2t) - 2\sin(t))$

18. a. $\phi(t) = 2\cos t$

b. $\phi''(t) + \phi(t) = 0, \quad \phi(0) = 2, \quad \phi(0) = 0$

19. a. $\phi(t) = (1 - 2t + t^2)e^{-t}$

b. $\phi''(t) + 2\phi'(t) + \phi(t) = 2e^{-t}, \phi(0) = 1, \phi'(0) = -3$

20. a. $\phi(t) = \frac{1}{3}e^{-t} - \frac{1}{3}e^{t/2}\cos\left(\sqrt{3}t/2\right) + \frac{1}{\sqrt{3}}e^{t/2}\sin\left(\sqrt{3}t/2\right)$

b. $\phi'''(t) + \phi(t) = 0, \phi(0) = 0, \phi'(0) = 0, \phi''(0) = 1$

21. a. $\phi(t) = \cos(t)$

b. $\phi^{(4)}(t) - \phi(t) = 0, \phi(0) = 1, \phi'(0) = 0, \phi''(0) = -1, \phi'''(0) = 0$

제 8 장

■ 8.1절, 486쪽

3. a. 1.73475, 1.53794, 1.40544, 1.33269

b. 1.74324, 1.55380, 1.42748, 1.35979

c. 1.76760, 1.59919, 1.49060, 1.43748

d. 1.75966, 1.58441, 1.47004, 1.41216

4. a. 1.2025, 1.41603, 1.64289, 1.88590

b. 1.20388, 1.41936, 1.64896, 1.89572

c. 1.20864, 1.43104, 1.67042, 1.93076

d. 1.20693, 1.42683, 1.66265, 1.91802

5. a. 1.1000, 1.995, 1.2986, 1.3972

b. 1.1000, 1.1996, 1.2991, 1.423

c. 1.1001, 1.1995, 1.2979, 1.3955

d. 1.0995, 1.1990, 1.2980, 1.3966

6. a. 0.1006, 0.1018, 0.1034, 0.1055

b. 0.1007, 0.1019, 0.1036, 0.1058

c. 0.1007, 0.1016, 0.1028, 0.1043

d. 0.1011, 0.1032, 0.1050, 0.1067

7. a. 1.0891, 1.2024, 1.3520, 1.553

b. 1.0916, 1.2103, 1.3687, 1.5874

c. 1.0916, 1.1950, 1.3130, 1.4488

d. 1.1146, 1.3028, 1.4742, 1.7118

9. a. 1.34611, 1.94782, 3.43775, 5.67929

b. 1.36142, 1.96852, 3.46146, 5.70604

c. 1.40638, 2.02991, 3.53226, 5.78621

d. 1.39155, 2.00956, 3.50871, 5.7595

10. a. 1.4922, 2.0064, 2.6580, 3.5302

b. 1.4921, 2.0073, 2.6612, 3.5363

c. 1.4931, 2.0173, 2.6886, 3.5342

d. 1.4935, 2.0149, 2.6792, 3.5665

11. a. −1.60188, −0.845769, 0.490892, 1.00528

b. −1.59852, −0.830176, 0.501332, 1.00405

c. −1.58808, −0.779576, 0.529715, 1.00077

d. −1.59162, −0.797124, 0.520696, 1.0018

12. a. 1.1084, 0.1278, 0.1550, 0.1872

b. 0.1086, 0.1281, 0.1555, 0.1878

c. 1.1090, 0.1288, 0.1563, 0.1886

d. 0.1089, 0.1286, 0.1561, 0.1885

13. 1.595, 2.4636

14. $e_{n+1} = \left[(9/2)\,\phi\left(\bar{t}_n\right) - (3/2)\right] h^2$,

$|e_{n+1}| \le \left[3/2 + (9/2)\max_{0\le t\le 1}|\phi(t)|\right] h^2$,

$e_{n+1} = 3e^{3\bar{t}_n} h^2$, $|e_1| \le 0.040496$, $|e_4| \le 0.099604$

15. $e_{n+1} = \left[(1/2) - \bar{t}_n + 2\phi\left(\bar{t}_n\right)\right] h^2$,

$|e_{n+1}| \le \left[3/2 + 2\max_{0\le t\le 1}|\phi(t)|\right] h^2$,

$e_{n+1} = (5/2)\,e^{2\bar{t}_n} h^2$, $|e_1| \le 0.030535$, $|e_4| \le 0.055639$

16. $e_{n+1} = \left(\frac{11}{2} - \frac{3}{2}t(\phi(t))^{\frac{-1}{2}}\right)\phi''(t)\frac{h^2}{2}$

17. $e_{n+1} = \left[\bar{t}_n + t_n^{-2}\phi\left(\bar{t}_n\right) + \phi^3\left(\bar{t}_n\right)\right] h^2$

18. $e_{n+1} = \frac{h^2}{2} - \frac{h^2}{2}\left[d\overline{(t_n)} + \left(\overline{t_n^2}\right) + \overline{t_n}e^{-\overline{t_n}d\left(\overline{t_n}\right)}\right], e^{-\overline{t_n}d\left(\overline{t_n}\right)}$

19. a. 1.2, 1.0, 1.2

b. $\phi(t) = 1 + (1/5\pi)\sin 5\pi t$

d. 1.1, 1.1, 1.0, 1.0

f. $h < 1/\sqrt{50\pi} \cong 0.08$

21. $e_{n+1} = -\frac{1}{2}\phi''\left(\bar{t}_n\right) h^2$

22. a. 1.3175, 1.7122, 2.2002, 2.8013

b. 1.3100, 1.6620, 2.0604, 2.5098

c. 1.1075, 1.2465, 1.4203, 1.6324

23. a. 0

b. 60

c. −92.16

24. $0.224 \ne 0.225$

■ 8.2절, 492쪽

2. a. 1.1, 1.2, 1.3, 1.4

b. 1.1, 1.2, 1.3, 1.4

c. 1.1, 1.2, 1.3, 1.4

3. a. $h = 0.05$ 4.2552, 17.8932, 73.1146, 294.8772

b. 17.000, 27.500, 44.11, 706.25

c. 132.6234, 3.406×10^4, 1.7432×10^7, 4.4616×10^9

4. a. 1.32695, 1.72136, 2.20677, 2.81488

b. 1.32750, 1.72286, 2.20980, 2.82033

c. 1.32765, 1.72326, 2.21061, 2.82178

5. a. 2.7123, 28.355, 154084.68, 531.12278

b. 2.6687, 26.4466, 80073.71, 530.125

c. 2.6486, 25.47, 63449.17, 532.135

6. a. −0.994, −0.1753, −0.1868, −0.2201

b. −0.1263, −0.13010, −0.1547, −0.2201

c. −0.11068, −0.12040, −0.17005, −0.2999

7. a. 1710540162.3, 6.014×10^{18}, 2.114×10^{28}, 7.43×10^{37}

b. 1.804×10^{19}, 2.20×10^{38}, 1.36×10^{53}, 1.09×10^{76}

8. a. 0.5571, 0.67071, 1.1298, 1.84971

b. 0.548, 0.808, 1.74236, 2.7973

9. a. 3.96217, 5.10887, 6.43134, 7.92332

b. 3.96218, 5.10889, 6.43138, 7.92337

10. a. 1.61263, 2.48097, 3.74556, 5.49595

b. 1.61263, 2.48092, 3.74550, 5.49589

11. a. −1.59512, −0.814122, 0.510363, 1.00243

b. −1.59511, −0.814012, 0.51103, 1.00278

13. a. $e_{n+1} = (38h^3/3)\exp(4\bar{t}_n)$, $|e_{1+1}| \leq 37,758.8h^3$ on $0 \leq t \leq 2$
 c. $|e_1| \leq 0.00193389$

14. $e_{n+1} = (5/3)\,e^{2\bar{t}_n h^3}$, $|e_{n+1}| \leq 12.3151h^3$ on $0 \leq t \leq 1$, $|e_1| \leq 0.00204$.

15. $e_{n+1} = 3e^{3\bar{t}_n h^3}$, $|e_{n+1}| \leq 60.2566h3$ on $0 \leq t \leq 1$, $|e_1| \leq 0.00309$.

16. $h \cong 0.036$

17. $h \cong 0.023$

18. $h \cong 0.081$

19. $h \approx 0.00556$

21. 1.3130, 1.6683, 2.0704, 2.5240

22. 1.75174, 1.56966, 1.44955, 1.38696

23. 1.2259, 1.5310, 1.932, 2.4489

24. 1.32695, 1.72136, 2.20677, 2.81488

■ 8.3절, 497쪽

2. a. 1.3207, 1.6856, 2.0994, 2.5673

3. a. 1.62231, 1.33362, 1.12686, 0.993839
 b. 1.62230, 1.33362, 1.12685, 0.993826

4. a. 1.32769, 1.72337, 2.21083, 2.82217
 b. 1.32770, 1.72340, 2.21089, 2.82228

5. a. 1.0552, 1.218, 1.2011, 1.2949
 b. 1.0552, 1.1218, 1.2011, 1.2949

6. a. −0.924517, −0.864125, −0.816377, −0.779706
 b. −0.924517, −0.864125, −0.816377, −0.779706

7. a. 3.7569, 11.6806, 33.6485, 93.7924
 b. 3.7570, 11.6808, 33.6496, 93.7965

8. a. 0.925725, 1.28516, 2.40860, 4.10350
 b. 0.925711, 1.28515, 2.40860, 4.10350

9. a. 1.6169, 2.4463, 3.4686, 4.6723
 b. 1.6169, 2.4463, 3.4686, 4.6723

10. a. 1.61262, 2.48091, 3.74548, 5.49587
 b. 1.61262, 2.48091, 3.74548, 5.49587

11. a. 1.4050, 2.2919, 4.2022, 9.1397
 b. 1.4050, 2.2919, 4.2022, 9.1399

■ 8.4절, 503쪽

1. a. 1.0, 1.3207, 1.6856, 2.0994, 2.56729, 2.56720, 3.09488, 3.09488
 b. 2.5672, 3.0948
 c. 2.5672, 3.0988

2. a. 0.993852, 0.925764
 b. 0.993846, 0.925746
 c. 0.993869, 0.925837

3. a. 2.82219, 3.60079
 b. 2.82230, 3.60108
 c. 2.82250, 3.60191

4. a. 0.56428577, 0.59090918
 b. 0.56428581, 0.59090923
 c. 0.56428588, 0.59090952

5. a. 1.0547, 1.1107, 1.1676, 1.224373, 1.22437, 1.279762, 1.279762
 b. 1.22437, 1.279762
 c. 1.22437, 1.27976

6. a. 2.96828, 7.88907, 20.8356, 55.5984
 b. 2.96829, 7.88909, 20.8357, 55.5986
 c. 2.96831, 7.88926, 20.8364, 55.6015

7. a. 0.9257133, 1.285148, 2.408595, 4.103495
 b. 0.9257124, 1.285148, 2.408595, 4.103495
 c. 0.9257248, 1.285158, 2.408594, 4.103493

8. a. 1, 1.0512, 1.1049, 1.1676, 1.6169, 2.4463, 3.4686, 4.6723
 b. 1.6169, 2.4463, 3.4686, 4.6723
 c. 1.6169, 2.4463, 3.4686, 4.6723

9. a. 1.612622, 2.480909, 3.745479, 5.495872
 b. 1.612622, 2.480909, 3.745479, 5.495873
 c. 1.612623, 2.480905, 3.745473, 5.495869

10. a. −1.5951, −0.813975, 0.51127, 1.00289
 b. −1.5953, −0.8143, 0.5113, 1.0029
 c. −1.5951, −0.8140, 0.5112, 1.0028

■ 8.5절, 507쪽

1. a. 1.701, 1.243; 2.95064, 1.77967; 5.19437, 3.20527; 9.3694, 8.25256; 18.1312, 36.5098
 b. 1.8503, 1.31743; 3.50322, 2.20874; 6.84538, 5.93829; 15.2517, 42.851; 125.857, 6451.68
 c. 1.85107, 1.31757; 3.50658, 2.21028; 6.86194, 5.97735; 15.5801, 46.7007; 739.745, 212948

2. a. 1.4346, 1.2227; 1.9913, 1.5382; 2.7413, 1.9746; 3.7903, 2.5758; 5.3021, 3.4096
 b. 1.2263, 1.2216; 1.5225, 1.4494; 1.8902, 1.6835; 2.3376, 1.9243; 2.874, 2.1722
 c. 1.2244, 1.211; 1.5002, 1.4244; 1.8291, 1.6403; 2.2136, 1.8588; 2.6564, 2.0799;

3. **a.** 0.3574, 1.3176; 0.628, 1.4678; 0.8985, 1.6179; 1.1691, 1.7681; 1.4397, 1.9183

   b. 0.4976, 1.5782; 0.8658, 1.9236; 1.234, 2.2691; 1.6023, 2.6145; 1.9705, 2.9599

   c. 0.4452, 1.4857; 1.1053, 2.316; 2.0991, 3.4538; 3.548, 4.5614; 5.5086, 5.0273;

4. **a.** 1.6786, 1.8984; 2.7081, 3.0748; 4.2053, 4.1676; 6.2199, 4.6181; 8.7082, 4.2976

   b. 1.7632, 1.9876; 2.6885, 3.0812; 3.6137, 4.1749; 4.539, 5.2685; 5.4643, 6.3621

   c. 1.7074, 1.9263; 2.4464, 2.8803; 3.1854, 3.8343; 3.9244, 4.7882; 4.6634, 5.7422;

5. **a.** 1.1812154, 0.980004; 1.4209501, 1.0160498; 1.660684, 1.052094; 1.9004195, 1.0881399; 2.1401542, 1.124185

   b. 1.1812154, 0.980004; 1.4209501, 1.0160498; 1.660684, 1.052094; 1.9004195, 1.0881399; 2.1401542, 1.124185

   c. 1.2051, 1.0045; 1.4251, 1.0235; 1.6451, 1.0425; 1.865, 1.0615; 2.085, 1.0805

6. $h = 0.05$ 및 0.025일 때: $x = 10.227, y = -4.9294$; 이 결과는 정확한 해와 소수점 다섯째 자리까지 일치한다.

7. 1.543, 0.0707503; 1.14743, −1.3885

8. 1.99521, −0.662442

■ 8.6절, 517쪽

1. **b.** $\phi_2(t) - \phi_1(0 = 0.001e^t \to 00$ as $t \to \infty$

2. **b.** $\phi_1(t) = \ln(e^t/(2 - e^t))$; $\phi_2(t) = \ln(1/(1 - t))$

3. **a, b.** $h = 0.00025$면 충분하다.

   c. $h = 0.005$면 충분하다.

4. **a.** $y = 4e^{-10t} + t^2/4$

   c. Runge-Kutta 방법은 $h = 0.25$일 때는 안정적이지만, $h = 0.3$일 때는 불안정하다.

   d. $h = 5/13 \cong 0.384615$이면 충분히 작다.

5. **a.** $y(t) = -\dfrac{1}{\Lambda} - \dfrac{1}{\Lambda^2} - t + \left(\dfrac{1}{\Lambda} + \dfrac{1}{\Lambda^2}\right)e^{\Lambda t}$

6. **a.** $y = t^2$

제 9 장

■ 9.1절, 533쪽

1. **a.** $r_1 = \dfrac{5 + \sqrt{17}}{2}, \xi^{(1)} = \begin{bmatrix} 4 \\ \sqrt{17} - 1 \end{bmatrix}$;

   $r_2 = \dfrac{5 - \sqrt{17}}{2}, \xi^{(2)} = \begin{bmatrix} 4 \\ \sqrt{17} + 1 \end{bmatrix}$

   b. 불안정한 node

2. **a.** $r_1 = \dfrac{7 + \sqrt{17}}{2}, \xi^{(1)} = \left(4, \sqrt{17} - 3\right)$;

   $r_2 = \dfrac{7 - \sqrt{17}}{2}, \xi^{(2)} = \left(4, \sqrt{17} + 3\right)$

   b. node

3. **a.** $r_1 = 1 + \sqrt{6}, \xi^{(1)} = \left(-\sqrt{3}, \sqrt{2};\ r_2 = 1 - \sqrt{6}\right)$, $\xi^{(2)} = \left(-\sqrt{3}, \sqrt{2}\right)$

   b. 불안정, 안장점

4. **a.** $r_1 = -1 + \sqrt{2}, \xi^{(1)} = \left[2 + \sqrt{2}, 1\right]$;

   $r_2 = -1 - \sqrt{2}, \xi^{(2)} = \left[2 - \sqrt{2}, 1\right]$

   b. 불안정한 안장점

5. **a.** $r_1 = -1 + i; \xi^{(1)} = (-2, -i, 5)^T, r_2 = -1 - i, \xi^{(2)} = (-2 + i, 5)^T$

   b. spiral point, 점근적으로 안정적

6. **a.** $r_1 = i; \xi^{(1)} = (-2, -i, 5)^T, r_2 = -i; \xi^{(2)} = (-2, +i, 5)^T$

   b. 중심점, 안정적

7. **a.** $r_1 = 1 + 2i; \xi^{(1)} = (-1, -i, 1)^T, r_2 = 1 - 2i; \xi^{(2)} = (-1 + i, 1)^T$

   b. spiral point, 불안정

8. **a.** $r_1 = -1; \xi^{(1)} = (3, 4)^T, r_2 = -1/4; \xi^{(2)} = (0, 1)^T$

   b. node, 점근적으로 안정적

9. **a.** $r_1 = 1, \xi^{(1)} = (1, 0); r_2 = 2, \xi^{(2)} = (2, 1)$

   b. 불안정한 node

10. **a.** $r_1 = 2, r_2 = 3; \xi^{(1)} = (1, 0), \xi^{(2)} = (0, 1)$

    b. 불안정한 node

11. $x^0 = (6, 2), r = -1 \pm \sqrt{2}$; 안장점, 불안정

12. $x^0 = \left(\dfrac{-4}{3}, \dfrac{5}{3}\right), r = \dfrac{1 \pm \sqrt{13}}{2}$; 안장점, 불안정

13. $x_0 = 1, y_0 = -2; r_1 r_2 = -1 \pm \sqrt{2}i$;

    spiral point, 점근적으로 안정적

14. 만약 $c^2 > 4km$이면, node이고 점근적으로 안정적;

    만약 $c^2 = 4km$: 이면, 부적절한 node이고 점근적으로 안정적;

    만약 $c^2 < 4km$: 이면, spiral point이고 점근적으로 안정적

■ 9.2절, 546쪽

1. $x = 3t, y = \frac{2}{t}$
2. $x = 4t, y = 2\left(\frac{1}{t}\right), x = t$ and $y = 0$
3. $x = 3\cos t, y = 3\sin t, x^2 + y^2 = 9; x = -3\sin t,$ $y = 3\cos t, x^2 + y^2 = 9$
4. **a.** (0, 0);
   b. (0, 0): 불안정한 점, (−1, 0): spiral point, 안정적
5. **a.** 임계점: $\left(-\frac{1}{2}, 0\right)$
   c. $\left(-\frac{1}{2}, 0\right)$: 안장점, 불안정
6. **a, c.** (0, 0), spiral point, 점근적으로 안정적;
   $\left(1-\sqrt{2}, 1+\sqrt{2}\right)$, 안장점, 불안정;
   $\left(1+\sqrt{2}, 1+\sqrt{2}\right)$, 안장점, 불안정;
7. **a.** 임계점들: (0, 0), (1, 0), (1, −1).
   c. (0, 0): 점근적으로 안정적인 node, (1, −1): 점근적으로 안정적인 spiral point, (1, 0): 안장점, 불안정
8. **a, c.** (0, 0) 안장점, 불안정; (0, 1), 안장점, 불안정;
   $\left(\frac{1}{2}, \frac{1}{2}\right)$, 중심점, 안정적; $\left(-\frac{1}{2}, \frac{1}{2}\right)$, 중심점, 안정적
9. **a, c.** (0, 0), 안장점, 불안정; (2, 2), spiral point, 점근적으로 안정적; (−1, −1), spiral point, 점근적으로 안정적; (−3, 0), 안장점, 불안정
10. **a.** 임계점들: (0, 0), (0, 4), (4, 4).
    c. (0, 0): 불안정, (0, 4): 불안정, 안장점, (4, 4): 안정적인 node
11. **a.** 임계점들: (0, 0), $\left(\frac{1+\sqrt{5}}{2}\right), \left(\frac{-1-\sqrt{5}}{2}\right)$
    $\left(\frac{1-\sqrt{5}}{2}, \frac{-1+\sqrt{5}}{2}\right)$
    c. (0, 0): 점근적으로 불안정한 node,
    $\left(\frac{1+\sqrt{5}}{2}, \frac{-1-\sqrt{5}}{2}\right)$: 안장점,
    $\left(\frac{1-\sqrt{5}}{2}, \frac{-1+\sqrt{5}}{2}\right)$: 불안정한 node
12. 임계점들: (0, 0), (−3, 3)
    c. (0, 0): 안정적인 spiral point, (−3, 3): 불안정
13. **a, c.** (0, 0), node, 불안정; (1, 1), 안장점, 불안정; (3, −1), spiral point, 점근적으로 안정적
14. **a.** $4x^2 - y^2 = c$
15. **a.** $4x^2 + y^2 = c$
16. **a.** 임계점: (0, 0)
    c. (0, 0): 불안정한 안장점
17. **a.** 임계점: (0, 0)
    c. (0, 0): 불안정한 안장점
18. **a.** $2x^2y - 2xy + y^2 = c$
19. **a.** 임계점들: (0, 0) $\left(-\frac{1}{2}, -\frac{1}{2}\right)$
    c. (0, 0): 안장점, $\left(-\frac{1}{2}, -\frac{1}{2}\right)$: 안장점
20. **a.** 임계점: (0, 0)
    c. (0, 0): 안장점

■ 9.3절, 556쪽

1. 임계점은 node이며, 불안정하다.
2. 원점은 불안정한 node이고, 비선형 연립방정식은 원점에서 node 또는 spiral point를 가지며, 연립방정식은 불안정하다.
3. 선형 연립방정식: 부적절한 node (improper node), 불안정.
   비선형 연립방정식: node 또는 spiral point, 불안정.
4. **b, c.** (0, 0); $u' = -3u + 3v, v' = 4u + 4v; r = \left(\frac{1}{2}\right)$ $\pm\sqrt{97}/2$; 안장점, 불안정 (−2, −2); $u' = 6u, v' = 7u + 7v; r = 6, 7$; node, 불안정 (4, 4); $u' = -7u + 7v, v' = -8u; r = -72 \pm 5i\sqrt{7}/2$; spiral point, 점근적으로 안정적
5. **a.** 임계점들: (0, 0), $\left(0, \frac{-3}{2}\right)$, (−1, −2), (−1, 0)
   b. (−1, 0)은 비선형 연립방정식에서 안정점이다.
   (1, −2)는 비선형 연립방정식에서 불안정한 안장점이다.
6. **a.** 임계점들: (−1, −1), (1, −1)
   b. 임계점은 안장점이고 불안정하다.
7. **a.** 임계점들: (0, 0), (−2, 1), (−2, 2), (−4, 2)
   b. 임계점은 안정적 spiral point이고, 점근적으로 안정적이다.
   d. (−2, 2)는 spiral point이다.
8. **a.** 임계점들: (0, 0), (1, 0).
   c. (1, 0)은 비선형 연립방정식에서 불안정한 node이다.
9. **a.** 임계점들: $(0, 2k\pi), (0, (2k+1)\pi)$; $k = 0, \pm1, \pm2, \cdots$ ..
   b, c. 관련 선형 연립방정식의 임계점들은 중심점이고 안정적이다.
10. **a.** 임계점들: (0, 0), (2, −4)
    b, c. 임계점은 node이고 불안정하다.
11. **a, b, c.** (0, 0); $u' = u, v' = 3v; r = 1, 3$; node, 불안정 (1, 0); $u' = -u - v, v' = 2v; r = -1, 2$; 안장

점, 불안정 $\left(0, \frac{3}{2}\right)$; $u' = -\frac{1}{2}u, v' = -\frac{3}{2}u - 3v$; $r = -\frac{1}{2}, -3$; node, 점근적으로 안정적 $(-1, 2)$; $u' = u + v, v' = -2u - 4v$; $r = \left(-3 \pm \sqrt{17}\right)/2$; 안장점, 불안정

12. a, b, c. $(0, 0)$; $u' = u + v, v' = -u + v$; $r = 1 \pm i$; spiral point, 불안정

13. a. 임계점: $(0, 0)$

b, c. 원점은 불안정한 안장점이다.

14. a, b, c. $(2, 2)$; $u' = -4v, v' = -\frac{7}{2}u + \frac{7}{2}v$; $r = \left(7 \pm \sqrt{273}\right)/4$; 안장점, 불안정 $(-2, -2)$; $u' = 4v, v' = \frac{1}{2}u - \frac{1}{2}v$; $r = \left(-1 \pm \sqrt{33}\right)/4$; 안장점, 불안정 $\left(-\frac{3}{2}, 2\right)$; $u' = -4v, v' = \frac{7}{2}u$; $r = \pm\sqrt{14}i$; 중심점 또는 spiral point, 불확정 $\left(-\frac{3}{2}, -2\right)$; $u' = 4v, v' = -\frac{1}{2}u$; $r = \pm\sqrt{2}i$; 중심점 또는 spiral point, 불확정

15. a, b, c. $(0, 0)$; $u' = 4v - 2v, v' = 2u - 4v$; $r = \pm 2\sqrt{3}$; 안장점, 불안정 $(4, 2)$; $u' = -6v, v' = 6u - 12v$; $r = -6, -6$; node 또는 spiral point $(-2, 2)$; $u' = 6v, v' = -6u$; $r = \pm 6i$; 중심점 또는 spiral point, 불확정 $(-2, -4)$; $u' = 12u - 6v, v' = 6u$; $r = 6, 6$; node 또는 spiral point, 불안정

18. b, c. 표 9.3.1을 참조하라.

27. a. $dx/dt = y, dy/dt = -g(x) - c(x)y$

b. 선형 연립방정식은 $dx/dt = y, dy/dt = -g'(0)x - c(0)y$이다.

c. 고윳값은 $r^2 + c(0)r + g'(0) = 0$을 만족한다.

■ 9.4절, 571쪽

1. b, c. $(0, 0)$; $u' = 2u, v' = 2v$; $r = 2, 2$; node 또는 spiral point, 불안정 $(0, 2)$; $u' = u, v' = -\frac{3u}{2} - 2v$; $r = 1, -2$; 안장점, 불안정 $(2, 0)$; $u' = -2u - v, v' = \frac{v}{2}$; $r = \frac{1}{2}, -2$; 안장점, 불안정 $\left(\frac{8}{5}, \frac{4}{5}\right)$; $u' = -\frac{8u}{5} - \frac{4v}{5}, v' = -\frac{3u}{5} - \frac{4v}{5}$; $r = -2, -2/5$; node, 점근적으로 안정적

2. b. 임계점들: $(0, 0), (0, -4), (-1.5, 0), (7, 17)$

c. $(7, 17)$: 안장점

3. b, c. $(0, 0)$; $u' = u, v' = 2v$; $r = 1, 2$; node, 불안정 $(1, 0)$; $u' = -u - v, v' = v$; $r = -1, 1$; 안장점, 불안정 $(0, 2)$; $u' = -u, v' = -2u - 2v$; $r = -1, -2$; node, 점근적으로 안정적

4. b, c. $(0, 0)$; $u' = u, v' = \frac{3v}{2}$; $r = \frac{3}{2}, 1$, node, 불안정 $(0, 1)$; $u' = \frac{3u}{2}, v' = \frac{u}{4} - \frac{3v}{2}$; $r = \frac{3}{2}, -\frac{3}{2}$; 안장점, 불안정 $(1, 0)$; $u' = -u - \frac{v}{2}, v' = \frac{7v}{4}$; $r = \frac{7}{4}, -1$; 안장점, 불안정 $\left(\frac{18}{11}, \frac{14}{11}\right)$; $u' = -\frac{18u}{11} + \frac{9v}{11}, v' = \frac{7u}{22} - \frac{279v}{44}$; $r = -351/88 \pm 3\sqrt{4985}/88$; node, 점근적으로 안정적

6. a. 임계점들은 $0, 0$; $\epsilon_1/\sigma_1, 0$; $(0, \epsilon_2/\sigma_2)$이다. $t \to \infty$일 때, $(x, y) \to (0, \epsilon_2/\sigma_2)$이다; 레드이어가 생존한다.

b. (a)와 동일하나 $t \to \infty$일 때, $x \to \epsilon_1/\sigma_1, y \to 0$이다; 블루길이 생존한다.

7. a. $X = (B - \gamma_1 R)/(1 - \gamma_1\gamma_2), Y = (R - \gamma_2 B)/(1 - \gamma_1\gamma_2)$

b. X는 감소하고, Y는 증가한다; 예, 만약 B가 $\gamma_1 R$보다 작아지면, $t \to \infty$일 때 $x \to 0$이고 $y \to R$이다.

8. a. $\sigma_1\epsilon_2 - \alpha_2\epsilon_1 \neq 0$: $(0, 0), (0, \epsilon_2/\sigma_2), (\epsilon_1/\sigma_1, 0)$; $\sigma_1\epsilon_2 - \alpha_2\epsilon_1 = 0$: $(0, 0)$, 그리고 직선 $\sigma_1 x + \alpha_1 y = \epsilon_1$ 위의 모든 점들.

b. $\sigma_1\epsilon_2 - \alpha_2\epsilon_1 > 0$: $(0, 0)$ 불안정한 node;
$(\epsilon_1/\sigma_1, 0)$은 안장점이다;
$(0, \epsilon_2/\sigma_2)$는 점근적으로 안정적인 node이다.
$\sigma_1\epsilon_2 - \alpha_2\epsilon_1 < 0$: $(0, 0)$은 불안정한 node이다;
$(0, \epsilon_2/\sigma_2)$는 안장점이다;
$(\epsilon_1/\sigma_1, 0)$은 점근적으로 안정적인 node이다.

c. $(0, 0)$은 불안정한 node이다; 직선 $\sigma_1 x + \alpha_1 y = \epsilon_1$ 위의 점들은 안정적이고 고립되지 않은 임계점들이다.

10. b. $(0, 0)$: 안장점; $(0.15, 0)$: 만약 $\gamma^2 < 1.11$이면 spiral point, 만약 $\gamma^2 \geq 1.11$이면 node; $(2, 0)$: 안장점

c. $\gamma \cong 1.20$

11. b. $\left(2 \pm \sqrt{4 - \frac{3}{2}\alpha}, \frac{-3}{2}\alpha\right)$이고 $\alpha \leq \frac{8}{3}$일 때 존재한다.

c. $(1, -3)$은 불안정하다, $(3, -3)$은 안장점이다.

d. $\alpha_0 = \frac{8}{3}$; 임계점은 $(2, -4)$; $\lambda = 0, 1$이다.

12. b. $\left(2 \pm \sqrt{4 - \frac{3}{2}\alpha}, \frac{3}{2}\alpha\right)$

c. 임계점들: (1, 3), (3, 3)

d. $\alpha_0 = \frac{8}{3}, = 0, 1$

13. b. $x_0 = \frac{3-\sqrt{9-4\alpha}}{2}, y_0 = \alpha + \frac{3-\sqrt{9-4\alpha}}{2}$

c. 임계점들: (1, 3), (2, 4)

d. $\alpha_0 = \frac{9}{4}; \lambda = 1 \pm i$

14. b. $x_0 = \frac{3-\sqrt{9-4\alpha}}{2}, y_0 = \frac{3-\sqrt{9-4\alpha}}{2} - \alpha$

c. 임계점들: (2, 0)과 (1, −1)

d. $\alpha_0 = \frac{9}{4}; \lambda = 0, -2$

15. b. 평형점들은 $P_1\,(0, 0)$, $P_2\,(-1, 0)$, $P_1\,(0, \alpha)$, $P_1\,(2\alpha - 2, -2\alpha + 1)$이다.

c. $\alpha = 0$일 때, P_3는 P_1과 일치하고, P_4는 P_2와 일치한다. $\alpha = 1$일 때, P_4가 P_3와 일치한다.

d, e. 분기값 $\alpha = 0$에서, 원점은 안장점에서 불안정한 node로 바뀌고, 점 $(0, \alpha)$는 불안정한 node에서 안정적인 node로 바뀐다. $\alpha = 0.5$일 때, (−1, 0)은 점근적으로 안정적인 점에서 안장점으로 바뀌며, P_4는 안장점에서 점근적으로 안정적인 node로 바뀐다. $\alpha = 1$일 때, $(0, -\alpha)$는 안장점에서 점근적으로 안정적인 node로 바뀌며, 반대로 P_4는 점근적으로 안정적인 node에서 안장점으로 바뀐다.

16. b. 임계점들: (0, 0), (−1, 0), $\left(0, \frac{3}{4\alpha}\right)$, $\left(\frac{4\alpha-3}{2-4\alpha}, \frac{1}{2-4\alpha}\right)$

c. 세 번째 및 네 번째 임계점들은 $\alpha = \frac{3}{4}$일 때 일치한다.

d, e. 임계점 $\left(0, \frac{-3}{4\alpha}\right)$은 $\alpha > \frac{3}{4}$일 때 안장점이고, $0 < \alpha < \frac{3}{4}$일 때 점근적으로 안정적인 node이다. 임계점 $\left(\frac{4\alpha-3}{2-4\alpha}, \frac{1}{2-4\alpha}\right)$은 $\alpha > \frac{3}{4}$일 때 점근적으로 안정적인 node이다.

17. b. 임계점들: (0, 0), (−1, 0), $(0, -\alpha)$, $\left(\frac{-1}{2}, \frac{-1}{2}\right)$. $\alpha = 1$일 때; 직선 $x + y = -1$ 위의 모든 점들은 임계점들이다.

c. $\alpha = 1$은 분기값이다.

d, e. 임계점들은 $0 < \alpha < 1$일 때는 점근적으로 안정적인 나선, $\frac{1}{2} \leq \alpha < 1$일 때는 점근적으로 안정적인 node, $\alpha > 1$일 때는 안장점이다.

■ 9.5절, 580쪽

1. $(0, 0); u' = 2u, v' = -\frac{v}{2}; r = 2, \frac{1}{2}$; 안장점, 불안정 $\left(\frac{1}{2}, 4\right); u' = -\frac{v}{4}, v' = 4u; r = \pm i$; 중심점 또는 spiral point, 불확정

2. b. 임계점들은 (0, 0)과 (−0.5, −2)이다.

c. 임계점은 안장점이다.

d, e. 그려진 궤적

3. b, c. $(0, 0); u' = \frac{3u}{2}, v' = -\frac{v}{4}; r = \frac{3}{2}, -\frac{1}{4}$; 안장점, 불안정 $(3, 0); u' = -\frac{3u}{2} - \frac{3v}{2}, v' = \frac{5v}{4}; r = \frac{3}{2}, \frac{5}{4}$; 안장점, 불안정 $\left(\frac{1}{2}, \frac{5}{2}\right); u' = -\frac{u}{4} - \frac{v}{4}, v' = \frac{5u}{4}; r = -\frac{1}{8} \pm \sqrt{19}i/8$; spiral point, 점근적으로 안정적

4. b. 임계점들은 (0, 0), (2, 0), $\left(\frac{1}{2}, 0\right)$과 $\left(\frac{3}{2}, \frac{5}{3}\right)$이다.

c. 임계점 (0, 0)은 불안정한 node이다; $\left(\frac{1}{2}, 0\right)$은 안장점이다; (2, 0)은 안장점이다; $\left(\frac{3}{2}, \frac{5}{3}\right)$은 불안정한 node이다.

5. b, c. $(0, 0); u' = -u, v' = -\frac{3v}{2}; r = -\frac{3}{2}, -1$; node, 점근적으로 안정적 $\frac{1}{2}, 0; u' = \frac{3u}{4} - \frac{v}{4}, v' = -v; r = \frac{3}{4}, -1$; 안장점, 불안정 $(2, 0); u' = -3u - v, v' = \frac{v}{2}; r = \frac{1}{2}, -3$; 안장점, 불안정 $\left(\frac{3}{2}, 1\right); u' = -\frac{3u}{4} - \frac{3v}{4}, v' = u; r = -\frac{3}{8} \pm \sqrt{39}i/8$; spiral point, 점근적으로 안정적

6. b, c.

$t = 0, T, 2T, \ldots$:	H is a max.,	dP/dt is a max.
$t = T/4, 5T/4, \ldots$:	dH/dt is a min.,	P is a max.
$t = T/2, 3T/2, \ldots$:	H is a min.,	dP/dt is a min.
$t = 3T/4, 7T/4, \ldots$:	dH/dt is a max.,	P is a min.

7. a. $\sqrt{c\alpha}/\sqrt{a\gamma}$

b. $\sqrt{3}$

d. 초깃점이 평형점에서 멀어질수록 먹이 진폭 대비 포식자 진폭의 비율은 매우 느리게 증가한다.

8. a. $4\pi/\sqrt{3} \cong 7.2552$

c. 초깃점이 평형점에서 멀어질수록 주기는 천천히 증가한다.

11. a. $P_1\,(0, 0)$, $P_2\,(1/\sigma, 0)$, $P_3\,(3, 2 - 6\sigma)$; P_2는 왼쪽으로 이동하고, P_3는 아래로 이동한다. 이 둘은 $\sigma = 1/3$일 때 (3, 0)에서 서로 만난다.

b. P_1은 안장점이다. P_2는 $\sigma < 1/3$일 때 안장점이고, $\sigma > 1/3$일 때 점근적으로 안정적인 node이다. P_3는 $\sigma < \sigma_1$일 때는 $\left(\sqrt{7/3}-1\right)/2 \cong 0.2638$, 점근적으로 안정적인 spiral point, $\sigma_1 < \sigma < 1/3$일 때는 점근적으로 안정적인 node, $\sigma > 1/3$일 때는 안장점이다.

12. a. $P_1(0, 0)$; $P_2(a/\sigma, 0)$, $P_3(c/\gamma, a/\alpha - (c\sigma/(\alpha\gamma))$; P_2는 왼쪽으로 이동하고, P_3는 아래로 이동한다. 이 둘은 $\sigma = a\gamma/c$일 때 $(c/\gamma, 0)$에서 서로 만난다.

b. P_1은 안장점이다. P_2는 $\sigma < \alpha\gamma/c$일 때 안장점이고, $\sigma > \alpha\gamma/c$일 때 점근적으로 안정적인 node이다. P_3는 σ가 충분히 작으면 점근적으로 안정적인 spiral point이고, 특정 임계값 $\sigma_1 < \alpha\gamma/c$에서 점근적으로 안정적인 node가 된다. $\sigma > \alpha\gamma/c$일 때는 안장점이다.

13. a, b. $P_1(0, 0)$은 안장점이다. $P_2(5, 0)$은 안장점이다. $P_3(2, 2.4)$는 점근적으로 안정적인 spiral point이다.

14. b. 먹이는 같고, 포식자는 더 적다.
c. 먹이는 더 많고, 포식자는 같다.
d. 먹이는 더 많고, 포식자는 더 적다.

15. a. 먹이는 같고, 포식자는 더 적다.
b. 먹이는 같고, 포식자는 더 적다.
c. 먹이는 더 많고, 포식자는 훨씬 더 적다.

16. b. 먹이는 같고, 포식자는 더 적다.
c. 먹이는 더 많고, 포식자는 같다.
d. 먹이는 더 많고, 포식자는 더 적다.

■ 9.7절, 605쪽

1. $r = 2, \theta = t + t_0$, 안정적 극한 순환 궤적

2. $r = 2, \theta = t + t_0$, 준안정적 극한 순환 궤적

3. $r = 2, \theta = t + t_0$, 안정적 극한 순환 궤적; $r = 3, \theta = t + t_0$, 불안정한 주기해

4. $r = 1, \theta = -t + t_0$, 불안정한 주기해; $r = 3, \theta = -t + t_0$, 안정적 극한 순환 궤적

5. $r = 2k$; $k = 0, 1, 2, 3, \dots$는 $\theta = t + t_0$인 불안정한 주기해에 해당한다.
$r = 2k + 1$; $k = 0, 1, 2, 3, \cdots$은 $\theta = t + t_0$인 안정적인 극한 순환 궤적에 해당한다.
$r = 0$은 불안정한 임계점을 나타낸다.

6. $r = 2, \theta = -t + t_0$, 준안정적 극한 순환 궤적; $r = 4, \theta = -t + t_0$, 불안정한 주기해

7. $r = 1, r = t + t_0$, 안정적 극한 순환 궤적; $r = 2, \theta = t + t_0$, 준안정적 극한 순환 궤적; $r = 4, \theta = t + t_0$, 불안정한 주기해

8. $r = \sqrt{3}, \theta = -t + t_0$, 불안정한 주기해

14. a. $\mu = 0.2, T \cong 6.29$; $\mu = 1, T \cong 6.66$; $\mu = 5, T \cong 11.60$

15. a. $x' = y, y' = -x + \mu y - \mu y^3/3$
b. $0 < \mu < 2$, 불안정한 spiral point; $\mu \ge 2$, 불안정한 node
c. $A \cong 2.16, T \cong 6.65$
d. $\mu = 0.2, A \cong 1.99, T \cong 6.31$;
$\mu = 0.5, A \cong 2.03, T \cong 6.39$;
$\mu = 2, A \cong 2.60, T \cong 7.65$;
$\mu = 5, A \cong 4.36, T \cong 11.60$

16. b. $x' = \mu x + y, y' = -x + \mu y$; $\lambda = \mu \pm i$; 원점은 $\mu < 0$일 때는 점근적으로 안정적인 spiral point이고, $\mu > 0$일 때는 불안정한 spiral point이다.
c. $r' = r\left(\mu - r^2\right), \theta' = -1$

17. 원점이 유일한 임계점이며, $(0, 0)$은 불안정한 node이다.

18. a. 임계점들은 $(0, 0), (2, 0), \left(\frac{-4}{5}, \frac{64}{25}\right)$이다.
b. $(0, 0)$에서의 고윳값들은 $r = 4, 0.25$이고, 불안정한 node이다. $(2, 0)$에서의 고윳값들은 $r = -4, \frac{7}{12}$이고, 안장점이다. $\left(\frac{-4}{5}, \frac{64}{25}\right)$에서의 고윳값들은 $r = \frac{26 \pm 5\sqrt{3}}{10}$이고, 안장점이다.

19. a. $y = \frac{12}{125}(25a - 6)$
b. 제1사분면 내부에는 임계점이 없다.

20. b. 고윳값들 $= \frac{-b \pm \sqrt{b^2 + 4}}{2}$
c. If $\frac{-b + \sqrt{b^2 + 4}}{2} > 0$; $\frac{-b - \sqrt{b^2 + 4}}{2} > 0$
임계점은 불안정한 node이다.
If If $\frac{-b + \sqrt{b^2 + 4}}{2} > 0$; $\frac{-b - \sqrt{b^2 + 4}}{2} < 0$
임계점은 안장점이다.

21. b. $k = 0, (1.19941, -0.62426)$

■ 9.8절, 615쪽

1. b. $\lambda = \lambda_1, \xi^{(1)} = (0, 0, 1)^T$;
$\lambda = \lambda_2, \xi^{(2)} = \left(20, 9 - \sqrt{81 + 40r}, 0\right)^T$;
$\lambda = \lambda_3, \xi^{(3)} = \left(20, 9 + \sqrt{81 + 40r}, 0\right)^T$

c. $\lambda_1 \cong -2.6667, \xi^{(1)} = (0,0,1)^T$;
$\lambda_2 \cong -22.8277, \xi^{(2)} \cong (20, -25.6554, 0)^T$;
$\lambda_3 \cong 11.8277, \xi^{(3)} \cong (20, 43.6554, 0)^T$

2. c. $\lambda_1 \cong -13.8546$; $\lambda_2, \lambda_3 \cong 0.0939556 \pm 10.1945i$

5. a. $dV/dt = -2\sigma[rx^2 + y^2 + b(z-r)^2 - br^2]$

11. b. $c = \sqrt{0.5}$: $P_1\left(\sqrt{2}/4, -\sqrt{2}, \sqrt{2}\right)$;
$\lambda = 0, -0.05178 \pm 1.5242i$
$c = 1$: $P_1 = (0.8536, -3.4142, 3.4142)$;
$\lambda = 0.1612, -0.02882 \pm 2.0943i$ and
$P_2\,(0.1464, -0.5858, 0.5858)$;
$\lambda = -0.5303, -0.03665 \pm 1.1542i$

12. a. $P_1\,(1.1954, -4.7817, 4.7817)$;
$\lambda = 0.1893, -0.02191 \pm 2.4007i$ and
$P_2\,(0.1046, -0.4183, 0.4183)$;
$\lambda = -0.9614, 0.007964 \pm 1.0652i$

d. $T_1 \cong 5.9$

13. a, b. $c_1 \cong 1.243$

14. a. $P_1(2.9577, -11.8310, 11.8310)$;
$\lambda = 0.2273, -0.009796 \pm 3.5812i$
$P_2(0.04226, -0.1690, 0.1690)$;
$\lambda = -2.9053, 0.09877 \pm 0.9969i$

c. $T_2 \cong 11.8$

제 10 장

■ 10.1절, 629쪽

1. $y = -2\sin x$

2. $y = \sqrt{2}\left(\cot\sqrt{2}\pi\cos\sqrt{2}x + \sin\sqrt{2}x\right)$

3. $y = 0$ for all values of x

4. $y = -\tan(L)\cos(x) + \sin(x)$ if $\cos(L) \neq 0$;
만약 $\cos(L) = 0$이면 해가 없다.

5. 해가 없다.

6. $y = \left(-\pi\sin\sqrt{3}x + x\sin\sqrt{3}\pi\right)/3\sin\sqrt{3}\pi$

7. 해가 없다.

8. $y = c_2\sin 2x + \sin x$

9. $y = c_1\cos 2x + \cos x$

10. $y = \cos x$

11. $y = -\frac{9}{4}x^2 + \frac{5}{4}x^3$

12. $y = \left(-\frac{1}{16} + \frac{1}{16}(1-e^4)\log x\right)\frac{1}{x^2} + \frac{1}{16}x^2$

13. 해가 없다.

14. $\lambda_n = -\frac{(2n-1)^2}{4}$ 여기서 $n = 1, 2, 3, \cdots$. $y_n = \sin\left(\frac{(2n-1)x}{2}\right)$, $n = 1, 2, 3, \cdots$.

15. $\lambda_n = -\frac{(2n-1)^2}{4}$ 여기서 $n = 1, 2, 3, \cdots$. $y_n = \cos\left(\frac{(2n-1)x}{2}\right)$, $n = 1, 2, 3, \cdots$.

16. $\lambda_0 = 0, y_0(x) = 1; \lambda_n = \frac{n^2}{4}, y_n = \cos(nx), n = 1, 2, 3, \cdots$.

17. $\lambda_n = \frac{(2n-1)^2\pi^2}{144}$ 여기서 $n = 1, 2, 3, \cdots$. $y_n = \cos\left(\frac{(2n-1)\pi x}{4}\right)$, $n = 1, 2, 3, \cdots$.

18. $\lambda = 0, y_0(x) = 1; \lambda_n = \frac{n^2\pi^2}{4}, y_n = \cos(nx), n = 1, 2, 3, \cdots$.

19. $\lambda_n = \frac{(2n-1)^2\pi^2}{64}$ 여기서 $n = 1, 2, 3, \cdots$. $y_n = \sin\left(\frac{(2n-1)\pi x}{4}\right)$, $n = 1, 2, 3, \cdots$.

20. $\lambda_n = 1 + \left(\frac{n\pi}{\ln(L)}\right)^2, y_n(x) = x\sin\left(\left(n - 1\frac{1}{2}\right)\frac{\pi x}{L}\right)$
$n = 1, 2, 3, \cdots$.

21. a. $w(r) = G(R^2 - r^2)/4\mu$
b. Q는 원래 값에서 $(3/4)^4 \approx 0.3164$배만큼 감소되었다.

22. a. $y = k(x^4 - 2Lx^3 + L^3x)/24$
b. $y = k(x^4 - 2Lx^3 + L^2x^2)/24$
c. $y = k(x^4 - 4Lx^3 + 6L^2x^2)/24$

■ 10.2절, 639쪽

1. $T = 2\pi/7$

2. $T = \frac{1}{2}$

3. 주기적이지 않다.

4. $T = 4$

5. $T = 1/2$

6. 주기적이지 않다.

7. $T = 2$

8. $T = 4$

9. $f(x) = 4L - 2x$ in $L < x < 2L$;
$f(x) = -4L - 2x$ in $-3L < x < -2L$

10. 구간 $3 < x < 4$에 대해 $f(x) = x - 2$, 구간 $9 < x < 10$에 대해 $f(x) = x - 8$

11. $f(x) = -1 - x$

13. b. $f(x) = \frac{2}{\pi}\sum_{n=1}^{\infty}\frac{(-1)^n}{n}\sin(n\pi x)$

14. b. $f(x) = 1 - \frac{4}{\pi}\sum_{n=1}^{\infty}\frac{\sin[(2n-1)\pi x/L]}{2n-1}$

15. b. $f(x) = -\frac{\pi}{4} + \sum_{n=1}^{\infty}$
$\left(\frac{2\cos((2n-1)x)}{\pi(2n-1)^2} + \frac{(-1)^{n+1}\sin(nx)}{n}\right)$

16. b. $f(x) = \frac{1}{2} + \frac{4}{\pi^2}\sum_{n=1}^{\infty}\frac{\cos((2n-1)\pi x)}{(2n-1)^2}$

17. b. $f(x) = \frac{3}{4} + \frac{1}{\pi^2}\sum_{n=1}^{\infty}\left[\frac{2}{(2n-1)^2}\cos((2n-1)\pi x)\right.$
$\left.-\frac{(-1)^n\pi}{n}\sin(n\pi x)\right]$

18. b. $f(x) = \sum_{n=1}^{\infty}\left[\frac{8}{n^2\pi^2}\sin\left(\frac{n\pi}{2}\right) - \frac{4}{n\pi}\right.$
$\left.\cos\left(\frac{n\pi}{2}\right)\right]\sin\left(\frac{n\pi x}{2}\right)$

19. b. $f(x) = \frac{8}{\pi}\sum_{n=1}^{\infty}\frac{\sin[(2n-1)\pi x/2]}{2n-1}$

20. b. $f(x) = \frac{2}{\pi}\sum_{n=1}^{\infty}\frac{(-1)^{n+1}}{n}\sin(n\pi x)$

21. b. $f(x) = \frac{2}{3} + \frac{8}{\pi^2}\sum_{n=1}^{\infty}\frac{(-1)^n}{n^2}\cos\left(\frac{n\pi x}{2}\right)$

22. b. $f(x) = \frac{1}{2} + \frac{12}{\pi^2}\sum_{n=1}^{\infty}\frac{\cos((n-1/2)\pi x)}{(2n-1)^2}$
$+\frac{2}{\pi}\sum_{n=1}^{\infty}\frac{(-1)^n}{n}\sin\left(\frac{n\pi x}{2}\right)$

23. b. $(x) = \frac{11}{12} + \frac{1}{\pi^2}\sum_{n=1}^{\infty}\frac{(-1)^n - 5}{n^2}\cos\left(\frac{n\pi x}{2}\right)$
$+\sum_{n=1}^{\infty}\left(\frac{4\left(1-(-1)^n\right)}{n^3\pi^3} - \frac{(-1)^n}{n\pi}\right)\sin\left(\frac{n\pi x}{2}\right)$

24. b. $f(x) = \frac{9}{8} + -\sum_{n=1}^{\infty}\frac{108(-1)^n + 54}{n^3\pi^3}\sin\left(\frac{n\pi x}{3}\right)$
$+\sum_{n=1}^{\infty}\left(\frac{162\left((-1)^n - 1\right)}{n^4\pi^4} - \frac{27(-1)^n}{n^2\pi^2}\right)$
$\cos\left(\frac{n\pi x}{3}\right)$

25. b. $m = 81$

26. b. $m = 27$

28. $G(x)$는 주기함수가 아니다.

■ 10.3절, 646쪽

1. a. $f(x) = \frac{8}{\pi}\sum_{n=1}^{\infty}\frac{\sin(2n-1)\pi x}{2n-1}$

2. a. $f(x) = \frac{\pi^2}{2} + \sum_{n=1}^{\infty}\left[\frac{-4}{\pi(2n-1)^2}\cos((2n-1)x)\right.$
$\left.+\frac{2(-1)^{n+1}}{n}\sin(nx)\right]$

3. a. $f(x) = \frac{1}{2} + \frac{4}{\pi^2}\sum_{n=1}^{\infty}\frac{1}{(2n-1)^2}\cos((2n-1)x)$

4. a. $f(x) = \frac{4}{3} + \frac{8}{\pi^2}\sum_{n=1}^{\infty}\frac{(-1)^{n+1}}{n^2}\cos n\pi x$

5. a. $f(x) = \frac{1}{2} + \frac{2}{\pi}\sum_{n=1}^{\infty}\frac{(-1)^{n-1}}{2n-1}\cos((2n-1)x)$

6. a. $f(x) = \frac{a_0}{2} + \sum_{n=1}^{\infty}(a_n\cos(n\pi x) + b_n\sin(n\pi x))$;
$a_0 = \frac{1}{3}, a_n = \frac{2(-1)^n}{n^2\pi^2}$,
$b_n = \frac{(-1)^{n+1}}{n\pi} - \begin{cases} 0, & n \text{ even} \\ 4/(n^3)(\pi^3), & n \text{ odd} \end{cases}$

7. a. $f(x) = -\frac{3\pi}{4} + 3\sum_{n=1}^{\infty}\left[\frac{1-\cos n\pi}{\pi n^2}\right.$
$\left.\cos nx - \frac{(-1)^n}{n}\sin nx\right]$

b. $n = 10$; max $|e| = 4.8075$ at $x = \pm\pi$
$n = 20$; max $|e| = 4.7601$ at $x = \pm\pi$
$n = 40$; max $|e| = 4.7364$ at $x = \pm\pi$

c. 불가능하다.

8. a. $f(x) = \frac{1}{2} + \frac{2}{\pi^2}\sum_{n=1}^{\infty}\frac{1-\cos(n\pi)}{n^2}\cos(n\pi x)$

b. $n = 10$; max $|e| = 0.02020$ at $x = 0, \pm1$
$n = 20$; max $|e| = 0.01012$ at $x = 0, \pm1$
$n = 40$; max $|e| = 0.005065$ at $x = 0, \pm1$

c. $n = 21$

9. a. $f(x) = \frac{4}{\pi}\sum_{n=1}^{\infty}\frac{(-1)^{n+1}}{n}\sin n\pi x$

b. $n = 10, 20, 40$; max $|e| = 2$ at $x \pm 1$

c. 불가능하다.

10. a. $f(x) = \frac{1}{2} + \sum_{n=1}^{\infty}\frac{6(1-\cos(n\pi))}{n^2\pi^2}\cos\left(\frac{n\pi x}{2}\right)$
$+\sum_{n=1}^{\infty}\frac{2\cos(n\pi)}{n\pi}\sin\left(\frac{n\pi x}{2}\right)$

b. $n = 10$; lub $|e| = 1.0606$ as $x \to 2$
$n = 20$; lub $|e| = 1.0304$ as $x \to 2$
$n = 40$; lub $|e| = 1.0152$ as $x \to 2$

c. 불가능하다.

11. a. $f(x) = \frac{1}{24} + \frac{1}{4}\sum_{n=1}^{1}\infty\left[\frac{2\cos n\pi}{n^2\pi^2}\cos n\pi x\right.$
$\left.-\frac{2-2\cos n\pi + n^2\pi^2\cos n\pi}{n^3\pi^3}\sin n\pi x\right]$

b. $n = 10$; lub$|e| = 0.1298$ as $x \to 1$
$n = 20$; lub$|e| = 0.1275$ as $x \to 1$
$n = 40$; lub$|e| = 0.1263$ as $x \to 1$

c. 불가능하다.

12. a. $f(x) = -\frac{12}{\pi^3}\sum_{n=1}^{\infty}\frac{(-1)^n}{n^3}\sin(n\pi x)$

b. $n = 10; \max|e| = 0.001345$ at $x = \pm 0.9735$
$n = 20; \max|e| = 0.0003534$ at $x = \pm 0.9864$
$n = 40; \max|e| = 0.00009058$ at $x = \pm 0.9931$

c. $n = 4$

13. $y = \dfrac{1}{\alpha^2 - n^2}\cos(nx) - \dfrac{1}{\alpha^2 - n^2}\cos(\alpha x)$
$y(x) = \dfrac{x}{2n}\sin(nx)$

14. $y = \sum\limits_{n-1}^{\infty} b_n \dfrac{\omega \sin(nt) - n\sin(\omega t)}{\omega(\omega^2 - n^2)}, \omega \neq 1, 2, 3, \cdots$인 경우; 그리고, $\omega = m$ (양의 정수)일 때,
$y = b_m \dfrac{\sin(mt) - mt\cos(mt)}{2m^2} +$
$\sum\limits_{\substack{n=1 \\ n\neq m}}^{\infty} b_n \dfrac{(m\sin(nt) - n\sin(mt))}{m(m^2 - n^2)}$

15. $y = \dfrac{8}{\pi}\sum\limits_{n=1}^{\infty}\dfrac{1}{\omega^2 - (2n-1)^2}$
$\left[\dfrac{1}{2n-1}\sin(2n-1)t - \dfrac{1}{\omega}\sin\omega t\right]$

16. $f(x) = \dfrac{5}{3} + \dfrac{20}{\pi^2}\sum\limits_{n=1}^{\infty}\dfrac{(-1)^n}{n^2}\cos(n\pi x)$
$-10\sum\limits_{n=1}^{\infty}\left[\dfrac{2\left(1-(-1)^n\right)}{n^3\pi^3} + \dfrac{(-1)^n}{n\pi}\right]\sin(n\pi x)$

■ 10.4절, 653쪽

1. 기함수
2. 둘 다 아니다.
3. 기함수
4. 우함수
5. 우함수
6. 둘 다 아니다.

14. 코사인 급수의 경우, $a_0=1, a_n=\dfrac{8}{n^2\pi^2}\left(1-\cos\left(\dfrac{n\pi}{2}\right)\right)$
$n = 1, 2, 3, \ldots., \quad b_n=0, \quad n = 1, 2, 3, \ldots.$
사인 급수의 경우, $a_n = 0, n = 0, 1, 2, 3, \cdots.,$
$b_n=\dfrac{8}{n^2\pi^2}\left(\dfrac{n\pi}{2} - \sin\left(\dfrac{n\pi}{2}\right)\right), n = 1, 2, 3, \ldots.$

15. a. $f(x) = 1 + \dfrac{4}{\pi}\sum\limits_{n=1}^{\infty}\dfrac{(-1)^{n-1}}{2n-1}\cos\dfrac{(2n-1)\pi x}{2}$

16. a. $f(x) = \dfrac{2}{\pi}\sum\limits_{n=1}^{\infty}\dfrac{[1-\cos(n\pi/2)]}{n}\sin(n\pi x/2)$

17. a. $f(x) = 2$

18. a. $f(x) = \sum\limits_{n=1}^{\infty} b_n \sin(2nx)$

19. a. $f(x) = \sum\limits_{n=1}^{\infty}\dfrac{2}{n\pi}\left(\cos\left(\dfrac{n\pi}{3}\right) + \cos\left(\dfrac{2n\pi}{3}\right)\right.$
$\sin\left(\dfrac{nx}{3}\right)$
$\left. - 2\cos(n\pi)\right)$

20. a. $f(x) = 1 - \sum\limits_{m=1}^{\infty}\dfrac{2}{m\pi}\sin(2m\pi x)$

21. a. $f(x) = 1 + \dfrac{8}{\pi^2}\sum\limits_{n=1}^{\infty}\dfrac{1}{(2n-1)^2}\cos((2n-1)\pi x/2)$

22. a. $f(x) = \dfrac{4}{\pi}\sum\limits_{n=1}^{\infty}\dfrac{1}{n}\sin(n\pi x/2)$

23. a. $f(x) = \dfrac{\pi}{2} + \dfrac{2}{\pi}\sum\limits_{n=1}^{\infty}\left[\dfrac{2\pi}{n}\sin\dfrac{n\pi}{2} + \dfrac{4}{n^2}\right.$
$\left.\left(\cos\dfrac{n\pi}{2} - 1\right)\right]\cos\dfrac{nx}{2}$

24. a. $f(x) = 6\sum\limits_{n=1}^{\infty}\dfrac{(-1)^n}{n}\sin nx$

25. a. $f(x) = \sum\limits_{n=1}^{\infty}\dfrac{8\left(2 + n^2\pi^2 - 2\cos n\pi\right)}{n^3\pi^3}\sin\dfrac{n\pi x}{2}$

26. a. $f(x) = \dfrac{4}{3} + \dfrac{16}{\pi^2}\sum\limits_{n=1}^{\infty}\dfrac{1 + 3\cos(n\pi)}{n^2}\cos\left(\dfrac{n\pi x}{4}\right)$

27. b. $g(x) = \dfrac{3}{2} + \dfrac{6}{\pi^2}\sum\limits_{n=1}^{\infty}\dfrac{1-\cos(n\pi)}{n^2}\cos\left(\dfrac{n\pi x}{3}\right)$
$h(x) = \dfrac{6}{\pi}\sum\limits_{n=1}^{\infty}\dfrac{1}{n}\sin\left(\dfrac{n\pi x}{3}\right)$

28. b. $g(x) = \dfrac{1}{2} + \sum\limits_{n=1}^{\infty}\dfrac{8\cos(n\pi/2) + 4n\pi\sin(n\pi/2) - 8}{n^2\pi^2}$
$\cos\dfrac{n\pi x}{2}$
$h(x) = \sum\limits_{n=1}^{\infty}\dfrac{8\sin(n\pi/2) - 4n\pi\cos(n\pi/2)}{n^2\pi^2}$
$\sin\dfrac{n\pi x}{2}$

29. b. $g(x) = -\dfrac{5}{12} + \sum\limits_{n=1}^{\infty}\dfrac{12\cos(n\pi) + 4}{n^2\pi^2}\cos\left(\dfrac{n\pi x}{2}\right),$
$h(x) = -\dfrac{1}{2}\sum\limits_{n=1}^{\infty}\dfrac{n^2\pi^2(3 + 5\cos(n\pi)) + 32(1-\cos(n\pi))}{n^3\pi^3}$
$\times\sin\left(\dfrac{n\pi x}{2}\right)$

30. b. $g(x) = \dfrac{1}{4} + \sum\limits_{n=1}^{\infty}\dfrac{6n^2\pi^2(2\cos(n\pi) - 5) + 324(1-\cos(n\pi))}{n^4\pi^4}$
$\cos\left(\dfrac{n\pi x}{3}\right),$
$h(x) = \sum\limits_{n=1}^{\infty}\left(\dfrac{4\cos(n\pi) + 2}{n\pi} + \dfrac{144\cos(n\pi) + 180}{n^3\pi^3}\right)$
$\sin\left(\dfrac{n\pi x}{3}\right)$

■ 10.5절, 664쪽

1. $xX'' - \lambda X = 0, \quad 2T' + \lambda T = 0$
2. $X'' - \lambda xX = 0, \quad 3T' + \lambda tT = 0$
3. $X'' - \lambda(X' + X) = 0, \quad T' + \lambda T = 0$
4. $(p(x)X')' + \lambda r(x)X = 0, \quad T'' + \lambda T = 0$

5. 분리할 수 없다.

6. $X'' - \lambda X = 0, \quad Y'' + (y + \lambda)Y = 0$

7. $u(x,t) = 2e^{-\pi^2 t/16} \sin(\pi x/2) - e^{-\pi^2 t/4} \sin \pi x + 4e^{-9\pi^2 t/4} \sin 3\pi x$

8. $u(x,t) = e^{-400\pi^2 t} \sin 2\pi x - e^{-900\pi^2 t} \sin 3\pi x$

9. $u(x,t) = \dfrac{200}{\pi} \sum_{n=1}^{\infty} \dfrac{1 - \cos n\pi}{n} e^{-n^2\pi^2 t/1600} \sin\left(\dfrac{n\pi x}{40}\right)$, $n = 1, 2, 3, \ldots$.

10. $u(x,t) = \dfrac{2400}{\pi^2} \sum_{n=1}^{\infty} \dfrac{\sin \frac{n\pi}{2}}{n^2} e^{-n^2\pi^2 t/1600} \sin\left(\dfrac{n\pi x}{40}\right)$, $n = 1, 2, 3, \ldots$.

11. $u(x,t) = \dfrac{200}{\pi} \sum_{n=1}^{\infty} \dfrac{\left[\cos \frac{n\pi}{4} - \cos \frac{3n\pi}{4}\right]}{n} e^{-n^2\pi^2 t/1600} \sin\left(\dfrac{n\pi x}{40}\right)$, $n = 1, 2, 3, \ldots$.

12. $u(x,t) = \dfrac{800}{\pi} \sum_{n=1}^{\infty} \dfrac{\left[(-1)^{n+1}\right]}{n} e^{-n^2\pi^2 t/1600} \sin\left(\dfrac{n\pi x}{40}\right)$, $n = 1, 2, 3, \ldots$.

13. $t = 6, n = 18; t = 20, n = 8; t = 80, n = 4$

14. $t = 6, n = 20; t = 20, n = 8; t = 80, n = 5$

15. $t = 6, n = 18; t = 20, n = 8; t = 80, n = 4$

16. $t = 6, n = 18; t = 20, n = 8; t = 80, n = 4$

17. $T(x,t) = \left(C_1 e^{\beta x} + C_2 e^{-\beta x}\right) e^{\alpha\beta^2 t}$, $T(x,t) = (C_1 \cos \beta x + C_2 \sin \beta x) e^{-\alpha\beta^2 t}$, $T(x,t) = C_1 x + C_2$

18. $T(x,t) = \dfrac{4}{\pi} \sum_{n=1}^{\infty} \dfrac{\sin(n\pi/2)}{n^2} . e^{-\alpha n^2 t} . \sin(nx)$

19. $\theta(x,t) = \sum_{n=0}^{\infty} \dfrac{4\theta_0}{\pi(2n+1)} e^{-\alpha\left\{\frac{(2n+1)\pi}{2L}\right\}^2 t} \sin\left(\dfrac{(2n+1)\pi}{2L} x\right)$

20. $T(x,t) = \dfrac{8Lq_0}{\pi^2} \sum_{n=1}^{\infty} \dfrac{(-1)^n}{(2n-1)^2} e^{-\alpha\left\{\frac{(2n-1)\pi}{2L}\right\}^2 t} \sin\left(\dfrac{(2n-1)\pi}{2L} x\right) + q_0 x.$

21. $u(x,t) = \dfrac{100}{\pi} \sum_{n=1}^{\infty} \dfrac{1 - \cos n\pi}{n} e^{-n^2\pi^2\alpha^2 t/400} \sin \dfrac{n\pi x}{20}$

a. 17.95°C

b. 33.61°C

c. 49.98°C

22. $T(x,t) = (4x + 20)\dfrac{1}{5} \sum_{n=1}^{\infty} \left[(-1)^n \dfrac{800}{n\pi} - \dfrac{200}{n\pi}\right] \times \sin(nx\pi/10)\, e^{-\alpha(n\pi/10)^2 t}$

23. a. 43.87 s

b. 87.23 s

c. 625.15 s

25. a. $aw_{xx} - bw_t + (c - b\delta)w = 0$

b. $\delta = c/b$ if $b \neq 0$

26. $X'' + \mu^2 X = 0, \quad Y'' + \left(\lambda^2 - \mu^2\right) Y = 0, \quad T' + \alpha^2\lambda^2 T = 0$

27. $r^2 R'' + rR' + \left(\lambda^2 r^2 - \mu^2\right) R = 0, \quad \Theta'' + \mu^2\Theta = 0, \quad T' + \alpha^2\lambda^2 T = 0$

■ 10.6절, 673쪽

1. $u = 10 + x$

2. $u = 30 - x$

3. $v = 0$

4. $v = T$

5. $v = 0$

6. $v = T$

7. $v = T(x+1)/16$

8. $v = -\dfrac{T}{31} x + T$

9. $u(x,t) = \dfrac{400}{3} - \dfrac{80}{\pi^2} \sum_{n=1}^{\infty} \dfrac{1}{n^2} e^{-n^2\pi^2 t/1200} \sin\left(\dfrac{n\pi x}{20}\right)$

10. a. $f(x) = 8x/5, 0 \le x \le 50;$ $f(x) = 160 - 8x/5, 50 < x \le 100$

b. $u(x,t) = 20 - \dfrac{x}{5} + \sum_{n=1}^{\infty} c_n e^{-1.14 n^2\pi^2 t/(100)^2} \sin \dfrac{n\pi x}{100}$, $c_n = \dfrac{640}{n^2\pi^2} \sin \dfrac{n\pi}{2} - \dfrac{40}{n\pi}$

c. $u(50, t) \to 10$ as $t \to \infty$; 5561 s

11. $u(x,t) = 4x + \sum_{n=1}^{\infty} \dfrac{(30 + 50\cos(n\pi))}{n\pi} e^{-n^2\pi^2\alpha^2 t/100} \sin\left(\dfrac{n\pi x}{10}\right)$

12. a. $u(x,t) = \dfrac{4}{\pi} + \sum_{n=1}^{\infty} c_n e^{-n^2\pi^2\alpha^2 t/L^2} \cos \dfrac{n\pi x}{L}$,

$$c_n = \begin{cases} 0, & n \text{ odd} \\ -8/\left(n^2 - 1\right)\pi & n \text{ even} \end{cases}$$

b. $\lim_{t\to\infty} u(x,t) = \dfrac{4}{\pi}$

13. $u(x,t) = 20 - x + \dfrac{40}{\pi^3} \sum_{n=1}^{\infty} \dfrac{2(1 - \cos(n\pi)) - n^2\pi^2(1 + \cos(n\pi))}{n^3} \times e^{-n^2\pi^2 t/400} \sin\left(\dfrac{n\pi x}{20}\right)$

14. a. $u(x,t) = \dfrac{10}{3} + \sum_{n=1}^{\infty} c_n e^{-n^2\pi^2 t/900} \cos \dfrac{n\pi x}{30}$, $c_n = \dfrac{40}{n\pi}\left(\sin \dfrac{n\pi}{3} - \sin \dfrac{n\pi}{6}\right)$

15. a. $u(x,t)=\sum_{n=1}^{\infty} c_n e^{-(2n-1)^2\pi^2\alpha^2 t/4L^2}\sin\left(\left(n-\frac{1}{2}\right)\frac{\pi x}{L}\right)$,

$c_n=\frac{2}{L}\int_0^L f(x)\sin\left(\left(n-\frac{1}{2}\right)\frac{\pi x}{L}\right)dx$

16. a. $u(x,t)=\sum_{n=1}^{\infty} c_n e^{-(2n-1)^2\pi^2 t/3600}\sin\frac{(2n-1)\pi x}{60}$,

$c_n=\frac{240}{(2n-1)^2\pi^2}\left[2\cos n\pi+(2n-1)\pi\right]$

c. x_m은 $x=0$에서 증가하여 $t=104.4$일 때 $x=30$에 도달한다.

17. a. $u(x,t)=50+\sum_{n=1}^{\infty} c_n e^{-(2n-1)^2\pi^2 t/3600}$

$\sin\frac{(2|n-1)\pi x}{60}$,

$c_n=\frac{40}{(2n-1)^2\pi^2}\left[12\cos n\pi+(2n-1)\pi\right]$

19. $u(x)=\begin{cases} T\frac{x}{a}\left(\frac{\xi}{\xi+(L/a)-1}\right), & 0\le x\le a,\\ T\left(1-\frac{L-x}{a}\frac{1}{\xi+(L/a)-1}\right), & a\le x\le L,\end{cases}$

여기서 $\xi=\kappa_2A_2/\kappa_1A_1$

20. e. $u_n(x,t)=e^{-\mu_n^2\alpha^2 t}\sin(\mu_n x)$

21. $\alpha^2 v''+s(x)=0,\quad v(0)=T_1,\quad v(L)=T_2.$
$w_t=\alpha^2 w_{xx},\quad w(0,t)=0,\quad w(L,t)=0,$
$w(x,0)=f(x)-v(x)$

22. a. $v(x)=T_1+(T_2-T_1)(x/L)+kLx/2-kx^2/2$

b. $w(x,t)=\sum_{n=1}^{\infty} c_n e^{-n^2\pi^2 t/400}\sin\left(\frac{n\pi x}{20}\right)$,

$c_n=\frac{160(\cos(n\pi)-1)}{n^3\pi^3}$

23. a. $v(x)=T_1+(T_2-T_1)x/L+kLx/6-kx^3/6L$

b. $w(x,t)=\sum_{n=1}^{\infty} c_n e^{-n^2\pi^2 t/100}\sin\frac{n\pi x}{10}$,

$c_n=\frac{20}{3}\left[\frac{3n^3\pi^3(3\cos n\pi-1)+15n\pi\cos n\pi}{n^4\pi^4}\right]$

■ 10.7절, 684쪽

1. $u(x,t)=\frac{8}{\pi^2}\sum_{n=1}^{\infty}\frac{1}{n^2}\sin\left(\frac{n\pi}{2}\right)\sin\left(\frac{n\pi x}{10}\right)\cos\left(\frac{n\pi at}{10}\right)$

2. $u(x,t)=\frac{8}{\pi^2}\sum_{n=1}^{\infty}\frac{1}{n^2}\left[\sin\left(\frac{n\pi}{4}\right)+\sin\left(\frac{3n\pi}{4}\right)\right]$

$\sin\left(\frac{n\pi x}{10}\right)\cos\left(\frac{n\pi at}{10}\right)$

3. $u(x,t)=\frac{32}{\pi^3}\sum_{n=1}^{\infty}\frac{1}{n^3}\left(2+\cos(n\pi)\sin\left(\frac{n\pi x}{10}\right)\right.$

$\left.\cos\left(\frac{n\pi at}{10}\right)\right)$

4. $u(x,t)=\frac{4}{\pi}\sum_{n=1}^{\infty}\frac{1}{n}\left(\sin\left(\frac{n\pi}{2}\right)\sin\left(\frac{n\pi}{L}\right)\sin\left(\frac{n\pi x}{L}\right)\right.$

$\left.\cos\left(\frac{n\pi at}{\mathrm{L}}\right)\right)$

5. $u(x,t)=\frac{80}{a\pi^3}\sum_{n=1}^{\infty}\frac{1}{n^3}\sin\left(\frac{n\pi}{2}\right)\sin\left(\frac{n\pi x}{10}\right)$

$\sin\left(\frac{n\pi at}{10}\right)$

6. $u(x,t)=\frac{80}{a\pi^3}\sum_{n=1}^{\infty}\frac{1}{n^3}\left[\sin\left(\frac{n\pi}{4}\right)+\sin\left(\frac{3n\pi}{4}\right)\right]$

$\sin\left(\frac{n\pi x}{10}\right)\times\sin\left(\frac{n\pi at}{10}\right)$

7. $u(x,t)=\frac{320}{a\pi^4}\sum_{n=1}^{\infty}\frac{1}{n^4}\left(2+\cos(n\pi)\sin\left(\frac{n\pi x}{10}\right)\right.$

$\left.\sin\left(\frac{n\pi at}{10}\right)\right)$

8. $u(x,t)=\frac{4L}{a\pi^2}\sum_{n=1}^{\infty}\frac{\sin(n\pi/2)\sin(n\pi/L)}{n^2}$

$\sin\frac{n\pi x}{L}\sin\frac{n\pi at}{L}$

9. $u(x,t)=\sum_{n=1}^{\infty} c_n\sin\left(\frac{(2n-1)\pi x}{2L}\right)$

$\cos\left(\frac{(2n-1)\pi at}{2L}\right), c_n=\frac{2}{L}\int_0^L$

$f(x)\sin\left(\frac{(2n-1)\pi x}{2L}\right)dx$

10. a. $u(x,t)=\frac{8}{\pi}\sum_{n=1}^{\infty}\frac{1}{2n-1}\sin\left(\frac{(2n-1)\pi}{4}\right)\times$

$\sin\left(\frac{(2n-1)\pi}{2L}\right)\sin\left(\frac{(2n-1)\pi x}{2L}\right)$

$\cos\left(\frac{(2n-1)\pi at}{2L}\right)$

11. a. $u(x,t)=\frac{512}{\pi^4}\sum_{n=1}^{\infty}\frac{(2n-1)\pi+3\cos(n\pi)}{(2n-1)^4}$

$\times\sin\left(\frac{(2n-1)\pi x}{2L}\right)\cos\left(\frac{(2n-1)\pi at}{2L}\right)$

14. b. $\phi(x+at)$는 속력 $a>0$로 음의 x 방향으로 이동하는 파동을 나타낸다.

15. a. 150 m/s

b. $30n\pi$ rad/s

c. 주파수는 증가하고, 모드는 변하지 않는다.

21. $r^2R''+rR'+(\lambda^2r^2-\mu^2)R=0, \Theta''+\mu^2\Theta=0,$

$T''+\lambda^2a^2T=0$

23. b. $a_n=a\sqrt{1+(\gamma^2L^2/n^2\pi^2)}$ (c) $\gamma=0$

24. a. $c_n=\frac{20}{n^2\pi^2}\left(2\sin\left(\frac{n\pi}{2}\right)-\sin\left(\frac{2n\pi}{5}\right)\right.$

$\left.-\sin\left(\frac{3n\pi}{5}\right)\right)$

■ 10.8절, 697쪽

1. a. $u(x,y)=\sum_{n=1}^{\infty} c_n \sin\left(\frac{n\pi x}{a}\right)\sinh\left(\frac{n\pi y}{a}\right)$,

$$c_n=\frac{2/a}{\sinh(n\pi b/a)}\int_0^a g(x)\sin\left(\frac{n\pi x}{a}\right)dx$$

b. $u(x,y)=\frac{4a}{\pi^2}\sum_{n=1}^{\infty}\frac{1}{n^2}\frac{\sin(n\pi/2)}{\sinh(n\pi b/a)}\sin\left(\frac{n\pi x}{a}\right)$ $\sinh\left(\frac{n\pi y}{a}\right)$

2. $u(x,y)=\sum_{n=1}^{\infty} c_n \sinh\left(\frac{n\pi x}{2}\right)\sin\left(\frac{n\pi y}{2}\right)$,

$$c_n=\frac{8\sin(n\pi/2)}{n^2\pi^2\sinh(3n\pi/2)}$$

3. a. $u(x,y)=\sum_{n=1}^{\infty} c_n^{(1)}\sinh\left(\frac{n\pi x}{b}\right)\sin\left(\frac{n\pi y}{b}\right)+\sum_{n=1}^{\infty} c_n^{(2)}\sin\left(\frac{n\pi x}{a}\right)\times\sinh\left(\frac{n\pi(b-y)}{a}\right)$,

$$c_n^{(1)}=\frac{2/b}{\sinh(n\pi a/b)}\int_0^b f(y)\sin\left(\frac{n\pi y}{b}\right)dy,$$

$$c_n^{(2)}=\frac{2/a}{\sinh(n\pi b/a)}\int_0^a h(x)\sin\left(\frac{n\pi x}{a}\right)dx$$

b. $c_n^{(1)}=\frac{2}{n\pi\sinh(n\pi a/b)}$,

$$c_n^{(2)}=-\frac{2}{n^3\pi^3}\frac{(n^2\pi^2-2)\cos(n\pi)+2}{\sinh(n\pi b/a)}$$

5. $u(r,\theta)=\frac{c_0}{2}+\sum_{n=1}^{\infty} r^{-n}(c_n\cos(n\theta)+k_n\sin(n\theta))$;

$$k_n=\frac{a^n}{\pi}\int_0^{2\pi} f(\theta)\sin(n\theta)\,d\theta$$

$$k_n=\frac{a^n}{\pi}\int_0^{2\pi} f(\theta)\sin(n\theta)\,d\theta$$

6. a. $u(r,\theta)=\sum_{n=1}^{\infty} c_n r^n \sin n\theta$,

$$c_n=\frac{2}{\pi a^n}\int_0^{\pi} f(\theta)\ \sin n\theta\,d\theta$$

b. $c_n=\frac{4}{\pi a^n}\frac{1-\cos n\pi}{n^3}$

7. a. $u(x,y)=\sum_{n=1}^{\infty} c_n e^{-n\pi y/a}\sin\frac{n\pi x}{a}$,

$$c_n=\frac{2}{a}\int_0^a f(x)\sin\frac{n\pi x}{a}dx$$

b. $c_n=\frac{4a^2}{n^3\pi^3}(1-\cos n\pi)$

c. $y_0\cong 4.737$

8. $u(x,y)=\sum_{n=1}^{\infty} c_n e^{\left(\frac{-n\pi y}{2}\right)}\sin\left(\frac{n\pi x}{2}\right)$,

$$c_n=\frac{16}{n^3\pi^3}(1-\cos(n\pi))$$

10. b. $u(x,y)=c_0+\sum_{n=1}^{\infty} c_n\cosh\left(\frac{n\pi x}{b}\right)\cos\left(\frac{n\pi y}{b}\right)$,

$$c_n=\frac{2/n\pi}{\sinh(n\pi a/b)}\int_0^b f(y)\cos\left(\frac{n\pi y}{b}\right)dy$$

11. $u(r,\theta)=c_0+\sum_{n=1}^{\infty} r^n(c_n\cos(n\theta)+k_n\sin(n\theta))$,

$$c_n=\frac{1}{n\pi a^{n-1}}\int_0^{2\pi} g(\theta)\cos(n\theta)\,d\theta,$$

$$k_n=\frac{1}{n\pi a^{n-1}}\int_0^{2\pi} g(\theta)\sin(n\theta)\,d\theta;$$

필요조건은 $\int_0^{2\pi} g(\theta)\,d\theta=0$ 이다.

12. a. $u(x,y)=\sum_{n=1}^{\infty} c_n\sin\frac{n\pi x}{a}\cosh\frac{n\pi y}{a}$,

$$c_n=\frac{2/a}{\cosh(n\pi b/a)}\int_0^a g(x)\sin\frac{n\pi x}{a}dx$$

b. $c_n=\frac{4a\sin(n\pi/2)}{n^2\pi^2\cosh(n\pi b/a)}$

13. a. $u(x,y)=\sum_{n=1}^{\infty} c_n\sinh\frac{(2n-1)\pi x}{2b}$ $\sin\frac{(2n-1)\pi y}{2b}$,

$$c_n=\frac{2/b}{\sinh[(2n-1)\pi a/2b]}\int_0^b f(y)\sin\frac{(2n-1)\pi y}{2b}dy$$

b. $c_n=\frac{32b^2}{(2n-1)^3\pi^3\sinh[(2n-1)\pi a/2b]}$

14. a. $u(x,y)=\frac{37}{20}y-\frac{1944}{\pi^4}\sum_{n=1}^{\infty}\frac{(1+\cos(n\pi))}{n^4\sinh(2n\pi/3)}$ $\cos\left(\frac{n\pi x}{3}\right)\sinh\left(\frac{n\pi y}{3}\right)$

19.

$$u(x,z)=\frac{A_0}{2}+\sum_{n=1}^{\infty} A_n\cosh\left(\frac{n\pi z}{3}\right)\cos\left(\frac{n\pi x}{3}\right)$$

$$A_0=\frac{2}{3}\int_0^3(2+\alpha x)\,dx=4+3\alpha,$$

$$A_n=\frac{2}{3\cosh\left(\frac{2n\pi}{3}\right)}\int_0^3(2+\alpha x)\cos\left(\frac{n\pi x}{3}\right)dx=0,$$

n이 짝수일 때, 그리고 $-\frac{8\alpha}{n^2\pi^2\cosh(2n\pi/3)}$,

n이 홀수일 때

제 11 장

■ 11.1절, 718쪽

1. 제차
2. 비제차
3. 비제차
4. 제차
5. 비제차
6. 제차
7. **a.** $\phi_n(x) = \sin\sqrt{\lambda_n}x$ 여기서 $\lambda_n = \dfrac{(2n-1)^2\pi^2}{4}$, $n = 1, 2, 3 \ldots$
   b. 비자명한 해가 없다.
   c. $\lambda_1 \cong 2.4694, \lambda_2 \cong 22.3044$
   d. 큰 n에 대하여 $\lambda_n \cong \dfrac{(2n-1)^2\pi^2}{4}$
8. **a.** $\phi_n(x) = \sin\sqrt{\lambda_n}x$, 여기서 $\lambda_n = \dfrac{(2n-1)^2\pi^2}{4}$, $n = 1, 2, 3 \ldots$
   b. 비자명한 해가 없다.
   c. $\lambda_1 \cong 2.4694, \lambda_2 \cong 22.3044$
   d. 큰 n에 대하여 $\lambda_n \cong \dfrac{(2n-1)^2\pi^2}{4}$
9. **a.** 비자명한 해가 없다.
   b. 비자명한 해가 없다.
   c. $\lambda_1 \approx 9.8596, \lambda_2 \approx 39.4384$
   d. 큰 n에 대하여 $\lambda_n \approx n^2\pi^2$
10. **a.** 음의 고윳값이 없다.
    b. 비자명한 해가 없다.
    c. $\lambda_1 \approx -4.11586, \lambda_2 \approx -24.13934, \ldots$
    $\lambda_n \approx -\dfrac{(2n+1)^2\pi^2}{4}$
    d. 큰 n에 대하여 $\lambda_n = -{\mu_n}^2\ n = 1, 2, 3\ldots\ldots..,$
    $\lim_{n\to\infty}\lambda_n = \infty$
12. $\mu(x) = e^{x^2/2}$
13. $\mu(x) = \dfrac{k}{s}$, 여기서 k는 1로 둘 수 있다.
14. $\mu(x) = e^{-x}$
15. $(xy')' + \left(\dfrac{\lambda}{x}\right)y = 0$
16. $X'' + \lambda X = 0, T'' + cT' + \left(k + \lambda a^2\right)T = 0$
17. **a.** $s(x) = e^{2x}$
    b. $\lambda_n = n^2\pi^2, \phi_n(x) = e^{2x}\sin n\pi x;\quad n = 1, 2, 3 \ldots .$
18. 양의 고윳값 $\lambda = \lambda_n$, 여기서 $\sqrt{\lambda_n}$은 다음을 만족한다.
    $\sqrt{\lambda_n} = \left(\dfrac{1}{3}\right)\tan 3\sqrt{\lambda}L;$
    이에 대응하는 고유함수는 다음과 같다.
    $\phi_n(x) = e^{-x}\sin 3\sqrt{\lambda_n}x$
    만약 $L = 1$이면, $\lambda_0 = 0$도 고윳값이며, 이때 고유함수는 $\phi_n(x) = xe^{-x}$이다.
    만약 $L \neq 1$이면, $\lambda = 0$은 고윳값이 아니다.
    만약 $L \leq 1$이면, 음의 고윳값이 존재하지 않는다.
    만약 $L > 1$이면, 하나의 음의 고윳값 $\lambda = -\mu^2$이 존재하며, 여기서 μ는 다음을 만족하는 해이다: $\mu = \left(\dfrac{1}{3}\right)\tanh 3\mu L$.
    이에 대응하는 고유함수는 다음과 같다: $\phi_{-1}(x) = e^{-x}\sinh 3\mu x$
19. 비자명한 해가 없다.
20. 유일한 고윳값은 $\lambda = 0$이며, 고유함수는 $\phi(x) = x - 1$이다.
21. **a.** $\tan\mu + 2\mu = 0$
    c. $\lambda_1 \approx 2.4649,\ \lambda_2 \approx 22.1841, \ldots\ \lambda_n \approx (2n-1)^2\dfrac{\pi^2}{4}$
    $n = 3, 4, 5, \ldots$
    d. $\tanh\mu + 2\mu = 0$
    e. 음수인 고윳값이 존재하지 않는다.
24. **a.** $\lambda_n = \mu_n^4$, 여기서 μ_n은 $\sin(\mu L)\sinh(\mu L) = 0$의 근이다. 따라서 $\lambda_n = (n\pi/L)^4$; $\lambda_1 \cong 97.409/L^4$, $\lambda_2 \cong 1558.5/L^4$, $\phi_n(x) = \sin(n\pi x/L)$
    b. $\lambda_n = \mu_n^4$, 여기서 μ_n은 $\sin(\mu L)\cosh(\mu L) - \cos(\mu L)\sinh(\mu L) = 0$의 근이다; $\lambda_1 \cong 237.72/L^4$, $\lambda_2 \cong 2496.5/L^4$, $\phi_n(x) = \sin(\mu_n x) - \dfrac{\sin(\mu_n L)}{\sinh(\mu_n L)}\sinh(\mu_n x)$
    c. $\lambda_n = \mu_n^4$, 여기서 μ_n은 $1 + \cosh(\mu L)\cos(\mu L) = 0$의 근이다; $\lambda_1 \cong 12.362/L^4$, $\lambda_2 \cong 485.52/L^4$;
    $$\phi_n(x) = \sin(\mu_n x) - \sinh(\mu_n x) - \frac{\sin(\mu_n L)\sinh(\mu_n L)}{\cos(\mu_n L)\cosh(\mu_n L)}(\cos(\mu_n x) - \cosh(\mu_n x))$$
25. **d.** $\phi_n(x) = \sin\left(\sqrt{\lambda_n}x\right)$, 여기서 λ_n은 $\cos\left(\sqrt{\lambda_n}L\right) - \gamma\sqrt{\lambda_n}L\ \sin\left(\sqrt{\lambda_n}L\right) = 0$을 만족한다.
    e. $\lambda_1 \cong 1.1597/L^2,\quad \lambda_2 \cong 13.276/L^2$

■ 11.2절, 731쪽

1. $\phi_n(x) = \sqrt{\dfrac{2}{\pi}}\sin nx \quad n = 1, 2, \ldots$
2. $\phi_n(x) = \sqrt{2}\sin n\pi x \quad n = 1, 2, \ldots$

3. $\phi_n(x) = \dfrac{\sqrt{2}\cos\sqrt{\lambda_n}x}{\left(1+\sin^2\sqrt{\lambda_n}\right)^{1/2}}$, 여기서 λ_n은 $\cos\sqrt{\lambda_n} - \sqrt{\lambda_n}\sin\sqrt{\lambda_n} = 0$을 만족한다.

4. $\phi_0(x) = 1,\ \ \phi_n(x) = \sqrt{2}\cos n\pi x;\quad n = 1, 2, \ldots$

5. $\phi_n(x) = \sqrt{2}e^{2x}\sin n\pi x;\quad n = 1,\ 2, \ldots$

6. $$C_m = \int_0^\pi f(x)\phi_m(x)\,dx$$
$$= \sqrt{\frac{2}{\pi}}\int_0^\pi \sin mx\,dx = \frac{2\sqrt{2}}{m\sqrt{\pi}},\quad m \text{ is odd}$$
$$= 0,\quad m \text{ is even}$$

7. $a_n = \dfrac{\sqrt{2\pi}(-1)^n}{n}$

8. $a_n = \begin{cases} \sqrt{\dfrac{2}{\pi}},\ \dfrac{4}{n^3}, & \text{if } n \text{ is odd} \\ 0, & \text{if } n \text{ is even} \end{cases}$

9. $C_m = \begin{cases} \sqrt{\dfrac{2}{\pi}}\left(\dfrac{2}{m^2}+\dfrac{1}{m}\right), & m = 2n-1 \\ \sqrt{\dfrac{2}{\pi}}\left(\dfrac{-\pi}{m}\right), & m = 4n \\ \sqrt{\dfrac{2}{\pi}}\left(\dfrac{\pi-2}{m}\right), & m = 4n-2 \end{cases}$

10. $a_n = \dfrac{\sqrt{2}\sin\left(\sqrt{\lambda_n}\right)}{\sqrt{\lambda_n}\alpha_n};\quad n = 1, 2, \ldots$

11. $a_n = \dfrac{2\sqrt{2}\left(2\cos\sqrt{\lambda_n}-1\right)}{\lambda_n\alpha_n};\quad n = 1, 2, \ldots$

12. $a_n = \dfrac{2\sqrt{2}\left(1-\cos\sqrt{\lambda_n}\right)}{\lambda_n\alpha_n};\quad n = 1, 2, \ldots$

13. $$C_m = \frac{2}{\sqrt{3-\cos 2\sqrt{\lambda_n}}}\left[\frac{1}{4}\frac{\sin\sqrt{\lambda_m}}{\sqrt{\lambda_m}} + \frac{1}{2}\frac{\cos\sqrt{\lambda_m}}{\sqrt{\lambda_m}} - \frac{1}{\lambda_m}\right]$$

14. 자기수반이 아니다.
15. 자기수반이다.
16. 자기수반이 아니다.
17. 자기수반이 아니다.
18. 자기수반이다.

21. a. 만약 $a_2 = 0$ 또는 $b_2 = 0$이면, 해당 경계 항이 누락되어 있다.

25. a. $\lambda_1 = \pi^2/L^2;\quad \phi_1(x) = \sin(\pi x/L)$

b. $\lambda_1 \cong (4.4934)^2/L^2; \phi_1(x) = \sin\left(\sqrt{\lambda_1}x\right) - \sqrt{\lambda_1}x\cos\left(\sqrt{\lambda_1}L\right)$

c. $\lambda_1 = (2\pi)^2/L^2;\quad \phi_1(x) = 1-\cos(2\pi x/L)$

26. $\lambda_1 = \pi^2/4L^2;\quad \phi_1(x) = 1-\cos(\pi x/(2L))$

27. a. $X'' - (v/D)X' + \lambda X = 0, X(0) = 0,$
$X'(L) = 0; T' + \lambda DT = 0$

e. $c(x,t) = \sum_{n=1}^{\infty} a_n e^{-\lambda_n Dt}e^{vx/(2D)}\sin(\mu_n x)$, where
$\lambda_n = \mu_n^2 + v^2/(4D^2)$;
$$a_n = \frac{4D\mu_n^2\int_0^L e^{-vx/(2D)}f(x)\sin(\mu_n x)\,dx}{2LD\mu_n^2 + v\sin^2(\mu_n L)}$$

28. a. $u_t + vu_x = Du_{xx}, u(0,t) = 0,$
$u_x(L,t) = 0, u(x,0) = -c_0$

b. $u(x,t) = \sum_{n=1}^{\infty} b_n e^{-\lambda_n Dt}e^{vx/(2D)}\sin(\mu_n x)$,
여기서 $\lambda_n = \mu_n^2 + v^2/(4D^2)$;
$$b_n = \frac{8c_0D^2\mu_n^2\left(e^{-vL/(2D)}(2D\mu_n\cos(\mu_n L) + v\sin(\mu_n L)) - 2D\mu_n\right)}{(v^2+4D^2\mu_n^2)\left(2LD\mu_n^2 + v\sin^2(\mu_n L)\right)}$$

■ 11.3절, 745쪽

1. $$y = \sum_{n=1}^{\infty}\frac{(-1)^{n+1}16}{(2n-1)^2\pi^2\left\{(2n-1)^2\pi^2-8\right\}}\times \sqrt{2}\sin\left\{(2n-1)\frac{\pi}{2}x\right\}$$

2. $$y = 4\sum_{n=1}^{\infty}\frac{(-1)^{n+1}\sin\left(n-\frac{1}{2}\right)\pi x}{\left[\left(n-\frac{1}{2}\right)^2\pi^2-2\right]\left(n-\frac{1}{2}\right)2_{\pi^2}}$$

3. $$y = -\frac{1}{2} - 8\sum_{n=1}^{\infty}\frac{\cos(2n-1)\pi x}{\left[(2n-1)^2\pi^2-2\right](2n-1)^2\pi^2}$$

4. $$y = 4\sum_{n=1}^{\infty}\frac{\left(2\cos\sqrt{\lambda_n}-1\right)\cos\sqrt{\lambda_n}x}{\lambda_n(\lambda_n-2)\left(1+\sin^2\sqrt{\lambda_n}\right)}$$

5. 문제 1의 해답을 따르되, 계수들은 다음과 같이 주어진다.
$$c_n = \int_0^1 f(x)\varphi_n(x)\,dx$$
$$= \sqrt{2}\int_0^{2/3} 3x\sin\left\{(2n-1)\frac{\pi}{2}x\right\}dx$$
$$+\sqrt{2}\int_{2/3}^1 (4-3x)\sin\left\{(2n-1)\frac{\pi}{2}x\right\}dx$$

6. $y(x) = \sqrt{\dfrac{2}{\pi}}\sum_{n=1}^{\infty}\dfrac{c_n}{(\lambda_n-\mu)}\sin nx$, 단 $\mu \neq \lambda_n$인 경우에만.
급수 전개에서 계수들은 다음과 같이 계산된다.
$$c_n = \sqrt{\frac{2}{\pi}}\int_0^\pi f(x)\sin nx\,dx$$

7. $y(x) = \sqrt{2}\sum_{n=1}^{\infty} \frac{c_n}{(\lambda_n - \mu)} \sin n\pi x$, 단 $\mu \neq \lambda_n$인 경우에만.

급수 전개에서 계수들은 다음과 같이 계산된다.

$$c_n = \sqrt{2}\int_0^1 f(x) \sin n\pi x\, dx$$

8. $y(x) = \sqrt{\frac{2}{1+n^2\pi^2}} \sum_{n=1}^{\infty} \frac{c_n}{(\lambda_n - \mu)} (\sin n\pi x - n\pi \cos n\pi x)$, 단 $\mu \neq \lambda_n$인 경우에만.

급수 전개에서 계수들은 다음과 같이 계산된다.

$$c_n = \sqrt{\frac{2}{1+n^2\pi^2}} \int_0^1 f(x)(\sin n\pi x - n\pi \cos n\pi x)\, dx$$

9. $y(x) = \sqrt{2}\sum_{n=1}^{\infty} \frac{c_n}{(\lambda_n - \mu)} \sin\left\{(2n+1)\frac{\pi}{2}x\right\}$,

단 $\mu \neq \lambda_n$인 경우에만.

급수 전개에서 계수들은 다음과 같이 계산된다.

$$c_n = \sqrt{2}\int_0^1 f(x) \sin\left\{(2n+1)\frac{\pi}{2}x\right\} dx$$

10. $\alpha = \frac{2}{\pi}$

11. 해가 없다.

12. $\alpha = 0$

13. $a = 0, y = c \sin \pi x - (x/\pi) \sin \pi x$

17. $v(x) = a + (b-a)x$

18. $v(x) = 1 - \frac{3}{2}x$

19. $u(x,t) = \sqrt{2}\left(-\frac{4c_1}{\pi^2} + \left(\frac{4c_1}{\pi^2} + \frac{1}{\sqrt{2}}\right)e^{-\pi^2 t/4}\right)\sin\left(\frac{\pi x}{2}\right)$

$$-\sqrt{2}\sum_{n=2}^{\infty} \frac{4c_n}{(2n-1)^2\pi^2}\left(1 - e^{-(n-1/2)^2\pi^2 t}\right) \sin\left(\left(n - \frac{1}{2}\right)\pi x\right)$$

$$c_n = \frac{4\sqrt{2}(-1)^{n+1}}{(2n-1)^2\pi^2}, \quad n = 1, 2, \ldots$$

20. $u(x,t) = \sum_{n=1}^{\infty} b_n(t)\varphi_n(x)$, 여기서 $b_n(t) = \frac{c_n}{\lambda_n}(1 - e^{-\lambda_n t})$

$$c_n = 4\sqrt{2}(-1)^{n+1}/(2n-1)^2\pi^2, \quad n = 1, 2, \ldots$$

$$\varphi_n(x) = \sqrt{2}\sin\left[\frac{(2n-1)\pi x}{2}\right]$$

21. $u(x,t) = 24\sum_{n=1}^{\infty} \frac{\sin(n\pi/2)}{n^4\pi^4}\left(1 - e^{-n^2\pi^2 t}\right) \sin n\pi x$

22. $u(x,t) = \sum_{n=1}^{\infty} b_n(t)\varphi_n(x)$

여기서 n이 홀수인 경우 $b_n(t) = \frac{\frac{4}{\pi} + 2}{n^3}\left(1 - e^{-n^2 t}\right)$,

n이 짝수인 경우 $b_n(t) = \frac{2}{n^3}\left(1 - e^{-n^2 t}\right)$이고,

$$\varphi_n(x) = \sqrt{\frac{2}{\pi}} \sin nx$$

23. $r(x) w_t = (p(x) w_x)_x - q(x) w, w(0,t) = 0, w(1,t) = 0, w(x,0) = f(x) - v(x)$

24. $u(x,t) = x^2 - 3x + 2 + \frac{4}{\pi}\sum_{n=1}^{\infty} \frac{e^{-(2n-1)^2\pi^2 t} \sin(2n-1)\pi x}{2n-1}$

25. $u(x,t) = e^{-\frac{\pi^2}{4}t} \cos\left(\frac{\pi}{2}x\right) - 4\sin\left(\frac{\pi}{2}x\right)$

31. $G(x,s) = \begin{cases} s(x-1), & 0 \le s < x \\ x(s-1), & s > x \end{cases}$

32. $G(x,s) = \begin{cases} -2\cos\frac{x}{2}\sin\frac{s}{2}, & s < x \\ -2\sin\frac{x}{2}\cos\frac{s}{2}, & s > x \end{cases}$

33. $G(x,s) = \begin{cases} -\cos x \sin s, & s < x \\ -\sin x \cos s, & s > x \end{cases}$

34. $G(x,s) = \begin{cases} \cos(1-x)\sin s/\cos 1, & s < x \\ \sin x \cos(1-s)/\cos 1, & s > x \end{cases}$

■ 11.4절, 756쪽

1. $y = \sum_{n=1}^{\infty} \frac{c_n}{(\lambda_n - \mu)} J_1\left(\sqrt{\lambda_n}x\right)$,

$c_n = \frac{2\int_0^L x f(x) J_1\left(\sqrt{\lambda_n}x\right)dx}{L^2 J_0\left(\sqrt{\lambda_n}L\right)}$ $\quad \sqrt{\lambda_n}$은 $J_1(x) = 0$의 양의 근이다.

2. **d.** $y = -\frac{c_0}{\mu} + \sum_{n=1}^{\infty} \frac{c_n}{\lambda_n - \mu} J_0\left(\sqrt{\lambda_n}x\right)$;

$$c_0 = 2\int_0^1 f(x)\,dx;$$

$$c_n = \int_0^1 f(x) J_0\left(\sqrt{\lambda_n}x\right)dx \Big/ \int_0^1 x J_0^2\left(\sqrt{\lambda_n}x\right)dx,$$

$n = 1, 2, \ldots$;

$\sqrt{\lambda_n}$ satisfies $J_0'\left(\sqrt{\lambda}\right) = 0$.

3. **d.** $a_n = \int_0^1 x J_k\left(\sqrt{\lambda_n}x\right) f(x)\,dx \Big/ \int_0^1 x J_k^2\left(\sqrt{\lambda_n}x\right)dx$

e. $y = \sum_{n=1}^{\infty} \frac{c_n}{\lambda_n - \mu} J_k\left(\sqrt{\lambda_n}x\right)$,

$$c_n = \int_0^1 f(x) J_k\left(\sqrt{\lambda_n}x\right)dx \Big/ \int_0^1 x J_k^2\left(\sqrt{\lambda_n}x\right)dx$$

4. **(b)** $y = \sum_{n=1}^{\infty} \frac{c_n}{(\lambda_n - \mu)} P_n(x)$,

$c_n = \frac{2n+1}{2}\int_{-1}^1 f(x) P_n(x)dx$ and $\lambda_n = n(n+1)$, $n = 1, 2, 3, \ldots$

■ 11.5절, 761쪽

2. 문제 3의 해와 본문의 예제에서 제시된 [식 (21)]의 해를 중첩(superpose)하라.

3. $u(r,t)=\sum_{n=1}^{\infty} k_n J_0(\lambda_n r/2)\sin(\lambda_n at/2)$,

$$k_n=\frac{2}{\lambda_n a}\int_0^2 rJ_0(\lambda_n r/2)\,g(r)\,dr\Big/\int_0^2 rJ_0^2(\lambda_n r/2)\,dr$$

6. $u(x,y,t)=\sum_{m=1}^{\infty}\sum_{n=1}^{\infty}[B_{mn}\cos\lambda_{mn}t+B_{mn}^{*}\sin\lambda_{mn}t]\times\sin m\pi x\sin n\pi y$

$$B_{mn}=4\int_0^1\int_0^1 f(x,y)\sin m\pi x\sin n\pi y\,dx\,dy$$

$B_{mn}^{*}=0,\ \lambda_{mn}=c\pi\sqrt{m^2+n^2}\ m=1,2,3,\ldots\ n=1,2,3,\ldots$

7. **b.** $v(r,\theta)=\frac{c_0}{2}J_0(kr)+\sum_{m=1}^{\infty}J_m(kr)$

$(b_m\sin(m\theta)+c_m\cos(m\theta))$,

$$b_m=\frac{1}{\pi J_m(kc)}\int_0^{2\pi} f(\theta)\sin(m\theta)\,d\theta;\ m=1,2,\ldots$$

$$c_m=\frac{1}{\pi J_m(kc)}\int_0^{2\pi} f(\theta)\cos(m\theta)\,d\theta;\ m=0,1,2,\ldots$$

8. $c_n=\dfrac{\int_0^1 rf(r)J_0(\lambda_n r)dr}{\int_0^1 rJ_0{}^2(\lambda_n r)\,dr},\quad n=1,2,3,\ldots.$

■ 11.6절, 770쪽

1. **a.** $b_m=(-1)^{m+1}\sqrt{2}/m\pi$
   b. $n=41$
2. **a.** $b_m=2\sqrt{2}(1-\cos m\pi)/m^3\pi^3$
   c. $n=1$
3. $n=41$
7. **a.** $f_0(x)=1$
   b. $f_1(x)=\sqrt{3}(1-2x)$
   c. $f_2(x)=\sqrt{5}(-1+6x-6x^2)$
   d. $g_0(x)=1,\ g_1(x)=2x-1,\ g_2(x)=6x^2-6x+1$
8. $P_0(x)=1,\ P_1(x)=x,\ P_2(x)=(3x^2-1)/2,$
   $P_3(x)=(5x^3-3x)/2$

찾아보기

Index

한글

ㄱ

ㄴ

ㄷ

ㄹ

ㅁ

ㅂ

D

E

F

G

H

I

J

K

L

M

N

O

P

Q

R

S

T

U

V

W

기타